Johannes Mart

Hans Pretzsch
Grundlagen der Waldwachstumsforschung

Hans Pretzsch

Grundlagen der Waldwachstumsforschung

Mit 290 Abbildungen, davon 63 farbig, und 33 Tabellen

Parey Buchverlag 2002

Parey Buchverlag im
Blackwell Verlag GmbH
Kurfürstendamm 57, 10707 Berlin
Firmiangasse 7, 1130 Wien

Blackwell Publishing Ltd
Osney Mead, Oxford, OX2 0EL, UK
108 Cowley Road, Oxford, OX41JF, UK

Blackwell Publishing, Inc.
350 Main Street, Malden
MA 02148 5018, USA

Blackwell Publishing, Asia Pty Ltd
550 Swanston Street, Carlton
Victoria 3053, Australien

Titelbilder und Fotografien der Bildtafeln sind, soweit nicht anders angegeben, von Leonhard Steinacker

Anschrift des Autors:
Prof. Dr. Hans Pretzsch
Lehrstuhl für Waldwachstumskunde
Technische Universität München
Am Hochanger 13
85354 Freising
E-Mail: H.Pretzsch@lrz.tum.de

Gewährleistungsvermerk
In Anbetracht des ständigen Wissenszuwachses sowie der rasch voranschreitenden technischen Anforderungen und Entwicklungen haben sich der/die Verfasser/in dieses Buches intensiv bemüht, dem aktuellen Wissensstand Rechnung zu tragen. Insbesondere wurde das Werk in Einklang mit den geltenden Gesetzen, Verordnungen und Richtlinien verfaßt. Dennoch können weder der/die Verfasser/in noch der Verlag eine Garantie für die in diesem Werk enthaltenen Angaben übernehmen. Dem Leser wird daher dringend empfohlen, einschlägige Veröffentlichungen zu verfolgen und weitergehende Entwicklungen ergänzend in Betracht zu ziehen.

Die Deutsche Bibliothek – CIP-Einheitsaufnahme

Pretzsch, Hans :
Grundlagen der Waldwachstumsforschung :
mit 33 Tabellen / Hans Pretzsch. –
Berlin : Parey, 2002
    ISBN 3-8263-3223-7

© 2002 Blackwell Verlag GmbH,
Berlin · Wien
E-mail: parey@blackwell.de
Internet: http://www.blackwell.de

ISBN 3-8263-3223-7 · Printed in Germany

Die Wiedergabe von Gebrauchsnamen, Handelsnamen, Warenbezeichnungen usw. in diesem Buch berechtigt auch ohne besondere Kennzeichnung nicht zu der Annahme, daß solche Namen im Sinne der Warenzeichen- u. Markenschutz-Gesetzgebung als frei zu betrachten wären und daher von jedermann benutzt werden dürften.

Dieses Werk ist urheberrechtlich geschützt. Die dadurch begründeten Rechte, insbesondere die der Übersetzung, des Nachdrucks, des Vortrages, der Entnahme von Abbildungen und Tabellen, der Funksendung, der Mikroverfilmung oder der Vervielfältigung auf anderen Wegen und der Speicherung in Datenverarbeitungsanlagen, bleiben, auch bei nur auszugsweiser Verwertung, vorbehalten. Eine Vervielfältigung dieses Werkes oder von Teilen dieses Werkes ist auch im Einzelfall nur in den Grenzen der gesetzlichen Bestimmungen des Urheberrechtsgesetzes der Bundesrepublik Deutschland vom 9. September 1965 in der Fassung vom 24. Juni 1985 zulässig. Sie ist grundsätzlich vergütungspflichtig. Zuwiderhandlungen unterliegen den Strafbestimmungen des Urheberrechtsgesetzes.

Einbandgestaltung: unter Verwendung einer Abbildung aus dem vorliegenden Buch
Gesamtherstellung: Druckhaus „Th. Müntzer", Bad Langensalza

Gedruckt auf chlorfrei gebleichtem Papier

Vorwort

Die Waldwachstumsforschung entwickelt sich mehr und mehr über ihr klassisches Gebiet hinaus. Sie löst die untersuchten Strukturen und Prozesse räumlich und zeitlich höher auf, erschließt neue Aspekte des Waldwachstums und treibt die skalen- und fächerübergreifende Wissenssynthese durch Modellbildung voran. Die methodischen Grundlagen hierfür sind Gegenstand des vorliegenden Buches. Durch die Entwicklung und Anwendung der dargestellten Methoden und Modelle wird der Wissensfortschritt der Waldwachstumsforschung im Kernbereich und besonders wirkungsvoll in bisherigen Randbereichen gefördert.

Das Denkmuster der Waldwachstumsforschung gründete seit ihren Anfängen auf gleichaltrigen Reinbeständen, ging von statischen Standortbedingungen aus und war primär auf die in Waldbeständen produzierte Holzmenge ausgerichtet. Alle Methoden der Waldwachstumsforschung, vom Versuchsdesign über die Messung, Datenorganisation und Ergebnisanalyse bis zur Modellierung, sind von diesem Denkmuster geprägt. Veränderungen der Wachstumsbedingungen, der Waldaufbauformen und des Interesses am Wald fordern die Waldwachstumsforschung aber immer wieder zu neuen Denkmustern, Untersuchungsmethoden und Informationstechniken heraus. In den Mittelpunkt rücken gegenwärtig die Wachstumsreaktionen auf Stoffeinträge und Klimaänderungen, die Überführung von Altersklassenwäldern in gemischte Dauerbestockungen und die Entwicklung multikriteriell nachhaltiger Nutzungsstrategien. Je komplexer ein zu behandelndes System und je vielschichtiger die damit angestrebten Wirkungen und Leistungen sind, um so unverzichtbarer wird ein tieferes Systemwissen. Allzu vergröbernde Beschreibungsansätze verlieren an Bedeutung. Die Auffassung vom Wald als hierarchisches, offenes dynamisches System, das räumlichen Charakter hat, durch ein Netz von Regelkreisen mit Anpassungsfähigkeit ausgestattet ist und von dem ein ganzer Vektor von Zustands- und Ergebnis-Variablen interessiert, setzt sich durch.

Für Lehre, Forschung und Praxis fehlte bisher ein Lehrbuch, das die in den letzten Jahrzehnten neu entwickelten Methoden der Waldwachstumsforschung für Studierende, Wissenschaftler und Praktiker im grünen Bereich bündelt. Die verfügbaren Bücher der Holzmeßlehre von PRODAN (1965), KRAMER und AKÇA (1995), AVERY und BURKHART (1975) konzentrieren sich ebenso wie die Lehrbücher zur Waldwachstumskunde von ASSMANN (1961), KRAMER (1995), MITSCHERLICH (1970, 1971, 1975) und WENK, ANTANAITIS und ŠMELKO (1990) auf die summarische Erfassung und Analyse der Holzproduktion von Waldbeständen. Diese klassischen Methoden sind in den genannten Werken erschöpfend dargestellt und werden hier nicht wiederholt.

Unter einer wissenschaftlichen Methode verstehen wir ein planmäßiges Verfahren, das der Erlangung von wissenschaftlichen Erkenntnissen oder praktischen Ergebnissen dient. Ein Wissenschaftsgebiet definiert sich im wesentlichen über den Fundus seiner spezifischen Methoden. Von den Methoden zur Erfassung, Beschreibung und Modellierung des Waldwachstums bis zur Diagnose von Wachstumsstörungen zeigt das Buch das Profil der Waldwachstumsforschung und ihren Beitrag zur interdisziplinären Forschung. Seine Kapitel gehen auf Vorlesungen, Praktika und Seminare des Verfassers an der Ludwig-Maximilians-Universität und der Technischen Universität in München zurück. Die Zusammenfassungen am Ende der Kapitel unterstreichen den Lehrbuchcharakter. Sie dienen der Übersicht, Wiederholung und Einübung. Das Kapitel Waldwachstumsmodelle vermittelt ein Basiswissen über diesen Themenkomplex. Aufgrund seiner fächerübergreifenden Bedeutung regte der Parey Buchverlag ein gesondertes Lehrbuch zur „Modellierung des Waldwachstums" an, das im Jahr 2001 erschienen ist.

Alle dargestellten Ansätze, Methoden und Modelle sind quasi tägliches Brot der Lehre, Forschung und Praxis am Lehrstuhl für Waldwachstumskunde der Technischen Universität München. Beim Schreiben der „Grundlagen der Waldwachstumsforschung" konnte der Verfasser deshalb aus dem vollen schöpfen. Die Methoden der Versuchsanlage, -aufnahme und -steuerung werden im Bereich des Ertragskundlichen Versuchswesens, das seit seiner Gründung im ausgehenden 19. Jahrhundert am Lehrstuhl angesiedelt ist, routinemäßig angewandt, standardisiert und konsequent weiterentwickelt. Die Konstruktion von Waldwachstumsmodellen, von der Ertragstafel über Verteilungsmodelle bis zu Einzelbaumsimulatoren und ökophysiologisch basierten Prozeßmodellen, steht seit Jahrzehnten im Zentrum hiesiger Forschungsarbeiten. Die Verfahren zur Diagnose von Wachstumsstörungen sind in laufenden Projekten auf Einzelbaum-, Bestandes-, Regional- oder Landesebene in Anwendung. Der Lehrstuhl unterhält hierfür sogar einen eigenen Versuchsbereich, in dem die erstmals umfassend dargestellten Auswertungsmethoden Standard sind. Diese Nähe zu laufenden Forschungsarbeiten kam der Aktualität des Buches zugute. Dr. Heinz Utschig bereicherte die Methoden der Anlage, Aufnahme und Auswertung von Versuchsflächen mit geeigneten Beispielen. Dr. Martin Bachmann steuerte seine Untersuchungen über Konkurrenzindizes bei. Dr. Peter Biber und Diplom-Informatiker Stefan Seifert brachten Verfahren der Bestandesstrukturanalyse und Visualisierung ein. Dr. Markus Kahn und Dr. Rüdiger Grote unterstützten mich bei der Abhandlung über Waldwachstumsmodelle. Dr. habil. Jan Ďurský vervollständigte das Methodenspektrum zur Diagnose von Wachstumsstörungen. Die Fotografien der Versuchsflächen gehen auf Leonhard Steinacker zurück. Allen genannten und weiteren Mitarbeitern des Lehrstuhls für Waldwachstumskunde möchte ich für ihre wirkungsvolle Unterstützung danken.

Für die konstruktive und absolut verläßliche Assistenz bei der Erstellung des Manuskriptes danke ich ganz besonders Herrn Diplom-Forstwirt Hans Herling. Seine unermüdliche Mitwirkung reichte von umfangreichen Graphikarbeiten, Beispielsrechnungen und Literaturrecherchen bis zur Durchsicht und Korrektur des Manuskriptes.

Meine Sekretärin, Marga Schmid, ebnete in mehrfacher Hinsicht den Weg für die Entstehung des Buches. Sie übernahm völlig selbstverständlich und professionell die umfangreichen Textarbeiten, unterstützte mich bei der Recherche und Archivierung der Literatur und – vielleicht ihre wirksamste Einflußnahme – gewährleistete im Sekretariat eine klare und ausgewogene Atmosphäre, in der Forschung, Lehre und auch Buchprojekte bestmöglich gedeihen konnten. Ich danke ihr für diese treue und erfolgreiche Zusammenarbeit.

Alle Kapitel des vorliegenden Buches wurden extern begutachtet. Dafür geht mein Dank an Klaus v. Gadow, Institut für Forsteinrichtung und Ertragskunde der Universität Göttingen, Jürgen Nagel und Hermann Spellmann, Niedersächsische Forstliche Versuchsanstalt in Göttingen, Heinz Röhle, Institut für Waldwachstum und Forstliche Informatik der Technischen Universität Dresden, Hubert Sterba, Institut für Waldwachstumsforschung der Universität für Bodenkultur in Wien, sowie Joachim Saborowski und Branislav Sloboda, Institut für Forstliche Biometrie und Informatik der Universität Göttingen. Sie haben ihre Expertise durch kritische und konstruktive Durchsicht des Manuskriptes in das Buch einfließen lassen.

Für die ebenso angenehme wie erfolgreiche Zusammenarbeit mit dem Parey Buchverlag danke ich Frau Dr. Dippel, Frau Dr. Kircheis und Herrn Dr. Kahl.

Freising, im Frühjahr 2002   Hans Pretzsch

Inhaltsverzeichnis

Vorwort		V
1	**Waldwachstumsforschung**	1
1.1	Erkenntnis- und Zweckinteressen der Waldwachstumsforschung	1
1.2	Systemeigenschaften von Waldbeständen	3
1.2.1	Wälder sind langlebige Systeme	3
1.2.2	Waldbestände sind offene Systeme	4
1.2.3	Waldbestände sind stark durch ihre Raumstruktur geprägt	4
1.2.4	Bäume, Waldbestände und Waldökosysteme sind geschichtlich geprägt	4
1.2.5	Waldbestände sind kybernetische Systeme	5
1.2.6	Waldbestände sind Systeme mit multikriteriellen Ausgabegrößen	6
1.2.7	Waldökosysteme sind hierarchisch organisiert	6
1.3	Untersuchungsansatz der Waldwachstumsforschung	7
1.3.1	Skalen der Waldwachstumsforschung	7
1.3.2	Black-box-Ansatz – Klassischer Zugang zum Waldwachstum	8
1.3.3	Top-down-Ansatz versus Bottom-up-Ansatz	10
1.4	Interdisziplinäre Vernetzung der Waldwachstumsforschung	11
1.4.1	Methodentransfer	11
1.4.2	Kooperation auf gleichem Skalenniveau	11
1.4.3	Skalenübergreifende Forschung	12
1.5	Orientierung durch die Forstwirtschaft	14
1.5.1	Erweiterter Informationsbedarf	14
1.5.2	Veränderte Informationsgrundlage	14
1.5.3	Orientierung an Informationstechnologien	15
	Zusammenfassung	16
2	**Erkenntnisweg der Waldwachstumsforschung im Überblick**	19
2.1	Von der Datensammlung zur Hypothese	20
2.1.1	Messen und Sammeln von Daten	20
2.1.2	Beschreiben	20
2.1.3	Formulierung von Hypothesen über Einzelaspekte	21
2.2	Hypothesenprüfung	22
2.2.1	Vier Ansätze der Hypothesenprüfung	22
2.2.2	Hypothesenprüfung durch Experimente	22
2.2.3	Hypothesenprüfung durch Korrelation	23
2.3	Bestandesmodelle als Hypothesenketten	24
2.3.1	Verdichtung von Einzelaspekten zu einer Modellvorstellung vom Ganzen	24
2.3.2	Evaluierung von Wuchsmodellen	25
2.4	Erkenntnis- und Zweckinteressen der Modellbildung	26
2.4.1	Nutzung von Modellen in der Forschung, Lehre und Praxis	26

2.4.2	Aufdeckung von Gesetzmäßigkeiten	26
2.4.3	Theorien zum Baum- und Bestandeswachstum	27
	Zusammenfassung	30

3 Planung waldwachstumskundlicher Versuche ... 33

3.1	Von geglaubten Regeln zu gesichertem Wissen	33
3.2	Versuchsplanung an einem Beispiel	35
3.2.1	Versuche und Erhebungen	35
3.2.2	Grundbegriffe der Versuchsplanung	37
3.3	Grundsätze der Versuchsplanung	39
3.3.1	Formulierung der Versuchsfrage mit ihren Teilfragen	39
3.3.2	Fragestellungen waldwachstumskundlicher Versuche	40
3.3.3	Biologische Variabilität und Wiederholungen	42
3.3.3.1	Messung der Variabilität	43
3.3.3.2	Standardfehler als Maß für die Unsicherheit einer Schätzung	45
3.3.3.3	Erforderliche Wiederholungen für Mittelwertschätzung	46
3.3.3.4	Wiederholungen zur Prüfung von Mittelwertdifferenzen	47
3.3.3.5	Meßflächengröße und Parzellenzahl	49
3.3.4	Blockbildung und Randomisierung	51
3.3.4.1	Ausschaltung systematischer Fehler	51
3.3.4.2	Genauigkeitssteigerung durch Blockbildung	53
3.3.4.3	Auswertungsbeispiel	54
3.3.5	Skalenniveau der Messungen	57
3.4	Klassische Versuchsanlagen	58
3.4.1	Einfaktorielle Anlagen	59
3.4.1.1	Vollständig randomisierte Anlage	59
3.4.1.2	Block-Anlage	60
3.4.1.3	Lateinisches Quadrat	61
3.4.2	Zwei- und mehrfaktorielle Anlagen	62
3.4.2.1	Mehrfaktorielle Block-Anlage	63
3.4.2.2	Mehrfaktorielles Lateinisches Quadrat und Rechteck	64
3.4.2.3	Wechselwirkungseffekte	64
3.4.3	Spalt- und Streifen-Anlage	65
3.4.4	Versuchsreihen und Streuversuche	68
3.5	Spezielle Versuchsanlagen und waldwachstumskundliche Erhebungen	69
3.5.1	Standraumversuche nach NELDER (1962)	69
3.5.2	Vom Bestandes- zum Einzelbaumversuch	73
3.5.3	Versuche und Erhebungen zu Wachstumsstörungen	75
3.5.4	Wuchsreihen	77
3.5.4.1	Erfassung von Bestandessummen- und Bestandesmittelwerten	77
3.5.4.2	Erfassung der Einzelbaumdynamik	79
	Zusammenfassung	81

4 Anlage und Aufnahme von Versuchsflächen ... 85

4.1	Flächenanlage	85
4.1.1	Dauerhafte Markierung der Versuchsfläche, ihrer Parzellen und Umfassung	85
4.1.2	Numeration der Bäume	87
4.1.3	Markierung der Meßstelle in 1,30 m Höhe	88
4.1.4	Stammfußpositionen	88

4.2	Aufnahme des Altbestandes	89
4.2.1	Aufnahme der Baumart	89
4.2.2	Durchmessererfassung mit Kluppe und Umfangmeßband	89
4.2.3	Höhenmessung	91
4.2.3.1	Definition, Meßprinzip und Fehlerquellen	91
4.2.3.2	Auswahl der Höhenmeßbäume	93
4.2.4	Ausscheidender Bestand, Stockinventur und Totholzaufnahme	94
4.2.4.1	Ausscheidender Bestand	94
4.2.4.2	Stockinventur	94
4.2.4.3	Totholzaufnahme	94
4.2.5	Erfassung der Kronen	95
4.2.6	Baum- und Schaftgüteklassen	97
4.2.7	Äußere Kennzeichen der Holzqualität	97
4.2.7.1	Abmessung und Form des Stammes	97
4.2.7.2	Beastung	98
4.2.7.3	Eigenschaften des Querschnitts	99
4.2.7.4	Merkmale der berindeten Stammoberfläche	100
4.2.8	Kronenverlichtung, Vergilbung, Schadstufenangabe	100
4.2.9	Zuwachsbohrung	103
4.3	Verjüngung	104
4.3.1	Einrichtung von Probekreisen und Zählquadraten	104
4.3.2	Auszählung der Verjüngung	104
4.3.3	Durchmessererfassung an der Verjüngung	105
4.3.4	Trieblängenrückmessungen	105
4.3.5	Qualitätsansprache	105
4.4	Messungen an liegenden Probebäumen	106
4.4.1	Sektionsweise Kubierung	106
4.4.2	Kronenstrukturanalyse	107
4.4.3	Stammanalyse	110
	Zusammenfassung	111
5	**Steuerung von Versuchen**	**113**
5.1	Art der Entnahmen	115
5.1.1	Entnahmen nach sozialen Baumklassen nach KRAFT (1884)	115
5.1.2	Entnahmen nach den kombinierten Baum- und Schaftgüteklassen des VEREINS DEUTSCHER FORSTLICHER VERSUCHSANSTALTEN (1902)	116
5.1.3	Entnahmen nach Auswahl von Auslese- oder Zukunftsbäumen	119
5.1.4	Entnahmen nach Durchmesserklassen oder Zieldurchmesser	122
5.2	Menge der Entnahmen	124
5.2.1	Orientierung der Entnahmen an einer Soll-Bestandesdichte	125
5.2.2	Bewährte Kurvensysteme für Soll-Dichten	125
5.2.3	Wahl der Dichtestufen	127
5.2.4	Dichtesteuerung auf Düngungs- und Provenienzversuchen	127
5.2.5	Einzelbaumorientierte Steuerung von Freistellung und Entnahmemenge	128
5.3	Zeitfolge der Entnahmen	130
	Zusammenfassung	131
6	**Kurzfassung der Geschichte des Forstlichen Versuchswesens**	**133**
6.1	Gründung und Entwicklung des Forstlichen Versuchswesens	133
6.2	Vom Verein Deutscher Forstlicher Versuchsanstalten zur IUFRO	134

6.3	Sektion Ertragskunde im Deutschen Verband Forstlicher Forschungsanstalten	135
6.4	Kontinuität der Versuchsführung in Bayern als Erfolgsprinzip	136
	Zusammenfassung	137

7	**Standardauswertung von langfristigen Versuchsflächen**	**139**
7.1	Von Meßwerten zu Prüfgrößen	141
7.2	Prinzip der Regressionsstichprobe und Regressionsanalyse	142
7.2.1	Bedeutung der Regressionsanalyse für die Standardauswertung	142
7.2.2	Methode der linearen Regressionsanalyse	142
7.2.3	Korrelation und Bestimmtheitsmaß	143
7.2.4	Ausreißerprüfung	146
7.2.5	Konfidenzbänder für ganze Regressionsgeraden	146
7.2.6	Linearisierende Transformation	148
7.3	Plausibilitätskontrollen und Behandlung fehlender und fehlerhafter Werte	150
7.3.1	Plausibilitätsprüfungen der Meßwerte aus einer Bestandesaufnahme	150
7.3.2	Prüfung der Meßwerte von zwei Aufnahmen	152
7.3.3	Prüfung der Meßwerte von mindestens drei Aufnahmen	155
7.3.4	Behandlung fehlender und fehlerhafter Werte	159
7.4	Berechnung von Bestandeshöhenkurven	160
7.4.1	Funktionsgleichungen für die Durchmesser-Höhen-Beziehung	161
7.5	Durchmesser-Höhen-Alters-Beziehungen	162
7.5.1	Methode des Koeffizientenausgleichs	164
7.5.2	Methode der Wachstumsfunktionen für Straten-Mittelstämme	166
7.5.3	Methode der Einheitshöhenkurven	168
7.5.4	Methode der Alters-Durchmesser-Höhen-Regression	168
7.6	Formzahlen	169
7.7	Volumenberechnung für Einzelbäume	171
7.8	Bestandessummen- und Bestandesmittelwerte für Aufnahmezeitpunkte und -perioden	172
7.8.1	Flächenbezug	172
7.8.2	Stammzahl	172
7.8.3	Mittel- und Oberdurchmesser	172
7.8.4	Mittel- und Oberhöhen	175
7.8.5	Schlankheitsgrade h_g/d_g und h_o/d_o	177
7.8.6	Grundfläche und Vorrat	177
7.8.7	Zuwachs- und Wachstumswerte	178
7.9	Ergebnisse der Standardauswertung	179
7.9.1	Tabellarische Darstellung	179
7.9.1.1	Analogie zwischen Ergebnistabellen und Ertragstafeln	179
7.9.1.2	Aufbau und Variablenliste der Ergebnistabellen	179
7.9.1.3	Informationsgehalt der Ergebnistabellen	183
7.9.2	Diagramme der Bestandesentwicklung	186
	Zusammenfassung	195

8	**Beschreibung der Bestandesstruktur**	**199**
8.1	Strukturen und Prozesse in Waldbeständen	199
8.1.1	Wechselwirkungen zwischen Strukturen und Prozessen	199
8.1.2	Wirkung der Anfangsstruktur auf die Bestandesentwicklung	201
8.2	Modellhafte Beschreibung und Visualisierung der Bestandesstruktur	202

8.2.1	Baumverteilungspläne und Kronenkarten	203
8.2.1.1	Darstellung der Kronenprojektionsfläche durch Polygone und Kreise	203
8.2.1.2	Kubische Spline-Funktionen	204
8.2.1.3	Kronengrundflächen	206
8.2.1.4	Verteilungsmuster der Verjüngung	206
8.2.2	Dreidimensionale Visualisierung des Waldwachstums	207
8.2.2.1	Kronenformmodelle	207
8.2.2.2	Aufrißzeichnungen und Aufsichten	209
8.2.2.3	Echtzeit-Walk-through	211
8.2.2.4	Landschaftsvisualisierung	214
8.2.3	Raumbesetzungsmuster	216
8.2.3.1	Rasterung der Bestandesstruktur	216
8.2.3.2	Horizontalschnitte	217
8.2.4	Dreidimensionale Visualisierung als Ergänzung der individuenbasierten Modellierung des Waldwachstums	219
	Zusammenfassung	219
9	**Analyse des Raumbesetzungsmusters**	**221**
9.1	Zum Informationspotential von Strukturparametern	221
9.2	Horizontales Baumverteilungsmuster	222
9.2.1	POISSON-Verteilung als Referenz bei der Strukturdiagnose	223
9.2.2	Verteilungsindizes auf der Basis von Abstandsverfahren	224
9.2.2.1	Aggregationsindex von CLARK und EVANS (1954)	225
9.2.2.2	Verteilungsindex von PIELOU (1959)	228
9.2.3	Verteilungsindizes auf der Basis von Zählquadraten	229
9.2.3.1	Relative Varianz nach CLAPHAM (1936)	229
9.2.3.2	Dispersionsindex von MORISITA (1959)	230
9.2.3.3	Wahl der Zählquadratgröße	231
9.2.4	K-Funktion	232
9.2.4.1	Methodische Grundlagen	234
9.2.4.2	Anwendungsbeispiel	234
9.2.5	L-Funktion	235
9.2.5.1	Methodische Grundlagen	235
9.2.5.2	Anwendungsbeispiel	236
9.2.6	Paarkorrelationsfunktion für die Feinanalyse von Baumverteilungsmustern	237
9.2.6.1	Methodische Grundlagen	237
9.2.6.2	Algorithmus zur Schätzung der Paarkorrelationsfunktion	238
9.2.6.3	Beispiele für die Musteranalyse mit der Paarkorrelationsfunktion	239
9.3	Bestandesdichte	241
9.3.1	Bestockungsgrad	241
9.3.1.1	Ertragstafelbezogener Bestockungsgrad	241
9.3.1.2	Natürlicher Bestockungsgrad	241
9.3.2	Überschirmungsprozent	241
9.3.3	Grundflächenhaltung	243
9.3.4	Quantifizierung der Bestandesdichte nach REINEKE (1933)	244
9.3.4.1	Bestandesdichteregel	244
9.3.4.2	Bestandesdichteindex	244
9.3.5	Kronenkonkurrenzfaktor	245
9.3.6	Raumbesetzungsdichte und Vertikalprofile	246

9.4	Differenzierung	248
9.4.1	Variationskoeffizienten der Durchmesser- und Höhenverteilung	248
9.4.2	Durchmesserdifferenzierung	248
9.4.3	Artendiversität und vertikale Strukturdiversität	250
9.4.3.1	Vielfalt und Diversität	250
9.4.3.2	Standardisierte Diversität oder Evenness	250
9.4.3.3	Artenprofilindex	252
9.4.3.4	Normierter Artenprofilindex	253
9.4.4	Markenkorrelationsfunktion	254
9.4.4.1	Methodische Grundlagen	254
9.4.4.2	Algorithmus zur Schätzung der Markenkorrelationsfunktion	255
9.4.4.3	Beispiele für die Musteranalyse mit der Markenkorrelationsfunktion	256
9.5	Durchmischung	258
9.5.1	Durchmischungsindex von FÜLDNER (1996)	258
9.5.1.1	Methodische Grundlagen	258
9.5.1.2	Anwendungsbeispiel	259
9.5.2	Segregationsindex von PIELOU (1977)	259
9.5.2.1	Methodische Grundlagen	259
9.5.2.2	Anwendungsbeispiel	260
	Zusammenfassung	261
10	**Wuchskonstellation von Einzelbäumen**	**263**
10.1	Der Bestand als Mosaik von Einzelbäumen	263
10.2	Positionsabhängige Konkurrenzindizes	264
10.2.1	Konkurrentenauswahl und Konkurrenzberechnung an einem Beispiel	264
10.2.2	Verfahren der Konkurrentenauswahl	267
10.2.3	Quantifizierung der Konkurrenzstärke	269
10.2.4	Beurteilung der Verfahren	271
10.3	Positionsunabhängige Konkurrenzmaßzahlen	274
10.3.1	Kronenkonkurrenzfaktor	274
10.3.2	Horizontalschnitt-Verfahren	275
10.3.3	Perzentile der Grundflächen-Häufigkeitsverteilung	277
10.3.4	Positionsunabhängige gegen positionsabhängige Konkurrenzindizes	278
10.4	Standflächen-Verfahren	279
10.4.1	Kreissegment-Verfahren	279
10.4.2	Rasterung der Bestandesfläche	280
10.4.3	Standflächen-Polygone	281
10.5	Feinanalyse der Umgebungsstruktur von Bäumen	282
10.5.1	Räumliche Rasterung und Trefferabfrage	282
10.5.2	Berechnung räumlicher Distanzen	285
10.5.3	Wachstumsreaktionen der Krone auf seitliche Einengung	286
10.6	Nutzung hemisphärischer Abbildungen zur Quantifizierung der Wuchskonstellation	288
10.6.1	Fish-eye-Abbildungen als Forschungsgrundlage	288
10.6.2	Methodische Grundlagen der Fish-eye-Projektion in Waldbeständen	289
10.6.3	Quantifizierung der Wuchskonstellation in einem Fichten-Buchen-Mischbestand	291
10.7	Verfahren der Randkorrektur	292
10.7.1	Randeffekte und Verfahren der Randkorrektur	292
10.7.2	Spiegelung und Translation	293

10.7.3	Lineare Expansion	294
10.7.4	Strukturgenerierung	297
10.7.5	Bewertung der Verfahren	298
	Zusammenfassung	300

11 Waldwachstumsmodelle ... 303

11.1	Wachstumsmodelle auf der Grundlage von Bestandesmittel- und Bestandessummenwerten	307
11.1.1	Grundlagen der Ertragstafelkonstruktion	307
11.1.1.1	Drei Grundbeziehungen zur Bestimmung der Gesamtwuchsleistung	307
11.1.1.2	Von der Massenbonitierung zur Bonitierung über die Oberhöhe	308
11.1.1.3	Vom EICHHORN-Gesetz zum untergliederten speziellen Ertragsniveau nach ASSMANN	309
11.1.1.4	Streifen- und Weiserverfahren	309
11.1.2	Von Erfahrungstabellen zu Bestandessimulatoren	311
11.1.2.1	Erfahrungstabellen aus der Initialphase der Ertragstafelforschung	311
11.1.2.2	Standardisierte Ertragstafeln	312
11.1.2.3	EDV-gestützte Ertragstafelmodelle	315
11.1.2.4	Bestandeswachstumssimulatoren	315
11.2	Bestandeswuchsmodelle auf der Basis von Stammzahlfrequenzen	317
11.2.1	Darstellung der Bestandesentwicklung durch Systeme von Differentialgleichungen	317
11.2.2	Wuchsmodelle auf der Basis der Verteilungsfortschreibung	318
11.2.3	Bestandesevolutionsmodelle – Bestandeswachstum als stochastischer Prozeß	319
11.3	Einzelbaumorientierte Managementmodelle	320
11.3.1	Funktionsprinzip von Einzelbaummodellen im Überblick	322
11.3.2	Zuwachsfunktionen als Kernstück von Einzelbaummodellen	323
11.3.3	Übersicht über Modelltypen	324
11.4	Kleinflächenmodelle	325
11.4.1	Entwicklungszyklus auf der Kleinfläche	326
11.4.2	JABOWA-Modell von BOTKIN et al. (1972) als Prototyp	327
11.5	Ökophysiologische Prozeßmodelle	329
11.5.1	Zunahme der strukturellen Übereinstimmung von Modell und Wirklichkeit	329
11.5.2	Modellierung der Grundprozesse in ökophysiologischen Modellen	332
11.5.2.1	Regelkreis	332
11.5.2.2	Physikalische, biochemische und physiologische Grundprozesse	334
11.5.2.3	Stoffallokation	335
11.5.2.4	Absterbeprozesse	336
11.5.3	Ableitung forstwirtschaftlicher Dimensionsgrößen	337
11.5.4	Modellansätze im Überblick	337
	Zusammenfassung	339

12 Diagnose von Wachstumsstörungen ... 341

12.1	Wuchsmodelle als Referenz	344
12.1.1	Ertragstafelvergleich	344
12.1.2	Dynamische Wuchsmodelle als Referenz	346
12.1.3	Synthetische Referenzkurven	348
12.2	Ungeschädigte Bäume oder Bestände als Referenz	349
12.2.1	Zuwachstrend-Verfahren	349
12.2.2	Pärchenvergleich	354

12.2.3	Nullflächen-Vergleich	355
12.2.4	Nullflächen-Vergleich durch Indexierung	358
12.2.5	Regressionsanalytische Zuwachsverlustschätzung	360
12.2.5.1	Kronenmantelfläche als einzige Kovariable	361
12.2.5.2	Zuwachs der Vorperiode als Kovariable	362
12.2.5.3	Baum- und Bestandesattribute als Kovariable	363
12.3	Wuchsverhalten in anderen Kalenderzeiträumen als Referenz	364
12.3.1	Individuelles Wachstum in der Vorperiode als Referenz	364
12.3.1.1	Bestimmung von Zuwachsverlusten	364
12.3.1.2	Diagnose abrupter Zuwachsänderungen	365
12.3.2	Langfristiger alterstypischer Baumzuwachs als Referenz	366
12.3.3	Wachstumsvergleich zwischen Vor- und Folgegeneration auf gleichem Standort	368
12.3.4	Diagnose von Wachstumstrends aus Folgeinventuren	369
12.4	Dendroökologische Zeitreihenanalyse	372
12.4.1	Elimination der glatten Komponente	373
12.4.2	Indexierung	376
12.4.3	Response-Funktion	376
12.4.4	Zuwachsverlustberechnung	377
	Zusammenfassung	377

Literatur ... 379

Sachwortverzeichnis ... 401

Bildtafeln 1–14 nach S. 34

Bildtafeln 15–28 nach S. 274

1 Waldwachstumsforschung

1.1 Erkenntnis- und Zweckinteressen der Waldwachstumsforschung

Waldwachstumsforschung bewegt sich im Kräftefeld zwischen Erkenntnis- und Zweckinteresse, zwischen Streben nach biologischen Gesetzmäßigkeiten und Betriebsforschung für die Praxis.

Das Erkenntnisinteresse der Waldwachstumsforschung richtet sich auf die Wachstumsprozesse und Strukturen von Einzelbäumen und Waldbeständen und ihre Abhängigkeit von Zeit, Standortbedingungen, wirtschaftlichen Maßnahmen und biotischen oder abiotischen Störfaktoren. Ziel der Waldwachstumsforschung ist die quantitative Erfassung und Analyse des Waldwachstums, die modellhafte Nachbildung, die Aufdeckung von Gesetzmäßigkeiten und deren theoretische Fundierung. Solche Hypothesen, Modelle und Gesetzmäßigkeiten, die allein aus biologischem Erkenntnisinteresse, ohne unmittelbaren pragmatischen Hintergrund entstehen, erbringen häufig besonders nützliche Ergebnisse für die praktische Anwendung. Ein Beispiel hierfür bilden die bekannten Baumkronenuntersuchungen von BURGER und BADOUX in der ersten Hälfte des 20. Jahrhunderts (vgl. u. a. BADOUX, 1946; BURGER, 1939). Diese Untersuchungen erbrachten erste wichtige Erkenntnisse über die Allometrien der Baumkrone und ihre Beeinflussung durch Konkurrenz und werden erst in der Gegenwart von Managementmodellen zur Schätzung der Biomasse von Waldbäumen, Nachbildung ihrer Raumstruktur, Ermittlung der Konkurrenz und Steuerung der Einzelbaumentwicklung sowie zur Visualisierung der Waldentwicklung eingesetzt (vgl. Kap. 8). Auch die Untersuchungen von MEYER (1953) im Plenterwald entsprangen primär dem Interesse, die Gesetzmäßigkeiten in ungleichaltrigen Waldbeständen zu erfassen. Nutzanwendungen fanden sich für diese Gesetzmäßigkeiten erst in der Folgezeit, indem sie der waldbaulichen Steuerung von Plenterwäldern zugrunde gelegt wurden (SCHÜTZ, 1997) (vgl. Kap. 5).

Charakteristisch für die Waldwachstumsforschung ist, daß sie bei aller Fesselung durch fortschreitendes Detailwissen dessen Zusammenführung zu einem Ganzen (Baum-, Bestandes-, Betriebsebene und Großregion) nicht aus den Augen verliert. Ihr Interesse gilt der Synthese und Nutzbarmachung von Erkenntnissen für die nachhaltige Entwicklung von Wäldern. Die von der Waldwachstumsforschung behandelten Strukturen – Baumdurchmesser, Kronengrößen, Jahrringbreiten, Mischungsanteile – sind weitgehend identisch mit denen der biologischen Anschauung und Erfahrung von Praktikern in der Forstwirtschaft. Das prädestiniert die Waldwachstumsforschung schon allein aufgrund der Raum- und Zeitskala ihres Untersuchungsansatzes für den Transfer von Forschungsergebnissen in die forstwirtschaftliche Praxis. Auch bei Untersuchungen, die auf Prozesse und Strukturen höherer Auflösung zielen, führt die Waldwachstumsforschung die der forstwirtschaftlichen Praxis geläufigen Baum- und Bestandesvariablen mit. Das verdeutlichen Untersuchungen zu den Effekten von Trockenstreß, Temperaturerhöhung, Parasitenbefall, Steigerung der Ozon-, Stickstoff-, Kohlendioxidkonzentration auf das Waldwachstum, die sich nicht auf die physiologischen Grundprozesse, Photosynthese, Atmung, Transpiration,

Allokation beschränken, sondern auch der aggregierten Wirkung auf den Bestand insgesamt nachgehen. Die Waldwachstumsforschung übernimmt in solchen Untersuchungen die Erfassung der Streßwirkungen u. a. auf Durchmesser-, Höhen-, Qualitäts- und Volumenentwicklung, und sie stellt auf diese Weise auch in zunächst anwendungsfern erscheinenden interdisziplinären Forschungsprojekten einen Praxisbezug her.

Veränderungen der Waldaufbauformen, der Wachstumsbedingungen und des Interesses am Wald fordern die Waldwachstumsforschung immer wieder zu neuen Denkmustern, Untersuchungsmethoden und Informationstechniken heraus.

Die Waldwachstumsforschung war in ihren Anfängen primär auf gleichaltrige Reinbestände konzentriert, ging von statischen Standortbedingungen aus und befaßte sich vorrangig mit der in Waldbeständen produzierten Holzmenge. Ihre Methoden sind vom Versuchsdesign über die Messung, Datenorganisation, Ergebnisanalyse bis hin zur Modellierung bis heute von diesem Denkmuster geprägt. Dieses Denkmuster und Systemverständnis spiegelt sich in den Lehrbüchern der Holzmeßlehre von PRODAN (1965), KRAMER und AKÇA (1995), AVERY und BURKHART (1975) sowie ZÖHRER (1980) ebenso wie in deren Vorgängerwerken (MÜLLER, 1902; SCHWAPPACH, 1903; PRODAN, 1951 und 1961; TISCHENDORF, 1927; BRUCE und SCHUHMACHER, 1950; MEYER, 1953) und gleichermaßen in den Lehrbüchern zur Waldwachstumskunde von ASSMANN (1961a), KRAMER (1986), MITSCHERLICH (1970, 1971, 1975) und WENK, ANTANAITIS und ŠMELKO (1990) wider. In den Mittelpunkt stellen die Autoren die summarische Erfassung, Beschreibung und Modellierung des Holzvorrats über Bestandessummen- und Bestandesmittelwerte, Methoden, die in den genannten Werken erschöpfend dargestellt und hier nicht wiederholt werden. Die genannten Lehrbücher der Waldwachstumskunde gehen wohl über diese Beschränkung hinaus, behandeln aber Methoden einer weiterführenden Sichtweise allenfalls ausschnitthaft.

Je komplexer ein zu behandelndes System und je vielschichtiger die damit angestrebten Wirkungen und Leistungen sind, um so unverzichtbarer wird ein tieferes Systemwissen. Angesichts der Zunahme komplexerer Waldaufbauformen, der Verbesserung von Informationsstand und Informationstechnologie und des erhöhten Informationsbedarfs über den Waldzustand und seine Entwicklung, verlieren allzu vergröbernde Beschreibungsansätze an Bedeutung. In den Mittelpunkt rücken u. a. die nachhaltige Entwicklung naturnaher Mischbestände, die Wachstumsreaktionen auf Stoffeinträge und Klimaänderungen, die Überführung von Altersklassenwäldern in gemischte Dauerbestockungen, Auswirkungen verschiedener Bestandeserziehungskonzepte auf die Biodiversität, modellgestützte Optimierung von Nutzungsstrategien auf Bestandes- und Betriebsebene; die Aufzählung ist beispielhaft. Die Auffassung vom Waldbestand als geschlossenes, statisches System ohne Raumstruktur mit der Holzmenge als wichtigster Zustands- und Ergebnis-Variable erscheint angesichts dieser Fragestellungen kaum mehr neue Erkenntnisse zu erbringen. Wir konstatieren gegenwärtig einen Paradigmenwechsel (KUHN, 1973) im Systemverständnis der Forstwissenschaft. Dieser besteht in einem Übergang zur Auffassung vom Wald als hierarchisches, offenes dynamisches System, das räumlichen Charakter hat, durch ein Netz von Regelkreisen mit Anpassungsfähigkeit ausgestattet ist und an dem uns ein ganzer Vektor von Zustands- und Output-Variablen interessiert. Erst durch eine konsequente Übernahme dieser komplexeren Systemvorstellung vermag die Waldwachstumsforschung forstwirtschaftliche und umweltpolitische Entscheidungsträger mit beständigen quantitativen Informationen über Waldzustand, Handlungs- und Entwicklungsalternativen zu versorgen. Voraussetzung ist eine Umsetzung dieser Systemvorstellung auf allen Stufen der Waldwachstumsforschung, vom Versuchsdesign über die Messung bis zum Modell. An dieser Stelle ist zu bemerken, daß das skizzierte Systemverständnis, einst und jetzt, hier eher zur Verdeutlichung von Entwicklungstendenzen plakativ dargestellt wird; in der dargestellten Beschränktheit und Einseitigkeit dürfte es kaum ausgeprägt gewesen sein.

Die Waldwachstumsforschung entwickelt sich deshalb mehr und mehr aus ihrem klassischen Denkmuster, Systemverständnis und Forschungsansatz heraus. Die untersuchten Strukturen und Prozesse werden räumlich und zeitlich höher aufgelöst (Einzelbaum, Organ, Zelle), neue Aspekte des Waldwachstums (Biodiversität, Struktur, Stabilität, Biomonitoring) erschlossen und die skalen- und fächerübergreifende Wissenssynthese durch Modellbildung vorangebracht (Einzelbaummodelle, Sukzessionsmodelle, ökophysiologische Prozeßmodelle). Durch die Entwicklung und Anwendung neuer Methoden und Modelle wird der Wissensfortschritt im Kernbereich, besonders wirkungsvoll aber auch in bisherigen Randbereichen, gefördert. Der erweiterte Informationsbedarf forstwirtschaftlicher und umweltpolitischer Entscheidungsträger führt die Waldwachstumsforschung also von überwiegend für Reinbestände entwickelten, vereinfachenden statistischen Beschreibungs- und Erklärungsansätzen zu ihren biologischen Erkenntnisinteressen zurück.

Konzentriert sich das Interesse der Waldwachstumsforschung allein auf biologische Gesetzmäßigkeiten, so gehen Anwendungsbezug und die aus der forstlichen Praxis kommenden Richtungsimpulse verloren. Orientiert sich die Waldwachstumsforschung dagegen ausschließlich an Fragen und dem Informationsbedarf der Praxis, so wird sie zu reiner Zweckforschung, der biologische Denkmuster verloren gehen können, wie sie für das tiefere Verstehen und Steuern von Waldökosystemen nötig sind. Die eigentliche Quelle für innovative Ideen und Lösungsansätze ist gerade das Spannungsfeld zwischen den Polen biologische Erkenntnisgewinnung und Zweckforschung für die Praxis.

1.2 Systemeigenschaften von Waldbeständen

Waldbestände haben sehr spezifische Systemeigenschaften. Diese sind bestimmend für den Ansatz und die Methoden der Waldwachstumsforschung und werden daher im folgenden dargestellt.

1.2.1 Wälder sind langlebige Systeme

Im Vergleich zu den meisten tierischen und pflanzlichen Organismen und zur Lebenserwartung des Menschen sind Waldbestände um 10er Potenzen langlebiger. Verglichen mit der Lebensdauer von Bakterien, können Bäume 10^6mal länger, also quasi eine Ewigkeit leben. Experimente zum Wachstum von Bakterien, Insekten, Getreidearten, Kräutern oder Säugetieren lassen sich deshalb in Stunden, Tagen, Monaten oder wenigen Jahren durchführen. Experimente zum Wachstum von Bäumen erfordern dagegen Kontinuität über mehrere Forschergenerationen (vgl. Kap. 6). Vor großflächigem Anbau einer neuen Sorte von Sonnenblumen, Raps oder Mais kann deren Wachstum und Behandlung kurzfristig experimentell geprüft werden. Diese Vorgehensweise ist bei Waldbeständen, etwa zur Analyse waldbaulicher Behandlungsprogramme, aufgrund der langen Zeiträume in der Regel nicht möglich; nach Abschluß solcher langwieriger Prüfungen wären die Behandlungsmodelle vermutlich bereits wieder veraltet oder vergessen. Deshalb erfordern Bäume und Waldbestände von der Messung bis zum Modell objektspezifische Methoden, die sich von denen für Organismen mit kürzerer Lebenserwartung unterscheiden.

Aus der Langlebigkeit von Bäumen und Beständen resultiert die zentrale Bedeutung der Modellierung für die Waldwachstumsforschung (Kap. 11). Modelle ermöglichen die Nachbildung des Bestandeswachstums im Zeitraffer-Verfahren und erlauben Wenn-dann-Aussagen. Diejenigen ertragskundlichen, betriebswirtschaftlichen und ökologischen Konsequenzen von Behandlungsprogrammen oder Störungen, die experimentell ad hoc nicht zugänglich sind, lassen sich im Modell durch Simulation nachbilden. Verfügen wir über validierte Wuchsmodelle, so muß auf neu aufkommende Fragen der waldbaulichen Praxis nicht in jedem Fall mit der Anlage entsprechender Versuchsflächen reagiert werden; vielmehr lassen sich diese Modelle zur Fragenbeantwortung und Hypothesenprüfung einsetzen. Damit werden Versuchsanlagen keineswegs überflüssig, sie sind auch weiterhin Basis für die Ableitung von Gesetzmäßigkeiten und die solide Parametrisierung von Modellen.

1.2.2 Waldbestände sind offene Systeme

Waldbestände tauschen mit ihrer Umgebung Stoffe, Energie und genetische Informationen aus. Die viel diskutierten Reaktionen unserer Wälder auf Umwelteinflüsse reichen von Wachstumsverbesserungen bis zu Zuwachsverlusten und tiefgreifenden Destabilisierungen (HOFMANN et al., 1990; PRETZSCH, 1999c). Die teilweise paradox erscheinenden Befunde – Waldwuchern hier, Waldsterben da – unterstreichen den Charakter der Wälder als offene Systeme. Der offene Systemcharakter erschwert das Experimentieren und damit die Gewinnung von Kausalzusammenhängen im Wald, weil die Voraussetzung für Experimente, daß außer dem zu variierenden Faktor alle anderen Bedingungen konstant oder unter Kontrolle gehalten werden, in den seltensten Fällen gewährleistet werden kann (Kap. 3).

Anders als kurzlebige landwirtschaftliche Kulturen, können Waldbestände nicht in Phytotronen oder Gewächshäusern unter kontrollierten und gesteuerten Umweltbedingungen beobachtet werden. Vielmehr muß die Waldwachstumsforschung mit den Umwelteinflüssen leben, die auf dem Versuchsstandort gegeben sind. Es bleibt meist nur die Möglichkeit, die Umgebungsbedingungen zu erfassen, um sie dann in die Versuchsauswertung einfließen lassen zu können. Allenfalls lassen sich mit erheblichem Aufwand einzelne Umweltfaktoren ausschalten, konstant halten oder exakt messen. Beispiele hierfür sind Dachexperimente, bei denen zumindest die Niederschlagsmenge und die darin enthaltene Deposition kontrolliert wird und Kohlendioxid- oder Ozon-Begasungen im Wald, bei denen mit großem Aufwand der Effekt einer veränderten Luftchemie auf das Baum- und Bestandeswachstum untersucht wird. Auch hier wird aber nur ein Faktor mit besonders feiner Auflösung kontrolliert oder variiert. Andere Umweltbedingungen, ob konstant oder im Wandel befindlich, müssen so genommen werden, wie sie für den Standort charakteristisch sind.

Veränderungen der Umweltbedingungen können Ertragstafeln, andere statische Modelle und normative Pflegerichtlinien, die einen geschlossenen Systemcharakter und konstante Standortbedingungen unterstellen, sehr schnell veralten lassen. Eine wirklichkeitsnahe Vorhersage des Verhaltens offener Systeme ist aufgrund der Umgebungseinflüsse nur von behandlungs- und standortsensitiven Prognosemodellen zu erwarten.

1.2.3 Waldbestände sind stark durch ihre Raumstruktur geprägt

Eine weitere wichtige Systemeigenschaft von Wäldern ist ihre starke Determinierung durch die Bestandesstruktur. Indem Bäume am Boden „festgewachsen" sind und ihre Struktur über lange Zeiträume ausbauen und akkumulieren, regeln sie u. a. die Licht-, Temperatur-, Niederschlagsverteilung innerhalb des Bestandesraumes. Die in Waldökosystemen aufgebauten Baum- und Bestandesstrukturen werden damit zu wichtigen Einflußgrößen für viele Lebensprozesse innerhalb eines Bestandes, etwa die Wuchsbedingungen von Bodenvegetation und Baumflechten, die Habitate von Vögeln und Käfern und die Lebensaktivität und Stoffumsätze von Bodenmikroorganismen. Ein Verstehen und Prognostizieren der Bestandesdynamik kann deshalb, insbesondere in heterogenen Waldbeständen, nur unter Berücksichtigung der räumlichen Bestandesstruktur gelingen. Die Bestandesstruktur determiniert auch die Schutz- und Erholungsfunktionen des Waldes, so daß eine räumlich explizite Erfassung, Quantifizierung, Modellierung und Prognose von Baum- und Bestandesstrukturen anzustreben ist (Kap. 7 und 8).

1.2.4 Bäume, Waldbestände und Waldökosysteme sind geschichtlich geprägt

Die an ihnen beobachteten Prozesse und Strukturen werden nicht allein von den aktuell auf sie einwirkenden Faktoren (u. a. Standortfaktoren, abiotische und biotische Stressoren), sondern auch durch ihre Vorgeschichte bestimmt. Aufgrund dieser Mitwirkung der ontogenetischen und phylogenetischen Faktoren bei Ursache-Wirkungs-Beziehungen auf Baum-, Bestandes- und Ökosystemebene sind Informationen über die zurückliegende Baum- oder Bestandesentwicklung bei der Erfassung, Analyse und Modellierung des Waldwachstums unverzichtbar. Selbst für langfristig beobachtete Versuchsflächen sind aber die weiter in die Vergangenheit zurückreichenden Informationen über Bestandesbegründung, Bestandesbehandlung, Provenienz der Baumart und genetische Variation innerhalb des Bestandes häufig mangelhaft. Die Konsequenz der Geschichtlichkeit belebter Systeme für die Versuchsplanung besteht darin, daß bei mangelndem Wissen über die Vorgeschichte von Versuchsobjekten die betrachteten Varianten in größerem Umfang wiederholt werden müssen. Versuchsflächen, die das Bestandeswachstum bei verschiedenen Durchforstungs-, Düngungs- oder Astungsvarianten prüfen, erfordern deshalb mehrfache Wiederholungen. Erst durch Mittelung der Ergebnisse über mehrere Wiederholungen werden geschichtlich bedingte Unterschiede zwischen den Probenahmen, die beispielsweise den Zuwachs das eine Mal erhöhen, das andere Mal erniedrigen, im allgemeinen kompensiert.

Da der Entwicklungsgang eines Waldbestandes maßgeblich durch seine Geschichte geprägt wird, sollten auch Prognosen diese Geschichte soweit wie möglich berücksichtigen. Wir werden in Kapitel 11 Modellansätze kennenlernen, bei denen die Prognose auf der aktuellen Bestandesstruktur aufbaut. Durch Übernahme der räumlichen Ausgangsstruktur als Startkonfiguration für die Prognose, also Berücksichtigung der horizontalen und vertikalen Baumverteilung, der aktuellen Baumdurchmesser, Höhen und Kronendimensionen, wird die Bestandesgeschichte bestmöglich in eine Vorhersage einbezogen. Die Ausgangsstruktur ist das Resultat der Bestandesgeschichte, und die Nutzung der wirklichen Ausgangsstruktur als Initialzustand ist quasi „die halbe Prognose".

1.2.5 Waldbestände sind kybernetische Systeme

Kybernetische Systeme streben innerhalb ihres Stabilitätsbereiches einem Gleichgewichtszustand zu. Ihre Fähigkeit zur Selbstorganisation und Stabilität realisieren kybernetische Systeme durch das Funktionsprinzip der Rückkopplung und die Systemstruktur des Regelkreises. Rückkopplungsprozesse und die zugrundeliegenden Regelkreisstrukturen bilden eine gerade für offene, von vielfältigen Störungen betroffene Systeme äußerst relevante, weil stabilitätssichernde Eigenschaft (BERTALANFFY, 1968; FORRESTER, 1968; WIENER, 1948). Rückkopplungsprozesse stabilisieren Waldbestände in erstaunlichem Maße gegenüber Störungseinflüssen wie u. a. Durchforstung, Grundwasserabsenkung, saure Deposition oder Stickstoffeintrag.

Der für Waldbestände essentielle Regelkreis Bestandesstruktur → Zuwachs → Baumzustand → Bestandesstruktur beispielsweise gewährleistet die Abpufferung von Zuwachseinbußen nach Durchforstungen. Die Bestandesstruktur stellt die Wuchsbedingungen von Einzelbaum und Bestand ein, die Wuchsbedingungen determinieren den Zuwachs, und der Zuwachs äußert sich wiederum in Strukturveränderungen von Baum und Bestand. Nach einer Verminderung der Bestandesdichte können die verbleibenden Bäume mehr Raum besetzen und verstärkt Ressourcen aufnehmen. Dadurch reagieren sie in einem gewissen Rahmen mit steigenden Zuwächsen und kompensieren so die Zuwächse der entnommenen Bäume. Stark höhenstrukturierte Wälder vermögen aufgrund der umfassenderen Ausfüllung des Bestandesraums mit assimilierender Biomasse starke Störungen der Bestandesstruktur mit Blick auf die Zuwachsleistung besser abzupuffern; unter verschiedensten Dichtestufen, von dicht bis locker, wird dabei ein relativ gleichbleibender Bestandeszuwachs gebildet. In Altersklassenwäldern ist eine solche Flexibilität nicht gegeben.

1.2.6 Waldbestände sind Systeme mit multikriteriellen Ausgabegrößen

Die Zunahme der Belastung von Waldbeständen, der Wandel im Waldaufbau und in der Waldbehandlung sowie die Veränderung der Nutzungsinteressen führen zu einer Erweiterung des Informationsbedarfes forstwirtschaftlicher und umweltpolitischer Entscheidungsträger. Neben Baum- und Bestandesattributen wie Massenleistung, Sortenleistung und Wertleistung rücken weitere ökologische, ökonomische und sozioökonomische Leistungen in den Vordergrund (CONSTANZA et al., 1997). Die Waldwachstumsforschung sollte auf eine solche Erweiterung des Informationsbedarfes mit der Erweiterung ihrer Variablenliste bei der Erfassung, Abbildung und Modellierung des Waldwachstums reagieren. In den folgenden Kapiteln werden wir aus den vorhandenen und kontinuierlich erweiterten Datensätzen der langfristigen Versuchsflächen, aus Rasterstichproben, Inventuren oder Weiserflächen deshalb auch solche Informationen erschließen, die über die reine Rohstoffproduktion hinausgehen und der Quantifizierung weiterer Leistungskategorien dienen können. Dadurch können sie zur nachhaltigen Entwicklung forstlicher Ressourcen, der Vitalität und Stabilität, der Produktion und Erzeugung, der biologischen Diversität und zur Erfüllung weiterer Funktionen wie Schutz und sozioökonomischem Nutzen beitragen (CONSTANZA et al., 1997; MEADOWS et al., 1992).

1.2.7 Waldökosysteme sind hierarchisch organisiert

Strukturen und Prozesse in Waldökosystemen können auf verschiedenen Zeit- und Raumskalen untersucht werden, die in der Prozeßdauer von Sekunden bis Jahrtausenden und in der Prozeßausdehnung von Zell- und Mineraloberflächen bis zu Kontinenten reichen. Tabelle 1.1 zeigt die in Waldökosystemen unterscheidbaren Prozeßkategorien, geordnet nach ihrem Zeit- und Raumbezug. Die Prozesse werden entweder durch Umweltbedingungen, wie den Tag-Nacht-Rhythmus oder den Jahresrhythmus, ausgelöst. Oder sie können ontogenetisch und ökosystemar bedingt sein, wie beispielsweise durch Alterung oder Verjüngung von Systemelementen. Sie laufen mit einem bestimmten Raumbezug ab, bis ein neuer Systemzustand erreicht ist und die Prozesse abklingen.

Die Prozesse äußern sich in spezifischen Veränderungen von Mustern und Strukturen, wie beispielsweise die Verzweigung, dem Belaubungszustand, dem Zuwachsgang oder der Zusammensetzung von Waldgesellschaften (Tab. 1.1, rechte Spalte). Umgekehrt geben die Strukturen die Rahmenbedingungen für die ablaufenden Prozesse vor. Da sich alle Prozesse in spezifischen Mustern und Strukturen äußern, können diese Muster beispielsweise im Rahmen der Waldschadensuntersuchungen für die Analyse und Beurteilung des Systemverhaltens und Diagnose eventueller Störungen herangezogen werden (ROLOFF, 1989). Bekannte Beispiele hierfür sind Blatt-, Nadel- und Zuwachsverluste, als unspezifische Indikatoren für den Vitalitätszustand von Waldbäumen (Kap. 12).

In Tabelle 1.1 finden sich in hierarchischer Anordnung Prozesse, die äußerst mikroskalig sind, wie biochemische Reaktionen in Zellen und in Bodenkompartimenten bis hin zu Prozessen, die in großen Zeit- und Raumskalen ablaufen, wie beispielsweise Sukzession und Evolution. Bezeichnet werden diese verschiedenen Kategorien mit $-3, -2, \ldots, +2, +3, +4$ usw., wobei uns die Bezugsebene 0 am geläufigsten ist; hier werden Wachstumsprozesse im Jahresverlauf (Zeitbezug) an Bäumen in Abhängigkeit von ihren Nachbarn (Raumbezug) betrachtet. Biochemische Reaktionen in der Zelle und bodenchemische Reaktionen an der Mineraloberfläche (Ebene -3) äußern sich in biochemischen Mustern bzw. Pufferbereichen. Assimilation und Respiration erbringen bestimmte Kohlenstoffmengen, die Mineralisierung determiniert die Bodenlösungschemie (Ebene -2). Die Zersetzer und Phytophagen erzeugen charakteristische Humusstrukturen; der Prozeß der Kohlenstoffallokation und Organbildung zeigt sich in Verzweigungs- und Belaubungsmustern (Ebene -1).

Tabelle 1.1 Prozesse in Waldökosystemen, geordnet nach ihrem zeitlichen und räumlichen Bezug, mit Angabe der durch die Prozesse erzeugten Muster und Strukturen (nach ULRICH, 1993).

	Prozeß	Prozeßdauer	Kompartiment	Muster
+4	Evolution	Jahrtausende	Kontinente	Arten und Genotypen
+3	Sukzession	Jahrhundert(e)	Landschaft	Waldgesellschaften
+2	Systemerneuerung	Jahrhundert(e)	Ökosystem	Verjüngungsstruktur
+1	Bestandesentwicklung	Jahrzehnte	Bestand	Wachstumsgang
0	Stoffkreislauf	Jahr	Bestandesausschnitt	Stoffbilanz
-1	Organbildung	Monate	Baum und Bodenflora	Belaubung Verzweigung
-1	Populationsdynamik	Wochen	Bodenhorizont	Humusform
-2	Assimilation u. Stoffaufnahme	Tage-Wochen	Blatt Wurzel	Kohlenstoff- und Ionenallokation
-2	Mineralisierung	Stunden	Bodenaggregat	Bodenlösungschemie
-3	Biochemische Reaktionen	Minuten	Zelle	biochemische Muster
-3	Biochemische Reaktionen	Sekunden	Mineraloberfläche	Pufferbereich

Auf den Ebenen –3, ..., –1 haben wir es mit Prozessen und Mustern zu tun, die sich in oder zwischen bestimmten Teilsystemen des Ökosystems abspielen. Erst auf der Ebene 0, der Betrachtung des Stoffkreislaufes und Zuwachsverlaufes innerhalb eines Jahres von Bäumen und ihren Nachbarn und der daraus erzeugten Stoffbilanz, kommt das Gesamtverhalten des Ökosystems ins Blickfeld.

In Ökosystemen, die sich im Fließgleichgewicht befinden, wird langfristig immer derselbe Zuwachs gebildet, und die Input-Output-Bilanz des Ökosystems an Nährstoff und Kohlenstoff usw. ist langfristig ausgeglichen. Der Bestandesentwicklungsprozeß (Ebene +1) resultiert aus Wachstumsverläufen von Bäumen und Beständen und beeinflußt Altersklassen- und Bestandesstrukturen. Die Systemerneuerung (Ebene +2), d. h. der Verjüngungsprozeß, führt im Gleichgewichtszustand zu einer Wiederherstellung derselben Systemstruktur, die Sukzession (Ebene +3) zur Ausprägung bestimmter Waldgesellschaften und der Prozeß der Evolution (Ebene +4) zu einem bestimmten Muster der Arten und Genotypen.

In stabilen Ökosystemen bestimmen die langsamen Prozesse jene mit mittlerer und hoher räumlich-zeitlicher Auflösung (MÜLLER, 1992; ULRICH, 1993). Von untergeordneten Ebenen wirkende Störungen können von übergeordneten Ebenen verarbeitet und in gewissem Rahmen abgepuffert werden. Ist eine solche Abpufferung nicht mehr möglich, so kann es zu einem Hierarchiebruch kommen; für das Systemverhalten werden dann diese Störungen bestimmend (vgl. Abschn. 1.3).

Eine Konsequenz aus dieser hierarchischen Organisation von Waldökosystemen besteht in der Ebenen übergreifenden Analyse und Modellierung. Indem sich die Waldwachstumsforschung primär mit eher langsam und auf mittlerer bis großer Raumskala ablaufenden Prozessen (Ebenen –1, ..., +2) befaßt und traditionell die Aufgabe der Wissenssynthese in Modellen übernimmt, kommt ihr eine Schlüsselrolle bei der skalenübergreifenden Forschung zu (Abschn. 1.4).

1.3 Untersuchungsansatz der Waldwachstumsforschung

1.3.1 Skalen der Waldwachstumsforschung

Mit den zeitlichen und räumlichen Betrachtungsebenen von Sekunden bis zu Jahrtausenden und Molekülen bis zu Landschaftseinheiten nimmt die Komplexität der ablaufenden

Prozesse und der erzeugten Strukturen zu. Gleichzeitig nimmt unser Wissen von physiologisch-chemischen Prozessen auf Molekül- und Zellebene zu Evolutions- und Sukzessionsprozessen auf Ökosystem- und Landschaftsebene ab, weil Prozesse und Strukturen auf höherer Aggregationsebene experimentell wesentlich schwerer zugänglich sind (LEUSCHNER und SCHERER, 1989). Abbildung 1.1 zeigt, in welchem räumlich-zeitlichen Beobachtungsfenster die Waldwachstumsforschung ansetzt. Ihre Raumskala reicht von Baumorganen (z. B. Kronenformanalysen) bis zur Großregion (z. B. großräumige Holzaufkommensprognosen), ihre Zeitskala von Tagen (z. B. elektronische Dendrometermessungen) bis Jahrzehnten und Jahrhunderten (z. B. Wiederholungsaufnahmen auf Durchforstungsversuchen). Die Waldwachstumsforschung beschäftigt sich also mit eher langsam und auf mittlerer bis großer Raumskala ablaufenden Prozessen.

Die langsam und auf mittlerer bis großer Raumskala ablaufenden Prozesse höherer Integration sind mehr als die reine Summe der hierarchisch untergeordneten Teilprozesse. Rückkopplungen zwischen den Prozessen gleicher und verschiedener Hierarchien prägen das charakteristische Verhalten von Biosystemen, welches sich aus einer isolierten Betrachtung ihrer zugrundeliegenden Teilprozesse nicht erschließt. Beispielsweise führten die auf Bodenprozesse oder Pflanzenphysiologie reduzierten Forschungs- und Modellansätze im Rahmen der Waldschadensuntersuchungen zu Vorhersagen tiefgreifender Destabilisierung und Bestandesauflösung. Zumeist wurde dabei aber das Durchschlagen spezifischer Stressoren auf das Bestandeswachstum überschätzt und die stabilisierend wirkenden, skalenübergreifenden Regelkreise in ihrer Abpufferungsfähigkeit unterschätzt. So sind die mit hochauflösenden Prozeßmodellen vorhergesagten Absterbeszenarien auch in Gebieten mit anhaltender biotischer und abiotischer Belastung bisher kaum eingetreten.

Bei aller experimenteller Exaktheit können die Erkenntnisse über bodenchemische, biochemische oder physiologische Teilprozesse mit hoher räumlicher und zeitlicher Auflösung Untersuchungen auf höherer Integrationsebene, wie sie beispielsweise die Waldwachstumsforschung auf langfristigen Versuchsflächen ausführt, in keiner Weise ersetzen. Insbesondere die Informationen, die in den historischen Zeitreihen der Versuchsflächen stecken, sind für ein umfassendes Systemverständnis unverzichtbar.

1.3.2 Black-box-Ansatz – Klassischer Zugang zum Waldwachstum

Die Waldwachstumsforschung baut auf einer soliden empirischen Datengrundlage auf. Aus Experimenten und Monitoringflächen im Freiland sind die auf Waldbestände einwirkenden Triebkräfte (u. a. Nährstoffversorgung, Niederschlag, Temperatur, Düngergaben) und das Wuchsverhalten (u. a. Durchmesser-, Höhen-, Kronenzuwachs und Stammausfälle) bekannt. Aus diesen Triebkräften (Ursachen) und Wachstumsreaktionen (Wirkungen) leitet die Waldwachstumsforschung Gesetzmäßigkeiten der Baum- und Bestandesentwicklung ab und schließt auf das Verhalten des Systems. In die Erklärung dieser Zusammenhänge werden die zugrundeliegenden Prozesse (z. B. Photosyn-

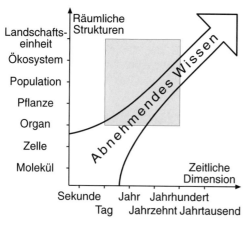

Abbildung 1.1 Das räumlich-zeitliche Beobachtungsfenster der Waldwachstumsforschung (grau schraffiert) impliziert hohe Systemkomplexität und erschwerte experimentelle Erfaßbarkeit (nach LEUSCHNER und SCHERER, 1989).

1.3 Untersuchungsansatz der Waldwachstumsforschung

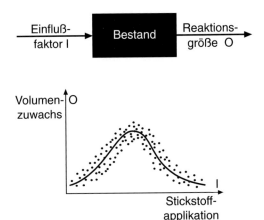

Abbildung 1.2 Beim Black-box-Ansatz werden Ursachen- und Wirkungsvariablen, beispielsweise Stickstoffeintrag und Zuwachsreaktion, statistisch miteinander verknüpft, um so das Verhalten des Systems zu beschreiben und nachzubilden. Einzelprozesse und Strukturen des Systems werden nicht entschlüsselt.

these, Atmung, Transpiration, Nährstoffaufnahme, Allokation, Seneszenz, Mortalität) nicht in ganzer Tiefe einbezogen.

Eine solche Herangehensweise bezeichnet man als Black-box-Ansatz, da die innere Struktur des betrachteten Systems und die zugrundeliegenden Kausalbeziehungen mehr oder weniger dunkel bleiben und nur das Systemverhalten mathematisch-statistisch erklärt wird, nicht aber der Aufbau und die Funktion des Systems. Ein Beispiel bildet die regressionsanalytische Beschreibung des Zusammenhangs zwischen der Stickstoffmenge, die in einen Waldbestand eingebracht wird, und seinem Holzzuwachs (Abb. 1.2).

Werden in die Beschreibung des betrachteten Systems auch die Systemelemente und ihre Vernetzung mit einbezogen, so spricht man vom White-box-Ansatz. Bei einem solchen Vorgehen würde die Wirkung des Stickstoffs auf Photosynthese, Allokation und Abbauprozesse beschrieben, so daß sich der Stammholzzuwachs als Ergebnis der ökophysiologischen Grundprozesse ergibt (Abb. 1.3).

Die Waldwachstumsforschung verfolgt traditionell den Black-box-Ansatz mit dem Ziel einer Verhaltensprognose des Systems. Ihr Interesse gilt in erster Linie Beschreibung, Analyse und treffgenauen Vorhersage des Gesamtverhaltens von Biosystemen, sei es das Baumwachstum, der Jahreszuwachsgang, die Bestandesentwicklung oder die Betriebsklassendynamik. Eine solche Ausrichtung auf das Gesamtverhalten des Systems ergibt sich vor allem aus dem Anspruch, forstwirtschaftlichen und umweltpolitischen Entscheidungsträgern wirklichkeitsnahe und operationale Informationen bereitzustellen, und daraus, daß der Black-box-Ansatz schneller und für die untersuchten Systeme genauer prognostiziert.

Aus der Perspektive des Pflanzenphysiologen handelt es sich bei der in Abbildung 1.2 dargestellten rein statistischen Verknüpfung von Eingabe- und Ausgabegrößen sicher um ein Black-box-Vorgehen. Aus Sicht eines Forsteinrichters oder Geobotanikers, der in Altersklassen, Betrieben oder größeren vegetationskundlichen Einheiten denkt, stellt die bestandesweise Betrachtung des Zusammenhangs zwischen Stickstoffversorgung und Zuwachs u. U. einen eher hoch aufgelösten, detailreichen White-box-Ansatz dar. Ob ein Vor-

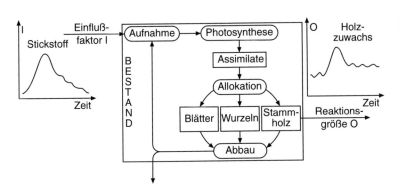

Abbildung 1.3 Wenn zum Verstehen des Systems, beispielsweise der Reaktion eines Waldbestandes auf Stickstoffeintrag, die im einzelnen ablaufenden Prozesse und Strukturen entschlüsselt werden, so spricht man je nach Auflösungsgrad vom Grey-box- oder White-box-Ansatz.

gehen als Black-box-Ansatz eingestuft wird, der eher das Systemverhalten beschreibt, oder als White-box-Prinzip, das die Systemstruktur erklärt und widerspiegelt, ist also relativ und hängt im wesentlichen von der Perspektive des Betrachters und der Systemebene ab, auf der dieser arbeitet (BERG und KUHLMANN, 1993). Prozesse, Strukturen und Gesetzmäßigkeiten des Waldwachstums können auf allen Ebenen beobachtet bzw. aufgedeckt werden.

In stabilen Ökosystemen dominieren die Makrostrukturen und langsam ablaufenden Prozesse die Abläufe auf höheren Auflösungsebenen (Abschn. 1.2). Die unter stabilen Systembedingungen statistisch abgeleiteten Beziehungen können nicht ohne weiteres auf veränderte ökologische Rahmenbedingungen übertragen werden. Unter der Annahme, daß sich die physiologischen Eigenschaften der Pflanzen nicht ändern, reichen dann u. U. kurzfristig angelegte Experimente aus, um langfristige Wachstumsreaktionen vorauszusagen. Bei einer zunehmenden Destabilisierung des Waldwachstums durch u. a. Stoffeinträge oder Klimaverschiebungen kann sich die Waldwachstumsforschung daher nicht allein auf die statistische Verknüpfung von Systemvariablen auf höheren Aggregationsstufen beschränken. Die zunehmende Beeinträchtigung der Waldökosysteme durch Störfaktoren wie Immissionen, Anstieg der CO_2-Konzentration der Luft, Klimaveränderungen und der Wunsch, die Reaktionen der Waldökosysteme zu verstehen und zu prognostizieren, haben den ökophysiologischen Prozeßmodellen neuen Auftrieb gegeben. Denn mit ihnen können am ehesten auch solche Wirkungen und Kombinationswirkungen von Triebkräften abgebildet werden, über deren Auswirkungen es noch keine oder keine ausreichenden langfristigen Erfahrungen gibt.

Ein Verständnis und eine wirklichkeitsnahe Vorhersage des Systemverhaltens erfordern dann die Einbeziehung von Prozessen mit höherer zeitlicher und räumlicher Auflösung. Zuvor als Black box konzipierte Ansätze werden durch ihre Stützung mit tiefergehendem Struktur- und Prozeßwissen zu Grey-box- oder White-box-Ansätzen ausgebaut. Durch die Begriffswahl kommt zum Ausdruck, daß die zunächst im dunkeln bzw. unberücksichtigt bleibenden Prozesse und Strukturen mehr und mehr ausgeleuchtet und in das Systemverständnis eingebracht werden. Zuvor statistisch beschriebene Zusammenhänge werden dann durch Prozeßkenntnisse darunterliegender Hierarchieebenen ersetzt und biologisch erklärt. Erklärung bedeutet aber auf jeder Hierarchieebene immer nur Absicherung durch Kenntnisse über die darunterliegende Ebene.

1.3.3 Top-down-Ansatz versus Bottom-up-Ansatz

Ein solches Herantasten von geringer zu hoher Auflösung und Komplexität, von oben nach unten in der Prozeßhierarchie (Tab. 1.1), bezeichnen wir als Top-down-Ansatz. Er geht von einem Beobachten und Nachbilden der Makrostrukturen und -prozesse aus; zunächst definierte „Black boxes" werden mehr und mehr mit Systemverständnis gefüllt. Dem steht andererseits die Erschließung eines Systems nach dem Bottom-up-Prinzip gegenüber; dabei wird unter Einbeziehung aller bekannter Teilprozesse und deren Wechselwirkungen der Aufbau eines Systemverständnisses „von unten nach oben" angestrebt.

Die streng mechanistische Erfassung eines Systems unter Einbeziehung aller bekannten Teilprozesse und deren Wechselwirkungen, d. h. der Aufbau eines Systemverständnisses von den Teilprozessen ausgehend, erbringt nicht unbedingt eine größere Wirklichkeitsnähe bei der Nachbildung des Gesamtverhaltens des Systems. Das Gesamtverhalten beschreiben aber gerade stärker aggregierende Ansätze (LANDSBERG, 1986). Ebenso wie eine Wanderkarte im Maßstab 1:1 für einen Wanderer wenig hilfreich ist, geht ein räumlicher und zeitlicher Komplexitätsgrad, der Prozesse und Strukturen in Sekunden- oder Minutentakt und auf Zell- oder Organebene beschreibt, am Informationsbedarf der forstwirtschaftlichen Praxis vorbei. Zielsetzung und Wissensbasis prädestinieren die Waldwachstumsforschung für einen Top-down-Ansatz. Als praktische Wissenschaft orientiert sie sich an dem für den Informationsbedarf notwendigen und angesichts des Kenntnisstandes möglichen Komplexitätsgrad.

Beispielsweise stützen sich die ersten Beschreibungen des Zusammenhanges zwischen Standort und Wuchsleistung auf die Baumhöhe als Indikator der Standortbedingungen. Dieser Beschreibungsansatz mündete in das bis heute angewendete Bonitierungssystem, welches das Rückgrat der Reinbestandsertragstafeln bildet (vgl. u. a. ASSMANN, 1961a; BAUR, 1877; EICHHORN, 1902; GEHRHARDT, 1909). Die Beschreibung der Wuchsleistung in Abhängigkeit von der Bodenvegetation (CAJANDER, 1926; KELLER, 1978) nach skandinavischem Muster oder auf der Basis von nominal oder ordinal skalierten Standortvariablen (KAHN, 1994; MOOSMAYER und SCHÖPFER, 1972; WYKOFF et al., 1982) nähert sich den wirklichen Prozessen schon wesentlich stärker an. Eine Abbildung des Bestandeswachstums auf der Grundlage der ökophysiologischen Grundprozesse wie u. a. Photosynthese, Atmung, Transpiration und Nährstoffaufnahme löst die Prozesse und Strukturen des Biosystems weiter auf (BOSSEL, 1994; GROTE und ERHARD, 1999; MÄKELÄ und HARI, 1986; MOHREN, 1987). Ein solcher Ansatz erscheint aber unter Umständen aus der Sicht der Genetik oder Molekularbiologie, die auf Zell- oder Molekülebene ansetzen, noch immer unvertretbar grob und vereinfachend. Richtig oder falsch ist keiner dieser Ansätze; wohl aber mehr oder weniger geeignet für einen gegebenen Zweck. Wesentlich ist, daß bei dem zunehmenden Interesse am Detail die Verknüpfung der einzelnen Elemente nicht verloren geht und die Bedeutung der Einzelaspekte für das Ganze verstanden wird. Das kann am ehesten durch Verfolgen und Verstehen der Strukturen und Prozesse über mehrere Skalen hinweg gewährleistet werden.

1.4 Interdisziplinäre Vernetzung der Waldwachstumsforschung

Fächerübergreifende Zusammenarbeit läuft immer Gefahr, in der reinen Sammlung einzelner Erkenntnisbeiträge steckenzubleiben. Zielorientierte interdisziplinäre Zusammenarbeit kann in drei klar voneinander zu trennenden Richtungen stattfinden:
- Methodenaustausch,
- Vernetzung mit Nachbardisziplinen, die auf gleicher Systemebene arbeiten,
- skalenübergreifende Forschung.

1.4.1 Methodentransfer

Bei den Methoden und Lösungswegen, die die Waldwachstumsforschung von Nachbardisziplinen übernimmt, handelt es sich im wesentlichen um Meßtechniken (z. B. Fernerkundung, Lasermeßtechnik, Stereometrie, Photogrammetrie), um Methoden der beschreibenden und analytischen Statistik (z. B. nichtparametrische Verfahren, räumliche Statistik, Fuzzy logic), Methoden der Modellierung (z. B. Techniken der Systemanalyse und Simulation) und Methoden der Informatik (z. B. Informationssysteme, Entscheidungsstützungssysteme, Expertensysteme). Die Meß-, Beschreibungs- und Analysemethoden ermöglichen in erster Linie die Datenerfassung, Datenauswertung und Visualisierung und unterstützen damit die Hypothesenfindung und -prüfung. Die Methoden der Modellierung, Systemanalyse und Simulation dienen darüber hinaus dem Wissenstransfer der erwirtschafteten Ergebnisse zur forstwirtschaftlichen Praxis. Erarbeitete Methoden können handlungsorientierten Disziplinen für ein zweckmäßiges und angesichts eines gesteckten Zieles „richtiges" Handeln im Wald bereitgestellt werden.

1.4.2 Kooperation auf gleichem Skalenniveau

Der Austausch von „objektiven Tatsachen" mit Nachbardisziplinen, die auf gleicher Systemebene wie die Waldwachstumsforschung arbeiten, dient der Vervollständigung des Systemverständnisses auf der gegebenen Aggregationsebene. So übernimmt die Waldwachstumsforschung die auf Einzelbäume und Bestand einwirkenden Standortfaktoren von Disziplinen wie der Klimatologie und Bodenkunde und verknüpft sie mit den beobachteten Strukturen und Zuwächsen. Die von der Waldwachstumsforschung erfaßten Baum- und Bestandesstrukturen lassen sich mit den von der Waldökologie gemessenen Arten und Habitaten korrelieren, und die langfristig aufgezeichneten Stammformen und Behandlungsarten können mit den von der Holzforschung diagnostizierten Holzqualitäten in Zusammenhang gebracht werden. Die Kooperation von Disziplinen auf gleicher Systemebene erfordert eine Absprache der Raum- und Zeitskalen, auf denen gemessen wird, eine Koordination der Versuchspläne und eine fachübergreifende Hypothesenformulierung und Hypothesenprüfung. Gut koordinierte interdisziplinäre Forschungsprojekte dieses Typs sind häufig außerordentlich erfolgreich.

1.4.3 Skalenübergreifende Forschung

Viele zunächst paradox erscheinende Befunde der Waldökosystemforschung, etwa die Ambivalenz von Zuwachsverhalten, Benadelungszustand und Depositionsbelastung von Kiefern- und Fichtenökosystemen in Bayern, resultieren aus stabilisierend wirkenden Rückkopplungsprozessen in Waldökosystemen. Solche Befunde können nur über entsprechende skalenübergreifende Forschungsansätze erhellt werden.

Interdisziplinäre Kooperation mit Fachdisziplinen, die schwerpunktmäßig Prozesse und Strukturen auf höheren oder tieferen Systemebenen betrachten, erfordern eine besonders sorgfältige Konzeption. Beispielhaft für das Design solcher skalenübergreifender Forschungsprojekte sei die Struktur des Sonderforschungsbereichs „Wachstum und Parasitenabwehr" dargestellt, der von der Deutschen Forschungsgemeinschaft an der Technischen Universität München gefördert wird (Bildtafeln 27 und 28). Dieser will die Allokationsstrategien aufklären, nach denen Pflanzen ihre akquirierten Stoffe in Wachstum und Parasitenabwehr investieren, in Raumbesetzung oder Abwehr und Reparatur. Im Mittelpunkt der Betrachtung steht die forst- und landwirtschaftliche Einzelpflanze. Ein Verständnis ihres Systemverhaltens wird aber erst möglich, wenn auch über- und untergeordnete Organisationsebenen, die von der Zelle bis zum Bestand reichen, in die Betrachtung einbezogen werden (Abb. 1.4). Für jede Ebene n der Systemhierarchie gilt, daß zur Erklärung der dort gefundenen Tatsachen der Kenntnisstand auf den untergeordneten Ebenen $n-1$, $n-2$ usw. Verwendung findet. Für die Waldwachstumsforschung bedeutet das den Rückgriff auf die Erkenntnisse der Pflanzenökologie, Physiologie, Pathologie, Boden- und Standortkunde und auch der Genetik. Andersherum beliefert die Ebene n die untergeordneten Systemebenen mit Informationen zur Hypothesenprüfung. Denn aus der Summe der beobachteten Einzelerscheinungen auf einer untergeordneten Ebene kann nicht ohne weiteres auf das Verhalten des Systems auf höherer Aggregationsebene geschlossen werden.

Die Waldwachstumsforschung übernimmt in solchen Projekten zum einen die Erfassung, Beschreibung und Abbildung der makroskaligen Prozesse und Strukturen auf Baum- und Bestandesebene (Wiederholungsaufnahmen der dendrometrischen Bestandesvariablen, Einzelbaumanalysen, Biomasseinventuren) und zum anderen die Zusammenführung der Einzelerkenntnisse auch über mehrere Skalen hinweg in Form von Erklärungs- und Prognosemodellen.

Die besondere Herausforderung solcher Verbundprojekte besteht darin, nicht nur Einzelerkenntnisse anzusammeln, sondern die Einzelerkenntnisse durch Integration in eine verbesserte Vorstellung vom Gesamtsystem münden zu lassen. Die Risiken interdisziplinärer Projekte lassen sich mindern, wenn von Anfang an die zu prüfenden Hypothesen, die zumeist auf eine übergreifende Modellvorstellung hinauslaufen, klar definiert werden und das gesamte Meß- und Auswertungsprogramm danach ausgerichtet wird. Ebenenübergreifende Forschung sollte für die Koordination, Datenvernetzung und Modellierung genügend Raum vorsehen. Beteiligte Forscher-

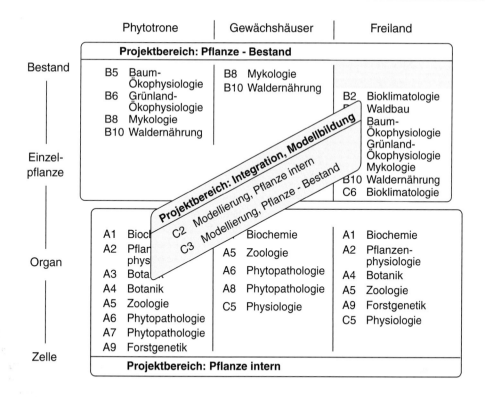

Abbildung 1.4 Der von der Deutschen Forschungsgemeinschaft an der Technischen Universität München geförderte Sonderforschungsbereich „Wachstum und Parasitenabwehr" repräsentiert einen skalenübergreifenden Forschungsansatz, der von der Zelle bis zum Bestand reicht. Je nach Auflösungs- bzw. Aggregationsebene erfolgen die Untersuchungen im Phytotron, Gewächshaus oder Freiland (MATYSSEK und ELSTNER, 1997).

gruppen sollten von Beginn an eine gemeinsame Modellvorstellung entwickeln und die Modellierung als Integrationsmedium verstehen. Abbildung 1.5 zeigt die Vernetzung der am bereits vorgestellten Sonderforschungsbereich beteiligten Arbeitsgruppen und die zentrale Stellung der Modellierung, die hier Aufgabe der Waldwachstumsforschung ist (PRETZSCH, KAHN und GROTE, 1998).

Die anzustrebende Skalen-übergreifende Waldwachstumsforschung kann sich im wesentlichen auf zwei Datenquellen stützen: In Waldökosystem-Forschungsprojekten wie u. a. Höglwald, Kranzberger Forst und Solling/Deutschland, Hubbard Brook/USA oder Hyytiälä/Finnland wächst ein bisher nicht annähernd ausgeschöpftes Wissen über physikalische, chemische und ökophysiologische Prozesse in Waldökosystemen heran. Auf langfristigen Beobachtungsflächen des Forstlichen Versuchswesens, Inventurflächen und anderen ökologischen Dauerbeobachtungsflächen wird ein standörtlich breit gestreutes Datenmaterial erhoben, das mit zunehmender Beobachtungsdauer an Wert gewinnt. Punktuell ausgeführte, in die Tiefe gehende Untersuchungen der Ökosystem-Forschungszentren einerseits, großregional gestreute Monitoring-Flächen andererseits; beide Datenquellen haben ihre spezifischen Möglichkeiten und Grenzen und sind für die Vermehrung des Systemwissens unverzichtbar.

1 Waldwachstumsforschung

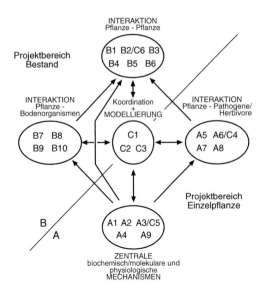

Abbildung 1.5 Vernetzung der Teilprojekte in dem Sonderforschungsbereich „Wachstum und Parasitenabwehr". Die Informationen des Projektbereiches A, der sich mit der Verteilung von Ressourcen in der Pflanze und des Projektbereiches B, der sich mit dem Wettbewerb um Ressourcen von Pflanzen im Bestand beschäftigt, laufen in dem zentralen Bereich Modellierung zusammen und orientieren sich an dessen Informationsbedarf (MATYSSEK und ELSTNER, 1997).

1.5 Orientierung durch die Forstwirtschaft

1.5.1 Erweiterter Informationsbedarf

Die Forstwirtschaft befindet sich gegenwärtig auf dem Weg von der Maximierung der Holzproduktion in gleichaltrigen Reinbeständen zu einem umfassenden Waldökosystemmanagement in Rein- und Mischbeständen aller Altersstrukturen. Für den Übergang zu diesem Waldökosystemmanagement, das auf Stabilität und Stabilisierung der Systeme ausgerichtet ist und gleichermaßen die ökologischen, ökonomischen und sozioökonomischen Wirkungen und Leistungen des Waldes im Blick hat, fehlen uns jedoch noch in vielem die notwendigen Informationsgrundlagen.

Solange die Forstwirtschaft ihr vorrangiges Ziel in der Holzproduktion sah, standen ihr aus dem Ertragskundlichen Versuchswesen hervorgegangene Reinbestandsertragstafeln, Sortentafeln, Massentafeln oder Geldwert-Ertragstafeln für eine deduktiv gestützte Planung und Kontrolle zur Verfügung. Das veränderte Interesse am Wald macht künftig induktiv entwickelte Aussagen über Holzqualität, Wertleistung, Stabilität, Naturnähe, Strukturvielfalt, Biodiversität oder Erholungswert aber mindestens ebenso wichtig wie Zuwachs- und Ertragswerte. Wurden in der Vergangenheit forstwirtschaftliche Behandlungsstrategien in erster Linie ökonomisch, ohne explizite Orientierung an den ökologischen Rahmenbedingungen und Konsequenzen entwickelt, so werden diese heute zu Prämissen bei der Auswahl von waldbaulichen Behandlungsalternativen. Ökologische und sozioökonomische Rahmenbedingungen definieren gewissermaßen die Leitplanken und damit den Korridor für waldbauliche Handlungsalternativen. Das resultiert in einer mindestens zweistufigen Entscheidungsfindung bei der Bestimmung des „richtigen" Handelns im Sinne von LEMMEL (1951). Auf der ersten Stufe wird der ökologisch vertretbare Handlungsspielraum vorgezeichnet, wobei auf kritische Grenzwerte, bodenkundliche und ökophysiologische Parameter und Szenariorechnungen mit ökophysiologischen Prozeßmodellen zurückgegriffen werden kann. Auf der zweiten Stufe wird dann innerhalb des vorgegebenen Korridors das waldbauliche Vorgehen bestimmt, das das bestmögliche Erreichen des Zieles unter ökonomischen Aspekten verspricht.

Zu beiden Betrachtungs- und Entscheidungsebenen, der Formulierung des ökologischen Handlungskorridors und der Optimierung waldbaulichen Handelns innerhalb dieses Korridors, vermag die Waldwachstumsforschung beizutragen. Solche Grundlagen sind für den verantwortungsvollen Umgang mit Ressourcen auf Bestandes-, Betriebs- oder Regionalebene erforderlich.

1.5.2 Veränderte Informationsgrundlage

Die Wechselwirkung zwischen forstlicher Praxis und Forstwissenschaft besteht nun nicht allein darin, daß die Praxis Fragen aufwirft, die von der Wissenschaft aufgegriffen werden und die dann Ergebnisse erbringen, die in Entscheidungshilfen münden. Vielmehr sollte sich die Waldwachstumsforschung, wenn sie der Forstwirtschaft effiziente und operable Hilfsmittel für Planung, Vollzug und Kontrolle bereitstellen will, auch an der im Wandel befindlichen Ausstattung der forstwirtschaftlichen Praxis mit Informationen und Informationstechnologien orientieren. Viele der im vorliegenden Buch dargestellten Methoden, etwa die Ansätze für die Analyse und Quantifizierung von Strukturen, für die Bestandesmodellierung und die Diagnose von Störfaktoren, orientieren sich an den veränderten Vorgaben der forstwirtschaftlichen Praxis und werden erst aus diesen heraus verständlich.

Von den veränderten Vorgaben dürfte für die Waldwachstumsforschung der immer bessere Informationsstand über die Ressourcen und Risiken in unseren Wäldern am folgenreichsten sein. Stützten wir uns bisher vorwiegend auf das Informationspotential ertragskundlicher Dauerbeobachtungsflächen, so erbringen uns künftig u. a. die Rasterstichproben der Forstwirtschaft, die Schadenserhebungen, Standortkartierung und Immissionskartierung eine zuvor nicht vorhandene Informationsbasis über Waldzustand, Wuchsbedingungen und Waldwachstum. Der steigende Informationsstand ist mit den bisher rein deduktiv konzipierten Planungs- und Kontrollinstrumenten nicht mehr vereinbar, denn diese schöpfen die neu aufgebaute Informationsgrundlage in keiner Weise aus. Solange räumlich und zeitlich hoch aufgelöste Informationen über Waldzustand und Wuchsbedingungen fehlten, gab es zu Ertragstafeln, Standort-Leistungstafeln oder Sortentafeln, die zumeist aus Streuversuchen des Forstlichen Versuchswesens abgeleitet wurden, keine Alternative. Heute würde ein Festhalten an den Ertragstafeln oder Sortentafeln die moderne Informationsbasis der Forstverwaltungen geradezu ignorieren, denn diese ermöglicht eine am Einzelfall orientierte verbesserte Zustandsbeschreibung und Zuwachsdiagnose. Diese Daten können direkt als Start- und Kalibrierungsdaten für Vorhersagemodelle genutzt werden. Die Methoden und Modelle der Waldwachstumsforschung sollten so angelegt sein, daß sie die vorhandene Datenbasis der praktischen Forstwirtschaft bestmöglich ausschöpfen und für Planung, Vollzug und Kontrolle nutzbar machen. Die klassische deduktive Vorgehensweise muß deshalb mit zunehmendem Informationsgrad durch induktive Komponenten ergänzt werden.

Unter einem deduktiven Vorgehen verstehen wir in diesem Zusammenhang den Einsatz von als allgemeingültig erachteten Informationsgrundlagen, wie etwa den Ertragstafeln, die aus dem Ertragskundlichen Versuchswesen entwickelt und dann großflächig eingesetzt werden. Die Planungsdaten für den Einzelfall werden dabei aus dem allgemeingültigen Tabellenwerk deduziert. Wird dagegen auf lokale Datenquellen, etwa die Rasterstichprobendaten, zurückgegriffen, so sprechen wir von einem induktiven Vorgehen. Die Planungsdaten für den Einzelfall schöpfen damit die für den Einzelfall verfügbaren Zustands- und Entwicklungsdaten soweit wie möglich aus.

1.5.3 Orientierung an Informationstechnologien

Die Ausstattung mit moderner Informationstechnologie ist eine zweite Vorgabe der Forstwirtschaft mit weitreichenden Konsequenzen für die Waldwachstumsforschung. Bei allen drei Komponenten von Informationssystemen, der Hardware, der Software und dem Fachpersonal, haben die Forstverwaltungen einen Entwicklungsstand erreicht, der eine sehr gute Rückführung von Informationen aus Forstwirtschaft und -wissenschaft zu Entscheidungsträgern, also eine Beschleunigung des in Abbildung 1.6 dargestellten Informationsprozesses ermöglicht. Solange der Informationsbedarf der Praxis auf wenige Variablen und die Steuerungsmaßnahmen auf wenige Durchforstungsarten beschränkt waren, ließen sich die Grundlageninformationen zur Zustandsschätzung und Entwicklungsprognose in Abhängigkeit von der Durchforstung relativ leicht in einem Kompendium von Ertragstafeln in Tabellenform zusammenstellen. Für ein umfas-

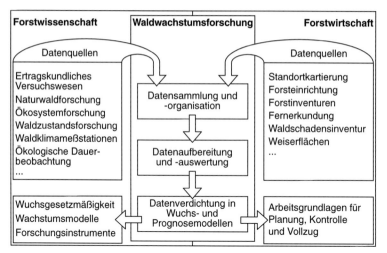

Abbildung 1.6
Die zuvor auf forstwissenschaftliche Datenquellen gestützte Datenorganisation, Datenauswertung und Modellbildung in der Waldwachstumsforschung kann eine immer breiter werdende Datenbasis auch aus forstwirtschaftlichen Quellen einbeziehen.

sendes Waldökosystemmanagement ist aber ein breiteres Variablenspektrum erforderlich, wie es nur komplexere rechnergestützte Verfahren der Prognose, Optimierung und Entscheidungsstützung bieten können. Moderne Informationssysteme ebnen der Waldwachstumsforschung den Weg zum Einsatz besserer aber auch rechenintensiverer Lösungen und Verfahren der Zustandsanalyse und Wachstumsprognose auf den Ebenen Baum, Bestand, Betrieb bis zur überbetrieblichen Ebene. Mit ihnen können die gesammelten Informationen effizienter erschlossen und rascher als bisher Entscheidungsträgern für die praktische Arbeit zugeführt werden (STEENIS, 1992).

Zusammenfassung

Waldwachstumsforschung bewegt sich im Spannungsfeld zwischen Erkenntnis- und Zweckinteressen, zwischen Systemanalyse und Praxisberatung. Das Erkenntnisinteresse gilt den Wachstumsprozessen und Strukturen von Einzelbäumen und Beständen sowie deren Abhängigkeit von Zeit, Standortbedingungen, wirtschaftlichen Maßnahmen und biotischen oder abiotischen Störfaktoren. Ziele sind die quantitative Erfassung, die Aufdeckung von Gesetzmäßigkeiten und modellhafte Nachbildung des Verhaltens und der Strukturen der untersuchten Systeme. Das Zweckinteresse der Waldwachstumsforschung liegt in der Nutzbarmachung der Erkenntnisse für das Management von Waldökosystemen. Die Anwendung waldwachstumskundlichen Wissens reicht von Anbau-, Pflege- und Verjüngungsrichtlinien auf Bestandesebene, modellgestützter Nutzungsplanung auf Betriebsebene bis zu Holzaufkommensprognosen oder Szenarioanalysen zur Klimafolgenforschung auf großregionaler Ebene.

1. Je komplexer ein zu behandelndes System und je vielschichtiger die mit ihm angestrebten Wirkungen und Leistungen, um so unverzichtbarer wird ein vertieftes Systemwissen. Die Zunahme strukturreicher Waldaufbauformen, Verbesserung von Informationsstand und Informationstechnologie und der erhöhte Informationsbedarf über Waldzustand und -entwicklung erfordern die Abkehr von vergröbernden Systemansätzen.

2. Die Systemeigenschaften bestimmen den Forschungsansatz. Wälder sind langlebige Systeme: Experimente zum Waldwachstum erstrecken sich über mehrere Forschergenerationen. Angesichts der Langlebigkeit steigt die Bedeutung von Modellen, die Wenn-Dann-Aussagen über die Konsequenzen von Behandlungen, Klimaänderungen usw. im Zeitraffer nachbilden.

Wälder sind offene Systeme: Sie tauschen mit ihrer Umgebung Stoffe, Energie und genetische Informationen aus. Das Verstehen, die Nachbildung und Prognose müssen daher die externen Triebkräfte (Niederschlag, Temperatur, Strahlung, CO_2-Konzentration, Deposition usw.) berücksichtigen.

Wälder sind stark durch ihre räumliche Bestandesstruktur determiniert: Ein Verstehen und Prognostizieren ihrer Dynamik kann also nur unter Berücksichtigung der räumlichen Bestandesstruktur gelingen.

Bäume und Wälder sind geschichtlich geprägt: Neben den aktuell auf sie einwirkenden Faktoren ist ihre Entwicklung auch durch ihre Vorgeschichte bestimmt. Behandlungsgeschichte, individuelle Allometrie, Raumbesetzungsmuster des Bestandes und seine genetische Ausstattung indizieren diese Vorgeschichte.

Wälder sind kybernetische Systeme: Das Funktionsprinzip der Rückkopplung und die Systemstruktur des Regelkreises sichern ihre Stabilität. Dem Regelkreis Bestandesstruktur → Wuchskonstellation des Einzelbaumes → Zuwachs → Bestandesstruktur kommt eine Schlüsselposition bei der Erfassung, Abbildung und Modellierung zu.

Waldökosysteme sind hierarchisch organisiert: Eine Konsequenz daraus, daß höhere Systemebenen (Bestand) Zwänge auf untergeordnete Ebenen ausüben (Baum, Organ, Zelle) und niedrigere Systemebenen auf übergeordnete rückwirken, besteht in einem Ebenen übergreifenden Forschungsansatz.

Waldbestände sind Systeme mit multikriteriellen Ausgabegrößen: Neben Baum- und Bestandesattributen wie Massenleistung, Sortenleistung und Wertleistung rücken andere ökologische, ökonomische und sozioökonomische Leistungen (Biodiversität, Wertleistung, Schutz- und Erholungsfunktion, ästhetischer Wert) immer mehr in den Vordergrund.

3. Strukturen und Prozesse in Waldökosystemen können auf verschiedenen Zeit- und Raumskalen untersucht werden, die in der Prozeßdauer von Sekunden bis Jahrtausenden und in der Prozeßausdehnung von Zell- und Mineraloberflächen bis zu Kontinenten reichen. Die Prozesse äußern sich in spezifischen Mustern und Strukturen. Umgekehrt geben die Strukturen die Rahmenbedingungen für die ablaufenden Prozesse vor, und sie können für die Analyse und Beurteilung des Systemverhaltens sowie die Diagnose von Störungen herangezogen werden.

4. Die Waldwachstumsforschung setzt bei den eher langsam und auf mittlerer bis großer Raumskala ablaufenden Prozessen an. Ihr Meßprogramm und ihre Modelle schließen die für die Forstwirtschaft relevanten Einzelbaum- und Bestandesvariablen (u. a. Durchmesser, Höhe, Vorrat) mit ein. Die Skalen der Waldwachstumsforschung entsprechen denen der biologischen Anschauung.

5. Werden die einwirkenden Triebkräfte (u. a. Nährstoffversorgung, Niederschlag, Temperatur) und die Wachstumsreaktionen (Durchmesser-, Höhen-, Kronenwachstum) statistisch miteinander verknüpft, ohne die zugrundeliegenden Prozesse für die Erklärung dieses Zusammenhangs heranzuziehen, so sprechen wir von einem Black-box-Ansatz. Werden in die Beschreibung des betrachteten Systems auch die Systemelemente und ihre Vernetzungen mit einbezogen, so spricht man vom White-box-Ansatz. Die Waldwachstumsforschung verfolgt traditionell den Black-box-Ansatz mit dem Ziel einer Verhaltensprognose von Systemen, bei denen man zunächst davon ausging, daß ihre Randbedingungen konstant waren. Unter diesen Voraussetzungen war der gewählte Ansatz besonders gut für die Beschreibung, Analyse und treffgenaue Vorhersage des Systems geeignet. Bei einer zunehmenden Destabilisierung von Waldökosystemen (z. B. durch Stoffeinträge und Klimaänderungen) kann sich die Waldwachstumsforschung allerdings nicht mehr auf die statistische Verknüpfung von Systemvariablen beschränken. Unter diesen Bedingungen erfordert eine wirklichkeitsnahe Vorhersage die Einbeziehung von Prozessen mit höherer zeitlicher und räumlicher Auflösung. Zuvor als Black box konzipierte Ansätze werden durch

17

ihre Anreicherung mit tiefergehendem Struktur- und Prozeßwissen zu Grey-box- oder White-box-Ansätzen.

6. Wird das Verhalten von einzelnen Teilen eines Biosystems auf der Grundlage des Gesamtverhalten eines Biosystems vorhergesagt, so sprechen wir von einem Top-down-Ansatz. Dem steht das Bottom-up-Prinzip gegenüber, bei dem der Aufbau eines Systemverständnisses „von unten nach oben" erfolgt. Unter Einbeziehung aller bekannter Teilprozesse einer Ebene und deren Wechselwirkungen mit dem Gesamtsystem bzw. den darüber liegenden Organisationsebenen wird auf das Verhalten des Gesamtsystems geschlossen. Die Waldwachstumsforschung verfolgt in der Regel einen Top-down-Ansatz; sie geht bei ihrem Beobachten und Nachbilden von den Makrostrukturen und -prozessen aus.

7. Interdisziplinäre Zusammenarbeit findet in drei klar voneinander zu trennenden Richtungen statt: 1. Methodenaustausch (Meßkunde, Statistik, Biometrie, Systemanalyse, Informatik), 2. Austausch von „objektiven Tatsachen" mit Nachbardisziplinen, die auf gleicher Systemebene arbeiten (u. a. Waldbau, Standortkunde, Holzforschung, Arbeitswissenschaft), und 3. Austausch von Informationen zur Hypothesenprüfung oder zur Erklärung biologischer Befunde mit Fachdisziplinen, die schwerpunktmäßig auf höheren oder tieferen Systemebenen arbeiten (u. a. Bioklimatologie, Pflanzenökologie, Genetik, Vegetationskunde, Landschaftsökologie, Landschaftsarchitektur).

8. Der Beitrag der Waldwachstumsforschung für ein umfassendes Waldökosystemmanagement besteht 1. in den Ergebnissen der ökologischen Dauerbeobachtung (Biomonitoring auf Versuchsflächen, Diagnose von Wachstumsstörungen und Wachstumstrends), 2. Bereitstellung von Wuchsmodellen (Wenn-Dann-Aussagen, die die Konsequenzen von Behandlung, Störungen usw. auf Baum-, Bestandes- oder großregionaler Ebene abbilden) und 3. Empfehlungen für Anbau, Pflege und Verjüngung von Waldbeständen (praxisgerecht aufbereitete Merkblätter, Schulungsflächen usw.).

9. Die Waldwachstumsforschung orientiert sich an dem Informationsbedarf, den verfügbaren Informationsquellen und den Informationstechnologien der Forstwirtschaft.

10. Der Informationsbedarf der Forstwirtschaft weitet sich gegenwärtig auf differenziertere dendrometrische (u. a. Einzelbaumdimensionen, Vitalität, Stammstabilität, Holzqualität), ökologische (u. a. Stoffumsätze, Kohlenstoffbindung, Biodiversität) und sozioökonomische Merkmale (u. a. Schutz- und Erholungsfunktionen) aus. Aussagen über Holzqualität, Wertleistung, Stabilität, Naturnähe, Strukturvielfalt, Biodiversität oder Erholungswert sind für den Korridor waldbaulicher Handlungsalternativen ebenso wichtig wie Zuwachs- und Ertragswerte.

11. Die verbesserte Informationsgrundlage der Forstwirtschaft (Rasterstichproben, Inventuren, Standortkartierung) ermöglicht den Übergang von deduktiven zu induktiven Planungsmethoden. An die Stelle der ausschließlichen Ableitung von Bestandesinformationen aus großregional konzipierten Ertragstafeln (deduktive Vorgehensweise) tritt die Verwendung lokal erhobener Daten (induktive Vorgehensweise).

12. Die Ausstattung der Forstwirtschaft mit Hardware, Software und EDV-geschultem Fachpersonal ebnet der Waldwachstumsforschung den Weg zum Einsatz besserer Lösungen und Verfahren der Zustandsanalyse und Wachstumsprognose auf den Ebenen Baum, Bestand, Betrieb und Großregion.

2 Erkenntnisweg der Waldwachstumsforschung im Überblick

Der Weg von der Versuchsplanung über die Messung bis zum Modell und der Ableitung von Gesetzen ist sicher mehr von naturwissenschaftlicher Intuition geprägt, als daß er dem in Abbildung 2.1 skizzierten Ablauf folgt. Ein Basiswissen über den Erkenntnisprozeß und über dessen wesentliche Schritte, die nebeneinander und nacheinander ablaufen oder ineinandergreifen können, ist für den Naturwissenschaftler aber unverzichtbar. Dies hilft ihm, eigene Untersuchungen zielgerichteter und widerspruchsfreier abzuwickeln, und liefert außerdem das Rüstzeug für einen kritischen Umgang mit Forschungsansätzen und -ergebnissen anderer Wissenschaftler. Die in Abbildung 2.1 skizzierten neun Schritte dienen der Orientierung auf einem Weg, für dessen erfolgreiches Beschreiten Ideenreich-

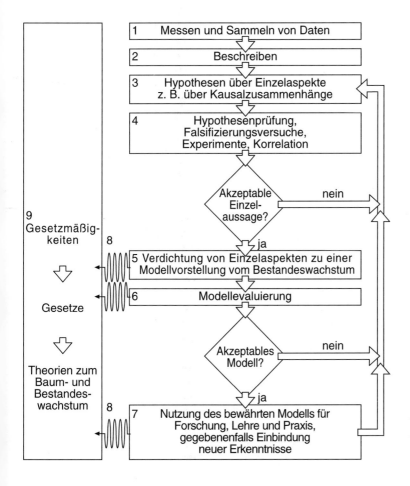

Abbildung 2.1 Erkenntnisprozeß der Waldwachstumsforschung im Überblick.

tum wichtiger ist als methodischer Schematismus:
- Messen und Sammeln von Daten,
- Beschreiben,
- Formulierung von Hypothesen,
- Hypothesenprüfung,
- Synthese von Einzelerkenntnissen in Form von Wuchsmodellen,
- Evaluierung von Wuchsmodellen,
- Einsatz und Weiterentwicklung der Modelle,
- Ableitung von Gesetzmäßigkeiten und
- Weiterentwicklung von Theorien zum Baum- und Bestandeswachstum.

2.1 Von der Datensammlung zur Hypothese

2.1.1 Messen und Sammeln von Daten

In jedem Wissenschaftsgebiet beginnt der Erkenntnisprozeß mit der Sammlung von objektiven Fakten und dem Aufbau einer empirischen Informationsbasis (MOHR, 1981). Die klassischen Quellen sind Beobachtungsflächen, auf denen die natürliche oder von der forstlichen Praxis gesteuerte Entwicklung von Einzelbäumen und Beständen aufgezeichnet wird, ein- und mehrfaktoriell konzipierte Versuchsflächen, auf denen Behandlungsvarianten langfristig experimentell erprobt werden, und Probeflächen, die zur Erfassung von Störfaktoren eingerichtet werden. In den zurückliegenden Jahrzehnten haben außerdem retrospektive Zuwachsanalysen an Einzelbäumen und Beständen sowie Inventurdaten an Bedeutung gewonnen (vgl. Kap. 3). Die nur punktuell ausgeführten, aber dafür sehr in die Tiefe gehenden Untersuchungen in den Waldökosystem-Forschungszentren bilden darüber hinaus neue noch nicht annähernd ausgeschöpfte Quellen für die Gewinnung objektiver waldwachstumskundlicher Aussagen.

Beobachtung und Messung bilden den einzigen Zugang zu Erkenntnissen über den Wald. Sie bilden die Voraussetzung der Waldwachstumsforschung, die deshalb schon früh das Galilei-Prinzip „Messen, was zu messen ist, und meßbar machen, was meßbar gemacht werden kann" in das Zentrum ihrer Bemühungen gestellt hat (ASSMANN, 1961b). Daß die durch Messung, Modellierung und Prognose erbrachten quantitativen Informationen über das Waldwachstum unverzichtbare Entscheidungsgrundlagen für die Waldbewirtschaftung sind und nicht etwa Kreativität und schöpferischen Prozeß des Waldbauers bedrohen, sollte heute nicht mehr ernsthaft in Frage gestellt werden.

Die Erfassung von Rohdaten, ihre Prüfung auf Plausibilität, Organisation, Standardauswertung und dauerhafte Speicherung bilden in jeder messenden Wissenschaft die empirische Wissensbasis. Aufgrund der langen Beobachtungszeiträume, die auf vielen waldwachstumskundlichen Versuchsflächen bis in die 60er und 70er Jahre des 19. Jahrhunderts zurückreichen (Bildtafeln 4 und 5), haben die Organisation und standardisierte Auswertung von Daten einen besonderen Stellenwert im waldwachstumskundlichen Erkenntnisprozeß. Versuchsflächen erbringen nämlich erst nach Jahrzehnten, und erst nachdem sie zehn- oder zwanzigmal turnusmäßig erfaßt wurden, ihre volle Aussagekraft. Nur wenn auf die Daten vorangegangener Aufnahmen zurückgegriffen werden kann, entstehen die für die Waldwachstumsforschung unverzichtbaren Zeitreihen über das gesamte Baum- oder Bestandesleben. Diese sind notwendig, um neben dem temporären Effekt von z. B. Durchforstung, Düngung oder Bodenbearbeitung auch die langfristige Wirkung von Behandlungsmaßnahmen, die bis zum Endbestand reicht, zu verstehen.

2.1.2 Beschreiben

Das Beschreiben von Strukturen und Entwicklungen stellt einen ersten wichtigen Auswertungsschritt dar, der zum einen praxisrelevante quantitative Aussagen über die untersuchten Waldbestände liefert und zum anderen eine wichtige Grundlage für die Formulierung von Hypothesen darstellt. Unter

Beschreibung verstehen wir die Abbildung einer oder mehrerer Parameter eines Untersuchungsobjektes durch statistische Maßzahlen, Tabellen oder Graphiken. Sie beschränkt sich auf die Wiedergabe objektiver Tatsachen, also auf So-Ist-Aussagen. Die Waldwachstumsforschung beschreibt beispielsweise die Kronenstruktur, den Durchmesserzuwachsgang und die Schaftformveränderung von Einzelbäumen, die Grundflächen- und Vorratsentwicklung und den Volumenzuwachsgang von ganzen Beständen und den strukturellen Aufbau ihrer Naturverjüngung. Bei der Beschreibung der Struktur und Dynamik von Einzelbäumen und Beständen stützt sie sich zum einen auf Methoden der deskriptiven Statistik, wie u. a. Tabellen, Graphiken, Häufigkeitsverteilungen, Mittelwerte und Dispersionsmaße. Zum anderen greift sie aber bereits hier auf Methoden der analytischen Statistik zurück, etwa bei Nutzung des Verfahrens der Regressionsstichprobe.

So wichtig das Sammeln von So-Ist-Aussagen ist, es muß immer vom Interesse an der Aufstellung von Hypothesen, an der Entwicklung von Modellvorstellungen, Gesetzmäßigkeiten und Theorien getragen sein. Effiziente Forschung und Belieferung forstwirtschaftlicher und umweltpolitischer Entscheidungsträger mit aktuellen Informationen erfordern ein ausgewogenes Verhältnis zwischen dem systematischen Sammeln und Beschreiben von Fakten und ihrer Nutzbarmachung für die Ableitung von Allsätzen, Modellen und Gesetzmäßigkeiten. Ein umfassendes Waldökosystemmanagement ist ohne ein solides Wissen über die Wirkung von u. a. Standortbedingungen, Störfaktoren und anthropogenen Steuerungsmaßnahmen auf das Systemverhalten, also ohne verallgemeinerbare Wenn-Dann-Aussagen, nicht möglich.

2.1.3 Formulierung von Hypothesen über Einzelaspekte

Unter einer Hypothese verstehen wir eine in der Praxis noch unbewiesene Annahme, die als methodisches Prinzip und Hilfsmittel der wissenschaftlichen Erkenntnis aufgestellt wird. Hypothesen unterscheiden sich von reinen Spekulationen durch formale und inhaltliche Vorprüfung, die u. a. durch Diskussionen innerhalb der wissenschaftlichen Gemeinschaft oder Literaturauswertungen erfolgen kann. Hypothesen können sich auf Kausalzusammenhänge, ganze Kausalketten oder Systemausschnitte richten. Die Aufstellung von Hypothesen über das Verhalten gesamter Systeme führt zur Bildung von Modellen.

Grundlage für Hypothesen im Rahmen der Waldwachstumsforschung sind im wesentlichen Rohdaten und Fakten aus zwei unterschiedlichen Quellen. Intensiv gesammelte, präzise Fakten aus Zuwachsanalysen und langfristigen Versuchsflächen, die in der Regel nur lokale oder punktuelle Gültigkeit haben, aber häufig weit zurückreichen, bilden die erste Quelle. Ein Netz langfristiger Versuchsflächen mit einem breiten Spektrum von Versuchsfaktoren (u. a. Baumarten, Provenienzen, Standortbedingungen, Mischungen, Behandlungen) bildet einen geradezu idealen Fundus für die Aufstellung und Prüfung von Hypothesen zum Waldwachstum. Eher extensiv aufgezeichnete, dafür aber flächenrepräsentative Informationen aus Inventuren und Forsteinrichtung stellen die zweite Quelle dar. Beide Datenquellen sind für die Bildung von Hypothesen von großem Wert. Auch aus Erfahrung oder Literaturstudium aufgestellte Hypothesen gründen in aller Regel auf diesen beiden Quellen.

Hypothesen lassen sich nicht rein logisch aus einer solchen Datenbasis ableiten. Vielmehr setzt die Hypothesenbildung wissenschaftliche Intuition, Phantasie und Ideenreichtum voraus. Die Hypothesenbildung wird stark von der Forscherpersönlichkeit, dem geistigen Klima der Forschungseinrichtung, dem wissenschaftlichen Überblick und nicht selten auch von der wissenschaftlichen Forschungslinie einer Institution und dem wissenschaftlichen Zeitgeist geprägt. Gerade der letzte Punkt birgt die Gefahr, daß Hypothesen, die den Zeitgeist treffen, mit größerer Wahrscheinlichkeit aufgestellt werden. Zahlreiche Beispiele dafür finden sich in der Waldschadensforschung der 1970er und 1980er Jahre, in denen tendenziöse und entsprechend kurzlebige Hypothesen zu der Existenz, dem Verlauf und den Ursachen der Waldschäden aufgestellt wurden. Wie in anderen Fachdisziplinen haben aber auch in der Waldwachstumsforschung gerade solche Denkmuster und Hypothesen, die im Gegensatz zu herrschenden Meinungen standen, vielfach entscheidende Impulse für die Forschung geliefert. Beispiele hierfür bilden die Hypothesen von ASSMANN zum Wuchsbeschleunigungseffekt, zum Zusammenhang zwischen Bestandesdichte und Zuwachs und zum gegliederten speziellen Ertragsniveau, die in den 1960er Jahren den Modellvorstellungen vom Bestandeswachstum und existierenden Ertragstafelkonstruktionen widersprachen, sich in den Folgejahren aber als Grundlage für die Waldbehandlung und Leistungsschätzung bewährt haben.

2.2 Hypothesenprüfung

2.2.1 Vier Ansätze der Hypothesenprüfung

Die Überprüfung von Hypothesen und Modellansätzen sollte in vier Richtungen erfolgen (POPPER, 1984):
- Erstens sollte eine Prüfung auf innere Widersprüche ausgeführt werden. Dafür können unter anderem logische Folgerungen aus den Hypothesen untereinander verglichen werden.
- Zweitens sollten Hypothesen und Modellansätze, die quasi als Bündel von Hypothesen anzusehen sind, auf ihre logische Form und ihren Charakter als Hypothesen hin überprüft werden. Das geschieht durch Hinterfragen, ob die Hypothese tautologisch, falsifizierbar oder nicht überprüfbar ist.
- Drittens gehört zu der deduktiven Überprüfung der Vergleich der aufgestellten Hypothesen mit bereits bewährten Gesetzmäßigkeiten, Gesetzen und Theorien. Bei waldwachstumskundlichen Hypothesen, die sich meistens auf makroskalige Prozesse und Strukturen richten, wird insbesondere geprüft, ob eine aufgestellte Hypothese aus dem Tatsachenwissen über die Prozesse und Strukturen auf der nächst niedrigeren Systemebene abgeleitet werden kann.
- Viertens ist eine Hypothesenprüfung durch Vergleich mit der Wirklichkeit auf der Grundlage von Beobachtungsdaten anzustreben. Eine solche empirische Prüfung ist insbesondere bei Hypothesen über die Existenz typischer Systemzustände und Muster sowie über Entwicklungstrends und Kausalketten anzustreben. Sie erfordert eine solide empirische Basis. Von dieser ausgehend ist eine Hypothesenprüfung durch Beschreibung, Experiment oder Korrelationsanalyse möglich.

Diese vier Prüfungen können als Vorgehensweise für eine systematische Analyse wissenschaftlicher Aussagen empfohlen werden. Wenn Hypothesen dauerhaft den Prüfungen in diese vier Richtungen standhalten, so bewähren sie sich mehr und mehr. Neue unsystematisch oder systematisch gesammelte Daten sollten immer wieder zur Prüfung der Gültigkeit von Hypothesen und Modellen eingesetzt werden. Die Bestandesertragstafeln aus den 1940er und 1950er Jahren, um ein Beispiel zu nennen, galten über Jahrzehnte hinweg als bewährte Modelle. Neueren Falsifizierungsversuchen halten sie aber nicht mehr stand, so daß ein Übergang zu neuen, wirklichkeitsnäheren Modellansätzen angeraten erscheint.

2.2.2 Hypothesenprüfung durch Experimente

In einem Experiment werden alle einwirkenden Faktoren bis auf den zu untersuchenden Faktor konstant gehalten. Der zu prüfende Faktor wird in definierter Weise verändert und in seiner Wirkung auf die Entwicklung von Bäumen oder Beständen untersucht. Experimente können auf diese Weise klare Kausalzusammenhänge zwischen Ursachen- und Wirkungsgrößen liefern (Abb. 2.2). Bei mehrfaktoriellen Experimenten werden die Effekte von mehreren Einflüssen, z. B. unterschiedlichen Pflanzver-

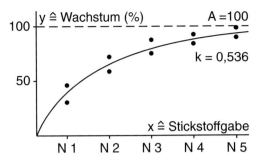

Abbildung 2.2 Ergebnisse eines Stickstoffsteigerungsexperimentes mit fünf Faktorenstufen und zwei Wiederholungen in schematischer Darstellung. Das Experiment erlaubt die Prüfung und Quantifizierung von Kausalzusammenhängen zwischen Nährstoffgaben und Wachstum. Die Wachstumsreaktionen des Kiefernbestandes folgen dem Wirkungsgesetz $y = A \cdot (1 - e^{-k \cdot x})$ von MITSCHERLICH (1948).

bänden, Durchforstungen und Düngungsintensitäten, auf das Waldwachstum untersucht, indem sie auf einer ganzen Serie von Beobachtungsfeldern auf definierte Stufen eingestellt werden.

Voraussetzung für die Durchführung zielorientierter Experimente zur Hypothesenprüfung ist die klare und präzise Formulierung der Versuchsfrage. Diese beinhaltet folgende Einzelfragen:

- Was will man wissen?
- Welche Erklärungsebene (räumlich-zeitliche Auflösung) wird angestrebt?
- Welche Genauigkeitsanforderungen werden gestellt?
- Zu welchem Zweck soll die Frage beantwortet werden?

Diese Fragen erscheinen vielleicht auf den ersten Blick trivial, bleiben aber leider bei vielen Experimenten mit schwerwiegenden Folgen unberücksichtigt (vgl. Kap. 3). Die vierte Frage ist gerade für den forstwirtschaftlichen Bereich von elementarer Bedeutung. Denn je nach regionalem und zeitlichem Bezug der zu prüfenden Hypothese müssen Experimente unterschiedlich breit regional gestreut und unterschiedlich lang unter Beobachtung gehalten werden.

2.2.3 Hypothesenprüfung durch Korrelation

Zusammenhänge, wie beispielsweise der zwischen der Temperatur in der Vegetationszeit und dem Höhenzuwachs, die über exakte Experimente im Freiland kaum zugänglich sind, lassen sich aus Längsschnitt- und Querschnittauswertungen über Korrelationsanalysen erschließen. Die zusammenfassende Auswertung von Streuversuchen, für die Ceteris-paribus-Bedingungen nicht gegeben sind, die aber in räumlichem Nebeneinander (Querschnittdaten) oder zeitlichem Nacheinander (Längsschnittdaten) ein breites Spektrum von Standorteigenschaften repräsentieren, kann korrelative Zusammenhänge erbringen (Abb. 2.3a). Diese haben natürlich nicht die Aussageschärfe von Ursache-Wirkung-Befunden aus Experimenten, können aber auch zur Überprüfung von Hypothesen beitragen (BÄSSLER, 1991). Von Korrelation darf allerdings, wie Abbildung 2.3b zeigt, nicht leichtfertig auf Kausalzusammenhänge geschlossen werden.

Angesichts der begrenzten experimentellen Möglichkeiten in Waldökosystemen, des langen Zeithorizonts bei der Beobachtung von Wachstumsreaktionen und der multikriteriellen Ergebnisinteressen bietet ein Netz langfristiger Versuchsflächen eine vielseitige Datenbasis

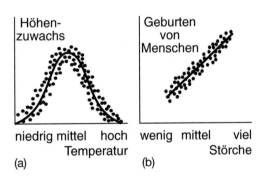

Abbildung 2.3a, b Korrelationsanalysen zur Erschließung experimentell kaum zugänglicher Zusammenhänge aus Streuversuchs- und Inventurdaten. Eine nachweisbare Korrelation zwischen **(a)** Zuwachs- und Temperaturbefunden oder **(b)** Geburtenzahlen von Menschen und Storchvorkommen erlaubt noch keine Rückschlüsse auf Kausalzusammenhänge.

für Hypothesenprüfungen durch Korrelation. Besonderen Wert besitzen Versuchsflächen, die über ein breites Spektrum von Standorten gestreut sind und langfristig unter definierter Behandlung gehalten werden. Ein gut dokumentiertes Netz langfristiger Versuchsflächen versetzt die Waldwachstumsforschung in die Lage, auch neu aufkommende Hypothesen zu Wachstumsreaktionen auf Waldbehandlung, Wachstumstrends durch Stoffeinträge oder Wachstumsreaktionen auf Klimaveränderungen prüfen zu können, ohne jedesmal spezielle Versuchsflächen anlegen zu müssen (FRANZ, 1972; SEIBT, 1972).

2.3 Bestandesmodelle als Hypothesenketten

2.3.1 Verdichtung von Einzelaspekten zu einer Modellvorstellung vom Ganzen

Wachstumsmodelle führen gesicherte Einzelerkenntnisse über das Waldwachstum zu einer Vorstellung vom Gesamtsystem zusammen, so daß daraus – je nach Zweck des Modells – für Wissenschaft und Praxis wichtige Informationen über das Systemverhalten abgeleitet werden können. Ein System ist definiert durch die es umfassenden Systemelemente, die Beziehungen zwischen diesen Elementen und durch die Gesetzmäßigkeiten, nach denen äußere Einflüsse im System verarbeitet werden. Die Systemgesetzmäßigkeiten werden dabei erst im Gesamtsystem wirksam und fehlen den einzelnen Elementen des Systems oder seinen Subsystemen noch.

Um zu einem solchen Modell zu kommen, wird für ein reales System, beispielsweise einen Waldbestand, durch Abstraktion ein vereinfachtes, quantitatives Systemmodell entwickelt. Der Abstraktionsgrad bzw. Komplexitätsgrad des Systemmodells richtet sich nach dem Kenntnisstand über Systemstruktur und Systemverhalten des realen Systems und nach dem Zweck, für den das Systemmodell aufgestellt wird. Die Waldwachstumsforschung befaßt sich primär mit Modellen, die in ihren Ausgabegrößen auch flächenbezogene Bestandesdaten abdecken (z. B. Vorrat, Zuwachs, C-Speicherung, N-Umsatz/Hektar). Diese Bestandesmodelle können sich dabei sehr wohl auch aus Teil- oder Submodellen aufbauen, die diese flächenbezogenen Summen- und Mittelwerte mit hoher räumlicher und zeitlicher Auflösung aus den Prozessen auf Einzelbaum- oder Baumorganebene entwickeln. Indem sie die Einzelinformationen bis zur Bestandesebene aggregieren, stellen sie den Bestand in den Mittelpunkt, der sowohl als Bewirtschaftungseinheit als auch als biologische Systemeinheit angesehen werden kann. Damit korrespondieren Bestandesmodelle am ehesten mit den Erkenntnisinteressen der Waldwachstumsforschung und dem Informationsbedarf der forstlichen Praxis.

Das Systemmodell mit den in ihm unterstellten Systemelementen und Kausalketten kann als Hypothese über den Aufbau und das Verhalten des Gesamtsystems verstanden werden (WUKETITS, 1981). Indem ein solches Systemmodell in mathematische Gleichungen und in ein Computerprogramm überführt wird, entsteht ein Simulationsmodell, mit dem das Systemverhalten am Rechner nachgebildet, d. h. simuliert werden kann. Die entsprechenden Rechenprogramme bezeichnen wir als Bestandessimulatoren. Unter Simulation verstehen wir in diesem Zusammenhang also die Nachbildung des Systemverhaltens mit Hilfe von Rechenanlagen (BERG und KUHLMANN, 1993; DE WIT, 1982).

Im Idealfall beginnt der Aufbau einer Modellvorstellung, sei es für Erklärungs- oder Prognosezwecke, nicht erst nach Ansammlung von Beobachtungs- und Meßdaten, sondern schon mit der Planung der Untersuchung. Die Herausarbeitung eines klaren Gedankenmodells von dem zu untersuchenden System kann dazu beitragen, vorhandenes Wissen zu ordnen, Wissensdefizite zu identifizieren, Beobachtungs- und Meßarbeiten zu fokussieren und eine ausgewogene Genauigkeit und Auflösung bei der Analyse verschiedener Teile des Systems zu gewährleisten. Die Ausarbeitung eines konzeptuellen Modells, das in ein biometrisches Modell und schließlich in ein Simulationsmodell überführt werden kann, ist insbesondere bei interdisziplinären Projekten empfehlenswert. Denn auch wenn die beteiligten Forscher sehr unterschiedliche Modellvorstellungen haben und auf verschiedensten Zeit- und Raumskalen arbeiten, stellt ein solches Vorgehen die Paßfähigkeit der von ihnen erbrachten Einzelerkenntnisse sicher. So gesehen ermöglichen die von Untersuchungsbeginn an ausgearbeiteten Modellvorstellungen einen geordneten, effizienten und zielgerichteten Ablauf von der Messung bis hin zur gesicherten Aussage.

2.3.2 Evaluierung von Wuchsmodellen

Die Evaluierung von Wuchsmodellen sollte die Eignung des gewählten Modellansatzes, die Validität oder Gültigkeit des entwickelten biometrischen Modells wie auch die Eignung der Software, in welche das biometrische Modell umgesetzt wird, umfassen (Deutscher Verband Forstlicher Forschungsanstalten, 2000). Es geht also bei der Beurteilung nicht allein um eine Überprüfung der Genauigkeit des biometrischen Modells (GERTNER und GUAN, 1992; VANCLAY und SKOVSGAARD, 1997; PRETZSCH, 1999b; PRETZSCH und ĎURSKÝ, 2001). Zunächst seien die Begriffe Evaluierung, Validierung und Verifizierung präzisiert:

Unter Evaluierung verstehen wir die „[...] Analyse und Bewertung eines Sachverhalts, v. a. als Begleitforschung einer Innovation. In diesem Fall ist Evaluierung Effizienz- und Erfolgskontrolle zum Zweck der Überprüfung der Eignung eines in Erprobung befindlichen Modells. [...]" (Brockhaus, 1997, Bd. 6, S. 716).

Ein Aspekt der Evaluierung ist die Validierung (Brockhaus, 1994, Bd. 23, S. 42): „[...] Die Validierung gibt den Grad der Genauigkeit an, mit dem ein Verfahren das mißt, was es zu messen vorgibt [...] Die Feststellung der Validität (Validierung) geschieht 1) aufgrund der Übereinstimmung des Testergebnisses mit einem Kriterium, das außerhalb von Testwerten [...] gewonnen wird (Kriteriums-V.), 2) aufgrund des Zutreffens einer Vorhersage (Vorhersage-V., engl. Predictive validity), 3) aufgrund logisch-inhaltlicher Plausibilität (inhaltliche V.,

Content validity) oder 4) aufgrund von im Kontext belegbaren Theorien und Verfahrensweisen (Konstrukt-V.). [...]".

Die Begriffe Validierung und Verifizierung werden häufig fälschlicherweise synonym gebraucht. Ein Wuchsmodell kann letztlich nie verifiziert werden, denn mit Verifizierung oder Verifikation erfolgt „[...] allgemein der Erweis der Wahrheit von Aussagen. [...] Nach der Theorie des kritischen Rationalismus (bes. K. R. POPPER) ist bei allgemeinen empirischen Aussagen (Hypothesen, Gesetzen) keine endgültige Verifizierung, wohl aber eine endgültige Falsifikation möglich [...]" (Brockhaus, 1994, Bd. 23, S. 213; POPPER, 1984).

Die Evaluierung von Wachstumsmodellen sollte sich zunächst auf den Modellansatz richten. Wichtige Fragen hierbei sind, inwieweit das zu beurteilende Modell in den Informationsfluß der Forstwirtschaft integrierbar ist, ob es die aktuelle Datenbasis und den Wissensstand über waldwachstumskundliche Prozesse ausschöpft und ob sein Komplexitätsgrad dem gesetzten Modellzweck entspricht.

Die Validierung eines Bestandesmodells und der in ihm aggregierten Hypothesen über Systemelemente und Kausalbeziehungen stützt sich maßgeblich auf die Ergebnisse von Simulationsläufen. Simulationsmodelle und mit ihnen durchgeführte Rechenläufe stellen für den Erkenntnisweg der Waldwachstumsforschung also ein „Werkzeug" zur Hypothesenprüfung dar. Die Simulationsläufe spiegeln das Verhalten des Modells bei definierten Randbedingungen wider und können mit dem Verhalten des realen Systems verglichen werden. Für die Validierung des biometrischen Modells werden die Präzision der Prognoserechnung (Prognosestreuung), die Verzerrung (Bias) und die Genauigkeit des Modells im Vergleich zur Wirklichkeit (Treffgenauigkeit) auf Bestandes- und Einzelbaumebene herangezogen. Modelle können weiter aufgrund ihrer Übereinstimmung mit Gesetzmäßigkeiten und Erfahrungswissen validiert werden. Die Übereinstimmung des Verhaltens von Modell und Wirklichkeit bedeutet aber nicht zwangsläufig, daß die dem Modell zugrundeliegenden Hypothesen über die Strukturen und Prozesse der Wirklichkeit entsprechen. Erst wenn Prüfungen des Modellverhaltens an einem breiten Datenmaterial keine Falsifizierung erbringen, wächst das Vertrauen in die Gültigkeit der unterstellten Hypothesenkette.

Evaluierungskriterien für die Modell-Software sind u. a. Benutzerfreundlichkeit, Unabhängigkeit von einem speziellen Betriebssystem, Schnittstellenverfügbarkeit für die Programmanwendung bei interaktivem Einsatz oder im Batch-Betrieb und eine umfangreiche Dokumentation u. a. in Form eines Handbuches.

In den seltensten Fällen führt bereits eine erste Version eines Systemmodells zu einer akzeptablen Abstraktion der Wirklichkeit, vielmehr müssen wiederholt Veränderungen, Verbesserungen und Erweiterungen an Systemmodellen vorgenommen werden, bis sie als bewährt gelten können. Geht man dabei von einem einfachen, hoch aggregierten Modellansatz aus, so hat dies den Vorteil, daß Fehler leichter diagnostiziert werden, als das bei hochauflösenden Systemmodellen möglich ist (LANDSBERG, 1986). In der Folge kann der Modellansatz je nach Bedarf komplexer ausgestaltet werden (Top-down-Ansatz).

Die Modellevaluierung stellt also einen iterativen Prozeß dar, in den immer wieder neue Daten, neu ergründete Wuchsgesetzmäßigkeiten, Erfahrungswissen der Praxis, technische Neuerungen und Veränderungen des Informationsbedarfes einfließen. Sie läuft daher parallel zur Modellentwicklung. Auf Abweichungen zwischen Modellaussagen und Wirklichkeit kann beispielsweise mit der Erhebung zusätzlicher Daten für die Parametrisierung, einer veränderten Gewichtung innerhalb der Datensätze und einer Einbindung zusätzlicher Modellelemente reagiert werden (vgl. Abb. 2.1).

anderen auf die Gewinnung neuer Erkenntnisse durch Prognosen und Szenariorechnungen. Das Systemmodell wird dann zum Stellvertreter des realen Systems, und es wird für die Durchführung von Experimenten eingesetzt, die gerade in der Waldwachstumsforschung mit ihren langen Beobachtungszeiträumen und aufwendigen Freilandexperimenten in der Realität kaum durchführbar wären.

Bei Ausbildung, Fortbildung und Beratung werden Bestandesmodelle zum Lehrmittel, das Entscheidungsträger durch Szenariorechnungen und -analysen mit den ökonomischen und ökologischen Konsequenzen ihres Vorgehens vertraut macht. Zudem wird durch die Konstruktion und Anwendung von Modellen ein rationales Entscheidungsverhalten und ein vernetztes Denken geschult (SENGE, 1994).

Der Forstwirtschaft ermöglichen Modelle die Simulation der Waldentwicklung in Abhängigkeit von Behandlung, Standort und Störfaktoren. Sie machen forstwissenschaftliche Einzelerkenntnisse für eine nachhaltige Forstwirtschaft nutzbar, indem sie Detailwissen zu einem Ganzen zusammenführen und räumlich und zeitlich hochskalieren (Abb. 2.4). Durch die Nachbildung der langfristigen und flächenhaften Waldentwicklung werden Einzelerkenntnisse von der Mikroskala auf die für forstwirtschaftliche und umweltpolitische Entscheidungen relevante Meso- oder Makroskala gehoben. Modelle können auf diesem Weg zur Nachhaltigkeit der Nutzung forstlicher Ressourcen, der Vitalität und Stabilität, der Produktion und Erzeugung, der biologischen Diversität und zur Erfüllung weiterer Funktionen wie Schutz und sozioökonomischem Nutzen beitragen (Abb. 2.4).

2.4 Erkenntnis- und Zweckinteressen der Modellbildung

2.4.1 Nutzung von Modellen in der Forschung, Lehre und Praxis

Der Einsatz von Systemmodellen als Forschungswerkzeug zielt zum einen auf die Prüfung von bestehenden Hypothesen und zum

2.4.2 Aufdeckung von Gesetzmäßigkeiten

Halten Hypothesen oder aus Hypothesenketten aufgebaute Modelle dauerhaft Falsifizierungsversuchen stand, so münden sie in Gesetzmäßigkeiten oder Gesetze. In Abbildung 2.1 ist diese Prüfungsphase, in der sich die wissenschaftliche Gemeinschaft mit den aufgestellten Hypothesen oder Modellen auseinandersetzt, als Schlangenlinie eingetragen (Schritt 8).

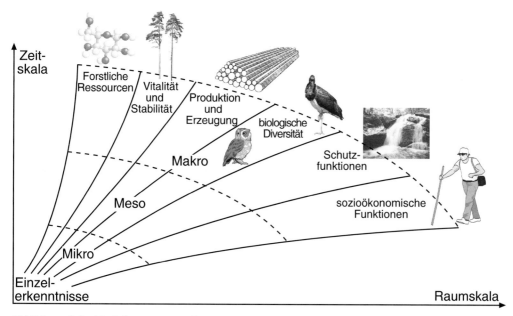

Abbildung 2.4 Modelle tragen zur Nutzbarmachung von forstwissenschaftlichen Einzelerkenntnissen bei, indem sie diese zusammenführen und von der Mikroebene auf die forstwirtschaftlich relevante Meso- und Makroebene anheben. Sie unterstützen damit den nachhaltigen Umgang mit forstlichen Ressourcen, fördern Vitalität und Stabilität, Produktion und Erzeugung, biologische Diversität, Schutzfunktionen und sozioökonomische Funktionen.

Unter Gesetzmäßigkeiten verstehen wir experimentell oder theoretisch abgeleitete, verallgemeinerbare quantitative Beziehungen zwischen Phänomenen, die diese Phänomene beschreiben und erklären. Da Naturgesetze grundsätzlich statistischen Charakter haben, d. h. Mittelwerte aus zahlreichen, nicht im einzelnen übersehbaren Ereignissen darstellen, bezeichnet man sie auch als Gesetzmäßigkeiten. Gesetzmäßigkeiten können auch für komplizierte Phänomene als ganzes aufgestellt werden, deren Einzelereignisse nicht völlig bekannt sind. Wachstums- und Zuwachsfunktionen, allometrische Formenwandlung, Bestandesdichte-Regeln und Dosis-Wirkungs-Funktionen bilden Beispiele für solche Gesetzmäßigkeiten (Abb. 2.5).

2.4.3 Theorien zum Baum- und Bestandeswachstum

Durch Sammlung, systematische Ordnung und Verknüpfung von bewährten Hypothesen, Gesetzmäßigkeiten, Gesetzen und Erfahrungen kann eine Theorie über das Wachstum von Bäumen oder Beständen abgeleitet werden. Indem Wuchsmodelle objektive Tatsachen über das Wachstum von Bäumen und Beständen zu einer Vorstellung von Struktur und Funktion des Systems insgesamt zusammenführen, werden sie zum Instrument und Werkzeug der Theoriebildung. Ohne Rückgriff auf mathematische Modelle, die in Computerprogramme umgesetzt werden, ist eine Verdichtung der in einem Wissensgebiet angesammelten Informationen zur Bildung und Prüfung von Theorien heute kaum mehr denkbar.

Erst auf der Basis von Gesetzmäßigkeiten, Gesetzen und Modellen werden vertrauenswürdige Vorhersagen für experimentell nicht abgedeckte Ursache-Wirkungs-Beziehungen möglich. Das sei am Beispiel zweier Szenarioanalysen mit dem Waldwachstumssimulator SILVA 2.2 auf Bestandes- und Landesebene verdeutlicht.

Im ersten Fallbeispiel wird das Wachstum der Fichte *Picea abies* (L.) Karst. im Rein- und Mischbestand im Oberbayerischen Tertiärhü-

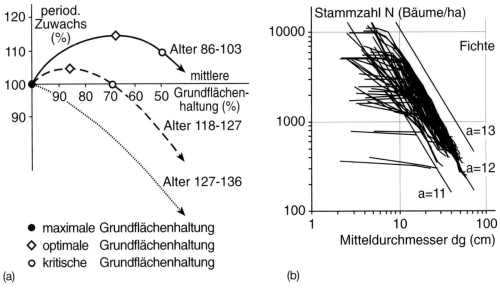

Abbildung 2.5a, b Gesetzmäßigkeiten des Waldwachstums. **(a)** Das Wachstum auf der Buchen-Durchforstungsreihe Kupferhütte 25 folgt im Alter von 86–103, 118–127 und 127–136 Jahren dem Gesetz der optimalen und kritischen Grundflächenhaltung von Assmann (1961a). Zwischen der Bestandesdichte und dem Zuwachs besteht im jungen und mittleren Alter eine Optimumbeziehung. Maximale Zuwächse werden dann bei mittlerer Bestandesdichte erreicht und erst in höherem Alter von Beständen mit maximaler Grundfläche erbracht. **(b)** Entwicklung süddeutscher Fichtenbestände nach der Stand density rule von Reineke (1933). Die Mitteldurchmesser-Stammzahl-Trajektorien nähern sich, unabhängig von der Ausgangsdichte, einer oberen Grenzbeziehung zwischen Stammzahl und Durchmesser, die sich im doppelt-logarithmischen Netz durch eine Gerade mit dem Steigungskoeffizienten −1,605 darstellen läßt. Die eingetragenen Geraden ergeben sich bei Einsetzung der Lageparameter $a = 11 \ldots 13$. Positiv gerichtete Abweichungen vom Trend dieser Geraden weisen auf Wachstumsstörungen auf den Versuchsflächen hin (Pretzsch, 2000).

gelland (Standorteinheit 203, mäßig frischer bis frischer Lehm) unter gegenwärtigen und veränderten Klimabedingungen untersucht (Pretzsch, 1999a; Pretzsch, Ďurský, Pommerening und Fabrika, 2000). In Abbildung 2.6a ist der unter gegenwärtigen Klimabedingungen zu erwartende durchschnittliche Gesamtzuwachs gleich 100% gesetzt (schwarz ausgezogene Linie) und dem vom Modell prognostizierten Bestandeswachstum bei einem veränderten Klima gegenübergestellt (schwarze punktierte Linie). Eingesteuert wurde ein Temperaturanstieg in der Vegetationsperiode um 2 °C, ein Rückgang der Niederschläge in der Vegetationsperiode um 10% und eine Verlängerung der Vegetationszeit um 10 Tage. Wir erkennen, daß der dGZ in Fichtenreinbeständen bei diesem Szenario gegenüber der Referenz um etwa 10% absinkt. Weiter wird geprüft, inwieweit dem zu erwartenden Zuwachsverlust durch eine Beimischung von 30 bzw. 70% Buche *Fagus silvatica* L. entgegengewirkt werden kann (gebrochene Linien). Nach Berechnungen mit SILVA 2.2 kann eine 30%ige Beimischung von Buchen, die den unterstellten Klimaänderungen besser gewachsen sind, die klimabedingten Zuwachsverluste der Fichte bei Umtriebszeiten von 100 bis 150 Jahren überkompensieren. Eine Beimischung von 70% Buche vermag die klimabedingten Zuwachsverluste der Fichte erst im Alter 150 auszugleichen. Solche Szenariorechnungen zeigen, daß die momentan beobachteten Zuwachssteigerungen (vgl. Abschn. 12.3.3 und 12.3.4) bei stärkeren Klimaveränderungen je nach ökologischer Amplitude der Baumarten auch in gravierende Zuwachsrückgänge umschlagen können. Wie das Beispiel zeigt, lassen sich standörtlich bedingte

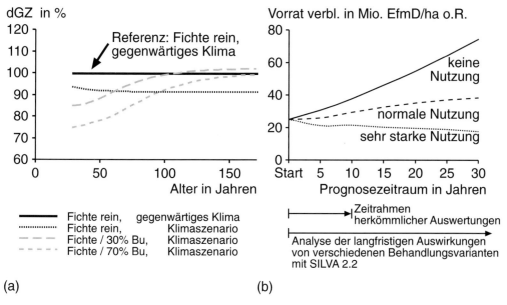

Abbildung 2.6 a, b Szenariorechnungen mit dem Waldwachstumssimulator SILVA 2.2 auf Bestandes- und Landesebene. **(a)** Wuchsleistung der Fichte *Picea abies* (L.) Karst. im Rein- und Mischbestand unter gegenwärtigen (durchgezogene Linie) und veränderten Klimabedingungen (gebrochene Linien). Standort: Oberbayerisches Tertiärhügelland, Standorteinheit 203, mäßig frischer bis frischer Lehm. Klimaszenario: Temperatur in der Vegetationszeit steigt um 2 °C, Niederschläge in der Vegetationszeit sinken um 10%, Vegetationszeit verlängert sich um 10 Tage (nach PRETZSCH, 1999a). **(b)** Auswirkungen von Nutzungsverzicht (durchgezogene Linie), normaler Nutzung (gebrochene Linie) und sehr starker Nutzung (punktierte Linie) auf die Vorratsentwicklung von Fichten-Starkholz ($d_{1,3} > 42$ cm) im bayerischen Flach- und Hügelland (Staatswald) für den Zeitraum 1995–2025.

Zuwachseinbußen im Oberbayerischen Tertiärhügelland in gewissem Maße durch einen Übergang zu angepaßteren Baumarten kompensieren. Mit Hilfe von Szenarioanalysen lassen sich waldbauliche Alternativen und Entscheidungen auch unter veränderlichen Klima- und Standortbedingungen auf eine quantitative Grundlage stellen.

In einem zweiten Fallbeispiel werden die Auswirkungen verschiedener Nutzungsstrategien auf den Vorrat und das Rohholzaufkommen von Fichten-Starkholz im bayerischen Staatswald untersucht, um den Handlungsspielraum der Staatsforstverwaltung zu sondieren. Der Fichtenstarkholzvorrat ($d_{1,3} > 42$ cm) im bayerischen Staatswald beträgt gegenwärtig ca. 25 Mio. Efm o. R. im Flachland und in den Mittelgebirgen (32 Mio. Efm o. R. inklusive Hochgebirge). Ausgehend von den Rasterstichprobendaten der Forstinventur werden mit dem Waldwachstumssimulator SILVA 2.2 drei Szenarien analysiert (Abb. 2.6 b). Die Normalvariante (gestrichelte Linie) unterstellt eine Fortsetzung der bisher üblichen Nutzungsstrategie. Eine zweite Variante, die vor allem als Referenz interessiert, unterstellt die Einstellung aktiver Nutzungen (durchgezogene Linie). Eine dritte Variante geht von deutlich stärkeren Eingriffen und höheren Nutzungssätzen als sie bisher üblich sind aus (punktierte Linie). Die Extremvariante bremst bestmöglich einen weiteren Anstieg des Starkholzvorrates, führt aber auf längere Sicht zu gewissen Einschränkungen der Nutzungsmöglichkeiten. Die Szenariorechnungen spannen einen Handlungskorridor auf, in dem ein Mittelweg zwischen der Normalvariante („Business as usual") und der Extremvariante unter waldbaulichen und ertragskundlichen Gesichtspunkten optimal erscheint. Eine solche Vorgehensweise, die in der Vorratshaltung zwischen der gebrochenen und punktierten Linie anzusiedeln wäre, erbrächte auf 30jährige Sicht (Zeitraum 1995–2025) trotz wesentlich höherer Nutzungen eine strenge Wahrung der Nachhaltigkeit hinsichtlich der Holzproduktion.

Gerade solche Vorhersagen fordert die Praxis in besonderem Maße von der Forstwissenschaft. Ob es sich um neu aufkommende Pflegeprogramme, Störfaktoren oder neu eingeführte Baumarten- und Baumartenmischungen handelt, immer werden Aussagen über die zu erwartenden Konsequenzen auf Baum-, Bestandes- oder Betriebsebene als Entscheidungshilfen benötigt. Würden diese erst durch experimentelle Prüfung erbracht, so liefe die Waldwachstumsforschung den Fragen der Praxis aufgrund der Langlebigkeit von Waldbeständen und entsprechender Versuchsdauer immer hinterher. Der Informationsbedarf der Praxis mit Blick auf Wenn-Dann-Aussagen kann also nur befriedigt werden, wenn die Waldwachstumsforschung auf der Basis von Dauerversuchsflächen Gesetzmäßigkeiten des Baum- und Bestandeswachstums erarbeitet und diese in Modelle einfließen läßt, die ein Experimentieren im Zeitraffer ermöglichen.

Zusammenfassung

Die Gewinnung und Anwendung wissenschaftlicher Erkenntnisse vollziehen sich in der Waldwachstumsforschung, wie auch in den Naturwissenschaften allgemein, in den Schritten: Datensammlung, Beschreibung, Hypothesenbildung, Hypothesenprüfung, Entwicklung von Modellvorstellungen, Modellevaluierung, Modellerprobung, Aufdeckung von Gesetzmäßigkeiten und Weiterentwicklung von Theorien. Ein Basiswissen über diesen Erkenntnisprozeß, für den naturwissenschaftliche Intuition oft wichtiger ist als kanonische Abfolge, ist für den Naturwissenschaftler unverzichtbar. Es hilft eigene Untersuchungen zielgerichteter und widerspruchsfreier abzuwickeln und Forschungsansätze und -ergebnisse anderer systematisch und kritisch zu durchleuchten.

1. Der Erkenntnisprozeß beginnt mit dem Messen und Sammeln von Daten und dem Aufbau einer empirischen Informationsbasis. Für die Waldwachstumsforschung sind dies vor allem Meßreihen, die an langfristigen Versuchen gewonnen werden und über das gesamte Baum- oder Bestandesleben hinweg Informationen bieten.

2. Die Beschreibung von Strukturen und Prozessen liefert quantitative Aussagen über die untersuchten Waldbestände und ist die Grundlage für die Formulierung von Hypothesen. Unter Beschreibung verstehen wir die Abbildung von Merkmalen des Untersuchungsobjektes durch statistische Maßzahlen, Tabellen und Graphiken. Sie mündet in objektive Tatsachen und stellt So-Ist-Aussagen bereit.

3. Die Formulierung von Hypothesen gründet auf dem Fundus gesammelter Daten und beschriebener Tatsachen. Hypothesen sind noch unbewiesene Annahmen, die als methodisches Prinzip aufgestellt werden und als Hilfsmittel für die wissenschaftliche Erkenntnis dienen. Sie unterscheiden sich aber von Spekulationen durch formale und inhaltliche Vorprüfung. Hypothesen können sich auf Kausalzusammenhänge, ganze Kausalketten oder Systemausschnitte richten.

4. Die Prüfung der Hypothesen erfolgt in vier Richtungen:
- Prüfung auf innere Widersprüche,
- Prüfung auf logische Form, Tautologie, Falsifizierbarkeit,
- deduktive Überprüfung durch Vergleich mit bereits aufgestellten Hypothesen, Gesetzmäßigkeiten, Gesetzen und Theorien und
- Prüfung durch Vergleich mit der Wirklichkeit auf der Grundlage von Beobachtungsdaten (Experimente, Korrelation).

5. Geprüfte Einzelerkenntnisse können durch Systemmodelle miteinander verknüpft werden, um eine Vorstellung vom Systemaufbau und

Systemverhalten insgesamt zu entwickeln. Ein Modell bewirkt also eine Organisation und Verdichtung vorhandenen Wissens. Es abstrahiert die Wirklichkeit und bildet sie biometrisch nach. Wird ein Systemmodell in ein praktikables EDV-Programm umgesetzt, so entsteht ein Simulator, der Szenario- und Prognoserechnungen ausführen kann.

6. Die Prüfung des Systemmodells und der in ihm aggregierten Hypothesenketten über Systemelemente und ihre Kausalbeziehungen stützt sich maßgeblich auf Simulationsläufe. Deren Ergebnisse spiegeln das Verhalten des Systemmodells wider und können mit dem Verhalten des realen Systems verglichen werden. Referenz für die Validierung des Modells können auch seine Vereinbarkeit mit bewährten Gesetzmäßigkeiten und Erfahrungswissen sein. Modellvalidierung ist ein iterativer Prozeß, in den immer wieder neue Daten, Wuchsgesetzmäßigkeiten, Erfahrungswissen der Praxis, technische Neuerungen und Veränderungen des Informationsbedarfes einfließen.

7. Indem Modelle in Forschung, Lehre und Praxis eingeführt werden, machen sie sowohl die angesammelten Daten als auch das angesammelte Wissen für ein verbessertes Systemverständnis nutzbar. In der Forschung dienen Wuchsmodelle der Durchführung von Experimenten, die aufgrund langer Beobachtungszeiträume und aufwendiger Freilandexperimente in der Realität kaum durchführbar wären. In der Ausbildung, Fortbildung und Beratung machen Wuchsmodelle Entscheidungsträger mit den ökonomischen und ökologischen Konsequenzen ihres Vorgehens vertraut. Der Forstwirtschaft dienen Wuchsmodelle für die Entscheidungsunterstützung auf den Ebenen Bestand, Betrieb und Großregion.

8. Halten Hypothesen oder Wuchsmodelle dauerhaft Falsifizierungsversuchen stand, so münden sie in Gesetzmäßigkeiten oder Gesetzen. Da Naturgesetze grundsätzlich stochastischen Charakter haben, d. h. Mittelwerte aus zahlreichen, im einzelnen nicht übersehbaren Ereignissen darstellen, bezeichnet man sie im Unterschied zu Gesetzen auch als Gesetzmäßigkeiten. Unter Gesetzmäßigkeiten verstehen wir experimentell oder theoretisch abgeleitete, verallgemeinerbare quantitative Beziehungen zwischen Phänomenen. Gesetzmäßigkeiten können auch für komplizierte Phänomene als Ganzes aufgestellt werden, deren Einzelereignisse nicht völlig bekannt sind (z. B. Gesetzmäßigkeiten des Bestandeswachstums, die ohne Verständnis der Allokationsstrategien von Einzelbäumen abgeleitet worden sind).

9. Hypothesen über Einzelerkenntnisse, Gesetzmäßigkeiten und Erfahrungen fließen zusammen zu Theorien über das Wachstum von Bäumen oder Beständen. Unter einer Theorie verstehen wir eine systematisch geordnete Menge von Aussagen über die Gesetze innerhalb eines bestimmten Bereiches der Wirklichkeit, beispielsweise der Waldökosysteme. Indem Wuchsmodelle Wissen ordnen, aggregieren und Hypothesenketten überprüfbar machen, werden sie zum Instrument und Werkzeug der Theoriebildung.

10. Auf der Basis von Gesetzmäßigkeiten, Gesetzen und Modellen werden Wenn-Dann-Aussagen und Vorhersagen möglich. Den wirksamsten und nachhaltigsten Wissenstransfer zwischen Wissenschaft und Praxis gewährleisten Modelle, wenn sie aus dem hinsichtlich Zeit- und Raumskala überwältigenden Fundus waldwachstumskundlicher Versuchsflächen abgeleitet werden.

3 Planung waldwachstumskundlicher Versuche

3.1 Von geglaubten Regeln zu gesichertem Wissen

Wälder haben eine Lebensdauer, die über die Tätigkeitsdauer einzelner Forscher zumeist weit hinausreicht. Sie haben vielfältige Standortbedingungen, und die daraus resultierende Vielfalt an Wachstumsgängen verbietet eine Verallgemeinerung der Resultate aus lokalen Einzeluntersuchungen. Diese Eigenschaften von Wäldern erschweren ihre experimentelle Zugänglichkeit und erfordern eigene Versuchsmethoden, die in Zeit- und Raumskala über die Standardmethoden der Physik, Medizin oder Landwirtschaft hinausgehen. Die in den Standardwerken der Versuchsplanung und -auswertung u. a. von COCHRAN und COX (1957), JEFFERS (1960), LINDER (1953), MUDRA (1958), MUNZERT (1992), RASCH et al. (1992) oder WEBER (1980) vermittelten Methoden können deshalb nur eingeschränkt auf forstwissenschaftliche Fragestellungen übertragen werden.

Weitsichtige Forscherpersönlichkeiten wie u. a. FRANZ V. BAUR, BERNHARD DANCKELMANN, ERNST EBERMAYER, AUGUST V. GANGHOFER, KARL GAYER, CARL HEYER, GUSTAV HEYER, FRIEDRICH JUDEICH und ARTHUR V. SECKENDORFF-GUDENT entwarfen in den 60er und 70er Jahren des 19. Jahrhunderts die fachliche und organisatorische Basis für eine Ertragsforschung in langfristigen Zeiträumen und weiträumigen Untersuchungsgebieten (Bildtafeln 1 und 2). Die bis dahin überwiegend aus Beobachtung und Erfahrungswissen entstandenen Lehrmeinungen sollten durch nachvollziehbare Messungen auf langfristigen Versuchsflächen ergänzt bzw. ersetzt werden. Auf Betreiben der genannten Gründungsväter des Versuchswesens entstanden ab 1870 die ersten Forstlichen Versuchsanstalten u. a. in Baden, Bayern, Preußen, Sachsen und Württemberg. Diese und weitere gegründete Versuchsanstalten organisierten sich in den Folgejahren zum Verein Deutscher Forstlicher Versuchsanstalten, der auf eine Förderung des Forstlichen Versuchswesens durch standardisierte Arbeitspläne, Vereinheitlichung von Methoden, Arbeitsteilung und gemeinsame Auswertungen und Publikationen zielte. Aus dem Verein Deutscher Forstlicher Versuchsanstalten ging im Jahre 1892 der Internationale Verband Forstlicher Versuchsanstalten hervor. Die genannten Persönlichkeiten des Versuchswesens bereiteten damit die Gründung des Internationalen Verbandes Forstlicher Forschungsanstalten (IUFRO) im Jahre 1929 und des Deutschen Verbandes Forstlicher Forschungsanstalten im Jahre 1951 vor (vgl. Kap. 6).

Beginnend mit der Anlage der ersten langfristigen Versuchsflächen in den 60er und 70er Jahren des 19. Jahrhunderts hat das forstliche Versuchswesen über nunmehr 140 Jahre ein spezifisches Methodenspektrum für die Versuchsplanung, -anlage und -steuerung entwickelt, ohne das die Waldwachstumsforschung und die Versorgung der Forstwirtschaft mit gesichertem Wissen nicht möglich sind. Viele der folgenden Beispiele gehen auf das Netz langfristiger ertragskundlicher Versuchsflächen in Bayern zurück, das gegenwärtig 147 Versuchsanlagen mit 878 Parzellen und 149 ha Meßfläche umfaßt (Stand 01. 01. 2000). In Beobachtungsdauer und Flächenanzahl vergleichbare Einrichtungen gibt es nur an den Versuchsanstalten in Eberswalde, Freiburg und Göttingen. Daß an zahlreichen Forstlichen Landesanstalten bis in die Gegenwart das Ertragskundliche Versuchswesen die Traditionsabteilung bildet und noch häufig mit dem forstlichen Versuchswesen begrifflich gleichgesetzt wird, resultiert aus der spezifischen Entstehungsgeschichte des Forstlichen Versuchswesens, die mit der Organisation der langfristigen Versuchsflächenarbeit Mitte des 19. Jahrhunderts ihren Anfang nahm.

Die lange Lebensdauer und standörtliche Vielfalt der Wälder führten bereits im 19. Jahrhundert immer wieder zur unreflektierten Übernahme und Anwendung vermeintlichen Erfahrungswissens. Aufgrund der langen Reaktionszeiten des Waldes auf Steuerungsmaßnahmen, wie beispielsweise auf die Wahl eines Ausgangsverbandes oder Durchforstungsprogramms, konnten die Praktiker die langfristigen Konsequenzen ihrer Maßnahmen nur selten in vollem Umfang übersehen. Erfahrungen und Hypothesen waren also schon allein aufgrund der Zeitskala kaum überprüfbar. Außerdem konnten lokal gewonnene Erfahrungen über das Waldwachstum wegen des regional begrenzten Tätigkeitsbereichs der Forstpraktiker selten anderenorts relativiert werden; der Praktiker neigte deshalb zur ungerechtfertigten Verallgemeinerung seines lokal gewonnenen Erfahrungswissens. Das Klischee, daß zehn waldbauliche Praktiker, werden sie mit einem Waldbild und einer waldbaulichen Aufgabenstellung konfrontiert, mindestens zehn unterschiedliche Meinungen über die bestmögliche Zielerreichung haben, resultierte aus dem beharrlichen Festhalten an vermeintlichem Erfahrungswissen. AUGUST V. GANGHOFER – Königlich Bayrischer Forstbeamter und Begründer des Ertragskundlichen Versuchswesens in Bayern – (Bildtafel 2) bemerkt dazu (1877, S. I–II): „[...] der spezifische Praktiker sah jeden mit scheelem Auge an, der es wagte, eigene, in theoretischem Wissen begründete Ansichten zur Geltung zu bringen, und da und dort dem dogmatisch von Generationen zu Generationen fortgetragenen Erfahrungsregeln den Krieg zu erklären. Hat ja doch mancher Knasterbart seiner Zeit geringschätzig die Nase gerümpft, als G. L. HARTIG in seinem, zuerst im Jahre 1791 erschienen Lehrbuche für Förster, die bis dahin als richtig anerkannten, aber besser gesagt, geglaubten waldbaulichen Regeln systematisch darzustellen, gesucht hat." AUGUST V. GANGHOFER plädiert damit für eine systematische Untersuchung des Waldwachstums auf zahlenmäßiger Grundlage in langen Beobachtungszeiträumen und mit überregionaler Streuung der Versuchsanlagen; gleichzeitig fördert er die Etablierung von Forschungsinstitutionen, die einer solchen Forschungsaufgabe gewachsen sind. Mit seinem 1877 erschienenen Werk „Das forstliche Versuchswesen" weist er den Weg für die systematische Erweiterung ertragskundlichen Wissens durch langfristige wissenschaftliche Versuche. Beschränken sich Untersuchungen nämlich auf einen nur kurzen Abschnitt der Bestandesentwicklung unter spezifischen Standortbedingungen, so besteht die Gefahr voreiliger Schlüsse und unzulässiger Verallgemeinerungen.

Ein Beispiel hierfür bietet der im Jahre 1927 angelegte Provenienzversuch zur Baumart Gemeine Kiefer *Pinus silvestris* L. Schwabach 304. Er erbrachte bei Beobachtung bis zum Alter 50 eine Unterlegenheit der Gesamtwuchsleistung der Herkunft Bamberg (Abb. 3.1, durch die ausgezogene Linie dargestellt). Erst die Fortsetzung der Beobachtung bis ins höhere Alter deckt ihre spätere Überlegenheit gegenüber den Herkünften Schwabach und Unterfranken (gestrichelte bzw. punktierte Linie) auf. Bei einer Aufgabe des Versuches im Alter 50 wäre weder die bemerkenswerte Überlegenheit aller Provenienzen gegenüber den Altersverläufen der Kiefern-Ertragstafel von WIEDEMANN (1943), mäßige Durchforstung, noch die langfristige Rangverschiebung zwischen den Provenienzen diagnostiziert worden. Aber auch bei Beobachtung bis zur Umtriebszeit erbringt der Versuch erst als Glied einer standörtlich breit gestreuten Versuchsreihe verallgemeinerbare Aussagen über die forstwirtschaftliche Eignung der einbezogenen Kiefernprovenienzen. Wie in der Gründerzeit des Versuchswesens üblich, wurden auch auf dem Provenienzversuch Schwabach 304 die Behandlungsvarianten nur einfach wiederholt, so daß keine statistische Absicherung der Ergebnisse möglich ist.

Bildtafel 1

Bernhard Danckelmann
*1831 †1901

Adam Schwappach
*1851 †1932

Eilhard Wiedemann
*1891 †1950

Reinhard Schober
*1906 †1998

Bildtafel 1 Gründer und Forscherpersönlichkeiten des Forstlichen Versuchswesens in Norddeutschland.

Fotos: Archiv der Niedersächsischen Forstlichen Versuchsanstalt in Göttingen und der Landesforstanstalt in Eberswalde

August von Ganghofer
*1827 †1900

Franz von Baur
*1830 †1897

Ernst Assmann
*1903 †1979

Friedrich Franz
*1927 †2002

Bildtafel 2 Gründer und Forscherpersönlichkeiten des Forstlichen Versuchswesens in Süddeutschland.
Fotos: Archiv des Lehrstuhls für Waldwachstumskunde der Technischen Universität München

Bildtafel 3

Bildtafel 3 Furniereichen-Versuchsfläche ROH 635 in der Abteilung Eichhall im Forstamt Rothenbuch im Alter von 361 Jahren.
Stammzahl 67 N · ha^{-1} Eichen und 379 Buchen N · ha^{-1}, Bestandesvorrat 651 VfmD · ha^{-1} (davon 32% Buche), Bestandesgrundfläche 39,8 m^2 · ha^{-1} (davon 39% Buche), jährlicher Zuwachs 8,7 VfmD · ha^{-1} · a^{-1} (davon 72% Buche), Mitteldurchmesser der Eiche 68,2 cm, mittleres Stammvolumen der Eiche 6,6 VfmD.

Bildtafel 4 Buchen-Durchforstungsversuch FAB 015 im Forstamt Eltmann, Alter 178 Jahre, unter Beobachtung seit Frühjahr 1871.
oben: A-Grad, Stammzahl 407 N · ha^{-1}, Bestandesvorrat 977 VfmD · ha^{-1}, Bestandesgrundfläche 53,9 m^2 · ha^{-1}, jährlicher Zuwachs 8,7 VfmD · ha^{-1} · a^{-1}.
unten: B-Grad, Stammzahl 302 N · ha^{-1}, Bestandesvorrat 980 VfmD · ha^{-1}, Bestandesgrundfläche 51,9 m^2 · ha^{-1}, jährlicher Zuwachs 10,6 VfmD · ha^{-1} · a^{-1}.

Bildtafel 5

Bildtafel 5 Buchen-Durchforstungsversuch FAB 015 im Forstamt Eltmann, Alter 178 Jahre, unter Beobachtung seit Frühjahr 1871.
oben: C-Grad, Stammzahl 206 N · ha^{-1}, Bestandesvorrat 882 VfmD · ha^{-1}, Bestandesgrundfläche 45,3 m^2 · ha^{-1}, jährlicher Zuwachs 10,1 VfmD · ha^{-1} · a^{-1}.
unten: L I-Grad (schwache Lichtung), Stammzahl 108 N · ha^{-1}, Bestandesvorrat 701 VfmD · ha^{-1}, Bestandesgrundfläche 36,4 m^2 · ha^{-1}, jährlicher Zuwachs 13,9 VfmD · ha^{-1} · a^{-1}.

Bildtafel 6

Bildtafel 6 Kiefern-Durchforstungsversuch FLA 79 im Forstamt Heilsbronn, Alter 115 Jahre, unter Beobachtung seit 1912.
oben: B-Grad, Stammzahl 464 N · ha^{-1}, Bestandesvorrat 461 VfmD · ha^{-1}, Bestandesgrundfläche 40,0 m^2 · ha^{-1}, jährlicher Zuwachs 7,8 VfmD · ha^{-1} · a^{-1}.
unten: C-Grad, Stammzahl 360 N · ha^{-1}, Bestandesvorrat 389 VfmD · ha^{-1}, Bestandesgrundfläche 33,3 m^2 · ha^{-1}, Zuwachs 6,8 VfmD · ha^{-1} · a^{-1}.

Bildtafel 7 Fichten-Durchforstungsversuch WBU 613 im Forstamt Weißenburg im Alter von 77 Jahren. *oben:* 0-Fläche mit Belassung des Totholzes, Stammzahl 1044 N · ha^{-1}, Bestandesvorrat 761 VfmD · ha^{-1}, Bestandesgrundfläche 59,1 m^2 · ha^{-1} und jährlicher Zuwachs 25,7 VfmD · ha^{-1} · a^{-1}. *unten:* Auslesedurchforstung, Stammzahl 611 N · ha^{-1}, davon 250 Auslesebäume, Bestandesvorrat 644 VfmD · ha^{-1}, Bestandesgrundfläche 50,4 m^2 · ha^{-1}, jährlicher Zuwachs 26,1 VfmD · ha^{-1} · a^{-1}.

Bildtafel 8 Schwarznuß-Versuch *Juglans nigra* L. NEU 336 im Forstamt Neuburg/Donau im Alter 45 (links) und Walnuß-Versuch *Juglans regia* L. EBR 632 im Forstamt Ebrach im Alter 16 (rechts).

Bildtafel 9 Versuch zu Japanischer Flügelnuß *Pterocarya rhoifolia* SIEB. et ZUCC. NEU 337 im Forstamt Neuburg/Donau im Alter 46 (links) und Kirschen-Standraumversuch ROH 626/9 (Verband 2 m × 1,5 m) im Forstamt Rothenbuch im Alter 16 (rechts).

Bildtafel 10 Internationaler Lärchen-Provenienzversuch ROT 334 von 1958/59 im Forstamt Rothenbuch im Alter von 40 Jahren.
links: Herkunft Semmering/Österreich, Stammzahl 875 N · ha^{-1}, Bestandesvorrat 387 VfmD · ha^{-1}, Bestandesgrundfläche 37 m^2 · ha^{-1}, jährlicher Zuwachs 15,2 VfmD · ha^{-1} · a^{-1}.
rechts: Herkunft Mała Viés/Polen, Stammzahl 804 N · ha^{-1}, Bestandesvorrat 487 VfmD ha^{-1}, Bestandesgrundfläche 44,1 m^2 · ha^{-1}, jährlicher Zuwachs 16,9 VfmD · ha^{-1} · a^{-1}.

Bildtafel 11 Bayerische Kiefern-Provenienzversuche GEI 335 und BOD 333 in den Forstämtern Geisenfeld und Bodenwöhr im Alter von 49 bzw. 46 Jahren.
links: Herkunft Selb, Stammzahl 800 N · ha^{-1}, Bestandesvorrat 296 VfmD · ha^{-1}, Bestandesgrundfläche 29,8 m^2 · ha^{-1}, jährlicher Zuwachs 10,9 VfmD · ha^{-1} · a^{-1}.
rechts: Herkunft Berchtesgaden, Stammzahl 969 N · ha^{-1}, Bestandesvorrat 263 VfmD · ha^{-1}, Bestandesgrundfläche 30,7 m^2 · ha^{-1}, jährlicher Zuwachs 11,2 VfmD · ha^{-1} · a^{-1}.

Bildtafel 12 Koordinierter Douglasien-Standraumversuch HEI 608 im Forstamt Heigenbrücken im Alter von 30 Jahren. Ausführliche Legende auf Seite xv.

Bildtafel 13 Eichen-Durchforstungsversuch ROH 620 im Forstamt Rothenbuch im Alter von 73 Jahren. Ausführliche Legende auf Seite xv.

Bildtafel 14 Kiefern-Standraumversuch WEI 611 im Forstamt Weiden im Alter von 29 Jahren. Ausführliche Legende auf Seite xv.

Bildtafel 12 Koordinierter Douglasien-Standraumversuch HEI 608 im Forstamt Heigenbrücken im Alter von 30 Jahren.
oben, links: Ausgangspflanzenzahl 4000 N · ha^{-1}, Verband 2 m × 1,25 m, Stammzahl 1100 N · ha^{-1}, Bestandesvorrat 326 VfmD · ha^{-1}, Bestandesgrundfläche 35,7 m^2 · ha^{-1}, jährlicher Zuwachs 32,6 VfmD · ha^{-1} · a^{-1}.
oben, rechts: Ausgangsstammzahl 2000 N · ha^{-1}, Pflanzverband 4 m × 1,25 m, Stammzahl 1311 N · ha^{-1}, Bestandesvorrat 357 VfmD · ha^{-1}, Bestandesgrundfläche 41,2 m^2 · ha^{-1}, jährlicher Zuwachs 35,8 VfmD · ha^{-1} · a^{-1}.
unten, links: Ausgangsstammzahl 1000 N · ha^{-1}, Pflanzverband 3 m × 3,33 m, Stammzahl 644 N · ha^{-1}, Bestandesvorrat 242 VfmD · ha^{-1}, Bestandesgrundfläche 29,4 m^2 · ha^{-1}, jährlicher Zuwachs 26,2 VfmD · ha^{-1} · a^{-1}.
unten, rechts: Ausgangsstammzahl 1000 N · ha^{-1}, Pflanzverband 4 m × 2,5 m, Stammzahl 200 N · ha^{-1}, Bestandesvorrat 158 VfmD · ha^{-1}, Bestandesgrundfläche 18,9 m^2 · ha^{-1}, jährlicher Zuwachs 18,0 VfmD · ha^{-1} · a^{-1}.

Bildtafel 13 Eichen-Durchforstungsversuch ROH 620 im Forstamt Rothenbuch im Alter von 73 Jahren.
oben, links: A-Grad, Stammzahl 1119 Eichen und 1638 Buchen ha^{-1}, Bestandesvorrat 429 VfmD · ha^{-1}, (6% Buche) Bestandesgrundfläche 41,3 m^2 · ha^{-1} (17% Buche), jährlicher Zuwachs 16,2 VfmD · ha^{-1} · a^{-1} (21% Buche), Mitteldurchmesser der Eiche 20,2 cm.
oben, rechts: E-Grad, Stammzahl 325 Eichen und 1669 Buchen ha^{-1}, Bestandesvorrat 281 VfmD · ha^{-1} (24% Buche), Bestandesgrundfläche 29,8 m^2 · ha^{-1} (40% Buche), jährlicher Zuwachs 13,4 VfmD · ha^{-1} · a^{-1} (34% Buche), Mitteldurchmesser der Eiche 26,5 cm.
unten, links: F-Grad, Stammzahl 250 Eichen und 1413 Buchen ha^{-1}, Bestandesvorrat 239 VfmD · ha^{-1} (31% Buche), Bestandesgrundfläche 25 m^2 · ha^{-1} (44% Buche), jährlicher Zuwachs 13,8 VfmD · ha^{-1} · a^{-1} (42% Buche), Mitteldurchmesser der Eiche 26,7 cm.
unten, rechts: Z-Baum-Variante, Stammzahl 431 Eichen (davon 81 Z-Bäume) und 1500 Buchen ha^{-1}, Bestandesvorrat 232 VfmD · ha^{-1} (15% Buche), Bestandesgrundfläche 24,4 m^2 · ha^{-1} (28% Buche), jährlicher Zuwachs 12,3 VfmD · ha^{-1} · a^{-1} (25% Buche), Mitteldurchmesser der Eiche 22,7 cm.

Bildtafel 14 Kiefern-Standraumversuch WEI 611 im Forstamt Weiden im Alter von 29 Jahren.
oben, links: A-Grad, Begründungsstammzahl 20 000 N · ha^{-1}, natürliche Differenzierung auf Stammzahl 12 442 N · ha^{-1}, Bestandesvorrat 131 VfmD · ha^{-1}, Bestandesgrundfläche 29,1 m^2 · ha^{-1}, jährlicher Zuwachs 9,6 VfmD · ha^{-1} · a^{-1}.
oben, rechts: Ausgangsstammzahl 20 000 Bäume · ha^{-1}, 240 Z-Bäume, schwache Stammzahlabsenkung auf 6000 N · ha^{-1}, Bestandesvorrat 81 VfmD · ha^{-1}, Bestandesgrundfläche 18,5 m^2 · ha^{-1}, jährlicher Zuwachs 8,7 VfmD · ha^{-1} · a^{-1}.
unten, links: Ausgangsstammzahl 10 000 Bäume · ha^{-1}, 240 Z-Bäume, starke Stammzahlabsenkung auf 2500 N · ha^{-1}, Bestandesvorrat 67 VfmD · ha^{-1}, Bestandesgrundfläche 14,3 m^2 · ha^{-1}, jährlicher Zuwachs 8,9 VfmD · ha^{-1} · a^{-1}.
unten, rechts: Ausgangsstammzahl 2500 Bäume · ha^{-1}, 240 Z-Bäume, sehr starke Stammzahlabsenkung auf 875 N · ha^{-1}, Bestandesvorrat 65 VfmD · ha^{-1}, Bestandesgrundfläche 12,1 m^2 · ha^{-1}, jährlicher Zuwachs 7,4 VfmD · ha^{-1} · a^{-1}.

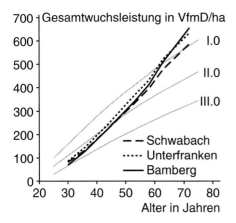

Abbildung 3.1 Erkenntnisgewinnung durch langfristige Messungen, dargestellt am Beispiel des Kiefern-Provenienzversuchs *Pinus silvestris* L. Schwabach 304. Die Rangverschiebung in der Gesamtwuchsleistung zwischen den Herkünften Bamberg, Schwabach und Unterfranken wird erst nach jahrzehntelanger Versuchsführung sichtbar. Als Referenz sind die Gesamtwuchsleistungen der Kiefern-Ertragstafel von WIEDEMANN (1943), mäßige Durchforstung eingezeichnet.

3.2 Versuchsplanung an einem Beispiel

3.2.1 Versuche und Erhebungen

Versuche oder Experimente wirken geplant auf Versuchsobjekte ein, um Ursache-Wirkungs-Zusammenhänge zu isolieren und zu quantifizieren. Sie erbringen Wissen über das Wuchsverhalten von Einzelbäumen und Beständen, z. B. über den Zusammenhang zwischen Bestandesdichte und -zuwachs. Aber erst durch die Zusammenführung der experimentell gewonnenen Einzelerkenntnisse zu einer Vorstellung vom Gesamtsystem und durch die Konstruktion von Waldwachstumsmodellen werden Versuchsergebnisse in vollem Umfang für die Entscheidungsunterstützung der forstlichen Praxis nutzbar gemacht. Versuche dienen somit letzten Endes auch der Parameterschätzung für Waldwachstumsmodelle, wie wir sie in Kapitel 11 kennenlernen.

Ausgehend von einer Versuchsfrage konzipiert die Versuchsplanung die Anlage, Steuerung und Auswertung eines Versuches, so daß die gestellte Versuchsfrage bestmöglich beantwortet wird. Indem die statistischen Überlegungen zur Versuchsanlage bereits die Auswertungsmöglichkeiten festlegen und die mit der Versuchsanlage abgedeckten Behandlungen (z. B. Durchforstung, Düngung oder Astung) über Jahrzehnte kontinuierlich ausgeführt werden, greifen Versuchsanlage, -steuerung und -auswertung ineinander. Der hohe Flächenverbrauch bei mehrfaktoriellen Versuchsanlagen, die Variabilität der natürlichen Bedingungen und die begrenzte Steuerbarkeit von Standortfaktoren im Freiland erzwingen eine Reduktion der Fragestellung auf ausgewählte Zusammenhänge des Systems. Angenommen, es soll das Bestandeswachstum der Kiefer in Abhängigkeit der wichtigsten Standortfaktoren Wasserversorgung, Temperatur, CO_2-Konzentration der Luft, Strahlung, Stickstoffangebot und Durchforstung untersucht werden und jeder Faktor sei durch fünf Faktorenstufen abgedeckt (z. B. Wasserhaushalt: trocken, frisch, wechseltrocken, wechselfeucht, feucht), dann würde die Erfassung aller Faktorenkombinationen $n = 5^6$ Parzellen erfordern. Wiederholen wir, um eine statistische Absicherung zu ermöglichen, jede Faktorenkombination fünfmal, so erbringt das die unmöglich realisierbare Anzahl von $n = 5^6 \cdot 5 = 5^7 = 78125$ Parzellen. Bei Versuchen werden deshalb bestimmte Faktoren soweit wie möglich konstant gehalten (Fixfaktoren), andere bewußt variiert (Plan- oder Behandlungsfaktoren), so daß nur ein kleiner Teil von Faktoren unkontrolliert einwirkt (exogene Störfaktoren). Eine solche Vorgehensweise, bei der nur ein Ausschnitt des Systems experimentell beleuchtet wird, birgt immer die Gefahr, daß Wechselwirkungen mit anderen, im Experiment nicht berücksichtigten, in der Praxis aber bedeutsamen Faktoren, die abpuffernde oder verstärkende Wirkungen haben können, vernachlässigt werden. Aufgrund des hohen Flächenverbrauches und der langen Beobachtungsdauer scheiden Labor- und Gewächshausversuche, bei denen die Standortfaktoren Klima, Witterung, Strahlung oder CO_2-Konzentration steuerbar wären, zumeist aus; der klassische Versuchstyp der Waldwachstumskunde ist der Freilandversuch. Im einzelnen sind für die Waldwachstumsforschung folgende Versuchstypen von Bedeutung:

- **Laborversuche** sind Experimente, die unter kontrollierten Umweltbedingungen laufen. Sie sind aufgrund des Raumbedarfes in der Regel auf frühe Altersphasen und bestimmte Faktorenkombinationen begrenzt und beziehen sich zumeist auf einzelne Pflanzen, nicht aber auf Bestände. Im Labor können Faktoren wie u. a. Klima, Witterung und CO_2-Konzentration eingestellt werden, die im Freiland nur schwer steuerbar sind.
- **Freilandversuche** sind Experimente, bei denen die Behandlung vom Versuchsleiter gesteuert wird (z. B. Düngungsversuche, Durchforstungsversuche, Astungsversuche).
- **Praxisversuche** sind Experimente im weiteren Sinne, bei denen die Behandlung durch örtliche Betriebsbeamte erfolgt. Die Rolle des Versuchsleiters beschränkt sich auf eine Dokumentation der Eingriffe und Aufnahme der Versuche. Beispiele hierfür sind Versuche zu neuartigen Verjüngungsverfahren, Überführungsversuche und Praxisversuche zur naturgemäßen Waldwirtschaft.

Freiland- und Praxisversuchen haftet immer der Nachteil an, daß Triebkräfte wie Klima, Witterung, Strahlung, CO_2-Konzentration kaum steuerbar sind. Wenn ihre Wirkung auf das Wachstum untersucht werden soll, so ist das nur durch eine überregionale Streuung von Versuchsparzellen an Orte mit den entsprechenden Standortbedingungen möglich (das sind Streuversuche, vgl. Abschn. 3.4.4). Es handelt sich dann nicht mehr um eine aktive Behandlung mit den Faktoren Wasserversorgung, Temperatur, Strahlung usw., sondern man wählt bei der Versuchsanlage gezielt solche Standorte aus, die die gewünschten Faktorenkombinationen repräsentieren. Die Kontrollierbarkeit der Umweltbedingungen und Erklärbarkeit des Systemverhaltens nehmen vom Laborversuch zum Betriebsversuch hin ab, die möglichen Schlußfolgerungen für die Praxis nehmen dagegen zu.

Die aus Erhebungen, Inventuren oder Monitoring resultierenden Daten können, entsprechende Meßgenauigkeit vorausgesetzt, für die Prüfung von Hypothesen, die Parametrisierung von Wuchsmodellen oder die statistische Analyse von Wachstumsreaktionen eingesetzt werden:

- **Erhebungen** sehen, im Gegensatz zu Versuchen, keine geplanten Behandlungen der Versuchsobjekte vor, sondern sie registrieren lediglich, entweder vollständig oder über Stichprobenverfahren, Zustand und Entwicklung von Waldbeständen. Bekannte Beispiele sind die Rasterstichproben der Betriebsinventuren, Bundeswaldinventuren oder Waldzustandserhebungen, die zwar auch Behandlungsvarianten mit abdecken können, diese aber nicht gezielt und unter Ceteris-paribus-Bedingungen herstellen.
- **Inventuren** sind Erhebungen mit dem Anspruch auf Repräsentativität (beispielsweise auf Betriebs-, Landes- oder Bundesebene). Sie sind zumeist auf nur wenige praxisrelevante Zielgrößen beschränkt.
- **Monitoring** bezeichnet detailliertere, kontinuierlich wiederkehrende Erhebungen langfristiger Zustandsänderungen, die schon allein wegen des größeren Meßaufwandes ohne Anspruch auf Repräsentativität ausgeführt werden.

Erhebungen, Inventuren oder Monitoring können Versuchsergebnisse nicht ersetzen (WIEDEMANN, 1928). Ihnen haftet gegenüber Versuchsergebnissen der Mangel an, daß sie keine Kausalbeziehungen zwischen definierten Behandlungsvarianten und Wachstumsreaktionen erbringen, wie sie für die Ableitung von Wuchsgesetzmäßigkeiten auf Einzelbaum und Bestandesebene erforderlich sind. So gesehen, ergänzen sich langfristig beobachtete Versuchsflächen und Inventur- bzw. Monitoringdaten sinnvoll. Zum Aufbau von Wachstumsmodellen und Informationssystemen für die forstwirtschaftliche Praxis sind beide Datenquellen unverzichtbar, punktuelle Versuche zur Ableitung von Ursache-Wirkungs-Zusammenhängen ebenso wie repräsentative Erhebungen zur großregionalen Parameterabschätzung.

Mit dem Intervallflächenkonzept propagiert v. GADOW (1999) einen Mittelweg zwischen permanenten Versuchsflächen und temporären Inventuren. Nach einer mindestens zweimaligen Aufnahme solcher Intervallflächen werden diese aufgegeben und durch neue, wiederum temporäre Flächen in noch nicht erfaßten Entwicklungsstadien ersetzt. Fehlende Informationen über die waldbauliche Bestandesgeschichte und Umweltbedingungen setzen der Verallgemeinerbarkeit auf Intervallflächen gewonnener Befunde enge Grenzen. Der geringere Stichprobenumfang kann die Repräsentativität von Intervallflächen im Vergleich zu herkömmlichen Rasterstichproben deutlich einschränken. Das Intervallflächenkonzept birgt demnach die Gefahr, daß sich die Mängel und Nachteile von langfristigen Versuchsflächen (Mangel an Verallgemeinerbarkeit) und Inventurdaten (Mangel an Vorinformationen und Erklärbarkeit) potenzieren, die Vorteile der klassischen Ansätze (Aufdeckung von Kausalität bzw. Gewährleistung von Repräsentativität) aber nicht ausgeschöpft werden.

3.2.2 Grundbegriffe der Versuchsplanung

Der 24 Parzellen umfassende Standraumversuch Weiden 611 zur Kiefer *Pinus silvestris* L. wurde 1974 im bayerischen Forstamt Weiden auf einem für das Wuchsgebiet 9 „Oberpfälzer Becken und Hügelland" repräsentativen, mäßig trockenem und mineralstoffarmen Sandstandort angelegt (Abb. 3.2). Als Musterbeispiel für eine langfristige Versuchsfläche eignet er sich zur Einführung von Grundbegriffen der Versuchsplanung (Bildtafel 14).

Versuchsfrage Die Frage waldwachstumskundlicher Versuche lautet verallgemeinert:

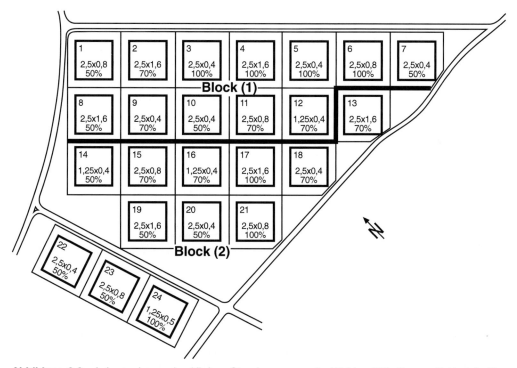

Abbildung 3.2 Anlageschema des Kiefern-Standraumversuchs Weiden 611. Der zweifaktorielle Versuch prüft die Wirkung von vier Pflanzverbänden und drei Eingriffsstärken mit jeweils zwei Wiederholungen (in Blöcken) auf das Wachstum der Kiefer *Pinus silvestris* L. Es ergibt sich ein Anlageschema 4 × 3 × 2 mit 24 Parzellen.

Welche Wirkung übt eine bestimmte Behandlung auf ein gegebenes Versuchsobjekt aus? In unserem Beispiel dient die Versuchsfläche zur Prüfung der Frage, welche Wirkung Pflanzverband und Durchforstung auf den qualitativen und quantitativen Ertrag (z. B. Stammform, Beastung bzw. Oberdurchmesser, Volumenzuwachs, Gesamtwuchsleistung) der Kiefer haben. Diese Frage soll für ein gegebenes Spektrum von Pflanzverbandsvarianten (1,25 m × 0,4 m bis 2,5 m × 1,6 m) und Durchforstungsstärken (maximale Dichte bis Dichtereduktion auf 50%) geklärt werden. Die Anlage des Versuches auf einer für das Wuchsgebiet 9 repräsentativen Standorteinheit zielt auf eine Übertragbarkeit der Versuchsergebnisse in die praktische Forstwirtschaft.

Versuchsobjekt In unserem Beispiel ist das Versuchsobjekt ein Kiefernbestand, von dem wir Ausschnitte unter Beobachtung nehmen. Versuchsobjekte können auch einzelne Verjüngungspflanzen, Äste, Bäume, Betriebsklassen oder ganze Betriebe sein. Um das Versuchsobjekt Bestand zu quantifizieren, werden z. T. stichprobenartig Durchmesser und Höhen von Einzelbäumen ermittelt, von denen dann auf den Gesamtbestand hochgerechnet werden kann. Dieses schon bei der Bestandeserfassung auftretende Stichprobenproblem entfällt bei vielen anderen Versuchsobjekten. So können etwa bei landwirtschaftlichen Versuchen stehender Vorrat oder Gesamtwuchsleistung durch vollständige Beerntung und Wiegen ermittelt werden.

Behandlung Als Behandlung werden die Einflüsse bezeichnet, die in einem Versuch auf ihre Wirkung hin überprüft werden sollen. Die Behandlung kann einen oder mehrere Faktoren umfassen (z. B. Astung und Düngung) und in mehreren Faktorenstufen realisiert werden (z. B. verschiedene Astungshöhen, Düngermengen). In unserem Beispiel bilden der Pflanzverband und die Durchforstung die Behandlung, obwohl der Pflanzverband im engeren Sinne keine „Behandlung" darstellt. Die Durchforstung wird durch wiederholte Eingriffe während des gesamten Bestandeslebens eingestellt. Kontinuität in der Versuchsbehandlung und Ausschaltung subjektiver Einflüsse, wie sie durch personelle Wechsel innerhalb der langen Beobachtungszeiten auftreten können, lassen sich bestmöglich durch quantitative Festlegung der Durchforstungseingriffe gewährleisten. In unserem Beispiel bilden die Baumzahlen auf den undurchforsteten Vergleichsflächen die Referenz für eine 30- bzw. 50%ige hochdurchforstungsartige Absenkung der Baumzahlen auf den waldbaulich behandelten Parzellen.

Versuchsfaktor oder Prüffaktor Als Versuchsfaktor bezeichnet man die Art bzw. die Arten der Behandlung. Eine Behandlung kann sich aus mehreren Versuchsfaktoren aufbauen. Die Behandlung unserer Versuchsanlage setzt sich aus zwei Versuchsfaktoren zusammen, aus dem Faktor Pflanzverband und dem Faktor Durchforstungsstärke.

Faktorenstufen Der Versuchsfaktor Pflanzverband wird in vier Faktorenstufen realisiert:
- 1,25 m × 0,4 m $\hat{=}$ 20 000 Pflanzen/ha,
- 2,50 m × 0,4 m $\hat{=}$ 10 000 Pflanzen/ha,
- 2,50 m × 0,8 m $\hat{=}$ 5 000 Pflanzen/ha und
- 2,50 m × 1,4 m $\hat{=}$ 2 500 Pflanzen/ha.

Der Versuchsfaktor Durchforstung ist in drei Faktorenstufen gestaffelt:
- ohne Behandlung,
- Baumzahlabsenkung auf 70% der unbehandelten Vergleichsfläche,
- Baumzahlabsenkung auf 50% der unbehandelten Vergleichsfläche.

Die Baumzahlabsenkungen erfolgen durch Hochdurchforstung.

Versuchsglieder Es ergeben sich damit 4 × 3 Behandlungsvarianten, die auch als Versuchsglieder bezeichnet werden.

Versuchseinheit Die Versuchseinheit ist der Ausschnitt aus dem Versuchsobjekt, an dem die Behandlung ausgeführt wird. Unsere Versuchsanlage umfaßt 24 Versuchseinheiten, die auch als Parzellen oder Plots bezeichnet werden. Sie setzen sich aus einer 32,0 m × 32,5 m großen Meßfläche und einem etwa 10 m breiten Umfassungsstreifen zusammen, der die Meßfläche gegen Randeffekte abpuffert.

Umfassungsstreifen Dieser grenzt eine Parzelle gegenüber anders behandelten Nachbarparzellen oder gegen den Rand des Versuchsareals ab. Er wird wie die Parzelle behandelt und ist in Abbildung 3.2 durch dünne Linien gegen die Nachbarparzellen und die weitere Umgebung des Versuchs abgegrenzt.

Zielgrößen oder Prüfmerkmale Wird der Waldbestand als Versuchsobjekt gewählt, so sind die Zielgrößen für seine Erfassung beispielsweise Mittel- oder Oberhöhe, Grundfläche und Vorrat/Hektar oder laufender jährlicher Zuwachs/Hektar. Ist das Versuchsobjekt der Einzelbaum, so können Zielgrößen der Durchmesser, die Grundfläche, der Volumenzuwachs, das Kronenvolumen oder die Biomasse von Einzelbäumen sein. Meßgrößen und Zielgrößen sind also nicht immer identisch; beispielsweise wird das Kronenvolumen als Zielgröße aus den Meßgrößen Baumhöhe, Kronenansatzhöhe und Kronenradien hergeleitet.

Wiederholung Sie gibt an, wie häufig jede Behandlungsvariante (Versuchsglied) in der Versuchsanlage vertreten ist. In unserem Beispiel liegt eine zweifache Wiederholung vor, so daß sich insgesamt 24 Parzellen ($\hat{=}$ 4 Pflanzverbände × 3 Durchforstungsstärken × 2 Wiederholungen) ergeben. Variationen in der Bestandesgeschichte der Versuchsparzellen, in ihren Standortbedingungen und den biotischen und abiotischen Störeinflüssen erschweren bei Freilandexperimenten die Herstellung von Ceteris-paribus-Bedingungen. Erst ausreichend häufige Wiederholungen ermöglichen eine Differenzierung zwischen der biologischen Variabilität der Befunde und Unterschieden, die auf die Behandlung zurückzuführen sind.

Randomisierung Bei Standortgleichheit aller 24 Parzellen erbrächte eine völlig zufällige Verteilung der 12 Behandlungsvarianten auf die Parzellen (vollständig randomisierte Anordnung) keinerlei systematische Verzerrung in den Versuchsergebnissen. In unserem Beispiel haben wir mit den Vorkenntnissen aus der Standortkartierung zunächst zwei Blöcke mit differierenden Standortverhältnissen ausgeschieden: Block (1) und Block (2). Erst innerhalb dieser Blöcke erfolgte dann eine zufällige Zuordnung der Behandlungsvarianten auf die Versuchsparzellen (randomisierte Anordnung innerhalb der Blöcke).

Blockbildung Systematische Fehlerquellen, z. B. Standortunterschiede innerhalb des Versuchsareals, können durch Blockbildung ausgeschaltet werden. In unserem Beispiel repräsentiert Block 1 mit den Parzellen 1–12 nährstoffarme Sande und Block 2 mit den Parzellen 13–24 schwach lehmige nährstoffarme Sande. In jedem Block sind alle 12 Behandlungsvarianten vertreten (vollständiger Block), so daß die Standortunterschiede zwischen den Blöcken bei der Auswertung ausgeschaltet werden können.

3.3 Grundsätze der Versuchsplanung

3.3.1 Formulierung der Versuchsfrage mit ihren Teilfragen

Erst wenn die Versuchsfrage mit ihren vier Einzelfragen klar und präzise formuliert ist, wird der Versuchsaufbau entwickelt. Dieser trivial anmutende Grundsatz wird häufig verletzt, so daß dann Aufwand und Aussagekraft des Versuches in einem Mißverhältnis stehen. Die Versuchsfrage baut sich aus folgenden Teilfragen auf:

• Welche Frage soll beantwortet werden?
Hier muß festgelegt werden, welche Art von Behandlung in ihrer Wirkung auf das Wachstum geprüft werden soll und ob bei Prüfung mehrerer Behandlungen auch deren Wechselwirkungen Gegenstand der Untersuchung sind (Abschn. 3.4.2.3). Werden in einem Kiefernbestand zugleich verschiedene Düngergaben und Verfahren der Bodenbearbeitung in ihrer Wirkung auf das Bestandeswachstum verfolgt, so können auch die Wechselwirkungen zwischen diesen Behandlungen Bestandteil der Versuchsfrage sein.

Weiter sollte bestimmt werden, ob der Versuch eine qualitative oder quantitative Aussage erbringen soll: Eine rein qualitative Aussage läge dann vor, wenn z. B. ein Grünastungsversuch lediglich klären soll, ob die Douglasie auf eine Grünastung mit einem Zuwachsabfall reagiert oder nicht. In diesem Fall wäre eine einfache Ja-Nein-Aussage angestrebt. Eine quantitative Aussage erbrächte ein Versuch, bei dem das Wachstum der Kiefer bei steigenden Stickstoff-Düngungsmengen geprüft wird. Die Frage beschränkt sich dann nicht auf die Prüfung, ob die entsprechenden Kiefernbestände auf Düngung reagieren oder nicht. Gefragt ist dann, in welchem Maße sich das Wachstum mit zunehmender Düngung verändert. Versuche mit derartiger Fragestellung können beispielsweise die Frage beantworten, welche Düngermenge eine maximale Zuwachsleistung erbringt.

- Wie genau soll die gestellte Frage beantwortet werden?

Je nach Genauigkeitsanforderung muß ein Versuch unterschiedlich oft wiederholt werden. Von einer einmaligen, zweimaligen, dreimaligen Wiederholung usw. spricht man dann, wenn eine Behandlungsvariante einmal, zweimal bzw. dreimal in einem Versuchsplan vorgesehen ist.

- Welche Erklärungsebene (räumlich-zeitliche Auflösung) wird angestrebt?

Prozesse und Strukturen in Waldökosystemen können auf sehr unterschiedlichen Raum- und Zeitskalen beobachtet werden. Die Auflösung orientiert sich am Ziel und am Zweck der Untersuchung. Diese geben beispielsweise vor, ob in einem Düngungsversuch nur der Baumdurchmesser oder auch das Kronen-, Ast- und Wurzelwachstum verfolgt wird. Sie bestimmen weiter, ob die genannten Organe im Sekunden-, Minuten-, Tages-, Jahres- oder Fünf-Jahres-Takt vermessen werden.

- Warum, zu welchem Zweck soll die Frage beantwortet werden?

Zur Beantwortung dieser Frage sollte der gewünschte Rahmen der Gültigkeit einer Versuchsaussage definiert werden. Vor allem ist festzulegen, welcher räumliche und zeitliche Rahmen der Gültigkeit mit dem Versuch angestrebt wird. Ist beispielsweise eine Aussage zum Düngungserfolg bei verschiedenen Applikationsmengen für eine größere Region gewünscht, so sollte der Versuch regional viel breiter gestreut sein, als wenn die Aussage für eine nur lokal bedeutsame Standorteinheit angestrebt wird.

3.3.2 Fragestellungen waldwachstumskundlicher Versuche

Waldwachstumskundliche Versuche richten sich schwerpunktmäßig auf folgende Fragestellungen:

- **Anbauversuche** erproben die forstwirtschaftliche Anbauwürdigkeit heimischer und fremdländischer Baumarten (Bildtafeln 8 und 9). Kriterien für die Anbauwürdigkeit sind in erster Linie quantitative und qualitative Ertragsleistung (Volumenleistung bzw. Holzqualität) und Resistenzeigenschaften (Widerstandsfähigkeit gegenüber biotischen und abiotischen Schäden). So erbrachten z. B. orientierende Anbauversuche zur Douglasie *Pseudotsuga menziesii* Mirb. im 19. Jahrhundert überwiegend positive Resultate, so daß dann Provenienz-, Durchforstungs- und Düngungsversuche folgten. Im 20. Jahrhundert entstanden u. a. Anbauversuche zu den Baumarten Eßkastanie *Castanea sativa* Mill., Hickory *Carya* spec., Japanlärche *Larix leptolepis* (Sieb. et Zucc.) Gord., Kirsche *Prunus avium* L., Roteiche *Quercus rubra* L., Schwarznuß *Juglans nigra* L., Sitkafichte *Picea sitchensis* (Bong.) Carr. und Walnuß *Juglans regia* L., die angesichts der sich abzeichnenden Klimaveränderungen im mitteleuropäischen Raum neue Aktualität gewinnen. Anbauversuche sind zumeist über ein breites Spektrum von Standortbedingungen gestreut, um Anbaugrenzen sichtbar zu machen.

- **Provenienzversuche** quantifizieren Wachstum, Qualität und Widerstandsfähigkeit verschiedener Herkünfte unter verschiedenen Standortbedingungen (Bildtafeln 10 und 11). Während Anbauversuche forstwirtschaftliche Möglichkeiten und Grenzen einer Baumart im allgemeinen sondieren, gehen Provenienzversuche einen Schritt weiter; sie zielen auf Detailwissen über die Anbauwürdigkeit verschiedener Herkünfte forstwirtschaftlich interessanter Arten. Zu diesem Zweck werden verschiedene Provenienzen heimischer, insbesondere aber auch fremdländischer Baumarten in einem breiten Spektrum von Standortbedingungen langfristig beobachtet. Es wird dann erkennbar, welche Provenienz für die jeweiligen Standortbedingungen besonders geeignet ist und welche über das Standortspektrum hinweg einen stabilen quantitativen und qualitativen Ertrag erwarten läßt.

• **Kultur- und Pflanzverbandsversuche** klären die Eignung verschiedener Bodenbearbeitungs- und Pflanzverfahren und die Wirkung des Pflanzverbandes (Pflanzenabstände zwischen und innerhalb der Reihen und daraus resultierende Ausgangspflanzenzahl) auf die Bestandesentwicklung (Bildtafel 14). Mit weiter werdendem Ausgangsverband erhöhen sich im allgemeinen die mittleren Erntedimensionen, weil weniger schwache Bäume entnommen werden müssen und sich der Bestandeszuwachs auf eine geringere Zahl von guten Zuwachsträgern konzentriert.

• **Durchforstungsversuche** verfolgen die Wachstumsreaktionen auf Durchforstungseingriffe unterschiedlicher Art, Stärke und Intensität (Bildtafeln 4–7, 13 und 15). Durchforstungsversuche schließen häufig an bestehende Kultur- und Pflanzverbandsversuche an. Klassische Durchforstungsversuche, mit denen das Ertragskundliche Versuchswesen im 19. Jahrhundert seinen Anfang nahm, prüfen die Wirkung schwacher, mäßiger und starker Niederdurchforstung auf den quantitativen und qualitativen Ertrag von Waldbeständen, indem sie diese drei Behandlungsvarianten über das gesamte Bestandesleben meßtechnisch verfolgen. Die meisten dieser dreigliedrigen Versuchsanlagen umfassen zwar keine Wiederholungen in dem ausgewählten Waldbestand. Solche Versuchsanlagen wurden aber häufig gleichzeitig an mehreren Standorten angelegt, womit eine Wiederholung in Streulage gegeben ist.

Neuere Durchforstungsversuche decken zumeist ein breiteres Spektrum von waldbaulichen Behandlungsalternativen, darunter auch in der Praxis nicht üblichen Varianten, z. B. unbehandelte Referenzflächen oder Solitär-Varianten, in mehrfacher Wiederholung ab (Bildtafel 15). Werden die waldbaulichen Eingriffe nicht nur summarisch für den Gesamtbestand, sondern räumlich explizit dokumentiert, so erlauben Durchforstungsversuche die Ableitung von Gesetzmäßigkeiten zwischen Konkurrenzbedingungen und Wachstum auf Einzelbaum- und Bestandesebene.

• **Düngungsversuche** streben Gesetzmäßigkeiten zwischen Art, Menge und Turnus ausgebrachter Dünger und dem mit ihnen erzielten Ertrag an (Bildtafel 18). Als Referenz dienen dabei unbehandelte Parzellen der Versuchsanlage. Die Mehrzahl der mitteleuropäischen Düngungsversuche geht auf die 60er und 70er Jahre des 20. Jahrhunderts zurück.

• **Verjüngungsversuche** prüfen die Wirkung definierter Bestandesstrukturen (z. B. Überschirmungsgrad, Mischungsanteile, Bestockungsgrad) auf das Ankommen, die Entwicklung sowie den qualitativen und quantitativen Ertrag der Verjüngung (Bildtafel 23). Auf Freiflächen oder unter einem Altholzschirm, der mehr oder weniger stark aufgelichtet ist, werden natürliche oder künstlich eingebrachte Verjüngungspflanzen in ihrer Entwicklung verfolgt und gegebenenfalls durch Eingriffe in den Altholzschirm gesteuert.

• **Mischbestandsversuche** zielen auf die Quantifizierung der Wechselwirkungen zwischen vergesellschafteten Baumarten (Bildtafeln 20 und 21). Auf den Versuchsparzellen wird der Effekt verschiedener Mischungsanteile und räumlicher Mischungsstrukturen auf die Baum- und Bestandesentwicklung erfaßt. In Bergmischwäldern oder Plenterwäldern können solche Mischungseffekte sehr gut auf der Grundlage der Baumkoordinaten, einer Dokumentation der Absterbeprozesse und der einzelbaumweisen Wiederholungsmessungen von Stamm- und Kronendimensionen analysiert werden.

- **Versuche zur Diagnose von Störfaktoren** zielen auf den Nachweis und die Quantifizierung des Effektes von Störeinflüssen (z. B. Grundwasserabsenkung, Rauchschaden, Streusalzbelastung, Trassenaufhieb) auf das Waldwachstum (Bildtafeln 25 und 26). Da die Störungseinflüsse in der Regel nicht aktiv eingestellt werden, positioniert man die Parzellen einer Versuchsanlage so, daß sie verschiedene Faktorstufen, z. B. Schwefelbelastungen oder Eintragsraten von Streusalz, repräsentieren.

- **Erhebungen in unbewirtschafteten Wäldern**, beispielsweise in Naturwaldreservaten, Urwäldern, Nationalparks, vermitteln Struktur- und Wachstumsmerkmale sowie Mortalitätsprozesse bei Ablauf der natürlichen Bestandesdynamik (Bildtafel 22). Die dort gefundenen Alter, Dimensionen und Entwicklungsgänge von Einzelbäumen, natürlichen Bestandesdichten und intra- wie interspezifischen Nachbarschafts- und Konkurrenzbeziehungen bilden wichtige Referenzdaten für Forstwissenschaft und Forstwirtschaft.

3.3.3 Biologische Variabilität und Wiederholungen

Grundgesamtheit und Stichprobe

Die Messungen auf Versuchsflächen sind immer als Stichproben zu verstehen, aus denen auf Eigenschaften und Zusammenhänge der Grundgesamtheit geschlossen werden soll. Dabei bleibt die Grundgesamtheit in der Regel unbekannt. Die Eigenschaften dieser unbekannten Grundgesamtheit werden über Parameter in griechischen Buchstaben beschrieben, z. B. μ für Mittelwert, σ für Streuung. Aus der Stichprobe resultieren Schätzwerte für diese unbekannten Parameter. Diese Schätzwerte werden in lateinischen Buchstaben angegeben, z. B. $\bar{x}$ Schätzwert für Mittelwert μ, s_x Schätzwert für Streuung σ. Mehrere Stichproben aus einer Grundgesamtheit unterscheiden sich voneinander, wenn sich die Grundgesamtheit – wie das zumeist der Fall ist – aus verschiedenen Elementen aufbaut. Die Schätzwerte aus Stichproben sind deshalb mit einem Fehler behaftet. Dieser Fehler wird um so kleiner, je größer der Stichprobenumfang ist; denn nach dem Gesetz der großen Zahl gehen dann die Abweichungen zwischen Stichprobe und Grundgesamtheit gegen null.

Bestimmung der Wiederholungszahl, Meßflächengröße und Parzellenzahl im Überblick

Die Herleitung der erforderlichen Wiederholungszahl, der Meßflächengröße und der Parzellenzahl sollte bei Einzelbaum- oder Bestandesversuchen folgende Schritte umfassen:
- Messung oder Schätzung der Variabilität der Zielgröße (z. B. Mittelhöhe, Mitteldurchmesser, Bestandesvorrat, Volumenzuwachs);
- Festlegung von der erwünschten Präzision und Sicherheit, mit der die Zielgröße erfaßt oder die Differenz zwischen Behandlungsvarianten analysiert werden sollen;
- Vorauskalkulation der erforderlichen Mindestbaumzahl;
- Bestimmung der Meßflächengröße in Abhängigkeit von der Mindestbaumzahl und dem alterstypischen Standflächenbedarf;
- Aufteilung und Realisierung der Meßflächengröße in wenige große oder viele kleine Parzellen, je nach standörtlichen und arbeitstechnischen Voraussetzungen.

Wenngleich von dieser kanonischen Schrittfolge in der Praxis häufig abgewichen wird, benennt sie entscheidende Operationen einer zielgerichteten und transparenten Versuchsplanung (KÖHL, 1991).

Die Schätzung einer Prüfgröße kommt dem wahren Wert um so näher, je mehr Messungen ausgeführt werden und um so geschickter diese angeordnet werden. Die Zahl der erforderlichen Wiederholungen steigt mit der Variabilität der Zielgröße, mit der gewünschten Sicherheit der Aussage und mit der angestrebten Präzision. Im Rahmen der Versuchsplanung kann die erforderliche Anzahl von Wiederholungen vorauskalkuliert werden, so daß dann beispielsweise die für eine gegebene Frage erforderliche Anzahl von Meßbäumen abschätzbar ist (Abschn. 3.3.3.3). Bei der Versuchsanlage muß dann die Meßfläche so groß gewählt werden, daß die entsprechende Anzahl von Bäumen auf der Fläche Platz findet. Bei langfristig beobachteten Versuchsflächen sollte die Parzellengröße vorausschauend so gewählt werden, daß auch noch am Ende eines Beobachtungszeitraumes die für eine angestrebte Genauigkeit ausreichende Anzahl von Bäumen vorhanden ist.

Ist die erforderliche Baumanzahl bekannt, so kann die Meßflächengröße aus baumartenspezifischen Beziehungen zwischen Standfläche und Alter abgeleitet werden. Ob die sich ergebende Meßfläche dann in Form einer großen Parzelle oder in mehreren kleinen Parzellen ausgeführt wird, hängt u. a. von der Homogenität des Standortes und der eventuellen Notwendigkeit ab, systematische Fehler durch Blockbildung auszuschalten (Abschn. 3.4.1.2). Um dieselbe Präzision zu erzielen, kann man sowohl wenige große Parzellen als auch viele kleine Parzellen anlegen. Je größer die Parzellen, um so niedriger ist die Zahl der Freiheitsgrade, aber auch der Variationskoeffizient. Mit abnehmender Flächengröße steigt die Zahl der Freiheitsgrade, aber auch die Variation zwischen den Stichprobeneinheiten. Der Aufwand bei der Flächenanlage und Aufnahme ist am geringsten bei mittlerer Probeflächengröße.

Die für gegebene Verhältnisse optimale Flächengröße kann nur durch Stichprobensimulation am Computer exakt bestimmt werden, in der Praxis entscheiden meist arbeitstechnische und standörtliche Gesichtspunkte. Die Variation zwischen den Aufnahmeeinheiten nimmt mit zunehmender Flächengröße ab. Bei Einzelbaum-Parzellen oder Sechsbaum-Einheiten kann der Variationskoeffizient der Zielgrößen Höhe, Durchmesser, Stammvolumen oder Zuwachs bei 50% und mehr liegen. Mit zunehmender Flächengröße reduziert sich dieser Variationskoeffizient in einem Maße, daß bei Düngungs- oder Durchforstungsversuchen mit Parzellengrößen von 0,1–0,01 ha häufig schon 2–3 Wiederholungen/Behandlungsvariante eine ausreichende Präzision in der Zielgröße und gesicherte Mittelwertunterschiede zwischen Behandlungsvarianten erbringen.

3.3.3.1 Messung der Variabilität

Die Schätzung der Prüfgröße für eine Behandlungsvariante (Versuchsglied) und die Prüfung von Unterschieden zwischen Behandlungsvarianten erfordert Wiederholungen der Messung an mehreren gleich behandelten Versuchsobjekten. Aufgrund der Variabilität der Zielgröße beispielsweise der Baumhöhen, Durchmesser oder Zuwächse innerhalb eines Bestandes ist das Meßergebnis erst aussagekräftig, wenn neben dem Mittelwert auch dessen Präzision, z. B. in Form des Standardfehlers, angegeben wird. Wird eine Behandlung nur einmal realisiert, so spricht man von einer Wiederholung, wird sie zweimal ausgeführt, so liegt eine zweifache Wiederholung vor usw.

Erbringt beispielsweise die Baumhöhenmessung an jeweils einer Kiefer der Provenienzen A_1 und A_2 im Alter 30 die Höhenbefunde $x_1 = 11,5$ m und $x_2 = 10,0$ m, so darf daraus noch nicht auf die wahre Höhe und eine generelle Überlegenheit von A_1 gegenüber A_2 geschlossen werden. Dem Höhenvorsprung können nämlich, außer dem Unterschied in der Provenienz, auch andere Ursachen, wie unterschiedliche Konkurrenzsituation, Standortbedingungen oder biotische und abiotische Schäden zugrunde liegen. Diese verursachen auch innerhalb einer Provenienz beträchtliche Variation im Höhenwachstum, so daß es einem Zufallstreffer gleichkäme, wenn die einmalige Messung jeder Provenienz die wahre Höhe und korrekte Höhendifferenz zwischen diesen widerspiegeln würde. Man muß also auch die durch die biologische Variabilität bedingte Streuung quantifizieren.

Zu Aussagen über die biologische Variabilität gelangt man durch Wiederholung der Behandlungsvarianten (KÖHL, 1991). Die Wiederholungen können wie bei Blockversuchen oder Lateinischen Quadraten in engem räumlichen Nebeneinander oder, wie bei Streuversuchen, in größerer Entfernung voneinander erfolgen (RASCH et al., 1973; MUDRA, 1958). Die Einzelwerte $x_1, x_2, \ldots, x_n$ und ihr Mittelwert

$$\bar{x} = \frac{(x_1 + x_2 + x_3 + \ldots + x_n)}{n} = \frac{\sum_{i=1}^{n} x_i}{n} \quad (3.1)$$

allein geben keinen Aufschluß über die biologische Variabilität der Probenahmen. Ein einfaches Maß für die Variabilität stellt die Variationsbreite

$$VB = x_{max} - x_{min} \tag{3.2}$$

dar, die sich aus der Differenz zwischen dem größten und kleinsten Einzelwert der Probenahmen $x_1, x_2, \ldots, x_n$ ergibt. Die Variationsbreite VB wird mitunter für die Quantifizierung der Streuung eingesetzt ($s_x \cong VB/6$), die in die Ermittlung der erforderlichen Wiederholungen in Versuchsanlagen einfließt (3.18). Ein wesentlich besseres Streuungsmaß für die Charakterisierung normal verteilter Meßwerte bildet die Varianz, die die mittlere quadratische Abweichung der Meßwerte von ihrem Mittelwert quantifiziert. Die Verschiebungsformel der Varianz

$$s_x^2 = \frac{\sum_{i=1}^{n}(x_i - \bar{x})^2}{n - 1} = \frac{\sum_{i=1}^{n} x_i^2 - \frac{\left(\sum_{i=1}^{n} x_i\right)^2}{n}}{n - 1} \tag{3.3}$$

zeigt zwei Wege zu ihrer Berechnung. Die Quadratwurzel aus der Varianz erbringt die Standardabweichung oder Streuung der Meßwerte

$$s_x = \sqrt{s_x^2}, \tag{3.4}$$

die im Gegensatz zur Varianz eine unmittelbar vorstellbare Einheit hat. Die Standardabweichung oder Streuung um die Mittelhöhe kann beispielsweise ± 50 cm betragen, die Standardabweichung um den arithmetischen Mitteldurchmesser in einem Waldbestand ±5 cm. Bei normal verteilten Meßwerten liegen diese dann zu 68,3% im Intervall $\bar{x} \pm 1\ s_x$, zu 95,5% im Intervall $\bar{x} \pm 2\ s_x$ und zu 99,7% im Intervall $\bar{x} \pm 3\ s_x$ (Abb. 3.3). Wir ersetzen bei dieser Betrachtung die wahre Streuung der Grundgesamtheit σ durch den Schätzwert s_x.

Anders als bei der Berechnung des Mittelwertes (3.1) steht bei der Varianzformel (3.3) nicht n, sonder n − 1 im Nenner. Das resultiert daraus, daß bei einem bekannten Mittelwert $\bar{x}$

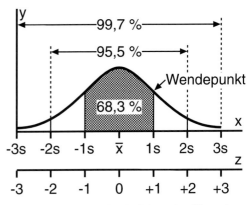

Abbildung 3.3 Dichtefunktion der Normalverteilung y = f (x) und der standardisierten Normalverteilungskurve y = f (z) mit Wendepunkten bei x = ± 1σ bzw. z = ± 1. Die Wahrscheinlichkeiten, daß Werte in den Intervallen x = μ ± 1σ und z = ± 1, x = μ ± 2σ und z = ± 2 oder x = μ ± 3 σ und z = ± 3 liegen, betragen 68,3%, 95,5% bzw. 99,7%.

immer einer der zugrundeliegenden Einzelwerte $x_1, x_2, \ldots, x_n$ festlegt, also nicht mehr frei ist. Beispielsweise beträgt der Mittelwert der Zahlen von 1 bis 5 $\bar{x} = 3$. Sind in diesem Beispiel die Einzelwerte 1, 2 und 4 bekannt, so muß der noch fehlende Einzelwert 5 betragen, damit man den Mittelwert von 3 erhält. Der Ausdruck n − 1 wird deshalb als Freiheitsgrad der Varianz- bzw. Streuungsberechnung bezeichnet.

Wird die Standardabweichung s_x durch $\bar{x}$ dividiert und prozentuiert, so ergibt sich der Variationskoeffizient

$$V = s_x\% = \frac{s_x \cdot 100}{\bar{x}}. \tag{3.5}$$

Durch eine solche Transformation wird die Streuung an dem Mittelwert der zugrundeliegenden Verteilung relativiert, so daß ihre absolute Dimension verschwindet, die physikalische Einheit herausgekürzt wird und Meßergebnisse unterschiedlichster Herkunft und physikalischer Dimension hinsichtlich ihrer Variation beurteilt werden können.

Beispielsweise ergibt eine Standardabweichung von $s_1 = \pm 2$ cm bei einem Mitteldurchmesser im Stangenholz von $\bar{x}_1 = 10$ cm einen Variationskoeffizienten von $s_1\% = 20\%$. Dieser ist achtmal größer als der Variationskoeffizient

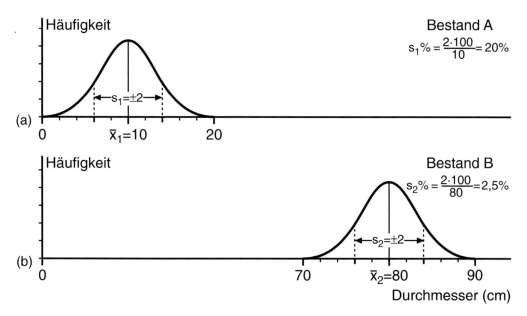

Abbildung 3.4 a, b Mittelwerte x̄, Standardabweichungen s und Variationskoeffizienten s% der Durchmesserverteilung in den Beständen A **(a)** und B **(b)**. Die absolute Höhe der Standardabweichung beträgt in beiden Beständen $s_1 = s_2 = \pm 2$ cm. Die relative Variation der Durchmesser um den Mittelwert ist jedoch im Bestand A ($s_1\% = 20\%$) achtmal so hoch wie im Bestand B ($s_2\% = 2,5\%$).

$s_2\% = 2,5\%$ bei gleicher Standardabweichung $s_2 = \pm 2$ cm in einem starken Baumholz mit einem Mitteldurchmesser von $\bar{x}_2 = 80$ cm (Abb. 3.4).

Die Standardabweichung (3.4) quantifiziert die Variabilität von Meßwerten, indem die Streuung der statistischen Masse um den Mittelwert berechnet wird. Demgegenüber erbringt der im folgenden zu besprechende Standardfehler $s_{\bar{x}} = s_x/\sqrt{n}$ Aussagen über die Präzision, mit der x̄ den wahren Mittelwert µ approximiert.

3.3.3.2 Standardfehler als Maß für die Unsicherheit einer Schätzung

Nicht nur die Einzelwerte $x_1, x_2, \ldots, x_n$ weisen eine Streuung auf, sondern auch die Mittelwerte $\bar{x}_1, \bar{x}_2, \ldots, \bar{x}_3$. Werden einer Grundgesamtheit wiederholt Meßwerte entnommen, aus denen jeweils die Mittelwerte $\bar{x}_1, \bar{x}_2, \ldots, \bar{x}_n$ berechnet werden, so werden auch diese Mittelwerte mehr oder weniger stark um den wirklichen Mittelwert µ streuen. Die Streuung der Mittelwerte wird als Standardfehler des Mittelwertes $s_{\bar{x}}$ bezeichnet. Sie wird unmittelbar aus der Standardabweichung s_x der Einzelwerte berechnet, indem man diese Standardabweichung durch $\sqrt{n}$ dividiert.

$$s_{\bar{x}} = \sqrt{\frac{s_x^2}{n}} = \frac{s_x}{\sqrt{n}} \qquad (3.6)$$

Wird der Standardfehler $s_{\bar{x}}$ durch x̄ dividiert und prozentuiert, so ergibt der prozentuale Standardfehler des Mittelwertes

$$s_{\bar{x}}\% = \frac{s_{\bar{x}} \cdot 100}{\bar{x}}. \qquad (3.7)$$

Ziel eines Versuches kann es sein, Schätzwerte für die Ziel- oder Prüfgröße der Grundgesamtheit, beispielsweise die altersspezifische Mittelhöhe einer gegebenen Kiefernprovenienz A_1, zu erfassen. Der Standardfehler $s_{\bar{x}}$ dient dann dazu, den Konfidenz- oder Vertrauensbereich anzugeben, in dem der wahre Mittelwert mit einer bestimmten Wahrscheinlichkeit liegt. Aus (3.6) geht – indem $\sqrt{n}$ im Nenner steht – hervor, daß sich der Standardfehler mit zunehmendem Stichprobenumfang n verkleinert und somit die Schätzung genauer wird. Ein zunehmender Stichprobenumfang n wird mit einer Steigerung der Präzision belohnt. Die Definition des Vertrauensbereiches für die Mittelwertschätzung ist allgemein

$$\bar{x} \pm t_{n-1,p} \cdot s_{\bar{x}} . \tag{3.8}$$

Ausgehend von dem erhobenen Mittelwert und seinem Standardfehler wird ein Vertrauensbereich aufgespannt, in dem der unbekannte, wahre Mittelwert der Grundgesamtheit mit einer bestimmten Wahrscheinlichkeit, die durch den t-Wert zum Ausdruck kommt, liegt. Da die Abweichungen der stichprobenweise gewonnenen Mittelwerte $\bar{x}$ vom wahren Mittelwert μ der Student-Verteilung oder t-Verteilung folgen,

$$t = \frac{\bar{x} - \mu}{s_{\bar{x}}}, \tag{3.9}$$

können die für die Berechnung des Vertrauensbereiches nach (3.8) erforderlichen t-Werte aus der t-Tabelle mit Freiheitsgraden FG = n – 1 abgelesen werden. Für t-Werte von t = 1, 2 bzw. 3 ergeben sich bei großen Stichprobenumfängen n und zweiseitiger Fragestellung Überschreitungswahrscheinlichkeiten von p = 0,32, 0,05 bzw. 0,01.

Beträgt beispielsweise der Mittelwert von n = 30 Höhenmessungen $\bar{x}$ = 11,5 m und der Standardfehler $s_{\bar{x}}$ = 1,5 m, so ergeben sich für 95-, 99- bzw. 99,9%ige Absicherung (p = 0,05, 0,01 bzw. 0,001) die t-Werte $t_{n-1=29, p=0,05}$ = 2,045, $t_{n-1=29, p=0,01}$ = 2,756 und $t_{n-1=29, p=0,001}$ = 3,659. Auf der Grundlage dieser t-Werte können die Vertrauensbereiche

$$\bar{x} - t_{n-1,p} \cdot s_{\bar{x}} \quad \text{bis} \quad \bar{x} + t_{n-1,p} \cdot s_{\bar{x}} \tag{3.10}$$

berechnet werden. Je größer der Vertrauensbereich, um so größer ist die Wahrscheinlichkeit, daß der wahre Wert μ von diesem eingeschlossen wird. Der wahre Mittelwert liegt mit 95-, 99- bzw. 99,9%iger Wahrscheinlichkeit innerhalb der Intervalle 11,5 m ± 2,045 m × 1,5 m = 8,43–14,57 m, 11,5 m ± 2,756 m × 1,5 m = 7,37–15,63 m, 11,5 m ± 3,659 m × 1,5 m = 6,0–116,99 m. Er unter- oder überschreitet diese Intervalle nur mit einer Wahrscheinlichkeit von 5,1 bzw. 0,1%. Präzise und scharfe Aussagen, gleichbedeutend mit schmalen Vertrauensbereichen, sind unsicher. So grenzt das erste der genannten Intervalle, indem es von 8,43–14,57 m reicht, den Vertrauensbereich stark ein, es besteht aber ein 5%iges Risiko, daß es den wahren Wert nicht trifft. Sichere Aussagen, gleichbedeutend mit breiten Vertrauensbereichen, sind demgegenüber unschärfer. Das an dritter Stelle genannte Intervall von 6,01–16,99 m birgt eine nur 0,1%ige Wahrscheinlichkeit der Fehleinschätzung, engt das Vertrauensintervall aber auch am wenigsten ein.

3.3.3.3 Erforderliche Wiederholungen für Mittelwertschätzung

Aus den allgemeinen Formeln für den absoluten Standardfehler $s_{\bar{x}} = t \cdot s_x / \sqrt{n}$ und das Standardfehlerprozent $s_{\bar{x}}\% = t \cdot s_x\% / \sqrt{n}$ [vgl. (3.6), wo t = 1 gesetzt und deshalb weggelassen wurde] können die Beziehungen für die Vorauskalkulation des Stichprobenumfangs n abgeleitet werden.

$$n = \frac{t^2 \cdot s_x^2}{s_{\bar{x}}^2} \quad \text{bzw.} \tag{3.11}$$

$$n = \frac{t^2 \cdot s_x\%^2}{s_{\bar{x}}\%^2} \tag{3.12}$$

Dabei sind:
n   erforderlicher Stichprobenumfang,
s_x Standardabweichung,
$s_x\%$ Variationskoeffizient,
$s_{\bar{x}}$ erwünschter Standardfehler der Ziel- oder Prüfgröße,
$s_{\bar{x}}\%$ erwünschtes Standardfehlerprozent der Ziel- oder Prüfgröße,
t   t-Wert für eine gegebene Anzahl von Freiheitsgraden und eine gewünschte Irrtumswahrscheinlichkeit.

Auf der Grundlage dieser wichtigen Beziehungen läßt sich die Anzahl von Probebäumen, Probeflächen oder sonstigen Stichprobenelementen errechnen, die bei erwünschter Präzision des Meßergebnisses und Variation der Prüfgröße erforderlich ist. Als Orientierung

können folgende Zusammenhänge zwischen t-Wert und Irrtumswahrscheinlichkeit bzw. Sicherheit genannt werden:
- $t \cong 1$ für eine Irrtumswahrscheinlichkeit von p = 0,32 bzw. eine Absicherung von 68%,
- $t \cong 2$ für eine Irrtumswahrscheinlichkeit von p = 0,05 und eine Absicherung von 95% und
- $t \cong 3$ für eine Irrtumswahrscheinlichkeit von p = 0,01 bzw. eine Absicherung von 99%.

Die Zusammenhänge gelten annähernd für n > 10, wobei n nicht von vornherein bekannt, sondern als gesuchte Größe iterativ zu ermitteln ist.

Zum Verständnis leiten wir beispielhaft den Stichprobenumfang für die Schätzung des Stammvolumens von Bäumen ab. Dafür nehmen wir an, daß der Variationskoeffizient des Stammvolumens 30% beträgt, die Erhebung einen Fehler von 5% nicht überschreiten und die Irrtumswahrscheinlichkeit p = 0,05 betragen soll (diese Irrtumswahrscheinlichkeit entspricht dem Signifikanzniveau). Der wahre Wert soll also mit einer Wahrscheinlichkeit von 95% im Konfidenzintervall, mit nur 5%iger Wahrscheinlichkeit außerhalb dessen liegen. Die erforderliche Stichprobenzahl beträgt dann nach (3.12)

$$n = \frac{t^2 \cdot s_x\%^2}{s_{\bar{x}}\%^2} = \frac{2^2 \cdot 30^2}{5^2} = 144.$$

Beanspruchen die 144 Bäume im Mittel 4 m² Standfläche/Baum, so ergibt sich eine Meßfläche von 576 m² (144 Bäume × 4 m² = 576 m² = 0,0576 ha). Bei dieser Vorausberechnung haben wir t = 2 eingesetzt, da die Anzahl von Freiheitsgraden vorher nicht bekannt ist. Eine solche Unsicherheit wird bei der Vorausberechnung des Stichprobenumfanges aber in Kauf genommen. Gegebene Streuung und gewünschte Präzision können in (3.11) bzw. (3.12) in ihrer absoluten Höhe oder in Prozent angegeben werden, vorausgesetzt, daß im Zähler und Nenner dieselbe Transformation erfolgt.

Aufgrund ihrer Anordnung im Zähler bzw. Nenner von (3.11) und (3.12) determinieren Irrtumswahrscheinlichkeit, Variationskoeffizient und Standardfehler die erforderliche Anzahl von Wiederholungen n in folgender Weise: Je größer die Variation der Zielgröße (s_x bzw. $s_x\%$) und je größer die gewünschte Aussagesicherheit (z. B. t = 1, 2 oder 3), um so höher ist die erforderliche Anzahl von Wiederholungen n. Je höher die gewünschte Präzision, je kleiner also der tolerierbare Standardfehler ($s_{\bar{x}}$ bzw. $s_{\bar{x}}\%$), um so größer wird die Anzahl von Wiederholungen n. Andersherum betrachtet sinkt n mit Abnahme der Präzision, also mit Zunahme des tolerierten Standardfehlers. Während die Irrtumswahrscheinlichkeit und der angestrebte Standardfehler vom Versuchsansteller festzulegen sind, stützt sich der in (3.11) und (3.12) einzusetzende Variationskoeffizient auf Erfahrungswerte oder die Ergebnisse von Vorerhebungen im Versuchsareal.

Ertragskundlichen Mittelwertschätzungen werden in der Regel Genauigkeitsschwellen von $s_{\bar{x}}\% = 5$ oder 10% und Irrtumswahrscheinlichkeiten von p = 0,05 oder 0,10 zugrunde gelegt. Der Variationskoeffizient $s_x\%$ nimmt nach HAUSSER et al. (1969) in mittelalten und älteren Reinbeständen für die verschiedenen Ertragselemente folgende Werte an:
- bei der Baumhöhe 15–25%,
- beim Brusthöhendurchmesser 25–35%,
- beim Stammvolumen 30–45% und
- beim laufenden Zuwachs 35–50%.

Einer Berechnung der für eine Mittelwertschätzung notwendigen Mindestbaumzahl n nach (3.11) und (3.12) sollte der Variationskoeffizient desjenigen Ertragselementes zugrunde gelegt werden, das von den in die Beobachtung einbezogenen die größte Variabilität aufweist.

3.3.3.4 Wiederholungen zur Prüfung von Mittelwertdifferenzen

Wie häufig ist eine Behandlungsvariante innerhalb eines Versuches zu wiederholen, wenn vorhandene Unterschiede zwischen Varianten aufgedeckt werden sollen? Diese Frage tritt in der Praxis der Versuchsplanung besonders oft auf. Sie stellt sich beispielsweise, wenn eine Überlegenheit von Provenienz A_1 gegenüber A_2 im Höhenwachstum untersucht werden soll. Je feiner die nachzuweisenden Unterschiede zwischen den Varianten sind, um so empfindlicher muß der Versuch sein (MUDRA, 1958). Die Empfindlichkeit eines Versuches steigt zum einen mit der Zahl der Wiederholungen (n). Zum anderen ist die Empfindlichkeit um so höher, je geringer die Variabilität (s%) der Prüfgröße gehalten wird. Im folgenden werden die Grundüberlegungen und Formeln für die Berechnung der Wiederholungszahlen an einem für das Forstliche Versuchswesen charakteristischen Beispiel ausgeführt.

Für die Berechnung der erforderlichen Wiederholungen in einem Versuch ist zunächst der Standardfehler (s_d) der Differenz ($d = \bar{x}_1 - \bar{x}_2$) der zu vergleichenden Mittelwerte ($\bar{x}_1, \bar{x}_2$) von Bedeutung.

$$s_d = \sqrt{\frac{s_1^2}{n_1} + \frac{s_2^2}{n_2}} \qquad (3.13)$$

Liegen den berechneten Mittelwerten gleiche Stichprobenumfänge ($n_1 = n_2, n = n_1 + n_2$) und eine gemeinsame Fehlervarianz s_x^2 zugrunde, so beträgt der Standardfehler der Differenz

$$s_d = \sqrt{\frac{2s_x^2}{n}}. \qquad (3.14)$$

Diese Bedingungen sind bei ertragskundlichen Versuchen häufig gegeben. Ähnlich wie die Abweichungen der stichprobenweise gewonnenen Mittelwerte $\bar{x}$ vom wahren Mittelwert μ der t-Verteilung folgen (3.9), trifft dies auch für die Differenzen zwischen zwei Mittelwerten zu.

$$t = \frac{\bar{x}_1 - \bar{x}_2}{s_d} \qquad (3.15)$$

Schreiben wir für die Differenz $\bar{x}_1 - \bar{x}_2 = d$, und setzen wir (3.14) in (3.15) ein, so ergibt sich

$$t = \frac{d}{\sqrt{\frac{2s_x^2}{n}}} \qquad (3.16)$$

Diese Formel verdeutlicht, daß die Differenz zwischen den Mittelwerten (d), die biologische Variabilität (ausgedrückt durch die Varianz s_x^2) und die Anzahl von Wiederholungen (n) bei einer durch t vorgegebenen Signifikanzschwelle

in fester Beziehung zueinander stehen. Bringen wir in (3.16) die Wiederholungszahl n auf die linke Seite, so erhalten wir

$$n = \frac{2s_x^2 t^2}{d^2}. \qquad (3.17)$$

Die nach (3.17) errechneten Wiederholungszahlen n treffen nur dann zu, wenn der Schätzwert für die Varianz der Mittelwerte s_x^2 und der Schätzwert für die Differenz zwischen den Mittelwerten d auch der wahren Varianz bzw. der wahren Mittelwertdifferenz entsprechen. Eine solche Identität von geschätzten und wahren Werten kann aber in der Regel nicht unterstellt werden. COCHRAN und COX (1957) führen deshalb für die Berechnung der Wiederholungszahl die Näherungsformel ein, in welcher die Fehler 1. und 2. Art Berücksichtigung finden.

$$n \geq \frac{2s_x^2(t_1 + t_2)^2}{d^2} \qquad (3.18)$$

Dabei sind:
d   Mittelwertdifferenz, die aufgedeckt werden soll,
s_x Standardabweichung der Mittelwerte,
t_1 t-Wert für die gegebene Anzahl von Freiheitsgraden und die gewünschte Irrtumswahrscheinlichkeit α (Fehler 1. Art),
t_2 t-Wert für die Irrtumswahrscheinlichkeit β (Fehler 2. Art).

Die Wahrscheinlichkeit α für den Fehler 1. Art (z. B. 0,05, 0,01 bzw. 5 oder 1%) bezeichnet die Wahrscheinlichkeit dafür, daß Wahres verworfen wird, also keine Mittelwertdifferenz besteht ($\mu_0 = \mu_1$), eine solche aber diagnostiziert wird. Der Fehler 2. Art β (z. B. 0,10, 0,05 bzw. 10 oder 5%) quantifiziert die Wahrscheinlichkeit dafür, daß Falsches akzeptiert wird, also eine Mittelwertdifferenz besteht ($\mu_0 \neq \mu_1$), diese aber nicht diagnostiziert wird. Der Wert $1 - \beta$ gibt also an, mit welcher Wahrscheinlichkeit tatsächlich vorhandene Unterschiede bei diesem Test wirklich aufgedeckt werden.

Da die Zahl der Freiheitsgrade zur Ermittlung von t_1 und t_2 und die Wiederholungszahl n voneinander abhängen, ermitteln COCHRAN und COX (1957) die kleinste Zahl von Wiederholungen n, die (3.14) noch erfüllt, durch Itera-

Tabelle 3.1 Erforderliche Wiederholungszahlen zum Nachweis signifikanter Mittelwertdifferenzen in einem Blockversuch mit vier Behandlungsvarianten. Die Anzahl der Wiederholungen n wird in Abhängigkeit vom Variationskoeffizienten s% und der aufzudeckenden Mittelwertdifferenz in Prozent des Mittelwertes d% abgegriffen. Die angegebenen Wiederholungszahlen gelten für zweiseitige Tests mit $\alpha = 5\%$ und $\beta = 10\%$ (nach COCHRAN und COX, 1957).

Aufzudeckende Mittelwertdifferenz d%	Variationskoeffizient s%												
	2	3	4	5	6	7	8	9	10	11	12	14	16	18	20
5	5	9	15	22	31	42									
10	2	3	5	7	9	12	15	18	22	27	31	42			
15	2	2	3	4	5	6	7	9	11	13	15	19	25	31	39
20	2	2	2	3	3	4	5	6	7	8	9	12	15	18	22
25	2	2	2	2	3	3	4	4	5	5	6	8	10	12	15
30	2	2	2	2	2	3	3	3	4	4	5	6	7	8	11

tion (vgl. Tab. 3.1). Die Tabelle zeigt die erforderlichen Wiederholungszahlen für einen in der Praxis relevanten Wertebereich von aufzudeckenden Mittelwertdifferenzen (d%) und Streuungen (s%). Die angegebenen Wiederholungszahlen n bezeichnen die Zahl der erforderlichen Blöcke in einem Blockversuch mit v = 4 Behandlungsvarianten und gelten für Mittelwertvergleiche mit zweiseitigen Tests mit $\alpha = 0{,}05$ und $1 - \beta = 0{,}90$ ($\beta = 0{,}10$). Wiederholungen über 50 sind in der Tabelle nicht verzeichnet, weil sie in der Praxis des Ertragskundlichen Versuchswesens keine Relevanz haben.

Zur Bestimmung der Wiederholungszahlen über Tabelle 3.1 oder (3.18) wird zunächst festgelegt, welche Differenz beispielsweise im Höhenwachstum der Provenienzen A_1 und A_2 signifikant nachgewiesen werden soll. In einem ersten Fall nehmen wir an, daß die aufzudeckende Differenz im Höhenwachstum zwischen den Provenienzen 10% sei. Weiter ist dann der Variationskoeffizient s% einzuschätzen, was zumeist auf der Basis früherer Versuche oder Erfahrungswerte erfolgt. Angenommen, der Variationskoeffizient der Höhe beträgt 5%, so kann für die Werte d% und s% aus Tabelle 3.1 eine erforderliche Wiederholungszahl von 7 abgelesen werden. Wenn in einem zweiten Fall nur bestehende Mittelwertdifferenzen von 30% bei einer Variabilität von 5% nachgewiesen werden sollen, genügen 2 Wiederholungen. Sollen hingegen in einem dritten Fall bei gleicher Variabilität von 5% selbst noch geringe Mittelwertdifferenzen von 5% nachgewiesen werden, so sind 22 Wiederholungen erforderlich. Je größer die Variation der Mittelwerte und je feiner die nachzuweisenden Differenzen zwischen den Behandlungsvarianten, um so höher wird also die erforderliche Wiederholungszahl.

In diesem Beispiel wurde die Zahl von Wiederholungen berechnet, die notwendig ist, um in einem Blockversuch mit vier Behandlungsvarianten Mittelwertunterschiede zwischen zwei Varianten aufzudecken. Die ausgeführten Grundüberlegungen zur Ermittlung der Wiederholungszahlen gelten für beliebige Versuchsanlagen und Versuchsfragen. Zur Behandlung von Spezialfällen sei auf COCHRAN und COX (1957), LAAR (1979), MUDRA (1958) und RASCH et al. (1973) verwiesen.

3.3.3.5 Meßflächengröße und Parzellenzahl

Eine Parzelle setzt sich aus der Meßfläche und der Umfassung zusammen. Zur Vermeidung von Randeffekten sollten die Umfassung wie die Meßfläche behandelt werden und mindestens 7,5 m breit sein. So ist gewährleistet, daß auch im Altbestand den Bäumen an der Peripherie der Meßfläche zumindest noch ein gleich behandelter Baum jenseits der Meßflächengrenze benachbart ist. Bei Bodenbearbeitungs- und Düngungsversuchen empfehlen sich breitere Umfassungsstreifen, um die Effekte lateraler Stoffverlagerung und Wurzelkonkurrenz zwischen den Parzellen gering zu halten.

Die Größe der Meßfläche läßt sich bestmöglich aus der Mindestbaumzahl ableiten, die für die Prüfung einer Frage erforderlich ist. Ausgehend von dieser Mindestbaumzahl und bekannten Baumzahl-Altersbeziehungen (baumarttypischem Standflächenbedarf), kann der Flächenbedarf abgeschätzt werden. Ob die resultierende Meßfläche dann in Form einer oder mehrerer Parzellen realisiert wird, hängt von den arbeitstechnischen, waldbaulichen oder standörtlichen Bedingungen ab. Auf eine standörtliche Heterogenität im Versuchsareal wird man beispielsweise mit einer Aufteilung der Meßfläche auf zwei oder mehrere Blöcke reagieren, um systematische Fehlerquellen auszuschalten (Abschn. 3.4.2). Gegen eine zu starke Zerlegung der Meßfläche in Parzellen sprechen die Zunahme des arbeitstechnischen Aufwandes und des Flächenverbrauchs für Umfassungsstreifen. Können die Behandlungsvarianten ohne größeren Aufwand auch einzelbaumweise eingestellt werden, so ist eine Fragmentierung bis hin zur Einzelbaumparzelle denkbar, deren Größe durch die Standfläche des Einzelbaumes vorgegeben ist (Abschn. 3.5.2).

Im Ertragskundlichen Versuchswesen liegen die Mindestbaumzahlen je nach Versuchsfrage, Versuchsbedingungen und betrachtetem Ertragselement bei 40–80 Bäumen, wobei sich diese Angaben auf mehr oder weniger gleichaltrige Reinbestände beziehen. Aus dieser Mindestbaumzahl und dem mittleren Standflächenbedarf pro Baum resultiert die Größe der Meßfläche, die mit dem Umfassungsstreifen die Parzellengröße ergibt. Die wichtigsten Determinanten der Standfläche sind die Standortbedingungen des Versuchsareals, die zu untersuchende Baumart, das betrachtete Bestandesalter bzw. der Altersrahmen bei einer langfristigen Beobachtung und die Bestandesbehandlung.

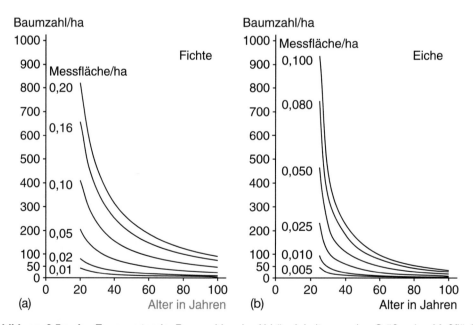

Abbildung 3.5a, b Zu erwartende Baumzahlen in Abhängigkeit von der Größe der Meßfläche (0,01, 0,02, ..., 0,2 ha) und dem Alter für Fichte **(a)** und Eiche **(b)**. Zugrunde gelegt sind die Alters-Baumzahl-Beziehungen der Fichten-Ertragstafel von Assmann und Franz (1963), Oberhöhenbonität 40, mittleres Ertragsniveau bzw. der Eichen-Ertragstafel von Jüttner (1955), mäßige Durchforstung, II. Ertragsklasse.

Abbildung 3.5 zeigt beispielhaft für Fichte und Eiche die mit Parzellengrößen von 0,01, 0,02, ..., 0,2 ha erfaßte Baumanzahl in Abhängigkeit vom Alter. Soll beispielsweise ein im Alter 30 angelegter Fichtenversuch auch im Alter 100 noch eine Mindestbaumzahl von 50 Bäumen pro Hektar aufweisen, so sollte die Ausgangsgröße der Versuchsparzelle mindestens 0,1 ha betragen. Bei einer Flächengröße von nur 0,05 ha wäre die gewünschte Wiederholungszahl bereits im Alter von 50 Jahren unterschritten. In Eichenbeständen müssen aufgrund der noch rapideren Baumzahlabnahme und der geringeren Endbaumzahlen wesentlich baumzahlreichere Meßflächen eingerichtet werden, wenn im Endbestand noch eine ausreichende Baumanzahl vertreten sein soll (Abb. 3.5b).

3.3.4 Blockbildung und Randomisierung

3.3.4.1 Ausschaltung systematischer Fehler

Ist innerhalb eines gegebenen Versuchsareals nicht mit systematischen Fehlerquellen, beispielsweise mit einem Standortgradienten oder einem Randeffekt, zu rechnen, so vermeidet eine zufällige Verteilung der Behandlungsvarianten auf die Versuchseinheiten bestmöglich ungleiche Prüfungsbedingungen der Versuchsglieder (LINDER, 1951). Es entsteht dann ein vollständig randomisiertes Versuchsschema, das in der versuchstechnischen Anlage und varianzanalytischen Auswertung einfach zu handhaben ist. Leider ist dieses Schema aber für Freilandversuche aufgrund deren inhomogener Standortbedingungen zumeist nicht geeignet.

In den folgenden Beispielen wird das Versuchsareal jeweils mit einem Punktmuster unterlegt, dessen Dichte die Standortbedingungen symbolisiert. Eine auf ganzer Fläche ähnliche Punktdichte (z. B. Abb. 3.6) zeigt mehr oder weniger homogene Standortverhältnisse an, eine Zunahme der Punktdichte in eine oder mehrere Richtungen (z. B. Abb. 3.7) symbolisiert einen Standortgradienten, auf den mit entsprechendem Versuchsdesign reagiert werden muß.

Steht für einen aus 15 Parzellen aufgebauten Durchforstungsversuch mit fünf Behandlungsvarianten (Grundflächenhaltung der Behandlungsvarianten 1 ≙ 100%, 2 ≙ 85%, 3 ≙ 70%, 4 ≙ 55% und 5 ≙ 40%) und drei Wiederholungen (5 · 3 = 15 Parzellen) ein standörtlich homogenes Versuchsareal zur Verfügung – in Abbildung 3.6 durch mehr oder weniger homogene Punktdichte auf der Gesamtfläche angedeutet –, so erscheint eine zufällige Zuordnung der Behandlungsvarianten auf die 15 Parzellen gerechtfertigt.

Unter der Grundflächenhaltung verstehen wir nach ASSMANN (1961a) die durchschnittliche Bestandesgrundfläche in einer betrachteten Zuwachsperiode in Quadratmetern/Hektar (vgl. Abschn. 9.3.3). Bei der Versuchssteuerung über die relative Grundflächenhaltung geben die unbehandelten Parzellen die Referenzgrundfläche (≙ 100%) vor. Die Eingriffstärke orientiert sich an dieser Referenz. In unserem Beispiel werden auf den behandelten Parzellen 15, 30, 45 bzw. 60% der Referenzgrundfläche entnommen.

Für die randomisierte Zuordnung der fünf Behandlungsvarianten auf 15 Parzellen werden diese zunächst numeriert (Abb. 3.6a) und dann Zufallszahlen aus Tabellen, Zufallsgeneratoren oder Losverfahren für die Zuordnung eingesetzt (Abschn. 3.4.1.1). Eine im Freilandversuch selten gegebene Standorthomogenität vorausgesetzt, wirkt die Konzentration der Behandlungsvariante 1 (Grundflächenhaltung ≙ 100%) im Nordwesten des Versuchsareals (Abb. 3.6b) nicht weiter beunruhigend. Es wird nämlich davon ausgegangen, daß der Versuchsfehler (Schwankung innerhalb der Behandlungsvarianten) auf Bodenunterschiede und andere Zufallseinflüsse zurückgeht und zufällig über das Flächenareal verteilt ist, so daß ihm bestmöglich durch Randomisation begegnet werden kann.

Ist innerhalb des Versuchsareals mit systematischen Fehlerquellen zu rechnen, so können diese durch Blockbildung ausgeschaltet werden. Besteht innerhalb des Versuchsareals beispielsweise ein klarer Standortgradient mit einer Verbesserung der Wuchsbedingungen von Norden nach Süden – in Abbildung 3.7 durch eine Zunahme der Punktdichte ange-

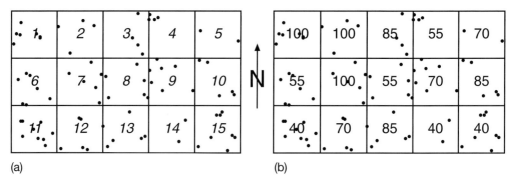

(a) (b)

Abbildung 3.6 a, b Anlageschema für einen 15 Parzellen umfassenden Fichten-Durchforstungsversuch auf standörtlich homogenem Versuchsareal. Der Durchforstungsversuch umfaßt fünf Behandlungsvarianten (Grundflächenhaltungen 1 ≙ 100%, 2 ≙ 85%, 3 ≙ 70%, 4 ≙ 55%, 5 ≙ 40%) in dreifacher Wiederholung (5 × 3 = 15 Parzellen). **(a)** Für die Zuordnung der Behandlungsvarianten auf die Parzellen werden diese laufend von 1–15 numeriert. **(b)** Durch Los- oder Zufallszahlen-Verfahren werden die fünf Behandlungsvarianten den 15 Parzellen zufällig zugeordnet. Die in die Parzellen eingetragenen Zahlen bezeichnen die Grundflächenhaltung in Relation zu den unbehandelten Referenzflächen.

deutet –, so würde eine vollständig randomisierte Anlage diese Vorkenntnisse über die standörtlichen Unterschiede ungenutzt lassen und die Gefahr einer Verzerrung der Ergebnisse bedeuten. Bei einer zufälligen Zuordnung, wie sie Abbildung 3.7 a zeigt, wäre beispielsweise die Behandlungsvariante 1 (Grundflächenhaltung ≙ 100%) systematisch standörtlich benachteiligt und die Behandlungsvariante 5 (Grundflächenhaltung ≙ 40%) systematisch standörtlich begünstigt. Die Ausscheidung von Blöcken in Abbildung 3.7 b gewährleistet die Ausschaltung systematischer Fehlerquellen, indem die Standortbedingungen innerhalb der Blöcke (1), (2) und (3) eher homogen sind und jeder Block alle Behand-

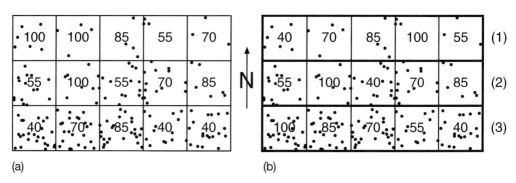

(a) (b)

Abbildung 3.7 a, b Anlageschema für einen 15 Parzellen umfassenden Fichten-Durchforstungsversuch auf inhomogenem Standort mit **(a)** zufälliger Zuordnung der Behandlungsvarianten und **(b)** mit Ausscheidung von Blöcken. Die von Norden nach Süden zunehmende Punktdichte deutet eine standörtliche Verbesserung an.
(a) Unter inhomogenen Standortbedingungen, einer Verbesserung der Standortverhältnisse von Norden nach Süden, birgt die vollständige Randomisation die Gefahr einer Verzerrung der Ergebnisse. So dominiert die Behandlungsvariante 1 (Grundflächenhaltung 100%) in der standörtlich benachteiligten nördlichen Partie des Versuchsareals, die Behandlungsvariante 5 (Grundflächenhaltung 40%) liegt in den begünstigten südlichen Bereichen.
(b) Durch Untergliederung des Versuchsareals in die drei Blöcke (1), (2) und (3), innerhalb derer Standorthomogenität besteht, können Vorinformationen über das Versuchsareal bestmöglich genutzt, systematische Fehlerquellen eliminiert und die Reststreuung bei der Varianzanalyse minimiert werden.

lungsvarianten enthält. Eine solche vollständige Block-Anlage schaltet Variationsursachen nach einer Richtung – hier in Nord-Süd-Richtung – aus. Lateinische Quadrate und Lateinische Rechtecke (Abschn. 3.4.1.3 und 3.4.2.2) eignen sich für die Ausschaltung systematischer Fehlerquellen in zwei Richtungen.

3.3.4.2 Genauigkeitssteigerung durch Blockbildung

Im folgenden wird zunächst das Prinzip der Varianzanalyse erklärt. Darauf aufbauend können die varianzanalytische Auswertung ohne Blockbildung und die Effizienz der Blockbildung gegenüber demselben Versuchsschema ohne Blockbildung an einem Beispiel verdeutlicht werden (Abb. 3.8). Die Grundlagen der Varianzanalyse, des F-Tests und Spezialfälle der Varianzanalyse, wie beispielsweise zweifache Blockbildung, Blöcke mit ungleicher Besetzung usw., lassen sich der weiterführenden Literatur (RASCH, 1987; RASCH et al., 1973; LINDER, 1951 und 1953; BORTZ, 1993; WEBER, 1980) entnehmen. Während wir uns im folgenden auf die Prüfung der sogenannten Globalhypothese, d. h. die Prüfung, ob überhaupt Unterschiede zwischen Behandlungsvarianten bestehen, beschränken, werden in diesen Werken auch Methoden zum paarweisen Vergleich von Mittelwerten ausgewählter Behandlungsvarianten besprochen. Besonders bewährt für eine solche Feinanalyse haben sich die Linearen Kontraste von SCHEFFÉ (1953) und TUKEY (1977).

Der Genauigkeitsgewinn durch Blockbildung kann anhand einer einfachen varianzanalytischen Auswertung sichtbar gemacht werden. Diese prüft in unserem Fallbeispiel, ob der Versuchsfaktor Grundflächenhaltung einen signifikanten Einfluß auf die Gesamtwuchsleistung des Fichtenbestandes im Alter 20 ausübt. Grundlage jeder varianzanalytischen Auswertung ist die Varianzformel

$$s^2 = \frac{\sum x^2 - \frac{(\sum x)^2}{n}}{n-1} = \frac{\sum (x - \bar{x})^2}{n-1}, \quad (3.19)$$

welche die Summe der quadratischen Abweichungen vom Mittelwert $\bar{x}$ durch die Zahl der Freiheitsgrade $n - 1$ teilt, so daß s^2 als Durchschnitt der Abweichungsquadrate, also als mittleres Abweichungsquadrat, resultiert. In der Terminologie der Varianzanalyse schreibt man deshalb auch

$$s^2 = MQT = \frac{SQT}{FGT}. \quad (3.20)$$

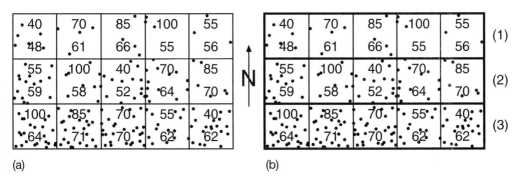

(a)   (b)

Abbildung 3.8a, b Anlageschema für einen 15 Parzellen umfassenden Fichten-Durchforstungsversuch auf inhomogenem Standort **(a)** ohne und **(b)** mit Ausscheidung von Blöcken. Auf den Parzellen bezeichnet die obere Zahl die Grundflächenhaltung (Grundflächenhaltung 1 ≙ 100%, 2 ≙ 85%, 3 ≙ 70%, 4 ≙ 55% und 5 ≙ 40%), die untere Zahl gibt die Gesamtwuchsleistung in VfmD/ha an. Die fünf Durchforstungsvarianten sind dreifach wiederholt.
(a) Anlageschema fünf verschiedenen Grundflächenhaltungen (obere Zahl) und der gemessenen Gesamtwuchsleistung in VfmD/ha (untere Zahl) als Ergebnis einer zufälligen Zuordnung der Behandlungsvarianten auf die Parzellen.
(b) Ausscheidung von Blöcken (1), (2) und (3) mit homogenen Standortbedingungen und zufälliger Verteilung der Behandlungsvarianten innerhalb der Blöcke.

Dabei sind:
MQT mittlere quadratische Abweichung insgesamt,
SQT Summe der Abweichungsquadrate insgesamt,
FGT Freiheitsgrade insgesamt.

In den folgenden Abkürzungen SQT, SQZ, SQB und SQR bringt der erste Buchstabe S zum Ausdruck, daß es sich um die Summe der quadratischen Abweichungen handelt. Die letzten Buchstaben T, Z, B und R kürzen die Bezeichnungen Total, Zwischen, Block und Rest ab. Sie vermitteln, daß die Summe der Abweichungsquadrate insgesamt (SQT), die Summe der Abweichungsquadrate zwischen den Behandlungen (SQZ), zwischen den Blöcken (SQB) bzw. die restliche Summe der Abweichungsquadrate (SQR) gemeint sind. Analog geben MQT, MQZ, MQB und MQR die mittleren Abweichungsquadrate und FGT, FGZ, FGB und FGR die Freiheitsgrade insgesamt (Total) und für die genannten Komponenten (Zwischen, Block und Rest) an.

Die Varianzanalyse zerlegt die Gesamtvarianz MQT. Sie prüft, inwieweit die gezielte Behandlung, die Standortunterschiede oder die biologische Variabilität für die Streuung verantwortlich sind. Die Zerlegung der Gesamtvarianz erfolgt nicht auf der Basis von MQT, sondern getrennt für den Zähler SQT und Nenner FGT in (3.20). Im Falle der ungeblockten Anlage (Abb. 3.8a) werden die Summe der Abweichungsquadrate SQT und FGT in zwei Komponenten zerlegt,

$$SQT = SQZ + SQR, \qquad (3.21)$$

$$FGT = FGZ + FGR, \qquad (3.22)$$

worin SQZ für die Summe der Abweichungsquadrate und FGZ für die Freiheitsgrade stehen, die durch die Behandlung bedingt sind. SQR und FGR stehen für die Reststreuung, also die biologische Variabilität, die sich mit der durch die Behandlung bedingten Variabilität zur Gesamtvarianz bzw. Gesamtzahl der Freiheitsgrade ergänzen. Mit Hilfe des F-Tests wird dann geprüft, in welcher Relation die behandlungsbedingte Streuung MQZ zur Rest-

variabilität MQR steht.

$$F = \frac{MQZ}{MQR} \qquad (3.23)$$

Je höher die behandlungsbedingte Streuung MQZ gegenüber der biologischen Variabilität MQR ausfällt, um so größer wird der F-Wert und die Wahrscheinlichkeit eines signifikanten Behandlungseffektes. Die Reststreuung MQR wird also zum Maßstab für die behandlungsbedingte Streuung MQZ; erst wenn MQZ deutlich höher ist als die biologische Variabilität, wird auf einen signifikanten Behandlungseffekt geschlossen (Tab. 3.2 a).

Bei der Auswertung einer Block-Anlage (Abb. 3.8b) werden bei der Zerlegung der Summe der Abweichungsquadrate SQT

$$SQT = SQZ + SQB + SQR \qquad (3.24)$$

und der Freiheitsgrade FGT

$$FGT = FGZ + FGB + FGR \qquad (3.25)$$

als weitere Komponenten die Summe der Abweichungsquadrate zwischen den Blöcken SQB und der Freiheitsgrade zwischen den Blöcken FGB ausgeschieden. Die Streuungskomponente SQB bezeichnet den Effekt der Standortinhomogenität zwischen den Blöcken, der damit eliminiert wird, so daß SQR und FQR als Referenz für die Signifikanzprüfung mit dem F-Test kleiner werden. Eine Blockbildung ist um so effizienter, je höhere Anteile der Gesamtvarianz durch diese eliminiert werden können, denn die Herleitung des F-Wertes

$$F = \frac{MQZ}{MQR} \qquad (3.26)$$

erfolgt letzten Endes wieder auf der Basis von MQZ = SQZ/FQZ und MQR = SQR/FQR (vgl. Tab. 3.2 b).

3.3.4.3 Auswertungsbeispiel

Um den Effekt der Blockbildung auf die Varianzanalyse und die Aufdeckung von Behandlungsunterschieden zu veranschaulichen, werten wir im folgenden Beispiel ein und denselben Versuch mit und ohne Blockbildung aus (Abb. 3.8). Die Zuordnung der Behand-

3.3 Grundsätze der Versuchsplanung

Tabelle 3.2 a, b Tafel der einfachen Varianzanalyse ohne Blockbildung (a) und mit Blockbildung (b). Erläuterung der Variablenbezeichnungen im Text.

a)

Variations-ursache	Freiheitsgrade	Summe der Abweichungsquad.	Mittlere Abweichungsquad.	F-Wert
Behandlung	m − 1	SQZ	$MQZ = \dfrac{SQZ}{m-1}$	$F = \dfrac{MQZ}{MQR}$
Rest	n − m	SQR	$MQR = \dfrac{SQR}{n-m}$	
Gesamt	n − 1	SQT		

(b)

Variations-ursache	Freiheitsgrade	Summe der Abweichungsquad.	Mittlere Abweichungsquad.	F-Wert
Behandlung	m − 1	SQZ	$MQZ = \dfrac{SQZ}{m-1}$	$F = \dfrac{MQZ}{MQR}$
Rest	(n − 1) − (k − 1) − (m − 1)	SQR	$MQR = \dfrac{SQR}{(n-1)-(k-1)-(m-1)}$	
Block	k − 1	SQB	$MQB = \dfrac{SQR}{k-1}$	
Gesamt	n − 1	SQT		

lungsvarianten auf die Parzellen sei im ersten Fall (a) zufällig, im zweiten Fall (b) das Ergebnis einer gezielten Blockbildung. Um den Effekt der Blockbildung sichtbar zu machen, sind beide Fälle außer in der Blockbildung völlig identisch konstruiert.

Basis für beide Auswertungswege sind die Einzelwerte x_{ij} der Erträge für die Behandlungsvarianten i, i = 1 ... 5 und die Wiederholungen bzw. Blöcke j, j = 1 ... 3. In unserem Fall beträgt die Gesamtanzahl der Behandlungsgruppen m = 5 und die Zahl der Wiederholungen bzw. Blöcke k = 3. Der gesamte Stichprobenumfang beträgt n = m · k = 15 (Tab. 3.3). Von diesen Einzelwerten ausgehend wird zunächst nach (3.1) das arithmetische Mittel $\bar{x} = 61{,}2$ berechnet. Es schließt dann die Berechnung der Gesamtsumme der quadratischen Abweichungen SQT

$$SQT = \sum_{i=1}^{m} \sum_{j=1}^{k} (x_{ij} - \bar{x})^2 \qquad (3.27)$$

$SQT = (55 - 61{,}2)^2 + (58 - 61{,}2)^2 + \ldots + (62 - 61{,}2)^2 = 630{,}4$ und die Berechnung der Summe der quadratischen Abweichungen zwischen den Behandlungsgruppen

$$SQZ = \sum_{i=1}^{m} k \cdot (\bar{x}_{i.} - \bar{x})^2 \qquad (3.28)$$

$SQZ = 3 \cdot (59 - 61{,}2)^2 + 3 \cdot (69 - 61{,}2)^2 + \ldots + 3 \cdot (54 - 61{,}2)^2 = 410{,}4$ an. Die verbleibende Variabilität, ausgedrückt durch die Summe der quadratischen Abweichungen SQR, kann entweder aus den Einzelwerten nach

$$SQR = \sum_{i=1}^{m} \sum_{j=1}^{k} (x_{ij} - \bar{x}_{i.})^2 \qquad (3.29)$$

$SQR = (55 - 59)^2 + (58 - 59)^2 + \ldots + (62 - 54)^2 = 220{,}0$

berechnet werden oder als Differenz SQR = SQT − SQZ. In (3.29) werden die Gruppenmittelwerte benötigt, die nach (3.30)

$$\bar{x}_{i.} = \frac{\sum_{j=1}^{k} x_{ij}}{k} \qquad (3.30)$$

z. B. wie $\bar{x}_{1.} = (55 + 58 + 64)/3 = 59$ berechnet werden. Die Berechnung der Freiheitsgrade FGT, FGZ und FGR erfolgt gesondert

3 Planung waldwachstumskundlicher Versuche

Tabelle 3.3 Gesamtwuchsleistung in VfmD/ha auf den 15 Parzellen eines Durchforstungsversuches, der sich aus fünf unterschiedlichen Eingriffsstärken (100%, 85%, 70%, 55%, 40%) und drei Wiederholungen aufbaut.

Behandlungsgruppen		Einzelwerte (VfmD/ha)			Gruppenmittel
Index $i = 1 \ldots m$	Eingriffsstärke	Wiederholung bzw. Blöcke $j = 1 \ldots k$ (1)	(2)	(3)	(VfmD/ha)
1	100%	$x_{11} = 55$	58	64	$\bar{x}_{1.} = 59$
2	85%	66	70	71	$\bar{x}_{2.} = 69$
3	70%	61	64	70	$\bar{x}_{3.} = 65$
4	55%	56	59	62	$\bar{x}_{4.} = 59$
5	40%	48	52	62	$\bar{x}_{5.} = 54$
Gruppen	$m = 5$	$\bar{x}_{.1} = 57{,}2$	$\bar{x}_{.2} = 60{,}6$	$\bar{x}_{.3} = 65{,}8$	$\bar{x}_{..} = 61{,}2$
Blöcke bzw. Wdh.	$k = 3$				
Stichproben	$n = m \cdot k = 15$	Blockmittelwerte			Gesamtmittelwert

von der Berechnung der quadratischen Abweichungen nach

FGT = n − 1 = 15 − 1 = 14,

FGZ = m − 1 = 5 − 1 = 4 und

FGR = n − m = 15 − 5 = 10.

Es stehen dann alle Basisgrößen für die Ausführung der Varianzanalyse und die Berechnung des F-Wertes in Tabelle 3.4 a zur Verfügung. In unserem Beispiel ergibt sich eine behandlungsbedingte mittlere quadratische Abweichung von MQZ = 102,6 und eine mittlere biologische Variabilität von MQR = 22,0, so daß ein F-Wert von 4,664 resultiert. Der Blick in die F-Tabelle erbringt für m − 1 = 4 bzw. n − m = 10 Freiheitsgrade F-Werte für die Sicherungsgrenzen von p = 0,1, 1,0 bzw. 5,0 von 11,282, 5,995 bzw. 3,478, so daß in unserem Beispiel ein signifikanter Behandlungseffekt nachgewiesen werden kann. Dies wird durch ein Sternchen (*) hinter dem F-Wert von 4,664 angezeigt.

Eliminieren wir durch Blockbildung die durch Standortheterogenität bedingte Streuung, so gelangen wir zu dem Schema der Varianzanalyse in Tabelle 3.2 b. Gegenüber der einfachen Varianzanalyse ist zusätzlich die Summe der quadratischen Abweichungen SQB zu bestimmen, die zwischen den Blöcken besteht:

$$SQB = \sum_{j=1}^{k} m \cdot (x_{.j} - \bar{x})^2 \quad (3.31)$$

$$SQB = 5 \cdot (57{,}2 - 61{,}2)^2$$
$$+ 5 \cdot (60{,}6 - 61{,}2)^2$$
$$+ 5 \cdot (65{,}8 - 61{,}2)^2 = 187{,}6.$$

In (3.31) fließen bei diesem Auswertungsschritt die Mittelwerte der Blöcke ein, die wir nach

$$\bar{x}_{.j} = \frac{\sum_{i=1}^{m} x_{ij}}{m} \quad (3.32)$$

z. B. wie $\bar{x}_{.1} = (55 + 66 + \ldots + 48)/5 = 57{,}2$ berechnen. Die verbleibende biologische Variabilität läßt sich entweder direkt oder wie-

Tabelle 3.4 a, b Varianztabelle zur Prüfung der Eingriffsstärke auf das Wuchsverhalten ohne Blockbildung (a) und mit Blockbildung (b). Erläuterung der Variablenbezeichnungen und Berechnungsergebnisse im Text.

Ursache	FG	SQ	MQ	F-Wert
Behandlung	4	410,4	102,6	4,664*
Rest	10	220,0	22,0	
Gesamt	14	630,4		

(a)

Ursache	FG	SQ	MQ	F-Wert
Behandlung	4	410,4	102,6	25,333***
Rest	8	187,6	93,8	
Block	2	32,4	4,05	
Gesamt	14	630,4		

(b)

der durch Differenzenbildung

$$SQR = SQT - SQZSQB \quad (3.33)$$

$$SQR = 630{,}4 - 410{,}4 - 187{,}6 = 32{,}4$$

berechnen. Werden auch die Freiheitsgrade für die Block-Anlage gesondert nach den Ursachen Gesamt, Block, Rest und Behandlung berechnet (vgl. Tab. 3.4 b),

$$FGT = n - 1 = 15 - 1 = 14,$$

$$FGB = k - 1 = 3 - 1 = 2,$$

$$FGZ = m - 1 = 5 - 1 = 4 \quad \text{bzw.}$$

$$FGR = FGT - FGB - FGZ = 14 - 2 - 4 = 8),$$

so stehen alle Werte für die Varianzanalyse mit Blockbildung zur Verfügung, und es resultiert ein F-Wert von 25,333, der einen hochsignifikanten Einfluß der Behandlung auf die Gesamtwuchsleistung anzeigt (drei Sterne ***). Der Vergleich von Tabelle 3.4 a und b macht sichtbar, daß die Blockung die verbleibende biologische Variabilität von einem MQR-Wert von 22,0 auf MQR = 4,05 reduziert hat. Diese Reduktion der Restvarianz erbringt eine deutliche Steigerung der Genauigkeit der Versuchsanlage, da die Restvarianz den Maßstab für die Signifikanzprüfung des Behandlungseffektes darstellt [vgl. (3.23)].

3.3.5 Skalenniveau der Messungen

Die Ermittlung der Zielgrößen eines Versuchs kann auf unterschiedlichem Skalenniveau erfolgen (Tab. 3.5). Das höchste Niveau hat die Verhältnisskala, auf der numerisch mit Angabe des Nullpunktes gemessen wird. Das niedrigste Niveau besitzt die Nominalskala, die lediglich eine kategorielle Einordnung von Beobachtungswerten ermöglicht.

Nominalskala oder Kategorialskala Auf diesem Skalenniveau können nur Aussagen über Gleichheit oder Verschiedenheit getroffen werden. Beispiele hierfür sind die Registrierung, ob ein Baum lebend oder tot ist, welcher Baumart er angehört oder welcher Provenienz er zuzuordnen ist.

Ordinalskala oder Rangskala Auf dieser Skala sind Aussagen über die Rangfolge verschiedener Beobachtungsgrößen möglich, z. B. Unterscheidungen zwischen klein, größer, groß, sehr groß. Beispiele für die Erfassung auf ordinalem Skalenniveau sind die Ansprache von Schadstufen oder die Erfassung von sozialen Baumklassen nach KRAFT (1884) (Abschn. 5.1.1).

Intervallskala Darunter versteht man ein numerisches Skalenniveau ohne absoluten Nullpunkt. Beispiele dafür sind die Messung der Kalenderzeit oder die Messung von Temperatur in Grad Celsius. Auf diesem Skalenniveau sind lediglich Aussagen über die Gleichheit von Differenzen möglich. Wird beispielsweise bei einer Baumart der Frühjahrsaustrieb im Mittel am 10. Mai festgestellt, bei einer anderen Baumart am 20. Mai und bei einer dritten Baumart am 30. Mai, so liegen zwischen den Austriebszeitpunkten der drei genannten Baumarten zwar jeweils zehn Tage. Das berechtigt aber nicht zu der Aussage, daß die Baumart 1 „doppelt so

Tabelle 3.5 Skalenniveaus mit ihrem Prinzip, möglichen Aussagen und Beispielen.

Skalenniveau	Prinzip	mögliche Aussagen	Beispiele
Nominalskala	Kategorien	Gleichheit, Verschiedenheit, lebend/abgestorben	Provenienz, Baumart
Ordinalskala	Ränge	größer/kleiner, Relationen	Schadstufen, soziale Baumklassen
Intervallskala	numerisch ohne Nullpunkt	Gleichheit von Differenzen	Kalenderzeit, Temperatur in Grad Celsius
Verhältnisskala	numerisch mit Nullpunkt	Gleichheit von Verhältnissen	Baumalter, Baumhöhe, Baumdurchmesser

schnell" wie Baumart 2 oder „dreimal so schnell" wie Baumart 3 austreibt, denn die Intervallskala hat keinen absoluten Nullpunkt.

Verhältnisskala Auf der Verhältnisskala, einer numerischen Skala mit absolutem Nullpunkt, sind Aussagen über die Gleichheit von Verhältnissen möglich. Beispielsweise sind die Messungen des Alters in Jahren, der Baumhöhe in Metern oder des Stammdurchmessers in Zentimetern Messungen auf der Verhältnisskala. Ein Baum, der 20 Jahre alt ist, ist doppelt so alt wie ein 10jähriger Baum.

Für die Prüfgrößen in einem Experiment sollte ein möglichst hohes Skalenniveau angestrebt werden. Messungen auf verschiedenen Skalenniveaus sind – z. B. im Rahmen der statistischen Versuchsauswertung – sehr wohl von oben nach unten, nicht aber von unten nach oben transformierbar. Werden beispielsweise im Rahmen der Standortkartierung Bodenparameter differenziert auf Intervall- oder Verhältnisskala angesprochen, dann aber bereits im Rahmen der Kartierung zu einem einzigen rangskalierten Kennwert verdichtet, so daß im Nachhinein nicht mehr rekonstruierbar ist, wie sich diese Zahl aus verschiedenen Teilinformationen zum Standort ergeben hat, so ist das gleichbedeutend mit einem Informationsverlust. Ähnliche Informationsverluste entstehen beispielsweise bei den Waldzustandserhebungen, wenn man die Einzelinformationen über Benadelungsdichte, Verzweigungsform, Benadelungsfarbe usw. bereits im Wald zu einer Schadstufenaussage aggregiert, ohne daß die Detailinformationen über deren Zustandekommen dokumentiert werden. In beiden Fällen ist ein Rückschluß von den verdichteten nominal- oder rangskalierten Kennwerten auf die zugrundeliegenden Kriterien für eine Differentialdiagnose von Interesse, retrospektiv aber nicht mehr möglich.

3.4 Klassische Versuchsanlagen

Die Versuchsfrage und ihre vier Teilfragen (vgl. Abschn. 3.3.1) bestimmen die Wahl der Versuchsanlage. Tabelle 3.6 enthält die für ertragskundliche Versuche wichtigsten Anlageschemata. Je nachdem, ob die Wirkung von einem, zwei oder mehreren Versuchsfaktoren auf das Waldwachstum geprüft werden soll, resultieren ein-, zwei- oder mehrfaktorielle Versuchsanlagen. Die gewünschte Genauigkeit, mit der die gestellte Frage beantwortet werden soll, bestimmt die Anzahl der Wiederholungen. Der mit der Anzahl von Wiederholungen steigende Flächenbedarf wirft bei Freilandversuchen das Problem der Standortinhomogenität auf. Während unter homogenen Standortbedingungen randomisierte Anlagen empfehlenswert sind, können auf inhomogenen Standorten systematische Fehlerquellen in eine oder mehrere Richtungen durch Block-Anlagen bzw. Lateinische Quadrate ausgeschaltet werden. Die Gültigkeit einer Versuchsaussage nimmt von Einzelversuchen zu Streuversuchen und Versuchsreihen zu. Empfehlungen für die forstwirtschaftliche Praxis lassen sich aus ertragskundlichen Freilandversuchen vor

Tabelle 3.6 Wichtige Versuchsanlagen der Waldwachstumsforschung im Freiland. Entscheidend für die Wahl der am besten geeigneten Anlage sind die Anzahl der zu untersuchenden Versuchsfaktoren und die Variation der Standortbedingungen.

Standort	Versuchsfragen	
	einfaktoriell	mehrfaktoriell
homogen	randomisierte Anlagen	randomisierte Anlagen
inhomogen	einfaktorielle Block-Anlagen Lateinische Quadrate	mehrfaktorielle Block-Anlagen mehrfaktorielle Lateinische Quadrate und Rechtecke Spalt- und Streifen-Anlagen Streuversuche, Versuchsreihen

allem dann ableiten, wenn die Versuche auf unterschiedlichen Standorten wiederholt und über lange Zeiträume hinweg aufgenommen werden. Deshalb besitzen Streuversuche und Versuchsreihen eine besonders große praktische Relevanz.

Abweichungen von einer randomisierten Zuordnung der Behandlungsvarianten zu den Parzellen sind für forstwissenschaftliche Freilandversuche besonders charakteristisch. Zur Ausschaltung systematischer Fehlerquellen werden häufig Block-Anlagen oder Lateinische Quadrate und zur Erleichterung der technischen Realisierbarkeit Spalt- oder Streifen-Anlagen gewählt. Der große Flächenbedarf zur Erfassung einer Bestandesentwicklung, die lange Beobachtungsdauer bis zur Gewinnung abgesicherter Aussagen, der hohe technische Aufwand und die große biologische Variabilität bei Freilandversuchen resultieren in Versuchsanlagen, die sich von denen anderer naturwissenschaftlicher Disziplinen durch eine besonders breite räumliche Streuung der Versuche und lange zeitliche Kontinuität der Versuchsführung mit entsprechend hohem Aufwand abheben.

3.4.1 Einfaktorielle Anlagen

Ältere Beispiele für einfaktorielle Versuchsanlagen sind die in der Initialphase des Ertragskundlichen Versuchswesens im 19. Jahrhundert angelegten und in vielen Fällen bis heute beobachteten dreigliedrigen Durchforstungsversuche (Bildtafeln 4–6). Sie prüfen die Wirkung schwacher, mäßiger und starker Durchforstungseingriffe (A-, B- und C-Grad) auf das Bestandeswachstum (vgl. Abschn. 5.1.2). Jüngere Beispiele sind Stickstoffsteigerungs-, Pflanzverbands- und Provenienzversuche, bei denen ebenfalls der Effekt nur eines Faktors auf das Wachstum untersucht wird (Bildtafeln 10, 14, 15 und 18).

3.4.1.1 Vollständig randomisierte Anlage

Die Verteilung der Behandlungsvarianten auf die ausgeschiedenen Parzellen sollte objektiv und ohne systematischen Fehler erfolgen. Eine zufällige Verteilung des Versuchsfehlers auf die Behandlungsvarianten ist bei Freilandversuchen aber nur schwer herstellbar, weil mit zunehmendem Flächenverbrauch die Wahrscheinlichkeit einer Standortheterogenität innerhalb des Versuchsareals zunimmt. Als exogener Faktor kann der Standorteinfluß dann bei der Verteilung der Behandlungen auf die Parzellen unter Umständen sogar die zu prüfenden Behandlungseffekte überlagern oder verzerrt widerspiegeln. Soll beispielsweise auf einem standörtlich inhomogenen Versuchsareal ein 16 Parzellen umfassender Durchforstungsversuch mit vier Behandlungsvarianten und vier Wiederholungen angelegt werden (4 × 4 = 16 Parzellen), so bieten sich verschiedene Verfahren für die Zuordnung der Behandlungsvarianten an. Die von Westen nach Osten zunehmende Punktdichte steht in Abbildung 3.9 für eine graduelle Verbesserung der Standortqualität innerhalb des Versuchsareals. Ein erstes Verfahren besteht in der zufälligen Verteilung der Behandlungsvarianten auf die Parzellen mit Hilfe von Losverfahren oder Zufallszahlen (Abb. 3.9 a).

Beim Losverfahren fertigt man so viele Lose, wie der Versuch Versuchseinheiten besitzt, und beschriftet diese mit entsprechend oft wiederholten Behandlungsvarianten (Beschriftung der Lose: 1, 1, 1, 1, 2, 2, 2, 2, 3, 3, 3, 3, 4, 4, 4, 4). Für jede Parzelle, beginnend beispielsweise im Nordwesten und endend im Südosten des Versuchsareals, erfolgt nun eine Ziehung ohne Zurücklegen. Der jeweiligen Parzelle wird dann die auf dem Los verzeichnete Behandlungsvariante zugeordnet.

Bei der Verwendung von Zufallszahlen numeriert man die Parzellen zunächst fortlaufend, in unserem Beispiel im Nordwesten mit 1 beginnend und im Südosten mit 16 endend. Aus Zufallszahlentabellen oder Zufallszahlengeneratoren werden dann Reihen von Zufallszahlen entnommen. Eine von vielen Möglichkeiten der Zuordnung der Behandlungsvarianten auf die Parzellen besteht nun darin, die ersten vier gezogenen Zufallszahlen, die zwischen 1 und 16 liegen, mit den Parzellennummern gleichzusetzen, denen die Behandlungsvariante 1 zugeordnet wird (in unserem Bei-

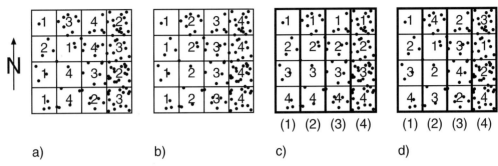

Abbildung 3.9 a–d Verschiedene Möglichkeiten der Zuordnung von Behandlungsvarianten (Varianten 1, 2, 3 und 4) bei vierfacher Wiederholung auf inhomogenem Standort. Die Verbesserung der Standortbedingungen von Westen nach Osten wird durch die Zunahme der Punktdichte angezeigt. **(a)** vollständig randomisierte Zuordnung; **(b)** systematische Zuordnung der Behandlungsvarianten; **(c)** Blockbildung mit systematischer Zuordnung innerhalb der Blöcke (1) bis (4); **(d)** Blockbildung mit zufälliger Zuordnung der Behandlungsvarianten auf die Parzellen innerhalb der Blöcke (1) bis (4).

spiel Parzellen 1, 6, 9 und 13). Die nächsten vier Zufallszahlen, die zwischen 1 und 16 liegen, werden mit den Parzellen gleichgesetzt, denen die Behandlungsvariante 2 zugeordnet wird (Parzellen 4, 5, 12 und 15) usw. Bereits vergebene Zufallszahlen bzw. Parzellennummern werden übersprungen, ebenso Zufallszahlen die nicht zwischen 1 und 16 liegen. Eine solche Randomisation birgt die Gefahr, daß die Behandlungsvarianten nicht repräsentativ über das Versuchsareal verteilt sind und hierdurch die Versuchsaussagen verfälscht werden. In unserem Beispiel konzentriert sich die Faktorenstufe 1 auf den westlich gelegenen, standörtlich benachteiligten Teil des Areals, so daß hier von vornherein ein systematischer negativer Fehler zu erwarten ist (Abb. 3.9a). Eine systematische Zuordnung der Behandlungsvarianten auf die Parzellen, die in dem in Abbildung 3.9b dargestellten Plan resultiert, würde den Fehler weiter verstärken.

3.4.1.2 Block-Anlage

Blockbildung zielt auf die Ausschaltung systematischer exogener Störfaktoren, die nicht Gegenstand der Prüfung sein sollen. In Freilandversuchen geht es zumeist um die Ausschaltung von Standortunterschieden. Die Blöcke werden so angelegt, daß die Standortvariation innerhalb der Blöcke möglichst gering ist und soweit wie möglich zwischen die Blöcke verlagert wird. Bei der anschließenden varianzanalytischen Auswertung, die die Variation aufgrund der Behandlung der zufälligen Variation gegenüberstellt, kann die Reststreuung durch die Blockbildung wirkungsvoll gemindert werden, was die Versuchsempfindlichkeit erhöht (Abschn. 3.3.4.2 und 3.3.4.3).

In unserem Beispiel (Abb. 3.9c) kann die Blockbildung von Westen nach Osten vorgehend, durch Zusammenfassung von jeweils vier in Spalten angeordneten und deshalb etwa standortgleichen Parzellen erfolgen. Werden die vier Faktorenstufen innerhalb der Blöcke (1) bis (4) aber systematisch angeordnet, so birgt das wiederum die Gefahr einseitiger Fehler, weil die Faktorenstufe 1 nur im Norden, Stufe 4 nur im Süden der Blöcke vertreten ist. Kombiniert man hingegen eine gezielte Blockung der Parzellen mit einer zufälligen Verteilung der Behandlungsvarianten innerhalb der Blöcke (Abb. 3.9d), so werden Standortunterschiede zwischen den Blöcken bestmöglich ausgeschaltet, systematische Verzerrungen innerhalb der Blöcke durch Randomisation vermieden.

Praktisches Beispiel für eine Block-Anlage ist der Kiefern-Pflanzverbands- und Behandlungsversuch Weiden 611 (vgl. Abb. 3.2). Dieser Versuch umfaßt den Pflanzverband in vier Faktorenstufen und die Eingriffsstärke in drei Faktorenstufen. Diese 12 Behandlungsvarianten sind in Blöcken zweifach wiederholt, um im Versuchsareal vorhandene Standortunterschiede auszuschalten. Unterschieden werden der standörtlich benachteiligte Block 1 im Nordosten der Fläche, bestehend aus 12 Parzellen, und der standörtlich bevorteilte Block 2 mit 12 Parzellen im Südwesten.

3.4.1.3 Lateinisches Quadrat

Während Block-Anlagen für die Eliminierung von Standortgradienten in einer Richtung geeignet sind, schalten Lateinische Quadrate systematische Standortunterschiede in zwei Richtungen durch zweifache Blockbildung aus.

Beispielhaft nehmen wir an, daß an einem Hang mit gradueller Verbesserung der Nährstoffversorgung von Westen nach Osten und Expositionsunterschieden von Norden nach Süden ein Durchforstungsversuch mit sechs Durchforstungsvarianten (1, 2, 3, 4, 5 und 6) und sechsfacher Wiederholung angelegt werden soll, weil sich kein geeigneteres Versuchsareal anbietet. In einem solchen Fall können durch Wahl eines 6 × 6-Lateinischen Quadrates die im Versuchsareal vorhandenen Standortunterschiede in gewissem Maße ausgeschaltet werden (Abb. 3.10). Hierzu werden die sechs Behandlungsvarianten mit ihren sechs Wiederholungen repräsentativ über die Fläche verteilt. Ein Lateinisches Quadrat stellt sicher, daß alle Behandlungsvarianten in gleicher Häufigkeit im Norden, Süden, Westen und Osten auftreten, um so systematische Fehler auszuschließen. Ein Lateinisches Quadrat baut sich aus horizontalen Blöcken (Reihen) auf, die einen ersten Gradienten eliminieren, und aus vertikalen Blöcken (Spalten), die einen zweiten Gradienten ausschalten sollen. In unserem Fall besteht ein solches Lateinisches Quadrat aus horizontalen Blöcken, die den Expositionsgradienten ausschalten, und aus vertikalen Blöcken, die dem Nährstoffgradienten begegnen. Indem jede Faktorenstufe in jeder Reihe und Spalte nur einmal vorkommt, werden systematische Fehler vermieden.

Zum Aufbau eines Lateinischen Quadrats werden in einem ersten Schritt die Behandlungen 1–6 systematisch auf die Blöcke verteilt (Abb. 3.11 a). Das erfolgt so, daß die erste Reihe die Behandlungen in der Reihenfolge 1, 2, 3, 4, 5 und 6 repräsentiert, der zweite Block die Behandlung in der Reihenfolge 6, 1, 2, 3, 4 und 5, usw. In einem zweiten Schritt werden die Reihen mit Hilfe von Zufallszahlen oder durch Losverfahren umverteilt (Abb. 3.11 b). Nach diesem Schritt sind die Behandlungen innerhalb der Spalten zufällig angeordnet, aber die Reihen weisen noch immer eine systematische Verteilung auf. Um auch noch die systematische Verteilung innerhalb der Reihen aufzuheben, müssen die Spalten zufällig verteilt werden. In einem dritten Schritt folgt daher eine zufällige Anordnung der Spalten, wiederum durch

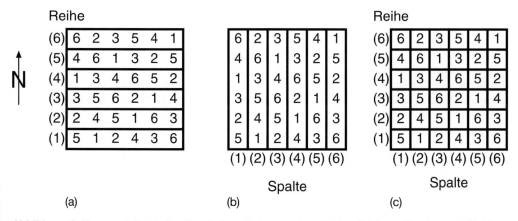

Abbildung 3.10 a–c Lateinische Quadrate schalten systematische Fehlerquellen in zwei Richtungen aus. Horizontale Blöcke (Reihen) und vertikale Blöcke (Spalten) werden so überlagert, daß jede der sechs Behandlungsvarianten in jedem Block genau einmal vorkommt. Dargestellt ist ein 6 × 6-Lateinisches Quadrat.

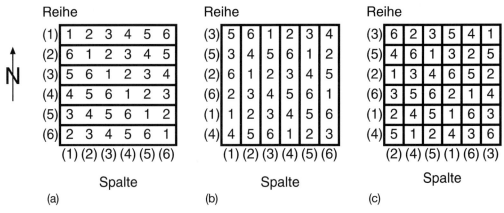

Abbildung 3.11 a–c Entstehung eines 6 × 6-Lateinischen Quadrates in drei Schritten (nach MUDRA, 1958). **(a)** systematische Verteilung der Behandlungsvarianten auf die Parzellen; **(b)** zufällige Umverteilung der Spalten (1) bis (6) mit Hilfe von Zufallszahlen oder Losverfahren; **(c)** zufällige Umverteilung der Reihen mit Hilfe von Zufallszahlen oder Losverfahren.

Zufallszahlen oder Losverfahren (Abb. 3.11 c). Man erhält dann eine sowohl innerhalb der Reihen als auch innerhalb der Spalten zufällige Anordnung der Behandlungsvarianten, bei der jede Behandlungsvariante pro Reihe und Spalte genau einmal auftritt.

3.4.2 Zwei- und mehrfaktorielle Anlagen

Diese für die Ertragsforschung besonders wichtigen Versuchsanlagen prüfen die Wirkung von zwei oder mehreren Versuchsfaktoren auf das Wachstum von Einzelbäumen oder Beständen. Beispiele für zweifaktorielle Anlagen bilden Pflanzverbands-Durchforstungs-Versuche, Düngungs-Durchforstungs-Versuche oder Mischungs-Durchforstungs-Versuche (Bildtafeln 12 und 14). Bei Pflanzverbands-Durchforstungs-Versuchen wird in ein und demselben Versuch der Effekt des Pflanzverbandes (Faktor 1) und der Durchforstung (Faktor 2) auf das Bestandeswachstum geprüft. Faktor 1 und Faktor 2 sind in mehreren Stufen ausgeprägt (variierende Pflanzverbände bzw. Eingriffsstärken) und je nach Genauigkeitsanforderung mehrfach wiederholt. Der Vorteil einer Prüfung mehrerer Faktoren in einem Versuch gegenüber einer isolierten Prüfung der Faktoren in gesonderten Versuchen besteht darin, daß mehrfaktorielle Versuche Aussagen über die Haupt- und Wechselwirkungen (Abschn. 3.4.2.3) der Faktoren erbringen. Von einem kombinierten Pflanzverbands-Durchforstungs-Versuch erhofft man sich

- erstens Aussagen zur Wirkung des Pflanzverbandes auf die Bestandesentwicklung,
- zweitens zum Effekt unterschiedlicher Durchforstungsregime auf die Bestandesentwicklung und
- drittens Informationen über die Wechselwirkungen zwischen Pflanzverband und Durchforstung.

Bei der varianzanalytischen Auswertung werden also sowohl die Wirkung der Hauptfaktoren (Faktoren 1 und 2) als auch ihre Wechselwirkungen (Kombinationswirkung der Faktoren 1 und 2) auf die Prüfgröße untersucht.

Moderne Waldbauverfahren kombinieren zumeist unterschiedliche Steuerungsmaßnahmen (Durchforstung, Astung, Düngung, Bodenbearbeitung) miteinander, so daß entsprechende Entscheidungshilfen auch nur von mehrfaktoriellen Versuchen zu erwarten sind. Eine Begrenzung haben mehrfaktorielle Versuche vor allem darin, daß die Anzahl der erforderlichen Parzellen mit Zunahme der Faktoren, Faktorenstufen und Wiederholungen multiplikativ zunimmt. Ein zweifaktorieller Versuch, in welchem fünf unterschiedliche Ausgangsverbände und vier Durchforstungsregime jeweils in fünffacher Wiederholung geprüft werden sollen, benötigt bereits 5 × 4 × 5 = 100 Parzellen. Mehrfaktorielle Versuche laufen zumeist auf Block-Anlagen hinaus, weil ihr großer Meßflächenbedarf zur Tolerierung oder versuchstechnischen Bewältigung von Standortinhomogenitäten zwingt.

3.4.2.1 Mehrfaktorielle Block-Anlage

Abbildung 3.12 veranschaulicht zweifaktorielle Block-Anlagen, in denen der erste Faktor in zwei Stufen, der zweite Faktor in vier Stufen untersucht wird (2 × 4-Versuch) und vier bzw. drei Wiederholungen ausgebildet sind. Konvention für die Bezeichnung der Behandlungsvarianten ist, daß die erste Ziffer die Stufe des ersten Faktors und die zweite Ziffer die Stufe des zweiten Faktors bezeichnet usw. In einem zweifaktoriellen Versuch bedeutet die Angabe 24 also, daß die damit bezeichnete Parzelle hinsichtlich Faktor 1 die zweite Faktorstufe und hinsichtlich Faktor 2 die vierte Faktorstufe prüft. Im ersten Beispiel (Abb. 3.12 a) wird die von Westen nach Osten besser werdende Standortqualität durch Bildung der Blöcke (1) bis (4) ausgeschaltet. Auf die im zweiten Beispiel (Abb. 3.12 b) von Norden und Süden in Richtung auf die Mittelachse des Versuchsareals gegebene standörtliche Verbesserung wird mit Ausscheidung von drei Blöcken reagiert. Jeweils 2 × 4 = 8 Parzellen innerhalb eines Blockes repräsentieren alle zu prüfenden Behandlungsvarianten, wobei diese innerhalb des Blockes zufällig angeordnet werden. Die Blöcke, bezeichnet mit (1) bis (4) bzw. (1) bis (3), sind so angeordnet, daß innerhalb der Blöcke möglichst homogene Standortbedingungen herrschen, während sich diese zwischen den Blöcken aufgrund deren Anord-

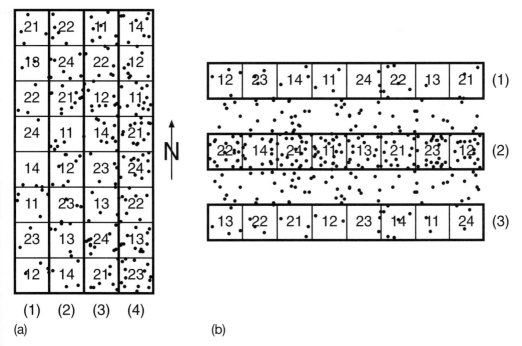

Abbildung 3.12 a, b Schemata für zweifaktorielle Versuche in Blockanlage bei systematischem Standortgradienten. **(a)** Die Wuchsbedingungen verbessern sich von Block (1) zu Block (4). In den Blöcken (1) bis (4) sind jeweils alle acht Faktorenkombinationen (11, 12, 13, ..., 23, 24) vertreten. **(b)** Auf die standörtliche Verbesserung von der Peripherie in Richtung auf die Mittelachse des Versuchsareals wird mit der Einrichtung der horizontalen Blöcke (1), (2) und (3) reagiert. Innerhalb der Blöcke erfolgt die Zuordnung der acht Faktorenkombinationen auf die Parzellen zufällig.

nung im rechten Winkel zum Standortgradienten deutlich unterscheiden.

3.4.2.2 Mehrfaktorielles Lateinisches Quadrat und Rechteck

Ähnlich wie bei einfaktoriellen Lateinischen Anlageschemata umfassen die Reihen und Spalten mehrfaktorieller Lateinischer Quadrate und Lateinischer Rechtecke jeweils genau eine Wiederholung der Behandlungskombination, was durch eine entsprechende Vorgehensweise bei der Entwicklung des Anlageschemas sichergestellt werden kann. Quadratische Anlageschemata entstehen nur dann, wenn die Anzahl der Behandlungsvarianten, also die Anzahl möglicher Kombinationen der Faktorenstufen, mit der Anzahl der Wiederholungen übereinstimmt. Abbildung 3.13a zeigt ein zweifaktorielles Lateinisches Quadrat mit vier Stufenkombinationen (11, 12, 21, 22) und vier Wiederholungen. Es schaltet systematische Fehlerquellen, die durch Standortgradienten von Nord nach Süd und Ost nach West bedingt sein können, bestmöglich aus.

Mehrfaktorielle Rechtecke sind demgegenüber flexibler, weil die Anzahl der Faktorenstufen und der Umfang der Wiederholungen beliebig wählbar sind. In jeder Reihe und jeder Spalte sind alle möglichen Faktorenstufen zufällig angeordnet und genau einmal vertreten. Abbildung 3.13b zeigt ein 2 × 4-Lateinisches Rechteck mit vier Wiederholungen. Das Produkt aus der Stufenzahl des ersten und zweiten Faktors und der Anzahl von Wiederholungen 2 × 4 × 4 = 32 erbringt die erforderliche Parzellenanzahl. Wieder wird einseitigen Fehlern infolge von Standortheterogenität im Versuchsareal (vgl. Abschn. 3.4.1.3) durch Anlage vertikaler bzw. horizontaler Blöcke entgegengewirkt. Diese zielen auf eine Ausschaltung des Einflusses von horizontal bzw. vertikal ausgerichteten Standortgradienten.

3.4.2.3 Wechselwirkungseffekte

Häufig sind gerade die Wechselwirkungen zwischen zwei Faktoren von vorrangigem Interesse, während die Hauptwirkungen, beispielsweise die isolierte Wirkung von Düngung und Durchforstung auf die Wuchsleistung, bekannt ist. Das Vorhandensein und die Stärke von Wechselwirkungen zwischen zwei oder mehreren Faktoren ist erkennbar an dem Einfluß, den die Stufen der untersuchten Faktoren auf den Zellenmittelwert der Faktorenkombination ausüben.

Abbildung 3.14a zeigt in schematischer Darstellung die Wirkung von Düngung (Faktor 1, Faktorenstufen 0, N, NPK) und der Durchforstung (Faktor 2, Faktorenstufen Grundflächenhaltung 100, 85, 70 und 55%) auf die Gesamtwuchsleistung (GWL). Die Faktorenstufen 0, N, NPK stehen für ungedüngte Variante (Referenzfläche), Stickstoffdüngung bzw. Stick-

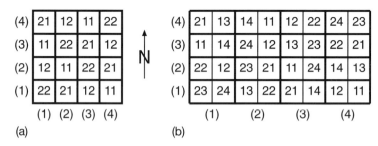

Abbildung 3.13a, b Schema eines 4 × 4-zweifaktoriellen Lateinischen Quadrates und eines 2 × 4-Lateinischen Rechtecks mit vier Wiederholungen. **(a)** Mehrfaktorielle Lateinische Quadrate werden nur möglich, wenn die Anzahl der Faktorenkombinationen mit der Anzahl der Wiederholungen übereinstimmt. Im Beispiel sind vier Faktorenkombinationen (11, 12, 21, 22) und vier Reihen bzw. Spalten angelegt. **(b)** Lateinisches Rechteck für die systematische Fehlerausschaltung in zwei Richtungen. In jeder Reihe und Spalte sind die Faktorenkombinationen 11, 12, 13, 14, 21, 22, 23 und 24 vertreten.

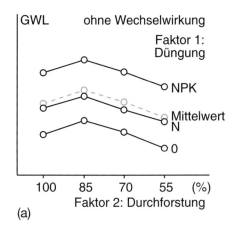 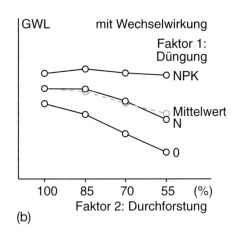

Abbildung 3.14 a, b Reaktion der Gesamtwuchsleistung in einem zweifaktoriellen Versuch. Faktor 1: Düngung mit den Faktorenstufen 0, N, NPK; Faktor 2: Durchforstung mit den Faktorenstufen Grundflächenhaltung 100, 85, 70 und 55%. **(a)** ohne und **(b)** mit Wechselwirkungseffekt. Der Grad der Nichtparallelität der Streckenzüge, die sich durch Verbindung der Zellenmittelwerte ergeben, macht Wechselwirkungseffekte sichtbar (nach Pruscha, 1989, S. 131).

stoff-Phosphor-Kalium-Düngung. Sowohl die zusammenfassende Betrachtung über alle drei Düngungsvarianten (gebrochene Linie) als auch die isolierte Betrachtung der Düngungsvarianten 0, N und NPK (ausgezogene Linien) erbringen, über der Grundflächenhaltung dargestellt, eine Optimumkurve. Bei mäßigen Eingriffen (Absenkung der Grundfläche von 100% auf 85%) steigt die Gesamtwuchsleistung, unabhängig von der Düngung, zunächst an, sinkt dann aber mit zunehmender Eingriffsstärke ab. Dieses Reaktionsmuster auf den Durchforstungseingriff beobachten wir gleichgerichtet bei allen Düngungsvarianten; die Streckenzüge verlaufen deshalb parallel und lassen keine Wechselwirkungen zwischen Düngung und Durchforstung erkennen.

Im zweiten Beispiel wird eine positive Wechselwirkung zwischen Durchforstung und Düngung sichtbar (Abb. 3.14 b). Während das Wachstum auf den ungedüngten Parzellen mit der Eingriffsstärke rückläufig ist, fängt eine NPK-Düngung die eingriffsbedingte Wachstumsminderung weitgehend auf.

Die Wechselwirkungen zwischen zwei oder mehreren Faktoren bezeichnen wir als positiv/negativ/Null, wenn die Faktoren auf einer oder mehreren Stufenkombinationen einen höheren/geringeren/den gleichen Einfluß auf den Zellenmittelwert haben, als die Summe der beiden Einzeleinflüsse der Faktoren 1 und 2. Erkennbar werden Vorhandensein und Stärke der Wechselwirkungen durch den Grad der Nicht-Parallelität der Streckenzüge, die sich bei Verbindung der Stufenmittel von Faktor 1, aufgetragen über Faktor 2, ergeben (Abb. 3.14).

3.4.3 Spalt- und Streifen-Anlage

Spalt- und Streifen-Anlage werden dann gewählt, wenn einer oder mehrere der Versuchsfaktoren aus forsttechnischen oder waldbaulichen Gründen nicht oder nur mit unvertretbar hohem Aufwand parzellenweise hergestellt werden können. Das ist z. B. bei dem in Abbildung 3.15 dargestellten Buchen-Voranbau-Versuch unter einem Altbestand aus Kiefern der Fall. Der Versuch soll prüfen, wie sich unterschiedliche Beschirmungsgrade (Faktor 1: Beschirmungsgrade 0,4, 0,6, 0,8 und 1,0) des Kiefernaltbestandes und unterschiedliche Pflanzverbände der vorangebauten Buche (Faktor 2: 1,0 m × 1,5 m, 1,0 m × 2,0 m und 1,0 m × 3,0 m) auf das Wuchsverhalten der

Buche unter einem Kiefernschirm auswirken. Eine zufällige Zuordnung der Beschirmungsgrade auf die Parzellen, wie sie in Abbildung 3.15 a dargestellt ist, wäre aufgrund des hohen Flächenbedarfes, der Randwirkung und des komplizierten Eingriffsmusters bei künftigen Nachlichtungen kaum praktikabel. Deshalb werden die Faktorenstufen des Beschirmungsgrades nicht zufällig, sondern in Spalten oder Streifen angeordnet (Abb. 3.15 b).

Ähnlich wie die Schirmstellung können auch Beregnung, Bodenbearbeitung, Düngung oder Entwässerung als Versuchsfaktoren eine großflächigere Vorgehensweise erfordern. Neben diesen technischen Argumenten können auch Genauigkeitsüberlegungen für Spalt- oder Streifen-Anlagen sprechen. Denn solche Anlagen bewirken, daß ein Faktor mit höherer Genauigkeit geprüft wird, als ein zweiter oder dritter.

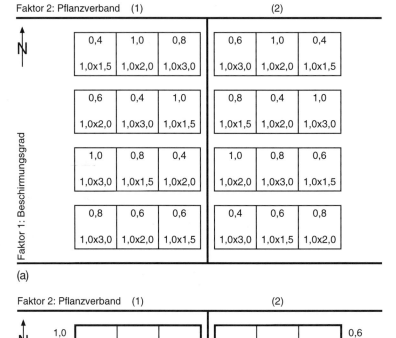

Abbildung 3.15 a, b Zweifaktorieller Versuch zur Prüfung der Kombinationswirkung von Beschirmungsgrad (Faktorenstufen: 0,4, 0,6 0,8, und 1,0) und Pflanzverband (Faktorenstufen: 1,0 m × 1,5 m, 1,0 m × 2,0 m und 1,0 m × 3,0 m) auf das Wachstum von Buchen-Voranbau unter einem Kiefern-Altholzschirm. Um systematische Fehlerquellen auszuschließen, erfolgt die Wiederholung in den Blöcken (1) und (2). **(a)** vollständig randomisierte Zuordnung der Behandlungen auf die Parzellen; **(b)** Spaltanlage, in der sich die Haupteinheit aus größeren Parzellen mit gleichem Beschirmungsgrad aufbaut, die Untereinheit aus kleineren Parzellen mit definiertem Beschirmungsgrad und Pflanzverband.

3.4 Klassische Versuchsanlagen

Spalt-Anlage

Bei der im Ertragskundlichen Versuchswesen weit verbreiteten zweifaktoriellen Spalt-Anlage oder Split-plot-Anlage wird ein Faktor über Großparzellen (Haupteinheit) erfaßt. Für die Prüfung des zweiten Faktors wird die Großparzelle so in Kleinparzellen (Untereinheiten) aufgespalten, daß sämtliche Stufen des zweiten Faktors in einer Großparzelle randomisiert vertreten sind. In unserer 4 × 3-Spalt-Anlage mit zwei Wiederholungen (Abb. 3.15b) werden die Faktorenstufen Beschirmungsgrad (0,4, 0,6, 0,8 und 1,0) auf Großparzellen als Haupteinheiten (dreigliedrige Einheiten mit fett ausgezogenem Rahmen) hergestellt, um den Flächenverbrauch, der sonst zur Minderung des Randeffektes entstehen würde, in Grenzen zu halten. Außerdem wird von einer starken Wirkung des Beschirmungsgrades auf das Wachstum der vorangebauten Buche ausgegangen (starke Wirkung), so daß zwei Wiederholungen für die Erfassung des Beschirmungseffektes ausreichend erscheinen. Weil unterschiedliche Pflanzverbände (Faktor 2: 1,0 m × 1,5 m, 1,0 m × 2,0 m und 1,0 m × 3,0 m) auch kleinflächig einfach zu realisieren sind und ihr Effekt auf das Wachstum der Buche weniger bekannt ist, wird dieser Faktor über Untereinheiten mit achtfacher Wiederholung, also mit größerer Genauigkeit, erfaßt. Die entscheidenden Vorteile einer Spalt-Anlage (Abb. 3.15b) gegenüber der vollständig randomisierten Anlage (Abb. 3.15a) bestehen in ihrer leichteren technischen Realisierbarkeit, dem geringeren Flächenverbrauch und der auf die Versuchsfrage besser abstimmbaren Anzahl von Wiederholungen der Stufen von Faktor 1 gegenüber denen von Faktor 2.

Bei der varianzanalytischen Auswertung von Spalt-Anlagen interessieren die Varianzkomponenten der Haupteinheit (Faktor 1), der Untereinheiten (Faktor 2) und der Wechselwirkungen zwischen den Faktoren 1 und 2. Systematische Fehlerquellen werden durch Blockbildung eliminiert, so daß der Restfehler wiederum als Referenz für die Prüfung der Signifikanz der Faktoren 1, 2 und der Wechselwirkungen zwischen den Faktoren 1 und 2 eingesetzt wird. Im vorliegenden Beispiel (Abb. 3.15b) lägen beispielsweise Wechselwirkungen zwischen den Faktoren 1 und 2 vor, wenn das Durchmesserwachstum der vorangebauten Buche mit zunehmendem Pflanzverband nicht unabhängig vom Beschirmungsgrad ansteigt, sondern wenn dieser Anstieg beispielsweise bei niedrigeren Beschirmungsgraden steiler ausgeprägt ist als bei hohen Beschirmungsgraden. Das wäre gleichbedeutend damit, daß sich die Stufen des Faktors 2 (Pflanzverband) auf das Wachstum der vorangebauten Buche anders auswirken, wenn zusätzlich der Faktor 1 (Beschirmungsgrad) auf sie einwirkt.

Streifen-Anlage

Können in einem zwei- oder mehrfaktoriellen Versuch die Versuchsfaktoren nur auf Großparzellen untersucht werden, so läuft das auf eine Streifen-Anlage hinaus. Abbildung 3.16 zeigt eine 4 × 3-Streifen-Anlage in zweifacher Wiederholung durch Blockbildung. Die Stufen der Faktoren 1 und 2 werden so den Parzellen zugeordnet, daß sie in horizontalen und vertikalen Streifen angeordnet sind. Hierdurch wird die Randomisation noch stärker eingeschränkt, als bei der Spalt-Anlage, in welcher zumindest innerhalb der Haupteinheiten eine zufällige Zuordnung der Untereinheiten er-

41	42	43
31	32	33
21	22	23
11	12	13

(a) (1)

32	12	22	42
31	11	21	41
33	13	23	43

(b) (2)

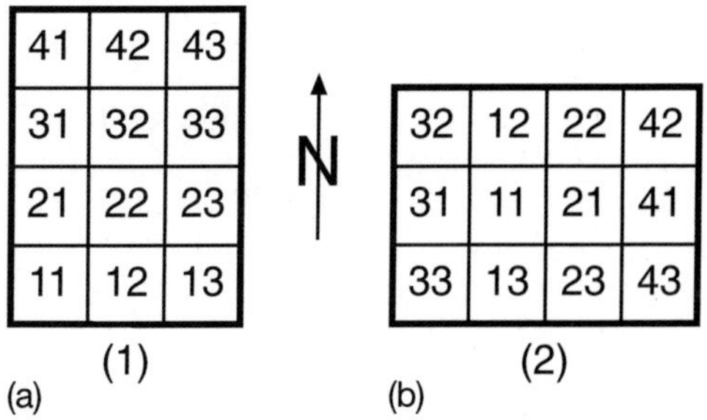

Abbildung 3.16 a, b Zweifaktorielle Streifen-Anlage mit zweifacher Wiederholung durch Blockbildung. Zur Erleichterung der praktischen Realisierung der Versuchsanlage sind die Parzellen mit gleichen Faktorenstufen in Streifen angeordnet, die von Westen nach Osten bzw. Norden nach Süden verlaufen.

folgte. Wäre beispielsweise Faktor 1 der Pflanzverband und Faktor 2 die Bodenbearbeitung, so könnte die Pflanzung in den Blöcken (1) und (2) in horizontalen bzw. vertikalen Streifen erfolgen und die Bodenbearbeitung ebenfalls in großflächigen Streifen, die senkrecht dazu verlaufen, ausgeführt werden. Hierdurch könnten der Maschineneinsatz erheblich erleichtert, Schäden und Fehlerquellen vermieden und die Faktoren 1 und 2 mit gleicher Genauigkeit geprüft werden. Für die Auswertung einer solchen Streifen-Anlage bietet sich die zweifaktorielle Varianzanalyse mit zwei Hauptfaktoren und Prüfung auf Wechselwirkungen an (BÄTZ et al., 1972; MUDRA, 1958; RASCH et al., 1973).

3.4.4 Versuchsreihen und Streuversuche

Einzelversuche nach den bisher besprochenen Anlageschemata haben aufgrund der nur lokalen Gültigkeit ihrer Ergebnisse eine begrenzte praktische Relevanz. Freilandversuche der Waldwachstumsforschung zielen jedoch in der Regel auf verallgemeinerbare Empfehlungen. Werden beispielsweise im Rahmen eines Provenienzversuches auf ausgewähltem Standort die quantitative Wuchsleistung, die qualitativen Erträge und die Resistenzeigenschaften verschiedener Provenienzen einer Wirtschaftsbaumart im Einzelversuch auch noch so genau untersucht, so können daraus allenfalls örtlich eng begrenzte Empfehlungen für die Herkunftswahl abgeleitet werden. Verallgemeinerbare Aussagen über Eigenschaften von Provenienzen in Abhängigkeit von Umweltbedingungen und Empfehlungen für die Wahl der am besten geeigneten Herkünfte erfordern Wiederholungen auf unterschiedlichen Standorten und Wiederholungsaufnahmen über mehrere Jahrzehnte (SCHOBER, 1961). Deshalb wurde seit den Anfängen des Forstlichen Versuchswesens ertragskundlichen Fragestellungen, wie dem Zusammenhang zwischen Herkunftswahl und Wachstum, Durchforstung und Wachstum oder Bestandesbegründung und Jugendwachstum durch Anlage von Versuchsreihen oder Streuversuchen nachgegangen. Solche Versuchsanlagen wiederholen zu prüfende Behandlungsvarianten auf unterschiedlichen Standorten.

Versuchsanlagen mit mehr als einer Wiederholung pro Versuchsstandort bezeichnen wir als Versuchsreihen. Wird pro Versuchsstandort nur eine Wiederholung realisiert, so sprechen wir von Streuversuchen (Abb. 3.17). Sind Versuchsreihen und Streuversuche in der Vergangenheit zumeist allmählich durch Ausbau regionaler und großregionaler Versuchsflächennetze gewachsen, so wurden in den zurückliegenden zwei bis drei Jahrzehnten viele Versuchsreihen von Beginn an national oder international mit Wiederholungen über ein breites Spektrum von Standortbedingungen konzipiert. Beispiele hierfür bilden von der IUFRO koordinierte Provenienz-, Standraum- und Durchforstungsversuche mit Fichte *Picea* spec., Lärche *Larix* spec. oder Douglasie *Pseudotsuga* spec. (Bildtafeln 10 und 12).

Bei der Planung solcher regional oder großregional angelegter Versuche ist zu ent-

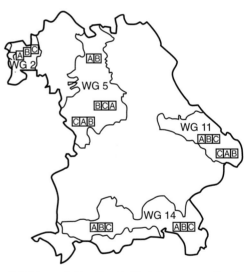

Abbildung 3.17 Durch Einrichtung von Durchforstungsversuchen mit gleichen Faktorenstufen (z. B. A-, B- und C-Grad) in unterschiedlichen Wuchsgebieten entstehen Streuversuche. Sie können als zweifaktorielle Versuche mit den Faktoren Behandlung und Standort aufgefaßt werden. Beispiele hierfür sind die klassischen dreigliedrigen Durchforstungsversuche des Ertragskundlichen Versuchswesens.

scheiden, welches Konzept für die Beantwortung einer Versuchsfrage besser geeignet ist:
- die Auswahl weniger Versuchsstandorte, an denen die zu untersuchende Frage genau, also mit vielen Wiederholungen, untersucht wird, oder
- die Auswahl von vielen Versuchsstandorten, an denen nur wenige oder eine Wiederholung beobachtet werden.

Die Vorgehensweise hängt von der interessierenden Prüfgröße ab. Beispielsweise wird man bei der Untersuchung des Wuchsverhaltens unterschiedlicher Provenienzen auf verschiedenen Standorten in besonderem Maße an einer breiten Streuung des Versuches über verschiedene Standorte interessiert sein, denn in diesem Fall gilt das Interesse primär der Erfassung des Wachstums in Abhängigkeit von den Umweltbedingungen. Deshalb ist die Anlage über viele Versuchsstandorte hinweg mit wenigen Wiederholungen pro Versuchsstandort zu empfehlen. Bei einem Durchforstungsversuch ist demgegenüber davon auszugehen, daß in erster Linie Art, Stärke und Turnus der Eingriffe das Wachstum determinieren und daß die Variation der Durchforstungsreaktionen von Versuchsstandort zu Versuchsstandort eher in den Hintergrund tritt. Deshalb ist in diesem Fall die Anlage von eher wenigen, dafür aber umfangreicheren Versuchen mit mehreren Wiederholungen zu empfehlen.

Mängel bei der Versuchsplanung, der Koordination und der Integration von Forschungsaktivitäten und Forschungsressourcen führten in der Vergangenheit häufig zu intensiven Einzelversuchen mit hohem Detailgrad, aber mangelnder Repräsentativität. Der Vorteil ihrer verallgemeinerbaren Aussagen spricht eindeutig für eine verstärkte Anlage und Auswertung von Versuchsreihen und Streuversuchen. Der besondere Wert des Ertragskundlichen Versuchswesens resultiert gerade daraus, daß es nicht Sammelbecken für isolierte Einzelversuche ist, sondern ein übergreifend auswertbares Netz von langfristig beobachteten Versuchsreihen und Streuversuchen darstellt.

3.5 Spezielle Versuchsanlagen und waldwachstumskundliche Erhebungen

3.5.1 Standraumversuche nach NELDER (1962)

Für die Prüfung des Effektes von Bestandesdichte (Pflanzenzahl/Hektar) und Verbandsform (Quadrat-, Rechteck-, Reihenverband) auf das Baum- und Bestandeswachstum hat NELDER (1962) Anlageschemata entwickelt, bei denen die Behandlungen nicht, wie sonst üblich, auf gesonderten Parzellen realisiert werden. Vielmehr sind die Faktorenstufen von Bestandesdichte und Pflanzverband durch systematische Anordnung der Pflanzen und graduelle Veränderung ihrer Standräume vom Flächenzentrum nach außen auf einer Großparzelle zusammengefaßt (Abb. 3.18).

Die konventionelle Realisierung der Behandlungsvarianten durch zufällige oder geblockte Zuordnung der Behandlungsvarianten auf die Parzellen gewährleistet zwar eine sehr gute Ausschaltung systematischer Fehler. Gerade bei Standraumversuchen verursacht diese klassische Vorgehensweise aber spezifische Nachteile: Werden für alle Behandlungsvarianten dieselben Parzellengrößen vorgesehen, so haben die Parzellen mit engen Verbänden im Vergleich zu denen mit weiten Verbänden eine unnötig hohe Baumanzahl. Werden Parzellen mit gleicher Baumanzahl vorgesehen, so ergibt sich ein Muster unterschiedlicher Parzellengrößen, die in einem Versuchsareal nur schwer unterzubringen sind. In beiden Fällen müssen die Parzellen mit Umfassungsstreifen versehen werden, um Randeffekte zu vermeiden. Hierdurch wird der Flächenverbrauch aber beträchtlich erhöht. Die zufällige Zuordnung der Behandlungsvarianten auf die Parzellen erschwert zudem die waldbautechnische Realisierung (vgl. Abschn. 3.4.3, Übergang zur Spalt- oder Streifen-Anlage).

Werden die Pflanzen nach den von NELDER (1962) ausgeklügelten Schemata systematisch angeordnet, so mindert das den Flächenver-

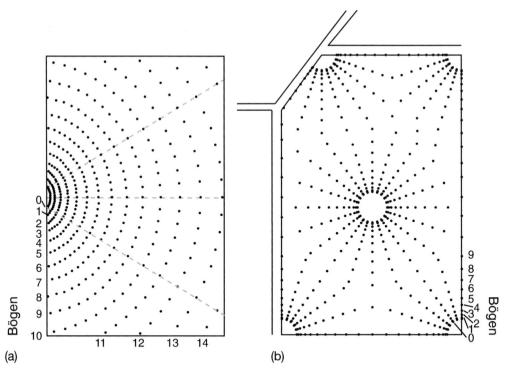

Abbildung 3.18 a, b Mögliche Realisierungen von Standraumversuchen nach NELDER bei vorgegebenen Perimetern. Ausgehend von einem Ursprung werden die Pflanzen so auf Bögen (konzentrischen Kreisen) und auf Speichen (Radien) angeordnet, daß sich ihre Standfläche mit zunehmender Entfernung vom Kreismittelpunkt vergrößert (vgl. NELDER, 1962 und FABER, 1982). **(a)** Anlage als Halbkreis mit einfacher Wiederholung; **(b)** zweifache Wiederholung durch Anlage von einem Vollkreis und vier Viertelkreisen.

brauch, nicht aber die Aussagekraft des Versuches (Abb. 3.19). Ausgehend von einem Ursprung werden die Pflanzen (schwarze Punkte) so auf Bögen (konzentrischen Kreisen) und Speichen (Radien) angeordnet, daß sich:
- ihre Standfläche mit zunehmender Entfernung r vom Ursprung vergrößert (Abb. 3.19 a),
- die Form ihrer Standfläche vom Rechteckverband zum Quadrat- oder Reihenverband wechselt (Abb. 3.19 b) oder
- zugleich Größe und Form der Standfläche verändern (Abb. 3.19 c, d).

Für die Einzelpflanze resultiert eine annähernd rechteckige Standfläche, so daß die Ergebnisse auf die in der Praxis üblichen Verbände übertragen werden können. Mit Ausnahme der inneren und äußeren Reihen werden die Randeffekte gering gehalten, weil die Pflanzen auf einem Bogen immer an solche mit nur geringfügig abweichenden Flächengrößen oder Flächenformen grenzen. Indem alle Pflanzen auf Bögen oder Speichen angeordnet sind, lassen sich die Anlageschemata waldbautechnisch unkompliziert realisieren. Die auf einem Bogen bzw. einer Speiche der Anlageschemata gesammelten Informationen entsprechen einer Wiederholung der dort realisierten Faktorenstufe. Um für eine varianzanalytische Auswertung mehrere Wiederholungen pro Behandlungsvariante zu gewinnen, bietet es sich an, mehrere regelmäßig geformte Parzellen mit identischem Schema zu bepflanzen. Eine solche Wiederholung könnte beispielsweise durch mehrfache Anlage der in Abbildung 3.18 a dargestellten Parzelle erreicht werden. Alternativ ist beispielsweise die in Abbildung 3.18 b dargestellte Anordnung denkbar, die mit

3.5 Spezielle Versuchsanlagen und waldwachstumskundliche Erhebungen

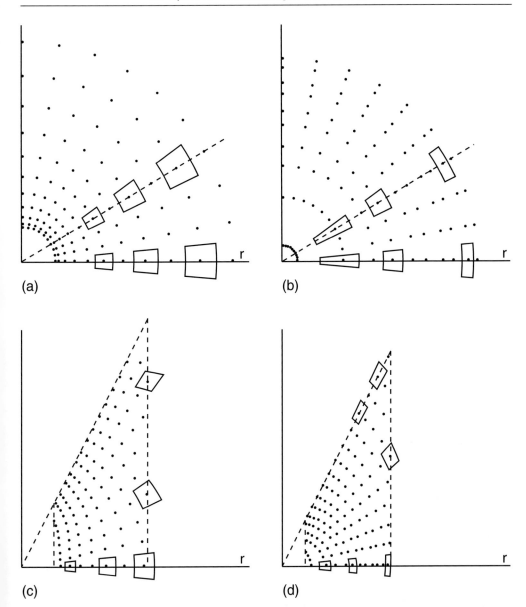

Abbildung 3.19 a–d Vier Anlageschemata für Bestandesdichte- und Pflanzverbandsversuche nach NELDER (1962). Die auf Radien angeordneten Punkte markieren die Baumpositionen. **(a)** Einfaktorielles Anlageschema bei dem die quasi rechteckige oder quadratische Form des Pflanzverbandes konstant bleibt und sich die Standfläche mit zunehmendem Radius vergrößert. **(b)** Einfaktorielles Anlageschema, bei dem die Standfläche konstant bleibt, sich aber die Form der Standfläche mit Zunahme des Radius verändert. **(c) (d)** Zweifaktorielle Anlageschemata, bei denen sich Größe und Form der Standfläche mit zunehmendem Radius verändern.

dem Vollkreis in der Mitte eine erste Wiederholung und der Zusammenfassung, der an den vier Ecken angebrachten Kreissegmente, eine zweite Wiederholung der insgesamt neun Faktorenstufen (Standflächen 1,55–120,48 m^2) erbringt. Das in Abbildung 3.19 a dargestellte Anlageschema hat sich u. a. in den Untersuchungen von FABER (1982, 1985), DIPPEL (1982) und SPELLMANN und NAGEL (1992) praktisch bewährt.

Bei dem gebräuchlichsten und deshalb im folgenden behandelten Anlageschema ist der Winkel α zwischen den Speichen konstant, und die Radien $r_1, r_2, \ldots, r_n$ nehmen in geometrischer Progression

$$r_n = r_0 \cdot a^n \quad (3.34)$$

von $n = 1, 2, \ldots, N$ zu. Dabei sind:
N Gesamtzahl der realisierten Bögen und die Nummer des größten Bogens,
r_0 Radius des Innenkreises, der als Umfassungsstreifen für den ersten Bogen r_1 dient,
a Distanzen zwischen den Bögen, aus denen sich die Abfolge der Standflächen, also die Faktorenstufen, ergeben.

Mit der Wahl von a und α werden die Form und der Wertebereich der zu prüfenden Standflächen (Quadratmeter/Pflanze bzw. Pflanzen/Hektar) festgelegt. Bei gewünschter Anzahl von Faktorenstufen N und den unteren und oberen Rahmenwerten für die Standflächen A_1 bzw. A_N ergibt sich der Inkrementierungsfaktor a in (3.34) nach

$$\ln a = \frac{\ln A_N - \ln A_1}{2N - 2}. \quad (3.35)$$

Um die Radien $r_1, r_2, \ldots, r_N$ für die Bögen $n = 1, 2, \ldots N$ sowie die Radien r_0 und r_{N+1} für den inneren und äußeren Umfassungskreis zu berechnen, muß die geometrische Form der Standfläche (z. B. Quadrat, Recheck mit spezifischem Längen-Breiten-Verhältnis) festgelegt werden. Sie resultiert aus dem Verhältnis zwischen a und α. Die Formeln 3.36 für die Standfläche A_n und 3.37 für den Formfaktor τ erlauben die Einstellung von a bei gegebenem α und vice versa [vgl. (3.38)]. Nach der Inhaltsformel für Teile eines Kreisringes ergibt sich für die Standfläche eines Baumes auf dem Bogen n

$$A_n = \alpha \left(r_{n+\frac{1}{2}}^2 - r_{n-\frac{1}{2}}^2 \right) / 2 = r_n^2 \cdot \alpha(a - a^{-1})/2, \quad (3.36)$$

wobei der Winkel α in Radian

α (Radian) $= \frac{\pi}{180} \cdot \alpha°$ angegeben ist. In Abbil-

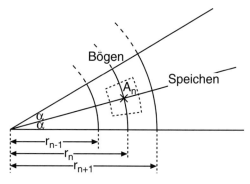

Abbildung 3.20 Prinzip und Variablenbezeichnung für einen einfaktoriellen Versuch nach NELDER (1962). Bei diesem meistbenutzten Anlageschema (vgl. Abb. 3.19 a) bleibt die quadratische Form des Pflanzverbandes konstant, und die Standfläche A_n vergrößert sich mit zunehmendem Radius r.

dung 3.20 ist beispielhaft die Standfläche A_n auf Boden n gestrichelt eingetragen. Als Maß für die Rechtwinkligkeit der Standfläche A_n kann das Verhältnis τ

$$\tau = r_n \cdot \alpha / (r_{n+\frac{1}{2}} - r_{n-\frac{1}{2}}) = \alpha/(a^{\frac{1}{2}} - a^{-\frac{1}{2}}) \quad (3.37)$$

zwischen Flächenbreite $r_n \cdot \alpha$ und Flächenlänge $r_{n+\frac{1}{2}} - r_{n-\frac{1}{2}}$ eingeführt werden. Da τ im Falle eines Quadrates gleich 1 ist, müssen zur Erstellung eines bei Versuchen nach NELDER (1962) besonders häufig realisierten Quadratverbandes α und a in der Relation

$$\alpha = a^{\frac{1}{2}} - a^{-\frac{1}{2}} \quad (3.38)$$

zueinander stehen. Aus der geringsten zu prüfenden Standfläche A_1, dem gewählten Winkel zwischen den Speichen und der Inkrementierung der Standfläche von Bogen zu Bogen a kann der innere Radius r_0

$$r_0 = \sqrt{\frac{2 \cdot A_1}{\alpha \cdot (a^3 - a)}} \quad (3.39)$$

berechnet werden. Der Radius des äußeren Umfassungskreises ergibt sich als $r_{N+1} = r_0 \cdot a^{N+1}$. Für die Versuchsanlage sind dann der Winkel α zwischen den Speichen sowie die Radien von innerem und äußerem Umfassungskreises r_0 bzw. r_{N+1} bekannt. Die Radien r_1, r_2, ..., r_N der Bögen, auf denen die Pflanzungen erfolgen, können durch sukzessive Multiplikation von r_0 mit a^1, a^2, ..., a^N nach (3.34) berechnet werden. Die für die Versuchsauswertung benötigten Standflächen A_1, ..., A_N auf den Bögen 1 bis N ergeben sich nach (3.36). Mit dem vorgegebenen Formelwerk können Versuchsanlagen mit verschiedenartigsten Flächenformen, die vom Quadrat bis zum langgestreckten Rechteck reichen, und verschiedensten Standflächen, die Dichtstand bis Solitärverhältnisse repräsentieren, entwickelt werden.

3.5.2 Vom Bestandes- zum Einzelbaumversuch

Versuchs- und Stichprobeneinheit waren im Forstlichen Versuchswesen bis in die 60er Jahre des 20. Jahrhunderts durchweg Parzellen, die mehr oder weniger große, repräsentative Bestandesausschnitte abdeckten. Insbesondere bei mehrfaktoriellen Fragestellungen stößt diese klassische Vorgehensweise aufgrund des Flächenbedarfs aber häufig an Grenzen. Eine wirksame Reduktion des Flächenbedarfs erfordert eine Verkleinerung der Parzellengröße, Einschränkung bei der Anzahl der Faktoren und Faktorenstufen oder Verminderung der Wiederholungen. NELDER (1962) mindert den Flächenbedarf durch eine ausgeklügelte Anordnung der Bäume. Versuchs- und Stichprobeneinheiten sind bei seinen Versuchsanlagen aber noch die Parzellen, die sich als konzentrische Kreisringe mit Bäumen gleicher Standflächen darstellen. Einen Schritt weiter gehen die Versuchsanlagen von WEIHE (1968 und 1970), EHRENSPIEL (1970), LE TACON et al. (1970), FRANZ (1981), indem einzelne Bäume als Versuchs- und Aufnahmeeinheit ausgewählt werden.

Den grundlegenden Unterschied zwischen Parzellen- und Einzelbaumanlagen verdeutlicht der Ausschnitt aus dem Anlageschema des kombinierten Provenienz-Standraumversuches VOH 622 zur Baumart Fichte *Picea abies* (L.) Karst. im Forstamt Vohenstrauß (Abb. 3.21). Die Anlage VOH 622 ist Teil einer länderübergreifenden Versuchsreihe, welche auf unterschiedlichen Standorten den Effekt der Herkunft (Faktorenstufen: Fichtenklone aus den Gebieten Bayerischer Wald, Harz, Westdeutsches Bergland, Alpen, Südbayern, Schwäbische Alb, Bayerischer Jura usw.) und Pflanzverbänden (Faktorenstufen: 1,25 m × 2,5 m, 2,5 m × 2,5 m, 2,5 m × 5,0 m und 5,0 m × 5,0 m) auf das Wuchsverhalten der Fichte prüft. Versuchs- und Aufnahmeeinheit sind die Einzelbäume, die lediglich aus praktischen Gründen im Parzellenverband angeordnet sind (Abb. 3.21 a). Die vier Pflanzverbände sind je zweimal wiederholt, und auf jeder Parzelle werden 14 Klone dreimal ausgebracht, so daß für die statistische Analyse insgesamt 4 × 2 × 14 × 3 = 336 Stichproben zur Verfügung stehen. Jede Parzelle (inneres Rechteck in Abb. 3.21 b) ist zur Vermeidung von Randeffekten mit einem Umfassungsstreifen (äußeres Rechteck in Abb. 3.21 b) gesäumt. Auf diesem wird das Pflanzmuster der Parzelle (schwarze Punkte) beibehalten.

Zur Prüfung von Faktor 1 (Herkunft) sind die zu prüfenden Klone mit der Maßgabe zufällig über die Fläche verteilt, daß gleiche Klone nicht als Nachbarn auftreten. Neben den 14 Klonen, die auf allen Parzellen in gleicher Zahl vertreten sind, werden nach Bedarf weitere Klone zur Auffüllung der Flächen eingesetzt. Zur Prüfung von Faktor 2 (Pflanzverband) sind die Klongemische auf verschiedenen Parzellen in den zu prüfenden Verbänden realisiert. Während Faktor 1 durch die Wahl der Klone einzelbaumweise variiert werden kann, läßt sich Faktor 2 aus pflanz- und eingriffstechnischen Gründen leichter flächenhaft herstellen. Es resultiert eine zweifaktorielle Spaltanlage, in der als Haupteinheiten die Parzellen mit unterschiedlichen Pflanzverbänden und als Untereinheiten die einzelbaumweise angeordneten Klone in den Parzellen auftreten. Würden in die Auswertung auch die identisch aufgebauten Versuchsanlagen in Baden-Württemberg, Niedersachen, Rheinland-Pfalz und Schleswig-Holstein einbezogen, so ergäbe sich ein dreifaktorieller Versuch mit den Faktoren Standort, Klonnummer und Standraum und einem Stichprobenumfang von 4 × 336 = 1344 Bäumen.

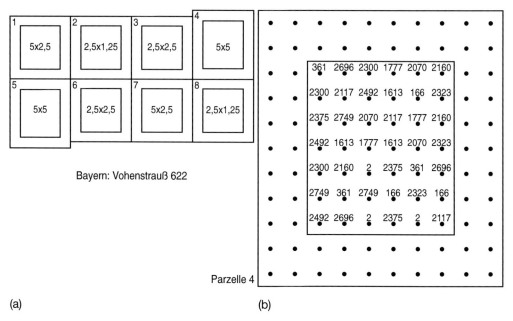

Abbildung 3.21 a, b Auszug aus dem Anlageschema des einzelbaumorientierten Fichtenklonversuches Vohenstrauß 622. **(a)** Auf insgesamt acht Parzellen wird der Effekt von 14 Grundklonen und fünf Pflanzverbänden auf das Wachstum der Fichte geprüft. **(b)** Die einzelnen Parzellen enthalten jeweils 14 Klonfichten in dreifacher Wiederholung und werden bei engeren Verbänden um weitere Klone ergänzt. Für Parzelle 4 (5 m × 5 m) ist das Begründungsschema mit den Nummern der Klone dargestellt.

Eine Anordnung individuell verschiedener Behandlungsvarianten im Bestandesverband bietet sich beispielsweise zur Prüfung von Provenienz-, Behandlungs-, Freistellungs- oder Astungseffekten an. Denn solche Versuchsfaktoren lassen sich im Bestandesverband individuell dosieren und quantifizieren. Das ist beispielsweise bei Einzelbaumdüngungsversuchen aufgrund der Nachbarschaftswirkungen nicht ohne weiteres möglich. Die dann notwendige Isolierung der Stichprobenbäume und die baumindividuelle Variation ihrer Behandlung erhöhen den Aufwand bei der Versuchsaufnahme und Versuchssteuerung und den Flächenbedarf für die Ausschaltung von Randeffekten. Die Aufnahmen von Einzelbaumversuchen sollten immer die Einmessung der Stammfußpunkte und der Kronen umfassen, da erst so eine standflächen- oder standraumbezogene Auswertung möglich wird (vgl. Kap. 8 und 9).

Bestehende langfristige Versuchsflächen können für den Einzelbaumansatz erschlossen werden, indem nachträglich die Koordinaten aller Einzelbäume und Stöcke und die Kronendimensionen eingemessen werden (Abb. 3.22). PRODAN (1968, S. 239) bemerkt zum Übergang zu neuen Versuchsanlagen, „[...] daß das Material der langfristigen Versuchsflächen dadurch keineswegs an Bedeutung und Wert verliert. Im Gegenteil, je revolutionierender die Auswertungsmethoden sein werden, desto wichtiger wird auch in Zukunft ein Grundlagenmaterial sein, das die Überprüfung nach allen Richtungen ermöglicht [...].“ Bisher lediglich auf Parzellenebene, mit Blick auf die Zielgrößen Mitteldurchmesser, Vorrat usw. ausgewertete langfristige Versuchsflächen werden durch Übergang zu einer räumlich expliziten Erfassung zu einem Fundus der Einzelbaumforschung. In Kapitel 8 werden wir Auswertungsmethoden kennenlernen, die das Informationspotential erschließen, das in Bestandesversuchen über die Einzelbaumdynamik steckt. Ein solcher Übergang auf die Ein-

3.5 Spezielle Versuchsanlagen und waldwachstumskundliche Erhebungen

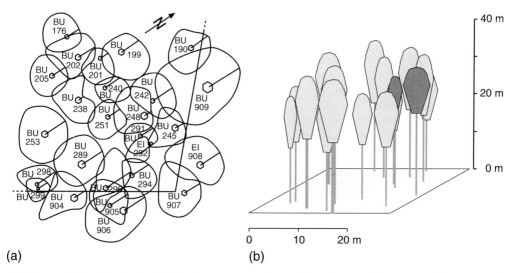

Abbildung 3.22 a, b Nachträglich eingemessene Stammfußpunkte und Kronenausdehnungen auf dem seit dem Jahr 1870 unter Beobachtung stehenden Durchforstungsversuch Fabrikschleichach 015 im Forstamt Eltmann. **(a)** Ausschnitt aus der Kronenprojektionskarte nach der Aufnahme im Herbst 1981. **(b)** Dreidimensionale Bestandesstruktur als Grundlage für Einzelbaumforschung.

zelbaumebene bei der Versuchsanlage und Auswertung stellt einen Skalenübergang dar, der seit den 60er Jahren des 20. Jahrhunderts auch bei der Analyse, Modellierung und Simulation von Tier- und Pflanzenbeständen eingeschlagen wurde. Diesem Übergang liegt die Erkenntnis zugrunde, daß Bestandesentwicklungen besser verstanden und nachgebildet werden können, wenn ein Bestand in ein Mosaik von Individuen aufgelöst und deren Miteinander als räumlich-zeitliches System aufgefaßt wird. Der Übergang zu einem individuenbasierten Ansatz reicht demnach von der Versuchsplanung und Versuchsanlage bis zur Versuchsauswertung und Modellierung.

3.5.3 Versuche und Erhebungen zu Wachstumsstörungen

Freilandversuche und Erhebungen zur Diagnose von Störfaktoren (z. B. Grundwasserabsenkung, Rauchschaden, Streusalzbelastung, Trassenaufhieb) zielen auf den Nachweis und die Quantifizierung des Effektes von Störeinflüssen auf das Waldwachstum. Während die Behandlungen (z. B. Düngermenge, Durchforstungsstärke) bei klassischen Versuchen den Versuchseinheiten (Parzellen, Bäume) zufällig, systematisch oder geblockt zugeordnet werden, ist bei Anlagen zur Diagnose von Störfaktoren zumeist die Störquelle räumlich fixiert (Bildtafeln 25–27). Die Versuchseinheiten werden deshalb so angeordnet, daß sie verschiedene Intensitätsstufen der Störung repräsentieren. Freilandexperimente, bei denen die Störfaktoren experimentell eingestellt werden – etwa durch saure Beregnung, Austrocknung oder Ozon-Begasung –, sind äußerst aufwendig und auf Schwerpunkt-Forschungsstationen begrenzt. Auf einer Freilandversuchsfläche des Lehrstuhls für Waldwachstumskunde im Forstamt Freising erfolgt beispielsweise im Rahmen eines Sonderforschungsbereichs mit großem Aufwand eine Freilandbegasung von Fichten und Buchen, um deren Wachstumsreaktionen auf steigende Ozon- und CO_2-Konzentrationen zu prüfen (Bildtafeln 27 und 28). Aufgrund der räumlichen und zeitlichen Begrenzung sind die Ergebnisse solcher singulärer Intensivmeßstationen, ähnlich wie die von Waldwachstumsversuchen im Phytotron oder Gewächshaus, kaum verallgemeinerbar.

Wenn die Störungseinflüsse nicht aktiv eingestellt werden können, werden die Parzellen einer Versuchsanlage so positioniert, daß sie verschiedene Faktorstufen (z. B. verschiedene Entfernungen von Punktquellen, Schwefel-Immissionsbelastungen oder Eintragsraten von Streusalz) abdecken. Zur Quantifizierung der Wachstumsreaktionen auf Streusalz- oder Abgasbelastung im Umfeld einer Autobahn wird man Probebäume oder Versuchsparzellen in unterschiedlichen Entfernungszonen von der Fahrbahn auswählen. Die Wachstumsreaktionen auf Grundwasserstandsänderungen durch Bau von Schiffahrtswegen oder punktuelle Quellwasserentnahmen können bestmöglich durch Zuwachserhebungen auf Probeflächen in parallel oder konzentrisch zur Störquelle angeordneten Zonen geprüft werden. Gleiches gilt für den Nachweis von Zuwachseinbußen durch Punktimmissionsquellen, wie Kraftwerke, Eisenhütten oder Keramikmanufakturen (vgl. Kap. 12). Auch hier orientiert man sich bei der Parzellenanordnung an der räumlichen Verteilung der Schadstoffbelastung. Trotz dieser Umkehrung von Parzellenauswahl und Behandlungszuordnung gegenüber klassischen Experimenten, welche die Gewährleistung von Ceteris-paribus-Bedingungen weiter erschwert, rechnen wir solche Anlagen zu den Versuchen oder Experimenten.

Das folgende Beispiel soll den Unterschied zwischen solchen Versuchsanlagen und denen klassischer Experimente verdeutlichen. Zur Untersuchung der Effekte von Lage zum Werk (Faktor 1) und Zeit (Faktor 2) auf das Zuwachsverhalten von Kiefernbeständen im Umfeld eines Braunkohlekraftwerkes wurden 103 Probeflächen angelegt (FRANZ und PRETZSCH, 1988; PRETZSCH, 1989b). In dem Beispiel handelt es sich um das Braunkohlekraftwerk Schwandorf, das mit einem Emissionsvolumen von 20–40 t SO_2/h in den Jahren 1960–1980 zu den bedeutendsten Belastungsquellen in Bayern zählte (Bildtafel 26). Durch die Anordnung der Probeflächen auf konzentrischen Kreisen in Entfernungen von 5, 15 und 30 km vom Kraftwerk kann der Effekt der Lage (Faktor 1) auf das Wachstum der umliegenden Kiefernbestände geprüft werden. Auf dem inneren Kreis (5 km Radius) befinden sich 23 Probeflächen, auf dem mittleren (15 km) und äußeren Kreis (30 km) liegen 33 bzw. 47 Probeflächen (Abb. 3.23).

Für die varianzanalytische Auswertung können die Bestände unter verschiedenen Aspekten gruppiert werden:
- Eine erste Möglichkeit besteht darin, die Probeflächen zu drei Gruppen mit gleicher Entfernung zum Werk zusammenzufassen (Faktor 1: Lage mit drei Faktorenstufen).
- Da die Belastung vermutlich zusätzlich von der Himmelsrichtung abhängt, ist auch eine Gruppierung der Bestände nach Entfernung und Himmelsrichtung denkbar. Bei dieser zweiten Art der Gruppierung entstehen insgesamt 12 Gruppen gleicher Lage (Abb. 3.24): Gruppe 1: Entfernung 5 km, 1. Quadrant; Gruppe 2: Entfernung 5 km, 2. Quadrant ...; Gruppe 12: Entfernung 30 km, 4. Quadrant (12 Faktorenstufen).

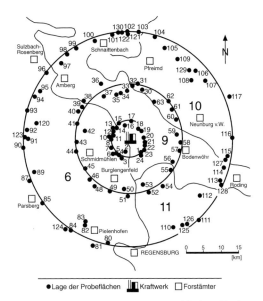

Abbildung 3.23 Anordnung von Kiefern-Probeflächen im Bereich des Braunkohlewerkes Schwandorf (nach PRETZSCH, 1989b). Insgesamt 103 Probeflächen liegen auf drei konzentrischen Kreisen um das Kraftwerk herum. Durch retrospektive Erhebung des Zuwachses dieser Probeflächen in den zurückliegenden 40 Jahren entsteht eine Spalt-Anlage. Haupteinheit ist die Lage der Probeflächen, Untereinheit der jährliche Zuwachs auf den Probeflächen.

3.5 Spezielle Versuchsanlagen und waldwachstumskundliche Erhebungen

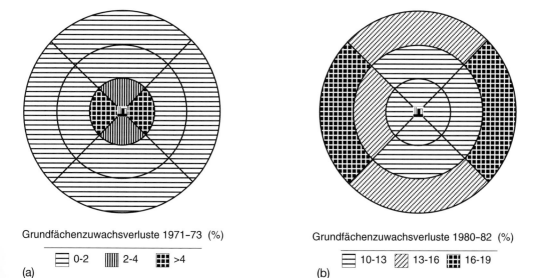

Abbildung 3.24 a, b Räumlich-zeitliche Ausprägung von Zuwachseinbußen im Umfeld des Kraftwerkes vor (a) und nach (b) Übergang zu 235 m hohen Kaminen. Der synchrone Verlauf von werksbedingter Immissionsbelastung und Zuwachsgang der Kiefer ermöglicht Rückschlüsse auf den Schadensverursacher und die Schadenshöhe (nach PRETZSCH, 1989b).

Um den Einfluß der zeitraumtypischen Immissionsentwicklung (Faktor 2) auf das Zuwachsverhalten prüfen zu können, wurden auf den Probeflächen von jeweils 20 vorherrschenden oder herrschenden Kiefern Bohrkerne gewonnen, aus denen der Bestandeszuwachs berechnet werden kann. Alle Probeflächen wurden in normal bestockte, mittelalte Kiefernbestände mit mittlerer Bonität gelegt. Für jede Probefläche können dann Aussagen über den laufenden jährlichen Bestandeszuwachs in den zurückliegenden 40 Jahren getroffen werden. Es resultiert daraus eine Spalt-Anlage mit Haupteinheit Lage und den 40 jährlichen Zuwachswerten als Untereinheiten (vgl. Abschn. 3.4.3). Die Haupteinheit (Lage) wird bei dieser Versuchsanlage also nicht räumlich, sondern zeitlich in Untereinheiten (Jahre oder zusammengefaßte Zeitperioden) unterteilt.

Die Versuchsanlage erlaubt die Prüfung, ob Lage oder Zeit einen Einfluß auf das Kiefernwachstum im Umfeld des Braunkohlekraftwerkes haben. Weiter können Wechselwirkungen zwischen Lage und Zeit analysiert werden. Bei einer Stratifizierung der Probeflächen in 12 Gruppen gleicher Lage, kann der in Abbildung 3.24 dargestellte Wandel des räumlichen Verteilungsmusters von Zuwachseinbußen zwischen 1971 und 1973 sowie 1980 und 1982 aufgedeckt und quantifiziert werden. Infolge des politisch geforderten Überganges von niedrigen zu hohen Schornsteinen in den 70er Jahren des 20. Jahrhunderts erfolgte eine Verlagerung von Immissionen aus dem Nahbereich auf Ferntransporte. Diese Veränderung der durch das Werk bedingten Immissionsbelastung spiegelt sich in der räumlich-zeitlichen Ausprägung der Zuwachseinbußen wider, die in den umliegenden Kiefernbeständen nachweisbar sind.

3.5.4 Wuchsreihen

3.5.4.1 Erfassung von Bestandessummen- und Bestandesmittelwerten

Wuchsreihen bilden ein bewährtes Anlageschema zur Erfassung des Wachstums von Reinbeständen. In Ermangelung von Dauerversuchsflächen, die die Altersentwicklung durch langfristige Beobachtung erbringen (echte Zeitreihen), bauen Wuchsreihen ersatzweise unechte Zeitreihen aus räumlich nebeneinanderliegenden, über das gewünschte Altersspektrum gestreuten Beständen auf (Abb. 3.25). Auf einer vorgegebenen Standorteinheit wird zu diesem Zweck eine Reihe von ertragskundlichen Beobachtungsflächen eingerichtet, auf denen eine ertragskundliche Vollaufnahme sowie evtl. Bohrkernentnahmen zu Rekonstruktion des Zuwachsgangs erfolgen. Die Beobachtungsflächen werden so über den gesamten Altersrahmen verteilt (z. B. Alter Fläche 1 ≙ 40 Jahre, Alter Fläche 2 ≙ 90 Jahre,

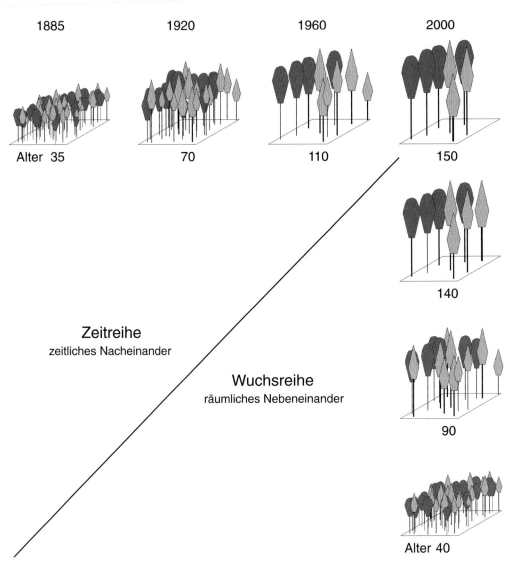

Abbildung 3.25 Prinzip der Wuchsreihe und Zeitreihe im Vergleich. Wird eine Bestandesentwicklung vom Jahr 1885 bis zum Jahr 2000 turnusmäßig erfaßt, so entsteht aus dem zeitlichen Nacheinander der Befunddaten eine Zeitreihe. Wuchsreihen bauen sich demgegenüber aus Beständen unterschiedlicher Entwicklungsphasen auf, die räumlich nebeneinander auf vergleichbaren Standorten angelegt werden. Sie dienen dem Aufbau unechter Zeitreihen.

..., Alter Fläche 6 ≙ 150 Jahre), daß die Zustandsdaten der auf einer standörtlichen Befundeinheit (z. B. Standorteinheit, Standortgruppe) räumlich nebeneinanderliegenden Bestände das zeitliche Nacheinander der Bestandesentwicklung repräsentieren (Bildtafeln 16 und 17). Indem über Triebbrückmessungen, Bohrspananalysen oder Stammanalysen auch die zurückliegende Entwicklung der Flächen einer Wuchsreihe erfaßt wird, kann geprüft werden, ob die Abschnitte der echten Zeitreihen dem Verlauf der künstlichen Zeitreihe folgen (vgl. Abschn. 11.1.1). Besonders wertvoll für eine derartige Überprüfung der Kompatibilität sind, aufgrund ihrer Behandlungsunabhängigkeit, die Höhenwachstumsverläufe auf den zu einer Wuchsreihe gehörenden Parzellen. In der Vergangenheit wurde das Wuchsreihen-Konzept überwiegend zur Erfassung von Bestandessummen- und Bestandesmittelwerten in gleichaltrigen Reinbeständen mit dem Ziel einer Ertragstafelkonstruktion angewandt.

3.5.4.2 Erfassung der Einzelbaumdynamik

Wird das Anlageschema solcher klassischen Wuchsreihen um die einzelbaumweise Messung von Kronen-, Standraum-, Positions- und Zuwachsvariablen erweitert, so vermag es auf sehr effiziente Weise Basisdaten für die Beschreibung und Modellierung von Mischbeständen zu erbringen (PRETZSCH, 1996a). Solche Wuchsreihen werden seit den 1990er Jahren in einigen Bundesländern angelegt, um einzelbaumbezogene Daten für die Parametrisierung von Mischbestandsmodellen zu gewinnen, da solche Daten leider in nur sehr geringem Umfang aus Dauerversuchsflächen zur Verfügung stehen. Auf Wuchsreihen mit dieser Zielsetzung sollen für einen möglichst breiten Altersrahmen Angaben über die baumartentypische Reaktion des Durchmesser-, Höhen- und Kronenbreitenwachstums sowie die Verschiebung der Kronenansatzhöhe und die Mortalität (bzw. Überlebenswahrscheinlichkeit) von Einzelbäumen bei verschiedenen Konkurrenz- und Nachbarschaftssituationen erfaßt werden. Die Anlage und Aufnahme einzelbaumorientierter Wuchsreihen zielt nicht in erster Linie auf die Erfassung flächenbezogener Bestandesmittelwerte. Zielgrößen der Erhebung sind vielmehr Zustands- und Leistungsgrößen der Einzelbäume. Mit den in Kapitel 8 und 9 eingeführten Methoden können aus den Aufnahmedaten solcher Wuchsreihen Zusammenhänge zwischen Wuchskonstellation und Zuwachsverhalten von Einzelbäumen abgeleitet werden, wie sie für die Beschreibung und einzelbaumorientierte Modellierung des Wachstums von Rein- und Mischbeständen erforderlich sind. Obwohl die Versuchsanlagen auf Einzelbauminformationen zielen, werden Parzellen mit Meßflächen von 0,1–1,0 ha Größe angelegt. Auf diese Weise bleiben ein Flächenbezug der Erhebungsdaten und eine Fläche als Behandlungseinheit erhalten. Außerdem sind die Bestandesglieder im Flächenverband arbeits- und versuchstechnisch einfacher zu erfassen und zu steuern, als das in Einzelbaumversuchen der Fall wäre (Kapitel 5).

Abbildung 3.26 zeigt Ausschnitte aus der Wuchsreihe Freising 813 in Fichten-Buchen-Mischbeständen, die sich aus sechs Parzellen mit einem Altersrahmen von 37–120 Jahren aufbaut (Bezugsjahr Herbst 1994) (Bildtafeln 27 und 28). Durch Aneinanderreihung der Zustandsbefunde und Entwicklungsgänge auf den sechs Parzellen wird der standorttypische Altersverlauf sichtbar, und es werden Vergleiche mit den Ertragstafelverläufen nach ASSMANN und FRANZ (1963) möglich. Indem auf den sechs Parzellen nicht nur die Zustandsdaten im Jahr 1994, sondern über Triebbrückmessungen und Bohrkernanalysen auch Entwicklungsgänge der vorausgehenden 30–40 Jahre erhoben werden, läßt sich die Entwicklung von Wuchsreihen absichern. Die Höhenentwicklungen (Abb. 3.27a) rechtfertigen den Aufbau einer künstlichen Altersreihe für die Fichte, da die Höhenwachstumsverläufe überwiegend ineinander übergehen. Der Vergleich mit den Oberhöhenverläufen der Ertragstafel von ASSMANN und FRANZ (1963), Oberhöhenbonitäten 32 und 40, läßt nur für Parzelle 1 eine deutliche Abweichung erkennen. Die anderen Parzellen folgen annähernd der Oberhöhenbonität 36. Werden die Volumenzuwächse für den Gesamtbestand (Fichte und Buche) über dem

3 Planung waldwachstumskundlicher Versuche

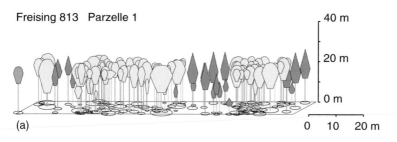
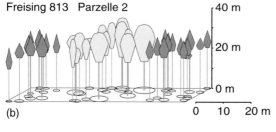
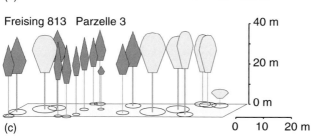

Abbildung 3.26 a–c
Ausschnitte aus den Parzellen 1, 2 und 3 der Wuchsreihe Freising 813, die der Beschreibung und Modellierung des Einzelbaumwachstums in Fichten-Buchen-Mischbeständen dient. Das Alter von Fichte und Buche beträgt **(a)** auf Parzelle 1: 44 bzw. 51 Jahre; **(b)** auf Parzelle 2: 77 bzw. 97 Jahre und **(c)** auf Parzelle 3: 95 bzw. 120 Jahre (Bezug: Herbst 1994).

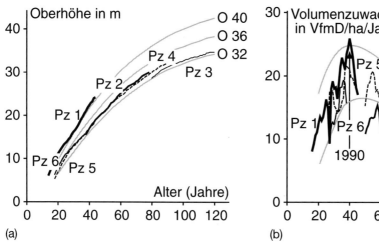
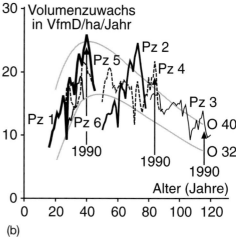

Abbildung 3.27 a, b Entwicklung der Wuchsreihe Freising 813, Parzellen 1–6 in Fichten-Buchen-Mischbeständen. **(a)** Höhenwachstum der Fichte und **(b)** Volumenzuwachs des Gesamtbestandes auf den Parzellen 1–6 im Vergleich zu den Erwartungswerten der Ertragstafel von ASSMANN und FRANZ (1963) Oberhöhenbonitäten 32 und 40, mittleres Ertragsniveau. Zur Datierung der Zuwachskurven ist das Jahr 1990 gekennzeichnet.

Alter aufgetragen, so erbringen sie eine charakteristische Zuwachskurve.

Aufgrund des etwa 30%igen Buchenanteils in den Probebeständen kulminieren die Zuwächse etwas später und auf niedrigerem Niveau, fallen dann aber auch langsamer ab, als die der Fichten-Reinbestand-Ertragstafel von ASSMANN und FRANZ (1963), mittleres Ertragsniveau (Abb. 3.27 b). Bei feinerer Analyse der oszillierenden Volumenzuwächse zeigt sich auf allen sechs Parzellen ein Zuwachstief in den 1980er Jahren und ein Zuwachshoch zu Beginn der 1990er Jahre, das am Ende des betrachteten Zeitraumes (Herbst 1994) wieder abklingt. Würde sich die Ableitung von Altersverläufen aus den Parzellen 1–6 nur auf Zustandsaufnahmen, beispielsweise in den Jahren 1980 oder 1990, stützen, so wären die resultierenden Alterskurven wenig repräsentativ. In unserem Beispiel würden – je nach Wahl des Aufnahmejahres – Zuwachskurven entstehen, die auf dem Niveau der Oberhöhenbonität 32 oder deutlich oberhalb des Niveaus O 40 liegen. Dies unterstreicht die Notwendigkeit, den Aufbau von Altersreihen, gerade in einer Zeit sich wandelnder Wuchsbedingungen, nicht allein auf einmalige Zustandsaufnahmen, sondern auf langperiodische Messungen zu stützen.

Zu Alterskurven der Einzelbaumdimensionen gelangt man, wenn u. a. die Kronenbreiten und Kronenlängen aller Bäume auf der Wuchsreihe über dem Alter aufgetragen und regressionsanalytisch ausgeglichen werden. Die einzelbaumorientierten Aufnahmen auf den Parzellen der Wuchsreihe ermöglichen außerdem die Ableitung von Beziehungen zwischen Wuchskonstellation von Einzelbäumen und ihrem Zuwachs, zwischen Freistellungsgrad und dadurch ausgelöster Zuwachsreaktion oder zwischen Konkurrenz und Kronenrückbildungs- und Absterbeprozessen. Solche Beziehungen bilden das Rückgrat positionsabhängiger Einzelbaummodelle (vgl. Abschn. 11.3).

Zusammenfassung

Wälder haben eine Lebensdauer, die über die Tätigkeitsdauer einzelner Forscher zumeist weit hinausreicht. Sie haben vielfältige Standortbedingungen und die daraus resultierende Vielfalt an Wachstumsgängen verbietet eine Verallgemeinerung der Resultate aus lokalen Einzeluntersuchungen. Diese Eigenschaften von Wäldern erschweren ihre experimentelle Zugänglichkeit und erfordern eigene Versuchsmethoden, die in Zeit- und Raumskala über die Standardmethoden der Physik, Medizin oder Landwirtschaft hinausgehen. Die Grundbegriffe der Versuchsplanung wie Versuchsobjekt, Behandlung, Versuchsfaktor und Prüffaktor, Faktorenstufen, Versuchsglieder, Versuchseinheit, Zielgrößen oder Prüfmerkmale sind ebenso wie die Grundsätze der Versuchsplanung, Formulierung der Versuchsfrage mit ihren Teilfragen, Wiederholung, Randomisierung oder Blockbildung fächerunspezifisch. Die Anlageschema der Versuchsreihen und Streuversuche, *Nelder*-Versuche, Einzelbaumversuche, Versuche und Erhebungen von Wachstumsstörungen und der Wuchsreihen gehen demgegenüber auf fachspezifische Fragestellungen zurück.

1. Bei einem Versuch oder Experiment werden alle einwirkenden Faktoren bis auf den zu untersuchenden Faktor konstant gehalten. Der zu prüfende Faktor wird in definierter Weise verändert und in seiner Wirkung auf die Entwicklung von Bäumen oder Beständen untersucht. Experimente können auf diese Weise klare Kausalzusammenhänge zwischen Ursachen- und Wirkungsgrößen liefern.

Im Gegensatz zu Versuchen sehen Erhebungen keine geplanten Behandlungen der Versuchsobjekte vor, sondern sie registrieren lediglich, entweder vollständig oder über Stichprobenerhebungen, Zustand und Entwicklung von Waldbeständen und können Korrelationen zwischen Ursachen- und Wirkungsgrößen erbringen. Bekannte Beispiele für Erhebungen sind Waldinventuren auf Betriebs-, Landes- oder Bundesebene, Waldzustandserhebungen und Monitoring in Naturwaldreservaten.

2. Eine Versuchsfrage baut sich aus vier Einzelfragen auf:
- Was will man wissen?
- Welche Erklärungsebene (räumlich-zeitliche Auflösung: z. B. Einzelbaum oder Bestand, täglicher oder jährlicher Zuwachs) wird angestrebt?
- Welche Genauigkeitsanforderungen werden gestellt?
- Zu welchem Zweck soll die Frage beantwortet werden?

Ausgehend von einer Versuchsfrage konzipiert die Versuchsplanung die Anlage, Steuerung und Auswertung eines Versuches, so daß die gestellte Versuchsfrage bestmöglich beantwortet werden kann.

3. Hinsichtlich der Fragestellung lassen sich unterscheiden: Anbauversuche, Provenienzversuche, Kultur- und Pflanzverbandsversuche, Durchforstungsversuche, Düngungsversuche, Verjüngungsversuche, Mischbestandsversuche, Versuche zur Diagnose von Störfaktoren.

4. Die Ermittlung der Zielgrößen eines Versuchs kann auf den Skalenniveaus: Nominalskala, Ordinalskala, Intervallskala oder Verhältnisskala erfolgen. Das höchste Niveau hat die Verhältnisskala, auf der numerisch mit Angabe des Nullpunktes gemessen wird. Das niedrigste Niveau besitzt die Nominalskala, die lediglich eine kategorielle Einordnung von Beobachtungswerten ermöglicht. Für die Prüfgrößen in einem Experiment sollte ein möglichst hohes Skalenniveau angestrebt werden. Denn Messungen auf verschiedenen Skalenniveaus sind wohl von „oben" nach „unten", nicht aber von „unten" nach „oben" transformierbar.

5. Entscheidend für die Wahl der geeignetsten Versuchsanlage sind die Variation der Standortbedingungen und die Anzahl der zu untersuchenden Versuchsfaktoren. Während unter homogenen Standortbedingungen randomisierte Anlagen empfehlenswert sind, können auf inhomogenen Standorten systematische Fehlerquellen in eine oder mehrere Richtungen durch Block-Anlagen bzw. Lateinische Quadrate ausgeschaltet werden. Je nach dem, ob die Wirkung von einem, zwei oder mehreren Versuchsfaktoren auf das Waldwachstum geprüft werden soll, resultieren ein-, zwei- oder mehrfaktorielle Versuchsanlagen (mehrfaktorielle Block-Anlagen, Lateinische Quadrate, Lateinische Rechtecke, Spalt- und Streifen-Anlagen).

6. Zu den einfaktoriellen Anlagen zählen die in der Initialphase des Ertragskundlichen Versuchswesens im 19. Jahrhundert angelegten und in vielen Fällen bis heute beobachteten dreigliedrigen Durchforstungsversuche (A-, B- und C-Grad). Jüngere Beispiele sind Stickstoffsteigerungs-, Pflanzverbands- und Provenienzversuche, bei denen ebenfalls der Effekt nur eines Faktors auf das Wachstum untersucht wird. Vollständig randomisierte Anlagen kommen bei homogenem Standort, einfache Block-Anlagen zur Ausschaltung eines Standortgradienten, mehrfach Block-Anlagen oder Lateinische Quadrate zur Ausschaltung von Standortgradienten in mehreren Richtungen in Frage.

7. Zwei- und mehrfaktorielle Anlagen prüfen die Wirkung von zwei oder mehreren Versuchsfaktoren und deren Wechselwirkungen Versuchsfaktoren auf das Wachstum von Beständen oder Einzelbäumen und sind für die Ertragsforschung besonders wichtig. Da moderne Behandlungsmethoden zumeist unterschiedliche Steuerungsmaßnahmen (Durchforstung, Astung, Düngung, Bodenbearbeitung) miteinander kombinieren, sind entsprechende Entscheidungshilfen auch nur von mehrfaktoriellen Versuchen zu erwarten. Geeignet sind mehrfaktorielle Block-Anlagen, mehrfaktorielles Lateinisches Quadrat und Rechteck sowie Spalt- und Streifen-Anlage.

8. Zwei- oder mehrfaktorielle Versuche ermöglichen die Prüfung von Wechselwirkungen zwischen den untersuchten Faktoren. Von einem kombinierten Pflanzverbands-Durchforstungsversuch erhofft man sich neben Aussagen zur Wirkung des Pflanzverbandes auf die Bestandesentwicklung und dem Effekt unterschiedlicher Durchforstungsregime auf die Bestandesentwicklung vor allem Informationen über

die Wechselwirkungen zwischen Pflanzverband und Durchforstung. Während die Hauptwirkung der Faktoren zumeist bekannt ist, trifft das auf Wechselwirkungen oder Kombinationswirkungen selten zu.

9. Streuversuche und Versuchsreihen wiederholen die zu prüfenden Behandlungsvarianten auf unterschiedlichen Standorten. Im Gegensatz zu den in ihrer Gültigkeit örtlich eng begrenzten Empfehlungen aus Einzelversuchen, lassen sich aus Streuversuchen und Versuchsreihen, die unterschiedliche Standorte abdecken und über lange Zeiträume hinweg aufgenommen werden, verallgemeinerbare Empfehlungen ableiten.

10. Versuche und Erhebungen zur Diagnose von Störfaktoren (z. B. Grundwasserabsenkung, Rauchschaden, Streusalzbelastung, Trassenaufhieb) zielen auf den Nachweis und die Quantifizierung des Effektes von Störeinflüssen auf das Waldwachstum. Während die Behandlungen (z. B. Düngermenge, Durchforstungsstärke) bei klassischen Versuchen den Versuchseinheiten (Parzellen, Bäume) zufällig, systematisch oder geblockt zugeordnet werden, ist bei Anlagen zur Diagnose von Störfaktoren die Störquelle meist räumlich fixiert. Die Versuchseinheiten werden deshalb so angeordnet, daß sie verschiedene Intensitätsstufen der Störung repräsentieren.

11. In Ermangelung von Dauerversuchsflächen, die die Altersentwicklung durch langfristige Beobachtung erbringen (echte Zeitreihen), bauen Wuchsreihen ersatzweise unechte Zeitreihen aus räumlich nebeneinanderliegenden, über das gewünschte Altersspektrum gestreuten Beständen auf. Auf einer vorgegebenen Standorteinheit wird zu diesem Zweck eine Reihe von ertragskundlichen Beobachtungsflächen eingerichtet, auf denen eine ertragskundliche Vollaufnahme sowie evtl. Bohrkernentnahmen zu Rekonstruktion des Zuwachsgangs erfolgen.

4 Anlage und Aufnahme von Versuchsflächen

Das Kapitel vermittelt die Standardmethoden der Anlage und Aufnahme von Versuchsflächen, die für das Verständnis der in dem Buch vorgestellten Grundlagen der Waldwachstumsforschung notwendig sind. Die Einführung erfolgt am Beispiel der Anlage- und Aufnahmemethoden des bayerischen Ertragskundlichen Versuchswesens. Von Nuancen abgesehen, entsprechen diese Anlage- und Aufnahmeanweisungen denen anderer ertragskundliche Versuche betreuender Institutionen. Um einen unkomplizierten Austausch von Datensätzen, eine Vergleichbarkeit von Versuchsergebnissen und übergreifende Auswertungen sicherzustellen, hat sich in den über 120 Jahren seit Gründung des Ertragskundlichen Versuchswesens ein internationaler Standard der Aufnahme, Steuerung und Auswertung von Versuchen herausgebildet (vgl. u. a. BACHMANN et al., 2001; JOHANN, 1976; PRETZSCH, 1996a; WIEDEMANN, 1931).

Zur Vertiefung der Waldmeßlehre sei auf die Lehrbücher von AKÇA (1997), AVERY und BURKHART (1975), BRUCE und SCHUHMACHER (1950), KRAMER und AKÇA (1995), LOETSCH und HALLER (1964), LOETSCH et al. (1973), MEYER (1953) und PRODAN (1951, 1961 und 1965) verwiesen.

Tabelle 4.1 vermittelt eine Übersicht über das Meßprogramm, die Variablen und Skalenniveaus bei der Aufnahme langfristiger Versuchsflächen. Zusammengestellt sind die im engeren Sinne dendrometrischen Meß- und Schätzgrößen, die bei Standardaufnahmen (mit X gekennzeichnet) oder erweitertem Aufnahmeprogramm (ohne Symbol) erfaßt werden. Bei den Skalenniveaus werden unterschieden (vgl. Abschn. 3.3.5):

N   Nominalskala,
O   Ordinalskala,
I   Intervallskala und
V   Verhältnisskala.

Angaben zu Bestandesgeschichte, Genetik, Standortbedingungen, Störfaktoren werden als wichtige Basisinformation für die Konzeption, Planung, Anlage, Aufnahme und Auswertung einer Versuchsfläche gesondert recherchiert.

4.1 Flächenanlage

Während die Flächenanlage in jeder Jahreszeit möglich ist, sollten Durchmesser-, Höhen-, Kronendimensions- und Zuwachsmessungen grundsätzlich vor der Vegetationsperiode oder nach ihrem Abschluß, also im Frühjahr oder Herbst, erfolgen. Nur so ist gewährleistet, daß die aus den Meßdaten berechneten Zielgrößen, u. a. Baumdurchmesser und -höhe, komplette Jahreszuwächse umfassen. Nur dann sind die Voraussetzungen für eine richtige Interpretation der Befundgrößen (vgl. Kap. 3 und 7), eine sinnvolle Vergleichbarkeit mit anderen Versuchsauswertungen (vgl. Kap. 7) und eine problemlose Nutzung der Daten für Modellparametrisierungen oder Diagnose von Wachstumsstörungen (vgl. Kap. 11 und 12) gegeben.

4.1.1 Dauerhafte Markierung der Versuchsfläche, ihrer Parzellen und Umfassung

Das Versuchsareal und die in ihm gelegenen Parzellen sollten aus Gründen der Wiederauffindbarkeit der Versuchsanlage und der Übersichtlichkeit und Orientierung auf dem Ver-

Tabelle 4.1 Übersicht über das Meßprogramm, die Variablen und Skalenniveaus bei der Aufnahme langfristiger Versuchsflächen. Zusammengestellt sind die im engeren Sinne dendrometrischen Meß- und Schätzgrößen, die bei Standardaufnahmen (mit X gekennzeichnet) oder erweitertem Aufnahmeprogramm (ohne Symbol) erfaßt werden. Bei den Skalenniveaus werden unterschieden: N = Nominalskala, O = Ordinalskala, I = Intervallskala, V = Verhältnisskala (vgl. Abschn. 3.3.5).

Stratum	Variable	Skalenniveau	Standard
Altbestand verbleibend und ausscheidend	Stammfußkoordinaten	V	X
	Baumart	N	X
	Durchmesser	V	X
	Höhe	V	X
	Kronenansatzhöhe	V	X
	Kronenradien	V	X
	Baum- und Schaftgüteklasse	O	X
	Kronenverlichtung	V	
	Vergilbung	V	
	Schadstufe	O, V	
	Stammform	N, O, V	
	Beastung	N, O, V	
	Querschnitt	N, O, V	
	Stammoberfläche	N, O, V	
Stockinventur	Stockkoordinaten	V	X
	Baumart	N	X
	Stammfußdurchmesser	V	X
	Stockalter	V, O	X
Totholz stehend	Koordinaten an den Enden	V	
	Baumart	N	
	Durchmesser	V	
	Höhe	V	
	Zersetzungsgrad	O	
Totholz liegend	Koordinaten an den Enden	V	
	Baumart	N	
	Durchmesser an den Enden	V	
	Zersetzungsgrad	O	
Verjüngung	Anzahl der Pflanzen pro Höhenstufe und Baumart	V	X
	Durchmesser	V	X
	Trieblängen	V	
	Qualität	N, O, V	
Probebäume liegend	Länge	V	X
	Durchmesser in versch. Sektionen	V	X
	Trieblängen an Stamm und Ästen	V	
	Jahrringe an Stamm und Ästen	V	
	Biomasse	V	

suchsareal möglichst quadratisch oder rechtwinkelig sein. Zur Versuchsanlage gehört eine auf dem Zuweg angebrachte Beschilderung, aus der zumindest der Zweck der Versuchsanlage und der Name der versuchsführenden Institution hervorgehen sollten. Die Versuchsanlage insgesamt und die einzelnen Parzellen werden zur Abpufferung gegenüber dem Rand des Versuchsareals oder gegen anders behandelte Nachbarparzellen mit einem Umfassungsstreifen umgeben, der mindestens 7,5 m, bei ausreichendem Flächenangebot möglichst eine Altbaumlänge breit sein sollte. Als Umfassungsbäume werden die außerhalb der Parzelle gelegenen Bäume bezeichnet, deren Krone in die Meßparzelle reicht. Sie

4.1 Flächenanlage

Abbildung 4.1
Anlage einer langfristigen Versuchsparzelle. Alle Bäume auf einer Parzelle werden mit Stammnummern und mit Markierungen der $d_{1,3}$-Meßstelle versehen. Die Wahl rechteckiger Flächenformen erleichtert die Orientierung und mindert den Flächenverbrauch bei mehrparzelligen Anlagen. Beschilderung, Eckpfosten und Winkelgräben dienen der dauerhaften Markierung der Parzellengrenzen. Die in die Parzelle hineinreichenden Umfassungsbäume werden mit gesonderter Nummernfolge versehen.

werden ähnlich den Bäumen auf den Parzellen mit weißen Baumnummern versehen, erhalten aber eine gesonderte Nummernfolge (in der Regel 900 ff.). Die Bäume an der Peripherie der Umfassung werden mit einem gelbem Ring versehen, damit die Umfassung deutlich von außen sichtbar ist, die Versuchsparzelle angekündigt und gegen ungewollte Eingriffe geschützt ist (Abb. 4.1).

Zur dauerhaften Markierung und Sicherung der Versuchsparzellen werden an jeder Parzellenecke Winkelgräben angelegt, die jeweils zur benachbarten Ecke zeigen. Diese Winkelgräben sollten mindestens 1 m lang, 20 cm tief und 20 cm breit sein. Für die Sicherung der Eckpunkte empfehlen sich beständige Eckpfosten aus Eiche oder Lärche. Von einem kartensicheren Punkt (Grenzstein, Wegkreuzung) werden die Eckpunkte der Parzellen eingemessen. Die Parzellennummer sollte an allen vier Ecken an markanten Bäumen angeschrieben werden. In Hanglagen sind die Neigungswinkel der einzelnen Seitenlinien für die Berechnung der Horizontalfläche F, auf die alle Bestandessummen- und Bestandesmittelwerte bezogen werden (vgl. Abschn. 7.7), erforderlich.

4.1.2 Numeration der Bäume

Bei Versuchen, die ab der Pflanzung unter Beobachtung genommen werden (u. a. Standraumversuche, Pflanzverbandsversuche, *Nelder*-Versuche), erhält jeder Baum schon bei der Pflanzung eine Baumnummer, ohne daß diese angeschrieben wird. Die Numeration folgt der Pflanzreihe, wechselt am Parzellenrand in die nächste Pflanzreihe und läuft wieder zurück. Bei dieser sogenannten stillen Numeration sollten der Beginn und die Richtung der Numeration festgehalten werden. Diese Baumnummern werden in der Folgezeit nicht mehr geändert. Zu einem späteren Zeitpunkt ist es sinnvoll, Bäume am Reihenanfang und Reihenende und eventuell einige markante Bäume in der Reihe mit der entsprechenden Baumnummer zu versehen, bevor endgültig alle Bäume numeriert werden. Eine solche ausschnitthafte Numeration kann die Orientierung auf der Fläche bei den Wiederholungsaufnahmen erleichtern, ohne daß der Aufwand für die Numeration allzu groß wird.

In Beständen fortgeschrittenen Alters empfiehlt es sich, alle Bäume unabhängig vom $d_{1,3}$ zu numerieren. Die Numeration beginnt am definierten Nullpunkt der Parzelle und verläuft in Streifen, die parallel zur x-Achse verlaufen; in Hanglage empfiehlt sich aus ergonomischen Gründen eine hangparallel verlaufende Numerierung (Abb. 4.2). Der Nullpunkt einer Parzelle entspricht dem Ursprung des Koordinatensystems, ist gleichzeitig Bezugspunkt für die Einmessung der Stammfußkoordinaten (vgl. Abschn. 4.1.4) und wird in der Regel so auf einen Eckpunkt gelegt, daß die Bäume auf der Parzelle im ersten Quadrant des aufgespannten kartesischen Koordinatensystems liegen (Abb. 4.2). Im Normalfall verläuft die Numeration vom Nullpunkt ausgehend in Schlangenlinien. Sie beginnt am Nullpunkt, führt entlang der x-Achse bis zum Ende der Parzelle und kehrt von dort in einem weiter innen liegenden Streifen bis zur y-Achse zurück usw.

Versuchsflächen sollten auch nach Jahren oder mehreren Jahrzehnten und über mehrere Generationen von Versuchsbetreuern hinweg leicht auffindbar und hinsichtlich des Aufnahmeschemas einfach verständlich und rekonstruierbar sein. Hierfür sind eine standardisierte Wahl des Anfangspunktes der Baumnumeration, einheitliche Linienführung bei der Numeration der Bäume und sorgfältige Aufbringung von Baumnummern und $d_{1,3}$-Meßstrich besonders wichtig. Z-Bäume werden mit gelber Farbe durch Ringe oder Punkte in 1,80 m Höhe gekennzeichnet. Alle bei Erst- und Wiederholungsaufnahmen erfolgenden Messungen an Einzelbäumen werden immer eindeutig den entsprechenden Baumnummern zugeordnet.

4.1.3 Markierung der Meßstelle in 1,30 m Höhe

Zur dauerhaften Festlegung der $d_{1,3}$-Meßstelle wird am Baum in einer Höhe von 1,30 m ein weißfarbiger horizontaler Strich, der sogenannte Meßbalken, aufgetragen. Indem alle Wiederholungsmessungen an dieser einmal festgelegten Meßstelle ansetzen, kann insbesondere die Genauigkeit der Zuwachsbestimmung wirkungsvoll erhöht werden. In geneigtem Gelände wird der $d_{1,3}$ von der Hangoberseite her bestimmt. Bei Zwieselbildung unterhalb der Höhe 1,30 m werden beide Teile als gesonderte Bäume geführt. Diese und andere Spezialfälle der Durchmessermessung (KRAMER und AKÇA, 1995) müssen selbstverständlich bei der Anbringung von Baumnummern und Meßstrichen Berücksichtigung finden. Auf Versuchsflächen, die in der Nähe von öffentlichen frequentierten Wegen liegen, erfolgen Numeration und Meßstellenmarkierung aus ästhetischen Gründen auf der dem Weg abgewandten Seite.

4.1.4 Stammfußpositionen

Die Erfassung der Stammfußkoordinaten dient zum einen der dauerhaften Identifizierbarkeit der Einzelbäume auf langfristigen Versuchsflächen, zum andern kommt ihr eine Schlüsselrolle bei der Beschreibung, Analyse, Modellierung und Bewertung der Raumbesetzung in Waldbeständen zu. Ein erstes Meßverfahren geht von einem mit Maßbändern aufgespannten Koordinatensystem aus und erhebt die

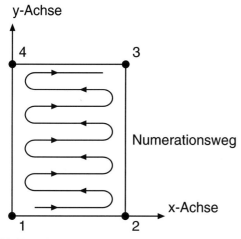

Abbildung 4.2 Standard für die Baumnumeration auf langfristigen Versuchflächen. Die Numeration beginnt bei dem Baum nahe dem Ursprung der Versuchsfläche (Eckpfosten 1) und läuft von dort aus in Schlangenlinien bis zum Eckpfosten 3.

kartesischen x- und y-Koordinaten der Baumfußpunkte des Altbestandes. Ein zweites Verfahren erfaßt mit dem Theodoliten die Polarkoordinaten, ausgehend von einigen zentralen Aufstellungspunkten, die zuvor per Theodolit vom Nullpunkt der Fläche aus eingemessen werden.

Die Bezugspunkte der Stammfußeinmessung (z. B. Nullpunkt einer Parzelle) werden mit Grenzsteinen, eingemessenen Geländepunkten oder anderen Punkten, von denen die Koordinaten bekannt sind, in Verbindung gebracht. Auf diese Weise wird es möglich, jeder Parzelle und jedem Baum die absolute Position in einem großflächigen Koordinatensystem u. a. nach GAUSS-KRÜGER oder Universal-Tranversal-Mercator-System (UTM) zuzuschreiben.

4.2 Aufnahme des Altbestandes

Aus meßtechnischen Gründen wird ein Bestand für die Aufnahme in Altbestand und Verjüngung untergliedert. Als Altbestand bezeichnen wir das Teilkollektiv von Bäumen, das nicht zur Verjüngung gehört. Es handelt sich dabei nicht zwangsläufig um alte Bäume, sondern um ein Kollektiv, das nach einheitlichem Meßverfahren aufgenommen wird. Die Abgrenzung des Altbestandes erfolgt in der Regel über eine Kluppschwelle. Diese Schwelle liegt je nach Versuchsziel oder Konzept bei einem Brusthöhendurchmesser von 4, 5 oder 6,5 cm und kann unter Umständen sogar so klein werden, daß alle Bäume mit einer Nummer erfaßt werden, die ≥1,30 m hoch sind. Eine Ausnahme bildet die sogenannte stille Numeration (vgl. Abschn. 4.1.2). Werden einzelne Teilkollektive des Bestandes in unterschiedlichem Turnus erfaßt, so kann es vorteilhaft sein, z. B. dem Unterstand, den Überhältern oder Z-Bäumen eigene Nummernfolgen zuzuordnen. Es muß aber auch in diesen eher seltenen Fällen gewährleistet sein, daß Baumnummern nicht doppelt vergeben werden.

In Plenterwäldern, Bergmischwäldern oder alten Beständen, in denen die Naturverjüngung schon sehr weit fortgeschritten ist, werden auch solche Bäume dem Altbestand zugeordnet, die der nachfolgenden Generation angehören, die Kluppschwelle aber schon überschritten haben. Bäume, die bei einer Wiederholungsaufnahme die entsprechende Kluppschwelle erreicht oder überschritten haben, werden mit einer Nummer versehen, die sich von der letzten vergebenen Nummer bei der Anlage der Versuchsparzelle durch einen Zahlensprung deutlich abhebt (z. B. von 214 auf 301). Neben Baumart und $d_{1,3}$ sollten von diesen neu in den Altbestand gelangten Bäumen auch die Stammfußkoordinaten bestimmt werden.

4.2.1 Aufnahme der Baumart

Die Baumart wird fehlerfrei bestimmt und nach einem vordefinierten numerischen Abkürzungssystem verschlüsselt registriert (z. B. 10 für Gemeine Fichte *Picea abies* (L.) Karst., 20 für Weißtanne *Abies alba* Mill., 30 für Gemeine Kiefer *Pinus silvestris* L., 31 für Schwarzkiefer *Pinus nigra* Arnold, 32 für Strobe *Pinus strobus* L. usw.).

4.2.2 Durchmessererfassung mit Kluppe und Umfangmeßband

Das Umfangmeßband hat aufgrund seiner höheren Präzision bei Wiederholungsaufnahmen auf langfristigen Versuchsflächen die Kluppe weitgehend ersetzt. Die Messung des Brusthöhendurchmessers erfolgt bei allen Wiederholungsaufnahmen exakt in Höhe des bei der Erstaufnahme in 1,30 m angebrachten Meßbalkens (Abb. 4.3). Das Umfangmeßband sollte im rechten Winkel zur Stammachse um den Baum gelegt und während der Ablesung nicht zu stark gespannt werden. Moospolster werden vor dem Meßvorgang mit Wurzel- oder Drahtbürste entfernt, nicht aber die Borke, die bei Kiefer *Pinus* spec., Lärche *Larix* spec. und Douglasie *Pseudotsuga* spec. erhebliche Teile des Durchmessers ausmachen kann. Umfangmeßbändern ist

4 Anlage und Aufnahme von Versuchsflächen

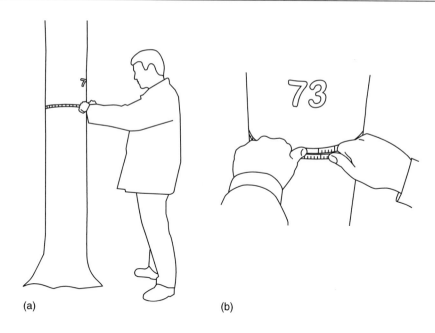

Abbildung 4.3 a, b Messung des Brusthöhendurchmessers in der Höhe 1,30 m mit dem Umfangmeßband. **(a)** Ablesung des Durchmessers in der Höhe 1,30 m mit dem Umfangmeßband. **(b)** Nur bei waagerechter Lage des Meßbandes ist die Umfangmessung fehlerfrei.

meist auf der einen Seite eine π-Teilung aufgedruckt, auf der anderen Seite eine Zentimeter-Teilung. Bei Benutzung der π-Teilung (1 Einheit = 3,14159 cm) kann bei der Umfangmessung unmittelbar der entsprechende Durchmesserwert in Zentimetern abgelesen werden (Umfang = d · π bzw. d = u/π). Die Ablesung des Umfangs erfolgt in Millimeter, wobei 1/10 mm mathematisch gerundet werden.

Auf Unregelmäßigkeiten des Stammquerschnittes in der Höhe 1,30 m (z. B. durch Pathogenbefall, Leistenbildung nach Bohrkernentnahmen, Verwachsungen) wird durch Ausweichen auf zwei Meßstellen reagiert, von denen eine unterhalb (d_u), eine andere oberhalb der mangelhaften Meßstelle (d_o) liegt. Auch diese ausweichenden Meßstellen werden dauerhaft markiert. Aus den zwei Ersatzwerten ergibt sich der wahrscheinliche Wert für $d_{1,3}$ durch Mittelbildung nach $d_{1,3} = (d_u + d_o)/2$. Meßwertverzerrungen durch systematische Stammverletzungen in Brusthöhe (z. B. durch Schälschäden, Rindenkratzen zur Schälschaden-Prophylaxe) können durch Anwendung von Hilfsbeziehungen vermieden werden. Hierzu werden an einem ungeschädigten Kollektiv die Durchmesserwerte sowohl in der Höhe 1,30 m ($d_{1,3}$) als auch in einer von den Schäden nicht betroffenen Höhe, zumeist über der $d_{1,3}$-Meßstelle, erhoben (d_o). Diese Meßwertpaare werden dann regressionsanalytisch in den Zusammenhang $d_{1,3} = f(d_o)$ gebracht, so daß aus dem d_o der geschädigten Bäume deren Brusthöhendurchmesser geschätzt werden kann. Ein solches Vorgehen setzt voraus, daß in der Ausweichhöhe, die beispielsweise bei 1,60 m oder 1,80 m liegen kann, keine Schädigung vorliegt und daß der Bestand ein ungeschädigtes Teilkollektiv für die Parametrisierung der Hilfsbeziehung enthält.

Durchmesserregistrierung mit permanenten Umfangmeßbändern

Eine Alternative zur Wiederholungsmessung mit Kluppe oder Umfangmeßband bilden permanent angebrachte Umfangmeßbänder (Bildtafel 28). Ungenauigkeiten durch Veränderungen der Meßstelle bei Wiederholungsaufnahmen werden bei dieser Meßtechnik ausgeschlossen. Denn die Meßbänder werden in Brusthöhe um den Baum gelegt und mit dem Ende durch eine am Bandanfang befindliche Schlaufe gezogen. Mit Hilfe einer Feder wird das Bandende gegen den Bandanfang gespannt, so daß das Meßband den Baum elastisch umfaßt und während der Beobachtungszeit an derselben Stelle liegen bleibt. Den Meßbändern ist eine π-Teilung für die Durchmesserablesung aus der Umfangmessung aufgedruckt (SPELSBERG, 1986; WEIHE, 1958 und 1968). Zwischen zwei Markierungen auf dem Meßband kann mittels einer Schieblehre die Änderung des Umfangs mit einer Genauigkeit von 10 μm abgelesen werden, was einem Durchmesserzuwachs von 3,18 μm entspricht. Daueruumfangmeßbänder werden in zunehmendem Maße für die Registrierung der jährlichen aber auch monatlichen oder wöchentlichen Umfangzuwächse eingesetzt (FRANZ et al., 1990).

4.2.3 Höhenmessung

4.2.3.1 Definition, Meßprinzip und Fehlerquellen

Definition

Die Baumhöhe ist als Höhenunterschied zwischen Baumspitze und Baumfußpunkt definiert. Mit der Länge des Baumes (l) ist die Höhe (h) nur bei lotrechtem Wuchs der Stammachse identisch; mit zunehmender Neigung des Baumes nimmt die Höhe bei gegebener Länge ab ($h \leq l$).

Meßprinzip

Bei der heute üblichen Höhenmessung nach dem trigonometrischen Prinzip, dem die Winkelfunktionen Tangens und Kosinus zugrunde liegt, wird vom Meßpunkt aus in einem ersten Schritt die horizontale Entfernung e zum Baumfußpunkt ermittelt, oder es wird eine feste Entfernung von 15 m, 20 m, 30 m oder 40 m zu diesem als Aufstellungspunkt gewählt. Die Entfernungsmessung erfolgt wahlweise mit Maßband, mit optischem Entfernungsmesser (z. B. beim Meßgerät nach BLUME-LEISS), mit Ultraschall (z. B. VERTEX) oder Laserstrahl (z. B. LEDHA-Meßgerät). In einem zweiten Schritt werden mit den genannten Geräten über Visuren zur Baumspitze und zum Stammfußpunkt die Winkel α_1 und α_2 erhoben (Abb. 4.4). Die Baumhöhe h wird dann aus den Teilstrecken $h_1 = \tan\alpha_1 \cdot e$ und $h_2 = \tan\alpha_2 \cdot e$ berechnet. Einige Meßgeräte sehen Visuren zur Baumspitze und zum $d_{1,3}$-Meßstrich in der Höhe 1,30 m vor. Ein solches Vorgehen ist von Vorteil, wenn der Stammfußpunkt wegen Verjüngung oder Bodenbewuchs

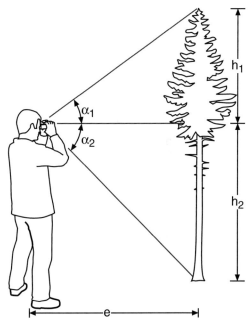

Abbildung 4.4 Messung der Baumhöhe nach dem trigonometrischen Prinzip. Zunächst wird die Horizontalentfernung e des Standpunktes vom Baum ermittelt, dann erfolgt eine Visur zur Baumspitze, eine zweite zum Stammfußpunkt. Über Winkelfunktionen wird die Baumhöhe h als Summe der zwei Teilhöhen h_1 und h_2 ermittelt.

aus der Meßentfernung nicht erkennbar ist. Zu den Teilstrecken h_1 und h_2 wird dann geräteintern die Strecke 1,30 m addiert. Um Gerätefehler rekonstruieren zu können, sollte im Versuchsflächenakt vermerkt werden, mit welchem Höhenmeßgerät die Messung erfolgte. Eine regelmäßige Kontrolle und gegebenenfalls Eichung aller Meßgeräte für die Versuchsflächenaufnahme sollte selbstverständlich sein.

Bei Bäumen mit einer Höhe bis zu etwa 6 m bietet sich als Alternative die Höhenmessung mit einer Teleskop-Höhenmeßstange an (Abb. 4.5). Diese wird von einer Person lotrecht an den Meßbaum gehalten und ausgefahren, eine zweite Person signalisiert aus geeigneter Distanz das Erreichen der Meßhöhe, woraufhin Person 1 den Meßwert abliest. Bei Höhen über 8 m wird diese Meßmethode zu anstrengend und umständlich.

Abbildung 4.5 Messung der Baumhöhe oder Rückmessung der Trieblängen mit der Teleskop-Höhenmeßstange.

Fehlerquellen

Da die Höhenmessung äußerst fehleranfällig ist und aufwendige Plausibilitätsprüfungen und Fehlerkorrekturen nach sich ziehen kann (vgl. Abschn. 7.3–7.5), sei auf die wichtigsten Fehlerquellen hingewiesen.

Falsche Meßrichtung Die wohl wichtigste Fehlerursache liegt in der mangelhaften Messung geneigter Bäume. Entscheidend ist bei diesen die Wahl der richtigen Meßrichtung. Brauchbare Meßergebnisse sind nur von Höhenvisuren zu erwarten, die im rechten Winkel zur Neigungsrichtung erfolgen. Jede Abweichung davon zieht einen Meßfehler nach sich, weil die Horizontaldistanz zur Baumspitze (Abstand zwischen Projektionspunkt der Baumspitze und Aufstellung des Meßgerätes) größer oder kleiner ist als die der Messung zugrundeliegende Basisentfernung e zum Stammfußpunkt. Es entstehen somit zwischen Stammfußpunkt, Baumspitze und Meßpunkt keine rechtwinkligen Dreiecke, wie sie die Berechnung der Teilhöhen h_1 und h_2 nach $h_i = \tan \alpha_i \cdot e$ voraussetzt. Die Visurwinkel werden mit der falschen Entfernung in Zusammenhang gebracht bzw. eine gegebene Basisentfernung mit dem falschen Visurwinkel. Ist der Baum vom Meßpunkt weg geneigt, so ist die Horizontaldistanz zur Baumspitze größer als die zum Stammfußpunkt, es entsteht ein negativer Winkelfehler, und der resultierende Höhenmeßwert ist zu gering. Ist der Baum zum Meßpunkt hin geneigt, so entsteht ein positiver Winkelfehler, und der Höhenmeßwert ist mit einem positiven Fehler behaftet. Je nach gewählter Meßdistanz vom Baum (15–30 m) und seiner Neigung (1 m bzw. 2 m Horizontaldistanz zwischen Stammfußpunkt und Baumspitze) liegt der prozentuale Höhenmeßfehler nach LOETSCH und HALLER (1964) zwischen −12,5% und +14,4%. Zur Vermeidung solcher beträchtlicher Fehler sollte bei Messungen an geneigten Bäumen streng darauf geachtet werden, daß zwischen Neigungs- und Meßrichtung grundsätzlich 90° liegen.

Gleichsetzung der Kronenperipherie mit der Baumspitze Aus der Perspektive des

Messenden ist insbesondere bei den kugelförmigen Kronen älterer Laubbäume, gewölbten Kronen von Altkiefern *Pinus silvestris* L. und Storchennestkronen bei Alttannen *Abies alba* Mill. die Baumspitze schwer erkennbar. Bei solchen Bäumen wird häufig fälschlicherweise der vom Boden aus sichtbare obere Randbereich der Krone mit der Baumspitze gleichgesetzt, was in der Regel zu positiven Fehlern, also zu einer Überschätzung der Höhe, führt. Wenngleich hierdurch der Zeitaufwand für die einzelne Messung erheblich ansteigt, sollte durch Vergrößerung der Meßentfernung und Aufsuchen des Standortes mit bestmöglicher Visur auf die Baumspitze diese fehlerträchtige Gleichsetzung von sichtbarer Kronenperipherie und Baumhöhe vermieden werden. Während wir vom Boden aus bei einem nahestehenden Hochhaus die Ausformung des Daches aufgrund der Perspektive nicht sehen können, ist bei Bäumen in unbelaubtem Zustand der Blick durch die Krone auf die Baumspitze möglich.

Fehlerhafte Entfernungsmessung Die Entfernung des Aufstellungspunktes vom Objekt sollte möglichst größer als die Höhe des Baumes sein. Ist die Entfernungsmessung zum Höhenmeßbaum mit einem positiven Fehler behaftet, ist also die wirkliche Entfernung e kleiner als der Meßwert e′, so wird die Baumhöhe überschätzt. Angenommen, die wirkliche Entfernung vom Meßpunkt zum Stammfußpunkt beträgt e = 20 m, es wurde aber ungenau gemessen und die falsche Entfernung e′ = 22 m ermittelt, dann besteht ein positiver Entfernungsfehler von Δe = 2 m. Nehmen wir weiter an, daß die Höhenvisur zur Baumspitze einen fehlerfreien Meßwinkel von $\alpha_1 = 30°$ erbringt. Die Berechnung der Höhenkomponente h_1 erbringt bei Zugrundelegung des richtigen Entfernungswertes h_1 = tan 30° × 20 m = 11,55 m, beim fehlerbehafteten Wert h'_1 = tan 30° × 22 m = 12,70 m, es resultiert also ein positiver Höhenmeßfehler von Δh_1 = +1,15 m. Ist die Entfernungsmessung zum Höhenmeßbaum mit einem negativen Fehler belastet, so drehen sich die Verhältnisse um, der Höhenmeßfehler ist negativ.

Fehlerhafte Entfernungsmessungen können bei der Entfernungsmessung mit dem Maßband durch unterlassene Hangkorrektur und bei der Entfernungsmessung per Ultraschall durch Effekte infolge Regen, Temperaturschwankungen, Hintergrundgeräuschen auf die Schallrückkehr-Messung zwischen Gerät und am Baum angebrachten Reflektor entstehen. Die Ultraschallmessung kann auch durch das Zirpen von Grillen bei ruhigem, heißem Sommerwetter beeinträchtigt werden.

Messung bei Wind Im Frühjahr und Herbst, den vorherrschenden Zeiten der ertragskundlichen Versuchsflächenaufnahmen, wird die Höhenmessung verstärkt durch Windbewegungen der Baumkrone beeinträchtigt. Da jede Abweichung der Baumspitze von der zugrundeliegenden Basisentfernung zu beträchtlichen Fehlern führt, sollten Höhenmessungen bei aufkommender Windbewegung eingestellt werden.

4.2.3.2 Auswahl der Höhenmeßbäume

Die Standardaufnahme beschränkt sich meist auf Höhenmessungen an einem Teilkollektiv, das je nach Bestandeshomogenität und Genauigkeitsanforderung einen Umfang von n = 15–40 Bäumen/Baumart hat (vgl. Abschn. 3.3.3). Die ausgewählten Höhenmeßbäume sollten gleichmäßig über das ganze Durchmesser- und Höhenspektrum verteilt sein. Um eine Verzerrung durch eventuelle Standortgradienten (z. B. Differenzen zwischen verarmten oberen Hanglagen und standörtlich begünstigtem Hangfuß) zu eliminieren, sollten die Meßbäume außerdem gleichmäßig über die Parzellenfläche verteilt sein. Wiederholungsaufnahmen der Baumhöhe sollten nach Möglichkeit an denselben Meßbäumen ausgeführt werden, wobei entnommene Höhenmeßbäume sukzessive durch Bäume ähnlicher Dimension ersetzt werden. Bäume mit abnormer Höhenentwicklung (u. a. Schnee- und Windbruch oder Zwiesel) sollten nicht in das Meßkollektiv einbezogen werden.

Höhenmessungen an stehenden Bäumen sind nach Möglichkeit durch Längenmessungen an liegenden Durchforstungsstämmen zu ergänzen. Die Messung von Gesamtlänge, Kronenansatz und Höhentrieblängen erbringt eine wertvolle Datenbasis für Plausibilitätsprüfungen, Fehlerkorrekturen der Höhenmessungen und Höhenkurven aus Wiederholungsaufnahmen (vgl. Abschn. 7.3–7.5). Bei der Verwendung der an liegenden Bäumen retrospektiv gewonnenen Längenentwicklung für die Fehlerkorrektur kann der Unterschied zwischen Länge und Höhe beispielsweise durch Prozentuierung ausgeschaltet werden (vgl. Abschn. 7.3).

4.2.4 Ausscheidender Bestand, Stockinventur und Totholzaufnahme

4.2.4.1 Ausscheidender Bestand

Bei Erstaufnahmen werden alle abgestorbenen Bäume registriert. Bei Wiederholungsaufnahmen zählen die Bäume zum ausscheidenden Bestand, die seit der letzten Aufnahme abgestorben sind oder zur Versuchssteuerung entnommen wurden. Indem jede Baumnummer bei jeder Aufnahme eine erste Kennung erhält, die den Verbleib im Bestand oder das Ausscheiden anzeigt, und eine zweite Kennung, die den Grund des Ausscheidens festhält (z. B. natürliche Mortalität, Durchforstung), wird die fortschreitende Differenzierung der Bestandesstruktur vollständig dokumentiert.

4.2.4.2 Stockinventur

Bei Erstaufnahmen werden zur Rekonstruktion der jüngeren Bestandesgeschichte und Quantifizierung des ausgeschiedenen Bestandes die Stöcke inventarisiert. Diese Inventur umfaßt im einzelnen die Position der Stöcke (x-, y- und z-Koordinaten), ihre Baumart, Stockdurchmesser (Messung oder Anschätzung) und Alter der Stöcke (Anzahl der vergangenen Jahre seit Entnahme des Baumes). Die Altersansprache erfolgt in der Regel in Fünf-Jahres-Stufen: <5 Jahre, 5–10 Jahre, 10–15 Jahre, 15–20 Jahre usw. Die Altersbestimmung an Stöcken gestaltet sich häufig als schwierig, weil die Verrottung stark u. a. von Baumart, Jahrringaufbau und Standort abhängt. Aufzeichnungen des Forstamtes über Durchforstungen, Kalamitäten, Endnutzungen können bei der Datierung hilfreich sein. Soweit erkennbar, wird auch der Entstehungsgrund der Stöcke registriert, z. B. Durchforstung, Windwurf, Endnutzung des Vorbestandes.

Die Grundflächen und Volumenbestimmung des ausscheidenden Bestandes erfordern eine $d_{1,3}$-Rekonstruktion aus dem Stockdurchmesser. Von je Baumart und Parzelle etwa 30 Bäumen des verbleibenden Altbestandes werden über das gesamte Durchmesserspektrum hinweg Brusthöhendurchmesser und Baumdurchmesser in Stockhöhe (etwa 20–30 cm über der Bodenoberfläche und auf Millimeter genau) gemessen. Diese $d_{1,3}$-$d_{Stockhöhe}$-Meßwertpaare werden in eine Regression $d_{1,3} = f(d_{Stockhöhe})$ umgesetzt, mit der von Stockdurchmessern auf die nicht mehr verfügbaren Brusthöhendurchmesser geschlossen werden kann. Die Grundflächenbestimmung des ausscheidenden Bestandes erfolgt dann auf der Grundlage der $d_{1,3}$-Werte aller Stöcke, die Voluminierung auf der Grundlage der $d_{1,3}$-Werte, den aus Höhenkurven abgeleiteten Baumhöhen und aus Formzahlfunktionen abgeleiteten $f_{1,3}$-Werten nach den in Kapitel 7 ausgeführten Verfahren.

4.2.4.3 Totholzaufnahme

Die Vermessung stehenden Totholzes umfaßt die Bestimmung der $d_{1,3}$-Werte in Millimeter, der Höhe des Stammes bzw. Stumpfes in Dezimeter, der Baumart, Stammfußkoordinaten in Dezimeter und des Zersetzungsgrades. Unterschieden werden die Zersetzungsgrade:
1 frisch abgestorben: Verrottung erst seit 1–2 Jahren,
2 beginnende Zersetzung: Rinde lose am Stamm, Holz noch beilfest, Kernfäule ≤ 1/3 des Stammdurchmessers,
3 fortgeschrittene Zersetzung: Splint weich, Kern nur noch teilweise beilfest, Kernfäule > 1/3 des Stammdurchmessers,
4 stark vermodert: Holz durchgehend weich, Peripherie des Stammquerschnitts aufgelöst.

Zum liegenden Totholz rechnet das bayerische Ertragskundliche Versuchswesen Stämme und Stammteile mit einem Mindestdurchmesser von 100 mm am stärkeren Ende und einer Mindestlänge von 1 m. Durch diese Beschränkung wird der Aufwand der Totholzinventur wirkungsvoll begrenzt, ohne daß größere Totholzvolumina unberücksichtigt bleiben. Die Aufnahme des Totholzes umfaßt eine Numerierung von Stämmen und Stammteilen, mit einer Nummernfolge, die sich von der des verbleibenden Altbestandes und der Verjüngung abhebt (z. B. Beginn mit 800). Von jedem Stamm und Stammteil werden der obere und untere Durchmesser in Millimeter, die Länge in Dezimeter, Baumart (zumindest eine Zuordnung nach Laub- oder Nadelholz), der Zersetzungsgrad nach der Rangskala 1–4 und die Koordinaten des Anfangs- und Endpunktes in Dezimeter erhoben.

4.2.5 Erfassung der Kronen

Bewährte Maße zur Charakterisierung von Baumkronen sind die Baumhöhe, Kronenansatzhöhe und Kronenradien. Der Kronenansatz ist definiert als Ansatzhöhe des untersten grünen Primärastes. Wasserreiser, Klebäste und Zwieselbildung haben keinen Einfluß auf die Festlegung des Kronenansatzes. Steiläste hingegen können den Kronenansatz bestimmen; von Zwieselbildungen unterscheiden sie sich durch ihren geringeren Durchmesser und ihre subdominante Stellung, so daß sie in der Regel nicht bestimmend für die Baumhöhe sind. Die Messung der Kronenansatzhöhe erfolgt nach den Regeln der Baumhöhenmessung (Abb. 4.4) auf Dezimeter genau. Häufig wird aber zu ihrer besseren Erkennung die Basisentfernung zum Baum verringert. Bei Laubholz und Lärche sind lebende von toten Ästen vor Laubaustrieb kaum zu unterscheiden, so daß sich die Kronenansatzhöhenmessung nach Austrieb empfiehlt, die Messung der Baumhöhe aus Gründen der Sichtbarkeit vor Laub- bzw. Nadelaustrieb.

Kronenradienablotung Für die Bestimmung der Kronenradien bieten sich zwei Verfahren an:

- Die Tangential-Hochblick-Methode (PREUHSLER, 1979) ist mit geringem Zeitaufwand durchführbar, aber mit größeren Ungenauigkeiten belastet.
- Die Ablotung mit dem Dachlot oder Kronenspiegel ist sehr genau, aber zeitraubend (RÖHLE und HUBER, 1985; RÖHLE, 1986).

Bei der Kronenablotung werden in definierten Himmelsrichtungen jeweils die maximalen Kronenradien erfaßt, unabhängig von deren Ansatzhöhe am Stamm (Abb. 4.6). Eine detailliertere Erfassung der Kronenradien in unterschiedlichen Baumhöhen, der Kronenform und der Abgrenzung zwischen Licht- und Schattenkrone ermöglichen die Methode des Kronenfensters (ĎURSKÝ, 2000; ESPER, 1998; HUSSEIN et al., 2000) oder photogrammetrische Verfahren (HENDRICH, 1996; REIDELSTÜRZ, 1997). Im Rahmen der Versuchsflächenaufnahmen sind Kronenablotungen in vier (N, O, S und W) oder acht Himmelsrichtungen (N, NO, ..., W, NW) üblich. In stammzahlreichen, jungen Beständen beschränkt man die Anzahl der Radien häufig auf die vier Haupthimmelsrichtungen (N, O, S, W). Die Messung der Radienlänge erfolgt in Dezimeter.

Zur Ablotung hält eine der zwei erforderlichen Meßpersonen den Nullpunkt des Maßbandes an den Baum und weist von dort aus, mittels eines Kompaß, die zweite Person in die jeweiligen Meßrichtungen (N, NO, ..., W, NW) ein. In dieser Meßrichtung entfernt sich die zweite Meßperson so lange vom Baumfußpunkt, bis sie genau unter dem Rand der Krone steht. Genaues Anvisieren des Kronenrandes und dessen Projektion auf den Boden erbringt den Kronenradius in der fraglichen Meßrichtung, der dann auf dem mitgeführten Maßband abzulesen ist (Abb. 4.6, rechts).

Bei der Tangential-Hochblick-Methode (PREUHSLER, 1979) erfolgt die Projektion ohne optisches Meßgerät. Die Bezeichnung der Methode ist darin begründet, daß die ablotende Meßperson auf dem Meßradius steht und beim Hochblicken tangential entlang des Kronenrandes visiert, um diesen auf den Boden zu projizieren (Abb. 4.6, rechts).

Die Ablotung ist wesentlich genauer, wenn sie mit optischem Gerät, z. B. Dachlot oder

4 Anlage und Aufnahme von Versuchsflächen

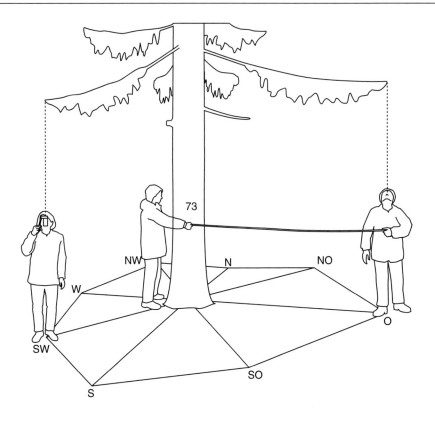

Abbildung 4.6 Ablotung von Baumkronen mit der Tangential-Hochblick-Methode (rechts) und dem Dachlot (links). In vier oder acht Himmelsrichtungen (N, O, S, W bzw. N, NO, O bis NW) wird die äußerste Peripherie der Krone auf den Boden projiziert. Es resultiert die Kronenprojektionsfläche.

Kronenspiegel erfolgt (Abb. 4.6, links). Liegt der Stammfuß bei extremem Schiefstand des Baumes außerhalb der Kronenprojektionsfläche, so wird zunächst der geschätzte Kronenmittelpunkt auf den Boden projiziert und anstelle des Stammfußpunktes als Ausgangspunkt für die Radienbestimmung gewählt. Anschließend wird die Position des Kronenschwerpunktes in Dezimeter bestimmt.

Aufgrund der beträchtlichen Streuung und Verzerrung der Kronenradienmessung nach der Tangential-Hochblick-Methode (Variationskoeffizienten der erfaßten Kronengrundflächen 50–100%, Verzerrung –21 bis +62%)

empfiehlt RÖHLE (1986), die Kronenablotung mit dem Dachlot und in mindestens vier Himmelsrichtungen vorzunehmen.

Möglich ist allerdings auch eine Kombination aus Hochblick- und Dachlotmessung, wodurch die Ungenauigkeiten der Hochblick-Methode deutlich gemindert werden können. Es werden dazu etwa 10% der abzulotenden Bäume mit dem Kronenspiegel oder dem Dachlot erfaßt, um die Ergebnisse der Tangential-Hochblick-Methode abzusichern. Eine wiederholte Messung mit beiden Methoden erlaubt Aussagen über die Meßgenauigkeit. Nach mehreren Messungen mit der Tangential-Hochblick-Methode sollten immer wieder Kontrollmessungen mit dem Dachlot erfolgen. Erfahrungen zeigen, daß solche Kontrollmessungen oder ein Übergang zur Dachlotmessung insbesondere in geneigtem Gelände zu empfehlen sind.

4.2.6 Baum- und Schaftgüteklassen

Zum Standardaufnahmeprogramm auf langfristigen Versuchsflächen gehört die Klassifizierung der Bäume hinsichtlich ihrer sozialen Stellung oder Schaftgüte. Die Stammklassen der Hochwaldbestände nach KRAFT (1884) ordnen Einzelbäumen nach den Kriterien Baumhöhe und Entwicklungsstand der Krone in die Klassen 1, 2, 3, 4a oder b und 5a oder b ein, die von „vorherrschend" bis „ganz unterständig mit absterbenden oder abgestorbenen Kronen" reichen (vgl. Abschn. 5.1.1, Abb. 5.3). Die kombinierten Baum- und Schaftgüteklassen des VEREINS DEUTSCHER FORSTLICHER VERSUCHSANSTALTEN (1902) unterscheiden die Klassen 1–5, die von „herrschenden Stämmen mit normaler Kronenentwickelung und guter Stammform", „herrschenden Stämmen mit abnormer Kronenentwickelung oder schlechter Stammform" bis zu „beherrschten Stämmen, die absterben oder abgestorben sind" reichen (vgl. Abschn. 5.1.2). Die Klassifikationsergebnisse dienen der Beschreibung der Bestandesstruktur und – indem sich Durchforstungsregeln auf Baum- und Schaftgüteklassen stützen – auch der Steuerung der Bestandesentwicklung. Deshalb werden diese Verfahren der Baum- und Schaftgüteklassifizierung im Zusammenhang mit der Steuerung von Versuchen besprochen (vgl. Kap. 5).

4.2.7 Äußere Kennzeichen der Holzqualität

Die folgende Darstellung beschränkt sich auf die wichtigsten quantitativen und qualitativen Indikatoren für die Holzqualität, die an stehenden oder liegenden Stämmen auf langfristigen Versuchsflächen vermessen bzw. geschätzt werden. Wir beschränken uns dabei auf die im Rahmen der routinemäßigen Versuchsflächenaufnahmen erfaßbaren Schlüsselmerkmale; verfeinerte Aufnahmen können u. a. den Arbeiten von STEPIEN et al. (1998) und WIEGARD et al. (1997) entnommen werden. Zu den Schlüsselmerkmalen zählen:
- Abmessung und Form des Stammes,
- Beastung,
- Eigenschaften des Querschnittes und
- Erscheinungsbild der berindeten Stammoberfläche.

Zur Vertiefung der Qualitätsansprache von liegendem Rund- und Schnittholz sei auf KNIGGE und SCHULZ (1966) oder die europäischen Normen der Rund- und Schnittholz-Sortierung (Comité Européen de Normalisation, 1996 und 1998) verwiesen.

4.2.7.1 Abmessung und Form des Stammes

Neben den bereits behandelten Durchmesser- und Höhenangaben interessieren aus verwertungstechnischen Gesichtspunkten v. a. die Merkmale Zwieselung und Krümmung.

Zwieselbildung

Bei den Stammformen werden unterschieden:
- Tiefzwiesel (< 33% der Baumhöhe),
- Mittelzwiesel (33–66% der Baumhöhe),
- Hochzwiesel (> 66% der Baumhöhe).

Krümmung

Zur Einschätzung oder Messung eventueller Krümmungen von Stämmen denkt bzw. spannt man zwischen Fuß und Zopf des Stammes eine Gerade oder Schnur. Je nach Art der Abweichung zwischen der Stammachse und der gespannten Schnur spricht man von zweischnürigen (geraden), einschnürigen oder unschnürigen Stämmen oder Abschnitten. Zweischnürigkeit (Geradheit) ist dann gegeben, wenn zwischen der gespannten oder gedachten Schnur (Abb. 4.7a, durchgezogene Linie) und der Stammachse (gestrichelte Linie) keine Abweichungen bestehen.

4 Anlage und Aufnahme von Versuchsflächen

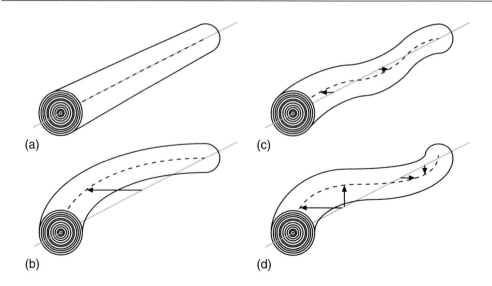

Abbildung 4.7 a–d Zur Einschätzung oder Messung eventueller Krümmungen von Stämmen werden zwischen Fuß und Zopf des betrachteten Stammes oder Abschnittes eine Gerade oder Schnur gespannt oder gedacht und die Abweichungen zwischen Schnur und Stammachse beurteilt. Die Referenzlinie ist grau eingetragen, die Stammachse schwarz gestrichelt, und die Abweichungen zwischen Schnur und Stammachse sind durch Pfeile hervorgehoben. **(a)** Zweischnürigkeit (Geradheit); **(b)** Einschnürigkeit als Säbelwuchs (bogige Krümmung auf einer Ebene); **(c)** Einschnürigkeit als Schlängelwuchs (schlangenförmige Krümmung auf einer Ebene); **(d)** Unschnürigkeit (Krümmung auf mehreren Ebenen).

Von Einschnürigkeit spricht man, wenn eine Krümmung in nur einer Ebene verläuft, die Stammachse also nur in einer Richtung von der gedachten Geraden abweicht (Pfeile in Abb. 4.7). Bei Vorliegen von Einschnürigkeit unterscheidet man weiter bogige und schlängelwüchsige Formen. Von Bogigkeit oder Säbelwuchs spricht man, wenn eine andauernde Krümmung in einer Ebene gegeben ist (Abb. 4.7b). Da der Säbelwuchs bei einigen Holzarten ein Sortierungskriterium darstellt, wird auch der Grad des Säbelwuchses gemessen. Dazu wird die weiteste Abweichung zwischen Stammachse und gespannter Schnur (in Zentimeter) durch die betrachtete Stammlänge (in Meter) geteilt. Bei Schlängelwuchs liegt eine wechselnde Krümmung in einer Ebene vor (Abb. 4.7 c). Unschnürigkeit (mehrseitige Krümmung) liegt vor, wenn die Krümmung in mehreren Ebenen verläuft, die Stammachse also in mehreren Richtungen von der gedachten Schnur abweicht (Abb. 4.7 d).

Die Krümmung der Stammachse läßt sich beispielsweise wie folgt einstufen:
- gerade (zweischnürig),
- mehrseitig gekrümmt (unschnürig),
- Säbelwuchs (bogig, einschnürig) ≤ 2 cm/lfd. M.,
- Säbelwuchs (bogig, einschnürig) >2–4 cm/ lfd. M.,
- Säbelwuchs (bogig, einschnürig) >4 cm/ lfd. M.,
- Schlängelwuchs (wechselnde Krümmung, einschnürig).

4.2.7.2 Beastung

Die Erfassung der Astigkeit erfolgt in den meisten Fällen an stehenden Bäumen, da dieses Merkmal in seiner langfristigen Entwicklung von der Jugend bis zum Erntealter von Interesse ist. Die Einwertung erfolgt in einem Stammhöhenbereich bis zu 8 oder 10 m, der verwertungstechnisch besonders relevant ist. Grundsätzlich ist anzugeben, ob sich die Ansprache auf lebende oder tote Äste bezieht. Nachfolgend wird die Einschätzung der Astigkeit am Beispiel des Nadelholzes vorgestellt, da bei diesem die Astreinigung besonders langsam verläuft.

Kronenansatzhöhe Bei der Erfassung des beginnenden Grünastbereiches wird die Höhe des untersten Quirls auf Dezimeter genau gemessen, der mindestens einen grünen Ast besitzt (vgl. Abschn. 4.2.5). Die Totastansatzhöhe bezeichnet die Ansatzhöhe des tiefsten Totastes, der noch als Stumpf von mindestens 1 cm Länge sichtbar ist.

Aststärke Die Aststärke kann in ihrer Zugehörigkeit zu einer Stufe oder stetig in Millimeter z. B. mit einer Schieblehre erfaßt werden und schließt – ohne Spezifizierung – die Rindenstärke mit ein. Die Anzahl der dabei erfaßten Äste ist von der Fragestellung abhängig und muß vorab klar definiert werden. Sowohl bei der Messung der Aststärken, als auch bei der Bestimmung der Astwinkel sollte die richtungsmäßige Orientierung der Äste (Azimutwinkel, Stellung zum Reihenverlauf usw.) festgehalten werden. Der Astquerschnitt wird grundsätzlich rechtwinklig zur Astachse bestimmt. Seine Abmessung darf nicht mehr durch den Astwulst beeinflußt sein, was bei einer Messung in etwa 5 cm Entfernung vom Stamm gewährleistet ist. Bei der okularen Einschätzung der Aststärken haben sich drei Stufen bewährt:
- feinastig mit einem Querschnitt < 1 cm,
- normalastig mit einem Querschnitt von 1–2 cm und
- grobastig mit einem Querschnitt > 2 cm.

Astwinkel Der Astwinkel – die Neigung der Astachse gegenüber der Horizontalen – kann stufenweise oder stetig in Altgrad beispielsweise mit einem Tafel-Geodreieck erfaßt werden. Bei der okularen Einschätzung haben sich drei Stufen bewährt:
- Astwinkel waagerecht oder fallend (Winkel < 0°),
- Astwinkel mäßig steil (Winkel 0–30°) und
- Astwinkel steil (Winkel > 30°).

Wasserreiser Wasserreiser treiben nachträglich aus Adventivknospen am Stamm aus, zählen nicht zu den primären Ästen und bleiben häufig deutlich unterhalb der Kronenansatzhöhe. Da sie einerseits eine gewisse Einschränkung der Stammqualität zur Folge haben und andererseits den Assimilationsapparat vergrößern, zielt ihre Beschreibung auf:
- den Höhenbereich ihres Auftretens (untere und obere Grenze ihres Auftretens in Dezimeter),
- die Anzahl von Wasserreisern (z. B. Gesamtanzahl oder Stück/lfd. M.) und
- den mittleren Durchmesser der Wasserreiser.

4.2.7.3 Eigenschaften des Querschnitts

Bei der Aufnahme langfristiger Versuchsflächen liefern Stammquerschnittsmessungen Aussagen zu Abholzigkeit und Exzentrizität. Differenzierte Ansprachen der Querschnittsfläche erbringen u. a. Aussagen über:
- Gleichmäßigkeit des Jahrringmusters,
- Farbe,
- Falschkern,
- Kern/Splint-Verhältnis,
- Rißbildungen,
- astfreie Querschnittsflächen und
- Fäulen.

Abholzigkeit Die Abholzigkeit wird in Millimeter je laufenden Meter (mm/lfd. M.) angegeben und läßt sich am einfachsten unter Einbezug des Brusthöhendurchmessers und einer höher liegenden Durchmessermessung bestimmen. Häufig wird zur Ermittlung des letzteren eine Finnkluppe verwendet. Sie erlaubt die Durchmesserbestimmung auf den Zentimeter genau in verschiedenen Baumhöhen (z. B. $d_{7,0}$ in 7 m Höhe). Dabei ist darauf zu achten, daß die Haltestange parallel und damit das Meßschild senkrecht zur Stammachse gehalten wird. Rechnerisch resultiert die Abholzigkeit aus der absoluten Differenz der beiden Durchmesserwerte, geteilt durch die Entfernung zwischen den Meßpunkten. Wird nicht der Brusthöhendurchmesser verwendet, sollte bei der bodennahen Messung der unterste Stammanlauf – bis etwa 0,5 m – ausgespart werden. Eine genaue Ermittlung der Abholzigkeit ist durch die sektionsweise Kubierung möglich (vgl. Abschn. 4.4.1).

Exzentrität Ovale oder exzentrische Stammquerschnitte gehen auf Abweichungen des Markes vom geometrischen Zentrum der Querschnittsfläche (Schnittpunkt vom größten und kleinsten Durchmesser) zurück. Der größte und kleinste Durchmesser läßt sich am besten mit der Kluppe auf Millimeter genau messen. Erfolgt die Kluppung nicht in Brusthöhe, muß zusätzlich die Meßhöhe in Dezimeter angegeben werden. Natürlich kann die Exzentrität auch am liegenden Stamm registriert werden und ist dann häufig Bestandteil der Vermessung von Probestämmen (vgl. Abschn. 4.4).

4.2.7.4 Merkmale der berindeten Stammoberfläche

Bei der Ansprache der nachfolgend genannten Merkmale sollte jeweils die Baumhöhe bzw. -länge und die Häufigkeit registriert werden, mit der diese Merkmale auftreten.

Astbeulen Bei einer Astbeule handelt es sich um eine Erhöhung des Stammantels, die zumeist auf die Überwallung eines Astes zurückgeht. Die Länge der Beule entspricht ihrer größten Ausdehnung in Längsrichtung, die Beulenhöhe (Höhe der Aufwölbung) dem Abstand zwischen Stammantel und der dazu in Beulenhöhe verlaufenden Parallelen.

Chinesenbärte Als Chinesenbart wird eine beiderseits der Astnarbe (Siegel) bei glattrindigen Holzarten, z. B. Buche *Fagus silvatica* L., bartförmig verlaufende Rindenquetschfalte meßbarer Breite und Länge bezeichnet.

Siegel und Rosen Beim Siegel wird die Länge in Richtung der Stammachse, also die Distanz zwischen oberer und unterer Begrenzung der Astnarbe auf dem Stammantel bestimmt. Bei grobrindigen Holzarten, wie der Eiche *Quercus petraea* (Mattuschka) Liebl., wird diese Form der Astnarbe als Rose bezeichnet. Weicht die Form der Astnarbe stark von einem Kreis ab, sollte als zusätzlicher Wert deren Ausdehnung senkrecht zum Schaftverlauf festgehalten werden.

Nägel Dabei handelt es sich um aus schlafenden Augen (Präventivknospen) entstandene und wieder abgestorbene, braune Stiftäste im Holz von Eichen *Quercus petraea* (Mattuschka) Liebl. oder Lärchen *Larix decidua* Mill. Ihr Vorhandensein sollte registriert bzw. ihre Anzahl je laufenden Meter Stammlänge ermittelt werden.

Drehwuchs Der Drehwuchs wird in Zentimeter je laufenden Meter (cm/lfd. M.) angegeben und definiert die Abweichung der Faserrichtung (soweit dieser am Rindenbild erkenntlich ist) von einer idealen, zur Stammachse parallel verlaufenden Linie. Wird beispielsweise nach 2 m eine Abweichung von 4 cm bestimmt, resultiert ein Drehwuchs von 2 cm/lfd. M.

4.2.8 Kronenverlichtung, Vergilbung, Schadstufenangabe

Als Hauptkriterien für die terrestrische Ansprache des Kronenzustandes haben sich die Kronenverlichtung, ausgedrückt in Blatt- bzw. Nadelverlusten der Bäume, und der Grad ihrer Vergilbung durchgesetzt, weil sie einfach erfaßbare Parameter der Fitneß darstellen. Kronenverlichtung und Vergilbung sind, ähnlich wie der laufende Zuwachs, unspezifische Fitneßparameter; von ihrer Ausprägung kann nicht eindeutig auf die Schadensursache geschlossen werden. Sie haben aber eine Signalfunktion inne, indem ihre langfristige Veränderung Störungen des Ökosystems anzeigt. Deshalb steckt ein besonderer Wert in langfristigen Zeitreihen solcher Bonituren. Auf dauerhaft beobachteten Versuchsflächen werden seit der Gründerzeit des Ertragskundlichen Versuchswesens immer wieder vereinzelt Ansprachen der Kronenverlichtung und Nadelvergilbung durchgeführt, aber erst mit Einsetzen der Waldschadensforschung in den Jahren 1970–1980 wurden solche Kronenzustandserhebungen auf langfristigen Versuchsflächen systematisch eingeführt. Die prinzipielle Brauchbarkeit der Taxationsresultate bestätigen Fehleruntersuchungen (MAYER, 1999; SCHÖPFER und HRADETZKY, 1983 und 1988), Vergleiche zwischen terrestrischer Ansprache der Belaubungs- bzw. Benadlungsdichte und Biomassenanalysen an geernteten Probebäumen (ECKMÜLLER, 1988; RÖHLE, 1987) und Nachweise von korrelativen Zusammenhängen zwischen Schätzungen der Kronentransparenz und des Jahreszuwachses (u. a. RÖHLE, 1987; PRETZSCH und UTSCHIG, 1989; UTSCHIG, 1989).

Kronenverlichtung und Vergilbung

Aus Gründen der Vergleichbarkeit sollten sich die Ansprache von Kronenverlichtung und Vergilbung und die Schadstufeneinteilung an dem internationalen Standard der jährlichen Waldzustandserhebungen orientieren (INTERNATIONAL COOPERATIVE PROGRAMME ON ASSESSMENT AND MONITORING OF AIR POLLUTION EFFECTS ON FORESTS, 1997).

Das Kriterium Blatt- bzw. Nadelvergilbung wird angesprochen, indem der prozentuale Anteil vergilbter Blätter und Nadeln geschätzt wird (Bildtafel 24). Diese Einschätzung erfolgt in 5%-Stufen (Stufe 1: 0–5% der Blätter bzw. Nadeln sind vergilbt, Stufe 2: 6–10%, usw.).

Bei der Einschätzung des relativen Nadel- und Blattverlustes (Ansprache in 21 Stufen: 0–5%, 6–10%, ..., 91–95%, 96–99%, 100% für abgestorben) richtet sich der Blick auf die Durchsichtigkeit der Krone aufgrund von fehlenden Nadeljahrgängen, Fenstereffekten, Verkürzungen der Nadeln, Verkleinerungen und Fehlen der Blätter, reduzierten Verzweigungen, verstärktem Auftreten von Trockenästen und Absterben ganzer Kronenteile oder des Baumes insgesamt. Der Boniturbereich, d. h. der Kronenbereich, der zur Beurteilung der Vergilbungs- und Verlustprozente herangezogen wird, ist im wesentlichen die Lichtkrone. Stark beschattete und durch mechanische Beschädigung beeinträchtigte Kronenteile werden in die Beurteilung nicht einbezogen.

Als Referenz wird der Einschätzung die wuchsplatzbezogen bestmögliche Belaubung bzw. Benadelung zugrunde gelegt (0%ige Kronenverlichtung). Eine solche lokale Definition des Referenzbaumes berücksichtigt also Kronenaufbau, Entwicklungsphase und Konkurrenzsituation des zu beurteilenden Baumes. Die Kronenverlichtung des zu beurteilenden Baumes wird in Prozent der imaginären Vollbelaubung bzw. Vollbenadelung geschätzt, der von einem bestmöglich belaubten Baum an demselben Wuchsplatz (identischer Kronenaufbau, allometrischer Entwicklungszustand usw.) zu erwarten wäre. Fotoserien können einen Eindruck vom Aussehen bestmöglich belaubter bzw. benadelter Bäume vermitteln, sie zeigen aber bestmögliche Bäume einer Art oder eines Genotyps unabhängig vom konkreten Wuchsplatz und sind allenfalls als absolute Referenz hilfreich. Außerdem stellen die nach zunehmender Kronenverlichtung sortierten Bilder ein gewisses Hilfsmittel zur Kronenbeurteilung dar (Bildtafel 24). Taxatoren sollten sich aber nicht an dieser absoluten Referenz, sondern an der wuchsplatzbezogenen relativen Referenz orientieren.

Schadstufen

Zur Vereinfachung der umweltpolitischen Ergebniserstattung werden die 21 möglichen 5%-Verlichtungsstufen zu den fünf in Tabelle 4.2 angegebenen Schadstufen kombiniert:

Tabelle 4.2 Schadstufen des relativen Blatt-/Nadelverlustes nach BUNDESMINISTERIUM FÜR ERNÄHRUNG, LANDWIRTSCHAFT UND FORSTEN (1993).

Schadstufe	Nadel-/Blattverlust	Bezeichnung	
0	0–10%	ohne Schadensmerkmale	
1	11–25%	schwach geschädigt	(Warnstufe)
2	26–60%	mittelstark geschädigt	
3	61–99%	stark geschädigt	deutlich geschädigt
4	100%	abgestorben	

Tabelle 4.3 Kombinierte Schadstufen aus Kronenverlichtung (Verluststufe) und Vergilbung/Chlorose (Vergilbungsstufe) nach BUNDESMINISTERIUM FÜR ERNÄHRUNG, LANDWIRTSCHAFT UND FORSTEN (1993).

Nadel-/Blattverluststufe	Vergilbungsstufe (Anteil der vergilbten Nadel-/Blattmasse)		
	1 (11–25%)	2 (26–60%)	3 (61–100%)
0	0	1	2
1	1	2	2
2	2	3	3
3	3	3	3
4	4	4	4

0 = ohne Schadensmerkmale,
1 = schwach geschädigt,
2 = mittelstark geschädigt,
3 = stark geschädigt und
4 = abgestorben.

Die endgültigen Blatt- und Nadelverluststufen ergeben sich durch Zuordnung der Probebäume zu kombinierten Schadstufen; nach der in Tabelle 4.3 festgehaltenen Regel werden Blatt- bzw. Nadelverluststufen und Vergilbungsstufen zusammengeführt (BUNDESMINISTERIUM FÜR ERNÄHRUNG, LANDWIRTSCHAFT UND FORSTEN, 1993).

Blatt- bzw. Nadelverlustschätzung auf langfristigen Versuchsflächen

Auf langfristigen Versuchsflächen steht die Ansprache der Blatt- und Nadelverluste nach 5%-Stufen im Vordergrund, auf die Kombination mit Vergilbungsstufen und Umrechnung auf Schadstufen wird im allgemeinen verzichtet. Die höher auflösende Ansprache nach 5%-Stufen und eventuelle Ansprachen der Vergilbung nach 5%-Stufen sollte in jedem Fall in Form der Primärdaten erhalten bleiben, eine sekundäre Zusammenfassung in Stufen unterschiedlicher Breite oder eine Kombination mit dem Kriterium Vergilbung ist dann nach beliebigen Regeln möglich. Die im Rahmen der Waldzustandserfassung übliche Zusammenfassung nach Stufen ungleicher Breite erschwert die Auswertbarkeit, ist gleichbedeutend mit einem Informationsverlust und sollte mit den Erhebungsdaten auf langfristigen Versuchsflächen allenfalls für Vergleichszwecke durchgeführt werden, ohne daß jedoch auf die Dokumentation der 5%-Stufen verzichtet wird.

Die terrestrische Ansprache von Kronenverlichtung und Vergilbung auf langfristigen Versuchsflächen ergänzt deren Datenfundus an standort-, bestandes- und baumbezogenen Merkmalen. Verfahren der Schadensdiagnose stratifizieren anhand dieser Kriterien Referenzkollektiv und geschädigte Bäume (vgl. Kap. 12). Kronenverlichtung oder Schadstufe sollten nie als alleiniges Kriterium für die Vitalität oder Fitneß von Bäumen herangezogen werden, denn sie variieren ganz erheblich nach standörtlichen Bedingungen, waldbaulicher Behandlung, Genotyp usw. Außerdem äußert sich Fitneß nicht allein in Zuwachs, Blatt- und Nadelwachstum. Vielmehr können Pflanzen ihre Fitneß auch erhöhen, indem sie von Wachstum auf Risikovorsorge oder Reparatur umstellen, indem sie dann – auf Kosten von Wachstum und Raumbesetzung – zunehmend Stoffe im Sekundärstoffwechsel bilden (HERMS und MATTSON, 1992). Für die Einschätzung der Fitneß von Wäldern ist deshalb die terrestrische Waldschadenserhebung alleine wenig aussagekräftig (EXPERTENGRUPPE WALDZUSTANDSERFASSUNG, 1997). Auf langfristigen Versuchsflächen liefern Kronenverlichtung und Vergilbungsstufe als zwei von vielen anderen bekannten Parametern der Einzelbaum- und Bestandesanalyse und Bewertung eine nützliche Zusatzinformation für eine nachgeschaltete Differentialdiagnose (vgl. Kap. 12).

Sonstige Schäden

Hierbei handelt es sich um abiotische und biotische Schäden infolge verschiedener Ursachen. Unterschieden werden folgende Kategorien und Ursachen:

- Brüche: Wipfel- und Stammbrüche, durch Wind, Sturm, Schnee oder unbekannte Ursache,
- Stammrisse: Risse durch Frost, Zuwachsbohrung, Blitzschlag, starke Freistellung, unbekannte Ursachen,
- Rindenschäden: Verletzungen durch Fällung, Rücken, Schälen des Wildes, Pathogenbefall, unbekannte Ursachen und
- sonstige biotische und abiotische Schäden: Käferbefall, Schneedruck, Rotfäule, Raupenfraß, Wipfelköpfung usw.

4.2.9 Zuwachsbohrung

Bohrkerne oder Stammscheiben bilden das Ausgangsmaterial für die Beschreibung und Analyse der Zuwachsentwicklung und für die Diagnose von Zuwachsstörungen (vgl. Kap. 12). Zuwachsbohrungen schädigen den Baum und sollten daher auf langfristigen Versuchsflächen an ausscheidenden Bäumen erfolgen und nur in absoluten Ausnahmefällen (Spezialuntersuchungen von übergeordnetem Interesse, Beweissicherung, Fäulediagnose, umfassende Schlußaufnahmen vor Aufgabe von Versuchsflächen) auf den verbleibenden Bestand ausgedehnt werden. In solchen Fällen werden die Zuwachsbohrungen nicht in Höhe der $d_{1,3}$-Meßstelle, sondern zum Schutz dieser Meßstelle einige Dezimeter darüber oder darunter ausgeführt.

Standardgerät für die Bohrkerngewinnung ist der Zuwachsbohrer nach PRESSLER. Zu diesem gehören:
- ein hohler Bohrer (5–8 mm Durchmesser), der in den Baum getrieben wird,
- eine Klemmzunge, mit der der Bohrkern nach Eindringen in den Stamm aus dem hohlen Bohrer entnommen wird, und
- eine schützende Metallhülle, die beim Einsatz des Bohrers als Handgriff dient.

Nachdem der Handgriff auf den Bohrer gesetzt ist, wird der hohle Bohrer rechtwinklig am Baum angesetzt und mit konstantem Druck hineingebohrt, bis er im Holz greift und durch Drehung in den Stamm hineingezogen wird. Bei dem Bohrvorgang gelangt der Bohrkern immer weiter in den Hohlraum des Bohrers. Ist die gewünschte Bohrtiefe erreicht, so wird die Klemmzunge so weit in den Hohlraum des Bohrers eingeführt und so weit zwischen Bohrkern und Innenseite des Bohrers geschoben, bis sie den Bohrkern an der Stelle einklemmt und greift, an der er noch mit dem Stamm verbunden ist. Durch Zurückdrehen des Bohrers reißt der Bohrkern vom Holzkörper ab, und er kann mit der Klemmzunge herausgezogen werden. Nachdem der Bohrkern in einem mitgeführten Magazin sicher untergebracht und gekennzeichnet ist, wird der Hohlbohrer aus dem Stamm herausgedreht.

Die Bohrungen erfolgen in der Regel in 45° zur Hauptwindrichtung. Bei vorherrschenden Winden aus Westen liegt der maximale Stammdurchmesser wegen der Zug- oder Druckholzausbildung in Ost-West-Richtung, der minimale in Nord-Süd-Richtung; mit Bohrungen aus Nord-Ost- und Süd-West-Richtung gelangt man deshalb zu mittleren Jahrringbreiten. Eine Bestimmung der vorherrschenden Stammquerschnittsform, eventueller Exzentrizität in einem zu beprobendem Bestand, ist durch Untersuchung der Stöcke möglich. Damit steht dann eine wichtige Vorinformation für die Wahl der empfehlenswerten Bohrrichtung zur Verfügung, die immer auf das Mark des Baumes zielen sollte.

Zuwachsbohrungen sollten immer restriktiv und besonders sorgfältig ausgeführt werden, da sie die Gesundheit des Baumes gefährden und über Folgeschäden (z. B. Rindenwucherungen und Leistenbildungen in der $d_{1,3}$-Meßhöhe) zu falschen Meßwerten führen können. Erfahrungsgemäß reagieren Laubbäume u. a. mit Nekrosen, Rissen oder gar Faulstellen weit stärker auf Zuwachsbohrungen als Nadelbäume. Zuwachsbohrung im späten Frühjahr führen zu starken Ausblutungen und Saftfluß bei Laubbäumen und Lärchen und sollten ebenso wie Zuwachsbohrungen bei Frost vermieden werden. Zur Vermeidung von Parasitenbefall werden die Bohrlöcher mit Holzdübeln verschlossen und zusätzlich mit Baum- oder Wundwachs abgedichtet.

Die Qualität des Bohrspans ist ausschlaggebend für eine einwandfreie spätere Auswertung im Labor. Deshalb muß beim Zuwachsbohren streng auf die einwandfreie Auswertbarkeit der Proben geachtet werden. Insbesondere sollten Brüche oder Quetschungen des Kerns, seine Unterbrechung durch Äste und Schädigung durch Frost vermieden werden.

Dienen die Bohrkernentnahmen allein der Altersbestimmung von Baum und Bestand, so werden Bohrungen im Bereich des Stammfußes ausgeführt und sollten bis ins Mark des Baumes reichen, damit sie alle Jahrringe des Baumes erfassen.

4.3 Verjüngung

4.3.1 Einrichtung von Probekreisen und Zählquadraten

Je nach Informationsbedarf erfolgen die Verjüngungsinventuren auf Versuchsflächen über Vollaufnahmen oder Stichproben. In beiden Fällen wird der betreffenden Versuchsfläche zunächst ein Gitternetz zugeordnet, dessen Netzweite üblicherweise
- 1 m × 1 m,
- 2,5 m × 2,5 m,
- 5 m × 5 m oder
- 10 m × 10 m

beträgt. Bei Vollaufnahme werden alle damit vorgegebenen Rasterquadrate aufgenommen, so daß die Verjüngung flächendeckend erfaßt wird. Bei stichprobenartiger Erfassung wird das Gitternetz als Orientierung für die Position der Stichprobenpunkte gewählt. Bewährt haben sich systematische Stichproben in Rasterquadraten von 5 m × 5 m oder 10 m × 10 m. Hierzu werden an den Knotenpunkten des ausgelegten Gitternetzes Probequadrate oder Probekreise gesetzt. Verwendet werden Flächengrößen von 1–20 m^2, was Probekreisradien von 0,56–2,52 m bzw. Quadraten mit Kantenlängen von 1,0–4,47 m entspricht.

Bei Vollaufnahmen und Stichproben sollte die Lage aller Aufnahmeeinheiten in bezug auf den Nullpunkt der Versuchsparzelle eingemessen werden. Hierdurch werden das Wiederauffinden der Erfassungseinheiten bei Wiederholungsaufnahmen und die paßgenaue Verschneidung der Verjüngungsdynamik mit der Struktur des Altbestandes möglich (vgl. Kap. 10). Die dauerhafte Markierung der Erfassungseinheiten und Orientierung bei der Aufnahme wird durch eine dauerhafte Verpflockung der Rastereckpunkte, z. B. alle 5 m, erleichtert.

Entscheidend für die Zuordnung der Verjüngungspflanzen zu den Aufnahmeeinheiten ist ihre Stammfußposition, nicht die Position der Triebspitze oder einer Meßstelle. Werden auch die Fußpunkte der einzelnen Verjüngungspflanzen innerhalb der Parzelle eingemessen, so werden sie möglichst auf den Nullpunkt des Rasterquadrats oder den Mittelpunkt des Probekreises bezogen (kartesische Koordinaten bzw. Polarkoordinaten).

4.3.2 Auszählung der Verjüngung

Beim Standardverfahren der Verjüngungsinventur werden alle Verjüngungspflanzen auf den Aufnahmequadraten bzw. -kreisen nach Baumart und Höhe aufgenommen. Erfaßt wird dabei die Häufigkeit der Verjüngungspflanzen getrennt nach Höhenstufen (z. B. Stufe 1: 0–50 cm, Stufe 2: 51–100 cm, Stufe 3: 100–150 cm usw.). Dabei kann die 50-cm-Einteilung eines Fluchtstabes für die Zuordnung der Pflanzen zu Höhenstufen genutzt werden. Selbstverständlich sind auch andere Stufenbreiten möglich. Empfehlenswert sind in jedem Fall Einteilungen mit gleicher Stufenbreite (Abb. 4.8). Die gewählten Stufenbreiten richten sich wieder nach der Fragestellung und den Genauigkeitsanforderungen (z. B. Stufenbreiten von 20 cm in langsamwüchsigen Hochlagenbeständen, Stufenbreiten von 1 m bei schnellwüchsigen Baumarten auf Hochleistungsstandorten). Bei der Erstaufnahme einmal festgelegt, sollte die Stufeneinteilung bei Wiederholungsaufnahmen unverändert bleiben, so daß eine einheitliche Auswertungsmöglichkeit sichergestellt ist und sich die analysierten Übergänge zwischen den Stufen immer auf dieselben Straten beziehen. Als Höhe gilt die lotrechte Entfernung von der Spitze der Pflanze bis zum Boden. Das gilt auch für die Verjüngung auf Stöcken (sogenannte Rannen- oder Kadaververjüngung); deren Höhe setzt sich somit aus der eigent-

Abbildung 4.8 Aufnahme der Verjüngung über Zählquadrate. Pro Quadrat erfolgt die Auszählung der Bäumchen gesondert nach Baumart und Höhenstufen. An ausgewählten Bäumen werden die Höhe und Trieblängen vermessen.

lichen Pflanzenhöhe und der Stockhöhe zusammen. Ermittelt werden also analog zur Höhenmessung im Altbestand keine Pflanzenlängen, sondern Pflanzenhöhen. Hängende Triebe werden deshalb für die Messung nicht aufgerichtet.

Ab dem für den Altbestand festgelegten Durchmesser-Schwellenwert (z. B. $d_{1,3} \geq 7$ cm, $d_{1,3} \geq 10$ cm) werden die Bäume nicht mehr der Verjüngung zugerechnet, sondern in das Meßprogramm des Altbestandes aufgenommen (vgl. Abschn. 4.2). Wie im Altbestand wird auch bei der Verjüngungsaufnahme zwischen dem Teilkollektiv der bereits abgestorbenen oder bei Pflegemaßnahmen entnommenen Bäume und dem Teilkollektiv der verbleibenden Verjüngungspflanzen unterschieden.

4.3.3 Durchmessererfassung an der Verjüngung

An kleinen Verjüngungspflanzen wird der Wurzelhalsdurchmesser (Meßstelle etwa 5 cm über dem Boden) aufgenommen. Bei Bäumen, die eine Höhe von 1,30 m überschritten haben, erfolgt die Durchmessererhebung in Brusthöhe. Um die Beziehung zwischen Durchmesser und Höhe der Verjüngungspflanzen zu erfassen, werden nach dem Prinzip der Regressionsstichprobe an einem über das gesamte Dimensionsspektrum reichenden Teilkollektiv beide Größen erhoben und funktionale Zusammenhänge hergeleitet, mit denen dann, von Durchmesserwerten ausgehend, die entsprechende Höhe geschätzt werden kann (vgl. Abschn. 7.2).

4.3.4 Trieblängenrückmessungen

Zur Rekonstruktion und Erklärung des Verjüngungswachstums in Abhängigkeit von der Struktur des Altbestandes werden herrschende Verjüngungspflanzen für Trieblängenrückmessungen ausgewählt. Im Unterschied zur Höhenermittlung handelt es sich dabei um eine Längenmessung, die von der Gesamtlänge der jeweiligen Pflanze zum Aufnahmezeitpunkt ausgeht. Von oben nach unten fortschreitend, werden dann die Länge vor einem, vor zwei Jahren usw. gemessen (vgl. Abb. 4.5 und 4.11). Zur Vermeidung von Fehlerfortpflanzungen erfolgt also nicht eine Messung der einzelnen Trieblängen, diese werden vielmehr aus den sukzessiven Längenmessungen berechnet.

Die Längenrückmessung am stehenden Stamm erfolgt falls nötig durch vorsichtiges Umbiegen der Stämme und Aufrichten hängender Triebe. Gerade in der Verjüngungsphase ist die Pflanzenlänge häufig beträchtlich größer als die Pflanzenhöhe.

4.3.5 Qualitätsansprache

Die Qualitätsansprache der Verjüngung beschränkt sich zumeist auf die vorherrschenden und herrschenden Pflanzen und richtet sich auf Astigkeit, Wuchsform, Schaftform, Vitalität und Schäden, wobei zumeist drei Klassen unterschieden werden (z. B. Astigkeit: feinastig, mittlere Aststärken, grobastig; Schaftform: zweischnürig gerade, einschnürig, unschnürig). In die Qualitätsansprache kann auch eine Ansprache des Wildverbisses integriert werden (z. B. kein Verbiß, nur Seitentriebe verbissen, Leittriebverbiß, alter Leittriebverbiß verwachsen, mehrmaliger Leittriebverbiß, Totalverbiß).

4.4 Messungen an liegenden Probebäumen

Die sektionsweise Kubierung, Stammanalyse und Trieblängenrückmessung kommen an liegenden Bäumen zur Anwendung, die auf Versuchsflächen ausscheiden.

4.4.1 Sektionsweise Kubierung

Sektionsweise Kubierungen dienen primär der Bestimmung von Stammform, Stamminhalt, Formzahl, Ausbauchungsreihen und Stammformfunktionen (vgl. Abschn. 7.6). Zur Kubierung wird der liegende Stamm in Sektionen gleicher absoluter Länge (z. B. 2 m oder 4 m) oder in Sektionen gleicher relativer Länge nach HOHENADL (z. B. Sektionslänge = Gesamtlänge/5) eingeteilt (Abb. 4.9 a und b). In der Mitte jeder dieser Sektionen erfolgt dann eine Durchmesserbestimmung, die an liegenden Stämmen zweckmäßigerweise mit der Kluppe ausgeführt wird (Abb. 4.10). Zur Erhöhung der Genauigkeit werden an jeder Meßstelle (d_1, d_2, ..., d_n bzw. $d_{0,9}$, $d_{0,7}$, ..., $d_{0,1}$) zwei Durchmessermessungen über Kreuz, d. h. im Winkel von 90°, zueinander ausgeführt. Außerdem werden zusätzliche Durchmesserregistrierungen am Stammfuß und in der Höhe 1,30 m vorgenommen.

Es stehen dann für eine ganze Reihe von Positionen am Stamm entsprechende Durchmesserwerte d_1, d_2, ..., d_n bzw. $d_{0,9}$, $d_{0,7}$, ..., $d_{0,1}$ zur Verfügung, so daß aus den Längen-Durchmesser-Wertepaaren die Stammform abgeleitet werden kann. Bei Kubierung nach Sektionen gleicher absoluter Länge steigt die

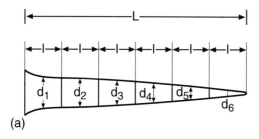

(a)

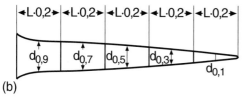

(b)

Abbildung 4.9 a, b Kubierung von Stämmen durch Bildung von Sektionen absoluter Länge und relativer Länge nach HOHENADL. **(a)** Vom Stammfuß bis zur Spitze vorgehend, wird der Stamm in z. B. 2 m lange Sektionen eingeteilt, die Durchmessermessung erfolgt jeweils in der Mitte der Sektionen, bei 1 m, 3 m usw., die Inhaltsbestimmung erfolgt nach der Mittenflächenformel von HUBER (4.1), und der Inhalt der obersten Sektion kann beispielsweise nach der Kegelspitz-Formel berechnet werden $v = g_u \cdot l/3$. **(b)** Bei der Kubierung nach Sektionen gleicher relativer Länge nach HOHENADL werden fünf Stammsektionen gleicher relativer Länge (Gesamtlänge/5) gebildet, die Durchmessermessung erfolgt jeweils in der Mitte dieser Sektionen, die sektionsweise Kubierung erfolgt wiederum nach der Mittenflächenformel von HUBER (4.1), an der Spitze wahlweise nach der Kegelspitz-Formel.

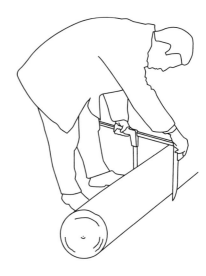

Abbildung 4.10 Sektionsweise Kubierung am liegenden Stamm. Beginnend am Stammfuß werden in Schritten gleicher absoluter oder relativer Länge Durchmessermessungen mit der Kluppe in jeweils zwei senkrecht aufeinander stehenden Richtungen ausgeführt.

Zahl der Stützstellen mit zunehmender Länge des Stammes. Bei der Kubierung nach Sektionen gleicher relativer Länge stehen gleichbleibend die sieben Stützstellen $d_{Stammfuß}$, $d_{1,3}$ und $d_{0,9}$, $d_{0,7}$, $d_{0,5}$, $d_{0,3}$, $d_{0,1}$ zur Verfügung.

Die Inhaltsbestimmung der einzelnen Sektionen (Neiloidstumpf, Paraboloidstumpf und Kegelstumpf) erfolgt wahlweise nach der Mittenflächen-Formel von HUBER

$$v = g_m \cdot l, \tag{4.1}$$

der Endflächenformel von SMALIAN

$$v = \frac{g_u + g_o}{2} \cdot l, \tag{4.2}$$

oder der gewichteten End- und Mittenflächenformel nach NEWTON

$$v = \frac{g_u + 4 \cdot g_m + g_o}{6} \cdot l, \tag{4.3}$$

und die Kubierung der oberen Sektion erfolgt über die Formel für den Kegelspitz

$$v_n = g_u \cdot l/3. \tag{4.4}$$

Dabei sind:
l   Standardlänge der Sektionen bei Bildung absoluter Sektionslängen,
g_u, g_m und g_o Querschnittsflächen am unteren Ende, in der Mitte und am oberen Ende des Körpers,
v   Inhalt der Teilkörper.

Der Inhalt des gesamten Stammes setzt sich aus den Teilvolumina v_1, v_2, ..., v_{n-1}, v_n zusammen und wird über alle Sektionen integriert ($V = v_1 + v_2 +, ..., + v_{n-1} + v_n$). Bei der Inhaltbestimmung nach Sektionen gleicher absoluter Länge ergibt sich

$$V = l \cdot (g_1 + g_2 +, ..., + g_{n-1}) + v_n \tag{4.5}$$

oder ausgedrückt in den gemessenen Durchmesserwerten

$$V = \frac{\pi}{4} \cdot l \cdot (d_1^2 + d_2^2 +, ..., + d_{n-1}^2) + v_n. \tag{4.6}$$

Dabei sind:
V   Stammvolumen,
v_1, v_2, ..., v_n Inhalt der einzelnen Sektionen,
l   Standardlänge der Sektionen bei Bildung absoluter Sektionslängen,

g_1, g_2, ..., g_{n-1} Querschnittsflächen in der Mitte der Sektionen 1, ..., n − 1,
d_1, d_2, ..., d_{n-1} Durchmesser in der Mitte der Sektionen 1, ..., n − 1.

Bei Kubierung nach gleichen relativen Längen nach HOHENADL stützt sich die Inhaltsbestimmung auf nur fünf Durchmesser- bzw. Grundflächenwerte, und die Länge der einzelnen Sektionen beträgt jeweils $0{,}2 \cdot L$.

$$V = 0{,}2 \cdot L \cdot (g_{0,9} + g_{0,7} + g_{0,5} + g_{0,3} + g_{0,1}) \tag{4.7}$$

bzw.

$$V = 0{,}2 \cdot L \cdot \frac{\pi}{4} \times (d_{0,9}^2 + d_{0,7}^2 + d_{0,5}^2 + d_{0,3}^2 + d_{0,1}^2) \tag{4.8}$$

Dabei sind:
L   Gesamtlänge des Baumes,
$g_{0,9}$, $g_{0,7}$, $g_{0,5}$, $g_{0,3}$ und $g_{0,1}$ Querschnittsflächen in der Mitte der fünf Sektionen,
$d_{0,9}$, $d_{0,7}$, $d_{0,5}$, $d_{0,3}$ und $d_{0,1}$ Durchmesserwerte in der Mitte der fünf Sektionen.

Bei höheren Genauigkeitsanforderungen empfiehlt sich eine Verdichtung der Durchmesserbestimmung im unteren Stammbereich, die Kubierung mit den Formeln nach SMALIAN oder NEWTON [(4.2) bzw. (4.3)] oder eine durchgängige Verkleinerung der Sektionslängen. Möglich ist der Übergang zu 1 m langen Sektionen absoluter Länge oder $^1/_{10}$ der Gesamtlänge umfassenden Sektionslängen.

4.4.2 Kronenstrukturanalyse

Zur Analyse der Krone können am liegenden Baum Trieblängenmessungen, Astwinkelmessungen, Astzuwachsanalysen, Biomassenanalysen und Stammscheibenanalysen ausgeführt werden (Abb. 4.11–4.15). Je nach Informationsbedarf erfolgen Astanalysen an jedem Ast, einem durchschnittlichen Ast pro Quirl oder dem jeweils längsten und kürzesten Ast

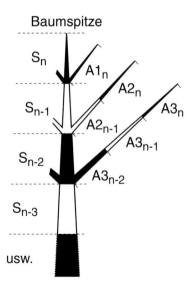

Abbildung 4.11 Rückmessung der jährlichen Trieblängenzuwächse an Stamm und Ästen.

pro Quirl. Für solche Erhebungen werden alle Äste fortlaufend numeriert. Hierdurch wird die systematische Erfassung von Astansatzhöhe, Astdurchmesser (gemessen bei 5 cm Entfernung vom Schaft), Astlänge, Ast-Trockenlänge, Astansatzrichtung und Astwinkel vorbereitet.

Zur Rückverfolgung der Kronenformentwicklung werden die jährlichen Trieblängenzuwächse an Stammachse und Ästen zurückgemessen (Abb. 4.11). Bei den meisten Nadelbäumen sind solche Rückmessungen der Längenentwicklung bis zum Stammfuß möglich, bei Laubbäumen sind die Möglichkeiten der Trieblängenrückmessungen begrenzt. Werden die Stammlängenzuwächse S_n, S_{n-1}, S_{n-2} usw. sowie die Astlängenzuwächse $A1_n$, $A2_n$, $A2_{n-1}$, $A3_n$, $A3_{n-1}$ usw. in einem Arbeitsgang ermittelt, so dienen sie wechselseitig der Plausibilitätskontrolle und stellen sicher, daß kein Jahrestrieb übersehen wurde oder Johannistriebe als eigene Jahrestriebe fehlgedeutet wurden. Kontrollschnitte durch Stamm und Äste für Alterszählungen können die Rekonstruktion der Kronenentwicklung weiter absichern. Die Trieblängenrückmessung beginnt an der Baumspitze im Jahr n und ermittelt retrospektiv die Baumlänge in den Jahren n − 1, n − 2 usw. Zur Absicherung ihrer Richtigkeit kann die bis zu einer bestimmten Position am Stamm zurückgemessene Anzahl von Jahrestrieben mit der Anzahl von Jahrringen und der Anzahl von Jahrestrieben der Äste desselben Quirls abgeglichen werden.

Zur Messung der natürlichen Astwinkel wird der Baum sektionsweise wieder aufgerichtet.

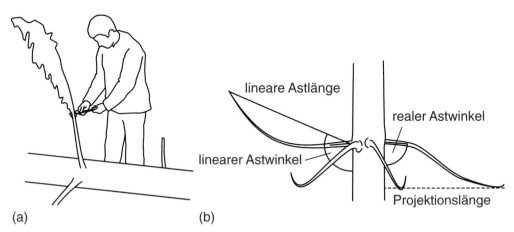

Abbildung 4.12 a, b Erfassung von Astmerkmalen **(a)** am liegenden Baum und **(b)** an wieder aufgerichteten Baumsektionen. **(a)** Am liegenden Baum werden u. a. Astlänge, Astdurchmesser am Stammansatz, Astdurchmesser beim Übergang zum benadelten/belaubten Astbereich gemessen. **(b)** Zur Bestimmung der linearen Astlängen sowie linearer und realer Astwinkel wird der Baum sektionsweise wieder aufgestellt.

4.4 Messungen an liegenden Probebäumen

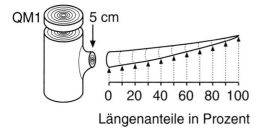

Abbildung 4.13 Entnahme von Astscheiben und Stammscheiben in der Nähe von Quirlen für die Rekonstruktion der Astentwicklung.

Die Astwinkelmessungen erfolgen ebenso wie die Jahrestriebrückmessungen entweder an jedem Ast oder stichprobenweise. Der Astverlauf läßt sich durch die Messung von vier Lotabständen zwischen der Astachse und einer konstruierten Horizontalen erfassen (Abb. 4.12).

Für Astzuwachsanalysen werden aus verschiedenen Kronenbereichen hinsichtlich ihres Durchmessers und ihrer Länge repräsentative Äste ausgewählt. Diesen Ästen werden, wie in Abbildung 4.13 skizziert, jeweils zehn Astscheiben entnommen. Zur Kontrolle der Jahrringanalyse an den Ästen empfiehlt sich die Entnahme von Stammscheiben unmittelbar oberhalb des Astquirls, da auf diese Weise allometrische Zusammenhänge zwischen Stamm- und Astentwicklung, wasserleitenden Splintflächen an Stamm und Ästen usw. hergestellt werden können.

Für Biomassenanalysen (Ast- und Nadelmassen, 100-Nadelgewichte, Blüten, Früchte, Samen) werden aus den vom Kronenansatz bis zur Baumspitze durchgehend numerierten Ästen je nach Genauigkeitsanforderung Stichproben für weitergehende Analysen gezogen. Ein mögliches Entnahmeschema zeigt Abbildung 4.14. In diesem Beispiel wurden für Biomassenanalysen je Kronendrittel drei Äste (U1 bis U3, M1 bis M3 und O1 bis O3) ausgewählt (PRETZSCH, 1985b). In diesem Beispiel erfolgten außerdem zur Rekonstruktion der Stammentwicklung Stammscheibenentnahmen am Stammfuß und in den Baumhöhen 1,30 m, 2,00 m usw. in 2-m-Schritten bis zum Kronenansatz, innerhalb der unteren zwei Kronendrittel in 1-m-Schritten und im oberen Kronendrittel zur genauen Rekonstruktion der Krone in 0,5-m-Schritten.

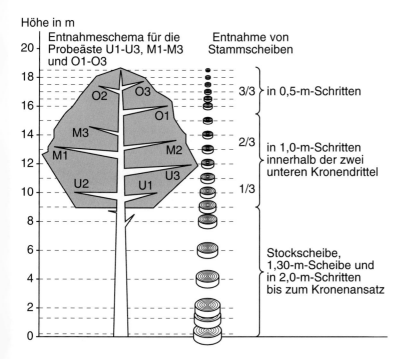

Abbildung 4.14 Entnahmeschema für Stammscheiben und Probeäste. Für Biomasseanalysen werden je Kronendrittel drei Äste (U1, U2, U3; M1, M2, M3 und O1, O2, O3) ausgewählt (PRETZSCH, 1985b). Es erfolgen außerdem zur Rekonstruktion der Stammentwicklung Stammscheibenentnahmen am Stammfuß und in den Baumhöhen 1,30 m, 2,00 m usw. in 2-m-Schritten bis zum Kronenansatz, innerhalb der unteren zwei Kronendrittel in 1-m-Schritten und im oberen Kronendrittel zur genauen Rekonstruktion der Krone in 0,5-m-Schritten.

4.4.3 Stammanalyse

Das im folgenden skizzierte Verfahren der Stammanalyse durch Entnahme von Stammscheiben und Trieblängenrückmessungen ermöglicht retrospektiv einen umfassenden Eindruck von der Stammentwicklung eines Baumes, evtl. einschließlich seiner Äste, falls auch Astanalysen angeschlossen werden. Zerstörungsarme oder -freie Verfahren der Zuwachsermittlung u. a. über Bohrwiderstandsmessung mittels Densitomat und Computertomographie sind noch zu aufwendig und fehleranfällig, als daß sie die Standardmethoden ersetzen könnten. Stammanalysen unterstützen die Plausibilitätsprüfungen der Durchmesser- und Höhenmessungen auf Versuchsflächen, sie dienen der Parametrisierung von Wuchsmodellen und der Diagnose von Zuwachsstörungen.

Für eine Stammanalyse werden dem liegenden Stamm am Stammfuß, an der $d_{1,3}$-Meßstelle und an weiteren vordefinierten Positionen 2–5 cm dicke Stammscheiben entnommen (Abb. 4.15). Meist orientieren sich die Stellen für die Stammscheibenentnahme an den Verwertungsmöglichkeiten der entstehenden Stammstücke. Spielen diese praktischen Gesichtspunkte keine Rolle, so empfiehlt sich die Einteilung des Stammes in Sektionen gleicher absoluter oder relativer Längen (vgl. Abschn. 4.4.1) und die Entnahme von Stammscheiben jeweils in der Mitte dieser Sektionen. Die Entnahmestellen sind dann identisch mit den Meßpunkten der sektionsweisen Kubierung. Zur exakten Rückmessung der Längenentwicklung des Baumes wird der Stammanalyse häufig eine Trieblängenrückmessung vorgeschaltet (vgl. Abschn. 4.4.2). Durch Zusammenführung der Rückmessungen der Baumlänge zu den Zeitpunkten n, $n-1$, $n-2$ usw. (vgl. Abb. 4.15, punktierte Linien) und der Jahrringmessungen an den Stammscheiben (vgl. Abb. 4.15, gestrichelte Linien) läßt sich der dreidimensionale Aufbau des Stammes rekonstruieren (Abb. 4.15, rechts). Die Stammperipherie zwischen den Stützstellen, für welche Messungen vorliegen, wird linear oder durch Spline-Funktionen (vgl. Abschn. 8.2.1.2) interpoliert. Für jedes Alter des Stammes n, $n-1$, $n-2$ usw. lassen sich u. a. Durchmesser, Höhe, Stammform, Stamminhalt, Formzahl, Ausbauchungszahlen, Schaftformfunktion usw. ermitteln. Für solche Auswertungen stehen in den Jahrringlaboratorien in der Regel Rechnerprogramme mit entsprechenden Graphikroutinen zur Verfügung.

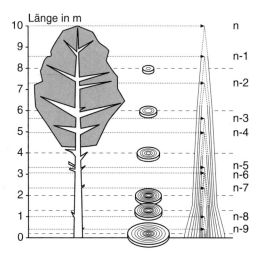

Abbildung 4.15 Analyse der Stammentwicklung aus Trieblängenrückmessungen an der Stammachse und Jahrringanalysen an Stammscheiben. Durch Interpolation zwischen den ausgewählten Stützstellen läßt sich der dreidimensionale Aufbau des Stammes rekonstruieren. Punktierte Linien: Trieblängenrückmessungen erlauben die Rekonstruktion der Längenentwicklung des Baumes von der Baumspitze bis zum Stammfuß. Gestrichelte Linien: Die Jahrringauswertung an Stammscheiben liefert Stützstellen für die Rekonstruktion der Durchmesser und Stammformentwicklung.

Zusammenfassung

In den über 120 Jahren seit Gründung des Forstlichen Versuchswesens wurde ein internationaler Standard für die Anlage und Aufnahme langfristiger Versuchsflächen entwickelt. Diese, von Nuancen abgesehene, Angleichung der Anlage- und Aufnahmeanweisungen der versuchsführenden Institutionen ist Voraussetzung für den unkomplizierten Austausch von Datensätzen, die Vergleichbarkeit von Versuchsergebnissen und übergreifende Auswertungen. Die ökologische Dauerbeobachtung von Wäldern (Level-I- und Level-II-Flächen, Waldklimameßstationen, Schwerpunktflächen der Ökosystemforschung), Rasterinventuren der Forsteinrichtung, Beweissicherungsverfahren, Waldbewertung und Aufnahmen in Naturwaldreservaten orientieren sich ganz selbstverständlich an dem bewährten Anlage- und Aufnahmestandard langfristiger Versuchsflächen.

1. Die Wiederauffindbarkeit bei über Jahrzehnte reichender Beobachtung, die Identität der Meßbäume und Meßstellen bei Wiederholungsaufnahmen und die Abpufferung von Versuchsflächen gegenüber regulär bewirtschafteten Nachbarbeständen werden durch dauerhafte Markierung der Versuchsfläche, Parzellen und Umfassung gewährleistet. Die Einzelbäume werden mit Nummern und Markierungen der Meßstelle in 1,30 m Höhe versehen. Die Einmessung von Versuchsfläche, Umfassung und Parzellen sowie die Aufnahme der x-, y- und z-Koordinaten der Stammfüße gehören zu einer dauerhaften Sicherung von Waldwachstumsversuchen.

2. Der Altbestand wird zur Bestimmung seines Holzvolumens einzelbaumweise erfaßt. Die Durchmesserbestimmung erfolgt mit dem Umfangmeßband, die Höhenmessung erfolgt stichprobenweise mit Meßgeräten nach dem trigonometrischen Prinzip, die zur Voluminierung erforderliche Formzahl wird nicht explizit ermittelt, sondern aus gängigen Massentafeln oder Formzahlfunktionen abgegriffen. Bei der Aufnahme des Altbestandes wird zwischen verbleibenden und ausscheidenden Bäumen unterschieden; zur Rekonstruktion der Bestandesentwicklung sind Stockinventuren und Totholzaufnahmen üblich.

3. Struktur, Qualität und Vitalität der Einzelbäume werden durch Vermessung (Ablotung) der Baumkrone, Anschätzung von Baum- und Schaftgüteklassen, Ansprache der Holzqualität des Stammes und Taxation der Kronenverlichtung, Vergilbung und sonstiger Schädigungen erhoben.

4. Die Rekonstruktion der Entwicklung von Einzelbäumen und Beständen ist durch Zuwachsbohrungen und nachfolgende Bohrkernanalysen möglich. Aufgrund der Folgeschäden sollten Bohrkernentnahmen am verbleibenden Bestand auf den Parzellen langfristiger Versuchsflächen vermieden werden. Ein Ausweichen auf Durchforstungsstämme, Umfassung oder Zwischenstreifen zwischen Parzellen ist angeraten.

5. Die Aufnahme von Verjüngung erfolgt über Probekreise oder Zählquadrate mit bekannter räumlicher Positionierung, so daß die Befunde der Verjüngungsaufnahme mit denen des Altbestandes verschnitten werden können. Die Verjüngung wird gesondert nach Baumart und Höhenstufen ausgezählt. Stichprobenartige Durchmessermessungen ermöglichen die Volumenbestimmung der Verjüngungspflanzen, Trieblängenrückmessungen die Rekonstruktion der Verjüngungsdynamik.

6. Die zur Versuchssteuerung entnommenen Bäume stehen für Messungen im liegenden Zustand zur Verfügung: Die sektionsweise Kubierung dient der Bestimmung von Stammform, Stamminhalt und Formzahl. Kronenstrukturanalysen rekonstruieren durch Triebrückmessungen an Stammachse und Ästen die Kronenentwicklung. Stammanalysen sezieren den gesamten Baum durch Entnahme von Stammscheiben, so daß eine genaue Rekonstruktion der Stammentwicklung möglich wird. Auf diese Weise wird die zurückliegende Durchmesser-, Höhen-, Stammform- und Formzahlentwicklung eines Stammes zugänglich.

5 Steuerung von Versuchen

Mit der Versuchsfrage ist festgelegt, welche Faktoren in ihrer Wirkung auf das Waldwachstum geprüft werden sollen. Ist die Durchforstungsweise ein Versuchsfaktor, so können die zu prüfenden Faktorenstufen beispielsweise schwache Niederdurchforstung, mäßige und starke Auslesedurchforstung sein. Entscheidend für den wissenschaftlichen Gewinn und den praktischen Nutzen von Versuchen ist dabei die eindeutige Definition der Faktorenstufen. Eindeutig festgelegt sind Faktorenstufen erst, wenn sie quantitativ formuliert werden. Denn damit wird die Einstellung der Faktorenstufen frei von subjektiven Einflüssen und weitgehend unabhängig vom Versuchsleiter, was angesichts der Generationen übergreifenden Versuchsführung besonders wichtig ist (WIEDEMANN, 1928). Die Definition von Faktorenstufen auf quantitativer Basis gewährleistet eine Identität der Behandlungsvarianten bei Streuversuchen und Versuchsreihen, so daß diese im Sinne zweifaktorieller Anlagen übergreifend auswertbar sind (vgl. Abschn. 3.4.4). Auch der Transfer von Versuchsresultaten und -befunden in die forstliche Praxis erfordert eine möglichst eindeutige und objektive Formulierung von Faktorenstufen. Erweisen sich nämlich bestimmte Behandlungsvarianten als besonders geeignet, so sollten diese anhand quantitativer Kriterien in der forstlichen Praxis eindeutig reproduzierbar sein. ASSMANN (1961a) und nach ihm ABETZ und MITSCHERLICH (1969) empfehlen für eine eindeutige Definition von Durchforstungs- und Pflegeeingriffen die drei Kriterien (Abb. 5.1):
- Art der Entnahmen,
- Menge der Entnahmen und
- Zeitfolge der Entnahmen.

Eine solche Dreigliederung trägt zur systematischen Quantifizierung der mit den Faktorenstufen angestrebten Steuerungsmaßnahmen bei. Die Aufgliederung nach Art, Menge und Zeitpunkt der Entnahmen läßt sich von Durchforstungsversuchen zwanglos auf andere Versuchsfaktoren wie Düngung, Mischung, Verjüngung oder Bodenbearbeitung übertragen. In Mischbeständen werden Art, Menge und Zeitfolge der Entnahmen gesondert für die beteiligten Baumarten definiert. Die Festlegung der Eingriffsart umfaßt dann auch Angaben über die angestrebte Mischungsstruktur und entsprechende Clusterdurchmesser:
- Einzelmischung (Clusterdurchmesser < 5 m),
- Truppmischung (Clusterdurchmesser 5–10 m),
- Gruppenmischung (Clusterdurchmesser 10–20 m) oder
- Horstmischung (Clusterdurchmesser 20–40 m).

Die drei Kriterien werden in Abbildung 5.2 modellhaft für einen Buchen-Durchforstungsversuch *Fagus silvatica* L. mit drei Faktorenstufen dargestellt. Eine erste Faktorenstufe stellt die durch die gestrichelte Grundflächenentwicklung eingezeichnete schwache Niederdurchforstung dar, die als Referenzfläche für die natürliche Dichte dient (A-Grad). Eingetragen sind zwei weitere Faktorenstufen, die sich in Art, Menge und Zeitfolge der Entnahmen unterscheiden.

Die **Eingriffsart** ist durch die Auslese und Förderung guter Zuwachsträger charakterisiert. Es sollen im ersten Viertel der Umtriebszeit (U/4) 2000 Kandidaten ausgewählt und aus diesen bis zur Hälfte der Umtriebszeit (U/2) 300 Anwärter ausgelesen werden, so daß nach U/2 zur Lichtwuchsdurchforstung im Umfeld von 100 Elitebäumen übergegangen werden kann. Das Kollektiv der besten Zu-

5 Steuerung von Versuchen

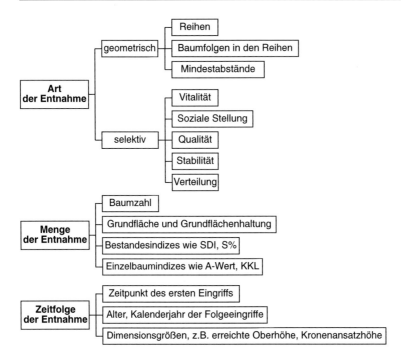

Abbildung 5.1
Art, Menge und Zeitfolge der Entnahmen als Kriterien für die Bestandesbehandlung.

wachsträger wird wiederholt auf Eignung für den Endbestand überprüft und konsequent durch Entnahme von Konkurrenten, also hochdurchforstungsartig, gefördert.

Die **Entnahmemengen** werden durch die Vorgabe von Soll-Grundflächen festgelegt. Das läuft in der ersten Hälfte der Umtriebszeit auf eine Belassung eines lockeren Kronenschlusses zur Förderung von Höhenwachstum und Astreinigung hinaus. Danach wird zu einer Lichtwuchsdurchforstung übergegangen, um das Dickenwachstum der Elitebäume bestmöglich zu fördern. Mäßige und starke Auslesedurchforstung unterscheiden sich in den

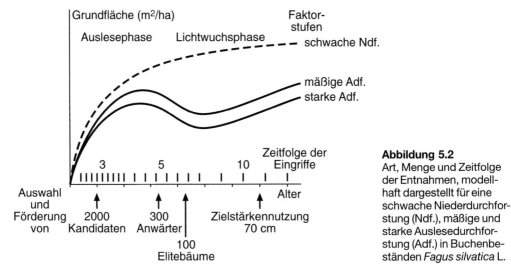

Abbildung 5.2
Art, Menge und Zeitfolge der Entnahmen, modellhaft dargestellt für eine schwache Niederdurchforstung (Ndf.), mäßige und starke Auslesedurchforstung (Adf.) in Buchenbeständen *Fagus silvatica* L.

Entnahmemengen, die im wesentlichen zur Förderung der Kandidaten, Anwärter und Elitebäume anfallen.

Die **Zeitfolge** der Entnahmen wechselt von einem dreijährigen Eingriffsturnus in der Jugendphase auf einen fünfjährigen in der mittleren Baumholzphase und zehnjährigen im Starkholz. Bei Erreichen der Zielstärke von 70 cm werden die Elitebäume geerntet.

Art, Menge und Zeitfolge der Entnahmen können auch ganz anders als in diesem Beispiel quantifiziert werden.

5.1 Art der Entnahmen

5.1.1 Entnahmen nach sozialen Baumklassen nach KRAFT (1884)

Ein historischer Ansatz zur Definition waldbaulicher Eingriffe geht auf KRAFT (1884) zurück. Anhand der Kronenausdehnung, die in einem engen Zusammenhang mit der Zuwachsleistung steht, und der relativen Höhe, die die soziale Stellung widerspiegelt, werden die Bäume eines Bestandes fünf Klassen zugeordnet (Abb. 5.3). Die Klassifikation erfolgt allein aufgrund biologischer Kriterien; ökonomische oder ökologische Aspekte bleiben unberücksichtigt. Die folgende, aus KRAFT (1884, S. 22–23) zitierte Klassifikationsvorschrift gehört bis heute zum forstwissenschaftlichen und forstwirtschaftlichen Standardwissen und vereinfacht die Verständigung über Durchforstungsfragen:

„1. Vorherrschende Stämme mit ausnahmsweise kräftig entwickelten Kronen.
2. Herrschende, in der Regel den Hauptbestand bildende Stämme mit verhältnismäßig gut entwickelten Kronen.
3. Gering mitherrschende Stämme. Kronen zwar noch ziemlich normal geformt und in dieser Beziehung denen der zweiten Stammklasse ähnelnd, aber verhältnismäßig schwach entwickelt und eingeengt, oft mit schon beginnender Degeneration (z. B. mit etwas trockenspitzigen Kronenrändern, bei der Eiche auch oft mit den Anfängen

Abbildung 5.3 Die Stammklassen 1–5 b (vorherrschende bis ganz unterständige Stämme mit absterbenden oder abgestorbenen Kronen) der Hochwaldbestände nach KRAFT (1884) bilden ein Musterbeispiel für die qualitative Einschätzung der Wuchskonstellation von Einzelbäumen nach den Kriterien Kronengröße und Baumhöhe.

eines knickigen Wuchses der Kronenzweige). Die 3. Klasse bildet die untere Grenzstufe des herrschenden Bestandes.
4. Beherrschte Stämme. Kronen mehr oder weniger verkümmert, entweder von allen Seiten oder nur von zwei Seiten zusammengedrückt, oder einseitig (fahnenförmig) entwickelt, bei der Eiche mit sehr knickigem Zweigwuchse.
   a. zwischenständige, im wesentlichen schirmfreie, meist eingeklemmte Kronen.
   b. theilweise unterständige Kronen. Der obere Theil der Krone frei, der untere Theil überschirmt, oder in Folge von Überschirmung abgestorben.
5. Ganz unterständige Stämme.
   a. mit lebensfähigen Kronen (nur bei Schattenholzarten).
   b. mit absterbenden oder abgestorbenen Kronen."

KRAFT (1884, S. 38–39) nutzt diese sozialen Baumklassen für die Definition von Durchforstungsgraden, aus der im folgenden zitiert wird:

„Mit den Stammklassen können die Durchforstungsgrade folgendermaßen in Beziehung gesetzt werden:
1. Grad, schwache Durchforstung: Nutzung der 5. Stammklasse.
2. Grad, mäßige Durchforstung (meist die oberste, häufig noch nicht einmal erreichte Grenze der gewöhnlichen Durchforstungspraxis): Nutzung der Stammklassen 5 und 4^b.
3. Grad, starke Durchforstung: Nutzung der Stammklassen 5, 4^b und 4^a.

Dieser Grad bildet die äußerste Grenze der eigentlichen Durchforstungen; was darüber hinaus geht, wird zu den lichtenden Aushieben (Vorlichtungen und eigentlichen Lichtungen) gerechnet werden müssen.

Zwischen 2 und 3 würde eine als kräftige Durchforstung zu bezeichnende Mittelstufe 2^a eingeschaltet werden können, welche sich neben den Klassen 4^b und 5 auf die geringern, sehr schwächlich bekronten oder stark eingeklemmten Stämme der Klasse 4^a beschränkt. In der landläufigen Praxis, welche der natürlichen Stammausscheidung meist nachhinkt, statt sie zu unterstützen und zu beschleunigen, wird diese Mittelstufe höchst selten erreicht; leider ist übrigens ihr Charakter insofern etwas unbestimmt, als sie sich an scharf definirbare Stammklassen nicht anlehnen kann.

Die Ausführung der Durchforstungen wird sehr erleichtert, wenn dabei die Stammklassen zum Anhalt dienen, ferner wird dadurch eine größere Gleichmäßigkeit in der Ausführung gesichert, und nicht minder ist Werth darauf zu legen, daß das Schutzpersonal, sobald ihm die Charaktere der Stammklassen durch praktische Demonstration im Walde gehörig eingeprägt sind (was nach meinen Erfahrungen leicht geschehen kann), bezüglich der Ausführung der Durchforstungen leichter zu instruiren ist."

Die Eingriffsart kommt durch die Benennung der zu entnehmenden sozialen Stammklassen zum Ausdruck. Sie läuft, da von den sozial schwachen Bäumen ausgegangen wird, auf Niederdurchforstungen hinaus. Je nach dem, wie viele soziale Klassen von unten her entnommen werden, ergibt sich eine schwache, mäßige oder starke Entnahme. Die so definierten Durchforstungsgrade (Kombination von Art und Menge der Entnahme) stehen im Vergleich zu allen folgenden Durchforstungsdefinitionen für ein sehr behutsames, auf die Erziehung massenreicher einstufiger Bestände ausgerichtetes Vorgehen des 19. Jahrhunderts. Art und Menge der Entnahmen sind rein verbal definiert, Angaben zu Beginn und Turnus der Entnahmen sind überhaupt nicht enthalten. Mit der Klassierung der Bestandesglieder stehen die Definitionen von KRAFT (1884) aber am Beginn einer zunehmenden Intensivierung, Spezialisierung und Präzisierung waldbaulicher Pflegeprogramme. Während die Eingriffsdefinitionen von KRAFT heute nur mehr historischen Wert besitzen, bilden seine Baumklassen bis heute einen Standard für die soziale Baumklasseneinteilung.

5.1.2 Entnahmen nach den kombinierten Baum- und Schaftgüteklassen des VEREINS DEUTSCHER FORSTLICHER VERSUCHSANSTALTEN (1902)

Im Arbeitsplan des Vereins Deutscher Forstlicher Versuchsanstalten von 1902 (VEREIN DEUTSCHER FORSTLICHER VERSUCHSANSTALTEN, 1902) werden die Art der Entnahmen (Niederdurchforstung, Hochdurchforstung, Lichtung) und die Entnahmemengen (schwache, mäßige, starke Durchforstung), wie in § 4 ausgeführt, auf der Basis von kombinierten Baum- und Schaftgüteklassen definiert (vgl. auch VEREIN DEUTSCHER FORSTLICHER VERSUCHSANSTALTEN, 1873). Im folgenden wird aus dem Arbeitsplan des Vereins Deutscher Forstlicher Versuchsanstalten von 1902 zitiert:

„**I. Grundlagen**
§ 2
Die Glieder eines Bestandes lassen sich, wie folgt, unterscheiden:
I. Herrschende Stämme. Diese umfassen alle Stämme, welche an dem oberen Kronenschirme teilnehmen, und zwar:

1. Stämme mit normaler Kronenentwickelung und guter Stammform.
2. Stämme mit abnormer Kronenentwickelung oder schlechter Stammform.

Hierher gehören:
a) eingeklemmte Stämme (kl),
b) schlechtgeformte Vorwüchse (v),
c) sonstige Stämme mit fehlerhafter Stammausformung, insbesondere Zwiesel (zw),
d) sogenannte Peitscher (p) und
e) kranke Stämme aller Art (kr).

II. Beherrschte Stämme. Diese umfassen alle Stämme, welche an dem oberen Kronenschirme nicht teilnehmen.

In diese Gruppe sind zu rechnen:
3. Zurückbleibende, aber noch schirmfreie Stämme, für Boden- und Bestandespflege in Betracht kommende Stämme.
4. Unterdrückte (unterständige, übergipfelte), aber noch lebensfähige Stämme, für Boden- und Bestandespflege in Betracht kommende Stämme.
5. Absterbende und abgestorbene Stämme, für Boden- und Bestandspflege nicht mehr in Betracht kommend.

Auch niedergebogene Stangen gehören hierher.

§ 3

Die Durchforstungen erstrecken sich grundsätzlich auf die Entnahme abgestorbener und absterbender, im Wachstume nachlassender, kranker oder in Bezug auf Krone oder Schaft nicht regelmäßig geformter oder auch solcher Stämme, welche trotz guter Schaft- und Kronenform auf die verbleibenden wertvolleren und aussichtsvolleren Stämme schädlich einwirken. Sie entfernen also die Stämme der Klassen 5–2 zum Teil oder ganz, Stämme der Klasse 1 aber nur ausnahmsweise, soweit dieses zur Auflösung von Gruppen notwendig erscheint.

Die Lichtungshiebe dagegen entnehmen grundsätzlich wachstumskräftige, gesunde, für die verbleibenden Nachbarn zur Zeit unschädliche Stämme, also bald größere, bald kleinere Teile der Stammklasse 1 und bezwecken dauernde Schlußunterbrechung. Diese soll alsdann meist das ganze Bestandsleben hindurch fortdauern, oder sich wenigstens über eine längere Periode erstrecken, wie z. B. bei dem Seebach'schen Lichtungsbetriebe.

§ 4

In Bezug auf die Durchforstung werden folgende Arten und Grade unterschieden:
I. Niederdurchforstung.
1. Schwache Durchforstung (A = Grad). Diese bleibt auf die Entfernung der abgestorbenen und absterbenden Stämme, sowie der niedergebogenen Stangen (5) beschränkt und hat nur die Aufgabe, Materialien für vergleichende Zuwachsuntersuchungen zu liefern.
2. Mäßige Durchforstung (B = Grad). Diese erstreckt sich auf die abgestorbenen und absterbenden, niedergebogenen, unterdrückten Stämme, die Peitscher, die gefährlichsten schlechtgeformten Vorwüchse, soweit sie nicht durch Aestung unschädlich zu machen sind, und die kranken Stämme (Klasse 5, 4. und ein Teil von 2).
3. Starke Durchforstung (C = Grad). Diese entfernt alle Stämme mit Ausnahme der Klasse 1, so daß nur Stämme mit normaler Kronenentwickelung und guter Schaftform verbleiben, welche durch Auflösung sämtlicher Gruppen nach allen Seiten Raum zur freien Entwickelung ihrer Kronen haben, jedoch ohne daß eine dauernde Unterbrechung des Schlusses stattfindet.

Für die Grade B und C gelten noch folgende Grundsätze:
a) In allen Fällen, in denen durch Herausnahme herrschender Stämme Lücken entstehen, können daselbst etwa vorhandene unterdrückte oder zurückbleibende Stämme belassen werden.
b) Bei der Entfernung gesunder Stämme der Klasse 2 mit schlechter Kronenentwickelung oder Schaftform ist mit derjenigen Beschränkung zu verfahren, welche durch die Rücksicht auf die Beschaffenheit und den Schluß des gesamten Bestandes geboten ist.

II. Hochdurchforstung

Diese ist ein Eingriff in den herrschenden Bestand zum Zwecke besonderer Pflege späterer

Haubarkeitsstämme unter grundsätzlicher Schonung eines Teiles der beherrschten Stämme. Hiervon sind zwei Grade zu unterscheiden:
1. Schwache Hochdurchforstung (D-Grad). Diese beschränkt sich auf den Aushieb der abgestorbenen und absterbenden, niedergebogenen, ferner der schlechtgeformten und kranken Stämme, der Zwiesel, Sperrwüchse, Peitscher, sowie derjenigen Stämme, welche zur Auflösung von Gruppen gleichwertiger Stämme entnommen werden müssen. Es werden also entfernt: Klasse 5, ein großer Teil von Klasse 2 und einzelne Stämme von 1. Die Entfernung der schlechtgeformten Vorwüchse und der sonstigen Stämme mit fehlerhafter Schaftform, insbesondere der Zwiesel, kann, wenn solche Stämme in größerer Anzahl vorhanden sind, zur Vermeidung zu starker Schlußunterbrechung auf mehrere Durchforstungen verteilt werden. Auch empfiehlt es sich, die bei der ersten Durchforstung verbleibenden Stämme dieser Art durch Aufästung oder Beseitigung von Zwieselarmen vorläufig unschädlich zu machen. Dieser Grad kommt vorwiegend für jüngere Bestände in Betracht.
5. Starke Hochdurchforstung (E-Grad). Dieser Grad erstrebt unmittelbar die Pflege einer verschieden bemessenen Anzahl von Zukunftsstämmen. Zu diesem Zwecke werden außer den abgestorbenen, absterbenden, niedergebogenen und kranken Stämmen auch alle diejenigen entnommen, welche die gute Kronenentwickelung der Zukunftsstämme behindern, also Klasse 5 und Stämme der Klassen 1 und 2. Dieser Grad erscheint hauptsächlich für die älteren Bestände geeignet.

§ 5

Die Versuche über den Einfluß der Lichtungshiebe verfolgen hinsichtlich der Ermittelungen über den Massenzuwachs den Zweck festzustellen, ob und wieweit die dauernden Unterbrechungen des Bestandschlusses den Zuwachs des gesamten Bestandes oder einzelner Bestandesglieder noch über das mittels der stärksten Durchforstungsgrade zu erzielende Maß hinaus zu steigern vermögen, und ferner zu untersuchen, wo der Zuwachs infolge allzustarker Verminderung der Stammzahl wieder zu sinken beginnt und wo die Steigerung des Zuwachses der Einzelstämme ihre Grenze findet.

Zu diesem Zweck empfiehlt es sich, vorbehaltlich anderer spezieller Versuche, z. B. über den Seebach'schen Lichtungsbetrieb, zwei Grade der Lichtung zu unterscheiden:
1. Schwache Lichtung (L-I-Grad).
2. Starke Lichtung (L-II-Grad). Jene entnimmt 20–30%, diese 30–50% der Stammgrundfläche der nach dem C = Grade durchforsteten Vergleichsfläche. Die starke Lichtung soll jedenfalls das Maximum des Gesamtzuwachses übersteigen; sie kann daher nach Bedarf noch über den angegebenen Betrag hinaus gesteigert werden.

Der Übergang aus dem geschlossenen Bestande zur Lichtstellung soll allmählich erfolgen."

Abbildung 5.4 veranschaulicht zusammenfassend, welche Baumklassen bei Niederdurchforstung, Hochdurchforstung und Lichtung nach der Anweisung von 1902 vollständig oder teilweise entnommen werden. So

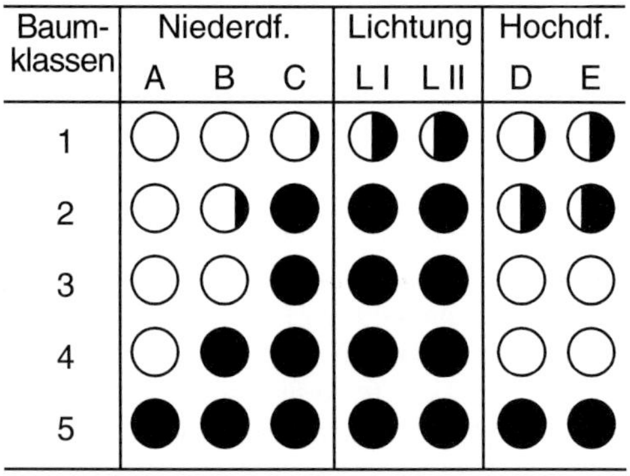

Baumklassen	Niederdf.			Lichtung		Hochdf.	
	A	B	C	L I	L II	D	E
1	○	○	○	◐	◐	◐	◐
2	○	○	●	●	●	◐	◐
3	○	○	●	●	●	○	○
4	○	●	●	●	●	○	○
5	●	●	●	●	●	●	●

Abbildung 5.4 Niederdurchforstung (A = schwach, B = mäßig und C = stark), Lichtung (L I = schwach, L II = stark) und Hochdurchforstung (D = schwach, E = stark) nach der Definition des VEREINS DEUTSCHER FORSTLICHER VERSUCHSANSTALTEN (1902) in graphischer Darstellung. Teilweise oder ganz ausgefüllte schwarze Kreise stehen für teilweise oder vollkommen entnommene Baumklassen.

wird deutlich, daß sich vom A-Grad bis zur Lichtung L II die von den schwachen Bäumen ausgehenden Entnahmen verstärken. Schwache und starke Lichtung L I und L II werden anhand der Grundflächenentnahmen definiert, was bereits auf eine quantitative Definition der Eingriffsstärke hinausläuft. Leider werden die Grundflächenentnahmen prozentual auf die Stammgrundfläche des C-Grades bezogen, der nur verbal anhand der Baumklassen definiert ist. Schwache und starke Hochdurchforstung sparen zurückbleibende und unterdrückte Bäume (Baumklassen 3 und 4) bei den Entnahmen aus. Bei der starken Hochdurchforstung zielen die Eingriffe auf die Förderung zuvor ausgewählter Zukunftsbäume.

Bei allen Mängeln und Unzulänglichkeiten aus heutiger Sicht ist die kombinierte Baum- und Schaftgüten-Klasseneinteilung und die darauf aufbauende Definition von Behandlungsvarianten bis heute eine wichtige Referenz. Denn die Mehrzahl der klassischen Durchforstungsexperimente des Ertragskundlichen Versuchswesens wurden nach diesem Standard behandelt (Bildtafeln 4–6). Die nach diesen Faktorenstufen gesteuerten Durchforstungsversuche bilden wiederum die Datenbasis unserer Reinbestands-Ertragstafeln, so daß auch diese auf den Definitionen von 1902 aufbauen. Indem sie gesondert für schwache, mäßige und starke Niederdurchforstung oder schwache bzw. starke Hochdurchforstung aufgestellt wurden, bilden die im Arbeitsplan definierten A-, B-, C-, D- und E-Grade auch in dieser Hinsicht eine Referenz. Die Definition von Art und Menge der Entnahmen gründet sich auf die in § 2 nach sozialer Stellung und Schaftgüte gebildeten Baumklassen. Die Art des Eingriffes äußert sich in der Angriffsrichtung (von den herrschenden oder beherrschten Stämmen herkommend), die Stärke der Entnahme in der Einbeziehung unterschiedlich vieler Baumklassen."

Die in § 2 definierten kombinierten Baum- und Schaftgüte-Klassen unterscheiden sich von den Baumklassen nach KRAFT (1884), indem sie neben der sozialen Stellung auch Qualitätsaspekte einbeziehen. Wenngleich wir heute Qualitätsaspekte wesentlich differenzierter registrieren und bei Entnahmen berücksichtigen, so deutet sich hier der Übergang zu einer auf Qualität bedachten Versuchssteuerung und Bestandeserziehung an. Aus heutiger Sicht fehlen der Durchforstungsdefinition Angaben zu Beginn und Turnus der Entnahmen bei allen Behandlungsvarianten, zu den Kriterien der Zukunftsbaum-Auswahl bei der starken Hochdurchforstung, nähere Angaben zu Art und Weise der Freistellung solcher Zukunftsbäume. Meßgeräte, Datenauswertung und Verfügbarmachung von Aufnahmedaten für den Versuchsansteller oder Praktiker haben sich in einer Weise verbessert, daß qualitative Definitionen für die waldbauliche Behandlung heute durch quantitative ersetzt werden können.

5.1.3 Entnahmen nach Auswahl von Auslese- oder Zukunftsbäumen

Bei Entnahmen zur Förderung von Auslese- oder Zukunftsbäumen wird in einem ersten Schritt eine Anzahl von Bäumen ausgewählt, auf die sich die Behandlung in der Folgezeit konzentrieren wird. In einem zweiten Schritt werden diese ausgewählten guten Zuwachsträger durch Entnahme einer definierten Anzahl von Konkurrenten langfristig gefördert. In den Zwischenfeldern, die je nach Anzahl der ausgewählten Auslese- bzw. Zukunftsbäume und nach Anzahl der zu entnehmenden Konkurrenten unterschiedlich groß bemessen sind, werden weitere Pflegeeingriffe ausgeführt. Unter Zukunftsbäumen oder Z-Bäumen verstehen wir in der Stangenholz- oder geringen Baumholzphase endgültig ausgewählte und dauerhaft markierte gute Zuwachsträger, die bis zum Erreichen ihres Zieldurchmessers erhalten und systematisch gefördert werden. Nach ASSMANN (1961a, S. 268) sind diese „[...] früh erwählten Wunderkinder [...]" bei zu früher und starrer Auswahl gegenüber Auslesebäumen mit erheblichen Unsicherheiten behaftet. Auslesebäume werden auch bei einer Oberhöhe von 8–12 m ausgewählt, in der Folgezeit aber bei jedem waldbaulichen Eingriff mit Blick auf ihre Eignung für den Endbestand neu beurteilt. Ausgehend von einer großen Anzahl von Kandidaten, übergehend zu einer schon geringeren Anzahl von Anwärtern, wird während des Bestandeslebens eine eng bemessene Zahl von Elitebäumen in einem permanenten Auslese- und Entscheidungsprozeß ausgewählt (Schädelin, 1942). Beide Verfahren unterscheiden sich grundsätzlich in der Risikostreuung, der Entscheidungsintensität und der räumlichen Konzentration der Pflegemaßnahmen (Bildtafeln 7, 13, 14 und 15).

Wichtigstes Kriterium für die Auswahl von Auslese- oder Zukunftsbäumen ist die Vitalität, die in der Kronengröße, sozialen Stellung oder Zuwachsleistung zum Ausdruck kommt. Ein zweites Auswahlkriterium bildet die Stammqualität, u. a. definiert durch die Schaftform, Astigkeit oder Schädigung. Drittens sollte eine regelmäßige Verteilung der Auslese- und Z-Bäume gegeben sein, die durch die Einhaltung von Mindestabständen gewährleistet werden kann. Als weiteres Kriterium kommt die Einzelbaumstabilität, charakterisiert durch den Schlankheitsgrad oder die Kronenlänge, in Frage. Wesentlich ist die Festlegung einer Rangfolge dieser Kriterien, wie sie beispielsweise von Abetz (1975) mit der Reihenfolge Vitalität, Qualität, Verteilung gegeben ist (Tab. 5.1). Eine andere Rangfolge empfehlen Kató und Mülder (1978), Kató (1979, 1987) und Mülder und Kató (1968) bei der von ihnen eingeführten „Qualitativen Gruppendurchforstung", indem die zu fördernden guten Zuwachsträger auch geklumpt ausgewählt werden dürfen. Ein solches Vorgehen ist insbesondere dann angebracht, wenn vitale und qualitativ geeignete Auslese- oder Zukunftsbäume nicht regelmäßig über die Fläche verteilt sind und nur bei Zulassung von Clustern eine ausreichende Anzahl guter Zuwachsträger erzielbar ist.

Baumanzahl und Abstandsregelung

Mit der Anzahl der Auslese- oder Zukunftsbäume im Endbestand wird im schlagweisen Hochwald die mittlere verfügbare Standfläche festgelegt. Denn für die Standfläche s gilt

$$s = \frac{10\,000}{n}. \qquad (5.1)$$

wobei
s Standfläche,
n angestrebte Z-Baum-Anzahl im Endbestand.

Andersherum bestimmt die angestrebte Standfläche im Endbestand die mögliche Z-Baum-Anzahl pro Hektar.

$$n = \frac{10\,000}{s}. \qquad (5.2)$$

Tabelle 5.1 Kriterien für die Auswahl von Auslese- und Zukunftsbäumen (nach Schober, 1988 a und b).

Heck (1898)	Leibundgut (1966)	Abetz (1974) Rang	
Gesunder, zuwachskräftiger Baum (Kraft: Kl.1 und 2) mit guter Kronenentwicklung	Anlagemäßig gute Kronenausbildung	1	Vitalität (nach soziologischer Stellung und Kronenausbildung)
Hohe Schaftqualität: Kl. α: gerader, langschäftiger, schöner Nutzholzstamm Kl. β: (bei Bedarf) mittelmäßiger, kurzschäftiger Nutzholzstamm	Gute Schaftqualität	2	Qualität (Schaftform)
Annähernd gleichmäßige Verteilung	gute, regelmäßige Verteilung im Bestand	3	Verteilung (Berücksichtigung von maximaler Z-Baumzahl und Mindestabstand)
Möglichst sturmfest			Stabiler Schaft (niedriger h/d-Wert)

5.1 Art der Entnahmen

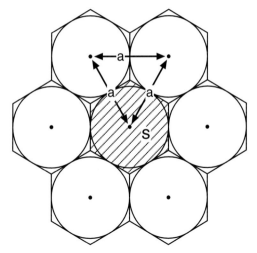

Abbildung 5.5 Anordnung von Einzelbäumen im Dreiecksverband erbringt hexagonale Standflächen. a = Abstände zu den nächsten Nachbarn, S (schraffiert) = mittlere Standfläche der Einzelbäume, n = Anzahl der Bäume/Fläche.

Verfahren zur Bestimmung der individuellen Standfläche von Bäumen in Rein- und Mischbeständen aller Alterszusammensetzungen werden wir in Abschnitt 10.4 kennenlernen. Wird für einen Buchenversuch im Endbestand ein mittlerer Standraum von s = 100 m²/Baum angestrebt, dann dürfen nicht mehr als n = 100 Zukunftsbäume vorgesehen werden. Mit der Z-Baum-Anzahl wird also die Obergrenze für den Freistellungsgrad vorgegeben. Aus der Z-Baum-Anzahl n ergibt sich der mittlere Abstand a zwischen den Z-Bäumen

$$a = \frac{1}{\sqrt{n}} \cdot 107{,}46 , \qquad (5.3)$$

wenn ein Dreiecksverband unterstellt wird (vgl. Abb. 5.5), bei dem die Standflächen regelmäßigen Sechsecken entsprechen. Für den Zusammenhang zwischen mittlerer Standfläche s und mittlerem Baumabstand a bzw. Z-Baum-Anzahl n und Standfläche s gilt

$$a = \sqrt{s} \cdot 1{,}0746 = \sqrt{\frac{10\,000}{n}} \cdot 1{,}0746$$
$$= \frac{1}{\sqrt{n}} \cdot 107{,}46 . \qquad (5.4)$$

Auf der Basis dieser Beziehung läßt sich im Rahmen der Versuchsplanung für eine ange-

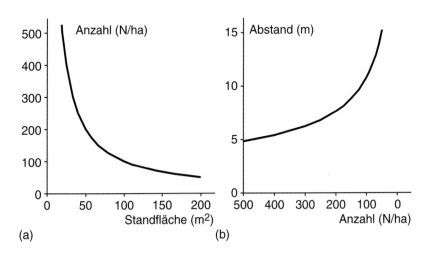

Abbildung 5.6 a, b Zusammenhang zwischen (a) Standfläche und Baumzahl und (b) Baumzahl und mittlerem Abstand zum nächsten Nachbarn beim Dreiecksverband als Leitbeziehungen für die Bestimmung der Anzahl von Zukunftsbäumen und ihren mittleren Abständen in Abhängigkeit von der Standfläche im Endbestand.

Tabelle 5.2 Z-Baumanzahlen, mittlere und minimale Z-Baumabstände (in Klammern) aus Kronenmessungen in Rein- und Mischbeständen (nach ABETZ, 1974).

Baumart Z-Baumanzahl in Stück/ha	Fi 400	Ta 300	Dgl 100	Kie 200	Kä 100	Bu 110	Ei 60
Fichte	5,7 (4,0)						
Tanne	6,2 (5,0)	6,6 (4,0)					
Douglasie			11,5 (8,0)				
Kiefer	7,0 (6,0)	7,3 (6,0)		8,1 (5,0)			
Lärche		9,0 (7,0)		9,8 (8,0)	11,5 (5,0)		
Buche	8,5 (7,0)	8,7 (7,0)		9,5 (7,0)	11,2 (8,0)	11,0 (5,0)	
Eiche				11,4 (8,0)	13,1 (9,0)	12,9 (9,0)	14,8 (6,0)

strebte Standfläche im Endbestand zunächst die Anzahl möglicher Zukunftsbäume/ha (Abb. 5.6a), um dann für diese Anzahl den mittleren Abstand a abzugreifen (Abb. 5.6b). Der mittlere Abstand a dient dann als Orientierungshilfe bei der Festlegung der Zukunftsbäume auf den Parzellen. Ein Unterschreiten bzw. Überschreiten dieses mittleren Abstandes a vermindert bzw. erhöht den möglichen Freistellungsgrad im weiteren Versuchsverlauf.

Die Anzahl der auszuwählenden Auslese- oder Zukunftsbäume hängt in erster Linie von dem zu prüfenden Pflegeprogramm und dem Zeitpunkt der Auswahl ab. SCHOBER (1988a und b) recherchiert für die Baumarten folgende Spektren von Z-Baum-Anzahlen (Bäume/ha):
- Fichte *Picea abies* (L.) Karst. 150–400,
- Tanne *Abies alba* Mill. 300,
- Kiefer *Pinus silvestris* L. 200–300,
- Douglasie *Pseudotsuga menziesii* Mirb. 100–200,
- Buche *Fagus silvatica* L. 90–120,
- Lärche *Larix decidua* Mill. 100,
- Eiche *Quercus petraea* (Mattuschka) Liebl. 50–100.

Während sich die Z-Baum-Anzahlen häufig an der möglichen Stammzahl und dem Standflächenbedarf im Altbestand orientieren, sind die Anzahlen von Auslesebäumen zumeist höher bemessen, da hier von der Erstauswahl bis zum Endbestand ein Ausleseprozeß vorgesehen ist. Tabelle 5.2 vermittelt die anzustrebenden mittleren Abstände und Mindestabstände zwischen Z-Bäumen in Rein- und Mischbeständen bei vorgegebenen Z-Baum-Anzahlen. ABETZ (1974) ermittelt diese Abstandswerte empirisch durch Baumabstands- und Kronenradienmessungen auf Rein- und Mischbestands-Versuchsflächen für die Baumarten Fichte *Picea abies* (L.) Karst., Tanne *Abies alba* Mill., Douglasie *Pseudotsuga menziesii* Mirb., Kiefer *Pinus silvestris* L., Lärche *Larix decidua* Mill., Buche *Fagus silvatica* L. und Eiche *Quercus petraea* (Mattuschka) Liebl.

5.1.4 Entnahmen nach Durchmesserklassen oder Zieldurchmesser

Durch Sortierung der Bäume eines Bestandes nach z. B. 1 cm oder 5 cm breiten Durchmesserstufen ergibt sich die Stammzahl-Durchmesser-Verteilung, deren Mitteldurchmesser, Streuung, Schiefe oder Höhe die Struktur des zugrundeliegenden Bestandes widerspiegelt. Die Stammzahl-Durchmesser-Verteilung gleichaltriger Reinbestände kann durch eine Gauß-Normalverteilung, die von Bergmischwäldern und Plenterwäldern durch eine Exponentialverteilung angenähert werden (MAGIN, 1959). ASSMANN (1961a) bezeichnet die Durchmesserstufen als numerische Baumklassen, da die innerhalb einer Klasse befindlichen Bäume, ähnlich den Baumklassen nach KRAFT, vergleichbare Dimensionen und soziale Stellung besitzen.

Die Art der Baumentnahmen kann deshalb auch durch Vorgabe einer einzuhaltenden Stammzahl-Durchmesser-Verteilung definiert werden. Die Steuerung der Behandlung erfolgt dann, indem die wirkliche Stammzahl-Durchmesser-Verteilung mit der programmatischen verglichen wird. Überschreitungen der Soll-Stammzahl werden bei den Durchforstungseingriffen abgebaut. Abbildung 5.7 zeigt ein solches Vorgehen beispielhaft für die Behandlungssteuerung des Plenterwaldversuchs Freyung 129, Parzelle 1. Vorgegeben ist eine Gleichgewichtskurve

$$n = k \cdot e^{-a \cdot d}, \qquad (5.5)$$

die einer fallenden Exponentialverteilung folgt und im halblogarithmischen Koordinatensystem als Gerade dargestellt werden kann:

$$\ln(n) = \ln(k) - a \cdot d. \qquad (5.6)$$

Dabei sind:
n Stammzahl je Durchmesserstufe,
d Durchmesserstufe,
k Lageparameter,
a Steigungsparameter,
ln Logarithmus naturalis.

Die Darstellung der Stamm-Durchmesser-Verteilungen im halblogarithmischen Netz (Abb. 5.7a) vermag die Über- und Unterbevorratungen besser sichtbar zu machen. Die Kurvenparameter k und a können aus den Wertepaaren Zieldurchmesser d_Z und Stammzahl dieser Zieldurchmesser n_Z und Mittel der ersten Durchmesserstufe des Einwuchses d_E und Stammzahlen des Einwuchses n_E ermittelt werden:

$$a = \frac{\ln(n_Z) - \ln(n_E)}{d_Z - d_E}, \qquad (5.7)$$

k durch

$$k = n_E \cdot e^{a \cdot d_E}. \qquad (5.8)$$

SCHÜTZ (1997) schlägt einen einfachen Algorithmus zur Bestimmung von Gleichgewichts-

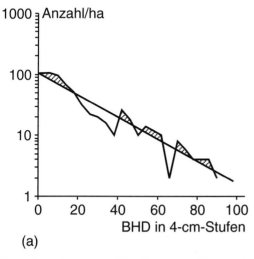

(a)

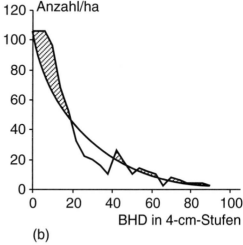

(b)

Abbildung 5.7 a, b Definition der Eingriffsart über Soll-Stammzahl-Durchmesser-Verteilungen. Gleichgewichtskurve (Gerade bzw. fallende Exponentialkurve) zur Bestimmung der Entnahmen (schraffiert) aus der Stammzahl-Durchmesser-Verteilung der Plenterwaldversuchsfläche Freyung 129, Parzelle 1 (schwarz ausgezogener Streckenzug). Stammzahl-Durchmesser-Verteilungen in **(a)** semilogarithmischer und **(b)** linearer Darstellung.

kurven für Plenterwälder vor, der Soll-Verteilungen erbringt, die in der Regel geringfügig von Exponentialverteilungen abweichen. Es resultiert eine Soll-Stammzahl-Durchmesser-Verteilung, die der Ist-Verteilung gegenüber gestellt werden kann, so daß auf Abweichungen von der Gleichgewichtskurve mit entsprechenden Entnahmen in den überbevorrateten Durchmesserklassen reagiert wird. In unserem Beispiel (Abb. 5.7) läuft das auf eine verstärkte Entnahme im mittleren und starken Baumholz hinaus, wodurch die Verjüngungsbedingungen und der Einwuchs verbessert werden.

Eine Soll-Durchmesser-Verteilung kann aber auch durch einfache Angabe einer Zielstärke vorgegeben werden. In diesem Fall werden bei jedem Eingriff die Bäume entnommen, die eine definierte Zielstärke überschritten haben. Abbildung 5.8 zeigt beispielhaft die Entwicklung der Stammzahl-Durchmesser-Verteilung auf der Buchen-Durchforstungsversuchsfläche *Fagus silvatica* L. Wieda 99, Parzelle 1, im Alter 113–170 Jahre und ihre allmähliche Annäherung an die Zielstärke. Bei jeder Entnahme werden Bäume über 68 cm Brusthöhendurchmesser (schraffierter Durchmesserbereich) entnommen. Dies tritt im Alter von 135 Jahren erstmals ein, im Alter von 170 Jahren sind schon größere Teile des rechten Astes der Stammzahl-Durchmesser-Verteilung abgeschnitten. Auch in diesem Beispiel ergibt sich die Anzahl n der zu entnehmenden Bäume aus einem Soll-Ist-Vergleich zwischen programmierter und wirklicher Stammzahl-Durchmesser-Verteilung. Die Ableitung von Gleichgewichtskurven für Plenterwälder oder von Schwellen-Durchmessern für die Zielstärkenentnahmen ergeben sich aus der zu prüfenden Fragestellung.

5.2 Menge der Entnahmen

Die anzustrebende Dichte und daraus resultierende Entnahmemengen können zum einen auf Bestandesebene, zum anderen aber auch auf Einzelbaumebene definiert werden. Möglich und immer weiter verbreitet ist auch eine Kombination beider Ebenen. In diesem Fall können für die Auslese- oder Zukunftsbäume auf einer Parzelle deren individueller Freistellungsgrad quantifiziert und außerdem durch Angabe eines anzustrebenden Bestandesdichtemaßes die zusätzlich erforderlichen Entnahmen in den Feldern zwischen den gezielt geförderten guten Zuwachsträgern quantifiziert werden. Die Kombination von einzelbaum- und bestandesorientierter Definition der Entnahmemenge präzisiert Art und Stärke des Eingriffs und verbessert die Auswertungsmöglichkeiten und Vergleichbarkeit von Ergebnissen. Indem neben dem absoluten Niveau der Bestandesdichte auch die strukturelle Verteilung der Entnahmen eingegrenzt wird, verkleinert sich der subjektive Handlungsspielraum bei der Versuchssteuerung. Für längerfristige Versuche genügt nicht die Angabe der Dichtestufe für einen Zeitpunkt, vielmehr sind für jede Faktorenstufe die Dichteentwicklungen im gesamten Behandlungszeitraum, also unter Umständen über 50 oder 100 Jahre, vorzugeben.

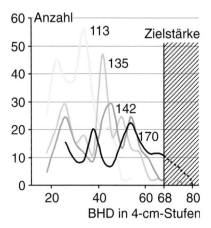

Abbildung 5.8 Definition der Eingriffsart durch Festlegung einer Zielstärke von 68 cm, bei deren Überschreitung die Entnahme erfolgt. Dargestellt sind die Stammzahl-Durchmesser-Verteilungen auf der Buchen-Durchforstungsversuchsfläche *Fagus silvatica* L. Wieda 99, Parzelle 1 im Alter von 113, 135, 142 und 170 Jahren. Der rechte Verteilungsast wird durch Zielstärkennutzung zunehmend gekappt.

5.2.1 Orientierung der Entnahmen an einer Soll-Bestandesdichte

Nach der Anweisung des Vereins Deutscher Forstlicher Versuchsanstalten wird die Menge der zu entnehmenden Bäume und damit die angestrebte Bestandesdichte qualitativ durch vollständige oder teilweise Entnahme von Bäumen der Klassen 5, 4, 3, 2 und 1 geregelt. Damit sind die Entnahmemengen und die hergestellte Bestandesdichte aber nicht eindeutig festgelegt. Denn die soziale Differenzierung und die Stammzahlverteilung auf Baumklassen ist standortabhängig und unterliegt subjektiven Einflüssen. Geeigneter, weil klar quantifizierbar und bei der praktischen Versuchssteuerung einfach handhabbar, erscheint die Entnahmestammzahl/Hektar als Maß für die Eingriffsstärke oder die Soll-Stammzahl/Hektar als Dichtevorgabe für den verbleibenden Bestand. Mit fortschreitender Bestandesentwicklung und Verbreiterung seines Durchmesserspektrums geht aber die Brauchbarkeit der Stammzahl/Hektar als Steuergröße zurück. Bei weitgehender Dimensionsgleichheit der Bäume in der Jugendphase sind Stammzahl-, Grundflächen- und Vorratsentnahmeprozente weitgehend äquivalent. In mittelalten und älteren Beständen dagegen können aufgrund der Dimensionsspreitung hinter ein und demselben Stammzahlentnahmeprozent sehr unterschiedliche Grundflächenabsenkungen stecken. Indem die Bestandesgrundfläche die Ertragselemente Stammzahl/Hektar und Bestandesmitteldurchmesser d_g kombiniert, besitzt sie eine besondere Eignung für die Dichtesteuerung. Gegen die Benutzung des Bestandesvorrates/Hektar als Dichtemaß und praktisch nutzbare Steuergröße sprechen die mit der Höhenmessung und Formzahlbestimmung verbundenen Fehlerquellen. Die Steuerung der Bestandesdichte bzw. Entnahmemenge über Bestandesdichte-Indizes, welche auf den Primärgrößen Stammzahl, Grundfläche, Höhe oder Mitteldurchmesser aufbauen, wurden unter anderem von CURTIS (1982), HART (1928) und BECKING (1953) sowie REINEKE (1933) vorgeschlagen, haben sich in der Praxis aber nicht durchgesetzt.

5.2.2 Bewährte Kurvensysteme für Soll-Dichten

Die Beantwortung einer Versuchsfrage erfordert bei Durchforstungsversuchen eine entsprechend langfristige Steuerung entlang eines definierten Dichte-Niveaus. Quantitativ eindeutig ist die Festlegung von Soll-Kurven der Grundflächenentwicklung über dem Alter oder von Stammzahlentwicklung über der Oberhöhe, wie sie modellhaft für drei Behandlungsvarianten in Abbildung 5.9 dargestellt ist. Durch Steuerung der Parzellen entlang dieser Soll-Kurven werden die Faktorenstufen des Versuches eingestellt (Abb. 5.9a). Die Dichtebeschreibung (Ordinate) kann durch Stammzahl-, Grundfläche-, Vorrats- oder Bestokkungsgrad-Angaben erfolgen. Die biologische oder physikalische Zeitachse (Abszisse) kann über das Alter, die Oberhöhe oder den Durchmesser skaliert werden. In jedem Fall ergibt sich für jede Faktorenstufe eine Leitkurve, an der die Dichte entlang zu führen ist. Der Ableitung der Leitkurven können entweder theoretische Überlegungen zugrunde liegen, sie können sich an der standorttypischen maximalen Dichte orientieren (0-Flächen-Prinzip), oder sie können sich an einer deduktiv abgeleiteten maximalen Dichte ausrichten (FRANZ, 1965 und 1967b; STERBA, 1975 und 1981).

Durchforstungs- und Standraumversuche lassen sich in der Regel einem der in Abbildung 5.9b–d dargestellten Dichteregime und einer der Fragestellungen zuordnen. Die Frage, welche Bestandesentwicklung resultiert, wenn von einer identischen Bestandesstruktur ausgehend Dichteunterschiede eingestellt und weiter ausgebaut werden, führt zu dem Kurvensystem in Abbildung 5.9b. Beispiele für eine solche Dichtesteuerung sind klassische Durchforstungsversuche, Lichtungsversuche und Verjüngungsversuche. Die Parzellen solcher Versuche enden auf unterschiedlichen Dichte-Niveaus (z. B. A-, B- und C-Grad). Das Soll-Kurvensystem in Abbildung 5.9c wird der Fragestellung vieler Standraumversuche gerecht. Denn es beantwortet die Frage, welches Dichteregime am besten dafür geeignet ist, eine zuvor definierte Zieldichte zu erreichen.

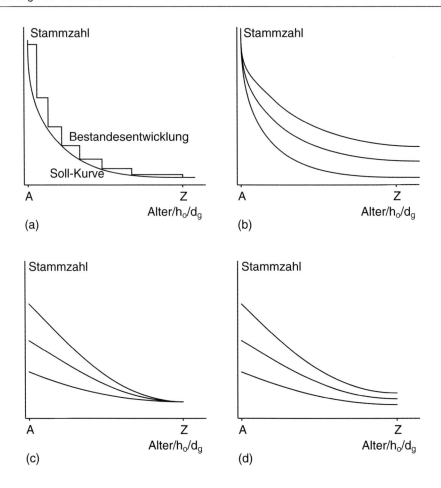

Abbildung 5.9 a–d Leitkurvensysteme für die Einstellung der Bestandesdichte und Quantifizierung der Entnahmemengen von Versuchsbeginn (A) bis Versuchsende (Z). **(a)** Die Bestandesdichte (Treppenlinie) wird an der Dichte-Leitkurve entlang geführt, die vom Versuchsbeginn bis -ende festgelegt ist. Es resultieren die entsprechenden Entnahmemengen (Stufenhöhen der Treppenkurve). **(b)** Ausgehend von einer einheitlichen Bestandesdichte zum Versuchsbeginn werden mehrere Dichtestufen (Faktorenstufen) eingestellt und bis zum Versuchsende ausgebaut. **(c)** Ausgehend von unterschiedlichen Dichten und Standräumen bei Versuchsanfang läuft die Behandlung auf dieselbe Bestandesdichte im Endbestand hinaus. **(d)** Von Versuchsbeginn an vorhandene Faktorenstufen werden in der Laufzeit des Versuches aufrechterhalten.

Verbandsversuche, auf deren unterschiedlich dichten Parzellen jeweils dieselben Anzahlen von Auslese- oder Zukunftsbäumen ausgewählt und gefördert werden, bilden Beispiele für diese Vorgehensweise. Impliziert die Versuchsfrage den Effekt unterschiedlicher Ausgangssituation, Dichteregime während des Versuchszeitraumes und End-Dichten, so gelangen wir zu dem in Abbildung 5.9d dargestellten Soll-Kurvensystem. Standraumversuche mit unterschiedlicher Auslese- und Z-Baumzahl bilden Beispiele für diese Vorgehen bei der Eingriffssteuerung. Ertragskundliche Versuche lassen sich meist auf einen dieser drei Behandlungstypen (Abb. 5.9b–d) zurückführen. Veränderungen des Behandlungskonzeptes im laufenden Versuch sollten sich auf begründete Ausnahmefälle (z. B. Störung der Parzellen durch Kalamitäten, Umstellung des Versuchszieles in der Altersphase von Durchforstung auf Unterbau oder Verjüngung) beschränken.

5.2.3 Wahl der Dichtestufen

Die Faktorenstufen sollten sich nicht auf praxisübliche Dichten beschränken, sondern auch Extremwerte, beispielsweise maximale Dichte und Solitärverhältnisse, mit abdecken. Denn nur bei Verfügbarkeit solcher Extrema können gesetzmäßige Zusammenhänge zwischen Dichte und Wachstumsreaktion abgeleitet werden. Die in Abbildung 5.9 als Soll-Kurven dargestellten Dichteregime werden nach einem der folgenden Verfahren abgeleitet:

- Gängig ist erstens eine rein normative Aufstellung der Soll-Dichtekurven, wobei man sich von praxisüblichen Anfangs- und Enddichten leiten läßt. Mitunter werden die angestrebten Anfangs- und Enddichten auf halb-logarithmischem Papier eingetragen (Abszisse: Alter, Mittelhöhe oder Oberhöhe; Ordinate: Stammzahl) und linear verbunden. Auf diese Weise ergeben sich im linearen Netz exponentiell fallende Dichtekurven.
- Üblich ist zweitens eine Orientierung der Eingriffsstärken an der lokal zu erwartenden maximalen Dichte. Zu diesem Zweck bleibt eine Faktorenstufe der Versuchsanlage unbehandelt und dient den anderen Parzellen als Referenz. Die unbehandelten Parzellen geben dann die obere Umhüllende des Soll-Kurvensystems an (obere Linie auf den Abbildungen 5.9b–d) und dienen weiteren Faktorenstufen als Referenz (z. B. Grundflächenhaltung 100%, 80%, 60% und 40%).
- Dritte Vorgehensweise: Fehlen einer Versuchsanlage von Beginn an unbehandelte Referenzflächen oder fallen diese im Laufe der Beobachtungszeit aus, so kann die maximale Dichte auch nach den von FRANZ (1965, 1967b) sowie STERBA (1975 und 1981) entwickelten Verfahren abgeleitet und als Referenz benutzt werden.

Die Vorteile der Vorgehensweisen 2 und 3 bestehen darin, daß die Soll-Kurven sich im gesamten Beobachtungszeitraum an der biologischen Obergrenze des Standortes orientieren.

Bei der Definition von Dichtestufen durch prozentuale Abstufung gegenüber dem A-Grad (z. B. Faktorenstufen 1, 2 und 3 entsprechen maximaler Grundfläche, 80% bzw. 60% der maximalen Grundfläche) ist zu berücksichtigen, daß sich die Zuwachsreaktionen auf solche Dichteabsenkungen mit dem Alter in charakteristischer Weise verändern. Während eine Grundflächenabsenkung auf 60% des A-Grades in der Jugendphase aufgrund hoher Reaktionsfähigkeit experimentell sinnvoll sein kann, kann eine solche prozentuale Absenkung im Altbestand unter Umständen zu unnötig starker Auflichtung führen. Gleiche relative Absenkungen der Dichte stellen für den Bestand in der Altersphase aufgrund der abnehmenden Reaktionsfähigkeit zunehmend empfindlichere Störungen dar. Die prozentuale Abstufung sollte deshalb mit zunehmendem Alter geringer werden, so daß die Dichte-Soll-Kurven konvergieren.

5.2.4 Dichtesteuerung auf Düngungs- und Provenienzversuchen

Auch langfristige Versuchsflächen zur Prüfung der Effekte von Düngung, Provenienzwahl oder Bodenbearbeitung auf das Baum- und Bestandeswachstum erfordern eindeutige und quantitativ formulierte Durchforstungsprogramme (Bildtafeln 10, 11 und 18). Bei der Anlage von Düngungsversuchen empfiehlt sich für alle Parzellen eine vergleichbare Bestandesdichte und eine Beschränkung der Entnahmen bei Versuchsanlage auf absterbende und kranke Bestandesglieder. Nur so können die Zuwachsreaktionen auf Düngung von solchen auf Durchforstungseingriffe unterschieden werden. Wenn nach fünf bis zehn Jahren die Düngungswirkung auf das Baum- oder Bestandeswachstum geprüft ist und aufgrund der angestiegenen Bestandesdichte Eingriffe notwendig werden, so empfehlen sich auf ungedüngten und verschiedenartig gedüngten Parzellen Eingriffe gleicher relativer Stärke. Wenn aus den Parzellen mit größtem Düngungseffekt 10, 20 oder 30% der Stammzahl oder Grundfläche entnommen werden, sollten die übrigen Parzellen auf dieselbe relative Stammzahl- oder Grundflächendichte eingestellt werden (ABETZ et al., 1964; FRANZ, 1967a).

Auch für Provenienzversuche empfiehlt sich die Einstellung gleicher relativer Dichten, da nur bei einem solchen Vorgehen der von Herkunft zu Herkunft sehr unterschiedliche Standraumanspruch Berücksichtigung findet. Eine Stammzahl- oder Grundflächengleichstellung über alle Provenienzen einer Versuchsfläche würde die herkunftstypischen Unterschiede im Raumbesetzungsmuster und Zuwachsniveau ausschalten (SCHOBER, 1961).

Für alle Versuche, die zum Nachweis von Störfaktoren (Streusalz, Insektenkalamität, Immission) auf das Waldwachstum angelegt werden, empfiehlt sich eine über alle Parzellen hinweg gleiche mäßige Eingriffsstärke. Denn auf diese Weise können die Reaktionen auf Störeinflüsse von waldbaulichen Steuerungsmaßnahmen weitgehend freigehalten werden.

5.2.5 Einzelbaumorientierte Steuerung von Freistellung und Entnahmemenge

Mit der Versuchssteuerung über bestandesbezogene Soll-Dichten oder Entnahmemengen ist noch immer ein beträchtlicher Spielraum bei der individuellen Förderung gegeben. Eine definierte Dichte kann durch mäßige Förderung vieler guter Zuwachsträger oder starke Förderung nur weniger Zuwachsträger eingestellt werden. Für eine objektive Steuerung des Freistellungsgrades von Auslese- und Zukunftsbäumen und die Entnahmemengen in ihrem Umfeld bieten sich im wesentlichen drei Verfahrensvarianten an:

- Die Auskesselung der Zentralbäume durch Entfernung aller Bestandesnachbarn in einem definierten Radius, beispielsweise von 2, 3, ..., 6 m.
- Die Einstellung der Zentralbäume auf einem vorgegebenen Konkurrenzindex, wobei beginnend mit dem ersten, zweiten, ..., n-ten Nachbarn so lange Konkurrenten entnommen werden, bis ein definierter Konkurrenzindex erreicht ist. Verwendung finden hierbei positionsabhängige Konkurrenzindizes, die im Vorfeld eines Eingriffes für alle Zentralbäume berechnet und durch vorgesehene Entnahmen eingestellt werden (vgl. Abschn. 10.2).
- Bewährt haben sich weiter Verfahren des paarweisen Vergleiches zwischen Auslesebzw. Zukunftsbäumen, zu denen die Steuerung über den A-Wert nach JOHANN (1982) gehört.

Entnahmen in Abhängigkeit vom A-Wert nach JOHANN (1982)

Ein einem Z-Baum j benachbarter Baum i wird bei einer solchen Vorgehensweise immer dann entnommen, wenn seine Entfernung zum Z-Baum E_{ij} eine im Versuchsplan festgelegte Grenzdistanz GD unterschreitet. GD wird berechnet aus:

$$GD = \frac{H_j}{A} \cdot \frac{d_i}{D_j}. \quad (5.9)$$

Dabei sind:
H_j Höhe des Z-Baumes,
d_i Durchmesser des Nachbarn,
D_j Durchmesser des Z-Baumes,
A ein im Versuchsprogramm festgelegter Proportionalitätsquotient, der die Freistellungsstärke steuert.

Entnommen werden Nachbarbäume, wenn die wirkliche Distanz zwischen den betrachteten Bäumen kleiner ist als die nach (5.9) berechnete, wenn also ein Nachbar dem Zentralbaum zu nahe steht, d. h.

$$E_{ij} < GD \quad (5.10)$$

bzw.

$$E_{ij} < \frac{H_j}{A} \cdot \frac{d_i}{D_j}. \quad (5.11)$$

5.2 Menge der Entnahmen

GD markiert also für einen vorgegebenen A-Wert die Grenzdistanz bei deren Unterschreitung der Nachbarbaum entnommen wird und bei deren Überschreitung er im Bestand verbleibt. JOHANN schlägt für gleichaltrige reine Fichten-Bestände *Picea abies* (L.) Karst. A-Werte von 4, 5 und 6 vor, die gleichbedeutend mit starker, mittlerer bzw. schwacher Freistel-

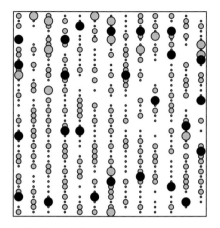

unbehandelt

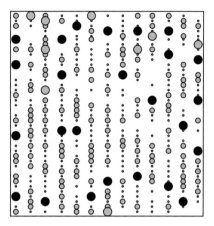

A-Wert=6

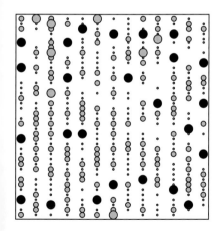

A-Wert=5

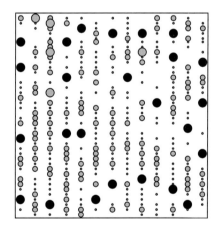

A-Wert=4

● Z-Bäume
○ Normale Bäume

Abbildung 5.10 Dichtereduktion auf der Versuchsparzelle Weiden 611/Parzelle 21 bei Vorgabe der A-Werte 6, 5 und 4. Schwarz hervorgehoben sind die Z-Bäume, grau der Füllbestand zwischen den Z-Bäumen. Mit Abnahme des A-Wertes wird immer weniger Konkurrenzdruck auf der Versuchsfläche toleriert, und die Zahl der zu entnehmenden Bäume nimmt zu.

lung sind. Hat ein Zentralbaum eine Höhe von 20 m, einen Brusthöhendurchmesser von 20 cm und sein Nachbar einen Brusthöhendurchmesser von 10 cm, so erbringt (5.9) für A-Werte von 4, 5 und 6 die Werte Grenzdistanzen

$$GD_{A=4} = \frac{20\,m}{4} \cdot \frac{10\,cm}{20\,cm} = 2{,}5\,m,$$

$$GD_{A=5} = \frac{20\,m}{5} \cdot \frac{10\,cm}{20\,cm} = 2{,}0\,m,$$

$$GD_{A=6} = \frac{20\,m}{6} \cdot \frac{10\,cm}{20\,cm} = 1{,}67\,m,$$

bei deren Unterschreiten Bestandesnachbarn entfernt werden. Abbildung 5.10 zeigt die Ergebnisse einer Entnahme nach dem A-Wert-Verfahren nach JOHANN (1982). Die Berechnung der Entnahmen stützt sich auf Parzelle 21 der 29jährigen Kiefern-Versuchsfläche *Pinus silvestris* L. Weiden 611. Mit Abnahme des A-Wertes wird immer weniger Konkurrenzdruck auf der Versuchsfläche toleriert, und die Zahl der zu entnehmenden Bäume nimmt zu.

Werden Freistellungsversuche nach den Empfehlungen der Sektion Ertragskunde im Deutschen Verband Forstlicher Forschungsanstalten (1986 a und b) angelegt, so sind A-Werte von 4 und 6 obligatorische Versuchsglieder. Der Standflächen- und Standraumbedarf nimmt mit Zunahme der Baumdimension (Höhe, Durchmesser) nicht proportional – wie in (5.9) unterstellt –, sondern in logarithmischer Progression zu. Die Unterstellung eines Proportionalitätsfaktors A zwischen Baumhöhe und anzustrebender Entfernung zum Nachbarn in (5.9) bewirkt deshalb bei jungen Beständen zu schwache Eingriffe und bei älteren Beständen zu starke Freistellungsgrade. Um in jungen Beständen zu schwache, in älteren Beständen extrem starke Freistellungen zu vermeiden, wird der Quotient $\frac{H_j}{A}$ in Jungbeständen durch den Wert 2, in Altbeständen durch den Wert 6 ersetzt.

Abbildung 5.11 zeigt eine für Fichten-Durchforstungsversuche *Picea abies* (L.) Karst. empfohlene Freistellungsregel für Zukunftsbäume nach A-Werten von A = 4 bis A = 6 (Deutscher Verband Forstlicher Forschungsanstalten, 1986a und b). Die einem Auslese- oder Z-

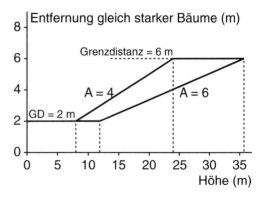

Abbildung 5.11 Freistellungsregel für Auslese- und Zukunftsbäume nach A-Werten 4 bzw. 6. Ein dem Zentralbaum benachbarter Baum wird dann entnommen, wenn seine Entfernung $E_{ij} <$ GD (nach DEUTSCHER VERBAND FORSTLICHER FORSCHUNGSANSTALTEN, 1986 b).

Baum benachbarten Bäume werden dann entnommen, wenn $E_{ij} <$ GD. Abbildung 5.11 gibt für zunehmende Höhen des Zentralbaumes an, bis zu welcher Grenzdistanz, bei A-Werten von 4 bzw. 6, die Entnahme gleich starker Bäume erfolgt ($d_i = D_j$). Für $\frac{H_j}{A} \leq 2\,m$ gilt $GD = 2 \cdot \frac{d_i}{D_j}$. Für $2\,m < \frac{H_j}{A} < 6\,m$ gilt die Grenzdistanz $GD = \frac{H_j}{A} \cdot \frac{d_i}{D_j}$. Wird der Quotient $\frac{H_j}{A} \geq 6\,m$, so gilt $GD = 6 \cdot \frac{d_i}{D_j}$. Werden die Auslese- bzw. Zukunftsbäume entlang der Linie A = 4 oder A = 6 geführt, so ergibt sich eine starke bzw. mäßige Freistellung der Z-Bäume.

5.3 Zeitfolge der Entnahmen

Die Zeitpunkte des Beginns und der Wiederholungen von Durchforstungen werden entweder in absoluten Altersangaben getroffen (z. B. Erstdurchforstung im Alter 20, zweiter Eingriff im Alter 25) oder vom Überschreiten zuvor definierter Dimensionsgrößen (z. B. Mittelhöhe, Oberhöhe, Mitteldurchmesser) abhängig gemacht. Beginn und Häufigkeit der Wiederkehr der Entnahmen bezeichnet ASSMANN (1961a) als Intensität der Durchforstung. Er unterscheidet:

- Stufe 1 (extensiv): Beginn der Durchforstung bei mehr als 12 m Mittelhöhe und durchschnittlicher Turnus größer als 5 Jahre.
- Stufe 2 (intensiv): Beginn bei 8–12 m Mittelhöhe, durchschnittlicher Turnus 3–5 Jahre.
- Stufe 3 (hochintensiv): Beginn vor Erreichen einer Mittelhöhe von 8 m, durchschnittlicher Umlauf kleiner oder gleich 3 Jahre.

Die Kopplung der Entnahmezeitpunkte an die Durchmesser- oder Höhenentwicklung impliziert die primär dimensions- und weniger zeitabhängige Zunahme des Standraumbedarfes. ABETZ (1975) schlägt für die Behandlung von Fichtenbeständen *Picea abies* (L.) Karst. wahlweise Eingriffe nach 2, 3 und 4 m Höhenzunahme vor (Abb. 5.12). Sieht eine Behandlungsvorschrift jeweils nach Bildung von 3 m Oberhöhenzuwachs eine Reduktion der Stammzahlen auf das Niveau der Soll-Stammzahlkurve vor, so bedeutet das für Standorte besserer Wuchskraft eine höhere Durchforstungsintensität als für Standorte mit schlechterer. Denn auf diesen werden in der Jugend drei Höhenmeter vielleicht in drei Jahren durchlaufen, auf jenen in sechs Jahren. Eine solche Orientierung der Zeitfolge der Entnahmen an Mittelhöhe, Oberhöhe oder Durchmesser ist für die Definition und Umsetzung von Pflegerichtlinien geeignet. Auf Versuchsflächen bereitet sie dann Probleme, wenn die Parzellen in der Höhenentwicklung deutlich voneinander abweichen. Denn dann müssen die Eingriffe strenggenommen zu unterschiedlichen Zeitpunkten erfolgen. Abgesehen vom unvertretbar hohen Arbeitsaufwand erbringen die verschieden langen Aufnahme- und Zuwachsperioden für die einzelnen Parzellen Befunde, denen unterschiedliche klimatische Bedingungen zugrunde liegen. Die Effekte von Klima und Behandlung auf das Wuchsverhalten können dann nicht mehr klar voneinander getrennt werden. Ein Ausweg besteht in der Orientierung der Durchforstungsintensität an der Entwicklung einer Referenzfläche, z. B. einer A-Grad-Fläche, die dann für alle Versuchsglieder die Zeitfolge der Eingriffe vorgibt.

In Abschnitt 11.1 wird auf standorttypische Unterschiede in der Gesamtwuchsleistung bei gegebener Ober- oder Mittelhöhe hingewiesen. Solche Unterschiede im allgemeinen, speziellen und untergliedertem speziellen Ertragsniveau müssen bei der Festlegung von Stammzahl-Leitkurven Berücksichtigung finden. Eine Befolgung fester Stammzahl-Leitkurven über unterschiedlichste Standorte hinweg, würde lokale Unterschiede im Leistungspotential der Bestände nivellieren.

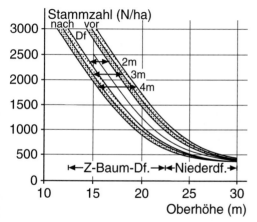

Abbildung 5.12 Stammzahl-Leitkurve als Entscheidungshilfen für die Durchforstung von Fichtenbeständen (nach ABETZ, 1975). Angegeben sind die Soll-Stammzahlen vor und nach Durchforstungseingriffen für verschiedene Eingriffsintervalle. Indem die Eingriffe jeweils nach 2, 3 bzw. 4 m Oberhöhenzunahme erfolgen, orientieren sie sich an der standortspezifischen Entwicklung.

Zusammenfassung

Wichtigste Maßnahme zur Steuerung der Bestandesentwicklung ist die Entnahme von Bäumen. Sie verändert die Bestandesstruktur und löst spezifische Zuwachsreaktionen des verbleibenden Bestandes aus. Durch die Entnahmen möchte der Versuchsansteller bzw. Praktiker die Stoffallokation in seinem Sinne modifizieren, z. B. auf ein bestimmtes Teilkollektiv lenken oder die Stabilität fördern. Baumentnahmen stellen einen höchst wirksamen Hebel zur Steuerung der Zuwachsallokation am verbleibenden Bestand dar. Wo und wie dieser Hebel angesetzt, das Raumbesetzungsmuster in Beständen durch Entnahmen verändert werden kann, bedarf der Quantifizierung. Eine räumlich-zeitliche Quantifizierung des Eingriffsmusters befreit die Versuchssteuerung (Faktorenstufen) von subjektiven Einflüssen. Eine möglichst eindeutige quantitative Festlegung von Behandlungs- oder Pflegeprogrammen unterstützt darüber hinaus die Umsetzung und Kontrollierbarkeit von Behandlungsempfehlungen in der praktischen Forstwirtschaft.

1. Eine Definition von Eingriffen in die Bestandesstruktur ist bestmöglich durch die Kriterien Art der Entnahmen, Menge der Entnahmen und Zeitfolge der Entnahmen zu erreichen.

2. Die Art der Entnahme charakterisiert die strukturellen Veränderungen des Raumbesetzungsmusters. Die Menge der Entnahmen quantifiziert die Stärke des Eingriffs, und die Zeitfolge der Entnahme gibt an, in welchem Turnus diese strukturellen und mengenmäßig festgelegten Entnahmen erfolgen.

3. Die Art der Entnahme kann praktikabel aber eher unscharf durch die Bezeichnung der sozialen oder biologisch-technischen Baumklassen nach KRAFT (1884) bzw. VEREIN DEUTSCHER FORSTLICHER VERSUCHSANSTALTEN (1873, 1902), die entnommen werden sollen, erfolgen. Je nach Schwerpunktsetzung der Entnahme in unteren oder oberen Schichten resultieren Niederdurchforstung, Lichtung oder Hochdurchforstung.

4. Bei der Entnahme nach numerischen Baumklassen werden Durchmesserstufen, Durchmesserklassen oder Durchmesserschwellen benannt, auf die sich die Entnahmen fokussieren. Auf diese Weise können Gleichgewichtskurven in Plenterwäldern oder Zielstärkennutzungen in Altersklassenwäldern präzisiert werden. Diese Arten der Entnahme zielen auf eine gleichartige und mehr oder weniger homogene Behandlung des Bestandes.

5. Eingriffsarten, die in einem ersten Schritt nach den Kriterien Vitalität, Qualität und Abstand ein bemessenes Teilkollektiv guter Zuwachsträger aussuchen und dieses in einem zweiten Schritt durch Entnahmen begünstigen, bezeichnen wir als Auslese- und Z-Baum-Durchforstung.

6. Die Menge der Entnahmen können auf Bestandesebene durch Vorgabe definierter Soll-Stammzahlen- oder Grundflächenentwicklungen vorgegeben werden. Die Entnahmen im Umfeld eines zu fördernden Einzelbaumes können durch die Anzahl der zu entnehmenden Bedränger, durch Vorgabe eines festen Freistellungsradius oder durch Vorgabe eines Soll-Konkurrenzindex erfolgen. Sehr präzise wird die Definition der Entnahmemenge, wenn sie für Einzelbaum- und Bestandesebene angegeben wird, also sowohl für die zu fördernden Einzelbäume der Freistellungsgrad als auch für die dazwischenliegenden Felder die Auflichtung definiert wird.

7. Die Zeitfolge der Entnahmen kann durch Vorgabe des Bestandesalters definiert werden, zu dem die Eingriffe erfolgen. Wird die Eingriffsfolge an eine dendrometrische Größe, Baumdurchmesser oder Baumhöhe gekoppelt, so bestimmt die Wachstumsgeschwindigkeit den Eingriffsturnus (z. B. Eingriff alle drei Höhenmeter oder fünf Durchmesser-Zentimeter). Da Stammdimension und Standflächen- und Standraumbedarf allometrisch zusammenhängen, zeigt ein beschleunigtes Stammwachstum eine Forcierung der Raumbesetzung, Konkurrenz und Eingriffsdringlichkeit an.

8. Zur Eindeutigkeit der Steuerungsmaßnahmen müssen Art, Menge und Zeitfolge der Entnahmen für das gesamte Bestandesleben vorgegeben werden. Werden die Soll-Werte der Entnahmemenge auf benachbarte 0-Flächen oder A-Grade bezogen, so kann die standorttypische natürliche Altersentwicklung als Referenz dienen.

6 Kurzfassung der Geschichte des Forstlichen Versuchswesens

6.1 Gründung und Entwicklung des Forstlichen Versuchswesens

In der Mitte des 19. Jahrhunderts, als auch andere naturwissenschaftliche Disziplinen zu einer systematischen experimentellen Forschung übergingen, dachten weitsichtige Forscherpersönlichkeiten wie u. a. FRANZ V. BAUR (* 1830, † 1897), BERNHARD DANCKELMANN (* 1831, † 1901), ERNST EBERMAYER (* 1829, † 1909), AUGUST V. GANGHOFER (* 1827, † 1900), KARL GAYER (* 1822, † 1907), GUSTAV FRIEDRICH HEYER (* 1826, † 1883), JOHANN FRIEDRICH JUDEICH (* 1828, † 1894) und ARTHUR V. SECKENDORFF-GUDENT (* 1845, † 1886) das Grundkonzept für forstwissenschaftliche Untersuchungen in langfristigen Zeiträumen und weiträumigen Untersuchungsgebieten vor (Bildtafeln 1 und 2). Auf ihrer Versammlung in Regensburg im Jahre 1868 entwickelten FRANZ V. BAUR, Professor an der Land- und Forstwissenschaftlichen Akademie in Hohenheim, ERNST EBERMAYER, Professor an der bayerischen Centralforstlehranstalt für Agrikulturchemie und Bodenkunde in Aschaffenburg, GUSTAV FRIEDRICH HEYER, Direktor der Königlichen Preußischen Forstakademie in Münden, JOAHNN FRIEDRICH JUDEICH, Direktor der Königlich Sächsischen Forstakademie in Tharandt und JOHANN OSER (* 1833, † 1912), Professor an der Forstakademie Mariabrunn, als Vertreter des Kaiserreichs Österreich-Ungarn, Vorschläge für die Förderung des Forstlichen Versuchswesens. Die bis dahin überwiegend aus Beobachtung und Erfahrungswissen entstandenen Lehrmeinungen sollten durch nachvollziehbare Messungen auf langfristigen Versuchsflächen ergänzt bzw. ersetzt werden. Für die Planung, Anlage, meßtechnische Aufnahme, Auswertung und Steuerung von langfristigen Versuchsflächen empfahlen die Versammlungsmitglieder die Einrichtung forstlicher Versuchsanstalten. Auf Betreiben der genannten Gründungsväter des Versuchswesens entstanden ab 1870 die ersten forstlichen Versuchsanstalten u. a. in Baden, Bayern, Hessen, Preußen, Sachsen und Württemberg.

Diese und weitere gegründete Versuchsanstalten organisierten sich in den Folgejahren zum Verein Deutscher Forstlicher Versuchsanstalten. Die für Ertragskunde und Waldbau unverzichtbare gebietsübergreifende Forschung sah FRANZ V. BAUR – erst Leiter der Württembergischen Forstlichen Versuchsanstalt, dann von 1878–1897 Leiter des Ertragskundlichen Versuchswesens und Ordinarius für Ertragskunde in München – bestmöglich durch eine Kooperation der Versuchsstationen der verschiedenen deutschen Staaten gewährleistet. Auf seine Anregung fand 1872 in Braunschweig die Gründung des Vereins Deutscher Forstlicher Versuchsanstalten statt. BERNHARD DANCKELMANN als Vertreter von Preußen, KARL GAYER aus Bayern, LUDWIG BOSE (* 1812, †1905) aus Hessen, THEODOR HARTIG (* 1805, † 1880) und LUDWIG WILHELM HORN (* 1829, † 1897) aus Braunschweig, KARL SCHUBERG (* 1827, † 1899) und FRIEDRICH KRUTINA (* 1829, † 1904) aus Baden, MAX KUNZE (* 1838, † 1929) aus Sachsen und FRANZ V. BAUR aus Württemberg entwarfen anläßlich dieses Treffens die Satzung des Vereins Deutscher Forstlicher Versuchsanstalten. Diese zielt auf eine Förderung des Forstlichen Versuchswesens durch standardisierte Arbeitspläne, Vereinheitlichung von Methoden der

Versuchsaufnahme und -auswertung, Arbeitsteilung und gemeinsame Auswertungen und Ergebnispublikationen. Die heute mit vielfältigen Aufgaben betrauten Forstlichen Versuchsanstalten sollten in ihren Anfängen den langfristigen ertragskundlichen Versuchen eine Kontinuität verleihen; eine Voraussetzung, um die Praxis dauerhaft mit zuverlässigen Beurteilungs- und Entscheidungshilfen zu versorgen.

Die Leitung des Vereins Deutscher Forstlicher Versuchsanstalten hatten von 1872–1898 BERNHARD DANCKELMANN und von 1899–1925 ADAM SCHWAPPACH (* 1851, † 1932) an der Hauptstation für das Forstliche Versuchswesen in Preußen am Standort Eberswalde inne. In enger Kooperation mit den Vertretern anderer Länder brachten sie bis heute wirksame Arbeitspläne u. a. zur Anlage und Steuerung von Durchforstungs- und Mischungsversuchen und zur Aufstellung von Formzahl-, Massen- und Ertragstafeln auf den Weg. Dank solcher Kooperation und Vereinheitlichung konnten v. BAUR, GRUNDNER, KUNZE, LOREY, SCHWAPPACH und WEISE bei der Aufstellung ihrer Ertrags-, Formzahl- und Massentafeln auf einem großregional gestreuten, aber nach einheitlichen Grundsätzen erfaßten Datenmaterial aufbauen (vgl. Abschn. 11.1).

6.2 Vom Verein Deutscher Forstlicher Versuchsanstalten zur IUFRO

Um die national erfolgreiche Zusammenarbeit auch über die Ländergrenzen hinweg auszudehnen, initiierte der Verein Deutscher Forstlicher Versuchsanstalten auf seiner Jahrestagung 1892 in Eberswalde die Gründung des Internationalen Verbandes Forstlicher Versuchsanstalten.

An diesem Gründungstreffen waren u. a. beteiligt (IUFRO, 1993): FRIEDRICH KRUTINA (* 1829, † 1904) von der Badischen Forstlichen Versuchsanstalt, KARL KAST (* 1859, † 1943) von der Bayerischen Forstlichen Versuchsanstalt, LUDWIG WILHELM HORN (* 1829, † 1897) von der Versuchsanstalt Braunschweig, CARL EDUARD NEY (* 1842, † 1916) von der Versuchsanstalt Elsaß-Lothringen, KARL WIMMENAUER (* 1844, † 1923) von der Hessischen Versuchsanstalt, BERNHARD DANCKELMANN und ADAM SCHWAPPACH von der Hauptstation des Forstlichen Versuchswesens in Preußen in Eberswalde, CARL JULIUS TUISKO LOREY (* 1845, † 1901) von der Württembergischen Versuchsanstalt, JOSEPH FRIEDRICH (* 1845, † 1908) und ROMAN LORENZ RITTER V. LIBURNAU (* 1825, † 1911) von der Österreichischen Versuchsanstalt und ANTON V. BÜHLER (* 1848, † 1920) von der Schweizer Versuchsanstalt.

Der Internationale Verband Forstlicher Versuchsanstalten setzte sich zunächst aus mitteleuropäischen Staaten zusammen, wurde aber bald durch Vertreter Skandinaviens, Süd- und Osteuropas, Asiens und Amerikas bereichert, so daß im Jahr 1910 bereits 25 Staaten integriert waren. Zielsetzungen dieses internationalen Verbandes waren in der Gründungszeit die Förderung der Entwicklung und Standardisierung von Methoden der Versuchsanlage, Versuchsaufnahme und -auswertung (KILLIAN, 1974). Nach dem Ersten Weltkrieg wurden Zusammensetzung und Ziele des Internationalen Verbandes Forstlicher Versuchsanstalten anläßlich seiner Tagung im Jahre 1929 in Stockholm dahingehend geändert, daß nicht nur die forstlichen Versuchsanstalten, sondern alle forstlichen Forschungsinstitutionen in den Verband integriert werden, was auch in der neuen Namensgebung Internationaler Verband Forstlicher Forschungsanstalten oder auch International Union of Forest Research Organizations (IUFRO) zum Ausdruck kommt. Angestrebt wurde nun eine wissenschaftliche Kooperation auf allen Gebieten der Forstwissenschaften, also über das Forstliche Versuchswesen hinausgehend. Der Internationale Verband Forstlicher Versuchsanstalten und später der Internationale Verband Forstlicher Forschungsanstalten haben also ihre Wurzel im Verein Deutscher Forstlicher Versuchsanstalten, der im Jahr 1872 entstanden war, um forstlichen Versuchen eine angemessene Kontinuität und Repräsentativität zu sichern.

6.3 Sektion Ertragskunde im Deutschen Verband Forstlicher Forschungsanstalten

EILHARD WIEDEMANN (* 1891, † 1950) – als Nachfolger von SCHWAPPACH von 1927–1934 Leiter der Preußischen Forstlichen Versuchsanstalt in Eberswalde – hat wie kein zweiter die Ideen der Gründerzeit des Forstlichen Versuchswesens umgesetzt und weiterentwickelt, so daß die Forschungslinie SCHWAPPACH, WIEDEMANN, SCHOBER ein Musterbeispiel wissenschaftlicher Kontinuität darstellt. Zu den bis heute wirksamen Verdiensten von WIEDEMANN zählen großregional und langfristig angelegte Querschnittsauswertungen zu den Hauptbaumarten in Reinbeständen, die in einer Reihe von Monographien und Ertragstafeln für verschiedene Behandlungsformen resultierten (Abschn. 11.1). In den 30er Jahren des 20. Jahrhunderts dehnte er diese Untersuchungen auf Mischbestände aus, für deren Bearbeitung er die Zusammenhänge zwischen Wachstumsfaktoren und Bestandesdynamik analysierte. Gegen politische Widerstände bewahrte er über den Zweiten Weltkrieg hinweg das von ihm betreute und systematisch erweiterte preußische Versuchsflächennetz. Dessen einzigartiges Datenmaterial nord- und ostdeutscher Versuchsflächen rettete er beim Heranrücken der sowjetischen Truppen aus Eberswalde nach Sarstedt bei Hannover und leitete, auf dem gesicherten Fundus aufbauend, von dort die Gründung der Niedersächsischen Forstlichen Versuchsanstalt in Göttingen im Jahre 1950 ein (SPELLMANN et al., 1996). Eine solche langfristige, generationenübergreifende Beobachtung, wissenschaftliche Ausschöpfung und Weiterentwicklung eines Versuchsflächennetzes erfordert vor allem die Gestaltungskraft und den Gestaltungswillen von Forscherpersönlichkeiten, die sich bei aller Freiheit der Forschung als Garanten einer Versuchskontinuität verstehen.

SCHOBER (* 1906, † 1998) – Schüler von BAADER, Ordinarius für Forsteinrichtung und Ertragskunde an der Universität Göttingen und Nachfolger WIEDEMANNS als Leiter der Niedersächsischen Forstlichen Versuchsanstalt – sicherte den Fortbestand des nationalen Forschungsverbundes, indem er die Gründung des Deutschen Verbandes Forstlicher Forschungsanstalten in Bad Homburg 1951 initiierte. Als ein Pendant zum Internationalen Verband Forstlicher Forschungsanstalten und als Nachfolgeinstitution des Vereins Deutscher Forstlicher Versuchsanstalten führt dieser Verband noch heute die forstlichen Forschungsinstitutionen in Deutschland zusammen. Im Deutschen Verband Forstlicher Forschungsanstalten (DVFFA) hatte die ertragskundliche Versuchsarbeit wiederum von Beginn an ein besonderes Gewicht. Sie formierte sich als Sektion Ertragskunde und entwickelt die Forschungslinie des Vereins Deutscher Forstlicher Versuchsanstalten seit 1951 konsequent weiter. Von 1951 bis zum Jahr 2000 wurden 50 Jahrestagungen abgehalten, Anlagen, Aufnahmen und Auswertungen von Versuchsreihen koordiniert und Empfehlungspapiere zur Planung, Anlage, Steuerung und Auswertung von Versuchen ausgearbeitet (WEIHE, 1979). Bezogen sich die Arbeitspläne und Empfehlungen in der Gründerzeit vorwiegend auf die Planung, Anlage und Aufnahme langfristiger Versuchsflächen, so wurden in der Folgezeit auch Empfehlungen zur Versuchsauswertung und Modellbildung entwickelt. Beispiele hierfür sind die Empfehlungspapiere zu den Themenkomplexen ausländische Holzarten (DEUTSCHER VERBAND FORSTLICHER FORSCHUNGSANSTALTEN, 1954), Düngungsversuche (HAUSSER et al., 1969), Freistellungsversuche (DEUTSCHER VERBAND FORSTLICHER FORSCHUNGSANSTALTEN, 1986 a und b), Waldschäden und Zuwachs (DEUTSCHER VERBAND FORSTLICHER FORSCHUNGSANSTALTEN, 1988), Versuchsauswertung (JOHANN, 1993) und Waldwachstumssimulatoren (DEUTSCHER VERBAND FORSTLICHER FORSCHUNGSANSTALTEN 2000).

6.4 Kontinuität der Versuchsführung in Bayern als Erfolgsprinzip

Persönlichkeiten des Versuchswesens zeichnen sich dadurch aus, daß sie die Notwendigkeit der Langfristigkeit und Großräumigkeit von Untersuchungen in sich natürlich entwickelnden oder gesteuerten Wäldern verstanden haben. Sie sind getragen von der Überzeugung, daß gesichertes Wissen über das Waldwachstum langfristige Versuche erfordert (WIEDEMANN, 1928, 1948b). Erhalt und Ausbau des langfristigen Versuchsflächennetzes setzen auch seitens der Forstverwaltungen und bei Förderinstitutionen die Einsicht voraus, daß Erkenntnisse über langfristige Entwicklungsprozesse langfristige Forschungsförderung erfordern.

In Bayern nahm das Forstliche Versuchswesen dank AUGUST V. GANGHOFER – leitender Beamter der königlichen Forstverwaltung – und FRANZ V. BAUR – erster Fachvertreter für Ertragskunde an der Universität München – seinen Anfang (Bildtafel 2). In den 70er Jahren des 19. Jahrhunderts begann dort, zeitgleich und in methodischer Abstimmung mit anderen Ländern, der systematische Aufbau des ertragskundlichen Versuchsflächennetzes. Von den ersten Versuchsanlagen stehen heute, 130 Jahre nach ihrer Begründung, noch zahlreiche Flächen unter Beobachtung. Die in klassischer Dreigliederung (A-, B- und C-Grad) konzipierten Buchen-Durchforstungsversuche Fabrikschleichach 015, Mittelsinn 025 und Hain 027 wurden im Herbst 1870 und Frühjahr 1871 angelegt und seitdem rund 20mal aufgenommen (Bildtafeln 4 und 5). Gegenwärtig etwa 170jährig, sind diese Versuchsflächen beeindruckende Beispiele generationsübergreifend geführter Experimente. Gerade die auf die Gründerjahre des Versuchswesens zurückgehenden Durchforstungs-, Ertrags- und Anbauversuche zählen heute zu den ganz wenigen Informationsquellen über die langfristige Bestandesentwicklung. Sie sind für die Ableitung forstwirtschaftlicher Beurteilungs- und Entscheidungshilfen, für die Diagnose von Wachstumstrends, die Ableitung von Standort-Leistungs-Beziehungen, die Klimafolgenforschung oder als Musterflächen für die Lehre und Weiterbildung von unschätzbarem Wert und können auch noch der Beantwortung von Fragen dienen, die erst in der Zukunft gestellt werden.

FRANZ V. BAUR, in München von 1878–1897 wirkend, folgten RUDOLF WEBER von 1897–1905 und VINCENZ SCHÜPFER von 1905–1937, zu deren Zeit dem Ertragskunde-Lehrstuhl noch das Fach Forsteinrichtung zugeordnet war. Beide nutzten das Datenmaterial der langfristigen bayerischen Versuchsflächen für die Entwicklung forsteinrichtungstechnischer Arbeitsgrundlagen, wie den Aufbau von Formzahltafeln, Massentafeln und Sortierungstafeln, und sie erweiterten das Baumartenspektrum des Versuchsflächennetzes. Die Nachfolger von V. BAUR wirkten, mit Ausnahme von RUDOLF WEBER, ungewöhnlich lange. VINCENZ SCHÜPFER beispielsweise war über einen Zeitraum von 32 Jahren tätig, was dem langfristigen Versuchswesen Kontinuität und der einzelnen Forscherpersönlichkeit langfristige Beobachtung und Analyse ermöglichte.

KARL VANSELOW – von 1937–1951 Vertreter der Ertragskunde in München – war in erster Linie Waldbauer und Forsteinrichter. Seine Ertragstafelentwicklung für die Fichte in Südbayern und Untersuchungen über den Effekt von Pflanzverband und Durchforstung auf das Wachstum von Fichte und Tanne stützen sich im wesentlichen auf die südbayerischen Fichtenversuchsflächen in Denklingen, Egelharting, Ottobeuren, Sachsenried und Weßling, Versuche, auf die auch seine Nachfolger in größerem Umfang zurückgreifen konnten.

ERNST ASSMANN – 21 Jahre lang, von 1951–1972 Leiter des Münchener Ertragskunde-Instituts – hat die Waldwachstumsforschung mit der Aufdeckung neuer Gesetzmäßigkeiten und Modellvorstellungen, die der forstwirtschaftlichen Praxis bis heute wichtige Beurteilungs- und Entscheidungshilfen sind, entscheidend vorangebracht (Bildtafel 2). Durch langfristige Beobachtung von Versuchsflächen deckte er den gesetzmäßigen Zusammenhang zwischen Bestockungsdichte und Zuwachsleistung auf. ASSMANN führte das standorttypische Ertragsniveau ein, entwickelte die Grundflächenhaltung als Maß für die Bestandesdichte und Bestandesbehandlung und analysierte den Wuchsbeschleunigungseffekt früher Eingriffe. Sowohl die Erforschung dieser Gesetzmäßigkeiten als auch die Entwicklung der Regional- und Standort-Ertragstafeln wären nach seinen eigenen Aussagen ohne direkten Zugriff auf das Netz langfristiger Versuchsflächen in Bayern nicht möglich gewesen. Dieses Flächennetz erweiterte ERNST ASSMANN u. a. um Düngungs- und Bergmischwaldversuche (Bildtafeln 19, 20, 22), und er leitete durch vertiefende waldwachstumskundliche, standortkundliche und physiologische Aufnahmen zu einer kausalen Erklärung des individuellen Wuchsverhaltens über. In dem Waldökosystem-Projekt Ebersberg führte er waldwachstumskundliche, ökophysiologische, bodenkundliche und meteorologische Untersuchungsansätze auf einer älteren Fichtenversuchsfläche mit dem Ziel zusammen, die beobachteten waldwachstumskundlichen Strukturen und Prozesse skalenübergreifend nachzuvollziehen und zu erklären.

Mit dem Namen FRIEDRICH FRANZ – von 1973–1993 leitend an der Universität in München tätig – eng verknüpft ist die Einführung von EDV und Biometrie in das Forstliche Versuchswesen und die Waldwachstumsforschung, ein wichtiger Impuls für die deutsche Forstwissenschaft in den 1960er Jahren im allgemeinen (Bildtafel 2). Die neuen Möglichkeiten der elektronischen Datenverarbeitung erschloß er für eine verbesserte Ausschöpfung von Versuchsflächendaten und deren Nutzbarmachung für die forstwirtschaftliche Praxis; eine Innovation, welche die Wertschätzung langfristiger Versuchsflächen weiter erhöhte, indem sie ihr Informationspotential besser ausschöpfte. Wichtige Ergebnisse seiner über 20jährigen Tätigkeit als Vorstand des Lehrstuhls für Waldwachstumskunde an der Universität München und Leiter des Ertragskundlichen Versuchswesens in Bayern sind methodische Weiterentwicklungen auf dem Gebiet der Inventurtechnik und Modellbildung, insbesondere Prognose- und Simulationsmethoden, die in viel benutzte Ertragstafeln, Standort-Leistungstafeln und Simulationsmodellen für Holzaufkommensprognosen mündeten. Dem Ertragskundlichen Versuchswesen gab er durch systematische Erweiterung u. a. um Standraum-, Düngungs-, Waldschadens- und Mischbestandsversuche, aber auch durch Etablierung statistischer Versuchsanlagemethoden und EDV-basierter Versuchsauswertungsmethoden die Basis eines modernen Informationssystems.

Das auf v. GANGHOFER zurückgehende langfristige Versuchsflächennetz bildet, wie der Rückblick zeigt, das Kontinuum der Münchner Waldwachstumsforschung. FRANZ V. BAUR und die ihm folgenden fünf Fachvertreter RUDOLF WEBER, VINCENZ SCHÜPFER, KARL VANSELOW, ERNST ASSMANN und FRIEDRICH FRANZ haben großen Erkenntnisgewinn und forstpraktischen Nutzen aus den langfristigen Versuchsflächen geschöpft. Bei aller Individualität in ihrer wissenschaftlichen Ausrichtung haben sie das Versuchs- und Aufnahmeprogramm auf bestehenden Flächen konsequent weitergeführt und erweitert, neue Auswertungsmethoden entwickelt und das Flächennetz um Experimente zu neu aufkommenden Fragestellungen ergänzt. Der Autor, der das Versuchsflächennetz 1994 übernommen hat, stellt sich in diese Tradition, indem er im vorliegenden Band innovative Methoden zur Anlage und Auswertung von Versuchsflächen vorstellt.

Zusammenfassung

Wälder sind aufgrund ihrer Langlebigkeit, ihrer räumlichen Ausdehnung und großregionalen Vielfältigkeit experimentell schwer zugänglich. Der Forstwissenschaft ist es gelungen, geeignete Forschungsinstitutionen zur kontinuierlichen und großregionalen Erforschung des Waldwachstums aufzubauen. Seit Mitte des 19. Jahrhunderts hat sich, von Deutschland ausgehend, eine zunehmend international zusammengesetzte „Scientific community" formiert, die u. a. Versuchsflächennetze begründet, Auswertungsmethoden standardisiert, Wuchsmodelle entwickelt und zu einem breiten Themenspektrum länderübergreifende waldwachstumskundliche Forschungsprojekte ausgeführt hat.

1. In den 60er Jahren des 19. Jahrhunderts beginnend, hat die Waldwachstumsforschung ein in Beobachtungsdauer und räumlicher Ausdehnung einmaliges Netz von Beobachtungsflächen aufgebaut. Dieses umfaßt allein in Deutschland mehrere tausend Einzelflächen, von denen die ältesten seit über 130 Jahren unter Beobachtung stehen. Dank dieser Kontinuität und der Standardisierung von Meßmethoden hat die Waldwachstumsforschung ein unschätzbares Informationspotential aufgebaut, das in der Länge seiner Zeitreihen und in seiner großregionalen Ausdehnung allenfalls mit dem Netz von langfristigen Wetterstationen vergleichbar ist.

2. Auf Betreiben der genannten Gründungsväter des Versuchswesens FRANZ V. BAUR, BERNHARD DANCKELMANN, ERNST EBERMAYER, AUGUST V. GANGHOFER, KARL GAYER, CARL HEYER, GUSTAV HEYER, FRIEDRICH JUDEICH und ARTHUR V. SECKENDORFF-GUDENT entstanden ab 1870 die ersten Forstlichen Versuchsanstalten u. a. in Baden, Bayern, Preußen, Sachsen und Württemberg.

3. Diese und weitere gegründete Versuchsanstalten organisierten sich 1872 zum Verein Deutscher Forstlicher Versuchsanstalten, der auf eine Förderung des Forstlichen Versuchswesens durch standardisierte Arbeitspläne, Vereinheitlichung von Methoden, Arbeitsteilung und gemeinsame Auswertungen und Publikationen zielte.

4. Aus dem Verein Deutscher Forstlicher Versuchsanstalten ging im Jahre 1892 der Internationale Verband Forstlicher Versuchsanstalten hervor. Die genannten Gründungsväter des Versuchswesens bereiteten damit die Gründung des Internationalen Verbandes Forstlicher Forschungsanstalten (IUFRO) im Jahre 1929 vor.

5. Durch Gründung des Deutschen Verbandes Forstlicher Forschungsanstalten 1951 wurde eine Nachfolgeinstitution des Vereins Deutscher Forstlicher Versuchsanstalten geschaffen, die bis heute die forstlichen Forschungsinstitutionen in Deutschland zusammenführt. Im Deutschen Verband Forstlicher Forschungsanstalten (DVFFA) formierte sich die Sektion Ertragskunde und entwickelt die Forschungslinie des Vereins Deutscher Forstlicher Versuchsanstalten seit 1951 konsequent weiter.

6. Die genannten nationalen und internationalen Organisationen haben zahlreiche Anlagen, Aufnahmen und Auswertungen von Versuchsreihen koordiniert und Empfehlungspapiere zur Planung, Anlage, Steuerung und Auswertung von Versuchen und Modellbildung ausgearbeitet.

7. Daß in den meisten Ländern der Erde der Baumdurchmesser auf Versuchsflächen in der Höhe 1,30 m gemessen wird, unter einer mäßigen Hochdurchforstung dasselbe verstanden wird und Ertragstafeln einen standardisierten, vergleichbaren Aufbau haben, resultiert aus dem Standard, den sich die nationalen und internationalen ertragskundlichen Forschungsorganisationen auferlegt haben.

8. Wenn wir heute bei der Erfassung großregionaler Wachstumstrends, der Abschätzung von Folgen der Klimaveränderung oder bei der Parametrisierung von Wuchsmodellen ganz selbstverständlich auf ein Netz langfristiger ertragskundlicher Versuchsflächen zurückgreifen können, dann verdanken wir das den Gründervätern des Forstlichen Versuchswesens. Ein Beispiel dafür ist das langfristige ertragskundliche Versuchsflächennetz in Bayern. Es kann wie kein anderes noch auf zahlreiche Versuchsflächen aus der Gründerzeit zurückgreifen. FRANZ V. BAUR, RUDOLF WEBER, VINCENZ SCHÜPFER, KARL VANSELOW, ERNST ASSMANN und FRIEDERICH FRANZ haben es zum Musterbeispiel einer generationenübergreifenden Kontinuität forstwissenschaftlicher Forschung werden lassen.

7 Standardauswertung von langfristigen Versuchsflächen

Standardauswertung im Überblick

Die Standardauswertung waldwachstumskundlicher Versuchsflächen zielt im wesentlichen auf die in Tabelle 7.1 zusammengestellten Prüfgrößen, die Versuchsbestände zu gegebenen Aufnahmezeitpunkten und ihre Veränderung in den Perioden zwischen den Aufnahmezeitpunkten charakterisieren.

Unter Prüfgrößen oder Prüfmerkmalen verstehen wir die Ergebnisgrößen eines Versuches, die zur Beantwortung der Versuchsfrage nötig sind. Beispielsweise sind in einem Durchforstungsversuch, der den Zusammenhang zwischen Eingriffstärke und Bestandeszuwachs analysiert, die einzelnen Baumdurchmesser und Baumhöhen lediglich Meß- oder Zwischenwerte. Die eigentlichen Prüfgrößen sind u. a. Vorrat und Zuwachs des Bestandes, die aus diesen Meßwerten errechnet werden. Bei den Prüfgrößen waldwachstumskundlicher Versuchsflächen handelt es in der Regel um Bestandessummen- und Bestandesmittelwerte, die sich auf einen Hektar beziehen.

In diesem Kapitel wird die Buchen-Durchforstungsversuchsfläche *Fagus silvatica* L. Fabrikschleichach 015 (Bildtafeln 4 und 5) herangezogen, um die wesentlichen Schritte und das Methodenspektrum der Standardauswertung einzuführen. Die Versuchsfläche ist seit Frühjahr 1871 unter Beobachtung und weist die klassische Dreigliederung in A-, B- und C-Grad auf (vgl. Abschn. 5.1.2). Die Standardauswertung umfaßt im einzelnen die folgenden

Tabelle 7.1 Übersicht über die wichtigsten Bestandeskennwerte, ihre gebräuchlichen Abkürzungen und Einheiten nach der DESER-Norm (JOHANN, 1993). Die Variablenbezeichnungen finden sich u. a. in den Kopfzeilen der standardisierten Ergebnistabellen (Tab. 7.5 a–c).

Variable	Abkürzung	Einheit	Bemerkung	Dezimalstellen
Aufnahmejahr	Jahr	–	ggf. mit Monat	0/1
Alter	T	a	ggf. mit Monaten	0/1
Baumart	sp	–	Buchstaben	–
Stammzahl	N		je Kollektiv	0
Oberhöhe	hdom	m		1
Oberdurchmesser	ddom	cm		1
H/D-Wert zu ddom	h/ddom	–	dm/dm	0
Mittelhöhe	hg	m		1
Mitteldurchmesser	dg	cm		1
H/D-Wert zu dg	h/dg	–	dm/dm	0
Grundfläche	G	m^2		2
Volumen	V	m^3		0
Gesamtwuchsleistung	GWL	m^3		0
mittlere Grundflächenhaltung	MGH	m^2		2
Grundflächenzuwachs	IG	m^2/a		1
Volumenzuwachs	IV	m^3/a		1
Durchschnittlicher Gesamtzuwachs	dGZ	m^3/a		1
Periodenlänge	per	a		0/1

Schritte:
- Plausibilitätskontrollen,
- Behandlung fehlender und fehlerhafter Meßwerte,
- Ableitung von Durchmesser-Höhen-(Alters-) Beziehungen,
- Volumenberechnung der Einzelbäume aus Durchmesser, Höhe und Formzahl,
- Berechnung von Bestandessummen- und Bestandesmittelwerten für die Aufnahmezeitpunkte,
- Berechnung von Zuwachs- und Wachstumswerten und
- tabellarische und graphische Ergebnisausgabe.

Seit den Anfängen des Ertragskundlichen Versuchswesens haben die versuchsführenden Institutionen die Auswertungsverfahren – im Sinne der Vergleichbarkeit der Ergebnisse – immer weiter vereinheitlicht und automatisiert. Diese Standardisierung kommt zum Ausdruck in der Benutzung einheitlicher Auswertungsalgorithmen und Rechenprogramme. Ihr aktueller Stand ist in der DESER-Norm der Sektion Ertragskunde im Deutschen Verband Forstlicher Forschungsanstalten dokumentiert (JOHANN, 1993), auf die sich die folgende Einführung wiederholt bezieht.

Zweck der Standardauswertung

Primär dienen die Ergebnisgrößen der Standardauswertung (Prüfgrößen des Versuches) der Hypothesenprüfung und damit der Beantwortung der Versuchsfrage. Zu diesem Zweck werden die Prüfgrößen mit Verfahren der schließenden Statistik (Inferenzstatistik), z. B. mit dem t-Test, der Varianz- und Kovarianzanalyse, Regressionsanalyse, Diskriminanzanalyse oder Faktorenanalyse weiter verarbeitet. Die genannten statistischen Verfahren ermöglichen die Überprüfung der dem Versuch zugrundeliegenden Hypothesen (vgl. Kap. 2). Die Lehrbücher von BÄTZ et al. (1972), BORTZ (1993), LINDER (1951 und 1953), MUDRA (1958), PRUSCHA (1989), RASCH (1987), RASCH et al. (1973), ÜBERLA (1968) und WEBER (1980) seien als Standardwerke für inferenzstatistische Methoden genannt. Die darin vermittelten Methoden ermöglichen u. a. die Überprüfung, ob sich in unserem Beispiel Oberdurchmesser, Volumenzuwachs, Gesamtwuchsleistung der Buche bei A-, B- und C-Grad-Durchforstung unterschiedlich entwickeln.

Die in Tabelle 7.1 angegebenen Ergebnisgrößen der Standardauswertung dienen weiter der Vermittlung von Versuchsergebnissen in die forstwirtschaftliche Praxis, denn diese denkt und rechnet bei Planung, Vollzug und Kontrolle auf Bestandes- und Betriebsebene in hektarbezogenen Bestandessummen- und Bestandesmittelwerten. Langfristige Versuchsflächen sind vielbesuchte Musterflächen; ihre Versuchsergebnisse werden Exkursions- und Schulungsteilnehmern anhand der geläufigen Bestandessummen- und Bestandesmittelwerte aus der Standardauswertung vermittelt.

Die standardisierte Auswertung kommt ferner länderübergreifenden Auswertungen zugute. Die Konstruktion von Waldwachstumsmodellen (vgl. Kap. 11) stützt sich auf den räumlich-zeitlich breit gestreuten Datenfundus langfristiger Versuchsflächen; die standardisierte Versuchsflächenauswertung ist geradezu zugeschnitten auf die Konstruktion von Ertragstafeln (vgl. Abschn. 7.9.1). Als Beispiel für Längsschnittstudien (Analyse von Datenzeitreihen) können Untersuchungen zum langfristigen Wachstumstrend gelten (KENK et al. 1991; PRETZSCH, 1999; SPIECKER et al. 1996). Großregional gestreute Auswertungen zum Standort-Leistungs-Bezug von Baumarten (KAHN, 1994; MOOSMAYER und SCHÖPFER, 1972) oder Vitalitätszustand (MAYER, 1999; SCHÖPFER und HRADETZKY, 1983 und 1988) sind Beispiele für Querschnittsanalysen (Analyse von Momentaufnahmen an verschiedenen Orten). Dank standardisierter Auswertungsverfahren, wie sie im folgenden vermittelt werden, können sich solche Institutionen und Länder übergreifenden Analysen auf einen nach vorgegebener Norm ausgewerteten und standardisierten Datensatz stützen.

Außerdem geht die Versuchssteuerung bei vielen Behandlungsprogrammen von den Zustandsdaten des zu steuernden Bestandes aus. Beispielsweise setzt die Versuchssteuerung nach Soll-Stammzahl oder Soll-Grundfläche die Kenntnis der Zustandsdaten voraus, denn nur dann lassen sich die notwendigen Entnahmen quantifizieren (vgl. Kap. 5). Deshalb sind die Datenorganisation, Plausibilitätsprüfung und standardisierte Auswertung von Erhebungsdaten auch eine zwingende Voraussetzung für die Versuchssteuerung und eventuelle Kontrollmessungen in der Folgeperiode.

7.1 Von Meßwerten zu Prüfgrößen

Die Herleitung von Prüfgrößen gestaltet sich für Versuchsflächen in Waldbeständen wesentlich komplizierter als in landwirtschaftlichen Kulturen. Während die Biomasseproduktion eines Roggen- oder Maisfeldes durch Vollernte und Wiegen schon nach einer Vegetationsperiode ermittelt werden kann, erfordern die im Vergleich zum Menschen beträchtliche Größe und Langlebigkeit von Bäumen ganz eigene Methoden. Um zu Prüfgrößen zu gelangen, wird eine Standard-Auswertungsprozedur durchlaufen. Diese reicht von der Plausibilitätsprüfung der Originaldaten bis zur Zusammenfassung der Baumparameter zu Bestandessummen- und Bestandesmittelwerten. Für jeden Aufnahmezeitpunkt lassen sich mit diesen Kenngrößen (Tab. 7.1) der verbleibende, ausscheidende und Gesamtbestand beschreiben. Aus den Zustandsänderungen von Aufnahmezeitpunkt zu Aufnahmezeitpunkt werden die Zuwächse für die Aufnahmeperioden und die Wachstumswerte berechnet. Als Ergebnis der Standardauswertung stehen dann die Prüfgrößen wie Bestandessummen- und Mittelwerte für die weitere Versuchsauswertung zur Verfügung (vgl. Tab. 7.5a–c). Jeder weiterführenden Bearbeitung der Versuchsfrage oder Hypothesenprüfung geht immer eine solche normierte Standardauswertung voraus.

Die Berechnung der zentralen Prüfgröße Bestandesvorrat geht beispielsweise von den Meßgrößen Baumdurchmesser in 1,3 m Höhe ($d_{1,3}$), Baumhöhe (h) und Formzahl ($f_{1,3}$) aus. Die Durchmesser müssen von allen Bäumen auf einer Versuchsfläche bekannt sein, die Höhen werden in der Regel nur stichprobenweise erfaßt. Die Vorratsberechnung umfaßt folgende Schritte:

- Regressionsanalytisch erfolgt die Herleitung von Durchmesser-Höhen-Kurven für die auf der Versuchsfläche vertretenen Baumarten.
- Mit Hilfe der Durchmesser-Höhen-Kurven werden für alle Bäume Höhenwerte geschätzt.
- Die unechten Formzahlen $f_{1,3}$ werden baumweise in Abhängigkeit von Durchmesser und geschätzter Höhe aus Formzahlfunktionen oder -tabellen entnommen; es gilt $f_{1,3} = f(d_{1,3,h})$.
- Aufbauend auf Grundfläche ($g_{1,3} = d_{1,3}^2 \cdot \pi/4$), Höhe und Formzahl kann dann das Stammvolumen $v_i = g_{1,3,i} \cdot h_i \cdot f_{1,3,i}$ aller i = 1, ..., n Bäume der Versuchsfläche berechnet werden.
- Werden die Volumina der Einzelbäume aufsummiert, so gelangen wir zur angestrebten Prüfgröße Bestandesvorrat

$$V = \sum_{i=1}^{n} v_i = \sum_{i=1}^{n} g_{1,3,i} \cdot h_i \cdot f_{1,3,i}, \quad (7.1)$$

die in der Regel auf 1 ha hochgerechnet wird. Die Gründe für den beschriebenen Abgriff der Baumhöhen aus Regressionsgleichungen und der Formzahl aus vorhandenen Tabellen liegen in dem hohen meßtechnischen Aufwand, den eine Vollaufnahme der Baumhöhen bzw. einzelbaumweise Kubierung durch sektionsweise Vermessung bedeuten würde. Zudem sind die statistischen Zusammenhänge zwischen Formzahl, Durchmesser und Höhe aufgrund der zwischen ihnen bestehenden allometrischen Beziehungen so eng, daß eine Regressionsschätzung der Baumhöhe in Abhängigkeit vom Durchmesser bzw. der Abgriff der Formzahl aus verallgemeinerten Funktionen in Abhängigkeit von Durchmesser und Höhe mit völlig ausreichender Genauigkeit möglich ist. Die Volumenberechnung muß für jeden Aufnahmezeitpunkt jeweils getrennt für den verbleibenden und ausscheidenden Bestand durchgeführt werden. Auf diese Weise wird es möglich, u. a. die Entwicklung der Gesamtwuchsleistung, des aufstokkenden Vorrats, der Nutzungen sowie des Volumenzuwachses, die die Prüfgrößen vieler Versuche darstellen, zu quantifizieren (vgl. Tab. 7.5).

7.2 Prinzip der Regressionsstichprobe und Regressionsanalyse

7.2.1 Bedeutung der Regressionsanalyse für die Standardauswertung

Indem die Regressionsanalyse einen funktionalen Zusammenhang zwischen einer abhängigen Zielgröße y und einer oder mehreren unabhängigen Variablen herstellt, ist sie ein unverzichtbares Hilfsmittel für die Herleitung von Bestandeskennwerten. Denn die meßtechnisch schwer zugänglichen und aufwendigen dendrometrischen Größen, wie Baumhöhe, Kronenansatzhöhe und Durchmesserzuwachs, lassen sich in folgenden Schritten über eine Regressionsstichprobe schätzen:

- Zunächst wird ein Teilkollektiv von Bäumen ausgewählt, an dem sowohl die einfach meßbaren Größen, wie z. B. Baumdurchmesser $d_{1,3}$, als auch die nur mit größerem Aufwand zu erhebenden Größen, wie z. B. Baumhöhe h oder Durchmesserzuwachs zd, bestimmt werden.
- Für die regressionsanalytische Herleitung eines funktionalen Zusammenhanges zwischen schwer und leicht meßbaren Größen stehen dann Meßwertpaare, z. B. Durchmesser-Höhen-Meßwerte oder Durchmesser-Durchmesserzuwachs-Meßwerte, zur Verfügung.
- Es erfolgt dann die regressionsanalytische Schätzung der Funktionsparameter für den angestrebten statistischen Zusammenhang, z. B. h = f($d_{1,3}$) bzw. zd = g($d_{1,3}$). Liegt dem Ansatz z. B. eine Geradengleichung $\hat{y} = a + b \cdot x$ zugrunde, dann werden die Regressionskoeffizienten a und b und Maßzahlen für die Straffheit des statistischen Zusammenhangs (Kovarianz, Korrelationskoeffizient, Bestimmtheitsmaß) berechnet.
- Mit Hilfe der hergeleiteten Funktion können dann aus den an allen Bestandesgliedern erfaßten einfach meßbaren Größen die aufwendig meßbaren Größen geschätzt werden. In die Geradengleichung $\hat{y} = a + b \cdot x$ mit den geschätzten Parametern a und b werden, um bei diesem Beispiel zu bleiben, auf der rechten Seite beispielsweise die $d_{1,3}$-Werte eingesetzt, und sie erbringen auf der linken Seite Schätzwerte für alle Baumhöhen bzw. Durchmesserzuwächse.

Im folgenden stehen der praktische Nutzen der Regressionsanalyse und Regressionsstichprobe, die dem Verfahren zugrundeliegende Idee und die Interpretation der Ergebnisgrößen im Mittelpunkt – Aspekte, die in statistischen Lehrbüchern oder bei der unreflektierten Einsteuerung von Statistikprogrammen häufig untergehen. Zur Vertiefung der linearen und nichtlinearen Regressionsanalyse, zur Transformation von unabhängigen und abhängigen Variablen, zur Prüfung der Regressionskoeffizienten oder Berechnung ihrer Standardfehler wird auf Statistiklehrbücher verwiesen (BORTZ, 1993; LINDER, 1951 und 1953; WEBER, 1980).

7.2.2 Methode der linearen Regressionsanalyse

Die Aufgabe der einfachen linearen Regressionsanalyse besteht darin, durch eine Punktwolke (z. B. Durchmesser-Höhen-Wertepaare oder Durchmesser-Durchmesserzuwachs-Meßwertpaare) eine Gerade

$$\hat{y} = a + b \cdot x \quad (7.2)$$

zu legen, so daß bei n Beobachtungen die Summe SQD der quadratischen Abweichungen zwischen Beobachtungswerten y_i und Schätzwerten der Geraden $\hat{y}_i$ minimiert wird.

$$SQD = \sum_{i=1}^{n} (y_i - \hat{y}_i)^2 \quad \text{min!} \quad (7.3)$$

Aus diesem Grunde spricht man auch von dem Verfahren der kleinsten Quadrate. Ein Effekt der Quadrierung der Differenz $(y_i - \hat{y}_i)$ besteht darin, daß positive und negative Abweichungen gleich behandelt werden. Außerdem führt die Quadrierung dazu, daß große Abweichungen überproportional zur Abweichungsquadratsumme beitragen; die Regressionsanalyse tendiert deshalb zur Vermeidung besonders großer Abweichungen. Die Differenzen zwischen Beobachtungswerten und Gerade ($y_i - \hat{y}_i$) werden Residuen genannt (Abb. 7.1). Für $\hat{y}_i$ kann man in (7.3) $\hat{y}_i = a + b \cdot x_i$ einsetzen, so daß

$$SQD = \sum_{i=1}^{n} (y_i - a - b \cdot x_i)^2 \text{ min!}. \quad (7.4)$$

Durch partielle Ableitung nach a bzw. b und Nullsetzung dieser Ableitungen erhält man zwei Gleichungen mit zwei Unbekannten, die man nach a bzw. b auflösen kann (PRUSCHA, 1989; ÜBERLA, 1968; WEBER, 1980). Man erhält dadurch die Werte von a und b, bei denen SQD minimal ist.

$$b = \frac{\sum_{i=1}^{n} \dfrac{x_i \cdot y_i - n \cdot \bar{x} \cdot \bar{y}}{n-1}}{\dfrac{\sum_{i=1}^{n} x_i^2 - n\bar{x}^2}{n-1}} = \frac{\text{Kovarianz von x und y}}{\text{Varianz von x}} \quad (7.5)$$

$$a = \bar{y} - b \cdot \bar{x} \quad (7.6)$$

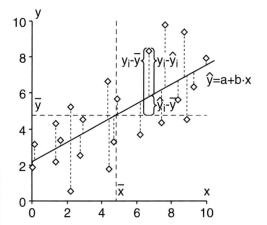

Abbildung 7.1 Ausgleich von x-y-Wertepaaren durch eine Regressionsgerade $\hat{y} = a + b \cdot x$. Eingezeichnet sind die Mittelwerte $\bar{x}$ und $\bar{y}$, je ein Beispiel für die Residuen $y_i - \hat{y}_i$ als Abweichung der gemessenen Werte vom Schätzwert, die Abweichung $\hat{y}_i - \bar{y}$ als Abweichung der Schätzwerte vom Mittelwert $\bar{y}$ und $y_i - \bar{y}$ als Abweichung der beobachteten Werte vom Mittelwert $\bar{y}$.

Der Parameter b steht für die Steigung der Geraden. Kürzt man aus (7.5) den Term $(n-1)$ heraus, so ergibt sich

$$b = \frac{\sum_{i=1}^{n} x_i \cdot y_i - n \cdot \bar{x} \cdot \bar{y}}{\sum_{i=1}^{n} x_i^2 - n\bar{x}^2}. \quad (7.7)$$

Der Parameter a steht für den y-Achsenabschnitt der Regressionsgeraden. Dabei sind:
n Anzahl der beobachteten Wertepaare,
x unabhängige Variable,
y abhängige Variable,
$\hat{y}$ Schätzwerte für y,
$\bar{x}, \bar{y}$ arithmetische Mittel der x- bzw. y-Werte,
a, b zu schätzende Regressionskoeffizienten, werden auch Parameter der Funktionsgleichung genannt.

Wird eine solche Berechnung für den Zusammenhang zwischen Durchmesser und Höhe $h = f(d_{1,3})$ hergeleitet, so kann man beliebige Durchmesserwerte aus dem von der Stichprobe abgedeckten Wertebereich einsetzen und damit entsprechende Schätzwerte für die Höhen aller Bestandesglieder ermitteln. Die Regressionskoeffizienten a und b werden bei einem solchen Vorgehen für ein Teilkollektiv, die Regressionsstichprobe, bestimmt und auf den Gesamtbestand angewendet. Der Vorteil dieser Vorgehensweise besteht eben darin, daß die aufwendig zu messende Höhe nur an einem Bruchteil der Bäume wirklich gemessen werden muß und für die Mehrzahl der Bäume geschätzt werden kann.

7.2.3 Korrelation und Bestimmtheitsmaß

Das Verfahren liefert in jedem Fall Regressionskoeffizienten a und b, egal ob die Punktwolke gut oder schlecht durch eine Gerade zu beschreiben ist. Die Meßwertpaare in Abbildung 7.2 a und b erbringen dieselben Regressionskoeffizienten, obwohl die Punkte im ersten Fall perlschnurartig auf einer Gerade liegen und im zweiten stark um diese streuen. Man kann also den geschätzten Regressionskoeffizienten (im Beispiel a = 2,5 und b = 0,5) allein nicht ansehen, wie geeignet die dahinter stehende Gerade für den Ausgleich der Punktwolke ist. Maßzahlen zur Charakterisierung der Straffheit des Zusammenhanges zwischen x und y sind der Korrelationskoeffizient r und das Bestimmtheitsmaß B. Außerdem bildet die Darstellung der Residuen über den Prognosewerten (Residuenplots) ein wichtiges Instrument zur Prüfung, ob das gewählte Modell zur Beschreibung des Zusammenhangs geeignet ist. Der Korrelationskoeffizient

$$r = \frac{s_{xy}}{s_x \cdot s_y} = \frac{\frac{\sum_{i=1}^{n} x_i \cdot y_i - n \cdot \bar{x} \cdot \bar{y}}{n-1}}{\sqrt{\frac{\left(\sum_{i=1}^{n} x_i^2 - n \cdot \bar{x}^2\right) \cdot \left(\sum_{i=1}^{n} y_i^2 - n \cdot \bar{y}^2\right)}{n-1}}}$$

$$= \frac{\sum_{i=1}^{n} x_i y_i - n\bar{x} \cdot \bar{y}}{\sqrt{\left(\sum_{i=1}^{n} x_i^2 - n \cdot \bar{x}^2\right) \cdot \left(\sum_{i=1}^{n} y_i^2 - n \cdot \bar{y}^2\right)}}$$

(7.8)

baut sich aus der Kovarianz von x und y im Zähler (s_{xy}) und dem Produkt der Standardabweichungen im Nenner ($s_x \cdot s_y$) auf.

Aufgrund ihrer zentralen Bedeutung werden Varianz und Kovarianz in diesem Zusammenhang nochmals erklärt. Im Zähler von (7.8) steht die Kovarianz, welche die gemeinsame Streuung von x und y quantifiziert. Im Nenner steht das Produkt der unabhängig voneinander berechneten Standardabweichungen von x und y, das mindestens so groß ist, wie der Betrag der Kovarianz, aber um so größer wird, je mehr x und y unabhängig voneinander streuen. Zur Berechnung von r wird also die Kovarianz von x und y ins Verhältnis zum Produkt der Standardabweichungen von x und y, die sich jeweils als Quadratwurzel der Einzelvarianzen von x und y errechnen, gesetzt. Je größer der Anteil der Kovarianz an der Gesamtvarianz ist, desto größer wird der Betrag des Korrelationskoeffizienten ($|r|$). Zur Berechnung der Varianz s_x^2 von einer Variablen x ($\hat{=}$ alleinige Variation)

$$s_x^2 = \frac{\sum_{i=1}^{n}(x_i - \bar{x})^2}{n-1} = \frac{\sum_{i=1}^{n} x_i^2 - n \cdot \bar{x}^2}{n-1}$$

(7.9)

werden die quadratischen Abweichungen einer Variablen von ihrem Mittelwert aufsummiert. Bei der Berechnung der Kovarianz s_{xy} (gemeinsame Variation) zweier Variablen x und y

$$s_{xy} = \frac{\sum_{i=1}^{n}(x_i - \bar{x}) \cdot (y_i - \bar{y})}{n-1} = \frac{\sum_{i=1}^{n} x_i \cdot y_i - n \cdot \bar{x} \cdot \bar{y}}{n-1}$$

(7.10)

wird das Produkt ihrer Abweichungen vom jeweiligen Mittelwert ($x_i - \bar{x}$) bzw. ($y_i - \bar{y}$) aufsummiert. Je mehr die beobachteten Wertepaare x und y in bezug zu ihren Mittelwerten $\bar{x}$ bzw. $\bar{y}$ systematisch gleichgerichtet oder entgegengesetzt streuen, desto mehr summieren sich die Produkte ($x_i - \bar{x}$) · ($y_i - \bar{y}$) zu positiven bzw. negativen Beträgen auf, resultieren also in einer positiven oder negativen Kovarianz. Die Kovarianz von 0 zeigt an, daß die Variablen x und y keine voneinander abhängige Streuung aufweisen. Varianz und Kovarianz werden in der Regel aus Stichproben geschätzt und geben die mittlere quadratische Abweichung vom Mittelwert wieder. Es kann gezeigt werden, daß ihre Schätzung nur dann unverzerrt ist, wenn nicht durch die Zahl der Meßwertpaare n, sondern durch (n − 1) geteilt wird (BORTZ, 1993).

Der Korrelationskoeffizient r liegt zwischen −1 und +1 und beschreibt die Straffheit des linearen Zusammenhangs. Besteht ein perfekter linearer Zusammenhang zwischen x- und y-Werten (alle Wertepaare liegen auf einer Geraden mit b ≠ 0), dann streuen x und y nicht unabhängig voneinander. Über ihre gemeinsame Streuung hinaus, die sich in der Kovarianz ausdrückt, haben x und y in diesem Fall kein „Eigenleben". Also ist das Produkt der Einzelstandardabweichungen gleich dem Betrag der Kovarianz; r wird also den Wert −1 oder +1 annehmen. Je mehr aber das Produkt $s_x \cdot s_y$ den Betrag der Kovarianz s_{xy} übersteigt, desto größer sind die voneinander unabhängigen Streuungskomponenten von x und y, desto kleiner wird also auch r. Besteht ein perfekter positiver linearer Zusammenhang (mit Zunahme der x-Werte steigen die y-Werte und liegen perlschnurartig auf einer Geraden, Abb. 7.2 a),

7.2 Prinzip der Regressionsstichprobe und Regressionsanalyse

so nimmt r den Wert +1 an. Liegt ein perfekter negativer Zusammenhang vor (mit Zunahme der x-Werte fallen die y-Werte, liegen perlschnurartig auf einer Geraden, Abb. 7.2c), so nimmt r den Wert –1 an. Besteht kein linearer statistischer Zusammenhang zwischen x- und y-Werten, so kommt das in Korrelationskoeffizienten von r = 0 zum Ausdruck.

Durch Quadrierung des Korrelationskoeffizienten r ergibt sich das Bestimmtheitsmaß

$$B = r^2,\qquad(7.11)$$

das Werte zwischen 0 und 1 annehmen kann, was aus dem Wertebereich von r zwanglos ersichtlich ist. Perfekte bzw. nicht existente lineare Zusammenhänge werden durch Be-

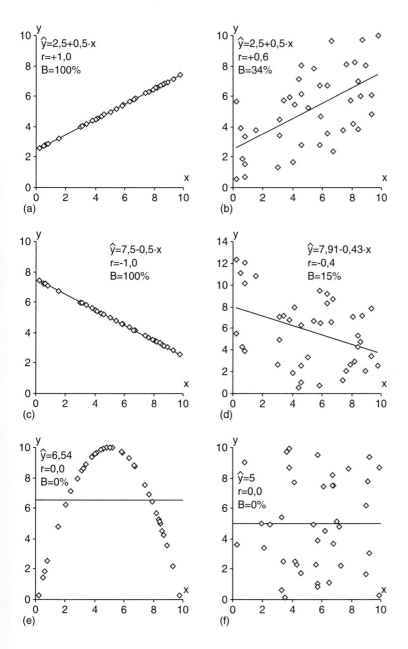

Abbildung 7.2a–f Beispiele für zweidimensionale Korrelationsdiagramme zwischen x- und y-Werten, Geradengleichungen mit geschätzten Regressionskoeffizienten a und b, Korrelationskoeffizienten r und Bestimmtheitsmaßen B. **(a)** und **(b)** perfekter bzw. mäßiger positiver linearer Zusammenhang zwischen x- und y-Werten; **(c)** und **(d)** perfekter bzw. mäßiger negativer linearer Zusammenhang zwischen x- und y-Werten; **(e)** und **(f)** nichtlinearer Zusammenhang bzw. zufallsverteilte Punktwolke zwischen x- und y-Werten.

stimmtheitsmaße von 1 bzw. 0 angezeigt. Es kann gezeigt werden (BORTZ, 1993), daß das Bestimmtheitsmaß den Anteil der Varianz der abhängigen Variablen (y) angibt, der durch die Regressionsgleichung und damit durch die Streuung der unabhängigen Variablen (x) erklärt werden kann. Daher wird das Bestimmtheitsmaß zuweilen mit 100 multipliziert und damit in einen Prozentwert überführt.

Die in Abbildung 7.2 a und b dargestellten Punktwolken erbringen dieselben Regressionskoeffizienten. Der Korrelationskoeffizient und das Bestimmtheitsmaß belegen für Korrelationsdiagramm 7.2 a einen perfekten Zusammenhang im Vergleich zur geringeren Straffheit des linearen Zusammenhanges in Diagramm b. Die abnehmenden y-Werte bei Zunahme der x-Werte erbringen bei dem perfekten negativen linearen Zusammenhang zwischen x- und y-Werten in Korrelationsdiagramm 7.2 c einen Korrelationskoeffizienten von −1,0 und ein Bestimmtheitsmaß von 100%. Bei weniger straffem Zusammenhang (Abb. 7.2 d) ergeben sich negative Korrelationskoeffizienten und Bestimmtheitsmaße von −0,4 bzw. 15%. Die Korrelationsdiagramme in Abbildung 7.2 e und f zeigen einen nichtlinearen Zusammenhang bzw. eine zufällig verteilte Punktwolke. Beide Situationen können nicht adäquat durch eine lineare Regression beschrieben werden und resultieren in Korrelationskoeffizienten und Bestimmtheitsmaßen von 0,0 bzw. 0%.

7.2.4 Ausreißerprüfung

Fehlerhafte Durchmesser- und Höhenmessungen können den korrelativen Zusammenhang und die Regressionskoeffizienten beträchtlich verfälschen (vgl. Abschn. 7.3.2). Die Korrelation und Regression wird durch Ausreißer um so stärker beeinflußt, je kleiner die Stichprobe ist. Angesichts von z. B. durchschnittlich nur 30–50 Durchmesser-Höhen-Wertepaaren pro Bestandeshöhenkurve kommt der Ausreißerprüfung im Rahmen der Standardauswertung von Versuchsflächen eine besondere Bedeutung zu. Das verbreitetste Verfahren zur Ausreißerprüfung besteht in der Berechnung der quadratischen Abweichungen (Restvarianz)

der beobachteten y-Werte um die Regressionslinie $\hat{y} = a + b \cdot x$.

$$s_{y\hat{y}}^2 = \frac{\sum_{i=1}^{n}(y_i - \hat{y}_i)^2}{n-2} \quad (7.12)$$

Die bedingte Standardabweichung $s_{y\hat{y}} = \sqrt{s_{y\hat{y}}^2}$ eignet sich dann zur Herleitung der $1 \cdot s_{y\hat{y}}$-, $2 \cdot s_{y\hat{y}}$- und $3 \cdot s_{y\hat{y}}$-Bereiche, in denen bei Normalverteilung der Residuen 68,3, 95,5 bzw. 99,7% der Meßwerte liegen. Zur Ausreißerprüfung wird üblicherweise ein zweiseitiges Band $\hat{y}_i \pm 3 \cdot s_{y\hat{y}}$ um die Ausgleichslinie gelegt, wobei solche Meßwerte, die jenseits dieses Bandes liegen, als Ausreißer identifiziert, geprüft und bei Unplausibilität beseitigt werden (vgl. Abb. 7.8 b). Bei kritischeren Prüfungsansätzen können die Vertrauensbänder auch weiter verengt werden.

7.2.5 Konfidenzbänder für ganze Regressionsgeraden

Da sich die Regressionsstichprobe nicht auf die Grundgesamtheit, sondern nur auf eine Stichprobe aus dieser stützen kann, bildet die gefundene Regressionslinie nicht zwangsläufig den wahren Zusammenhang zwischen x- und y-Werten ab. Vielmehr werden sich die Lage der Regressionsgeraden und damit auch die Schätzwerte ŷ bei wiederholten Stichprobennahmen mehr oder weniger stark verändern. Das Konfidenzintervall $\hat{y}_{i,\text{Konfidenz}}^*$ kennzeichnet den Bereich, in dem die wahren Werte von y mit einer vorgegebenen Wahrscheinlichkeit vermutet werden dürfen.

$$\hat{y}_{i,\text{Konfidenz}}^* = \hat{y}_i \pm t_{n-2,\frac{\alpha}{2}}$$
$$\cdot \sqrt{\frac{n \cdot s_y^2 - n \cdot b^2 \cdot s_x^2}{n-2}}$$
$$\cdot \sqrt{\frac{1}{n} + \frac{(x_i - \bar{x})^2}{n \cdot s_x^2}} \quad (7.13)$$

Dabei sind:
$\hat{y}_{i,\text{Konfidenz}}^*$ oberer bzw. unterer Grenzwert für den Vertrauensbereich von $\hat{y}_i$,

7.2 Prinzip der Regressionsstichprobe und Regressionsanalyse

$\hat{y}_i = a + b \cdot x_i$ Geradengleichung mit y-Achsenabschnitt a und Steigungsparameter b,

$x_i, \bar{x}$ Einzelwert bzw. Mittelwert von x,

s_x^2, s_y^2 Varianz von x bzw. y,

n Anzahl der Wertepaare,

$t_{n-2,\frac{\alpha}{2}}$ t-Wert aus der t-Tabelle für $n-2$ Freiheitsgrade, wird je nach gewünschter Irrtumswahrscheinlichkeit (5%, 1%, 0,1% usw.) gewählt,

$$\sqrt{\frac{n \cdot s_y^2 - n \cdot b^2 \cdot s_x^2}{n-2}}$$

Standardabweichung der y-Werte um die Regressionsgerade,

$$\sqrt{\frac{1}{n} + \frac{(x_i - \bar{x})^2}{n \cdot s_x^2}}$$

Einfluß der Abweichung des x_i-Wertes von $\bar{x}$ auf das Konfidenzintervall.

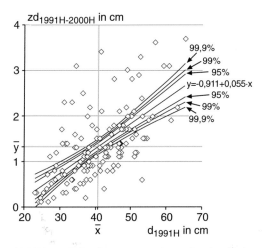

Abbildung 7.3 Geradengleichung für den funktionalen Zusammenhang zwischen Durchmesser und Durchmesserzuwachs mit 95%-, 99%- und 99,9%-Konfidenzbändern. Die Konfidenzbänder zeigen den Bereich, in dem die wahren Werte y mit einer Wahrscheinlichkeit von 95%, 99% bzw. 99,9% vermutet werden dürfen.

Die Breite des Konfidenzbandes ist im einzelnen von der gewählten Irrtumswahrscheinlichkeit (5%, 1% oder 0,1%), von der Reststreuung der y-Werte, vom Stichprobenumfang n, von der Varianz der x- und y-Werte und von der Abweichung der x-Werte von $\bar{x}$ abhängig. Eine Reststreuung von Null wäre gleichbedeutend mit einem perfekten linearen Zusammenhang und einem Konfidenzintervall mit der Breite 0, denn in (7.13) würde der zweite Faktor $= 0$. Bei Zunahme der Reststreuung nimmt auch die Breite des Konfidenzintervalls zu, und die Präzision der Vorhersage sinkt.

Der in Abbildung 7.3 um die geschätzte Regressionslinie $\hat{y}_i = a + b \cdot x_i$ eingezeichnete, trichterförmige Korridor bezeichnet also jenes Intervall, in dem die wahren Werte $\hat{y}_i^*$ (Erwartungswerte) liegen. Ein von der wahren Regressionsgeraden geschätzter Wert $\hat{y}_i^*$ wird im Unterschied zum Schätzwert $\hat{y}_i$ einer aus der Stichprobe hergeleiteten Regressionsgeraden mit hochgestelltem Sternchen gekennzeichnet. Andersherum betrachtet, beschreibt dieses Intervall einen Aspekt der Präzision einer einzelnen Regressionsvorhersage. Schätzen wir beispielsweise für die n = 140 eingezeichneten zd-d-Meßwertpaare in Abbildung 7.3 die dazugehörige Durchmesserzuwachsgera-

de $\hat{y}_i = -0,911 + 0,055 \cdot x_i$, dann ergibt sich für diese das 95%-Konfidenzband

$$\hat{y}_i^* = \hat{y}_i \pm 1,645 \cdot 0,635$$

$$\cdot \sqrt{\frac{1}{140} + \frac{(x_i - 40,7)^2}{140 \cdot 9,22^2}}.$$

Der eingezeichnete Korridor besagt z. B., daß die wahre Regressionsgerade für Bäume mit einem Durchmesser von 40 cm mit einer Irrtumswahrscheinlichkeit von 5% einen Zuwachs im Bereich von 1,29 cm ± 0,09 cm vorhersagen würde. Das Auseinanderlaufen des Konfidenzintervalls bei kleineren und größeren Durchmessern ist dadurch zu erklären, daß die sichersten Vorhersagen in dem Durchmesserbereich liegen, in dem sich die meisten Beobachtungen befinden, wenn x und y bivariat normalverteilt sind (vgl. BORTZ, 1993, S. 175 ff.). Mit zunehmender Abweichung der x-Werte vom Mittelwert $\bar{x}$ wird die Vorhersage von ŷ-Werten unsicherer. Beispielsweise ist eine Vorhersage des Durchmesserzuwachses für 60 cm starke Bäume wesentlich unpräziser; das Konfidenzintervall beträgt bei derselben Irrtumswahrscheinlichkeit 2,38 cm ±

0,20 cm (vgl. Abb. 7.3). Schätzungen von y-Werten außerhalb des erfaßten Wertebereiches – etwa die Schätzung von Durchmesserzuwächsen für 20 cm dicke Bäume – sind wegen des großen Konfidenzintervalls praktisch unbrauchbar. Denn je weiter der fragliche x-Wert vom Mittelwert $\bar{x}$ entfernt ist, desto größer wird das Konfidenzintervall.

7.2.6 Linearisierende Transformation

In Waldbeständen und der Natur im allgemeinen sind lineare Beziehungen zwischen Dimensionsgrößen eher die Ausnahme; die Regel bilden nichtlinearen Zusammenhänge. Solche nichtlinearen Zusammenhänge zwischen Variablen lassen sich aber in vielen Fällen durch Variablentransformation so umformen, daß auch sie mit der Linearen Regressionsrechnung behandelt werden können. Die Bedeutung der folgenden Transformationen ist im Abnehmen begriffen, nachdem nichtlineare statistische Verfahren dank leistungsstärkerer Rechner weniger zeitaufwendig geworden sind.

Besonders nützlich ist die logarithmische Transformation, deren Wirkung in Abbildung 7.4 am Beispiel der Buchen *Fagus silvatica* L. auf der Versuchsfläche Ebrach 133, Parzelle 5 bei der Aufnahme 1984 dargestellt ist. Die bekannte nichtlineare Beziehung zwischen Baumdurchmesser und Baumhöhe, in Form eines gedämpften Anstiegs der Höhenwerte bei Zunahme der Baumdurchmesser (Abb. 7.4a) kann durch logarithmische Transformation der Durchmesserwerte (x-Achse) erfolgreich linearisiert werden (Abb. 7.4b). In diesem Beispiel wird zwischen den Variablen Durchmesser x und Höhe y der logarithmische Zusammenhang $\hat{y}_i = a + b \cdot \ln x$ vermutet. Diese Gleichung läßt sich durch die Substitution $x' = \ln x$ in die lineare Funktion $\hat{y}_i = a + b \cdot x'$ überführen. Durch eine solche logarithmische Transformation der x-Werte können manche nichtlineare Zusammenhänge auf lineare zurückgeführt werden, für die dann das bereits

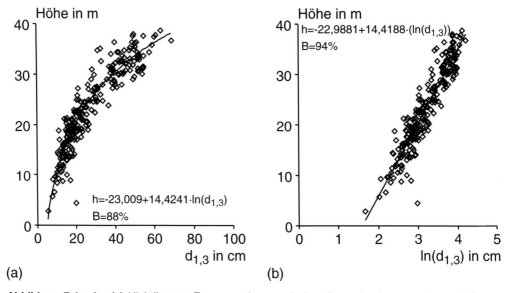

Abbildung 7.4a, b (a) Nichtlinearer Zusammenhang zwischen Baumdurchmesser $d_{1,3}$ und Baumhöhe h von Buchen *Fagus silvatica* L. auf der Verjüngungsversuchsfläche Ebrach 133, Parzelle 5 im Aufnahmejahr 1984. (b) Ergebnis der linearisierenden logarithmischen Transformation der Baumdurchmesser $d_{1,3}$ auf der x-Achse. Der Ausgleich durch nichtlineare Regression erbringt geringfügig andere Regressionskoeffizienten und Bestimmtheitsmaße als die Anwendung der linearen Regression nach Variablentransformation.

vorgestellte Verfahren der linearen Regressionsanalyse zur Anwendung kommen kann.
Allerdings verändern derartige Transformationen die eingesteuerten Meßwerte, was stets zu gewissen Verzerrungen bei den rücktransformierten Regressionsvorhersagen führt. In Abbildung 7.4 a wurde die Regressionsgleichung ohne Transformation mittels einer nichtlinearen Regressionsanalyse angepaßt, was gegenüber der Lineartransformation (Abb. 7.4 b) zu etwas unterschiedlichen Parametern und Bestimmtheitsmaßen führt. Im allgemeinen sind die Größenordnungen dieser Verzerrungen für die hier skizzierten Anwendungen tolerierbar. Andernfalls ist auf die Methoden der nichtlinearen Regression oder auf Korrekturverfahren zurückzugreifen (VANCLAY, 1994).

Abbildung 7.5 zeigt häufig vorkommende kurvilineare Zusammenhänge (a) und das Ergebnis ihrer linearisierenden Transformation (b).

Kurve 1 hat die Form einer Bestandeshöhenkurve (ASSMANN, 1943; PRODAN, 1951; SCHMIDT, 1967) ($y = a + b \cdot \ln x$). Sie kann durch logarithmische Transformation der x-Achse linearisiert werden, wobei die y-Achse unverändert bleibt ($x' = \ln x$, $y' = y$).

Kurve 2 beschreibt einen exponentiellen Zusammenhang, der in steigender Form beispielsweise zur Nachbildung des Zusammenhanges zwischen Baumdurchmesser und Stamminhalt von Einzelbäumen (PRODAN, 1961) und in fallender Form für den Zusammenhang zwischen Stammzahl und Durchmesser von Plenterbeständen (ASSMANN, 1961 a; KNOKE, 1998; MEYER, 1953; PRETZSCH, 1985a) eingesetzt werden kann ($y = a \cdot b^x$, mit b > 0). Zur Linearisierung wird die y-Achse logarithmiert, während die x-Achse unverändert bleibt ($x' = x$, $y' = \ln y$).

Kurve 3 steht für einen allometrischen Zusammenhang ($y = a \cdot x^b$), wie er beispielsweise zwischen Stammzahl/Hektar und Mitteldurchmesser oder zwischen durchschnittlichem Pflanzengewicht und Pflanzendichte/Flächeneinheit in holzigen und krautigen Beständen (PRETZSCH, 2000; REINEKE, 1933; YODA et al. 1963) besteht. Auf der Ebene der Einzelpflanze finden wir solche Zusammenhänge zwischen Kronenmantelfläche und Kronenvolumen, Kronenbreite und Baumhöhe (PRETZSCH, 2001). Eine Linearisierung erfolgt in diesem Fall durch Logarithmierung von x- und y-Achse ($x' = \ln x$, $y' = \ln y$).

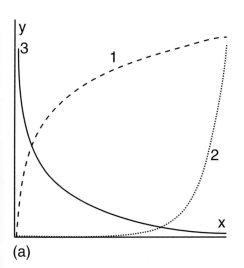

(a)

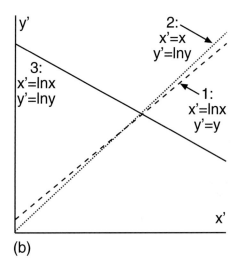

(b)

Abbildung 7.5a, b Häufig vorkommende kurvilineare (gekrümmte) Zusammenhänge und Vorschrift für ihre Transformation. **(a)** Hinter den kurvilinearen Zusammenhängen stehen folgende funktionalen Zusammenhänge: Kurve 1: $y = a + b \cdot \ln x$, Kurve 2: $y = a \cdot b^x$ und Kurve 3: $y = a \cdot x^b$. **(b)** Die Linearisierung wird im einzelnen durch folgende Achsentransformationen erreicht: Kurve 1: $x' = \ln x$, $y' = y$, Kurve 2: $x' = x$, $y' = \ln y$ und Kurve 3: $x' = \ln x$, $y' = \ln y$.

Der exponentielle Zusammenhang läßt sich demnach durch eine Überführung in ein semilogarithmisches Koordinatensystem, der allometrische Zusammenhang durch Überführung in ein doppelt-logarithmisches Koordinatensystem linearisieren.

7.3 Plausibilitätskontrollen und Behandlung fehlender und fehlerhafter Werte

Die Möglichkeiten der Plausibilitätsprüfung sind um so vielfältiger, je mehr Aufnahmen bzw. Wiederholungsaufnahmen für einen Bestand vorliegen. Bestenfalls stützt sich die Plausibilitätsprüfung eines Durchmesserwertes auf seine Lage innerhalb der Durchmesserverteilung einer Aufnahme, auf seine Veränderung von Aufnahme zu Aufnahme und auf den Vergleich zwischen Befunden von Wiederholungsaufnahmen und Stammanalysen. Bei der Höhenberechnung geht die Fehlerkontrolle und -behandlung häufig über die Identifikation und Korrektur einzelner Meßwerte hinaus, indem ganze Bestandeshöhenkurven wegen offenbar systematisch verzerrter Meßwerte eliminiert und durch plausible Schätzungen (Interpolation zwischen den Bestandeshöhenkurven von Wiederholungsaufnahmen, Extrapolation über die Kurvenschar hinaus) ersetzt werden (vgl. Abschn. 7.5).

Im folgenden werden wichtige Verfahren der Plausibilitätskontrolle und Behandlung von Fehlern überwiegend am Beispiel der Durchmesserwerte behandelt. Die Verfahren sind auf Baumhöhenmeßwerte und andere Variablen der Versuchsflächenaufnahme zwanglos übertragbar. Falls mehrere Baumarten auf einem Versuchsfeld vorhanden sind, werden die im folgenden angeführten Operationen für jede Baumart getrennt durchgeführt. Die Methoden orientieren sich an den Normen der Sektion Ertragskunde im Deutschen Verband Forstlicher Forschungsanstalten zur Aufbereitung von waldwachstumskundlichen Dauerversuchen (JOHANN, 1993; SPIECKER, 1993). Bei einer standardisierten Ausgabe der Ergebnisse nach der DESER-Norm werden alle ausgeführten Plausibilitätskontrollen durch Kürzel dokumentiert (vgl. Tab. 7.5). Beispielsweise sieht diese Norm die Kennzeichnung der verschiedenen Stufen der Plausibilitätsprüfung durch die Kennungen D1, D2, bzw. D3 vor, d. h. Prüfung der Durchmesser auf der Basis einer Aufnahme, Prüfung auf der Basis von zwei Aufnahmen bzw. Durchmesser von mindestens drei Aufnahmen. Die Art der erfolgten Plausibilitätskontrollen auf den verschiedenen Stufen wird durch die Kennungen D1.1, D1.2 usw. für die Durchmesserprüfung und H1.1, H.1.2 für die Höhenprüfung codiert (vgl. Tab. 7.6).

Hinter tendenziellen Abweichungen einzelner Bäume vom Kollektiv können, außer Meßfehlern, auch Wachstumsstörungen stecken (vgl. Kap. 12), so daß sich die Verfahren der Plausibilitätsprüfung mit denen der Störungsdiagnose überschneiden. Bei der Plausibilitätsprüfung sucht man primär nach Meßfehlern, die zumeist nur an einzelnen Bäumen oder in einzelnen Aufnahmejahren auftreten. Die Störungsdiagnose dagegen versucht, Zuwachsreaktionen auf Störfaktoren zu identifizieren, die zumeist an einem größeren Kollektiv auftreten und längerfristig ausgeprägt sind.

7.3.1 Plausibilitätsprüfungen der Meßwerte aus einer Bestandesaufnahme

Prüfung der Abweichungen vom Mittelwert

Steht nur eine Bestandesaufnahme zur Verfügung, so beschränkt sich die Plausibilitätsprüfung auf eine Kontrolle von Extremwerten. Durch die Anzeige von Durchmesserwerten, die vorgegebene Grenzwerte überschreiten, können Ausreißer identifiziert werden. Als untere und obere Schranke, bei deren Unter- bzw. Überschreitung eine Prüfung erfolgt, bieten sich beispielsweise $\bar{d} \cdot 0{,}1$ oder $\bar{d} \cdot 10$ an, wobei $\bar{d}$ für den arithmetischen Mitteldurchmesser der Stammzahl-Durchmesser-Verteilung steht. Eine solche Prüfung vermag Fehler in der dezimalen Kommastellung oder Ziffernverdrehungen aufzudecken. Unplausible Meßwerte sind in den folgenden Abbildungen jeweils durch ein Sternchen (*) hervorgehoben; in unserem Beispiel (Abb. 7.6 a) haben die Bäume 21 und 114 auf Parzelle 1 der Versuchsfläche Fabrikschleichach 015 bei der Aufnahme im Herbst 2000 fragwürdige Durchmesser.

Prüfung der Differenz der beiden Durchmesser d1 und d2 bei kreuzweiser Kluppung

Stehen aus kreuzweiser Kluppung die Durchmesserwertepaare d1 und d2 zur Auswertung an, so können diese beiden Durchmesser, die bei Kreisform des Stammquerschnittes identisch wären, gegenübergestellt werden. Bäume mit einer Durchmesserdifferenz $|d1 - d2| \geq d1 \cdot 0{,}2$. sollten bspw. auf Eingabe- oder Meßfehler geprüft werden, weil ihr d1-Wert ungewöhnlich stark vom d2-Wert abweicht, sie also das „normale" Maß der Ovalität überschreiten. In Abbildung 7.6 b sind für die Versuchsfläche Fabrikschleichach 015, Parzelle 1 und Aufnahmezeitpunkt Herbst 1950 die absoluten Durchmesserdifferenzen $|d1 - d2|$ über dem Durchmesser d1 dargestellt. Auf der Abszisse liegende Werte repräsentieren kreisförmige Stammquerschnitte. Die eingezeichneten Geraden $|d1 - d2| = d1 \cdot 0{,}1$ und $|d1 - d2| = d1 \cdot 0{,}2$ stehen für mittlere bzw. starke Ovalität. Im ersten Fall beträgt die Differenz zwischen d1- und d2-Wert 10% des d1-Wertes, im zweiten Fall 20% des d1-Wertes. Baum 59, der mit einem Sternchen (*) gekennzeichnet ist, hebt sich durch eine besonders große Abweichung zwischen d1- und d2-Wert vom mittleren Stammquerschnitt des Kollektivs ab. Die Aufnahmeunterlagen und Datenbankeinträge für diesen Baum sollten nun nach eventuellen Eingabe- und Übertragungsfehlern durchgesehen werden.

Überschreiten von über Streuungsmaße definierten Grenzwerten

Auf ihre Plausibilität sollten auch solche Durchmesserwerte überprüft werden, die be-

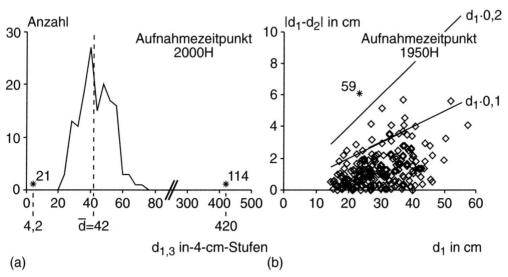

Abbildung 7.6 a, b Plausibilitätsprüfungen der Durchmesser einer einmaligen Bestandesaufnahme. Der Auswertung liegt der Buchen-Durchforstungsversuch Farikschleichach 015, Parzelle 1 zugrunde. Unplausible Werte sind in den Abbildungen mit einem Sternchen (*) und der Baumnummer gekennzeichnet. **(a)** Anzeige von Durchmesserwerten $d_{1,3}$, falls $d_{1,3} \leq \bar{d} \cdot 0{,}1$ oder $d_{1,3} \geq \bar{d} \cdot 10$. Diese Prüfung deckt u. a. Mängel der dezimalen Kommastellung und Ziffernverdrehungen auf. **(b)** Prüfung der Meßwertpaare d1 und d2 aus kreuzweiser Kluppung. Bäume mit einer Durchmesserdifferenz $|d1 - d2| \geq d1 \cdot 0{,}2$ werden überprüft, weil sie das „normale" Maß der Ovalität überschreiten.

7 Standardauswertung von langfristigen Versuchsflächen

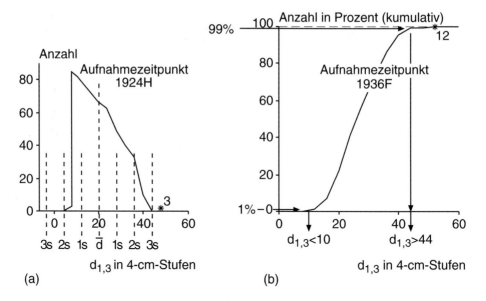

Abbildung 7.7 a, b Plausibilitätsprüfungen der Durchmesser einer einmaligen Bestandesaufnahme. Der Auswertung liegt der Buchen-Durchforstungsversuch Fabrikschleichach 015, Parzelle 1 zugrunde. Unplausible Werte sind in den Abbildungen mit einem Sternchen (*) und der Baumnummer gekennzeichnet. **(a)** Identifikation von Durchmesserwerten, die außerhalb des Bereichs $\bar{d} \pm 3 \cdot s_d$ liegen. **(b)** Überprüfung der dünnsten und dicksten Durchmesser, die das empirisch ermittelte 1%-Perzentil der Stammzahl-Durchmesser-Verteilung unterschreiten oder das 99%-Perzentil überschreiten (Lage der Perzentile ist durch Pfeile hervorgehoben).

stimmte relative Grenzwerte überschreiten. Durchmesser, die außerhalb des Bereiches der dreifachen Standardabweichung vom Mittelwert $\bar{d}$ liegen ($\bar{d} \pm 3 \cdot s_d$) sollten auf Richtigkeit überprüft werden. Zum Aufnahmezeitpunkt Herbst 1924 ($\bar{d} = 20{,}3$ cm, $s_d = 7{,}9$ cm, $d_{min} = 7{,}0$, $d_{max} = 45{,}8$) ergibt sich für Parzelle 1 der Versuchsfläche Fabrikschleichach 015 ein $\bar{d} \pm 3 \cdot s_d$-Bereich von $20{,}3 \pm 3 \cdot 7{,}9$, so daß der $d_{1,3}$-Wert von Baum 3 mit 45,8 cm außerhalb dieses Intervalls liegt (Abb. 7.7 a). Eine bestimmte Anzahl der dünnsten und dicksten Durchmesser, beispielsweise derjenigen, die das 1%-Perzentil der vorliegenden Verteilung unterschreiten bzw. ihr 99%-Perzentil überschreiten, sollten grundsätzlich überprüft werden. In dem Beispiel (Abb. 7.7 b) entspricht das durch Abzählen festgestellte 1%- bzw. 99%-Perzentil der Stammzahl-Durchmesser-Verteilung den Schwellenwerten $d_{1,3} = 10$ cm und $d_{1,3} = 44$ cm. Baum 12 überschreitet den oberen Schwellenwert, zählt also zu den stärksten Bäumen der Verteilung und wird überprüft.

7.3.2 Prüfung der Meßwerte von zwei Aufnahmen

Negative Zuwachswerte

Negative Zuwachswerte werden identifiziert, indem die Durchmesserwerte der Folgeaufnahme über jenen der vorhergehenden Aufnahme aufgetragen werden. In Abbildung 7.8 a werden die Durchmessererhebungen auf der Parzelle 1 der Versuchsfläche Fabrikschleichach 015 aus den Jahren 1991 und 2000 miteinander verglichen. Die Bäume 16 und 97 liegen unterhalb der eingezeichneten Winkelhalbierenden und werden deshalb überprüft.

7.3 Plausibilitätskontrollen und Behandlung fehlender und fehlerhafter Werte

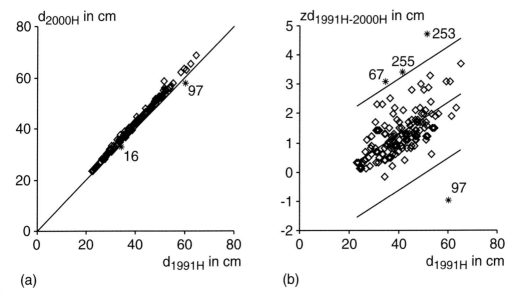

Abbildung 7.8a, b Plausibilitätsprüfungen der Durchmesser zweimaliger Bestandesaufnahmen. Der Auswertung liegt der Buchen-Durchforstungsversuch Fabrikschleichach 015, Parzelle 1 zugrunde. Unplausible Meßwerte sind in der Abbildung mit einem Sternchen (*) und ihrer Baumnummer gekennzeichnet. **(a)** „Negative Zuwächse" werden identifiziert, indem die Durchmesserwerte der Folgeaufnahme über jenen der Erstaufnahme aufgetragen werden. Die Bäume 16 und 97 liegen unterhalb der eingezeichneten Winkelhalbierenden und werden überprüft. **(b)** Durchmesserzuwächse, die den ± 3 · s-Bereich der Durchmesserzuwachsgeraden überschreiten, werden angezeigt. Aufgrund der zumeist großen Streuung der Meßwerte um die Gerade $\widehat{zd} = a + b \cdot d_{1,3}$ kann sich die Überprüfung auf solche Bäume beschränken, deren Zuwachs das 99%-Intervall über- oder unterschreitet.

Überschreitung der Standardabweichung von der Zuwachsgeraden

Ausgangspunkt für dieses Verfahren ist die nach der Regressionsanalyse abgeleitete Durchmesserzuwachsgerade $\widehat{zd} = a + b \cdot d$, wobei zd der periodische Zuwachs und d der Durchmesser in Brusthöhe zu Beginn einer Zuwachsperiode ist. Nach (7.12) beschreibt $s^2_{zd\,\widehat{zd}}$ die mittlere quadratische Abweichung zwischen den Beobachtungswerten und Schätzwerten einer Ausgleichsgeraden und $s_{zd\,\widehat{zd}}$ die mittlere einfache Standardabweichung der beobachteten zd-Werte um die Regressionslinie. Zuwachswerte, die über die dreifache Streuung $\widehat{zd} \pm 3 \cdot s_{zd\,\widehat{zd}}$ hinausgehen, werden angezeigt. Aufgrund der zumeist großen Streuung der Meßwerte um die Gerade, kann sich die Überprüfung auf solche Bäume beschränken, deren Zuwachs das durch die dreifache Standardabweichung gegebene Intervall über- oder unterschreitet, was auf die Bäume 67, 255, 253 und 97 zutrifft (Abb. 7.8b).

Verwendung der Distanz von COOK (1977) für die Plausibilitätsprüfung

Die Distanz D_k nach COOK (1977) ist ein besonders geeignetes Kriterium für die Prüfung der Meßwerte zweier Durchmesseraufnahmen auf Plausibilität. Ausgangspunkt ist wieder die Durchmesserzuwachsgerade $\widehat{zd} = a + b \cdot d$. Das Verfahren prüft, welchen Einfluß der k-te Zuwachswert zd_k auf die Lage der Durchmesserzuwachsgerade ausübt. Ein ungewöhnlich hoher Einfluß des k-ten Meßwertes auf die Durchmesserzuwachsgerade deutet auf Ausreißer oder unplausible Durchmesserwerte hin, die von der Gesetzmäßigkeit der Durchmesserzuwachsgerade abweichen. Die zd-Werte und zugrundeliegenden $d_{1,3}$-Meßwerte mit ungewöhnlich hohem Einfluß auf die Zuwachsgerade werden auf Plausibilität geprüft. Um den Einfluß des k-ten Meßwertes auf die Lage der Gerade zu quantifizieren, wird die Regression zunächst mit allen n Meßwerten $zd_{i=1...n}$, $d_{i=1...n}$ und dann unter Aussparung des k-ten Meßwertpaares $zd_{(k)}$ bzw. $d_{(k)}$ berechnet. Die COOK-Distanz D_k quantifiziert, wie weit die originale Regressionslinie von der neuen Regressionslinie entfernt liegt, wenn der k-te Meßwert aus der Regressionsanalyse ausgespart wird.

$$D_k = \frac{\sum_{i=1}^{n} (\widehat{zd_i} - \widehat{zd_{i,(k)}})^2}{p \cdot s^2_{\widehat{zd}\,\widehat{zd}}} \quad (7.14)$$

Dabei sind:
D_k Distanz nach COOK (1977),
$\widehat{zd_i}$ Schätzwerte für den Durchmesserzuwachs bei Einbeziehung aller n Meßwerte,
$\widehat{zd_{i,(k)}}$ Schätzwert der Durchmesserzuwächse unter Ausklammerung des k-ten Meßwertes,
p Anzahl der Parameter der Regressionsgleichung (p = 2, wegen a, b),
$s^2_{\widehat{zd}\,\widehat{zd}}$ Restvarianz der Durchmesserzuwächse um die Durchmesserzuwachsgerade bei Einbeziehung aller n Wertepaare.

Die bedingte Varianz oder Restvarianz $s^2_{\widehat{zd}\,\widehat{zd}}$ quantifiziert die mittlere quadratische Abweichung zwischen den beobachteten Zuwachswerten zd_i und den entsprechenden Schätzwerten $\widehat{zd_i}$ der Ausgleichskurve bei Einbeziehung aller n Wertepaare. Bei Regressionen mit zwei Parametern beträgt sie

$$s^2_{\widehat{zd}\,\widehat{zd}} = \frac{\sum_{i=1}^{n} (zd_i - \widehat{zd_i})^2}{n-2}. \quad (7.15)$$

Die Berechnung der COOK-Distanz wird für alle Meßwerte k = 1, ..., n ausgeführt; es werden also insgesamt n Regressionen berechnet, bei denen jeweils ein Meßwert ausgespart wird. Als Ergebnis stehen dann n COOK-Distanzen D_k zur Verfügung, von denen die großen Werte in die Überprüfung einbezogen werden sollten. COOK (1977) gibt für weiterführende Analysen

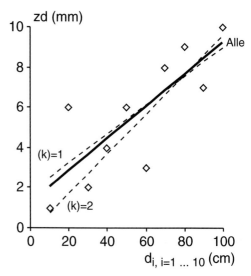

Abbildung 7.9 Modellhafte Darstellung von 10 $d_{1,3}$-zd-Meßwertpaaren und ihrem Ausgleich durch eine Durchmesserzuwachsgerade. Zur Berechnung der COOK-*Distanzen* D_k wird sukzessive eines der Meßwertpaare weggelassen, so daß die Lage der Regressionsgeraden mit und ohne Weglassen dieses Wertepaares verglichen werden kann. Dargestellt sind die Geraden bei Einbeziehung aller Meßwertpaare (alle, fett ausgezogene Linie), unter Eliminierung des ersten und zweiten Meßwertpaares ((k) = 1 bzw. (k) = 2, gestrichelte Linien).

eine Teststatistik für die Prüfung des Einflusses der k-ten Messung auf die Parameter a und b der Regressionsgeraden an, die von (7.14) ausgeht.

Zum Verständnis berechnen wir die COOK-Distanzen D_k für die zehn Durchmesser-Durchmesserzuwachs-Meßwertpaare, die in Abbildung 7.9 mit ihrem Ausgleich durch eine Durchmesserzuwachsgerade dargestellt sind (fett ausgezogene Linie). Dem Beispiel liegen folgende zehn Meßwertpaare aus Durchmesser d_i (cm) und Durchmesserzuwachs zd_i (mm) mit i = 1, ..., 10 zugrunde (vgl. Tab. 7.2, links): (10, 1), (20, 6), (30, 2), (40, 4), (50, 6), (60, 3), (70, 8), (80, 9), (90, 7) und (100, 10). Die Berechnung der zehn Regressionen mit der Eliminierung des jeweils k-ten Meßwertes (k = 1 ... 10) erbringt eine erhebliche Variation in den Lageparametern $a_{(k)}$ und Steigungsparametern $b_{(k)}$, in den Korrelationskoeffizienten $r_{(k)}$, den Summen der Abweichungsquadrate

7.3 Plausibilitätskontrollen und Behandlung fehlender und fehlerhafter Werte

Tabelle 7.2 Berechnung der Distanzen D_k nach COOK (1977) für die Prüfung der Plausibilität von Durchmesserzuwächsen. Dem Beispiel liegen zehn Meßwertpaare aus Durchmesser d_i und Durchmesserzuwachs zd_i (10, 1), (20, 6), (30, 2), (40, 4), (50, 6), (60, 3), (70, 8), (80, 9), (90, 7) und (100, 10) mit d_i in Zentimeter und zd_i in Millimeter zugrunde. Durch Eliminierung des k-ten Meßwertes (k = 1, ..., 10) ergeben sich erhebliche Veränderungen der Lage- und Steigungsparameter $a_{(k)}$ bzw. $b_{(k)}$ der Korrelationskoeffizienten $r_{(k)}$ und der Summe der Abweichungsquadrate zwischen originalen und modifizierten Schätzwerten $\sum_{i=1}^{n} (\widehat{zd_i} - \widehat{zd_{i,(k)}})^2$. Hohe D_k-Werte, wie sie beispielsweise nach Eliminierung des zweiten Meßwertpaares auftreten, zeigen einen starken Einfluß des eliminierten Wertepaares auf die Lage der Regression an.

Meßwerte i	d_i	zd_i	k	$a_{(k)}$	$b_{(k)}$	$r_{(k)}$	$\sum_{i=1}^{n} (\widehat{zd_i} - \widehat{zd_{i,(k)}})^2$	D_k
1	10	1	1	+1,8111	0,0717	0,7234	0,808	0,1091
2	20	6	2	−0,2194	0,0981	0,8976	4,501	0,6082
3	30	2	3	+1,7176	0,0741	0,7813	0,660	0,0892
4	40	4	4	+1,2917	0,0792	0,7939	0,028	0,0038
5	50	6	5	+1,0811	0,0805	0,8054	0,085	0,0115
6	60	3	6	+1,4230	0,0820	0,8595	1,149	0,1552
7	70	8	7	+1,2000	0,0775	0,7951	0,066	0,0089
8	80	9	8	+1,3132	0,0749	0,7801	0,494	0,0668
9	90	7	9	+0,9516	0,0879	0,8146	0,862	0,1164
10	100	10	10	+1,4444	0,0733	0,7280	0,524	0,0708

$\sum_{i=1}^{n} (\widehat{zd_i} - \widehat{zd_{i,(k)}})^2$ und in den Distanzen D_k zwischen originaler und modifizierter Vorgehensweise (Tab. 7.2, rechts). Zur Berechnung der COOK-Distanzen D_k wird also sukzessive eines der Meßwertpaare weggelassen, so daß die Lage der Regressionsgeraden mit und ohne Weglassen verglichen und die Wirkung des Wertepaares geprüft werden kann. In unserem Beispiel entstehen durch die Entfernung des zweiten und sechsten Meßwertpaares aus der Punktwolke erhebliche Veränderungen zwischen der originalen und modifizierten Regressionsgeraden, die sich in D_k-Werten von 0,6082 bzw. 0,1552 widerspiegeln. Aufgrund ihrer hohen D_k-Werte, die sich auch in einem großen Einfluß auf die Lage der Geraden und die Bestimmtheit des Ausgleichs niederschlagen, sollten die zugrundeliegenden Meßwertpaare i = 2 und i = 6 überprüft werden. Die unter Auslassung problematischer Werte ermittelten Geraden können dann zur Korrektur fehlerhafter Meßwerte verwendet werden; in Abhängigkeit vom Durchmesser lassen sich die Erwartungswerte für den Durchmesserzuwachs aus der Geradengleichung $\widehat{zd_i} = a + b \cdot d_i$ abgreifen.

7.3.3 Prüfung der Meßwerte von mindestens drei Aufnahmen

Zu dieser Verfahrensgruppe gehören Meßwertkontrollen über Residuentest, Zuwachsfaktoren, graphische Darstellung und Vergleich zwischen Wiederholungsmessungen und Probebaumanalysen. Die behandelten Verfahren lassen sich gleichermaßen auf Durchmesser- und Höhenmeßwerte anwenden. Darüber hinaus bieten sich für die Kontrolle der besonders fehleranfälligen Höhenmeßwerte die in Abschnitt 7.5 dargestellten Durchmesser-Höhen-Alters-Beziehungen an.

Residuentest

Bei diesem Prüfverfahren werden, wie in Abbildung 7.10 beispielhaft dargestellt, für die Aufnahmezeitpunkte $t_1, t_2, \ldots, t_n$ die Zuwachsgeraden berechnet

$\widehat{zd}_{t1-t2} = a_1 + b_1 \cdot d_{t1}$,

$\widehat{zd}_{t2-t3} = a_2 + b_2 \cdot d_{t2} \ldots)$.

Es stehen dann für jeden Aufnahmezeitpunkt von allen Bäumen die Abweichungen zwi-

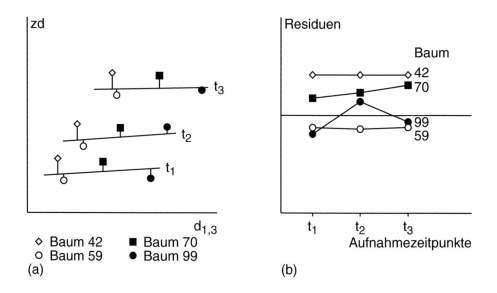

Abbildung 7.10 a, b Plausibilitätsprüfungen durch Residuentest. Für die Aufnahmezeitpunkte $t_{i, i=1...n}$ werden die Zuwachsgeraden berechnet (a). Es stehen dann zu jedem Aufnahmezeitpunkt für jeden Einzelbaum die Abweichungen (Residuen) zwischen wirklichem Durchmesserzuwachs zd und geschätztem $\widehat{zd}$-Wert für die Prüfung zur Verfügung. Diese Residuen werden über den Aufnahmezeitpunkten aufgetragen (b). Abrupte Auf- oder Abwärtsbewegungen der Residuen bei Baum 99 deuten auf eine unplausible Veränderung der relativen Position dieses Baumes innerhalb des Bestandeskollektives hin.

schen wirklichem und mittels der Durchmesserzuwachsgeraden geschätztem Durchmesserzuwachs (Residuen $zd-\widehat{zd}$) für die Prüfung zur Verfügung. Diese Residuen werden über den Aufnahmezeitpunkten aufgetragen (Abb. 7.10 b). Behalten die Residuen über mehrere Aufnahmezeitpunkte ihr Niveau bei, so sind die zugrundeliegenden Durchmessermessungen plausibel. Abrupte Auf- oder Abwärtsbewegungen der Residuen deuten auf eine unplausible Veränderung der relativen Position des Baumes innerhalb des Bestandeskollektives hin. Deshalb werden auffällige Auf- und Absteiger bezüglich der Zuwachsgeraden überprüft. In unserem Beispiel (Abb. 7.10 b) weicht Baum 99 zum Aufnahmezeitpunkt t_2 auffällig von seinem sonstigen Residuenverlauf ab und sollte auf Richtigkeit überprüft werden. Die Bäume 42, 70 und 59 behalten ihre relative Lage zur Durchmesserzuwachsgeraden über dem betrachteten Wachstumszeitraum t_1–t_3 bei.

Bei Anwendung dieses Verfahrens auf Höhenmeßwerte betrachten wir die Abweichungen der Einzelbäume von den Bestandes-Höhenkurven der jeweiligen Aufnahme. Auffällige Lageveränderungen der Höhenmeßwerte in bezug auf die jeweilige Höhenkurve, die über übliche Umsetzungsprozesse hinausgehen, sollten auf Richtigkeit geprüft werden.

Zuwachsfaktoren

Bei diesem Verfahren werden die Zuwächse zweier Aufnahmeperioden miteinander verglichen. Das kann zum einen graphisch erfolgen, indem die Zuwächse von Vor- und Folgeaufnahme gegeneinander aufgetragen werden (Abb. 7.11 a). Auf der Winkelhalbierenden liegende Wertepaare zeigen unverändertes Durchmesserwachstum an, positive und negative Abweichungen davon deuten auf progressiven bzw. degressiven Zuwachsverlauf hin. In unserem Beispiel, auf Parzelle

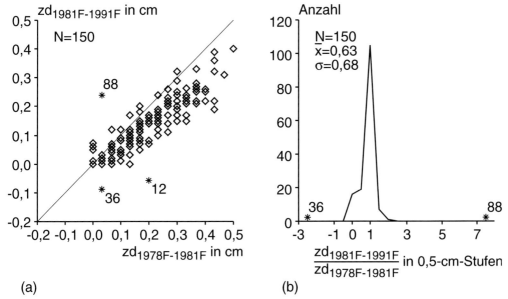

Abbildung 7.11 a, b Plausibilitätsprüfung der Durchmesser von mindestens dreimaligen Aufnahmen durch Zuwachsvergleiche zwischen Vor- und Folgeperiode. **(a)** Werden Zuwächse von Vor- und Folgeaufnahme gegeneinander aufgetragen, so zeigen auf der Winkelhalbierenden liegende Wertepaare unverändertes Durchmesserwachstum an, positive und negative Abweichungen davon deuten auf progressiven bzw. degressiven Zuwachsverlauf hin. Auf Parzelle 1 des Buchen-Durchforstungsversuchs Fabrikschleichach 015 sind die Zuwächse von 1978–1991 tendenziell rückläufig. Von diesem Trend weichen die Bäume 12, 36 und 88 deutlich ab, so daß sie überprüft werden. **(b)** Der mittlere Quotient des Zuwachses zweier Aufnahmeperioden, in unserem Beispiel ($zd_{t2-t3}/zd_{t1-t2} = 0{,}63$), zeigt an, daß im Durchschnitt in der Folgeperiode nur 65% des Zuwachses der Vorperiode gebildet werden. Die Bäume 36 und 88, deren individueller Quotient (individueller Zuwachsfaktor) signifikant vom mittleren Quotienten (mittlerer Zuwachsfaktor) abweicht, werden überprüft.

1 des Buchen-Durchforstungsversuches Fabrikschleichach 015, sind die Zuwächse von 1978 bis 1991 tendenziell rückläufig. Von diesem Trend weichen die Bäume 12, 36 und 88 deutlich ab, so daß sie überprüft werden.

Zur rechnerischen Bestimmung werden aus den Durchmesserzuwächsen von Vor- und Folgeperiode, in unserem Beispiel aus den Durchmesserzuwächsen der Aufnahmeperioden t_1–t_2 (1978 bis 1981) und t_2–t_3 (1981 bis 1991), einzelbaumweise Quotienten gebildet. Es kann dann der mittlere Quotient (zd_{t2-t3}/zd_{t1-t2}) berechnet werden; dieser beträgt in unserem Beispiel 0,63, d. h., im Durchschnitt werden in der Folgeperiode nur 63% des Zuwachses der Vorperiode gebildet. Solche Bäume, deren Zuwachsfaktor (Quotient) außerhalb der dreifachen Standardabweichung liegt, werden überprüft (vgl. Abb. 7.11 b, Bäume 36 und 88), denn positive oder negative Abweichungen zeigen einen auffälligen Anstieg bzw. Abstieg gegenüber dem Bezugskollektiv an.

Graphische Überprüfung von Auf- und Abwärtsbewegungen

Zu den Standardverfahren der Plausibilitätskontrolle gehört die graphische Überprüfung der Durchmesser aller Einzelbäume hinsichtlich ihrer relativen Lage im Bündel der Wachstums- und Zuwachsverläufe. In Abbildung 7.12 a liegt Baum 213 (schwarze Linie) bis 1960 etwa im mittleren Bereich des Durchmesserspektrums, holt vorübergehend auf, um dann wieder unter das arithmetische

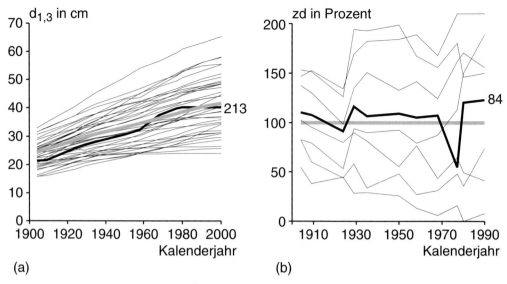

Abbildung 7.12 a, b (a) Graphische Überprüfung des Durchmesserwachstums und (b) Durchmesserzuwachses aller Einzelbäume hinsichtlich ihrer relativen Lage zur mittleren Durchmesserentwicklung. (a) Baum 213 (schwarz ausgezogene Linie) zeigt normale Schwankungen um die mittlere Altersentwicklung. (b) Baum 84 (schwarz ausgezogene Linie) unterschreitet in den 70er Jahren abrupt sein ansonsten gleichbleibendes Niveau und wird deshalb überprüft.

Durchmessermittel (graue Linie) abzufallen. Derartige Auf- und Abwärtsbewegungen im Richtungsfeld der Wachstumsgänge sind völlig normal. Dagegen zeigt Abbildung 7.12 b mit Baum 84 einen unplausiblen und überprüfungsbedürftigen Entwicklungsgang. Dieser Baum lag bis 1970 auf mittlerem Zuwachsniveau und zeigt bei der Aufnahme 1981 einen unplausiblen, da bei den anderen Bäumen nicht aufscheinenden Zuwachseinbruch. Solche auffälligen Nichtparallelitäten im Bündel der Zuwachs- oder Wachstumsverläufe sind generell zu überprüfen.

Prüfung mit Hilfe von Analysebäumen

Bei diesem Verfahren (Abb. 7.13) werden die Höhen- oder Durchmesser-Wachstumskurven einzelner Bäume aus Wiederholungsaufnahmen (durchgezogene Linie mit Rauten) retrospektiv ermittelten Höhen- oder Durchmesser-Wachstumsgängen (gebrochene Linie) gegenübergestellt. Letztere werden durch Stamm- oder Bohrspananalysen an Bäumen des ausscheidenden Bestandes ermittelt, wobei diese Bäume bisher periodisch gemessen und möglichst gleichmäßig über den gesamten Durchmesserbereich verteilt sein sollten. Für beide Zeitreihen wird zunächst der Durchmesser der letzten Aufnahme zum Zeitpunkt t_n gleich 100% gesetzt. Für die davor liegenden Zeitpunkte $t_1, \ldots, t_{n-1}$ werden die relativen Durchmesserzuwachswerte der beiden Zeitreihen miteinander verglichen und Abweichungen zwischen ihnen berechnet. Diese Abweichungen können zur Korrektur der periodisch gewonnenen Meßwerte herangezogen werden. Im Beispiel kam es zu den Aufnahmezeitpunkten t_4 bis t_8 zu erheblichen positiven Abweichungen der Stehendmessung von den Durchmessern aus der Stammanalyse.

Solche periodischen Abweichungen zwischen Durchmesser- oder Höhenmessungen aus Wiederholungsaufnahmen an stehenden Bäumen versus Stammanalysen lassen sich häufig auf geräte- oder personenbedingte Verzerrungen zurückführen, die durch Korrektur der Meßwerte im Nachhinein eliminiert werden können (vgl. Abschn. 7.3.4). Während die in Abbildung 7.13 dargestellten Durchmesserdif-

7.3 Plausibilitätskontrollen und Behandlung fehlender und fehlerhafter Werte

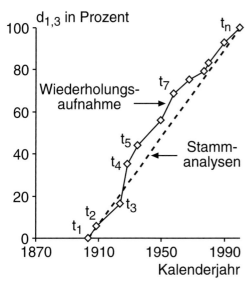

Abbildung 7.13 Plausibilitätsprüfung von Durchmesserentwicklungen mit Hilfe von Analysebäumen. Verglichen werden die Durchmesserwachstumskurve aus Wiederholungsaufnahmen am stehenden Baum (durchgezogene Linie mit Rauten bei Aufnahmezeitpunkten) und die aus Stammanalysen des ausscheidenden Bestandes retrospektiv gemessenen Durchmesser-Wachstumskurven (gebrochene Linie).

ferenzen zwischen Wiederholungsaufnahmen an stehenden Bäumen und retrospektiver Messung an liegenden Bäumen eher Ausnahmen sind, sind sie bei den Höhenmeßwerten häufig gegeben (vgl. Abschn. 7.4).

7.3.4 Behandlung fehlender und fehlerhafter Werte

Die dargestellten Verfahren der Plausibilitätsprüfung zielen auf die Identifikation, Quantifizierung und anschließende Korrektur unerwarteter, unplausibler und deshalb kontrollbedürftiger Wachstums- und Zuwachsgänge. Korrekturen sollten sich – unter Berücksichtigung des Versuchszieles – möglichst auf ergänzende Erhebungen (z. B. Stammanalysen, Trieblängenmessungen, Nachmessungen), statistische Zusammenhänge (z. B. Durchmesserzuwachsgeraden, Bestandeshöhenkurven) oder Modelle (Ertragstafeln, dynamische Wuchsmodelle) stützen. Sie sollten unbedingt dokumentiert werden. Tabelle 7.6 enthält die Codierung für häufig vorkommende Fehlerkorrekturen. Der Umgang mit auffälligen Verläufen wird von Fall zu Fall verschieden sein, es empfehlen sich aber folgende Standardkorrekturen.

Umgang mit fehlenden Meßwerten und Bäumen

Am Beginn der Datenaufbereitung steht die Identifikation und gegebenenfalls Ergänzung fehlender Werte. Dabei wird geprüft, ob von den noch nicht ausgeschiedenen Bäumen alle Durchmesserwerte vorhanden sind. Wird diese Prüfung im Zuge der Meßkampagne oder unmittelbar darauffolgend ausgeführt, so besteht die Möglichkeit, fehlende Werte und Gründe des Ausscheidens im Nachgang zu den Aufnahmearbeiten im Bestand zu ergänzen.

Unter „fehlenden Bäumen" werden hier solche Bestandesglieder verstanden, die ab einem bestimmten Aufnahmejahr aus unbekanntem Grund nicht mehr vorkommen. Bei derartigen Bäumen fehlen Informationen über das tatsächliche Datum des Ausscheidens wie auch Informationen über den Durchmesser zum Ausscheidezeitpunkt. Falls die zutreffenden Angaben zum Datum und Grund des Ausscheidens nicht mehr zugänglich sind, bleibt nur die Möglichkeit der gutachtlichen Rekonstruktion und Festlegung. Üblich sind hierbei folgende Annahmen (DESER-Kennungen K1.1 bis K1.5, vgl. Tab. 7.6):

- Ausscheiden zu Periodenmitte mit halbem Durchmesserzuwachs der Vorperiode,
- Ausscheiden zu Periodenmitte mit halbem Durchmesserzuwachs der laufenden Periode (aus Zuwachsgerade),
- Ausscheiden zu Periodenende mit Durchmesserzuwachs der Vorperiode,
- Ausscheiden zu Periodenende ohne Durchmesserzuwachs oder
- Ausscheiden zu Periodenanfang.

Einwachsende Bäume

Falls ein Baum erst ab einem späteren Zeitpunkt als dem der Erstaufnahme mit Meßwerten geführt wird, ist zu prüfen, ob dieser Baum erst später eingewachsen ist. Bei Einwüchsen ist anzugeben, ob und ab welcher Kluppschwelle (in gleichaltrigen Reinbeständen überwiegend $d_{1,3} = 7$ cm, in Plenterwäldern und Bergmischwäldern mitunter $d_{1,3} = 10$ cm) sie in die Auswertung eingehen. In der Legende der Ergebnistabellen ist anzugeben, ob Einwuchs berücksichtigt wurde oder nicht (vgl. Abschn. 7.9).

Korrektur fehlerhafter Werte

Werden bei der Plausibilitätskontrolle fehlerhafte Daten entdeckt, deren Korrektur eindeutig möglich ist (Beispiele: Tippfehler, Datenübertragungsfehler), so müssen diese durch die eindeutig richtigen Werte ersetzt werden. Besondere Sorgfalt ist bei solchen Fehlern geboten, für die ein eindeutig richtiger Wert nicht existiert, für die aber ein gutachtlich geschätzter Wert eingesetzt werden muß, um die Auswertung zu ermöglichen. Der Umfang bedeutender Korrekturen ist grundsätzlich zu erläutern. Die DESER-Norm schlägt in solchen Fällen folgende Vorgehensweise und die Vergabe entsprechender Kennungen vor (vgl. K2.1 bis K2.3 in Tab. 7.6):

- Ein gutachtlicher Ersatzwert wird für die Auswertung verwendet, der Originalwert bleibt jedoch erhalten.
- Der fehlerhafte Wert bleibt erhalten, wird jedoch so markiert, daß er nicht in die Auswertung eingeht (z. B. eine Höhe geht nicht in die Berechnung der Höhenkurve ein).
- Sollten nicht mehr alle Originalwerte existieren, so ist dies ausdrücklich zu deklarieren.

Aufgrund der besonderen Fehleranfälligkeit der Baumhöhenmessung (u. a. Gerätefehler, mangelhafte Sichtbarkeit von Baumspitze oder Stammfuß, unterlassene Hangkorrektur bei Ermittlung der Meßentfernung) erweisen sich bei der Auswertung langfristiger Versuchsflächen mitunter komplette Meßwertsätze einer Höhenaufnahme als unplausibel (STERBA, 1999). Erkennbar werden solche Verzerrungen einzelner Aufnahmen zumeist erst bei Auswertungen, die über mehrere Aufnahmeperioden reichen. Abweichungen einzelner Kurven von der gesetzmäßigen Schichtung treten dann klar in Erscheinung (Abb. 7.14).

Verfahren zur Korrektur unplausibler oder zur Ergänzung fehlender Bestandeshöhenkurven können die Ergebnisse von Stammanalysen einbeziehen. Stehen Triebrückmessungen oder aus Stammanalysen abgeleitete Höhenwachstumsverläufe für Stämme aus unterschiedlichen sozialen Klassen zur Verfügung, so können Bestandeshöhenkurven retrospektiv abgeleitet werden. Für Aufnahmezeitpunkte mit fehlenden oder verzerrten Bestandeshöhenkurven werden retrospektiv ermittelte Baumhöhen und aus Wiederholungsaufnahmen verfügbare $d_{1,3}$-Meßwerte für die regressionsanalytische Berechnung von Bestandeshöhen verwendet. Die Ergebnisse dieser Methode werden um so besser, je mehr Stammanalysen vorliegen und je repräsentativer diese über die sozialen Baumklassen verteilt sind und die in diesen Klassen ausgeprägte Durchmesser-Höhen-Allometrie abbilden. Korrekturverfahren, bei denen ganze Sätze von Meßwerten wegen Verzerrung eliminiert und durch gut abgesicherte Schätzungen ersetzt werden, sind Gegenstand von Abschnitt 7.5.

7.4 Berechnung von Bestandeshöhenkurven

Zwischen Durchmessern und Höhen der Bäume in einem Waldbestand besteht ein nichtlinearer statistischer Zusammenhang, der physikalische und physiologische Ursachen hat. Werden die Durchmesser-Höhen-Wertepaare aus der Zustandsaufnahme eines gleichaltrigen Reinbestandes in einem kartesischen Koordinatensystem aufgetragen, so ergibt sich eine Punktwolke, die graphisch oder regressionsanalytisch ausgeglichen werden kann und eine charakteristische Zunahme der Höhe von schwächeren zu stärkeren Bäumen beschreibt (vgl. Abb. 7.14). Die resultierende Bestandeshöhenkurve beschreibt den Zusammenhang zwischen Durchmesser und Höhe der Bäume zu einem bestimmten Aufnahmezeitpunkt. Aufgrund dieses gesetzmäßigen Zusammenhanges kann sich die Höhenmessung bei der Standardaufnahme von Versuchsflächen auf ein Teilkollektiv (Regressionsstichprobe) beschränken; die Höhen der nicht vermessenen Bäume werden in Abhängigkeit von ihrem Durchmesser aus der Ausgleichskurve abgeleitet.

7.4.1 Funktionsgleichungen für die Durchmesser-Höhen-Beziehung

Für den regressionsanalytischen Ausgleich haben sich u. a. die im folgenden genannten Funktionen bewährt (SCHMIDT, 1969).

$$h = a_0 + a_1 \cdot d + a_2 \cdot d^2 \quad (7.16)$$

nach ASSMANN (1943). Die Linearisierung dieser Parabel zweiten Grades in die Form $z = b_0 + b_1 \cdot x + b_2 \cdot y$ ergibt sich durch die Substitutionen $z = h$, $x = d$, $y = d^2$

$$h - 1{,}3 = \frac{d^2}{a_0 + a_1 \cdot d + a_2 \cdot d^2} \quad (7.17)$$

nach PRODAN (1951). Durch Transformation ergibt sich $\frac{d^2}{h - 1{,}3} = a_0 + a_1 \cdot d + a_2 \cdot d^2$, so daß die Gleichung mit $z = d^2/(h - 1{,}3)$, $x = d$ und $y = d^2$ in die lineare Form $z = b_0 + b_1 \cdot x + b_2 \cdot y$ und auf dem Weg linearer Regressionsanalyse an die Daten angepaßt werden kann.

Nach ASSMANN (1943) bzw. PRODAN (1951) bieten sich die Parabel zweiten Grades und die Funktion von PRODAN (1951) für Bestandeshöhenkurven in Plenterwäldern, Bergmischwäldern, Urwäldern, Mittelwäldern und Überhaltbeständen sowie für die Herleitung von Kronenansatzhöhenkurven an. Sie vermögen eine Höhen- bzw. Kronenansatzhöhenzunahme bis zu einem gewissen Durchmesser und eine darauffolgende Abnahme nachzubilden, wie sie in solchen Beständen vorkommen kann (PRODAN, 1965; PRETZSCH, 1985a; PREUHSLER, 1979).

Die folgenden Funktionen (7.18) bis (7.22) haben sich für gleichaltrige und einschichtige Bestände bewährt.

$$h = 1{,}3 + \left(\frac{d}{a_0 + a_1 \cdot d}\right)^3 \quad (7.18)$$

nach PETTERSON (1955). Zur Linearisierung wird (7.18) zunächst in den folgenden drei Schritten umgeformt:

(1) $\dfrac{1}{h - 1{,}3} = \left(\dfrac{a_0 + a_1 \cdot d}{d}\right)^3$,

(2) $\left(\dfrac{1}{h - 1{,}3}\right)^{1/3} = \dfrac{a_0 + a_1 \cdot d}{d}$ und

(3) $\left(\dfrac{1}{h - 1{,}3}\right)^{1/3} = a_0 \cdot \dfrac{1}{d} + a_1$.

Setzen wir $y = \left(\dfrac{1}{h - 1{,}3}\right)^{1/3}$ und $x = \dfrac{1}{d}$, so gelangen wir zur Geradengleichung $y = b_0 + b_1 \cdot x$.

$$h = e^{[a_0 + a_1 \cdot \ln d + a_2 \cdot \ln^2 d]} \quad (7.19)$$

nach KORSUN (1935).

Durch Logarithmierung ergibt sich $\ln h = a_0 + a_1 \cdot \ln d + a \cdot \ln^2 d$, und nach den Substitutionen $z = \ln h$, $x = \ln d$, $y = \ln^2 d$ resultiert die lineare Form $z = b_0 + b_1 \cdot x + b_2 \cdot y$.

$$h = a_0 + a_1 \cdot \ln d \quad (7.20)$$

Semi-logarithmischer Ansatz. Durch die Umformung $y = h$ und $x = \ln d$ ergibt sich $y = b_0 + b_1 \cdot x$

$$h = e^{[a_0 + a_1 \cdot \ln d + a_2 \cdot d]} \quad (7.21)$$

nach FREESE (1964).

Nach Logarithmierung ergibt sich $\ln h = a_0 + a_1 \ln d + a_2 d$, und nach Umformung $z = \ln h$, $x = \ln d$ und $y = d$ ergibt sich die lineare Form $z = b_0 + b_1 \cdot x + b_2 \cdot y$.

$$h = 1{,}3 + a_0 \cdot e^{-\frac{a_1}{d}} \quad (7.22)$$

nach MICHAILOFF (1943). Die Umformungen $\ln(h - 1{,}3) = \ln a_0 - a_1/d$ und $\ln(h - 1{,}3) = \ln a_0 - a_1 \cdot \dfrac{1}{d}$ ermöglichen die Substitution $y = \ln(h - 1{,}3)$, $x = 1/d$ und die Linearisierung $y = b_0 + b_1 \cdot x$.

Wichtige statistische Maßzahlen für die Auswahl der am besten geeigneten Ausgleichskurve sind (vgl. Abschn. 7.2.3):
- die Reststreuung $s_{h\hat{h}}$,
- der Korrelationskoeffizient r und
- das Bestimmtheitsmaß B.

Die bedingte Streuung oder Reststreuung quantifiziert die Standardabweichung zwischen den beobachteten Höhenwerten h_i und den entsprechenden Schätzwerten $\hat{h}_i$ der Ausgleichskurve. Bei einer Regression mit zwei Parametern (z. B. $y = a + b \cdot x$) ergibt sich für die Reststreuung

$$s_{h\hat{h}} = \sqrt{\frac{\sum_{i=1}^{n}(h_i - \hat{h}_i)^2}{n-2}},$$

bei k-parametrigen Regressionsgleichungen steht im Nenner (n − k). Wird diese Standardabweichung an der arithmetischen Mittelhöhe $\bar{h}$ normiert, so ergibt sich der Variationskoeffizient, der auch zur Ausreißerprüfung beobachteter Höhenmeßwerte herangezogen werden kann (SCHMIDT, 1967). Das Bestimmtheitsmaß quantifiziert demgegenüber den relativen Anteil (B = 0 bis 100%) der Varianz der beobachteten Höhenwerte s_h^2, der durch die Regressionslinie erklärt werden kann (Gesamtstreuung minus Reststreuung). Liegen beispielsweise die beobachteten Höhenwerte alle genau auf der Ausgleichskurve, so wird der Subtrahend $s_{h\hat{h}}^2$ im Zähler von (7.23)

$$B = \frac{s_h^2 - s_{h\hat{h}}^2}{s_h^2} \cdot 100 \qquad (7.23)$$

gleich 0, wodurch B maximal wird (B = 100%). Je größer aber die Abstände zwischen Beobachtungs- und Schätzwerten werden, um so kleiner wird der Zähler in (7.23) und damit auch B.

Da der Kurvenverlauf maßgeblich durch die Wahl der Ausgleichsfunktion bestimmt wird und es sich bei den zugrundeliegenden Durchmesser-Höhen-Wertepaaren lediglich um ein Teilkollektiv des Bestandes handelt, darf sich die Auswahl der „besten Ausgleichsfunktion" nicht alleine auf die Reststreuung, den Korrelationskoeffizienten oder das Bestimmtheitsmaß stützen. Ebenso wichtig ist ihre Prüfung auf biologische Plausibilität. Einen Anhalt dafür geben die im folgenden Abschnitt 7.5 behandelten Gesetzmäßigkeiten der Bestandeshöhenkurven und ihrer Verlagerung über dem Alter.

7.5 Durchmesser-Höhen-Alters-Beziehungen

In Waldbeständen mit mehr oder weniger stationärer Stammzahl-Durchmesser-Verteilung repräsentieren Bäume mit gegebenem Durchmesser immer eine ähnliche soziale Stellung innerhalb des Bestandes. Abbildung 7.14a zeigt die Durchmesser-Höhen-Befunde im Plenterwald-Versuch Freyung 129, Parzelle 31 zum Zeitpunkt der Erstaufnahme im Jahre 1980 und bei den Wiederholungsaufnahmen in den Jahren 1987, 1993 und 1999. Bäume mit einem Durchmesser von 10 cm haben dort immer eine Stellung im Unterstand inne, Bäume mit einem Durchmesser von 80 cm gehören immer zur herrschenden Schicht. Deshalb bleibt das Höhenwachstum in den einzelnen Durchmesserbereichen annähernd konstant und die Lage der Bestandeshöhenkurve über der Zeit stationär. Das gilt, solange sich die Vertikalstruktur des Bestandes und demzufolge auch die spezifische Konkurrenzierung der Bäume in den verschiedenen Durchmesserbereichen nicht verändern. Unter solchen Bedingungen, die wir u. a. in Plenterwäldern im Gleichgewichtszustand, zuweilen in Urwaldbeständen und Bergmischwäldern finden, fällt die Bestandeshöhenkurve mit der Höhenwachstumskurve zusammen und spiegelt deren S-förmigen Verlauf wider.

Bestandeshöhenkurven in gleichaltrigen Reinbeständen sind demgegenüber Zustandskurven, die sich von Aufnahme zu Aufnahme verlagern. Abbildung 7.14b zeigt die Schichtung der Bestandeshöhenkurve im Buchen-Reinbestand *Fagus silvatica* L. Fabrikschleichach 015, Parzelle 2 von der Erstaufnahme der Höhen im Herbst 1884 (Alter 61) bis zur aktuellen Wiederholungsaufnahme im Herbst 2000 (Alter 178 Jahre). In solchen Beständen repräsentieren Bäume gleichen Durchmessers von z. B. 30 cm mit zunehmendem Bestandesalter völlig unterschiedliche soziale Schichten. Gehörten Bäume dieser Stärke bei den ersten Aufnahmen zu den Herrschenden, so repräsentierten sie in den fünfziger Jahren die mittlere Höhenschicht und bei den letzten Aufnahmen die Unterschicht. Wie das Beispiel zeigt,

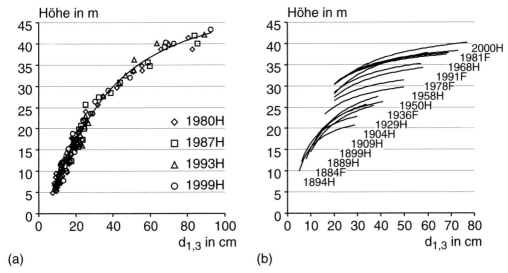

Abbildung 7.14a, b Entwicklung der Bestandeshöhenkurven im **(a)** Fichten-Tannen-Buchen-Plenterwald *Picea abies* (L.) Karst., *Abies alba* Mill. bzw. *Fagus silvatica* L. und **(b)** gleichaltrigen Buchenwald *Fagus silvatica* L. im Vergleich. **(a)** Auf der Plenterwald-Versuchsfläche Freyung 129, Parzelle 31 verlagert sich die Bestandeshöhenkurve bei den Aufnahmen 1980H, 1987H, 1993H und 1999H aufgrund des stationären Charakters der Stammzahl-Durchmesser-Verteilung nur unwesentlich. Beispielhaft dargestellt ist der Sachverhalt für die Fichte *Picea abies* (L.) Karst. **(b)** Gesetzmäßige Verlagerung der Bestandeshöhenkurve auf der Buchen-Durchforstungsversuchsfläche *Fagus silvatica* L. Fabrikschleichach 015, Parzelle 2 von der ersten Höhenaufnahme 1884H bis zur aktuellen Wiederholungsaufnahme 2000H (F und H = Aufnahme im Frühjahr bzw. Herbst).

repräsentieren Bäume eines bestimmten Durchmessers in den verschiedenen Phasen unterschiedliche soziale Stellungen, Höhenwachstumsverläufe und Höhen-Durchmesser-Relationen. Bäume in der Unter- und Mittelschicht streben nach Licht und verstärken das Höhenwachstum auf Kosten der Durchmesserentwicklung (Überlebensstrategie). Vorherrschende und Herrschende verfügen über ausreichende Ressourcen, um auch ihr Dickenwachstum voranzubringen (Stabilisierungsstrategie). Ergebnis dieser alters- und konkurrenzspezifischen Höhen-Durchmesser-Allometrie ist eine gesetzmäßige Verlagerung der Bestandeshöhenkurve mit zunehmendem Bestandesalter. Junge Bestände werden durch Konkurrenz besonders stark in ihrem sozialen Gefüge differenziert, was sich in einem steilen Verlauf der Bestandeshöhenkurve äußert. Mit zunehmendem Alter verlagert sich die Bestandeshöhenkurve dann nach rechts und nach oben, wobei ihre Steigung mit dem nachlassenden Ausscheidungsprozeß flacher wird. In Altbeständen kann die Bestandeshöhenkurve nahezu parallel zur x-Achse verlaufen, was beispielsweise für Bestände nach starker Niederdurchforstung oder Lichtung zutrifft (Abschn. 5.1.2). In solchen Hallenbeständen besetzen Bäume, auch bei differierenden Durchmessern, nur eine einzige Höhenschicht. Entsprechen die Bestandeshöhenkurven aus Wiederholungsaufnahmen diesen Gesetzmäßigkeiten, so bilden sie die Grundlage für die weitere Standardauswertung.

Häufig weichen die Bestandeshöhenkurven aus Wiederholungsaufnahmen jedoch von den Gesetzmäßigkeiten ab, indem sie sich in Beständen mit stationärem Charakter in unplausibler Weise verlagern oder sich in gleichaltrigen Reinbeständen nicht schichten, sondern schneiden (vgl. Abb. 7.14 b). Gründe sind z. B. in systematischen Meßfehlern oder wechselnden Höhenmeßbäumen bzw. zu kleinen Meßkollektiven zu suchen. Für einzelne Aufnahmezeitpunkte stehen auch mitunter überhaupt keine Höhenmessungen und Bestandeshöhenkurven zur Verfügung; auf der Versuchsfläche Fabrikschleichach 015 trifft das für die Aufnahmen 1871F und 1882F zu. Gründe hierfür sind die besondere Fehleranfälligkeit der Höhenmessung bzw. ihre Einsparung wegen des erheblichen Zeitaufwandes (STERBA, 1999). Mit den im folgenden eingeführten Verfahren können

- unplausible Einzelmessungen identifiziert und korrigiert werden,
- unplausible Höhenkurven identifiziert, eliminiert und durch gesetzmäßig zu erwartende ersetzt werden und
- fehlende Bestandeshöhenkurven durch Interpolation oder Extrapolation ausgehend von vorhandenen ergänzt werden.

Zur Einführung der Plausibilitätsprüfung und Adjustierung von Bestandeshöhenkurven bleiben wir beim Buchen-Durchforstungsversuch Fabrikschleichach 015. Einige Bestandeshöhenkurven auf Parzelle 2 sind offensichtlich mit einem Bias behaftet und passen nicht zu der ansonsten gesetzmäßigen Verlagerung (Abb. 7.14 b). Die eingetragenen Kalenderjahre zeigen die Schichtung der Kurven mit Blick auf ihre Höhenlage am Kurvenende. Demnach weichen die Höhenkurven der Aufnahmen 1894H, 1904H, 1909H, 1968H und 1991F mehr oder weniger deutlich von einer systematischen Schichtung ab. Die entsprechenden Kurven für die ersten zwei Aufnahmezeitpunkte 1871F und 1882F fehlen und müssen als Basis für die Volumenberechnung ergänzt werden. Die auf dieser Parzelle auftretenden Unstimmigkeiten in der Schichtung der Bestandeshöhenkurven dürften u. a. auf mehrfache Veränderung der Meßtechnik, Veränderung des Kollektivs der Höhenmeßbäume, Einwuchs von Unterstand und entsprechende Erweiterung des Meßkollektivs, Beeinträchtigung der Meßbarkeit durch Dichtstand, zurückzuführen sein.

Im folgenden werden die am häufigsten benutzten Methoden der Adjustierung von Bestandeshöhenkurven eingeführt. Ihre Anwendung stellt einen zentralen Arbeitsschritt der Standardauswertung dar, hat einen beträchtlichen Einfluß auf alle höhenabhängigen Ergebnisgrößen (u. a. Mittelhöhe, Oberhöhe, Schlankheitsgrad, Bestandesvorrat, Volumenzuwachs, Gesamtwuchsleistung) und sollte deshalb im Ergebnisprotokoll der Auswertung vermerkt werden (vgl. Tab. 7.6).

Jede Ergänzung oder Korrektur der ursprünglichen Bestandeshöhenkurvenschar birgt die Gefahr subjektiver Einflußnahme. Da oftmals mit systematischem Fehler (Bias) behaftete unplausible Höhenkurven in der auszugleichenden Kurvenschar enthalten sind, ist eine objektive statistische Lösung durch Minimierung der Reststreuung auch nicht zielführend. Beste Ergebnisse liefert letztlich eine Modellierung der Bestandeshöhenkurvenschar, die sich wo immer möglich auf plausible Originalwerte, Nachmessungen, wenn nötig aber auch auf allgemeine Gesetzmäßigkeiten stützt. Die skizzierten Verfahren unterscheiden sich letzten Endes in ihrer Entfernung von den Originaldaten zugunsten einer biologisch plausiblen Modellhypothese über die Bestandeshöhenkurven-Entwicklung.

7.5.1 Methode des Koeffizientenausgleichs

In gleichaltrigen Beständen äußert sich die gesetzmäßige Verlagerung der Bestandeshöhenkurven in einer gerichteten Veränderung der Kurvenparameter mit zunehmendem Alter. JOHANN (1990) nutzt diese spezifische Parameterentwicklung für die Adjustierung unplausibler Höhenkurven und die Interpolation innerhalb und Extrapolation jenseits einer vorhandenen Höhenkurvenschar. Sein Ausgleichsverfahren (vgl. auch POLLANSCHÜTZ, 1974; SCHADAUER, 1999) schätzt zunächst nach Vorgabe einer geeigneten Ausgleichsfunktion (7.16–7.22) regressionsanalytisch separat die Regressionskoeffizienten der Bestandeshöhenkurve für die Aufnahmezeitpunkte $1, \ldots, n$. Bei Anwendung einer zweiparametrigen Funktion resultieren die Regressionskoeffizienten $a_1, \ldots, a_n$ und $b_1, \ldots, b_n$. In einem zweiten Schritt werden bei diesem Verfahren die Regressionskoeffizienten a und b über dem Bestandesalter ausgeglichen, $\hat{a} = f(\text{Alter})$ und $\hat{b} = f(\text{Alter})$. Nach JOHANN

(1990) haben sich beispielsweise für diesen Parameterausgleich die Funktionen

$$\hat{a} = a_{10} + a_{11} \cdot \ln \text{Alter} + a_{12} \cdot \text{Alter}, \quad (7.24)$$

$$\hat{b} = b_{10} + b_{11}/\text{Alter}, \quad (7.25)$$

oder

$$\hat{a} = a_{10} + a_{11}/\text{Alter}, \quad (7.26)$$

$$\hat{b} = b_{10} + b_{11} \cdot \ln \text{Alter} + b_{12} \cdot \text{Alter} \quad (7.27)$$

bewährt, sofern die Koeffizienten auf die Funktion von MICHAILOFF (1943) zurückgehen [vgl. (7.22)]. Bei anderen Funktionen für den Ausgleich der Bestandeshöhenkurven bieten sich auch andere Funktionen für den Parameterausgleich an. In jedem Fall entsteht dann ein zweischichtiges Gleichungssystem, das im ersten Schritt für ein gegebenes Alter die Regressionskoeffizienten a und b der Bestandeshöhenkurve erbringt. Aus diesen wird in einem zweiten Schritt die altersspezifische Bestandeshöhenkurve aufgebaut, aus der sich für beliebige Durchmesser die entsprechenden Höhen abgreifen lassen $\hat{h} = f(a,b)$. Ausgehend von einem gegebenen Alter wird damit folgende Herleitung möglich: Alter → Regressionskoeffizienten der Höhenkurve → Bestandeshöhenkurve → Abgriff von Höhen für gegebene $d_{1,3}$-Werte.

Im folgenden Beispiel gehen wir von den Bestandeshöhenkurven der Versuchsparzelle Fabrikschleichach 015, Parzelle 2 aus, die mit der Gleichung von MICHAILOFF (1943) ausgeglichen wurden (vgl. Abb. 7.14 b). Einige der dargestellten Bestandeshöhenkurven fügen sich nicht in die überwiegend gesetzmäßige Verlagerung der Bestandeshöhenkurven ein. Abbildung 7.15 zeigt die Entwicklung der Koeffizienten a und b der Kurvenschar über dem Alter. Stark verzerrte Bestandeshöhenkurven würden hier durch ihre ausreißenden, unplausiblen Koeffizienten identifizierbar. Nach Ausreißerbereinigung werden die Koeffizienten über dem Bestandesalter ausgeglichen, und die durchgezogenen Linien zeigen die resultierenden Ausgleichskurven $\hat{a} = f(\text{Alter})$ und $\hat{b} = f(\text{Alter})$. Damit steht das angestrebte zweischichtige Funktionensystem zur Bestimmung der altersspezifischen Bestandeshöhenkurven-Koeffizienten a und b zur Verfügung, mit denen sich die altersspezifische Bestandeshöhenkurve aufbauen läßt. Abbildung 7.16 verdeutlicht die Ergebnisse des Ausgleichverfahrens aus Gründen der Übersichtlichkeit anhand ausgewählter Bestandeshö-

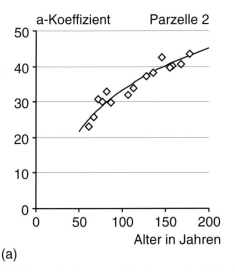
(a)
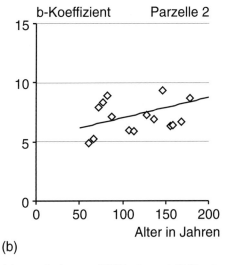
(b)

Abbildung 7.15 a, b Methode des Koeffizientenausgleichs nach JOHANN (1990), dargestellt für die Versuchsfläche Fabrikschleichach 015, Parzelle 2. Der sequentielle Ausgleich der Bestandeshöhenkurven über die Funktion von MICHAILOFF (1943) erbringt **(a)** den Parameter a und **(b)** den Parameter b. Diese Koeffizienten werden über dem Alter regressionsanalytisch ausgeglichen.

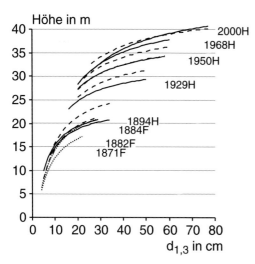

Abbildung 7.16 Nach der Methode des Koeffizientenausgleichs von JOHANN (1990) adjustierte Bestandeshöhenkurven (gebrochene Linie) und extrapolierte Bestandeshöhenkurven (punktierte Linien) im Vergleich zu den original Durchmesser-Höhen-Kurven (durchgezogene Linie). Indem das Ausgleichsverfahren für beliebige Alter Berechnungen der Bestandeshöhenkurve zuläßt, können mit ihm fehlende und unplausible Bestandeshöhenkurven wirklichkeitsnah extrapoliert bzw. ersetzt werden.

henkurven. Für die Aufnahmen 1884F, 1894H, 1950H, 1968H und 2000H sind die gemessenen Bestandeshöhenkurven (durchgezogene Linien) den adjustierten (gebrochene Linien) gegenübergestellt. Außerdem sind die durch Extrapolation geschätzten Bestandeshöhenkurven der Jahre 1871 und 1882 (punktierte Linie) eingetragen, für die zwar Durchmesser- aber keine Höhenmeßwerte vorliegen.

Im Unterschied zu einer multiplen Regression h = f (d, Alter), die alle aus den Aufnahmen verfügbaren Meßwerte verwendet (vgl. Abschn. 7.5.4), fließen bei der Methode des Koeffizientenausgleichs die Durchmesser-Höhen-Befunde aller einbezogenen Aufnahmezeitpunkte mit gleichem Gewicht ein, auch wenn diesen unterschiedlich große Meßkollektive zugrunde liegen. Unplausible Bestandeshöhenkurven, die mit einem systematischen Fehler behaftet sind, werden bei dieser Methode anhand der Parameter a und b ihrer Bestandeshöhenkurve identifiziert. Beim Koeffizientenausgleich über dem Alter können solche Ausreißer nach objektiven Kriterien aus der Rechnung eliminiert werden (vgl. Abschn. 7.3.3).

7.5.2 Methode der Wachstumsfunktionen für Straten-Mittelstämme

Als Alternative schlägt RÖHLE (1999) vor, die Höhenmeßbäume jeder Zustandsaufnahme entsprechend ihrem Durchmesser zunächst in einen unteren, mittleren und oberen Dimensionsbereich einzuteilen, wobei das Stratum U die 40% schwächsten Bäume, das Stratum M die nächst stärkeren 30% und das Stratum O die 30% stärksten Bäume umfaßt (U ≙ 0–40%, M ≙ 40–70%, O ≙ 70–100%). Für jedes dieser Straten werden die arithmetischen Mittelhöhen und Mitteldurchmesser berechnet. Abbildung 7.17a und b zeigen dieses Vorgehen für die Versuchsfläche Fabrikschleichach 015, Parzelle 2 im Aufnahmejahr 2000. Wird diese Stratifizierung und Mittelwertbestimmung für jeden Aufnahmezeitpunkt ausgeführt, so stehen für alle $t_1 \ldots t_n$ Aufnahmezeitpunkte die Wertepaare $(\bar{d}_U, t), (\bar{d}_M, t), (\bar{d}_O, t)$ und $(\bar{h}_U, t), (\bar{h}_M, t), (\bar{h}_O, t)$ zur Verfügung. Aus diesen Wertepaaren können drei Alters-Mitteldurchmesser-Kurven und drei Alters-Mittelhöhen-Kurven

$$\bar{d}_U = f(\text{Alter}), \quad \bar{d}_M = f(\text{Alter}), \quad \bar{d}_U = f(\text{Alter})$$

bzw.

$$\bar{h}_U = f(\text{Alter}), \quad \bar{h}_M = f(\text{Alter}), \quad \bar{h}_O = f(\text{Alter})$$

(7.28)

für die jeweiligen Straten regressionsanalytisch angepaßt werden (Abb. 7.18a bzw. b). Durch Einsetzen eines gewünschten Bestandesalters in diese Wachstumsfunktionen werden die alterstypischen Höhen- und Durchmessermittel für die drei Straten berechnet, die den Verlauf einer dreiparametrigen Bestandeshöhenkurve für das gewünschte Alter eindeutig festlegen. An diese drei Punkte wird nun je Aufnahmezeitpunkt eine geeignete Bestandeshöhenkurve regressionsanalytisch angepaßt (Abb. 7.19). Aus den alterstypischen

7.5 Durchmesser-Höhen-Alters-Beziehungen

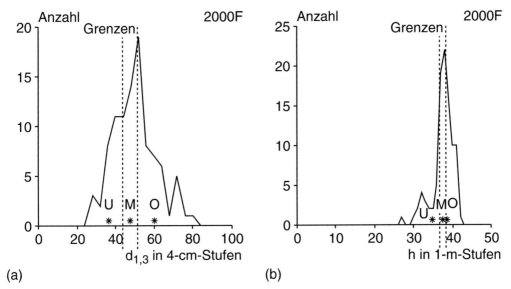

Abbildung 7.17 a, b Bei der Methode der Wachstumsfunktionen für Stratenmittelstämme nach RÖHLE (1999) werden zunächst für ein unteres, mittleres und oberes Spektrum (U, M, O) der **(a)** Stammzahl-Durchmesser-Frequenz und **(b)** Stammzahl-Höhen-Frequenz Mitteldurchmesser und Mittelhöhen bestimmt. Die Aufteilung in die Straten U (die 40% schwächsten), M (die 30% nächst stärkeren) und O (die 30% stärksten) ist am Beispiel der Durchmesser-Höhen-Meßwertpaare der Aufnahme 2000H dargestellt.

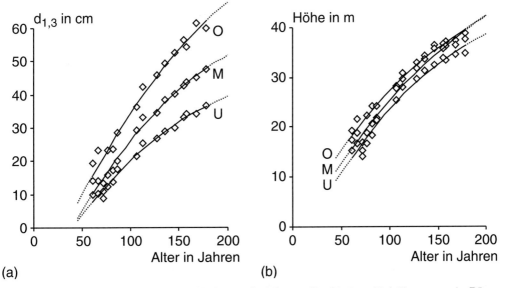

Abbildung 7.18 a, b Methode der Wachstumsfunktionen für Stratenmittelstämme nach RÖHLE (1999). Die stratenspezifischen **(a)** Mitteldurchmesser und **(b)** Mittelhöhen werden über dem Alter aufgetragen und durch geeignete Funktionen regressionsanalytisch ausgeglichen (ausgezogene Linien).

167

7 Standardauswertung von langfristigen Versuchsflächen

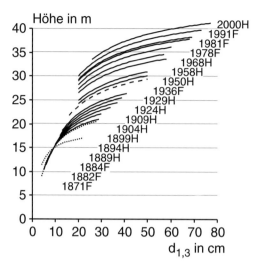

Abbildung 7.19 Adjustierung der Bestandeshöhenkurven nach der Methode der Wachstumsfunktionen für Stratenmittelstämme. Für jedes Alter stehen Durchmesser-Höhen-Meßwertpaare für das untere, mittlere und obere Stratum zur Verfügung. Diese können als Einhängepunkte für den Aufbau des dargestellten Systems von Bestandeshöhenkurven verwendet werden. Interpolierte Bestandeshöhenkurven (gebrochene Linie) und extrapolierte Bestandeshöhenkurven (punktierte Linien).

Bestandeshöhenkurven wird dann für die im Bestand vorkommenden Durchmesser die entsprechende Baumhöhe abgegriffen.

Die in Abbildung 7.19 dargestellte Kurvenschar für die Parzelle Fabrikschleichach 015, Parzelle 2 geht auf die Stratenmittelwerte von 15 Aufnahmen zurück; die Bestandeshöhenkurven der Aufnahmejahre 1871 und 1882 standen nicht zur Verfügung, die des Aufnahmejahres 1924 erschien aufgrund mangelhafter Schichtung verzerrt und ergänzungsbedürftig. Die Durchmessermittelwerte wurden über die Funktion $d_{1,3} = a_0 + a_1 \cdot \text{Alter} + a_2 \cdot \text{Alter}^2$, die Höhenmittelwerte über die Funktion $\ln h = a_0 + a_1 \cdot \ln \text{Alter} + a_3 \cdot \ln^2 \text{Alter}$ ausgeglichen. Wie aus Abbildung 7.19 ersichtlich, ermöglicht das Verfahren die Ergänzung fehlender oder Adjustierung unplausibler Bestandeshöhenkurven. Die wegen Unplausibilität weggelassene Bestandeshöhenkurve des Jahres 1924 wird durch Interpolation ergänzt (Abb. 7.19, gebrochene Linie). Bei Extrapolation über die Kurvenschar hinaus, etwa der Rekonstruktion der fehlenden Bestandeshöhenkurven in den Jahren 1871 und 1882 (Abb. 7.19, punktierte Linien), kann es zu unplausiblen Ergebnissen kommen.

7.5.3 Methode der Einheitshöhenkurven

Stehen die Bestandesalter für die Herleitung eines Ausgleichssystems nicht zur Verfügung, so können die Koeffizienten der zunächst einzeln berechneten Bestandeshöhenkurven nach dem Muster von Einheitshöhenkurven regressionsanalytisch über dem Mitteldurchmesser oder der Mittelhöhe (dg bzw. hg) ausgeglichen werden (KENNEL, 1972; NAGEL, 1991; SLOBODA et al., 1993).

$$\hat{a} = f(d_g, h_g) \quad (7.29)$$

$$\hat{b} = f(d_g, h_g) \quad (7.30)$$

Zur Schätzung der Baumhöhen für gegebene Durchmesser werden in einem zweistufigen Verfahren zunächst die Parameter a und b in Abhängigkeit von Mitteldurchmesser und/oder Mittelhöhe bestimmt, dann aus a und b die Bestandeshöhenkurven aufgebaut, die einen Abgriff der Baumhöhen ermöglichen.

7.5.4 Methode der Alters-Durchmesser-Höhen-Regression

Dieses Verfahren bietet sich an, wenn mindestens drei Wiederholungsaufnahmen der Höhen vorliegen. Aus den Wertetripeln (Durchmesser, Höhe, Alter) der zu den verschiedenen Aufnahmezeitpunkten gemessenen Bäume wird regressionsanalytisch eine Alters-Durchmesser-Höhen-Kurve abgeleitet (POLLANSCHÜTZ, 1974).

$$\hat{h} = f(d, \text{Alter}) \quad (7.31)$$

Ist der funktionale Zusammenhang bekannt, so kann zwischen vorhandenen Aufnahmen interpoliert werden, um eine fehlende Aufnahme zu ergänzen oder eine unplausible Bestandeshöhenkurve durch eine errechnete zu ersetzen. Denn aus der entstehenden Alters-Durchmesser-Höhen-Kurve kann für beliebige Durchmesser und Alter die entsprechende Baumhöhe abgelesen werden. Ebenso ist bei aller dabei gebotenen Vorsicht eine Extrapolation möglich, wenn die untere oder obere Kurve einer vorhandenen Schar ergänzt oder adjustiert werden muß.

Abbildung 7.20 zeigt für die Versuchsfläche Fabrikschleichach 015, Parzelle 2, das Ergebnis eines solchen Ausgleichs mit der Funktion $\hat{h} = a_0 + a_1 \cdot \ln d_{1,3} + a_2 \cdot \text{Alter} + a_3 \cdot \ln(d_{1,3} \cdot \text{Alter})$. Verglichen mit den gemessenen Bestandeshöhenkurven (Abb. 7.14 b) und den nach der Methode des Koeffizientenausgleichs adjustierten Bestandeshöhenkurven (vgl. Abb. 7.28 b) verlaufen die Alters-Durchmesser-Höhen-Kurven im ersten und zweiten Drittel des betrachteten Wachstumszeitraumes wesentlich steiler. Neben der obigen Funktion können mit dieser Methode dieselben Funktionen angepaßt werden, die man über die Methode der Koeffizientenschätzung in zwei getrennten Schritten erhält. Die Berechnung von Alters-Durchmesser-Höhen-Kurven erbringt wegen ungenügender oder ungleich gewichteter Datenbelegung (wechselnder Stichprobenumfang, Übergewichtung der frühen Aufnahmen mit großem Stichprobenumfang oder Erstaufnahmen mit Vollaufnahme) in den einbezogenen Aufnahmejahren häufig ungünstigere Ergebnisse als die Methode der Koeffizientenschätzung. Sie führt jedoch unter günstigen Umständen schneller zum gewünschten Ergebnis.

7.6 Formzahlen

Gehen wir von einem Bezugszylinder mit der Höhe h und der Grundfläche $g_{1,3}$ in 1,3 m Höhe eines Baumes aus (vgl. Abb. 7.21), dann gibt die Formzahl $f_{1,3}$ den Reduktionsfaktor an, mit dem das Zylindervolumen multipliziert werden muß, um den Inhalt des Baumkörpers zu erhalten. Die Formzahl kann deshalb als Reduktionsfaktor verstanden werden, der das Volumen des Bezugszylinders ($z = g_{1,3} \cdot h$) zum Baumvolumen reduziert ($v = f_{1,3} \cdot z$). Andersherum betrachtet bringt die Formzahl zum Ausdruck, zu welchen Anteilen der Baum den Bezugszylinder ausfüllt (Abb. 7.21). Den Formzahlen werden die Attribute Derbholz oder Schaftholz angefügt, wodurch zum Ausdruck kommt, ob die Voluminierung der oberirdischen Baumorgane mit Durchmesser größer als 7 cm bzw. der Baumschaft gemeint ist.

Die Festlegung des Schwellenwertes für Derbholz auf 7 cm führt BÜLOW (1962) auf die Wald- und Holzordnung der Sudwälder von Reichenhall aus dem Jahr 1529 zurück. Diese sah beim schlagweisen Betrieb vor, die Bäume mit Durchmessern unter der Schneidbreite der Maishacke (Mais syn. für Schlag) unbeschädigt stehen zu lassen. Als nutzbar und zur Fällung erlaubt galten nur Bäume mit Durchmessern über Breite der Hacke, die 7,2 cm betrug. „Es ist sicher kein Zufall und beachtenswert, daß unsere heutige Derbholzgrenze mit der

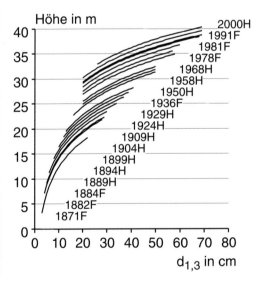

Abbildung 7.20 Alters-Durchmesser-Höhen-Regression für die Buchenversuchsfläche Fabrikschleichach 015, Parzelle 2, vom Aufnahmezeitpunkt 1871F bis 2000H. Ausgleich der Beziehung $\hat{h} = f(d_{1,3}, \text{Alter})$ durch multiple lineare Regressionsrechnung. Der regressionsanalytische Ausgleich erfolgte nach der Beziehung $\hat{h} = a_0 + a_1 \cdot \ln d_{1,3} + a_2 \cdot \text{Alter} + a_3 \cdot \ln(d_{1,3} \cdot \text{Alter})$.

7 Standardauswertung von langfristigen Versuchsflächen

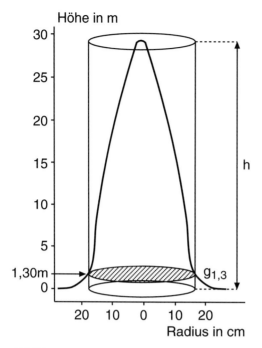

Abbildung 7.21 Die Formzahl $f_{1,3}$ kann als Faktor verstanden werden, der das Volumen des Bezugszylinders ($z = g_{1,3} \cdot h$) zum Baumvolumen reduziert $v = z \cdot f_{1,3}$. Eine Formzahl von $f_{1,3} = 0{,}5$ wäre gleichbedeutend mit einer halben Ausfüllung der Bezugswalze durch den Baum ($v = g_{1,3} \cdot h \cdot 0{,}5$).

Hackschneidbreite von 1529 zusammenfällt" (BÜLOW, 1962, S. 189).

Als Formhöhe $hf_{1,3}$ bezeichnet man das Produkt aus Baumhöhe und Formzahl ($hf_{1,3} = h \cdot f_{1,3}$). Geometrisch kann sie als die Höhe eines Zylinders mit der Grundfläche $g_{1,3}$ verstanden werden, der das gleiche Volumen aufweist, wie der fragliche Baum. Die Formzahl ergibt sich aus der Formhöhe durch ihre Division durch h. FRANZ et al. (1973) haben für Derbholzformhöhen die Schätzfunktion

$$hf_{1,3} = e^{k_1 + k_2 \cdot \ln h + k_3 \cdot \ln^2 h} \qquad (7.32)$$

entwickelt, mit der für die wichtigsten Baumarten Formhöhe und Formzahl nach einheitlichem Schema in Abhängigkeit von Durchmesser und Höhe bestimmt werden. Die Koeffizienten in (7.32) werden baumartspezifisch über folgende Einsprunggleichungen in Abhängigkeit vom Durchmesser ermittelt:

$$k_1 = k_{11} + k_{12} \cdot \ln d + k_{13} \cdot \ln^2 d, \qquad (7.33)$$
$$k_2 = k_{21} + k_{22} \cdot \ln d + k_{23} \cdot \ln^2 d, \qquad (7.34)$$
$$k_3 = k_{31} + k_{32} \cdot \ln d + k_{33} \cdot \ln^2 d. \qquad (7.35)$$

Dabei sind:
v   Derbholzvolumen eines Stammes,
$hf_{1,3}$ Derbholzformhöhe,

Tabelle 7.3 Koeffizienten k_{11}, k_{12}, ..., k_{33} der Derbholzformhöhengleichungen nach FRANZ et al. (1973).

Baumart	k_{11}	k_{12}	k_{13}	k_{21}	k_{22}	k_{23}	k_{31}	k_{32}	k_{33}
Picea abies	− 3,5962	1,8021	−0,2882	1,0625	−0,1290	0,0353	0,1423	−0,0583	0,0046
Abies alba	− 7,4137	3,3367	−0,4264	4,0100	−1,3953	0,1652	−0,3216	0,1440	−0,0166
Pinus silvestris	− 5,8092	3,3870	−0,4944	3,6712	−1,8321	0,2740	−0,4593	0,2999	−0,0445
Larix decidua	− 9,2618	4,7544	−0,6725	5,1716	−2,2765	0,3116	−0,5554	0,3028	−0,0413
Pseudotsuga menziesii	−12,5017	6,6244	−0,9112	7,2728	−3,5835	0,4892	−0,8772	0,5156	−0,0714
Quercus robur/ petraea	− 3,0612	1,4551	−0,1999	1,9390	−0,6897	0,1127	−0,1651	0,1201	−0,0203
Fagus silvatica	− 2,7284	0,8376	−0,1058	1,6228	−0,2148	0,0289	−0,0880	0,0326	−0,0045
Hartlh.	− 2,7284	0,8376	−0,1058	1,6228	−0,2148	0,0289	−0,0880	0,0326	−0,0045
Weichlh.	− 5,9803	2,6591	−0,3374	3,7840	−1,4732	0,1887	−0,5410	0,2970	−0,0385

Tabelle 7.4 Koeffizienten $k_1, \ldots, k_7$ der Schaftholzformzahlen $f_{1,3}$ für Fichte *Picea abies* (L.) Karst., Kiefer *Pinus silvestris* L. und Douglasie *Pseudotsuga menziesii* Mirb. (nach KENNEL, 1965b, 1969).

Baumart	k_1	k_2	k_3	k_4	k_5	k_6	k_7
Picea abies	0,5073	1,5685	−0,4237	−9,1576	3,5585	17,3395	−0,0068
Pinus silvestris	0,5858	−0,2693	−0,4593	0,0000	5,5060	−5,1390	−0,0116
Pseudotsuga menziesii	0,3398	3,9392	0,0000	−16,5646	−17,8652	117,1410	0,0000

d   Brusthöhendurchmesser in cm,
h   Baumhöhe in m,
k_1, k_2, k_3 Koeffizienten, die über den Baumdurchmesser gesteuert werden,
$k_{11}, k_{12}, \ldots, k_{33}$ Koeffizienten der Einsprunggleichungen.

Die entsprechenden Koeffizienten der Einsprunggleichungen sind in Tabelle 7.3 angegeben. Die Formhöhen für sonstiges Hartlaubholz werden mit denen der Buche *Fagus silvatica* L. gleichgesetzt. Für die Berechnung von Schaftholzvolumina schlägt KENNEL (1969, 1972) den Ansatz

$$f_{1,3} = k_1 + k_2/d + k_3/h + k_4/d^2 + k_5/(d \cdot h)$$
$$+ k_6/(h \cdot d)^2 + k_7 \cdot \ln^2 d \qquad (7.36)$$

zur Schätzung der Formzahl $f_{1,3}$ in der Abhängigkeit von Durchmesser und Höhe vor. Die Koeffizienten für Fichte *Picea abies* (L.) Karst., Kiefer *Pinus silvestris* L. und Douglasie *Pseudotsuga menziesii* Mirb. sind in Tabelle 7.4 angegeben. Wir nutzen diese Funktionen für Derbholz- bzw. Schaftholz von FRANZ und KENNEL zur Veranschaulichung der Formzahlentwicklung ($f_{1,3}$) für Bäume mit h/d-Werten von 1,0, 0,8 und 0,6 (Abb. 7.22).

7.7 Volumenberechnung für Einzelbäume

Die deduktive Ableitung des Volumens in Abhängigkeit von Durchmesser und Höhe kann zum einen über sogenannte Formzahlfunktionen erfolgen [vgl. (7.36)].

$$f_{1,3} = f(d, h) \qquad (7.37)$$

Eine zweite Möglichkeit besteht in dem Abgriff des Produktes aus Höhe und Formzahl aus sogenannten Formhöhenfunktionen [vgl. (7.32)]

$$hf_{1,3} = f(d, h), \qquad (7.38)$$

wobei die Formhöhe nur noch mit der Grundfläche des Baumes multipliziert werden muß, um sein Volumen zu erhalten. Eine dritte Möglichkeit besteht im Einsatz von Massenfunktio-

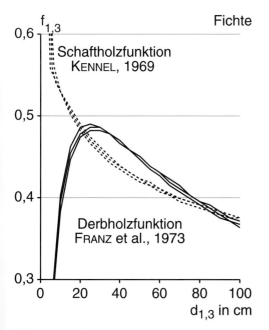

Abbildung 7.22 Entwicklung der Formzahlen $f_{1,3}$ für Derbholz nach FRANZ et al. (1973) (durchgezogene Linie) und Schaftholz nach KENNEL (1965b, 1969) (gebrochene Linie) über dem Durchmesser $d_{1,3}$. Dargestellt sind die Derbholzformzahlen für Fichten *Picea abies* (L.) Karst. mit h/d-Werten von 1,0, 0,8 und 0,6.

nen oder Massentafeln

$$v = f(d, h),\qquad(7.39)$$

die in Abhängigkeit von Durchmesser und Höhe unmittelbar das Stammvolumen angeben. Diese Funktionen oder ihre tabellarischen Entsprechungen bieten dieselbe stereometrische Information wie die zuvor gezeigten, bereiten diese lediglich für den Rechengang der Standardauswertung unterschiedlich auf. Die Volumenberechnung geht von der Baumhöhe in Meter und dem Baumdurchmesser in Zentimeter aus; um das Volumen in m³ zu erhalten, muß durch 10 000 dividiert werden.

$$v = d^2 \cdot \frac{\pi}{40\,000} \cdot h \cdot f_{1,3} \qquad(7.40)$$

Nach dem Fehlerfortpflanzungsgesetz beträgt der prozentuale Volumenfehler $s_{v\%}$

$$s_{v\%} \cong \pm\sqrt{(2s_{d\%})^2 + s_{h\%}^2 + s_{f_{1,3}\%}^2}.\qquad(7.41)$$

Dabei sind:
$s_{d\%}, s_{h\%}, s_{f_{1,3}\%}$ prozentuale Fehler von Durchmesser, Höhe bzw. Formzahl.
Wegen

$$s_{g\%} \cong 2\,s_{d\%} \qquad(7.42)$$

geht der Durchmesserfehler zweifach in die Volumenberechnung ein; der Höhen- und Formzahlfehler jeweils einfach [vgl. (7.41)].

7.8 Bestandessummen- und Bestandesmittelwerte für Aufnahmezeitpunkte und -perioden

Die im folgenden behandelten Bestandessummen- und Bestandesmittelwerte charakterisieren den Zustand langfristiger Versuchsflächen zu gegebenen Aufnahmezeitpunkten und ihre Entwicklung innerhalb gegebener Aufnahmeperioden; sie sind die Ziel- und Prüfgrößen langfristiger Versuche. Die Kenntnis dieser dendrometrischen Basiswerte ist zwingende Voraussetzung für das Verständnis der waldwachstumskundlichen Grundlagen in diesem Buch. Weiterführende Bestandeskennwerte sind den Büchern zur Holzmeßlehre von AVERY und BURKHART (1975), BRUCE und SCHUHMACHER (1950), KRAMER und AKÇA (1995), LOETSCH und HALLER (1964), LOETSCH et al. (1973), MEYER (1953) und PRODAN (1951, 1961 und 1965) zu entnehmen.

7.8.1 Flächenbezug

Zur Hochrechnung von Prüfgrößen der Parzelle auf die 1 ha große Standardfläche dient der Hochrechnungsfaktor H mit

$$H = \frac{1}{F}.\qquad(7.43)$$

Dabei ist:
F   Flächengröße in ha.

Der Hochrechnungsfaktor beträgt $H = 0{,}5$ bei einer 2 ha großen Parzelle und $H = 4$ bei einer 0,25 ha großen Parzelle.

7.8.2 Stammzahl

Ist die Stammzahl n pro Parzelle bekannt, so ergibt sich die Stammzahl pro Hektar N nach

$$N = \frac{n}{F} = n \cdot H.\qquad(7.44)$$

Analog dazu erfolgt die Hochrechnung von Bestandesgrundfläche, Bestandesvorrat, Zuwachs- und Wachstumsbefunden auf Hektarwerte. Stammzahl, Mitteldurchmesser, Mittelhöhe, Schlankheitsgrade, Grundfläche, Volumen errechnet die Standardauswertung für die Straten verbleibender Bestand, ausscheidender Bestand und Gesamtbestand.

7.8.3 Mittel- und Oberdurchmesser

Zur Quantifizierung der Durchmesserstruktur eines Bestandes werden verwendet:
- arithmetische Mitteldurchmesser $\bar{d}$,
- Durchmesser des Grundflächenmittelstammes d_g,
- Durchmesser des WEISE'schen Mittelstammes d_W,
- Durchmesser des Grundflächenzentralstammes d_Z,

- HOHENADL'sche Mittelstämme d_- und d_+ sowie
- Oberhöhenstämme d_O, d_{100} oder d_{200}.

Die Vielfalt von Mittel- und Oberdurchmessern hat historische und praktische Gründe. Das gilt analog für die Mittel- und Oberhöhen (vgl. Abschn. 7.8.4). Die verschiedenen Verfahren der Repräsentativaufnahme und Massenermittlung für Waldbestände bauen jeweils auf speziellen Mitteldurchmessern und Mittelhöhen auf. Beispielsweise nutzen die Ertragstafeln überwiegend den Durchmesser des Grundflächenmittelstammes d_g als Eingangsgröße, und die Massen- und Formhöhenreihenverfahren nutzen den Grundflächenzentralstamm d_Z. Für eine korrekte Anwendung dieser Verfahren müssen deshalb die Definitionen der ihnen zugrundeliegenden Mittelstämme bekannt sein.

Abbildung 7.23 zeigt die relative Lage der gebräuchlichen Mittel- und Oberdurchmesser in einer Stammzahl-Durchmesser-Frequenz. Für die Reihung der Durchmessermittelwerte ergibt sich im allgemeinen

$$d_- < \bar{d} < d_g \approx d_W < d_Z < d_+ \lesseqgtr d_O \lesseqgtr d_{100}. \tag{7.45}$$

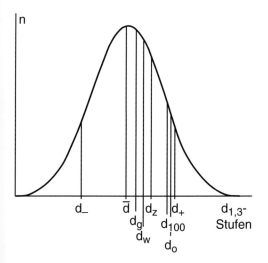

Abbildung 7.23 Stammzahl-Durchmesser-Verteilung mit relativer Lage der Mitteldurchmesser und Oberdurchmesser in schematischer Darstellung (nach KRAMER und AKÇA, 1995). Im allgemeinen gilt $d_- < \bar{d} < d_g \approx d_W < d_Z < d_+ \lesseqgtr d_O \lesseqgtr d_{100}$.

Mit zunehmendem Alter wird die Verteilung aufgrund anhaltender Selbstdifferenzierung zumeist links steiler und rechts schiefer (vgl. Abb. 7.27).

Die verschiedenen Mittel- und Oberdurchmesser gehen auf das Bestreben zurück, möglichst stabile und aussagekräftige Mittelwerte für die Stammdurchmesser in Waldbeständen zu finden. Dabei sollte insbesondere eine Robustheit des Mitteldurchmessers gegenüber Durchforstungseinflüssen und Selbstdifferenzierungseffekten gegeben sein. Diese Robustheit nimmt bei den in Abbildung 7.23 eingezeichneten Durchmessern von links nach rechts zu. Beispielsweise geht in die Berechnung des arithmetischen Mitteldurchmessers $\bar{d}$ der Durchmesser $d_{1,3}$ aller Bäume linear ein (7.46), so daß die Entnahme oder das Ausscheiden dünner Bäume zu einer relativ starken rechnerischen Verschiebung von $\bar{d}$ führt. In den Durchmesser des Grundflächenmittelstammes d_g gehen die $d_{1,3}$-Werte quadratisch ein (7.50), was gleichbedeutend mit einer überproportionalen Gewichtung starker Stämme ist. Die Entnahme schwacher Bäume, „vom dünnen Ende her", hat somit nur einen kleinen Einfluß, so daß sie kaum eine rechnerische Verschiebung verursacht. Andere Mitteldurchmesser, wie der von WEISE oder der Durchmesser des Grundflächenzentralstammes sind noch weiter in den rechten, stärkeren Durchmesserbereich verschoben, so daß die Robustheit dieser Mitteldurchmesser gegenüber niederdurchforstungsartigen Entnahmen oder Ausfällen noch größer ist.

Die Oberdurchmesser d_O, d_{100} und d_{200} liegen am „starken Ende" der Stammzahl-Durchmesser-Verteilung. Ihnen liegt die Idee zugrunde, das Teilkollektiv der besonders guten Zuwachsträger genauer zu charakterisieren und gleichzeitig Bestandeskennwerte, die von rein rechnerischen, behandlungsbedingten Verschiebungen möglichst frei sind, zu erhalten. Die Abgrenzung dieses Teilkollektivs wird unterschiedlich gehandhabt; wählen wir die jeweils 20% stärksten Stämme, so gelangen wir zum Oberdurchmesser nach WEISE, beziehen wir eine feste Anzahl von 100 bzw. 200 stärksten Bäume in das Teilkollektiv ein, so gelangen wir zu den in Bayern bzw. Baden-Württemberg üblichen Oberdurchmessern (d_O, d_{100} bzw. d_{200}). In diesem Teilkollektiv steckt insbesondere in der Altersphase ein Großteil des Holzvolumens und des Wertes von Waldbeständen. Da die stärksten Bäume pro Hektar in ihrer Entwicklung wenig durch Konkurrenzeffekte gebremst werden, gelten sie als besonders gute Weiser für die Standortgüte und werden deshalb für die Bonitierung herangezogen (vgl. Abschn. 11.1).

Der arithmetische Mitteldurchmesser, wichtig für die mathematische Beschreibung der Stammzahl-Durchmesser-Verteilung, wird entweder aus den einzelnen Durchmesserwerten der Versuchsfläche $d_{i, i=1...N}$ errechnet

$$\bar{d} = \frac{d_1 + d_2 \ldots + d_N}{N} = \frac{1}{N} \cdot \sum_{i=1}^{N} d_i \quad (7.46)$$

oder aus den Stammzahlen n_i pro Durchmesserstufe d_i

$$\bar{d} = \frac{n_1 \cdot d_1 + n_2 \cdot d_2 + \ldots + n_k \cdot d_k}{n_1 + n_2 + \ldots + n_k}$$

$$= \frac{\sum_{i=1}^{k} (n_i \cdot d_i)}{\sum_{i=1}^{k} n_i}. \quad (7.47)$$

Dabei sind:
n_i Stammzahl in der Durchmesserstufe i,
d_i Mitteldurchmesser der jeweiligen Durchmesserstufe,
k Anzahl der Durchmesserstufen,
N Stammzahl des Bestandes $N = \sum_{i=1}^{k} n_i$.

Der Durchmesser des Grundflächenmittelstammes d_g besitzt eine besondere praktische Bedeutung, denn der Baum mit diesem Durchmesser entspricht etwa dem Massenmittelstamm. Multipliziert man das Volumen dieses Stammes mit der Stammzahl pro Hektar, so ergibt sich der Bestandesvorrat. Deshalb bauen zahlreiche Ertragstafeln, Tarife oder Pflegeanweisungen auf diesem Grundflächenmittelstamm auf. Für seine Berechnung wird das arithmetische Mittel der Grundflächen aller Bäume in Brusthöhe $g_{1,3}$ eines Bestandes

$$\bar{g} = \frac{\sum_{i=1}^{N} g_i}{N} = \frac{\sum_{i=1}^{k} n_i \cdot g_i}{N} \quad (7.48)$$

ermittelt. Aus dieser mittleren Grundfläche aller Bäume des Bestandes $\bar{g} = \pi/4 \cdot d_g^2$ läßt sich der d_g

$$d_g = 2 \cdot \sqrt{\frac{\bar{g}}{\pi}} \quad (7.49)$$

ermitteln. Der Durchmesser des Grundflächenmittelstammes kann aber auch unmittelbar aus den Einzeldurchmessern $d_{i, i=1...N}$ nach

$$d_g = \sqrt{\frac{\sum_{i=1}^{N} n_i \cdot d_i^2}{N}} \quad (7.50)$$

berechnet werden.

Der WEISE'sche Mittelstamm liegt bei 40% der Stammzahl eines Bestandes, vom starken Ende der Durchmesserverteilung ausgehend abgezählt. Er dient in gleichaltrigen Reinbeständen der näherungsweisen Berechnung des Grundflächenmittelstammes.

Der Durchmesser des Grundflächenzentralstammes d_Z teilt die Bestandesgrundfläche in zwei gleiche Teile; er stellt den Median der Grundflächenverteilung über dem Durchmesser dar. Er liegt in gleichaltrigen Reinbeständen bei etwa 30% der Stammzahl vom starken Ende der Stammzahl-Durchmesser-Verteilung. Seine exakte Bestimmung erfolgt durch die kumulative Bestimmung der Bestandesgrundfläche (KRAMER und AKÇA, 1995), ausgehend von der Stammzahl-Durchmesser-Verteilung.

$$d_Z = d_{zu} + b \cdot \left(\frac{\frac{G}{2} - \sum_{i=1}^{z-1} n_i \cdot g_i}{G_z} \right) \quad (7.51)$$

Dabei sind:
d_{zu} untere Grenze der Durchmesserstufe, in der sich d_z befindet (d_z-Stufe),
b Stufenbreite,
G/2 halbe Grundfläche des Bestandes,
G_z Grundfläche der Durchmesserstufe z,
$\sum_{i=1}^{z-1} n_i \cdot g_i$ Summe der Grundflächen unterhalb der betrachteten Durchmesserstufe,
z Nummer der Durchmesserstufe, in der sich d_z befindet.

Die Durchmesser der HOHENADL'schen Mittelstämme können im Falle der Normalverteilung durch Abzählen von 16% der Stammzahl vom starken bzw. 16% vom schwachen Ende der Stammzahl-Durchmesser-Verteilung ermittelt werden. Rechnerisch ergeben sie sich, indem zum arithmetischen Mitteldurchmesser die Standardabweichung hinzugezählt bzw. abgezogen wird (d_+ bzw. d_-).

$$d_- = \bar{d} - s_d \quad \text{und} \quad d_+ = \bar{d} + s_d \quad (7.52)$$

Bei Unterstellung einer Normalverteilung liegen dann 68% der Stammzahl innerhalb und 32% der Stämme außerhalb des Bereiches der HOHENADL'schen Mittelstämme. Bei Normalverteilung liegen 16% der Bäume im linken und 16% im rechten Außenbereich; was die Abzählmethode verständlich macht.

Der Oberdurchmesser der 100 stärksten Bäume wird aufgrund seiner weiten Verbreitung und Bedeutung für die Standardauswertung von Versuchsflächen abgeleitet. Der Oberdurchmesser d_{100} wird häufig auch als d_O bezeichnet. Seine Berechnung geht vom starken Ende der Durchmesserliste aus; es wird die Grundflächensumme der 100 stärksten Bäume pro Hektar aus $G_{100} = \sum_{i=1}^{100} g_i$ berechnet. Durch Division dieses Wertes durch die Stammzahl 100 ergibt sich die mittlere Grundfläche der 100 stärksten Bäume pro Hektar $\bar{g}_{100} = \frac{G_{100}}{100}$. Aus dieser mittleren Grundfläche der 100 stärksten Bäume je Hektar kann der Oberdurchmesser d_O ermittelt werden.

$$d_O = \sqrt{\frac{\bar{g}_{100}}{\pi} \cdot 4} \quad (7.53)$$

In Mischbeständen, die zumeist zweigipfelige Verteilungen aufweisen, werden die Mittel- und Oberdurchmesser für jede vertretene Baumart gesondert berechnet. Sind weniger als 100 Bäume der Hauptbaumarten je Hektar vorhanden, so unterbleibt die Berechnung des Oberdurchmessers. Die Herleitung des Oberdurchmessers nach WEISE (20% der stärksten Stämme) und des Durchmesser des Grundflächenmittelstammes der 200 stärksten Bäume erfolgt analog zu (7.53) über die Grundfläche der entsprechenden Teilkollektive.

7.8.4 Mittel- und Oberhöhen

Im Rahmen der Standardauswertung werden die Mittel- und Oberhöhen grundsätzlich aus der Bestandeshöhenkurve abgegriffen. Die vorgestellten Mittel- und Oberdurchmesser dienen also als Eingangsgrößen in die Durchmesser-Höhen-Funktion. Abgegriffen bzw. über die Funktion berechnet werden dann die entsprechenden Mittel- und Oberhöhen für die sich die Reihung

$$\bar{h} < h_g \leq h_L \leq h_w < h_z < h_o \lessgtr h_{100} \quad (7.54)$$

ergibt (Abb. 7.24).

Die arithmetische Mittelhöhe $\bar{h}$ wird entweder durch vollständige oder stichprobenweise Aufnahme der Höhen eines Bestandes ermittelt

$$\bar{h} = \frac{1}{N} \cdot \sum_{i=1}^{N} h_i, \quad (7.55)$$

oder man geht vom Durchmesser der HOHENADL'schen Mittelstämme aus, greift deren Hö-

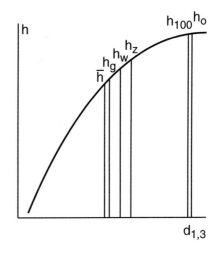

Abbildung 7.24 Durchmesser-Höhen-Kurve (Bestandeshöhenkurve) und die relative Lage wichtiger Bestandesmittelhöhen und Bestandesoberhöhen in schematischer Darstellung (nach KRAMER und AKÇA, 1995).

hen h_- und h_+ aus der Bestandeshöhenkurve ab und berechnet

$$\bar{h} = \frac{h_- + h_+}{2} \quad (7.56)$$

in Abhängigkeit von h_- und h_+. Die Höhe des arithmetischen Mitteldurchmessers h_d ergibt sich durch Ablesung des entsprechenden Höhenwertes für den Durchmesser $\bar{d}$.

Die Höhen des Grundflächenmittelstammes h_g, des WEISE'schen Mittelstammes h_W und des Grundflächenzentralstammes h_Z ergeben sich durch Ablesung aus der Bestandeshöhenkurve bzw. über Berechnung der zugrundeliegenden Durchmesser-Höhen-Funktion in Abhängigkeit von d_g, d_W bzw. d_Z.

Die LOREY'sche Mittelhöhe entspricht etwa der Höhe des Grundflächenmittelstammes (LOREY, 1878). Ihr kommt bis heute deshalb eine Bedeutung zu, weil die meisten älteren Ertragstafeln diese Höhe als Eingangsgröße für die Bonitierung benutzen. Erst seit den 60er und 70er Jahren des zurückliegenden Jahrhunderts wurde dann auf die Höhe des Grundflächenmittelstammes und die Oberhöhe als Eingangsgrößen für Ertragstafeln umgestellt. Die Berechnung der LOREY'sche Mittelhöhe erfolgt nach

$$h_L = \frac{n_1 \cdot g_1 \cdot h_1 + n_2 \cdot g_2 \cdot h_2 + \ldots + n_k \cdot g_k \cdot h_k}{n_1 \cdot g_1 + n_2 \cdot g_2 + \ldots + n_k \cdot g_k}$$

$$= \frac{\sum_{i=1}^{k} n_i \cdot g_i \cdot h_i}{\sum_{i=1}^{k} n_i \cdot g_i}. \quad (7.57)$$

Dabei sind:
n_i Anzahl der Bäume in der Durchmesserstufe i,
g_i Grundfläche für einen Baum in der gegebenen Durchmesserstufe,
h_i mittlere Höhe innerhalb der Durchmesserstufe,
k   Anzahl der Durchmesserstufen.

Die Mittelhöhen innerhalb der Stufen h_i werden in Abhängigkeit von den entsprechenden Durchmessern d_i wiederum aus der Bestandes-Höhen-Kurve entnommen. Die etwas kompliziert anmutende Berechnung dieser Höhe kann durch Stratifizierung des Bestandes in fünf Klassen gleicher Stammzahl oder gleicher Grundfläche erleichtert werden.

$$h_L = \frac{h_1 + h_2 + h_3 + h_4 + h_5}{5} \quad (7.58)$$

Dabei sind:
$h_1, \ldots, h_5$ Mittelhöhen in Klassen gleicher Stammzahl oder gleicher Grundfläche.

Hinter der aufwendigen Berechnung der LOREY'schen Mittelhöhe, die angesichts der überwiegend manuellen Berechnung in den Jahren ihrer Einführung Ende des 19. Jahrhunderts beeindruckt, steckt der Wunsch nach einer robusten Charakterisierung der Bestandeshöhe, die in Form der Alters-Mittelhöhen-Beziehung das Rückgrat der damaligen Ertragstafeln darstellte.

Als Oberhöhenbäume bezeichnen wir ein Teilkollektiv von Bäumen am rechten Ast („starken Ende") der Stammzahl-Durchmesser-Verteilung. Die Abgrenzung dieses Teilkollektivs wird unterschiedlich gehandhabt. Wählen wir die jeweils 20% stärksten Stämme für ihre Berechnung, so gelangen wir zur WEISE'schen Oberhöhe, beziehen wir eine feste Anzahl von 100 bzw. 200 der stärksten Bäume in das Teilkollektiv ein, so gelangen wir zu der in Süddeutschland üblichen Oberhöhe. Die Oberdurchmesser und Oberhöhen mit relativem und absolutem Bezug werden nicht einheitlich abgekürzt. Während hinter der Kodierung d_{100}, d_{200}, h_{100}, h_{200} immer der Bezug auf die 100 bzw. 200 stärksten Bäume steckt, sind die Bezeichnungen d_O und h_O für relative und absolute Bezugskollektive üblich. In solchen Fällen muß hinzugefügt bzw. hinterfragt werden, um welche Art von Oberdurchmesser- bzw. Oberhöhe es sich handelt.

Zur Unterscheidung wird das auf relativen Stammzahlen gründende Teilkollektiv mitunter auch als Oberhöhenkollektiv und das auf absoluter Stammzahl aufbauende als Spitzenhöhen-Kollektiv bezeichnet (KRAMER und AKÇA, 1995). Das kann aber zu Widersprüchen führen. Denn die Spitzenhöhe liegt nur dann an der Spitze der verschiedenen Mittel- und Oberhöhen-Stämme, wenn die Stammzahl des zugrundeliegenden Bestandes N > 500 ist. Nur in diesem Fall umfaßt das ihr zugrundeliegende Kollektiv mit 100 Bäumen weniger als 20% der Baumzahl, ist also stärker in den rechten Ast der Stammzahl-Durchmesser-Verteilung verschoben und überschreitet damit die entsprechenden Durchmesser- und Höhenwerte von Oberhöhenkollektiven. In jüngeren und mittelalten Beständen, beispielsweise bei Stammzahlen von 10000–600 umfaßt das 20%-Kollektiv eine Stammzahl von 2000 bzw. 120 Bäumen und liegt unter den Werten des 100-Baum-Kollektivs. Bei Stammzahlen unter 500 Bäumen, wie sie in älteren Eichen- oder Buchenbeständen *Quercus petraea* (Mattuschka) Liebl. bzw. *Fagus silvatica* L. vorkommen, liegt dann die Spitzenhöhe unter der WEISE'schen Oberhöhe. Beträgt beispielsweise die Stammzahl N = 100, so bezieht sich das 20%-Kollektiv der Oberhöhenbäume auf 20 Bäume, das 100-Baum-Kollektiv der Spitzenhöhe aber auf 100 Bäume, so daß die sogenannte Spitzenhöhe kleiner ist als die Oberhöhe.

7.8.5 Schlankheitsgrade h_g/d_g und h_o/d_o

Zur Charakterisierung der Stabilität der verbleibenden Bäume und der strukturellen Ausprägung des ausscheidenden Bestandes umfaßt die Standardauswertung die Berechnung der Schlankheitsgrade. Diese geht entweder von Höhe und Durchmesser des Grundflächenmittelstammes (h_g/d_g) oder des Oberhöhenstammes (h_o/d_o) aus. In die Berechnung gehen die Höhe in Metern und der Brusthöhendurchmesser in Zentimetern ein. Die Schlankheitsgrade liegen überwiegend im Intervall 50–150; Schlankheitsgrade unter 80 werden gemeinhin als Indikator für ausreichende Einzelbaumstabilität interpretiert. Die Schlankheitsgrade des ausscheidenden Bestandes liegen bei niederdurchforstungsartigen Vornutzungen zumeist deutlich über denen des verbleibenden Bestandes. Bei Hochdurchforstung nähern sich verbleibender und ausscheidender Bestand in diesem Kennwert an, weil sich die Entnahmen auf herrschende und stabile Bäume richten.

7.8.6 Grundfläche und Vorrat

Grundfläche und Vorrat werden für den verbleibenden, ausscheidenden und gesamten Bestand pro Hektar berechnet. Sie ergeben sich durch Addition der Grundflächen bzw. Volumina aller Einzelstämme für die Teilkollektive und den Gesamtbestand.

$$G = \frac{\sum_{i=1}^{N} g_i}{F} = \frac{\sum_{i=1}^{N} \frac{d_i^2 \cdot \pi}{4}}{F} = \frac{\pi/4 \sum_{i=1}^{N} d_i^2}{F} \quad (7.59)$$

$$V = \frac{\sum_{i=1}^{N} g_i \cdot h_i \cdot f_i}{F} = \frac{\sum_{i=1}^{N} \frac{d_i^2 \cdot \pi \cdot h_i \cdot f_i}{4}}{F}$$

$$= \frac{\pi/4 \sum_{i=1}^{n} d_i^2 \cdot h_i \cdot f_i}{F} \quad (7.60)$$

Dabei sind:
G Grundfläche,
V Vorrat,
F Flächengröße in ha.

Als Dichtemaß ermittelt die Standardauswertung außerdem, aufbauend auf den Grundflächen der betrachteten Aufnahmezeitpunkte, die mittlere Grundflächenhaltung. Die mittlere Grundflächenhaltung in den Aufnahmeperioden 1, ..., n beträgt:

$$mGH = \frac{\left\{\left(\frac{GA_1 + GE_1}{2}\right) \cdot per_1 + \left(\frac{GA_2 + GE_2}{2}\right) \cdot per_2 + \ldots + \left(\frac{GA_n + GE_n}{2}\right) \cdot per_n\right\}}{per_1 + per_2 + \ldots + per_n}$$

(7.61)

Dabei sind:
mGH mittlere Grundflächenhaltung,
GA   Grundfläche zu Beginn einer Zuwachsperiode,
GE   Grundfläche am Ende einer Zuwachsperiode,
per Anzahl der Jahre einer Zuwachsperiode.

Die mittlere Grundflächenhaltung stellt also einen mit den Zuwachsperiodenlängen gewichteten Durchschnitt der Bestandesgrundflächen zu Beginn und am Ende der jeweiligen Zuwachsperioden 1, ..., n dar und dient zur Charakterisierung der Bestandesdichte in einer oder mehreren Aufnahmeperioden. Sie ist ein geeignetes Maß für die Quantifizierung der Bestandesdichte und dient u. a. in Standraum- und Durchforstungsversuchen zur Analyse von Wachstumsreaktionen auf Behandlungsalternativen.

7.8.7 Zuwachs- und Wachstumswerte

Die physiologische Begründung von Wachstums- und Zuwachskurven und die Zusammenhänge zwischen Wachstum, laufendem Zuwachs und durchschnittlichem Zuwachs stellen ASSMANN (1961a), PRODAN (1965) und PRETZSCH (2001) dar. Der Zuwachs an Grundfläche oder Volumen ergibt sich bei der Standardauswertung von langfristigen Versuchen wie bei der Kontrollmethode in der Praxis (PRODAN, 1965).

$$Z = V_2 + A - V_1 \qquad (7.62)$$

Dabei sind:
Z Zuwachs an Grundfläche oder Volumen,
V_1 Grundfläche oder Vorrat am Anfang der Aufnahmeperiode,
V_2 Grundfläche oder Vorrat des stehenden Bestandes am Ende der Aufnahmeperiode,
A Grundfläche oder Volumen der Entnahmen innerhalb der Aufnahmeperiode (Nutzungen plus Mortalität).

Nach diesem Ansatz ergibt sich der periodische Grundflächen- oder Volumenzuwachs; nach Teilung durch die Periodenlänge (per) resultieren die mittleren jährlichen Grundflächen- bzw. Volumenzuwächse in der betrachteten Aufnahmeperiode. Sind die Gesamtwuchsleistungen (s. u.) zu den Aufnahmezeitpunkten t und $t + \Delta t$ bekannt, so ergibt sich der mittlere jährliche Zuwachs in der Aufnahmeperiode mit der Länge Δt als

$$Z = \frac{GWL_{t+\Delta t} - GWL_t}{\Delta t}. \qquad (7.63)$$

Ist $\Delta t = 1$, so sprechen wir vom laufenden jährlichen Volumenzuwachs, andernfalls vom mittleren periodischen Volumenzuwachs. Der mittlere jährliche Zuwachs in der Aufnahmeperiode ist wichtig für die Einschätzung der Zuwachsphase des Bestandes, für seine weitere Behandlung, für die Analyse von Durchforstungsreaktionen und die Kalkulation von Entnahmemengen.

Die Gesamtwuchsleistung addiert den gesamten Grundflächen- oder Volumenzuwachs eines Bestandes bis zum aktuellen Aufnahmezeitpunkt. Die Gesamtwuchsleistung an Stammvolumen ergibt sich beispielsweise aus dem aktuellen Bestandesvorrat und der Summe des ausscheidenden Stammvolumens in den Vorperioden

$$GWL = V + SVA. \qquad (7.64)$$

Dabei sind:
GWL Gesamtwuchsleistung,
V aktueller Bestandesvorrat,
SVA Summe des ausscheidenden Stammvolumens in den Vorperioden.

Grundfläche und Vorrat des verbleibenden Bestandes sind der „sichtbare" Teil der Gesamtwuchsleistung. Die Summe der Vornutzungen, die zu den aktuellen Zustandsdaten addiert werden muß, um die Gesamtwuchsleistung zu erhalten, kann je nach Eingriffsstärke 20–60% der Gesamtwuchsleistung ausmachen. Versuchsflächen, die seit Bestandesbegründung unter Beobachtung stehen, erlauben die Berechnung der Gesamtwuchsleistung an Grundfläche oder Volumen, indem zum verbleibenden Bestand die Summe der bisher erfolgten Vornutzungen (Nutzungen plus Entnahmen) addiert wird. Die Summe der Vornutzungen und das Vornutzungsprozent (Summe der Vornutzung/Gesamtwuchsleistung) sind geeignete Maße für die Quantifizierung der langfristigen Eingriffsstärke und -intensität.

Die Division der Gesamtwuchsleistung zum Zeitpunkt t durch das Alter

$$dGZ_t = \frac{GWL_t}{Alter} \qquad (7.65)$$

erbringt den durchschnittlichen Gesamtzuwachs (dGZ). Der durchschnittliche Gesamtzuwachs bringt zum Ausdruck, wieviel Grundflächen- oder Volumenzuwachs ein Bestand von seiner Begründung bis in die Gegenwart pro Jahr durchschnittlich erbracht hat. Dem durchschnittlichen Gesamtzuwachs an Volumen und Wert kommt eine Schlüsselrolle bei der Bestimmung des Erntezeitpunktes von Beständen zu.

7.9 Ergebnisse der Standardauswertung

7.9.1 Tabellarische Darstellung

7.9.1.1 Analogie zwischen Ergebnistabellen und Ertragstafeln

Am Beispiel der Buchen-Durchforstungsversuchsfläche *Fagus silvatica* L. Fabrikschleichach 015, Parzellen 1–3, wird der Informationsgehalt vermittelt, der in den Ergebnistabellen langfristiger Versuche steckt. Der Tabellenaufbau entspricht weitgehend dem von Ertragstafeln (vgl. Abschn. 11.1), leitet also zu Ertragstafeln über. Diese Analogie ist darin begründet, daß die Ertragstafeln im wesentlichen auf den Ergebnissen langfristiger Versuchsflächen gründen und die Bestandesentwicklung über die Bestandessummen- und Bestandesmittelwerte abstrahieren, wie sie auch in den Ergebnistabellen der Standardauswertung enthalten sind. Die Auswertungsergebnisse für den A-, B- und C-Grad verdeutlichen zum einen die nach der DESER-Norm übliche tabellarische Darstellung von Versuchsergebnissen und ihre graphische Aufbereitung, zum anderen lernen wir anhand einer der ältesten existierenden Versuchsflächen Gesetzmäßigkeiten der Bestandesentwicklung kennen. Solche Tabellen sind das Ergebnis einer Jahrzehnte bis Jahrhunderte dauernden Versuchsaufnahme, Versuchssteuerung, Datenhaltung und Datenauswertung.
Die tabellarische Darstellung der Ergebnisse (vgl. Tab. 7.5) umfaßt nach der DESER-Norm im Kopfteil der Tabelle:
- versuchsanstellende Institution,
- Bezeichnung, Nummer und waldbauliche Behandlung der Versuchsparzelle,
- Datum der Auswertung,
- Flächengröße und Flächenbezug (in der Regel 1 ha).

Die Ergebnistabellen unterscheiden in der Kopfzeile die drei Rubriken:
- verbleibender Bestand,
- ausscheidender Bestand und
- Gesamtbestand.

Für jeden Aufnahmezeitpunkt und das dazugehörige Bestandesalter werden für die genannten Rubriken wichtige Bestandessummen- und Bestandesmittelwerte angegeben. In unserem Beispiel reicht der betrachtete Wachstumszeitraum von 1871 bis 2000. Die insgesamt 18 Aufnahmen wurden teils im Frühjahr (F), teils im Herbst (H) ausgeführt; die Jahreszeit ist hinter dem Aufnahmejahr verzeichnet. Die Aufnahmen decken einen Altersrahmen von 48–178 Jahren ab. Für jeden dieser Aufnahmezeitpunkte werden gesondert nach Baumarten und für die vorkommenden Baumarten insgesamt die Bestandessummen- und Bestandesmittelwerte für den verbleibenden, ausscheidenden und gesamten Bestand angegeben. Im oben genannten Buchenbestand rechnen wir die wenigen beigemischten Exemplare von Eiche und Ahorn der Buche zu, so daß das Stratum (Buche) den Gesamtbestand charakterisiert.

7.9.1.2 Aufbau und Variablenliste der Ergebnistabellen

Nach der DESER-Norm werden für den verbleibenden Bestand angegeben:
- Stammzahl (N),
- Oberhöhe (hdom),
- Oberdurchmesser (ddom),
- Schlankheitsgrad der Oberhöhenbäume (h/ddom),
- Höhe des Grundflächenmittelstammes (hg),
- Durchmesser des Grundflächenmittelstammes (dg),
- Schlankheitsgrad des Grundflächenmittelstammes (h/dg),

7 Standardauswertung von langfristigen Versuchsflächen

Tabelle 7.5 a–c Tabellarische Darstellung der Ergebnisse einer Standardauswertung nach der DESER-Norm der Sektion Ertragskunde im Deutschen Verband Forstlicher Forschungsanstalten (JOHANN, 1993). Am Beispiel des A-, B- und C-Grades der Buchen-Durchforstungsversuchsfläche Fabrikschleichach 015 (Erstaufnahme 1871F, aktuelle Wiederholungsaufnahme 2000H) wird die standardisierte Ergebnisdarstellung der Bestandesmittel- und Bestandessummenwerte verdeutlicht. Erläuterung der Tabellenlegenden im Text und in den Tabellen 7.1 bzw. 7.6.
(a) Buchen-Durchforstungsversuchsfläche Fabrikschleichach 015, Parzelle 1, A-Grad, schwache Niederdurchforstung

Lehrstuhl für Waldwachstumskunde der TU München
Versuchsfläche FAB 015 Parzelle 1-A-Grad
Flächengröße: 0,3690 ha
Die Angaben sind Hektarwerte
Datum: 03. 07. 2001

Jahr	A a	sp	\multicolumn{7}{c}{verbleibender Bestand/remaining stand}								\multicolumn{6}{c}{ausscheidender Bestand/removal}						\multicolumn{6}{c}{Gesamtbestand/total stand}					
			N	hdom m	ddom cm	h/ddom	hg m	dg cm	h/dg	G m²	V m³	N	hg m	dg cm	h/dg	G m²	V m³	GWL m³	MGH m³	IG m²/a	IV m³/a	dGZ m³/a	per a	G m²	V m³
1871F	48	Buche	6220	16,6	18,6	89	9,3	7,5	124	28,22	120	0	0	0	0	0	0	120	30,2	0,4		2,5		28,2	120
1882F	59	Buche	5176	19,2	21,2	90	11,6	8,7	133	31,42	179	1044	3,4	3,2	106	0,84	0	179	31,9	0,5	5,4	3,0	11	32,3	179
1884F	61	Buche	2639	19,9	22,3	89	14,3	11,4	125	27,19	188	2537	6,6	5,1	129	5,28	8	196	31,9	1,0	8,3	3,2	2	32,5	196
1889H	67	Buche	2368	21,7	25,3	85	16,3	13,2	123	32,76	265	271	7,2	5,3	135	0,61	1	274	30,3	0,5	13,0	4,1	6	33,4	266
1894H	72	Buche	2135	22,9	27,4	83	17,8	14,7	121	36,34	324	233	9,3	6,5	143	0,77	2	335	34,9	0,9	12,2	4,7	5	37,1	326
1899H	77	Buche	1853	23,9	28,8	82	19,0	15,9	119	37,02	354	282	11,5	7,8	147	1,34	5	370	37,4	0,4	7,1	4,8	5	38,4	359
1904H	82	Buche	1583	24,8	30,4	81	20,4	17,4	117	37,96	389	270	12,8	8,5	150	1,56	8	413	38,3	0,5	8,6	5,0	5	39,5	397
1909H	87	Buche	1177	25,7	31,8	80	22,1	19,9	111	36,99	410	406	15,0	10,1	148	3,26	21	454	39,1	0,4	8,3	5,2	5	40,3	431
1924H	102	Buche	830	28,1	35,8	78	25,3	24,6	102	39,51	502	347	18,4	12,5	147	4,23	36	583	40,4	0,4	8,5	5,7	15	43,7	538
1929H	107	Buche	700	29,0	37,4	77	26,7	26,8	99	39,37	529	130	22,3	16,1	138	2,70	29	638	40,8	0,5	11,2	6,0	5	42,1	558
1936F	113	Buche	613	29,7	39,0	76	27,5	28,8	95	40,09	555	87	22,2	16,4	135	1,90	20	685	40,7	0,4	7,8	6,1	6	42,0	576
1950H	128	Buche	499	31,5	42,6	73	29,7	32,7	90	41,98	630	114	25,4	20,2	125	3,79	48	808	42,9	0,4	8,2	6,3	15	45,8	678
1958H	136	Buche	477	32,4	44,4	72	30,6	34,1	89	43,54	676	22	30,2	32,6	92	1,81	28	882	43,7	0,4	9,2	6,5	8	45,3	704
1968H	146	Buche	461	33,5	47,2	70	31,7	36,2	87	47,50	769	16	27,8	23,1	120	0,68	9	984	45,9	0,5	10,2	6,7	10	48,2	778
1978F	155	Buche	444	34,5	49,7	69	32,8	38,3	85	51,15	857	17	28,1	22,7	123	0,66	9	1082	49,7	0,5	10,9	7,0	9	51,8	867
1981F	158	Buche	436	34,8	50,7	68	33,1	39,2	84	52,50	891	8	28,7	23,7	121	0,36	5	1120	52,0	0,6	12,8	7,1	3	52,9	896
1991F	168	Buche	406	35,6	52,3	68	34,1	41,1	82	53,90	944	30	32,4	33,0	98	2,51	42	1216	54,5	0,4	9,6	7,2	10	56,4	986
2000H	178	Buche	393	36,5	54,4	67	34,9	42,6	81	56,30	1015	13	32,8	32,8	100	1,15	19	1306	55,7	0,4	9,0	7,3	10	57,4	1034

Versuchsauswertung nach DESER-Norm-1993 D1.1, D1.2, D1.3, D2.1, H1.1, H1.3, H2.1, K1.4, K2.1, K2.2, DHA3.
Ausgleich der Durchmesser-Höhen-Beziehung über die Funktion von MICHAILOFF (1943): $h = 1,3 + a_1 \cdot e^{(-a_2/d_{1,3})}$, wobei $a_1 = a_{11} + a_{12} \cdot \ln(\text{Alter})$ und $a_2 = a_{21} + a_{22} \cdot$ Alter.
Die Vorratsberechnung in Vorratsfestmetern mit Rinde nach der Buchen-Derbholzgleichung von KENNEL (1969). Ausscheidender Bestand vor der Erstaufnahme im Jahr 1871 wurde nicht berücksichtigt.

(a)

7.9 Ergebnisse der Standardauswertung

Tabelle 7.5 (Fortsetzung)

(b) Buchen-Durchforstungsversuchsfläche Fabrikschleichach 015, Parzelle 2, mäßige Niederdurchforstung; Lehrstuhl für Waldwachstumskunde der TU München

Datum: 03. 07. 2001

Versuchsfläche FAB 015 Parzelle 2-B-Grad

Flächengröße: 0,3670 ha
Die Angaben sind Hektarwerte

Jahr	A a	sp	N	hdom m	ddom cm	h/ddom	hg m	dg cm	h/dg	G m²	V m³	N	hg m	dg cm	h/dg	G m²	V m³	GWL m³	MGH m³	IG m²/a	IV m³/a	dGZ m³/a	per a	G m²	V m³
							verbleibender Bestand/remaining stand					ausscheidender Bestand/removal						Gesamtbestand/total stand							
1871F	48	Buche	3831	16,2	18,1	89	11,9	9,1	130	26,54	136	2371	6,2	4,2	147	3,32	0	136	30,3	0,7		2,8		29,9	136
1882F	59	Buche	2450	19,8	22,6	87	15,7	12,1	129	29,45	219	1381	10,5	6,5	161	4,57	12	231	30,9	1,5	8,7	3,9	11	34,0	231
1884F	61	Buche	1638	20,4	23,7	86	17,6	14,9	118	28,79	242	812	12,1	7,6	159	3,64	13	268	30,9	0,4	18,0	4,4	2	32,4	255
1889H	67	Buche	1509	21,9	25,4	86	19,0	15,9	119	30,13	276	129	13,5	8,3	162	0,96	6	308	29,9	0,4	6,7	4,6	6	31,1	282
1894H	72	Buche	1090	23,3	28,3	82	21,2	19,5	108	31,93	329	419	16,9	11,3	149	4,21	31	392	33,1	1,2	16,8	5,4	5	36,1	360
1899H	77	Buche	965	24,3	29,1	83	22,3	20,9	106	32,50	356	125	18,8	13,1	143	1,73	15	433	33,1	0,5	8,3	5,6	5	34,2	371
1904H	82	Buche	760	25,4	30,6	83	23,7	23,0	103	31,06	362	205	21,0	16,0	131	4,05	41	460	33,8	0,5	9,4	5,9	5	35,1	403
1909H	87	Buche	575	26,4	32,2	81	24,9	25,1	99	27,96	345	185	23,5	20,5	114	5,86	67	530	32,4	0,6	10,0	6,1	5	33,8	412
1924H	102	Buche	528	29,2	37,2	78	27,8	29,5	94	35,26	489	47	24,1	18,0	133	1,17	14	688	32,2	0,6	10,5	6,7	15	36,4	503
1929H	107	Buche	452	30,0	38,9	77	28,8	31,4	91	34,68	500	76	27,1	24,5	110	3,29	44	743	36,6	0,5	10,9	6,9	5	38,0	543
1936H	113	Buche	447	30,9	40,5	76	29,7	32,8	90	37,31	557	5	26,3	20,6	127	0,22	3	802	36,1	0,5	10,0	7,1	6	37,5	560
1950H	128	Buche	370	33,0	44,5	74	31,9	36,8	86	39,04	631	77	30,5	29,7	102	4,98	76	953	40,7	0,4	11,9	7,4	15	44,0	707
1958H	136	Buche	340	34,1	47,3	72	33,0	39,1	84	40,44	680	30	32,3	34,9	92	2,83	46	1048	41,2	0,5	11,9	7,7	8	43,3	726
1968H	146	Buche	330	35,3	50,1	70	34,2	41,5	82	43,89	768	10	35,1	47,7	73	1,71	30	1167	43,0	0,5	11,9	8,0	10	45,6	799
1978F	155	Buche	325	36,5	53,6	68	35,3	43,9	80	48,20	875	5	35,5	45,2	78	0,87	16	1289	46,5	0,6	13,6	8,3	9	49,1	891
1981F	158	Buche	316	36,8	54,8	67	35,7	45,1	79	49,28	906	5	33,3	32,1	103	0,66	11	1331	49,1	0,6	13,9	8,4	3	49,9	917
1991F	168	Buche	297	37,8	57,2	66	36,7	47,2	77	50,94	969	19	36,5	45,7	79	2,76	52	1446	51,5	0,4	11,5	8,6	5	53,7	1021
2000H	178	Buche	234	38,8	60,1	64	38,0	51,5	73	48,01	950	63	35,7	37,2	95	6,91	127	1554	52,9	0,4	10,8	8,7	10	54,9	1077

Versuchsauswertung nach DESER-Norm-1993 D1.1, D1.2, D1.3, D2.1, H1.1, H1.3, H2.1, K1.4, K2.1, K2.2, DHA3.
Ausgleich der Durchmesser-Höhen-Beziehung über die Funktion von MICHAILOFF (1943): $h = 1{,}3 + a_1 \cdot e^{(-a_2/d_{1,3})}$, wobei $a_1 = a_{11} + a_{12} \cdot \ln(\text{Alter})$ und $a_2 = a_{21} + a_{22} \cdot$ Alter.
Die Vorratsberechnung in Vorratsfestmetern mit Rinde nach der Buchen-Derbholzgleichung von KENNEL (1969). Ausscheidender Bestand vor der Erstaufnahme im Jahr 1871 wurde nicht berücksichtigt.

(b)

Tabelle 7.5 (Fortsetzung)

(c) Buchen-Durchforstungsversuchsfläche Fabrikschleichach 015, Parzelle 3, C-Grad, starke Niederdurchforstung
Lehrstuhl für Waldwachstumskunde der TU München

Versuchsfläche FAB 015 Parzelle 3-C-Grad

Flächengröße: 0,3650 ha
Die Angaben sind Hektarwerte

Datum: 03. 07. 2001

			verbleibender Bestand/remaining stand							ausscheidender Bestand/removal						Gesamtbestand/total stand					
Jahr	A a	sp	N	hdom m	ddom cm	h/ddom	hg m	dg cm	h/dg	G m²	V m³	N	hg m	dg cm	h/dg	G m²	V m³	GWL m³	MGH m³	IG m²/a	IV m³/a	dGZ m³/a	per a	G m²	V m³
---	---	---	---	---	---	---	---	---	---	---	---	---	---	---	---	---	---	---	---	---	---	---	---	---	---
1871F	48	Buche	2442	15,2	18,0	84	12,3	10,4	118	21,86	117	3626	7,1	4,8	147	6,48	3	120				2,5		28,3	120
1882F	59	Buche	1513	19,0	22,7	83	16,5	14,5	113	25,41	199	929	14,4	10,6	135	8,25	50	252	27,8	1,1	12	4,3	11	33,7	249
1884F	61	Buche	1252	19,6	23,7	82	17,4	15,8	110	24,98	209	261	14,1	9,8	143	1,97	11	273	26,2	0,8	10,4	4,5	2	27,0	220
1889H	67	Buche	1110	21,2	25,4	83	19,1	17,3	110	26,40	244	142	15,5	10,6	146	1,32	9	317	26,4	0,5	7,4	4,7	6	27,7	253
1894H	72	Buche	830	22,6	27,6	81	20,9	20,1	103	26,65	272	280	18,1	13,4	135	4,01	34	379	28,5	0,9	12,4	5,3	5	30,7	306
1899H	77	Buche	654	23,8	29,3	81	22,3	22,2	100	25,31	278	176	20,4	16,7	122	3,85	38	422	27,9	0,5	8,6	5,5	5	29,2	315
1904H	82	Buche	481	25,0	31,0	80	23,7	24,5	96	22,54	264	173	22,6	20,6	109	5,72	63	472	26,8	0,6	9,9	5,8	5	28,3	327
1909H	87	Buche	343	26,1	32,7	79	25,0	26,9	92	19,45	242	138	24,4	24,3	100	6,18	74	524	24,1	0,6	10,4	6,0	5	25,6	316
1924H	102	Buche	274	29,2	38,8	75	28,4	33,5	84	24,06	343	69	26,6	25,2	105	3,25	43	668	23,4	0,5	9,6	6,5	15	27,3	386
1929H	107	Buche	250	30,1	40,5	74	29,4	35,6	82	25,04	371	24	28,0	28,4	98	1,35	19	714	25,2	0,5	9,3	6,7	6	26,4	389
1936F	113	Buche	247	31,1	42,3	73	30,4	37,2	81	27,16	417	3	0	0	0	0,12	2	762	26,2	0,4	8,0	6,7	6	27,3	419
1950F	128	Buche	239	33,4	46,9	71	32,7	41,2	79	32,28	538	8	31,0	31,7	97	0,64	10	893	30,0	0,4	8,7	7,0	15	32,9	548
1958H	136	Buche	212	34,5	49,0	70	33,8	43,6	77	31,52	545	27	33,5	41,5	80	4,08	71	971	33,9	0,4	9,7	7,1	8	35,6	616
1968H	146	Buche	212	35,9	52,9	67	35,2	46,6	75	36,14	654	0	0	0	0	0	0	1080	33,8	0,5	10,9	7,1	10	36,1	654
1978F	155	Buche	212	37,1	56,5	65	36,3	49,5	73	40,72	767	0	0	0	0	0	0	1192	38,4	0,5	12,5	7,4	9	40,7	767
1981F	158	Buche	212	37,4	57,6	64	36,7	50,3	72	42,11	802	0	0	0	0	0	0	1228	41,4	0,5	11,9	7,5	3	42,1	802
1991F	168	Buche	206	38,6	60,7	63	37,8	52,9	71	45,33	896	6	36,8	45,1	81	0,88	17	1338	44,2	0,4	11,0	7,7	10	46,2	912
2000H	178	Buche	159	39,6	63,0	62	39,1	57,4	68	41,22	848	47	37,6	45,6	82	7,62	148	1438	47,1	0,4	10,0	7,8	10	48,8	996

Versuchsauswertung nach DESER-Norm-1993 D1.1, D1.2, D1.3, D2.1, H1.1, H1.3, H2.1, K1.4, K2.1, K2.2, DHA3.
Ausgleich der Durchmesser-Höhen-Beziehung über die Funktion von MICHAILOFF (1943): $h = 1,3 + a_1 \cdot e^{(-a_2/d_{1,3})}$, wobei $a_1 = a_{11} + a_{12} \cdot \ln$ (Alter) und $a_2 = a_{21} + a_{22} \cdot$ Alter.
Die Vorratsberechnung in Vorratsfestmetern mit Rinde nach der Buchen-Derbholzgleichung von KENNEL (1969). Ausscheidender Bestand vor der Erstaufnahme im Jahr 1871 wurde nicht berücksichtigt.

(c)

- Grundfläche des verbleibenden Bestandes (G) und
- Vorrat des verbleibenden Bestandes (V).

In der folgenden Musterauswertung verstehen wir unter Oberhöhe und Oberdurchmesser die Höhe bzw. den Durchmesser des Grundflächenmittelstammes der 100 stärksten Bäume pro Hektar.

Für den ausscheidenden Bestand umfaßt die standardisierte Variablenliste:
- Stammzahl (N),
- Höhe des Grundflächenmittelstammes der ausscheidenden Bäume (hg),
- Grundflächenmittelstamm der ausscheidenden Bäume (dg),
- Schlankheitsgrad der ausscheidenden Bestandesglieder (h/dg),
- Grundfläche des ausscheidenden Bestandes (G) und
- Vorrat des ausscheidenden Bestandes (V).

Unter der Ergebnistabelle ist neben anderen nach der DESER-Norm vorgeschriebenen Codierungen des Auswertungsganges verzeichnet, daß die Vorratsangaben in Vorratsfestmetern Derbholz erfolgen und nach den Formzahlen von KENNEL (1969) berechnet wurden.

Für den Gesamtbestand werden standardmäßig angegeben:
- Gesamtwuchsleistung an Stammvolumen (GWL),
- mittlere Grundflächenhaltung (MGH),
- laufender jährlicher Grundflächenzuwachs (IG),
- laufender jährlicher Volumenzuwachs (IV),
- durchschnittlicher Gesamtzuwachs (dGZ),
- betrachtete Periodenlänge von der Vor- zur Folgeaufnahme (per),
- Gesamtgrundfläche (G) (verbleibend + ausscheidend) und
- Gesamtvorrat (V) (verbleibend + ausscheidend) –.

Die in den Zeilen angegebenen Werte für die mittlere Grundflächenhaltung (MGH), den laufenden jährlichen Grundflächenzuwachs (IG) und den laufenden jährlichen Volumenzuwachs (IV) sowie die Periodenlänge (per) beziehen sich jeweils auf die zurückliegende Aufnahmeperiode. Die in der zweiten Zeile von Tabelle 7.5 a für den Aufnahmezeitpunkt 1882 F angegebenen Werte für die mittlere Grundflächenhaltung (MGH = 30,2 m^2), Grundflächenzuwachs (IG = 0,4 m^2/a) und Volumenzuwachs (IV = 5,4 m^3/a) beziehen sich also auf die 11 Jahre dauernde Aufnahmeperiode von 1871 F bis 1882 F.

7.9.1.3 Informationsgehalt der Ergebnistabellen

Verbleibender Bestand

Ein Blick in die Tabellen für den A-, B- und C-Grad (Tab. 7.5) läßt die exponentielle Abnahme der Stammzahl von Versuchsbeginn bis zur letzten Aufnahme erkennen, bei der die schwache Niederdurchforstung 393 Bäume, die mäßige Durchforstung 234 Bäume und die starke Durchforstung nur mehr 159 Bäume pro Hektar beließ. Durch diese Variation des Durchforstungsgrades kann der Oberdurchmesser bis zum Jahr 2000 von 54,4 cm beim A-Grad bis auf 60,1 cm beim B-Grad bzw. 63,0 cm beim C-Grad gesteigert werden.

Um an den Informationsgehalt der Ergebnistabellen heranzuführen, seien weiter der Vorrat des verbleibenden Bestandes (V) und der Schlankheitsgrad des Grundflächenmittelstammes (h/dg) herausgegriffen. In dem 130jährigen Beobachtungszeitraum nehmen die Bestandesvorräte, ausgedrückt in Vorratsfestmetern Derbholz pro Hektar, von 117–136 VfmD/ha im Alter 48 auf 848–1015 VfmD/ha im Alter 178 zu. Die Zunahme wird auf den mäßig und stark niederdurchforsteten Parzellen 2 und 3 durch die turnusmäßigen Eingriffe verlangsamt. Mit zunehmender Stärke der Niederdurchforstung nehmen die Schlankheitsgrade, vor allem im mittleren und höheren Alter, merklich ab (für die Schlankheitsgrade gilt: A-Grad < B-Grad < C-Grad). Bei hohen Bestandesdichten äußert sich das Hochstreben der Bäume nach Licht unter Vernachlässigung ihres Durchmesserwachstums in vergleichsweise hohen h/dg-Werten. Diese Tendenz hält bis in die Gegenwart an; für das Aufnahmejahr 2000 ergibt sich zwischen A-, B- und C-Grad eine Abstufung von 81, 73 bzw. 68.

Ausscheidender Bestand

Nach dem Standard der Auswertung langfristiger Versuchsflächen werden die innerhalb einer Aufnahmeperiode aufgrund von Selbstdifferenzierung ausgefallenen und bei Durchforstungen entnommenen Bäume dem Ende der Aufnahmeperiode zugerechnet. Bei dem in Tabelle 7.5a für den Aufnahmezeitpunkt 1882F verzeichneten ausscheidenden Bestand (1044 Bäume/ha, Mittelhöhe 3,4 m, Mitteldurchmesser 3,2 cm, Schlankheitsgrad 106, Grundfläche 0,84 m^2/ha) handelt es sich um die Bäume, die in der 11jährigen Wachstumsperiode 1871F–1882F abgestorben sind. Auf den mäßig und stark niederdurchforsteten Parzellen werden an dieser Stelle die summarischen Kennwerte der Bäume verzeichnet, die zum Aufnahmezeitpunkt 1882F zur Versuchssteuerung entnommen worden sind.

Die vom A- bis zum C-Grad zunehmende Eingriffsstärke äußert sich in entsprechend höheren Stammzahlen, Grundflächen und Vorräten des ausscheidenden Bestandes. Indem beim Übergang vom A-Grad zum B- und C-Grad mehr und mehr schwächere und mittelstarke Bäume entfernt werden, steigen die Höhen und Durchmesser des ausscheidenden Bestandes an. Die relativ niedrigen Schlankheitsgrade des ausscheidenden Bestandes im C-Grad in der zweiten Hälfte des 130jährigen Beobachtungszeitraumes lassen erkennen, daß dieser Bestand nur noch wenige schwache und mittelstarke Bäume enthält, so daß die bei Durchforstung entnommenen Bäume in ihren Höhen, Durchmessern, Schlankheitsgraden denen des verbleibenden, herrschenden Bestandes ähnlicher werden. Die Relation zwischen dem Durchmesser des ausscheidenden und dem des verbleibenden Bestandes charakterisiert die Art des Eingriffs; bei niederdurchforstungsartigen Eingriffen liegt der Mitteldurchmesser des ausscheidenden Bestandes deutlich unter dem des verbleibenden. Zielen die Eingriffe hingegen in die herrschende Bestandesschicht, so nähern sich die Mitteldurchmesser von ausscheidendem und verbleibendem Bestand an (vgl. Tab. 7.5 c).

Gesamtbestand

Die Rubrik Gesamtbestand enthält die Gesamtwuchsleistung (GWL) des Bestandes zu den jeweiligen Aufnahmezeitpunkten. Erfolgte die Versuchsanlage erst im fortgeschrittenen Bestandesalter, so wird der ausscheidende Bestand bis zu diesem Zeitpunkt üblicherweise geschätzt, zum ermittelten Vorrat addiert, so daß die vermutete Gesamtwuchsleistung resultiert. Am Fuß der Tabelle wird die bei dieser Vornutzungsschätzung gewählte Vorgehensweise dokumentiert. In unserem Beispiel geht die Versuchsanlage so weit in das Jugendstadium zurück, daß die Nutzungen vor Versuchsbeginn vernachlässigt werden. Der durchschnittliche Gesamtzuwachs (dGZ) resultiert aus der Division der Gesamtwuchsleistung durch das Alter, und die Periodenlänge (per) bezeichnet die Länge der Aufnahmeperiode in Jahren. Die letzten zwei Spalten in Tabelle 7.5 enthalten die Grundfläche und den Vorrat des Gesamtbestandes (G bzw. V). Diese Werte bauen sich für jeden Aufnahmezeitpunkt aus dem verbleibenden Bestand und dem ausscheidenden Bestand auf. Auf Parzelle 2 (Tab. 7.5 b) ergibt sich beispielsweise zum Aufnahmezeitpunkt 2000H ein Gesamtvorrat von 1077 m^3/ha, wovon bei der Aufnahme 127 m^3/ha entnommen werden, so daß 950 m^3/ha im Bestand verbleiben.

In dem 130jährigen Wachstumszeitraum laufen insgesamt 1306–1554 VfmD/ha Gesamtwuchsleistung auf, wovon auf dem A-Grad noch 1015 VfmD stehen und auf dem B- und C-Grad 950 bzw. 848 VfmD/ha. Die Entwicklung des Volumenzuwachses (IV) läßt ein erstes Maximum in der ersten Hälfte des betrachteten Wachstumszeitraumes erkennen (Alter 60–80 Jahre), im letzten Drittel des betrachteten Zeitraumes (Alter 136–178 Jahre) erreichen die Zuwächse erneut die Höchstwerte der Jugendphase. Deshalb lassen auch die Werte des durchschnittlichen Gesamtzuwachses (dGZ) bis in die Gegenwart noch keine Kulmination erkennen; sie stiegen vielmehr in den zurückliegenden Jahrzehnten kontinuierlich weiter an.

Nach der DESER-Norm (JOHANN, 1993) werden den Ergebnistabellen der Standardaus-

7.9 Ergebnisse der Standardauswertung

Tabelle 7.6 Codierung für die Plausibilitätsprüfungen, die Behandlung fehlender und fehlerhafter Werte und Höhenkurven-Adjustierung nach der DESER-Norm der Sektion Ertragskunde im Deutschen Verband Forstlicher Forschungsanstalten (JOHANN, 1993).

Operation	Abkürzung	Bedeutung
Prüfung auf fehlende oder einwachsende Bäume	F1	Überprüfung von Ausscheidungszeitpunkt und -grund
	F2	Überprüfung des Einwuchses
	F2.1	Einwuchs wurde berücksichtigt
	F2.2	Einwuchs wurde nicht berücksichtigt
Plausibilitätskontrolle der Durchmesserwerte	D1	Prüfung der Durchmesser einer Aufnahme
	D1.1	Überschreiten von absoluten Grenzwerten
	D1.2	Prüfung der Differenz der beiden Durchmesser d1 und d2 bei kreuzweiser Kluppung
	D1.3	Überschreiten von relativen Grenzwerten
	D2	Prüfung der Durchmesser von zwei Aufnahmen
	D2.1	Negativer Zuwachs
	D2.2	Abweichungen von der Zuwachsgeraden (Vertrauensbereich, COOK'sche Distanz)
	D3	Durchmesser von mindestens drei Aufnahmen
	D3.1	Residuentest
	D3.2	Zuwachsfaktoren
	D3.3	Grafische Überprüfung
	D3.4	Prüfung mit Hilfe von Analysebäumen
Plausibilitätskontrolle der Baumhöhen	H1	Prüfung der Baumhöhen einer Aufnahme
	H1.1	Überschreitung absoluter Grenzwerte
	H1.2	Überschreitung des Vertrauensbereichs der Höhenkurve
	H2	Prüfung der Baumhöhen zweier Aufnahmen
	H2.1	Prüfung auf negativen Zuwachs
	H3	Prüfung der Baumhöhen von mindestens drei Aufnahmen
	H3.1	Prüfung der Koeffizienten der Höhenkurve
	H3.2	Grafische Überprüfung
	H3.3	Prüfung mit Hilfe von Analysebäumen
	B	Baumklassentest prüft Abweichungen von Mittelwerten und Streuung der Baumklasse
	S	Sonstige Plausibilitätsprüfungen sind nachvollziehbar zu beschreiben
Behandlung fehlender Bäume	K1.1	Ausscheiden zu Periodenmitte mit halbem Durchmesserzuwachs der Vorperiode
	K1.2	Ausscheiden zu Periodenmitte mit halbem Durchmesserzuwachs der laufenden Periode (aus Zuwachsgerade)
	K1.3	Ausscheiden zu Periodenende mit Durchmesserzuwachs der Vorperiode
	K1.4	Ausscheiden zu Periodenende ohne Durchmesserzuwachs
	K1.5	Ausscheiden zu Periodenanfang
Behandlung fehlerhafter Werte	K2.1	Ein gutachtlicher Wert wird für die Auswertung eingesetzt, der Originalwert bleibt erhalten.
	K2.2	Der fehlerhafte Wert bleibt erhalten und wird so markiert, daß er nicht in die Auswertung eingeht
	K2.3	Wenn nicht mehr alle Originalwerte existieren, so ist dies zu deklarieren.
Durchmesser-Höhen-Alters-Beziehung	DHA1	Grafischer Ausgleich der Höhen über BHD. Die Art des Ausgleiches ist im Einzelfall zu beschreiben
	DHA2	Regressionsanalytischer Ausgleich für je ein Aufnahmejahr. Die verwendete Funktion ist im Einzelfall anzugeben
	DHA3	Regressionsanalytischer Ausgleich für je ein Aufnahmejahr und Ausgleich der Regressionskoeffizienten über dem Alter. Die verwendeten Funktionen sind im Einzelfall anzugeben
	DHA4	Andere regressionsanalytische Ansätze, die Durchmesser, Höhe und Alter beinhalten. Die verwendeten Funktionen und Methoden sind im Einzelfall anzugeben

wertung in Form von Kürzeln Kommentare angefügt, die die Methoden der Versuchsauswertung transparent machen (vgl. Tab. 7.6). Im einzelnen werden Angaben gemacht zu:
- verwendeten Formzahlfunktionen,
- Definitionen der angegebenen Volumina (Vfm, Efm, m.R., o.R. usw.),
- Art der Herleitung der Gesamtwuchsleistung vor Versuchsbeginn,
- Art der Plausibilitätskontrollen,
- Behandlung verdächtiger und fehlerhafter Werte,
- Art des Ausgleiches der Durchmesser-Höhen-Kurven und
- Art der Adjustierung unplausibler Durchmesser-Höhen-Kurven.

7.9.2 Diagramme der Bestandesentwicklung

Dem Altersverlauf der Ertragskomponenten werden im folgenden als Referenz die Kurvenverläufe der Buchen-Ertragstafel von SCHOBER (1967), mäßige Durchforstung, für die I., II. und III. Bonität gegenübergestellt (graue Linien). Dieses Bonitätsspektrum wird gewählt, weil der A-Grad, standörtlich etwas benachteiligt, im Bereich der II.–III. Bonität liegt. B- und C-Grad folgen in der Altershöhenentwicklung weitgehend der II. Bonität (vgl. Abb. 7.29a und Tab. 7.5). Auf allen Parzellen verbessert sich die Bonität seit der Versuchsanlage um mehr als eine halbe Stufe.

Stammzahlen

Am Anfang der graphischen Ergebnisdarstellung langfristiger Versuchsflächen steht die Stammzahlentwicklung (Abb. 7.25). Ausgehend von 6220, 6202 und 6068 Stämmen pro Hektar auf der A-, B- und C-Grad-Parzelle nehmen die Stammzahlen in dem 130jährigen Wachstumszeitraum exponentiell auf 393, 234 bzw. 159 Bäume pro Hektar ab. Indem die Stammzahlabnahmen infolge von Mortalität oder Durchforstung immer dem Ende der Aufnahmeperiode zugeordnet werden, entstehen charakteristische gestufte Linien. Während die

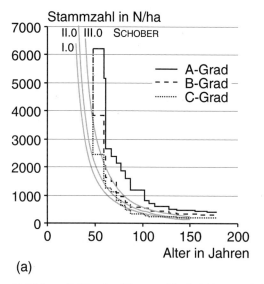
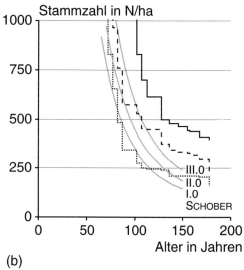

Abbildung 7.25 a, b Stammzahlentwicklung auf der Buchen-Durchforstungsversuchsfläche Fabrikschleichach 015 **(a)** für den gesamten Beobachtungszeitraum und **(b)** vergrößerte Darstellung für den Altersrahmen 102–178 Jahre. Dargestellt sind die Stammzahlen pro Hektar für den A-Grad (durchgezogene Linie), B-Grad (gebrochene Linie) und C-Grad (punktierte Linie). Als Referenz sind die Kurvenverläufe der Buchenertragstafel von SCHOBER (1967), mä. Df., für die I., II. und III. Bonität eingetragen (graue Linien).

7.9 Ergebnisse der Standardauswertung

Stammzahlentwicklung auf der A-Grad-Parzelle die maximal mögliche Stammzahl bei gegebenem Alter repräsentiert (durchgezogene Linie), senkt die mäßige und starke Niederdurchforstung auf den Parzellen 2 und 3 die Dichte deutlich ab (gestrichelte bzw. punktierte Linie). Bezogen auf die Ertragstafel sind die Stammzahlen auf den behandelten Parzellen im ersten Drittel des Beobachtungszeitraumes deutlich höher (Abb. 7.25 a), im zweiten Drittel gehen sie auf das Niveau der Tafel zurück und halten sich ab dem Alter 100 Jahre wieder deutlich über den Tafelvorgaben (Abb. 7.25 b); diese Stammzahlhaltung spiegelt sich u. a. in der Alters-Durchmesser-Entwicklung wider.

Alters-Durchmesser-Entwicklung

Die nach den Anweisungen des VEREINS DEUTSCHER FORSTLICHER VERSUCHSANSTALTEN (1902) erfolgten Niederdurchforstungen (vgl. Abschn. 5.1.2) führen zu einer kontinuierlichen Steigerung des Mitteldurchmessers auf der mäßig und stark durchforsteten Parzelle (Abb. 7.26 a).

Die Überlegenheit gegenüber dem A-Grad beträgt am Ende des betrachteten Wachstumszeitraumes beim C-Grad 14,8 cm und beim B-Grad 8,9 cm. Diese Durchmessersteigerung resultiert zum einen aus der rechnerischen Verschiebung des Mitteldurchmessers infolge der Niederdurchforstung, die vorwiegend schwache Bäume entnimmt. Zum anderen ergibt sie sich aus der Wachstumsförderung der verbleibenden Bäume durch höheres Standraumangebot. Etwa ab dem Alter 100 Jahre bleiben die Mitteldurchmesser deutlich hinter der Ertragstafel zurück, was auf die in bezug zur Tafelreferenz steigende Stammzahldichte zurückzuführen sein dürfte (vgl. Abb. 7.25 b).

Der Durchmesser der 100 stärksten Bäume pro Hektar (d_o) wird bei mäßiger und starker Niederdurchforstung im Vergleich zum A-Grad um 5,7 cm bzw. 8,6 cm gesteigert. Da der d_o weitgehend immun gegen rechnerische Verschiebung durch Niederdurchforstung ist, handelt es sich bei dieser Durchmesserzunahme im wesentlichen um eine Durchforstungsreaktion. Die erfolgten Eingriffe kommen u. a.

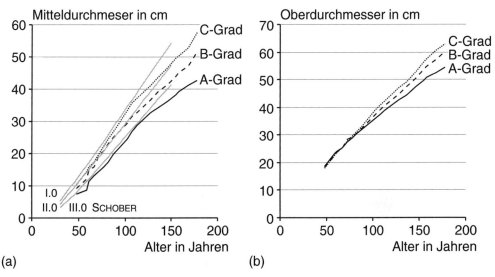

Abbildung 7.26 a, b Entwicklung **(a)** des Mitteldurchmessers d_g und **(b)** des Oberdurchmessers d_o auf der Buchen-Durchforstungsversuchsfläche Fabrikschleichach 015. Erkennbar wird die behandlungsbedingte Zunahme des Durchmessers vom A-Grad (durchgezogene Linie), über den B-Grad (gebrochene Linie) bis zum C-Grad (punktierte Linie). Als Referenz sind die Kurvenverläufe der Buchenertragstafel von SCHOBER (1967), mä. Df., für die I., II. und III. Bonität eingetragen (graue Linien).

in den Stammzahlen zum Ausdruck; gegenüber dem A-Grad (100%) stehen im Alter von 178 Jahren auf dem B-Grad noch 60% und dem C-Grad 40% der Bäume.

Stammzahl-Durchmesser-Frequenzen

Stammzahl-Durchmesser-Verteilungen (Abb. 7.27) zeigen, wie der Bestandesraum unter den Individuen aufgeteilt ist; ob er von wenigen großen oder vielen kleinen Bäumen besetzt wird. Unabhängig von den Standortbedingungen, den geographischen Koordinaten, der Baumart, der Artenzusammensetzung des Bestandes und seinem absoluten Vorrat folgen die Stammzahl-Durchmesser-Frequenzen von Waldbeständen allgemeinen allometrischen Gesetzen (ENQUIST und NIKLAS, 2001). Die Forstwirtschaft entnimmt den Stammzahl-Durchmesser-Verteilungen u. a. Informationen über die Sortenverteilung, die Stabilität und die Strukturvielfalt von Beständen, die die Planung waldbaulicher Operationen unterstützen. Abbildung 7.27 zeigt die Entwicklung der Stammzahl-Durchmesser-Frequenzen der drei Parzellen des Buchen-Durchforstungsversuches Fabrikschleichach 015 (schwache Durchforstung, mäßige Durchforstung und starke Durchforstung) von 1871F bis 2000H. Die aus Darstellungsgründen logarithmische Transformation der Stammzahlen pro 4-cm-Durchmesserstufe dämpft hohe Besetzungszahlen und erhöht relativ geringe Besetzungshäufigkeiten (Abschn. 7.2.6). Sowohl die hohen Besetzungshäufigkeiten zu Versuchsbeginn als auch die geringen Besetzungshäufigkeiten in der Gegenwart werden durch diese Umformung in einer Graphik darstellbar.

Die Stammzahl-Durchmesser-Verteilungen wandern von Versuchsbeginn bis in die Gegenwart entlang der $d_{1,3}$-Achse, und sie verändern ihre Form. Aufgrund der insbesondere in den Kriegsjahren wechselnden Aufnahmefrequenz, liegen zwischen den Verteilungen unterschiedliche Zeitintervalle. Die Durchmesserzunahme geht einher mit einer Standraumerweiterung, so daß immer weniger Bäume einen ausreichenden Standraum auf der Versuchsparzelle finden. Die der reinen Selbstdifferenzierung überlassene A-Grad-Parzelle (Abb. 7.27 a) läßt die charakteristische Rechtsverschiebung, Verflachung und zunehmende Streuung der Stammzahl-Durchmesser-Verteilung erkennen. Bei der Aufnahme 2000H im Alter 178 Jahre liegen die Durchmesser dort zwischen 16 cm und 70 cm. Auf der B- und C-Grad-Parzelle erbringt die mäßige bzw. starke Niederdurchforstung eine noch raschere Rechtsverschiebung und Verflachung der Stammzahl-Durchmesser-Verteilungen. Das Durchmesserspektrum wird dabei durch die

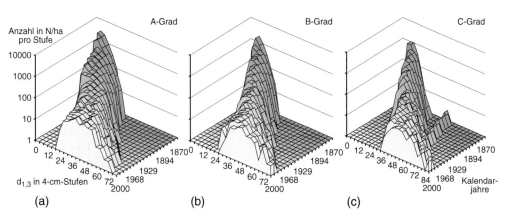

Abbildung 7.27 a–c Stammzahl-Durchmesser-Verteilungen für A-, B- und C-Grad der Buchen-Durchforstungsversuchsfläche Fabrikschleichach 015 von der Erstaufnahme im Frühjahr 1871 bis zur aktuellen Wiederholungsaufnahme im Herbst 2000. In 4-cm-Durchmesserstufen dargestellt sind die Stamm-Durchmesser-Verteilungen des Gesamtbestandes.

niederdurchforstungsartigen Eingriffe im schwachen Durchmesserbereich gekappt. Stärkste Bäume erreichen hier Durchmesser über 80 cm und die Durchmesserstufen am starken Ende der Stammzahl-Durchmesser-Frequenzen weisen wesentlich höhere Besetzungen auf als bei der schwachen Niederdurchforstung. Das auf Parzelle 3 (Abb. 7.27 c) erkennbare vorwüchsige Teilkollektiv (zweiter Gipfel der Stammzahl-Durchmesser-Verteilung in den Jahren 1871–1924) wird vom Hauptkollektiv nach nur wenigen Jahrzehnten eingeholt und in dieses integriert. Die Verteilungen von Vor- und Folgeaufnahmen weisen jeweils beträchtliche Ähnlichkeiten auf; charakteristische Ausprägungen der Stammzahl-Durchmesser-Frequenzen (Unterbesetzungen bestimmter Durchmesserstufen oder Überbesetzungen) pflanzen sich über viele Jahrzehnte fort.

Bestandeshöhenkurven und Höhenmittelwerte

Die graphische Ergebnisdarstellung umfaßt immer auch die adjustierten Bestandeshöhenkurven, wie sie der Mittelhöhen- und Volumenberechnung zugrunde liegen (Abb. 7.28 a–c). Auf allen drei Parzellen erkennen wir die charakteristische Verlagerung der zunächst eher steil verlaufenden Durchmesser-Höhenkurven nach rechts oben, bei gleichzeitiger Verflachung des Kurvenverlaufes. Die Schar der Bestandeshöhenkurven vermittelt einen tiefen Einblick in die Bestandesstruktur und Bestandesdynamik. Die in Abbildung 7.28 eingetragenen Kurven bzw. Kurvenstücke repräsentieren das im Bestand vertretene Durchmesser- und Höhenspektrum. Auf der A-Grad-Parzelle erkennen wir ein relativ breites Höhen- und Durchmesserspektrum; beispielsweise beträgt bei der Aufnahme 2000H die Variationsbreite der ausgeglichenen Baumhöhen 8 m und die der Baumdurchmesser 45 cm. Die mäßige und starke Niederdurchforstung bewirkt eine Anhebung der maximalen Durchmesser um 10–20 cm, verengt aber die Breite der Höhen- und Durchmesservariation auf 4 m bzw. 35 cm. Die Entwicklung der Bestandeshöhenkurven charakterisiert den A-Grad als bis in die Gegenwart relativ strukturreich, B- und C-Grad entwickeln sich mehr und mehr zu Buchen-Hallenbeständen, in denen in der Altersphase die Baumdurchmesser noch variieren, die dazugehörigen Baumhöhen aber sehr ähnlich sind.

Aus den Bestandeshöhenkurven können je nach Auswertungszweck die entsprechenden Mittel- und Oberhöhen abgegriffen werden. Abbildung 7.29 zeigt die Höhenentwicklung des Grundflächenmittelstammes (a) und des

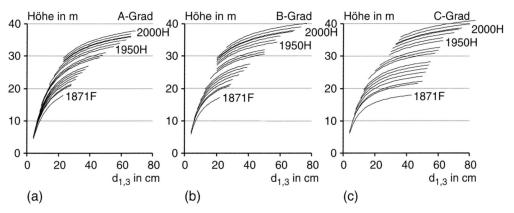

Abbildung 7.28a–c Verlagerung der Bestandeshöhenkurven von der Erstaufnahme im Frühjahr 1871 bis zur aktuellen Wiederholungsaufnahme im Herbst 2000, berechnet nach dem Verfahren des Koeffizientenausgleichs. Dargestellt ist die Schichtung der Bestandeshöhenkurven, für **(a)** den A-Grad, **(b)** den B-Grad und **(c)** den C-Grad. Hervorgehoben für Vergleichszwecke sind die Höhenkurven der Aufnahmen 1871F, 1950H und 2000H.

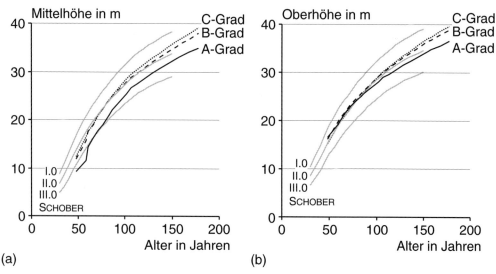

Abbildung 7.29 a, b Entwicklung (a) der Mittelhöhe h_g und (b) Oberhöhe h_o auf der Buchen-Durchforstungsversuchsfläche Fabrikschleichach 015. Die Zunahme des Mittel- und Oberhöhenniveaus vom A-Grad (durchgezogene Linie) zum B- und C-Grad (gebrochene Linie bzw. punktierte Linie) geht im wesentlichen auf Behandlungseffekte aber auch auf eine gewisse standörtliche Unterlegenheit des A-Grades zurück. Als Referenz sind die Kurvenverläufe der Buchenertragstafel von SCHOBER (1967), mä. Df., für die I., II. und III. Bonität eingetragen (graue Linien).

Grundflächenmittelstammes der 100 stärksten Bäume pro ha (b) für A-, B- und C-Grad (durchgezogene Linie, gebrochene Linie, punktierte Linie). Zum Zweck der Mittelhöhen- und Oberhöhenbonitierung werden solche Alters-Höhen-Verläufe zumeist mit dem Höhenfächer der gebräuchlichen Ertragstafel hinterlegt. In Abbildung 7.29 wurde als Referenz die Buchen-Ertragstafel von SCHOBER (1967) mäßige Durchforstung eingezeichnet. Auf diese Weise wird auf allen drei Parzellen eine beträchtliche Bonitätsverbesserung gegenüber den Erwartungswerten der Ertragstafel erkennbar. Außerdem zeigt sich eine standörtliche Unterlegenheit des A-Grades gegenüber den durchforsteten Parzellen, die auch durch den Verlauf der Oberhöhen (7.29 b) bestätigt wird. Infolge der niederdurchforstungsartigen Eingriffe und der damit verbundenen rechnerischen Verschiebung von Mittelhöhe und Mitteldurchmesser ist der C-Grad den Vergleichsparzellen in der Mittelhöhenentwicklung etwas überlegen. Diese Überlegenheit verschwindet, wenn wir den Vergleich anhand der Oberhöhe ausführen, die weitgehend unabhängig von niederdurchforstungsartigen Eingriffen ist und einen besseren Indikator für das Leistungsvermögen des Standortes darstellt.

Schlankheitsgrade

Die Relation zwischen Höhe und Durchmesser, der Schlankheitsgrad oder h/d-Wert, stellt einen viel benutzten und diskutierten Indikator für den Durchforstungseffekt, die Stammform und Stabilität von Einzelbäumen dar. Die Schlankheitsgrade resultieren aus einem spezifischen Allokationsverhalten der Einzelbäume, das wesentlich durch die räumliche Wuchskonstellation (soziale Stellung, Überschirmung, Einengung usw.) geprägt wird. Hohe Schlankheitsgrade zeigen eine Verstärkung des Höhenwachstums gegenüber dem Durchmesserwachstum (Überlebensstrategie), geringe Schlankheitsgrade eine relative Überlegenheit des Durchmesserwachstums gegenüber dem Höhenwachstum (Stabilisierungsstrategie) an. Abbildung 7.30 zeigt die Entwicklung der Schlankheitsgrade des Grundflächenmit-

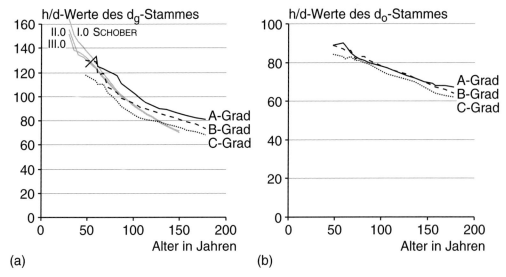

Abbildung 7.30a, b Entwicklung der Schlankheitsgrade für (a) den Mittelstamm (h_g/d_g) und (b) den Oberhöhenstamm (h_o/d_o) auf der Buchen-Durchforstungsversuchsfläche Fabrikschleichach 015. Die zunehmende Durchforstungsstärke äußert sich in einer Abnahme der Schlankheitsgrade vom A-Grad (durchgezogene Linie), zum C-Grad (punktierte Linie). Als Referenz sind die Kurvenverläufe der Buchenertragstafel von SCHOBER (1967), mä. Df., für die I., II. und III. Bonität eingetragen (graue Linien).

telstammes (a) und Oberhöhenstammes (b) für die drei Behandlungsvarianten. Auf allen Parzellen sinken die Schlankheitsgrade seit Versuchsbeginn kontinuierlich ab. Diese Abnahme fällt um so deutlicher aus, je stärker die Durchforstungen geführt werden. Da auf der A-Grad-Parzelle die Stammzahl und damit die Konkurrenz um Licht durchweg höher bleibt, streben dort die Bäume unter Vernachlässigung ihres Durchmesserwachstums in erster Linie nach Licht. Die geringeren Stammzahlen auf den B- und C-Grad-Parzellen erlauben den Bäumen bei ausreichender Lichtversorgung eine vermehrte Stoffallokation in den unteren Stammbereich. Die unterschiedlichen h/d-Werte reflektieren also den Effekt waldbaulicher Steuerungsmaßnahmen auf das Allokationsverhältnis und letztlich die Allometrie von Einzelbäumen. Während diese Reaktion bei den Mittelstämmen besonders deutlich ausfällt (Abb. 7.30a), sind die Effekte bei den 100 stärksten Bäumen pro Hektar, die von den niederdurchforstungsartigen Eingriffen weniger profitieren, deutlich geringer ausgeprägt (Abb. 7.30b). Dominante Bäume erreichen auch ohne Eingriffe Schlankheitsgrade nahe 60 und unterscheiden sich kaum von denen auf den B- und C-Grad-Parzellen.

Entwicklung von Bestandesgrundfläche und Bestandesvorrat

Die sägezahnförmigen Linien in Abbildung 7.31a und b zeigen die Grundflächen- und Vorratsentwicklung auf den drei betrachteten Parzellen, spiegeln also – vollständiger als die Stammzahlentwicklung – die Entwicklung der Bestandesdichte wider. Der A-Grad repräsentiert die maximale Dichte auf dem gegebenen Standort. Der Vergleich mit der Ertragstafel läßt erkennen, daß die Bestandesgrundfläche und der Vorrat auf der unbehandelten Parzelle 1 ganz beträchtlich über die Erwartungswerte der Ertragstafel ansteigt. Hier zeigt sich zum wiederholten Male der Wert nur schwach durchforsteter oder völlig unbehandelter Versuchsglieder. Sie spiegeln die maximal mögliche Dichte auf einem gegebenen Standort wider und erbringen eine wichtige physiologi-

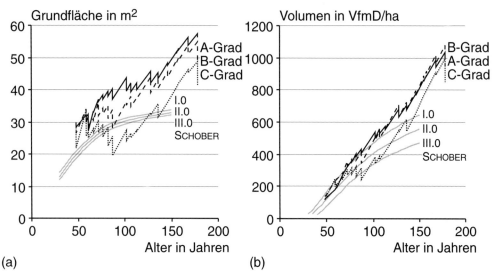

Abbildung 7.31 a, b Entwicklung (a) der Bestandesgrundfläche und (b) des Bestandesvorrates auf der Buchen-Durchforstungsversuchsfläche Fabrikschleichach 015. Dargestellt sind Grundfläche und Vorrat des verbleibenden Bestandes für den A-Grad (durchgezogene Linie), B-Grad (gebrochene Linie) und C-Grad (punktierte Linie). Als Referenz sind die Kurvenverläufe der Buchenertragstafel von SCHOBER (1967), mä. Df., für die I., II. und III. Bonität eingetragen (graue Linien).

sche Potential- und forstwirtschaftliche Referenzgröße. Ohne die Kenntnis der maximal möglichen Dichte liefe die forstwirtschaftliche Praxis Gefahr, das Zuwachs- und Wachstumspotential von Beständen nicht auszuschöpfen.

Die entsprechenden Sägezahnlinien bei mäßiger und starker Durchforstung reflektieren die waldbauliche Versuchssteuerung; die senkrecht abwärts gerichteten Grundflächen- und Vorratsabsenkungen sind auf die Durchforstungseingriffe zu den einzelnen Aufnahmezeitpunkten zurückzuführen. Die Unterbrechung der Versuchsarbeiten in der Zeit des Ersten und Zweiten Weltkrieges in den Altersbereichen von 87–102 und 113–128 Jahren ist an einem merklichen Anstieg der Bestandesdichte auf dem B- und C-Grad erkennbar (unterlassene Pflegeeingriffe). Den Dichteanstieg in den zurückliegenden zwei bis drei Jahrzehnten, weit über die Erwartungswerte der Ertragstafel, führen wir auf Wachstumssteigerungen infolge großregional wirksamer Einflußfaktoren (u. a. Klimaänderung, Stickstoffeintrag) zurück. Die Tatsache, daß die Volumenentwicklung des B-Grades auf gleichem Niveau liegt wie diejenige des A-Grades, zeigt zum einen die Reaktionsfähigkeit der Buche auf Durchforstungseingriffe und liegt wohl zum anderen an der standörtlichen Benachteiligung der A-Grad-Parzelle.

Periodischer Grundflächen- und Volumenzuwachs

Aus dem Gang des periodischen Grundflächen- und Volumenzuwachses (Abb. 7.32 a, b) läßt sich bestmöglich die Reaktion des Bestandes auf die verschiedenen Durchforstungsgrade ablesen. Die aus den Wiederholungsaufnahmen der Versuchsflächen abgeleiteten mittleren jährlichen Zuwächse der Aufnahmeperioden werden bei solchen Darstellungen üblicherweise über der Periodenmitte aufgetragen. Anders als der laufende jährliche Zuwachs, stützt sich der periodische Zuwachs, je nach Aufnahmeturnus, auf sehr unterschiedlich breite Periodenlängen. Je länger die Aufnahmeperioden sind, um so glatter werden die Zuwachsverläufe. Bei kur-

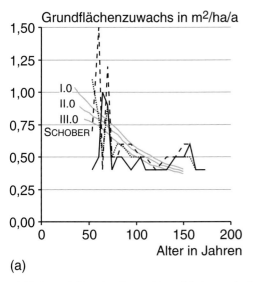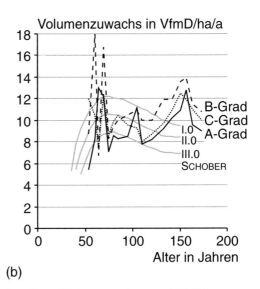

Abbildung 7.32 a, b Entwicklung (a) des periodischen Grundflächenzuwachses und (b) Volumenzuwachses in den 17 Zuwachsperioden von der Erstaufnahme im Frühjahr 1871 bis zur aktuellen Wiederholungsaufnahme im Herbst 2000. Dargestellt sind die Entwicklungen für den A-Grad (durchgezogene Linie), B-Grad (gebrochene Linie) und C-Grad (punktierte Linie). Als Referenz sind die Kurvenverläufe der Buchenertragstafel von SCHOBER (1967), mä. Df., für die I., II. und III. Bonität eingetragen (graue Linien).

zen Aufnahmeperioden nimmt die witterungsbedingte Oszillation der Zuwachskurve zu; es steigt dann die Wahrscheinlichkeit, daß die Aufnahmeperiode von besonders zuwachsschwachen oder zuwachsstarken Jahren bestimmt wird.

Im ersten Drittel des betrachteten Wachstumszeitraums erreichen die periodischen Grundflächen- und Volumenzuwächse erwartungsgemäß Höchstwerte, die mäßigen und starken Durchforstungseingriffe heben den Zuwachs des B- und C-Grades (Abb. 7.32, gebrochene bzw. punktierte Linie) über den A-Grad (ausgezogene Linie) an. Nach einer alterstypischen Verlangsamung des Zuwachses im zweiten Drittel des Wachstumszeitraums steigen die Zuwächse im Alter von 120 Jahren erneut, altersuntypisch, an. Die Interpretation dieses zweiten Anstieges wird dadurch erleichtert, daß die Versuchsanlage eine A-Grad-Parzelle umfaßt. Da der altersuntypische Zuwachsanstieg tendenziell auf allen Parzellen feststellbar ist, sind die Ursachen dafür in externen Einflußfaktoren und nicht allein in der waldbaulichen Behandlung zu sehen. Vergleichen wir den wirklichen Zuwachsgang mit dem nach der Ertragstafel von SCHOBER (1967), mäßige Durchforstung erwarteten Zuwachsgang, dann stellen wir seit den 60er Jahren deutliche Abweichungen von dem gesetzmäßigen Zuwachsverlauf fest (vgl. Kap. 12).

Gesamtwuchsleistung an Volumen und durchschnittlicher Gesamtzuwachs

Die Gesamtwuchsleistung führt die genannten Ertragskomponenten Stammzahl, Grundfläche, Höhe und Formzahl zusammen und summiert den seit Bestandesbegründung gebildeten Zuwachs (Abb. 7.33 a). Die Gesamtwuchsleistung des A-Grades repräsentiert also das Standort-Leistungs-Potential (vgl. Abschn. 11.1.1), und die Kurvenverläufe des B- und C-Grades lassen erkennen, inwieweit die Gesamtwuchsleistung durch mäßige und starke Durchforstung verändert wird. Gegenüber

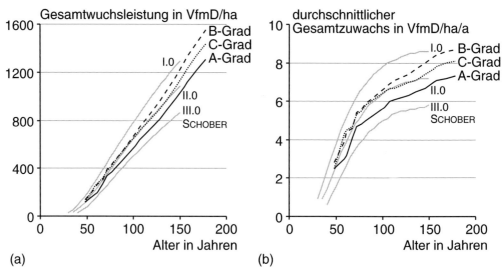

Abbildung 7.33 a, b Entwicklung (a) der Gesamtwuchsleistung und (b) des durchschnittlichen Gesamtzuwachses an Volumen auf der Buchen-Durchforstungsversuchsfläche Fabrikschleichach 015. Dargestellt sind die Wachstums- bzw. Zuwachsgänge für den A-Grad (durchgezogene Linie), B-Grad (gebrochene Linie) und C-Grad (punktierte Linie). Als Referenz sind die Kurvenverläufe der Buchenertragstafel von SCHOBER (1967), mä. Df., für die I., II. und III. Bonität eingetragen (graue Linien).

dem A-Grad nimmt die Gesamtwuchsleistung beim B- und C-Grad um 18% bzw. 10% zu. Wird bei der Interpretation der Entwicklungsgänge jedoch die standörtliche Unterlegenheit der A-Grad-Parzelle berücksichtigt (Abb. 7.29), so erscheinen Gesamtwuchsleistung- und dGZ-Verläufe auf den Parzellen recht ähnlich. Das deutet daraufhin, daß die unterschiedlichen Durchforstungsgrade zwar zu einer unterschiedlichen Ressourcenverteilung zwischen den Bäumen, verschiedenen Stammzahl-Durchmesser-Frequenzen und Vornutzungsprozenten führen, daß die Gesamtwuchsleistung hierdurch aber kaum verändert wird. Offensichtlich führen auch die relativ starken Eingriffe auf der C-Grad-Parzelle noch zu keinen merklichen Einbußen im flächenbezogenen Wachstum (vgl. Abschn. 2.4.3). Die dGZ-Verläufe (Abb. 7.33 b) und ihr Vergleich mit der Ertragstafel unterstreichen den altersuntypischen Anstieg des Wachstums auf allen drei Parzellen; selbst im Alter von 178 Jahren zeichnet sich, entgegen den Erwartungswerten der Ertragstafel, noch keine Kulmination des durchschnittlichen Gesamtzuwachses ab.

Volumenzuwachsprozent und Vornutzungsprozent

Abbildung 7.34a zeigt den für Altersklassenwälder charakteristischen exponentiellen Rückgang des Volumenzuwachsprozents $IV_\%$ $\left(IV_\% = \frac{IV}{V} \cdot 100\right)$ mit dem Alter. In der Jugend, bei noch geringen Vorräten, aber hohen Zuwächsen, ergeben sich Zuwachsprozente von 10–15%. Indem stärkere Eingriffe den stehenden Vorrat reduzieren und gleichzeitig den laufenden Zuwachs anregen, erhöhen diese das Volumenzuwachsprozent. Im Alter sinken die Volumenzuwachsprozente bei A-, B- und C-Grad-Behandlung auf Werte zwischen 1 und 2% ab. Auf allen drei Parzellen kommen im Alter von 178 Jahren jährlich noch 1% des stehenden Vorrates aufgrund des ungebrochenen Volumenzuwachses neu hinzu.

Indem das Vornutzungsprozent $VNP_\%$ $\left(VNP_\% = \frac{SVA}{GWL} \cdot 100\right)$ [vgl. (7.64)] die über alle Aufnahmen hinweg summierten Entnahmen in Relation zur Gesamtwuchsleistung

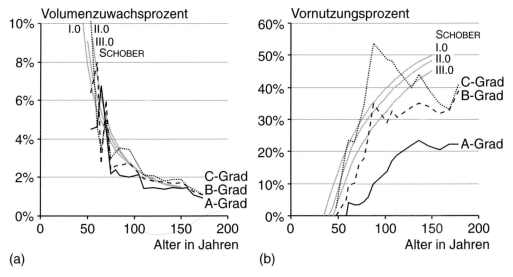

Abbildung 7.34a, b Volumenzuwachsprozent und Vornutzungsprozent für den Buchen-Durchforstungsversuch Fabrikschleichach 015. Mit zunehmender Eingriffsstärke steigen das Volumenzuwachsprozent **(a)** und Vornutzungsprozent **(b)**. Dargestellt sind die Prozententwicklungen für den A-Grad (durchgezogene Linie), B-Grad (gebrochene Linie) und C-Grad (punktierte Linie). Als Referenz sind die Kurvenverläufe der Buchenertragstafel von Schober (1967), mä. Df., für die I., II. und III. Bonität eingetragen (graue Linien).

setzt, macht es Stärke und Rhythmus der Entnahmen bzw. der Mortalität sichtbar (Abb. 7.34b). Auf der A-Grad-Parzelle steigen die prozentualen Anteile des ausgeschiedenen Volumens an der Gesamtwuchsleistung kontinuierlich von Beobachtungsbeginn bis in das Alter 178 Jahre auf etwa 20% an. Die mäßigen und starken Eingriffe im ersten und zweiten Drittel des betrachteten Wachstumszeitraums lassen die Vornutzungsprozente auf dem B- und C-Grad auf 35 bzw. 55% ansteigen. Angesichts dieses sehr unterschiedlichen Umgangs mit dem Bestand – Akkumulation des Vorrates bis in die Gegenwart auf dem A-Grad, Vervielfachung der Entnahmemenge und Vornutzungsprozente auf dem B- und C-Grad – fallen die Differenzen in der Gesamtwuchsleistung bemerkenswert gering aus. Die Erklärung hierfür liegt in der Fähigkeit der Buche, auch stärkere Eingriffe durch Mehrzuwächse zu kompensieren oder gar überzukompensieren.

Zusammenfassung

Aufgrund der langen Beobachtungszeiträume, die auf vielen waldwachstumskundlichen Versuchsflächen bis in die 60er und 70er Jahre des 19. Jahrhunderts zurückreichen, und der kontinuierlichen Steuerung der Versuchsflächen nach fest vorgegebenen Versuchsprogrammen, haben Datenerfassung, -organisation und -standardauswertung einen besonderen Stellenwert im waldwachstumskundlichen Erkenntnisprozeß. Nur wenn die Daten der zurückliegenden Aufnahmen standardisiert aufgenommen und ausgewertet werden, entstehen die für die Waldwachstumsforschung unverzichtbaren Zeitreihen über das gesamte Baum- oder Bestandesleben. Außerdem stützt sich die Versuchssteuerung auf die Zustandsdaten des zu steuernden Bestandes und auf seine Entwicklung in der vorangegangenen Periode. Nach jedem Aufnahmeturnus müssen die Erhebungsdaten standardisiert ausgewertet werden, so daß sie für die Versuchssteuerung in der Folgeperiode verfügbar sind.

1. Die Standardauswertung von Versuchsflächen zielt auf die Bestandesmittel- und Bestandessummenwerte Stammzahl, Oberhöhe, Oberdurchmesser, Schlankheitsgrade der Mittel- und Oberhöhenbäume, Mitteldurchmesser, Bestandesgrundfläche und Bestandesvorrat. Bei Wiederholungsaufnahmen werden Grundflächenzuwachs, Volumenzuwachs, Gesamtwuchsleistung, mittlere Grundflächenhaltung, durchschnittlicher Gesamtzuwachs berechnet. Die Stammzahl, Mittelhöhe, Mitteldurchmesser, Schlankheitsgrade, Grundfläche und Volumen werden auch für den ausscheidenden Bestand angegeben.

2. Die Standardauswertung beginnt mit Plausibilitätskontrollen. Dazu gehören die Überprüfung fehlender und einwachsender Bäume, die Plausibilitätsprüfung von Durchmesser- und Baumhöhenmeßwerten. Die Möglichkeiten der Plausibilitätsprüfungen sind um so besser, je mehr Aufnahmen, ergänzende Stammanalysen und Zusatzerhebungen wie Baumklassenansprachen, Triebhöhenrückmessungen usw. vorliegen.

3. Die Behandlung fehlender oder fehlerhafter Meßwerte muß transparent sein und dokumentiert werden. Korrekturen sollten sich möglichst auf ergänzende Erhebungen (z. B. Stammanalysen, Trieblängenmessungen), statistische Zusammenhänge (z. B. Durchmesserzuwachsgeraden, Bestandeshöhenkurven) oder Modelle (Ertragstafeln, dynamische Wuchsmodelle) stützen.

4. Mit der Regressionsanalyse werden schwer zugängliche oder nur mit großem Aufwand meßbare Dimensionsgrößen (z. B. Baumhöhe, Kronenansatzhöhe, Durchmesserzuwachs) in folgenden Schritten aus einfacher erhebbaren Meßgrößen geschätzt:
- Auswahl eines Teilkollektivs von Bäumen, an denen sowohl die einfach meßbaren, als auch die nur mit größerem Aufwand zu erhebenden Größen bestimmt werden,
- regressionsanalytische Herleitung eines funktionalen Zusammenhangs: schwer meßbare Größe = f (einfach meßbare Größe),
- Nutzung der an allen Bestandesgliedern erfaßten leicht erhebbaren Größe (z. B. Durchmesser), um mit Hilfe der abgeleiteten Funktion die aufwendig meßbaren Größen zu schätzen, beispielsweise Durchmesserzuwachs = f (Durchmesser).

5. Aufgrund des engen allometrischen Zusammenhanges zwischen Baumdurchmesser und Baumhöhe entwickelt die Standardauswertung eine statistische Beziehung $h_i = f(d_i)$. Für deren regressionsanalytischen Ausgleich steht ein Satz bewährter Funktionen zur Verfügung. Die Auswahl der am besten geeigneten Funktion stützt sich auf Plausibilität des Funktionsverlaufes und statistische Maßzahlen (Bestimmtheitsmaß, Standardfehler, Signifikanz der Parameter).

6. Für die Inhaltsbestimmung des Baumes i nach dem Ansatz $v_i = g_{1,3,i} \cdot h_i \cdot f_{1,3,i}$ wird die unechte Formzahl $f_{1,3}$ nicht explizit bestimmt, sondern deduktiv aus Massentafeln, Formzahltabellen, Formzahl- oder Formhöhenfunktionen in Abhängigkeit von Durchmesser und Höhe abgegriffen.

7. Ausgehend von der Durchmessererhebung an allen Bestandesgliedern $d_{1,3,i}$ bzw. $g_{1,3,i}$, den Höhenwerten h_i aus der Durchmesser-Höhen-Regressionsstichprobe und aus der zumeist deduktiv abgeleiteten Formzahl $f_{1,3,i} = f(d_{1,3,i}, h_i)$ wird das Stammvolumen $v_i = g_{1,3,i} \cdot h_i \cdot f_{1,3,i}$ aller $i = 1, \ldots, n$ Bäume berechnet und zum Bestandesvorrat aufsummiert $V = \sum_{i=1}^{n} v_i$.

8. Aus den Dimensionsgrößen der Einzelbäume (Höhe, Durchmesser, Grundfläche, Formzahl, Volumen) werden die Bestandesmittel- und Bestandessummenwerte pro Hektar errechnet. In Mischbeständen erfolgt diese Berechnung gesondert nach Baumarten und für den Gesamtbestand. Außerdem unterscheidet die Auswertung zwischen verbleiben-

dem, ausscheidendem (Mortalität und Entnahmen) und Gesamtbestand.

9. Liegen Wiederholungsaufnahmen vor, so können die periodischen Zuwächse, der durchschnittliche Gesamtzuwachs und die Gesamtwuchsleistung für Grundfläche und Volumen errechnet werden.

10. Die DESER-Norm (JOHANN, 1993) standardisiert Aufnahme und Darstellung der Ergebnisse. In der Anordnung der Zustands- und Entwicklungsgrößen für verbleibenden, ausscheidenden und Gesamtbestand lehnt sich die Formvorschrift an die Tabellenform der Ertragstafeln an. Die Bezeichnung der dendrometrischen Größen und ihre Einheiten sind standardisiert, die ausgeführten Plausibilitätskontrollen, Fehlerkorrekturen, verwendeten Formzahlfunktionen, einbezogenen Gesamtwuchsleistungen bei Versuchsbeginn usw. werden in Kürzeln angegeben. Normierungen dieser Art fördern Vergleichbarkeit und integrierte Auswertbarkeit der international weit gestreuten Fläche des Forstlichen Versuchswesens.

11. Die tabellarische und graphische Ergebnisdarstellung waldwachstumskundlicher Versuchsflächen umfaßt standardmäßig die Altersentwicklung von Stammzahl, Mittel- und Oberdurchmesser, Mittel- und Oberhöhe, Stammzahl-Durchmesser-Frequenzen, Bestandeshöhenkurven, Schlankheitsgrade, Bestandesgrundfläche und Bestandesvorrat, periodischer Grundflächen- und Volumenzuwachs, Gesamtwuchsleistung und durchschnittlicher Gesamtzuwachs, Volumenzuwachsprozent und Vornutzungsprozent.

8 Beschreibung der Bestandesstruktur

Die Schlüsselrolle der Bestandesstruktur für das Verstehen, Nachbilden und Steuern von Wachstumsprozessen in Wäldern erfordert Methoden, mit denen Strukturen erfaßt, beschrieben, analysiert und modelliert werden können. Der konventionelle Ansatz gründet dabei auf Bestandesmittel- oder Bestandessummenwerte wie Mitteldurchmesser, Oberhöhe oder Vorrat pro Hektar und vernachlässigt die dreidimensionale Bestandesstruktur. Er läßt damit das geradezu wichtigste Bestandescharakteristikum außer acht. Denn die räumliche Struktur eines Waldbestandes, sein horizontaler und vertikaler Aufbau zu einem gegebenen Zeitpunkt, prägen in entscheidendem Maße die weitere Bestandesentwicklung. Das gilt prinzipiell für alle Waldaufbauformen, insbesondere aber für den angestrebten Wald von morgen: für strukturreiche Mischbestände mit komplizierten inner- und zwischenartlichen Konkurrenzprozessen. Vergegenwärtigen wir uns, daß Bestandesstrukturen nicht nur die Naturalerträge, sondern auch Schutz- und Erholungsfunktionen des Waldes determinieren, so erklärt das den Stellenwert, den die Erfassung, Quantifizierung, Modellierung und Prognose von Baum- und Bestandesstrukturen im vorliegenden Buch einnimmt. Für die überwiegende Anzahl der in diesem Abschnitt vorgestellten Verfahren der Strukturanalyse liegen am Lehrstuhl für Waldwachstumskunde der Technischen Universität München Programmroutinen vor, in die sich Interessierte einarbeiten lassen können.

8.1 Strukturen und Prozesse in Waldbeständen

8.1.1 Wechselwirkungen zwischen Strukturen und Prozessen

Die Interaktion zwischen Strukturen und Prozessen in dynamischen Systemen kann an einem Fluß verdeutlicht werden. Das Flußbett prägt das Fließen, die Strömung, Strudelbildung, das Wirbeln und Fallen des Wassers. Die Struktur des Flußbettes determiniert also unmittelbar den Fließprozeß. Durch Abtragung, Aufschüttung, Unterhöhlung verändert das Fließen andersherum aber auch das Flußbett. Der Fließprozeß wirkt also auf lange Sicht auf das Flußbett zurück und resultiert beispielsweise in der Ausbildung von Mäandern. Damit wird ein für viele dynamische Systeme charakteristischer Rückkopplungsmechanismus sichtbar. Die Struktur determiniert kurzfristig und unmittelbar die Prozesse. Die Prozesse modifizieren in langsamer Rückkopplung die Strukturen. Aufgrund dieser Rückkopplung ist ein Verstehen der Prozesse nur möglich, wenn die strukturellen Muster bekannt sind, an oder in welchen bzw. durch welche diese Prozesse ablaufen. Indem Prozesse die Strukturen modifizieren, tragen die resultierenden, eher leicht meßbaren Strukturen zur Deutung von zumeist schwerer meß- oder beobachtbaren Prozessen bei. Ähnliche Interaktionen wie zwischen Flußbett und dem Fließprozeß in einem Gewässer bestehen beispielsweise zwischen der Organisationsstruktur und dem Produktionsprozeß in einem Wirtschaftsunternehmen. So isoliert SENGE (1994) Archetypen von Systemstrukturen, die mit strukturtypischen Prozessen gekoppelt sind.

Das Erkennen der Strukturen wird bei ihm zur Grundvoraussetzung für ein wirkliches Verstehen von Entwicklungen oder Fehlentwicklungen, die wiederum nur durch Strukturveränderungen wirksam gesteuert werden können.

Diese herausragende Bedeutung der Struktur für die ablaufenden Prozesse gilt in besonderer Weise für Waldökosysteme. Indem Bäume am Boden „festgewachsen" sind und ihre Struktur über lange Zeiträume ausbauen und akkumulieren, können sie mit den entstehenden Strukturen wesentliche Triebkräfte des Wachstums wie Licht, Temperatur, Niederschlag beeinflussen. Die in Waldökosystemen aufgebauten Baum- und Bestandesstrukturen werden hierdurch zu mächtigen Einflußgrößen für alle Lebensprozesse innerhalb eines Bestandes.

Die Waldwachstumsforschung hat besonderes Interesse an den Prozessen und Strukturen auf den Systemebenen Organbildung, Bestandesentwicklung und Bestandesverjüngung (Tab 1.1, Ebenen −1 bis +2). Auf diesen Aggregationsebenen erkennen wir eine starke Einflußnahme der Struktur auf die ablaufenden Prozesse. Kronengröße, Verzweigung, Benadelung und Wurzelausbildung determinieren in hohem Maße Prozesse wie die Lichtabsorption, Interzeption, Evaporation, Photosynthese und Atmung. Diese Prozesse schlagen sich aber wiederum in den Wachstumsprozessen der Bäume und den Lebensprozessen der in ihrem Umfeld angesiedelten Organismen nieder. Die Bestandesstruktur bestimmt die Konkurrenz der Bestandesglieder um Ressourcen, den Biomassenzuwachs des Bestandes, die Lebensbedingungen für Bodenpflanzen und waldbewohnende Tiere. Eine ähnlich zentrale Rolle spielt die Bestandesstruktur bei der Systemerneuerung. Hier beeinflußt die Struktur die Bestäubung, Samenausbreitung, Keimung und Jugendentwicklung der Folgegeneration.

Die Bäume eines Waldbestandes stehen im oberirdischen Bereich insbesondere durch zwei Regelkreise mit verschiedener Zeitskala in Wechselwirkung miteinander (Abb. 8.1):

In einem ersten, schnell ablaufenden Regelkreis Zuwachs der Einzelbäume → Wuchskonstellation → Zuwachs der Einzelbäume – beeinflussen sich benachbarte Bestandesglieder durch ihre physiologische Aktivität. Ändert sich zum Beispiel infolge von Respiration und

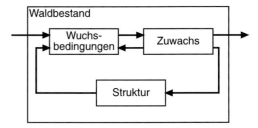

Abbildung 8.1 Wechselwirkungen zwischen dem Zuwachs der Einzelbäume, der Bestandesstruktur und der Wuchskonstellation der Bäume in einem Waldbestand.

Assimilation der Feuchte- und Kohlendioxid-Gehalt der Luft in einem Abschnitt des Kronenraumes, so verändern sich synchron die Zuwachsbedingungen der dort vertretenen Bestandesglieder. In einem zweiten, langsam wirkenden Regelkreis Zuwachs der Einzelbäume → Bestandesstruktur → Wuchskonstellation → Zuwachs der Einzelbäume beeinflussen sich die Bestandesglieder gegenseitig über Strukturveränderungen. Durch den Zuwachs verändert sich die Struktur von Baum und Bestand. Die Strukturänderungen stellen die Wuchskonstellation des Baumes und die seiner Nachbarn neu ein, wodurch wiederum das Zuwachsverhalten gesteuert wird. Beispielsweise hat ein Baum mit günstigem Lichtangebot aufgrund seiner höheren Stoffproduktion bessere Entwicklungsmöglichkeiten als seine stärker beschatteten Bestandesnachbarn. Er kann sich gegenüber diesen leichter durchsetzen und die Bestandesstruktur und seine Wuchskonstellation zu seinen Gunsten verändern. Jeder im Bestandesverband wachsende Baum wird in seiner Entwicklung von den Bestandesnachbarn determiniert und wirkt selbst als Regler auf seine Nachbarn zurück (HARI, 1985).

Die zentrale Bedeutung der Struktur für die Zuwachsprozesse in Waldökosystemen macht sich die forstliche Praxis bei der Steuerung der Waldentwicklung zunutze (PRETZSCH, 1996b). Bei der Festlegung der Mischungsstruktur, der Pflanzung in Reihen- oder Quadratverband, der Entnahme von Bäumen, der Astung oder Wipfelköpfung wird die Struktur von Waldökosystemen gestaltet, um die in ihnen ablaufenden Prozesse, z. B. Zuwachs,

Wasserverbrauch, Stoffaustrag oder Stoffumsatz im Waldboden, zu beeinflussen. Pflegemaßnahmen setzen zumeist an der Struktur an und zielen dabei indirekt auf die Lenkung der Zuwachsprozesse. Maßnahmen wie Düngung und Ausbringung von Fungiziden oder Insektiziden sind demgegenüber direkt auf den Prozeß ausgerichtet.

8.1.2 Wirkung der Anfangsstruktur auf die Bestandesentwicklung

Die Wirkung der Anfangsstruktur auf die Bestandesentwicklung verdeutlicht Abbildung 8.2 anhand der langfristigen Entwicklung von Fichten-Buchen-Mischbeständen. Die im Alter 30 Jahre dargestellten Bestände A und B

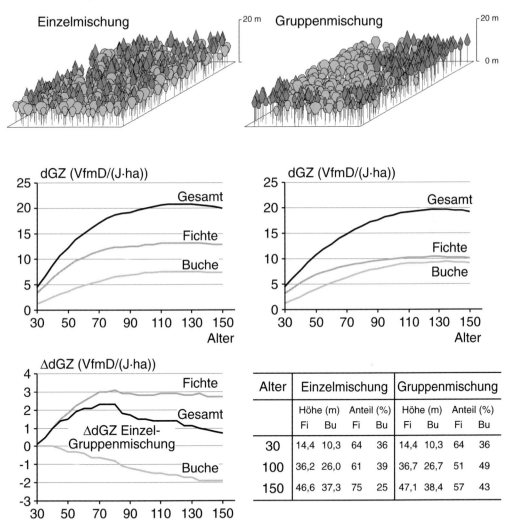

Abbildung 8.2 Die im Alter von 30 Jahren in ihren Bestandessummen- und Bestandesmittelwerten identischen Fichten-Buchen-Mischbestände A und B nehmen aufgrund ihrer Unterschiede in den Ausgangsstrukturen sehr unterschiedliche Entwicklungsverläufe. Die Einzelmischung im Bestand A erbringt gegenüber der gruppen- und horstweisen Mischung in Bestand B eine raschere Jugendentwicklung, höhere Kulmination und Verstärkung des Beitrags der Fichte zum dGZ. Aufgrund ihrer Unterlegenheit geht der Zuwachsanteil der Buche bei Einzelmischung zurück, während er im Bestand B bei gruppen- und horstweiser Mischung bis zu 50% des Gesamtzuwachses ausmacht.

haben die gleichen Bestandessummen- und Bestandesmittelwerte und gleiche Häufigkeitsfrequenzen von Einzelbaumdimensionen; lediglich die Mischungsstruktur ist unterschiedlich. In Bestand A sind Fichte und Buche in Einzelmischung, in Bestand B sind sie gruppen- und horstweise vergesellschaftet. Unter ceteris paribus haben allein diese anfänglichen Strukturunterschiede beträchtliche Konsequenzen für die Bestandesentwicklung bis zum Alter 150 Jahre: Während der Mischungsanteil der Buche im Bestand A bis zu diesem Alter auf 25% abfällt, steigt er im Bestand B auf 48% an (Grundflächenanteile). Im Bestand A bildet sich eine Überlegenheit des dGZ heraus, die im Alter von 50–80 Jahren 3,0 VfmD/ha · a beträgt, um dann bis zum Alter 150 Jahre auf 0,5 1,0 VfmD/ha · a zurückzugehen. Der Effekt der Anfangsstruktur spiegelt sich also sowohl in der Baumartenzusammensetzung als auch im Rhythmus und absoluten Niveau des Zuwachses wider.

Das Beispiel stützt sich auf Simulationsrechnungen mit dem Bestandssimulator SILVA 2.2 (vgl. Abschn. 11.3). Die Bestände A und B sind zum Startzeitpunkt 30 Jahre alt, die Mittelhöhen von Fichte und Buche betragen 14,4 bzw. 10,3 m, und die Grundflächen belaufen sich auf 22 m^2, woran die Fichte einen Anteil von 64% und die Buche von 36% hat. Nachgebildet wird die zu erwartende Bestandesentwicklung bei mittlerer Wasser- und Nährstoffversorgung im Wuchsbezirk 12.7 „Mittelschwäbisches Schotterriedel- und Hügelland", für welche eine Wachstumsüberlegenheit der Fichte gegenüber der Buche gegeben ist. Die Prognose der Bestandesentwicklung bis zum Alter 150 Jahre unterstellt für die nur in der Anfangsstruktur verschiedenen Bestände A-Grad-Bedingungen.

Die zu Beginn vorhandene Höhenüberlegenheit der Fichte von 4,1 m wird bei Einzelmischung in den Folgejahren weiter verstärkt, so daß der Mischungsanteil der Buche von anfänglich 36% auf 25% im Alter 150 absinkt. Die Unterlegenheit der Buche führt bei Einzelmischung dazu, daß die Fichte auf ganzer Fläche mehr oder weniger stark dominiert und ihren Zuwachs auf Kosten der Buche steigern kann. Demgegenüber wird die langsam wüchsigere Buche bei horstweiser Mischung von der Fichte weniger konkurrenziert, so daß sie auf Kosten der Fichte Vorteile erzielt, im Mischungsanteil auf 48% im Alter 150 Jahre ansteigt und zum dGZ des Gesamtbestandes im Alter 150 Jahre etwa 50% beizutragen vermag. Die in Abbildung 8.2 dargestellten Entwicklungen von dGZ und ΔdGZ lassen erkennen, daß die Wahl der Einzelmischung gegenüber der gruppen- und horstweisen Mischung einen rascheren Anstieg des dGZ, ein höheres absolutes Niveau des dGZ und einen rückläufigen Beitrag der Buche zum dGZ erbringt. Im Alter 150 Jahre betragen die Grundflächen 44,4–48,4 m^2/ha, die Vorräte 857–956 VfmD/ha · a und die Stammzahlen 147–159 St./ha.

8.2 Modellhafte Beschreibung und Visualisierung der Bestandesstruktur

Die große Aussagekraft von Kronenkarten und Bestandesaufrißzeichnungen veranlaßte schon BONNEMANN (1939), KÖSTLER (1953) und MAYER (1984) dazu, spezielle Betriebsarten, Waldpflegemaßnahmen und Verjüngungsverfahren durch handgemalte, künstlerisch anspruchsvolle Zeichnungen zu veranschaulichen. Beispielsweise vermitteln einige wenige Kronenkarten und Bestandesaufrißzeichnungen einen weitaus treffenderen Eindruck von den von BONNEMANN untersuchten Kiefern-Buchen-Mischbeständen als eine Beschreibung der Untersuchungsbestände auf der Basis von hektarbezogenen Bestandessummen- und Bestandesmittelwerten (Abb. 8.3). Ausgewählte Strukturarchetypen werden von den genannten Autoren aber nur graphisch veranschaulicht und der Informationsgehalt, der in ihren Aufrißzeichnungen und Kronenkarten steckt, wird nicht quantitativ erschlossen. Die Visualisierung der räumlichen Bestandesstruktur auf Einzelbaumebene und die Beschreibung und modellhafte Nachbildung auf Basis von Bestandesmittel- und Bestandessum-

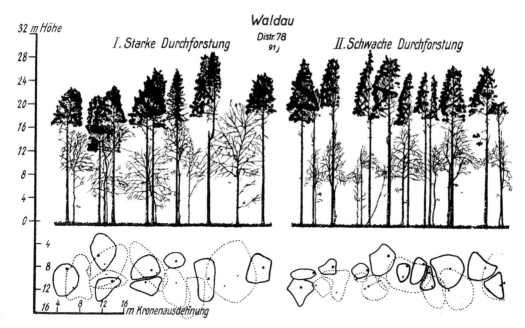

Abbildung 8.3 Die Handzeichnung veranschaulicht die gegenüber schwacher Durchforstung bessere Ausbildung der Kiefernkronen und günstigere Entwicklung der Buchenkronen auf der stark durchforsteten Kiefer-Buchen-Versuchsparzelle Waldau 78 (nach BONNEMANN, 1939, S. 38).

menwerten bleiben bei einem solchen Vorgehen nebeneinander stehen.

Die in diesem Abschnitt aufgeführten Methoden, die die Bestandesstruktur räumlich modellieren und visualisieren, ermöglichen dagegen eine Beschreibung, Analyse und Modellierung auf gleicher Skalenebene. Während die Beschreibung über Summen- und Mittelwerte wenig assoziativ ist, gelangen wir durch die einzelbaumorientierte Abbildung der Bestandesstruktur zu einer Konsistenz von Wahrnehmungs-, Meß-, Analyse- und Reproduktionsskala. Die zuvor nur exemplarisch von archetypischen Waldbildern festgehaltenen Strukturinformationen liegen uns heute aus Versuchs-, Weiser-, Inventur- und Probeflächen in viel breiterem Umfang vor. Während früher die Bestandesentwicklung über schwer vorstellbare Bestandessummen- und Bestandesmittelwerte abstrahiert wurde, nähern sich heute die Beschreibung, Analyse und Modellierung der Auflösungsebene an, auf der der Mensch den Wald wahrnimmt.

Mit Bestandesaufrißzeichnungen, Kronenkarten, Bestandesaufsichten, Walk-through, Fly-through und Landschaftsbildsimulationen werden Methoden der wissenschaftlichen Visualisierung beschrieben, die der Veranschaulichung natürlicher Entwicklungen und menschlicher Operationen im Wald dienen. Sie können die forstwissenschaftliche Lehre und Forschung und die forstwirtschaftliche Praxis unterstützen, reichen aber u. a. auch in die Bereiche Landschaftsplanung und Naturschutz hinein. Unter wissenschaftlicher Visualisierung verstehen wir den Einsatz von Graphikprogrammen für die Aufbereitung und Erschließung von Wissen, das in Messungen und Simulationsergebnissen steckt (BRODLIE et al., 1992).

8.2.1 Baumverteilungspläne und Kronenkarten

8.2.1.1 Darstellung der Kronenprojektionsfläche durch Polygone und Kreise

Nach Eingabe der Stammfußkoordinaten und der Meßdaten aus der Kronenablotung (4-

oder 8-Radienablotung) ermöglicht das Programm KROANLY (PRETZSCH, 1992a, c) eine graphische Darstellung und numerische Analyse von Kronenkarten.

Mit einer Graphikroutine des Programms KROANLY können Kronenkarten wahlweise nach folgenden Berechnungsverfahren angefertigt werden. Bei einem ersten Berechnungsverfahren erfolgt der Ausgleich zwischen den Radien linear, die Kronenperipherie wird durch einen Polygonzug dargestellt. Im zweiten Berechnungsverfahren zeichnet das Graphikprogramm die Kronen als Kreise mit dem Radius $\bar{r}_g$, der dem geometrischen Mittel aus den 4 bzw. 8 Radienmessungen $r_1, \ldots, r_n$ entspricht.

$$\bar{r}_g = \sqrt[n]{r_1 \cdot r_2 \cdots r_n} \quad (8.1)$$

Diese Darstellungsvariante setzt beispielsweise das Wuchsmodell SILVA 2.2 (PRETZSCH, 2001) zur graphischen Untermalung simulierter Wachstumsprozesse ein (vgl. Kap. 11). In einem dritten Verfahren werden die gemessenen Kronenradien durch kubische Polynome ausgeglichen, und die Kronenperipherie wird durch eine glatte Spline-Funktion nachgebildet.

8.2.1.2 Kubische Spline-Funktionen

Spline-Funktionen ermöglichen eine glatte Verbindung von n Punkten, die durch ihre Koordinaten X_k und Y_k ($k = 1, \ldots, n$) in einem kartesischen Koordinatensystem vorgegeben sind. Die Waldwachstumsforschung verwendet Spline-Funktionen u. a. für die Glättung von Zeitreihen, die Approximation von Stammquerschnitten und die graphische Nachbildung sowie Flächenbestimmung von Kronenprojektionsflächen, ausgehend von stichprobenartigen Kronenablotungen.

Eine lineare Verbindung der n Punkte (x_1, y_1) bis (x_n, y_n) in Abbildung 8.4 erbrächte einen Polygonzug mit Unstetigkeitsstellen. Wird dagegen zwischen den Punkten durch n − 1 Polynome dritten Grades interpoliert, so ergibt sich der dargestellte Spline, der die n Stichprobenpunkte glatt miteinander verbindet, so daß er an den Kopplungsstellen der Polynome

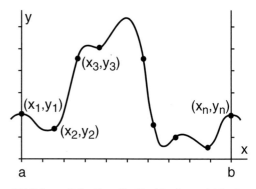

Abbildung 8.4 Der die Punkte (x_1, y_1) bis (x_n, y_n) verbindende Spline $s(x_k) = y_k (k = 1, \ldots, n − 1)$ setzt sich aus n − 1 Polynomen dritten Grades zusammen. Diese Polynome werden an den Punkten (x_1, y_1) bis (x_n, y_n) zweimal stetig differenzierbar, glatt aneinandergeschlossen (nach SPÄTH, 1983).

zweimal stetig differenzierbar ist. Die $k = 1, \ldots$, n-Punkte erbringen n − 1 Intervalle. Für jedes dieser Intervalle wird ein kubisches Polynom

$$f_k(x) = A_k(x - x_k)^3 + B_k(x - x_k)^2 + C_k(x - x_k) + D_k \quad (8.2)$$

ermittelt, wobei die Parameter A_k, B_k, C_k und D_k so gewählt werden, daß das Polynom durch die vorgegebenen Punkte verläuft und in den Punkten so an die benachbarten Polynome angeschlossen ist, daß es an den Punkten (x_1, y_1) bis (x_n, y_n) zweimal stetig differenzierbar ist. Die Koeffizienten A, B, C und D der insgesamt n − 1 Polynome lassen sich nach dem Eliminationsverfahren von GAUSS auf der Grundlage der vorgegebenen Punktserie bestimmen (SPÄTH, 1983). Durch Lösung eines quadratischen linearen Gleichungssystems erhalten wir die zweiten Ableitungen der kubischen Polynome, y''_k an den Stellen $k = 1, \ldots,$ n. Eine solche Vorgehensweise eignet sich für den Fall, daß – wie in Abbildung 8.4 – die x-Werte im Intervall [a, b] $a = x_1 < x_2 \ll x_n = b$ streng monoton steigen. Das ist beispielsweise dann gegeben, wenn kubische Spline-Funktionen als glatte Komponente in der Zeitreihenanalyse eingesetzt werden (vgl. Abschn. 12.4).

8.2 Modellhafte Beschreibung und Visualisierung der Bestandesstruktur

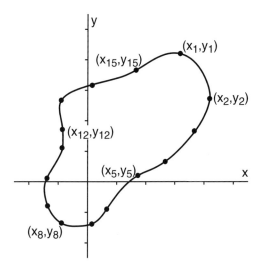

Abbildung 8.5 Interpolation zwischen k = 1, ..., n Punkten in der Ebene durch eine geschlossene glatte Spline-Funktion. Die Serie von n Punkten erbringt bei geschlossenen Linien n kubische Polynome $f_k(x) = A_k (x - x_k)^3 + B_k (x - x_k)^2 + C_k (x - x_k) + D_k$ (nach SPÄTH, 1983).

Eine lineare Interpolation zwischen den in Abbildung 8.5 dargestellten Punkten, die beispielsweise aus stichprobenartiger Kronenablotung hervorgegangen sein können, erbrächte einen Polygonzug, der die im allgemeinen ausgewundete Kronenperipherie nur unzureichend approximiert. Soll durch diese Punktserie dagegen eine geschlossene glatte Kurve gelegt werden, so ist $x_1 = x_n$ und $y_1 = y_n$. Durch Lösung eines linearen Gleichungssystems werden dann die $n - 1$ Ableitungen y'_k bestimmt, aus denen sich dann die Parameter der nun n kubischen Polynome errechnen lassen. Lassen wir die Voraussetzung der strengen Monotonie der x-Werte fallen, so wird die Kurve durch die Punkte (x_k, y_k) $(k = 1, ..., n)$ parametrisch durch die zwei Funktionen

$$x = x(t) \qquad (8.3)$$

$$y = y(t) \qquad (8.4)$$

eines Kurvenparameters t beschrieben. Als Werte für t_n können die akkumulierten Bogenlängen der geschlossenen Kurve oder der Winkel zwischen dem Nullpunkt des Koordinatensystems und dem Punkt auf der Spline-Funktion im Bogenmaß gewählt werden. Durch Wahl streng monotoner Werte $t_1 < t_z \ll t_n$ und Interpolation zwischen den Punkten (t_k, x_k) und (t_k, y_k) $(k = 1, ..., n)$ ergibt sich jeweils ein kubischer Spline. Diese erbringen für beliebig Werte t_1 bis t_n die x- und y-Werte der geschlossenen Spline-Funktion.

In Abbildung 8.6 ist für einen Fichten-Buchen-Mischbestand im Forstamt Zwiesel (Ver-

(a)
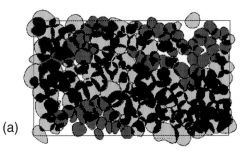

(b)
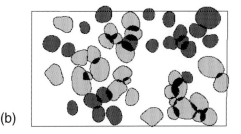

(c)
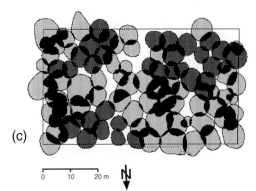

Abbildung 8.6a-c Kronenkarten für die Fichten-Buchen-Mischbestandsversuchsfläche in Zwiesel ZWI 111/3. Die Baumarten Fichte und Buche sind durch dunkelgraue bzw. hellgraue Schraffur hervorgehoben, Mehrfachüberschirmungen sind schwarz markiert. **(a)** Ausgangsbestand im Jahr 1954; **(b)** Durchforstungsentnahmen 1982; **(c)** Bestand 1982 nach der Durchforstung.

suchsfläche ZWI 111, Parzelle 3) die Bestandesentwicklung seit 1954 auf der Grundlage der Kronenkarten dargestellt, die vom Programm KROANLY angefertigt wurden (Bildtafel 20). Die acht gemessenen Kronenradien sind durch kubische Spline miteinander verbunden (3. Berechnungsverfahren). Buchenkronen sind hellgrau, Fichtenkronen dunkelgrau und Mehrfachüberschirmungen schwarz hervorgehoben. In Abbildung 8.6a sind die Stammpositionen und Kronenkarten zum Zeitpunkt der Flächenanlage im Jahr 1954 festgehalten. In der Mitte ist die Verteilung der Durchforstungsstämme im Jahr 1982 dargestellt, und Abbildung 8.6c zeigt den Flächenzustand im Jahr 1982 nach der Durchforstung.

8.2.1.3 Kronengrundflächen

Eine wichtige Erweiterung gegenüber den bisher verwendeten Programmen zur Kronenzeichnung bildet die der Graphikroutine des Programms KROANLY angeschlossene numerische Auswertung der Kronenkarten. Bisher beschränkte sich die Ausgabe der Kronenprogramme auf eine Zeichnung von Kronenkarten mit Hilfe vorgegebener Standard-Zeichenfunktionen. Mit dem Programm KROANLY können für den Bestand insgesamt, für bestimmte Teilkollektive des Bestandes (z. B. Baumartengruppen) und für jeden Einzelbaum dessen Kronenprojektionsflächen (wahlweise nach den drei eingangs beschriebenen Ausgleichsverfahren) abgefragt werden, die dann auch identisch mit den zeichnerisch dargestellten Flächen sind.

Die Kronengrundflächen (KGF) werden bei linearem Ausgleich (1. Berechnungsverfahren) auf der Basis der kartesischen Koordinaten der gemessenen Polygonpunkte nach der Flächenformel von GAUSS

$$KGF = \frac{1}{2} \cdot \sum_{i=1}^{n} x_i \cdot (y_{i-1} - y_{i+1}) \qquad (8.5)$$

bestimmt. Die Variablen x_i, y_i bezeichnen die kartesischen Koordinaten der $i = 1, \ldots, n$ Polygonpunkte, wobei Punkte $y_{i-1} = y_n$, wenn $i = 1$ und Punkte $y_{i+1} = y_1$, wenn $i = n$.

Bei Approximation der Kronen durch einen Kreis (2. Berechnungsverfahren) erfolgt die Flächenberechnung nach der Kreisflächenformel

$$KGF = \bar{r}_g^2 \cdot \pi. \qquad (8.6)$$

Beim Ausgleich der Kronenradien durch kubische Spline (3. Berechnungsverfahren) resultieren n Polynome dritten Grades, aus denen schrittweise nach Vorgabe von t die x- und y-Werte abgefragt werden können, so daß die Eingangsdaten für die Flächenberechnung nach der Formel von GAUSS (8.5) gegeben sind. Durch Wahl einer kleinen Schrittweite von t gelangen wir damit zu abbildungstreuen Kronengrundflächenwerten, die im Vergleich zu denen, die sich durch lineare Interpolation ergeben, biologisch plausibler sind.

8.2.1.4 Verteilungsmuster der Verjüngung

Zur Aufnahme und Abbildung der Verjüngungssituation auf Versuchsflächen wird die gesamte Versuchsfläche in der Regel in Aufnahmequadraten mit einer Größe von 2,5 m × 2,5 m oder 5,0 m × 5,0 m eingeteilt. Damit wird das räumliche Verteilungsmuster der Verjüngungspflanzen auf der Fläche verfügbar, ohne daß die Stammpositionen aller Individuen erfaßt werden. Zielen die Erhebungen auf die Ableitung eines Zusammenhangs zwischen Altbestand und Verteilungsmuster der Verjüngung, so liefert die Aufnahme nach der Zählquadratmethode ausreichende Informationen. Die Standarderhebungen auf den Zählquadraten umfassen die Auszählung der Verjüngungspflanzen gesondert nach Höhenstufen und Baumart, die Erfassung der Maximalhöhe pro Baumart, die Durchmesser in Brusthöhe und die Erfassung von Qualitätsmerkmalen, die sich in der Regel auf solche Bäume beschränkt, die mindestens 80% der Höhe des höchsten Baumes auf dem Quadrat erreicht haben.

Ausgestattet mit solchen Basisinformationen können thematische Karten zur Pflanzendichte, Höhe, Baumartenzusammensetzung oder Qualität der Verjüngung angefertigt werden. Abbildung 8.7 zeigt beispielhaft themati-

8.2 Modellhafte Beschreibung und Visualisierung der Bestandesstruktur

Maximalhöhen in der Verjüngung 1983

Maximalhöhenzuwachs von 1983-1993

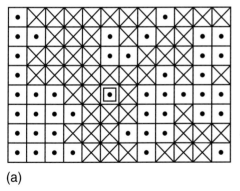

(a)

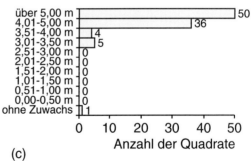

(c)

Maximalhöhen in der Verjüngung 1993

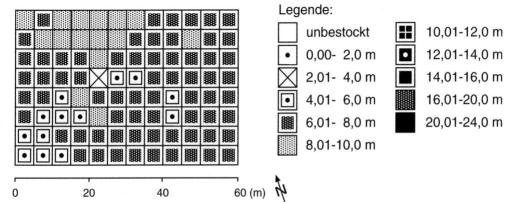

(b)

Abbildung 8.7 a–c Maximalhöhen der Verjüngung auf der Buchen-Eichen-Mischbestandsversuchsfläche Ebrach 132/1 in den Aufnahmejahren **(a)** 1983 und **(b)** 1993 und **(c)** Höhenzuwachs in dem betrachteten Wachstumszeitraum. Die Maximalhöhen pro Quadrat und die errechneten Höhenzuwächse sind durch unterschiedliche Grauwertraster hervorgehoben.

sche Karten zur Höhenstruktur der Verjüngung auf der Buchen-Eichen-Mischbestandsversuchsfläche Ebrach 132/1 (Bildtafel 23). Die Maximalhöhen der Verjüngung in den Aufnahmejahren 1983 (Abb. 8.7, oben links) und 1993 (unten links) sind durch unterschiedliche Grauwertraster hervorgehoben. Sie bilden die Grundlage für die Veranschaulichung der Höhenentwicklung von 1983–1993 (Abb. 8.7, oben rechts), die Höhenzuwächse zwischen 0 und 5,0 m erbringt. Die visualisierte Verjüngungsdynamik kann mit der Raumstruktur des Altbestandes in Verbindung gebracht werden.

8.2.2 Dreidimensionale Visualisierung des Waldwachstums

8.2.2.1 Kronenformmodelle

Die folgenden Modellannahmen zur Form der Baumkrone orientieren sich an den bekannten Kronenuntersuchungen von ASSMANN (1961 a), BADOUX (1946), BURGER (1939), HAMPEL (1955) und MANG (1955). Die Modellannahmen basieren auf mittleren, aus Kronenuntersuchungen bekannten baumartenspezifischen Kronenformen und sind als glättende Approximation der

8 Beschreibung der Bestandesstruktur

in Wirklichkeit viel unregelmäßigeren Kronenformen zu verstehen. Die biometrische Nachbildung der Kronenperipherie kann für verschiedene Baumarten nach einem einheitlichen Rechenschema erfolgen: Hierbei wird die Veränderung des Kronenradius (r) mit zunehmender Entfernung (E) vom Gipfel beschrieben (Abb. 8.8). Im Bereich der Lichtkrone (l_o) werden die Kronenradien (r_L) in Funktion von der Entfernung vom Gipfel über die Funktion

$$r_L = a \cdot E^b \tag{8.7}$$

mit baumindividuellem Parameter a und baumartenspezifischem Exponenten b berechnet. Die Radien (r_S) im Bereich der Schattenkrone (l_U) werden nach der Geradengleichung

$$r_S = c + E \cdot d \tag{8.8}$$

mit den baumindividuellen Parametern c und d berechnet. In Tabelle 8.1 sind die erforderlichen Angaben zur Bestimmung der Parameter a, b, c und d der Kronenformmodelle für verschiedene Baumarten aus den Eingangsgrößen Kronenlänge (l) und Kronenradius (r_{max}) enthalten. Die Bedeutung der verwendeten Variablen geht aus Abbildung 8.8 hervor. Aus den Eingangsdaten Baumhöhe, Kronenansatzhöhe, dem mittleren Kronenradius und über die artspezifischen Kronenformparameter können die räumliche Ausdehnung der Krone, das Kronenvolumen und die Kronenmantelfläche errechnet werden.

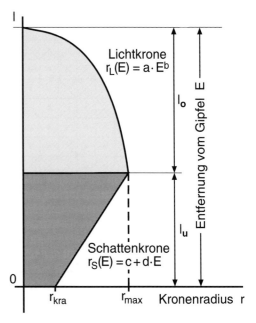

Abbildung 8.8 Die Peripherie der Lichtkrone (Bereich l_o) wird bei Zugrundelegung baumartenspezifischer Parameter über die Funktion $r_L = a \cdot E^b$, die der Schattenkrone (Bereich l_U) über die Geradengleichung $r_S = c + E \cdot d$ beschrieben. Variablenbezeichnungen: r = Kronenradius; l = Kronenlänge; r_L = Kronenradius in der Lichtkrone; l_o = Länge der Lichtkrone; r_S = Kronenradius in der Schattenkrone; l_U = Länge der Schattenkrone; r_{max} = größter Kronenradius; r_{kra} = Kronenradius am Kronenansatz; E = Entfernung vom Gipfel; a, b, c, d = baumartenspezifische Parameter.

Tabelle 8.1 Kronenmodelle der Licht- und Schattenkrone für wichtige Baumarten in Mitteleuropa. Die Form der Lichtkrone wird über die Parabelgleichung $r_L = a \cdot E^b$ und die Form der Schattenkrone über die Geradengleichung $r_S = c + E \cdot d$ berechnet. Angegeben ist die Ableitung der Parameter a, b, c und d (Variablenbezeichnungen vgl. Abb. 8.8).

Baumart	Lichtkrone			Schattenkrone		
	a	l_o	b	c	d	r_{kra}
Picea abies (L.) Karst	r_{max}/l_o	$l \cdot 0{,}66$	1,00			$r_{max} \cdot 0{,}50$
Abies alba Mill.	$r_{max}/(l_o)^{0,5}$	$l \cdot 0{,}50$	0,50			$r_{max} \cdot 0{,}50$
Pinus silvestris L.	$r_{max}/(l_o)$	$l \cdot 0{,}68$	0,50	für alle	für alle	$r_{max} \cdot 0{,}63$
Larix decidua Mill.	$r_{max}/(l_o)$	$l \cdot 0{,}66$	0,50	Baumarten	Baumarten	$r_{max} \cdot 0{,}50$
Fagus silvatica L.	$r_{max}/(l_o)^{0,33}$	$l \cdot 0{,}40$	0,33	gilt:	gilt:	$r_{max} \cdot 0{,}33$
Quercus petraea (Matt.) Liebl.	$r_{max}/(l_o)^{0,33}$	$l \cdot 0{,}39$	0,33	$r_{max} - d \cdot l_o$	$\dfrac{r_{kra} - r_{max}}{l - l_o}$	$r_{max} \cdot 0{,}36$
Pseudotsuga menziesii Mirb.	$r_{max}/(l_o)$	$l \cdot 0{,}66$	0,50			$r_{max} \cdot 0{,}50$
Acer pseudoplatanus L.	$r_{max}/(l_o)^{0,33}$	$l \cdot 0{,}35$	0,52			r_{max}
Alnus glutinosa Gaertn.	$r_{max}/(l_o)^{0,5}$	$l \cdot 0{,}56$	0,50			r_{max}

8.2 Modellhafte Beschreibung und Visualisierung der Bestandesstruktur

Für die Fichtenkronen wurde in dem Kronenformmodell beispielsweise angenommen, daß die größte Kronenbreite bei 66% der Kronenlänge vom Wipfel liegt ($l_o = l \cdot 0{,}66$). Hier wird die Grenze angesetzt zwischen der Lichtkrone, die bei der Fichte als Kegelspitze nachgebildet wird, und der Schattenkrone, die durch einen Kegelstumpf approximiert wird. Die größte Kronenbreite ergibt sich durch Verdoppelung des mittleren Kronenradius; die Kronengrundfläche wird als Kreis abgebildet. Für die Kronenbreite in der Kronenansatzhöhe wurde die Hälfte der größten Kronenbreite veranschlagt ($r_{kra} = r_{max} \cdot 0{,}50$).

Bei der Buche ging die Modellannahme von der größten Kronenbreite in 40% der Kronenlänge von der Baumspitze aus ($l_o = l \cdot 0{,}40$). Die Form der Lichtkrone wird als kubisches Paraboloid und die Schattenkrone als Kegelstumpf nachgebildet, dessen Durchmesser in der Kronenansatzhöhe 33% der größten Kronenbreite beträgt ($r_{kra} = r_{max} \cdot 0{,}33$).

Für die Tannenkronen wurde im Modell festgelegt, daß der größte Kronendurchmesser bei 50% der Kronenlänge liegt ($l_o = l \cdot 0{,}50$); die Lichtkrone wird als quadratisches Paraboloid und die Schattenkrone als Kegelstumpf ausgeformt. Die Kronenbreite am Kronenansatz wurde wie bei der Fichte auf die Hälfte der größten Kronenbreite festgelegt ($r_{kra} = r_{max} \cdot 0{,}50$). Aufgrund der baumartentypischen Para-meter ergeben sich spezifische Kronenmodelle, die in Abbildung 8.9 für Bäume gleicher Stammdimensionen dargestellt sind.

8.2.2.2 Aufrißzeichnungen und Aufsichten

Aufbauend auf den baumartenspezifischen Kronenformmodellen fertigt das Programm AUFRISS (PRETZSCH, 1992c) Aufrißzeichnungen für beliebige Bestandesausschnitte einer Versuchs- oder Testfläche an. Die Bestandesaufrißzeichnungen dienen zum einen der Darstellung und Analyse von Versuchsergebnissen. Andererseits ist das Programm AUFRISS Bestandteil des einzelbaumorientierten Wachstumssimulators SILVA 2.2 (PRETZSCH, 2001). Simulierte Bestandesentwicklungen können mit dem Programm AUFRISS bildlich verfolgt und Durchforstungseingriffe interaktiv gesteuert werden. Ein Simulationslauf läßt sich hierdurch in jeder Phase am Bildschirm kontrollieren.

Die Abbildungen 8.10a und b zeigen Aufrißzeichnungen von 5 m breiten Streifen aus dem Fichten-Reinbestand ZWI 111/5 und dem Buchen-Reinbestand ZWI 111/4, deren Kronendach im Aufnahmejahr 1982 wenig höhenstrukturiert und aufgelockert ist (Bildtafeln 20 und 21). Es dominieren gut bekronte, sozial begünstigte Leistungsträger. Der Fichten-Buchen-Mischbestand Zwiesel 111/3 in Abbildung 8.10c setzt sich aus einer Gruppenmischung von Fichten und Buchen zusammen und hat eine gute Ausstattung mit Buchenunterstand (Bildtafeln 20 und 21). In dem Fichten-Tannen-Buchen-Plenterbestand Freyung 129/2 (Bildtafel 19) mischen sich einzelbaumweise und in Gruppenstruktur Fichten, Tannen und Buchen verschiedenster Alter und Dimensionen auf engstem Raum (Abb. 8.10d). Die Tannen passen sich an ihren Druckstand an, indem sie relativ breite Kronen ausbilden.

Abbildung 8.11 zeigt einen Bestandesausschnitt aus der Fichten-Buchen-Mischbestandsfläche ZWI 111/3 in drei Entwicklungsphasen: Zu Beginn des betrachteten Wachstumszeitraumes – im Jahr 1954 (Abb. 8.11a) – war die Bestockung relativ dicht und der Konkurrenzdruck zwischen den Bäumen ent-

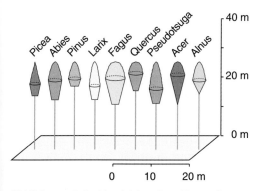

Abbildung 8.9 Vergleich der Kronenformen verschiedener Baumgattungen bei einer Baumhöhe von 24 m und einem Brusthöhendurchmesser von 30 cm unter identischen Konkurrenzbedingungen (lockerer Kronenschluß).

8 Beschreibung der Bestandesstruktur

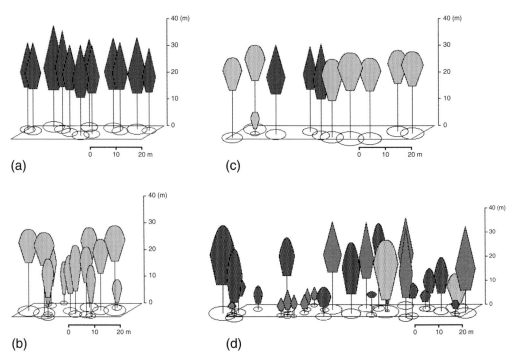

Abbildung 8.10a–d Aufrißzeichnungen für 5 m breite Bestandeszonen in Rein- und Mischbeständen aus Fichte (dunkelgrau), Tanne (grau) und Buche (hellgrau). **(a)** Fichten-Reinbestand Zwiesel 111/5 im Forstamt Zwiesel im Jahr 1982, nach der Durchforstung; **(b)** Buchen-Reinbestand Zwiesel 111/4 im Forstamt Zwiesel im Jahr 1982, vor der Durchforstung; **(c)** Fichten-Buchen-Mischbestand Zwiesel 111/3 im Forstamt Zwiesel im Jahr 1982, nach der Durchforstung; **(d)** Fichten-Tannen-Buchen-Mischbestand Freyung 129/2 im Forstamt Freyung im Jahr 1980.

sprechend groß. Abbildungen 8.11 b und c zeigen denselben Bestandesausschnitt, vor und nach der Auslesedurchforstung, die im Herbst 1982 durchgeführt wurde. Zwei bis drei Jahrzehnte nach der Erstaufnahme in den fünfziger Jahren zeigen die Bestände einen relativ homogenen Aufbau; die Stammzahlen sind infolge der Selbstdifferenzierung, der konkurrenzbedingten Stammausfälle in der Unter- und Mittelschicht und der hochdurchforstungsartigen Eingriffe in der Oberschicht deutlich zurückgegangen. Solche Zeitserien von Aufrißzeichnungen wie diese dokumentieren die Entwicklung der räumlichen Bestandesstruktur und veranschaulichen Veränderungen der Wuchskonstellation von Einzelbäumen.

Bei den Aufrißzeichnungen handelt es sich um pseudodreidimensionale Darstellungen, die den Bestand von schräg oben betrachten.

Die Bäume werden durch flache Polygonzüge von der Seite dargestellt. Durch versetztes Zeichnen der Bäume mit einem Bildaufbau von hinten nach vorne wird ein dreidimensionaler Eindruck erzeugt. Es wird zwar ein orientierender Blick über den gesamten Bestand, nicht aber eine korrekte perspektivische Ansicht hergestellt. Bäume gleicher Dimension werden unabhängig von ihrer Entfernung vom vorgegebenen festen Blickpunkt in derselben Größe eingetragen. Deshalb erscheinen die Bäume in den hinteren Bildteilen gegenüber nahe gelegeneren erhöht. Indem die Geländeform nicht in die Darstellung mit eingeht, wird ein wesentliches Strukturmerkmal der abzubildenden Bestände nicht berücksichtigt. Diese Darstellungsform ist rechenextensiv und für eine orientierende Betrachtung von ausreichender Wirklichkeitsnähe.

8.2 Modellhafte Beschreibung und Visualisierung der Bestandesstruktur

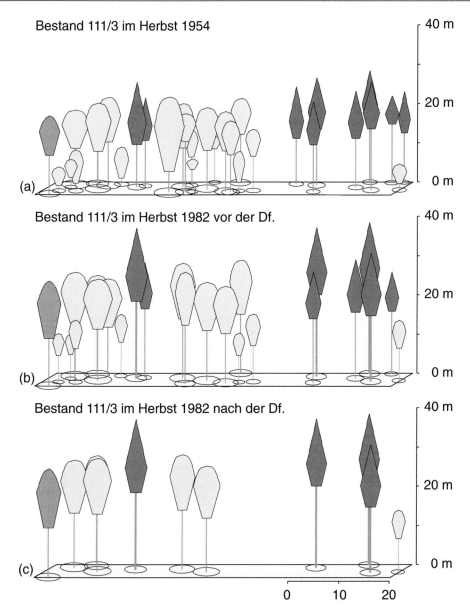

Abbildung 8.11 a–c Bestandesdynamik auf einem 5 m breiten Ausschnitt (Zone 30–35 m) der Fichten-Buchen-Mischbestandsfläche Zwiesel 111/3 nach den Ergebnissen der Aufnahmen im Jahre 1954 und 1982. Fichten sind dunkelgrau und Buchen hellgrau dargestellt. **(a)** Fichten-Buchen-Mischbestand im Herbst 1954, **(b)** Fichten-Buchen-Mischbestand im Herbst 1982 vor der Durchforstung und **(c)** Fichten-Buchen-Mischbestand im Herbst 1982 nach der Durchforstung.

8.2.2.3 Echtzeit-Walk-through

Während die bisher vorgestellten Methoden der Visualisierung Bäume und Bestand nur aus einem zuvor definierten Blickwinkel darstellen können, erlaubt das Programm TREE-VIEW die Betrachtung des Bestandes aus allen beliebigen Positionen (PRETZSCH und SEIFERT, 1999; SEIFERT, 1998). In Abbildung 8.12 a werden die zwei in der Fichten-Buchen-

8 Beschreibung der Bestandesstruktur

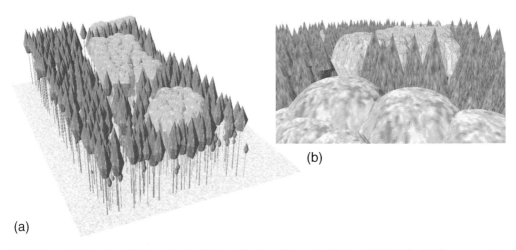

(a)

(b)

Abbildung 8.12 a, b Blick auf die Fichten-Buchen-Versuchsfläche FREISING 813/1 aus unterschiedlichen Perspektiven.

Mischbestandsversuchsfläche Freising 813/1 enthaltenen Buchengruppen, die Partien aus reiner Fichte und die für Konkurrenzuntersuchungen besonders ergiebigen gemischten Zonen im Zentrum der Versuchsfläche sichtbar (Bildtafel 27). Über eine solche statische Darstellung hinaus erlaubt das Programm dem Benutzer die Bewegung durch den Bestand in Echtzeit. Der Programmbenutzer kann entweder eine bodengebundene Bewegung durch den Bestand wählen und bei diesem sogenannten Walk-through einen wirklichkeitsnahen Einblick beim virtuellen Durchqueren des Bestandes gewinnen, der einer terrestrischen Perspektive entspricht. Die gewünschte Bewegung durch den Bestand läßt sich über Tastatur und Maus des Computers steuern. Außerdem sind beliebige Bewegungen durch den Bestand oberhalb des Bestandesbodens möglich. Bei dieser in allen Dimensionen freien Bewegung durch den Bestand, dem virtuellen „Fly-through", sammelt der Benutzer Eindrücke von der Bestandesstruktur, die bei bodengebundener Bewegungsform nicht zugänglich wären (Abb. 8.12 b).

Möglich wird dies durch die Nachbildung aller Einzelbäume durch dreidimensionale Körper. Als Datenbasis dienen Einzelbauminformationen aus Versuchsflächenaufnahmen oder die Resultate positionsabhängiger Einzelbaummodelle. Auf der Basis von Kronenformmodellen (PRETZSCH, 1992a) und Stammformmodellen erfolgt eine rotationssymmetrische Nachbildung der Kronenperipherie und des Stammes. Die Krone wird zunächst durch Kegel und Kegelstumpf approximiert, welche dann für die graphische Nachbildung in Pyramiden und Pyramidenstümpfe umgewandelt werden, denn die Darstellung der Kronenperipherie erfolgt letzten Endes durch eine Anzahl von Dreiecken, aus denen sich die Oberflächen der Pyramiden aufbauen (Abb. 8.13). Zur Steigerung der Wirklichkeitsnähe wird auf die Kronen- und Stammoberfläche ein aus entsprechenden Photographien übernommenes arttypisches Oberflächenmuster projiziert. Um eine hohe Darstellungsgeschwindigkeit zu gewährleisten, wird darauf verzichtet, jedes Detail der Bäume als geometrisches Element nachzubilden. Vielmehr werden Feinheiten wie Blätter, Äste und Rindentextur durch vorgegebene Grundmuster ersetzt. Ähnlich wird auch mit dem Bestandesboden verfahren, über den je nach Anwendungszweck ein durch Photographien vorgegebenes Grundmuster gelegt werden kann. Die Bodenoberfläche wird auf der Basis der Stammfußkoordinaten erzeugt, die in den Einzelbaumdaten enthalten sind. Durch DELAUNAY-Triangulierung zwischen den Stammfußkoordinaten, die auch die z-Koordinate, d. h. die Standpunkthöhe, des Baumes umfassen, werden die Bodenoberfläche und

8.2 Modellhafte Beschreibung und Visualisierung der Bestandesstruktur

dem die Bäume stocken, verfügt der Rechner über alle Daten, die für eine dreidimensionale Darstellung des Bestandes aus beliebiger Blickrichtung notwendig sind (HELLER, 1990; MIDTBØ, 1993; SEIFERT, 1998).

Werden neben der statischen Darstellung auch Bewegungen durch den Bestand gewünscht, so setzt dies eine hohe Darstellungsgeschwindigkeit voraus, wie sie durch Sichtweitenbeschränkung, Multiresolution-Verfahren (FOLEY et al., 1996) und Abbildung von Mikrostrukturen über Phototexturen möglich wird. Diese Maßnahmen der Optimierung erbringen eine Darstellungsgeschwindigkeit von 15–20 Bildern/Sekunde und eine stetige, fließende Bewegung durch beliebige Zonen des Bestandes. Da das Programm TREEVIEW jeden Einzelbaum als individuellen Körper und Objekt nachbildet, kann er auch mit Hilfe der Maus ausgewählt werden, so daß der Benutzer Informationen über die Dimensionen des Baumes, die Abstände zu seinen Nachbarn, seine Vitalität usw. abfragen kann. Diese Selektion per Maus ermöglicht außerdem waldbauliche Operationen. Bäume können hinsichtlich ihrer Dimension, Vitalität und Wuchskonstellation begutachtet, als Z-Bäume markiert, ausgezeichnet, entnommen oder wieder eingefügt werden (Abb. 8.14). Die Visualisierung dient dann der Dokumentation vermessener Bestandesstrukturen und vermittelt Bestandesansichten und Perspektiven, die sonst nur mit großem Aufwand zugänglich wären. Solche virtuellen Waldstrukturen sind u. a. für das Training von Auswahlverfahren bei

Abbildung 8.13 Das Programm TREEVIEW stützt sich auf Kronenformmodelle und bildet jeden Baum als individuellen Körper nach. Die Kronenoberfläche wird aus einem System von Dreiecken aufgebaut.

das Höhenprofil des Geländes ausreichend genau nachgebildet. Mit den dreidimensionalen Baumkörpern und dem Geländeprofil, auf

(a)

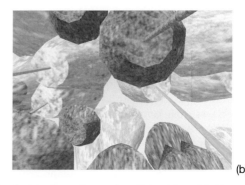
(b)

Abbildung 8.14 a, b Das Programm TREEVIEW erlaubt ein umfassendes Betrachten, Markieren, Selektieren und Entnehmen von Einzelbäumen beim Walk-through.

Durchforstungen, Holzerntemaßnahmen, militärischen Operationen oder Landschaftsplanungen am Computer nutzbar.

Die Anbindung des Visualisierungsmoduls an einzelbaumorientierte Bestandesmodelle, wie beispielsweise den Wachstumssimulator SILVA 2.2 (PRETZSCH, 2001), erlaubt es, in dem wirklichkeitsnah dargestellten Bestand Steuerungsmaßnahmen durchzuspielen, deren ökonomische und ökologische Auswirkungen zu berechnen und die Simulationsergebnisse anschaulich darzustellen. Indem dieser Simulator die Wachstumsreaktionen auf Behandlungseingriffe durch Zeitreihen der erzeugten Bestandesmakrostrukturen visualisiert, eignet er sich in besonderer Weise für die Veranschaulichung von Wenn-Dann-Aussagen und kausales Argumentieren im Rahmen von Beratung, Schulung und Lehre. Die Kombination aus Simulator und Visualisierungsroutine greift also die besondere Fähigkeit des Menschen zur Mustererkennung auf und unterstützt sein eher mangelhaftes Vorstellungs- und Erinnerungsvermögen in bezug auf langfristige Reaktionen des Waldes auf Behandlungsmaßnahmen.

8.2.2.4 Landschaftsvisualisierung

Bestandesübergreifende Planungs- und Kontrollmaßnahmen können durch dreidimensionale Landschaftsvisualisierung unterstützt werden, bei der nicht nur einzelne Bestände, sondern ganze Landschaftsausschnitte dargestellt werden. Aus verfügbaren Daten zu Landschaftsrelief, Oberflächenstruktur, Bestandesgrenzen und Bestockungsform werden dreidimensionale Landschaftsbilder erstellt, auf die wiederum der Benutzer aus frei wählbarer Position blicken kann. Durch die Kopplung mit einzelbaumorientierten Wuchsmodellen werden neben reinen Zustandsbildern auch wirklichkeitsnahe Waldentwicklungen darstellbar, beispielsweise die langfristige Veränderung des Landschaftsbildes durch Aufforstungen, Waldumbau oder Erschließung.

Das Landschaftsvisualisierungsprogramm L-VIS (SEIFERT, 1998) fertigt die Bestandesbilder analog zu dem zuvor dargestellten Programm TREEVIEW an, nachdem die Makrostrukturen des Landschaftsausschnittes modelliert sind.

- In einem ersten Schritt werden hierfür aus einem digitalen Geländemodell Höheninformationen abgegriffen, so daß für den betrachteten Landschaftsausschnitt Rasterinformationen über das dreidimensionale Relief des Bodens vorliegen. In Abbildung 8.15 werden für einen Landschaftsausschnitt der Größe 1200 m × 1200 m insgesamt 64 × 64 Höhenpositionen aus dem Geländemodell abgegriffen, so daß dann jeweils für Rasterquadrate von 18 m × 18 m Höheninformationen bereitstehen.
- In einem zweiten Schritt können aus Luftbildern Oberflächenstrukturen wie Straßen und Flüsse in ihrer Textur abgegriffen und über das dreidimensionale Relief des Bodens gelegt werden. Ebene Objekte müssen bei einem solchen Vorgehen nicht zusätzlich erzeugt werden, sondern sie können durch die aus dem Luftbild abgegriffene Textur abgebildet werden, was den Speicherplatzbedarf senkt und die Darstellungsgeschwindigkeit steigert.
- In einem dritten Schritt werden aus Forsteinrichtungskarten oder GIS die Bestandesgrenzen übernommen, so daß in einem
- vierten Schritt die voneinander abgegrenzten Einheiten mit wirklichkeitsnahen Waldstrukturen ausgefüllt werden können. Eine sehr gute Basis hierfür bilden die Inventurdaten aus der klassischen Forsteinrichtung und die Ergebnisse von Rasterstichproben, aus denen für jede ausgeschiedene Einheit die Bestandsstruktur abgeleitet werden kann.

In seiner jetzigen Version greift das Programm L-VIS auf Musterbestände (z. B. Inventurbestände, Weiserflächen, Versuchsflächen) zurück, welche die wichtigsten Bestandesstrukturen in dem betrachteten Landschaftsausschnitt repräsentieren. Musterbestände und Bestandeskarte werden dann verknüpft, und jede Einheit auf der Bestandeskarte wird mit einem wirklichkeitsnahen Musterbestand der zutreffenden Artzusammensetzung, Altersphase und Struktur usw. ausgefüllt. Die Musterbestände lassen sich aber auch von einem positionsabhängigen Einzelbaummodell er-

8.2 Modellhafte Beschreibung und Visualisierung der Bestandesstruktur

(a)

(b)

Abbildung 8.15a, b Mit dem Programm L-VIS erzeugter Landschaftsausschnitt mit Rein- und Mischbeständen aus Fichte und Buche aus unterschiedlichen Perspektiven.

zeugen und von der Routine TREEVIEW entwickeln. Entsprechend zu dem dreidimensionalen Walk-through wird jeder Baum als dreidimensionaler Körper dargestellt, so daß das entstehende Bild aus beliebiger Blickrichtung betrachtet werden kann (Abb. 8.15). Die Kopplung an das Einzelbaummodell SILVA 2.2 erbringt eine Konsistenz von Kronenmodellen und erzeugten Bestandesstrukturen und ebnet den Weg zur Dynamisierung der erstellten Landschaftsbilder (PRETZSCH und SEIFERT, 1999). Um eine Lauffähigkeit der Programme TREEVIEW und L-VIS auf den verschiedensten Rechnerplattformen gewährleisten zu können, wurden sie in der Programmiersprache C++ geschrieben; sie stützen sich bei der Graphikausgabe auf die Graphiksprache OpenGL (WOO et al., 1997).

8.2.3 Raumbesetzungsmuster

8.2.3.1 Rasterung der Bestandesstruktur

Die Einmessung der Stammpositionen und Kronenausdehnung erbringt ein Informationspotential über die räumliche Bestandesstruktur, das mit der Anfertigung von Baumverteilungskarten, Kronenkarten und Aufrißzeichnungen allein nicht annähernd ausgeschöpft wird. Insbesondere in mehrschichtigen Beständen bedeutet die Umsetzung der Aufnahmedaten in Kronenkarten einen Informationsverlust, da die räumliche Bestandesstruktur in eine Ebene projiziert wird. So werden auf Kronenkarten für höhenstrukturierte, mehrschichtige Bestände besonders häufig Kronenüberlappungen, d. h. seitliche Konkurrenzeffekte zwischen Nachbarn, diagnostiziert, die in Wirklichkeit nicht bestehen. Gelingt es uns aber, Horizontalschnitte durch verschiedene Höhenbereiche eines Bestandes anzufertigen, so entsteht eine Serie von Raumbesetzungskarten, die die Präsenz der Baumkronen in verschiedenen Höhenbereichen widerspiegelt und die räumliche Bestandesstruktur offenlegt.

Um die Struktur des Kronenraumes und das nachbarliche Umfeld jedes Bestandesgliedes charakterisieren zu können, wurde das Programm RAUM erstellt (PRETZSCH, 1992 a, c). Tragendes Element des Programms RAUM ist eine dreifach dimensionierte Matrix, in welche für jeden Kubikmeter Bestandesraum einer Versuchs- oder Testfläche ein Informationsgehalt eingespeichert werden kann (Abb. 8.16). Beispielsweise wäre für die räumliche Erfassung eines Untersuchungsbestandes mit den Abmessungen 20 m × 20 m und einer Maximalhöhe von 25 m eine Matrix mit der Dimensionierung (20, 20, 25) erforderlich, d. h., der Bestandesraum würde sich aus 10 000 Zellen der Größe 1 m³ aufbauen. Dem Zentrum der Zellen, z. B. bei den Zellen (1, 1, 1) oder (2, 2, 5), wären das die Punkte mit den Koordinaten (0,5, 0,5, 0,5) bzw. (1,5, 1,5, 4,5), können beliebige Informationen zugeordnet werden. Die Zellenausdehnung, die für die folgenden Überlegungen auf 1 m³ eingestellt wurde, kann je nach der gewünschten Aussagegenauigkeit größer oder kleiner gewählt werden.

Alle Bestandesglieder einer zu untersuchenden Testfläche werden nacheinander in die Matrix eingelesen: Auf der Basis der Stammfußkoordinaten, der Kronenradien, der Dimen-

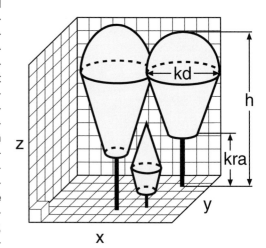

Abbildung 8.16 Erfassung der räumlichen Ausdehnung eines Baumes durch Trefferabfrage. In einer dreidimensionalen Matrix werden für jeden Rasterpunkt Informationen u. a. über die Präsenz verschiedener Baumarten und die Raumbesetzungsdichte abgespeichert. Variablenbezeichnung: h = Baumhöhe, kra = Kronenansatzhöhe, kd = mittlerer Kronendurchmesser, x, y, z = Stammfußkoordinaten.

sionsgrößen Höhe und Kronenansatzhöhe und bei Zugrundelegung der in Abschnitt 8.2.2.1 entwickelten baumartenspezifischen Kronenformmodelle wird die räumliche Ausdehnung der Bäume in kartesische Koordinaten umgesetzt und in der Raummatrix lokalisiert. Nach dem Trefferprinzip wird für alle Zellenmittelpunkte der Raummatrix bestimmt, von welchen Bäumen, welchen Baumarten und mit welcher Häufigkeit sie getroffen werden. Die Ergebnisse der Trefferabfrage werden in der Raummatrix abgespeichert. Sie enthält dann ein modellhaftes, gerastertes Abbild der tatsächlichen Bestandesstruktur und stellt weitreichende Informationen über die Ausnutzung des Kronenraumes durch die Baumkronen und die Präsenz verschiedener Baumarten in unterschiedlichen Höhenbereichen bereit. Aufbauend auf den Informationen, die in der Raummatrix abgespeichert sind, zeichnet das Programm RAUM Horizontalschnitte durch den Bestandesraum und Vertikalprofile der Überschirmung. Die Ergebnisse der Trefferabfrage, die die Raummatrix festhält, sind außerdem numerisch als Trefferstatistik abrufbar, und sie bilden eine bestmögliche Grundlage für die Untersuchung inner- und zwischenartlicher Konkurrenz- und Nachbarschaftsbeziehungen in Waldbeständen.

8.2.3.2 Horizontalschnitte

Die Abbildungen 8.17–8.19 zeigen die Ergebnisse der Strukturanalyse mit dem Programm RAUM am Beispiel der bereits vorgestellten Versuchsflächen in den Forstämtern Zwiesel und Freyung (vgl. Abb. 8.10 und Bildtafeln 19–21). In Abbildung 8.17 a und c sind die Horizontalschnitte durch den Kronenraum des Buchenreinbestandes ZWI 111/4 (Aufnahme 1982, nach der Durchforstung) in den Höhenzonen 25 m (Abb. 8.17 a) und 30 m (Abb. 8.17 c) mit den Ergebnissen der Trefferabfrage dargestellt. Der Horizontalschnitt in 25 m Höhe läßt einen hohen Besatz durch Buchenkronen und zahlreiche mehrfach besetzte Zellen, die schwarz eingezeichnet sind, erkennen. Oberhalb und unterhalb dieser Hauptkonkurrenzzone in 25 m Höhe ist das Kronendach wesent-

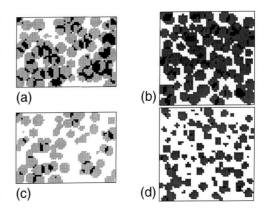

Abbildung 8.17 a–d Horizontalschnitte durch den Kronenraum und des Buchen-Reinbestandes Zwiesel 111, Parzelle 4, Aufnahme Herbst 1982, nach der Durchforstung (a und c) sowie und des Fichten-Reinbestandes Zwiesel 111, Parzelle 5, Aufnahme Herbst 1982, nach der Durchforstung (b und d). **(a)** und **(b)** Schnitte in der Höhe 25 m sowie **(c)** und **(d)** Schnitte in der Höhe 30 m. Die Raumbesetzung durch Fichte sind dunkelgrau, die durch Buche hellgrau und Mehrfachbesetzungen schwarz eingezeichnet.

lich aufgelockerter; beispielsweise greifen die Kronen in der Höhe 30 m kaum noch ineinander.

Ganz ähnlich sind die Überschirmungsverhältnisse im Fichtenreinbestand ZWI 111/5 (Aufnahme 1982, nach der Durchforstung). Auch hier erkennen wir in 25 m Höhe (Abb. 8.17 b) einen relativ dichten Kronenschluß und zahlreiche Kronenüberlappungen, während sich die Fichten im oberen Kronenraum (Abb. 8.17 d) nur selten berühren.

Im Fichten-Buchen-Mischbestand ZWI 111/3 (Aufnahme 1982, nach der Durchforstung) sind die Kronen der Fichten und Buchen in einem deutlich breiteren Höhenbereich miteinander verzahnt (Abb. 8.18). Im Unterschied zum Reinbestand tritt hier nicht ein schmaler Höhenbereich als ausgesprochene Konkurrenzzone in den Vordergrund. Vielmehr geht aus den Horizontalschnitten in 20 m, 25 m und 30 m Höhe (Abb. 8.18 a, b, c) hervor, daß die Buche (hellgrau) im unteren Kronenraum (20 m) dominiert. Im mittleren Höhenbereich (25 m) kommen Fichten (dunkelgrau) und Buchen etwa gleich häufig vor und nutzen den vorhan-

8 Beschreibung der Bestandesstruktur

(a)
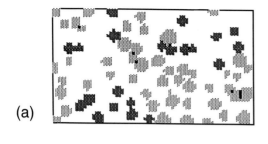

(b)
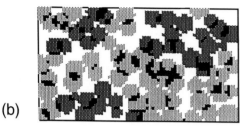

(c)
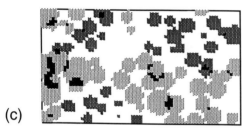

Abbildung 8.18 a–c Horizontalschnitte durch den Kronenraum eines Fichten-Buchen-Mischbestandes (Versuchsfläche Zwiesel 111, Parzelle 3) nach den Ergebnissen der Aufnahme im Herbst 1982 (nach der Durchforstung). Horizontalschnitte in den Höhen **(a)** 20 m, **(b)** 25 m und **(c)** 30 m. Die Raumbesetzung durch Fichte sind dunkelgrau, die durch Buche hellgrau und Mehrfachbesetzungen schwarz eingezeichnet.

5 m Höhe (Abb. 8.19 a) zeigt die relativ geringe Ausstattung des Plenterbestandes mit nachwachsenden Bäumen, die überwiegend ohne seitliche Einengung erwachsen. Der strukturelle Aufbau der mittleren und oberen Kronenschichten, der auf den Horizontalschnitten in 15 m und 25 m Höhe erkennbar ist (Abb. 8.19 b und c), steuert die Wuchsprozesse in dem darunterliegenden Kronenraum. Denn die weitere Entwicklung der unter- und zwischenständigen Bäume hängt vor allem von dem Lichtangebot ab und somit indirekt von Ausfällen und Entnahmen im Mittel- und Starkholzbereich.

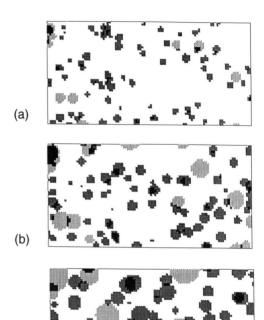

Abbildung 8.19 a–c Präsenz der Baumarten Fichte *Picea abies* (L.) Karst., Tanne *Abies alba* Mill. und Buche *Fagus silvatica* L. in verschiedenen Höhenschichten in einem Plenterbestand im Forstamt Freyung (Versuchsfläche FRY 129/2, Aufnahme Herbst 1980). Horizontalschnitte in den Höhen **(a)** 5 m, **(b)** 15 m und **(c)** 25 m. Die Raumbesetzung durch Fichte, Tanne und Buche sind dunkelgrau, grau bzw. hellgrau und die Mehrfachbesetzungen schwarz eingezeichnet.

denen Wuchsraum zu großen Teilen aus. Im oberen Kronenraum (30 m) greifen benachbarte Kronen kaum ineinander.

Auf der Fichten-Tannen-Buchen-Plenterwaldversuchsfläche Freyung 129/2 (Aufnahme 1980) im Forstamt Freyung sind die Baumarten Fichte (dunkelgrau), Tanne (grau) und Buche (hellgrau) noch breiter über alle Höhenschichten verteilt (Abb. 8.19) als im zuvor betrachteten Fichten-Buchen-Mischbestand. Mehrfache Zellenbesetzungen (schwarz) kommen relativ selten vor. Der Horizontalschnitt in

8.2.4 Dreidimensionale Visualisierung als Ergänzung der individuenbasierten Modellierung des Waldwachstums

Die dargestellten Verfahren der dreidimensionalen Visualisierung und die individuenbasierte Modellierung bilden heute zwei sich ergänzende Entwicklungen, die der Waldwachstumsforschung neue Möglichkeiten der Erkenntnisgewinnung und Informationsvermittlung eröffnen (DEANGELIS und GROSS, 1992; JUDSON, 1994). Mit dem Übergang zur einzelbaumorientierten Modellierung des Waldwachstums (HASENAUER, 1994; HAUHS et al., 1995; NAGEL, 1996; PRETZSCH, 1992a und 2001; PRETZSCH und KAHN, 1996; STERBA et al., 1995) wird die Informationseinheit im Modell identisch mit der Grundeinheit des Bestandes. Gegenüber Modellen, welche die Bestandesentwicklung auf der Grundlage von Häufigkeitsverteilungen, Mittelwerten oder Summenwerten nachbilden, ist die Beschreibungsebene in Einzelbaummodellen identisch mit der Ebene der biologischen Anschauung. Dank der Entwicklungsfortschritte bei der dreidimensionalen Visualisierung lassen sich die Ergebnisse individuenbasierter Modelle mit immer größerer Wirklichkeitsnähe darstellen. Damit wird eine Skalengleichheit von der biologischen Anschauung über die Modellierung bis zur Visualisierung ermöglicht, wie sie bisher nicht bestand. Gegenüber anderen Ansätzen der Visualisierung (MCCARTER et al., 1998; MCGAUGHEY, 1997) stehen hinter den in Abschnitt 8.2.2 dargestellten Graphiken wegen der Ankopplung an das Modell SILVA 2.2 plausible Bestandesstrukturen. Die sichtbar gemachten Strukturen abstrahieren real existierende Bestände und ermöglichen dem Benutzer, aus den Strukturen Konkurrenz- und Nachbarschaftsverhältnisse für eine wirklichkeitsnahe Prognose abzugreifen.

Die positive Ergänzung der beiden Entwicklungslinien Visualisierung und Individuenbasierung besteht nun darin, daß die durch individuenbasierte Visualisierung erzeugten Bestandesbilder vom Menschen viel unmittelbarer erfaßt und interpretiert werden können, als abstraktere Beschreibungsgrößen wie Durchmesserverteilungen oder hektarbezogene Leistungsgrößen. Durch die Modellierung und Visualisierung auf der biologischen Anschauungsebene wird die besondere Fähigkeit des Menschen zur Mustererkennung für die Modellentwicklung, Modellvalidierung und -anwendung nutzbar gemacht. Zum einen können Modellergebnisse aus Szenariorechnungen, Durchforstungstraining oder Standraumexperimenten am Computer auf der Ebene veranschaulicht werden, auf der sie in der Praxis auch erfahren werden. Indem die vom Modell erzeugten Nachbarschaftsverhältnisse, Kronendimensionen oder Flächenverteilungen von Entnahmebäumen bei definiertem Behandlungskonzept durch bloße Anschauung überprüft werden, entsteht außerdem eine wirksame Plausibilitätskontrolle und damit eine Rückmeldung zur Parameterfindung und Modellkonstruktion. Die individuenbasierte dreidimensionale Visualisierung reicht also über die reine Ergebnisdarstellung hinaus bis zur Modellvalidierung und -optimierung. Insbesondere beim Walk-through mit Durchforstungsoption erfährt der Benutzer von positionsabhängigen Bestandesmodellen den Einzelbaum als Grundeinheit des Bestandes, Informationseinheit des Modells sowie als Objekt der biologischen Anschauung und der waldbaulichen Operation. Mit der Visualisierung der nach Einzelbäumen aufgelösten Makrostruktur von Beständen wird der Paradigmenwechsel vom Bestandesdenken zum Einzelbaumansatz methodisch vorangebracht.

Zusammenfassung

Indem Bäume am Boden „festgewachsen" sind und ihre Struktur über lange Zeiträume ausbauen, können sie mit den entstehenden Strukturen wesentliche Triebkräfte des Wachstums wie u. a. Licht, Temperatur, Niederschlag, Deposition beeinflussen. Die in Waldökosystemen aufgebauten Baum- und Bestandesstrukturen werden hierdurch zu mächtigen Einflußgrößen für alle Lebensprozesse innerhalb eines Bestandes. Die zentrale Bedeutung der Struktur für die Prozesse in Waldökosystemen macht sich die forstwirtschaftliche Praxis zunutze, wenn sie Strukturen modifiziert (Entnahme von Bäumen, Festlegung von Mischungsstrukturen und Pflanzverbänden usw.), um die Zuwachsprozesse zu steuern. Wissenschaft, ökologische Dauerbeobachtung und Inventuren bauen auf der essentiellen Bedeutung von Strukturen für Prozesse auf, wenn sie die leicht meßbaren Strukturen als Indikatoren für die schwer meßtechnisch zugänglichen Prozesse in Waldökosystemen heranziehen. Die in dem Kapitel vermittelten Methoden der Beschreibung, dreidimensionalen Nachbildung und Visualisierung von Bestandes- und Landschaftsstrukturen unterstützen die Analyse, Modellierung und Prognose von Waldentwicklungen und die Sichtbarmachung der Konsequenzen wirtschaftlicher Operationen im Wald.

1. Die Bestandesstruktur determiniert kurzfristig und unmittelbar die im Bestand ablaufenden Prozesse. Die Prozesse modifizieren in langsamer Rückkopplung die Strukturen. Deshalb ist der Regelkreis Zuwachs der Einzelbäume → Bestandesstruktur → Wuchskonstellation → Zuwachs der Einzelbäume für das Verstehen und Steuern der Waldentwicklung von zentraler Bedeutung.

2. Die Ausgangsstruktur bei der Begründung von Beständen (z. B. Reihenverband, Quadratverband, Einzelmischung oder Gruppenmischung) gibt den Korridor der künftigen Bestandesentwicklung weitgehend vor. Prognosen sollten deshalb vorhandene Informationen über Ausgangsstrukturen bestmöglich ausschöpfen; das gilt insbesondere für Entwicklungsprognosen in strukturreichen Beständen.

3. Baumverteilungspläne und Kronenkarten bilden die Grundlage für die Analyse der Raumbesetzung innerhalb eines Bestandes und der Standraumökonomie von Einzelbäumen. Mit der Nachbildung der Kronenperipherie durch Polygonzüge, Kreise und kubische Splines wächst die Wirklichkeitsnähe der modellhaften Reproduktion.

4. Informationseinheit der Verjüngungsanalyse ist das Zählquadrat bzw. der Probekreis. Die auf den Zählquadraten vorhandenen Baumzahlen, gesondert nach Baumarten, Höhenschichten usw., stehen für eine Analyse der Zusammenhänge zwischen Altbestand und Verjüngung zur Verfügung.

5. Die räumliche Nachbildung der Baumkronen über verallgemeinerte Kronenformmodelle ebnet den Weg zur räumlichen Nachbildung der Bestandesstruktur.

6. Die Nachbildung der räumlichen Bestandesstruktur ermöglicht die Visualisierung der gesammelten Meßergebnisse von Beständen. Meßergebnisse aus Bestandesaufnahmen und Prognoseresultate aus Simulationsrechnungen können mittels räumlicher Nachbildung in einer Form visualisiert werden, die der biologischen Anschauung entspricht. Aufrißzeichnungen, Bestandesaufsichten, Echtzeit-Walkthrough und Landschaftsbildvisualisierung veranschaulichen Meßergebnisse und unterstützen kausales Argumentieren im Rahmen von Beratung, Schulung und Lehre.

7. Die dreidimensionale Nachbildung der Bestandesstruktur, das aus den Meßdaten reproduzierte dreidimensionale Bestandesmodell, bildet eine ideale Forschungsgrundlage für die Analyse des Raumbesetzungsmusters von Waldbeständen. Durch dreidimensionale Rasterung der Bestandesstruktur, Einteilung des Bestandesraumes in Voxel, denen jeweils die Raumbesetzung gesondert nach Baumnummern, Baumarten, Dichte der Besetzung usw. eingeschrieben ist, bildet die Basis für Verfahren der räumlichen Statistik. Horizontal- und Vertikalprofile dienen der Feinanalyse des Kronenraumes, die Besetzungen (Treffer) in den Zellen (Voxel) stehen dann für quantitative Analyseverfahren für Raumverteilungsmuster zur Verfügung.

8. Die individuenbasierte dreidimensionale Visualisierung und Analyse stellt den Einzelbaum als Grundeinheit des Bestandes in den Mittelpunkt und überführt Meßergebnisse auf die Skala der biologischen Anschauung, auf denen auch waldbauliche Operationen ansetzen. Durch die Orientierung am Einzelbaum gewährleisten individuenbasierte Forschungsansätze eine Konsistenz von Wahrnehmungs-, Meß-, Analyse- und Reproduktionsebene.

9 Analyse des Raumbesetzungsmusters

9.1 Zum Informationspotential von Strukturparametern

Landschaftsstrukturen, Waldbestände und Baumkörper sind die Träger, an welchen bzw. in oder durch welche physikalische, biochemische, ökologische und sozioökonomische Prozesse ablaufen. In Kapitel 8 wurden der Effekt der Bestandesstruktur auf die Bestandesdynamik und die Bedeutung eines räumlichen Modellansatzes für Ertragsprognosen unterstrichen. Wie Abbildung 9.1 für die Bestandesebene in schematischer Darstellung zeigt, beeinflußt die räumliche Struktur aber auch die Habitat- und Artenvielfalt. Die Landschafts- und Bestandesstruktur determiniert beispielsweise in so hohem Maße Vorkommen und Populationsdynamik von Braunbären, Eulen und Spechten, daß von gegebenen Strukturen unmittelbar auf die Habitateignung und Populationsentwicklung geschlossen werden kann (LETCHER et al., 1998; MCKELVEY et al., 1993; WIEGAND, 1998). Auf den engen Zusammenhang zwischen Baum- und Bestandesstrukturen und ihrer Besiedelung durch Vögel, Käfer, Spinnen, Netzflügler und Wanzen weisen u. a. ALTENKIRCH (1982), AMMER et al. (1995), AMMER und SCHUBERT (1999) und ELLENBERG et al. (1985) hin. Die Kenntnisse über den Zusammenhang zwischen Bestandesstruktur, Vielfalt der Pflanzen- und Tierarten und ökologischer Stabilität sind nach diesen Untersuchungen zwar noch sehr lückenhaft, es besteht aber Übereinstimmung darin, daß mit Zunahme der Strukturierung in der Regel auch die Vielfalt der darin vorkommenden Tier- und Pflanzenarten ansteigt und Strukturparameter deshalb auf Makro-, Meso- und Mikroebene sehr gute Indikatoren für die ökologische Vielfalt und Stabilität von Waldökosystemen und die Art ihrer Bewirtschaftung abgeben (HABER, 1982). Ist in Abbildung 9.1 die Bestandesstruktur auf der Abszisse nur schematisch dargestellt, so werden wir im folgenden die in Tabelle 9.1 zusammengestellten Maßzahlen für die numerische Beschreibung von Bestandesstrukturen kennenlernen.

Aufgrund ihres Informationspotentiales über die Vielfalt und Stabilität von Waldökosystemen und die Nachhaltigkeit ihrer Bewirtschaftung eignen sich Strukturparameter als Indikatoren für eine nachhaltige Bewirtschaftung von Wäldern im Sinne der 1993 eingeleiteten sogenannten Helsinki- und Montreal-Prozesse. Denn Strukturparameter haben den Vorteil, daß sie einfacher erhebbar und über Waldinventuren schon in viel breiterem Umfang inventarisiert sind als unmittelbare

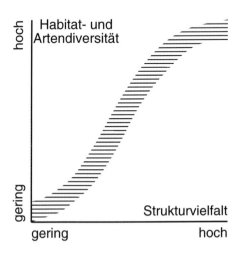

Abbildung 9.1 Einfluß der räumlichen Strukturvielfalt auf die Arten- und Habitatdiversität (nach BEGON et al., 1991).

9 Analyse des Raumbesetzungsmusters

Tabelle 9.1 Verbale und numerische Beschreibung der Bestandesstruktur.

Strukturaspekt	verbale Beschreibung	numerische Beschreibung
Horizontales Verteilungsmuster	zufällig, regelmäßig, geklumpt	Aggregationsindex von CLARK und EVANS (1954) Verteilungsindex von PIELOU (1959) Relative Varianz nach CLAPHAM (1936) Dispersions-Index von MORISITA (1959) K-Funktion von RIPLEY (1977) L-Funktion von BESAG (1977) Paarkorrelationsfunktion von STOYAN u. STOYAN (1992)
Bestandesdichte	licht, räumig, lückig, gedrängt, geschlossen	Ertragstafelbezogener Bestockungsgrad Natürlicher Bestockungsgrad Überschirmungsgrad Grundflächenhaltung nach ASSMANN (1961a) Stand Density Index nach REINEKE (1933) Kronenkonkurrenzfaktor
Differenzierung	ein-, zwei-, mehrschichtig, Plenterstruktur	Variationskoeffizienten der Baumdimensionen Durchmesser-Differenzierung von FÜLDNER (1996)
Diversität	Ein-, Zwei-, Mehrartenmischung	Vielfalt Diversitätsindex nach HATTEMER (1994) Index von SHANNON (1948) Standardisierte Diversität und Evenness Artenprofilindex von PRETZSCH (1995) Standardisierter Artenprofilindex Markenkorrelationsfunktion von STOYAN u. STOYAN (1992)
Durchmischung	Einzel-, Trupp-, Gruppen-, Horstmischung	Durchmischungsindex von FÜLDNER (1996) Segregationsindex von PIELOU (1977)

Maßzahlen zur ökologischen Vielfalt, Stabilität oder Nachhaltigkeit. Jene können aufgrund des Erhebungsaufwandes allenfalls punktuell erfaßt werden, korrelieren aber eng mit den flächendeckend verfügbaren Strukturvariablen. So gesehen dienen dann die flächendeckend vorhandenen oder mit geringem Aufwand erhebbaren Strukturen dem Transfer punktuell gewonnener Befunde auf die Fläche. Mit der Nutzung der Strukturen als Träger schwer zugänglicher Detailinformation kommt ein Monitoringprinzip zur Anwendung, das sich auch in vielen anderen Bereichen bewährt hat. So wird beispielsweise der Nadel- und Blattverlust im Rahmen europäischer Waldzustandserhebungen als unspezifischer Weiser der Vitalität von Waldbäumen eingesetzt, weil detailliertere, prozeßnähere Erhebungen flächendeckend kaum möglich wären (vgl. Abschn. 4.2.8).

9.2 Horizontales Baumverteilungsmuster

Für die Quantifizierung von horizontalen Baumverteilungsmustern bieten sich zwei Vorgehensweisen an:

- Indizes, die auf der Grundlage von Baumabständen oder Besetzungshäufigkeiten in Zählquadraten berechnet werden und die mittlere Verteilungsstruktur in einem einzigen Wert verdichten.
- Korrelationsfunktionen, welche die Veränderung des Verteilungsmusters mit zunehmendem Abstand von vorgegebenen Baumpositionen oder Zufallspunkten aus beschreiben.

Gegenüber Indizes haben K-, L- und Paarkorrelationsfunktionen einen wesentlich höheren Informationsgehalt, dabei aber den Nachteil, daß sie komplizierter zu berechnen und schwerer zu interpretieren sind. Beide Vorgehensweisen beziehen sich bei der Diagnose der Verteilungsmuster auf die zweidimensionale POISSON-Verteilung als Referenz, die deshalb im folgenden eingeführt wird.

9.2.1 POISSON-Verteilung als Referenz bei der Strukturdiagnose

Referenz für die Bestimmung und Interpretation von Verteilungsindizes und Korrelationsfunktionen ist der POISSON-Wald. Darunter verstehen wir ein horizontales Baumverteilungsmuster, das sich bei völlig zufälliger Verteilung der Stammfüße über eine vorgegebene Fläche ergibt. Angenommen, wir erzeugen, wie in Abbildung 9.2 dargestellt, zufällig verteilte x- und y-Koordinaten auf einer 10 m × 10 m großen Fläche, dann erhalten wir das Bild einer zufälligen Verteilung, die wir auch POISSON-Verteilung nennen. Bei einer solchen Zufallsverteilung gibt es Partien mit höherer und niedriger Dichte. In Abbildung 9.2 enthalten Zählquadrate nur selten 5, 6, 7 oder mehr Bäume, viele der Quadrate sind dagegen gar nicht besetzt oder enthalten nur wenige Punkte. Eine Zufalls- oder POISSON-Verteilung erbringt also keinen regelmäßigen Quadrat- oder Hexagonalverband. Musterbeispiel für eine eindimensionale Zufallsverteilung über der Zeitachse bilden die Anzahl der Telefonanrufe in einem Sekretariat. Es gibt längere Phasen, in denen keine oder wenige Anrufe eintreffen, dann wieder Zeiten, in denen sich die Anrufe häufen. Statistiken über die Anzahl preußischer Kavaleristen, die jährlich durch ausschlagende Pferde getötet wurden, oder über die Anzahl der Selbstmorde von Kindern in Preußen liefern erste historische Anwendungen der POISSON-Verteilung. Ein anschauliches Beispiel einer zweidimensionalen Zufalls- oder POISSON-Verteilung erbringen die ersten Regentropfen auf einer zuvor trockenen Straßendecke oder die Aufschlagpositionen von Bucheckern in einem Buchenbestand *Fagus silvatica* L.

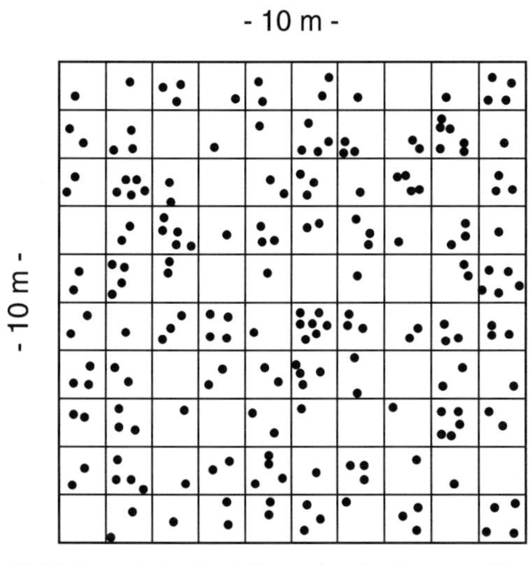

Um die Verteilung der Baumpositionen auf der in Abbildung 9.2 dargestellten Fläche zu erfassen, kann man diese Parzelle mit einem quadratischen Gitternetz belegen und die Baumhäufigkeiten in den einzelnen Zählquadraten ermitteln. Es ergeben sich dann viele Quadrate ohne Bäume oder mit nur geringen Anzahlen und wenige Quadrate mit sehr hoher Besetzung, analog zur Anzahl von Telefonanrufen in definierten Zeiteinheiten, um auf unser Musterbeispiel zurückzukommen.

Die Anzahl der Quadrate mit bestimmten Besetzungen folgt nun der POISSON-Verteilung. Diese Verteilung hat nur den Parameter λ, der die durchschnittliche Anzahl von Stämmen Quadrat beschreibt und gleich dem Mittelwert μ und der Varianz der Verteilung σ^2 ist ($\lambda = \sigma^2 = \mu$). Die POISSON-Verteilung

$$p_n = \frac{\lambda^n}{n!} \cdot e^{-\lambda} \tag{9.1}$$

beschreibt die Wahrscheinlichkeit, mit der 0, 1, 2, ..., n Bäume in einem zufällig gewählten Aufnahmequadrat liegen. Die Konstante e bezeichnet die EULER-Zahl (e = 2,718282). In unserem Beispiel ergibt sich für λ = 200 Bäume/ 100 m² = 2, so daß durch Einsetzen von λ = 2 in (9.1) die bei POISSON-Verteilung zu erwarten-

Abbildung 9.2 Zweidimensionale POISSON-Verteilung von Stammfußpunkten auf einem 10 m × 10 m großem Aufnahmequadrat. Die Auszählung von Zählquadraten erbringt N = 200 Bäume auf einer Fläche von A = 100 m² und somit λ = 2, so daß die zugrundeliegende POISSON-Verteilung $p_n = \frac{2^n}{n!} \cdot e^{-2}$ lautet.

den Wahrscheinlichkeiten und Häufigkeiten für das Auftreten von für n = 0, 1, 2, ..., ∞ Treffern pro Quadrat

$$P_0 = \frac{2^0}{0!} \cdot e^{-2} = 0{,}1353 \cdot 100 = 14$$

$$P_1 = \frac{2^1}{1!} \cdot e^{-2} = 0{,}2706 \cdot 100 = 27$$

$$P_2 = \frac{2^2}{2!} \cdot e^{-2} = 0{,}2706 \cdot 100 = 27 \quad (9.2)$$

$$P_3 = \frac{2^3}{3!} \cdot e^{-2} = 0{,}1804 \cdot 100 = 18$$

$$P_n = \frac{2^n}{n!} \cdot e^{-2} = \ldots$$

berechnet und den wirklichen Häufigkeiten gegenübergestellt werden können (Abb. 9.3). Wir erkennen in dem konstruierten Beispiel eine relativ gute Übereinstimmung zwischen der erwarteten und der beobachteten Häufigkeit. POISSON-verteilte, also zufällig verteilte Stammfußpunkte, finden wir beispielsweise im Plenterwald, in Urwaldbeständen, dauerwaldartigen Bestockungen und in naturnahen Mischbeständen in der Verjüngungsphase (Bildtafeln 19, 22 und 23). Der POISSON-Wald erscheint sowohl wegen seiner einfachen biometrischen Beschreibbarkeit als auch aufgrund seiner Deutbarkeit als Ergebnis gänzlich voneinander unabhängiger Positionierungen als Referenz für davon abweichende Verteilungen besonders geeignet. Die in Abbildung 9.4 dargestellten Baumverteilungsmuster reichen von eher regelmäßigen Verteilungen (Abb. 9.4 a und b) über die POISSON-Verteilung (Abb. 9.4 c) bis zur geklumpten Verteilung (Abb. 9.4 d). Je nachdem, ob die Bestandesglieder gleichmäßig, zufällig oder geklumpt verteilt sind, liegt eine unterschiedliche Standraumnutzung vor, es ergeben sich unterschiedliche Entwicklungsaussichten, und der Bestand erfordert mit zunehmender Abweichung von einer regelmäßigen Verteilung eine erhöhte Aufnahmeintensität.

9.2.2 Verteilungsindizes auf der Basis von Abstandsverfahren

Indizes dieser Bauart gründen auf der Position aller Bäume. Sie überprüfen, ob ein gegebenes Baumverteilungsmuster rein zufällig ist oder Tendenz zur Regelmäßigkeit oder Klumpung aufweist. Eine erste Verfahrensgruppe baut auf den Abständen der Einzelbäume zu ihren nächsten Nachbarn auf. Als Musterbeispiel eines solchen Index behandeln wir den Aggregationsindex R von CLARK und EVANS (1954). Weitere Indizes dieses Typs gehen auf EBERHARDT (1967), PRODAN (1973) und SMALTSCHINSKI (1981) zurück. Eine zweite Verfahrensgruppe, aus der wir den Index von PIELOU (1959) vorstellen, baut auf den Abständen zwischen Zufallspunkten und realen Baumpositionen auf. Solche Indizes wurden u. a. auch von HOPKINS (1954) und THOMPSON (1956) entwickelt.

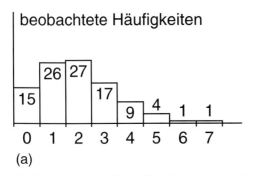
(a)

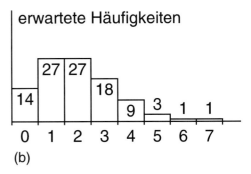
(b)

Abbildung 9.3 a, b Gegenüberstellung von **(a)** beobachteten und **(b)** bei POISSON-Verteilung erwarteten Häufigkeiten von Zählquadraten mit einer Besetzung von 0, 1, ..., 7 Bäumen/Quadrat. Die große Übereinstimmung zwischen Beobachtung und Erwartung weist auf die zugrundeliegende POISSON-Verteilung hin.

9.2 Horizontales Baumverteilungsmuster

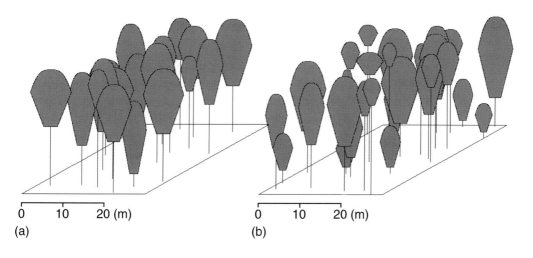

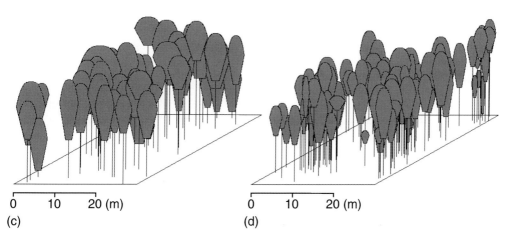

Abbildung 9.4 a–d Regelmäßiges, zufälliges und geklumptes Baumverteilungsmuster in Buchenbeständen *Fagus silvatica* L. **(a)** und **(b)** eher regelmäßige Verteilung; **(c)** Zufalls- oder POISSON-Verteilung und **(d)** geklumpte Verteilung.

PIELOU (1975 und 1977), RIPLEY (1977 und 1981) sowie UPTON und FINGLETON (1985 und 1989) geben eine breite Übersicht über beide Verfahrensgruppen, aus denen hier nur die in der Forstwissenschaft häufig benutzten herausgegriffen werden können. Im Falle der POISSON-Verteilung sind die Verfahren, die auf Baum-zu-Baum-Abständen aufbauen, mit denen die auf Zufallspunkt-zu-Baum-Abständen aufbauen gleichwertig, weil die Abstände dann die gleiche Verteilung aufweisen.

9.2.2.1 Aggregationsindex von CLARK und EVANS (1954)

Der Aggregationsindex R von CLARK und EVANS (1954) beschreibt das Verhältnis zwischen dem beobachteten mittleren Abstand zum nächsten Nachbarn $\bar{r}_{beobachtet}$ auf einer Fläche und dem bei rein zufälliger Baumverteilung erwarteten mittleren Abstand $\bar{r}_{erwartet}$.

$$R = \frac{\bar{r}_{beobachtet}}{\bar{r}_{erwartet}} \tag{9.3}$$

R liegt theoretisch zwischen 0 (stärkste Klumpung, alle Objekte befinden sich an demselben Punkt) und 2,1491 (streng regelmäßiges Hexagonalmuster) und gibt Auskunft darüber, ob die Bestandesglieder regelmäßig, zufällig oder geklumpt über eine Fläche verteilt sind. Dabei gilt:
- Aggregationswerte kleiner als 1,0 zeigen eine Tendenz zur Klumpung an,
- Werte um 1,0 eine zufällige Verteilung und
- Aggregationswerte über 1,0 zeigen eine Tendenz zur regelmäßigen Verteilung an.

R ergibt sich nach der Methode des nächsten Nachbarn, indem für alle N Bäume auf einer Testfläche der Größe A die Distanzen $r_{i,i...N}$ zu ihrem jeweils nächsten Nachbarn (Abb. 9.5) und darauf aufbauend die mittlere Distanz

$$\bar{r}_{beobachtet} = \frac{\sum_{i=1}^{N} r_i}{N} \quad (9.4)$$

zum nächsten Nachbarn berechnet wird. Diese tatsächliche, beobachtete Distanz zum nächsten Nachbarn wird ins Verhältnis gesetzt

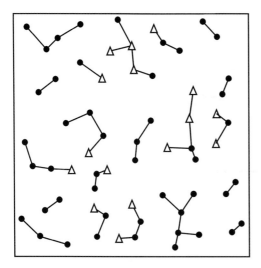

Abbildung 9.5 Zur Berechnung des Verteilungsindex R wird für jeden Baum die Entfernung zum nächsten Nachbarn registriert. In Mischbeständen kann es sinnvoll sein, auch die Artenzugehörigkeiten der Bäume festzuhalten. Eingezeichnet sind die Stammfußpunkte mit Artsymbolen und beispielhaft für einige Bäume die Entfernungen zu ihren nächsten Nachbarn.

zur erwarteten durchschnittlichen Distanz $\bar{r}_{erwartet}$ bei zufälliger Baumverteilung

$$\bar{r}_{erwartet} = \frac{1}{2 \cdot \sqrt{\rho}} \cdot \quad (9.5)$$

Dabei ist:
ρ Anzahl der Bäume/Flächeneinheit (N/A).

Der Aggregationsindex R ist demnach ein Maß für die Abweichung des beobachteten Verteilungsmusters von der reinen Zufalls- oder POISSON-Verteilung. Aufbauend auf $\bar{r}_{beobachtet}$, der mittleren Distanz $\bar{r}_{erwartet}$ und dem Standardfehler der mittleren Distanzen bei zufälliger Verteilung

$$\sigma_{\bar{r}_{erwartet}} = \frac{0{,}26136}{\sqrt[2]{N^2/A}} \quad (9.6)$$

erbringt

$$T_R = \frac{\bar{r}_{beobachtet} - \bar{r}_{erwartet}}{\sigma_{\bar{r}_{erwartet}}} \quad (9.7)$$

eine standardnormalverteilte Teststatistik, mit der Abweichungen von der Zufallsverteilung in Richtung Gleichverteilung oder Klumpung auf Signifikanz geprüft werden können.

Um den durch die räumliche Begrenztheit der Versuchsflächen verursachten Randeffekt auszuschalten, können die erwartete mittlere Distanz zum nächsten Nachbarn $\bar{r}_{erwartet}$ und der Standardfehler der mittleren Distanzen bei zufälliger Verteilung in (9.5) und (9.6) durch die Randkorrekturformeln von DONNELLY (1978) für kompakte Flächenformen ersetzt werden:

$$\bar{r}_{korr} = 0{,}5 \cdot \sqrt{\frac{A}{N}} + 0.051368 \cdot \frac{P}{N} + 0{,}041 \cdot \frac{P}{N^{\frac{3}{2}}} \quad (9.8)$$

und

$$\sigma_{\bar{r}_{korr}} = \sqrt{0{,}0703 \cdot \frac{A}{N^2} + 0{,}037 \cdot P \cdot \sqrt{\frac{A}{N^5}}} \cdot \quad (9.9)$$

Dabei sind:
A Flächengröße (in m²),
N Anzahl der Beobachtungen,
P Umfang der Fläche (in m).

9.2 Horizontales Baumverteilungsmuster

Alle folgenden Angaben zum Aggregationsmaß R wurden nach den sich daraus ergebenden Korrekturformeln

$$R_{korr} = \frac{\bar{r}_{beobachtet}}{\bar{r}_{korr}} \quad (9.10)$$

für den Verteilungsindex und

$$T_{R_{korr}} = \frac{\bar{r}_{beobachtet} - \bar{r}_{korr}}{\sigma_{\bar{r}_{korr}}} \quad (9.11)$$

für die standardnormalverteilte Testgröße berechnet, die, wenn sie größer als 1,96, 2,58 oder 3,30 ist, die verschiedenen Niveaus (5-, 1- bzw. 0,1%ige Irrtumswahrscheinlichkeit) einer signifikanten Abweichung von der Zufallsverteilung anzeigt.

Die in Abbildung 9.6a und b dargestellten Baumverteilungsmuster erbringen Aggregationsindizes von R = 1,4 ** und 1,2 *, wie sie für eher regelmäßige Baumverteilungen im niederdurchforsteten Altersklassenwald typisch sind. Ein Wert von R = 1,0 (Abb. 9.6 c) zeigt ein zufälliges oder POISSON-verteiltes Muster an, das uns aus Plenterbeständen und urwaldartigen Bestandesformen bekannt ist, und ein Aggregationsindex von R = 0,9 (Abb. 9.6 d) weist auf eine Tendenz zur Klumpung hin, die beispielsweise bei Rottenstrukturen in Fichtenbeständen *Picea abies* (L.) Karst. der montanen Stufe auftritt. Die Symbole *, ** und *** zeigen mit 5-, 1- bzw. 0,1%iger Irrtumswahrscheinlichkeit Abweichungen von der Zufallsverteilung an.

Auf 53 Buchen-Lärchen-Mischbestandsflächen *Fagus silvatica* L. bzw. *Larix decidua* Mill. in Niedersachsen wurden Verteilungsindizes der Gesamtpopulation zwischen $R_{alle} = 1,0$ und 1,4 festgestellt, d. h., die Baumverteilung

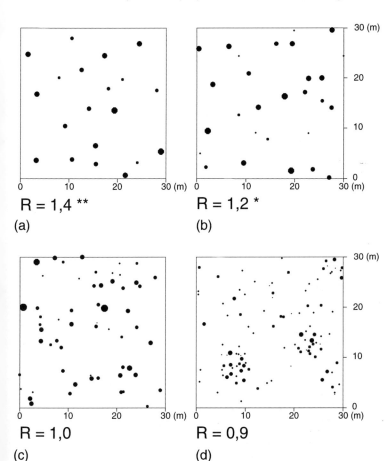

Abbildung 9.6 a–d
Identifikation von vier horizontalen Baumverteilungsmustern mit dem Aggregationsindex R von CLARK und EVANS (1954). Die Symbolgrößen sind proportional zum Stammdurchmesser in 1,30 m Höhe. R-Werte über 1,0 zeigen eine Tendenz zur regelmäßigen Verteilung, Werte unter 1,0 eine Tendenz zur Klumpung an. Zufallsverteilungen werden durch Werte von R ≈ 1,0 indiziert.

ist zufällig bis regelmäßig. Mit fortschreitender Bestandesentwicklung nimmt die Regelmäßigkeit zu (PRETZSCH, 1993). Zu ähnlichen Ergebnissen kommt BIBER (1997) bei Strukturuntersuchungen in 113 Rein- und Mischbeständen aus Fichte Picea abies (L.) Karst., Tanne Abies alba Mill. und Buche Fagus silvatica L. in Bayern, die einen Altersrahmen von 19–250 Jahren abdecken. Die Aggregationswerte R liegen in diesen Beständen des Ertragskundlichen Versuchswesens zwischen 0,9 und 1,9 bei einem im Mittel eher regelmäßigen Verteilungsmuster mit R = 1,25. Mit demselben Datenmaterial aus Bayern konnten Simulationsrechnungen ausgeführt werden, die den Effekt des Baumverteilungsmusters auf den Bestandeszuwachs quantifizieren (PRETZSCH, 1995). Demnach wird der maximale Bestandesgrundflächenzuwachs bei regelmäßiger Verteilung der Bestandesglieder erzielt, bei zufälliger Baumverteilung (R = 1,0) werden etwa 95% des maximalen Zuwachses erreicht. Ab Aggregationsindizes von R = 0,9 sinkt der Grundflächenzuwachs nahezu linear ab (Abb. 9.7).

9.2.2.2 Verteilungsindex von PIELOU (1959)

Als Alternative zur Benutzung von Abständen von Pflanze zu Pflanze können auch Zufallspunkte auf der Fläche gewählt werden, von denen aus dann die Abstandsbestimmung zum nächsten Nachbarn erfolgt. Liegt eine POISSON-Verteilung vor, so sind die erzeugten Zufallspunkte ebenso zufällig verteilt wie die Baumpositionen, so daß Verfahren auf der Grundlage von Abständen von Baum zu Baum im Mittel dieselben Resultate erbringen wie solche die mit Abständen von Zufallspunkt zu Baum arbeiten.

Der Index I_P von PIELOU (1959)

$$I_P = \pi \cdot \lambda \cdot \overline{r^2} \qquad (9.12)$$

stützt sich auf die Abstände von n Zufallspunkten zu Baumpositionen. Denken wir uns um jeden Zufallspunkt einen Probekreis, dessen Radius durch den Abstand zum jeweils nächsten Nachbarn $r_{i,i=1...n}$ vorgegeben ist. Dann bezeichnet $\overline{r^2}$ das Mittel der quadrierten Abstände und $\overline{r^2} \cdot \pi$ die mittlere Fläche, die ein Baum beansprucht. Wenn eine POISSON-Verteilung vorliegt, so muß das Produkt aus der Punktdichte λ und der Fläche $\overline{r^2} \cdot \pi$, die ein Baum im Durchschnitt einnimmt, den Wert $(n-1)/n$ erbringen (MOORE, 1954):

$$I_P = \pi \cdot \lambda \cdot \overline{r^2} = (n-1)/n. \qquad (9.13)$$

Mit n Anzahl wird die Anzahl der Abstandsmessungen, die der Berechnung des Verteilungsindex zugrunde liegt, berücksichtigt. Dabei bezeichnet $\lambda = N/A$ die Pflanzenanzahl pro Flächeneinheit und

$$\overline{r^2} = \frac{\sum_{i=1}^{n} r_i^2}{n} \qquad (9.14)$$

das mittlere Abstandsquadrat zwischen Zufallspunkten und den jeweils nächstgelegenen Baumpositionen.

Für die Berechnung von $\overline{r^2}$ werden n Zufallspunkte auf der zu analysierenden Fläche ausgebracht und von diesen Punkten dann die Abstände $r_{i,i=1...n}$ zu den nächstgelegenen Baumpositionen bestimmt. Bei großem Stich-

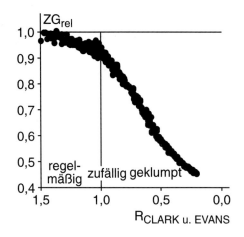

Abbildung 9.7 Zusammenhang zwischen dem Aggregationsindex R und dem relativen Bestandesgrundflächenzuwachs ZG_{rel} nach den Ergebnissen von 10 000 Simulationsläufen mit verschiedenen, von regelmäßiger bis stark geklumpter Struktur reichenden Baumverteilungsmustern (nach PRETZSCH, 1995).

probenumfang nähert sich der Quotient $I_P=(n-1)/n$ in rein zufallsverteilten Punktfeldern dem Wert 1,0 an.

Wenn also der Index $I_P = \pi \cdot \lambda \cdot \overline{r^2}$ für ein Baumverteilungsmuster berechnet wird und nicht signifikant von $(n-1)/n$ abweicht, kann das Baumverteilungsmuster als zufallsverteilt betrachtet werden. Bei einem geklumpten Verteilungsmuster würde man ein Übergewicht von großen Punkt-zu-Baum-Abständen $r_{i, i=1...n}$ und entsprechend hohen $\overline{r^2}$-Werten erwarten, so daß sich der Index erhöht. Andersherum wären in einem regulären Baumverteilungsmuster nur wenige überdurchschnittlich große Abstandsquadrate zu finden, so daß $I_P = \pi \cdot \lambda \cdot \overline{r^2}$ kleiner würde als $(n-1)/n$. Die Signifikanz einer Abweichung des Index I_P von dem erwarteten Wert $(n-1)/n$ kann überprüft werden, da bei vorliegender POISSON-Verteilung das Produkt $(2 \cdot n \cdot I_P)$ χ^2-verteilt ist mit $2 \cdot n$ Freiheitsgraden (PIELOU, 1959).

Für Stichprobenzahlen von $2 \cdot n > 100$, wie sie bei derartigen Untersuchungen zumeist vorliegen dürften, können für 95%ige und 99%ige Absicherungen die Konfidenzintervalle nach

$$I_{P\,krit} = \frac{1}{4 \cdot n} \cdot (\sqrt{4 \cdot n - 1} \pm 1{,}9600)^2 \quad (9.15)$$

bzw.

$$I_{P\,krit} = \frac{1}{4 \cdot n} \cdot (\sqrt{4 \cdot n - 1} \pm 2{,}3263)^2 \quad (9.16)$$

berechnet werden. Werden diese Konfidenzintervalle von beobachteten Werten unter- oder überschritten, so indiziert das eine signifikante Tendenz zur Regelmäßigkeit bzw. Klumpung an. An gleicher Stelle entwickelt PIELOU (1959) einen Test, mit dem anhand von I_P zwei nicht zufällig verteilte Populationen auf Unterschiede in ihrem Verteilungsmuster überprüft werden können.

Bei der Untersuchung von 13 Bestandestypen im Norden von Ontario kommt PAYANDEH (1974) zu Indexwerten zwischen $I_P = 0{,}593$ und 2,116. In naturnahen Koniferenbeständen dominieren aggregierte bis geklumpte Baumverteilungsmuster, die in Indexwerten bis $I_P = 2{,}116$ zum Ausdruck kommen. In natürlichen Laubmischwäldern wurden überwiegend rein zufällige Baumverteilungen festgestellt, so daß $I_P = 1{,}0$ wird. Davon heben sich künstlich begründete Bestände mit I_P-Werten unter 0,6 deutlich ab. Diese Unterschiede in der Struktur und Strukturdiversität haben weitreichende Konsequenzen für die stichprobenweise Erfassung und modellhafte Nachbildung solcher Bestände (VRIES, 1986).

9.2.3 Verteilungsindizes auf der Basis von Zählquadraten

Aus der breiten Palette verfügbarer Zählquadrat-Methoden greifen wir im folgenden die Indizes von CLAPHAM (1936) und MORISITA (1959) als im forstwissenschaftlichen Bereich besonders bewährte Verfahren heraus. Erst wenn solche Indizes wiederholt in forstwissenschaftlichen Untersuchungen eingesetzt werden, entsteht ein Bild von ihren Wertebereichen bei unterschiedlichen Bestandesstrukturen, so daß Einzelbefunde richtig eingeordnet werden können. Weitere Indizes dieses Typs gehen unter anderem auf COX (1971), DAVID und MOORE (1954), LOETSCH (1973) und DOUGLAS (1975) zurück.

9.2.3.1 Relative Varianz nach CLAPHAM (1936)

Die Relative Varianz I_C, auch als Varianz-Mittelwert-Index bezeichnet, stützt sich auf in Zählquadraten ermittelten Pflanzenzahlen. Stehen m Zählquadrate zur Auswertung zur Verfügung und erbringt die Auszählung $n_{j, j=1...m}$ die Anzahl der Pflanzen im Quadrat j, so erhalten wir die mittlere Pflanzenzahl/Quadrat als

$$\bar{n} = \frac{\sum\limits_{j=1}^{m} n_j}{m} . \quad (9.17)$$

Dabei ist die Anzahl der Pflanzen insgesamt

$$N = \sum\limits_{j=1}^{m} n_j = \bar{n} \cdot m. \quad (9.18)$$

Die Varianz der Pflanzenzahlen pro Quadrat S_n^2 beträgt

$$S_n^2 = \frac{\sum\limits_{j=1}^{m} (n_j - \bar{n})^2}{m - 1}, \quad (9.19)$$

so daß wir die relative Varianz bzw. den Varianz-Mittelwert-Index

$$I_C = \frac{S_n^2}{\bar{n}} \quad (9.20)$$

aus der Varianz der Pflanzenzahl pro Quadrat und der mittleren Pflanzenzahl pro Quadrat berechnen können. Die errechnete Varianz wird also ins Verhältnis zur mittleren Besetzungszahl gesetzt, so daß sich bei Vorliegen einer POISSON-Verteilung, für die

$$S_n^2 = \bar{n} = \lambda \quad (9.21)$$

gilt, ein Index von $I_C = 1{,}0$ ergibt. Es können also folgende drei Fälle unterschieden werden:
- Bei Vorliegen einer POISSON-Verteilung sind Varianz im Zähler und Mittelwert im Nenner von (9.20) gleich. Es gilt dann $S_n^2 = \bar{n}$, so daß $I_C = 1{,}0$ wird und eine rein zufällige Verteilung angezeigt wird.
- Ist die Varianz S_n^2 größer als der Mittelwert $\bar{n}$, gibt es also viele Quadrate mit sehr hoher oder sehr geringer Besetzung, so wird $S_n^2 > \bar{n}$ und I_C größer als 1,0, was eine Klumpung anzeigt.
- Regelmäßige Verteilungen werden durch I_C-Werte kleiner als 1,0 angezeigt; die Varianz ist dann geringer als der Mittelwert der Pflanzenzahl/Quadrat ($S_n^2 < \bar{n}$).

Nach HOEL (1943) ist das Produkt aus $(m-1)$ und I_C

$$T = (m-1) \cdot \frac{S_n^2}{\bar{n}}, \quad (9.22)$$

das auch als Dispersionsindex T bezeichnet wird, bei zufälliger Verteilung χ^2_{m-1}-verteilt, wenn $m > 6$ und $\bar{n} > 1$ (KATHIRGAMATAMBY, 1953). Nach PIELOU (1977) verändert sich der Index schneller bei Klumpungen als bei Tendenzen zur Regelmäßigkeit.

In dem in Abbildung 9.8 dargestellten Beispiel, das sich auf das Baumverteilungsmuster der Abbildung 9.2 bezieht, erbringen die $m = 100$ Zählquadrate eine mittlere Baumanzahl pro Quadrat von $\bar{n} = 2{,}0$, eine Varianz dieser Besetzungszahl von $S_n^2 = 2{,}18$ und damit einen Varianz-Mittelwert-Index von $I_C = 1{,}09$, der auf eine rein zufällige Verteilung hindeutet. Der Prüfwert $T = 99 \cdot 1{,}09 = 107{,}91$ liegt un-

- 10 m -

1	1	3	1	2	2	1	0	1	4
2	3	0	1	1	4	3	2	6	1
2	5	2	0	2	3	1	4	0	3
0	2	5	1	3	2	3	1	3	1
2	4	2	0	1	0	1	0	2	5
2	1	3	4	1	7	3	2	3	3
3	2	0	2	2	4	2	0	2	1
2	3	1	0	2	1	0	1	5	2
2	4	1	2	4	1	3	1	1	0
0	2	1	2	2	3	1	3	0	4

- 10 m -

Abbildung 9.8 Berechnung des Varianz-Mittelwert-Index von CLAPHAM (1936) aus den Besetzungshäufigkeiten in Zählquadraten. Die Auswertung der $m = 100$ Zählquadrate erbringt eine mittlere Baumzahl/Quadrat von $\bar{n} = 2{,}0$, eine Varianz dieser Besetzungszahl von $S_n^2 = 2{,}18$ und damit einen Varianz-Mittelwert-Index von $I_C = 1{,}09$, der eine POISSON-Verteilung indiziert.

terhalb der 5-, 1- und 0,1%igen Sicherungs-Obergrenzen der χ^2-Verteilung, die bei 99 Freiheitsgraden 123, 135 bzw. 148 betragen. Es liegt also keine statistisch absicherbare Abweichung von der Zufallsverteilung vor.

9.2.3.2 Dispersionsindex von MORISITA (1959)

Der Index von MORISITA (1959) basiert ebenfalls auf den Häufigkeiten in Zählquadraten und prüft ein gegebenes Verteilungsmuster auf Abweichungen von der rein zufälligen Verteilung. Zu seiner Bestimmung wird das Verteilungsmuster über q Zählquadrate erfaßt, für welche sich durch Auszählen die Besetzungszahlen in den Quadraten $n_1, \ldots, n_q$ ergeben. Die Gesamtanzahl der Objekte N ergibt sich als

$$N = \sum_{i=1}^{q} n_i. \quad (9.23)$$

Aus der Anzahl der Quadrate q, den Besetzungszahlen $n_{i, i=1\ldots q}$ und aus der Gesamtanzahl der Objekte N ergibt sich der Dispersionsindex von MORISITA:

$$I_\sigma = \frac{q \cdot \sum_{i=1}^{q} n_i \cdot (n_i - 1)}{N \cdot (N-1)} . \quad (9.24)$$

Nach MORISITA (1959) beträgt die Wahrscheinlichkeit, daß zwei aus dem Verteilungsmuster zufällig ausgewählte Bäume in ein und demselben Quadrat liegen

$$\sigma = \frac{\sum_{i=1}^{q} n_i \cdot (n_i - 1)}{N \cdot (N-1)} . \quad (9.25)$$

Bei Vorliegen einer völlig regellosen Verteilung, wie sie im POISSON-Wald besteht, hat die Wahrscheinlichkeit, daß zwei zufällig ausgewählte Bäume in ein und demselben Quadrat liegen, den Erwartungswert

$$E(\sigma) = \frac{1}{q} . \quad (9.26)$$

Der Index I_σ kann somit als Quotient aus der beobachteten Wahrscheinlichkeit σ für die gegebene Verteilung und dem Erwartungswert $E(\sigma) = 1/q$ für diese Wahrscheinlichkeit im Falle der Zufallsverteilung interpretiert werden.

$$I_\sigma = \frac{\sigma}{E(\sigma)} = \frac{\sum_{i=1}^{q} n_i \cdot (n_i - 1)}{N \cdot (N-1)} \bigg/ \frac{1}{q} \quad (9.27)$$

Sind beobachtete und bei POISSON-Verteilung erwartete Wahrscheinlichkeit gleich, so wird $I_\sigma = 1$, und es liegt eine regellose Zufallsverteilung vor. Ist die Wahrscheinlichkeit, daß die zwei betrachteten Bäume demselben Quadrat angehören, größer als die bei POISSON-Verteilung erwartete, so wird $I_\sigma > 1$, was auf eine Klumpung oder Aggregation hinweist. Ein Wert von $I_\sigma < 1$ zeigt eine gleichmäßige oder regelmäßige Verteilung an.

MORISITA (1959) entwickelt als Teststatistik

$$F_0 = \frac{I_\sigma \cdot (N-1) + q - N}{q - 1} \quad (9.28)$$

für die Prüfung auf Abweichung von einer rein zufälligen Verteilung mit Hilfe des F-Tests. Eine eventuelle Signifikanz in der Abweichung von der Zufallsverteilung kann getestet werden durch den Vergleich von F_0 mit dem Tabellenwert für $F_{q-1,\alpha}$. Ist F_0 größer als der Tabellenwert, so liegt eine signifikante Abweichung auf dem Niveau α vor. Wie andere Indizes auf der Basis von Zählquadraten ist auch der Index von MORISITA abhängig von der Größe der Zählquadrate. Die Veränderung des Index I_σ, die sich bei seiner Berechnung für zu- oder abnehmende Zählquadratgrößen ergibt, ermöglicht – ähnlich wie die im folgenden zu besprechenden Paarkorrelations- und L-Funktionen – die Mustererkennung auf unterschiedlichen Raumskalen.

9.2.3.3 Wahl der Zählquadratgröße

Für die Wahl der Zählquadratgröße gibt es keine Patentlösung; sie hängt eng mit dem unbekannten, zu erfassenden Muster zusammen. Würde die gesamte Beobachtungsfläche in nur zwei oder drei Quadrate eingeteilt, mit jeweils der Hälfte oder einem Drittel der erfaßten Punkte, so erbrächte das ebenso wenige Hinweise auf das Verteilungsmuster, wie eine Unterteilung der Fläche in Quadrate, die so klein sind, daß sie höchstens einen Stichprobenpunkt umfassen. Von zahlreichen Autoren (UPTON und FINGLETON, 1985) werden Quadratgrößen vorgeschlagen, die im Mittel 1,0 bis 4,0 Objekte pro Quadrat erbringen. Bei Vorliegen einer POISSON-Verteilung [vgl. (9.1)] erbringen λ-Werte von 1,0 und 4,0 einen Anteil unbesetzter Zählquadrate von 37% bzw. 2%. Höhere oder geringere Anteile unbesetzter Quadrate am Aufnahmeraster sind gleichbedeutend mit einer Erhöhung des Erhebungsaufwandes ohne entsprechenden Informationsgewinn bzw. mit einer Verringerung des Aufwandes und einem Verzicht auf Detailinformation.

In der Praxis ist die Größe der Zählquadrate, die vor allem für die Aufnahme von Sämlingen, Verjüngungspflanzen oder Unterstand in Frage kommen, zumeist durch versuchstechnische Aspekte vorgegeben (Überschaubarkeit der Quadrate, Aufwand für das Einmessen der Quadrate, gewünschte Genauigkeit der Mustererkennung) und liegt auf Versuchsflächen zumeist zwischen 1 m × 1 m und 5 m × 5 m. Kleine Zählquadratgrößen erlauben eine Feinanalyse der Verjüngungsstruktur, beispielsweise das Nachvollziehen der Samenausbreitung des Altbestandes. Größere Zählquadrate kommen dann in Frage, wenn eine flächendeckende, summarische Erfassung der Verjüngungssituation ganzer Bestände im Vordergrund der Untersuchung steht.

Im Zweifelsfall sollten kleinere Zählquadrate ausgeschieden oder die Baumposition explizit vermessen werden, weil dann eine Aggregation der Zählquadrate zu größeren Einheiten bzw. eine maßstabsunabhängige Auswertung möglich wird. Beginnt die Verteilungsanalyse zunächst auf der Grundlage der ursprünglichen Zählquadrate, um dann in einem zweiten Schritt jeweils 4 Zählquadrate, jeweils 16 Zählquadrate usw. zusammenzufassen, so können durch ein solches Vorgehen Klumpungen auf verschiedener Auflösungsebene diagnostiziert werden.

9.2.4 K-Funktion

Die K-Funktion von RIPLEY (1977), ihre Transformation in die L-Funktion von BESAG (1977) und die Paarkorrelationsfunktion von STOYAN und STOYAN (1992) ermöglichen eine präzisere und eindeutigere Quantifizierung von Baumverteilungsmustern als die behandelten Strukturindizes. Während diese lediglich durchschnittliche Angaben über die Positionierung der nächsten Nachbarn oder die Dichtevariation auf der Fläche abgeben, erbringen die K-, L- und Paarkorrelationsfunktion Aussagen über die tendenzielle Veränderung der Umgebungsstruktur von Einzelbäumen mit zunehmender Entfernung vom Standpunkt (vgl. Abb. 9.9 a–c). Bei allen drei Funktionen werden die Ergebnisse der zugrundeliegenden Zählalgorithmen zur theoretischen Häufigkeit bei zufälliger Verteilung der Baumposition ins Verhältnis gesetzt. Die Funktionen diagnostizieren dann, inwieweit das Baumverteilungsmuster bei zunehmendem Abstand r von den Stammfußpunkten aus im Vergleich zur POISSON-Verteilung verdünnt oder verdichtet ist. Als Referenz wird also wieder die in Abschnitt 9.2.1 eingeführte zweidimensionale POISSON-Verteilung eingesetzt. Die größere Aussagekraft dieser Funktionen gegenüber Strukturindizes ist mit einem höheren Rechenaufwand und einer anspruchsvolleren Interpretation verbunden, so daß sie sich vorwiegend für die Anwendung im wissenschaftlichen Bereich eignen. Demgegenüber bieten sich die vorgestellten Indizes, indem sie leicht errechnet werden können und aufgrund ihres festen Wertebereiches leicht interpretierbar sind, für die Quantifizierung von Strukturen und Strukturveränderungen in der Praxis an.

Bei der Anwendung der genannten Funktionen wird angenommen, daß die betrachteten Baumverteilungsmuster homogen und isotrop sind. Homogenität gilt dann als gegeben,

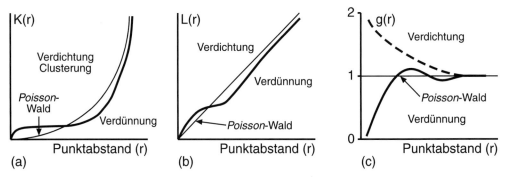

Abbildung 9.9 a–c K-, L- und Paarkorrelationsfunktion g diagnostizieren Stammverteilungsmuster in Abhängigkeit vom Abstand r von Stammfußpunkten. Verdichtung oder Verdünnung der Baumhäufigkeiten gegenüber der zufälligen Stammverteilung, die **(a)** als Parabel $K(r) = \pi \cdot r^2$, **(b)** Winkelhalbierende $L(r) = r$ bzw. **(c)** als x-Achsen-parallele Linie $g(r) = 1{,}0$ eingezeichnet ist, werden sichtbar.

wenn das zu untersuchende Punktfeld in verschiedenen Gebieten der Ebene gleiche Punktkonfigurationen aufweist und Unterschiede nur durch zufällige Schwankungen eintreten. Inhomogenität des Punktmusters wäre beispielsweise dann gegeben, wenn eine Parzelle an den Bestandesrand grenzt oder sich über mehrere Standorteinheiten erstreckt. Denn dann besteht die Gefahr, daß sich Baumdichte und Verteilungsmuster aufgrund des unterschiedlichen Ressourcenangebots innerhalb der Ebene graduell verändern. Der Nachweis der Homogenität stützt sich zumeist auf fachwissenschaftliche Argumente, zum Beispiel darauf, daß einheitliche Standortbedingungen, Düngungsverhältnisse oder Behandlung gegeben ist. Während Homogenität die Invarianz des Verteilungsmusters gegenüber Verschiebungen bzw. Translationsbewegungen beschreibt, bezieht sich die Isotropie auf die Unabhängigkeit von Drehungen um den Ursprung. Wenn ein Punktmuster sowohl homogen als auch isotrop ist, nennt man es bewegungsinvariant. Dann ändern weder Verschiebungen noch Drehungen um beliebige Punkte das Verteilungsmuster systematisch (STOYAN und STOYAN, 1992).

Zur Veranschaulichung des Informationsgehaltes von K-, L- und Paarkorrelationsfunktion berechnen wir diese für die in Abbildung 9.10 dargestellten regelmäßigen (a und d), zufälligen (b und e) und geklumpten (c und f) Baumverteilungsmuster in Fichtenbeständen *Picea abies* (L.) Karst. Die Abbildungen 9.10 a, b und

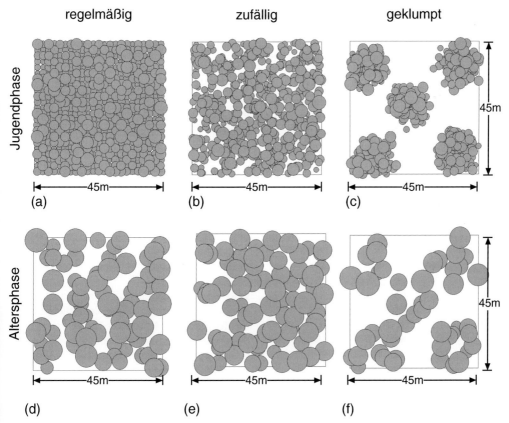

Abbildung 9.10 a–f Verteilungsmuster für die beispielhafte Anwendung von K-, L- und Paarkorrelationsfunktion in Fichtenbeständen *Picea abies* (L.) Karst. **(a)**, **(b)** und **(c)** in der Jugendphase und **(d)**, **(e)** und **(f)** in der Altersphase. Dargestellt sind die Kronenkarten einer regelmäßigen, zufälligen und geklumpten Baumverteilung.

c zeigen die Bestandesstrukturen in der Jugendphase. Diese Bestände wurden mit dem Bestandessimulator SILVA 2.2 ohne Behandlungseingriff 100 Jahre fortgeschrieben und resultieren in den durch die Abbildungen 9.10 d, e und f veranschaulichten Verteilungsstrukturen in der Altersphase. Damit wird ein Spektrum von Baumverteilungsmustern für die Veranschaulichung der K-, L- und Paarkorrelationsfunktion herangezogen, das annähernd den in unseren Wäldern vertretenen Strukturen entspricht.

9.2.4.1 Methodische Grundlagen

Um die tendenzielle Veränderung des Verteilungsmusters mit zunehmender Entfernung vom Stammfußpunkt zu quantifizieren, wird bei der Berechnung der K-Funktion um jede Baumposition des Baumverteilungsplanes ein Kreis mit dem Radius r gelegt. Innerhalb des Kreises mit dem Radius r wird die Anzahl der Bäume bestimmt, wobei jeweils die Zentralbäume nicht mitgezählt werden. Durch schrittweise Erhöhung des Radius und entsprechende Wiederholung des Zählvorganges ergibt sich nach entsprechender Umformung die K-Funktion (Abb. 9.9 a). Sie beschreibt die mittlere Anzahl von Bäumen in Abhängigkeit vom Radius r und ist definiert als

$$\lambda K(r) = n_r, \quad \text{für} \quad r \geq 0. \tag{9.29}$$

Dabei beschreibt $\lambda K(r)$ die mittlere Anzahl der Bäume, die von einem beliebigen typischen Punkt des Punktfeldes N einen Abstand kleiner als r haben. Zu diesen Baumzahlen gelangt man, indem um jeden Stammfußpunkt des Punktfeldes N nach dem oben eingeführten Prinzip Kreise mit ansteigendem Radius gelegt werden, auf denen jeweils die Anzahl der Punkte n_r ausgezählt werden. Durch Teilung dieser von den Radien abhängigen Punktzahl durch die mittlere Dichte λ werden die Zählergebnisse normiert, und es ergibt sich die K-Funktion als

$$K(r) = \frac{n_r}{\lambda}. \tag{9.30}$$

Darin bezeichnet n_r die mittlere Anzahl der Stammfußpunkte auf Kreisscheiben mit den Radien r, die um die Stammfußpunkte gelegt werden. Mit λ wird die Intensität des Punktprozesses bezeichnet, die sich als mittlere Anzahl der Punkte je Flächeneinheit ergibt λ = Gesamtanzahl von Punkten/Gesamtfläche. Bei einer reinen Zufallsverteilung im POISSON-Wald erbrächte die K-Funktion nach RIPLEY (1977) die Parabel

$$K(r) = \pi \cdot r^2, \quad \text{für} \quad r \geq 0, \tag{9.31}$$

d. h., mit zunehmendem Radius r nimmt die erwartete Baumzahl innerhalb der um die Stammfußpunkte gelegten konzentrischen Kreise quadratisch zu. Positiv gerichtete Abweichungen von dieser Parabel, wie wir sie in Abbildung 9.9 a bei geringen Baumabständen finden, deuten auf eine Verdichtung und Clusterung des Verteilungsmusters hin, negative Abweichungen von der Parabel sind gleichbedeutend mit Verdünnung oder Tendenz zur Regelmäßigkeit. Die in Abbildung 9.9 a eingezeichnete K-Funktion diagnostiziert somit ein Baumverteilungsmuster, in welchem die Bäume im Nahbereich in Clustern, z. B. Trupps oder Gruppen, stehen und in welchem die Bäume in größerer Distanz in eher geringerer Dichte vorkommen.

Für n Bäume auf einer Versuchsfläche mit der Größe A lautet die Schätzung der K-Funktion von RIPLEY für einen spezifizierten Radius r

$$\hat{K}(r) = \frac{1}{\lambda} \cdot \sum_{i=1}^{n} \sum_{j=1}^{n} \frac{P_{ij}(r)}{n-1} \tag{9.32}$$

mit

$$P_{ij}(r) = \begin{cases} 0 & \text{falls} \quad r_{ij} \leq r \\ 1 & \text{falls} \quad r_{ij} \geq r \end{cases}, \tag{9.33}$$

wobei r_{ij} die Distanz zwischen Baum i und Baum j angibt und $\lambda = n/A$ die mittlere Punktdichte darstellt. An dieser Stelle sei auf die möglichen Verfahren der Randkorrektur in Abschnitt 10.7 verwiesen, die sich anbieten, falls der Radius r über den Rand der Versuchsfläche hinausreicht.

9.2.4.2 Anwendungsbeispiel

Wie sehen nun die K-Funktionen der regelmäßig, geklumpt bzw. zufällig aufgebauten Fich-

9.2 Horizontales Baumverteilungsmuster

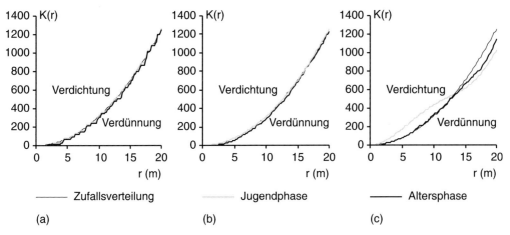

Abbildung 9.11 a–c K-Funktionen für einen regelmäßig, zufällig und geklumpt aufgebauten Fichtenbestand *Picea abies* (L.) Karst. in der Jugendphase (graue Linie) und nach einer Selbstdifferenzierung über 100 Jahre (schwarze Linie). Als Referenz ist die Parabel $K(r) = \pi \cdot r^2$ eingezeichnet, die eine POISSON-Verteilung erbrächte. Der Auswertung liegen die in Abbildung 9.10 dargestellten Bestände zugrunde.

tenbestände *Picea abies* (L.) Karst. aus, die wir dem Abschnitt als Musterbeispiele vorangestellt haben (vgl. Abb. 9.10)?

Die gestufte K-Funktion für den regelmäßig bestockten Fichtenbestand (Abb. 9.11 a) indiziert für Ausgangs- und Endbestand einen hohen Grad an Regelmäßigkeit (graue bzw. schwarze Linie). Sichtbar wird eine Periodizität von Zonen, die gegenüber dem POISSON-Wald (dünn ausgezogene Parabel) eine positive oder negative Abweichung (Verdichtung bzw. Verdünnung) aufweisen. Trifft der Suchkreis mit dem Radius r auf Pflanzreihen, so tritt eine Verdichtung auf; dazwischen ergibt sich eine Verdünnung. Der zu Beginn zufällig aufgebaute Fichtenbestand behält bis zum Ende des Prognosezeitraumes seine Zufallsstruktur weitgehend bei (Abb. 9.11 b). Eine Tendenz zur Regelmäßigkeit, wie sie in bewirtschafteten Waldbeständen hergestellt wird, ist anhand der K-Funktion kaum zu erkennen, sieht man von einer konkurrenzbedingten leichten Ausdünnung bei geringeren Radien ab. Der zu Beginn des Beobachtungszeitraumes geklumpt aufgebaute Fichtenbestand (Abb. 9.11 c) zeigt im Ausgangszustand eine Verdichtung im Nahbereich bis zu 10 m und eine Verdünnung in größeren Abstandsbereichen, den Clusterzwischenräumen. Im Endbestand haben sich diese Cluster durch Selbstdifferenzierung weitgehend aufgelöst, so daß sich das Verteilungsmuster in Entfernungszonen von 12–13 m als eher zufällig darstellt. Die zu Beginn deutlich sichtbare Ausdünnung in den Clusterzwischenräumen bleibt – wenn auch weit weniger deutlich – erhalten.

9.2.5 L-Funktion

9.2.5.1 Methodische Grundlagen

Für die Diagnose und statistische Prüfung von Abweichungen beobachteter Punktfelder von der Zufallsverteilung hat sich die Transformation von K(r) nach BESAG (1977) bewährt. Eine solche Transformation

$$L(r) = \sqrt{\frac{k(r)}{\pi}}, \quad \text{für } r \geq 0 \quad (9.34)$$

linearisiert K(r) für den Fall einer völlig regellosen Verteilung und stabilisiert ihre Varianz. Für den POISSON-Wald ergibt sich für die L-Funktion

$$L(r) = r, \quad \text{für } r \geq 0, \quad (9.35)$$

die in der graphischen Darstellung die Winkelhalbierende bildet (Abb. 9.12).

9 Analyse des Raumbesetzungsmusters

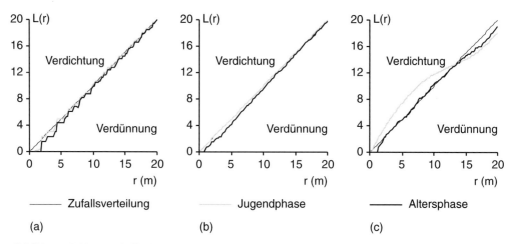

Abbildung 9.12 a–c L-Funktionen für einen regelmäßig, zufällig und geklumpt aufgebauten Fichtenbestand *Picea abies* (L.) Karst. in der Jugendphase (graue Linie) und nach einer Selbstdifferenzierung über 100 Jahre (schwarze Linie). Als Referenz ist die Winkelhalbierende L(r) = r eingezeichnet, die eine POISSON-Verteilung erbrächte. Der Auswertung liegen die in Abbildung 9.10 dargestellten Bestände zugrunde.

Die L-Funktion nach BESAG (1977) ist ähnlich wie die K-Funktion zu interpretieren. Die Funktionswerte K(r) sind lediglich so transformiert, daß der POISSON-Wald durch die Winkelhalbierende repräsentiert ist. Positive Abweichungen von dieser Winkelhalbierenden indizieren Verdichtung und negative Abweichungen Verdünnung der Objektdichte bis zum gegebenen Radius r. Die L-Funktion spiegelt den Informationsgehalt der K-Funktion also lediglich in linearisierter Form wider, wobei Abweichungen von einer Geraden und Winkelhalbierenden leichter erkennbar sind als Abweichungen von einer Parabel.

9.2.5.2 Anwendungsbeispiel

Die L-Funktion deckt die Abweichungen von der POISSON-Verteilung noch besser auf als die K-Funktion. Das Verteilungsmuster des regelmäßig aufgebauten Fichtenbestandes *Picea abies* (L.) Karst. schlägt sich in einer stufenförmigen L-Funktion nieder (Abb. 9.12 a). In dieser Graphik repräsentiert nun die Winkelhalbierende die L-Funktion bei Zufallsverteilung, so daß Abweichungen von dieser Referenz noch besser sichtbar werden. Im Ausgangsbestand (graue Linie) wie im Endbestand (schwarze Linie) zeigt die starke Verdünnung bis zu Entfernungen von 2 m und die anhaltende mäßige Verdünnung bis zu 4 m den Effekt des Quadratverbandes an. In größeren Entfernungsbereichen sind die Wechsel zwischen Verdichtung bei Pflanzreihen und Verdünnung in den Zwischenfeldern nicht mehr ganz so stark ausgeprägt, weil mit steigendem Kreisradius Pflanzreihen und Zwischenfelder immer weniger trennscharf erfaßt werden. Während die L-Funktion in dem zufällig aufgebauten Fichtenbestand *Picea abies* (L.) Karst. im Ausgangszustand deckungsgleich mit der Referenzkurve für Zufallsverteilung ist, erbringt die Selbstdifferenzierung über 100 Jahre im Nahbereich der Bäume bis zu 10 m eine Verdünnung (Abb. 9.12 b). Die L-Funktion des Endbestandes (schwarze Linie) deutet damit eine konkurrenzbedingte Verdünnung im Nahbereich der Endbestandsbäume an. Auch die Klumpung im Ausgangsbestand und ihr Übergang in eine mehr zufällig aufgebaute Verteilung (Abb. 9.12 c) tritt bei der Darstellung der L-Funktion, bei der die Winkelhalbierende zur Referenz wird, deutlicher hervor als bei der K-Funktion.

9.2.6 Paarkorrelationsfunktion für die Feinanalyse von Baumverteilungsmustern

9.2.6.1 Methodische Grundlagen

Bevor die Schätzfunktion für die Paarkorrelationsfunktion g(r) eingeführt wird (9.40), sollen Prinzip und Aussagekraft durch den praktischen Rechengang bei ihrer Herleitung verdeutlicht werden. Analysiert wird ein Baumverteilungsmuster im Gebiet W mit dem Flächeninhalt A, n beobachteten Punkten und der Punktdichte $\lambda = n/A$. Um jeden Stammfußpunkt des Baumverteilungsmusters wird ein Kreisring mit mittlerem Radius r gelegt (Abb. 9.13). Durch Auszählung der Stammfußpunkte auf diesen Kreisringen ergibt sich die mittlere Anzahl von Baumpaaren mit dem vorgegebenen Abstand r_{akt}. Durch schrittweise Vergrößerung von Radius r_{akt} des Kreisringes und wiederholtes Auszählen ergibt sich die Anzahl der Baumpaare in Abhängigkeit vom Abstand. Die gefundenen Besetzungsdichten werden ins Verhältnis mit der zu erwartenden Häufigkeit bei POISSON-Verteilung gesetzt. Die Funktion g(r) drückt dann aus, inwieweit sich das Baumverteilungsmuster mit zunehmender Entfernung verändert, ob die Verteilungsstruktur im gesamten Beobachtungsfeld zufällig bleibt, ob in bestimmten Abständen Anhäufungen festzustellen sind, wie das beispielsweise bei einem Quadratverband zu erwarten wäre usw. Die Funktion diagnostiziert, in welcher Entfernung von der Zufallsverteilung Abweichungen vorkommen und ob diese Abweichungen auf eine Klumpung oder Regelmäßigkeit hinauslaufen.

Erbringt die Paarkorrelationsfunktion g(r) = 1,0, so deutet das auf eine gemäß POISSON-Verteilung erwartete Anzahl von Baumpaaren mit dem Abstand r hin (Abb. 9.9 c). Hat g(r) für alle r den Wert 1,0, so liegt offensichtlich ein völlig regelloses Verteilungsmuster vor. Wird g(r) > 1,0, so treten Punktpaare mit einem Abstand r häufiger als bei POISSON-Verteilung gleicher Intensität auf, was gleichbedeutend mit einer Klumpung ist. Wird g(r) < 1,0, so ist die Anzahl der Punktpaare mit einem Abstand r seltener als bei einer POISSON-Verteilung. Wir sprechen dann von Verdünnung. Für kleine r, die unter dem im Bestand beobachteten Mindestabstand zwischen Bäumen r_0 liegen, ist die Paarkorrelationsfunktion g(r) = 0. Für große r_{akt} nähert sich g(r) dem Wert 1,0. Für die g-Funktion und gleichermaßen für die K- und L-Funktion gilt, daß der Radius r und der damit vorgegebene Kreis irgendwann eine Größe erreichen, bei der die erfaßte Intensität λ nicht mehr von der Gesamtintensität auf der Fläche abweicht. Ab diesem Radius lassen sich keine Abweichungen von der Zufälligkeit mehr aufdecken, so daß die Korrelationsfunktionen ab diesem Radius ihre Aussagekraft verlieren.

Typisch für Baumverteilungsmuster im gleichaltrigen Reinbestand ist zunächst ein harter Kern, ein Mindestabstand, in dem keine Nachbarn oder nur selten Nachbarn auftreten. Aufgrund der Konkurrenz um Ressourcen ist die Punktdichte dann im näheren Umfeld der Bäume gegenüber der Zufallsverteilung verdünnt. Das Verteilungsmuster hat also bei klei-

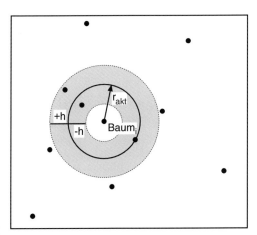

Abbildung 9.13 Zur Schätzung der Paar- und Markenkorrelationsfunktion werden von einem Stammfußpunkt ausgehend alle anderen Baumpositionen registriert, die im Bereich des aktuellen Radius $r_{akt} \pm$ der Bandbreite h (gestrichelte Kreise) liegen. Sie gehen dann um so stärker in den Schätzwert der Paar- und Markenkorrelationsfunktion an der Stelle r_{akt} ein, je näher sie an der Kreislinie mit dem Radius r_{akt} (durchgezogener Kreis) liegen. Nachdem eine solche Umgebungsanalyse an jedem Baum ausgeführt ist, wird r_{akt} um einen vorgegebenen Wert erhöht und der Schätzalgorithmus erneut abgearbeitet.

nen Baumabständen eine Tendenz zur Regelmäßigkeit. Mit Zunahme der Entfernung nimmt die Dichte zu und nähert sich dann in Schwingungen wellenförmig der 1,0-Linie an. Je deutlicher die Regelmäßigkeit des Verteilungsmusters, desto ausgeprägter und anhaltender sind die Schwingungen. Eine völlig andere Paarkorrelationsfunktion erbringt beispielsweise ein Eichen-Buchen-Mischbestand *Quercus petraea* (Mattuschka) Liebl. bzw. *Fagus silvatica* L., in welchem Alteichen mit Buchen zur Schaftschutzpflege umfüttert sind. Es liegt wiederum zunächst ein harter Kern vor, der einen Mindestabstand definiert. An diesen schließt dann aber eine Clusterung und Verdichtung an, die erst bei größeren Punktabständen in eine Zufallsverteilung übergeht. Die beiden in Abbildung 9.9 c schematisch eingezeichneten Paarkorrelationsfunktionen indizieren solche unterschiedlichen Bestandesaufbauformen.

9.2.6.2 Algorithmus zur Schätzung der Paarkorrelationsfunktion

Vor der Berechnung der Paarkorrelationsfunktion g(r) müssen folgende Festlegungen getroffen werden:
- Erstens die Festlegung des kleinsten Radius r_{min}, mit dem die Analyse begonnen wird, und des größten Radius r_{max}, bis zu welchem das Baumverteilungsmuster analysiert werden soll. Der Wert r_{max} sollte sich an der Flächengröße orientieren, um die Randeffekte in einem tolerierbaren Rahmen zu halten.
- Zweitens die Wahl der Schrittweite Δr für die Schätzung von g(r).
- Drittens die Breite h des Kreisringes, in dem die Analyse des Punktmusters erfolgt (Abb. 9.13).

Die Schrittweite und die Bandweite h bestimmen die Empfindlichkeit der Musteranalyse. Große Schritt- und Bandweiten erbringen geglättete Funktionen, kleine hingegen führen zu einer starken Oszillation der Paarkorrelationsfunktion. Die Berechnung der Paarkorrelationsfunktion umfaßt folgende neun Schritte:

1. Als aktueller Radius r_{akt}, für den g(r) geschätzt werden soll, wird r_{min} angenommen.

2. Um einen beliebigen Baum i mit dem Stammfußpunkt q_i wird ein Kreis mit dem Radius r_{akt} gezogen.

3. Für alle Bestandesglieder j wird geprüft, ob sie auf dem Kreisring $r_{akt} \pm h$ liegen. Die Stammfußpunkte auf dem Kreisring werden gezählt und um so stärker gewichtet, je näher sie in dem Band $r_{akt} \pm h$ dem mittleren Radius r_{akt} kommen. Sei q_i der Stammfußpunkt des Baumes im Kreismittelpunkt und q_j der Stammfußpunkt eines anderen Baumes, so wird eine Hilfsgröße Z_j nach (9.36) berechnet,

$$Z_j = k_h(r_{akt} - \|q_j - q_i\|) ; \qquad (9.36)$$

wobei $\|q_j - q_i\|$ für den euklidischen Abstand zwischen den Punkten q_j und q_i steht. Durch die Verwendung einer geeigneten Kernfunktion $k_h(t)$ mit $t = r_{akt} - \|q_j - q_i\|$ (STOYAN und STOYAN, 1992, S. 389) nimmt Z_j nur dann einen Wert größer Null an, wenn die Entfernung von x_j und x_i innerhalb der Bandbreite $\pm h$ liegt, außerhalb der Bandbreite liefert die Kernfunktion den Wert 0. Zudem wird Z_j um so größer, je näher der Abstand der beiden Punkte r_{akt} kommt.

4. Es wird der Ausdruck Z_i berechnet, der sich als Summe aller Z_j versteht.

$$Z_i = \sum_{\substack{j=1 \\ (j \neq i)}}^{n} Z_j \qquad (9.37)$$

5. Die Schritte 2 bis 4 werden für alle Bäume auf der Fläche W vollzogen, so daß schließlich für alle Bäume ein Wert für Z_i bekannt ist.

6. Alle Z_i werden zum Ausdruck Z aufsummiert.

$$Z = \sum_{i=1}^{n} Z_i \qquad (9.38)$$

7. Z wird gemäß (9.39) verrechnet, wodurch man den Schätzwert für g an der Stelle r_{akt} erhält.

$$\hat{g}(r_{akt}) = \frac{Z}{2\pi \cdot r_{akt} \cdot \hat{\lambda}^2 \cdot \gamma(r_{akt})} \qquad (9.39)$$

In (9.39) bezeichnet der Zähler die im jeweiligen Kreisring mit dem Radius r_{akt} durch Zählung festgestellte Punktdichte. Der Nenner bezeichnet die theoretisch bei POISSON-Verteilung erwartete Besetzungshäufigkeit, wobei $\lambda = n/A$ für die mittlere Punktdichte und $\chi(r_{akt})$ für den Ausgleich von Randeffekten steht.

8. Für den nächsten Auswertungszyklus (Schritte 2 bis 8) wird r_{akt} um Δr erhöht.

9. Solange $r_{akt} \leq r_{max}$ ist, werden die Schritte 2–8 erneut ausgeführt. Für jeden Radius r_{akt} ergibt sich dann ein Wert $\hat{g}(r_{akt})$, so daß die Paarkorrelation aufgebaut werden kann.

Zusammenfassend erfolgt die Schätzung der Paarkorrelationsfunktion g(r), ausgehend von den Koordinaten der Punkte $q_{i, i=1...n}$ über die Gleichung

$$\hat{g}(r) = \frac{1}{2 \cdot \pi \cdot r \cdot \hat{\lambda}^2 \cdot \gamma(r)}$$
$$\times \sum_{i=1}^{n} \sum_{\substack{j=1 \\ (j \neq i)}}^{n} k_h(r - \|q_j - q_i\|), \quad \text{für } r > 0.$$
(9.40)

Dabei sind:
$\hat{g}(r)$ Schätzwert für die Paarkorrelationsfunktion g(r) an der Stelle r,
q_i, q_j Punkte i und j mit den Koordinaten x_i, y_i and x_j, y_j,
$\|q_j - q_i\|$ Euklidischer Abstand von q_j und q_i, berechnet nach
$$\|q_j - q_i\| = \sqrt{(x_j - x_i)^2 + (y_j - y_i)^2},$$
n Anzahl der Punkte im untersuchten Gebiet W,
$k_h(t)$ Kernfunktion; diese baut um r_{akt} eine Bandweite auf und bezieht die Punkte darin gewichtet in die Zählung ein; STOYAN und STOYAN (1992, S. 389) empfehlen hierfür den EPANECNIKOV-Kern (9.41),
$\chi(r)$ Funktion zur Randkorrektur der Paarkorrelationsfunktion (vgl. STOYAN und STOYAN, 1992, S. 141).

Die der Anwendung der Kernfunktion $k_h(t)$ zugrundeliegende Idee ist, daß diejenigen Punktepaare einbezogen werden sollen, deren Abstand ungefähr gleich r ist. Gebräuchlich ist der EPANECNIKOV-Kern (STOYAN und STOYAN, 1992):

$$k_h(t) = \begin{cases} \dfrac{3}{4 \cdot h} \cdot \left(1 - \dfrac{t^2}{h^2}\right), & \text{falls } -h \leq t \leq h \\ 0, & \text{falls } t > h \text{ oder } t < -h \end{cases}.$$
(9.41)

h ist die Bandweite der Kernfunktion. Die Wahl von h ist im allgemeinen von größerer Bedeutung als die Wahl der Kernfunktion. Kleine h führen zu detaillierten Paarkorrelationsfunktionen, große h führen zu glatteren Paarkorrelationsfunktionen. Empfohlene Größenordnung von h nach STOYAN und STOYAN (1992) ist $h = c \cdot \lambda^{-1/2}$ mit $c = 0{,}1, \ldots, 0{,}2$.

Zwischen der Paarkorrelationsfunktion g(r) und der K-Funktion von RIPLEY besteht der Zusammenhang

$$g(r) = \frac{\dfrac{dK(r)}{dr}}{2\pi \cdot r}.$$
(9.42)

(9.42) verdeutlicht nochmals den eingangs graphisch dargestellten Sachverhalt, wonach K(r) die kumulative Punktdichte auf Kreisscheiben mit dem Radius r auszählt und g(r) die jeweilige Punktdichte auf den Kreisringen mit den Radien r bestimmt. Durch die Ableitung von K(r) nach r gelangt man zur Paarkorrelationsfunktion, welche die Veränderung der Raumbesetzung mit zunehmender Entfernung wesentlich feiner analysiert als die K- und L-Funktion, die demgegenüber die kumulative Besetzungsdichte aufzeichnen.

9.2.6.3 Beispiele für die Musteranalyse mit der Paarkorrelationsfunktion

Indem die Paarkorrelationsfunktion nicht die aggregierten Baumhäufigkeiten mit zunehmendem Abstand, sondern die Veränderung der Häufigkeiten mit Zunahme des Abstandes registriert, zeigt sie gegenüber K- und L-Funktion viel sensibler Veränderungen des Verteilungsmusters auf. Wir charakterisieren die in Abbildung 9.10 dargestellten, in ihrem hori-

9 Analyse des Raumbesetzungsmusters

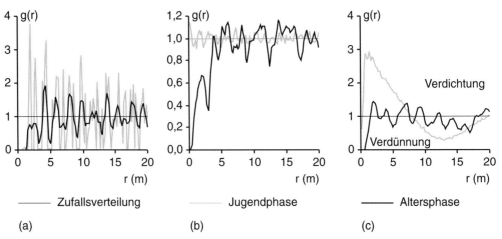

Abbildung 9.14a-c Paarkorrelationsfunktionen für **(a)** einen regelmäßig, **(b)** zufällig und **(c)** geklumpt aufgebauten Fichtenbestand *Picea abies* (L.) Karst. in der Jugendphase (graue Linie) und nach einer Selbstdifferenzierung über 100 Jahre (schwarze Linie). Als Referenz ist die x-Achsen-parallele Linie g(r) = 1.0 eingezeichnet, die eine POISSON-Verteilung erbrächte. Der Auswertung liegen die in Abbildung 9.10 dargestellten Bestände zugrunde.

zontalen Baumverteilungsmuster regelmäßig, geklumpt bzw. zufällig aufgebauten Fichtenbestände *Picea abies* (L.) Karst. nun mit der Paarkorrelationsfunktion (Abb. 9.14).

Bei dem Bestand mit regelmäßigem Verteilungsmuster erbringt die Paarkorrelationsfunktion für Ausgangs- und Endbestand (Abb. 9.14a, graue bzw. schwarze Linie) eine periodische Abfolge von Maxima und Minima, welche den sehr hohen Grad an Ordnung im Baumverteilungsmuster hervorhebt. Positive Ausschläge markieren Verdichtungen bei Auftreffen auf Pflanzreihen, negativ gerichtete Ausschläge markieren die Zwischenfelder. Durch Selbstdifferenzierungsprozesse während des 100jährigen Prognosezeitraumes werden die Amplituden geringer, und die Periode wird breiter, denn durch Konkurrenzierung fallen zunächst die unmittelbaren Nachbarn herrschender und vorherrschender Bäume aus. In dem zufällig aufgebauten Fichtenbestand (Abb. 9.14b) schwankt im Ausgangszustand die Paarkorrelationsfunktion um die Referenzlinie, die für Zufallsverteilung steht. Nach 100 Jahren ist es im näheren Umfeld der verbliebenen Bäume zu einer deutlichen Verdünnung gekommen, bei Abstandswerten von 5–7 m ist ein erstes Maximum festzustellen, wonach dann etwa bei Vielfachem dieses Wertes eine Periodizität von Verdichtung und Verdünnung eintritt. Dies entspricht ungefähr der Erkenntnis, daß in Fichtenaltbeständen *Picea abies* (L.) Karst. herrschende und vorherrschende Zuwachsträger Abstandswerte von 7–8 m einnehmen. Auch die ausgeprägte Klumpung im Ausgangsbestand (Abb. 9.14c) wird durch die Paarkorrelationsfunktion wesentlich deutlicher angezeigt als mit der K- und der L-Funktion. Die Klumpung im Ausgangsbestand (graue Linie) geht im Zuge der Bestandesentwicklung durch Selbstdifferenzierungsprozesse in eine zufällige bis regelmäßige Struktur über. Im Endzustand (schwarze Linie) weisen der zunächst regelmäßig, zufällige und geklumpte Bestand im Nahbereich aufgrund der Selbstdifferenzierung eine ähnliche Verdünnung auf, im weiteren Abstandsbereich stellt sich eine Periodizität zwischen Verdichtung und Verdünnung ein, die aus einer eher regelmäßigen Verteilung der Endbestandsbäume resultiert und eine bestmögliche Ausbeute der standörtlichen Ressourcen ermöglicht.

9.3 Bestandesdichte

9.3.1 Bestockungsgrad

9.3.1.1 Ertragstafelbezogener Bestockungsgrad

Der ertragstafelbezogene Bestockungsgrad wird in der Praxis der Forsteinrichtung verwendet. Er bezeichnet das Verhältnis von beobachteter Bestandesgrundfläche (m²/ha) oder von beobachtetem Vorrat (VfmD/ha) in Relation zu den Erwartungswerten einer Ertragstafel. Meist wird die Tafel für mäßige Durchforstung der betrachteten Baumart gewählt. Dieser Bestockungsgrad dient u. a. der

- Beschreibung der Bestandesdichte,
- Ermittlung des Volumenzuwachses eines Bestandes bei nichtertragstafelkonformer Bestandesdichte,
- Definition von Eingriffsstärken und Nutzungssätzen und
- Quantifizierung der Bestandesauflichtung zur Förderung der Verjüngung.

Der auf der Grundfläche aufbauende Bestockungsgrad B_G° errechnet sich für Rein- und Mischbestände mit n Baumarten wie folgt:

$$B_G^\circ = \sum_{i=1}^{n} \frac{G_{Baumart_i}^{beob}}{G_{Baumart_i}^{ET}}. \qquad (9.43)$$

Dabei sind:
$G^{beob.}$ wirkliche Bestandesgrundfläche,
G^{ET} Ertragstafelgrundfläche je Hektar.

Analog wird der Bestockungsgrad B_V°, der auf dem Vorrat basiert, berechnet. Die praxisübliche Herleitung von Baumartenanteilen in Mischbeständen baut auf dem nach (9.43) definierten Bestockungsgrad auf. Die Forsteinrichtung berechnet die Flächenanteile in Prozent, welche die einzelnen Mischbaumarten am Gesamtbestand ausmachen, nach (9.44):

$$\text{Mischungsanteil}_{Baumart_i}[\%] = \frac{\dfrac{G_{Baumart_i}^{beob}}{G_{Baumart_i}^{ET}}}{\sum_{j=1}^{n} \dfrac{G_{Baumart_j}^{beob}}{G_{Baumart_j}^{ET}}} \cdot 100. \qquad (9.44)$$

Auf diese Weise findet der arttypische Standflächenbedarf der Baumarten bei der Berechnung des Bestockungsgrades und Mischungsanteiles Berücksichtigung. Dies gilt allerdings streng genommen nur dann, wenn die verwendeten Ertragstafeln für alle beteiligten Baumarten die standörtlich maximal mögliche Dichte bzw. die gleiche dazu relative Dichte wiedergeben. Insofern ist der ertragstafelbezogene Bestockungsgrad für wissenschaftliche Zwecke meist zu ungenau.

9.3.1.2 Natürlicher Bestockungsgrad

Zur Charakterisierung der Dichte auf ertragskundlichen Versuchsflächen und zur Steuerung der Eingriffsstärke auf Durchforstungsversuchen kommt der natürliche Bestockungsgrad B_{nat}° zur Anwendung. Dieser ist das Verhältnis zwischen der beobachteten Grundfläche oder dem beobachteten Vorrat pro Hektar und der maximal möglichen Grundfläche bzw. dem maximal möglichen Vorrat je Hektar, der sich auf standortidentischen und unbehandelten Vergleichsflächen einstellt.

$$B_{nat}^\circ = \frac{G_{Bestand_i}^{beob}}{G_{max}^{beob}} \qquad (9.45)$$

Mischungsanteile, die analog zu (9.44) auf der Basis des natürlichen Bestockungsgrades berechnet werden, sind ökologisch wesentlich aussagekräftiger als diejenigen, denen ein ertragstafelbezogener Bestockungsgrad zugrunde liegt. Denn in den natürlichen Bestockungsgrad geht der arttypische Standflächenbedarf der Baumarten in bestmöglicher Weise ein.

9.3.2 Überschirmungsprozent

Als weiteres Dichtemaß gilt das Überschirmungsprozent, welches ausweist, wieviel Prozent der gesamten Bestandesfläche von Kronen überdeckt sind.

$$\text{Überschirmungsprozent (\%)} = \frac{\text{überschirmte Bestandesfläche}}{\text{Gesamtfläche}} \cdot 100 \qquad (9.46)$$

Bestockungsgrad und Überschirmungsprozent laufen nicht zwangsläufig synchron. Werden beispielsweise in Buchenbeständen *Fagus silvatica* L. Bestockungsgrad und Überschirmungsprozent durch hochdurchforstungsartige Eingriffe deutlich abgesenkt, so wird sich das Überschirmungsprozent dank der anpassungsfähigen Krone der Buche *Fagus silvatica* L. rasch wieder erhöhen, während der Bestockungsgrad erst allmählich wieder ansteigt; die Kronenexpansion erfolgt rascher und ausgiebiger als der Durchmesserzuwachs, der den Bestockungsgrad determiniert. Bestockungsgrad und Beschirmungsgrad indizieren also unterschiedliche Aspekte der Dichte, ersterer eher die Dichte des aufstockenden Holzvorrates und den Wettbewerb um Ressourcen, letzterer die Dichte des Kronendaches und die Lichtverhältnisse im Kronen- und Stammraum. Die Berechnung der Überschirmungsverhältnisse wird meist auf dem Wege einer Auszählung durchgeführt. Diese kann zwar okular vollzogen werden, ist aber mit geeigneter Software sehr gut zu automatisieren. Dazu wird die auszuwertende Kronenkarte (vgl. Abschn. 8.2.1) mit einem Gitternetz unterlegt (Abb. 9.15). Das Überschirmungsprozent wird dann durch eine Trefferabfrage aus der Kronenkarte ermittelt; das Überschirmungsprozent ergibt sich aus der Zahl der Abfragepunkte, die eine Krone treffen, dividiert durch die Gesamtzahl der abgefragten Rasterpunkte. Der Abstand der Gitterlinien kann je nach gewünschter Erfassungsdichte eingestellt werden. Nach dem Prinzip der Trefferabfrage wird in einem Suchlauf des Programms für jeden Knotenpunkt des Gitternetzes abgefragt, ob der Punkt unbeschirmt ist, ob er einfach, zweifach, dreifach und mehrfach überschirmt ist und aus welchen Baumarten sich seine Überschirmung aufbaut. Aus der Häufigkeit, in der die jeweiligen Zustandsmerkmale vorkommen, lassen sich Aussagen über die Überschirmungsverhältnisse des Bestandes ableiten.

Am Beispiel einer Tannen-Fichten-Versuchsfläche *Abies alba* Mill. bzw. *Picea abies* (L.) Karst. im Forstamt Starnberg (Versuchsfläche WOL 097/3) sollen die drei in Abschnitt 8.2.1 eingeführten Berechnungsverfahren zur Darstellung der Kronenperipherie und Überschirmungsanalyse vorgestellt werden. Abbildung 9.16 zeigt die Kronenkarten dieser Versuchsfläche im Jahr 1988 bei Ausgleich der Kronenumrisse über Spline-Funktionen sowie die ein- und mehrfachen Überschirmungen (grau bzw. schwarz).

Die in Tabelle 9.2 eingetragenen Überschirmungsprozente für den Gesamtbestand grün-

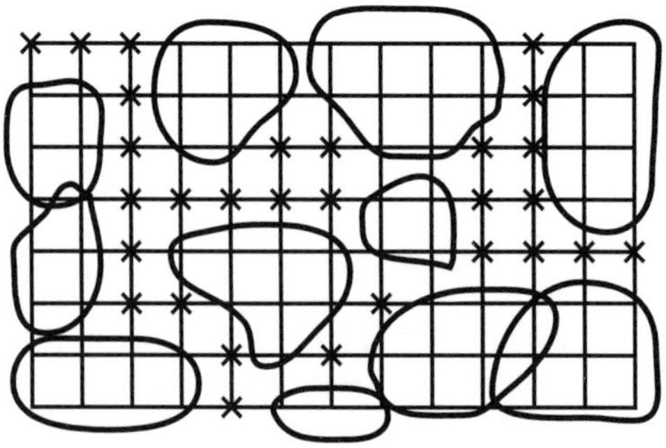

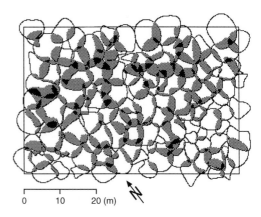

Abbildung 9.16 Kronenkarten der Tannen-Fichten-Versuchsfläche *Abies alba* Mill. bzw. *Picea abies* (L.) Karst. im Forstamt Starnberg (WOL 097, Parzelle 3) bei der Aufnahme im Frühjahr 1988, dargestellt auf der Basis von Spline-Funktionen. Einfach überschirmte Flächen sind weiß, zweifach überschirmte grau, mehr als zweifach überschirmte schwarz markiert.

Abbildung 9.15 Der Überschirmungsgrad ergibt sich durch Trefferabfrage auf der Grundlage von Kronenkarten. Das schematische Beispiel erbringt für die insgesamt 104 Rasterpunkte 75 Treffer auf Baumkronen, so daß das Überschirmungsprozent $75/104 \cdot 100\% = 72{,}1\%$ beträgt.

Tabelle 9.2 Überschirmungsprozente auf der Tannen-Fichten-Mischbestandsversuchsfläche *Abies alba* Mill. bzw. *Picea abies* (L.) Karst. Wolfratshausen 097/3 im Forstamt Starnberg. Angegeben sind die Befunde der Überschirmungsanalyse nach drei verschiedenen Verfahren zum Ausgleich der Kronenperipherie: (1) Linearer Ausgleich zwischen den acht Kronenradien, (2) Approximation der Kronengrundfläche durch Kreise und (3) Verbindung der Radien durch Spline-Funktionen.

Ausgleich	unbeschirmt (%)	überschirmt (%)	1fach (%)	2fach (%)	3fach (%)	4fach (%)
Linear	10,3	89,7	61,6	26,1	2,0	0,0
Kreis	12,7	87,3	48,4	33,7	5,2	0,0
Spline	7,4	92,6	54,3	33,2	4,6	0,5

den auf einer Trefferabfrage der Zustandsmerkmale (unbeschirmt, einfach überschirmt, zweifach überschirmt usw.) an 60 000 Punkten, die sich durch Unterlegen der Kronenkarte mit einem Netz der Gitterweite 20 cm ergeben haben.

Die Umrisse der Kronenprojektionen wurden zur Auswertung in der Kronenkarte nach drei verschiedenen Methoden abgebildet:

- Methode 1 verbindet die gemessenen Kroneneckpunkte linear zu einem Polygonzug.
- Bei Methode 2 ergibt das quadratische Mittel der Kronenradien je Baum den Radius eines Kreises, der vereinfachend als Kronenprojektion verwendet wird.
- Methode 3 besteht darin, die acht je Baum gemessenen Kronenradien über Spline-Funktionen (vgl. Abschn. 8.2.1.2) zu verbinden (vgl. Abb. 9.16).

Die Trefferstatistik weist für den Spline-Ansatz um 2–3% höhere, für den Kreis-Ansatz um 2–3% niedrigere Werte für die Gesamtüberschirmung im Vergleich zum linearen Ausgleich auf. Hervorzuheben ist, daß sich bei einem nichtlinearen Ausgleich (2. und 3. Berechnungsverfahren) aufgrund der Ausrundung der Kronenform deutlich höhere Mehrüberschirmungen ergeben als bei einem linearen Ausgleich. Eine Reihe von Testrechnungen mit weiteren Versuchsflächen bestätigte für den Spline-Ansatz Gesamtüberschirmungswerte, die bis zu 10% über den Überschirmungswerten bei linearem Ausgleich liegen. Diese methodisch bedingten, systematischen Unterschiede sind bei der Interpretation der Überschirmungswerte bei unterschiedlichen Auswertungsverfahren zu berücksichtigen.

9.3.3 Grundflächenhaltung

Zwei weitere Dichtemaße, die vor allem zur Steuerung von Durchforstungsversuchen Verwendung finden, sind die mittlere Grundflächenhaltung (mGH) und die relative mittlere Grundflächenhaltung (rel. mGH). Wenn g die Grundfläche zu Beginn einer Zuwachsperiode ist, G die Grundfläche am Ende einer Zuwachsperiode bezeichnet und m die Anzahl der Jahre einer Zuwachsperiode beschreibt, so ist für die Zuwachsperioden $1, \ldots, n$

$$\mathrm{mGH} = \frac{\left\{ \left(\frac{g_1 + G_1}{2}\right) \cdot m_1 + \left(\frac{g_2 + G_2}{2}\right) \cdot m_2 + \ldots + \left(\frac{g_n + G_n}{2}\right) \cdot m_n \right\}}{m_1 + m_2 + \ldots + m_n}. \quad (9.47)$$

Bei der mittleren Grundflächenhaltung handelt es sich also um die mit den Zuwachsperiodenlängen gewichteten Durchschnitte der Grundflächen zu Beginn und am Ende der jeweiligen Zuwachsperioden $1, \ldots, n$.

Wird die beobachtete mittlere Grundflächenhaltung nach (9.47) für einen behandelten Bestand ermittelt und ins Verhältnis zu der entsprechenden mittleren Grundflächenhaltung eines standortgleichen unbehandelten, maximal bestockten Bestandes gesetzt, so ergibt sich die relative mittlere Grundflächenhaltung

$$\text{relative mGH} = \frac{\mathrm{mGH}^{beob}_{Bestand_i}}{\mathrm{mGH}^{beob}_{max}}. \quad (9.48)$$

9.3.4 Quantifizierung der Bestandesdichte nach REINEKE (1933)

9.3.4.1 Bestandesdichteregel

Die Bestandesdichteregel oder Stand Density Rule von REINEKE (1933) beschreibt den Zusammenhang zwischen Mitteldurchmesser und Stammzahl pro Hektar vollbestockter und unbewirtschafteter gleichaltriger Reinbestände über die allometrische Beziehung

$$N = a \cdot dg^b, \quad (9.49)$$

die sich im doppelt-logarithmischem Koordinatensystem als Gerade

$$\ln N = \ln a + b \cdot \ln dg \quad (9.50)$$

mit dem y-Abschnitt $\ln a$ und der Steigung b darstellen läßt.

REINEKE (1933) und nach ihm BERGEL (1985), KRAMER und HELMS (1985) und STERBA (1981) belegen, daß sich bei Selbstdifferenzierung die Stammzahlabnahme mit zunehmendem Mitteldurchmesser mit einer Steigung von $b = -1{,}605$ vollzieht und daß dieser Koeffizient, selbst bei gewisser Schwankung, unabhängig von Baumart und Standort Gültigkeit besitzt. PRETZSCH (2000) konnte eine geometrisch-physiologische Deutung für diesen Sachverhalt finden. Der Lageparameter der Geraden a steigt mit zunehmender Standortgüte an. Er kann deshalb zur Bestimmung des Ertragsniveaus herangezogen werden. Die Stand-Density-Regel ermöglicht die modellhafte Beschreibung von Selbstdifferenzierungsprozessen und die Diagnose von Störfaktoren, z. B. von Standortverbesserungen (vgl. Kapitel 11 und 12).

9.3.4.2 Bestandesdichteindex

Auf diese allometrische Beziehung zwischen Stammzahl und Mitteldurchmesser (9.49) gründet REINEKE (1933) seinen Bestandesdichteindex:

$$SDI = N_{dg_{beob}} \cdot \left(\frac{25}{dg_{beob}}\right)^{-1{,}605}. \quad (9.51)$$

Für einen Bestand mit gegebenem Durchmesser dg_{beob} und gegebener Stammzahl $N_{dg_{beob}}$ gibt der Index die bei einem vorgegebenen Index-Durchmesser ($dg = 25$ cm) zu erwartende Stammzahl an, also die Stammzahl, die der Bestand hätte, wenn sein dg 25 cm betragen würde. Dabei wird unterstellt, daß sich die Stammzahlabnahme nach der Stand-Density-Regel mit der Steigung $-1{,}605$ vollzieht (Abb. 9.17).

Das beobachtete und das für den Index-Durchmesser gesuchte Wertepaar ($N_{dg\,=\,25} = SDI$, $dg = 25$ cm) bzw. ($N_{dg_{beob}}$, dg_{beob}) liegen dann auf ein und derselben Gerade

$$\ln SDI = \ln N_{dg=25} = \ln a - 1{,}605 \cdot \ln 25 \quad (9.52)$$

$$\ln N_{dg_{beob}} = \ln a - 1{,}605 \cdot \ln dg_{beob}. \quad (9.53)$$

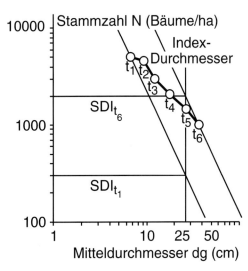

Abbildung 9.17 Zur Quantifizierung der Bestandesdichte mit dem Stand-Density-Index kann die Stammzahlentwicklung über dem Mitteldurchmesser $t_1 \to t_2 \to \ldots t_6$ im doppelt logarithmischem Netz aufgetragen werden. Zur Quantifizierung der Dichte im Entwicklungsstadium t_1 oder t_6 wird durch diese Punkte eine Gerade mit der Steigung $b = -1{,}605$ gelegt. Damit gelangt man zur Stammzahl, die der Bestand bei einem Indexdurchmesser von $dg = 25$ cm hätte und zu den entsprechenden Bestandesdichte-Indizes $SDI_{t_1} = 200$ bzw. $SDI_{t_6} = 2000$.

Daraus errechnet sich

$$\ln SDI = \ln N_{dg_{beob}} - 1{,}605 \cdot (\ln 25 - \ln dg_{beob}) \quad (9.54)$$

und durch Delogarithmierung (9.51).

Der Bezug eines gegebenen Mitteldurchmesser/Stammzahl-Befundes auf einen Index-Mitteldurchmesser von dg = 25 cm läßt sich graphisch folgendermaßen veranschaulichen (Abb. 9.17). Dargestellt ist die Stammzahl über dem Mitteldurchmesser im doppelt logarithmischen Netz für einen Waldbestand zu den Aufnahmezeitpunkten $t_1, t_2, t_3, \ldots, t_6$. Um die Bestandesdichte zu den Aufnahmezeitpunkten t_1 oder t_6 mit dem Stand-Density-Index zu quantifizieren, wird durch die Punkte t_1 bzw. t_6 eine Gerade mit der Steigung b = −1,605 gelegt, so daß die für den Bestand zu erwartende Stammzahl bei einem Mitteldurchmesser von dg = 25 cm abgelesen werden kann. Es resultieren die Stand-Density-Indizes, die in unserem Beispiel $SDI_{t1} = 200$ bzw. $SDI_{t6} = 2000$ betragen und angeben, welche Stammzahl pro Hektar der betrachtete Bestand hätte, wenn er bis zu einem Mitteldurchmesser von dg = 25 cm auf demselben Dichteniveau weitergeführt würde.

STERBA (1991) gibt für die Hauptbaumarten Stand-Density-Indizes bei maximaler Bestockungsdichte an, die je nach Standraumbedarf der Arten und Standorteigenschaften variieren (Tab. 9.3). Während bei der Fichte *Picea abies* (L.) Karst. bei maximaler Bestockungsdichte und optimalen Wuchsbedingungen 900–1100 Bäume pro ha mit einem Mitteldurchmesser von dg = 25 cm zu erwarten sind und von Tanne *Abies alba* Mill. und Douglasie *Pseudotsuga menziesii* Mirb. ähnlich hohe Werte erreicht werden, liegen die Stand-Density-Indizes bei Eiche *Quercus petraea* (Mattuschka) Liebl. und Lärche *Larix decidua* Mill. mit 500–600 Bäume/ha nur etwa halb so hoch. Kiefer *Pinus silvestris* L. und Buche *Fagus silvatica* L. liegen mit 600–750 Bäume/ha bei Mitteldurchmessern von dg = 25 cm im Mittelfeld.

9.3.5 Kronenkonkurrenzfaktor

Der Kronenkonkurrenzfaktor (CCF) gibt das Verhältnis zwischen der Kronenschirmflächensumme aller Bäume eines Bestandes (KG) und seiner Flächengröße (A) in Prozent an; er ist ein relatives Maß für den durchschnittlichen Konkurrenzdruck im Kronenraum. Je größer die Kronenschirmfläche KG eines Bestandes bei gegebener Bestandesfläche A ist, um so stärker ist die durchschnittliche Konkurrenz im Kronenraum und um so höher ist der Kronenkonkurrenzfaktor. Zur Bestimmung der Kronenschirmflächensumme KG wird nicht auf die wirklichen Schirmflächen der Einzelbäume zurückgegriffen, sondern für jeden Baum werden in Abhängigkeit von seinem Durchmesser aus einer zuvor abgeleiteten Beziehung potentielle Schirmflächen berechnet, die unter optimalen Wuchsbedingungen zu erwarten wären. Diese Beziehung zur Schätzung der potentiellen Kronengrundflächen wird nach folgendem Verfahren vorab hergeleitet: Für Bäume mit optimaler Kronendurchmesserentwicklung, z. B. Solitärbäume, wird der Zusammenhang zwischen ihrem Brusthöhendurchmesser d und mittlerem Kronendurchmesser kd durch eine Gerade ausgeglichen

$$kd = a_0 + a_1 \cdot d. \quad (9.55)$$

Dem Kronendurchmesser kd liegt dabei zumeist das quadratische Mittel aus mehreren Kronenradienmessungen pro Baum zugrunde. Durch Umformung kann daraus die Grundbe-

Tabelle 9.3 Rahmenwerte der Stand-Density-Indizes für wichtige Baumarten (nach STERBA, 1991). Demnach sind beispielsweise in Fichtenbeständen *Picea abies* (L.) Karst. mit einem Mitteldurchmesser von dg von 25 cm bei maximaler Bestockungsdichte 900–1100 Bäume/ha zu erwarten, in Tannenbeständen *Abies alba* Mill. 800–1000 Bäume/ha.

Baumarten		Fichte	Tanne	Douglasie	Lärche	Kiefer	Buche	Eiche
Stand-Density-Index	von	900	800	700	500	600	650	500
	bis	1100	1000	900	600	750	750	600

ziehung zwischen der Kronengrundfläche kgf und dem Brusthöhendurchmesser d

$$kgf = ([a_0 + a_1 \cdot d]^2 \cdot \pi)/4 \qquad (9.56)$$

abgeleitet werden, über welche für beliebige Durchmesser d die zu erwartende potentielle Kronengrundfläche kgf bestimmt werden kann. Unterstellt werden dabei kreisrunde Kronenprojektionen. Der Kronenkonkurrenzfaktor (CCF) für einen Waldbestand mit der Fläche A und der Baumzahl n ergibt sich als Quotient aus der Summe der unter Solitär-Verhältnissen zu erwartenden Kronengrundflächen und der Bestandesfläche A multipliziert mit 100:

$$CCF = \frac{1}{A} \cdot \sum_{i=1}^{n} kgf_i \cdot 100. \qquad (9.57)$$

Zum besseren Verständnis ist in Abbildung 9.18 in schematischer Darstellung für verschiedene Bestände der Kronenkonkurrenzfaktor angegeben. Ohne Konkurrenzdruck, d. h. unter Solitär-Verhältnissen, liegt der Kronenkonkurrenzfaktor unter 100% (Abb. 9.18a). Steigt die Bestandesdichte so weit an, daß die Bäume gerade noch ihre optimale Kronengrundfläche ausbilden können, also in ihrer Kronenentwicklung durch nachbarliche Konkurrenz noch nicht beeinträchtigt werden, aber schon die gesamte Bestandesfläche überschirmen, so beträgt der Kronenkonkurrenzfaktor 100% (Abb. 9.18b). Können die Bestandesglieder nicht mehr ihre optimale Kronengrundfläche (kgf) ausbilden, ohne Nachbarn zu berühren, so weist das auch auf einen erhöhten Konkurrenzdruck im Kronen- und Wurzelraum hin, und der CCF-Wert steigt auf über 100% an (Abb. 9.18c). Abbildung 9.18d zeigt den in Abbildung c dargestellten Bestand nach einem Durchforstungseingriff. Die verbliebenen Bäume erbringen einen CCF-Wert von 100, würden also die gesamte Bestandesfläche überschirmen, wenn sie ihre potentielle Kronengröße hätten ausbilden können. Durch den Bezug auf die unter optimalen Bedingungen zu erwartenden Kronengrundflächen wird der Kronenkonkurrenzfaktor besonders gut interpretierbar.

9.3.6 Raumbesetzungsdichte und Vertikalprofile

Zur Analyse der dreidimensionalen Raumbesetzung in Waldbeständen entwickelte PRETZSCH (1992c) das EDV-Programm RAUM (vgl. Abschn. 8.2.3). Aufbauend auf den Ergebnissen der Trefferabfrage, die das Programm RAUM bei der Analyse eines Bestandes in der Raummatrix abspeichert, kann eine Statistik über die Vertikalverteilung der Kronen im Bestandesraum angefertigt werden, wie sie in Abbildung 9.19 graphisch für Versuchsflächen in den Forstämtern Zwiesel und Freyung im Bayerischen Wald dargestellt ist (Bildtafeln 19–21). Diese Abbildungen lassen erkennen, welche Prozentanteile die verschiedenen Baumarten im Bestandesraum der betrachteten Versuchsfläche einnehmen. Auf dem linken und mittleren Teil der Abbildungen 9.19a, b und c ist, getrennt nach Baumarten Fichte *Picea abies* (L.) Karst., Tanne *Abies alba* Mill. und Buche *Fagus silvatica* L. und für alle Baumarten zusammen (SUMME), die prozentuale Raumbesetzung durch Kronen für 1-m-Höhenschichten angegeben. Zur Berechnung dieser Prozentanteile wurden vom Programm

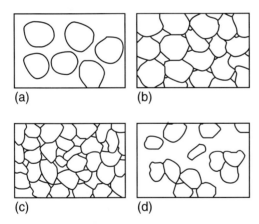

Abbildung 9.18a–d Beschreibung der Bestandesdichte durch den Kronenkonkurrenzfaktor (CCF) (erweitert nach OLIVEIRA, 1980, S. 56). **(a)** Wachstumsphase vor Kronenschluß (CCF = 50%); **(b)** zum Zeitpunkt der Aufnahme ist voller Kronenschluß erreicht, vorher hatten die Bäume Solitärcharakter (CCF = 100%); **(c)** durch Konkurrenzdruck beeinträchtigte Kronenausdehnung (CCF = 200%); **(d)** Bestand von (c) nach einer Durchforstung (CCF = 100%).

9.3 Bestandesdichte

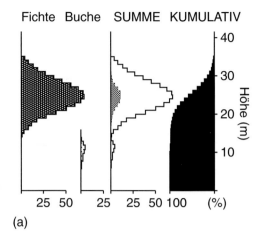

(a)

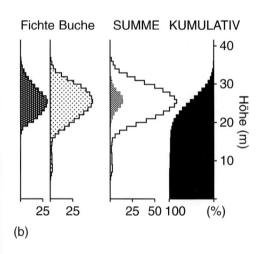

(b)

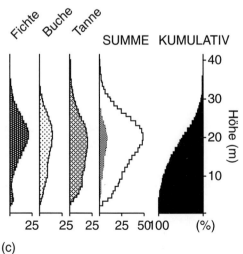

(c)

Abbildung 9.19 a–c Vertikalprofile der Raumbesetzung für die in Abbildung 8.10 im Aufriß dargestellten Versuchsbestände. **(a)** Fichten-Reinbestand *Picea abies* (L.) Karst. Zwiesel 111/5, Herbst 1982, nach Durchforstung; **(b)** Fichten-Buchen-Mischbestand *Picea abies* (L.) Karst. bzw. *Fagus silvatica* L. Zwiesel 111/3, Herbst 1982, nach Durchforstung; **(c)** Fichten-Tannen-Buchen-Plenterwald *Picea abies* (L.) Karst., *Abies alba* Mill. bzw. *Fagus silvatica* L. Freyung 129/2, Herbst 1980.

RAUM (vgl. Abschn. 8.2.3) am Bestandesboden beginnend und in 1-m-Schritten bis zum Wipfelraum fortschreitend Horizontalschnitte durch den Kronenraum gelegt. In einem Suchlauf wurde für jeden Horizontalschnitt ermittelt, aus wieviel Zellen er sich aufbaut (vgl. Abb. 8.17, 8.18 und 8.19) und wie diese Zellen anteilmäßig durch verschiedene Baumarten besetzt sind. Ist diese Berechnung für alle 1-m-Höhenschichten ausgeführt, so stehen uns die Prozentangaben für die Vertikalprofile der Überschirmung in Abbildung 9.19 zur Verfügung. Im rechten Teil der Abbildung 9.19 (KUMULATIV) wurde außerdem die kumulative Häufigkeitsverteilung für die Präsenz der Baumkronen innerhalb des Kronenraumes eingezeichnet. Die kumulative Häufigkeitsverteilung zeigt die Zunahme der Raumbesetzung vom Wipfelraum bis zum Boden an. Dieser Gradient ist ein Indikator für den Kurvenverlauf der Lichtextinktion innerhalb des Kronenraumes.

Abbildung 9.19a zeigt das Vertikalprofil der Überschirmung für den Fichten-Reinbestand *Picea abies* (L.) Karst. Zwiesel 111/5 (Aufnahme Herbst 1982), in dem die Kronen in einer schmalen Höhenzone, in etwa 25 m Höhe, aufeinandertreffen. In dieser Höhenschicht sind, wie die Summenkurve erkennen läßt, etwa 75% der Zellen der Raummatrix mit Kronen besetzt und Mehrfachbesetzungen der Zellenmittelpunkte der Raummatrix (graue Dichtekurve in der Rubrik SUMME) am häufigsten. Im Fichten-Buchen-Mischbestand *Picea abies* (L.) Karst. bzw. *Fagus silvatica* L. Zwiesel 111/3 (Aufnahme Herbst 1982) sind die Häufigkeitsverteilungen über der Höhe breiter (Abb. 9.19b). Das kumulative Häufigkeitsdiagramm ist trapezförmig. Auf der Fichten-Tannen-Buchen-Plenterwaldfläche *Picea abies* (L.) Karst., *Abies alba* Mill. bzw. *Fagus silvatica* L. Freyung 129/2 (Aufnahme Herbst 1980) verteilen sich alle Baumarten über den ganzen Höhenbereich, das kumulative Häufigkeitsdiagramm hat Dreiecksform und weist auf stärkeren Lichteinfall bis in die unteren Höhenschichten hin (Abb. 9.19 c).

9.4 Differenzierung

9.4.1 Variationskoeffizienten der Durchmesser- und Höhenverteilung

Mit den Variationskoeffizienten für die Durchmesser- und Höhenverteilung innerhalb des Bestandes werden zwei Maßzahlen der Differenzierung errechnet, die häufig zur Quantifizierung der Heterogenität von Pflanzenbeständen eingesetzt werden. So stützen sich etwa Überlegungen zu Stichprobenumfang, Beurteilungen der Häufigkeitsfrequenzen von Einzelbaumdimensionen oder Überlegungen zur Bestandesstabilität und Umwandlungsfähigkeit auf Variationskoeffizienten von Durchmesser und Höhe, definiert als Standardabweichung, ausgedrückt in Prozent des arithmetischen Mittelwertes.

$$\text{VAR}_d = \frac{\sqrt{\sum_{i=1}^{n} \frac{(d_i - \bar{d})^2}{n-1}}}{\bar{d}} \cdot 100 \quad (9.58)$$

Dabei sind:
VAR_d Variationskoeffizient der Baumdurchmesser,
$\bar{d}$ arithmetischer Mitteldurchmesser,
d_i Brusthöhendurchmesser der $i = 1, \ldots,$ n Bestandesglieder.

Der Variationskoeffizient der Höhenverteilung VAR_h charakterisiert die Vertikalstrukturierung als Ergebnis der Konkurrenz um Licht.

9.4.2 Durchmesserdifferenzierung

Die Durchmesserdifferenzierung T_i quantifiziert die Durchmesserheterogenität im unmittelbaren nachbarlichen Umfeld von Baum i (FÜLDNER, 1995; FÜLDNER, 1996; V. GADOW, 1993). Für den Zentralbaum i, i = 1, ..., n und seine nächsten Nachbarn j, j = 1, ..., n ist die Durchmesserdifferenzierung T_i definiert als

$$T_i = \frac{1}{n} \cdot \sum_{j=1}^{n} r_{ij}, \quad (9.59)$$

$$r_{ij} = 1 - \frac{\min(\text{BHD}_i, \text{BHD}_j)}{\max(\text{BHD}_i, \text{BHD}_j)}. \quad (9.60)$$

Dabei sind:
n Zahl der Bäume,
BHD_i, BHD_j Durchmesser von Zentralbaum bzw. Durchmesser seiner Nachbarn.

Das Prinzip ist in Abbildung 9.20 für die „Strukturelle Vierergruppe" dargestellt, die sich aus einem Zentralbaum i und seinen n = 3 nächsten Nachbarn aufbaut. FÜLDNER (1995) stellt fest, daß die strukturelle Vierergruppe bestehend aus einem Zentralbaum und seinen drei nächsten Nachbarn eine besonders geeignete Grundlage zur Berechnung von Strukturparametern darstellt. Aufbauend auf den Durchmesserwerten von Zentralbaum und sei-

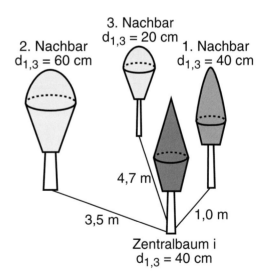

Abbildung 9.20 Die strukturelle Vierergruppe besteht aus einem Zentralbaum i und seinen drei nächsten Nachbarn j = 1, ..., n. Nach (9.59) ergibt sich für die schematisch dargestellte Biogruppe eine Durchmesserdifferenzierung von $T_i = 0{,}28$.

nen nächsten Nachbarn ergibt sich in diesem schematischen Beispiel für die Durchmesserdifferenzierung ein Wert von

$$T_i = \frac{\left(1 - \frac{40}{40}\right) + \left(1 - \frac{40}{60}\right) + \left(1 - \frac{20}{40}\right)}{3}$$

$$= \frac{0{,}00 + 0{,}33 + 0{,}50}{3} = 0{,}28. \quad (9.61)$$

Der Wertebereich von T_i kann von 0–1,0 reichen ([0; 1,0]). Ist die Durchmesserdifferenzierung gering, wie beispielsweise in Plantagen oder Altbeständen, die nach dem Z-Baum-Konzept behandelt wurden, so nähern sich die T_i-Werte Null an. Eine maximale Durchmesserdifferenzierung in Plenterwäldern oder Bergmischwaldbeständen erbringt T_i-Werte nahe bei 1,0.

Soll die durchschnittliche Durchmesserdifferenzierung innerhalb eines Bestandes berechnet werden, so kann dies zum einen durch Mittelung aller T_i-Werte erfolgen.

$$\bar{T} = \frac{1}{n} \cdot \sum_{i=1}^{n} T_i \quad (9.62)$$

Eine andere Möglichkeit, zu durchschnittlichen Durchmesserdifferenzierungen auf Bestandesebene zu gelangen, hält sich an folgendes Konzept: Für alle Bäume eines Bestandes sind im Idealfall als Ergebnis einer Vollerhebung kartesische Koordinaten und der jeweilige Brusthöhendurchmesser bekannt. Jeder Baum i, i = 1, ..., n ist bei der Berechnung der Strukturparameter aus vollerhobenen Urdaten genau einmal Zentralbaum. Für jeden Baum i werden unabhängig voneinander seine

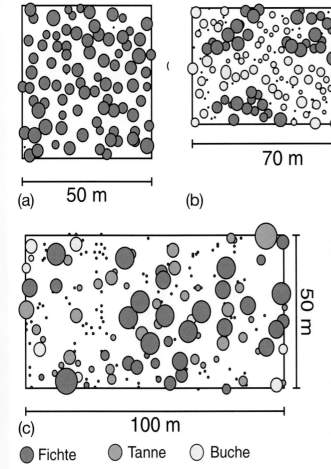

Abbildung 9.21 a–c Beispielhafte Berechnung der mittleren Durchmesserdifferenzierung $\bar{T}$ und der Durchmesserdifferenzierung zwischen Zentralbaum und erstem, zweitem und drittem Nachbarn $\overline{T1}$, $\overline{T2}$ bzw. $\overline{T3}$. Die Durchmesserdifferenzierung beträgt **(a)** im dargestellten Fichten-Reinbestand *Picea abies* (L.) Karst. $\bar{T} = 0{,}22$, $\overline{T1} = 0{,}23$, $\overline{T2} = 0{,}23$ und $\overline{T3} = 0{,}21$; **(b)** im Fichten-Buchen-Mischbestand *Picea abies* (L.) Karst. bzw. *Fagus silvatica* L. $\bar{T} = 0{,}32$, $\overline{T1} = 0{,}32$, $\overline{T2} = 0{,}31$ und $\overline{T3} = 0{,}32$ und **(c)** im Fichten-Tannen-Buchen-Plenterwald *Picea abies* (L.) Karst., *Abies alba* Mill. bzw. *Fagus silvatica* L. ergeben sich Werte von $\bar{T} = 0{,}46$, $\overline{T1} = 0{,}48$, $\overline{T2} = 0{,}46$ und $\overline{T3} = 0{,}45$.

drei nächsten Nachbarn ermittelt. Bei einem solchen Vorgehen geht dann aber die Information über die bestandesspezifische gemeinsame Wuchskonstellation zwischen Zentralbaum und seinem ersten, zweiten und dritten Nachbarn verloren. FÜLDNER (1995) schlägt deshalb die Berechnung von $\overline{T1}$ vor:

$$\overline{T1} = \frac{1}{n} \cdot \sum_{i=1}^{n} T1_i, \qquad (9.63)$$

wobei $T1_i$ die gemäß (9.59) errechnete Durchmesserdifferenzierung von Baum i und seinem ersten Nachbarn ist. Mit $\overline{T1}$ ist demnach die mittlere Durchmesserdifferenzierung von Zentralbaum und erstem Nachbarn quantifiziert. Nach gleichem Ansatz können $\overline{T2}$ und $\overline{T3}$ berechnet werden, womit die durchschnittliche Umgebungssituation aller Bestandesglieder mit Blick auf ihren zweiten bzw. dritten Bestandesnachbarn charakterisiert wird. In dem in Abbildung 9.20 gegebenen Beispiel betragen die Werte für $T1_i = 140/40 = 0{,}00$, $T2_i = 140/60 = 0{,}33$ und $T3_i = 120/40 = 0{,}5$.

Die in Abbildung 9.21 über eine zehnfach überzeichnete Durchmesserdarstellung veranschaulichten Rein- und Mischbestände aus Fichte *Picea abies* (L.) Karst., Tanne *Abies alba* Mill. und Buche *Fagus silvatica* L. erbringen durchschnittliche T-Werte, die von 0,22 im Fichten-Reinbestand bis 0,46 im Fichten-Tannen-Buchen-Plenterwald reichen. Im Fichten-Reinbestand *Picea abies* (L.) Karst. erbringt die Feinanalyse der Nachbarschaftsverhältnisse $\overline{T1}, \overline{T2}, \overline{T3}$-Werte von 0,23, 0,23 bzw. 0,21. Im zweischichtigen Mischbestand aus Fichte und Buche nehmen $\overline{T1}, \overline{T2}, \overline{T3}$-Werte von 0,32, 0,31 bzw. 0,32 an. Höchste Durchmesserdifferenzierung im unmittelbaren nachbarlichen Umfeld zeichnet sich im Plenterwald ab, wobei die dort ermittelten $\overline{T1}, \overline{T2}, \overline{T3}$-Werte von 0,48, 0,46 bzw. 0,45 nur auf Bestandesgliedern mit Brusthöhendurchmessern ≥ 7 cm aufbauen.

9.4.3 Artendiversität und vertikale Strukturdiversität

9.4.3.1 Vielfalt und Diversität

Die Begriffe Vielfalt und Diversität übernehmen wir von der Genetik (HATTEMER, 1994; KON-NERT, 1992). Danach ist unter Vielfalt (V) die beobachtete Anzahl von Genotypen, Allelen oder Arten zu verstehen. In einem Mischbestand, bestehend aus vier Arten, ist demnach die Vielfalt (V) hinsichtlich der Arten, unabhängig von der Häufigkeitsverteilung der vier vertretenen Arten, $V = 4$.

Demgegenüber berücksichtigt die Diversität die Anzahl und Häufigkeiten der vorkommenden Arten. Sind die Genotypen, Allele oder Arten gleich häufig vertreten, so ist die Diversität maximal. Sie wird um so kleiner, je ungleichgewichtiger die Häufigkeiten sind. Als einer der Genetik entliehenen Maßzahl für die Quantifizierung der genetischen Diversität bietet sich an:

$$D = \left[\sum_{i=1}^{n} (p_i)^2 \right]^{-1}. \qquad (9.64)$$

Dabei sind:
n   Anzahl vorkommender Arten,
p_i Häufigkeit der Arten i, $i = 1, \ldots, n$.

Ein weiteres Maß zur Quantifizierung der Diversität, das ebenfalls auf Anzahlen und Häufigkeiten der vorkommenden Arten aufbaut, bildet der SHANNON-Index (H). Dieser wurde von SHANNON und WEAVER für die Informationstheorie entwickelt und mit Erfolg auf die Beschreibung der Artendiversität in biologischen Systemen übertragen (SHANNON, 1948).

$$H = -\sum_{i=1}^{S} p_i \cdot \ln p_i \qquad (9.65)$$

Dabei sind:
S   Anzahl vorkommender Arten,
p_i Artenanteile an der Population $p_i = \frac{n_i}{N}$,
n_i Anzahl der Individuen der Art i,
N   Anzahl der Individuen insgesamt.

Das Produkt aus Artenanteil p_i und logarithmiertem Artenanteil $\ln p_i$ ergibt, summiert über die Anzahl S vorkommender Arten und mit -1 multipliziert, den Index H für die Artendiversität. Indem als Multiplikator der logarithmisch transformierte Artenanteil einfließt, wird der Index durch seltene Arten überproportional erhöht, durch dominante Arten unterproportional

Tabelle 9.4 Beispiel für die Berechnung des SHANNON-Index $H = -\sum_{i=1}^{S} p_i \cdot \ln p_i$, der maximalen Diversität $H^{max} = \ln S$ und der standardisierten Diversität $E = \frac{H}{H^{max}} \cdot 100$. Berechnung für drei Bergmischwaldbestände (A, B und C) mit unterschiedlichen Mischungsverhältnissen aus Fichte *Picea abies* (L.) Karst., Tanne *Abies alba* Mill., Buche *Fagus silvatica* L. und Bergahorn *Acer pseudoplatanus* L.

Baumart	Bestand A			Bestand B			Bestand C		
	p_i	$\ln p_i$	$p_i \cdot \ln p_i$	p_i	$\ln p_i$	$p_i \cdot \ln p_i$	p_i	$\ln p_i$	$p_i \cdot \ln p_i$
Picea abies L.	0,25	−1,3863	−0,3465	0,60	−0,5108	−0,3065	0,90	−1,1054	−0,0948
Abies alba Mill.	0,25	−1,3863	−0,3465	0,20	−1,6094	−0,3219	0,05	−2,9957	−0,1498
Fagus silvatica L.	0,25	−1,3863	−0,3465	0,15	−1,8971	−0,2846	0,03	−3,5066	−0,1052
Acer pseudoplatanus L.	0,25	−1,3863	−0,3465	0,05	−2,9957	−0,1498	0,02	−3,9120	−0,0782
H			1,3863			1,0628			0,4280
H^{max}			1,3863			1,3863			1,3863
E (%)			100			77			31

vergrößert. Dies entspricht der Auffassung, daß eine bemessene Zahl rarer Arten mehr zur Diversität beiträgt als wenige, aber dominante Arten (vgl. Tab. 9.4).

9.4.3.2 Standardisierte Diversität oder Evenness

Für einen Bestand mit gegebener Artenzahl S ergibt sich die maximale Diversität als

$$H^{max} = \ln S, \quad (9.66)$$

so daß der Quotient aus Diversität und maximaler Diversität eine standardisierte Diversität erbringt.

$$E = \frac{H}{H^{max}} \cdot 100 \quad (9.67)$$

Dabei sind:
H   Diversität,
H^{max} maximale Diversität,
E   standardisierte Diversität oder Evenness,
S   Anzahl der vorkommenden Arten.

Diese beträgt bei größtmöglicher Durchmischung, d. h. gleichen Anteilen aller beteiligten Baumarten, E = 100, und sie geht mit abnehmender Unordnung, Diversität oder Entropie gegen E = 0.

Tabelle 9.4 zeigt beispielhaft die Berechnung des Diversitätsindex von SHANNON, der maximalen Diversität und der standardisierten Diversität für drei Bergmischwaldbestände mit unterschiedlichen Mischungsverhältnissen. In Bestand A kommen Fichte *Picea abies* (L.) Karst., Tanne *Abies alba* Mill., Buche *Fagus silvatica* L. und Ahorn *Acer pseudoplatanus* L. zu gleichen Anteilen von jeweils 25% vor, so daß der SHANNON-Index (H) gleich der maximalen Diversität (H^{max}) wird und die Evenness (E) 100% beträgt. Je unausgewogener die Mischungsanteile der vier Baumarten im Bestand B und Bestand C werden, um so geringer wird die Diversität H. Im Bestand B werden nur noch 77%, im Bestand C 31% der maximalen Diversität erreicht (E = 77% bzw. E = 31%). Demnach sind SHANNON-Index und standardisierte Diversität bei völlig ausgewogenen Mischungsverhältnissen maximal und nehmen ab, wenn auch das Gleichgewicht zwischen den Baumarten abnimmt. Im Reinbestand wird $p_i = n_i/N = 1$ und H = 0 wegen ln 1 = 0. Daraus resultiert auch $H^{max} = 0$ und E = 0, was gleichbedeutend mit einer minimalen Diversität ist.

Indem die Evenness E die im Bestand beobachtete Diversität ins Verhältnis zur maximalen Diversität bei vorgegebener Artenanzahl S setzt, gelangen wir zu einer standardisierten oder relativierten Diversität, denn diese drückt

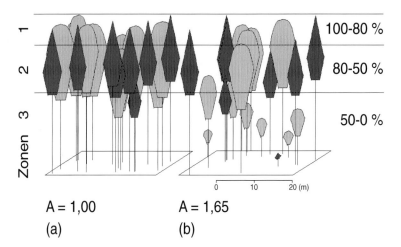

Abbildung 9.22 a, b Zur Bestimmung des Artenprofil-Index A wird ein Bestand in drei Höhenzonen eingeteilt. Die Zonen 1, 2 und 3 reichen von 100–80%, 80–50% bzw. 50–0% der Maximalhöhe des Bestandes. Für die Berechnung des Index A werden die Artenanteile gesondert nach Baumarten und Zonen ausgezählt.

in Prozent aus, inwieweit sich ein Bestand mit gegebener Artenanzahl S der maximal erreichbaren Diversität, die bei völlig ausgewogenen Artenanteilen erreicht wird, annähert. Die Evenness E ist demnach auch dazu geeignet, Bestände mit unterschiedlichen Artenanzahlen S hinsichtlich ihrer Annäherung bzw. Abweichung von der maximalen Diversität und Unordnung zu charakterisieren. Da nur Artenanteile, nicht aber das Raumbesetzungsmuster in den Index H einfließen, ergeben sich für strukturell sehr unterschiedliche Waldbestände, wie sie beispielhaft in Abbildung 9.22 dargestellt sind, dieselben Diversitäts-Indizes (H = 0,67).

9.4.3.3 Artenprofilindex

Der im folgenden entwickelte Index A für das Artenprofil (PRETZSCH, 1995) baut auf dem Index H von SHANNON (1948) auf.

$$A = -\sum_{i=1}^{S} \sum_{j=1}^{Z} p_{ij} \cdot \ln p_{ij} \qquad (9.68)$$

Dabei sind:
S   Anzahl vorkommender Arten,
Z   Anzahl der Höhenzonen (hier 3 Höhenzonen),
N   Gesamtanzahl der Individuen,
n_{ij} Anzahl der Individuen der Art i in Zone j,
p_{ij} Artenanteile in den Höhenzonen $p_{ij} = \dfrac{n_{ij}}{N}$.

Für seine Berechnung wird der Bestand in drei Höhenzonen j = 1, j = 2 und j = 3 eingeteilt, die von 0–50%, 50–80% und 80–100% der Maximalhöhe im Bestand reichen (Abb. 9.22). Durch Auszählung wird die Anzahl der Individuen der Art i in Zone j ermittelt. Indem die Produkte aus Artenanteil und logarithmiertem Artenanteil für i = 1 bis S Arten und j = 1 bis Z Höhenzonen aufsummiert werden, ergibt sich ein Index, der Artendiversität und vertikale Raumbesetzung der Arten im Waldbestand zusammenfassend quantifiziert.

Beispielsweise verteilen sich Fichte *Picea abies* (L.) Karst. und Buche *Fagus silvatica* L. in den in Abbildung 9.22 dargestellten Beständen nach dem in Tabelle 9.5 angegebenen Muster auf die Höhenzonen 1 bis 3. Für den eher einschichtigen Bestand (Abb. 9.22 a) ergibt sich A = 0,35 · ln (0,35) + 0,05 · ln (0,05) ... 0,05 · ln (0,05) = 1,00. Für den stärker strukturierten Bestand (Abb. 9.22 b) beträgt A

Tabelle 9.5 Mischungsverhältnisse der zwei in Abbildung 9.22 dargestellten Mischbestände aus Fichte *Picea abies* (L.) Karst. und Buche *Fagus silvatica* L. für die Berechnung des Artenprofilindex A. Eingetragen sind die Artenanteile p_{ij} gesondert nach Höhenzonen und Baumarten.

	Artenanteile in Bestand 1		Artenanteile in Bestand 2	
	Fichte	Buche	Fichte	Buche
Zone 1	0,35	0,55	0,25	0,25
Zone 2	0,05	0,05	0,10	0,10
Zone 3	0,00	0,00	0,05	0,25

= 0,25 · ln (0,25) + 0,10 · ln (0,10) ... 0,25 · ln (0,25) = 1,65. Analog zu dem Index von SHANNON fließen rare Arten und solche Bestandesglieder, die in wenig besetzten Höhenzonen vorkommen, überproportional in den Index A ein. Jede Abweichung vom einschichtigen Reinbestand wird durch eine merkliche Erhöhung des Artenprofilindex A angezeigt.

Anstelle einer Zuordnung der Individuen nach Höhenzonen könnten auch $j = 1, \ldots, Z$ Durchmesserklassen gebildet werden, zumal die Baumdurchmesser häufiger verfügbar sind als die Baumhöhen. Ein gegebener Durchmesser erbringt aber je nach Baumart und Behandlung sehr unterschiedliche Höhen, so daß die Höhe geeigneter erscheint, sofern der Index explizit die Vertikalstrukturierung erfassen will.

9.4.3.4 Normierter Artenprofilindex

Die maximale Ausprägung des Index bei gegebener Anzahl von Arten S und Zonen Z beträgt

$$A_{max} = \ln (S \cdot Z). \quad (9.69)$$

Der Index A läßt sich deshalb folgendermaßen normieren

$$A_{rel} = \frac{A}{\ln (S \cdot Z)} \cdot 100, \quad (9.70)$$

so daß dann auch Vergleiche zwischen Beständen möglich werden, die naturbedingt unterschiedliche Artenzahlen besitzen, wie beispielsweise die Artenzahl im tropischen Bergregenwald höher ist als im mitteleuropäischen Bergmischwald. Der normierte Index gibt in solchen Fällen an, wie nahe eine zu charakterisierende Bestandesstruktur der unter gegebenen natürlichen Rahmenbedingungen maximal möglichen Strukturierung kommt. Für die in Abbildung 9.22 dargestellten Bestände erbrächte $A_{rel} = 1,0/1,79 \cdot 100 = 56\%$ bzw. $A_{rel} = 1,65/1,79 \cdot 100 = 92\%$. Hier deutet sich die Annäherung des in Abbildung 9.22b dargestellten Bestandes an die maximal mögliche Strukturierung an, die dann vorliegen würde, wenn sich die Gesamtzahl der Individuen N zu gleichen Anteilen auf die Arten und Zonen verteilen würde.

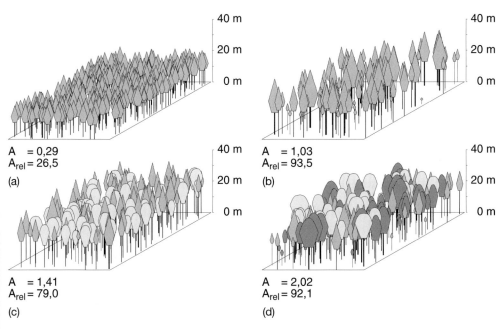

Abbildung 9.23 a–d Artenprofil-Index A und normierter Artenprofil-Index A_{rel} für ein- und mehrschichtige Rein- und Mischbestände aus Fichte und Buche *Picea abies* (L.) Karst. bzw. *Fagus silvatica* L.

Die Indizes A und A_{rel} quantifizieren in etwa das, was in der forstwirtschaftlichen Praxis unter Strukturvielfalt verstanden wird (Abb. 9.23). Am geringsten sind sie in einschichtigen Reinbeständen (a), sie steigen in zwei- und mehrschichtigen Reinbeständen an (b), werden durch Mischung erhöht (c) und erreichen höchste Werte in stark strukturierten Mischbeständen (d).

9.4.4 Markenkorrelationsfunktion

9.4.4.1 Methodische Grundlagen

Die bisher vorgestellten Maße für die Differenzierung beschreiben entweder die mittlere Variation von Baumdimensionen auf einer gegebenen Fläche oder sie quantifizieren die Differenzierung, z. B. mit Blick auf Durchmesser oder Höhe, in unmittelbarem nachbarlichen Umfeld der Bestandesglieder. Die Markenkorrelationsfunktion km(r) beschreibt die Veränderung der Strukturdifferenzierung mit zunehmender Entfernung r von einem gegebenen Standpunkt oder Stammfußpunkt. Grundlage für die Berechnung der Markenkorrelationsfunktion ist ein markiertes Punktfeld. Bei markierten Punktfeldern ist neben den Koordinaten für jeden Punkt $q_{i, i=1...n}$ auch die Ausprägung einer bestimmten Eigenschaft bekannt. Diese Eigenschaft wird als Marke $m_{i, i=1...n}$ bezeichnet, wobei bei der Anwendung auf Waldbestände als Marken z. B. Durchmesser, Höhe, Kronendurchmesser oder Benadelungsdichte in Frage kommen. Sind von einem Waldbestand Stammfußkoordinaten und Brusthöhendurchmesser jedes Baumes bekannt, so liegt ein markiertes Punktfeld mit der Marke Brusthöhendurchmesser vor. Die Markenkorrelationsfunktion km(r) wird ähnlich wie die Paarkorrelationsfunktion g(r) errechnet, charakterisiert aber nicht die räumliche Verteilung der Objekte (Bäume), sondern die räumliche Ausprägung von deren Marken (Durchmesser). Die resultierende Markenkorrelationsfunktion km(r) (Abb. 9.24) gibt an, ob bei den untersuchten Baumabständen r eine rein zufällige Verteilung der Baumdimensionen zu erwarten ist km(r) = 1 oder ob bei bestimmten Baumabständen r überdurchschnittlich große oder

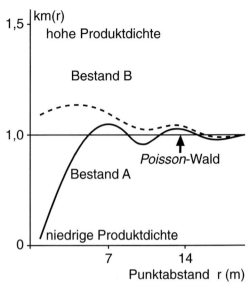

Abbildung 9.24 Markenkorrelationsfunktionen km(r) in schematischer Darstellung. Für Abstände, bei denen Baumpaare mit beiderseits großen Dimensionswerten auftreten, ergeben sich Funktionswerte von km(r) > 1. Eine zufällige Markenverteilung resultiert in Funktionswerten von km(r) = 1. Für Abstände, bei denen Baumpaare häufig beiderseits kleine Dimensionen aufweisen, ergeben sich Funktionswerte von km(r) < 1. Bestand A zeigt eine Periodizität im Auftreten starker Bäume bei Abständen von 7 m. Bestand B enthält starke Bäume in dichter Gruppenstellung.

kleine Baumdimensionen miteinander kombiniert sind. Als Referenz km(r) = 1,0, die in Abbildung 9.24 als 1,0-Linie eingezeichnet ist, dient die Markenkorrelationsfunktion bei einer in allen Abstandsbereichen r völlig zufälligen Verteilung der Baumdimensionen. Ist die Markenkombination bei einem Abstand r größer als bei zufälliger Markenverteilung, so ergibt sich km(r) > 1. Ist die Markenkombination bei einem Abstand r kleiner als bei zufälliger Markenverteilung, so ergibt sich km(r) < 1,0. Abbildung 9.24 zeigt die Markenkorrelationsfunktion für Waldbestand A mit dem Brusthöhendurchmesser als Marke. Es ist erkennbar, daß Baumpaare mit beiderseits starken Durchmessern nur bei Abständen r = 7 m und ungefähr Vielfachem dieses Abstandes auftreten. Zwischen diesem Maxima treten lokale Minima auf, die auf eine Dominanz von Baumpaaren mit beiderseits relativ geringen Durchmessern hinweisen. Offensichtlich hat die Selbstdifferenzierung für die besten Zuwachsträger einen mittleren Abstand von etwa 7 m erbracht, in den Zwischenfeldern dominieren Bäume mit geringeren Durchmessern. In Bestand B befinden sich die herrschenden Bäume in Gruppenstellung, und erst im weiteren Umfeld der Bäume nimmt ihre Verteilung zufälligen Charakter an.

Zur Berechnung der Markenkorrelation wird wie bei der Herleitung der Paarkorrelation um jeden Stammfußpunkt des Baumverteilungsmusters mit der Marke m_i ein Kreisring mit dem mittleren Radius r gelegt (Abb. 9.13). Von allen Bäumen j, die innerhalb dieser Kreisringe liegen, wird das Produkt $m_i \cdot m_j$ gebildet; wird der Brusthöhendurchmesser als Marke eingesetzt, so entspricht das dem Produkt aus dem Durchmesser des Zentralbaumes und dem Durchmesser eines innerhalb des Kreisringes vorgefundenen Baumes. Die Produktbildung ist nur eine von vielen möglichen Operationen; je nach Fokus der Untersuchung können auch Summen, Maxima, Minima usw. eingesetzt werden. Durch schrittweise Vergrößerung von Radius r_{akt} des Kreisringes und wiederholte Produktbildung $m_i \cdot m_j$ ergibt sich die Veränderung der Produktdichte in Abhängigkeit vom Abstand. Diese vorgefundene Produktdichte wird ins Verhältnis zur durchschnittlichen Markenkombination $\overline{m}^2$ gesetzt, die bei regelloser Verteilung der Dimensionen zu erwarten wäre. Der Wert $\overline{m}$ bezeichnet das arithmetische Mittel der Marken m, im Falle des Brusthöhendurchmessers also den arithmetischen Mitteldurchmesser auf der zu untersuchenden Fläche. Wird also die in dem Kreisring mit dem Radius r festgestellte Produktdichte

$$\sum_{i=j}^{n} \sum_{\substack{j=1 \\ j \neq i}}^{n} m_i \cdot m_j - k_h \cdot (r - \|q_i - q_i\|)$$

ins Verhältnis gesetzt zu der bei Regellosigkeit zu erwartenden Markenproduktdichte

$$\overline{m}^2 \cdot \sum_{i=1}^{n} \sum_{\substack{j=1 \\ j \neq i}}^{n} k_h \cdot (r - \|q_i - q_i\|)$$

im untersuchten Bestand, so drückt (9.71) aus, inwieweit die bei Radius r vorgefundene Markenproduktdichte von der bei einer zufälligen Markenverteilung zu erwartenden durchschnittlichen Markenproduktdichte abweicht.

$$\hat{km}(r) = \frac{\sum_{i=1}^{n} \sum_{\substack{j=1 \\ j \neq i}}^{n} m_i \cdot m_j \cdot k_h \cdot (r - \|q_i - q_j\|)}{\overline{m}^2 \cdot \sum_{i=1}^{n} \sum_{\substack{j=1 \\ j \neq i}}^{n} k_h \cdot (r - \|q_i - q_j\|)},$$

für $r > 0$ \hfill (9.71)

Dabei sind:

$\hat{km}(r)$ Schätzwert für die Markenkorrelationsfunktion km(r) an der Stelle r,

q_i, q_j Punkte i und j mit den Koordinaten x_i, y_i and x_j, y_j,

$\|q_i - q_j\|$ Euklidischer Abstand von q_i und q_j, berechnet nach

$$\|q_i - q_j\| = \sqrt{(x_i - x_j)^2 + (y_i - y_j)^2},$$

n   Anzahl der Bäume im untersuchten Bestand,

k_h Kernfunktion (vgl. Abschn. 9.2.6.2).

Auf diese Weise erhalten wir mit $\hat{km}(r)$ einen Schätzwert für die Markenkorrelationsfunktion km(r) an der Stelle r.

9.4.4.2 Algorithmus zur Schätzung der Markenkorrelationsfunktion

Im folgenden wird der Algorithmus zur Schätzung der Markenkorrelationsfunktion dargestellt, der in vielen Punkten dem zur Schätzung der Paarkorrelationsfunktion ähnlich ist. Auf die theoretische Ableitung der Markenkorrelationsfunktion (STOYAN und STOYAN, 1992) sei hier nur verwiesen. Vor dem Start des Algorithmus müssen der minimale r_{min} und maximale Radius r_{max}, für welche die Berechnung durchgeführt werden soll, sowie die Schrittweite Δr festgelegt werden.

1. Als aktueller Radius r_{akt}, für den km(r) geschätzt werden soll, wird r_{min} angenommen.

2. Um einen beliebigen Baum i mit dem Stammfußpunkt x_i wird ein Kreis mit dem Radius r_{akt} gezogen.

3. Für alle Bäume j wird geprüft, ob sie auf dem Kreisring $r_{akt} \pm h$ liegen. Es werden dann die beiden Ausdrücke

$$Zm_j = m_j \cdot m_i \cdot k_h \cdot (r_{akt} - \|q_j - q_i\|) \quad (9.72)$$

und

$$Z_j = k_h \cdot (r_{akt} - \|q_j - q_i\|) \quad (9.73)$$

berechnet. Durch die Verwendung der Kernfunktion k_h (vgl. Abschn. 9.2.6.2) nehmen Zm_j und Z_j nur dann Werte über 0 an, wenn die Entfernung von q_j und q_i innerhalb der Bandbreite $r_{akt} \pm h$ liegen. Außerhalb dieser Bandbreite nehmen Zm_j und Z_j den Wert 0 an. Zudem wird Z_j um so größer, je näher der Abstand der beiden Punkte r_{akt} kommt. Darüber hinaus wird Zm_j um so größer, je größer das Produkt $m_i \cdot m_j$ ist.

4. Es werden dann die Ausdrücke Zm_i und Z_i berechnet, die sich als Summe aller Zm_j bzw. Z_j verstehen:

$$Zm_i = \sum_{\substack{j=1 \\ j \neq i}}^{n} Zm_j \quad (9.74)$$

$$Z_i = \sum_{\substack{j=1 \\ j \neq i}}^{n} Z_j \quad (9.75)$$

5. Die Schritte 2 bis 4 werden für jeden Baum der untersuchten Fläche vollzogen, so daß schließlich für alle Bäume ein Wert von Zm_i und Z_i bekannt ist.

6. Durch Addition aller Werte Z_i und Zm_i ergeben sich

$$Zm = \sum_{i=1}^{n} Zm_i \quad (9.76)$$

$$Z = \sum_{i=1}^{n} Z_i. \quad (9.77)$$

7. Die Teilung von Zm durch $Z \cdot \overline{m}^2$ ergibt eine Schätzung für die Markenkorrelationsfunktion an der Stelle r_{akt}

$$\hat{k}m(r_{akt}) = \frac{Zm}{Z \cdot \overline{m}^2}, \quad \text{für } r > 0. \quad (9.78)$$

8. Für den nächsten Auswertungszyklus (Schritte 2 bis 7) wird r_{akt} um Δr erhöht.

9. So lange $r_{akt} < r_{max}$ ist, werden die Schritte 2 bis 8 erneut ausgeführt. Für jeden Radius r_{akt} ergibt sich dann ein Wert $\hat{k}m(r_{akt})$, so daß die Markenkorrelationsfunktion aufgebaut werden kann.

Zusammenfassend dargestellt, erfolgt die Schätzung der Markenkorrelationsfunktion $\hat{k}m(r_{akt})$, ausgehend von den Koordinaten der Punkte $q_{i,\,i=1\ldots n}$ und den Marken $m_{i,\,i=1\ldots n}$ über (9.71).

9.4.4.3 Beispiele für die Musteranalyse mit der Markenkorrelationsfunktion

Abbildung 9.25 vermittelt das Informationspotential der Markenkorrelationsfunktion am Beispiel der zufällig, geklumpt und regelmäßig aufgebauten Beispielsbestände, die in Abbildung 9.10 dargestellt sind. Als Marke dient der Brusthöhendurchmesser. Baumabstände, bei denen überdurchschnittlich häufig Baumpaare mit beiderseits hohen Brusthöhendurchmessern zusammentreffen, führen zu Werten der Markenkorrelationsfunktion über 1,0. Abstände, bei denen Baumpaare häufig beiderseits kleine Brusthöhendurchmesser aufweisen, resultieren in Werten der Markenkorrelationsfunktion km(r) kleiner als 1,0. Bei zufälliger Verteilung der Marken bewegt sich die Markenkorrelationsfunktion entlang der 1,0-Linie.

Betrachten wir zunächst die Markenkorrelationsfunktion des regelmäßig aufgebauten Bestandes zu Beginn des 100jährigen Simulationslaufes, die in Abbildung 9.25a als graue Linie eingetragen ist. Schon zu Beginn des Simulationslaufes weist sie aufgrund des Reihenverbandes eine Abfolge von Maxima und Minima auf. Im Reihenverband kommen Abstände unter 1,50 m kaum vor, allenfalls bei Baumpaaren, die besonders niedrige Durchmesser haben. Aufgrund des Reihenabstandes von 1,50 m treten bei Werten von $r = 1{,}50$ m und in etwa Vielfachen dieser Distanz Maxima auf, während bei Abstandswerten, bei denen kaum Pflanzreihen erfaßt werden, selte-

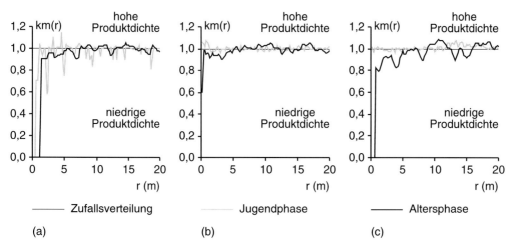

Abbildung 9.25 a–c Markenkorrelationsfunktionen für **(a)** einen regelmäßig, **(b)** zufällig und **(c)** geklumpt aufgebauten Fichtenbestand *Picea abies* (L.) Karst. in der Jugendphase (graue Linie) und nach einer Selbstdifferenzierung über 100 Jahre (schwarze Linie). Als Referenz ist die x-Achsen-parallele Linie km(r) = 1,0 eingezeichnet, die eine zufällige Verteilung der Marken auf die Bäume erbrächte. Der Auswertung liegen die in Abbildung 9.10 dargestellten Bestände zugrunde.

ner Baumpaare mit beiderseits stärkeren Dimensionen zu finden sind. Die zu Beginn strenge Abfolge von Minima und Maxima wird allerdings durch die Ausfälle infolge von Selbstdifferenzierung und die Dimensionszunahme des verbleibenden Bestandes mehr und mehr abgeschwächt. Im Endbestand sind andeutungsweise Maxima bei den Distanzen von 6 m, 9–12 m, 15 m festzustellen, in denen sich die guten Zuwachsträger befinden (schwarze Linie). Bei Baumpaaren mit Abständen unter 5 m handelt es sich um schwach dimensionierte Bestandesnachbarn.

Einen völlig anderen Verlauf zeigen die Markenkorrelationsfunktionen im Musterbestand mit zufälligem Baumverteilungsmuster (Abb. 9.25 b). Dort verlaufen sie in der Jugendphase entlang der 1,0-Linie. Es sind keine spezifischen Distanzzonen erkennbar, bei denen über- oder unterdurchschnittlich häufig Bäume mit hohen oder geringen Durchmessern zusammentreffen. Während das zu Beginn zufällig aufgebaute Baumverteilungsmuster auch nach 100 Jahren keine ausgesprochenen Minima und Maxima der Markenkorrelation erkennen läßt, bilden sich in dem anfänglich geklumpten Bestand (c) aufgrund seiner geclusterten Ausgangsstruktur und des daraus resultierenden Durchmesserwachstums klare Entfernungszonen, in denen überdurchschnittlich stark bzw. unterdurchschnittlich dimensionierte Bäume dominieren. Dies ist offensichtlich bei 6 m, 12 m und etwa 18 m der Fall und entspricht etwa dem zu erwartenden Abstand zwischen den guten Zuwachsträgern in Fichten-Altbeständen *Picea abies* (L.) Karst. Die Paarkorrelationsfunktion für den geklumpten Ausgangsbestand (Abb. 9.14 c) bestätigt diese Interpretation. Innerhalb der Cluster, also bei Abständen unter 7 m, führt die verstärkte Konkurrenz offenbar beiderseits zu geringen Brusthöhendurchmessern der vorkommenden Baumpaare. In dem geklumpt aufgebauten Ausgangsbestand stellen wir ein überdurchschnittlich häufiges Auftreten von beiderseits hohen Brusthöhendurchmessern bei Baumabständen von 12–15 m fest. Dabei handelt es sich offenbar um Pärchen, die sich aus im Durchmesserwachstum begünstigten Bäumen zusammensetzen und an der Peripherie der 15 m breiten Cluster stehen.

Am Ende des 100jährigen Simulationszeitraumes, bei dem nur Selbstdifferenzierungseffekte die Stammzahlreduktion leiten, haben in allen drei Beispielsbeständen aufgrund der zugenommenen Stammdimensionen und des angestiegenen Standraumbedarfes die Häufigkeiten, mit denen Baumpaare in Entfernungen zwischen 0 m und 5 m vorkommen, deutlich abgenommen. Wenn überhaupt, so treten in diesem Entfernungsbereich nur unterdurchschnittlich dimensionierte Baumpaare auf.

9.5 Durchmischung

9.5.1 Durchmischungsindex von FÜLDNER (1996)

9.5.1.1 Methodische Grundlagen

Der Durchmischungsindex M_i von FÜLDNER (1996) beschreibt die räumliche Struktur der Artendurchmischung in einem Bestand. Die Durchmischung M_i ist definiert als der Anteil artfremder Nachbarn.

$$M_i = \frac{1}{n} \cdot \sum_{j=1}^{n} v_{ij} \qquad (9.79)$$

Dabei sind:
i   Zentralbaum i,
j   Nachbarn j, j = 1, ..., n
n   Anzahl der in die Auswertung einbezogenen Nachbarn.

$$v_{ij} = \begin{cases} 0, \text{ falls Nachbar j} \\ \quad \text{zu derselben Art gehört} \\ 1, \text{ falls Nachbar j} \\ \quad \text{zu einer anderen Art gehört} \end{cases} \qquad (9.80)$$

Die Größe v_{ij} ist eine duale, diskrete Variable, die den Wert 0 annimmt, falls ein betrachteter Nachbar j derselben Art angehört wie Zentralbaum i. Gehört Nachbar j zu einer anderen Art, so wird $v_{ij} = 1{,}0$. Im Falle der strukturellen Vierergruppe (n = 3) kann M_i, wie in Abbildung 9.26 dargestellt, vier diskrete Werte annehmen (FÜLDNER, 1996):

- $M_i = 0{,}00$, wenn alle Bäume der Vierergruppe derselben Art angehören,
- $M_i = 0{,}33$, wenn ein Nachbar des Zentralbaumes einer anderen Art angehört,
- $M_i = 0{,}67$, wenn zwei der drei Nachbarn einer anderen Art als der des Zentralbaumes angehören und
- $M_i = 1{,}0$, wenn alle Nachbarn des Zentralbaumes einer anderen Art angehören.

Im zuletzt genannten Fall wird M_i folgendermaßen berechnet:

$$M_i = \frac{1+1+1}{3} = 1{,}0. \qquad (9.81)$$

Zur Berechnung der durchschnittlichen Durchmischung eines Bestandes werden die einzelnen M_i-Werte addiert und durch die Anzahl der Baumindividuen im Bestand N dividiert.

$$\overline{M} = \frac{1}{N} \sum_{i=1}^{N} M_i \qquad (9.82)$$

Dabei ist:
N   Anzahl der Bäume im Bestand.

Hierbei gilt $0 \leq \overline{M} \leq 1$. Der Durchschnittswert $\overline{M}$ kann sowohl für den Gesamtbestand als auch artspezifisch für die vertretenen Baum-

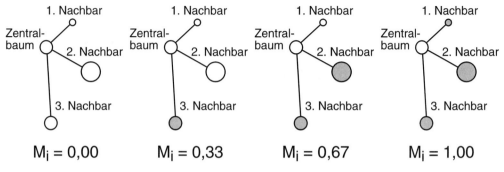

Abbildung 9.26 Mögliche Werte $M_i = 0{,}00, 0{,}33, 0{,}67$ oder $1{,}00$, die die diskrete Variable Durchmischung in der Strukturellen Vierergruppe (n = 3) annehmen kann.

arten ermittelt werden. Je größer z. B. der artspezifische Wert $\overline{M}$, desto stärker ist die ausgewählte Baumart einzelstammweise mit den anderen Baumarten des Bestandes vermengt. Geringere Werte deuten auf eine Verteilung dieser Art in artenreinen Gruppen oder Horsten hin.

9.5.1.2 Anwendungsbeispiel

Für die in Abbildung 9.27 mit achtfach überzeichneten Stammdurchmessern dargestellten Fichten-Buchen-Mischbestände *Picea abies* (L.) Karst. bzw. *Fagus silvatica* L. mit (a) Gruppen-, (b) Trupp- bzw. (c) Einzelmischung erbringt die Berechnung von $\overline{M}$ Werte von 0,107, 0,217 bzw. 0,464. Je isolierter die Mischbaumarten im Bestand angeordnet sind, um so höher wird der Durchmischungsindex.

9.5.2 Segregationsindex von PIELOU (1977)

9.5.2.1 Methodische Grundlagen

Das Segregationsmaß S von PIELOU (1977) beschreibt die Kombination oder Mischung zweier Baumarten wiederum nach der Methode des nächsten Nachbarn (vgl. Abschn. 9.2.2). Für seine Berechnung wird in einem Suchlauf für alle N Bäume einer Testfläche die Baumart ihrer nächsten Nachbarn bestimmt, so daß sowohl die Anzahl vorhandener Bäume der Arten 1 und 2 (m, n) als auch die Zahl der Bäume mit gleichartigen Nachbarn (a, d) und verschiedenartigen Nachbarn (c, b) bekannt sind (Tab. 9.6). Das Segregationsmaß S ergibt sich dann als

$$S = 1 - \frac{\text{beobachtete Zahl gemischter Paare}}{\text{erwartete Zahl gemischter Paare}}$$

(9.83)

und liegt zwischen $-1,0$ und $+1,0$. Der Ausdruck „erwartete Zahl gemischter Paare" bezieht sich auf eine völlig regellose, also voneinander unabhängige Verteilung der Baumarten. Das Segregationsmaß S wird aus den in der Vierfeldertafel (Tab. 9.6) angegebenen Basisgrößen wie folgt berechnet:

$$S = 1 - \frac{N \cdot (b+c)}{(v \cdot n + w \cdot m)} .$$

(9.84)

Zur Prüfung der Segregationsindizes auf eine eventuelle signifikante Abweichung von einer unabhängigen Verteilung der zwei Mischbaumarten haben UPTON und FINGLETON (1985) folgende χ^2-verteilte Teststatistik entwickelt:

$$T_S = \frac{(N-1) \cdot (|a \cdot d - b \cdot c| - N/2)^2}{m \cdot n \cdot v \cdot w} .$$

(9.85)

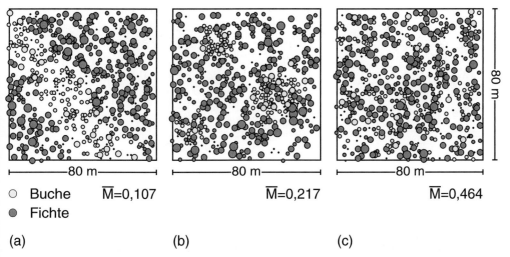

○ Buche $\overline{M}=0,107$ $\overline{M}=0,217$ $\overline{M}=0,464$
● Fichte

(a)   (b)   (c)

Abbildung 9.27 a–c Beispiele für Durchmischungen und die Ausprägung von Index $\overline{M}$.

9 Analyse des Raumbesetzungsmusters

Tabelle 9.6 Vierfeldertafel mit den Basisgrößen für die Berechnung des Segregationsmaßes S und der Teststatistik T_S [vgl. (9.84) und (9.85)].

Ausgangsbaum	Nächster Nachbar		
	Baumart 1	Baumart 2	gesamt
Baumart 1	a	b	m
Baumart 2	c	d	n
gesamt	v	w	N

Ist die beobachtete Anzahl gemischter Paare höher als erwartet, so wird S < 0 und deutet auf eine enge Kopplung bzw. Assoziation zwischen den Arten hin. Ist die beobachtete Anzahl gemischter Paare kleiner als erwartet, so wird S > 0 und zeigt eine Segregation, d. h. eine räumliche Trennung der Arten, an. Ist S = 0, d. h., die beobachtete Anzahl gemischter Paare entspricht der erwarteten, so sind die Arten unabhängig voneinander verteilt. Zur Eliminierung der Randwirkung werden in die Berechnung von S nur solche Pflanzen einbezogen, deren Entfernung zum Rand der Probefläche größer ist als ihre Entfernung zum nächsten Nachbarn.

9.5.2.2 Anwendungsbeispiel

Die in Abbildung 9.28 dargestellten Buchen-Lärchen-Mischbestände *Fagus silvatica* L.

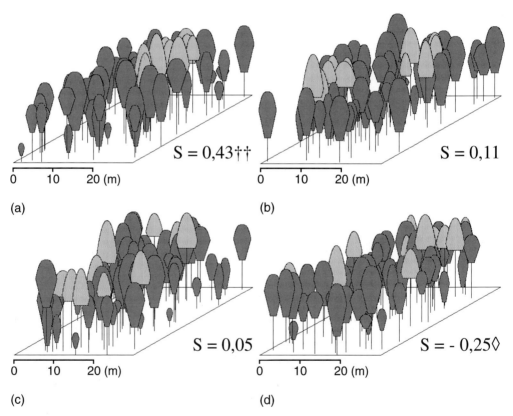

Abbildung 9.28a–d Identifikation der Durchmischung von Buche *Fagus silvatica* L. (dunkelgrau) und Lärche *Larix decidua* Mill. (hellgrau) mit dem Segregationsindex von PIELOU (1977). S-Werte über 0 zeigen eine Tendenz zur Segregation **(a)**, Werte unter 0 eine Tendenz zur Assoziation an **(d)**. Unabhängiges Vorkommen der Arten wird durch S-Werte um 0 indiziert **(b** und **c)**. Die Symbole †† bzw. ◇ zeigen statistisch gesicherte Segregations- bzw. Aggregationstendenzen mit Irrtumswahrscheinlichkeiten von jeweils 5%, 1% und 0,1% an.

bzw. *Larix decidua* Mill. aus dem niedersächsischen Solling zeigen ein breites Spektrum von Durchmischungsintensitäten. Während Horst- und Gruppenmischung (Abb. 9.28 a und b) Segregationswerte von 0,43 †† bzw. 0,11 erbringen, nehmen die Segregationswerte bei Trupp- und Einzelmischungen (Abb. 9.28 c und d) bis auf −0,25 ◇ ab. Hohe Segregationswerte weisen auf ausgeprägte intraspezifische Konkurrenz, niedrige Werte auf eine Assoziation der Arten und die Dominanz interspezifischer Konkurrenzverhältnisse hin. Das Symbol †† zeigt eine mit 1%iger Irrtumswahrscheinlichkeit gesicherte Segregation an, ◇ bezeichnet eine mit 5%iger Irrtumswahrscheinlichkeit gesicherte Assoziation. Die statistische Absicherung der Verteilungsaussagen stützt sich auf die in (9.85) vorgestellte χ^2-verteilte Teststatistik.

Zusammenfassung

Strukturparameter und Korrelationsfunktionen stellen gute Indikatoren für die ökologische Vielfalt und Stabilität von Waldökosystemen und die Art ihrer Bewirtschaftung dar; von gegebenen Strukturen kann mitunter unmittelbar auf die Habitateignung und potentielle Populationsentwicklung von Pflanzen- und Tierarten geschlossen werden. Strukturindizies werden auf der Grundlage von Baumabständen oder Besetzungshäufigkeiten in Zählquadraten berechnet und verdichten die Information über die mittlere Verteilungsstruktur innerhalb des Bestandes in einem einzigen Wert. Korrelationsfunktionen beschreiben die Veränderung des Verteilungsmusters mit zunehmendem Abstand von vorgegebenen Baumpositionen oder Zufallspunkten aus, haben höheren Informationsgehalt als Strukturindizies, sind aber komplizierter zu berechnen und schwerer zu interpretieren.

1. Das horizontale Baumverteilungsmuster, die Bestandesdichte, Differenzierung und Durchmischung bilden die wichtigsten Aspekte der Bestandesstruktur.

2. Die Verteilungsindizies von CLARK und EVANS (1954) und PIELOU (1959), CLAPHAM (1936) und MORISITA (1959) vergleichen gemessene Baumabstände bzw. Besetzungsdichten in Zählquadraten mit Erwartungswerten der POISSON-Verteilung (Zufallsverteilung), die als Referenz eingesetzt wird. Regelmäßigkeit, Zufälligkeit und Klumpung lassen sich auf diese Weise quantifizieren.

3. K- und L-Funktion sowie die Paarkorrelationsfunktion erbringen Aussagen über die tendenzielle Veränderung der Umgebungsstruktur von Einzelbäumen mit zunehmender Entfernung vom Standpunkt. Die Funktionen diagnostizieren, inwieweit ein vermessenes Baumverteilungsmuster bei zunehmendem Abstand r von den Stammfußpunkten aus im Vergleich zur POISSON-Verteilung verdünnt oder verdichtet ist.

4. Ertragstafelbezogener Bestockungsgrad, natürlicher Bestockungsgrad, Überschirmungsprozent, Grundflächenhaltung, Bestandesdichteindex SDI nach REINEKE (1933) und Kronenkonkurrenzfaktor CCF quantifizieren die Dichte der Raumbesetzung, die mittlere Konkurrenzsituation innerhalb eines Bestandes und werden zur Steuerung der Eingriffsstärke eingesetzt.

5. Die in einem Bestand ausgeprägte Heterogenität der Baumhöhen, Baumdurchmesser und Arten kann durch Diversitätsindizes und Markenkorrelationsfunktionen beschrieben werden. Variationskoeffizient der Durchmesser- und Höhenverteilung, Durchmesserdifferenzierung (FÜLDNER, 1996), Artendiversitätsindex (SHANNON, 1948) und Artenprofilindex (PRETZSCH, 1995) quantifizieren die Heterogenität von Durchmessern, Höhen und Arten im Bestand insgesamt, in der Umgebung von Einzelbäumen oder unterschiedlichen Höhenzonen des Bestandes.

6. Markenkorrelationsfunktionen beschreiben die Veränderung der Strukturdifferenzierung mit zunehmender Entfernung r von einem gegebenen Standpunkt oder Stammfußpunkt. Neben den Baumkoordinaten beziehen sie Baumeigenschaften (Durchmesser, Höhe usw.) in die Strukturbeschreibung mit ein. Für Baumabstände r untersuchen sie, ob die dort gemessenen Baumdimensionen zufällig ausgeprägt, überdurchschnittlich groß oder unterdurchschnittlich klein sind.

7. Für die Messung der Durchmischung, ob zwei Arten beispielsweise einzeln, in Trupps, Gruppen oder Horsten gemischt sind, eignen sich Durchmischungs- und Segregationsindizes. FÜLDNER (1996) leitet einen Durchmischungsindex $\overline{M}$ aus dem Anteil artfremder Nachbarn ab, PIELOU (1977) entwickelt einen Segregationsindex nach der Methode des nächsten Nachbarn; die beobachtete Anzahl gemischter Baumpaare wird dabei an der bei regelloser Verteilung erwarteten Anzahl gemischter Baumpaare referenziert.

10 Wuchskonstellation von Einzelbäumen

Sind innerhalb eines Waldbestandes weniger Ressourcen verfügbar, als es für ein optimales Wachstum der Bestandesglieder erforderlich wäre, so stehen die Einzelbäume untereinander in Konkurrenz. Die Konkurrenzindizes und andere Maßzahlen, die in diesem Abschnitt behandelt werden, versuchen die Ressourcenverfügbarkeit für die Einzelbäume innerhalb eines Bestandes in einer oder wenigen Kenngrößen zu verdichten. Sie nutzen u. a. Art, Durchmesser, Höhe, Kronendimension und Entfernung der Bestandesnachbarn, um die Konkurrenzsituation von Einzelbäumen und die Beeinträchtigung ihres Wachstums zu quantifizieren. Je nachdem, ob Abstandswerte zu den Bestandesnachbarn unberücksichtigt bleiben oder in die Berechnung der Konkurrenzindizes mit einfließen, sprechen wir von positionsunabhängigen bzw. -abhängigen Konkurrenzindizes.

Dem Bestreben, die Ressourcenverfügbarkeit mit Maßzahlen zu charakterisieren, sind, angesichts der unterschiedlichen Strategien bei der Konkurrenzierung im Kronen- und Wurzelraum und ihrer Abhängigkeit von Baumart, Standort und Bestandesstruktur, enge Grenzen gesetzt. Daß Konkurrenzindizes trotzdem eine erhebliche wissenschaftliche und forstwirtschaftliche Bedeutung erlangt haben, resultiert aus ihrer einfachen Berechenbarkeit und ihrer Gründung auf zumeist verfügbare Baum- und Bestandesvariablen. Sie quantifizieren die Konkurrenzsituation also auf hohem Aggregationsniveau, mit dem Vorteil der breiten Anwendbarkeit; die erst ansatzweise verstandenen räumlichen Konkurrenzprozesse werden dabei stark vereinfacht nachgebildet. Das Anwendungsfeld von Konkurrenzindizes und anderen Maßzahlen für die Wuchskonstellation von Einzelbäumen reicht von der Beschreibung über die Modellierung bis zur Steuerung des Baum- und Bestandeswachstums. Die Stammklassen der Hochwaldbestände nach KRAFT (1884) bilden ein Musterbeispiel für die qualitative Einschätzung der Wuchskonstellation von Einzelbäumen nach den Kriterien Baumhöhe und Entwicklungsstand der Krone (vgl. Abschn. 5.1.1). Mit dem A-Wert setzt JOHANN (1983) einen positionsabhängigen Konkurrenzindex für die Quantifizierung und Steuerung der Eingriffstärke auf Versuchsflächen und in der Praxis ein (vgl. Abschn. 5.2.5). Indem Konkurrenzindizes die Individualentwicklung in Abhängigkeit von der Wuchskonstellation steuern, kommt ihnen in modernen Einzelbaumsimulatoren eine Schlüsselrolle zu (vgl. Abschn. 11.3).

10.1 Der Bestand als Mosaik von Einzelbäumen

Eine Schlüsselerkenntnis aus neueren Untersuchungen über die Entwicklungsdynamik von Tier- und Pflanzenbeständen besteht darin, daß die Bestandesentwicklung besser verstanden werden kann, wenn der Bestand in ein Mosaik von Individuen aufgelöst und ihr Miteinander als dynamisches, räumlich-zeitliches System aufgefaßt wird. Deshalb zielen die folgenden Verfahren auf eine Erschließung der Informationen über das Einzelbaumwachstum aus Bestandesaufnahmen. Das Erkenntnispotential der klassischen Erfassung und modellhaften Abbildung von Bestandesentwicklungen über Mittelwerte, Bestandessummenwerte und Häufigkeitsverteilungen von Individualmerkmalen scheint ausgeschöpft zu sein. Dagegen schafft der Übergang zu einem Erklärungsansatz, bei dem die Bestandesentwicklung von den zugrundeliegenden Individuen her aufgerollt wird, neue Möglichkeiten zum Verständnis und zur Prognose des Bestandeswachstums. Indem herkömmliche Ansätze zur Untersuchung und modellhaften Abbildung von Bestandesentwicklungen deren räumlicher Konfiguration kaum eine Bedeutung beimessen und ein weitgehend uniformes Erscheinungsbild und Verhalten aller Bestandesglieder unterstellen, vernachlässigen sie bei heterogen aufgebauten Beständen geradezu deren wichtigste Charakteristika. Untersuchungen, die vom Individuum ausgehen und den Bestand als ein heterogenes Mosaik von Bestandesgliedern auffassen, legen demgegenüber gerade auf die räumliche Konfiguration und die individuelle Verschiedenheit der Bestandesglieder besonderen Wert und nutzen deren Merkmale für die Erklärung und Vorhersage der weiteren Entwicklung. Sie leiten die Entwicklung des Gesamtbestandes aus seinen zugrundeliegenden Bestandesgliedern und den zwischen ihnen ablaufenden Wechselwirkungen ab.

Der Übergang von der bestandesbezogenen Betrachtungsweise zu Ansätzen, die vom Individuum ausgehen, bedeutet einen grundlegenden Paradigmenwechsel für alle Fachdisziplinen, die sich mit Bestandes- oder Populationsentwicklungen befassen. In ihrer richtungsweisenden Erörterung belegen HUSTON, DEANGELIS und POST (1988) anhand von Studien über die Dynamik von Populationen, Biozönosen und Ökosystemen, die auch forstwissenschaftliche Beispiele mit einschließen, daß der Übergang von bestandes- zu individuumbezogenen Denkmustern und Modellansätzen ein beachtliches neues Erkenntnispotential freisetzen kann.

10.2 Positionsabhängige Konkurrenzindizes

Aus den verfeinerten Aufnahmen auf langfristig angelegten Monitoringflächen, Beobachtungseinheiten der Forsteinrichtung und Forstinventur und aus der Fernerkundung stehen uns in zunehmendem Umfang die Baumvariablen Art, Baumfußpunkt, Durchmesser, Höhe, Kronenlänge, Kronenradius und Kronentransparenz für die Berechnung von positionsabhängigen Konkurrenzindizes zur Verfügung. Diese werden in zwei Schritten errechnet:

- In einem ersten Schritt erfolgt die Auswahl der Nachbarbäume, die mit dem zu beurteilenden Baum im Wettbewerb um Ressourcen stehen.
- Für jeden dieser ausgewählten Nachbarn wird in einem zweiten Schritt die Stärke seiner Konkurrenz auf den zu beurteilenden Baum quantifiziert.

Für die Auswahl der Konkurrenten stehen ebenso wie für die Quantifizierung ihrer Einflußstärke zahlreiche Verfahren zur Verfügung. In jedem Fall resultiert ein dimensionsloser Konkurrenzindex, der die Ressourcenverfügbarkeit und damit die Wuchsbedingungen und den Zuwachs des betrachteten Einzelbaumes charakterisiert.

10.2.1 Konkurrentenauswahl und Konkurrenzberechnung an einem Beispiel

Dieses allgemeine Vorgehen wird zunächst an dem bewährten positionsabhängigen Konkurrenzindex KKL dargestellt (PRETZSCH, 1995; BACHMANN, 1998). Zur Berechnung von KKL wird dem zu beurteilenden Baum j, den wir als Zentralbaum bezeichnen, in p = 60% der Baumhöhe von unten ein Suchkegel mit einem Öffnungswinkel von 60° aufgesetzt (Abb. 10.1). Alle Bäume, die mit ihrer Krone in diesen Suchkegel hineinragen, werden als Konkurrenten betrachtet. Für alle Konkurrenten wird der Winkel $BETA_{ij}$ berechnet, der zwischen der Mantellinie des Suchkegels und der Verbindungslinie zwischen Baumspitze des Konkurrenten i und Kegelspitze von Baum j aufgespannt wird. Je näher der Konkurrent dem zu beurteilenden Baum ist und je höher der Konkurrent im Vergleich zum Zentralbaum ist, desto größer wird dieser Winkel und der Konkurrenzeinfluß des betrachteten Nachbarn. Indem für alle Konkurrenten diese Winkel $BETA_{ij}$ im

10.2 Positionsabhängige Konkurrenzindizes

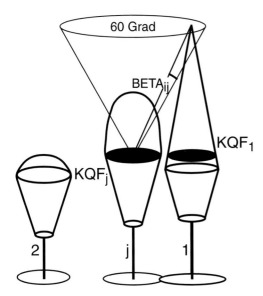

Abbildung 10.1 Die Kronenkonkurrenz KKL_j wird nach der Licht- oder Suchkegelmethode unter Berücksichtigung von Baumhöhen- und Kronengrößenrelation zwischen Zentralbaum j und seinen Nachbarn i bestimmt. Erläuterung der Variablen im Text.

Bogenmaß $BETA_{ij}(\text{Radian}) = \dfrac{\pi}{180} \cdot \beta^{\circ}_{ij}$ bestimmt und summiert werden, gelangt man zu dem Konkurrenzindex

$$KKL_j = \sum_{\substack{i=1 \\ i \neq j}}^{n} BETA_{ij} \cdot \dfrac{KQF_i}{KQF_j}, \qquad (10.1)$$

einem relativen Maß für die Konkurrenzierung des Baumes j durch seine Nachbarn. Um zu berücksichtigen, daß nicht nur Entfernung und Höhenrelation der Nachbarn, sondern auch die Größenrelationen zwischen Zentralbaum und Nachbarn einen Einfluß auf die Konkurrenzwirkung haben, werden die berechneten Winkel vor ihrer Summierung mit einem Faktor gewichtet, der sich als Quotient zwischen Kronenquerschnittsfläche der Nachbarn i in Höhe der Kegelspitze KQF_i und Kronenquerschnittsfläche des Zentralbaumes in Höhe der Kegelspitze KQF_j darstellt.

Da der Konkurrenzindex KKL nur auf den Größen- und Abstandsverhältnissen zwischen Zentralbaum und Nachbarn aufbaut, erbringen Strukturausprägungen in Alt- und Jungbeständen mit gleichen Relationen, aber unterschiedlichem absolutem Maßstab, dieselben Konkurrenzindizes. Die Berücksichtigung der Lichttransmission der Nachbarbäume, der Symmetrie oder Asymmetrie, der Konkurrenzsituation und der Zugehörigkeit der Nachbarbäume zu Baumarten oder Baumartengruppen verfeinert die Konkurrenzbestimmung und ermöglicht eine noch wirklichkeitsnähere Zuwachsschätzung, als sie allein mit dem Index KKL möglich ist (PRETZSCH, 2001).

Dieses Prinzip der Quantifizierung der Konkurrenz im Kronenraum kann auf Unterstand und Verjüngung übertragen werden (Abb. 10.2). Sind Durchmesser, Höhe, Kronenmaße und Position von Verjüngungspflanzen bekannt, so kann ihre Konkurrenzsituation nach (10.1) berechnet werden. Sollen die Wuchsbedingungen am Bestandesboden charakterisiert werden, ohne daß entsprechende Angaben über Einzelpflanzen vorliegen, so hat sich folgende Alternative bewährt: Der Bestandesboden wird mit einem Raster von Probepunkten belegt, deren Anzahl sich an dem Informationsbedarf orientiert. An jedem Rasterpunkt P denken wir einen Baum mit einer Höhe von 1,67 m und einem Kronendurchmesser von 1,12 m, was einer Kronenquerschnittsfläche von 1 m² entspricht. In 60% der Höhe dieses Standardbaumes, also in einer Höhe von

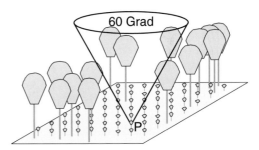

Abbildung 10.2 Für die Quantifizierung der Wuchsbedingungen in bodennahen Bestandesschichten wird die Bestandesfläche mit einem Raster von Probepunkten p = 1, ..., m belegt. Mit der Berechnung des Index KKL_p für jeden Aufnahmenpunkt p liegen Maßzahlen vor, die u. a. für die Analyse und Steuerung der Verjüngung nutzbar sind.

265

1,0 m, wird analog zum Vorgehen beim Altbestand ein Suchkegel mit Öffnungswinkel 60° konstruiert. Die Konkurrenzsituation am Rasterpunkt P kann dann nach (10.2)

$$KKL_P = \sum_{i=1}^{n} BETA_{iP} \cdot KQF_i \qquad (10.2)$$

quantifiziert werden. Die Kronenquerschnittsfläche des Standardbaumes beträgt $KQF_j =$ 1,0 m^2, wodurch der Nenner in (10.2) entfällt. Es resultiert die dimensionslose Maßzahl KKL_P für die Wuchsbedingungen am Punkt P. Wird eine solche Analyse an allen Rasterpunkten ausgeführt, so liegen flächenüberdeckend Indizes für die Charakterisierung der Entwicklungsbedingungen der Verjüngung vor. Die Indexwerte eignen sich für die Analyse des räumlichen Verteilungsmusters der Verjüngung

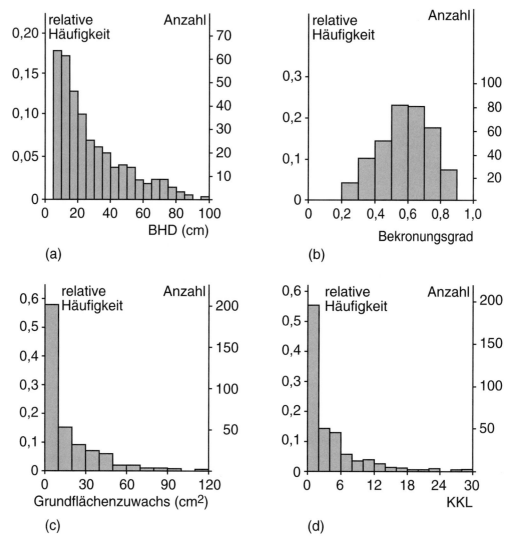

Abbildung 10.3a–d Häufigkeitsverteilungen von **(a)** Brusthöhendurchmesser, **(b)** Bekronungsgrad, **(c)** mittlerem jährlichen Grundflächenzuwachs und **(d)** Konkurrenzindex KKL der insgesamt 1016 Bäume auf der Fichten-Tannen-Buchen-Plenterwaldversuchsfläche *Picea abies* (L.) Karst., *Abies alba* Mill. bzw. *Fagus silvatica* L. Freyung 129.

in der Initialphase sowie für die Erklärung und Steuerung des Höhenzuwachses, der Dichte und Mortalität von Unterstand und Verjüngung.

Die rasterförmige Belegung der Bestandesfläche mit Probepunkten und anschließende Berechnung von KKL$_P$ bietet sich auch für die Auswertung von Verjüngungsinventuren an. Erfolgte die Verjüngungsinventur über Auszählungen in Rasterquadraten der Größe 2,5 m × 2,5 m oder 5,0 m × 5,0 m, so empfiehlt es sich, die Rasterpunkte P jeweils in die Mitte der Aufnahmequadrate zu legen. Für jedes Aufnahmequadrat liegen dann die Ergebnisse der Verjüngungsinventur und der standardisierte Konkurrenzindex vor. Nach statistischer Analyse etwaiger Zusammenhänge können Funktionen zur Steuerung von räumlicher Verteilung, Zuwachs, Dichte und Mortalität der Verjüngung in Abhängigkeit vom Bestandesaufbau abgeleitet werden. Damit wird der nach (10.2) modifizierte Konkurrenzindex zum Kernstück von Verjüngungsroutinen in individuenbasierten Bestandessimulatoren.

Abbildung 10.3 zeigt für die 1,5 ha große Plenterwaldversuchsfläche FRY 129/1-3 im Forstamt Freyung im Bayerischen Wald (Bildtafel 19) die Häufigkeitsverteilungen von Brusthöhendurchmesser, Bekronungsgrad, mittlerem jährlichen Grundflächenzuwachs und Konkurrenzindex KKL. Es handelt sich um gut wüchsige und mit 499-588 VfmD/ha als vorratsreich einzustufende Bestände, in denen die Tanne *Abies alba* Mill. in der unteren und mittleren Bestandesschicht dominiert, die Fichte *Picea abies* (L.) Karst. die obere Höhenschicht bildet und die Buche *Fagus silvatica* L. als dienende Baumart vorkommt. Die Häufigkeitsverteilungen von Durchmesser, Bekronungsgrad und jährlichem Grundflächenzuwachs unterstreichen die heterogene Bestandesstruktur. Die Häufigkeitsverteilung des Index KKL deckt einen für Plenterwaldbestände charakteristischen breiten Wertebereich von 0 bis über 30 ab. Der Index vermag also sowohl die mehr oder weniger konkurrenzfreien zumeist vorherrschenden, als auch die schwachen und unterständigen Bäume hinsichtlich ihrer Wuchskonstellation zu quantifizieren.

10.2.2 Verfahren der Konkurrentenauswahl

Zur Auswahl der Nachbarn, die als Konkurrenten des Zentralbaumes betrachtet und anschließend in die Berechnung des Konkurrenzindex einbezogen werden, sind vier Ansätze gebräuchlich.

1. Eine erste Möglichkeit besteht darin, um den Zentralbaum j herum einen Kreis mit festem Radius r zu legen und solche Nachbarn i = 1, ..., n in die Konkurrenzberechnung einzubeziehen, deren Distanz DIST$_{ij}$ vom Zentralbaum kleiner als der Suchradius r ist. HEGYI (1974) stellt den Radius in seinem positionsabhängigen Einzelbaummodell für kanadische Kiefernbestände auf r = 10, das entspricht 3,48 m, ein. In seinem Konkurrenzindex DCI

$$DCI_j = \sum_{\substack{i=1 \\ i \neq j}}^{n} \left(\frac{D_i}{D_j} \cdot \frac{1}{DIST_{ij}} \right) \quad (10.3)$$

werden dann alle i = 1, ..., n Nachbarn berücksichtigt, die innerhalb des um Baum j gelegten Suchkreises gefunden werden (Abb. 10.4 a). Fließen Durchmesser von Zentralbaum D$_j$ und von Nachbarn D$_i$ sowie die Abstände zwischen Zentralbaum und Nachbarn DIST$_{ij}$ lediglich in die Quantifizierung der Konkurrenz, nicht aber in die Bemessung des Suchradius ein, so hat das, insbesondere bei der Implementierung solcher Suchverfahren in Wuchsmodelle, gravierende Nachteile. Es bleibt dann nämlich die von der Dimension des Einzelbaumes abhängige Zunahme des Standraumbedarfes bei Simulationsläufen über größere Altersspannen unberücksichtigt.

2. Eine zweite u. a. von BELLA (1971), ALEMDAG (1978) und PRETZSCH (1992a) verwendete Verfahrensgruppe betrachtet solche Nachbarn als Konkurrenten, deren reale Kronen, potentielle Kronen oder kalkulierte Standflächen sich mit denen des Zentralbaumes überlappen (Abb. 10.4 b). Werden die wirklichen Kronenradien von Zentralbaum und Konkurrenten (KR$_j$ bzw. KR$_i$) für die Konkurrentenauswahl herangezogen, dann gilt ein Baum als Konkurrent, falls

$$DIST_{ij} < (KR_i + KR_j). \quad (10.4)$$

10 Wuchskonstellation von Einzelbäumen

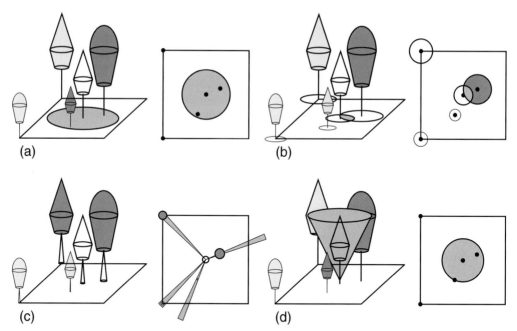

Abbildung 10.4 a–d Methoden zur Auswahl der Konkurrenten von Zentralbaum j, veranschaulicht an Bestandesaufrissen (links) und Kronenprojektionskarten (rechts). Konkurrentenauswahl über **(a)** festen Suchradius um Baum j, **(b)** Kronenüberlappung, **(c)** horizontale und **(d)** vertikale Winkelzählprobe. Dargestellt sind der Zentralbaum j (weiß), die von dem jeweiligen Verfahren ausgewählten Konkurrenten (dunkelgrau) und indifferente Bäume (hellgrau).

Wird der potentielle Kronenradius für diese Prüfung eingesetzt, so bedarf es einer zuvor an Solitären oder vorherrschenden Bestandesbäumen abgeleiteten Beziehung, welche den potentiellen Kronenradius KRPOT in Funktion von Baumdurchmesser oder Baumhöhe erbringt. Hierfür wird zumeist eine allometrische Beziehung (z. B. ln KRPOT = a + b ln BHD) aufgebaut (PRETZSCH, 1992a). Mit den potentiellen Kronenradien von Zentralbaum j und Nachbarn i (KRPOT$_j$ bzw. KRPOT$_i$) wird dann, wie in (10.4) angegeben, verfahren. Sind reale oder potentielle Kronengrößen nicht bekannt, so erfolgt die Konkurrentenauswahl mitunter auch nach der Regel: Baum i ist Konkurrent von Zentralbaum j, falls DIST$_{ij}$ < $(D_i^2 + D_j^2) \cdot m$. Dabei sind D_i^2 und D_j^2 die Quadrate der Durchmesser und m ist ein Multiplikator, für den ALEMDAG (1978) Werte von 0,0085, 0,0090 oder 0,0095 wählt. Je größer der Multiplikator, um so weiter wird der Suchkreis und um so mehr Konkurrenten fließen in die Quantifizierung der Konkurrenz mit ein.

3. Wird die Winkelzählprobe nach BITTERLICH (1952) als Suchverfahren benutzt (Abb. 10.4 c), so erfolgt die Auswahl der Konkurrenten in Abhängigkeit von ihrer Entfernung und ihrem Durchmesser. Ein Baum wird dann als Konkurrent in die Berechnung des Konkurrenzindex einbezogen, wenn sein Abstand DIST$_{ij}$ zum Zentralbaum

$$DIST_{ij} < D_i \cdot \frac{50}{\sqrt{\text{Zählfaktor}}} \cdot \qquad (10.5)$$

Wie bei der Grenzbaumkontrolle der Winkelzählprobe wird der Durchmesser D_i des zu beurteilenden Nachbarn i mit dem Faktor $50/\sqrt{\text{Zählfaktor}}$ multipliziert. Für die am häufigsten verwendeten Zählfaktoren 1, 2 und 4 ergibt sich die Grenzentfernung, bis zu welcher Bäume als Konkurrenten angesehen werden, als $50,00 \cdot D_i$, $35,36 \cdot D_i$ bzw. $25,00 \cdot D_i$. Die Zählfaktoren 1, 2 und 4 entsprechen Öffnungswinkeln von $\alpha = 1,15$, $\alpha = 1,62$ bzw. $\alpha = 2,30°$, so daß bei kleinen Zählfaktoren und Grenzwinkeln viele Nachbarn als Konkurrenten einbezogen werden, bei großen Zählfaktoren und Grenzwinkeln nur wenige Bäume die Kriterien für eine Einbeziehung in das Kollektiv der Konkurrenten erfüllen (LORIMER, 1983; TOMÉ und BURKHART, 1989).

4. PUKKALA und KOLSTRÖM (1987), PUKKALA (1989), BIGING und DOBBERTIN (1992) und PRETZSCH (1995) übertragen dieses horizontal ausgerichtete Auswahlprinzip der Winkelzählprobe auf ein vertikales Auswahlverfahren in Abhängigkeit von der Baumhöhe der Konkurrenten. Zu diesem Zweck wird dem Zentralbaum j in Höhe des Stammfußes ein Suchkegel aufgesetzt (Abb. 10.4d). Beträgt die Öffnungsweite des Suchkegels β, so ergibt sich für den Winkel zwischen horizontalem Bestandesboden und Mantellinie des Suchkegels der Winkel $\alpha = 90 - \beta/2$. Es werden nun alle Nachbarn als Konkurrenten betrachtet, die mit ihrer Krone in den Suchkegel hineinreichen, so daß für sie gilt

$$DIST_{ij} < H_i \cdot \frac{1}{\tan \alpha}. \tag{10.6}$$

Wird die Spitze des Suchkegels nicht in Höhe des Stammfußes, sondern in der Kronenansatzhöhe des Zentralbaumes KRA_j positioniert, so gilt ein Nachbar mit der Baumhöhe H_i als Konkurrent, wenn

$$DIST_{ij} < (H_i - KRA_j) \cdot \frac{1}{\tan \alpha}. \tag{10.7}$$

Als ein Kriterium für die Auswahl geeigneter Ansatzhöhen und Öffnungswinkel β des Suchkegels kann die Korrelation zwischen dem Konkurrenzindex und jährlichem Grundflächenzuwachs der Bestandesglieder dienen. Nach BACHMANN (1998) ergeben sich in bayerischen Bergmischwäldern die straffesten Korrelationen, wenn die Ansatzhöhe des Suchkegels bei Fichte *Picea abies* (L.) Karst., Tanne *Abies alba* Mill. und Buche *Fagus silvatica* L. in 50%, 10% bzw. 70% der Baumhöhe von unten liegt. Der optimale Öffnungswinkel liegt bei 20–60° in der Jugendphase und bei 60–100° im Alter; er ist abhängig von der Baumart.

10.2.3 Quantifizierung der Konkurrenzstärke

An die Auswahl der Konkurrenten schließt die Quantifizierung der Konkurrenzstärke an, die diese auf den Zentralbaum j ausüben. Die drei hierfür geeigneten Methoden

(1) Kronen- oder Einflußzonenüberlappung,
(2) Verhältnis der Stammdimensionen und
(3) Verhältnis der Kronendimensionen zwischen Zentralbaum und Nachbarn

werden beispielhaft an bewährten Indizes vorgestellt. Eine umfassende Übersicht geben hierzu DALE, DOYLE und SHUGART (1985), BIGING und DOBBERTIN (1992) und BACHMANN (1998).

1. Der Index für Kronenüberlappung von BELLA (1971) zählt zu den Verfahren, die auf der Kronen- und Einflußzonenüberlappung aufbauen (Abb. 10.5a). Er quantifiziert für jeden

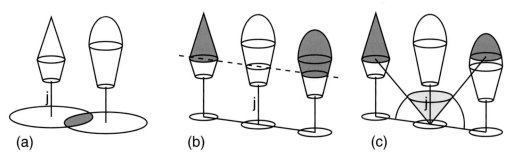

Abbildung 10.5a–c Methoden zur Quantifizierung der Konkurrenzstärke. Bestimmung **(a)** der Kronenüberlappung, **(b)** der Kronengrößenverhältnisse zwischen Zentralbaum und Nachbarn in fixer Bezugshöhe und **(c)** in variabler Bezugshöhe. Dargestellt sind der Zentralbaum j und die von dem jeweiligen Verfahren ausgewählten Merkmalsbereiche der Konkurrenten bzw. Überlappungsbereiche zwischen Zentralbaum und Konkurrent (dunkelgrau).

der $i = 1, \ldots, n$ Konkurrenten die Überlappungsfläche O_{ij} mit der Krone des Zentralbaumes. Zur Berechnung des Konkurrenzindex B werden diese Überlappungsflächen nun nicht allein ins Verhältnis zur Kronenschirmfläche des Zentralbaumes Z_j gesetzt und summiert, sondern vorher mit der Durchmesserrelation D_i/D_j gewichtet.

$$B = \sum_{\substack{i=1 \\ i \neq j}}^{n} \frac{O_{ij}}{Z_j} \cdot \frac{D_i}{D_j} \quad (10.8)$$

In den Überlappungsflächen äußert sich die Konkurrenz über die Raumbesetzung, in der Durchmesserrelation die Konkurrenz durch Ressourcenausschöpfung. So erbringen beispielsweise unterständige Bäume in unmittelbarer Nähe zum Zentralbaum zwar hohe O_{ij}-Werte, durch Multiplikation mit dem Quotienten D_i/D_j wird ihr Beitrag zum Index B aber abgeschwächt. Die Überlappungsflächen O_{ij} können auf Basis wirklicher Kronenprojektionsflächen, potentieller Kronenausdehnung oder theoretischer Einflußzonen errechnet werden.

2. Indem der Index von MARTIN und EK (1984) den Durchmesser D_i aller ausgewählter Konkurrenten ins Verhältnis zum Durchmesser D_j des Zentralbaumes setzt und die Quotienten zum Konkurrenzindex ME summiert, zählt er zu der zweiten Verfahrensgruppe.

$$ME = \sum_{\substack{i=1 \\ i \neq j}}^{n} \frac{D_i}{D_j} \cdot e^{-\left[\frac{16 \cdot DIST_{ij}}{D_i + D_j}\right]} \quad (10.9)$$

Die n Quotienten erfahren vor Summation noch eine Gewichtung. Diese bewirkt, daß der Beitrag eines Baumes zum Konkurrenzindex um so geringer ist, je weiter dieser Baum entfernt steht und um so geringer die Durchmessersumme des betrachteten Paares ist.

Der A-Wert nach JOHANN (1982) nimmt in dieser Verfahrensgruppe eine Sonderstellung ein, da er sich sowohl für die Quantifizierung als auch für die Steuerung der Einzelbaumentwicklung bewährt hat. JOHANN quantifiziert die Konkurrenz zwischen einem Zentralbaum j und seinem Nachbar i durch den A-Wert

$$A_{ij} = \frac{H_j}{E_{ij}} \cdot \frac{D_i}{D_j}. \quad (10.10)$$

Dabei sind:
A_{ij} Konkurrenzwert,
H_j Höhe des Zentralbaumes j,
D_j Brusthöhendurchmesser des Zentralbaumes j,
D_i Durchmesser des betrachteten Nachbarbaumes,
E_{ij} Abstand zwischen Zentralbaum j und Nachbar i.

Der Konkurrenzwert A_{ij} ist um so höher, je größer der Zentralbaum j, je geringer die Entfernung E_{ij} zum Nachbarn i und je größer die Durchmesserrelation zwischen Nachbar und Zentralbaum D_i/D_j ist. Durch Umwandlung von (10.10) ergibt sich

$$E_A = \frac{H_j}{A} \cdot \frac{D_i}{D_j}, \quad (10.11)$$

mit der für einen vorgegebenen Konkurrenzwert A die Distanz zwischen Zentralbaum j und Nachbarn i errechnet werden kann, die diesen Konkurrenzwert A erbringt. Hat ein Zentralbaum beispielsweise eine Höhe von 20 m, einen Brusthöhendurchmesser von 20 cm und sein Nachbar einen Brusthöhendurchmesser von 10 cm, so erbringt (10.11) für A-Werte von 4, 5 und 6 die Werte $E_A = 2{,}50$ m, 2,00 m bzw. 1,67 m. Die Berechnung der zu erwartenden Entfernung zum Nachbarn aus Baumdimensionen und Konkurrenzwert A macht JOHANN (1982, 1983) zur Quantifizierung der Durchforstungsstärke nutzbar. Ein Nachbar von Zentralbaum j wird immer dann entnommen, wenn sein Abstand zum Zentralbaum E_{ij} kleiner ist, als der nach (10.11) errechnete Grenzabstand E_A bei einem vorgegebenem A-Wert. Der mit (10.3) bereits eingeführte Konkurrenzindex von HEGYI (1974) zählt ebenfalls zu den Verfahren, die auf dem Verhältnis zwischen Stammdimensionen gründen.

3. Verfahren der dritten Gruppe, die Kronenquerschnittsflächen, Kronenmantelflächen oder Kronenvolumina von Konkurrenten und Zentralbaum ins Verhältnis zueinander setzen, erbringen nach BIGING und DOBBERTIN (1992) und BACHMANN (1998) Konkurrenzindizes mit besonders starker Korrelation zum Einzelbaumzuwachs. Für jeden Baum werden dabei

Angaben für die Kronenausdehnung in unterschiedlicher Baumhöhe vorausgesetzt, wie sie Kronenformmodelle erbringen (Abschn. 8.2.2.1). Kronenformmodelle erlauben es, für beliebige Baumhöhen die Kronenquerschnittsfläche, die darüberliegende Kronenmantelfläche oder das darüberliegende Kronenvolumen zu berechnen. Zur Quantifizierung der Konkurrenz von Baum j schlagen BIGING und DOBBERTIN (1992) vor, in einer definierten relativen Höhe p des Zentralbaumes die Kronen aller Konkurrenten und die des Zentralbaumes zu schneiden (Abb. 10.5b). Aus Kronenformmodellen resultieren dann die Kronenquerschnittsflächen CC in dieser Bezugshöhe, die Kronenmantelflächen CM und die Kronenvolumina CV der Kronenabschnitte oberhalb dieser Bezugshöhe. Kronendimensionen der Konkurrenten und des Zentralbaumes werden, wie in (10.12) und (10.13) beispielhaft für Kronenvolumen bzw. Kronenmantelfläche dargestellt, ins Verhältnis zueinander gesetzt und zum Konkurrenzindex BDV_f und BDM_f summiert.

$$BDV_f = \sum_{\substack{i=1 \\ i \neq j}}^{n} \frac{CV_i}{CV_j \cdot (DIST_{ij} + 1)} \quad (10.12)$$

bzw.

$$BDM_f = \sum_{\substack{i=1 \\ i \neq j}}^{n} \frac{CM_i}{CM_j \cdot (DIST_{ij} + 1)} \quad (10.13)$$

Die Einbeziehung der Distanz $DIST_{ij}$ zu den Nachbarn verstärkt den Konkurrenzbeitrag nahestehender Bäume und schwächt den weit entfernter ab. Die Indexierung der Konkurrenzindizes mit f bringt zum Ausdruck, daß die Bezugshöhe für die Berechnung der darüberliegenden Raumbesetzung durch Kronen fixiert ist. Werden CV_i und CV_j in (10.12) durch entsprechende Angaben für CC ersetzt, so erfolgt die Berechnung auf der Basis der Kronenquerschnittsflächen.

Eine Alternative zur Wahl einer vordefinierten relativen Bezugshöhe des Zentralbaumes entwickeln BIGING und DOBBERTIN (1992), indem sie Kronenquerschnittsfläche, Kronenmantelfläche oder Kronenvolumen der Konkurrenten in der Höhe berechnen, in der deren Stammachsen von der Mantellinie des Suchkegels geschnitten werden (Abb. 10.5c). Die Bezugshöhe ist dann variabel und abhängig von der Öffnungsweite und der Ansatzhöhe des Suchkegels, was in (10.14) und (10.15) durch den Index v zum Ausdruck gebracht wird. Die so ermittelten Kronendimensionsgrößen werden dann ins Verhältnis zu den entsprechenden Dimensionsgrößen des Zentralbaumes j gesetzt.

$$BDV_v = \sum_{\substack{i=1 \\ i \neq j}}^{n} \frac{CV_i}{CV_j} \quad (10.14)$$

$$BDM_v = \sum_{\substack{i=1 \\ i \neq j}}^{n} \frac{CM_i}{CM_j} \quad (10.15)$$

Die Krone des Zentralbaumes geht insgesamt oder für die Bezugshöhe von 66% der Gesamthöhe in die Berechnung ein. Die Gleichungen (10.14) und (10.15) können auch auf Kronenquerschnittsflächen übertragen werden. Die Entfernung zu den Konkurrenten fließt indirekt in die resultierenden Indizes ein, indem weiter entfernt stehende Konkurrenten in größerer Höhe geschnitten werden als näher stehende. Kronenquerschnittsflächen, Kronenmantelflächen oder das Kronenvolumina, die Konkurrenten zu den Indizes beitragen, nehmen mit zunehmender Entfernung ab.

10.2.4 Beurteilung der Verfahren

BACHMANN (1998) überprüft 229 positionsabhängige Konkurrenzindizes auf ihre Eignung für die Zuwachsschätzung. Eine kurze Darstellung seines Datenmaterials und methodischen Vorgehens erleichtert die Interpretation der in den Tabellen 10.1 und 10.2 zusammengestellten am besten geeigneten Verfahrenskombinationen für Konkurrenzindizes. Um seiner Analyse eine möglichst breite Gültigkeit zu geben, stützt BACHMANN (1998) sie auf 742 Bäume der äußerst strukturreichen Parzellen der Bergmischwaldversuchsfläche Garmisch-Partenkirchen 115. Fichten *Picea abies* (L.) Karst, Tannen *Abies alba* Mill. und Buchen *Fagus silvatica* L. sind dort bis zu 385 Jahre alt. Die im Wuchsbezirk 15.8 Karwendel- und Wettersteinmassiv in 1200–1472 m ü. NN gelegenen Versuchsparzellen repräsentieren bei mittlerer Wüchsigkeit Bestandesvorräte von 404–736 VfmD m.R./ha. Seit Flächenanlage im Jahre 1954 sind die strukturellen Veränderungen auf dieser Versuchsfläche durch insgesamt sechs Aufnahmen umfassend dokumentiert worden. Die Baumhöhen liegen zwischen 2,3 m und 39,1 m bei Mittelwerten von 23,5 m. Das Durchmesserspektrum reicht von 4,0–74,0 cm bei Mittelwerten von 35,0 cm. Die in die Konkurrenzuntersuchung einbezogenen Bäume reichen von dauerhaft unterständigen über mittelständige bis zu vorherrschenden Bestandesgliedern, decken die Baumarten *Picea abies* (L.) Karst. *Abies alba* Mill. und *Fagus silvatica* L. ab, repräsentieren allerdings kaum abrupte Veränderungen der Konkurrenzsituation, wie sie beispielsweise Lichtwuchsdurchforstungen oder Lichtungen auslösen würden.

Im Rahmen seiner Untersuchung kombiniert BACHMANN (1998) vier verschiedene Verfahren der Konkurrentenauswahl mit drei Verfahren der Konkurrenzquantifizierung. Die Konkurrentenauswahl erfolgt wahlweise nach folgenden Ansätzen:
- Verfahren mit festem Suchradius,
- Verfahren der Kronenüberlappung,
- horizontale Winkelzählprobe und
- Verfahren mit vertikalen Suchkegeln.

Diese vier Verfahren zur Konkurrentenauswahl wurden in diskreten Schritten modifiziert, z. B. durch Veränderung des Zählfaktors bei der horizontalen Winkelzählprobe oder durch die Veränderung des Öffnungswinkels und der Ansatzhöhe vertikal ausgerichteter Suchkegel.

Die genannten vier Auswahlverfahren kombiniert er mit Methoden der Konkurrenzquantifizierung:
- Kronen- und Einflußzonenüberlappung,
- Verhältnis zwischen Stammdimensionen und
- Verhältnis zwischen Kronendimensionen.

Auch die Algorithmen zur Quantifizierung der Konkurrenz wurden stufenweise modifiziert, beispielsweise durch eine stufenweise Veränderung der Bezugshöhe (p = 10...90%) für die Berechnung des Verhältnisses zwischen den Kronendimensionen von Zentralbaum und Konkurrenten.

Es resultieren dann verschiedenste Verfahrenskombinationen und entsprechende Konkurrenzindizes, deren Grundlagen in den Abschnitten 10.2.2 und 10.2.3 behandelt wurden. An den 742 Probebäume wurden nun alle Verfahrenskombinationen ausprobiert, systematisch die entsprechenden Konkurrenzindizes und Grundflächenzuwächse bestimmt. Als Eignungskriterium für die Konkurrenzindizes findet deren Korrelation mit dem mittleren periodischen Grundflächenzuwachs der Bäume in der fünfjährigen Aufnahmeperiode nach der Konkurrenzbestimmung Verwendung. Um nicht nur pauschale Aussagen über die Eignung der Indizes treffen zu können, wurde das Kollektiv der 742 Bäume nach Baumarten *Picea abies* (L.) Karst., *Abies alba* Mill. bzw. *Fagus silvatica* L. und nach Höhenschichten (0–50%, 51–80% und > 80% der Bestandeshöhe) stratifiziert, so daß für jedes dieser Straten die Korrelation zwischen Konkurrenzindizes und Grundflächenzuwächsen nach SPEARMAN ermittelt werden kann. Innerhalb dieser Straten können die Verfahrenskombinationen dann nach ihrer Korrelation geordnet werden. Für die einbezogenen Baumarten und Höhenschichten wird dann erkennbar, welche Indizes eng und weniger eng mit dem Baumzuwachs korrelieren.

In Tabelle 10.1 sind von den 229 untersuchten Verfahrenskombinationen die zehn zusammengestellt, die für die drei Baumarten *Picea abies* (L.) Karst., *Abies alba* Mill. bzw. *Fagus silvatica* L. und Höhenschichten 0–50%, 51–80% und > 80% der Bestandeshöhe im Mittel die höchste Korrelationen zwischen Konkurrenzindex und Grundflächenzuwachs erbringen. Dazu ist der mittlere Korrelationskoeffizient nach SPEARMAN angegeben. Tabelle 10.2 ordnet die Verfahrenskombinationen nach der maximalen Korrelation, die sich bei Tannen in der Unterschicht (Stratum *Abies alba* Mill., 0–50% der Bestandeshöhe) ergeben. Dazu ist der Korrelationskoeffizient nach SPEARMAN angegeben, der nun wesentlich höher ist, als der im Mittel über mehrere Straten erreichte Korrelationskoeffizient.

Die unterschiedlichen Rangfolgen in den Tabellen verdeutlichen einen Sachverhalt, der

10.2 Positionsabhängige Konkurrenzindizes

Tabelle 10.1 Übersicht über die zehn besten von insgesamt 229 Verfahren zur Konkurrenzbestimmung nach BACHMANN (1998). Reihung der Verfahren, die im Mittel über neuen Straten – *Picea abies* (L.) Karst., *Abies alba* Mill., *Fagus silvatica* L. und Unter-, Mittel- und Oberschicht – die höchste Korrelation nach SPEARMAN zwischen Konkurrenzindex und mittlerem periodischem Grundflächenzuwachs erbringen. Konkurrentenauswahl: Im einzelnen sind für die Suchkegel-Methode die Öffnungsweite in Grad (Ö) und die relative Ansatzhöhe des Suchkegels (A) angegeben. Wenn A = SF bzw. A = Kra, so setzt der Suchkegel am Baumfuß bzw. am Kronenansatz an. Für die horizontale Winkelzählprobe sind der Zählfaktor und Öffnungswinkel angegeben. Quantifizierung der Konkurrenz: Methoden der Kronenrelation und Winkelsumme bewähren sich besonders. In beiden Fällen ist p für die beste Schnitthöhe in Prozent angegeben. Korrelationskoeffizient: nach SPEARMAN (Formel und Erklärung des entsprechenden Algorithmus im Text).

Rang	Konkurrentenauswahl			Quantifizierung der Konkurrenz			Korrelations-koeffizient	Formel
1	Suchkegel	A = 50%	Ö = 60	Winkelsumme	KKL	p = 50	0,582	10.1
2	Suchkegel	A = Kra	Ö = 80	Kronenrelation	BDV	p = 50	0,582	10.12
3	Suchkegel	A = 70%	Ö = 50	Kronenrelation	BDM	p = 66	0,579	10.13
4	Suchkegel	A = 50%	Ö = 50	Winkelsumme	KKL	p = 50	0,577	10.1
5	Suchkegel	A = 60%	Ö = 60	Kronenrelation	BDM	p = 66	0,577	10.13
6	Suchkegel	A = 60%	Ö = 60	Winkelsumme	KKL	p = 60	0,577	10.1
7	Suchkegel	A = 60%	Ö = 70	Winkelsumme	KKL	p = 60	0,575	10.1
8	Suchkegel	A = 40%	Ö = 50	Winkelsumme	KKL	p = 40	0,575	10.1
9	Suchkegel	A = 50%	Ö = 70	Winkelsumme	KKL	p = 50	0,574	10.1
10	Suchkegel	A = Kra	Ö = 60	Kronenrelation	BDV	p = 50	0,573	10.12

von grundsätzlicher Bedeutung für die Auswahl von Konkurrenzindizes ist. Sucht man nach Konkurrenzindizes, die für ein spezielles Stratum am besten geeignet sind (Tab. 10.2), so gelangt man zu anderen Ansätzen, als bei der Suche nach Indizes, die für unterschiedlichste Straten robuste Ergebnisse liefern (Tab. 10.1). Für singuläre Auswertungen dürften solche Algorithmen von Interesse sein, die für den jeweiligen Spezialfall optimiert sind. Dem-

Tabelle 10.2 Übersicht über die zehn besten von 229 untersuchten Konkurrenzindizes für Tannen *Abies alba* Mill. in der Unterschicht nach BACHMANN (1998). Reihung der Verfahren, die innerhalb dieses Stratums die höchsten korrelativen Zusammenhänge erbringen, mit Angabe des Korrelationskoeffizienten nach SPEARMAN. Konkurrentenauswahl: Im einzelnen sind für die Suchkegel-Methode die Öffnungsweite in Grad (Ö) und die relative Ansatzhöhe des Suchkegels (A) angegeben. Wenn A = SF bzw. A = Kra, so setzt der Suchkegel am Baumfuß bzw. am Kronenansatz an. Für die horizontale Winkelzählprobe sind der Zählfaktor und Öffnungswinkel angegeben. Quantifizierung der Konkurrenz: Methoden der Kronenrelation und Winkelsumme bewähren sich besonders. In beiden Fällen ist p für die beste Schnitthöhe in Prozent angegeben. Korrelationskoeffizient: nach SPEARMAN (Formel und Erklärung des entsprechenden Algorithmus im Text).

Rang	Konkurrentenauswahl			Quantifizierung der Konkurrenz			Korrelations-koeffizient	Formel
1	Suchkegel	A = SF	Ö = 40	Kronenrelation	BDV	p = 66	0,970	10.12
2	Suchkegel	A = SF	Ö = 60	Kronenrelation	BDM	p = 50	0,946	10.13
3	Suchkegel	A = SF	Ö = 20	Kronenrelation	BDM	p = 66	0,946	10.13
4	Winkelzp.	= 2,295	Ö = 1,74°	Kronenrelation	BDV	p = 50	0,934	10.12
5	Suchkegel	A = SF	Ö = 70	Kronenrelation	BDV	p = 50	0,934	10.12
6	Suchkegel	A = Kra	Ö = 80	Kronenrelation	BDV	p = 50	0,934	10.12
7	Suchkegel	A = 70%	Ö = 30	Winkelsumme	KKL	p = 70	0,934	10.1
8	Winkelzp.	= 2,295	Ö = 1,74°	Kronenrelation	BDM	p = 50	0,910	10.13
9	Suchkegel	A = SF	Ö = 80	Kronenrelation	BDM	p = 50	0,910	10.13
10	Suchkegel	A = SF	Ö = 100	Kronenrelation	BDM	p = 50	0,910	10.13

gegenüber sollten beispielsweise in einzelbaumorientierten Bestandessimulatoren, die für ein breites Spektrum von Baumarten, Bestandesaufbauformen und Behandlungsvarianten gedacht sind, robuste, über den Spezialfall hinaus brauchbare Konkurrenzindizes verwendet werden.

Die in den Tabellen 10.1 und 10.2 erkennbare Reihung der Verfahren unterstreicht die besondere Eignung der Suchkegelmethode für die Konkurrentenauswahl. Als geeignete Öffnungswinkel erweisen sich solche zwischen 20° und 100° mit Schwerpunkt bei 50–70°. Als Ansatzpunkt, von dem aus der Suchkegel aufgespannt wird, erweisen sich 0–70% der Baumhöhe oder die Kronenansatzhöhe als besonders geeignet. Die horizontale Winkelzählprobe mit einem Zählfaktor zwischen 2 und 3 taucht unter den zehn am besten geeigneten Verfahren der Konkurrentenauswahl zweimal auf. Verfahren, die mit festem Suchradius oder Kronenüberlappung arbeiten, sind durchweg unterlegen.

Unter den Verfahren zur Quantifizierung der Konkurrenz erweist sich die gewichtete Winkelsumme nach (10.1) und die Verhältnisbildung zwischen Kronendimensionen nach (10.12) und (10.13) mit einer festen Bezugshöhe von $p = 40\%$ bis $p = 70\%$ der Baumhöhe als besonders geeignet. In beiden Fällen handelt es sich um Verfahren, die Kronendimensionen von Zentralbaum und Nachbarn ins Verhältnis zueinander setzen. Methoden der Konkurrenzquantifizierung durch Kronen- und Einflußzonenüberlappung, Verhältnisbildung zwischen Stammdimensionen und solche Verfahren, welche das Verhältnis zwischen Kronendimensionen in variabler Höhe einbeziehen [(10.14) und (10.15)], schneiden weniger gut ab.

10.3 Positionsunabhängige Konkurrenzmaßzahlen

Die positionsunabhängige Beschreibung von Konkurrenzverhältnissen kann entweder auf Bestandesebene über Dichtemaße wie Bestockungsgrad, Bestandesdichteindex, Beschirmungsgrad erfolgen (Abschn. 9.3). Oder es wird für den Einzelbaum mit den im folgenden zu besprechenden Verfahren individuell die Konkurrenzierung durch stärkere oder höhere, also sozial überlegene Bestandesglieder quantifiziert.

10.3.1 Kronenkonkurrenzfaktor

Eine erste Verfahrensgruppe baut dabei auf dem Kronenkonkurrenzfaktor auf, der für alle Bäume potentielle Kronenausdehnung unterstellt und deren Kronengrundflächensumme $\sum_{i=1}^{n} kg_{POT_i}$ ins Verhältnis zur Flächengröße A setzt. Die Berechnung potentieller Kronengrundflächen wurde in Abschnitt 9.3.5 entwickelt. Es resultiert ein relatives Maß für den mittleren Konkurrenzdruck innerhalb des Bestandes.

$$CCF = \frac{1}{A} \cdot \sum_{i=1}^{n} kg_{POT_i} \qquad (10.16)$$

Wird der Kronenkonkurrenzfaktor $CCF = 1$, so ist die gesamte Fläche überschirmt, alle Kronen können sich gerade so weit ausdehnen, daß kein Wettbewerb entsteht. Bei einem Überangebot an Ressourcen wird $CCF < 1$. Besteht ein Wettbewerb um Ressourcen, so wird CCF 1. Werden in diese Berechnung nun nicht alle $i = 1, \ldots, n$ Bestandesglieder einbezogen, sondern nur solche, die stärker als der betrachtete Zentralbaum j sind ($D_i > D_j$),

$$CCFL = \frac{1}{A} \cdot \sum_{\substack{i=1 \\ D_i > D_j}}^{n} kg_{POT_i}, \qquad (10.17)$$

so entsteht ein individuelles Maß für die soziale Stellung eines Baumes innerhalb des Bestandes.

In Abbildung 10.6 sind die Verhältnisse für Zentralbäume (schwarze Rechtecke) veranschaulicht, die (a) im Unter-, (b) im Mittel- und (c) im Oberstand stehen und in deren CCFL-Berechnung viele bis gar keine Nachbarn (grau eingezeichnete Kronen) einbezogen werden. Erfolgt die Berechnung für unterständige Bäume (Abb. 10.6a), so fließen in dem Beispiel acht Bestandesglieder in die Berechnung ein,

Bildtafel 15

Bildtafel 15 Fichten-Durchforstungsversuch TR 639 im Stadtwald Traunstein im Alter von 30 Jahren. Ausführliche Legende auf Seite xxxi.

Bildtafel 16 Wuchsreihe KEH 804 zur Erfassung des Wachstums von Eichen-Buchen-Mischbeständen im Forstamt Kelheim. Die räumlich nebeneinander gelegenen Parzellen 1, 2, 3 und 7 decken die Bestandesentwicklung vom Alter 20 bis zum Alter 149 ab (die Mischungsanteile beziehen sich auf die Bestandesgrundfläche).
oben: Parzelle 1, Alter 20, 100% Eiche, Stammzahl 7483 Bäume · ha^{-1}, Vorrat 10 VfmD · ha^{-1}, Mischungsanteil 100% Eiche.
unten: Parzelle 2, Alter 44, 76% Eiche, 24% Buche, Stammzahl 2376 Bäume · ha^{-1}, Vorrat 204 VfmD · ha^{-1}, jährlicher Zuwachs 9,4 VfmD · ha^{-1} · a^{-1}.

Bildtafel 17 Wuchsreihe KEH 804 zur Erfassung des Wachstums von Eichen-Buchen-Mischbeständen im Forstamt Kelheim. Die räumlich nebeneinander gelegenen Parzellen 1, 2, 3 und 7 decken die Bestandesentwicklung vom Alter 20 bis zum Alter 149 ab.
oben: Parzelle 3, Alter 65, 52% Eiche, 48% Buche, Stammzahl 1459 Bäume · ha^{-1}, Vorrat 391 VfmD · ha^{-1}, Zuwachs 16,5 VfmD · ha^{-1} · a^{-1}.
unten: Parzelle 7, Alter 149, Eiche 75%, Buche 25%, Stammzahl 549 Bäume · ha^{-1}, Vorrat 687 VfmD · ha^{-1}, Zuwachs 12,6 VfmD · ha^{-1} · a^{-1}.

Bildtafel 18

Bildtafel 18 Douglasien-Düngungsversuch WAS 256 im Forstamt Waldsassen. Dargestellt ist das Wachstum auf der 0-Fläche im Vergleich zu einer Parzelle mit P, N, Mg-Düngung.
oben: 0-Variante, Alter 28, Stammzahl 608 Bäume $\cdot$ ha^{-1}, Bestandesvorrat 4 VfmD $\cdot$ ha^{-1}, Grundfläche 1,72 m^2 $\cdot$ ha^{-1}, jährlicher Zuwachs 0,6 VfmD $\cdot$ ha^{-1} $\cdot$ a^{-1}.
unten: Variante mit P, N, Mg-Düngung, Alter 28, Stammzahl 1233 Bäume $\cdot$ ha^{-1}, Grundfläche 9,61m^2 $\cdot$ ha^{-1}, Bestandesvorrat 32,0 VfmD $\cdot$ ha^{-1}, jährlicher Zuwachs 5,1 VfmD $\cdot$ ha^{-1} $\cdot$ a^{-1}.

Bildtafel 19 Bergmischwaldbestände aus Fichte, Tanne und Buche mit femel- und plenterartiger Nutzung im Kreuzberger Gemeindewald und Fürstlich Waldburg-Wolfegg'schen Privatwald.
oben: Plenterwaldversuchsfläche Freyung 129, Parzelle 2, Fichte, Tanne und Buche, Alter circa 250 Jahre, Stammzahl 980 Bäume $\cdot$ ha^{-1}, Grundfläche 43,67 m^2 $\cdot$ ha^{-1}, Vorrat 618 VfmD $\cdot$ ha^{-1}, jährlicher Zuwachs 14,0 VfmD $\cdot$ ha^{-1} $\cdot$ a^{-1}.
unten: Bergmischwaldversuchsfläche Rohrmoos 107, Parzelle 1, Alter circa 160 Jahre, Stammzahl 397 Bäume $\cdot$ ha^{-1}, Grundfläche 83,6 m^2 $\cdot$ ha^{-1}, Vorrat 1254 VfmD $\cdot$ ha^{-1}, Zuwachs 12,87 VfmD $\cdot$ ha^{-1} $\cdot$ a^{-1}.

Bildtafel 20 Fichten-Buchen-Mischbestandsversuch ZWI 111 im ehemaligen Forstamt Zwiesel (Nationalpark Bayerischer Wald). Auf insgesamt 8 Parzellen wird das Wachstum von Fichte und Buche im Rein- und Mischbestand bei unterschiedlichen Mischungsanteilen und Mischungsstrukturen und hochdurchforstungsartigen Eingriffen untersucht. Die Versuchsfläche wird seit 1954 beobachtet, Fichte und Buche haben ein Alter von 104 bzw. 123 Jahren.
oben: Parzelle 5, 100% Fichte, Stammzahl 246 Bäume $\cdot$ ha^{-1}, Grundfläche 40,80 m^2 $\cdot$ ha^{-1}, Vorrat 640 VfmD $\cdot$ ha^{-1}, jährlicher Zuwachs 12,9 VfmD $\cdot$ ha^{-1} $\cdot$ a^{-1}.
unten: Parzelle 3, 50% Fichte, Buche in Gruppenmischung, Stammzahl 236 Bäume $\cdot$ ha^{-1}, Grundfläche 31,86 m^2 $\cdot$ ha^{-1}, Bestandesvorrat 523 VfmD $\cdot$ ha^{-1}, Zuwachs 12,1 VfmD $\cdot$ ha^{-1} $\cdot$ a^{-1}.

Bildtafel 21 Fichten-Buchen-Mischbestandsversuch ZWI 111 im ehemaligen Forstamt Zwiesel (Nationalpark Bayerischer Wald). Auf insgesamt 8 Parzellen wird das Wachstum von Fichte und Buche im Rein- und Mischbestand bei unterschiedlichen Mischungsanteilen und Mischungsstrukturen und hochdurchforstungsartigen Eingriffen untersucht. Die Versuchsfläche wird seit 1954 beobachtet, Fichte und Buche haben ein Alter von 104 bzw. 123 Jahren.
oben: Parzelle 1, Fichte 55%, Buche in Einzelmischung, Stammzahl 324 Bäume $\cdot$ ha^{-1}, Grundfläche 33,21 m^2 $\cdot$ ha^{-1}, Vorrat 528 VfmD $\cdot$ ha^{-1}, jährlicher Zuwachs 16,7 VfmD $\cdot$ ha^{-1} $\cdot$ a^{-1}.
unten: Parzelle 8, Buche 100%, 291 Bäume $\cdot$ ha^{-1}, 22,70 m^2 Grundfläche $\cdot$ ha^{-1}, 404 VfmD $\cdot$ ha^{-1}, jährlicher Zuwachs 11,2 VfmD $\cdot$ ha^{-1} $\cdot$ a^{-1}.

Bildtafel 22 Wachstum von Buchen- und Fichten-Tannen-Buchen-Beständen ohne Behandlung.
oben: Buchen-Versuchsfläche GER 627, Parzelle 4, in der Abteilung Kleinengelein des Forstamtes Gerolzhofen. Baumart Buche, Alter 219 Jahre, Stammzahl 92 Bäume $\cdot$ ha^{-1}, Grundfläche 37,25 m$^2 \cdot$ ha^{-1}, Bestandesvorrat 824 VfmD $\cdot$ ha^{-1}, h$_o$ 41,7 m, d$_o$ 71,80 cm, jährlicher Zuwachs 10,7 VfmD $\cdot$ ha$^{-1} \cdot$ a^{-1}.
unten: Fichten-Tannen-Buchen-Urwaldparzelle ZWI 137, Parzelle 1, in der Abteilung Mittelsteighütte im Nationalpark Bayerischer Wald, Alter 327 Jahre, Stammzahl 831 Bäume $\cdot$ ha^{-1}, Grundfläche 44,50 m$^2 \cdot$ ha^{-1}, Vorrat 718,90 VfmD $\cdot$ ha^{-1}, stehendes und liegendes Totholz 273,77 bzw. 39,23 VfmD $\cdot$ ha^{-1}, jährlicher Zuwachs 16,42 VfmD $\cdot$ ha$^{-1} \cdot$ a^{-1}.

Bildtafel 23

Bildtafel 23 Praxisversuch EBR 133 zur langfristigen Verjüngung von Mischbeständen aus Eiche, Buche und Kiefer im Forstamt Ebrach. Ausführliche Legende auf Seite xxxi.

Bildtafel 24

Bildtafel 24 Spezifische Kronenverlichtung an Kiefern (Pinus sylvestris L.) in der Oberpfalz. Ausführliche Legende auf Seite xxxi.

Bildtafel 25

Bildtafel 25 Versuchsanlagen zur Beweissicherung im Zusammenhang mit Baumaßnahmen.
oben: Auf der Kiefern-Versuchsparzelle Nürnberg 317/3 am Ufer des Rhein-Main-Donau-Kanals kann eine durch die Baumaßnahmen und Grundwasserabsenkung in den 60er und 70er Jahren bedingte Zuwachsminderung nachgewiesen werden. Stammzahl 517 Bäume · ha^{-1}, Grundfläche 29,27 m^2 · ha^{-1}, Vorrat 308,5 VfmD · ha^{-1}, jährlicher Zuwachs 4,63 VfmD · ha^{-1} · a^{-1}.
unten: Randschadensversuchsfläche Rohrbrunn 314/5 zur Dokumentation von Randschäden beim Ausbau der Autobahn A 3 im Bereich des Forstamtes Rothenbuch. Infolge des Trassenaufhiebs und Eintrags von Abgasen und Streusalz kommt es in dem 141jährigen Mischbestand aus Eiche und Buche zu Schäden durch Trockenstreß, Rindenbrand, Wasserreiserbildung und zu einem Zuwachsrückgang. Stammzahl 520 Bäume · ha^{-1}, Grundfläche 33,55 m^2 · ha^{-1}, Vorrat 439,8 VfmD · ha^{-1}, jährlicher Zuwachs 15,47 VfmD · ha^{-1} · a^{-1}.

Bildtafel 26 Immissionsquellen Braunkohlekraftwerk in Schwandorf und Stahlwerk Neue Maxhütte in Sulzbach-Rosenberg, die je nach Kaminhöhe zur Belastung der Wälder im Fern- bzw. Nahbereich beitragen. Seit den 80er Jahren sind die Schwefeldioxyd-, Stickoxyd- und Staubimmissionen aus diesen industriellen Feuerstätten durch Einbau von Filteranlagen, Übergang zu schwefelarmer Kohle, Übergang zum Spitzenlastbetrieb bzw. Reduktion der Produktionsmenge zurückgegangen. Die räumliche und zeitliche Veränderung der Immissionsbelastung spiegelt sich zumeist klar im Zuwachsverhalten der umliegenden Waldbestände wieder.

Fotos: H. Pretzsch

Bildtafel 27 Versuchsfläche Freising 813/1 des Sonderforschungsbereiches 607 zum Thema „Wachstum und Parasitenabwehr" im Kranzberger Forst/Forstamt Freising. Alter von Fichte und Buche 49 bzw. 56 Jahre, Stammzahl 829 Bäume $\cdot$ ha^{-1}, Mittelhöhe von Fichte und Buche 25,5 bzw. 24,0 m, Mitteldurchmesser 28,4 bzw. 23,4 cm, Grundfläche 46,4 m^2 $\cdot$ ha^{-1}, Bestandesvorrat 572 VfmD $\cdot$ ha^{-1}, jährlicher Zuwachs 19,6 VfmD $\cdot$ ha^{-1} $\cdot$ a^{-1}.

oben: Zur Erfassung der Strukturen und Prozesse wird der Fichten-Buchen-Mischbestand mit einem System von Meßtürmen und Verbindungsstegen ausgestattet.

unten: Schlauchsystem zur Ausbringung von Ozon in ausgewählten Bereichen des Fichten-Buchen-Mischbestandes. Auf der Untersuchungsfläche befinden sich Meßgeräte von mehr als 20 Forschergruppen, die von der Zelle bis zum Bestandesvolumen, von der Sekunde bis zum Jahrestakt den Effekt von Störfaktoren auf Prozesse und Strukturen aufzeichnen.

Fotos: R. Grote und Ch. Hendrich

Bildtafel 28

Bildtafel 28 Dendrometer in der Stammhöhe 1,30 m und an ausgewählten Ästen (oben bzw. unten) zeichnen im Minutentakt die Zuwachsreaktionen von Fichten und Buchen auf veränderte Witterung, Belichtung, Ozonkonzentration und CO_2-Konzentration auf. Der jährliche Durchmesserzuwachs betrug in den Jahren 1998, 1999, 2000 und 2001 bei den Fichten 0,23, 0,35, 0,38 bzw. 0,40 cm/Jahr und bei den Buchen 0,13, 0,20, 0,17 und 0,22 cm/Jahr.

Fotos: R. Grote und Ch. Hendrich

Bildtafel 15 Fichten-Durchforstungsversuch TR 639 im Stadtwald Traunstein im Alter von 30 Jahren. Auf den vier Parzellen wird das Wachstum der Fichte ohne Behandlung, bei mäßiger Auslesedurchforstung und solitärartigen Bedingungen beobachtet.
oben, links: Parzelle 1, A-Grad, Stammzahl 1800 Bäume $\cdot$ ha^{-1}, Bestandesgrundfläche 46,87 m^2 $\cdot$ ha^{-1}, Vorrat 334 VfmD $\cdot$ ha^{-1}, jährlicher Zuwachs 30,3 VfmD $\cdot$ ha^{-1} $\cdot$ a^{-1}.
oben, rechts: Parzelle 4, mäßige Auslesedurchforstung, 1608 Bäume $\cdot$ ha^{-1}, Bestandesgrundfläche 37,71 m^2 $\cdot$ ha^{-1}, 273 VfmD $\cdot$ ha^{-1}, jährlicher Zuwachs 32,5 VfmD $\cdot$ ha^{-1} $\cdot$ a^{-1}.
unten, links: Parzelle 3, 660 Bäume $\cdot$ ha^{-1}, Bestandesgrundfläche 28,98 m^2 $\cdot$ ha^{-1}, 187 VfmD $\cdot$ ha^{-1}, jährlicher Zuwachs 22,1 VfmD $\cdot$ ha^{-1} $\cdot$ a^{-1}.
unten, rechts: Parzelle 2, 390 Bäume $\cdot$ ha^{-1}, Bestandesgrundfläche 22,29 m^2 $\cdot$ ha^{-1}, Bestandesvorrat 149 VfmD $\cdot$ ha^{-1}, Zuwachs 19,3 VfmD $\cdot$ ha^{-1} $\cdot$ a^{-1}.

Bildtafel 23 Praxisversuch EBR 133 zur langfristigen Verjüngung von Mischbeständen aus Eiche, Buche und Kiefer im Forstamt Ebrach.
oben, links: Parzelle 5, 159jähriger Altbestand aus Kiefer, Buche, Eiche und sonstigem Laubholz mit vor 5 Jahren eingeleiteter Naturverjüngung. Altbestand: Stammzahl 308 Bäume $\cdot$ ha^{-1}, d_o 45,3 cm bzw. 42,2 cm von Eiche und Buche, h_o 29,2 m bzw. 29,9 m von Eiche und Buche, Grundfläche 30,09 m^2 $\cdot$ ha^{-1}, Vorrat 491 VfmD $\cdot$ ha^{-1}, jährlicher Zuwachs 12,0 VfmD $\cdot$ ha^{-1} $\cdot$ a^{-1}. Die Verjüngung wurde noch nicht aufgenommen.
oben, rechts: Parzelle 6, 175jähriger Altbestand mit seit 25–30 Jahren etablierter Naturverjüngung. Altbestand: Stammzahl 131 Bäume $\cdot$ ha^{-1}, d_o 47,2 cm bzw. 43,6 cm von Eiche und Buche, h_o 28,9 m bzw. 26,8 m von Eiche und Buche, Grundfläche 19,63 m^2 $\cdot$ ha^{-1}, Bestandesvorrat 300 VfmD $\cdot$ ha^{-1}, jährlicher Zuwachs 7,2 VfmD $\cdot$ ha^{-1} $\cdot$ a^{-1}. Verjüngung: 25 177 Bäume $\cdot$ ha^{-1}, 62% Buche, 35% Eiche, 3% sonstiges Laub- und Nadelholz, Baumhöhen bis 12 m, Durchmesser bis 16 cm.
unten, links: Parzelle 7, 159jähriger Altbestand aus Eiche, Buche, Kiefer und Fichte mit 30 bis 40jähriger Verjüngung. Altbestand: Stammzahl des Altbestandes 63 Bäume $\cdot$ ha^{-1}, d_o 47,9 cm bzw. 50,5 cm von Eiche und Buche, h_o 26,0 m bzw. 28,8 m von Eiche und Buche, Grundfläche 10,34 m^2 $\cdot$ ha^{-1}, Vorrat 150 VfmD $\cdot$ ha^{-1}, Zuwachs 3,7 VfmD $\cdot$ ha^{-1} $\cdot$ a^{-1}. Verjüngung: 26 284 Bäume $\cdot$ ha^{-1}, 34% Buche, 65% Eiche, 1% sonstiges Laub- und Nadelholz, Baumhöhen bis 14 m, Durchmesser bis 19 cm.
unten, rechts: Parzelle 4, 170jähriger Überhalt aus Buche und Eiche mit etablierter 40- bis 50jähriger Folgegeneration aus Eiche, Buche, Kiefer, Kirsche und sonstigem Laubholz. Altbestand: Stammzahl des Altbestandes 50 Bäume $\cdot$ ha^{-1}, d_o 52,9 cm bzw. 58,8 cm von Eiche und Buche, h_o 32,3 m bzw. 33,9 m von Eiche und Buche, Grundfläche 12,79 m^2 $\cdot$ ha^{-1}, Vorrat 230 VfmD $\cdot$ ha^{-1}, jährlicher Zuwachs 1,9 VfmD $\cdot$ ha^{-1} $\cdot$ a^{-1}. Folgegeneration: 26 141 Bäume $\cdot$ ha^{-1}, 30% Buche, 69% Eiche, 1% sonstiges Laub- und Nadelholz, Baumhöhen bis 24 m, Durchmesser bis 28 cm.

Bildtafel 24 Spezifische Kronenverlichtung an Kiefern (Pinus sylvestris L.) in der Oberpfalz.
oben, links: Referenzbaum mit voller Benadelung, 4–5 Äste pro Quirl, 3–4 Nadeljahrgänge.
oben, rechts: 20% Nadelverlust, 2–3 Äste pro Quirl, 2 Nadeljahrgänge, Jahrestriebe gestaucht.
unten, links: Nadelverlust 40%, 1–2 Äste pro Quirl, 1 Nadeljahrgang, abgeflachte Gipfeltriebe, fast nur noch Lineartriebe, ganze Kronenpartien sind transparent oder fallen aus.
unten, rechts: 95% Nadelverlust, in der Oberkrone maximal 1 Nadeljahrgang, stark verkürzte Jahrestriebe ohne Verzweigung, Absterben ganzer Kronenpartien, so daß infolge des hohen Lichtdurchfalls Unterstand ins Wachsen kommt.

Fotos: H. Pretzsch

10.3 Positionsunabhängige Konkurrenzmaßzahlen

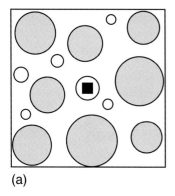
(a)

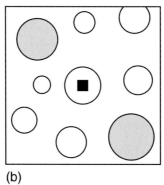
(b)

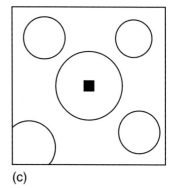
(c)

Abbildung 10.6a–c Berechnung der CCFL-Werte für **(a)** einen unterständigen, **(b)** mitherrschenden und **(c)** vorherrschenden Baum. Eingezeichnet sind der Zentralbaum (schwarz) und die in die Berechnung einbezogenen Bestandesglieder (grau), die in CCFL-Werten von 0,5, 0,1 bzw. 0,0 resultieren.

und es resultiert ein CCFL-Wert von 0,5. Für den mittelständigen Baum (Abb. 10.6b) fließen zwei Bestandesnachbarn, für den herrschenden Baum (Abb. 10.6c) fließt kein Nachbar in die CCFL-Berechnung ein, so daß sich Werte von 0,1 bzw. 0,0 ergeben.

Indem die Konkurrenzmaße CCF und CCFL auf potentiellen Kronenmaßen aufbauen, quantifizieren sie die Begrenzung der optimalen Ausdehnung von Einzelbäumen. Wird in (10.16) anstelle der potentiellen die aktuelle Kronendimension zugrunde gelegt, so sagt der entstehende Index aus, inwieweit ein Bestand seine Ressourcen via Raumbesetzung ausschöpft. BIGING und DOBBERTIN (1995) erproben neben der Kronenquerschnittsfläche auch das Kronenvolumen und die Kronenmantelfläche für die Berechnung von CCFL-Werten; eine Erhöhung der angestrebten Korrelation zwischen den resultierenden Indizes und dem Baumzuwachs wird dabei nicht erreicht.

10.3.2 Horizontalschnitt-Verfahren

Eine zweite Verfahrensgruppe leitet den individuellen Konkurrenzindex für Baum j her, indem in einer definierten Höhe des Baumes j durch den gesamten Bestand eine horizontale Ebene gedacht wird (Abb. 10.7). Werden die schwarz eingezeichneten Kronenquerschnittsflächen KQF aller Nachbarn in dieser Höhe p, ihre Kronenmantelflächen KMF oder Kronenvolumina KV oberhalb dieser Ebene summiert und durch die Größe der Beobachtungsfläche A dividiert,

$$KKQ = \frac{1}{A} \cdot \sum_{\substack{i=1 \\ i \neq j}}^{n} KQF_i, \quad (10.18)$$

$$KKM = \frac{1}{A} \cdot \sum_{\substack{i=1 \\ i \neq j}}^{n} KMF_i, \quad (10.19)$$

$$KKV = \frac{1}{A} \cdot \sum_{\substack{i=1 \\ i \neq j}}^{n} KV_i, \quad (10.20)$$

so erhalten wir die dimensionslosen Konkurrenzindizes KKQ, KKM und KKV, welche die relative Position des betrachteten Baumes in der Vertikalstruktur des Bestandes anzeigen [(10.18), (10.19) und (10.20)]. Als Konkurrenten werden – im Unterschied zu positionsabhängigen Ansätzen – also nicht nur Nachbarn ausgewählt, sondern alle Bestandesglieder, die von der gedachten Ebene geschnitten werden.

Beispielsweise ergäbe sich für die herrschende Fichte j (Abb. 10.7a) ein nur geringer KKQ-Wert, da in 60% ihrer Höhe wenige Bestandesglieder geschnitten werden und die entstehenden Kronenquerschnittsflächen relativ klein sind. Demgegenüber erbringt eine zwischen- bis unterständige Buche j (Abb. 10.7b) einen hohen KKQ-Wert. In 60% ihrer Baumhöhe werden viele Kronen geschnitten, was Ausdruck eines hohen Konkurrenzdrucks ist. Die Berechnung der Konkurrenzindizes KKL und KKQ stützt sich auf Kronenformmodelle (Abschn. 8.2.2.1).

10 Wuchskonstellation von Einzelbäumen

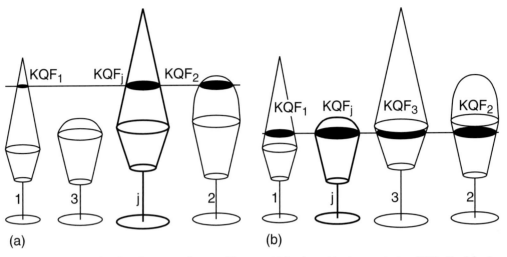

(a) (b)

Abbildung 10.7 a, b Bestimmung des positionsunabhängigen Konkurrenzindex KKQ für **(a)** eine herrschende Fichte *Picea abies* (L.) Karst. und **(b)** eine zwischen- bis unterständige Buche *Fagus silvatica* L. In 60% der Höhe des Zentralbaumes j wird von allen Bestandesgliedern der Versuchsfläche nach vorgegebenen Kronenformmodellen die Kronenquerschnittsfläche KQF_i bestimmt (schwarze Kreisscheiben).

Die Untersuchungen von PRETZSCH (1995) und BIGING und DOBBERTIN (1995) unterstreichen die gute Brauchbarkeit des Index KKQ bei Wahl einer Bezugshöhe p von 60–75% der Baumhöhe von unten. Die Eignung der Indizes KKQ, KKM und KKV überprüfen BIGING und DOBBERTIN (1995), indem sie für ausgewählte Bestände der Arten *Abies concolor* (Gord. et Glend.) Lindb. und *Pinus ponderosa* Dougl. ex Laws. zunächst den Einzelbaumzuwachs in Abhängigkeit von Durchmesser, Höhe und Kronenlänge schätzen. Sie ergänzen dann die Liste der unabhängigen Variablen um die genannten Konkurrenzindizes und prüfen, inwieweit hierdurch der mittlere quadratische Fehler sinkt. Die prozentuale Reduktion des mittleren quadratischen Fehlers wird damit zu einem Maß für die Eignung der untersuchten Konkurrenzindizes. Indem sie die drei Konkurrenzindizes nun schrittweise für unterschiedliche Bezugshöhen von 25–100% berechnen und die jeweilige Absenkung des mittleren quadratischen Fehlers auftragen, lassen sich optimale Bezugshöhen isolieren (Abb. 10.8). Diese liegen bei den betrachteten Baumarten *Abies concolor* (Gord. et Glend.) Lindb. und *Pinus ponderosa* Dougl. ex Laws. unabhängig davon, welche Kronenmaße für die Berech-

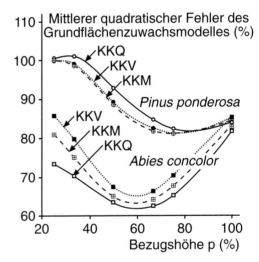

Abbildung 10.8 Einfluß der Bezugshöhe p auf die Güte der Zuwachsschätzung mit den Konkurrenzindizes KKQ, KKM und KKV. Für die Baumarten *Pinus ponderosa* (Laws.) und *Abies concolor* (Gord. et Glend.) Lindl. ist angegeben, welchen Einfluß die Bezugshöhe p auf den mittleren quadratischen Fehler des Grundflächenzuwachsmodells ausübt. Bezugshöhen von 60–80% erbringen für beide Baumarten und die drei Indexvarianten die besten Zuwachsschätzungen im Vergleich zum Zuwachsmodell ohne Konkurrenzindex (= 100%).

10.3 Positionsunabhängige Konkurrenzmaßzahlen

nung herangezogen werden, bei Schnitthöhen von 60–80% der Baumhöhe des betrachteten Zentralbaumes.

10.3.3 Perzentile der Grundflächen-Häufigkeitsverteilung

Die Konkurrenzsituation des Einzelbaumes innerhalb eines Bestandes kann nach dem in Abbildung 10.9 veranschaulichten Verfahren, ohne Abstandswerte, aus der Lage des Baumes in der Grundflächen-Häufigkeitsverteilung des Bestandes abgeleitet werden: Hierzu wird die Grundflächen-Häufigkeitsverteilung des Bestandes (a) in die entsprechende absolute kumulative Verteilung überführt, so daß jede Grundflächenklasse die darin liegende Grundfläche plus der Grundfläche aus den darunter-

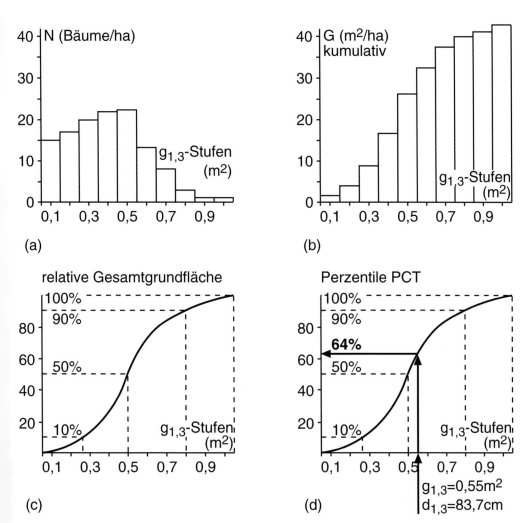

Abbildung 10.9a–d Beschreibung der Konkurrenzsituation des Einzelbaumes durch sein Perzentil in der Grundflächen-Häufigkeitsverteilung (schematische Darstellung). **(a)** Stammzahlverteilung auf Klassen gleicher Grundfläche (Dichtefunktion); **(b)** absolute, kumulative Grundfläche über Klassen gleicher Grundfläche (absolute Verteilungsfunktion); **(c)** prozentuale, kumulative Grundflächen über Klassen gleicher Grundfläche (prozentuale Verteilungsfunktion); **(d)** Abgriff des Perzentils eines Baumes aus der prozentualen Grundflächenverteilungsfunktion.

liegenden Klassen enthält (b). Die absoluten Besetzungen der kumulativen Klassen werden in prozentuale umgerechnet, indem jeder Klassenwert durch die Gesamtgrundfläche dividiert wird; wir erhalten die Kurve der prozentualen kumulativen Grundflächenverteilung (c). Zur Beurteilung der Wuchskonstellation eines Baumes wird aus der prozentualen kumulativen Verteilung dessen relative Lage in der Verteilung, ausgedrückt durch sein Perzentil (PCT), abgelesen (d). Perzentile drücken die relative Lage und damit die soziale Stellung eines Individuums innerhalb einer Verteilung aus. Im STAND PROGNOSIS MODEL von WYKOFF, CROOKSTON und STAGE (1982) steuern sie in Kombination mit Absolutwerten der Bestandesgrundfläche und dem Kronenkonkurrenzfaktor CCF die Zuwachsreaktionen des Einzelbaumes auf Konkurrenz (Abschn. 11.3.2).

10.3.4 Positionsunabhängige gegen positionsabhängige Konkurrenzindizes

Im wesentlichen bestimmen die verfügbare Datenbasis und der Informationsbedarf, ob positionsunabhängige oder positionsabhängige Konkurrenzindizes bei der Beschreibung, Modellierung oder Steuerung des Einzelbaumwachstums zur Anwendung kommen. Sind Stammfußpunkte und Stamm- und Kronendimensionen verfügbar, so ermöglichen positionsabhängige Indizes eine wesentlich aussagekräftigere Charakterisierung der Ressourcenverfügbarkeit. Wenn LORIMER (1983) und MARTIN und EK (1984) bei ihren Modelluntersuchungen zu dem Schluß kommen, daß die Einbeziehung der Baumposition keine wirkungsvolle Verbesserung der Zuwachsschätzung erbringt, so hat das im wesentlichen drei Gründe.
- Zum einen können in unbehandelten Naturwaldbeständen die Baumdimensionen (Höhe, Durchmesser, Kronenansatz, Kronenbreite und daraus abgeleitete Maße) die Konkurrenzsituation so gut repräsentieren, daß über die Einzelbaumdimensionen hinaus der Konkurrenzindex keine höheren Bestimmtheiten bei der Zuwachsschätzung erbringt.
- Zum anderen gehen diese Untersuchungen auf mehr oder weniger gleichaltrige Reinbestände zurück, in denen die Einbeziehung der Position deshalb keine Verbesserung der Zuwachsschätzung erbringt, weil die Konkurrenzbedingungen ohnehin nur in geringem Umfang variieren.
- Außerdem basieren Vergleiche mitunter auf so kleinen Probeflächen, daß positionsabhängige Auswahlverfahren einen Großteil der Bäume als Konkurrenten auswählen und Unterschiede zwischen positionsabhängigen und positionsunabhängigen Modellen allein aufgrund der Flächengröße verschwinden (BIGING und DOBBERTIN, 1995).

Abbildung 10.10 zeigt das Abbildungsverhalten eines positionsabhängigen und positionsunabhängigen Zuwachsmodells im Vergleich zum wirklichen Grundflächenzuwachs eines Bestandes (= 100%). Das positionsabhängige Modell 1 stützt sich auf den Konkurrenzindex KKL (10.1). Das positionsunabhängige Modell 2 nutzt den Konkurrenzindex KKQ (10.18) mit

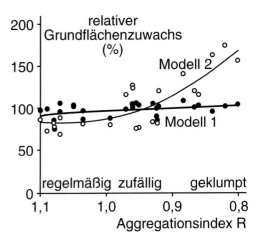

Abbildung 10.10 Ergebnisse der Zuwachsschätzung mit einem positionsabhängigen Modell (schwarze Punkte und fett ausgezogene Linie) und eines positionsunabhängigen Modells (Ringe und dünn ausgezogene Linie) beim Einsatz in verschieden stark strukturierten Beständen. Während Modell 1 im gesamten Wertebereich R den wirklichen Bestandeszuwachs (100%) abbildet, weicht Modell 2 mit zunehmender Strukturierung von der Wirklichkeit ab.

einer Schnitthöhe p von 60% der Höhe des Zentralbaumes. Das horizontale Baumverteilungsmuster der untersuchten Bestände charakterisieren wir über den in Abschnitt 9.2.2.1 eingeführten Aggregationsindex R von CLARK und EVANS (1954). Bei regelmäßiger bis zufälliger Verteilung der Stammpositionen, wie sie etwa für gleichaltrige Reinbestände charakteristisch ist, erbringt die Einbeziehung der Position eine nur geringfügige Verbesserung der Schätzung des Bestandesgrundflächenzuwachses. Wenden wir beide Modelle aber auf stärker strukturierte Waldbestände an, etwa auf Bergmischwälder oder Plenterwaldbestände, deren horizontales Baumverteilungsmuster geklumpt ist, so bleibt das positionsabhängige Modell stabil, während die Vernachlässigung der Stammposition eine Überschätzung des Bestandeszuwachses erbringt. Im Vergleich zum wirklichen Bestandesgrundflächenzuwachs (= 100%) berechnet das positionsunabhängige Modell 2 bei regelmäßigen Verteilungsmustern wirklichkeitsnahe Werte, bei unregelmäßigen und geklumpten Verteilungsmustern aber Zuwachswerte, die bis zu 80% über der Wirklichkeit liegen. Das Modell 1 liefert dagegen im gesamten Wertebereich der Aggregationsindizes, d. h. von $R = 1{,}1$ (Tendenz zur Regelmäßigkeit) bis $R = 0{,}8$ (Tendenz zur Klumpung), relativ genaue Zuwachsprognosen, die maximal 10% von der Wirklichkeit abweichen.

Aus diesem Modellvergleich ergibt sich eine wichtige Konsequenz: In homogen aufgebauten Beständen kann der Bestandeszuwachs durch positionsunabhängige und positionsabhängige Modelle mit annähernd gleicher Genauigkeit geschätzt werden. Beim Übergang zu heterogenen Bestandesstrukturen, in denen geklumpte Baumverteilungsmuster vorkommen, verlieren dagegen positionsunabhängige Einzelbäume sehr schnell ihre Gültigkeit. Für Wuchsmodelle, die für ein breites Spektrum von Bestandesaufbauformen, Mischungsformen, Verjüngungsverfahren und Durchforstungsmaßnahmen einsetzbar sein sollen, ist vor diesem Hintergrund von vornherein eine positionsabhängige Konkurrenzquantifizierung anzustreben.

10.4 Standflächen-Verfahren

10.4.1 Kreissegment-Verfahren

ALEMDAG (1978) denkt die Standfläche des Zentralbaumes j in so viel Kreissegmente zerlegt, wie es Konkurrenten gibt (Abb. 10.11). Die summierte Fläche dieser n Kreissegmente erbringt die Standfläche A. Indem die Anzahl der Konkurrenten n durch diese Standfläche dividiert wird, entsteht das Konkurrenzmaß A_n, das mit wachsender Zahl der Konkurrenten größer und mit zunehmender Standfläche des Baumes kleiner wird.

$$A_n = \frac{n}{A} \quad (10.21)$$

Die Berechnung der Standfläche, die sich in den Kreissegmenten äußert, berücksichtigt den Durchmesser des Zentralbaumes, den Durchmesser der Konkurrenten und die Distanz zu den Konkurrenten

$$A = \sum_{i=1}^{n} \pi \cdot \left[\frac{DIST_{ij} \cdot D_j}{D_i + D_j}\right]^2 \cdot \left[\frac{D_i}{DIST_{ij}} \bigg/ \frac{\sum D_i}{\sum DIST_{ij}}\right]. \quad (10.22)$$

Der Radius der Kreissegmente wird durch den ersten Multiplikator in (10.22), die Öffnungsweite des Segments durch den zweiten Multiplikator festgelegt. Demnach steigt der Radius

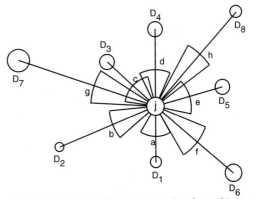

Abbildung 10.11 Berechnung der Standfläche für den Zentralbaum j in Abhängigkeit von den Durchmessern ($D_1, \ldots, D_8$) und Entfernungen zu seinen acht Konkurrenten (nach ALEMDAG, 1978). Die Standfläche A ergibt sich durch Summierung der Flächen der acht Kreissegmente (a, ..., h).

des Segments mit Zunahme der Entfernung zum Nachbarn und mit dem Durchmesser des Zentralbaumes an. Außerdem hängt der Segmentausschnitt davon ab, welche Relation Durchmesser und Abstand des betrachteten Nachbarn im Vergleich zu allen Konkurrenten haben.

10.4.2 Rasterung der Bestandesfläche

Während dem Index von ALEMDAG gedanklich zwar eine Standflächenaufteilung zugrunde liegt, bei seiner Berechnung aber nur auf Durchmesser- und Abstandsmaße zurückgegriffen wird, teilen die von FABER (1981, 1983) und NAGEL (1985) verwendeten Standflächen-Verfahren die Fläche eines Bestandes vollständig den aufstockenden Bäumen zu. Hierfür wird die gesamte Bestandesfläche in kleine Quadrate von beispielsweise 100 cm² aufgeteilt. Jedes Quadrat wird dann dem Baum zugeordnet, der die größte Konkurrenzkraft FK darauf ausübt (Abb. 10.12). Den Konkurrenzeinfluß FK eines Baumes auf ein gegebenes Quadrat berechnet FABER (1981) in Abhängigkeit vom Stamminhalt V und Abstand DIST des betrachteten Baumes von einem zuzuordnenden Quadrat.

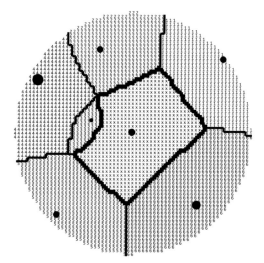

Abbildung 10.12 Ergebnis einer Standflächenberechnung nach dem Verfahren von FABER (1981, 1983). Die schwarzen Punkte repräsentieren die Stammfußpunkte einzelner Bestandesglieder, die eingetragenen Ziffern markieren die Quadrate und bezeichnen, welchem Baum das jeweilige Quadrat zugeordnet wurde. Die dem im Zentrum stehenden Baum zugewiesenen Quadrate sind mit x gekennzeichnet. Die schwarz ausgezogenen Linien grenzen die Standflächen der eingezeichneten Bäume gegeneinander ab.

$$FK = \frac{V^x}{DIST^2} \cdot \quad (10.23)$$

Der Exponent x in (10.23) wird entweder gleich 1,0 gesetzt. Oder er wird empirisch durch Optimierung mit dem Ziel bestimmt, eine maximale Korrelation zwischen Standfläche und Zuwachs herzustellen. NAGEL (1999) vereinfacht den Ansatz von FABER, indem er die Konkurrenzkraft NK aus der Grundfläche der in Frage kommenden Bäume und ihrem Abstand zu dem betrachteten Quadrat nach

$$NK = g_{1.3} \cdot e^{-DIST} \quad (10.24)$$

berechnet. Abbildung 10.13 zeigt, wie der Konkurrenzeinfluß NK in Abhängigkeit von der Dimension der Bäume 1 und 2 und der Entfernung abnimmt. Der eingezeichnete Punkt (x, y) wird dem Baum 1 zugeordnet, weil er darauf den größten Konkurrenzeinfluß ausübt. Die Standfläche eines Baumes ergibt sich dann

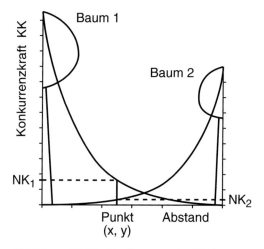

Abbildung 10.13 Bestimmung der Konkurrenzkraft NK im Umfeld zweier Bäume in Abhängigkeit von ihrer Dimension und Entfernung. Ein gegebener Punkt (x, y) wird Baum 1 zugeordnet, weil dieser Baum darauf die höhere Konkurrenzkraft ausübt (nach NAGEL, 1985, S. 39).

als Flächensumme aller k Quadrate, die diesem Baum zugeordnet wurden. Bei der im Beispiel angenommenen Quadratfläche von 0,01 m² erbrächten die k ausgezählten Quadrate eine Standfläche von $S_j = k \cdot 0{,}01 \text{m}^2$. Ist die Standfläche S_j, die wahlweise mit (10.23) oder (10.24) abgeleitet werden kann bekannt, so ergibt sich die bei dieser Standfläche S_j mögliche Stammzahl N/Hektar

$$N = \frac{10000}{S_j}. \qquad (10.25)$$

Mit der Stammzahl N steht dann eine Maßzahl für die Bestandesdichte und den Konkurrenzdruck des Baumes j zur Verfügung. Indem die Verfahren von FABER (1981, 1983) und NAGEL (1985) die gesamte Bestandesfläche den aufstockenden Bäumen zuordnen, eignen sie sich für die Untersuchung der Standflächeneffizienz in mehr oder weniger einschichtigen Reinbeständen. Beide Verfahren verteilen die verfügbare Bestandesfläche proportional zu Abstand und Größe auf die Bestandesglieder. In mehrschichtigen Beständen, in denen sich die verschiedenen Arten und Bäume in verschiedenen sozialen Schichten durch spezifische Strategien der Raumbesetzung auszeichnen, muß eine solche vereinfachte Verteilung auf Grenzen stoßen.

10.4.3 Standflächen-Polygone

Von BROWN (1965) wurden die in der Geodäsie und Astronomie eingesetzten THIESSEN- und VORONOI-Polygone auf die Beschreibung der Standflächen von Bäumen übertragen. Eine verfügbare Bestandesfläche wird bei dieser Methode vollständig auf die aufstockenden Bestandesglieder aufgeteilt. Ausgehend vom Baumverteilungsplan (Abb. 10.14 a), werden, ausgehend vom Zentralbaum 0, Abstandslinien zu seinen Nachbarn $N = 1, \ldots, 4$ gedacht. Auf diesen Abstandslinien zwischen zwei benachbarten Bäumen werden die Mittelsenkrechten ermittelt. Die Schnittpunkte der $i = 1, \ldots, N$ Mittelsenkrechten bilden die Ecken des Polygons, das die Standfläche beschreibt. Bäume, deren Mittelsenkrechte außerhalb des entstehenden Polygons liegt, werden als Nachbarn vernachlässigt. Auf diese Weise wird eine lückenlose Aufteilung der Bestandesfläche auf die Bestandesglieder möglich. Bei einem solchen Vorgehen resultiert für den Baum 0 die in Abbildung 10.14b dargestellte Standfläche, die sich allein auf das Verteilungsmuster der Stammfüße, nicht aber auf die Dimension der betrachteten Bäume stützt.

JACK (1968), FRASER (1977) und PELZ (1978) errichten die Senkrechten nicht in der Mitte der Abstandslinien, sondern sie teilen den Abstand proportional zum Größenverhältnis zwischen Zentralbaum und betrachtetem Nachbarn auf. In unserem Beispiel (Abb. 10.14c) erfolgt die Aufteilung proportional zum Durchmesser, so daß sich die dem Baum 0 zugeteilte Standfläche deutlich verringert, weil er in Relation zu seinen Nachbarn wesentlich dün-

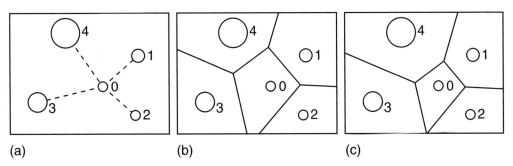

Abbildung 10.14 a–c Bestimmung von ungewichteten und nach Durchmesserrelationen gewichteten Standflächen-Polygonen. Ausgehend vom Baumverteilungsplan **(a)** werden von jedem Baum aus die Abstandslinien und die darauf aufbauenden Mittelsenkrechten errichtet. Ihre Schnittpunkte markieren die Polygonecken **(b)**. Die Wichtung der Abstandsverhältnisse mit Baumdimensionen erbringt eine dimensionsabhängige Standflächenzuordnung **(c)**.

ner ist. PELZ (1978) analysiert an einem Testbestand der Art *Liriodendron tulipifera* L. verschiedene Möglichkeiten einer solchen Gewichtung. Er berücksichtigt dabei Durchmesser ($d_{1,3}$), Höhe (h), Grundfläche ($g_{1,3}$) und das Produkt aus Grundfläche und Höhe ($g_{1,3} \cdot h$) und kommt zu dem Ergebnis, daß die Güte der Standflächenzuteilung in der genannten Reihenfolge ($d_{1,3} < h < g_{1,3} < g_{1,3} \cdot h$) zunimmt. Als Kriterium für die Beurteilung zieht er die Korrelation zwischen den errechneten Standflächen und dem Grundflächenzuwachs der entsprechenden Bestandesglieder heran.

Bei Gewichtung der Abstandsverhältnisse mit Grundfläche oder dem Produkt aus Grundfläche und Höhe ergeben sich Korrelation zwischen Standfläche und Grundflächenzuwachs bis zu 0,8 (PELZ, 1978), wonach mit diesem Verfahren die Baumzuwächse mit ähnlicher Genauigkeit wie mit den eingeführten Konkurrenzindizes geschätzt werden können. Während bei diesen die Information über die Ressourcenverfügbarkeit in einer dimensionslosen Zahl verdichtet wird, resultieren aus den Standflächen-Verfahren Flächeneinheiten in Quadratmetern. Bei einer Übertragung dieser Methoden von der Standfläche auf Standräume, wie sie sich vor allem für stärker strukturierte Bestände anbietet, gelangt man zu Angaben in Kubikmetern Standraum (PELZ, 1978).

10.5 Feinanalyse der Umgebungsstruktur von Bäumen

10.5.1 Räumliche Rasterung und Trefferabfrage

Nach dem Prinzip der Trefferabfrage, mit dem das Programm RAUM den Kronenraum des Gesamtbestandes analysiert, kann auch eine Feinanalyse der räumlichen Umgebungsstruktur von Einzelbäumen erfolgen. Grundlage ist die in Abschnitt 8.2.3 erzeugte dreidimensionale Matrix, in die Rasterinformationen über die Besetzung des Kronenraumes eingespei-

chert sind. Für die Erfassung der Wuchskonstellation von Einzelbäumen in stärker höhenstrukturierten Beständen und die Prognose ihres Wachstums haben sich die seitliche Einengung einer Baumkrone und ihre Beschattung durch Nachbarbäume als besonders wichtig erwiesen (ASSMANN, 1953/1954). Deshalb werden die Kennwerte für die seitliche Kroneneinengung von Einzelbäumen, die wir im folgenden ε nennen und Angaben über ihre Beschattung, die wir mit ω bezeichnen werden, nach dem Prinzip der Trefferabfrage hergeleitet. Hierfür wird das Programm ANALYSE (PRETZSCH, 1992a) eingesetzt, mit dem sich nach dem Prinzip der Trefferabfrage auch andere Kennwerte zur Bemessung der räumlichen Umgebungsstruktur von Einzelbäumen errechnen lassen.

Die seitliche Kroneneinengung ε von Einzelbäumen im Bestand und ihre Veränderung Δε infolge von Durchforstungseingriffen können nach dem folgenden Verfahren berechnet werden:

- In einem ersten Schritt wird aus einer zuvor abgeleiteten Beziehung zwischen der Baumhöhe h und dem potentiellen Kronendurchmesser kd_{pot} für den zu beurteilenden Baum A der potentielle Kronendurchmesser kd_{pot} bestimmt. Die Kreisscheibe mit Durchmesser kd_{pot} markiert eine Umgebungszone des Baumes A, die dieser unter optimalen Wuchsbedingungen ganz ausfüllt, aus der er aber um so stärker zurückgedrängt wird, je stärker die Konkurrenz durch Nachbarn ist (Abb. 10.15).

- Zur Bestimmung der seitlichen Kroneneinengung ε des Baumes A werden in einem zweiten Schritt von allen benachbarten Kronen (Abb. 10.15, Bäume B und C) die Überlappungsflächen mit der potentiellen Kronengrundfläche des Zentralbaumes A bestimmt, die in Abbildung 10.15a schraffiert sind. Abbildung 10.15b zeigt dieselbe Wuchskonstellation zwischen den Bäumen A bis D im Horizontalschnitt und verdeutlicht, daß die Überlappungsanalyse durch Trefferabfrage in der dreidimensionalen Matrix, welche die Bestandesstruktur in gerasterter Form enthält, abgewickelt wird. In einem Suchlauf in der Bestandesschicht, in

10.5 Feinanalyse der Umgebungsstruktur von Bäumen

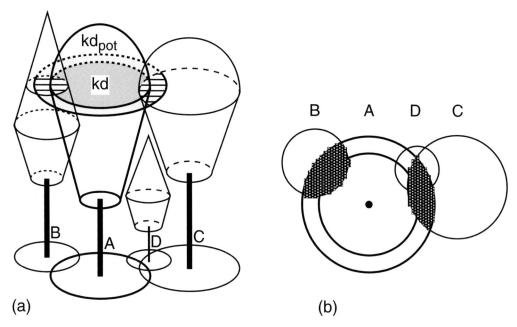

(a) (b)

Abbildung 10.15 a, b Bestimmung der seitlichen Kroneneinengung ε von Baum A durch seine Bestandesnachbarn. Die Kreisscheibe mit dem potentiellen Kronendurchmesser kd_{pot} des Baumes A bildet die Bezugsfläche für die Bestimmung der schraffiert dargestellten Kronenüberlappung **(a)**. Die Überlappungsflächen werden durch Trefferabfrage ermittelt, wobei die Überlappung mit benachbarten Buchen und Fichten *Picea abies* (L.) Karst. grau hervorgehoben ist **(b)**.

der eine seitliche Einengung des Baumes A durch Nachbarn auftritt, erfolgt für jeden der Rasterpunkte eine Abfrage. Diese registriert, ob der betrachtete Punkt nicht, einfach, zweifach, dreifach oder noch häufiger von benachbarten Kronen überlappt wird. Indem die durch Trefferabfrage erfaßten Überlappungsflächen in Beziehung zur gesamten Kronenfläche bei potentiellem Kronendurchmesser gesetzt werden, ergibt sich ein relatives Maß ε für die seitliche Kroneneinengung von Einzelbäumen durch ihre Nachbarn.

- In einem dritten Schritt wird der gesamte Rechengang für die Bestandesstruktur nach einem Durchforstungseingriff wiederholt, so daß ε_{vor} und ε_{nach} sowie darauf aufbauend die durchforstungsbedingte seitliche Freistellung $\Delta\varepsilon = \varepsilon_{vor} - \varepsilon_{nach}$ quantifiziert werden kann.

Die Trefferstatistik der Rasterabfrage liefert nicht nur einen Gesamtwert ε, im folgenden auch ε_{ges} genannt, für die seitliche Kroneneinengung durch benachbarte Bäume, sie registriert auch, indem sie den Wert ε_{ges} nach Baumarten aufschlüsselt, aus welchen Baumarten sich die seitliche Kroneneinengung eines zu beurteilenden Baumes aufbaut. In einem Fichten-Buchen-Mischbestand *Picea abies* (L.) Karst. bzw. *Fagus silvatica* L. könnte die Überlappungsanalyse für einen Baum beispielsweise zu folgendem Ergebnis kommen: $\varepsilon_{ges} = 0{,}75$ mit einer Zusammensetzung aus $\varepsilon_{FI} = 0{,}25$ und $\varepsilon_{BU} = 0{,}50$. Das würde bedeuten, daß der zu beurteilende Baum zu 75% von Nachbarkronen überlappt wird und daß benachbarte Buchen einen doppelt so hohen Anteil wie Fichten zu seiner seitlichen Kroneneinengung beitragen.

Durch die numerische Erfassung der seitlichen Einengung und ihre Aufschlüsselung nach Baumarten wird die Voraussetzung dafür geschaffen werden, sowohl die artentypische Reaktion auf Konkurrenz als auch die artentypische Konkurrenzwirkung verschiedener Baumarten aus Versuchsflächendaten zu erschließen (PRETZSCH, 1992 c).

Zur Bestimmung der Beschattung ω eines Baumes konstruieren wir in p = 70% der Baumhöhe einen Suchkegel mit einem Öffnungswinkel von α = 60° (Abb. 10.16), wobei p und α je nach Auswertungsziel variiert werden können (vgl. Abschn. 10.2.4). Zur Erfassung der Beschattung wird in einem Suchlauf von allen Rasterpunkten innerhalb des Lichtkegels eine Trefferabfrage ausgeführt. Jeder Rasterpunkt des Gitternetzes, der von einer Nachbarkrone getroffen wird, fließt, gewichtet mit dem Reziprok der quadratischen Entfernung zwischen dem Zellenmittelpunkt und der Kegelspitze, in den Beschattungsindex ω ein.

$$\omega = \sum_{i=1}^{n} \sum_{j=1}^{m} \sum_{k=1}^{u} \frac{R_{ijk}}{E_{ijk}^2} \qquad (10.26)$$

Dabei sind:

$R_{ijk} = \begin{cases} 0, \text{ falls Rasterpunkt } R_{ijk} \text{ keinen Baum trifft} \\ 1, 2, 3, \text{ falls Rasterpunkt } R_{ijk} \text{ 1, 2 oder 3 Bäume trifft} \end{cases}$

E_{ijk} Entfernung vom Rasterpunkt R_{ijk} zur Spitze des Lichtkegels,
n, m, u Anzahl der Rasterpunkte in x-, y- und z-Richtung des Bestandesraumes,
i, j, k Indizes der Rasterpunkte.

So wird die Überschirmung durch benachbarte Kronen stärker gewichtet als die Überschirmung durch entfernter stehende Bäume. Der errechnete Beschattungsindex ω ist ein dimensionsloser, relativer Weiserwert für die Beschattung eines Baumes durch seine Nachbarn. Analog zur Berechnung der seitlichen Kroneneinengung ε wird neben dem Wert für die Beschattung insgesamt (ω = ω_{ges}) auch deren Zusammensetzung nach Baumarten berechnet, so daß für einen Baum im Fichten-Tannen-Buchenbestand *Picea abies* (L.) Karst., *Abies alba* Mill. bzw. *Fagus silvatica* L. der Befund einer Beschattungsanalyse lauten könnte: $\omega_{ges} = 8,0$, mit $\omega_{FI} = 4,0$, $\omega_{TA} = 3,0$ und $\omega_{BU} = 1,0$. Der Baum wäre in diesem Fall überwiegend von Fichten und Tannen und in geringerem Maße von benachbarten Buchen beschattet. Wird die Beschattungsanalyse für die Bestockungsverhältnisse vor und nach einem Durchforstungseingriff durchgeführt, so liefert Δω ein aussagekräftiges Maß für die durchforstungsbedingte Auflichtung der Krone des zu beurteilenden Baumes.

Abbildung 10.17 zeigt beispielhaft für drei Höhenbereiche die Beschattungsverhältnisse innerhalb des Lichtkegels für einen Randbaum auf der Fichten-Buchen-Mischbestandsfläche *Picea abies* (L.) Karst. bzw. *Fagus silvatica* L. Zwiesel 111/3 (Bildtafel 20). Dargestellt sind die Schnitte durch den Lichtkegel des zu beurteilenden Baumes A in den Höhen (a) 13,3 m, (b) 15,3 m und (c) 17,3 m (Abb. 10.17) mit den Ergebnissen der Trefferabfrage. Der Stammfußpunkt des Zentralbaumes A ist im Zentrum des Suchkegels als schwarzer Punkt eingezeichnet. In den Lichtkegel von Baum A reichen die Kronen benachbarter Fichten *Picea abies* (L.) Karst. (dunkelgraue Rasterquadrate) und Buchen *Fagus silvatica* L. (helle Rasterquadrate). Mit zunehmender Höhe vergrößern sich die Öffnungsweite des Lichtkegels und der zu analysierende Umgebungsbereich des Baumes A. Die außerhalb des Suchkegels ein-

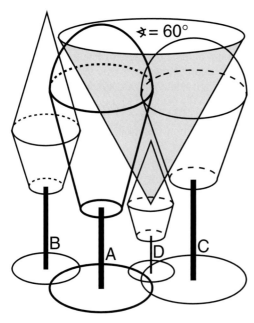

Abbildung 10.16 Bestimmung der Beschattung ω von Baum D durch Trefferabfrage im Bereich seines Such- oder Lichtkegels.

10.5 Feinanalyse der Umgebungsstruktur von Bäumen

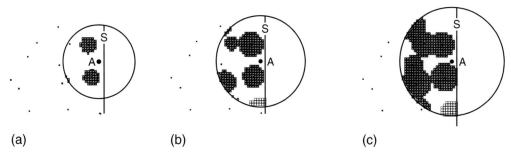

(a) (b) (c)

Abbildung 10.17 a–c Beschattungsanalyse durch Rasterabfrage innerhalb des Such- oder Lichtkegels von Baum A (schwarz eingetragener Stammfußpunkt) in den Höhen **(a)** 13,3 m, **(b)** 15,3 m und **(c)** 17,3 m. In den Lichtkegel des Baumes A reichen die Kronen benachbarter Fichten *Picea abies* (L.) Karst. (graue Rasterquadrate) und Buchen *Fagus silvatica* L. (weiße Rasterquadrate). Die eingezeichneten Sekanten S teilen den innerhalb der Versuchsfläche liegenden Teil des Lichtkegels von dem über den Flächenrand hinausreichenden Teil, für den keine Informationen über Nachbarn vorliegen, ab.

gezeichneten Punkte repräsentieren die Stammfußpunkte von Bäumen, die nicht in die Strukturanalyse einbezogen werden. Die eingezeichneten Sekanten (S) deuten die Randlinie der Versuchsfläche an, über welche der Lichtkegel hinausreicht. Es können hier verschiedene Methoden zur Behandlung von Randeffekten eingesetzt werden (vgl. Abschn. 10.7).

10.5.2 Berechnung räumlicher Distanzen

Aus erweiterten Versuchsflächenaufnahmen liegen uns in zunehmendem Umfang Baumverteilungspläne und wiederholte Kronenerhebungen vor, deren Informationsgehalt über das Wuchsverhalten von Einzelbäumen bisher nicht annähernd ausgeschöpft ist. Im folgenden wird beispielhaft eine Methode vorgestellt, mit der aus Kronenkarten und daraus erzeugten dreidimensionalen Bestandesmodellen weiterführende räumliche Strukturmaße abgegriffen werden können (PRETZSCH, 1992 b). Mit Zuwachsmessungen in Verbindung gebracht, können solche Strukturmaße Gesetzmäßigkeiten der Kronenentwicklung erbringen.

Von den Einflußfaktoren, die den Kronenradienzuwachs eines Baumes steuern, soll die seitliche Kroneneinengung näher untersucht werden. Zur Quantifizierung des Einflusses, den der Kronenabstand zum Nachbarn und die Baumart des Nachbarn auf die Kronenentwicklung eines Baumes haben, kann für acht Radien einer Baumkrone (1 = Nord, 2 = Nordost, 3 = Ost bis 8 = Nordwest) der Abstand zu benachbarten Kronen berechnet werden. Diese Operation kann auf der Grundlage des räumlichen Bestandesmodells mit dem Programm ABSTAND von PRETZSCH (1992b) erfolgen.

Aus den Stammfußkoordinaten und acht Kronenradien, der Baumhöhe und Kronenansatzhöhe und bei Zugrundelegung von Kronenformmodellen wird ein räumliches Abbild der Bestandesstruktur erzeugt (Abb. 10.18). Die Kronengrundfläche wird dabei über den Polygonzug beschrieben, der durch die acht Kronenradien in Richtung N, NO usw. bis NW vorgegeben ist. Die Kronenform wird nach den in Abschnitt 8.2.2.1 eingeführten Kronenformfunktionen gesondert für jeden Oktanten der Krone modelliert. Auf der Basis dieser Kronenformfunktionen kann für die oben genannten acht Richtungen die Veränderung des Kronenradius mit der Baumhöhe berechnet und für einen beliebigen Kronenbereich die Kronenquerschnittsfläche bestimmt werden, die für die Abstandsberechnung benötigt wird. Das Kronenformmodell unterstellt, daß die größte Kronenbreite an der Grenze zwischen Licht- und Schattenkrone liegt [Abschn. 8.2.2.1, (8.7) und (8.8)]. Für den Baum, dessen seitliche Kroneneinengung bestimmt werden soll, berechnet das Programm ABSTAND in der Höhe seiner

10 Wuchskonstellation von Einzelbäumen

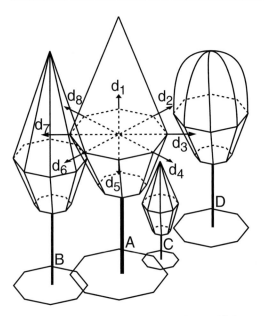

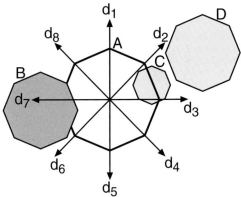

Abbildung 10.18 Bestimmung der seitlichen Kroneneinengung von Einzelbäumen auf der Basis des räumlichen Bestandesmodells mit dem Programm ABSTAND. In den Richtungen 1–8 werden die Entfernungen von der Kronenperipherie des Baumes A bis zu den benachbarten Kronen bestimmt.

Abbildung 10.19 Das Programm ABSTAND berechnet für die Richtungen 1–8 die sphärischen Abstände vom Zentralbaum A zu seinen Nachbarn (A–D: Zentralbaum und Nachbarn, d_1, ..., d_8: richtungsspezifischer Abstand zwischen der Krone des Zentralbaumes und den benachbarten Kronen in Höhe der Schnittebene).

größten Kronenbreite einen Horizontalschnitt durch den Kronenraum.

Auf dieser Schnittebene, die in Abbildung 10.19 beispielhaft für eine Fichte auf der Fichten-Buchen-Mischbestandsversuchsfläche *Picea abies* (L.) Karst. bzw. *Fagus silvatica* L. Zwiesel 111/3 dargestellt ist, läuft in alle acht Himmelsrichtungen ein Fahrstrahl so lange, bis er auf eine Nachbarkrone trifft. Es wird dann abgespeichert, wie groß der Abstand zur Nachbarkrone ist. Außerdem wird von dem Auswertungsprogramm festgehalten, auf welche Baumart der Fahrstrahl trifft. Somit ist auch registriert, auf welche Baumart die Krone des Zentralbaumes in verschiedenen Richtungen zuwächst. In den Richtungen 2 und 3 wird beispielsweise eine Buche (hellgrau) von dem Fahrstrahl getroffen, in der Richtung 7 trifft der Fahrstrahl auf eine Fichte (dunkelgrau).

Für Richtungen, in denen sich die Kronen gerade berühren, ergibt sich ein Abstand von Null. In Richtungen, in denen das Kronendach aufgelockert ist, ergeben sich mittlere Abstandswerte (Bäume A und D), und wenn die Kronen ineinander gewachsen sind, erbringt die Abfrage negative Abstandswerte (Bäume A und B). Wurde der Baum einseitig freigestellt, so können die Abstandswerte in dieser Richtung mehrere Meter betragen (Abb. 10.19, d_1, d_4, d_5, d_6, d_8). Der räumliche Ansatz bei der Abstandsberechnung kommt vor allem in stärker höhenstrukturierten Beständen zum Tragen: Eine Abstandsberechnung auf der Grundlage der Kronenkarten würde hier häufig Kronenberührungen diagnostizieren, die in Wirklichkeit nicht bestehen (vgl. Abb. 10.19, Bäume A und C).

10.5.3 Wachstumsreaktionen der Krone auf seitliche Einengung

Mit dem Programm ABSTAND sind für alle Bäume auf der Fichten-Buchen-Mischbestandsversuchsfläche *Picea abies* (L.) Karst. bzw. *Fagus silvatica* L. Zwiesel 111/1, 4 und 5 ihre acht richtungsspezifischen Abstände zu den Nachbarkronen und die Baumart der jeweiligen Nachbarn registriert (Bildtafeln 18 und 20). Außerdem liegen aus Wiederholungsaufnahmen die Anfangs- und Endradien sowie

Radienänderungen für mehrjährige Aufnahmeperioden vor.

Aufbauend auf den Abstandswerten zu den Nachbarn und den Kronenänderungen lassen sich Funktionen für den Zusammenhang zwischen Kronenabstand und Kronenradienentwicklung ableiten (Abb. 10.20). Sie geben für Fichte und Buche die relative Kronenradienänderung in Abhängigkeit von ihrem Kronenabstand zum Nachbarn an. Eine Radienänderung von +100% bedeutet, daß der Baum den Radienzuwachs ausbildet, der ohne seitliche Kroneneinengung zu erwarten wäre (potentieller Kronenradienzuwachs). Aus den Kurven in Abbildung 10.20 läßt sich ablesen, wie der Kronenradienzuwachs bei zunehmender Verzahnung mit Nachbarkronen abnimmt und ab welchem Kronenabstand ein Kronenabbau einsetzt (Unterschreitung der gestrichelt eingezeichneten 0-Linie). Da das Programm ABSTAND nicht nur die Entfernung zur Nachbarkrone, sondern auch die Baumart festhält, können mit den vom Programm errechneten Aussagewerten gesonderte Funktionen für folgende Nachbarschaftssituationen aufgestellt werden:

- eine Reduktionsfunktion für den Kronenradienzuwachs der Fichte *Picea abies* (L.) Karst., wenn sie auf eine Fichte zu wächst (Abb. 10.20 a, Fi → Fi),
- eine Funktion für das Wuchsverhalten der Fichte, wenn sie auf eine Buche *Fagus silvatica* L. zu wächst (Abb. 10.20 a, Fi → Bu).
- Hinzu kommen die entsprechenden Funktionen für die Buche (Abb. 10.20 b, Bu → Bu und Bu → Fi).

Die vom Programm ABSTAND errechneten räumlichen Distanzen vermitteln, mit den Kronenzuwächsen in Verbindung gebracht, ein interessantes Konkurrenzverhalten: Wächst eine Fichte *Picea abies* (L.) Karst. auf eine Fichte zu, so nimmt der Radienzuwachs ab einer Überlappung von 1,0 m fast linear ab. Wächst eine Fichte auf eine Buche *Fagus silvatica* L. zu, so sinkt der Radienzuwachs dagegen erst wesentlich später ab. Mit benachbarten Buchen verzahnt sich eine Fichte also enger als mit benachbarten Fichten. Ebenso verzahnen sich Buchen, die auf Fichten zuwachsen, wesentlich enger mit ihren Nachbarn als Buchen im Reinbestand. Dieser Befund bestätigt die Er-

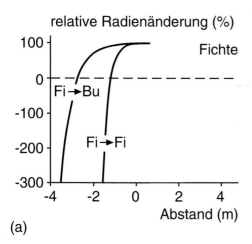

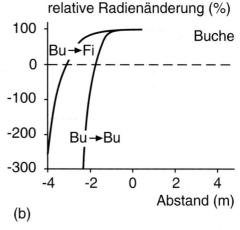

Abbildung 10.20 a, b Einfluß der Entfernung zur Nachbarkrone (Abstand) auf den prozentualen Kronenradienzuwachs (zkr%). **(a)** Radienzuwachs der Fichte *Picea abies* (L.) Karst. in Nachbarschaft von Fichten (Fi → Fi) und in Nachbarschaft von Buchen (Fi → Bu). Schätzfunktionen: zkr%$_{Fi \to Fi}$ = 1,0 − e$^{-3,8376 \cdot (Abstand+1,2)}$ bzw. zkr%$_{Fi \to Bu}$ = 1,0 − e$^{-1,7056 \cdot (Abstand+2,7)}$. **(b)** Radienzuwachs der Buche *Fagus silvatica* L. in Nachbarschaft von Buchen (Bu → Bu) und in Nachbarschaft von Fichten (Bu → Fi). Schätzfunktionen: zkr%$_{Bu \to Bu}$ = 1,0 − e$^{-2,5584 \cdot (Abstand+1,8)}$ bzw. zkr%$_{Bu \to Fi}$ = 1,0 − e$^{-1,4855 \cdot (Abstand+3,1)}$.

gebnisse von KENNEL (1965a), wonach Fichte und Buche auf diesem Standort in Mischung vor allem deshalb mehr leisten als im Reinbestand, weil sie den verfügbaren Wuchsraum flexibler und effizienter nutzen können. Bei Fichte und Buche setzt eine Reduktion des Zuwachses um mehr als 5% erst bei Kronenverzahnungen von 1,0–2,0 m und eine Rückbildung der Krone erst ab Kronenüberlappungen von 2,0–3,0 m ein. Damit unterscheiden sich Fichte und Buche in ihrer Kronenwuchsdynamik beispielsweise ganz erheblich von der Lichtbaumart Lärche, bei der schon eine deutliche Längenzuwachsreduktion der Seitenäste eintritt, wenn der Abstand der Äste zum Nachbarn 40 cm unterschreitet (SCHÜTZ, 1989).

Aufbauend auf den abstandsabhängigen Kronenzuwachsfunktionen kann die Kronenquerschnittsentwicklung auf einer Testfläche einzelbaumweise in Abhängigkeit vom Nachbarschaftsspektrum simuliert werden. Abbildung 10.21 a zeigt die Kronenkarte für einen 20 m × 20 m großen Ausschnitt der Versuchsfläche 111/3 im Jahr 1954, in dem die Simulationsrechnung beginnt. Die zu diesem Zeitpunkt 60- bzw. 80jährigen Fichten *Picea abies* (L.) Karst. und Buchen *Fagus silvatica* L. werden nun über 50 Jahre hinweg in Fünfjahresschritten in ihrer Kronenentwicklung simuliert. Die Zwischenergebnisse zu den Zeitpunkten t = 10 Jahre, t = 30 Jahre und t = 50 Jahre (Abb. 10.21 b, c, d) lassen erkennen, wie sich die Kronen vergrößern und auf die zunehmende Einengung mit Bildung ovaler und exzentrischer Kronenform reagieren. Zur Darstellung der Kronenperipherie wurden die acht Kronenradien unter Verwendung der Algorithmen von SPÄTH (1983) durch kubische Spline verbunden (vgl. Abschn. 8.2.1.2). Wie im gegebenen Beispiel die Kronenabstände, so können aus dem räumlichen Bestandesmodell auch weitere Strukturinformationen abgegriffen werden, die Zuwachs- und Absterbeprozesse im Kronenraum sowie Risikobelastungen determinieren.

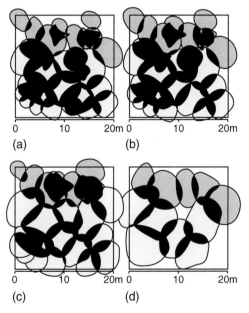

Abbildung 10.21a–d Kronenquerschnittsentwicklung nach den Ergebnissen eines Simulationslaufes über 50 Jahre. Dargestellt ist die Kronenkarte für einen 20 m × 20 m großen Ausschnitt der Versuchsfläche Zwiesel 111/3 für die Zeitpunkte **(a)** t = 0, **(b)** t = 10 Jahre, **(c)** t = 30 Jahre und **(d)** t = 50 Jahre.

10.6 Nutzung hemisphärischer Abbildungen zur Quantifizierung der Wuchskonstellation

10.6.1 Fish-eye-Abbildungen als Forschungsgrundlage

Mit der rechnerischen Erzeugung und Analyse hemisphärischer Abbildungen führt BIBER (1996) eine völlig neue Methode zur Quantifizierung der Wuchskonstellation am Bestandesboden oder im Kronenraum ein. Sein Verfahren zielt auf die rechnerische Ermittlung des Diffuse site factor und des Sky factor, die ANDERSON (1964) und OLSSON et al. (1982) für die Quantifizierung der Wuchsbedingungen in Waldbeständen entwickelt bzw. eingesetzt haben. Der Diffuse site factor gibt für eine definierte Meßposition innerhalb eines Bestandes die relative Beleuchtungsstärke an. Referenzgröße (100%) ist die oberhalb des Kronenraumes bei vollständig bewölktem Himmel gegebene Beleuchtungsstärke. Der Sky factor gibt für einen Kreis, der durch einen Winkel von 10° um den Zenit beschrieben werden kann, den darin vorhandenen Anteil freien Himmels an. Während der Diffuse site factor eng mit der diffusen Strahlung an dem entsprechenden Aufnahmepunkt korreliert, erbringt der Sky factor einen engen Zusammenhang mit dem an diesen Punkten meßbaren Niederschlag. Beide Faktoren können durch Messung von Strahlung, Beleuchtungsstärke oder Kronenablotung direkt bestimmt werden; eine Alternative bietet der Abgriff dieser Variablen aus hemisphärischen Fotografien (Fish-eye-Fotos) nach einem Verfahren, das WAGNER (1994) für Verjüngungsuntersuchungen entwickelt und eingesetzt hat. Abbildung 10.22 zeigt Fish-eye-Fotografien aus einem 114jährigen Kiefernbestand im Forstamt Fuhrberg in der Abteilung 278. Gezeigt werden (a) locker und (b) licht bestockte Partien des Kiefernbestandes, welcher der Ertragsklasse I,7 nach WIEDEMANN (1943), mäßige Durchforstung zuzuordnen ist und einen Bestockungsgrad von 0,5 aufweist.

Während direkte Messungen erheblichen meßtechnischen Aufwand erfordern, ermöglichen leicht anzufertigende hemisphärische Fotografien eine einfachere Analyse der genannten Faktoren, und sie speichern zudem dauerhaft Informationen über die Wuchskonstellation an dem betreffenden Aufnahmepunkt. Das Verfahren von BIBER (1996) umgeht die fotografische Erfassung, indem für einen beliebigen Aufnahmepunkt AP aus verfügbaren Bestandesdaten durch Projektion eine hemisphärische Abbildung erzeugt wird. Durch deren Grauwertanalyse können, wie NAGEL et al. (1996) nachweisen, der Diffuse site factor (DIFFSF) und Sky factor (SF) gut angenähert werden. Der für ein solches Vorgehen erforderliche Datensatz entspricht dem, der auch für die Berechnung von abstandsabhängigen Konkurrenzindizes erforderlich ist, und umfaßt von allen Bäumen Baumart, Durchmesser, Höhe, Kronenansatzhöhe, Kronenradius und Baumposition. Nach dem im folgenden skizzierten Verfahren können für beliebige Raumpunkte innerhalb des Bestandes die zwei genannten ökologisch relevanten Variablen berechnet werden. BIBER (1996) setzt die aus hemisphärischen Abbildungen abgegriffenen Informationen mit Erfolg zur Steuerung des Einzelbaumwachstums in einem Simulator für Fichten-Buchen-Mischbestände *Picea abies* (L.) Karst. bzw. *Fagus silvatica* L. ein.

10.6.2 Methodische Grundlagen der Fish-eye-Projektion in Waldbeständen

Hemisphärische Abbildungen durch Fish-eye-Projektion bilden Punkte mit gleichem Erhöhungswinkel auf konzentrische Kreise um den Aufnahmepunkt AP ab. Sie erbringen kreisrunde Darstellungen der gesamten Hemisphäre über dem Aufnahmepunkt AP, der im Mittelpunkt der Darstellung liegt und den Zenit bezeichnet (Abb. 10.23). Die Position der Baumspitze P (Abb. 10.23 a), die gegenüber der Aufnahmeebene einen Erhöhungswinkel von α erbringt, wird nach folgenden Formeln zum Punkt P' auf der Aufnahmeebene (Abb. 10.23 b):

(a) (b)

Abbildung 10.22 a, b Fish-eye-Fotografien aus einem 114jährigen Kiefernbestand im Forstamt Fuhrberg in Niedersachsen, Abteilung 278. Die Abbildungen zeigen **(a)** locker und **(b)** licht bestockte Partien des Kiefernbestandes, der der Ertragsklasse I,7 nach WIEDEMANN (1943), mäßige Durchforstung zuzuordnen ist und einen Bestockungsgrad von 0,5 aufweist (Fotos: S. Wagner).

$$X_{P'} = r \cdot \left(1 - \frac{\alpha}{90°}\right) \cdot \cos(\beta - 90°), \quad (10.27)$$

$$Y_{P'} = r \cdot \left(1 - \frac{\alpha}{90°}\right) \cdot \sin(\beta - 90°). \quad (10.28)$$

Dabei sind:
$X_{P'}, Y_{P'}$ kartesische Koordinaten des Punktes P',

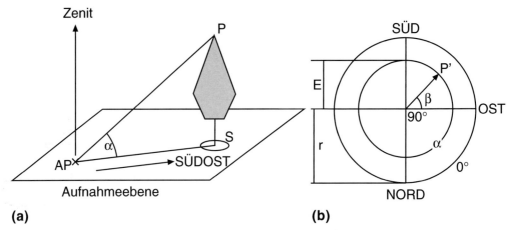

Abbildung 10.23 a, b Prinzip der Fish-eye-Projektion der Baumspitze P auf die Aufnahmeebene durch **(a)** den Aufnahmepunkt AP und **(b)** Ergebnis der Projektion. Am Aufnahmepunkt AP ist das Fish-eye-Objektiv auf den Zenit ausgerichtet und bildet alle Punkte auf die durch AP vorgegebene Aufnahmeebene ab, die oberhalb dieser Ebene gelegen sind. Aus dem Winkel α kann nach (10.27) und (10.28) P in P' überführt werden. r bezeichnet den Radius der Fish-eye-Aufnahme insgesamt, E entspricht der auf die Aufnahmeebene projizierten Entfernung zwischen AP und P.

α   Erhöhungswinkel des Punktes P,
β   Himmelsrichtung, in welcher der Punkt P vom Aufnahmepunkt AP aus gelegen ist,
r   Radius der Fish-eye-Aufnahme, gewissermaßen der Maßstabs-Parameter.

Der Winkel α ergibt sich nach

$$\alpha = \arctan \frac{\overline{PS}}{\overline{AP\,S}}. \quad (10.29)$$

Auf diese Weise kann jeder Punkt oberhalb der Aufnahmeebene auf diese projiziert werden. Die reale Entfernung E zwischen Aufnahmepunkt AP und zu projizierendem Punkt P beträgt in einer Fish-eye-Aufnahme mit dem Radius r

$$E = r \cdot \left(1 - \frac{\alpha}{90°}\right) \quad \text{für} \quad [0° \leq \alpha \leq 90°]. \quad (10.30)$$

In Abhängigkeit von ihrem Erhöhungswinkel werden gegebene Objekte also linear auf den Radius der Fish-eye-Darstellung abgebildet.

Zur Projektion ganzer Bäume auf die Aufnahmeebene werden diese vom Wipfel P bis zum Stammfuß S (Abb. 10.23 a) in Sektionen gleicher Länge eingeteilt. Der Querschnitt von Krone und Stamm wird in jeder Sektion durch achteckige regelmäßige Polygone nachgebildet, deren Eckpunkte dann nach den dargestellten Verfahren auf die Aufnahmeebene projiziert werden. Je nach Projektionswinkel werden die regelmäßigen Polygone in der Fisheye-Abbildung zu symmetrischen oder asymmetrischen Flächen. Werden nun alle von einem gegebenen Aufnahmepunkt AP sichtbaren Bestandesglieder mit ihren Kronen und ihrem Stamm auf die Aufnahmeebene projiziert, so wird diese mehr oder weniger stark bedeckt sein. In seinem eigens erstellten Programm ordnet BIBER den Projektionspunkten P' unterschiedliche Grauwerte zu, die er nach
- einfacher und mehrfacher Bedeckung,
- Bedeckung durch verschiedene Baumarten,
- Bedeckung durch Stamm bzw. Krone

differenziert. Er macht Vorschläge für die Anzahl der Bäume, die in einer Aufnahme berücksichtigt werden, und entwickelt Verfahren für eine Randkorrektur. Durch Grauwertabfragen an jedem Punkt der Fish-eye-Aufnahme ergibt sich eine Statistik über Häufigkeit und Intensität der Bedeckung, die in den ökologischen Faktoren Diffuse site factor und Sky factor mündet.

10.6.3 Quantifizierung der Wuchskonstellation in einem Fichten-Buchen-Mischbestand

Ist wie bei unserem Beispielbestand aus Fichte *Picea abies* (L.) Karst. und Buche *Fagus silvatica* L. in Abbildung 10.24 die dreidimensionale Bestandesstruktur bekannt, so können mit dem Verfahren an beliebigen Raumpunkten AP 1 bis AP 5 Fish-eye-Abbildungen simuliert werden. Dabei werden die oberhalb der Aufnahmeebenen AP 1 bis AP 5 befindlichen Baumabschnitte auf die entsprechende Aufnahmeebene projiziert, so daß die dargestellten hemisphärischen Abbildungen entstehen. Aus ihnen ist abzulesen, wie die Bedeckung der Aufnahmen mit Stämmen und Kronen mit Annäherung an die Peripherie des Kronenraumes AP 1 bis AP 5 abnimmt. Werden die simulierten Abbildungen hinsichtlich ihrer Grauwerte und Bedeckung analysiert, so kann daraus das Höhenprofil des Diffuse site factor abgeleitet werden (Abb. 10.25). Es stützt sich nicht allein auf die Auswertungen an den fünf bei-

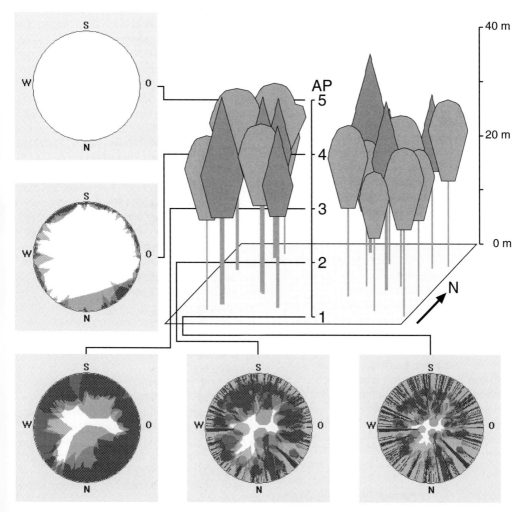

Abbildung 10.24 Beispiel für eine Berechnung und Auswertung hemisphärischer Abbildungen an den Punkten $AP_1, \ldots, AP_5$ in einem Fichten-Buchen-Mischbestand *Picea abies* (L.) Karst. bzw. *Fagus silvatica* L.

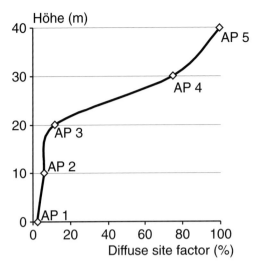

Abbildung 10.25 Hemisphärische Abbildungen liefern auch für schwer erreichbare Positionen innerhalb eines Bestandes solide Aussagen über die dort herrschenden Strahlungsbedingungen in Form des Diffuse site factors und Sky factors. Mit Annäherung an die obere Peripherie des Kronenraumes nimmt die Bedeckung mit Stamm- und Kronenabschnitten ab, so daß sich der Diffuse site factor und der Sky factor vermindern.

spielhaft dargestellten Meßpunkten AP 1 bis AP 5, sondern auf eine Aufnahme je Höhenmeter, also auf insgesamt 41 Auswertungen. Das Höhenprofil beschreibt die Abnahme der diffusen Himmelsstrahlung vom oberen Kronendach bis zum Bestandesboden.

Die nach dieser Methode abgeleiteten Werte für DIFFSF und SF korrelieren eng mit Meßergebnissen für diese Variablen an denselben Punkten (NAGEL et al., 1996). Eine größere Anzahl von Aufnahmepunkten, für die sowohl Fish-eye-Fotografien mit anschließender Bildanalyse als auch berechnete Aufnahmen mit anschließender Grauwertanalyse ausgeführt wurden, erbrachten für den Zusammenhang zwischen geschätzten und gemessenen Faktoren

$$DIFFSF_{gemessen} = DIFFSF_{geschätzt} \quad (10.31)$$

$$SF_{gemessen} = -18 + 1{,}25 \cdot SF_{geschätzt}. \quad (10.32)$$

10.7 Verfahren der Randkorrektur

10.7.1 Randeffekte und Verfahren der Randkorrektur

Für Bäume an der Peripherie von Beobachtungsflächen erbringen die in diesem Kapitel eingeführten Indizes nur unvollständige oder ungenaue Informationen über die individuelle Umgebungssituation. Denn je näher ein Baum am Flächenrand liegt, um so größer werden die Partien seines Umfeldes, die unbekannt sind, weil sie außerhalb der Fläche liegen. Bei der Strukturanalyse kann dem Randeffekt dadurch begegnet werden, daß nur Individuen mit vollständig bekanntem Umfeld einbezogen werden (vgl. Kap. 9). Die Analyse konzentriert sich dann auf die Mitte der Versuchsfläche; die Quantifizierung der dort stockenden Bäume stützt sich wohl auf die Strukturen in der Randlage, aber für Bäume in der Randlage werden keine Verteilungs-, Durchmischungs- oder Konkurrenzindizes berechnet. Die Ausbeute an Bäumen ohne Randeffekt ist dann insbesondere bei kleinen Flächen und solchen Flächen mit großem Verhältnis zwischen Flächenumfang und Flächeninhalt gering. Noch gravierender wird das Randproblem bei der positionsabhängigen Modellierung und Prognose des Waldwachstums. Denn dann gilt es, die langfristige Entwicklung für einen Bestandesausschnitt zu prognostizieren, ohne daß die Bestandesstruktur außerhalb dieses Ausschnittes bekannt wäre. Zum Ausgleich von Randeffekten bieten sich drei Verfahrensgruppen an:

- Hochrechnungsverfahren, welche die zu erwartende Konkurrenz außerhalb der Parzelle aus der individuellen Umgebungssituation innerhalb der Parzelle schätzen;
- Rekonstruktionsverfahren, welche die Bestandesstrukturen auf der Versuchsparzelle durch Translationsbewegung oder Spiegelung über den Parzellenrand hinaus extrapolieren und
- Verfahren der Strukturgenerierung, die auf verallgemeinerten Stammabstandsfunktionen aufbauen, diese an der Versuchsfläche

eichen, um dann im Umfeld der Versuchsparzelle einen Bestand zu generieren, dessen Strukturmerkmale denen auf der Fläche ähnlich sind.

10.7.2 Spiegelung und Translation

Bei der Spiegelung wird die Bestandesstruktur auf der Versuchsparzelle durch Achsenspiegelung an den Parzellenaußenlinien und Punktspiegelung an den Parzellenecken so an die Peripherie der Parzelle angesetzt, daß die gesamte Fläche mit Abbildern von derselben umsäumt ist (Abb. 10.26). Reicht die Konkurrenzzone von Bäumen auf der Kernfläche auch über diesen durch Spiegelung erzeugten Saum hinaus, so kann diese Spiegelung wiederholt werden, so daß die Kernfläche dann von einem ersten Saum, bestehend aus 8 Abbildern, und aus einem zweiten Saum, bestehend aus 16 Abbildern, umgeben ist. Diese 25 Flächen sind dann die Grundlage für die Konkurrenzquantifizierung aller Bäume auf der Kernfläche.

Bei der Translation wird jeweils ein exaktes Abbild der Beobachtungsfläche an ihre Kanten und Ecken angeschlossen (Abb. 10.27). Reichen die zu untersuchenden Einflußzonen der Bäume auf der Beobachtungsfläche auch noch über diesen aus 8 Abbildungen bestehenden Saum hinaus, so kann dieser wiederum durch Translation um einen weiteren Saum, bestehend aus 16 Wiederholungen, erweitert werden. Wiederholte Spiegelungen und Translationen werden bei Konkurrenzanalysen für große Individuen auf kleinen Beobachtungsflächen erforderlich und erhöhen die Abweichungen zwischen geschätztem und wirklichem Konkurrenzindex.

Obwohl beide Verfahren eine eher unnatürliche Periodizität in der räumlichen Bestan-

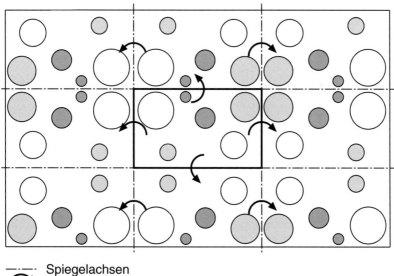

 Spiegelachsen
Spiegelrichtung

Abbildung 10.26 Randausgleich durch Spiegelung der Bestandesstruktur auf der Versuchsfläche an den Parzellenaußenlinien und Parzellenecken. Die Versuchsfläche ist als fett ausgezogenes Rechteck hervorgehoben.

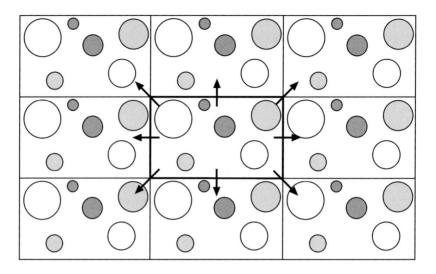

Abbildung 10.27 Randausgleich durch Verschiebung der Bestandsstruktur der Versuchsfläche, so daß diese von acht identischen Bestandesausschnitten umsäumt wird. Die Versuchsfläche ist als fett ausgezogenes Rechteck hervorgehoben.

desstruktur erzeugen, liefern sie ähnliche, wirkungsvolle Korrekturen der Konkurrenzschätzung randständiger Bäume (MONSERUD und EK, 1974; WINDHAGER, 1997; RADTKE und BURKHART, 1998; BIBER, 1999). Im Falle der Achsen- und Punktspiegelung ist die Periodizität von der Lage der Einzelbäume zum Flächenrand abhängig. Hierdurch können unnatürliche Wuchskonstellationen, wie übermäßig dicht benachbarte oder weit entfernte Nachbarschaftsverhältnisse, erzeugt werden, die bei den Konkurrenzindizes vereinzelt zu Ausreißern führen können (BIBER, 1999). In regelmäßig aufgebauten Altersklassenwäldern bewährt sich nach Untersuchungen von RADTKE und BURKHART (1998) eine Spiegelung an der Achse, deren Verlauf durch die äußerste Baumreihe der Versuchsfläche vorgegeben ist. Es werden dann insbesondere extreme Nachbarschaftsverhältnisse vermieden. Bei der Translation wird die Periodizität durch die Ausdehnung der Beobachtungsfläche für alle Bäume vorgegeben, aber auch bei diesem Verfahren können unplausible Nachbarschaftsverhältnisse, beispielsweise eine Konzentration starker Altbäume, entstehen.

10.7.3 Lineare Expansion

Nachteile der Spiegelung und Translation bestehen darin, daß sie eine Periodizität auf Baum- oder Bestandesebene erzeugen und daß ihre Anwendung auf rechtwinklige Beobachtungsflächen begrenzt ist. Bei der Übertragung von Spiegelung und Translation auf Beobachtungsflächen, die nicht rechtwinklig, hexagonal oder triangular aufgebaut sind, beispielsweise auf Probekreise, entstehen leere Flächen. Um diese Nachteile zu überwinden, haben MARTIN et al. (1977) das Verfahren der linearen Expansion entwickelt. Das Verfahren macht Gebrauch davon, daß auch bei randständigen Bäumen immer ein Teil der Einflußzone innerhalb der Beobachtungszone liegt. Andere Partien der kreisförmigen Einflußzone liegen außerhalb der Beobachtungsfläche und sind in der Bestockung unbekannt. Das Verfahren der linearen Expansion versteht die innerhalb der Beobachtungsfläche gelegenen Partien der Einflußzone als Stichprobe für die Konkurrenzverhältnisse insgesamt, und es wird von den Konkurrenzverhältnissen innerhalb des Bestandes auf die Gesamtsituation hochgerechnet, d. h. linear extrapoliert.

In einem Beispiel nehmen wir an, daß für den randnah gelegenen Baum j in Abbildung 10.28 (schwarz ausgefüllter Kreis im Zentrum der Suchradien) der Konkurrenzindex CI_j

$$CI_j = \sum_{i=1}^{n} c_{ij} \qquad (10.33)$$

berechnet werden soll. In der Regel werden dann nur seine $i = 1, \ldots, n$ innerhalb der Parzelle (fett schwarz eingezeichnetes Rechteck) positionierten Konkurrenten bekannt sein. Der Suchraum um den randnah gelegenen Baum j ist durch den Kreis mit dem Radius a_{max} vorgegeben, der die Einflußzone charakterisiert, in der konkurrierende Nachbarn zu erwarten sind (Suchradius für die Konkurrentenauswahl). Dieser Suchraum reicht nun weit über die Parzellengrenze hinaus, so daß die Parzelle nur unvollständige Informationen über die Wuchskonstellation von Baum j bietet. Die Konkurrenzindizes von randnah gelegenen Bäumen würden systematisch unterschätzt, wenn die Bestandesstrukturen und Konkurrenten außerhalb der Beobachtungsfläche unberücksichtigt blieben. Es können drei Abstandszonen um Baum j unterschieden werden, die in Abbildung 10.28 durch die punktierten Radien $a_{j\,min}$, $a_{j\,max}$ und a_{max} hervorgehoben sind. In einer ersten Zone liegen Bäume, deren Entfernung vom Zentralbaum a_{ij} kleiner als $a_{j\,min}$ ist, eine zweiten Zone reicht von $a_{j\,min}$ bis $a_{j\,max}$ und eine dritte Zone von $a_{j\,max}$ bis a_{max}. Der Wert $a_{j\,min}$ bezeichnet den Radius des Kreises um Baum j, der bis an die Peripherie der Versuchsfläche heranreicht, aber gerade noch vollständig innerhalb der Fläche liegt. Der Wert $a_{j\,max}$ steht für den Radius des größten Kreises um Baum j, der gerade noch die Versuchsfläche schneidet. Mit a_{max} bezeichnen wir den Suchradius für die Konkurrentenauswahl von Baum j. Im Hinblick auf die Konkurrenzsituation von Zentralbaum j repräsentieren diese drei Zonen einen sehr unterschiedlichen Informationsgehalt, und sie tragen in spezifischer Weise zum Konkurrenzindex CI_j bei.

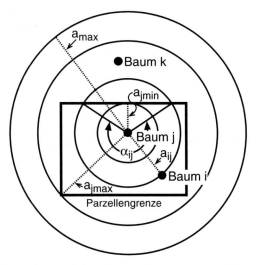

Abbildung 10.28 Bei der Berechnung der Konkurrenz des randnah gelegenen Zentralbaumes j werden drei Entfernungszonen unterschieden, für die unterschiedliche Informationen vorliegen: Für Bäume mit Abstand $a_{ij} < a_{j\,min}$ liegt die vollständige Information über ihren Konkurrenzbeitrag vor. Für den Abstandsbereich $a_{j\,min} < a_{ij} \leq a_{j\,max}$ liefert die Versuchsparzelle immerhin noch stichprobenartige Informationen über die Wuchskonstellation. Für das Entfernungsintervall $a_{j\,max} < a_{ij} \leq a_{max}$ liegen kein Beobachtungswerte für die Quantifizierung der individuellen Konkurrenz vor.

1. Über den Konkurrenzbeitrag von Bäumen mit der Entfernung $a_{ij} < a_{j\,min}$ sind wir vollständig informiert, da in diesem Fall der gesamte Suchraum innerhalb der Parzelle liegt (Abb. 10.28). Der Konkurrenzbeitrag von Bäumen dieser Zone erfolgt deshalb nach dem üblichen Berechnungsverfahren und bedarf keiner Korrektur.

2. Von Bäumen, deren Distanz zum Zentralbaum a_{ij} in dem Intervall $a_{j\,min} < a_{ij} \leq a_{j\,max}$ liegt, erfaßt die Parzelle nur einen Ausschnitt. Beispielsweise liegt Baum k in dieser Zone, seine Merkmale stehen, da er nicht vermessen wurde, für die Konkurrenzberechnung nicht

zur Verfügung. Für diese Zone unterstellt die Methode der linearen Expansion, daß die auf der Parzelle erfaßte Konkurrenzsituation repräsentativ für die Konkurrenzsituation im gesamten Suchradius a_{ij} ist, daß der außerhalb der Parzelle gelegene Sektor des Suchkreises gleiche Konkurrenzbeiträge erbringt, wie der innerhalb der Parzelle gelegene. Die Anteile des Suchraumes, die außerhalb der Parzelle liegen, hängen vom Abstand a_{ij} zwischen Zentralbaum j und Konkurrenten i ab. Beispielsweise sind für Baum i in der Entfernung a_{ij} vom Zentralbaum die Konkurrenzverhältnisse in dem Kreissektor mit dem Winkel α_{ij} bekannt. Die Verhältnisse in dem Bereich $360° - \alpha_{ij}$ sind dagegen unbekannt. Von den Kreissektoren, die sich vollständig mit der Parzelle überlappen und den Winkel α bzw. α_1 bis α_n abdecken, rechnen wir auf die Konkurrenzverhältnisse im Suchraum insgesamt hoch. Der Anteil des Kreises, über den uns eine vollständige Konkurrenzinformation vorliegt, ergibt sich als $P_{ij} = \dfrac{\alpha}{360°}$. Der Reziprokwert $E_{ij} = \dfrac{360°}{\alpha}$ erbringt dann den Faktor, mit dem von der Konkurrenz c_{ij} der $i = 1, \ldots, n$ Bäume auf der Fläche auf die Konkurrenz insgesamt hochgerechnet wird:

$$CI_j = \sum_{i=1}^{n} E_{ij} \cdot c_{ij} = \sum_{i=1}^{n} \dfrac{360°}{\alpha_{ij}} \cdot c_{ij}. \qquad (10.34)$$

Bei der Berechnung des Konkurrenzbeitrages solcher Bäume, deren Abstand $a_{ij} < a_{j\,min}$ ist, beträgt der Winkel $\alpha = 360°$ und $E_{ij} = 1{,}0$.

Der Winkel α_{ij} kann sich je nach Flächenform der Parzelle und Lage des Baumes j auch aus α_1 bis α_n Kreissektoren aufbauen (Abb. 10.29). Die Kreissektoren mit dem Öffnungswinkel α_{ij1} und α_{ij2}, welche die Versuchsparzelle vollständig überlappen, sind dabei durch die Distanz des Konkurrenten i vom Zentralbaum j vorgegeben. Von der Konkurrenzsituation innerhalb dieser Sektoren wird auf die Konkurrenzsituation außerhalb der Versuchsfläche geschlossen.

3. Für solche Bäume, deren Abstand a_{ij} im Intervall $a_{j\,max} < a_{ij} \leq a_{max}$ liegt, sind keine für

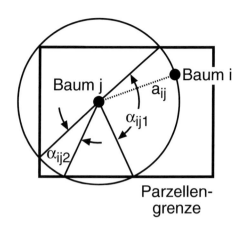

Abbildung 10.29 Die Schätzung des Konkurrenzeinflusses von Nachbarn im Entfernungsintervall $a_{j\,min} < a_{ij} \leq a_{j\,max}$ kann sich je nach Flächenform der Parzelle und Lage des Baumes j auch aus mehreren Kreissektoren aufbauen. Im Beispiel beträgt der Radius a_{ij}, und es fließen zwei Kreissektoren mit den Winkeln α_{ij1} und α_{ij2} in die Berechnung des Konkurrenzindex ein. Von den Konkurrenzverhältnissen in den zwei Kreissektoren, die vollständig innerhalb der Versuchsfläche liegen, wird auf die zu erwartende Wuchskonstellation in anderen, nicht mit Beobachtungsdaten abgedeckten Partien hochgerechnet.

Baum j individuell ermittelbaren Konkurrenzinformationen vorhanden. Insbesondere bei kleinen Parzellen, großen Zentralbäumen und großdimensionierten Konkurrenten kann der Konkurrenzbeitrag aus dieser dritten Zone beträchtlich sein und nicht unberücksichtigt bleiben. Nach MARTIN et al. (1977) sollte deshalb bei einzelbaumorientierter Auswertung die Größe der Parzellen so beschaffen sein, daß $a_{max} < a_{j\,max}$ für alle $j = 1, \ldots, n$. Für alle $i = 1$ bis n Bäume auf der Testfläche sollte also zumindest für gewisse Kreissektoren mit dem Öffnungswinkel α_{ij} die Maximaldistanz $a_{j\,max}$ größer sein als die maximale Reichweite von Konkurrenz innerhalb des Bestandes a_{max}. Wenn das nicht möglich ist, kann der Konkurrenzbeitrag solcher Bäume in der Zone $a_{j\,max} < a_{ij} \leq a_{max}$ nach MARTIN et al. (1977) geschätzt werden, indem für diskrete Größenklassen von Zentralbäumen j und Nachbarn i sowie definierte Distanzklassen zwischen

$a_{j\,max}$ und a_{max} mittlere Konkurrenzverhältnisse ermittelt und zum Konkurrenzindex CI_j addiert werden.

10.7.4 Strukturgenerierung

Grundlage dieses Verfahrens ist der Strukturgenerator STRUGEN, mit dem in einem vorgegebenen Umfassungsbereich um die Beobachtungsparzelle herum wirklichkeitsnahe Bestandesstrukturen erzeugt werden (PRETZSCH, 1997b; PRETZSCH, 2001). In dem Umfassungsbereich werden Abbilder der Flächenbäume über einen inhomogenen POISSON-Prozeß ausgestreut und in Abhängigkeit von ihrer Art, ihrer Dimension und ihrem Abstand zu den zwei nächsten bereits etablierten Nachbarn akzeptiert (Abb. 10.31). Die dimensions- und artenabhängige Abstandsregelung wird über ein mit umfangreichen Versuchsdaten parametrisiertes Gleichungssystem gesteuert (PRETZSCH, 1993; PRETZSCH und KAHN, 1998).

Der Ausgleich von Randeffekten mit dem Strukturgenerator STRUGEN umfaßt folgende Schritte (PRETZSCH, 1993; PRETZSCH und KAHN, 1998; PRETZSCH, 2001): Im Umfeld der Beobachtungsfläche werden zufallsverteilte Baumpositionen erzeugt, um dort Abbilder der Flächenbäume zu positionieren. Auf der Grundlage von (10.35) wird in Abhängigkeit von $Abst\_02_{beob}$ und $KdTm\_0$, $KdTm\_1$, $KdTm\_2$ der erwartete Abstand $Abst\_01_{erw}$ zwischen der erzeugten Position des Baumes und seinem nächsten Nachbarn berechnet.

$$Abst\_01_{erw} = a_0 + a_1 \cdot Abst\_02_{beob}$$
$$+ a_2 \cdot KdTm\_0 + a_3 \cdot KdTm\_1$$
$$+ a_4 \cdot KdTm\_2 \qquad (10.35)$$

Dabei sind:
$Abst\_01_{erw}$ erwarteter Abstand vom Bezugsbaum zum nächsten Nachbarn (in m),
$Abst\_02_{beob}$ beobachteter Abstand vom Bezugsbaum zum zweitnächsten Nachbarn (in m),
$KdTm\_0$, $KdTm\_1$, $KdTm\_2$ Quotient aus Kronendurchmesser (in m) und arttypischem Transmissionskoeffizient, wobei die Berechnung für den Bezugsbaum, seinen ersten und zweiten Nachbarn erfolgt; der Transmissionskoeffizient beträgt für Buche *Fagus silvatica* L. 1,0, Tanne *Abies alba* Mill. 1,0, Fichte *Picea abies* (L.) Karst. 0,8, Eiche *Quercus petraea* (Mattuschka) Liebl. 0,6, Kiefer *Pinus silvestris* L. 0,2,
$a_0, a_1, \ldots, a_4$ Regressionskoeffizienten Buche 0,0835, Tanne 0,6761, Fichte 0,0065, Eiche 0,0031, Kiefer $-0{,}0039$.

Ist der beobachtete Abstand zum nächsten Nachbarn $Abst\_01_{beob}$ nun wesentlich geringer als der erwartete Abstand $Abst\_01_{erw}$ des Bezugsbaumes zu seinem nächsten Nachbarn, so wird die erzeugte Stammposition nicht als Stammfußpunkt akzeptiert. Der Ausstreuprozeß geht dann so lange weiter, bis ein Stammfußpunkt erzeugt wird, dessen erwarteter Abstand zum nächsten Nachbarn dem beobachteten Abstand ähnlich ist. Das Regressionsmodell zur dimensionsabhängigen Abstandsregelung (10.35) ist mit dem Datenmaterial langfristiger Versuchsflächen parametrisiert (PRETZSCH, 1993; PRETZSCH und KAHN, 1998). Unter natürlichen Bedingungen wird der Abstand zwischen Bezugsbaum und nächstem Nachbarn auch bei gegebenen Abstands- und Dimensionsverhältnissen ($Abst\_02_{beob}$, $KdTm\_0$, $KdTm\_1$, $KdTm\_2$) variieren. Die Standardabweichung der normal verteilten Baumabstände um den mittleren Abstandswert nimmt nach PRETZSCH und KAHN (1998) mit dem $Abst\_01_{erw}$ nach (10.36) zu.

$$S_{Abst\_01} = b_1 \cdot (1 - e^{-b_2 \cdot Abst\_01}) \qquad (10.36)$$

Dabei sind:
S_{Abst_01} Standardabweichung der Abstände vom Bezugsbaum zum nächsten Nachbarn (in m),
b_1, b_2 Regressionskoeffizienten 5,7007 bzw. 0,0585, aus Versuchsflächendaten abgeleitet.

Ist der wahrscheinliche Abstand $Abst\_01$ zum nächsten Nachbarn und die Standardabweichung S_{Abst_01} bekannt, so wird für die Annahme oder Abweisung eines erzeugten Zufallspunktes folgende Vorgehensweise möglich: Nach (10.36) und (10.37) werden für einen erzeugten Zufallspunkt und dort zu etablierenden Baum der wahrscheinliche Abstand zum nächsten Nachbarn $Abst\_01_{erw}$ und die Standardabweichung S_{Abst_01} geschätzt. Aus der mit Mittelwert $Abst\_01_{erw}$ und Standardabweichung S_{Abst_01} festgelegten Normalverteilungsfunktion kann für den beobachteten Abstand $Abst\_01_{beob}$ die Wahrscheinlichkeit eines solchen Abstandswertes abgegriffen werden. Ist diese Wahrscheinlichkeit kleiner als eine gleichverteilte Zufallszahl, so wird der Abstand $Abst\_01_{beob}$ zwischen dem Bezugsbaum und seinem nächsten Nachbarn als nicht akzeptabel verworfen und ein neuer Punkt gezogen; im umgekehrten Fall wird der Baum mit diesem Abstand und dieser Dimension akzeptiert und etabliert. Der Ausstreuprozeß geht so lange weiter, bis die Baumdichte im Umfassungsbereich identisch mit derjenigen auf der Versuchsfläche ist.

Soweit handelt es sich um ein deduktives Verfahren, das sich beim Aufbau der Struktur des Umfassungsbereiches auf allgemeingültige Gleichungen stützt. Indem BIBER (1999) zusätzlich auf Strukturinformationen der zu analysierenden Beobachtungsfläche zurückgreift und deren Höhenverteilung, Grundfläche, Durchmischung und bestandestypischen Baumabstände mit in die Strukturgenerierung einbezieht, erweitert er dieses Verfahren um deduktive Elemente. Gegenüber der von RADTKE und BURKHART (1998) vorgeschlagenen Methode, welche den Umfassungsbereich aus einem homogenen POISSON-Wald aufbaut, stellt der Übergang zur Generierung der Struktur mit dem Generator STRUGEN aufgrund der dimensionsabhängigen Abstandsregelung eine merkliche Verbesserung dar.

10.7.5 Bewertung der Verfahren

Mit den Verfahren durch Rekonstruktion und Spiegelung, der Hochrechnung und der Strukturgenerierung wurden drei Methoden zur Behandlung von Randeffekten eingeführt. Während sich Verfahren der toridorialen Verschiebung und der Spiegelung nicht ohne weiteres auf kreisförmige Parzellen oder amorphe Flächenformen übertragen lassen, sondern unbesetzte Flächenpartien erbringen, ist das Verfahren der linearen Expansion universell nutzbar. Es eignet sich auch für die Randkorrektur bei kreisförmigen oder amorphen Flächenformen (Abb. 10.30). Ähnlich der Spiegelung erbringt auch das Verfahren der linearen Expansion eine systematische Erhöhung bzw. Verminderung der Konkurrenz bei randnah gelegenen Bäumen, die innerhalb der Parzelle stark bzw. gering konkurrenziert sind, denn von den Verhältnissen innerhalb der Parzelle wird auf die außerhalb der Parzelle geschlossen. Bei der Translation werden unnatürlich enge oder weite Abstandsverhältnisse demgegenüber nicht systematisch sondern zufällig erzeugt. Bei der Strukturgenerierung wird sowohl auf deduktiv aus langfristigen Versuchsflächen abgeleitete Abstandsfunktionen als auch auf induktiv gewonnene Strukturinformationen aus der Beobachtungsfläche zurückgegriffen, um auf diese Weise die Struktur der

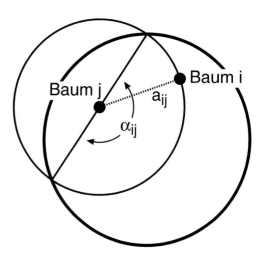

Abbildung 10.30 Das Verfahren der linearen Expansion kann auch bei kreisförmigen Versuchsflächen angewendet werden, für welche die Techniken der Spiegelung und der Translation nicht geeignet sind. Aus den Konkurrenzverhältnissen im Kreissektor mit dem Radius a_{ij} und dem Winkel α_{ij} wird auf die Wuchskonstellation des Kreissektors geschlossen, der über den Parzellenrand hinausreicht.

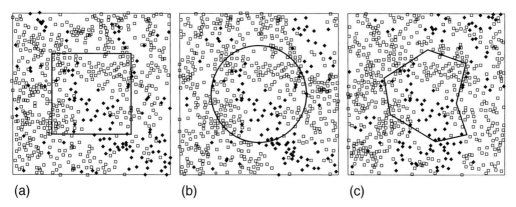

Abbildung 10.31 a–c Erzeugung eines Umfassungsstreifens durch Strukturgenerierung. Dargestellt ist **(a)** eine rechteckige, **(b)** eine kreisförmige und **(c)** eine unregelmäßig geformte Beobachtungsfläche (fett ausgezogene Linien) mit eingemessenen Stammfußpunkten. Die Strukturgenerierung erzeugt bei allen Flächenformen einen lückenlosen Umfassungsstreifen, der die Randkorrektur bei der Konkurrenzschätzung übernimmt.

Beobachtungsfläche jenseits der Flächengrenze zu erzeugen. Die Vorteile dieses Verfahrens bestehen darin, daß es

- für alle Flächenformen angewendet werden kann,
- keine Periodizität erbringt,
- biologisch plausible Baumabstände erzeugt und
- Makrostrukturen auf der Fläche, wie beispielsweise Durchmischung verschiedener Baumarten, über den Flächenrand hinaus extrapoliert (Abb. 10.31).

Vergleiche zur Wirksamkeit von Spiegelung, Translation, linearer Expansion und Strukturgenerierung bei der Randkorrektur liegen bisher kaum vor. Untersuchungen beschränken sich zumeist auf paarweise Verfahrensvergleiche an einer oder nur wenigen Versuchsflächen mit einem geringen Spektrum von Flächenformen und Waldaufbauformen. So zeigen die Untersuchungen von MARTIN et al. (1977) in Rein- und Mischbeständen im Staat Ontario nur bei langen und schmalen rechteckigen Flächenformen eine gewisse Überlegenheit der linearen Expansion gegenüber dem Verfahren der Translation. WINDHAGER (1997) kommt bei den Verfahren der linearen Expansion und der Spiegelung und ihrer Anwendung auf einen größeren Satz von Fichten-Kiefern-Mischbeständen *Picea abies* (L.) Karst. bzw. *Pinus silvestris* L. in Österreich zu dem Ergebnis, daß beide Verfahren ähnlich gute Randausgleiche bei der Konkurrenzschätzung erbringen. Die Untersuchung von RADTKE und BURKHART (1998) in gleichaltrigen Kiefernreinbeständen erbringt für die Verfahren der Translation, Spiegelung und einer vereinfachten Strukturgenerierung ähnlich gute Resultate bei der Randkorrektur. Demgegenüber schneidet bei BIBER (1999) das Verfahren der Strukturgenerierung in Fichten-Tannen-Buchen-Mischbeständen *Picea abies* (L.) Karst., *Abies alba* Mill. bzw. *Fagus silvatica* L. besser ab als die Spiegelung und Translation. Ähnlich gut dürften sich kombinierte Verfahren bewähren, die gespiegelte oder translatierte Flächen mit einem Abstand, in dem die Struktur generiert wird, an die Beobachtungsfläche anfügen. So bleiben die Informationen der Beobachtungsfläche voll erhalten, unplausible Baumabstände an den Grenzlinien werden aber vermieden.

Zusammenfassung

Der Übergang von der bestandesbezogenen Betrachtungsweise zu Ansätzen, die vom Individuum ausgehen, bedeutet einen grundlegenden Paradigmenwechsel für alle Fachdisziplinen, die sich mit Beständen, Populationen, Biozönosen und Ökosystemen befassen. Lösen wir einen Waldbestand in ein Mosaik von Individuen auf und verstehen deren Miteinander als dynamisches, räumlich-zeitliches System, so bringt das die Analyse, Modellbildung und Prognose voran.

1. Unter Konkurrenz verstehen wir die Interaktion zwischen Bäumen durch Raumbesetzung und Ressourcenausbeutung. Wesentliche Ressourcen sind Kohlenstoff, Wasser, Nährelemente sowie Licht als Energiequelle.

2. Konkurrenzindizes quantifizieren die Raumbesetzung von Einzelbäumen innerhalb eines Bestandes und die damit verbundene Ressourcenausbeutung in einer oder wenigen Kenngrößen.

3. Konkurrenzindizes nutzen unter anderem Art der Bestandesnachbarn, Durchmesser, Höhe und Kronendimension, um die Raumbesetzung eines Einzelbaumes zu quantifizieren. Je nachdem, ob Abstandswerte zu den Bestandesnachbarn unberücksichtigt bleiben oder in die Berechnung der Konkurrenzindizes einfließen, sprechen wir von positionsunabhängigen bzw. positionsabhängigen Konkurrenzindizes.

4. Konkurrenzindizes quantifizieren die Wuchskonstellation von Einzelbäumen, können zur Steuerung ihres Zuwachsverhaltens in Modellen eingesetzt werden und lassen sich auf Versuchsflächen für eine kontrollierte Versuchssteuerung nutzen. In homogen aufgebauten Beständen kann der Bestandeszuwachs durch positionsunabhängige und positionsabhängige Modelle ähnlich genau geschätzt werden. Beim Übergang zu heterogenen Bestandesstrukturen (ungleichaltrige Rein- und Mischbestände) verlieren dagegen positionsunabhängige Konkurrenzindizes ihre Brauchbarkeit.

5. Positionsabhängige Konkurrenzindizes wählen in einem ersten Schritt die Nachbarbäume aus, die mit dem zu beurteilenden Baum im Wettbewerb um Ressourcen stehen (fester Suchradius, Kronenüberlappung, Winkelzählprobe, Suchkegelmethode). Für jeden dieser ausgewählten Nachbarn wird in einem zweiten Schritt die Stärke seiner Konkurrenz auf den zu beurteilenden Baum quantifiziert (Kronen- oder Einflußzonenüberlappung, Verhältnis der Stammdimensionen, Verhältnis der Kronendimensionen zwischen Zentralbaum und Nachbarn). Verfahren, welche die Konkurrentenauswahl nach der Suchkegelmethode und die Konkurrenzquantifizierung unter Einbeziehung der Kronendimensionen ausführen, erbringen Konkurrenzindizes mit höchster Korrelation zum Zuwachs.

6. Zur positionsunabhängigen Beschreibung der Konkurrenzverhältnisse eignen sich auf Bestandesebene Dichtemaße wie Bestockungsgrad, Bestandesdichteindex und Beschirmungsgrad. Eine zweite Verfahrensgruppe (Kronenkonkurrenzfaktor, Horizontalschnitt-Verfahren, Perzentile der Grundflächen-Häufigkeitsverteilung) quantifizieren die relative Position des betrachteten Baumes im sozialen Gefüge des Bestandes.

7. Standflächen-Verfahren (Kreissegment-Verfahren, Rasterung der Bestandesfläche, Standflächen-Polygone) quantifizieren die Raumbesetzung von Einzelbäumen, indem sie die gesamte Bestandesfläche nach biologisch begründeten Regeln auf die Einzelbäume aufteilen. Sie ermöglichen eine Effizienzberechnung der Raumbesetzung und Raumausbeutung (Ressourcen-Investition/Flächen- oder Raumeinheit bzw. Ressourcenausbeute/besetzter Einheit).

8. Eine dreidimensionale Analyse des Bestandesraumes (Ermittlung der seitlichen Einengung, Beschattung) wird durch Rasterung des dreidimensionalen Bestandesmodells und seine Aufteilung in Voxel möglich. Derartige Analysemethoden bieten den besten Zugang zum Verständnis der Raumbesetzungsstrategien in heterogenen Waldbeständen.

9. Hemisphärische Abbildungen eignen sich zur Quantifizierung der Wuchskonstellation (Strahlung, Niederschlag), indem sie die gesamte Hemisphäre über einem Aufnahmepunkt zu einer kreisrunden Darstellung bringen. Hemisphärische Abbildungen können fotografisch oder rechnerisch aus Bestandesstrukturdaten erzeugt werden. Durch ihre Grauwertanalyse können der Diffuse site factor und Sky factor errechnet werden, die eng mit der relativen Beleuchtungsstärke bzw. mit dem am Meßpunkt registrierbaren Niederschlag zusammenhängen.

10. Zur Analyse der Wuchskonstellation von Einzelbäumen am Flächenrand werden Verfahren der Randkorrektur erforderlich. Würden ausschließlich vom Parzellenrand weiter entfernte Bäume in einzelbaumbezogene Versuchsflächenauswertungen einbezogen, so wäre die Ausbeute an Bäumen nur auf ausgesprochen großflächigen Parzellen nennenswert. Durch Spiegelung, Translation, lineare Expansion und Strukturgenerierung lassen sich Randeffekte korrigieren, so daß auch für Bäume in Randlage vollständige Datensätze entstehen.

11 Waldwachstumsmodelle

Ein Modell entsteht, indem ein reales System, beispielsweise ein Waldbestand, abstrahiert und biometrisch nachgebildet wird. Das Modell, auch Systemmodell genannt, führt gesicherte Einzelerkenntnisse zu einer Vorstellung vom Gesamtsystem zusammen, bewirkt also eine Organisation und Verdichtung vorhandenen Wissens. Wird ein Systemmodell in ein praktikables EDV-Programm umgesetzt, so entsteht ein Waldwachstumssimulator, der das Systemverhalten mit Hilfe von Rechenanlagen nachbilden und Szenario- und Prognoserechnungen ausführen kann. Durch die Organisation, Synthese und Nutzbarmachung waldwachstumskundlichen Wissens fördern Modellierung und Simulation zugleich die Erkenntnis- und Zweckinteressen der Forstwirtschaft und Forstwissenschaft. Modellbildung und Systemsimulation gehören deshalb zu den wichtigsten Aufgaben der Waldwachstumsforschung (DEUTSCHER VERBAND FORSTLICHER FORSCHUNGSANSTALTEN, 2000).

In den „Grundlagen der Waldwachstumsforschung" kann nur ein Überblick über die Waldwachstumsmodellierung gegeben werden. Eine ausführlichere Behandlung verschiedener Modellansätze, ihre Zweckdienlichkeit für bestimmte Einsatzbereiche, ihre Erprobung und Evaluierung bis hin zu ihrer Verwendung in der Forstwirtschaft und Forstwissenschaft vermittelt PRETZSCH (2001). In den 60er bzw. 80er Jahren des 20. Jahrhunderts faßten VUOKILA (1966), FRIES (1974) und DUDEK und EK (1980) den Stand der Waldwachstumsmodellierung zusammen. In den seither vergangenen Jahren hat die Waldwachstumsmodellierung aber schon allein aufgrund der veränderten Rechnerkapazitäten eine rasante Entwicklung genommen. Diese wird in den Beiträgen von FRANC et al. (2000), PRETZSCH (1992 a), STERBA (1989 a), VANCLAY (1994), WENK et al. (1990) allenfalls ausschnitthaft vermittelt. BOSSEL (1992, 1994), v. GADOW (1987), HASENAUER (1994), KIMMINS (1993), KURTH (1999), MÄKELÄ und HARI (1986), MOHREN (1987), MONSERUD (1975), NAGEL (1999), PUKKALA (1987), SHUGART (1984), THORNLEY (1976), WYKOFF et al. (1982) stellen jeweils ihre eigenen Modellansätze vor und vermitteln Ausschnitte aus der breiten Palette möglicher Modellansätze.

Wuchsmodelle als Hypothesenketten über das Systemverhalten

Waldwachstumsmodelle und die aus ihnen hervorgehenden Simulatoren sind vereinfachte, zweckorientierte Abbildungen der Wirklichkeit und dort real vorhandener Systeme. Ihre Konzeption und Konstruktion sollten deshalb von den objektspezifischen Systemeigenschaften von Waldbeständen, wie Langlebigkeit, Geschichtlichkeit, Offenheit oder Strukturdeterminiertheit, geleitet sein (vgl. Abschn. 1.2). Das Systemmodell mit den in ihm unterstellten Systemelementen, Systemverknüpfungen und insbesondere den Kausalketten kann als Hypothese über den Aufbau und das Verhalten des realen Systems betrachtet werden (WUKETITS, 1981). Die Prüfung eines Modells und der in ihm aggregierten Hypothesen über Systemelemente und Kausalbeziehungen stützt sich maßgeblich auf die Ergebnisse von Simulationsläufen. Unter Simulation verstehen wir in diesem Zusammenhang die Nachbildung des Systemverhaltens mit Hilfe von Rechenanlagen (BERG und KUHLMANN, 1993; DE WIT, 1982). Simulationsmodelle und mit ihnen durchgeführte Rechenläufe sind für die Waldwachstumsforschung demnach ein bedeutendes Werkzeug zur Hypothesenprüfung und Erkenntnisgewinnung (Kap. 2).

Zum Testen von Hypothesen über Einzelaspekte des Waldwachstums, beispielsweise zur Prüfung, ob sich ungeastete und geastete Bäume im Durchmesserwachstum unterscheiden, kommen bewährte statistische Methoden wie die Varianzanalyse zum Einsatz. Demgegenüber ist die Prüfung oder Evaluierung von Wuchsmodellen, die ein Geflecht von Hypothesen über Strukturen, Prozessen und Kausalketten darstellen, anspruchsvoller. Sie erfolgt mit Hilfe von Simulationsläufen. Deren Resultate werden auf Plausibilität und Übereinstimmung mit der Wirklichkeit geprüft, so daß Rückschlüsse auf die Gültigkeit der zugrunde gelegten Modellvorstellungen gezogen werden können.

Wuchsmodelle als Entscheidungshilfe für die Forstwirtschaft

Die zentrale Bedeutung von Wuchsmodellen und Waldwachstumssimulatoren für die Forstwirtschaft resultiert aus der Langlebigkeit von Bäumen und Beständen. Vor großflächigem Anbau einer neuen Sorte von Sonnenblumen, Raps oder Mais kann deren Wachstum und Behandlung kurzfristig experimentell geprüft werden. Diese Vorgehensweise ist beim Experimentieren mit Organismen, deren Lebenserwartung um eine oder mehrere 10er-Potenzen unter der des Menschen liegt, möglich. Dagegen können neu aufkommende waldbauliche Behandlungsprogramme für Waldbestände aufgrund der langen Zeiträume, über die sie sich erstrecken, in der Regel nicht experimentell geprüft werden; nach Abschluß solcher langwieriger Prüfungen wären die entwickelten waldbaulichen Pflege- und Behandlungsmodelle vermutlich bereits wieder veraltet.

Deshalb leitet die Waldwachstumsforschung aus ihren Experimenten Wuchsgesetzmäßigkeiten ab und fügt diese in Wachstumsmodellen zusammen. Mit Modellen wird die Nachbildung des Bestandeswachstums im Zeitrafferverfahren möglich. Die ertragskundlichen, betriebswirtschaftlichen und ökologischen Konsequenzen von Behandlungsprogrammen oder Störungen lassen sich im Modell durch Simulation nachbilden. Auf neu aufkommende Fragen muß nicht in jedem Fall mit der Anlage neuer Experimente reagiert werden.

Indem Wuchsmodelle als Forschungswerkzeug benutzt werden, können sie das Experimentieren in gewissem Umfang ersetzen. Mit ihnen können innerhalb definierter Grenzen Waldentwicklungen bei veränderten Standortbedingungen, unter variierter waldbaulicher Behandlung oder veränderter Intensität und Frequenz von Störungen prognostiziert werden, die im praktischen Versuch noch nicht realisiert wurden. Ökophysiologisch basierte Prozeßmodelle erlauben es, für gegebene Standorte den Korridor für eine angemessene forstwirtschaftliche Behandlung vorzuzeichnen. Sie können die Leitplanken skizzieren, in-

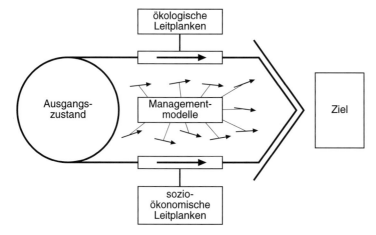

Abbildung 11.1
Sukzessionsmodelle und ökophysiologische Prozeßmodelle können dazu beitragen, die Leitplanken des Korridors (eingerahmte Pfeile) für richtiges Handeln im Sinne von LEMMEL (1951) zu bestimmen. Managementmodelle unterstützen die forstwirtschaftliche Entscheidungsfindung innerhalb dieses Korridors, indem sie die Konsequenzen von Handlungsalternativen (mobile Pfeile) quantifizieren.

nerhalb derer sich die Forstwirtschaft bewegen kann, ohne die Stabilitätsbedingungen für die zu bewirtschaftenden Systeme zu gefährden (Abb. 11.1). Veränderungen von Artenzusammensetzung, Behandlungen, Standort, Waldaufbauform usw. lassen sich dann auf ihre ökologischen, ökonomischen und sozialen Konsequenzen analysieren. Sind solche Rahmenbedingungen gesetzt, dann können Managementmodelle dazu beitragen, innerhalb des vorgegebenen Korridors die optimale Bestandesbehandlung zu bestimmen.

Das Ziel des Modells bestimmt den Komplexitätsgrad

Ziel und Zweck eines Modells und der Kenntnisstand über das betrachtete System bestimmen den notwendigen bzw. möglichen Komplexitätsgrad und die zeitliche und räumliche Auflösung des Modellansatzes. Die Zeitskala kann von Sekunden bis Jahrtausenden und die Raumskala von Zell- und Mineraloberflächen bis zu Vegetationszonen reichen. Es resultieren (Abb. 11.2):

- ökophysiologische Prozeßmodelle,
- Einzelbaummodelle,
- Ertragstafeln,
- Sukzessionsmodelle und
- Biommodelle.

Je komplexer ein zu behandelndes System und je vielfältiger die mit ihm angestrebten Wirkungen und Leistungen sind, um so essentieller werden ein vertieftes Systemwissen und eine hohe Auflösung bei der Systemabstraktion. Angesichts der Zunahme komplexerer Waldaufbauformen, der Verbesserung von Informationsstand und Informationstechnologie und des erhöhten Informationsbedarfs über den Waldzustand und seine Entwicklung verlieren stark vergröbernde Beschreibungsansätze an Bedeutung. Beispielsweise sind Ertragstafeln aufgrund ihrer geringen Auflösung und hohen Aggregation bei der Systemnachbildung nicht in der Lage, die Reaktion des Kronenwachstums oder des Stickstoffhaushalts auf Durchforstungseingriffe nachzubilden.

Seit der Konstruktion der von G. L. HARTIG (1795) noch als Erfahrungstabellen bezeichne-

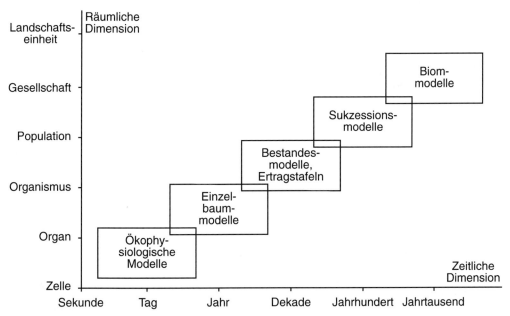

Abbildung 11.2 Von ökophysiologisch basierten Prozeßmodellen über Managementmodelle bis zu Sukzessions- und Biommodellen nimmt die räumliche und zeitliche Aggregation bei der Nachbildung der Prozesse und Strukturen zu.

ten ersten Ertragstafeln von ÖTTELT (1765), HENNERT (1791), G. L. HARTIG (1795), PAULSEN (1795) und COTTA (1821) haben sich Ziel und Zweck der konstruierten Wuchsmodelle grundlegend gewandelt; von der Abschätzung und Vorhersage der reinen Naturalproduktion für eine nachhaltige Holzversorgung hin zu einem Verstehen und Analysieren der ökologischen und sozioökonomischen Konsequenzen von Handlungsalternativen. Ausgehend von Großgebietsertragstafeln als Taxations- und Planungsgrundlagen führte die Entwicklung über regionale Ertragstafeln und Standortertragstafeln und reicht bis zur Erstellung von Wachstumssimulatoren für eine Beurteilung der Bestandesentwicklung unter dem Einfluß verschiedener Behandlungsprogramme. Managementmodelle, wie etwa die Ertragstafeln, Durchmesserverteilungsmodelle oder positionsabhängige Einzelbaummodelle, sollen ertragskundliche Informationen über das Höhen- und Durchmesserwachstum sowie die Sorten- und Wertentwicklung möglichst zuverlässig vorhersagen und forstwirtschaftlichen Entscheidungsträgern verfügbar machen. Ökophysiologisch basierte Prozeßmodelle sind demgegenüber eher auf Aussagen über Biomassenentwicklung, Stoffeinträge und -austräge und andere Systemzustandsgrößen ausgerichtet, die über die Naturalproduktion hinausgehen. Mit ihnen können die Wachstumsprozesse unter verschiedenen ökologischen Randbedingungen prognostiziert werden. Klassische waldwachstumskundliche Informationen wie Bestandes- und Einzelbaumdimensionen werden in solchen Modellen bestenfalls als Zusatzinformationen mitgeführt. Die wissenschaftliche und forstwirtschaftliche Bedeutung ökophysiologisch basierter Modelle, deren Entwicklung seit den 80er Jahren des zurückliegenden Jahrhunderts große Fortschritte gemacht hat, wird angesichts unseres umfassender werdenden Nachhaltigkeitsverständnisses zunehmen.

Veränderung der Datenbasis für die Modellkonstruktion

Mit dem Übergang von Managementmodellen, wie beispielsweise den Ertragstafeln, den Durchmesserverteilungsmodellen oder positionsabhängigen Einzelbaummodellen zu komplexeren Modellansätzen, wie Sukzessionsmodellen oder ökophysiologisch basierten Prozeßmodellen, verändert sich die zur Modellkonstruktion und -parametrisierung erforderliche Datenbasis. Zur Entwicklung von Managementmodellen wird in der Regel auf die klassischen Informationsgrößen Durchmesser, Höhe, Formzahl usw. aus Versuchsflächen, Probeflächen oder Inventurdaten zurückgegriffen. Der Aufbau von einzelbaumorientierten Wuchsmodellen stützt sich auf zusätzliche Erhebungsdaten, wie Stammposition, Kronengrößen, Stammform oder Holzqualität. Der Übergang zu ökophysiologisch basierten Prozeßmodellen erfordert eine Datenbasis, welche die Waldwachstumskunde nur durch eine Erweiterung ihrer Versuchskonzepte und in Zusammenarbeit mit benachbarten Fachdisziplinen gewinnen kann (Kap. 1).

Bei der folgenden Einführung in Waldwachstumsmodelle konzentrieren wir uns auf solche Modellansätze, in denen der Waldbestand die zugrundeliegende Systemeinheit bildet und die Systemzustandsgrößen, auch wenn sie mit höherer räumlicher und zeitlicher Auflösung modelliert werden, mindestens bis zur Bestandesebene integriert werden. Die Aussagegrößen der zu besprechenden Bestandeswuchsmodelle decken sich deshalb mit den Variablen, die für Forstwirtschaft und Forstwissenschaft von besonderer Relevanz sind.

Die Entwicklungsreihe von der Ertragstafel, als Prototyp deskriptiver bestandesorientierter Wuchsmodelle bis zu mechanistischen ökophysiologisch basierten Prozeßmodellen dokumentiert einen tiefgreifenden Wandel im Systemverständnis der Forstwissenschaft sowie im Informationsangebot und Informationsbedarf der Forstwirtschaft. Sie stellt sich nicht als Folge von jeweils neuen, besseren Modellansätzen dar, die schlechtere ersetzten. Vielmehr ist der beste Modellansatz der, der seinen Zweck bestmöglich erfüllt. So kann die Ertragstafel in der Forstwirtschaft solcher Länder, die nur lückenhaft mit Waldwachstumsdaten versorgt sind und welche die Massenleistung präferieren, der am besten geeignete Modellansatz sein. Für die nachhaltsgerechte Bewirtschaftung von Rein- und Mischbeständen in Forstwirtschaften mit hohem Informationsstand sind unter Umständen standortsensitive Einzelbaummodelle naheliegender.

11.1 Wachstumsmodelle auf der Grundlage von Bestandesmittel- und Bestandessummenwerten

Die Idee, das Bestandeswachstum anhand der Altersentwicklung mittlerer Bestandeskennwerte wie u. a. Bestandeshöhe, -vorrat und -zuwachs nachzubilden, um mittels eines solchen Modells Arbeitsgrundlagen zur Beurteilung, Planung und Kontrolle forstwirtschaftlicher Operationen zu schaffen, hat eine über zweihundertjährige Geschichte. Beginnend mit ersten Erfahrungstabellen Ende des 18. Jahrhunderts, hat sich die Konstruktion von Bestandeswuchsmodellen in der Folge zu einem wichtigen Arbeitsfeld der Forstwissenschaft herausgebildet. Das Prinzip der Darstellung von Bestandesentwicklungen in Tabellenform blieb weitgehend unverändert (vgl. Tab. 11.1 bis 11.4). Das zugrundeliegende Datenmaterial und die Methoden der Modellierung haben sich aber stark gewandelt.

Die folgende Einführung nimmt Bezug auf einige für den deutschsprachigen Raum besonders bedeutsame Ertragstafeln; auf ähnliche Modellentwicklungen in anderen Ländern wird im Text und im Literaturverzeichnis ausführlich hingewiesen.

11.1.1 Grundlagen der Ertragstafelkonstruktion

11.1.1.1 Drei Grundbeziehungen zur Bestimmung der Gesamtwuchsleistung

Das Rückgrat der heute gebräuchlichen Ertragstafeln sind die folgenden drei Beziehungen, die statistisch aus Beobachtungsdaten abgeleitet werden und die Einschätzung der Gesamtwuchsleistung auf einem gegebenen Standort ermöglichen.

Die erste Beziehung

$$\text{Höhe} = f_1 (\text{Alter}) \qquad (11.1)$$

besagt, daß Waldbestände auf gegebenem Standort eine bestimmte Höhenentwicklung in Abhängigkeit vom Alter durchlaufen. Aus den Alters-Höhen-Befunden von Beobachtungsflächen, die für eine Ertragstafelkonstruktion bereitstehen, wird ein Höhenfächer abgeleitet. Dieser unterteilt den im Anwendungsbereich der Tafel zu erwartenden Korridor von Höhenwachstumsverläufen beispielsweise in fünf Bonitätsstufen. Da ein solcher Fächer für die Einordnung gegebener Bestände in Bonitätsstufen genutzt wird, nennen wir diese erste Beziehung (11.1) auch Einordnungsbeziehung.

Um nun für ein gegebenes Alter nicht nur die Mittelhöhe, sondern auch die angestrebte Gesamtwuchsleistung abbilden zu können, stützen sich Ertragstafeln zweitens auf den Zusammenhang

$$\text{Gesamtwuchsleistung} = f_2 (\text{Höhe}), \qquad (11.2)$$

die ASSMANN (1961a) als Hilfsbeziehung bezeichnet. Denn bei bekannter Einordnungsbeziehung macht es diese Hilfsbeziehung möglich, zunächst die Mittelhöhe in Abhängigkeit vom Alter und darauf aufbauend die Gesamtwuchsleistung in Abhängigkeit von der Mittelhöhe für beliebige Bestände herzuleiten, deren Alter und Mittelhöhe bekannt sind.

Es resultiert dann die sogenannte Endbeziehung

$$\text{Gesamtwuchsleistung} = f_3 (\text{Alter}). \qquad (11.3)$$

Je nach verfügbarer Datenbasis werden die Beziehungen (11.1) bis (11.3) entweder direkt durch Kurvenanpassung an die Alters-, Höhen- und Gesamtwuchsleistungsverläufe auf Versuchsflächen parametrisiert. Die Altersentwicklung der Gesamtwuchsleistung wird dann in einem zweiten Schritt quasi auf die einzelnen Ertragselemente des verbleibenden und ausscheidenden Bestandes (u. a. Mittelhöhe, Mitteldurchmesser, Stammzahl, Grundfläche) heruntergebrochen (Top-down-Ansatz); die Zuwachsverläufe ergeben sich aus der Gesamtwuchsleistung durch Differentiation. Oder der Aufbau der Tafel erfolgt von den Altersbeziehungen der massenbildenden Faktoren Mittelhöhe, Grundfläche, Formzahl und Stammzahl her. Bei dieser Vorgehensweise ergeben sich die Grundbeziehungen (11.1) bis (11.3) durch Aggregation der Einzelbeziehungen (Bottom-up-Ansatz). In beiden Fällen werden Bonitätsmittelkurven der verschiedenen Ertragselemente für den verbleibenden und ausscheidenden Bestand graphisch oder regressionsanalytisch hergeleitet und tabellarisch zusammengestellt (Tab. 11.1 bis 11.4).

11.1.1.2 Von der Massenbonitierung zur Bonitierung über die Oberhöhe

Die Benutzung von Alter und Höhe für die Einordnung der Wuchsleistung eines Bestandes (11.1) hat sich nach anfänglichen Widerständen so durchgesetzt, daß die Begriffe Höhenbonität und Ertragsklasse heute kaum mehr voneinander unterschieden werden. Der Ansatz, die Wuchsleistung von Pflanzen selbst für die Einordnung eines Standortes in ein Bonitätsschema heranzuziehen, geht bis in das 18. Jahrhundert zurück. In dieser Zeit wurden Bestände noch nach dem aufstockenden Vorrat bonitiert (Abb. 11.3 a).

Eine solche Massenbonitierung funktionierte nur so lange, wie schwache und mäßige

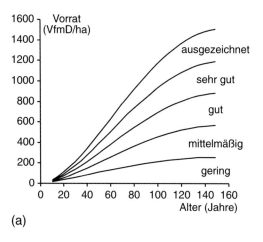
(a)

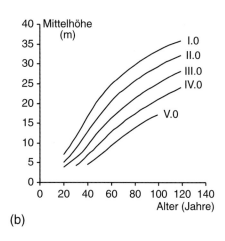
(b)

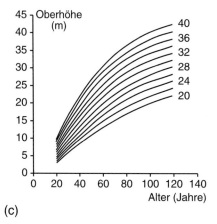
(c)

Abbildung 11.3 a–c Von der Massenbonitierung zur Bonitierung über die Oberhöhe am Beispiel der Fichte *Picea abies* (L.) Karst. **(a)** Massenbonitäten für „normal geschlossene Bestände" nach der Tafel von PRESSLER (1877), **(b)** Mittelhöhenbonitäten für mäßig durchforstete Bestände nach der Tafel von WIEDEMANN (1936/1942) mäßige Niederdurchforstung und **(c)** Oberhöhenbonitäten der Ertragstafel von ASSMANN und FRANZ (1963) für gestaffelte Durchforstung. Zu beachten ist der Übergang von der verbalen zur relativen und schließlich absoluten Quantifizierung der Naturalerträge.

Durchforstungen üblich waren. Mit dem Übergang zu intensiveren Pflegekonzepten im 19. Jahrhundert stieg der Vornutzungsanteil an der Gesamtwuchsleistung, so daß der Vorrat des verbleibenden Bestandes mehr und mehr an Weiserwert für die standörtliche Leistungsfähigkeit verlor. Einen Ausweg bot hier die Mittelhöhe des Bestandes, da diese weniger von Behandlungsmaßnahmen abhängig ist (Abb. 11.3 b). Mit Intensivierung der Niederdurchforstungsmaßnahmen, welche die Mittelhöhe rechnerisch stark beeinflussen, wich man dann ab Mitte des 20. Jahrhunderts immer häufiger auf die Oberhöhe als Indikator für die Standortgüte aus (Abb. 11.3 c). An der Idee, die von Beständen erbrachte Massen- oder Höhenwuchsleistung als Phytometer für die Ertragsfähigkeit eines Standortes einzusetzen, wird bis heute festgehalten. Der Übergang zu hochdurchforstungsartigen Pflegeregimen und zu strukturreichen Mischbeständen stellt aber auch diesen Ansatz in Frage. Je weiter ein Bestand von einem gleichaltrigen und einschichtigen Aufbau abweicht, um so stärker werden die Höhenwachstumsverläufe der Einzelbäume außer vom Standort auch von den individuellen Konkurrenzverhältnissen geprägt, so daß die Oberhöhe in stärker strukturierten Mischbeständen ihren Weiserwert für die Bonitierung des Standortes verliert.

11.1.1.3 Vom EICHHORN-Gesetz zum untergliederten speziellen Ertragsniveau nach ASSMANN

Mit Verbesserung der Datenbasis aus Versuchsflächen und des Kenntnisstandes über die Wuchsgesetzmäßigkeiten auf Bestandesebene konnte die Hilfsbeziehung (11.2), welche einer gegebenen Höhe eine bestimmte Gesamtwuchsleistung zuordnet, zunehmend präzisiert und verbessert werden (Abb. 11.4). Am Anfang steht das Gesetz von EICHHORN (1902), der einen statistischen Zusammenhang zwischen der Mittelhöhe von Beständen und ihrem stehenden Vorrat konstatierte, dessen Gültigkeit allerdings auf mehr oder weniger unbehandelte Bestände begrenzt ist (Abb. 11.4 a).

GEHRHARDT (1909, 1923, 1930) konnte dieses Gesetz von EICHHORN auf der Basis umfangreicher Versuchsflächendaten zweimal korrigieren. Zunächst stellte er fest, daß auch die Gesamtwuchsleistung in engem Zusammenhang mit der Mittelhöhe steht. Später präzisierte er den Zusammenhang dahingehend, daß für jede Höhenbonität ein spezifischer Zusammenhang zwischen Höhe und Gesamtwuchsleistung festzustellen ist (Abb. 11.4 b). Die erste Erweiterung des EICHHORN-Gesetzes durch GEHRHARDT erbringt einen Zusammenhang zwischen Gesamtwuchsleistung und Höhe ohne Unterscheidung der Bonität und wird von ASSMANN als allgemeines Ertragsniveau bezeichnet. Die mit der zweiten Erweiterung des EICHHORN-Gesetzes eingeführte Spezifizierung dieses Zusammenhanges nach Bonitäten, die beispielsweise in der Kiefernertragstafel von WIEDEMANN (1943, 1948a) realisiert ist, bezeichnet ASSMANN (1961a) als spezielles Ertragsniveau (Abb. 11.4 c). Die Auswertung süddeutscher Fichtenversuchsflächen *Picea abies* (L.) Karst. durch ASSMANN erbrachte, daß die Gesamtwuchsleistung von Waldbeständen selbst bei gleichem Alter und bei gleicher Mittelhöhe in Abhängigkeit von den Standortbedingungen noch um ±15% variieren kann. Deshalb untergliedern ASSMANN und FRANZ (1963) ihre Fichten-Ertragstafel *Picea abies* (L.) Karst. nach drei Ertragsniveaustufen (unteres, mittleres und oberes Ertragsniveau). Wir sprechen dann von einem untergliederten speziellen Ertragsniveau (Abb. 11.4 d). In dieser Entwicklungsreihe vom EICHHORN-Gesetz bis zur Schätzung der Gesamtwuchsleistung in Abhängigkeit von Alter, Höhe und Ertragsniveaustufe erkennen wir eine zunehmende Präzisierung der Hilfsbeziehung (11.2). Diese erlaubt wiederum eine immer wirklichkeitsnähere Schätzung der Gesamtwuchsleistung in Abhängigkeit vom Alter [Endbeziehung vgl. (11.3)].

11.1.1.4 Streifen- und Weiserverfahren

Bei dem durch BAUR (1877) eingeführten Streifenverfahren werden wichtige Ertragselemente wie beispielsweise Mittelhöhe oder Bestan-

11 Waldwachstumsmodelle

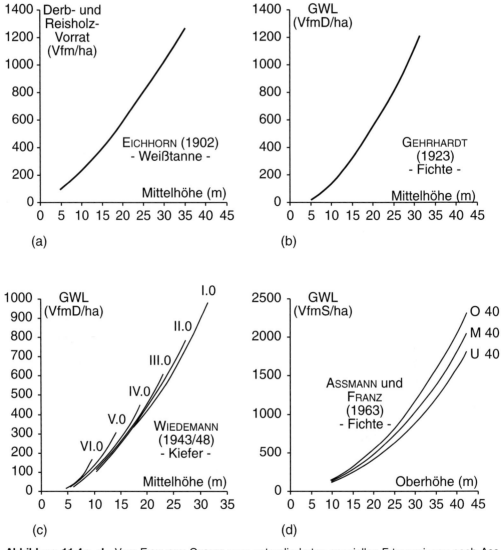

Abbildung 11.4 a–d Vom EICHHORN-GESETZ zum untergliederten speziellen Ertragsniveau nach ASSMANN. **(a)** Gesetz von EICHHORN (1902) für Weißtannenbestände *Abies alba* Mill. mit mäßiger Durchforstung; **(b)** allgemeines Ertragsniveau nach der Fichten-Ertragstafel *Picea abies* (L.) Karst. für mittelstarke Durchforstung von GEHRHARDT (1923); **(c)** spezielles Ertragsniveau nach der Kiefern-Ertragstafel *Pinus silvestris* L. für mäßige Durchforstung von WIEDEMANN (1943) und **(d)** untergliedertes spezielles Ertragsniveau nach der Fichten-Ertragstafel *Picea abies* (L.) Karst. für gestaffelte Durchforstung und Oberhöhenbonität 40 von ASSMANN und FRANZ (1963).

desvorrat von einer möglichst großen Anzahl einmalig aufgenommener Versuchsflächen über dem Alter aufgetragen. Das sich ergebende Streuband von Beobachtungswerten wird durch eine untere und obere Umhüllende abgegrenzt und durch Einbringung weiterer Kurven, die im Alter von 120 Jahren gleiche Abstände haben, in fünf Streifen eingeteilt. Ausgehend vom Alter Null verbreitern sich diese fünf Streifen proportional bis zum Alter 120 Jahre und teilen die Alters-Dimensions-Meßwertpaare in fünf Bonitäten ein. Die Mittellinien innerhalb der fünf Streifen repräsentieren den mittleren Entwicklungsgang von Höhe, Bestandesvorrat usw.

Zu brauchbaren Ergebnissen führt das Streifenverfahren nur dann, wenn die aufgrund einmaliger Aufnahme in die entsprechenden Höhenbonitäten einsortierten Bestände auch wirklich als Wuchsreihe betrachtet werden können, d. h., wenn sie in ihrem Altersverlauf auch wirklich dem konstruierten Höhenfächer folgen.

Da diese Kongruenz zwischen Altersverlauf der einmalig aufgenommenen Versuchsflächen und Bonitätsfächer zweifelhaft bleibt, verwendet R. HARTIG (1868) bei der Konstruktion seiner Fichten-Ertragstafel *Picea abies* (L.) Karst. für den Harz das sogenannte Weiserverfahren. Auf den für die Ertragstafelkonstruktion ausgewählten Versuchsflächen werden neben den klassischen ertragskundlichen Befundgrößen auch Probestammanalysen durchgeführt, so daß anhand des Höhenwachstumsganges der Probestämme die Zusammengehörigkeit der Versuchsflächen zu einer Wuchsreihe überprüft werden kann. Ein Mangel des Weiserverfahrens liegt darin, daß die Bestandessummen- und Bestandesmittelwerte wie Bestandesvorrat, Mittelhöhe oder Oberhöhe den entsprechenden Entwicklungsverläufen von Probestämmen vorauseilen. Denn durch Entnahmen und Mortalität verschieben sich die statistischen Mittel- und Summenwerte der Bestandesvariablen, während das bei den Dimensionsgrößen der Probestämme nicht der Fall ist.

Sind für eine Tafelkonstruktion Wiederholungsaufnahmen von Versuchsflächen verfügbar, so kann sich die Stratifizierung nach Bonitäten auf den Altersverlauf der Versuchsflächen stützen. Als Weiser für die Zusammengehörigkeit der Versuchsflächen zu einer Bonität wird damit nicht das fehleranfällige, auf Stammanalysen gestützte Weiserverfahren, sondern der Weiserwert der Bestandesentwicklungsgänge auf den langfristig beobachteten Versuchsflächen eingesetzt.

11.1.2 Von Erfahrungstabellen zu Bestandessimulatoren

11.1.2.1 Erfahrungstabellen aus der Initialphase der Ertragstafelforschung

Die erste Anleitung zur Aufstellung von Ertragstafeln geht auf RÉAUMUR im Jahre 1721 zurück (vgl. SCHWAPPACH, 1903, S. 165). Den Zeitraum von 1787, als die erste deutsche Ertragstafel von PAULSEN entwickelt worden ist (PAULSEN, 1795), bis zur Vereinbarung einheitlicher Grundsätze zur Konstruktion von Ertragstafeln durch den Verein Deutscher Forstlicher Versuchsanstalten Ende des 19. Jahrhunderts (u. a. auf den Tagungen 1874 in Eisenach und 1888 in Ulm) können wir als Initialphase der Ertragstafelforschung und die in dieser Zeit entstandenen Tafeln als erste Generation von Bestandeswuchsmodellen bezeichnen. Die Beiträge von PAULSEN (1795) und ÖTTELT (1765) zur Aufstellung von Ertragstafeln lösten zahlreiche Folgeuntersuchungen u. a. von HENNERT (1791), G. L. HARTIG (1795) und COTTA (1821) aus. Die Weiterentwicklungen dieser ersten Ansätze im 19. Jahrhundert sind eng mit den Namen R. HARTIG (1868), TH. HARTIG (1847), HEYER (1852), HUNDESHAGEN (1823–1845), JUDEICH (1871), KÖNIG (1842), PFEIL (1860), PRESSLER (1865, 1870, 1877) und SMALIAN (1837) verbunden. Bezeichnend für diese erste Generation von Bestandeswuchsmodellen und Leistungstafeln ist ihre unzureichende Datengrundlage, die regional begrenzte Gültigkeit und ihre geringe Vergleichbarkeit wegen methodischer Unterschiede in der Tafelkonstruktion. Wenn diese Ertragstafeln als Erfahrungstabellen bezeichnet werden, so unterstreicht das ihren Charakter als rein deskriptive, eng an den Erfahrungen und Erfordernissen der örtlichen Forstwirtschaft ausgerichtete Tabellenwerke.

Die Tabellen 11.1 und 11.2 zeigen Auszüge aus den „Erfahrungstafeln über den Ertrag, welchen die vorzüglichsten deutschen Holzarten, bei regelmäßiger Behandlung und geschlossenem Stande, in den verschiedenen Altersperioden auf verschiedenen Standorten eines sächs. Ackers erwarten lassen" (COTTA,

Klaffentafel zur Bestimmung der Standortsgüte.

Tabelle 11.1
Klassentafel zur Bestimmung der Standortsgüte in Abhängigkeit vom Bestandesvorrat nach H. Cotta (1821, S. 17). Die in jeder Klasse untereinander verzeichneten Zahlen geben den oberen und unteren Rahmenwert des Bestandesvorrats im Alter von 100 Jahren in Kubikfuß pro Sächsischem Acker an (1 Sächsischer Fuß ≙ 0,28 m, 1 Sächsischer Acker ≙ 0,55 ha, 1 Sächsischer Kubikfuß/ Sächsischer Acker ≙ 0,04 m³/ha).

Klaffen für die Güte der Standorte.	Wenn ein Standort von der Beschaffenheit ist, daß auf einem Sächf. Acker in 100 Jahren, bei einer regelmäßigen Bewirtschaftung, so viel Kubikfuß Holzmasse erwartet werden kann, wie hier unten angegeben ist; so gehört derselbe in vorstehende Klasse.							
	Fichten.	Tannen.	Kiefern.	Lerchen.	Ahorne ic.	Eichen.	Buchen.	Erlen ic.	Birken.
I.	1832 3692	2139 3983	2046 3846	3212 4852	1860 3276	2187 3115	1595 2633	1218 2662	944 2072
II.	3692 5551	3983 5827	3846 5647	4852 6492	3276 4691	3115 4042	2633 3672	2662 4106	2072 3204
III.	5551 7411	5827 7070	5647 7447	6492 8132	4691 6106	4042 4970	3672 4710	4106 5552	3204 4334
IV.	7411 9271	7070 9512	7447 9247	8132 9771	6106 7522	4970 5898	4710 5749	5552 6996	4334 5466
V.	9271 11131	9512 11356	9247 11048	9771 11411	7522 8937	5898 6825	5749 6787	6996 8440	5466 6596
VI.	11131 12990	11356 13199	11048 12848	11411 13051	8937 10352	6825 7753	6787 7825	8440 9884	6596 7728
VII.	12990 14850	13199 15043	12848 14648	13051 14691	10352 11767	7753 8681	7825 8864	9884 11328	7728 8858
VIII.	14850 16710	15043 16886	14648 16449	14691 16330	11767 13182	8681 9609	8864 9902	11328 12774	8858 9990
IX.	16710 18570	16886 18729	16449 18249	16330 17970	13182 14598	9609 10536	9902 10941	12774 14218	9990 11120
X.	18570 20430	18729 20571	18249 20050	17970 19610	14598 16013	10536 11464	10941 11979	14218 15662	11120 12252

1821, S. 33–34). Die Klassentafel zur Bestimmung der Standortsgüte nach Cotta (1821, S. 17) stützt sich auf den stehenden Vorrat im Alter von 100 Jahren (Tab. 11.1). Die in jeder der zehn Klassen untereinander verzeichneten Zahlen geben den oberen und unteren Rahmenwert des Bestandesvorrats im Alter von 100 Jahren an. Zur Umrechnung in die heute übliche Maßeinheit m³/ha sind die Bestandesvorräte in den Tabellen 11.1 und 11.2 mit 0,041037177 zu multiplizieren, denn 1 Sächsischer Fuß ≙ 0,28319 m und 1 Sächsischer Acker ≙ 0,553421807 ha (Jordan, 1877). Die so ermittelten Leistungsklassen bilden die Eingangsgrößen in die Tabellen für die Altersentwicklung des mittleren Bestandesvorrats in Jahren (Tab. 11.2). Im Gegensatz zu der heute üblichen Benennung best- bis schlechtestwüchsiger Bestände mit I. bis V. bezeichneten diese Erfahrungstafeln bestwüchsige Bestände mit X. und schlechtestwüchsige Bestände mit I.

Eine wesentliche Schwäche dieser älteren Tafeln besteht in ihrer unzureichenden Datengrundlage. So waren sie sehr bald überholt, nachdem die Versuchsanstalten auf den sichtbar werdenden Datenmangel mit einer Erweiterung des Versuchsflächennetzes reagiert und somit die Informationsgrundlage aktualisiert und verbreitet hatten.

11.1.2.2 Standardisierte Ertragstafeln

Auf die Vielzahl häufig unkoordinierter Ertragstafeluntersuchungen reagierte der Verein Deutscher Forstlicher Versuchsanstalten Ende des 19. Jahrhunderts mit einem Arbeitsplan für die Aufstellung von Ertragstafeln (Ganghofer, 1881). Damit wurde der Grundstein für den Aufbau einer in Konzeption und Konstruktion einheitlicheren Serie von Ertragstafeln für alle wichtigen Wirtschaftsbaumarten gelegt. Die Entwicklung dieser zweiten Generation von Bestandeswuchsmodellen, die v. a. von Weise (1880) begründet wurde, setzte sich bis in die erste Hälfte des 20. Jahrhunderts fort. Ertragstafeln dieser Generation stellen die wichtigsten Bestandeskennwerte (Stammzahl, Mittelhöhe, Mitteldurchmesser, Grundfläche, Formzahl, laufender jährlicher Zuwachs, Gesamtwuchsleistung und durchschnittlicher jährlicher Gesamtzuwachs) nach festgelegten Programmen in behandelten „normalen" Be-

Tafel V.   A. Fichten.

Jahre.	I.	II.	III.	IV.	V.	VI.	VII.	VIII.	IX.	X.
20	269	450	632	813	994	1175	1356	1538	1719	1900
21	290	485	680	875	1071	1266	1461	1656	1851	2047
22	311	520	730	939	1149	1358	1568	1777	1987	2196
23	333	557	781	1005	1229	1453	1677	1901	2124	2349
24	355	593	832	1071	1310	1549	1788	2026	2265	2504
25	377	631	885	1139	1393	1646	1900	2154	2408	2662
26	400	669	939	1208	1477	1747	2016	2285	2555	2824
27	423	708	993	1278	1563	1848	2133	2418	2703	2989
28	447	748	1049	1350	1651	1952	2233	2554	2855	3156
29	471	788	1106	1423	1740	2057	2375	2692	3009	3327
30	495	830	1163	1497	1831	2165	2499	2832	3166	3500
31	520	871	1222	1573	1923	2274	2625	2975	3326	3677
32	546	914	1282	1649	2017	2385	2753	3120	3488	3856
33	572	957	1342	1728	2113	2498	2883	3268	3653	4039
34	598	1001	1404	1807	2210	2613	3015	3418	3821	4224
35	625	1046	1467	1887	2308	2729	3150	3571	3992	4413
36	652	1091	1530	1969	2408	2848	3287	3726	4165	4604
37	679	1137	1595	2053	2510	2968	3426	3883	4341	4799
38	707	1183	1660	2137	2613	3089	3566	4042	4519	4995
39	735	1231	1726	2222	2717	3213	3709	4205	4701	5197
40	764	1279	1793	2308	2822	3338	3853	4369	4884	5400
41	794	1328	1861	2395	2928	3464	4000	4534	5070	5606
42	823	1377	1929	2481	3035	3590	4145	4701	5256	5812
43	853	1426	1998	2570	3143	3718	4295	4870	5445	6020
44	882	1475	2067	2660	3252	3847	4443	5038	5633	6229
45	912	1525	2137	2750	3362	3977	4593	5208	5824	6438
46	942	1575	2207	2840	3472	4107	4743	5378	6013	6649
47	972	1625	2277	2930	3583	4239	4894	5549	6205	6860
48	1002	1675	2358	3021	3695	4370	5046	5721	6397	7073
49	1032	1726	2420	3113	3807	4502	5198	5894	6590	7286
50	1062	1777	2491	3205	3920	4636	5352	6068	6785	7500
51	1093	1828	2563	3297	4034	4770	5507	6244	6981	7717
52	1123	1880	2636	3392	4149	4906	5664	6421	7179	7936
53	1156	1934	2711	3488	4266	5044	5823	6602	7380	8159
54	1188	1987	2786	3584	4384	5184	5984	6785	7584	8384
55	1220	2041	2862	3682	4504	5325	6147	6970	7791	8613
56	1253	2096	2939	3781	4625	5468	6313	7157	8001	8844
57	1286	2152	3017	3881	4747	5613	6480	7347	8213	9079
58	1320	2208	3096	3983	4871	5760	6649	7539	8427	9316
59	1354	2265	3175	4086	4997	5909	6821	7734	8645	9557

Tabelle 11.2
Erfahrungstafeln über den Ertrag, den verschiedene Baumarten bei regelmäßiger Behandlung und geschlossenem Stand in den verschiedenen Altersperioden auf verschiedenen Standorten eines Sächsischen Akkers erwarten lassen (nach H. COTTA, 1821, S. 34). Auszug aus der für schlechtest- bis bestwüchsige Fichtenbestände *Picea abies* (L.) Karst. (Bonitäten I–X) tabellierten Altersentwicklung des mittleren Bestandesvorrats in Kubikfuß pro Sächsischem Acker (1 Sächsischer Kubikfuß/Sächsischer Acker $\hat{=}$ 0,04 m³/ha).

ständen für in der Regel fünfjährige Intervalle tabellarisch dar (Tab. 11.3). Durch die Bindung der Tafeln an „normale", d. h. im Bestandesaufbau homogene und außer durch die definierte Durchforstungsart ungestörte Bestände, sowie durch eine Vereinheitlichung der Tafelkonstruktion sollten eine bessere Vergleichbarkeit und eine leichtere Anwendbarkeit gewährleistet werden. Die angloamerikanischen „normal yield tables" beschreiben die Bestandesentwicklung undurchforsteter Bestände und benutzen, im Unterschied zum deutschen Gebrauch, das Adjektiv „normal" im Sinne von undurchforstet.

Die Tafeln der Schule SCHWAPPACH, WIEDEMANN und SCHOBER (vgl. u. a. SCHWAPPACH, 1902; WIEDEMANN, 1937, 1949; SCHOBER, 1975) zeichnen sich gegenüber anderen bedeutenden Tafelwerken dieser Generation, u. a. von GUTTENBERG (1915), GEHRHARDT (1909, 1923), ZIMMERLE (1952), VANSELOW (1951), KRENN (1946) und GRUNDNER (1913), die in der ersten Hälfte des 20. Jahrhunderts entstanden sind, durch eine äußerst einheitliche Grundkonzeption aus, die trotz ihrer jeweiligen Aktualisierung gewahrt blieb. Die in den zwanziger und dreißiger Jahren entstandenen Ertragstafeln von GEHRHARDT (1923, 1930)

11 Waldwachstumsmodelle

Tabelle 11.3 Ertragstafel von SCHWAPPACH (1890) für die Fichte *Picea abies* (L.) Karst. in Süddeutschland als Vorläufer der heute gebräuchlichen Fichten-Ertragstafel *Picea abies* (L.) Karst. von WIEDEMANN (1936/1942). Dargestellt ist der Tabellenteil für die I.0 Bonität (SCHWAPPACH, 1890, S. 56–57).

B. Süddeutschland.
I. Bonität.

Alter	Hauptbestand											Periodischer Abgang					Hauptbestand und periodischer Abgang				Massenzuwachs						Alter
	Stamm-zahl	Stamm-grund-fläche	Mittel-höhe	Jährlicher Zuwachs der Mittelhöhe		Mitt-lerer Durch-messer	Masse			Formzahl		Stamm-zahl	Stamm-grund-fläche	Masse			Summe der Vorerträge		Gesamtmasse		Per. Abgang in % der Gesamtmasse	durchschnittl. jährlicher				laufendjährlicher der Gesamtmasse			
				laufen-der	durch-schnitt-licher		Derb-holz	Reis-holz	Derb- und Reis-holz	Derb-holz	Baum			Derb-holz	Reis-holz	Derb- und Reis-holz	Derb-holz	Derb- und Reis-holz	Derb-holz	Derb- und Reis-holz		des Hauptbestandes		der Gesamtmasse		Derbholz	%	Derb- und Reisholz	%	
																						Derb-holz	Derb- und Reis-holz	Derb-holz	Derb- und Reis-holz					
Jahre	qm	m	m	m	cm	fm						qm	fm			fm		fm		%	fm				fm				Jahre
10	---	---	2,6	0,29	0,26	---	---	90	90	---	1,705	---	---	---	---	---	---	---	90	---	---	---	9,0	---	9,0	---	---	---	10
15	---	18,1	4,6	0,41	0,30	---	---	142	142	---	1,166	---	---	---	---	---	---	---	142	---	---	---	9,5	---	9,5	---	11,0	7,6	15
20	6720	25,6	6,7	0,44	0,33	7,0	48	152	200	280								2,4	200	---	2,4	---	10,0	---	10,0	---	13,9	6,6	20
25	5100	32,1	9,0	0,48	0,36	9,0	127	141	268	440	0,928	1620	2,19	6	13	13	6	2,6	281	4,6	5,1	5,1	10,7	11,2	17,7	13,0	17,9	6,2	25
30	3900	37,6	11,5	0,52	0,38	11,1	219	126	345	507	798	1200	3,06	12	15	21	18	5,4	379	9,0	7,5	7,3	11,5	12,6	20,5	8,9	20,0	5,2	30
35	3020	42,0	14,2	**0,53**	0,40	13,3	314	116	430	526	721	880	3,64	18	13	27	61	5,4	332	12,4	8,7	12,3	14,0	22,1	6,6	23,0	4,6	35
40	2380	45,8	16,8	0,50	0,42	15,6	410	107	517	533	672	640	3,96	18	13	31	92	8,1	446	15,1	10,3	12,9	15,2	**22,7**	4,6	**23,2**	3,9	40
45	1920	49,1	19,2	0,46	0,43	18,0	499	98	597	539	633	460	4,11	24	10	34	126	10,7	559	17,4	11,1	12,4	16,1	21,8	3,9	22,1	3,1	45
50	1590	52,0	21,4	0,42	**0,43**	20,4	576	93	669	669	593	330	4,18	28	7	35	161	13,3	664	19,4	**11,5**	**13,4**	13,5	19,7	3,0	20,3	2,5	50
55	1350	54,4	23,4	0,38	0,42	22,7	638	91	729	729	573	240	4,04	30	6	36	197	15,6	926	21,3	**11,6**	13,3	13,8	17,6	2,3	18,3	2,0	55
60	1170	56,4	25,2	0,34	0,42	24,8	691	89	780	780	542	180	3,74	31	5	36	233	17,7	1013	23,0	11,5	13,0	14,0	**16,9**	1,9	16,8	1,7	60
65	1030	58,1	26,8	0,30	0,41	26,8	738	89	827	827	531	140	3,38	30	4	34	267	19,5	1094	24,4	11,3	12,7	14,1	16,8	1,6	15,8	1,4	65
70	920	59,6	28,2	0,26	0,40	28,7	782	90	872	872	520	110	3,07	29	3	32	299	21,0	1171	25,5	11,2	12,4	**14,1**	16,7	1,4	15,0	1,2	70
75	830	61,0	29,4	0,23	0,39	30,6	824	91	915	915	510	90	2,86	28	2	30	329	22,2	1244	26,4	11,0	12,2	14,1	16,6	1,3	14,3	1,1	75
80	755	62,3	30,5	0,22	0,38	32,5	864	92	956	956	454	75	2,69	27	2	29	358	23,3	1314	27,2	10,8	11,9	14,1	16,4	1,2	13,7	1,0	80
85	690	63,5	31,6	0,21	0,37	34,3	902	93	995	995	496	65	2,54	26	2	28	286	24,3	1191	28,0	10,6	11,7	14,0	16,2	1,1	12,5	0,9	85
90	635	64,6	32,6	0,20	0,36	36,0	938	94	1032	1032	490	55	2,40	27	2	27	314	25,1	1252	28,6	10,4	11,5	13,9	16,0	1,0	12,4	0,9	90
95	590	65,6	33,6	0,19	0,35	37,6	972	95	1067	1067	484	45	2,25	25	2	25	337	25,7	1309	29,1	10,2	11,2	13,8	15,8	0,9	11,6	0,8	95
100	555	66,5	34,5	0,17	0,34	39,1	1004	96	1100	1100	479	35	2,09	23	1	23	359	26,4	1363	29,5	10,0	11,0	13,6	15,6	0,8	10,9	0,7	100
105	525	67,4	35,3	0,15	0,34	40,4	1034	97	1131	1131	476	30	1,93	21	1	22	380	26,9	1414	29,9	9,9	10,8	13,4	15,3	0,7	10,4	0,6	105
110	500	68,2	36,0	0,13	0,33	41,6	1062	99	1161	1161	473	25	1,78	20	1	21	400	27,4	1462	30,3	9,7	10,6	13,2	15,1	0,7	10,1	0,6	110
115	480	69,0	36,6	0,11	0,32	42,7	1089	101	1190	1190	471	20	1,65	20	1	21	420	27,8	1509	30,6	9,5	10,3	13,0	14,9	0,6	9,8	0,6	115
120	465	69,7	37,1	0,10	0,31	43,7	1115	103	1218	1218	471	15	1,55	19	1	20	439	28,2	1554	30,9	9,3	10,1	12,9	14,7	0,6	9,5	0,5	120

314

können als Vorläufer einer dritten Generation von Bestandeswuchsmodellen angesehen werden, die in den sechziger und siebziger Jahren mit dem Übergang zu biometrisch formulierten Wuchsmodellen einsetzt. Seine Ertragstafeln für unsere wichtigsten Baumarten stützt GEHRHARDT soweit wie möglich auf Wuchsgesetzmäßigkeiten, die er mathematisch formulierte, wobei er fast ausschließlich auf bereits vorhandene Daten früherer Ertragstafeln zurückgreift (GEHRHARDT, 1930). Obwohl sich die Tafeln von GEHRHARDT weit weniger durchsetzen konnten als die von SCHWAPPACH und WIEDEMANN, kann sein Beitrag zur Modellforschung nicht hoch genug eingeschätzt werden. Denn GEHRHARDT wendet sich ab von der rein empirischen Arbeitsweise SCHWAPPACHS und WIEDEMANNS und führt theoretische Überlegungen sowie biometrische und statistische Methoden in die ertragskundliche Modellbildung ein und gibt damit der Arbeitsweise der Modellforschung wichtige neue Impulse.

11.1.2.3 EDV-gestützte Ertragstafelmodelle

In den fünfziger und sechziger des 20. Jahrhunderts entstand mit dem Übergang zu EDV-gestützten Wuchsmodellen eine dritte Generation von Bestandeswuchsmodellen. Protagonisten beim Aufbau dieser Generation von Bestandeswuchsmodellen waren ASSMANN und FRANZ (1963), BRADLEY, CHRISTIE und JOHNSTON (1966), DÉCOURT (1965, 1966), FABER (1966), FRIES (1964, 1966), HAMILTON und CHRISTIE (1973), MYERS (1966), REHÁK (1966) und VUOKILA (1966).

Das Kernstück dieser Tafeln bildet ein biometrisches Modell in Form eines flexiblen Systems von Funktionsgleichungen. Diese Funktionsgleichungen stützen sich soweit wie möglich auf bewährte Wuchsgesetzmäßigkeiten und werden im allgemeinen mit Hilfe statistischer Verfahren auf der Grundlage von Versuchsflächendaten parametrisiert. Die biometrischen Modelle werden in der Regel in EDV-Programme überführt und stellen die bei einem definierten Behandlungsprogramm zu erwartende Bestandesentwicklung für verschiedene Bonitäts- und Ertragsniveauspektren dar. Die charakteristischen Konstruktionsmerkmale einer modernen rechnergestützten Ertragstafel der dritten Generation repräsentiert die in Tabelle 11.4 in Auszügen dargestellte Vorläufige Fichten-Ertragstafel für Bayern *Picea abies* (L.) Karst. von ASSMANN und FRANZ (1963). Für ihre Konstruktion stand umfangreiches Datenmaterial zur Verfügung, das mit dem Repertoire moderner statistischer Methoden verarbeitet werden konnte. Das Ertragstafelmodell baut auf wichtigen, von ASSMANN gefundenen Wuchsgesetzmäßigkeiten auf, die spätere Tafelkonstruktionen nachhaltig beeinflußt haben. Die seit den siebziger Jahren u. a. von BERGEL (1985), BRAASTAD (1975), CURTIS et al. (1981), CURTIS (1982), HALAJ et al. (1987), LEMBCKE, KNAPP und DITTMAR (1975), NAGEL (1985) und WENK, RÖMISCH und GEROLD (1982) ausgearbeiteten Tafeln stützen sich in vielem auf die genannten Erstlinge dieser Generation. Das gilt gleichermaßen für die neu entstandenen überregionalen und regionalen Ertragstafeln, für Lokalertragstafeln und Standort-Leistungstafeln. Beispielsweise bestätigte sich die Erkenntnis von ASSMANN, daß die Gesamtwuchsleistung der Fichte *Picea abies* (L.) Karst. auch bei gleicher Höhenbonität erheblich variieren kann (Abb. 11.4d), auch für andere Baumarten. Diese Erkenntnis fand u. a. ihren Niederschlag in den Tafeln von BERGEL (1985), BRADLEY, CHRISTIE und JOHNSTON (1966) und LEMBCKE, KNAPP und DITTMAR (1975) durch Untergliederung dieser Tafeln nach Höhenbonitäts- und Ertragsniveaustufen.

11.1.2.4 Bestandeswachstumssimulatoren

Seit den sechziger Jahren des 20. Jahrhunderts entstanden mit modernen Bestandeswachstumssimulatoren Bestandeswuchsmodelle der vierten Generation. Wichtige Impulse zur Entwicklung dieser Simulatoren kamen u. a. von FRANZ (1968), HOYER (1975), HRADETZKY (1972), BRUCE et al. (1977), CURTIS et al. (1981) und CURTIS (1982).

11 Waldwachstumsmodelle

Tabelle 11.4 Auszug aus der Vorläufigen Fichten-Ertragstafel für Bayern von ASSMANN und FRANZ (1963). Aus dem Tafelwerk für das mittlere Ertragsniveau sind die Erwartungswerte der Oberhöhenbonität 40 in Fichtenbeständen *Picea abies* (L.) Karst. dargestellt.

Vorläufige Fichten-Ertragstafel für Bayern
Mittleres Ertragsniveau — ASSMANN-FRANZ 1963

Oberhöhenbonität 40

Alter	Oberhöhe	Mittelhöhe	Stammzahl	mittlerer Durchmesser	optimale Grundfläche	kritische Grundfläche	mittlere Schaftformzahl	Schaftholzvorrat	Derbholzvorrat	Stammzahl	Schaftholzmasse	Summe der Durchforstung	Vornutzung-Anteil Schaftholz	Gesamtleistung Schaftholz	lfd. jährl. Schaft-holzzuwachs	durchschn. Gesamtzuwachs Schaftholz	Derbholzmasse des verbl. Best.	Derbholzmasse des aussch. Bestandes	Gesamtleistung Derbholz	lfd. jährl. Derb-holzzuwachs	Derbholz dGZ	Alter
A	h_o	h_m	N	d_m	Gopt.	Gkrit.	F_S	V_S	V_D	N	V_S	V_S	VN%	GWL_{VS}	L_{VS}	d_{GZ}	Efm o.R.	Efm o.R.	Efm o.R.	Efm o.R.	Efm o.R.	A
20	9.6	7.6	4100	8.6	23.6	—	0.567	101	80	1101	30	18	15.3	119	18.0	5.9	65	16	65	13.9	3.3	20
25	12.8	10.6	2999	11.0	28.3	—	0.539	160	146	680	40	48	23.0	208	23.1	8.3	118	29	134	17.0	5.4	25
30	16.0	13.5	2319	13.4	32.4	—	0.521	226	216	446	46	88	28.0	314	23.4	10.5	175	35	219	18.8	7.3	30
35	18.9	16.2	1873	15.7	36.2	—	0.508	297	288	308	49	134	31.1	431	24.6	12.3	233	39	314	19.8	9.0	35
40	21.6	18.8	1565	18.0	39.7	34.6	0.497	370	362	225	40	183	33.2	553	24.9	13.8	293	39	412	20.1	10.3	40
45	24.1	21.3	1340	20.3	43.0	37.5	0.488	445	438	170	49	233	34.5	678	24.8	15.1	355	39	513	20.0	11.4	45
50	26.3	23.5	1170	22.5	46.2	40.0	0.480	519	513	134	48	282	35.3	801	24.3	16.0	416	38	613	19.6	12.3	50
55	28.4	25.5	1036	24.6	49.1	42.7	0.474	592	587	109	46	330	35.8	922	23.5	16.8	476	37	711	19.0	12.9	55
60	30.3	27.4	927	26.7	51.9	45.2	0.469	664	659	91	44	376	36.2	1040	22.6	17.3	534	36	806	18.2	13.4	60
65	32.0	29.1	836	28.8	54.4	47.5	0.464	732	727	77	43	420	36.5	1152	21.5	17.7	589	35	897	17.4	13.8	65
70	33.5	30.6	759	30.9	56.7	49.2	0.460	797	792	66	42	463	36.8	1260	20.5	18.0	642	34	984	16.5	14.1	70
75	34.9	32.1	693	32.9	58.7	51.1	0.456	857	852	58	41	505	37.1	1362	19.4	18.2	690	33	1066	15.6	14.2	75
80	36.2	33.3	635	34.9	60.5	52.8	0.453	912	908	52	40	546	37.5	1458	18.3	18.2	736	33	1145	14.8	14.3	80
85	37.3	34.5	583	36.9	62.1	54.0	0.450	963	959	45	40	586	37.9	1549	17.2	18.2	777	32	1218	13.9	14.3	85
90	38.3	35.6	538	38.8	63.5	55.3	0.448	1009	1005	41	40	626	38.4	1635	16.2	18.2	814	32	1288	13.1	14.3	90
95	39.2	36.5	497	40.8	64.7	56.4	0.445	1050	1046	37	39	666	38.9	1716	15.2	18.1	847	32	1353	12.3	14.3	95
100	40.0	37.4	460	42.7	65.8	57.4	0.443	1087	1083	33	39	705	39.4	1792	14.3	17.9	877	32	1415	11.5	14.2	100
105	40.8	38.1	427	44.6	66.6	57.9	0.441	1119	1115	30	39	744	40.0	1863	13.4	17.7	903	32	1472	10.8	14.0	105
110	41.4	38.8	397	46.5	67.4	58.6	0.439	1147	1143	28	39	783	40.6	1930	12.6	17.5	926	31	1527	10.2	13.9	110
115	42.0	39.5	369	48.4	68.0	59.2	0.437	1170	1167	25	39	822	41.3	1992	11.8	17.3	945	31	1577	9.5	13.7	115
120	42.5	40.0	344	50.3	68.4	59.6	0.436	1190	1187	—	—	861	42.0	2051	—	17.1	961	—	1625	—	13.5	120

verbleibender Bestand — ausscheidender Bestand — Gesamtbestand — Reduzierte Tafelwerte — Oberhöhenbonität 40

316

Bestandeswachstumssimulatoren stellen die Bestandesentwicklung auf verschiedenen Standorten bei unterschiedlichen Begründungsstammzahlen und Behandlungsprogrammen dar. Die unter vorgegebenen Wuchsbedingungen zu erwartende Bestandesentwicklung wird vom Rechner mit Hilfe eines EDV-Programms nachgebildet. Die Steuerung der Bestandesentwicklung in Abhängigkeit von den Wuchsbedingungen übernehmen geeignete Funktionssysteme, die das Kernstück der Wachstumssimulatoren bilden. Bestandeswachstumssimulatoren verdichten das waldwachstumskundliche Informationspotential zu einem vielschichtigen biometrischen Modell, mit welchem für ein breites Spektrum denkbarer Bewirtschaftungsalternativen die zu erwartende Bestandesentwicklung simuliert und in einer den Ertragstafeln ähnlichen Tabellenfassung zusammengefaßt werden kann. Die so erzeugten Ertragstafeln spiegeln einen Wachstumsgang von vielen denkbaren Szenarien der Bestandesentwicklung wider. Während bei Ertragstafeln der vorangegangenen Generationen Tafel und Modell identisch waren, stellen die von Simulatoren erzeugten Tafeln jeweils einen von vielen mit dem Simulator abbildbaren Bestandeswachstumsverläufen dar.

Mit dem Anstieg der Leistungsfähigkeit von Rechenanlagen, des Informationspotentials zur Modellkonstruktion und des Informationsbedarfs der Forstwirtschaft wurden an Bestandesmittelwerten- und Bestandessummenwerten orientierte Wuchsmodelle in den letzten Jahrzehnten vor allem in der angloamerikanischen Forstwirtschaft zunehmend ersetzt. An ihre Stelle treten Bestandeswuchsmodelle mit Aussagen über Stammzahlfrequenzen und einzelbaumorientierte Wuchsmodelle. Zur Stellung der Ertragstafel im Kontext der Waldwachstumskunde und der Forstwissenschaft bemerkt PRODAN (1965, S. 605): „Es ist unzweifelhaft, daß die Aufstellung der Ertragstafeln die bisher gewaltigste, positive Arbeitsleistung der Forstwissenschaft war. Diese Tatsache wird auch nicht durch die Erkenntnis geschmälert, daß die Ertragstafeln in Zukunft weitgehend nur noch zu Vergleichszwecken dienen werden."

11.2 Bestandeswuchsmodelle auf der Basis von Stammzahlfrequenzen

Als Reaktion auf den differenzierteren Informationsbedarf der Forstwirtschaft entstanden in den sechziger Jahren des 20. Jahrhunderts die ersten Wuchsmodelle, die neben Bestandesmittelwerten auch Häufigkeitsaussagen über Einzelbaumdimensionen ermöglichen. Die bis dahin auf Bestandessummenwerte und Bestandesmittelwerte ausgerichteten Wuchsmodelle wurden um Aussagen über die Stammzahlfrequenzen in Stärkeklassen erweitert, die beispielsweise für eine genauere Prognose der Sorten- und Wertleistung ganzer Waldbestände oder ausgewählter Baumkollektive solcher Bestände erforderlich sind.

Zu den Bestandeswuchsmodellen, die auf eine Fortschreibung von Stammzahlfrequenzen ausgerichtet sind, zählen:
- Differentialgleichungsmodelle,
- Verteilungsfortschreibungsmodelle und
- stochastische Evolutionsmodelle.

Ausgehend von der anfänglichen Durchmesser-Häufigkeitsverteilung eines Bestandes im Jahr t_0 bilden solche Modelle die Veränderung der Durchmesser-Häufigkeitsverteilung vom Zeitpunkt t_0 bis zum Abtriebsalter t_n durch Zuwachs, Nutzung und Mortalität nach (Abb. 11.5). Sie abstrahieren die Entwicklungsdynamik gleichaltriger, homogener Reinbestände als Wanderungsbewegung der Stammzahl-Durchmesser-Verteilung entlang der Zeitachse, gründen aber auf verschiedenen methodischen Ansätzen.

11.2.1 Darstellung der Bestandesentwicklung durch Systeme von Differentialgleichungen

Bestandeswuchsmodelle auf der Basis von Differentialgleichungssystemen wurden in den sechziger und siebziger Jahren des 20. Jahrhunderts u. a. von BUCKMAN (1962), CLUTTER (1963), LEARY (1970), MOSER und HALL (1969), MOSER (1972 und 1974) und PIENAAR und TURNBULL (1973) entwickelt.

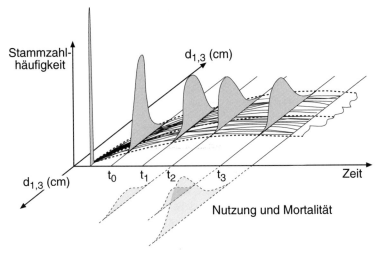

Abbildung 11.5
Häufigkeitsfrequenzmodelle abstrahieren die Bestandesdynamik als Wanderungsbewegung der Durchmesser-Häufigkeitsverteilung entlang der Zeitachse vom Zeitpunkt t_0 bis zum Abtriebsalter (nach SLOBODA, 1976, S. 158).

So wie viele andere Naturvorgänge lassen sich die Veränderungen der Stammzahlen, Grundflächen und Vorräte in den Stärkeklassen und ihre Abhängigkeit von den aktuellen ertragskundlichen Zustandsgrößen des Bestandes über Differentialgleichungen nachbilden. Die Altersentwicklung der Ertragselemente ergibt sich dann durch numerische Lösung der zugrundeliegenden Differentialgleichungssysteme. Ausgehend von Startwerten für die Stammzahlen, die Grundflächen oder die Vorräte in einer vorgegebenen Anzahl von Stärkeklassen zu Beginn eines Prognosezeitraumes, wird die Veränderung der Stammzahlen, Grundflächen und Vorräte über ein System von Differentialgleichungen abgebildet.

Ein erster Satz von Differentialgleichungen (Basisfunktionen) beschreibt die Veränderung der Stammzahlen, Grundflächen und Vorräte dy_i/dt in Durchmesserklasse i als Funktion der Eingangsraten aus geringeren Stärkeklassen, der Ausgangsraten in höhere Stärkeklassen und der Mortalität und Nutzung innerhalb der Durchmesserklasse.

$$\frac{dy_i}{dt} = \frac{dy_{Eingang}}{dt} - \frac{dy_{Ausgang}}{dt} - \frac{dy_{Mortalität + Nutzung}}{dt}$$
(11.4)

Die Eingangs-, Ausgangs- und Entnahmeraten und die Zuwächse werden für die Durchmesserklassen über einen zweiten Satz von Differentialgleichungen nachgebildet (Steuerungsfunktionen). Die Parameter dieser Steuerungsfunktionen, die u. a. den Zusammenhang zwischen der Ausgangsstammzahl und der Stammzahlveränderung in einer Klasse beschreiben, können aus ertragskundlichen Wiederholungsaufnahmen auf Versuchs- oder Inventurflächen abgeleitet werden.

Als Startwerte für einen Prognoselauf dienen die Verteilungen der Stammzahlen, Grundflächen und Vorräte zum Zeitpunkt t_0 aus Inventuren. Der Entwicklungsgang der Stammzahlen, Grundflächen und Vorräte in den verschiedenen Durchmesserklassen von t_0 bis t_n ergibt sich durch schrittweise numerische Integration des Systems von Differentialgleichungen über die Zeitintervalle t_0 bis t_1, t_1 bis t_2, ..., t_{n-1} bis t_n nach den Verfahren von EULER, HEUN oder RUNGE-KUTTA. Es resultieren für die Zeitpunkte t_0 bis t_n die Verteilungen der Stammzahlen, Grundflächen und Vorräte über Durchmesserklassen, die für die Holzaufkommensprognose oder forstwirtschaftliche Nutzungsplanung einen größeren Aussagewert besitzen als die mittleren und summarischen Bestandeskennwerte der Ertragstafeln.

11.2.2 Wuchsmodelle auf der Basis der Verteilungsfortschreibung

Mitte der sechziger Jahre des vergangenen Jahrhunderts entwickelten CLUTTER und

BENNETT (1965) einen weiteren Ansatz zur Modellierung der Bestandesentwicklung über Häufigkeitsfrequenzen. Sie charakterisierten den Zustand eines Bestandes über seine Durchmesser- und Höhenverteilung und stellten die Bestandesentwicklung durch Vorschub dieser Häufigkeitsverteilungen dar. Die Aussagegenauigkeit solcher Modelle wird maßgeblich durch die Flexibilität des zugrunde gelegten Verteilungstyps bestimmt. Die Eignung verschiedener Verteilungstypen, etwa der *Beta-, Gamma-, Lognormal-*, WEIBULL- oder JOHNSON-Verteilung, ist in jedem Anwendungsfall vorab zu prüfen. Unter den in Frage kommenden Verteilungen hat sich diejenige von WEIBULL aufgrund ihrer Anpassungsfähigkeit an Durchmesser- und Höhenverteilungen als besonders flexibel erwiesen (WENK et al., 1990).

$$F(x) = 1 - e^{-((x-a)/b)^c} \quad (11.5)$$

Dabei sind:
a Lageparameter,
b Maßstabsparameter,
c Formparameter,
Bedingung: x, b, c > 0.

Durch Veränderung der Parameter a, b und c kann eine mit der WEIBULL-Funktion ausgeglichene Durchmesserverteilung eines Modellbestandes marionettenartig entlang der Zeitachse bewegt und in ihrer Form variiert werden. Integraler Bestandteil solcher Modelle sind Funktionen, welche die Verlagerung der Durchmesserverteilung eines Bestandes in Abhängigkeit von dessen Alter, Ausgangsstammzahl, dem Behandlungsprogramm und der Bonität über die Parameter der Verteilungsfunktion steuern

Verteilungsparameter

$$= f \text{(Alter, Ausgangsstammzahl, Behandlung, Bonität).} \quad (11.6)$$

Bei Benutzung der WEIBULL-Funktion erfolgt die Steuerung über die Parameter a, b und c (11.5). Die Bestandesentwicklung wird in diesen Modellen also nicht über die Altersfunktion der einzelnen Ertragselemente gesteuert, sondern über die Parameter der zugrunde gelegten Häufigkeitsverteilung. Modelle dieser Bauart wurden erstmals von CLUTTER und BENNETT (1965) für nordamerikanische Kiefernbestände aufgestellt und u. a. von MCGEE und DELLA-BIANCA (1967), BAILEY (1973), BAILEY und DELL (1973), BENNETT und CLUTTER (1968), FEDUCCIA et al. (1979), ZUTTER et al. (1986) und V. GADOW (1987) weiterentwickelt.

11.2.3 Bestandesevolutionsmodelle – Bestandeswachstum als stochastischer Prozeß

Die Bezeichnung stochastischer Wuchsmodelle als Evolutionsmodelle leitet sich daraus ab, daß die Bestandesentwicklung bei diesen aus einer Ausgangshäufigkeitsverteilung, z. B. aus einer aus der Forsteinrichtung bekannten Durchmesserverteilung entwickelt wird. Eingang in die Forstwissenschaft fanden stochastische Wuchsmodelle durch die Untersuchungen des Japaners SUZUKI und seiner Mitarbeiter Ende der sechziger und Anfang der siebziger Jahre des 20. Jahrhunderts. Durch seine intensive Auseinandersetzung mit den Arbeiten von SUZUKI hat SLOBODA dessen Modellansätze einem breiteren deutschsprachigen Anwenderkreis zugänglich gemacht. Seit Mitte der siebziger Jahre werden SUZUKIS Wuchsmodelle von SLOBODA und Mitarbeitern konsequent weiterentwickelt; sie sind vor allem an einer Annäherung der auf japanischen Verhältnissen basierenden Modellgrundlagen an die Fragestellungen der europäischen Forstwirtschaft und der Modellvalidierung auf der Datengrundlage von Dauerversuchsflächen interessiert.

Bestandswuchsmodelle auf der Basis stochastischer Prozesse haben auch BRUNER und MOSER (1973) und RUDRA (1968) für Reinbestände, STEPHENS und WAGGONER (1970) für Mischbestände und KOUBA (1977, 1989) für Altersklassenbetriebe entwickelt. Die Entwicklungsdynamik gleichaltriger, homogener Reinbestände wird auch von diesen Modellen durch Fortschreibung einer gegebenen Anfangshäufigkeitsverteilung nachgebildet, und dabei wird die Bestandesentwicklung als Wanderungsbewegung der Häufigkeitsverteilung abstrahiert.

Ausgehend von der anfänglichen Durchmesser-Häufigkeitsverteilung eines Bestandes im Jahr t_0 wird seine Durchmesser-Häufigkeitsverteilung im Folgejahr t_1 durch sogenannte Übergangswahrscheinlichkeiten $p_{0,1}$ bestimmt, die angeben, in welchen Raten die Bäume im Zeitintervall t_0 bis t_1 in andere Durchmesserklassen übergehen. Werden alle Bäume der Anfangsverteilung auf der Basis ihrer Übergangswahrscheinlichkeiten $p_{0,1}$ fortgeschrieben, so ist damit die Durchmesser-Häufigkeitsverteilung des Bestandes im Jahr t_1 festgelegt. Die Prognose kann, gestützt auf die Übergangswahrscheinlichkeiten $p_{1,2}$ für das nächste Zeitintervall t_1 bis t_2 fortgesetzt werden, wodurch die Durchmesser-Häufigkeitsverteilung des Bestandes zum Zeitpunkt t_2 aufgebaut wird usw. Sind die Übergangswahrscheinlichkeiten p für das gesamte Bestandesleben bekannt, so kann die Anfangsverteilung $\varphi(t_0, x)$ zum Zeitpunkt t_0 unter Berücksichtigung von Vornutzung und Mortalität bis zur Verteilung $\varphi(\tau, y)$ zum Zeitpunkt τ fortgeschrieben werden (Abb. 11.5). Der Ausdruck $p(t_0, x; \tau, y)$ bezeichnet – in verallgemeinerter Form – die Übergangswahrscheinlichkeit, mit der ein Baum zur Zeit τ den Durchmesser y erreicht, wenn er zur Zeit t_0 den Durchmesser x hatte; wir nennen $p(t_0, x; \tau, y)$ auch Übertragungsfunktion der Durchmesserverteilung φ. Die Übertragungsfunktion $p(t_0, x; \tau, y)$ ergibt sich durch Kombination einer Driftfunktion, Diffusionsfunktion und Sterberate.

Mit der Driftfunktion $\beta(\tau, y) = b \cdot k \cdot e^{-k \cdot \tau}$ wird das Richtungsfeld der Alters-Durchmesserentwicklung festgelegt. Die Driftfunktion bildet die deterministische Komponente in dem sonst stochastischen Modell. Die Diffusionsfunktion $\alpha^2(\tau, y) = 4 \cdot a^2 \cdot k \cdot e^{-2 \cdot k \cdot \tau}$ bildet die stochastische Komponente der Übertragungsfunktion und gibt die Stärke der Fluktuation der Einzelbaumwerte um das mittlere Richtungsfeld der Durchmesserentwicklung an. Die Funktion $\alpha^2(\tau, y)$ wird als Diffusionsfunktion bezeichnet, weil sie für die Einzelbäume den Grad der Rangerhaltung oder Verschiebung innerhalb der Durchmesserverteilung festlegt und damit die sozialen Umsetzungsprozesse der Einzelbäume steuert. Die Sterberate $\gamma(\tau, y)$ bezeichnet den Anteil der Bäume in der Durchmesserklasse y, der zum Zeitpunkt τ ausscheidet. Sie wird im einfachsten Fall im gesamten Wachstumszeitraum konstant gehalten ($\gamma = c$ = Konstante).

Mit der Übertragungsfunktion

$$p(t_0, x; \tau, y) = f \,(\text{Drift } \beta, \text{ Diffusion } \alpha^2,$$
$$\text{Sterberate } \gamma) \quad (11.7)$$

kann dann aus jeder gegebenen Anfangsverteilung $\varphi(t_0, x)$ die zum Zeitpunkt τ zu erwartende Folgeverteilung $\varphi^*(\tau, y)$ evolviert werden. Die Funktionen $\beta(\tau, y)$, $\alpha^2(\tau, y)$ und $\gamma(\tau, y)$, die in die Übertragungsfunktion eingehen, stecken dabei den Rahmen für den Wanderungsprozeß der Einzelbäume über der Zeitachse ab. Die Parameter a, b und k können aus der Alters-Durchmesser-Kurve $d_{1,3} = f(\text{Alter})$ und dem Durchmesserdifferenzdiagramm $d_{1,3}(t+1) = g(d_{1,3}, t)$ des Mittelstammes für die zu modellierende Bestände regressionsanalytisch abgeleitet werden. Als Parameter c wird die empirisch gefundene Sterberate der betreffenden Bestände eingesetzt. In der Übertragungsfunktion spiegeln sich dann die dem Prognosemodell zugrundeliegenden Vorstellungen von der Durchmesserentwicklung, den sozialen Umsetzungsvorgängen und den Absterbprozessen im Bestand wider.

11.3 Einzelbaumorientierte Managementmodelle

Einzelbaumorientierte Wuchsmodelle lösen einen Bestand mosaikartig in seine Einzelbäume auf und bilden ihr Miteinander am Rechner als räumlich-zeitliches System nach (Abb. 11.6). Gegenüber Modellen, welche die Bestandesentwicklung auf der Grundlage von Häufigkeitsverteilungen, Mittelwerten oder Summenwerten nachbilden, ist in Einzelbaummodellen die Beschreibungsebene identisch mit der Ebene der biologischen Anschauung, die Informationseinheit im Modell identisch mit dem Individuum als Grundeinheit des Bestandes. Einzelbaummodelle haben eine höhere Auflösung als Ertragstafeln und Verteilungsmodelle, durch summarische Zusammenfassung und

11.3 Einzelbaumorientierte Managementmodelle

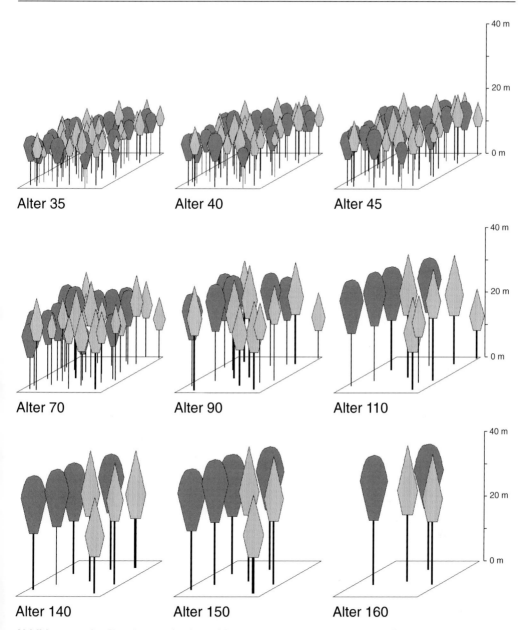

Abbildung 11.6 Einzelbaumorientierte Managementmodelle lösen einen Bestand in sein Mosaik von Einzelbäumen auf und bilden deren Entwicklung in Fünfjahres-Schritten nach. Dargestellt ist die Simulation eines Fichten-Buchen-Mischbestandes *Picea abies* (L.) Karst. bzw. *Fagus silvatica* L. mit dem Einzelbaumsimulator SILVA (PRETZSCH, 1992a) vom Alter 35–160 Jahre im Oberbayerischen Tertiärhügelland. Die Oberhöhenbonität der Fichte liegt bei 34 m nach ASSMANN und FRANZ (1963), und die Buche weist eine II.0 Bonität nach SCHOBER (1967), mäßige Durchforstung, auf. Die Bestände werden einer starken Auslesedurchforstung unterzogen.

Aggregation der Zustandsänderungen aller Bestandesglieder können mit ihnen aber auch die für Modelle mit niedrigerer Auflösungsebene charakteristischen Aussagewerte wie Mittelstammentwicklungen oder Durchmesser-Häufigkeitsverteilungen abgeleitet werden.

Kernstück aller Einzelbaummodelle ist ein Gleichungssystem zur Steuerung des Wuchsverhaltens der Einzelbäume in Abhängigkeit von ihren Wuchsbedingungen. In ein biometrisches Modell und EDV-Programm überführt, können Einzelbaummodelle die Bestandesdynamik in einem Wachstumszeitraum einzelbaumorientiert simulieren. Indem der gesamte Prognoseprozeß vom Einzelbaum und seiner Wuchskonstellation her aufgerollt wird, entsteht eine Modellflexibilität, welche die Nachbildung verschiedenster Mischungs- und Strukturformen, Pflegeregime und Verjüngungsverfahren erlaubt. So bieten Einzelbaummodelle den besten Zugang zur Wachstumsprognose strukturreicher Rein- und Mischbestände. Neuere Einzelbaummodelle sind als EDV-Programme so aufgebaut, daß ihr Benutzer in einen Simulationslauf interaktiv eingreifen kann. Sie ermöglichen es, die Bestandesentwicklung während eines Simulationslaufes am Rechner zu verfolgen und dann zu beliebigen Zeitpunkten des laufenden Simulationsprozesses beispielsweise Durchforstungseingriffe oder Einwirkungen von Störfaktoren zu spezifizieren, um der Bestandesentwicklung eine neue Richtung zu geben.

11.3.1 Funktionsprinzip von Einzelbaummodellen im Überblick

Abbildung 11.7 zeigt die wichtigsten Schritte des Prognoseprozesses in einzelbaumorientierten Wuchsmodellen: Nach Initialisierung des Modells werden als Startwerte eines Simulationslaufes für eine betrachtete Probefläche u. a. die summarischen Bestandesattribute und die Merkmale aller Einzelbäume zu Beginn des Prognosezeitraumes angegeben. Die Baumliste sollte Angaben über die Baumarten, die Stammdimensionen, die Kronenmorphologie und die Stammposition der Bestandesglieder enthalten. Die Angaben stam-

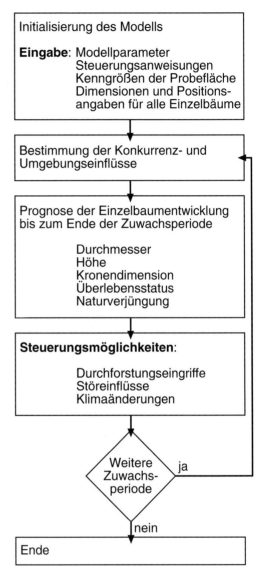

Abbildung 11.7 Simulationsprozeß bei positionsabhängigen Einzelbaummodellen in schematischer Darstellung nach EK und DUDEK (1980).

men in der Regel aus einzelbaumorientierten ertragskundlichen Aufnahmen auf Probeflächen, wie sie im Rahmen von Forsteinrichtungen, Inventuren oder Versuchsbeobachtungen gesammelt werden. In neueren Einzelbaumwuchsmodellen können die Startwerte der Einzelbaumattribute für einen Simulationslauf auch künstlich generiert werden (PRETZSCH,

1995, 1997b, 2001). Ausgehend von diesen Startwerten werden nacheinander für alle Bestandesglieder in Abhängigkeit von ihren individuellen Wuchsbedingungen die Zustandsänderungen (z. B. Durchmesser-, Höhen- und Kronenentwicklung oder Mortalität) bis zum Ende der ersten, beispielsweise fünfjährigen Zuwachsperiode über geeignete Schätzfunktionen prognostiziert.

Ist die gesamte Baumliste durchlaufen, so lassen sich vor dem Übergang zur nächsten Zuwachsperiode Veränderungen der Wuchsbedingungen, beispielsweise infolge von Durchforstungseingriffen oder Störeinflüssen, spezifizieren, die sich auf das Einzelbaumwachstum in der Folgeperiode auswirken werden. Die aktualisierten Zustandswerte am Ende der ersten Zuwachsperiode sind zugleich die Startwerte für den zweiten Simulationszyklus. In jedem Simulationszyklus werden die Zustandsänderungen aller Einzelbäume geschätzt und Zwischenergebnisse ausgegeben. Der Simulationslauf wird so lange fortgeführt, bis der gewünschte Prognosezeitraum schrittweise durchlaufen ist. Die Zeitschritte betragen in den meisten Modellen fünf, mitunter auch ein oder zwei Jahre. Zur Nachbildung waldbaulicher Maßnahmen werden, z. B. zu den Durchforstungszeitpunkten, die aus der Probefläche zu entnehmenden Bäume in das Simulationsmodell eingegeben. Durch die Entnahmen verändern sich die Wuchskonstellationen der verbleibenden Bestandesglieder im Modellbestand und ihr Zuwachsverhalten in der folgenden Zuwachsperiode. Die Wachstumsreaktion des Bestandes auf die Durchforstung wird demnach aus den Reaktionen aller Einzelbäume auf diesen Eingriff erklärt.

11.3.2 Zuwachsfunktionen als Kernstück von Einzelbaummodellen

Für die Steuerung des Einzelbaumzuwachses haben sich zwei Ansätze bewährt:
- die *direkte* regressionsanalytische Schätzung des Zuwachses und
- die *indirekte* Zuwachssteuerung nach der Methode der Potential-Modifizierung.

Die erste Vorgehensweise besteht in der regressionsanalytischen Schätzung der nachzubildenden Einzelbaumdimensionen und Zuwächse in Abhängigkeit von Baum- und Bestandesparametern. So schätzt beispielsweise das in der nordamerikanischen Forstwirtschaft weit verbreitete, distanzunabhängige STAND PROGNOSIS MODEL von WYKOFF et al. (1982) den jährlichen Grundflächenzuwachs zg eines Baumes in Abhängigkeit von
- regionalen und lokalen Standortfaktoren,
- Bestandesmerkmalen,
- Einzelbaummerkmalen und
- Skalierungs- und Störfaktoren mit dem Ansatz

zg = f (Waldgesellschaft, Wuchsgebiet, Höhe ü. NN, Exposition, Steigung, Maßzahlen für Kronenkonkurrenz und Bestockungsdichte, Grundfläche in 1,3 m, Bekronungsgrad, Konkurrenzindex, Zuwachs-Multiplikatoren). (11.8)

Der erste Variablensatz besteht aus regionalen Standortfaktoren wie der Waldgesellschaft und dem Wuchsgebiet sowie den lokalen Standortfaktoren Exposition, Hangneigung und Höhenlage. Der zweite Variablensatz umfaßt ertragskundliche Bestandesmerkmale, und der dritte Variablensatz baut sich aus Merkmalsgrößen des jeweiligen Einzelbaumes auf, die seine Morphologie und seine Wuchskonstellation im Bestand beschreiben. Über einen vierten Variablensatz fließen Skalierungsfaktoren und Effekte von zuwachsfördernden und -mindernden Störfaktoren, z. B. Düngung und CO_2-Anstieg sowie Insektenkalamitäten und Immissionsschäden, in das Modell ein.

Bei der zweiten Vorgehensweise, der Methode der Potential-Modifizierung, geht die Zuwachssteuerung vom potentiellen Zuwachs z_{pot} aus, für den zuvor verallgemeinerbare Beziehungen aufgestellt werden. Der aktuelle Zuwachs z_{akt} des Einzelbaumes ergibt sich durch Multiplikation des potentiellen Zuwachses z_{pot}, der ohne Konkurrenzeinfluß zu erwarten wäre, mit einem Reduktionsfaktor R, der einen Wert zwischen 0 und 1,0 einnimmt:

$$z_{akt} = z_{pot} \cdot R. \qquad (11.9)$$

Der Reduktionsfaktor R ist im wesentlichen abhängig von der individuellen Konkurrenzsituation des Baumes, die in seinem Konkurrenzindex CI zum Ausdruck kommt. Konkurrenzindizes nutzen u. a. Durchmesser, Höhe, Kronendimension und Art der Bestandesnachbarn, um die Konkurrenzsituation von Einzelbäumen bzw. die Beeinträchtigung deren Wachstums zu quantifizieren (vgl. Abschn. 10.2 und 10.3). Solitäre erbringen Konkurrenzwerte von CI = 0, mit zunehmender Konkurrenzierung steigen die CI-Werte an. Höhen- und Durchmesserzuwachs werden durch Konkurrenz in unterschiedlicher Weise beeinflußt; bei vielen Baumarten nimmt der Höhenzuwachs bei mäßiger Konkurrenz und der Durchmesserzuwachs bei Konkurrenzfreiheit maximale Werte an. Die Wirkungskurven $R_h = f(CI)$ bzw. $R_d = f(CI)$ in Abbildung 11.8 spiegeln diesen Zusammenhang wider. Je nachdem, ob Abstandswerte zu den Bestandesnachbarn unberücksichtigt bleiben oder in die Berechnung der Konkurrenzindizes mit einfließen, sprechen wir von positionsunabhängigen bzw. -abhängigen Konkurrenzindizes.

Die Standortabhängigkeit des Zuwachses wird in Einzelbaummodellen entweder indirekt über Bonitätskennziffern (Alters-Höhen-Relationen) berücksichtigt. Oder ihre Modellierung stützt sich unmittelbar auf Standortparameter, wie u. a. Nährstoffversorgung des Bodens, Länge der Vegetationszeit, Jahrestemperaturamplitude, mittlere Lufttemperatur in der Vegetationszeit. Die zweite Vorgehensweise umgeht die Bonitierung über die Baumhöhe, die insbesondere in strukturreichen Mischbeständen ihren Indikatorwert für die Standortverhältnisse verliert. Methodisch kann die Standortabhängigkeit bei direkten Schätzansätzen (11.8) über entsprechende Regressoren und bei der indirekten Schätzung (11.9) über ein standortabhängiges Potential hergestellt werden.

11.3.3 Übersicht über Modelltypen

Das erste Einzelbaummodell wurde im Jahr 1963 von NEWNHAM für Douglasien-Reinstände entwickelt (NEWNHAM, 1964). Es folgten Modellentwicklungen für Reinbestände von ARNEY (1972), BELLA (1971), LEE (1967), LIN (1970) und MITCHELL (1969, 1975). EK und MONSERUD übertrugen Mitte der siebziger Jahre das Konstruktionsprinzip einzelbaumorientierter Wuchsmodelle für Reinbestände auf ungleichaltrige Rein- und Mischbestände (EK und MONSERUD, 1974; MONSERUD, 1975). MUNRO (1974) unterscheidet distanzabhängige von distanzunabhängigen Einzelbaummodellen, je nachdem, ob sie zur Steuerung des Einzelbaumwachstums auf Angaben über die Stammpositionen und -abstände zurückgrei-

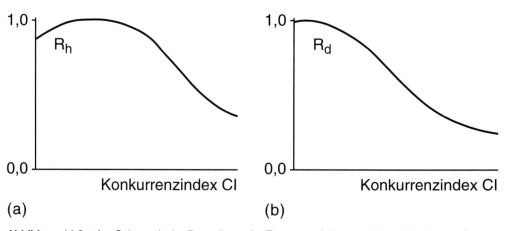

Abbildung 11.8a, b Schematische Darstellung der Zusammenhänge zwischen Konkurrenz (gemessen durch einen Konkurrenzindex CI) und **(a)** dem Reduktionsfaktor R_h für Höhenzuwachs und **(b)** R_d für Durchmesserzuwachs (nach EK und MONSERUD, 1974, S. 71).

fen oder nicht. Mit dem FOREST-Modell wurde von EK und MONSERUD (1974) ein mathematisch besonders glänzend ausgearbeitetes Einzelbaummodell für Rein- und Mischbestände aller Alterszusammensetzungen ausgearbeitet. Als Musterbeispiel eines distanzunabhängigen Einzelbaummodells kann das in der nordamerikanischen Forstwirtschaft weit verbreitete STAND PROGNOSIS MODEL von WYKOFF et al. (1982) gelten. Die von DUDEK und EK (1980) zusammengestellte, weltweite Bibliographie über Einzelbaumwuchsmodelle weist mehr als 40 verschiedene Einzelbaummodelle auf, die etwa zu gleichen Anteilen den Gruppen distanzabhängig und distanzunabhängig angehören. Im deutschsprachigen Raum wurde die in der angloamerikanischen Forstwissenschaft eingeleitete einzelbaumorientierte Modellforschung zuerst von SCHNEIDER und KREYSA (1981) und STERBA (1983, 1985, 1989a) eingeführt. Neuere, seit den achtziger Jahren entwickelte Einzelbaummodelle, u. a. von BIBER (1996), BURKHART et al. (1987), DEUSEN und BIGING (1985), ECKMÜLLNER und FLECK (1989), HASENAUER (1994), KAHN und PRETZSCH (1997), KOLSTRÖM (1993), KRUMLAND (1982), LARSON (1986), NAGEL (1996, 1999), PRETZSCH (1992a, 2001), PUKKALA (1987), STERBA et al. (1995), WENSEL und DAUGHERTY (1984) und WENSEL und KOEHLER (1985) greifen in vielem auf die methodischen Grundlagen ihrer Vorläufer zurück, sie sind aber dank der Fortentwicklung der Benutzeroberflächen moderner Computer wesentlich benutzerfreundlicher als ältere Einzelbaummodelle.

Am Lehrstuhl für Waldwachstumskunde der Technischen Universität München wird diese Entwicklungslinie seit Ende der 80er Jahre des vergangenen Jahrhunderts weitergeführt. Sie mündet in den standortsensitiven und positionsabhängigen Einzelbaumsimulator SILVA mit vor- und nachgeschalteten Modulen zur Bestandesgenerierung, ökonomischen und ökologischen Bewertung (PRETZSCH, 1992a; PRETZSCH und KAHN 1996; PRETZSCH, KAHN und ĎURSKÝ, 1998; PRETZSCH, 2001). Mit der erfolgreichen Einführung in Forschung, Lehre und Praxis werden Modelle dieses Typs zur Nachfolgegeneration der Reinbestands-Ertragstafeln und zum festen Bestandteil moderner forstlicher Informationssysteme. Sie werden für die Entwicklung und Optimierung von Behandlungskonzepten auf Bestandesebene, die Ableitung von Nutzungssätzen auf Straten- und Betriebsebene, für die Betriebsplanung und die großregionale Schätzung des Holzaufkommens eingesetzt (vgl. PRETZSCH 2001). Nach über 250 Jahren Ertragstafelforschung und Ertragstafelanwendung bedeutet der Übergang zu Einzelbaummodellen einen Paradigmenwechsel mit vielfältigen Konsequenzen für Wissenschaft, Lehre und Praxis.

11.4 Kleinflächenmodelle

Wuchsmodelle auf der Basis von Bestandessummen- und Bestandesmittelwerten, Häufigkeitsfrequenzen, Einzelbaumdimensionen und Kleinflächen stellen verschiedene Ansätze zur Beschreibung der wirklichen Bestandesentwicklung dar. Keiner dieser Modellansätze ist durch einen anderen voll ersetzbar; mit jeder Betrachtungsweise können spezifische Erkenntnisse über die Wuchsdynamik von Waldbeständen gewonnen werden. In Kleinflächen- oder Sukzessionsmodelle werden sowohl statistische Zusammenhänge zwischen Umweltbedingungen und Ertrag als auch physikalische und ökophysiologische Gesetzmäßigkeiten integriert. Sie beschreiben einen Mittelweg zwischen den in den Abschnitten 11.1 bis 11.3 behandelten klassischen Bestandesmodellen und ökophysiologisch basierten Prozeßmodellen, die Gegenstand von Abschnitt 11.5 sind.

WATT (1925 und 1947), BRAY (1956), CURTIS (1959), BORMANN und LIKENS (1979a und b) und SHUGART (1984) – hier nach dem Zeitpunkt ihrer Einflußnahme auf die Entwicklung gereiht – übertrugen die Auffassung der modernen theoretischen Ökologie, daß sich flächig ausgedehnte Systeme meist mosaikartig aus Teileinheiten (englisch: gaps) aufbauen und durch Analyse dieser Teileinheiten studiert werden können, auf die Untersuchung und modellhafte Abbildung von Waldökosystemen. Damit war der Grundstein zu dem im folgenden beschriebenen Konzept der Kleinflächenmodelle (englisch: gap models) gelegt. Ein Waldbestand ist nach dieser Auffassung eine Aggregation von Kleinflächen, deren Ausdehnung der Standfläche eines Altbaumes oder einer Biogruppe entspricht. Die eigentliche Betrachtungs- und Informationseinheit bildet die Baumgruppe auf der Kleinfläche. Bestandeswerte ergeben sich summarisch aus den u. U. in sehr unterschiedlichen Entwicklungsstadien befindlichen Kleinflächen.

11.4.1 Entwicklungszyklus auf der Kleinfläche

Kleinflächenmodelle unterstellen, daß die natürliche Waldentwicklung auf einer Kleinfläche in dem in Abbildung 11.9 dargestellten Zyklus abläuft: Die Kleinfläche entsteht durch Nutzung oder Absterben eines Altbaumes aus der herrschenden Bestandesschicht. Infolgedessen verbessern sich die Wuchsbedingungen der bisher unterständigen Bäume und der Naturverjüngung. Die nachwachsenden Bäume schließen die Lücke allmählich, und durch ihren Selbstdifferenzierungsprozeß bildet sich ein neuer Oberstand heraus. Ausfällen in der herrschenden Bestandesschicht folgt die Wiederholung des Zyklus, der sich in der Alterskurve des Biomassenvorrats deutlich widerspiegelt. Ausgehend von einem minimalen Biomassevorrat nach Ausfall herrschender Bäume leitet die Naturverjüngung auf der Kleinfläche einen exponentiellen Anstieg der Biomasse ein. Mit zunehmendem Alter nähert sich die Biomasse einem standörtlich bedingten oberen Grenzwert. Die Ursache für den sägezahnartigen Entwicklungsgang bis zum Alter von 400 Jahren liegt in Biomasseverlusten nach Stammausfällen, die durch den Zuwachs des verbleibenden Bestandes kompensiert werden können. Mit seinem Ausfall durch Alterstod oder Kalamitäten geht dann die Biomasse des Altbestandes erneut gegen Null, so daß sich der Kreislauf schließt.

Kleinflächenmodelle werden in erster Linie zur Untersuchung von Konkurrenz- und Sukzessionserscheinungen in naturnahen Waldbeständen eingesetzt. Sie bilden das Wachstum der Einzelbäume auf der Kleinfläche in Abhängigkeit von den dort herrschenden mittleren Wuchsbedingungen nach und stehen deshalb positionsabhängigen Einzelbaummodellen nahe (Abschn. 11.3). Sie können wie diese auch forstwirtschaftlich relevante Informationen, beispielsweise die Durchmesser-, Höhen- und Volumenentwicklung von Einzelbäumen und Bestand, mitführen. In ihren Ein- und Ausgabevariablen sind sie aber weniger auf das Informationsangebot und den Informationsbedarf der praktischen Forstwirtschaft ausgerichtet als positionsabhängige Einzelbaummodelle. Denn Kleinflächen- oder Sukzessionsmodelle zielen eher auf eine Vorhersage der langfristigen Sukzession unbewirtschafteter Waldbestände und auf die Folgen veränderter Wuchsbedingungen für die Biomasseproduktion.

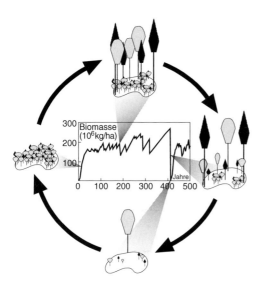

Abbildung 11.9 Kleinflächenmodelle implizieren den folgenden charakteristischen Kreislauf: Durch Absterben oder Entnahme eines dominanten Altbaumes verbessern sich die Wuchsbedingungen auf der Kleinfläche. Die nachwachsende Generation schließt die entstandene Bestandeslücke. Durch Selbstdifferenzierung nimmt die Anzahl der herrschenden Bäume auf der Kleinfläche allmählich ab, so daß sich der Kreis schließt. Dieser Zyklus spiegelt sich in der Alterskurve des Biomassenvorrates wider (nach SHUGART, 1984).

11.4.2 JABOWA-Modell von BOTKIN et al. (1972) als Prototyp

Im Rahmen der Ökosystemstudie Hubbard Brook haben BOTKIN, JANAK und WALLIS im Jahr 1972 mit dem Kleinflächen-Simulationsmodell JABOWA den Prototyp für diese Modellgeneration entwickelt. Das Modell steuert das Wachstum von Einzelbäumen auf Kleinflächen (Flächengröße 100 m^2) in Abhängigkeit von den durchschnittlichen Strahlungs-, Klima- und Bodenverhältnissen sowie der Wasserversorgung auf der Fläche. Die Basisgröße für die Fortschreibung der Einzelbaumentwicklung ist der Durchmesser in Brusthöhe. Alle anderen Dimensionsgrößen, z. B. Höhe und Blattfläche der Einzelbäume, werden in Abhängigkeit vom Durchmesser bestimmt. Die Prognose der Durchmesserentwicklung des Einzelbaumes wickeln BOTKIN et al. (1972) und SHUGART (1984) in ihren Modellen in folgenden Schritten ab: Ausgehend von Startwerten für die Durchmesser aller Bestandesglieder auf einer Kleinfläche wird für jeden Baum der wirkliche Durchmesserzuwachs zd in einer Zuwachsperiode durch Reduktion seines – aus einer zuvor abgeleiteten Beziehung bekannten – potentiellen Durchmesserzuwachses zd_{pot} bestimmt. Der potentielle Durchmesserzuwachs zd_{pot}, der unter optimalen Wuchsbedingungen zu erwarten wäre, wird unter suboptimalen Wuchsbedingungen nach (11.10) mit den Faktoren r, t, s und w, die den Effekt von Strahlung, Klima, Bodenverhältnissen bzw. Wasserversorgung auf den Zuwachs repräsentieren, reduziert

$$zd = zd_{pot} \cdot r \cdot t \cdot s \cdot w. \quad (11.10)$$

Im Unterschied zu Einzelbaummodellen steuern Kleinflächenmodelle das Einzelbaumwachstum nicht über die individuellen Wuchsbedingungen des betreffenden Baumes, sondern über die mittleren Wuchsbedingungen auf der Kleinfläche. Die Reduktionsfaktoren r, t, s und w, die – je nach Gunst und Ungunst der Wuchsbedingungen eines Baumes – zwischen 0,0 und 1,0 liegen, reduzieren durch ihre multiplikative Verknüpfung mit zd_{pot} den potentiellen Durchmesserzuwachs zum aktuellen Wert zd. Zuwachsrelevante Faktorenwirkungen werden also auf eine Skala von 0,0–1,0 (1,0 ≙ keine Reduktion des potentiellen Zuwachses, 0,5 ≙ 50% des potentiellen Zuwachses werden ausgebildet, 0,0 ≙ Zuwachs geht auf Null zurück) transformiert, bevor sie in das Modell einfließen. Eine solche Vorgehensweise hat den Vorteil, daß sich auch neue Erkenntnisse über zuwachsbestimmende Einflußgrößen durch Multiplikatoren (zwischen 0,0 und 1,0) in das Modell einarbeiten lassen, ohne daß die gesamte Modellstruktur umgestellt werden muß.

Den Faktor r, der zur Reduktion des potentiellen Durchmesserzuwachses zd_{pot} auf den realen Zuwachs zd eingesetzt wird (11.10), berechnen BOTKIN et al. (1972) in Abhängigkeit von dem Blattflächenindex LAI und dem daraus resultierenden Strahlungsangebot I des Baumes. Ist dieses Angebot I bekannt, so resultiert aus Strahlungs-Photosynthese-Reaktionskurven r = f(I) der Reduktionsfaktor r. Dieser Ansatz bildet ein Beispiel dafür, daß Kleinflächenmodelle im Grad der mechanistischen Erklärung zwischen Managementmodellen für Einzelbäume und ökophysiologisch basierten Prozeßmodellen stehen, und wird hier deshalb etwas vertieft.

Die Strahlung I_o über dem Kronenraum wird auf dem Weg durch das Kronendach an den Nadeln bzw. Blättern und Ästen reflektiert, gestreut und absorbiert, wodurch die Strahlung mit zunehmender Kronentiefe abnimmt. Für die Bestimmung der Strahlungsmenge, die von der assimilierenden Biomasse in einer gegebenen Höhe genutzt werden kann, verwenden ökologisch basierte Bestandesmodelle in den meisten Fällen das LAMBERT-BEER-Gesetz (MONSI und SAEKI, 1953).

$$I = I_o \cdot e^{(-k \cdot LAI)} \quad (11.11)$$

Dabei sind:
I   Strahlungsintensität im Kronenraum,
I_o Strahlungsintensität über dem Kronenraum,
LAI Dicke des Kronendaches bzw. kumulierter Blattflächenindex über dem Meßpunkt,
k   Extinktionskoeffizient.

Nach diesem Gesetz nimmt die Strahlungsintensität in den oberen Kronenschichten sehr stark und im weiteren Verlauf immer schwächer ab. Der Extinktionskoeffizient k quantifiziert die Schwächung der Strahlung beim Durchdringen von Nadeln und Blättern. Je größer k ist, desto rascher verläuft diese Abnahme. Je mehr Blattfläche oberhalb einer gegebenen Höhe ist, um so weniger Strahlung gelangt in den mittleren und unteren Kronenraum. Der Faktor k ist spezifisch für das zu durchdringende Medium und für verschiedene Hauptbaumarten bekannt. Die Strahlungsintensität über dem Kronenraum I_o erbringen bewährte Strahlungsklimamodelle nach Vorgabe der Standpunktkoordinaten in beliebiger zeitlicher Auflösung. Die Blattfläche oder der Blattflächenindex werden in Kleinflächenmodellen mitunter in Abhängigkeit von der Bestandesgrundfläche geschätzt.

Ist die Blattflächenverteilung innerhalb des Kronenraumes bekannt oder wird sie als homogen angenommen (vgl. Abb. 11.13), so kann für eine gegebene Baumhöhe berechnet werden, welche Blattfläche bzw. welcher Blattflächenindex für den darüberliegenden Kronenraum gilt. Nach (11.11) kann dann die Strahlungsintensität für beliebige Punkte innerhalb des Bestandes bestimmt werden. In Kleinflächenmodellen wird für die ganze Fläche dasselbe Strahlungs-Höhenprofil unterstellt. Ausgehend von der Strahlungsintensität I in einer gegebenen Höhe kann aus Strahlung-Photosynthese-Reaktionskurven der Reduktionsfaktor r abgegriffen werden, der dann in (11.10) die Reduktion des Potentials bewirkt. Die Reaktionskurven $r = f(I)$ sind artspezifisch; für eine gegebene geringe Strahlungsintensität erbringen sie beispielsweise bei Schattenbaumarten höhere r-Werte als bei Lichtbaumarten.

Für die Herleitung der Faktoren t, s und w, die den Effekt von Klima, Boden und Wasserangebot beschreiben, werden je nach verfügbarer Datenbasis unterschiedliche Verfahren vorgeschlagen: Die Klimawirkung auf den Zuwachs wird über einen Satz meteorologischer Variablen gesteuert und der Effekt des Bodens über einfache, aus der Standortkartierung bekannte Merkmalsgrößen. Der Einfluß des Wasserangebotes w wird aus Niederschlagsdaten, Evapotranspiration, Bodenmerkmalen sowie der Relation zwischen aktueller und potentieller Bestockungsdichte als Indikator für die Wurzelkonkurrenz abgeleitet. Die rein multiplikative Verknüpfung der Einflußfaktoren Strahlung, Klima, Boden und Wasser vernachlässigt eventuelle kompensatorische oder verstärkende Wechselwirkungen zwischen den Einflußfaktoren r, t, s und w. Diese Mängel versuchen KAHN und PRETZSCH (1997) in ihrem Standort-Leistungs-Modell durch die Einführung flexiblerer Aggregations-Operatoren zu beheben.

Da die Verjüngungs- und Absterbeprozesse in dem Modell mit Zufallseffekten überlagert werden, erbringt jeder Simulationslauf auch bei gleichen Startwerten etwas andere Ergebnisse. Erst durch die Zusammenfassung der Ergebnisse aus einer ganzen Reihe von Rechenläufen kann dann auf das mittlere zu erwartende Wuchsverhalten dieser Bestände geschlossen werden. Die Resultate der Modellierung auf den 100 m^2 großen Kleinflächen werden auf Hektar-Werte hochgerechnet. Mit Modellen dieser Bauart können Sukzessionsprozesse, Biomassenentwicklung und Auswirkungen von Störeinflüssen in Beständen und größeren Waldgebieten nachgebildet werden. Bestände und größere Waldeinheiten bauen sich dann als ein Mosaik von Kleinflächen auf, und die Nahtstellen und Wechselwirkungen zwischen benachbarten Kleinflächen werden im Modell durch eine stochastische Variation der flächenspezifischen Wachstumsparameter berücksichtigt.

Für die Untersuchung der langfristigen natürlichen Waldentwicklung bei gegebenen Standortverhältnissen, dienen Kleinflächenmodelle im Rahmen der Klimafolgenforschung neuen Zwecken. Die Arbeiten von KELLOMÄKI et al. (1993), KIENAST und KRÄUCHI (1991), LEEMANS und PRENTICE (1989), LINDNER (1998), PASTOR und POST (1985) und PRENTICE und LEEMANS (1990) zielen in diese Richtung. Sie ermöglichen Szenariorechnungen zur natürlichen Baumartenzusammensetzung bei gegebenen Standortbedingungen und zum Wandel des Wachstums bei Veränderung der Umweltbedingungen.

Eine ähnliche Zielsetzung wie Kleinflächenmodelle verfolgen auf großregionaler oder globaler Ebene Biomodelle, die u. a. mit den Namen BOX und MEENTEMEYER (1991) und

PRENTICE et al. (1992) verbunden sind. Solche Ansätze stellen statistische Beziehungen zwischen regionalem Klima und Vegetationstyp her. Nach Vorgabe entsprechender Klimabedingungen können auf regionaler bis globaler Skala die zu erwartenden Biome, d. h. Lebensgemeinschaften, vorhergesagt werden. Unter den diskutierten Modellen liefern sie die am stärksten aggregierten Aussagen zur Vegetationsentwicklung und zum Waldwachstum (vgl. Abb. 11.2) und haben im Rahmen der Klimafolgenforschung an Bedeutung gewonnen.

11.5 Ökophysiologische Prozeßmodelle

11.5.1 Zunahme der strukturellen Übereinstimmung von Modell und Wirklichkeit

Ökophysiologisch basierte Prozeßmodelle bilden das Baum- und Bestandeswachstum in so hoher Auflösung nach, daß sie sich auf allgemeingültige physikalische, chemische und ökophysiologische Grundbeziehungen stützen können. Die für alle bisher vorgestellten Modelle charakteristische Parametrisierung durch statistische Anpassung an empirische Befunde tritt bei ihnen in den Hintergrund. Die Unterschiede zwischen den Verfahrensweisen liegen vor allem in der Art und Weise, wie das Zusammenwirken verschiedener Umweltfaktoren auf die Lebensprozesse berücksichtigt wird. Beispielsweise wird das Durchmesserwachstum in den Ertragstafeln für den Mittelstamm aus der statistischen Abhängigkeit zwischen Durchmesser, Alter und Höhenbonität nachgebildet (Abschn. 11.1.1). Einzelbaummodelle bilden das Durchmesserwachstum individuell in Abhängigkeit von Bestandes-, Einzelbaum- und Standortmerkmalen ab. In ökophysiologisch basierten Modellen wird der Zuwachs dagegen u. a. auf der Basis der Photosynthese, Atmung und Allokation berechnet, also aus den Prozessen und Stoffflüssen, die in Laub, Stamm, Ästen und Wurzeln und zwischen diesen Baumorganen und der Umwelt ablaufen.

Bei der Konstruktion ökophysiologischer Modelle richtet sich der Blick nicht mehr in erster Linie auf statistische Beziehungen zwischen ertragskundlichen Merkmalsgrößen mit dem Ziel einer Verhaltenstreue, sondern auf die dem System eigentlich zugrundeliegenden ökophysiologischen Mechanismen, um eine Strukturtreue herzustellen (THORNLEY, 1976). Deshalb können in solchen Modellen auch Kombinationswirkungen berücksichtigt werden, über deren Auswirkungen es noch keine oder keine ausreichenden langfristigen Erfahrungen gibt. Unter der Annahme, daß sich die physiologischen Eigenschaften der Pflanzen nicht ändern, reichen dann u. U. kurzfristig angelegte Experimente aus, um langfristige Wachstumsreaktionen vorauszusagen.

Um das Aussagespektrum von ökophysiologisch basierten Wuchsmodellen zu veranschaulichen, zeigen wir die Ergebnisse eines Simulationslaufes mit dem Modell TREEDYN3 von BOSSEL (1994). Dieses abstrahiert die Bestandesentwicklung über Mittelstämme. Deren Wachstum wird in Abhängigkeit von Strahlung, Temperatur und Nährstoffversorgung sowie der Einwirkung von Störfaktoren aus der Kohlenstoffallokation in Blättern, Feinwurzeln, Früchten und Holz errechnet (Abb. 11.10). Abbildung 11.11a zeigt den für Fichtenbestände *Picea abies* (L.) Karst. erster Bonität bei mäßiger Durchforstung typischen Abfall der Stammzahl/Hektar infolge von Mortalität und Durchforstungsentnahmen. Die zyklischen Entnahmen resultieren in einem oszillierenden Verlauf der stehenden Holzbiomasse. Ab dem Alter von 50–60 Jahren, nach Abschluß intensiver Durchforstungs- und Selbstdifferenzierungsprozesse, nimmt die stehende Holzbiomasse überdurchschnittlich zu, und das Durchmesser- und Höhenwachstum schwenkt infolge der steigenden Bestandesdichte ein. Abbildung 11.11 b zeigt weiter die Altersverläufe der entsprechenden flächenbezogenen Ertragskomponenten. Der dort erkennbare sägezahnförmige Verlauf der Bestandesgrundfläche ist im wesentlichen behandlungsbedingt. Die Behandlungseingriffe führen zu einer Auf- und Abbewegung von Blatt- und Feinwurzelmasse (Abb. 11.11c). Nach Durchforstungseingriffen bauen sich die Blatt- und Feinwurzel-

11 Waldwachstumsmodelle

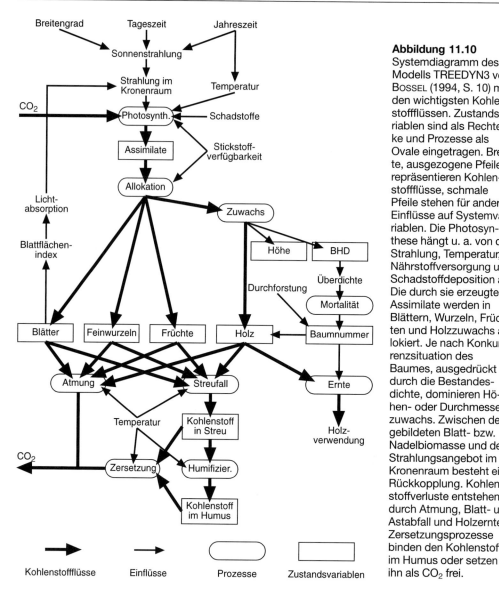

Abbildung 11.10
Systemdiagramm des Modells TREEDYN3 von BOSSEL (1994, S. 10) mit den wichtigsten Kohlenstoffflüssen. Zustandsvariablen sind als Rechtecke und Prozesse als Ovale eingetragen. Breite, ausgezogene Pfeile repräsentieren Kohlenstoffflüsse, schmale Pfeile stehen für andere Einflüsse auf Systemvariablen. Die Photosynthese hängt u. a. von der Strahlung, Temperatur, Nährstoffversorgung und Schadstoffdeposition ab. Die durch sie erzeugten Assimilate werden in Blättern, Wurzeln, Früchten und Holzzuwachs allokiert. Je nach Konkurrenzsituation des Baumes, ausgedrückt durch die Bestandesdichte, dominieren Höhen- oder Durchmesserzuwachs. Zwischen der gebildeten Blatt- bzw. Nadelbiomasse und dem Strahlungsangebot im Kronenraum besteht eine Rückkopplung. Kohlenstoffverluste entstehen durch Atmung, Blatt- und Astabfall und Holzernte. Zersetzungsprozesse binden den Kohlenstoff im Humus oder setzen ihn als CO_2 frei.

massen jeweils synchron zueinander auf und markieren eine obere Grenzlinie, die durch die Standortverhältnisse vorgegeben ist. Während die Assimilatmenge nach einer Aufschwungphase in der Jugend im gesamten Wachstumszeitraum ein ähnliches Niveau hält, verändert sich ihr Verteilungsschlüssel. In den ersten Jahrzehnten überwiegt die Verwendung für die Bildung von Holzzuwachs, und in der Folgezeit werden immer höhere Assimilatmengen für die Erhaltung der sich vergrößernden Baumorgane verbraucht. Durchforstungseingriffe und natürliche Ausfälle erhöhen den Kohlenstoffvorrat in der Streu, schlagen sich jedoch kaum sichtbar in den C-Vorräten im Humus nieder (Abb. 11.11 d). Das zunächst hohe Angebot an pflanzenverfügbarem Stickstoff nimmt während des Bestandeslebens aufgrund des Einbaus in die organische Masse ab, wobei die Stickstoffverfügbarkeit allerdings auf dem gegebenen Standort in dem gesamten Wachstumszeitraum mit 1,0 optimal bleibt.

11.5 Ökophysiologische Prozeßmodelle

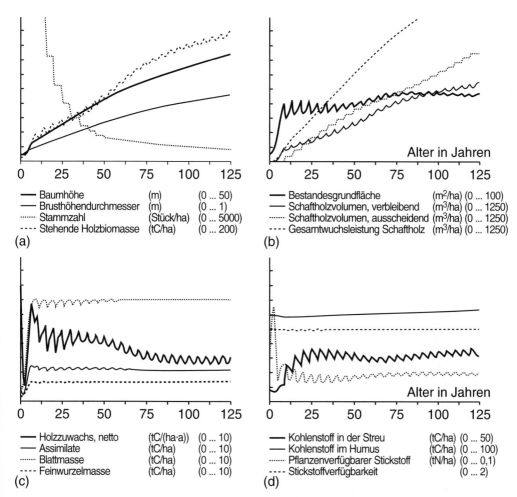

Abbildung 11.11 a–d Simulation des Wachstums von Fichtenbeständen *Picea abies* (L.) Karst., deren Standortbedingungen der I.0 Bonität und Bestandesbehandlung der mäßigen Durchforstung nach WIEDEMANN (1936/1942) entsprechen, mit TREEDYN3 (nach BOSSEL, 1994, S. 100). Dargestellt sind die Zeitreihen für ertragskundliche und bodenkundliche Bestandesvariablen bis zum Alter 125 Jahre.

Indem sie neben der Vorhersage des Holzertrags von Baum und Bestand auch Aussagen zum Kohlenstoff-, Stickstoff- und Wasserkreislauf vermitteln, bieten die ökophysiologischen Prozeßmodelle Entscheidungshilfen für ein umfassendes Ökosystemmanagement. Diese Art Modell erfordert aber relativ ausführliche Bestandes-, Standort- und Klimainformationen für die Initialisierung und extrem leistungsfähige Rechner, wie sie beim praktischen Einsatz gegenwärtig in den wenigsten Fällen zur Verfügung stehen. Ökophysiologisch basierte Modelle kommen deshalb für die Praxis noch nicht als routinemäßig einsetzbare Prognosemodelle in Betracht, sie dienen bisher eher als Forschungswerkzeug für ein verbessertes Verständnis der Ursachen-Wirkungs-Beziehungen zwischen Standortparametern, Störfaktoren und Bestandesentwicklung. Die zunehmende Beeinträchtigung der Waldökosysteme durch Störfaktoren wie Immissionen, Anstieg der CO_2-Konzentration der Luft, Klimaveränderungen und der Wunsch, die Reaktionen der Waldökosysteme zu verstehen und zu prognostizieren, haben der Weiterentwicklung ökophysiologischer Prozeßmodelle neuen Auftrieb gegeben. Denn mit ihnen können am ehesten auch solche Wirkungen und Kombinationswirkungen von Triebkräften abgebildet werden, für die es noch keine experimentelle Absicherung gibt.

11.5.2 Modellierung der Grundprozesse in ökophysiologischen Modellen

11.5.2.1 Regelkreis

Unter den Grundprozessen, die in den meisten ökophysiologischen Prozeßmodellen enthalten sind, verstehen wir die Strahlungsabsorption, Interzeption von Niederschlägen, Evapotranspiration, Nährstoffaufnahme, Photosynthese, Atmung, Allokation, Seneszenz und Mortalität. Diese Grundprozesse werden von der Mehrzahl ökophysiologischer Prozeßmodelle auf verschiedenen Skalen berechnet. Um diesen wichtigen Sachverhalt zu erklären, gehen wir in den Schritten (1) bis (7) durch das in Abbildung 11.12 dargestellte, verallgemeinerte Systemdiagramm.

(1) Auf der Basis von Bestandesinitialwerten, z. B. Durchmesser, Höhe, Kronendimension und Standpunkt aller Einzelbäume, wird die Bestandesstruktur nachgebildet. Möglich ist hier die Abstraktion des Kronenraumes als homogenes Medium, die Unterscheidung von Kronenraumschichten mit unterschiedlicher Nadel- bzw. Laubdichte oder die räumlich explizite dreidimensionale Nachbildung, bei der für jeden Baum die Wuchskonstellation im Bestand identifiziert wird (Abb. 11.13).

(2) Auf der Basis des mehr oder weniger stark abstrahierten Raumbesetzungsmusters werden im Stunden-, Tages- oder Monatstakt die Triebkraftausprägungen innerhalb des Kronen-

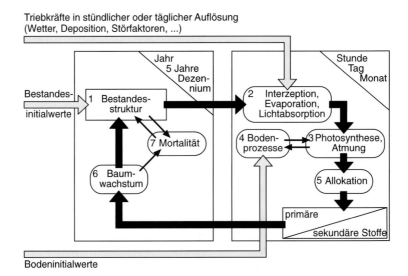

Abbildung 11.12 Grundprozesse in ökophysiologisch basierten Prozeßmodellen (Ovale) und ihre Berechnung in jährlicher bzw. täglicher Auflösung (linker bzw. rechter Kasten) nach BELLMANN et al. (1992). Hervorgehoben sind der Regelkreis Bestandesstruktur → Photosynthese → Atmung → Allokation → Baumwachstum → Bestandesstruktur und die im Text näher benannten Rechenschritte (1) bis (7).

11.5 Ökophysiologische Prozeßmodelle

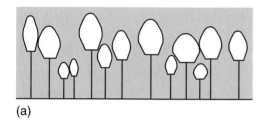

(a)

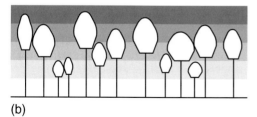

(b)

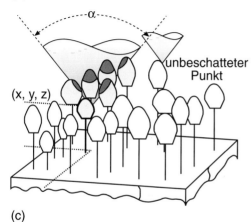

(c)

Abbildung 11.13 a–c Einstrahlungsmodelle abstrahieren den Kronenraum **(a)** als Medium mit homogener Laubdichte, **(b)** unterscheiden Kronenraumschichten mit unterschiedlicher Nadel- bzw. Laubdichte oder **(c)** bilden die Bestandesstruktur räumlich explizit nach. Für den letztgenannten Ansatz haben SLOBODA und PFREUNDT (1989, S. 17/6) die Lichtkegel-Methode eingeführt. Dabei wird ein Kegel, dessen Weite durch den Winkel α gegeben ist, mit der Spitze in Punkt (x, y, z) gedacht. Die innerhalb dieses Kegels vorhandene Nadel- bzw. Laubmasse determiniert die Strahlungsintensität am Punkt (x, y, z).

raumes, der Kronenschicht oder des Einzelbaumes nachgebildet.

(3) Bei der Modellierung der Triebkraftausprägung kommen die Prozesse Strahlungsabsorption, Interzeption, Evapotranspiration sowie Deposition für Schichten, Einzelbäume oder Organe ins Spiel.

(4) Die Nachbildung von Photosynthese und Atmung greifen auf die in Abhängigkeit von der Bestandesstruktur transformierten Triebkraftzeitreihen und die Nährstoff- und Wasserzustände des Bodens zurück.

(5) Der Allokationsprozeß verteilt die Nettoproduktion auf den primären Stoffwechsel (Wurzel, Holz, Früchte, Blätter bzw. Nadeln) und sekundären Stoffwechsel (Resistenz, Parasitenabwehr, Wundheilung).

(6) Aus der innerhalb eines Jahres akkumulierten Kohlenstoffmenge wird im Jahres- oder Fünfjahrestakt das Baumwachstum nachgebildet. Dies kann durch Modellierung eines mittleren Baumes, Repräsentanten bestimmter Durchmesserstufen oder durch die räumlich explizite Nachbildung der Struktur aller Einzelbäume eines Bestandes erfolgen.

(7) Mit der Nachbildung der Mortalität sind dann alle Parameter für die Aktualisierung der Bestandesstruktur bekannt. Die aktualisierte Struktur gibt die Randbedingungen für die physikalischen und physiologischen Prozesse in der Folgeperiode vor (→1).

Die Veränderungen der Raumstruktur werden im Jahrestakt aktualisiert, die physikalischen und ökophysiologischen Prozesse laufen im Stunden- oder Tagestakt ab, so daß auch die Konsequenzen kurzfristiger Ereignisse (Trokkenperioden, Frost, Immissionen) nachgebildet werden können. Der Verzicht auf eine Aktualisierung der Bestandesstruktur im Stunden- oder Tagestakt scheint gerechtfertigt, da sich die Bestandesstruktur und die durch sie verursachte Triebkraftausprägung am Einzelbaum eher langsam verändern. Für eine unterständige Tanne im Plenterwald verändert sich die Konkurrenzsituation beispielsweise nur unwesentlich, wenn die ihr benachbarte 40 m hohe Fichte *Picea abies* (L.) Karst. im Frühjahr einen Jahrestrieb von 5 cm aufsetzt. Die Schrittfolge (1, 2, 3, 5, 6, 1) repräsentiert einen in Abbildung 11.12 durch breite schwarze Pfeile hervorgehobenen Regelkreis, der es ermöglicht, Baumentnahmen bei Durchforstungen, Blattfraß durch Insekten, Veränderungen von Sproß-Wurzel-Verhältnis durch Stickstoffeintrag oder Anstieg der CO_2-Konzentration der Luft in ihren Konsequenzen für das System insgesamt abzubilden. Durch solche langsam ablaufenden Veränderungen der Makrostruktur werden die Randbedingungen und Ordnungsparameter für räumlich und zeitlich höher aufgelöste Prozesse vorgegeben.

11.5.2.2 Physikalische, biochemische und physiologische Grundprozesse

Für die Modellierung dieser Prozesse und ihrer Abhängigkeiten von Umweltbedingungen werden wir im folgenden bewährte Ansätze kennenlernen. Weitere Prozesse und ihre Abhängigkeiten – beispielsweise die Determinierung der Wurzelseneszenz durch die Bodenfeuchte – und die nähere Beschreibungen der Umweltbedingungen – z. B. die Differenzierung der Strahlung nach diffusen und direkten Anteilen oder nach Wellenlängen – werden in ökophysiologischen Prozeßmodellen nur ausnahmsweise explizit modelliert. Häufig fehlen hierfür noch die erforderlichen Prozeßkenntnisse, oder der infolge der Verfeinerung erhöhte Rechenaufwand wird nicht durch den zu erzielenden Genauigkeitsgewinn gerechtfertigt. Die folgende Einführung beschränkt sich auf die für die Biomasseproduktion und Stammzuwachsbildung unmittelbar bestimmenden Grundprozesse und ihre Modellierung. Die Eingangs- und Ausgabegrößen der dargestellten Teilmodelle können mit Wasserhaushaltsmodellen, Nährstoffhaushaltsmodellen, Schaderregermodellen oder Schadstoffeintragsmodellen korrespondieren, die über geeigneten Schnittstellen angekoppelt werden.

Da die Photosynthese als Voraussetzung allen Pflanzenwachstums wesentlich durch den Strahlungsgenuß bestimmt wird, kommt der Nachbildung der Strahlungsverhältnisse im Kronenraum nach dem LAMBERT-BEER-Gesetz

Strahlungsintensität im Kronenraum
= f (Strahlungsintensität über dem Kronenraum, beschattende Biomasse, Extinktionskoeffizient) (11.12)

besondere Bedeutung zu [vgl. Abschn. 11.4, (11.11)].

Die Interzeption steht für die vom Kronendach aufgehaltene Menge an Niederschlag und wird nach dem Ansatz

Interzeption = f (Niederschlagsmenge, Bestandesdichte, Blattflächenindex, Evaporation) (11.13)

berechnet.

Sowohl für die Bestimmung der Interzeption als auch für die Quantifizierung des Wassermangels einer Pflanze ist die Bestimmung der Verdunstungsneigung notwendig. Für die Berechnung der Evapotranspiration

Evapotranspiration = f (Luftfeuchte, Strahlung, Dichte und spezifische Wärme der Luft, Wasserdampfsättigungsdefizit, Luftwiderstand, Psychrometerkonstante, Oberflächenwiderstand) (11.14)

von u. a. Krone, Boden oder Bodenflora wird in den meisten ökophysiologischen Prozeßmodellen die Formel von PENMAN-MONTEITH herangezogen (MONTEITH, 1965; PENMAN und LONG, 1960).

Die Photosynthese beschreibt den Aufbau organischer Substanz durch die Strahlungseinwirkung und stellt damit einen zentralen Prozeß der Pflanzenphysiologie dar. Die im folgenden besprochenen Ansätze auf biochemischem Niveau und auf der Grundlage von Strahlungsreaktionskurven unterscheiden sich im Abstraktionsgrad. Der biochemische Ansatz

Bruttophotosynthese = f (Carboxylierungsgeschwindigkeit, Regenerationsrate des Enzyms RuBisCo) (11.15)

erklärt die Assimilation auf der Grundlage biochemischer Vorgänge auf Zellebene. Bei der Modellierung auf der Basis von Strahlungsreaktionskurven wird die Bruttophotosynthese als direkte Funktion der Strahlung über die Beziehung

Bruttophotosynthese = f (maximale Photosynthese, photosynthetisch aktive Strahlung, Blattfläche) (11.16)

beschrieben.

Die Responsekurven von Photosynthesemessungen werden dabei ohne Berücksichtigung der biochemischen Zusammenhänge modelliert (MONSI und SAEKI, 1953). In die allgemein gebräuchlichen Modelle werden Einflüsse wie CO_2-Gehalt, Nährstoffversorgung, Temperatur und stomatärer Widerstand, die sich in sehr unterschiedlicher Weise auf die Photosyntheserate niederschlagen können, zumeist durch Modifikation der maximalen Photosyntheserate eingebracht. Damit wird ein Ansatz aufgegriffen, den wir schon bei Modellen mit höherem Aggregationsgrad, z. B. Einzelbaum- und Sukzessionsmodellen, kennengelernt haben. Zur Bestimmung der aktuellen Produktionsrate von Bestand oder Einzelbaum wird von einem Potential ausgegangen, das in Abhängigkeit von spezifischen Einflußfaktoren reduziert wird [vgl. (11.9) und (11.10)].

Bei der Modellierung der Atmung wird zwischen drei verschiedenen Arten der CO_2-Freisetzung unterschieden:

- Die Dunkelatmung der photosynthetisch aktiven Gewebe wird nur in den Modellen explizit berücksichtigt, welche die Photosynthese in kurzen Zeitschritten darstellen.
- Die Wachstumsatmung, also der Energieverbrauch zum Aufbau neuer Gewebe, wird in der Regel durch feste Abschläge von der Primärproduktion oder vom Organwachstum modelliert.
- Die Erhaltungsatmung, als Funktion von Temperatur und Nährstoffversorgung beschrieben,

$$\text{Erhaltungsatmung} = f(\text{Temperatur, Nährstoffversorgung}), \quad (11.17)$$

wird durch den Stoffwechsel in den lebenden Organen hervorgerufen. Sie ist bei den vergleichsweise langlebigen und in großem Umfang Biomasse aufbauenden Bäumen von besonderer Relevanz.

11.5.2.3 Stoffallokation

Die Allokation des assimilierten Kohlenstoffs innerhalb des Baumes wird in den Baum- und Bestandesmodellen in der Regel in jährlichen Zeitschritten nach einem der folgenden drei Ansätze beschrieben.

Bei der Verteilung nach festen oder allometrischen Proportionen wird der für das Wachstum verfügbare Kohlenstoff entweder nach einem festen Schlüssel auf die Pflanzenorgane, z. B. auf Holz, grüne Biomasse und Wurzeln, verteilt, oder die Verteilung der Assimilate erfolgt so, daß bestimmte allometrische Verhältnisse im Baum erhalten bleiben. Für zahlreiche Formwandlungen gilt, daß die relativen Wachstumsgeschwindigkeiten der Organe unterschiedlich sind, aber in konstantem Verhältnis zueinander oder zu der Wachstumsgeschwindigkeit des Gesamtkörpers stehen (BERTALANFFY, 1951). Biometrisch kann dieses konstante Verhältnis a der Wachstumsgeschwindigkeiten zueinander ausgedrückt werden durch

$$\frac{\frac{dy}{dt} \cdot \frac{1}{y}}{\frac{dx}{dt} \cdot \frac{1}{x}} = a, \quad (11.18)$$

wobei y für die Dimension eines ersten und x für die Dimension eines zweiten Organs oder des Gesamtkörpers steht. Im Zähler enthält (11.18) die relative Wachstumsgeschwindigkeit eines ersten Organs und im Nenner die relative Wachstumsgeschwindigkeit eines anderen Organs oder des Gesamtkörpers. Der Wert a gibt dabei das Verhältnis der Wachstumsgeschwindigkeiten von y und x an und wird als Allometriekonstante bezeichnet. (11.18) kann in

$$\frac{dy}{y} = a \cdot \frac{dx}{x} \quad (11.19)$$

überführt werden. Durch Integration kann daraus die Formel des allometrischen Wachstums

$$y = b \cdot x^a \quad (11.20)$$

hergeleitet werden. Durch Logarithmierung ergibt sich

$$\ln y = \ln b + a \cdot \ln x. \quad (11.21)$$

Die Integrationskonstante b gibt den Wert von y bei $x = 1$ an. Der Allometriekoeffizient a bezeichnet die Steigung der allometrischen Ge-

raden bei Auftragung im doppelt-logarithmischen Koordinatennetz:
- Wächst die Dimensionsgröße y schneller als x, so wird a > 1, und wir sprechen von positiver Allometrie.
- Beträgt a = 1, so ist das Wachstum isometrisch, d. h., die ursprünglichen Formproportionen bleiben bei Vergrößerung unverändert erhalten.
- Ist die Allometriekonstante a < 1, so sprechen wir von negativer Allometrie, und die Größe y bleibt gegenüber x im Wachstum zurück.

Die zweckorientierte Verteilung verwendet keine von vornherein definierten Verteilungsproportionen, sondern verteilt die Assimilate so, daß ein bestimmtes Optimum hinsichtlich vorher definierter Zwecke erreicht wird. Deshalb wird dieser Ansatz auch als teleonomisches Prinzip bezeichnet (Teleonomie, d. h. aus genetischer Optimierung resultierende, systemerhaltende biologische Zweckmäßigkeit). Die Zweckoptimierung wird entweder durch eine hierarchisch geordnete Prioritätenliste bei der Verteilung erfüllt, die als Regelsystem vorliegt, oder es wird nach der Methode des funktionalen Gleichgewichts sichergestellt, daß alle Organe ihre Funktion im bestmöglichen Maße erfüllen. Die Verwendung der *Pipe-Model*-Theorie

Zuwachs an Stamm-, Ast- bzw. Grobwurzelmasse = f (Längenzunahme der Transporteinheit, Zunahme der leitenden Querschnittsfläche der Transporteinheit)   (11.22)

kann beispielsweise gewährleisten, daß sich die Zunahme an Holzbiomasse proportional zur Veränderung des wasserleitenden Stammvolumens verhält.

Eine alternative Methode bietet die Modellierung der Allokation über die Transportwiderstände (THORNLEY, 1991). Bei diesem Ansatz

Transportrate von Assimilaten und Nährstoffen = f (Leitungswiderstand, Assimilat- oder Nährstoffkonzentration in den Organen i bzw. j)   (11.23)

erfolgt die Kohlenstoff- und Stickstoffverteilung im Baum ebenfalls entsprechend dem Bedarf eines jeden Organs bzw. Kompartiments. Die spezifische Zulieferung und Verteilung ergibt sich aber bei diesem Vorgehen aus dem Konzentrationsunterschied zwischen Organ i (Quelle) und j (Senke) und dem Leitungswiderstand, der sich bis zum jeweiligen Organ aufbaut. Die Baumdimensionen resultieren direkt aus den Substratangeboten und den physiologisch begründeten Konstanten für die Assimilatleitung. Durch den hohen Aufwand bei der Parameterbestimmung für Ansätze dieser Art und wegen der noch bestehenden Unsicherheit über die Variabilität der Leitungswiderstände hat sich die Anwendung dieser Methode in Bestandeswuchsmodellen nicht durchsetzen können.

11.5.2.4 Absterbeprozesse

Absterbevorgänge einzelner Organe werden in ökophysiologisch basierten Bestandesmodellen durch Annahme einer definierten Lebensdauer abgebildet, die eventuell streßbedingt vermindert werden kann. Zu den Streßfaktoren zählen dabei Temperatur (THORNLEY, 1991), Wasserverfügbarkeit (ZHANG et al., 1994) oder Schadstoffbelastung (BELLMANN et al., 1992; MOHREN und BARTELINK, 1990). Die Art der Seneszenzbeschreibung steht in engem Zusammenhang mit der Allokationsmodellierung. So führt eine umweltbedingt erhöhte Seneszenz in Modellen mit einer eher unflexiblen Allokation vielfach zu stärkeren strukturellen Veränderungen als in Modellen, die erhöhte Verluste an einer Stelle durch bevorzugte Allokation in diese Richtung kompensieren können.

Ein mechanistischer Ansatz zur Modellierung des Absterbens ganzer Bäume in ökophysiologisch basierten Modellen stützt sich auf das Verhältnis zwischen Aufbau- und Abbauprozessen am Einzelbaum. Für einen gegebenen Zeitabschnitt können Nettophotosynthese und Erhaltungsatmung ins Verhältnis zueinander gesetzt werden. Es ergibt sich dann ein Kennwert für die Produktionsbilanz, mit dem die Vitalität gemessen und die Mortalität gesteuert werden kann.

Die Stammzahlabnahme ganzer Bestände kann außerdem aus der von YODA et al. (1963) gefundenen Gesetzmäßigkeit deduziert werden. Die von YODA für krautige Pflanzen gefundene Gesetzmäßigkeit

$$\ln \bar{m} = \ln a - \tfrac{3}{2} \ln N \qquad (11.24)$$

läßt sich nach PRETZSCH (2000, 2001) auf Bäume übertragen und in das für Waldbäume bekannte Gesetz von REINEKE (1933) überführen. Wird der Logarithmus der durchschnittlichen Biomasse $\bar{m}$ gegen den Logarithmus der Stammzahl N pro Flächeneinheit aufgetragen, dann ergibt sich nach YODA et al. (1963) die Selbstdifferenzierungsgerade

$$\ln \bar{m} = \ln a - \tfrac{3}{2} \ln N \qquad (11.25)$$

mit dem art- und standorttypischen Parameter a und der für viele Arten nachgewiesenen Steigung $-3/2$. Durch Umformung ergibt sich die Stammzahl N pro Flächeneinheit als

$$N = e^{\left[\frac{\ln \bar{m} - \ln a}{-3/2}\right]} \qquad (11.26)$$

in Abhängigkeit von der mittleren Biomasse, also einer Größe, die gerade in ökophysiologischen Modellen berechnet wird. Auf der Basis dieser Beziehung kann die bei Selbstdifferenzierung zu erwartende aktuelle Stammzahl berechnet werden. Zum Einhalten dieser Stammzahl werden jeweils die Bäume aus dem Kollektiv entfernt, die dem höchsten Konkurrenzdruck ausgesetzt sind.

11.5.3 Ableitung forstwirtschaftlicher Dimensionsgrößen

Von der Masse Kohlenstoff m, die ökophysiologische Modelle in mehr oder weniger hoher zeitlicher Auflösung in dem baumspezifischen Systemkompartiment Stamm akkumuliert darstellen, wird nach jedem Simulationszyklus, z. B. in Jahres- oder Fünfjahresschritten, auf den Brusthöhendurchmesser und die Baumhöhe zurückgerechnet. Sind diese dendrometrischen Größen bekannt, so kann die Bestandesstruktur zyklisch aktualisiert werden (vgl. Abb. 11.12). Das Baumvolumen

$$v = m/(r \cdot k) \qquad (11.27)$$

ergibt sich aus der akkumulierten Kohlenstoffmenge m, dem Quotienten k = Kohlenstoffgehalt/Trockensubstanz, der zumeist auf 0,5 eingestellt wird, und der baumartenspezifischen Holzdichte r. Der Baumdurchmesser

$$d = \sqrt{(v \cdot 4)/(f_{1,3} \cdot \pi \cdot h)} \qquad (11.28)$$

kann dann aus dem akkumulierten Holzvolumen eines Stammes v, der unechten Schaftholzformzahl $f_{1,3}$ und der Baumhöhe h errechnet werden. In vielen ökophysiologischen Wuchsmodellen gelingt es noch nicht, die Höhenentwicklung eines Baumes ursächlich zu erklären (HAUHS et al., 1995; MÄKELÄ und HARI, 1986; PFREUNDT, 1988; SLOBODA und PFREUNDT, 1989). Diese wird dann wie in Einzelbaummodellen aus einer potentiellen Alters-Höhenentwicklung abgeleitet. Oder die Berechnung erfolgt unter Annahme konstanter Formzahlen und h/d-Werte ($q_{h/d} = h/d$). Das Stammvolumen ($v = f_{1,3} \cdot \pi/4 \cdot d^2 \cdot h$) ergibt sich dann als ($v = f_{1,3} \cdot \pi/4 \cdot d^3 \cdot q_{h/d}$) und der Stammdurchmesser als

$$d = \sqrt[3]{\frac{v \cdot 4}{f_{1,3} \cdot \pi \cdot q_{h/d}}}. \qquad (11.29)$$

Trotz des Nachteiles, daß ein konstanter h/d-Wert nicht für alle Bäume oder längere Simulationsläufe gelten kann, ist damit eine mechanistische Ableitung des Dimensionswachstums aus der Biomassenzunahme gelungen.

11.5.4 Modellansätze im Überblick

Betrachten wir ökopyhysiologische Modelle hinsichtlich ihrer Annäherung an die klassischen forstwirtschaftlichen Aussagegrößen, wie u. a. Durchmesser, Höhe und Stammvolumen, so können vier Gruppen unterschieden werden.

Eine erste Gruppe von Modellen bildet die Stoffproduktion von Beständen nach, ohne sie auf einzelne Bäume oder Organe zu verteilen. Hierzu zählen folgende Modelle:
- FOREST-BGC von RUNNING und COUGHLAN (1988),
- BIOMASS von MCMURTIE (1991),
- NuCM von LIU et al. (1992),
- PNET von ABER und FEDERER (1992),
- G-DAY von COMINS und MCMURTRIE (1993),
- FINNFOR von KELLOMÄKI et al. (1993),
- das Modell von ZHANG et al. (1994),

- SOILN-FORESTSR von ECKERSTEIN (1994),
- FORSVA von ARP und OJA (1997),
- 3PG von LANDSBERG und WARING (1997) und
- SPM2 von CROPPER und GHOLZ (1993) sowie CROPPER (2000).

Näher an forstwirtschaftlich nutzbare Variablen reichen solche Modelle, die das Wachstum eines repräsentativen Mittelstammes nachbilden und von diesem auf Bestandesebene hochrechnen. Diesen Ansatz wählen die Modelle:
- von MÄKELÄ (1986),
- FORGRO von MOHREN (1987),
- TREGROW von WEINSTEIN et al. (1991),
- ITE Forest Model von THORNLEY und CANNEL (1992),
- SIMFORG von NIKINMAA (1992),
- von SIEVÄNEN (1993),
- TREEDYN3 von BOSSEL (1994),
- FAGUS von HOFFMANN (1995) und
- FORSANA von GROTE und ERHARD (1999).

Eine dritte Gruppe approximiert die Bestandesentwicklung auch über Mittelstämme, bezieht diese Mittelstämme aber auf Kleingruppen. Hierzu zählen die Modelle:
- FORCYTE von KIMMINS et al. (1990),
- TOPOG-IRM von VERTESSY et al. (1996),
- HYBRID von FRIEND (1995) und FRIEND et al. (1997) und
- 4C von BUGMANN et al. (1997).

Zu einer vierten Gruppe fassen wir solche Modelle zusammen, die das Waldwachstum aus den Prozessen auf Organ- oder Einzelbaumebene aufbauen. Für diese Forschungs- und Entwicklungslinie stehen die Modelle:
- von SLOBODA und PFREUNDT (1989),
- TREE-BGC von KOROL et al. (1995),
- TRAGIC von HAUHS et al. (1995),
- LIGNUM von PERTTUNEN et al. (1996),
- FORDYN von LUAN et al. (1996),
- FORMIND von KÖHLER und HUTH (1998) und
- COMMIX von BARTELINK (2000).

Die Bezeichnung ökophysiologisch basierter Bestandesmodelle als Prozeßmodelle ist insofern irreführend, als natürlich alle Waldwachstumsmodelle Prozesse beschreiben. Beim Übergang von Ertragstafelmodellen über Evolutions- und Sukzessionsmodelle zu ökophysiologisch basierten Wuchsmodellen verfeinern sich lediglich Zeit- und Raumskala der modellierten Prozesse (vgl. Abb. 11.2). Eine Zunahme an Strukturtreue und Mechanistik bei der Systemabstraktion erhöht nicht zwangsläufig die Wirklichkeitsnähe der Simulationsergebnisse solcher Modelle. Die bisher konstruierten Wuchsmodelle dieses Typs enthalten noch viele ungeprüfte Hypothesen, etwa über das Wurzelwachstum oder die Verteilung der Assimilate auf Laub bzw. Nadeln, Äste, Stamm und Wurzeln, und kommen nicht ohne statistisch abgeleitete Vorgaben aus. Übertriebenes Streben nach Vollständigkeit kann zu extrem ausufernden Modellen führen, die mehr und mehr mit Systemdetails beladen werden und schließlich so viele, zum Teil hypothetische Parameter beinhalten, daß unter der wachsenden Komplexität die Transparenz und Verhaltenstreue leiden.

Die Abbildung des Waldwachstums auf der Grundlage der Photosynthese und Allokation in den Organen weist zwar unter den hier besprochenen Waldwachstumsmodellen eine relativ hohe mechanistische Aufschlüsselung auf. Aus molekularbiologischer Sicht, welche sich auf die Zellebene richtet, könnte aber selbst ein solcher Ansatz als unvertretbar grob und vereinfachend angesehen werden. Alle Erklärungsversuche bleiben letztlich nur eine graduelle Annäherung an die dem Biosystem zugrundeliegenden Prozesse und seine Strukturen. Ob ein Modellansatz als beschreibend oder eher als erklärend angesehen wird, ist relativ und hängt im wesentlichen von der Perspektive des Betrachters und der Systemebene ab, auf der dieser seine Arbeiten ansetzt (BERG und KUHLMANN, 1993).

Zusammenfassung

Die Entwicklungsreihe vom Prototyp bestandesorientierter Wuchsmodelle, den Reinbestandstafeln nach SCHWAPPACH und WIEDEMANN, über Bestandessimulatoren für Managementzwecke bis zu ökophysiologischen Prozeßmodellen als Forschungswerkzeug spiegelt Veränderungen in der Zielsetzung der Modellierung, ein fortschreitendes Wissen über Waldökosysteme und eine Weiterentwicklung der Theoriebildung und wider.

1. Ein Modell ist eine Abstraktion eines realen Systems; Waldwachstumsmodelle abstrahieren mit bestimmtem Ziel und Zweck Strukturen und Prozesse von Waldbeständen.

2. Wird ein Modell in ein EDV-Programm umgesetzt, so entsteht ein Simulator, der das Systemverhalten mit Hilfe von Rechenanlagen nachbildet.

3. Indem ein Modell die wichtigsten Systemelemente, Systemverknüpfungen und insbesondere Kausalketten beschreibt, kann es als Hypothese über den Aufbau und das Verhalten des realen Systems betrachtet werden. Die Validierung von Modell und in ihm aggregierten Hypothesen stützt sich auf die Ergebnisse von Simulationsläufen. Modelle fördern den Erkenntnisfortschritt.

4. Modelle unterstützen die Entscheidungsfindung der Praxis, indem sie das Bestandeswachstum im Zeitrafferverfahren nachbilden, den Effekt von Behandlungen, standörtlichen Veränderungen, Störungen usw. auf Bestandes-, Betriebs- und großregionaler Ebene ermöglichen.

5. Mit der Konstruktion der Ertragstafeln Ende des 18. Jahrhunderts wurden die ersten Bestandeswuchsmodelle geschaffen, die die Bestandesentwicklung auf der Basis von Bestandesmittel- und Bestandessummenwerten nachbilden. Sie stellen die wichtigsten Bestandeskennwerte (Stammzahl, Mittelhöhe, Mitteldurchmesser, Grundfläche, Formzahl, laufender jährlicher Zuwachs, Gesamtwuchsleistung und durchschnittlicher jährlicher Gesamtzuwachs) von Reinbeständen bei definierter Behandlung in fünfjährigen Intervallen tabellarisch dar. Ausgehend von frühen Erfahrungstabellen über die ersten standardisierten Ertragstafeln, EDV-gestützte Ertragstafelmodelle bis hin zu Ertragstafeln erzeugenden Bestandessimulatoren wurden Modelle dieser Generation zur entscheidenden Informationsgrundlage für eine nachhaltige Massenproduktion.

6. In den 60er Jahren des 20. Jahrhunderts entstand eine zweite Modellgeneration, die neben Bestandessummen- und Bestandesmittelwerten auch Stammzahlfrequenzen und Stärkeklassen erzeugt, so daß eine verbesserte Prognose der Sorten- und Wertleistung möglich ist. Differentialgleichungsmodelle, Verteilungsfortschreibungsmodelle und stochastische Evolutionsmodelle erfüllen diesen Zweck, indem sie die Entwicklungsdynamik gleichaltriger, homogener Reinbestände als Wanderungsbewegung der Stammzahl-Durchmesser-Verteilung entlang der Zeitachse abstrahieren.

7. Einzelbaummodelle wählen einen wesentlich höheren Auflösungsgrad bei der Systemabstraktion und Modellierung. Sie lösen einen Bestand mosaikartig in seine Einzelbäume auf und bilden deren Miteinander am Rechner als räumlich-zeitliches System nach. Die Beschreibungsebene wird identisch mit der Ebene der biologischen Anschauung, die Informationseinheit im Modell (Einzelbaum) ist identisch mit dem Individuum als Grundeinheit des Bestandes. Indem in Einzelbaummodellen Rückkopplungsschleifen zwischen Bestandesstruktur und Zuwachs enthalten sind, besitzen sie höhere Komplexität und Flexibilität als ihre Vorgänger. Unter positionsunabhängigen und positionsabhängigen Einzelbaummodellen verstehen wir Ansätze, welche die Konkurrenzsituation ohne bzw. mit Berücksichtigung des räumlichen Verteilungsmusters (Stammfußkoordinaten, Baum-zu-Baum-Abständen, Kronengrößen) nachbilden.

8. Durch summarische Zusammenfassung und Aggregation der Zustandsänderungen aller Bestandesglieder können höher auflösende Modelle, wie z. B. Verteilungsfortschreibungs-, Einzelbaum- oder ökophysiologische Prozeßmodelle, auch forstwirtschaftlich relevante Bestandessummen- und Bestandesmittelwerte erbringen.

9. Kleinflächen- oder Gap-Modelle bilden das Wachstum der Einzelbäume auf Teilflächen (z. B. Flächengröße 100 m^2) in Abhängigkeit von den dort herrschenden mittleren Wuchsbedingungen nach. Indem sie die Zusammenhänge zwischen Umweltbedingungen und Wachstum teils statistisch beschreiben, teils ökophysiologisch erklären, beschreiben sie einen Mittelweg zwischen Einzelbaummodellen und ökophysiologischen Prozeßmodellen. Sie werden zur Untersuchung von Konkurrenz- und Sukzessionserscheinungen in naturnahen Waldbeständen eingesetzt.

10. Ökophysiologische Prozeßmodelle rollen die Nachbildung des Baum- und Bestandeswachstums von den ökophysiologischen Grundprozessen wie Strahlungsabsorption, Interzeption von Niederschlägen, Evapotranspiration, Nährstoffaufnahme, Photosynthese, Atmung, Allokation, Seneszenz und Mortalität herauf. Sie stützen sich so weit wie möglich auf allgemein gültige physikalische, chemische und ökophysiologische Grundbeziehungen, so daß die statistische Anpassung an empirische Befunde eher in den Hintergrund tritt. Indem sie neben der Vorhersage des Holzertrags von Baum und Bestand auch Aussagen zum Kohlenstoff-, Stickstoff- und Wasserkreislauf vermitteln, unterstützen sie ein umfassendes Ökosystemverständnis und -management.

11. Aufgrund ihres großen Bedarfes an Initialisierungsdaten, Triebkraftzeitreihen und ihrer Bindung an leistungsfähige Rechner dienen ökophysiologisch basierte Prozeßmodelle bisher vorwiegend als Forschungswerkzeug, werden künftig aber immer größere praktische Bedeutung gewinnen. Der zunehmende Informationsbedarf über Waldökosysteme und der Wunsch, die Reaktionen der Waldökosysteme auf Störeinflüsse zu verstehen und zu prognostizieren, erfordern einen Komplexitätsgrad, wie ihn nur ökophysiologische Prozeßmodelle besitzen.

12 Diagnose von Wachstumsstörungen

Das Wachstum von Waldbeständen wird in zunehmendem Maße durch Störfaktoren beeinträchtigt. In ihrem Ausmaß reichen diese Störfaktoren von lokalen oder temporären Belastungen des Waldes durch Absenkung des Grundwasserspiegels, Aufhieb von Trassen, Ausbringung von Streusalz und Immissionen aus Industrie und Landwirtschaft bis zu langfristigen Veränderungen der Kohlendioxid- und Ozonkonzentration und global ausgeprägten Veränderungen des Klimas (Bildtafeln 25, 26 und 27). Die Störfaktoren können sich in spezifischen Mustern, wie beispielsweise dem eingestellten Pufferbereich, der Art der Kohlenstoff-Allokation, der Verzweigung, dem Belaubungszustand, dem Zuwachsgang oder der Zusammensetzung von Waldgesellschaften, äußern und über mehrere Prozeßebenen hinweg wirken. Unter diesen Reaktionsmustern, die für die Beurteilung des Systemverhaltens und die Diagnose etwaiger Störungen herangezogen werden können, erweist sich der langfristige Zuwachsgang von Durchmesser, Höhe oder Volumen von Bäumen und Beständen aus folgenden Gründen als besonders aussagekräftiger und methodisch gut handhabbarer Indikator:

Im Vergleich zu biochemischen, ökophysiologischen oder verzweigungsmorphologischen Befunden stellt der Zuwachsgang eine hoch aggregierte und deshalb robuste Indikatorgröße für das Systemverhalten dar. Schlagen Störungen selbst bis in das langfristige Zuwachsverhalten von Einzelbäumen oder ganzen Beständen durch, so deutet das auf tiefgreifende Störeinflüsse hin.

Anders herum darf von einem undifferenzierten, normalen Zuwachsgang nicht auf ein unbeeinträchtigtes Systemverhalten geschlossen werden, denn Störungen auf untergeordneten Prozeßebenen können bis zu einem gewissen Grad abgepuffert werden. Je höher die Auflösungsebene des betrachteten Prozesses, um so unsicherer wird der Schluß von Störungen des Teilprozesses auf Störungen des Gesamtsystems, denn die Anzahl der zwischengeschalteten, pufferfähigen Regelkreise nimmt zu (vgl. Kap. 1).

Bei der Beurteilung aktueller Wachstumsverläufe können wir uns auf langfristige Zuwachsmessungen auf Versuchsflächen stützen, die weit ins 19. Jahrhundert zurückreichen und Zeitreihen liefern, die in dieser Dauer für keine andere Zustandsgröße von Waldökosystemen vorliegen.

Indem der Zuwachs auch retrospektiv mit Hilfe von Bohrkernen und Stammanalysen ermittelt werden kann, ist er eine äußerst operable Indikatorgröße.

Wirken Störfaktoren auf einen Waldbestand, so lösen sie bei den Bestandesgliedern individuell unterschiedliche Veränderungen ihrer

- absoluten Produktionsraten,
- relativen Allokationsmuster und
- Sensitivität auf sonstige Einflußfaktoren

aus. Die Veränderung der absoluten Produktion äußert sich strukturell in Zuwachsänderungen an den Baumorganen (Holzzuwachs und Blatt- bzw. Nadelmenge) und der Produktion von Samen. Veränderungen der internen Allokationsmuster infolge von Störfaktoren können in einer Veränderung der Allometrie zwischen Nadelmenge und Zuwachs, Höhe und Durchmesser, Sproß und Wurzel oder Früh- und Spätholz resultieren. Besonders folgenreich für die Einzelbaum- und Bestandesstabilität ist hierbei eine mögliche Veränderung der Zuwachsanlagerung entlang des Baumschaftes. Störfaktoren verändern zumeist auch die Sensitivität der Zuwachs- und Samenproduktion; hier reichen die Muster von erhöht reagierenden Kurvenverläufe bis hin zu einer verminderten Oszillation, die in völlige Stagnation der Zuwachs- und Samenbildung oder in Mortalität münden kann.

Wachstumsstörungen an einzelnen Bestandesgliedern müssen sich nicht in jedem Fall auf Bestandesebene, also in der flächenbezogenen Produktion niederschlagen. Denn über den Regelkreis Wachstumskonstellation → Zuwachs des Einzelbaumes → Bestandesstruktur → Wuchskonstellation des Einzelbaumes bestehen Rückkopplungen zwischen den mehr oder minder von Störfaktoren betroffenen Bestandesgliedern (vgl. Abschn. 8.1.1). So können vitale verbleibende Bäume den Zuwachsrückgang der abgestorbenen Bäume auffangen oder sogar überkompensieren. Die als Indikatoren für Wachstumsstörungen benannten Größen Nadelverlust, Zuwachs, Samenproduktion müssen uns also auf Einzelbaum- und Bestandesebene interessieren. Aus praktischen Gründen (Meßtechnik, Probengewinnung, forstwirtschaftliche Aussagekraft) erfolgt die Diagnose von Wachstumsstörungen überwiegend auf der Grundlage von Stammzuwachsmessungen in 1,30 m Höhe, Baumhöhenmessungen, Anschätzungen der Nadelverluste und Registrierung von Stammausfällen. Feinanalysen schließen Stammanalysen, Kronenstrukturanalysen oder Zuwachsanalysen an Wurzeln mit ein.

Die im folgenden behandelten und in Tabelle 12.1 zusammengestellten Methoden zur Diagnose von Wachstums- und Zuwachsstörungen orientieren sich an der verfügbaren Datenbasis aus Inventuren, langfristigen Versuchsflächen, temporären Probeflächen, Bohrkernen oder Stammanalysen. Die mutmaßlich gestörten Entwicklungsverläufe von Einzelbäumen oder Beständen werden mit einem „normalen" Entwicklungsgang verglichen, der unter ungestörten Verhältnissen zu erwarten wäre und als Referenz dient. Der Vergleich zwischen zu beurteilendem Entwicklungsgang und Referenz erlaubt die Datierung und Quantifizierung der Wachstumsreaktion und kann die Identifikation der Störungsursachen unterstützen. Das Referenzverfahren wird bestimmt von der Art der vermuteten Störung, dem räumlichen und zeitlichen Ausmaß der Störung und den verfügbaren Informationsgrundlagen über u. a. Zuwachsgang, Klimazeitreihen, Grundwasserganglinien oder Immissionsmessungen. Die Anwendungsfelder reichen von der Überprüfung forstwirtschaftlicher Modelle und Planungsgrundlagen, über die ökologische Dauerbeobachtung bis zum gerichtlichen Beweissicherungsverfahren. Unterschiede zwischen den Verfahren bestehen vor allem darin, inwieweit sie Ausgangsunterschiede zwischen gestörten und „normalen" Entwicklungsverläufen, die u. a. durch Dimensions-, Alters- und Bonitätsunterschiede gegeben sein können, eliminieren. Ein weiterer Unterschied besteht darin, wie sie den Effekt des nachzuweisenden Störfaktors von allgemein wirkenden Faktoren wie Klima, Witterung oder Konkurrenzsituation im Wald trennen. Die Wahl dieser oder jener Methode hat beträchtliche Auswirkungen auf die erzielte Genauigkeit und die Kosten.

Verfahrensgruppe 1 Vergleiche mit Ertragstafeln, Szenariorechnungen und synthetischen Altersverläufen bilden eine Verfahrensgruppe, bei der die Referenz deduktiv aus Wuchsmodellen abgeleitet wird. Der Ertragstafelvergleich kann langfristige Wachstumsveränderungen im Kalibrierungsgebiet der Tafel diagnostizieren und gibt damit Auskunft über ihre Gültigkeit als forstwirtschaftliches Planungswerkzeug. Es läßt sich mit Hilfe der Ertragstafel prüfen, ob das absolute Niveau und der Altersgang von Zuwachs oder Wachstum mit den empirisch abgesicherten Befunden in der zurückliegenden Phase der Modellkonstruktion übereinstimmen. Ein solcher Vergleich erlaubt aber keine Rückschlüsse auf die Ursachen für eventuelle Abweichungen zwischen wirklichem und erwartetem Zuwachs.

Demgegenüber ermöglichen dynamische Wuchsmodelle (Kap. 11), die den Zuwachsgang von Einzelbäumen und Beständen in Abhängigkeit von Standraum, Behandlung, Standort- und Störfaktoren nachbilden, eine differenziertere Schadensdiagnose. Im besten Fall kann ein zu beurteilender Zuwachsgang durch Szenariorechnungen angenähert und in seinen Ursachen verstanden werden.

Tabelle 12.1 Methoden für die Diagnose von Zuwachs- und Wachstumsstörungen in Waldbeständen und ihre Anwendungsfelder.

Methode	Datenbasis	Referenz	Anwendungsfehler
Ertragstafelvergleich Szenarienvergleich	lokal bis großregional erhobene Einzelbaum- und Bestandesdaten	Wuchsmodelle	Überprüfung von Planungsgrundlagen, Trendanalyse
Synthetische Referenzkurven	Stammanalysen	Pflegeprogramme	Trendanalyse
Zuwachstrend-Verfahren Pärchenvergleich Nullflächen-Vergleich durch Kovarianzanalyse Nullflächen-Vergleich durch Indexierung Regressionsanalytische Zuwachsdiagnose	lokal bis großregional gesammelte Zuwachszeitreihen aus Bohrkernen, Stammanalysen, Wiederholungsaufnahmen	Zuwachszeitreihen ungeschädigter Einzelbäume, Baumkollektive, Bestände Regressionsmodell	Datierung und Quantifizierung von Zuwachsschäden. Wirkungsforschung, Beweissicherungsverfahren
Vorperioden-Vergleich Diagnose abrupter Zuwachsereignisse	Bohrkerne, Stammanalysen	Zuwachs in der Vorperiode	Trend- und Sensitivitätsanalyse
Methode des konstanten Alters	Zuwachsgänge für breites Altersspektrum	historische Einzelbaumzuwächse	Bioindikation, Trendanalyse
Generationenvergleich	Dauerversuchsflächen	historische Bestandeszuwächse	
Folgeinventuren	großregionale Wiederholungsaufnahmen	Zuwachsniveau zurückliegender Inventuren	
Dendroökologische Zeitreihenanalyse	Bohrkerne, Stammanalysen, Klimareihen	Response-Funktion	Wirkungsforschung, Beweissicherungsverfahren

Verfahrensgruppe 2 Beim Zuwachstrend-Verfahren, Pärchenvergleich, Nullflächen-Vergleich, dem Vergleich durch Indexierung und der regressionsanalytischen Zuwachsverlustschätzung wird die Referenz aus unbeeinträchtigten Bäumen oder Beständen abgeleitet. Diese Verfahrensgruppe eignet sich deshalb besonders gut für die Untersuchung zeitlich und räumlich begrenzter Störfaktoren, wie z. B. Grundwasserabsenkungen durch Quellwasserentnahmen oder Bau von Wasserstraßen, Immissionen durch die Abgasfahne von Industrieanlagen oder Randschäden durch Trassenaufhiebe. Die meisten Beweissicherungsverfahren beruhen auf diesem induktiven Vorgehen.

Verfahrensgruppe 3 Bei dem Vorperioden-Vergleich, der Diagnose abrupter Zuwachsereignisse, der Methode des konstanten Alters, dem Vergleich von Vor- und Folgegeneration auf gleichem Standort und der Auswertung von Folgeinventuren wird das zu beurteilende, aktuelle Wachstum mit dem Wachstum in vergangener Zeit verglichen. Damit ermöglichen diese Verfahren die Diagnose abrupter, aber auch langfristiger und großregional ausgeprägter Wachstumsveränderungen, wie sie durch Klimaveränderungen, Anstieg der Kohlendioxidkonzentration der Luft oder anthropogen bedingte Stickstoffeinträge ausgelöst werden können.

Verfahrensgruppe 4 Die dendroklimatologische Zeitreihenanalyse strebt auf analytischem Wege eine Differentialdiagnose lokaler oder regionaler Wachstumsstörungen an. Wenn neben langfristigen Zuwachsdaten Zeitreihen von Klima und Störfaktoren vorliegen, erreicht dieses Verfahren die bestmögliche Herausfilterung von Ursache-Wirkungs-Zusammenhängen.

Alle genannten Verfahren können zwar Indizien über vermutete Zusammenhänge zwischen Störursachen und Zuwachsreaktionen, aber nur selten direkte Beweise über Kausalzusammenhänge erbringen. Denn ein unmittelbarer Nachweis einer Ursachen-Wirkungs-Kette zwischen Störfaktoren und Wachstumsreaktionen der Waldbestockung ist in der Regel nicht möglich, weil im Freiland nur selten die für einen experimentellen Nachweis erforderliche Ceteris-paribus-Voraussetzung gegeben ist, wir es dort vielmehr mit einer kaum überschaubaren Vielfalt von wachstumsrelevanten Einflußfaktoren zu tun haben. Ein direkter Nachweis einer vermuteten Kausalbeziehung ist also in vielen Fällen schon allein aufgrund der im Freiland gegebenen Umstände und Rahmenbedingungen nicht durchführbar. Nach der hier vertretenen Auffassung darf die skizzierte Ausgangssituation aber nicht zur Folge haben, daß in Ermangelung eines direkten experimentellen Nachweises von Kausalbeziehungen zwischen Störfaktoren und Wachstumsreaktionen die Aussagekraft zuwachsdiagnostischer Analysen abgewertet wird. Denn letzten Endes ist es eine Frage des erkenntnistheoretischen Ansatzes, ob bei der Prüfung einer Hypothese ein direkter experimenteller Nachweis von Ursache-Wirkungs-Beziehungen angestrebt oder ob eine Vorgehensweise akzeptiert wird, bei der sich die Schadensdiagnose auf Indizien stützt. Gerade die Analyse großregionaler und langfristiger Wachstumsstörungen wird sich aber zumeist auf Indizien stützen müssen, denn die Prüfung von Kausalbeziehungen würde umfangreiche Freilandexperimente mit einem statistisch einwandfreien Design erfordern, die aber bestenfalls punktuell und nur temporär realisierbar sind.

In der praktischen Anwendung empfiehlt es sich, auf eine gegebene Fragestellung mehrere Methoden anzuwenden, um deren spezifische Stärken auszuschöpfen. ELLING (1993), POLLANSCHÜTZ (1975, 1980), PRETZSCH (1985b) und RUBNER (1910) nutzen die bei der Jahrringanalyse registrierten Ringausfälle als weitere Indizien für Zuwachsschäden. Durch geschickte Kombination verschiedener Verfahren lassen sich vermutete Störungsursachen besser differenzieren, Zuwachsreaktionen in ihrer räumlichen und zeitlichen Skala genauer eingrenzen und etwaige Zuwachsanstiege oder -einbußen in ihrer relativen und absoluten Höhe besser absichern.

12.1 Wuchsmodelle als Referenz

12.1.1 Ertragstafelvergleich

Beim Ertragstafelvergleich wird der Zuwachs- oder Wachstumsgang eines Bestandes den Erwartungswerten der Ertragstafel gegenübergestellt. Dies ermöglicht zum einen praxisrelevante Rückschlüsse auf die aktuelle Brauchbarkeit der Ertragstafel als forstwirtschaftliches Planungswerkzeug. Andererseits dient der Ertragstafelvergleich als Hilfsmittel bei Nachweis, Datierung und Quantifizierung großregionaler Störeinflüsse auf das Waldwachstum. Ertragstafeln geben mittlere Bestandesentwicklungen wieder, die aus einem in der räumlichen Verteilung und standörtlichen Ausstattung, in der zeitlichen Erfassung, in Altersstruktur, Provenienz und Behandlung heterogenen Netz von Versuchsflächen abgeleitet wurden. Die Ertragstafelangaben haben deshalb für einen einzelnen Bestand nur beschränkte Gültigkeit. Der Ertragstafelvergleich gewinnt aber an Aussagekraft, wenn er für eine größere Anzahl von Beständen ausgeführt wird.

Größere Abweichungen zwischen dem nach der Ertragstafel zu erwartenden und dem wirklichen Wachstumsverlauf machen die Tafel für die Steuerung des Waldwachstums oder die Hiebssatzplanung im Rahmen der Forsteinrichtung mehr oder weniger unbrauchbar. Die Diagnose solcher Abweichungen ist deshalb von grundsätzlicher Bedeutung für die Forstwirtschaft.

Da sich Ertragstafeln nicht nur in ihrem regionalen Bezug, sondern auch in der Methode ihrer Erstellung (Umfang und Güte des Datenmaterials, Wahl der Wachstums- und Zuwachsfunktionen, Art des statistischen Ausgleichs usw.) beträchtlich unterscheiden (Abschn. 11.1.1), sind sie in unterschiedlichem Maße als Referenz geeignet. Beispielsweise ist bekannt, daß solche Ertragstafeln, deren Höhenverläufe auf Stammanalysen aufbauen, immer gestrecktere Wachstumsverläufe aufweisen, als jene, die auf Wuchsreihen zurückgehen. Durch ungeschickte oder unreflektierte Auswahl der Ertragstafel kann bei deren Verwendung als Referenz fast alles zwischen Zuwachsmehrung und Zuwachsminderung diagnostiziert werden (STERBA, 1989 b). Aussagen zu längerfristigen Zuwachsänderungen und die Eingrenzung ihrer Ursachen durch Ertragstafelvergleich setzen deshalb voraus, daß die Referenz-Ertragstafel den ungestörten standortspezifischen Wachstumsverlauf zutreffend widerspiegelt oder die Abweichungen zwischen standorttypischem Wachstumsgang und Ertragstafel bekannt sind. Bei stärkeren behandlungsbedingten Unterschieden in der Bestockungsdichte zwischen Ertragstafel und Wirklichkeit sind die Tafelwerte vor ihrer Anwendung als Referenz mit dem ertragstafelbezogenen Bestockungsgrad oder mit Hilfe von geeigneten Dichte-Zuwachs-Funktionen (ASSMANN und FRANZ, 1965) zu adjustieren. Sind standortspezifische Abweichungen und behandlungsbedingte Effekte durch die Wahl der passenden Tafel oder Transformation ihrer Ausgabegrößen auf den spezifischen Anwendungsfall ausgeklammert und stützt sich der Vergleich auf eine größere Zahl von Probenahmen, so läßt der Ertragstafelvergleich Aussagen über längerfristige Zuwachsveränderungen zu.

Ein Beispiel für die Diagnose von langfristigen Zuwachsänderungen in südbayerischen Fichtenbeständen *Picea abies* (L.) Karst. durch Ertragstafelvergleich gibt RÖHLE (1997). Die Grundlage bilden 27 Fichtenversuchsflächen, die vor mehr als 100 Jahren in den damaligen Forstämtern Denklingen, Egelharting, Ottobeuren und Sachsenried angelegt wurden und vom Lehrstuhl für Waldwachstumskunde der Universität München zum Teil bis in die Gegenwart beobachtet werden. Als Vergleich dient die Ertragstafel von ASSMANN und FRANZ (1963), die auf die sechziger Jahre zurückgeht und sich unter anderem auf die Datenbasis der zu beurteilenden Waldbestände stützt. Der Vergleich in Abbildung 12.1 zeigt, daß sich die Oberhöhenzuwächse von 1882 bis in die 50er Jahre in einem engen Streuband um die Erwartungswerte der Ertragstafel (100%-Linie) bewegen. Seit den 50er Jahren weichen die Höhenzuwächse dann in zunehmendem Maße von den Erwartungswerten ab und erreichen Werte zwischen 129% (Egelharting 72, A-Grad) und 314% (Denklingen 05, A-Grad). Die empirische Basierung der Ertragstafel auf den zu beurteilenden Versuchsflächen, die gleichbleibende Bestandesbehandlung und Provenienz verengen das mögliche Ursachenspektrum und rücken Klimaveränderungen, Stickstoffeinträge und Anstieg der Kohlendioxidkonzentration der Luft als Ursachen für den ökologisch und ökonomisch bemerkenswerten Zuwachsanstieg ins Blickfeld.

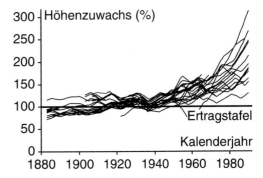

Abbildung 12.1 Vergleich zwischen beobachtetem Zuwachs und Erwartungswerten der Ertragstafel, die als 100%-Linie eingetragen sind (nach RÖHLE, 1997). Oberhöhenzuwachs auf 27 Fichten-Versuchsparzellen *Picea abies* (L.) Karst. in den Forstämtern Denklingen, Egelharting, Ottobeuren und Sachsenried von 1882–1990 im Vergleich zur Ertragstafel von ASSMANN und FRANZ (1963).

12.1.2 Dynamische Wuchsmodelle als Referenz

Als Methode zur Analyse und Bewertung beobachteter Wachstumsgänge hat sich ferner der Vergleich mit den Erwartungswerten dynamischer Wuchsmodelle bewährt (HARI et al., 1984; MIELIKÄNEN und TIMONEN, 1996). Denn mit dynamischen Wuchsmodellen lassen sich Referenzverläufe erzeugen, die im Vergleich mit denen der Ertragstafel wesentlich differenzierter sind. Das gilt insbesondere für behandlungs- und standortsensitive Einzelbaummodelle, die sich auf ein standörtlich breit gestreutes Datenmaterial von langfristigen Versuchsflächen stützen. Bestockungs- und Behandlungsunterschiede zwischen dem zu beurteilenden Bestand und dem als Referenz gewählten Modell, die den Ertragstafelvergleich in seiner Aussagekraft einschränken, stellen beim Einsatz von dynamischen Wuchsmodellen kein Problem dar. Denn den Ausgangszustand des Bestandes und das in ihm ausgeführte Pflegeregime (Durchforstungsart, -grad und -turnus) kann das Modell wirklichkeitsnah nachbilden. Gegenüber Ertragstafeln, die mittlere Wachstumsverläufe abbilden und deshalb für einzelne Bestände eine nur beschränkte Aussagekraft haben, gewährleisten dynamische Wuchsmodelle, die sich auf die Standortvariablen des zu beurteilenden Einzelbestandes stützen, außerdem einen besseren Standortbezug. So ermöglichen sie auch für den Einzelbestand differenzierte Aussagen über Abweichungen zwischen erwartetem und wirklichem Wachstumsgang. Dynamische Modelle, die den Zuwachs- und Wachstumsverlauf in Abhängigkeit von den Wuchsbedingungen des Einzelbaumes und Bestandes schätzen, bieten gegenüber Ertragstafeln einen weiteren entscheidenden Vorteil: Die mit ihnen erzeugten Referenzverläufe sind weniger stark von periodischen Schwankungen der Wuchsbedingungen beeinflußt. Denn anders als Ertragstafeln, die statistisch gemittelte Wachstumsbedingungen eines definierten Beobachtungszeitraumes repräsentieren, der mit periodischen Schwankungen des Klimas oder einem Trend im Nährstoffeintrag behaftet sein kann, implizieren dynamische Wuchsmodelle den Kausalzusammenhang zwischen Wuchsbedingungen und Wachstumsreaktion. Sie erlauben es, den unter gegebenen, definierten Wuchsbedingungen zu erwartenden Wachstumsgang von Bäumen oder Waldbeständen rechnerisch herzuleiten und erbringen auf diesem Wege eine Referenzentwicklung. Die dann noch verbleibenden Abweichungen zwischen beobachteten Wachstumsgängen und der Referenz müssen auf anderweitige, in der Referenz nicht berücksichtigte Einflüsse zurückzuführen sein, die auf diesem Wege eingegrenzt und in ihren Auswirkungen quantifiziert werden können.

Der Einsatz dynamischer Wuchsmodelle zur Analyse von Zuwachsstörungen soll am Beispiel der langfristig beobachteten Fichtenversuchsfläche Denklingen 05 (A-Grad) demonstriert werden. Der Vergleich mit den Erwartungswerten der Ertragstafel (Abb. 12.1) erbrachte, daß das Oberhöhenwachstum auf dieser und anderen Versuchsflächen im südbayerischen Raum seit den 50er Jahren des 20. Jahrhunderts kontinuierlich angestiegen ist. Zur genaueren Analyse der Oberhöhenentwicklung setzen wir im folgenden den Wachstumssimulator SILVA 2.2 ein. SILVA 2.2 ist ein positionsabhängiges Einzelbaummodell (Abschn. 11.3), das den Wachstumsgang von Rein- und Mischbeständen in Abhängigkeit von bestandesinterner Konkurrenz, Behandlungseingriffen, Standort- und Störfaktoren für Managementzwecke vorhersagt (PRETZSCH, 1992a; KAHN, 1994; PRETZSCH, 2001). Dem wirklichen Oberhöhenverlauf des Versuchsbestandes Denklingen 05 (A-Grad) in der Zeit von 1882 bis 1998 sind in Abbildung 12.2 vier verschiedene, mit dem Wuchsmodell SILVA 2.2 prognostizierte Wachstumsverläufe gegenübergestellt. Der wirkliche Oberhöhenverlauf ist als 100%-Linie eingezeichnet, bei den Szenarien 1 bis 4 handelt es sich um simulierte Oberhöhenverläufe für unterschiedliche Standortbedingungen. Die vier Simulationsläufe beginnen mit der wirklichen Bestandessituation im Jahre 1882, bilden die auf der Versuchsfläche ausgeführten und aufgezeichneten Behandlungseingriffe genau nach und unterscheiden sich nur in den zugrunde gelegten Standortbedingungen.

12.1 Wuchsmodelle als Referenz

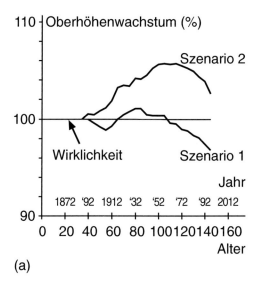
(a)

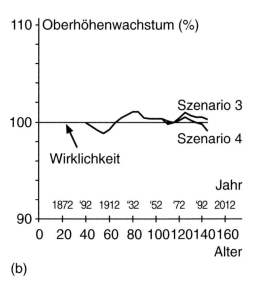
(b)

Abbildung 12.2a, b Analyse des Oberhöhenwachstums auf der Versuchsfläche Denklingen 05 (A-Grad) mit dem Wachstumssimulator SILVA 2.2. **(a)** Die Szenarien 1 und 2 unterstellen für den gesamten Wachstumszeitraum konstante Standortbedingungen. **(b)** Eine treffgenaue Nachbildung des wirklichen Oberhöhenverlaufes kann nur durch eine Veränderung der Nährstoffversorgung abgebildet werden, wie sie bei den Szenarien 3 und 4 eingesteuert wurde.

In Szenario 1 werden für den gesamten Wachstumszeitraum konstante Wuchsbedingungen unterstellt, von denen wir am Ende des 19. Jahrhunderts ausgehen müssen. Bei dieser Einsteuerung vermag das Wuchsmodell SILVA 2.2 die wirkliche Höhenwachstumskurve bis zum Alter 110 Jahre mit bemerkenswerter Genauigkeit abzubilden, ab diesem Alter bzw. seit den 60er Jahren weichen prognostizierte und wirkliche Oberhöhenentwicklung deutlich voneinander ab. Seit Mitte des 20. Jahrhunderts steigt das wirkliche Oberhöhenwachstum gegenüber dem bei konstanten Wuchsbedingungen zu erwartenden stetig an und übertrifft dieses in der Gegenwart über mehrere Prozentpunkte.

Unterstellen wir in Szenario 2 für den gesamten Wachstumszeitraum Wuchsbedingungen, wie sie in den 80er und 90er Jahren des 20. Jahrhunderts gegeben waren (Veränderung der Klimabedingungen und Nährstoffversorgung gegenüber der Ausgangssituation im Jahre 1882), so ergibt sich eine Überschätzung der Oberhöhenentwicklung. Erst im hohen Alter nähern sich prognostizierte und wirkliche Oberhöhe wieder an. Diese und weitere Szenariorechnungen lassen erkennen, daß der wirkliche Oberhöhenverlauf nur dann nachgebildet werden kann, wenn für das letzte Drittel des hier betrachteten Wachstumszeitraumes eine Standortänderung eingesteuert wird. Während die Variation von Temperatur und Niederschlag keine Annäherung an den wirklichen Oberhöhenverlauf erbringt, führt eine Erhöhung der Nährstoffversorgung zu dem gewünschten Ergebnis.

Abbildung 12.2 stellt die Szenarien 3 und 4 dar, in denen ab dem Alter 110 Jahre eine Verbesserung der Nährstoffversorgung um drei bzw. eine Skalenstufe eingesteuert wird. Die Nährstoffversorgung wird relativ auf einer Skala von 0 bis 1 quantifiziert und ist bis zum Alter 110 Jahre auf 0,2 eingestellt. Für die Folgezeit unterstellt das Szenario 3 eine Nährstoffversorgung von 0,5 und das Szenario 4 eine Nährstoffversorgung von 0,3. Erst die Einsteuerung einer Veränderung in der Nährstoffversorgung während des Prognosezeitraumes erbringt eine Annäherung zwischen wirklichem und prognostiziertem Wachstumsverlauf.

Die Differenzen zwischen dem wirklichen Oberhöhenverlauf und den Ergebnissen der

347

12 Diagnose von Wachstumsstörungen

Szenariorechnungen können nicht auf a priori vorhandene Differenzen zwischen Modell und Wirklichkeit oder auf Behandlungseffekte zurückgeführt werden, denn der Prognoselauf basiert auf den wirklichen Höhenbefunden im Jahre 1882 und berücksichtigt die seitdem registrierten Pflegeeingriffe und Ausscheidungsprozesse. Der wirkliche Oberhöhenverlauf ist vielmehr nur durch tiefgreifende Veränderungen der Wuchsbedingungen seit den 50er bis 60er Jahren zu erklären. Berücksichtigen wir die Veränderung der Nährstoffversorgung in diesem Zeitraum, so nähern sich prognostizierte und wirkliche Kurve einander an (Abb. 12.2 b). Auf diese Weise erhalten wir Indizien dafür, ob, ab wann, in welchem Ausmaß und infolge welcher Faktoren sich das Wuchsverhalten auf der betrachteten Versuchsfläche verändert hat. In unserem Fallbeispiel isolieren wir eine verbesserte Nährstoffversorgung, etwa durch wachstumsfördernde Stoffeinträge, als mögliche Ursache für die Forcierung des Höhenwachstums in den zurückliegenden Dekaden. Die Folgerungen aus solchen Vergleichen zwischen Modell und Wirklichkeit sind um so sicherer, je besser und breiter das verwendete Modell zuvor validiert wurde.

12.1.3 Synthetische Referenzkurven

ABETZ (1985) leitet aus dem mit seinem Namen eng verbundenen Z-Baum-Konzept synthetische Referenzkurven für die Zuwachsdiagnose ab. Die für Fichte *Picea abies* (L.) Karst., Tanne *Abies alba* Mill., Douglasie *Pseudotsuga menziesii* Mirb. und Kiefer *Pinus silvestris* L. entwickelten synthetischen Referenzkurven stellen den erwarteten Radialzuwachs von Z-Bäumen über dem Alter in 1,3 m Baumhöhe für ausgewählte dGZ-Bonitäten dar (Abb. 12.3). Die Bezeichnung dieser Kurven als „synthetische Referenzkurven" resultiert daraus, daß diese rein normativ abgeleitet werden. Anders als bei den empirisch basierten Referenzverläufen aus Ertragstafeln und dynamischen Wuchsmodellen leitet ABETZ die Referenzbaumentwicklungen aus aktuellen forstwirtschaftlichen Produktionszielen und Produktionsprogrammen ab (GERECKE, 1986). Die

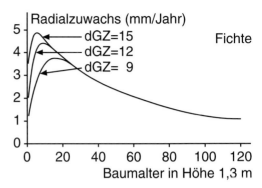

Abbildung 12.3 Synthetisches Referenzkurvensystem für vorherrschende Fichten *Picea abies* (L.) Karst. der dGZ-Bonitäten 9, 12 und 15. Dargestellt ist der an Z-Bäumen erwartete Radialzuwachs ohne Rinde über dem Alter in 1,3 m Baumhöhe (nach ABETZ, 1985).

synthetischen Referenzkurven spiegeln angestrebte Idealentwicklungen des Radialzuwachses bei definierter Bestandesbehandlung (Z-Baum-Durchforstung) und gewünschten h/d-Entwicklungen, Zieldurchmessern, Zielhöhen und Umtriebszeiten wider. Eventuelle Zuwachsanomalien zu beurteilender Bäume werden nun mit diesen synthetischen Referenzkurven verglichen, indem ihre Radialzuwächse in Prozent zu denen des Referenzbaumes bei gegebenem Alter und gegebener dGZ-Bonität aufgetragen werden (Abb. 12.4). Für die dargestellte Zuwachsentwicklung der Fichte *Picea*

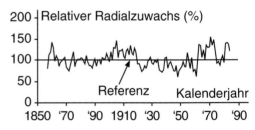

Abbildung 12.4 Radialzuwachs einer Fichte *Picea abies* (L.) Karst. aus den Hochlagen des Südschwarzwaldes (Forstbezirk Stauffen) in Prozent zur entsprechenden synthetischen Referenzkurve der dGZ-Bonität 9. Durch Eliminierung des natürlichen Alterstrends treten Phasen der Zuwachsdepression in den 20er und 70er Jahren, aber auch Zuwachshochphasen zu Beginn des 20. Jahrhunderts und in den 60er Jahren deutlich hervor (nach ABETZ, 1985).

abies (L.) Karst. aus den Hochlagen des Südschwarzwaldes vermag die synthetische Referenzkurve (100%-Linie) Bonitäts- und Alterseffekte gut zu eliminieren, so daß Phasen der Zuwachssteigerung und -minderung deutlich hervortreten. ABETZ (1985) entwickelte solche normativen Referenzkurven für Fichte *Picea abies* (L.) Karst. und Tanne *Abies alba* Mill. (dGZ_{100}-Bonitäten 9, 12, 15), für Douglasie *Pseudotsuga menziesii* Mirb. (dGZ_{60}-Bonitäten 13, 16, 19) und Kiefer *Pinus silvestris* L. (dGZ_{100}-Bonitäten 5, 7, 9).

Aus der normativen Herleitung, die sich an ganz speziellen Produktionszielen und -programmen orientiert und ausschließlich die Radialzuwachsentwicklung von Z-Bäumen im Blick hat, resultiert eine entsprechende eingeschränkte Verwendbarkeit der synthetischen Referenzkurvensysteme. Bei den zu beurteilenden Bestandesgliedern muß es sich um Z-Bäume handeln, deren Behandlung identisch ist mit dem von ABETZ bei der Kurvenherleitung unterstellten Produktionsziel und -programm. Eine solche Gleichbehandlung von Idealbäumen des Referenzkurvensystems und zu beurteilenden Bestandesgliedern dürfte angesichts der sich in stetigem Wandel befindlichen Pflegerichtlinien der Hauptbaumarten nur selten gegeben sein. Bleiben hingegen Behandlungsunterschiede unberücksichtigt, so besteht die Gefahr, daß durch Störfaktoren ausgelöste Zuwachsanstiege oder -einbrüche mit Alterungs-, Standorts- oder Behandlungseffekten verwechselt werden. Überprüfungsbedürftig bei dieser Art der Referenzherleitung ist die allem Erfahrungswissen widersprechende Unterstellung, daß die Zuwächse etwa ab dem Alter 40 Jahre bonitätsunabhängig verlaufen.

12.2 Ungeschädigte Bäume oder Bestände als Referenz

12.2.1 Zuwachstrend-Verfahren

Das Zuwachstrend-Verfahren wurde zur Abschätzung schadbedingter Zuwachsverluste auf den Fichten- und Kiefern-Beobachtungsflächen *Picea abies* (L.) Karst., *Pinus silvestris* L. in den bayerischen Waldschadensgebieten entwickelt (PRETZSCH und UTSCHIG, 1989; RÖHLE, 1987). Hierbei wird der Zuwachsgang verlichteter Bestandesglieder mit dem Wachstum ungeschädigter Bäume desselben Bestandes verglichen (Bildtafel 24). Die Referenz, an der der Zuwachsgang geschädigter Bestandesglieder gemessen wird, ergibt sich also aus dem zu beurteilenden Bestand selbst. Das Verfahren entspricht den Empfehlungen der SEKTION ERTRAGSKUNDE DES DEUTSCHEN VERBANDES FORSTLICHER FORSCHUNGSANSTALTEN (1988) zur Zuwachsdiagnose in geschädigten Waldbeständen.

Abbildung 12.5 zeigt für Fichten *Picea abies* (L.) Karst. bzw. Kiefern *Pinus silvestris* L. in den bayerischen Hauptverbreitungsgebieten den Zusammenhang zwischen Nadelverlusten in Prozent und dem Verlust an jährlichem Grundflächenzuwachs an Einzelbäumen in Prozent, wobei die Zuwachsverluste mit dem Zuwachstrend-Verfahren berechnet wurden. Den Ausgleichskurven für den Altersrahmen von 50–120 Jahren liegen 240 Probeflächen in Fichtenbeständen und 54 Probeflächen in Kiefernbeständen zugrunde, an denen die Nadelverluste nach 10%-Stufen geschätzt wurden und die Zuwachsverluste nach Bohrkernanalysen bekannt sind (PRETZSCH, 1989a; PRETZSCH und UTSCHIG, 1989; UTSCHIG, 1989). Ausgehend vom maximalen Zuwachs, den Bäume bei voller Benadelung erreichen, nimmt der Grundflächenzuwachs nach einer Dosis-Wirkungs-Funktion ab, deren Verlauf vom Baumalter, von der Baumart und der Region (Nord- und Ostbayern, Bayerische Alpen, Nordostbayern) abhängt. Eine Übereinstimmung der Kurvenverläufe liegt darin, daß zwar Zuwachsverluste bereits bei nur geringen Nadelverlusten beginnen, daß aber bei Nadelverlusten bis zu 30% lediglich Zuwachsverluste unter 5% festzustellen sind. Offensichtlich können Bäume geringe Nadelverluste durch höhere Effizienz der verbleibenden Nadeln hinsichtlich der Zuwachsleistung kompensieren. Negative Rückkopplung zwischen Nadelverlust und Zuwachsverlust treten erst auf, wenn mehr als ein Drittel der Nadeln fehlen. Dann sinkt der Zuwachs mit ansteigendem Nadel-

12 Diagnose von Wachstumsstörungen

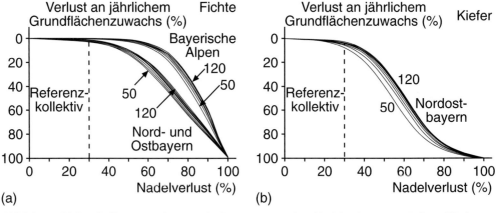

Abbildung 12.5a, b Zusammenhang zwischen prozentualen Nadelverlusten und Grundflächenzuwachsverlusten von **(a)** Fichten *Picea abies* (L.) Karst. in den Regionen Nord- und Ostbayern und Bayerische Alpen und **(b)** Kiefern *Pinus silvestris* L. in Nordostbayern.

verlust nahezu linear ab, wobei eine enge Korrelation zwischen Nadelverlust und Zuwachsverlust besteht. Aufgrund der nur geringen Zuwachsdegression bis zu Nadelverlusten von etwa 30 %, erscheint es gerechtfertigt, das Referenzkollektiv aus solchen Bäumen aufzubauen. Würde das Referenzkollektiv enger gefaßt, z. B. aus Bäumen mit 0–10 % oder 0–20 % Nadelverlusten zusammengesetzt, so bliebe unberücksichtigt, daß die Benadelungsdichte auch unter ungestörten Verhältnissen in Abhängigkeit von Klima, Jahreszeit usw. schwanken kann.

Aus einem zu beurteilenden Bestand werden solche Bäume ausgewählt, die einen „normalen" Zuwachsverlauf erwarten lassen und für die Herleitung der Referenzentwicklung geeignet sind. Bei der Standardauswertung von Fichten- und Kiefern-Beobachtungsflächen für die Waldschadensforschung in Bayern wurden als Referenzbäume die Bestandesglieder mit Nadelverlusten bis zu 29 % ausgewählt. Um konkurrenzbedingte Zuwachsunterschiede zu eliminieren, wurden nur vorherrschende und herrschende Bäume in die Auswertung einbezogen; eine solche Stratifizierung nach diesem oder anderen Merkmalen trägt wirkungsvoll zur Homogenisierung der Probenahmen bei. Durch die Einbeziehung von Bäumen mit Nadelverlusten bis zu 29 % in die Referenz wird die Tatsache berücksichtigt, daß auch in ungeschädigten Beständen eine gewisse Differenzierung im Vitalitätszustand festgestellt werden kann.

Ausgehend von der gesamten Zuwachskurvenschar eines Bestandes (Abb. 12.6a) wird für die Teilkollektive der Referenzbäume und der zu beurteilenden Bäume (mit R bzw. B bezeichnet) für jedes Jahr des Untersuchungszeitraumes der mittlere Grundflächenzuwachs berechnet. Die mittleren Zuwachskurven für diese Teilkollektive sind in Abbildung 12.6b mit $\overline{R}$ bzw. $\overline{B}$ bezeichnet. Die Ermittlung der Zuwachsverluste erfolgt durch Vergleich der Zuwachsentwicklung des zu beurteilenden Kollektivs ($\overline{B}$, Ist-Zuwachs) mit der Referenzkurve ($\overline{R}$, Soll-Zuwachs). Dabei muß beachtet werden, daß sich die Referenzkurve und die Zuwachskurve der zu beurteilenden Bäume eventuell schon vor Eintritt der Schädigung auf einem unterschiedlichen Niveau bewegten. Die Bestimmung dieser Niveauunterschiede ergibt sich aus dem durchschnittlichen Zuwachs in einer Referenzperiode vor Eintritt der Schädigung, in welcher die zu vergleichenden Zuwachskurven nahezu parallel liefen. Die von vornherein vorhandenen Niveauunterschiede zwischen den Referenzbäumen und dem zu beurteilenden Kollektiv werden eliminiert, indem die jährlichen Zuwächse beider Teilkollektive in Relation zu ihrem gruppenspezifischen Zuwachsniveau in der Referenzperiode gesetzt werden (erste Prozentuierung). Die errechneten Prozentwerte $\overline{R}_{\%}$ und $\overline{B}_{\%}$ (Abb.

12.2 Ungeschädigte Bäume oder Bestände als Referenz

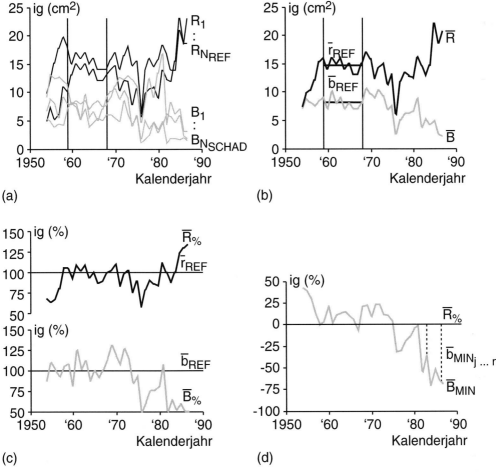

Abbildung 12.6 a–d Methodische Grundlagen des Zuwachstrend-Verfahrens in graphischer Darstellung.
(a) Grundflächenzuwachskurven der Referenzbäume ($R_{i, i=1...N_{REF}}$) und der zu beurteilenden Bäume ($B_{i, i=1...N_{SCHAD}}$). **(b)** Berechnung der mittleren Kurvenverläufe ($\bar{R}$ und $\bar{B}$) für die Teilkollektive R_i und B_i; Bestimmung der Referenzniveaus $\bar{r}_{REF}$ und $\bar{b}_{REF}$. **(c)** Berechnung der Schwankung der mittleren Zuwachskurven ($\bar{R}_\%$ und $\bar{B}_\%$) um die Referenzlinien $\bar{r}_{REF}$ und $\bar{b}_{REF}$. **(d)** Die Zuwachsverluste $\bar{b}_{MINj, j=1...n}$ ergeben sich aus den Abweichungen zwischen den Kurven $\bar{R}_\%$ (0-Linie) und der Kurve $\bar{B}_{MIN}$.

12.6 c) geben den gruppenspezifischen Zuwachstrend an. Es wird nun davon ausgegangen, daß der nach diesem Verfahren errechnete Zuwachstrend der Referenzbäume den „normalen" Zuwachstrend darstellt, der ohne Schadeinwirkungen zu erwarten wäre. Deshalb wird der Zuwachstrend der geschädigten Bäume in Relation zum Zuwachstrend der Referenzbäume betrachtet (zweite Prozentuierung). Die Trendabweichungen $\bar{b}_{MIN}$ (Abb. 12.6 d) zwischen den beiden Kurven geben dann die schadbedingten Zuwachseinbußen in Prozent an.

In der doppelten Prozentuierung ist das Verfahren dem von POLLANSCHÜTZ (1966) und VINŠ (1961, 1966) ähnlich (Abschn. 12.2.4). Der Unterschied besteht darin, daß beim Zuwachstrend-Verfahren die erste Prozentuierung an einem Mittelwert erfolgt, sich beim Nullflächen-Vergleich hingegen an einem aus den Zuwachsgängen abgeleiteten Trend orientiert.

12 Diagnose von Wachstumsstörungen

Die mittleren Grundflächenzuwachsverluste eines Kollektivs kronenverlichteter Bäume werden im einzelnen nach dem folgenden Rechengang ermittelt: Die Berechnung der mittleren Grundflächen-Zuwachsentwicklung für die Referenzbäume $\bar{r}_j$ und die zu beurteilenden Bäume $\bar{b}_j$ erfolgt nach (12.1) und (12.2).

$$\bar{r}_j = \frac{\sum_{i=1}^{N_{REF}} ig_{ij}}{N_{REF}} \quad (12.1)$$

$$\bar{b}_j = \frac{\sum_{i=1}^{N_{SCHAD}} ig_{ij}}{N_{SCHAD}} \quad (12.2)$$

Dabei sind:

i   laufende Nummer der Bäume innerhalb der Teilkollektive Referenzbäume und zu beurteilende Bäume (i = 1 ... N_{REF}; i = 1 ... N_{SCHAD}),
j   Jahresindex j, j = 1 ... n,
$\bar{r}_j$ mittlerer Grundflächenzuwachs der Referenzbäume im Jahr j,
$\bar{b}_j$ mittlerer Grundflächenzuwachs der zu beurteilenden Bäume im Jahr j,
ig_{ij} Grundflächenzuwachs von Baum i im Jahr j,
N_{REF} Anzahl der Bäume für die Referenzherleitung,
N_{SCHAD} Anzahl der zu beurteilenden geschädigten Bäume.

Die mittlere Grundflächenzuwachsentwicklung liefert die Eingangsgrößen für die Herleitung der gruppenspezifischen Zuwachsleistung $\bar{r}_{REF}$ bzw. $\bar{b}_{REF}$ in der Referenzperiode vor Eintritt der Schädigung nach (12.3) und (12.4).

$$\bar{r}_{REF} = \frac{\sum_{i=1}^{N_{REF}} \sum_{j=a}^{e} ig_{ij}}{PER \cdot N_{REF}} \quad (12.3)$$

$$\bar{b}_{REF} = \frac{\sum_{i=1}^{N_{SCHAD}} \sum_{j=a}^{e} ig_{ij}}{PER \cdot N_{SCHAD}} \quad (12.4)$$

Dabei sind:

$\bar{r}_{REF}$ mittlerer Grundflächenzuwachs der Referenzbäume in der Referenzperiode j = a ... e,
$\bar{b}_{REF}$ mittlerer Grundflächenzuwachs der zu beurteilenden Bäume in der Referenzperiode,
a, e   Beginn und Ende der Referenzperiode,
PER   Dauer der Referenzperiode in Jahren.

Um die Niveauunterschiede zwischen den Kurven eliminieren zu können, die schon vor Eintritt der Schädigung bestanden, werden nach (12.5) und (12.6) die prozentualen Abweichungen der jährlichen Zuwachswerte vom gruppeneigenen Referenzniveau berechnet. In dem folgenden Schritt wird der Zuwachstrend der Referenzbäume als „normal" betrachtet (0%-Linie in Abb. 12.6d) und nach (12.7) die prozentuale Abweichungen der Zuwachskurve der geschädigten Bäume von dieser Referenzkurve berechnet.

$$\bar{r}_{\%j} = \frac{\bar{r}_j}{\bar{r}_{REF}} \cdot 100 \quad (12.5)$$

$$\bar{b}_{\%j} = \frac{\bar{b}_j}{\bar{b}_{REF}} \cdot 100 \quad (12.6)$$

Dabei sind:

$\bar{r}_{\%j}$ prozentuale Zuwachsabweichung der Referenzbäume im Jahr j vom gruppeneigenen Referenzniveau,
$\bar{b}_{\%j}$ prozentuale Zuwachsabweichung der zu beurteilenden Bäume im Jahr j vom gruppeneigenen Referenzniveau.

Es ergeben sich dann die prozentualen Zuwachsverluste der geschädigten Bäume $\bar{b}_{MIN_j}$

$$\bar{b}_{MIN_j} = \left(1 - \frac{\bar{b}_{\%j}}{\bar{r}_{\%j}}\right) \cdot 100. \quad (12.7)$$

Dabei ist:

$\bar{b}_{MIN_j}$ mittlere Zuwachsminderung der zu beurteilenden Bäume gegenüber der Referenzkurve (0%-Linie) im Jahr j in Prozent.

Die jährlichen Zuwachswerte der geschädigten Bäume werden in dem Rechengang demnach zweifach prozentuiert, erstens, um die von vornherein vorhandenen Niveauunterschiede zwischen den Gruppen zu eliminieren, und zweitens, um die tendenziellen Abweichungen (Zuwachseinbußen) der geschädigten Bäume vom Referenzkollektiv auszudrücken. Aus den errechneten prozentualen Zuwachsverlusten

12.2 Ungeschädigte Bäume oder Bestände als Referenz

und den tatsächlichen Jahreszuwächsen der geschädigten Bäume wird nach (12.8) die absolute Höhe der Grundflächenzuwächse $\bar{b}_{soll_j}$ (in cm^2/a) errechnet, die unter ungestörten Verhältnissen zu erwarten gewesen wäre.

$$\bar{b}_{soll_j} = \frac{\bar{b}_j}{\left(\frac{\bar{b}_{\%j}}{\bar{r}_{\%j}}\right)} = \bar{r}_j \cdot k \quad (12.8)$$

Dabei sind:
$\bar{b}_{soll_j}$ absolute Höhe der Grundflächenzuwächse, die im Jahr j unter ungestörten Verhältnissen zu erwarten gewesen wären,
k Korrekturfaktor für die Adjustierung der Referenzkurve auf das Niveau des zu beurteilenden Kollektivs $k = \bar{b}_{REF}/\bar{r}_{REF}$.

Durch die von (12.5) und (12.6) ausgehende Umformung

$$\bar{b}_{soll_j} = \frac{\bar{b}_j}{\left(\frac{\bar{b}_{\%j}}{\bar{r}_{\%j}}\right)} = \bar{r}_j \cdot \frac{\bar{b}_{REF}}{\bar{r}_{REF}} = \bar{r}_j \cdot k \quad (12.9)$$

kann die dem Zuwachstrend-Verfahren zugrundeliegende Überlegung noch einmal aus anderer Sicht verdeutlicht werden: Als Soll-Zuwachs $\bar{b}_{soll_j}$ wird nicht unmittelbar der entsprechende Jahreszuwachs des Referenzkollektivs $\bar{r}_j$ angenommen, sondern durch den Faktor k werden von vornherein vorhandene Niveauunterschiede zwischen den Kurven in der Referenzperiode eliminiert. Es wird also lediglich der Zuwachstrend der ungeschädigten Bäume als Basis zur Herleitung des Soll-Zuwachses verwendet.

Das Zuwachstrend-Verfahren nutzt die Tatsache, daß auch in geschädigten Beständen in den meisten Fällen noch widerstandsfähigere Bestandesglieder stehen, welche in relativ guter gesundheitlicher Verfassung sind, die spezifischen Wachstumsverhältnisse im Untersuchungsgebiet abbilden und sich deshalb als Referenzbäume eignen. Das Verfahren unterstellt, daß die Lage der Zuwachskurven von geschädigten und ungeschädigten Bäumen zueinander ohne Schadeinwirkung heute ähnlich wäre wie vor Beginn der Schädigung. Die Referenzperiode wird in einen Zeitraum vor

Eintritt der Schädigung gelegt, in welchem die Zuwachskurven aller Bestandesglieder nahezu parallel verliefen und an den heute geschädigten Bäumen noch keine krankheitsbedingten Zuwachsreaktionen festzustellen waren. Die Zuwachsniveaus in der Referenzperiode dienen zur Eliminierung von Anfangsunterschieden zwischen den Referenzbäumen und dem zu beurteilenden Teilkollektiv. Die Wahl der Referenzperiode hat deshalb einen gewissen Einfluß auf die errechneten Zuwachseinbußen. Denn diese werden aus den Zuwachstrend-Abweichungen zwischen den zu beurteilenden Bäumen und dem Referenzkollektiv abgeleitet.

Im Jahr 1988 wurden 48 Probeflächen mit etwa 960 Bäumen in nord- und ostbayerischen Fichtenbeständen *Picea abies* (L.) Karst. zuwachsanalytisch beprobt, um ein klares Bild über den Zuwachsverlauf der Fichte in dieser Region zu erhalten (UTSCHIG, 1989). Das Zuwachstrend-Verfahren diagnostiziert für Bäume mit Nadelverlusten über 39% deutliche Zuwachsverluste. Die Zuwachsverluste steigen mit zunehmendem Nadelverlust an und liegen bei Bäumen mit 70–99% Nadelverlust bei 70% des Soll-Zuwachses (Abb. 12.7).

Mit dem Verfahren werden nicht zwangsläufig Zuwachsverluste nachgewiesen. Es können sich im Einzelfall, je nach dem Zuwachstrend der geschädigten und ungeschädigten

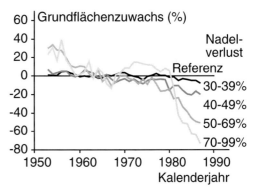

Abbildung 12.7 Zuwachsdiagnose auf der Grundlage des Zuwachstrend-Verfahrens für Fichten-Beobachtungsflächen *Picea abies* (L.) Karst. in Nord- und Ostbayern (nach UTSCHIG, 1989). Für Bäume unterschiedlicher Verlichtungsgrade (Nadelverluste 30–99%) sind die prozentualen Verluste an Grundflächenzuwachs dargestellt.

Bäume, im Vergleich zur Referenzentwicklung gleichlaufende oder steigende Zuwächse ergeben. Das Verfahren ermöglicht Aussagen über den Zeitpunkt des Eintretens, die Entwicklung und das Ausmaß von Zuwachsdifferenzen zwischen verschiedenen stark geschädigten Kollektiven. Da das Verfahren nur die Differenzierung zwischen den Schadklassen, nicht aber das absolute Zuwachsniveau einbezieht, kann es auch bei insgesamt erhöhtem Zuwachsniveau Zuwachsminderungen ausweisen (DEUTSCHER VERBAND FORSTLICHER FORSCHUNGSANSTALTEN, 1988). Das steht im Einklang mit der von STERBA (1995 und 1996) geäußerten Vorstellung, daß eine allgemeine Erhöhung der Zuwächse bei gleichbleibender Baumzahl zu konkurrenzbedingten Differenzierungen innerhalb des Bestandes und Nadelverlusten führen kann. Durch die Aufnahme von Bäumen mit leichter Schädigung (Nadelverluste bis 29%) in das Referenzkollektiv wird die natürliche Bestandesdifferenzierung, die sich auch in unbelasteten Beständen in einer gewissen Kronentransparenz äußert, berücksichtigt. Natürlich kann dieses Referenzsystem nur dann angewendet werden, wenn ein ausreichend großer Anteil von Bäumen mit Nadelverlusten unter 29% im Bestand vorhanden ist. Liegt der Anteil von Bäumen für die Referenzbildung unter 25% der Gesamtstammzahl, so wird die Referenzkurve aus einem vergleichbaren Bestand mit günstigeren Vitalitätsverhältnissen abgeleitet.

12.2.2 Pärchenvergleich

Beim Pärchenvergleich wird ein Baum mit normalem Wachstum (Plusbaum) mit einem mutmaßlich beeinträchtigten Baum (Minusbaum) verglichen, um etwaige Wachstumsreaktionen auf vermutete Störeinflüsse zu untersuchen. Die Minusbäume können dabei gezielt anhand erkennbarer Beeinträchtigung (Blatt- bzw. Nadelvergilbung, Kronentransparenz, Stagnation des Höhenwachstums usw.) oder aufgrund ihrer Nähe zu Störquellen (Straßenrand, Trassennähe, Wasserentnahmestelle usw.) ausgewählt werden. Plus- und Minusbäume sollten sich vor Eintritt der Schädigung in möglichst allen Attributen (u. a. Lage, Klima, Boden, Alter, Stamm- und Kronendimension, soziale Stellung, Konkurrenzdruck), außer in den vermuteten Störeinflüssen, gleichen. Damit sollen anderweitige Ursachen für Wachstumsunterschiede innerhalb der Paare ausgeschaltet werden. Zur exakten Erfüllung dieser Forderung nach Gleichheit müßten allerdings bereits Kenntnisse über die Wechselwirkungen zwischen Stressoren und Wachstum vorhanden sein, wie sie durch den Pärchenvergleich erst ergründet werden sollen. Dieses Problem tritt nicht auf, wenn die Pärchen zur Beweissicherung bereits vor Wirksamwerden eines Störfaktors ausgewählt werden.

Ohne ausreichende Wiederholung erlauben Pärchenvergleiche keine statistisch gesicherten Aussagen über schadbedingte Zuwachsreaktionen. Sie dienen allenfalls der Vorsondierung von Zuwachsanomalien an Verzweigung, Stamm, Benadelung usw. Sie zeigen Zuwachsreaktionen nur beispielhaft und nicht verallgemeinerbar auf, erlauben aber Feinanalysen an Stamm, Wurzel und Krone, wie sie für größere Kollektive aus Zeit- und Kostengründen nicht in Frage kommen. Werden die Probenahmen in größerer Zahl wiederholt, so ergibt sich der bereits besprochene Kollektivvergleich, der am besten mit dem Zuwachstrend-Verfahren (vgl. Abschn. 12.2.1) ausgewertet werden kann. Für den Vergleich von Plus- und Minusbäumen und die Berechnung schadbedingter Zuwachsverluste der Minusbäume vereinfachen sich (12.1) bis (12.4). Anstelle des Kollektivumfanges der Referenzbäume N_{REF} bzw. der geschädigten Bäume N_{SCHAD} tritt dann $N_{REF} = N_{SCHAD} = 1$ auf.

Die waldwachstumskundlichen Untersuchungen der neuartigen Waldschäden von FRANZ (1983), PRETZSCH (1989a) RÖHLE (1987) und STERBA (1984, 1989b) stützten sich in der Initialphase u. a. auf Pärchenvergleiche. Der Vergleich kann dabei sowohl auf den Zuwachsgang geschädigter und ungeschädigter Bäume als auch auf eventuelle Jahrringausfälle, auf die Stammform, die Kronenmorphologie, die Nadel- und Blattmasse oder die Nadelspiegelwerte ausgerichtet sein. Abbildung 12.8 zeigt die Ergebnisse eines Pärchenvergleichs bei kronengeschädigten Kiefern *Pinus silvestris* L. im

12.2 Ungeschädigte Bäume oder Bestände als Referenz

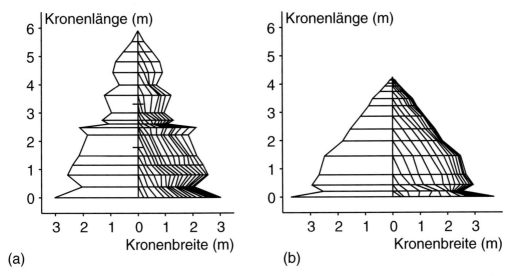

Abbildung 12.8a, b Diagnose von Kronenschäden an Kiefern *Pinus silvestris* L. im Forstamt Bodenwöhr durch Pärchenvergleich (nach PRETZSCH, 1989a). Dargestellt sind die Aufrißbilder **(a)** einer ungeschädigten Kiefer und **(b)** einer Kiefer desselben Bestandes, deren Höhen- und Trieblängenwachstum stagniert.

Forstamt Bodenwöhr. Auf den Kronenstrukturbildern geben die geschichteten Linien in der rechten Kronenhälfte Auskunft über die jährliche Vergrößerung des Kronenmantels. Die horizontalen, kurz ausgezogenen Striche an der Stammachse symbolisieren Quirlstellen, die völlig entnadelt sind oder schon keine Äste mehr tragen. Im Vergleich zu den vitalen Bestandesgliedern (a) zeichnet sich bei den durch Kalkchlorose geschädigten Kronen (b) seit 5–10 Jahren eine deutliche Wuchsstockung ab.

12.2.3 Nullflächen-Vergleich

Beim Nullflächen-Vergleich wird die Referenz aus unbeeinträchtigten Beständen abgeleitet und zur Beurteilung des Zuwachs- oder Wachstumsganges mutmaßlich beeinträchtigter Nachbarbestände eingesetzt. Nullflächen und mutmaßlich beeinträchtigte Flächen sollten dabei möglichst in allen Eigenschaften, außer in dem zu untersuchenden Störeinfluß, vergleichbar sein. Das gilt insbesondere für Baumartenzusammensetzung, Bestandesalter, Bonität, Behandlungsprogramm und von vornherein vorhandene, von der eigentlichen Störung unabhängige biotische und abiotische Stressoren. Die Gegenüberstellung der Zuwachsgänge von Nullflächen und Probeflächen in einer Störungszone ermöglicht Aussagen über den Zeitpunkt des Eintretens der Störeffekte, über die spezifische Zuwachsreaktion und über das Ausmaß der Zuwachsbeeinträchtigung. Die Angaben von z. B. Zuwachsverlusten an Höhe, Durchmesser, Grundfläche, Volumen u. a. erfolgt in absoluten oder relativen Werten. Geeignete statistische Verfahren für die Untersuchung der Zuwachsdifferenzen zwischen unbeeinträchtigten und mutmaßlich beeinträchtigten Beständen sind Varianzanalysen mit unterschiedlichem Design.

Die Einfache Varianzanalyse eignet sich zur Untersuchung der Wirkung eines Einflußfaktors auf den Zuwachs. Soll der Bestandeszuwachs im Umfeld einer Immissionsquelle untersucht werden, so bietet sich als Faktor die Lage der Beobachtungsbestände zur Quelle an (Faktor 1: Lage). Beispielsweise wurden für die Untersuchung von Immissionsschäden im Umfeld des Braunkohlekraftwerkes Schwandorf 103 Probeflächen angelegt (Kap. 3, Abb. 3.23). Mit einem Emissionsvolumen von 20–40 t Schwefeldioxid/Stunde zählte dieses

Werk in den 60er bis 80er Jahren des vergangenen Jahrhunderts zu den bedeutendsten Belastungsquellen in Bayern (Bildtafel 26). Durch die Anordnung der Probeflächen auf konzentrischen Kreisen in einer Entfernung von 5, 15 und 30 km vom Kraftwerk kann der Effekt der Entfernung auf das Wachstum der umliegenden Kiefernbestände *Pinus silvestris* L. geprüft werden. Hierfür werden die Bestände zu k = 3 Gruppen mit gleicher Entfernung zum Werk zusammengefaßt. Da die Belastung zusätzlich von der Himmelsrichtung abhängt, ist auch eine Gruppierung der Bestände nach Entfernung und Himmelsrichtung denkbar, wonach sich dann insgesamt k = 12 Gruppen gleicher Lage ergeben: Gruppe 1: Entfernung 5 km, 1. Quadrant; Gruppe 2: Entfernung 5 km, 2. Quadrant; ...; Gruppe 12: Entfernung 30 km, 4. Quadrant. Alle Probeflächen wurden in normal bestockte, mittelalte Kiefernbestände *Pinus silvestris* L. mit mittlerer Bonität gelegt. Auf den Probeflächen erfolgten Zuwachsbohrungen, aus denen der Bestandeszuwachs z_{ij} berechnet werden kann. Für die Prüfung der Zuwachswerte legt man das folgende lineare Modell zugrunde:

$$z_{ij} = \mu + \alpha_i + \varepsilon_{ij} \qquad (12.10)$$

Dabei sind:
z_{ij} Zuwachs von Bestand j in Lage i,
μ mittlerer Zuwachs aller Bestände,
α_i Abweichung vom Gesamtmittel, verursacht durch die i-te Stufe des zu untersuchenden Faktors Lage,
ε_{ij} Zufallsabweichung.

Die Einfache Varianzanalyse testet nun die Nullhypothese H_0 (der Zuwachs ist in allen k = 3 bzw. k = 12 Lagen gleich: $\alpha_1 = \alpha_2 = \alpha_3, \ldots , = \alpha_k$) gegenüber der Alternativhypothese H_1 (mindestens zwei Gruppen sind im Zuwachs voneinander verschieden). Für die Feinanalyse von Gruppenunterschieden eignen sich die multiplen Mittelwertvergleiche von Scheffé (1953) und Tukey (1977). Das Verfahren der Einfachen Varianzanalyse liefert dann statistisch abgesicherte Aussagen darüber, ob der Zuwachs auf quellennah gelegenen Nullflächen von dem Zuwachs in exponierteren Lagen abweicht. Gelten Bestände in der quellenfernen Gruppe als Nullflächen, so liefert das Verfahren der Einfachen Varianzanalyse statistisch abgesicherte Vergleiche mit den Beständen in den exponierteren Entfernungsgruppen.

Mit der Zweifachen Varianzanalyse kann die Wirkung von zwei Faktoren auf den Zuwachs untersucht werden. Dieser Fall tritt im vorhergegangenen Beispiel dann auf, wenn nicht allein der Bestandeszuwachs z_{ij} bei unterschiedlicher Lage zur Immissionsquelle (Faktor 1: Lage), sondern auch der zeitliche Entwicklungsgang des Zuwachses (Faktor 2: Zeit) untersucht werden soll. Aus den 40 Jahre zurückreichenden Zuwachsbohrungen stehen für diese Auswertung die mittleren periodischen Bestandeszuwächse von j = 8 jeweils fünfjährigen Zeitabschnitten zur Verfügung. Für die Prüfung der Zuwachswerte gilt dann das lineare Modell

$$z_{ijk} = \mu + \alpha_i + \beta_j + \omega_{ij} + \varepsilon_{ijk} \,. \qquad (12.11)$$

Dabei sind:
z_{ijk} Zuwachs von Bestand k in Lage i und Zeitabschnitt j,
μ mittlerer Zuwachs aller Bestände,
α_i Abweichung vom Gesamtmittel, verursacht durch die i-te Stufe des Faktors 1 (Lage),
β_j Abweichung vom Gesamtmittel, verursacht durch die j-te Stufe des Faktors 2 (Zeit),
ω_{ij} Wechselwirkungen zwischen Faktor 1 und Faktor 2,
ε_{ijk} Zufallsabweichung.

Geprüft wird dann erstens, ob alle α_i und β_j gleich Null sind oder mindestens ein α_i bzw. β_j ungleich Null ist. Darüber hinaus wird geprüft, ob die Wechselwirkung zwischen Lage und Zeit ω_{ij} für alle i und j gleich Null, oder wenigstens ein ω_{ij} von Null verschieden ist. Durch eine solche Auswertung lassen sich unter anderem zeitraum- und lagetypische Zuwachsreaktionsmuster aufdecken, wie sie für Indizienbeweise im Umfeld von Punktquellen mit bekannten Belastungskurven besonders wertvoll sein können. Haben sich beispielsweise die Stärke und die räumliche Verteilung der Belastung in dem betrachteten Zeitraum verändert, so kann mit der Zweifachen Varianzanalyse zwar geklärt werden, ob der Zuwachs von Lage und Zeit abhängt. Aber erst die Auswertung der Wechselwirkungen ω_{ij} zwischen Lage und Zeit läßt erkennen, ob die Veränderungen der Belastung mit signifikanten Veränderungen des räumlichen und zeitlichen Zuwachsreaktionsmusters koinzidieren.

Bestehen zwischen den Beständen in unterschiedlichen Lagen von vornherein Unterschiede, z. B. in der Bestandesdichte oder der Bonität, die aus der Zuwachsanalyse ausgeblendet werden sollen, so bietet sich die Kovarianzanalyse als Auswertungsverfahren an. Das Modell lautet im einfachsten Fall

$$z_{ij} = \mu_z + \alpha_i + \beta_i \cdot (x_{ij} - \mu_x) + \varepsilon_{ij}. \quad (12.12)$$

Dabei sind:
z_{ij} Zuwachs von Bestand j zum Zeitpunkt i,
μ_z Gesamtmittel des Zuwachses,
α_i Abweichung vom Gesamtmittel, verursacht durch die i-te Stufe des Faktors,
β_i Regressionskoeffizient, quantifiziert den Zusammenhang zwischen z und x für die i-te Behandlungsstufe,
x_{ij} Kovariable, die den zu untersuchenden Merkmalswerten z_{ij} zugeordnet ist,
μ_x Gesamtmittelwert der Kovariablen,
ε_{ij} zufällige Fehlervariable.

Das Kovarianzanalysemodell partialisiert also den Ausgangsunterschied der Bestände heraus, so daß sich der Gruppenvergleich nur noch auf das bereinigte Gruppenmittel stützt (BORTZ, 1993; PRUSCHA, 1989). Beim Nullflächen-Vergleich kommen als Kovariable insbesondere Stammzahl, Grundfläche, Bestandesvorrat, Bonität oder Alter in Betracht, also solche Größen, die über eine größere Serie von Probeflächen hinweg zumeist nicht völlig konstant gehalten werden können.

Mit der kovarianzanalytischen Auswertung der Bestandeszuwächse im Umfeld des Braunkohlekraftwerkes Schwandorf konnten folgende Befunde erbracht werden (FRANZ und PRETZSCH, 1988): In dem betrachteten 40jährigen Wachstumszeitraum liegen die Zuwächse in westlicher und östlicher Richtung vom Werk – das sind die vorherrschenden Richtungen der Abluftfahne – signifikant niedriger als in nördlicher und südlicher Richtung. Zu Beginn des betrachteten Wachstumszeitraumes – zur Zeit niedriger Schornsteine und höchster Belastung im Nahbereich – zeichneten sich die höchsten Zuwachseinbußen in Werknähe ab (Kap. 3, Abb. 3.24 a). 10–15 Jahre später – nach Erhöhung der Schornsteine – haben sich die Zuwachsverhältnisse zwischen werknahen und werkfernen Beständen völlig umgekehrt. Die Bestände in peripherer Lage weisen höchste Zuwachsverluste auf. Gleichzeitig haben die Bestände in zentraler Lage – jetzt durch Kaminerhöhung entlastet – deutlich günstigere Wachstumsbedingungen (Kap. 3, Abb. 3.24 b). Diese enge räumliche und zeitliche Korrelation zwischen Schwefeldioxidbelastung und Zuwachsgang erbringt den Indizienbeweis für einen Zusammenhang zwischen dem durch das Braunkohlekraftwerk bedingten Störeinfluß und dem Zuwachsgang. Wählen wir die eher unbelasteten Bestände in nördlicher und südlicher Richtung als Nullflächen, so ergeben sich für die exponierten Lagen Verluste an Grundflächenzuwachs bis zu 20%.

An dieser Stelle kann im wesentlichen nur auf die Einsatzmöglichkeiten dieser drei statistischen Methoden bei der Diagnose von Wachstumsstörungen hingewiesen werden. Die Theorie zu diesem Verfahren, die Voraussetzungen und Grenzen ihrer Anwendung gehen aus Lehrbüchern der Statistik von BORTZ (1993), RASCH et al. (1973) oder WEBER (1980) hervor. Dort werden auch die Methoden von SCHEFFÉ (1953) und TUKEY (1977) zur Feinanalyse von Gruppenunterschieden über multiple Mittelwertvergleiche besprochen. Schritte der Datenvorbereitung, die Einsteuerung und Interpretation von Programmausdrucken gehören zum Standard von Statistikprogrammpaketen wie BMDP, SAS, SPSS oder SYSDAT.

Der Nullflächen-Vergleich hat sich vor allem bei der Untersuchung lokal oder kleinregional ausgeprägter Zuwachsreaktionen bewährt. Beispiele für eine erfolgreiche Anwendung dieses Verfahrens bildet die Diagnose von Zuwachsreaktionen auf Grundwasserabsenkungen, wie sie durch Quellwasserentnahmen oder Kanalbauten ausgelöst werden (ALTHERR und ZUNDEL 1966; ALTHERR, 1969, 1972; PRETZSCH und KÖLBEL, 1988; PREUHSLER,

1990), der Nachweis von Wachstumsreaktionen auf Trassenaufhieb (PREUHSLER, 1987) und die Analyse von Zuwachsreaktionen auf Immissionen aus Punktquellen (FRANZ und PRETZSCH, 1988).

12.2.4 Nullflächen-Vergleich durch Indexierung

Das Verfahren Nullflächen-Vergleich durch Indexierung wurde von VIŇ (1961) zur Quantifizierung von Zuwachsverlusten im Umfeld von Immissions-Punktquellen in der ehemaligen Tschechoslowakei entwickelt und von VINŠ (1961, 1966) und VINŠ und MRKVA (1972), POLLANSCHÜTZ (1966, 1967, 1980) und NEUMANN und SCHIELER (1981) mit Erfolg eingesetzt und weiterentwickelt. Das Verfahren kann angewendet werden, wenn
- im Untersuchungsgebiet ungeschädigte Nullflächen auffindbar sind,
- sich die vermuteten Zuwachsschäden in einer zeitlich klar eingrenzbaren 5- bis 15jährigen Periode abzeichnen und
- die Zuwachsverläufe für eine etwa 40jährige Periode vor Eintritt der Schädigung bekannt sind.

Das Verfahren ist zugeschnitten auf mehrere Jahrzehnte zurückreichende Bohrkernanalysen auf Probeflächen im Umfeld von Immissionsquellen, die in einem zuvor nicht betroffenen Gebiet erst seit 5–10 Jahren das Waldwachstum beeinträchtigen.

Im Umfeld der Immissionsquelle werden Bestände für die Bohrkernentnahmen ausgewählt, die sich in Alter und Bonität unterscheiden dürfen. Die Probenahmen sollten dabei auch ungeschädigte Bestände an der Peripherie des Untersuchungsgebietes abdecken. In geschädigten und ungeschädigten Beständen werden je nach Genauigkeitsanforderung von einer vorgegebenen Anzahl von Einzelbäumen Bohrkerne gewonnen (Abb. 12.9 a). Durch Konzentration auf vorherrschende und herrschende Bestandesglieder können konkurrenzbedingte Zuwachsdepressionen weitgehend ausgeschaltet werden. Für jeden Bestand wird aus den baumindividuellen Radialzuwachsentwicklungen eine bestandestypische mittlere Radialzuwachsentwicklung abgeleitet (Abb. 12.9 b). Zur regressionsanalytischen Anpassung wird nur der erste Abschnitt der Zuwachszeitreihe eingesetzt, der die unbeeinträchtigte Vorperiode widerspiegelt. Würde der angestrebte Vergleich zwischen der Zuwachsentwicklung geschädigter Bestände und ungeschädigter Nullflächen auf der Grundlage dieser bestandestypischen mittleren Radialzuwachsentwicklungen erfolgen, so bliebe unberücksichtigt, daß sich die Untersuchungsbestände hinsichtlich Alter und Bonität unterscheiden können. Es bestünde die Gefahr, daß altersbedingte Zuwachsrückgänge mit Immissionsschäden verwechselt werden. Um die Untersuchungsbestände trotz ihrer Unterschiede vergleichbar zu machen, werden die mittleren Radialzuwachsentwicklungen der Bestände jeweils regressionsanalytisch durch Ausgleichskurven unterlegt (Abb. 12.9 b) und für die weitere Auswertung nur noch die relative Schwankung der Radialzuwächse um diese Ausgleichskurve betrachtet (Abb. 12.9 c). Durch eine solche Indexbildung werden bestandesindividuelle Unterschiede im Alterstrend oder in der Bonität aus der Betrachtung ausgeschaltet. Nach VINŠ (1961, 1966) und POLLANSCHÜTZ (1967) haben sich die folgenden Ausgleichsfunktionen für eine solche Glättung der Bestandesmittelkurven besonders bewährt.

$$G_t = a_0 \cdot t^{a_1} \qquad (12.13)$$

$$G_t = a_0 \cdot t^{a_1} \cdot a_2^t \qquad (12.14)$$

$$G_t = a_0 + a_1 \cdot \frac{1}{t} \qquad (12.15)$$

$$G_t = a_0 + a_1 \cdot t + a_2 \cdot \frac{1}{t} \qquad (12.16)$$

Dabei sind:
G_t aus dem Trend erwartete Radialzuwächse im Jahr t,
t Zeit,
a_0, a_1, a_2 Regressionskoeffizienten.

Weitere Methoden der Glättung werden wir in Abschnitt 12.4.1 kennenlernen. Die im Schädigungszeitraum gebildeten Zuwächse werden in die Ausgleichsrechnung nicht mit einbezogen, da sonst die schadbedingten Zuwachsre-

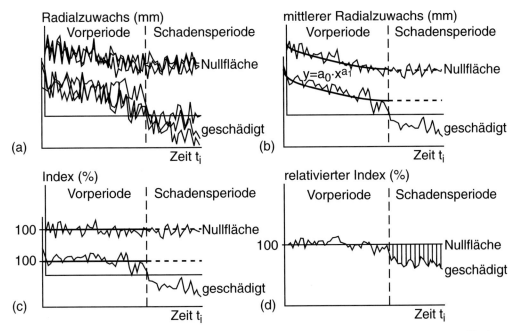

Abbildung 12.9 a–d Übersicht über das Verfahren der Zuwachsverlustschätzung durch Nullflächen-Vergleich und Indexbildung. **(a)** Von ungeschädigter Nullfläche und einem oder mehreren geschädigten Beständen werden Radialzuwachsentwicklungen von Einzelbäumen gesammelt. **(b)** Die Radialzuwachsentwicklungen werden bestandesweise gemittelt und mit einer regressionsanalytischen Ausgleichskurve unterlegt. **(c)** Berechnung bestandestypischer Jahrringindexdiagramme durch Relativierung der mittleren Radialzuwachsentwicklungen an den glatten Ausgleichskurven. **(d)** Berechnung von prozentualen Radialzuwachs-Verlusten durch Relativierung des Jahrringindexdiagramms geschädigter Bestände an dem Jahrringindexdiagramm ungeschädigter Nullflächen (100%-Linie).

aktionen, die es zu quantifizieren gilt, in diesem Verfahrensschritt mit eliminiert würden. Am Ende dieses Auswertungsschrittes steht für jeden Bestand ein mittleres Jahrringindexdiagramm, wie in Abbildung 12.9 c dargestellt, für die weitere Auswertung zur Verfügung. Nachdem bestandesindividuelle, von der Schädigung unabhängige Einflüsse aus dem Mittelwertdiagramm eliminiert sind, können nun in einem letzten Schritt die mittleren Indexdiagramme der geschädigten Bestände mit dem des ungeschädigten Baumkollektives verglichen werden. Dies wird durch eine zweite Relativierung erreicht, die die prozentuale Abweichung der Indexmittelkurven geschädigter Bestände von der Indexmittelkurve der Nullfläche sichtbar macht. Die ungestörten Zuwachsverläufe werden dabei als 100%-Linie eingesetzt. Durch diese zweite Relativierung werden auch die großklimatischen Schwankungen aus der Betrachtung ausgeschaltet, und es verbleiben nur noch die schadbedingten Zuwachsunterschiede (Abb. 12.9 d).

Behandlungsunterschiede sind bei diesem Verfahren insbesondere dann gefährlich, wenn sich Nullflächen und geschädigten Bestände im Entnahmeturnus unterscheiden. Wurden beispielsweise in den geschädigten Beständen vor Einsetzen der Immission (Vorperiode) intensive, den Zuwachs anregende Durchforstungen durchgeführt, so erbringen die Zuwächse der Vorperiode einen zu steilen Trend der Referenz, und die im Immissionszeitraum nachlassenden Durchforstungsreaktionen täuschen immissionsbedingte Zuwachsverluste vor. Die Gefahr einer Fehldiagnose steigt weiter an, wenn die Entnahmen auf den Nullflächen asynchron dazu verlaufen und die Durchforstungen und damit ausgelösten Zuwachssteigerungen dort erst nach der Vorperiode einsetzen. Denn dann erbringt die Nullfläche aufgrund der Durchforstungseffekte in der Schadensperiode ein zu hohes Referenzniveau, an diesem werden die überschätzten Zuwachsverluste der geschädigten Bestände gemessen, so daß sich die Fehler addieren. Andersherum besteht die Gefahr der Unterschätzung von Zuwachsverlusten, wenn die Nullflächen verstärkt in der Vorperiode und die geschädigten Bestände in der Schadensperiode durch wiederholte Eingriffe asynchron in ihrer Zuwachsleistung angeregt werden.

Das aus Gründen der Übersichtlichkeit an zwei Beständen bzw. Straten von Radialzuwachskurven dargestellte Verfahren wurde von VINŠ (1961, 1966) und VINŠ und MRKVA (1972) u. a. für die Zuwachsverlustschätzung in mehreren Beständen mit unterschiedlicher Entfernung von einer Punkt-Immissionsquelle eingesetzt. Wie in Abbildung 12.10 für die Zuwachsuntersuchungen in Kiefernbeständen *Pinus silvestris* L. in der Umgebung einer Düngemittelfabrik werden dann Bestände unterschiedlicher Disposition in ihrem Jahrringindexdiagramm mit dem Jahrringindexdiagramm einer Nullfläche verglichen. Ab Mitte der 70er Jahre weist ein solcher Vergleich dann beträchtliche Zuwachsverluste insbesondere in werknah gelegenen Beständen auf, die bis zu 70% des Normalzuwachses betragen können.

NEUMANN und SCHIELER (1981) variieren das Vorgehen, indem sie die Indexierung der Radialzuwachsentwicklungen einzelbaumweise vornehmen, um dann die einzelbaumbezogenen Jahrringindexdiagramme zu mitteln. Sie kommen dabei zum Ergebnis, daß das Originalverfahren von VINŠ (1961) und das modifizierte Verfahren ähnliche und stabile Ergebnisse erbringen, wenn

- die Schadensperiode klar datierbar ist,
- für die Regressionsschätzung der glatten Komponente in der Vorperiode eine ausreichende Anzahl von Jahreszuwächsen zur Verfügung steht (möglichst 40 Jahre),
- die Prüfperiode nicht zu lang ist (10 Jahre) und
- für die zu vergleichenden Kollektive eine ausreichende Anzahl von Bohrkernanalysen vorliegt.

Sie empfehlen weiter eine Stratifizierung des Probenmaterials nach Baumklassen, um die Vergleichskollektive zu homogenisieren. POLLANSCHÜTZ (1975) ergänzt das Verfahren um eine statistische Signifikanzprüfung der Zuwachsdifferenzen zwischen Nullfläche und Vergleichskollektiven. Ausgehend von dem quantifizierten Radialzuwachsverlust sind verschiedene Verfahren zur Bestimmung der baum- und flächenbezogenen Grundflächen- und Volumenzuwachsverluste zu verwenden (POLLANSCHÜTZ, 1966).

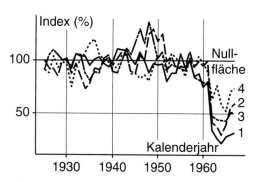

Abbildung 12.10 Mittlere Jahrringindexkurven auf einer ungeschädigten Probefläche (Nullfläche) und unterschiedlich stark geschädigten Probeflächen. Die Probeflächen 1, 2, 3, 4 und die Nullfläche liegen in 500, 750, 1250, 2050 bzw. 5000 m Entfernung von der Punktimmissionsquelle einer Düngemittelfabrik. Im Vergleich zur ungeschädigten Nullfläche (100%-Linie) gehen die Radialzuwächse im näheren Umfeld des Emittenten bis auf 30% des Normalzuwachses zurück (nach VIŇ und MRKVA, 1972).

12.2.5 Regressionsanalytische Zuwachsverlustschätzung

Von vornherein feststellbare Zuwachsunterschiede zwischen geschädigten Bäumen und ungeschädigtem Referenzkollektiv wurden beim Zuwachstrend-Verfahren, dem Pärchenvergleich und dem Nullflächen-Vergleich durch Prozentuierung oder Indexbildung ausgeschaltet. Bei der regressionsanalytischen Zuwachsverlustschätzung werden Unterschiede zwischen geschädigten und ungeschädigten Bäumen, die offensichtlich nicht im Zusammenhang mit der Schädigung stehen, statistisch eliminiert (KRAMER und DONG, 1985, 1987; KRAMER, DONG und SABOROWSKI, 1985).

12.2.5.1 Kronenmantelfläche als einzige Kovariable

Dieses Verfahren stützt sich auf Zuwachs-, Nadelverlust- und Baumdimensionsmessungen an einem breiten Spektrum von geschädigten und ungeschädigten Einzelbäumen. Für diese wird regressionsanalytisch ein Zusammenhang zwischen dem jährlichen laufenden Volumenzuwachs z_v und Baumattributen wie Nadelverlust, Kronengröße, Baumalter usw. hergestellt. Damit berücksichtigt das Verfahren, daß Zuwachsunterschiede zwischen unterschiedlich verlichteten Bäumen innerhalb eines Bestandes auch durch von vornherein unterschiedliche Kronengrößen begründet sein können. Nach KRAMER (1986) ist die Kronenmantelfläche besonders geeignet für die Ausschaltung von a priori vorhandenen Unterschieden zwischen den Kollektiven.

KRAMER (1986) und DONG und KRAMER (1987) parametrisieren mit Meßwerten aus geschädigten Fichtenbeständen *Picea abies* (L.) Karst. im niedersächsischen Küstenraum und Harz die Regressionsmodelle

$$z_v/\text{Kronenmantelfläche} = a + b \cdot \text{Nadelverlust} \quad (12.17)$$

und

$$z_v = a + b \cdot \text{Nadelverlust} + c \cdot \text{Kronenmantelfläche}. \quad (12.18)$$

Dabei sind:

a, b, c   geschätzte Regressionskoeffizienten.

Abbildung 12.11a zeigt beispielhaft den regressionsanalytisch hergeleiteten Zusammenhang zwischen dem Volumenzuwachs pro Kronenmantelfläche und dem Nadelverlust für unterschiedlich alte und unterschiedlich dicht bestockte Fichtenbestände *Picea abies* (L.) Karst. in Niedersachsen auf. Erkennbar ist der Zusammenhang zwischen Volumenzuwachs und Nadelverlust in Fichtenbeständen unter-

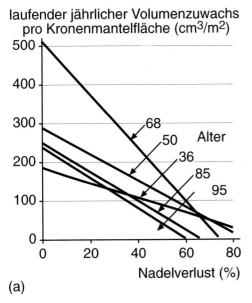
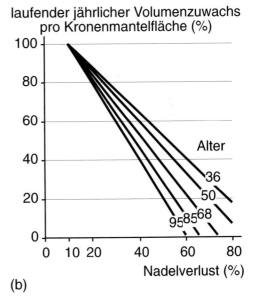

Abbildung 12.11 a, b Regressionsanalytische Zuwachsverlustschätzung für geschädigte Fichtenbestände *Picea abies* (L.) Karst. im niedersächsischen Küstenraum und Harz. **(a)** Zusammenhang zwischen dem laufenden jährlichen Volumenzuwachs [cm^3 pro m^2 Kronenmantelfläche nach (12.17)] und dem prozentualen Nadelverlust und **(b)** daraus abgeleiteter Zusammenhang zwischen prozentualem Volumenzuwachs der untersuchten Fichten und ihrem Nadelverlust (nach DONG und KRAMER, 1987).

schiedlicher Alter, wobei mit der Relativierung des Volumenzuwachses an der Kronenmantelfläche solche Zuwachsunterschiede ausgeklammert sind, die auf Dimensionsunterschiede der Kronen zurückgehen. DONG und KRAMER (1987) setzen nun in einem zweiten Schritt die absoluten Zuwächse, die bei Nadelverlusten von 10% ausgebildet sind, als Referenz und relativieren die Zuwächse von Bäumen mit höheren Nadelverlusten an diesem Maximalwert. Es ergibt sich dann der in Abbildung 12.11 b dargestellte Zusammenhang zwischen dem prozentualen Volumenzuwachs/Kronenmantelfläche und Nadelverlust für die fünf betrachteten Bestände.

Eine gewisse Einschränkung dieses Verfahrens ist darin zu sehen, daß die Kronenmantelfläche nur eine von mehreren den Volumenzuwachs bestimmenden Baumparametern darstellt. Deshalb schlagen DONG et al. (1989) die Einbeziehung noch weiterer Baum- und Bestandesattribute als unabhängige Variable zur Erklärung von z_v vor. Indem das Zuwachstrend-Verfahren, der Pärchenvergleich und Nullflächen-Vergleich von vornherein vorhandene Unterschiede zwischen geschädigten und ungeschädigten Bäumen anhand der Zuwachswerte in einer Referenzperiode eliminieren, greifen sie auf eine höher aggregierte und die vorhandenen Vitalitätsunterschiede besser abbildende Größe zu. Denn der Zuwachs aggregiert den Effekt einer Vielzahl von Baumattributen, die nur durch aufwendige Messungen gewonnen werden können. SPELSBERG (1987) diskutiert ferner die Ableitung der Referenz aus solchen Bäumen, die Nadelverluste unter 10% aufweisen. Nach seiner Auffassung bleibt bei einem solchen Bezug auf die gesündesten Bäume die natürliche Variabilität der Benadelungsdichte unberücksichtigt, woraus die Gefahr erwächst, daß auch in normal wachsenden Beständen Zuwachsverluste diagnostiziert werden. Weitere Eigenheiten dieses Verfahrens bestehen darin, daß leider nicht immer klare Zusammenhänge zwischen Volumenzuwachs/Kronenmantelfläche und Nadelverlust zu diagnostizieren sind (KRAMER, 1986), daß der Zusammenhang zwischen Zuwachs und Benadelung einen eher sigmoiden Kurvenverlauf aufweist (PRETZSCH, 1989a und UT-

SCHIG, 1989) und die bei diesem Verfahren erforderliche Kronenmantelfläche nur durch erhebliche Meßarbeiten exakt bestimmbar ist.

12.2.5.2 Zuwachs der Vorperiode als Kovariable

Von vornherein vorhandene Zuwachsunterschiede zwischen geschädigten und ungeschädigten Bäumen können, analog zum Vorgehen auf Bestandesebene, auch durch eine kovarianzanalytische Auswertung ausgeschaltet werden [vgl. Abschn. 12.2.3, (12.12)]. Der Zuwachsvergleich zwischen ungeschädigten und geschädigten Beständen erfolgt dabei nach Eliminierung von Ausgangsunterschieden, die im Zuwachs in der Vorperiode zum Ausdruck kommen und herauspartialisiert werden. Zu diesem Zweck werden für ungeschädigte und geschädigte Baumkollektive lineare Regressionen zwischen dem Zuwachs in der Prüfperiode und dem Zuwachs in der Vorperiode berechnet (Abb. 12.12). Auf der Grundlage dieser Regressionsgleichungen kann der Minderzuwachs geschädigter Bäume bei gleichem Zuwachsniveau $\bar{Z}$ vor Schadein-

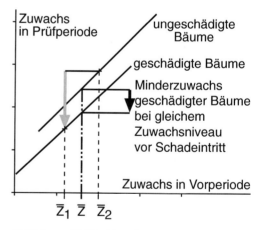

Abbildung 12.12 Kovarianzanalytische Bereinigung der Zuwächse in einer Prüfperiode von vornherein vorhandenen Zuwachsunterschieden in einer Vorperiode (nach STERBA, 1970). Unkorrigierte Zuwachsdifferenz zwischen geschädigtem Baum 1 und ungeschädigtem Baum 2 (grauer Pfeil) und von Anfangsunterschieden bereinigter Zuwachsverlust für den geschädigten Baum 1 (schwarzer Pfeil).

tritt abgegriffen werden. Die sich ergebenden Minderzuwächse geschädigter Bäume beziehen sich dann auf dasselbe Zuwachsniveau vor Schadeintritt und sind nicht mehr mit Anfangsunterschieden $\bar{Z}_1$ bzw. $\bar{Z}_2$ belastet.

Sollen beispielsweise die Zuwächse von Baum 1 (geschädigt) und Baum 2 (ungeschädigt) in einer Prüfperiode miteinander verglichen werden (Abb. 12.12), so würde eine direkte Gegenüberstellung der Zuwächse vernachlässigen, daß sich diese Bäume schon vor Schadeintritt (Vorperiode) im Zuwachs unterschieden. Baum 1 war nämlich schon vor Beginn der Schädigung dem Vergleichsbaum 2 im Zuwachs unterlegen ($\bar{Z}_1 < \bar{Z}_2$). Die unkorrigierte Differenz ihrer Zuwachswerte in der Prüfperiode (Abb. 12.12, grauer Pfeil) würde also schadbedingte Zuwachseinbußen und Anfangsunterschiede miteinander vermischen. Um diesen Anfangsunterschied auszuschalten, wird der ohne und mit Schädigung zu erwartende Zuwachs (obere bzw. untere Regressionsgerade) für einen mittleren Vorperioden-Zuwachs $\bar{Z}$ abgegriffen, so daß sich ein von Anfangsunterschieden bereinigter Zuwachsverlust (schwarzer Pfeil) ergibt.

Dieses von STERBA (1970, 1973, 1978) und KRAPFENBAUER et al. (1975) für die statistische Auswertung von Einzelstammdüngungsversuchen angewendete Verfahren ist auch für die Diagnose von Zuwachsstörungen geeignet. Es kann als Alternative zur Ausschaltung von Anfangsunterschieden durch Prozentuierung Verwendung finden.

12.2.5.3 Baum- und Bestandesattribute als Kovariable

Ein mathematisch elegantes, bisher aber wenig beachtetes Verfahren der Zuwachsverlustschätzung durch Kollektivvergleich geht auf ĎURSKÝ (1993, 1994), ĎURSKÝ und ŠMELKO (1994) sowie ŠMELKO et al. (1996) zurück. Die Vorzüge dieses Verfahrens liegen darin, daß von vornherein vorhandene Zuwachsunterschiede zwischen den zu vergleichenden Baumkollektiven, die nichts mit der eigentlichen Schädigung zu tun haben, durch folgende Verfahrenskombination ausgeschaltet werden. Nach Relativierung der Zuwächse an einer Referenzperiode werden individuelle Unterschiede hinsichtlich der Baumdimension und Konkurrenzsituation regressionsanalytisch ausgeschaltet.

In einem ersten Schritt wird für jeden Baum sein durchschnittlicher Zuwachs in der Schädigungsperiode z_{schad} in Beziehung zu seinem durchschnittlichen Zuwachs in einer unbeeinträchtigten Vorperiode z_{ref} gesetzt. Für jeden Baum ergibt sich dann ein Relativwert $z_{rel_{beob}}$, der die schadbedingte Zuwachsminderung widerspiegelt.

$$z_{rel_{beob}} = \frac{z_{schad}}{z_{ref}} \quad (12.19)$$

ĎURSKÝ (1993, 1994) verwendet für die Auswertung den periodischen Grundflächenzuwachs. Für die Auswahl der Referenzperiode (ref) gelten die in Abschnitt 12.2.1 ausgeführten Überlegungen.

In einem zweiten Schritt werden die für die Auswertung bereitstehenden Einzelbäume nach ihrer sozialen Stellung stratifiziert, um anschließend für jedes Stratum (vorherrschende bzw. herrschende Bäume) einen funktionalen Zusammenhang zwischen $z_{rel_{beob}}$ und den Baum- und Bestandesattributen $\hat{z}_{rel}$ = f (Nadelverlust, Kronenlänge, Baumdurchmesser, Konkurrenzsituation) herzustellen. Für die Schätzung des relativen Zuwachses vorherrschender und herrschender Bäume hat sich nach ĎURSKÝ (1993, 1994) das folgende Modell bewährt:

$$\hat{z}_{rel} = a_0 + (a_1 + a_2 \cdot KL) \cdot NV + a_3 \cdot NV^2 \\ + a_4 \cdot (NV/KL) + a_5 \cdot BHD + a_6 \cdot K \cdot \varepsilon \quad (12.20)$$

Dabei sind:
KL Kronenlänge,
NV Nadelverlust,
BHD Brusthöhendurchmesser,
K   Konkurrenzsituation,
$a_0, \ldots, a_7$ Regressionskoeffizienten,
ε Zufallsabweichung.

Zur Quantifizierung der Zuwachsverluste wird dann der beobachtete relative Zuwachs $z_{rel_{beob}}$ in Beziehung zu dem nach (12.20) regressionsanalytisch geschätzten relativen Zuwachs $\hat{z}_{rel}$ von Modellbäumen gesetzt,

$$\text{Zuwachsminderung} = 1 - \frac{z_{rel_{beob}}}{\hat{z}_{rel}} \quad (12.21)$$

die den geschädigten in Dimension und Konkurrenzsituation gleichen, aber nur Nadelverluste von 20% aufweisen. Hierzu werden in (12.20) Kronenlänge, Baumdurchmesser und Konkurrenzindex des geschädigten Baumes oder Baumkollektives eingesetzt, der Nadelverlust wird aber auf lediglich 20% eingestellt.

Eine solche Vorgehensweise erbringt den relativen Zuwachs, der von Bäumen zu erwarten ist, die im Ausgangsniveau des Zuwachses in der Kronenlänge, dem Baumdurchmesser und der Konkurrenzsituation den geschädigten Bäumen gleichen und sich von diesen nur durch eine „normale" Benadelung unterscheiden. Im Vergleich zu dem Ansatz von KRAMER (1986) und DONG und KRAMER (1987) schließt dieses Verfahren wesentlich elaborierter Zuwachs- und Dimensionsunterschiede zwischen den zu beurteilenden Bäumen und Modellbäumen (Referenz) aus.

Den in diesem Abschnitt genannten Verfahren haftet der Mangel an, daß durch Einbeziehung von Wechselwirkungen und Variablentransformationen zu sehr „probiert" wird, plausible Zusammenhänge zwischen Zuwachs und seinen Bestimmungsgrößen zu finden, statt die Existenz solcher Zusammenhänge unvoreingenommen zu prüfen. Werden bei einem solchen Vorgehen Zuwachsminderungen postuliert und alle Transformationen und Variablenkombinationen verworfen, die solche Minderungen nicht erbringen, so kann es zu rein modellbedingten Fehlinterpretationen des Zuwachsverhaltens kommen.

12.3 Wuchsverhalten in anderen Kalenderzeiträumen als Referenz

12.3.1 Individuelles Wachstum in der Vorperiode als Referenz

Bei diesem Verfahren wird aus dem Wachstumsgang eines Baumes oder Bestandes eine Periode herausgegriffen, deren mittlerer Zuwachs dann als Referenz für die Diagnose und Quantifizierung des Zuwachses in der Folgeperiode dient.

12.3.1.1 Bestimmung von Zuwachsverlusten

RÖHLE (1987) wählt für die Zuwachsdiagnose in geschädigten bayerischen Fichtenbeständen *Picea abies* (L.) Karst. als Referenzperiode die Jahre 1959–1968, für die er einen „normalen und ungestörten Zuwachsgang" annimmt (Abb. 12.13). Den Volumenzuwachs nach 1968 drückt er in Prozent des mittleren Zuwachses in der Referenzperiode aus und diagnostiziert auf diese Weise in einem 120jährigen Fichtenbestand mit mittlerem Nadelverlust von 35% einen Zuwachsrückgang auf 75% des Referenzzuwachses. Da seine Resultate stark von der Wahl der Referenzperiode abhängen und der natürliche Alterstrend im Zuwachs- und Wachstumsgang von Bäumen und Beständen unberücksichtigt bleibt, vermag dieses Verfahren allenfalls erste Hinweise auf störungsbedingte Zuwachsänderungen zu geben. Deckt die Referenzperiode beispielsweise eine zuwachsförderliche Klimaperiode oder eine altersbedingte Zuwachskulminationsphase ab, so würden eventuelle Zuwachsrückgänge erheblich überschätzt.

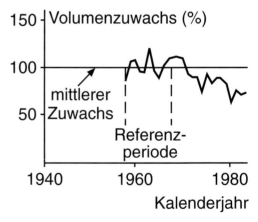

Abbildung 12.13 Quantifizierung von Zuwachsverlusten in einem 120jährigen Fichtenbestand *Picea abies* (L.) Karst. im Fichtelgebirge mit mittleren Nadelverlusten von 35%. Der Volumenzuwachs nach 1968 wird in der Relation zum durchschnittlichen Zuwachs in der Referenzperiode 1959–1968 gesetzt (nach RÖHLE, 1987, S. 50).

12.3.1.2 Diagnose abrupter Zuwachsänderungen

Besser geeignet erscheint der Zuwachsvergleich zwischen Referenz- und Folgeperiode für die Aufdeckung abrupter Zuwachsschwankungen (BACHMANN, 1988; SCHWEINGRUBER et al., 1983, 1986; UTSCHIG, 1989).

Zur Diagnose solcher abrupter Reduktionen oder Erholungen wird über die Zuwachszeitreihe $z_{t, t=1...n}$ ein zehn Jahre breites Zeitfenster bewegt. Der Zuwachs der ersten fünf Jahre wird nun jeweils als Referenz für den Zuwachs in der fünfjährigen Folgeperiode eingesetzt, so daß in p_t

$$p_t = \frac{z_t + z_{t+1} + z_{t+2} + z_{t+3} + z_{t+4}}{z_{t-5} + z_{t-4} + z_{t-3} + z_{t-2} + z_{t-1}} \cdot 100$$

(12.22)

die prozentuale Veränderung des Zuwachses von der fünfjährigen Referenz zur fünfjährigen Folgeperiode zum Ausdruck kommt. Erbringt die Auswertung für ein laufendes Jahr Zuwachsverluste, die über einem definierten Schwellenwert S_R liegen oder Zuwachssteigerungen, die über einen Schwellenwert von S_E reichen, so wird dem Jahr z_t der Beginn einer abrupten Zuwachsreduktion bzw. Zuwachserholung zugeordnet (Abb. 12.14). KONTIC et al. (1986) wählen Schwellenwerte von $S_R = 40\%$ und $S_E = 166\%$, was gleichbedeutend damit ist, daß einem betrachteten Jahr der Beginn einer Reduktion oder Erholung zugeordnet wird, wenn Zuwachsverluste über 40% oder Zuwachssteigerungen über 166% auftreten ($p_t \leq 60\%$ bzw. $p_t \geq 266\%$). Das Zeitfenster wird dann sukzessive um ein Jahr weitergeschoben, so daß schließlich die gesamte Zuwachszeitreihe $z_{t, t=6,...,n-5}$, beginnend mit dem Jahr $t = 6$ und endend mit dem Jahr $t = n - 5$ auf Reduktion, Erholung oder Normalität geprüft ist. Diese Klassifikation von Reaktionsmustern läßt sich weiter verfeinern, indem durch Festlegung entsprechender Schwellenwerte verschiedene Stärken der Reduktion (R), R bzw. R und der Erholung (E), E bzw. E unterschieden werden (Abb. 12.14) oder nach spezifischen Abfolgen von Reduktions- und Erholungsjahren gesucht wird.

BACHMANN (1988) deckt mit diesem Verfahren auf, daß die Zahl abrupter Zuwachsreduk-

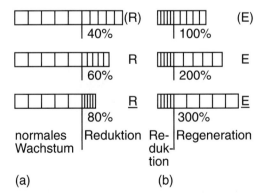

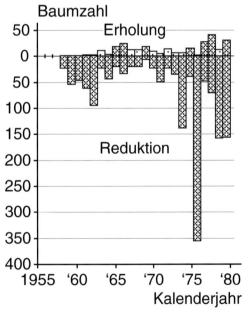

Abbildung 12.14a, b Schematische Darstellung des Jahrringmusters bei (a) abrupter Zuwachsreduktion um 40, 60 und 80% und (b) Zuwachssteigerung um 100, 200 und 300% (verändert nach KONTIC et al., 1986).

Abbildung 12.15 Auftreten von Zuwachsereignissen auf Fichtenversuchsflächen *Picea abies* (L.) Karst. in Bayern. An 32% der insgesamt 3433 untersuchten Fichten treten im Zeitraum von 1958–1980 abrupte Zuwachsreduktionen oder Erholungen auf (nach BACHMANN, 1988).

tionen seit Mitte der 70er Jahre gegenüber den vorhergehenden Jahrzehnten deutlich zugenommen hat (Abb. 12.15). Er stellt die Breite des Zeitfensters auf acht Jahre und die Schwellenwerte auf $S_R = 40\%$ und $S_E = 150\%$ ein. Von den insgesamt 3433 Jahrringmustern von Fichten *Picea abies* (L.) Karst. in Bayern weisen 1093 Individuen, also etwa 32%, in den Jahren 1958–1980 mindestens eine abrupte Zuwachsschwankung in Form einer Erholung oder Zuwachsreduktion auf. Die Häufung von abrupten Reduktionen und Erholungen deutet auf ein erhöhtes Fiebern des Zuwachses seit den 70er Jahren hin.

12.3.2 Langfristiger alterstypischer Baumzuwachs als Referenz (Methode des konstanten Alters)

Das Verfahren prüft, ob und in welchem Ausmaß sich das alterstypische Wuchsverhalten innerhalb eines gegebenen Kalenderzeitraumes verändert hat. So kann beispielsweise geprüft werden, ob der Durchmesserzuwachs 30-, 50- oder 70jähriger Fichten in der ersten Hälfte des 20. Jahrhunderts auf ähnlichem Niveau wie in der zweiten Hälfte lag oder ob sich in diesem Zeitraum Veränderungen ergaben. Das Verfahren ermöglicht
- eine Datierung von Trendwenden,
- eine Quantifizierung der Zuwachsveränderung gegenüber dem langfristigen Niveau und
- eine Aussage dazu, wie Bäume unterschiedlichen Alters die Trendänderung abbilden.

Erprobt wurde es u. a. von BERT und BECKER (1990), MIELIKÄINEN und TIMONEN (1996), MIELIKÄINEN und NÖJD (1996) sowie von PRETZSCH und UTSCHIG (2000) für die Diagnose von Zuwachstrends. Die Methode des konstanten Alters wird im folgenden für die Diagnose von Wachstumstrends in südbayerischen Fichtenbeständen angewendet.

Erforderlich für jedes Kalenderjahr des auf Wachstumsstörungen zu untersuchenden Zeitraumes sind Zuwachsdaten, die ein möglichst breites Altersspektrum abdecken sollten. Ein solches Datenmaterial kann am besten aus Bohrkernen oder Stammscheiben von Wuchsreihen gewonnen werden, deren Parzellen standortgleich sein sollten. Denn mit Probenahmen auf Wuchsreihen ist für jedes betrachtete Kalenderjahr eine ausgewogene Anzahl von jungen, mittelalten und älteren Bäumen vertreten. Um Behandlungseffekte soweit wie möglich auszuschalten, sollten nur vorherrschende und herrschende Bäume beprobt werden. Zur Diagnose von Zuwachstrends in südbayerischen Fichtenbeständen *Picea abies* (L.) Karst. wurden auf den Standorteinheiten 51 und 52 im Wuchsbezirk 12.8 Oberbayerisches Tertiärhügelland 628 vorherrschende und herrschende Fichten *Picea abies* (L.) Karst. zuwachsanalytisch beprobt. Die Beprobung stützt sich auf eine aus sechs Parzellen bestehende Wuchsreihe, die einen Altersrahmen von 35–120 Jahre abdeckt und so ein breites Altersspektrum bei der Probenahme gewährleistet. Die dort gewonnen Zuwachszeitreihen reichen bis ins Jahr 1902 zurück. Sie decken im Jahr 1995 ein Durchmesserspektrum von 18,57–669,87 mm ab (Abb. 12.16). Den Zuwachswerten in dem dargestellten Zeit-Durchmesser-Fenster werden neben den Kalenderjahren auch ihr jeweiliges Alter zugeordnet, so daß das Altersspektrum der erfaßten Jahrringe über dem Kalenderjahr dargestellt werden kann (Abb. 12.17). Der mit Zu-

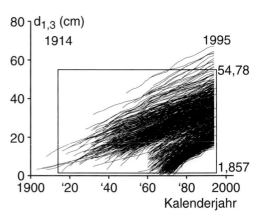

Abbildung 12.16 Durchmesserentwicklung der Fichten *Picea abies* (L.) Karst. auf den Parzellen 1–6 der Wuchsreihe 813 im Forstamt Freising. Das eingezeichnete Fenster zeigt das Durchmesserspektrum und die Kalenderjahre, die in die Trendanalyse einbezogen wurden.

12.3 Wuchsverhalten in anderen Kalenderzeiträumen als Referenz

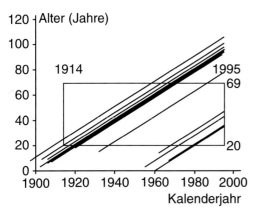

Abbildung 12.17 Altersspektrum der erfaßten Jahrringe, dargestellt über dem Kalenderjahr. In die Analyse werden Zuwachswerte aus den Kalenderjahren 1914–1995 einbezogen. Für diesen Wachstumszeitraum decken die Probenahmen ein Altersspektrum von 20–69 Jahre ab, das für die weitere Analyse in 10jährige Altersklassen eingeteilt wird.

wachsmessungen abgedeckte Altersbereich wird in 10jährige Altersklassen von 20–29, 30–39, 40–49 und 50–59 Jahren eingeteilt. Für jedes Kalenderjahr kann dann der mittlere Zuwachs in den vertretenen Altersklassen berechnet werden. Ein Ausgleich der mittleren Zuwächse in den Altersklassen durch Geraden

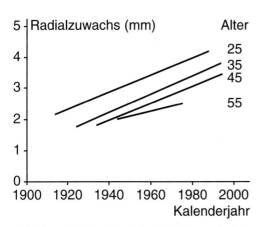

Abbildung 12.18 Trend des Radialzuwachses in den vier betrachteten Altersklassen in dem mit Zuwachsmessungen gut abgedeckten Wachstumszeitraum. Der in allen Altersklassen feststellbare Zuwachsanstieg ist in jüngeren Beständen deutlich stärker ausgeprägt als in älteren.

macht etwaige Zuwachstrends sichtbar. Die Ergebnisse einer solchen Auswertung in Abbildung 12.18 zeigen, wie sich der Durchmesserzuwachs von Fichten in den betrachteten Altersklassen im 20. Jahrhundert verändert hat. So ist der Abbildung beispielsweise zu entnehmen, daß 25jährige Fichten im Jahre 1920 im Mittel 2,2 mm Radialzuwachs anlegten, während gleichaltrige Bäume heute mit über 4 mm das Doppelte an jährlichem Radialzuwachs erbringen. Dieser langfristige Zuwachsanstieg ist in allen Altersklassen zu verzeichnen, bei jungen Bäumen aber stärker ausgeprägt als bei älteren.

Verläßlich sind diese Aussagen über den langfristigen Zuwachstrend aber nur, wenn die gebildeten Altersklassen im gesamten Betrachtungszeitraum ausgewogen und gleichbleibend mit Bäumen unterschiedlichen Alters besetzt sind und wenn man für die betrachteten Bestände identische Durchforstungskonzepte unterstellen kann. Eine Veränderung der Klassenbesetzung von anfänglich eher älteren zu später vermehrt jüngeren und besser wüchsigen Bäumen innerhalb der Klasse könnte einen Zuwachstrend vortäuschen. Eine ausgewogene Besetzung der Altersklassen ist annähernd dann gegeben, wenn das mittlere Alter der in ihnen vertretenen Bäume über den gesamten betrachteten Kalenderzeitraum gleich bleibt.

Werden die Ergebnisse der Klassenbildung über dem Alter aufgetragen, so zeigen sich die in Abbildung 12.19 für ausgewählte Kalenderjahre dargestellten Veränderungen im Durchmesserzuwachsgang über dem Alter. Auf gleichem Standort und bei gleicher Bestandesbehandlung haben sich Niveau und Rhythmus des Durchmesserzuwachses verändert und deuten auf die Einwirkung von Störfaktoren hin, die sich in Beständen aller Alter abzeichnen. Der Vergleich der Kurvenverläufe in Abbildung 12.19 ermöglicht eine Quantifizierung von Mehr- oder Minderzuwächsen. Angesichts der Stärke und zeitlichen Dauer des aus Abbildung 12.19 ersichtlichen Zuwachsanstiegs, ist es unwahrscheinlich, daß die Ursachen allein in einer veränderten waldbaulichen Begründung und Behandlung der Bestände liegen, zumal die betrachteten Bestände bis heute

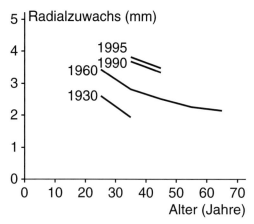

Abbildung 12.19 Radialzuwachs über dem Alter in ausgewählten Kalenderjahren. Für den Zeitraum 1930–1995 konstatieren wir eine beträchtliche Erhöhung und Rhythmusverschiebung des Radialzuwachses.

eher gleichbleibend konservativ behandelt werden. Wir interpretieren den diagnostizierten positiven Trend vielmehr als Reaktion auf wachstumssteigernde Einflußfaktoren, unter denen Temperaturanstieg, Stickstoffeintrag und Anstieg der Kohlendioxidkonzentration der Luft eine Schlüsselstellung einnehmen dürften.

Für die Diagnose von Störfaktoren und die Quantifizierung von Wachstumsveränderungen ist das Verfahren nur dann geeignet, wenn die Probenahmen auf standörtlich vergleichbaren Flächen erfolgen und die Bestandesgeschichte bzw. Konkurrenzgeschichte der beprobten Bäume vergleichbar ist. Diese Voraussetzungen sind am ehesten dann gegeben, wenn unterschiedlich alte Bestände auf einer gegebenen Standorteinheit beprobt werden und sich die Probenahmen auf Bestände mit bekannter und möglichst identischer Bestandesgeschichte und -behandlung beschränken. A-Grad-Parzellen von Durchforstungsversuchen, Naturwaldreservate, unbewirtschaftete Hochlagenwälder und gleichbleibend konservativ behandelte Rein- und Mischbestände gewährleisten am ehesten eine solche Vergleichbarkeit der Behandlungsgeschichte. In jedem Fall dürfen nur deutlich ausgeprägte Veränderungen zwischen gegenwärtigem und früherem Wachstum, wie sie beispielsweise aus den Abbildungen 12.18 und 12.19 hervorgehen, als Folge veränderter Umweltbedingungen interpretiert werden.

12.3.3 Wachstumsvergleich zwischen Vor- und Folgegeneration auf gleichem Standort

Der Vergleich des Wachstums von Vor- und Folgebeständen auf gleichem Standort kann langfristige, über Generationen reichende Veränderungen des Wuchsverhaltens diagnostizieren (KENK et al., 1991; RÖHLE, 1994, 1997; WIEDEMANN, 1923). Hierbei wird der auf Störungen zu prüfende aktuelle Zuwachs- oder Wachstumsgang mit dem der Vorbestände auf gleichem Standort verglichen. Neben der Erfassung des aktuellen Entwicklungsganges erfordert das Verfahren weit zurückreichende Erhebungen, wie sie am besten auf langfristigen Versuchsflächen mit definierter Behandlung gegeben sind. Der Vergleich kann für Durchmesser, Höhe, Grundfläche und Volumen durchgeführt werden. Er ist für die Höhe, insbesondere für die Oberhöhe, aber besonders aussagekräftig. Denn die Oberhöhe wird von allen Ertragskomponenten am geringsten von Behandlungseffekten überprägt.

WIEDEMANN (1923) diagnostiziert die Wuchsstockungen der Fichte *Picea abies* (L.) Karst. in Sachsen, die er auf schädliche forstwirtschaftliche und klimatische Einflüsse zurückführt, indem er die Höhenwachstumsverläufe von Vor- und Folgebeständen miteinander vergleicht (Abb. 12.20). Gestützt auf Stammanalysen in den Vorbeständen (Bestandesbegründung 1700–1730) und Bestandesaufnahmen in den Folgebeständen (Bestandesbegründung 1825–1845) weist er für Fichtenbestände im Grillenburger Revier des Tharandter Waldes Verschlechterungen der Standortgüte um 1,5–2,0 Stufen der Ertragstafel von SCHWAPPACH (1890) nach. KENK et al. (1991) weisen mit diesem Verfahren für Fichtenbestände auf schwächeren und mittleren Standorten in Baden-Württemberg eine Wachstumsverbesserung von Vor- zu Folgebeständen nach, die bis zu 7 Leistungsstufen der Ertragstafel ASSMANN und FRANZ (1963) betra-

12.3 Wuchsverhalten in anderen Kalenderzeiträumen als Referenz

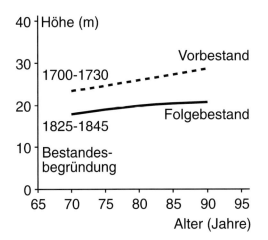

Abbildung 12.20 Nachweis von Wuchsstockungen der Fichte *Picea abies* (L.) Karst. im Tharandter Wald durch Vergleich von Vor- und Folgebeständen (nach WIEDEMANN, 1923, S. 157, Tafel 1). Dargestellt ist die Entwicklung der Mittelhöhe von Beständen, die im Zeitraum 1700–1730 begründet wurden (gestrichelte Linie) und von Folgebeständen aus dem Zeitraum 1825–1845 (durchgezogene Linie).

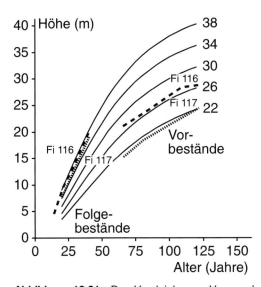

Abbildung 12.21 Der Vergleich von Vor- und Folgegeneration auf den Fichtenversuchsflächen FI 116 und FI 117 *Picea abies* (L.) Karst. im Schwarzwald läßt eine Wachstumsverbesserung um mehrere Leistungsstufen der Ertragstafel von ASSMANN und FRANZ (1963) erkennen (nach KENK et al., 1991, S. 30, Abb. 14).

gen kann (Abb. 12.21). Zwischen der Begründung der Vorbestände (1820) und der Folgebestände (1950) liegen, ähnlich wie bei WIEDEMANN (1923), etwa 130 Jahre.

Mit dem Generationenvergleich können wohl Existenz, Eintrittszeitpunkt und Ausmaß von Störeinflüssen, jedoch nicht die zugrundeliegenden Ursachen aufgedeckt werden. Das Ursachenspektrum kann aber wirksam eingegrenzt werden: Indem der Generationenvergleich auf identischen Wuchsorten erfolgt, werden die Unsicherheiten hinsichtlich der standörtlichen Vergleichbarkeit, wie sie beispielsweise dem Nullflächen-Vergleich anhaften, ausgeschaltet. Wenn nur Bestände mit gleicher Behandlung (z. B. A-Grad) und ähnlicher genetischer Zusammensetzung (Begründung des Folgebestandes durch Naturverjüngung oder durch Saat nach Beerntung des Vorbestandes) in den Generationenvergleich einbezogen werden, lassen sich auch die Faktoren Behandlung und Genetik als Ursachen eventueller Wachstumsveränderungen in gewissem Umfang kontrollieren. Zu berücksichtigen ist allerdings, daß auch jenen Bäume, deren Samen zur Begründung der Folgebestände eingesetzt werden, das Ergebnis einer auf Bestandesebene durch Selbstdifferenzierung, Durchforstung und Kalamitäten bedingten Selektion sind und die genetische Zusammensetzung des Vorbestandes nur ausschnitthaft repräsentieren.

12.3.4 Diagnose von Wachstumstrends aus Folgeinventuren

Wiederholungsinventuren des Waldes auf Bundes-, Landes- oder Betriebsebene erbringen im Unterschied zu den bisher dargestellten Verfahren flächenrepräsentative und statistisch abgesicherte Aussagen über Wachstum und Zuwachs. Die skandinavischen Länder mit ihrer langen Tradition der Forstinventuren können auf einen Datenfundus zurückgreifen, wie er für Rückschlüsse auf langfristige Wachstumstrends notwendig ist. KAUPPI et al. (1992) diagnostizieren für Skandinavien und andere europäische Länder großregional ausgeprägte Veränderung von Vorrat und Zu-

369

12 Diagnose von Wachstumsstörungen

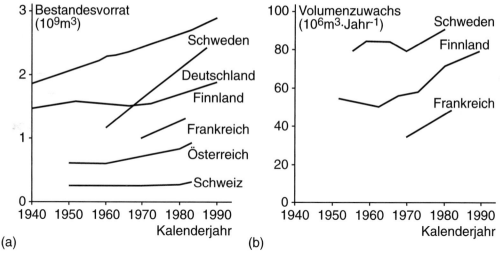

Abbildung 12.22a, b Langfristige Entwicklung von **(a)** Vorrat und **(b)** Volumenzuwachs in europäischen Ländern nach den Ergebnissen nationaler Forstinventuren (KAUPPI et al., 1992).

wachsgang seit den 50er Jahren des 20. Jahrhunderts (Abb. 12.22). Solche Zeitreihen sind jedoch mit äußerster Vorsicht zu interpretieren, weil sich sowohl innerhalb der Länder die Inventurmethoden in den betrachteten Wachstumszeiträumen wiederholt verändert haben (Wechsel der Volumenfunktionen, Kluppschwellen, Definition der Waldfläche), als auch beträchtliche Unterschiede zwischen den Inventurmethoden der betrachteten Länder die Vergleichbarkeit erschweren.

Die Entwicklung von Gesamtvorrat und -zuwachs in einem Inventurgebiet erlaubt aber noch keine gesicherten Aussagen über Verän-

Tabelle 12.2 Entwicklung von Vorrat und Zuwachs der Waldbestände in Bayern in dem Zeitraum 1971–1987 (nach PRETZSCH, 1996c). Ergebnisse nach der bayerischen Großrauminventur 1970/71 und der Bundeswaldinventur I 1987. Die Auswertung erfolgt für die Baumartengruppen Fichte *Picea abies* (L.) Karst., Kiefer *Pinus silvestris* L., Buche *Fagus silvatica* L. und Eiche *Quercus petraea* (Mattuschka) Liebl., gestützt auf die Ertragstafeln von WIEDEMANN (1936/1942), WIEDEMANN (1943/48), WIEDEMANN (1932) bzw. JÜTTNER (1955) für die mäßige Durchforstung.

Wachstum und Zuwachs von im Zeitraum 1971–1987 in Bayern		Fichte/Tanne	Kiefer/Lärche	Buche	Eiche*)
Vorrat 1971	($m^3 \cdot ha^{-1}$)	344	240	232	233
Vorrat 1987	($m^3 \cdot ha^{-1}$)	415	275	271	263
Vorratsdifferenz 1971–87	($m^3 \cdot ha^{-1}$)	+72	+35	+39	+30
reguläre Nutzungen 1971–87	($m^3 \cdot ha^{-1}$)	123	95	61	58
sonstige Abgänge 1971–87	($m^3 \cdot ha^{-1}$)	18	14	9	9
Volumenzuwachs gesamt 1971–87	($m^3 \cdot ha^{-1}$)	214	144	109	97
Volumenzuwachs jährlich 1971–87	($m^3 \cdot ha^{-1} \cdot Jahr^{-1}$)	12,6	8,5	6,4	5,7
Zuwachswerte der Ertragstafel 1971–87	($m^3 \cdot ha^{-1} \cdot Jahr^{-1}$)	9,6	5,9	5,7	4,5
Prozentische Abweichung: Wirklichkeit/Tafel	(%)	+31	+43	+12	+27

*) Die Daten für Fichte, Kiefer und Buche gelten für den bayerischen Staatswald, die Angaben für die Eiche beziehen sich auf die gesamte Waldfläche.

derungen des Wuchsverhaltens oder einsetzende Wachstumstrends. Denn solche Vorrats- und Zuwachsentwicklungen können auch auf Veränderungen der Waldfläche, Altersklassenzusammensetzungen, Baumartenzusammensetzung und Behandlung beruhen. Sollen neben reinen Bestandesänderungen auch langfristige Wachstumstrends identifiziert werden, so sind Veränderungen von Waldfläche, Altersklassenzusammensetzung, Baumartenzusammensetzung und Behandlung nach Möglichkeit auszuklammern. Dies geschieht durch Stratifizierung der Inventurdaten nach Standorten, Altersklassen, Behandlung, Bestandesdichte oder Baumarten. Für die Straten lassen sich mittlere Bestandes- oder Einzelbaumzuwächse berechnen, um daraus Aussagen über die langfristige Zuwachsentwicklung bei definiertem Standort, Alter usw. zu treffen. AROVAARA et al. (1984) und ELFVING und TEGNHAMMAR (1996) haben mit dieser Methode aus den Forstinventuren in Finnland bzw. Schweden Zuwachstrends erschlossen, welche die Befunde in Abbildung 12.22 belegen.

In der Bundesrepublik Deutschland, wo die erste landesweite Inventur (deutsche Bundesländer in den Grenzen bis 1990 mit einheitlichem Stichprobenverfahren (BWI I) im Jahre 1987 erfolgte und eine Wiederholungsinventur nach demselben Verfahren (BWI II) für das Jahr 2002 (Deutschland gesamt) vorgesehen ist,

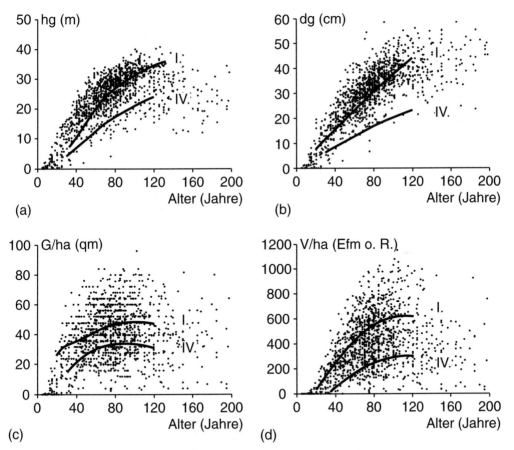

Abbildung 12.23 a–d Unechte Zeitreihen zum Wachstum der Fichte *Picea abies* (L.) Karst. in Bayern im Vergleich zur Ertragstafel von WIEDEMANN (1936/1942), mä. Df. Dargestellt sind **(a)** Mittelhöhe, **(b)** Brusthöhendurchmesser, **(c)** Bestandesgrundfläche und **(d)** Bestandesvorrat aus den Stichprobendaten der aktuellen Forsteinrichtung der Bayerischen Staatsforstverwaltung (nach POTT, 1997).

muß sich ein solcher Datenfundus erst akkumulieren. Die Auswertung einer weiter zurückliegenden Landesinventur (GRI 1970/71) und der BWI I erbringt für das Bundesland Bayern erste flächenrepräsentative Informationen zum aktuellen Zuwachsniveau und Vergleichsmöglichkeiten mit den Erwartungswerten der Ertragstafel (Tab. 12.2). Die festgestellten Mehrzuwächse von 12–43% im Vergleich zu den gängigen Ertragstafeln unterstreichen deren Mängel und liefern Indizien für einen langfristigen Wachstumstrend (PRETZSCH, 1996c).

Fehlen echte Zeitreihen aus Wiederholungsinventuren, so bleibt die Möglichkeit, aus einmaligen Inventuren unechte Zeitreihen zu bilden und aus diesen weitere Informationen über Wachstumsstörungen zu erschließen. Zur Feinanalyse der in Tabelle 12.2 erkennbaren Diskrepanzen zwischen Modell und Wirklichkeit greift POTT (1997) auf die Inventurdaten der bayerischen Forsteinrichtung zurück. Insgesamt stehen für Fichtenreinbestände *Picea abies* (L.) Karst. 24648 Bestandesaufnahmen aus Winkelzählproben und festen Probekreisen zur Verfügung, die repräsentative Aussagen für alle bayerischen Wuchsgebiete erbringen. Abbildung 12.23 zeigt beispielhaft für die Fichte die Entwicklung von Mittelhöhe, Durchmesser des Grundflächenmittelstammes, Grundfläche und Vorrat als unechte Zeitreihe über dem Alter. Zur Verbesserung der Übersichtlichkeit wurde nur eine Zufallsstichprobe von 5% der Aufnahmepunkte zur Darstellung gebracht. Der von der I. und IV. Ertragsklasse aufgespannte Wertebereich der Tafel von WIEDEMANN (1936/1942) vermag bei keinem Ertragselement das Streuband der Forsteinrichtungsdaten zu begrenzen. Höhe und Durchmesser konzentrieren sich im Bereich der I. Ertragsklasse, nur in sehr hohem Alter trifft dies nicht zu. Etwa die Hälfte der Bestände übersteigt die I. Ertragsklasse in der Grundfläche. Die hohe Punktdichte selbst in Bereichen zwischen 50 m^2 und 70 m^2 zeigt, daß es sich hierbei nicht um Ausreißer handelt. Auch bei dem Vorrat übertreffen Maximalwerte die Ertragstafel um etwa 100%. Eine solche Niveauverschiebung in den Wachstumsgrößen stützt die Hypothese, daß es sich bei den aus den Wiederholungsinventuren diagnostizierten Zuwachsanstiegen (Tab. 12.2) nicht um ein kurzfristiges Zuwachshoch handelt. Eine Stratifizierung der Befunddaten nach Standorten läßt Rückschlüsse auf die Effektoren der vermuteten Trends zu (POTT, 1997).

12.4 Dendroökologische Zeitreihenanalyse

Das Verfahren der dendroökologischen Zeitreihenanalyse ermöglicht den Nachweis, die Datierung und die Quantifizierung von Störeinflüssen auf der Grundlage von Zuwachs- und Klimazeitreihen. Es werden die Zuwachszeitreihen zerlegt, die Komponenten Alter und Klima modelliert und Referenz-Zuwachszeitreihen erzeugt, die unter ungestörten Verhältnissen zu erwarten wären. Die Referenzkurve wird also aus dem Material selbst deduziert und impliziert klimabedingte Zuwachsreaktionen. Der Vergleich zwischen Referenz und wirklicher Zuwachsentwicklung kann Störeinflüsse aufdecken, die über Alters- und Klimaeffekte hinausgehen (COOK und KAIRIUKSTIS, 1992; FRITTS, 1976; KIESSLING und STERBA, 1992; SCHWEINGRUBER, 1983).

Die dendroökologische Zeitreihenanalyse geht davon aus, daß sich eine Zuwachszeitreihe Z_t aus einer glatten Komponente G_t, die den alters- oder behandlungsbedingten Zuwachsverlauf beschreibt, und einer oszillierenden Komponente O_t, welche die Schwankung um die glatte Komponente darstellt und den Residuen entspricht, zusammensetzt.

$$Z_t = \text{glatte Komponente } G_t \\ + \text{ oszillierende Komponente } O_t \quad (12.23)$$

Dabei sind:
G_t f (Alterstrend und Behandlungseffekt),
O_t g (Klimaeffekt, Störeinflüsse und Rauschen).

Die oszillierende Komponente O_t besteht aus Klimaeffekten, gegebenenfalls aus gerichteten Störeinflüssen, die mit dem Verfahren isoliert werden sollen, und einer Restkomponente, die nicht zu erklärendes, ungerichtetes Rauschen zusammenfaßt. Unter der Annahme, daß sich diese Komponenten additiv überlagern, entsteht das folgende Modell:

Z_t = Alterstrend + Behandlungseffekt
  + Klimaeffekt + Störeinfluß + Rest   (12.24)

Die Aufgabe besteht nun darin, aus einer zu analysierenden Zuwachszeitreihe Alterstrend, Behandlungs- und Klimaeffekte herauszufiltern, um beurteilen zu können, ob der Zuwachsverlauf durch diese Komponenten und ungerichtetes Rauschen beschrieben werden kann oder ob zusätzlich gerichtete Störeinflüsse wirksam waren. Die herauszufilternden Komponenten schließen kurz-, mittel- und langfristige Effekte, die u. a. durch Witterung, Klima, Durchforstung oder Alter bedingt sein können, ein.

12.4.1 Elimination der glatten Komponente

Im ersten Schritt der dendroklimatologischen Zeitreihenanalyse wird deshalb die glatte Komponente G_t eliminiert (Abb. 12.24). Diese entsteht bei Zuwachszeitreihen durch Alters-

trend- oder Behandlungseffekte. Indem die Originalzeitreihe mit einer glättenden Ausgleichskurve unterlegt wird, können die Schwankungen um die glatte Komponente herausgearbeitet werden, die dann Gegenstand einer weitergehenden Analyse sind. Zur Nachbildung der glatten Komponente bei solchen Bäumen, deren Zuwachsgang sich in der Abschwungphase befindet und nicht durch behandlungsbedingte, altersuntypische Einflüsse überlagert wird, hat sich die fallende Exponentialfunktion bewährt (12.25).

$$G_t = a_0 + a_1 \cdot e^{-a_2 \cdot t} \quad (12.25)$$

Für den Ausgleich vollständiger Altersverläufe, die alle Phasen (Jugendphase, Vollkraftphase und Abschwungphase) abdecken, eignen sich die Funktionen von HUGERSHOFF (12.26) und die doppelt-logarithmische Parabel [(12.27) bzw. in delogarithmierter Form (12.28)].

$$G_t = a_0 \cdot t^{a_1} \cdot e^{-a_2 \cdot t} \quad (12.26)$$
$$\log G_t = a_0 + a_1 \cdot \log t + a_2 \cdot \log^2 t \quad (12.27)$$
$$G_t = e^{a_0 + a_1 \cdot \log t + a_2 \cdot \log^2 t} \quad (12.28)$$

Sollen neben dem Alterstrend auch Behandlungseffekte eliminiert werden, so bieten sich Polynome höheren Grades an (12.29). Die Anpassung der Ausgleichskurve an die Originalmeßwerte erfolgt bei den genannten Verfahren regressionsanalytisch.

$$G_t = a_0 + a_1 \cdot t + a_2 \cdot t^2 + \ldots + a_n \cdot t^n$$
(12.29)

Ein äußerst flexibles Verfahren der Glättung bieten außerdem Splines, die sich aus stückweise glatt aneinandergesetzten Polynomen aufbauen (SPÄTH, 1983). Am gebräuchlichsten für die dendroökologische Zeitreihenanalyse sind kubische Splines, denen Polynome dritten Grades zugrunde liegen (vgl. Abschn. 8.2.1.2). Der Grad des Polynomes, die Güte der Anpassung an die Daten und die Glattheit der erzeugten Ausgleichskurve können so variiert werden, daß die gewünschte Glättungskurve entsteht (RIEMER, 1994).

Gebräuchlich ist weiter die Kurvenglättung durch Bildung gleitender Durchschnittswerte (SCHLITTGEN und STREITBERG, 1997). Dabei wird

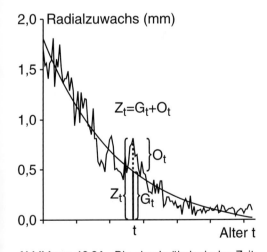

Abbildung 12.24 Die dendroökologische Zeitreihenanalyse zerlegt eine Zuwachszeitreihe Z_t in eine glatte Komponente G_t, die den alters- oder behandlungsbedingten Zuwachsverlauf beschreibt, und eine oszillierende Komponente O_t, die den Residuen um die glatte Komponente entspricht.

12 Diagnose von Wachstumsstörungen

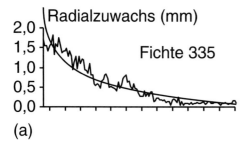
(a)

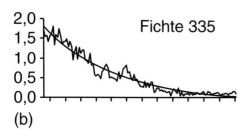
(b)

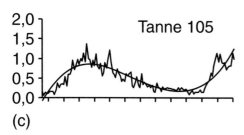
(c)

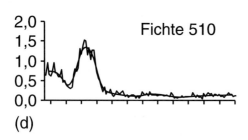
(d)

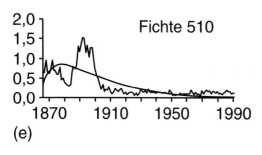
(e)

Abbildung 12.25 a–e Modellierung der glatten Komponente von Zuwachszeitreihen durch regressionsanalytisch angepaßte Funktionen und Bildung gleitender Mittelwerte. Den eingetragenen Glättungskurven liegen folgende Ansätze zugrunde:
(a) $G_t = a_0 - a_1 \cdot \ln(t)$;
(b) $G_t = a_0 + a_1 \cdot e^{-a_2 \cdot t}$;
(c) $G_t = a_0 + a_1 \cdot t + a_2 \cdot t^2 + a_3 \cdot t^3$;
(d) $G_t = \frac{1}{7}(z_{t-3} + z_{t-2} + z_{t-1} + z_t + z_{t+1} + z_{t+2} + z_{t+3})$;
(e) $G_t = a_0 \cdot t^{a_1} \cdot e^{-a_2 \cdot t}$.

eine feste Anzahl von u Jahrringwerten in einem Zeitfenster mit Gewichten a_u versehen, so daß $\sum a_u = 1$ ist. Der entstehende Mittelwert G_t wird dem mittleren Zeitpunkt des Fensters zugeordnet. Das ausgewählte Fenster wird Jahr für Jahr über die Zeitserie verschoben, so daß die Reihen dieser Mittelwerte keine kurzfristigen Schwankungen mehr enthalten. Bei der Frage, wie groß das Zeitfenster zu wählen ist, ist zu beachten, daß an den Rändern der Zeitreihe jeweils entsprechend viele Werte gekappt werden. Je nach Gewichtung der Einzeljahre in dem Zeitfenster spricht man von Tiefpaßfiltern oder Hochpaßfiltern:

- Tiefpaßfilter gewichten mehrere zentrale Jahrringe im Zeitfenster stärker als die am Rand gelegenen und eignen sich so für die Hervorhebung langfristiger Schwankungen und glatter Komponenten.
- Hochpaßfilter erhöhen nur den Zentralwert und erniedrigen die Randwerte, so daß gerade die jährlichen Schwankungen hervorgehoben werden.

Werden alle u Zuwachsmeßwerte in dem gewählten Zeitfenster gleich gewichtet, so spricht man von einem einfachen gleitenden Durchschnitt. Werden beispielsweise drei oder fünf Werte in den gleitenden Durchschnitt einbezogen, so ergeben sich (12.30) bzw. (12.31).

$$G_t = \tfrac{1}{3} \cdot (z_{t-1} + z_t + z_{t+1}) \tag{12.30}$$

$$G_t = \tfrac{1}{5} \cdot (z_{t-2} + z_{t-1} + z_t + z_{t+1} + z_{t+2}) \tag{12.31}$$

Abbildung 12.25 zeigt die Radialzuwächse von 1870 bis 1996 für die Fichte *Picea abies* (L.) Karst. 335, Tanne *Abies alba* Mill. 105 und

Fichte *Picea abies* (L.) Karst. 510 der Versuchsparzelle GAP 1 im Forstamt Garmisch-Partenkirchen. Zur Eliminierung der glatten Komponente werden diese Zuwachszeitreihen regressionsanalytisch bzw. durch Bildung gleitender Durchschnitte ausgeglichen. Ergebnis sind mehr oder weniger geeignete Glättungskurven G_t, die in Abbildung 12.25 schwarz ausgezogen sind und als Grundlage für die weitere Auswertung dienen.

Eine klare Differenzierung zwischen glatter Komponente, welche die einzelbaumspezifische Komponente (Alterstrend, Behandlung, Wuchskonstellation) der Zuwachszeitreihe beschreibt und der oszillierenden Komponente, die auf bestandesweite Einflüsse wie Klima, Düngung oder Schadstoffeintrag zurückzuführen ist, erfordert aus dem zu untersuchenden Bestand mehrere Zuwachsproben. Denn einer Jahrringkurve allein kann nicht entnommen werden, ob feststellbare Schwankungen auf einzelbaumspezifische Einflüsse wie Wuchskonstellation, individuelles Alter oder Behandlungseffekte zurückgehen und deshalb durch die glatte Komponente zu eliminieren sind oder ob sie Ausdruck bestandesweiter oder bestandesübergreifender Störungen sind, die es aufzudecken gilt. Abbildung 12.26 zeigt die Radialzuwachskurven von vier Tannen *Abies alba* Mill. aus der Bergmischwaldversuchsfläche bei Garmisch-Partenkirchen. Würde sich die Analyse auf Baum 451 beschränken, so bliebe offen, ob die Phase der Zuwachsstagnation von 1880–1920 nur für diesen einzelnen Baum gilt oder charakteristisch für den gesamten Bestand ist. Das kann nur beurteilt werden, wenn diese Zuwachskurve mit anderen desselben Bestandes verglichen wird. In unserem Beispiel zeigt sich, daß die Zuwachsstagnation im Zeitraum 1880–1920 in keiner anderen Probenahme wiederzufinden ist, daß die Tannen *Abies alba* Mill. 80, 105 und 442 in dem genannten Zeitraum vielmehr im Zuwachs kulminierten. Die Zuwachsstagnation von Baum 451 geht also offensichtlich auf individuell ausgeprägte Faktoren (z. B. Überschirmung oder seitliche Einengung durch Nachbarbäume) zurück und sollte mit der glatten Komponente eliminiert werden. Demgegenüber spiegelt sich der Zuwachsanstieg ab den 70er Jahren in der Mehrzahl der Zu-

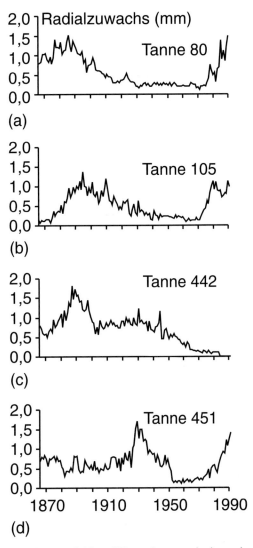

Abbildung 12.26 a–d Zuwachsgang vier benachbarter Tannen *Abies alba* Mill. aus dem Bergmischwald, die bemerkenswerte Unterschiede in der zurückliegenden Individualentwicklung, aber auch Gemeinsamkeit im aktuellen Zuwachstrend erkennen lassen.

wachszeitreihen simultan wider, was auf den Einfluß bestandesweit wirkender Störungen hindeutet. Eine Ausnahme bildet hier nur die bereits abgestorbene Tanne *Abies alba* Mill. 442, deren Zuwachsgang bis in die 50er Jahre des 20. Jahrhunderts noch charakteristisch für das Kollektiv erscheint, danach aber rückläufig ist.

12 Diagnose von Wachstumsstörungen

Nur wenn für einen zu untersuchenden Bestand eine größere Serie von Zeitreihen zur Verfügung steht, kann durch eine Analyse der Zuwachsvariation innerhalb der Zuwachsverläufe und zwischen den Zuwachsverläufen der Bestandesglieder die zu eliminierende glatte und die zu erhaltende oszillierende Komponente voneinander getrennt werden.

Bei der Eliminierung der glatten Komponente besteht immer die Gefahr, daß neben dem zu eliminierenden Alters- oder Behandlungstrend auch bereits der Störeffekt aus der Zeitreihe genommen wird, der eigentlich untersucht werden soll. Resultate der dendroökologischen Zeitreihenanalyse sollten deshalb immer auf ihre Beständigkeit bei Verwendung verschiedener Methoden der Trendextraktion geprüft werden. BECKER (1989) leitet die glatte Komponente nicht einzelbaumweise aus der jeweiligen Zuwachszeitreihe, sondern als Mittelkurve für ein Kollektiv von Bäumen ab, deren Zuwachswerte möglichst breit und gleichmäßig über Alter und Kalenderjahre gestreut sind. Nach Alter sortiert und gemittelt, erbringen diese Zuwachswerte die zur Trendeliminierung geeignete mittlere Jahrringbreiten- oder Durchmesser-Zuwachsentwicklung über dem Alter. Indem sich diese Kurve bei jedem Alterswert auf ein breites Spektrum von Kalenderjahren stützt und über eventuelle positive oder negative Zuwachstrends mittelt, beschreibt die gewonnene Mittelkurve nur den Alterstrend. Bei dieser Ausgleichsmethode besteht dann kaum die Gefahr, daß neben dem Alterstrend auch die zu untersuchende Störreaktion eliminiert wird.

12.4.2 Indexierung

Ist die glatte Komponente G_t nach einer dieser Methoden beschrieben, so werden in einem zweiten Schritt alle Originalmeßwerte ins Verhältnis zu den Erwartungswerten der Glättungsfunktionen gesetzt. Damit erhält man die sogenannte Indexkurve I_t

$$I_t = \frac{Z_t}{G_t}, \qquad (12.32)$$

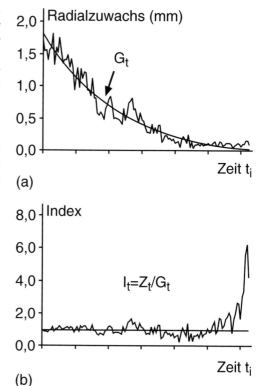

Abbildung 12.27 a, b Eine Indexkurve I_t entsteht, indem die Zuwachsbefunde Z_t ins Verhältnis zu der Glättungsfunktion G_t gesetzt werden. Die oszillierenden Indexwerte sind dann von Alters- und Behandlungseffekten bereinigt. Dargestellt sind **(a)** die originalen Jahrringbreitenkurven und **(b)** die Index-Verläufe für die Fichte *Picea abies* (L.) Karst. 335 aus Abbildung 12.15.

welche die relativen Abweichungen der wirklichen Zuwachswerte von der Glättungsfunktion anzeigt und frei vom Alterstrend ist (Abb. 12.27).

12.4.3 Response-Funktion

In einem dritten Schritt strebt die dendroökologische Zeitreihenanalyse die Erklärung und statistische Nachbildung der verbleibenden jährlichen Schwankungen der Indexkurve durch Klimazeitreihen an. Auf der Basis der jährlichen Zuwachsindexwerte I_t, recherchierter Klimazeitreihen und unter Berücksichtigung autokorrelativer Beziehungen zwischen den laufenden jährlichen Zuwächsen wird regressionsanalytisch eine Schätzfunktion parametrisiert, welche die jährlichen Indexwerte in Abhängigkeit von Klimawerten und Indizes der vorausgehenden Jahre beschreibt.

$$\hat{I}_t = f \text{ (Klimavariablen, Zuwächse in den Vorjahren)} \quad (12.33)$$

Die Parametrisierung dieser Funktion stützt sich in der Regel nicht auf alle vorhandenen Zuwachs- und Klimadaten, sondern nur auf die einer ausgewählten Periode, in der vermutlich noch keine Störeinflüsse wirksam waren. Die zur Parameterschätzung herangezogene Periode wird Kalibrierungszeitraum genannt.

12.4.4 Zuwachsverlustberechnung

In einem vierten Schritt können mit dem Modell $\hat{I}_t = f$ (Klimavariablen, Zuwächse in den Vorjahren) für den gesamten Betrachtungszeitraum, d. h. auch für die Kalenderjahre vor und nach der Kalibrierungsperiode, die zu erwartenden Indexwerte $\hat{I}_t$ in Abhängigkeit von aufgezeichneten Klimazeitreihen geschätzt werden. Das Produkt aus den Funktionswerten der Indexkurve $\hat{I}_t$ und der glatten Komponente G_t

$$\hat{Z}_t = \hat{I}_t \cdot \hat{G}_t \quad (12.34)$$

erbringt den zu erwartenden Zuwachsverlauf bei Berücksichtigung von Alters- und Klimaeffekten. Der Vergleich dieser Referenzkurve $\hat{Z}_t$ mit der wirklichen Zuwachsentwicklung Z_t zeigt dann, ob, ab wann und in welchem Ausmaß erwarteter und wirklicher Zuwachs voneinander abweichen. Eventuelle Abweichungen zwischen $\hat{Z}_t$ und Z_t sind dann vom Alterstrend, Klimaeinfluß und Behandlungseffekt bereinigt und können für eine Indizienbeweis-

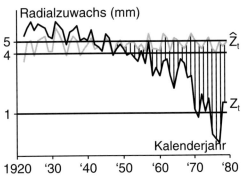

Abbildung 12.28 Diagnose von Zuwachsstörungen an Straßenbäumen mit der dendroökologischen Zeitreihenanalyse (nach ECKSTEIN et al., 1981). Dargestellt ist die erwartete Jahrringbreitenentwicklung $\hat{Z}_t$ und die wirkliche Zuwachsentwicklung Z_t eines Ahorns bei starker Verkehrsbelastung. Der Vergleich zwischen erwarteter und wirklicher Zuwachskurve (schraffiert) ermöglicht eine Datierung und Quantifizierung der störungsbedingten Zuwachsverluste.

führung zeitlich und räumlich mit vermuteten Störeinflüssen wie Grundwasserabsenkung, Immissionseinwirkung oder Düngung korreliert werden. Abbildung 12.28 zeigt die Ergebnisse einer dendroökologischen Zeitreihenanalyse, die ECKSTEIN et al. (1981) für die Untersuchung des Zuwachsverhaltens von Straßenbäumen bei geringer und starker Verkehrsbelastung eingesetzt haben. An 253 Straßenbäumen verschiedener Gattungen wurde nachgewiesen, daß der Zuwachsgang allein durch Alterstrend und Klima nicht erklärt werden kann. Alle Ursachen für die erheblichen Abweichungen zwischen erwarteten und wirklichen Zuwachskurven nehmen mit der Verkehrsbelastung zu und werden in erster Linie auf die Verwendung von Auftausalzen zurückgeführt.

Zusammenfassung

1. Zur Diagnose von Wachstums- und Zuwachsstörungen werden die Entwicklungsverläufe mutmaßlich geschädigter Einzelbäume oder Bestände mit einem „normalen" Entwicklungsgang verglichen, der unter ungestörten Verhältnissen zu erwarten wäre und als Referenz dient.

2. Der Vergleich zwischen dem zu beurteilenden Entwicklungsgang und der Referenz erlaubt die Datierung und Quantifizierung der Wachstumsreaktionen. Er kann zwar Indizien für Störungsursachen liefern, nicht aber den direkten Beweis von Ursache-Wirkungs-Zusammenhängen.

3. Bei einer ersten Verfahrensgruppe wird die Referenz deduktiv aus Wuchsmodellen abgeleitet. Der Vergleich der beobachteten Entwicklungsgänge mit denen von Ertragstafeln, Szenarienrechnungen mit dynamischen Wuchsmodellen und synthetischen Altersverläufen gibt Auskunft über die Abweichung zwischen Modell und Wirklichkeit und über die Brauchbarkeit der Modelle als forstwirtschaftliches Planungswerkzeug in den betrachteten Beständen.

Vergleiche mit Modellen eignen sich für die Diagnose langfristiger und großräumiger Abweichungen von in zurückliegenden Zeiträumen empirisch abgeleiteten Modellvorstellungen.

4. Beim Zuwachstrend-Verfahren, Pärchenvergleich, Nullflächen-Vergleich, dem Vergleich durch Indexierung und bei der regressionsanalytischen Zuwachsschätzung wird die Referenz aus unbeeinträchtigten Nachbarbäumen oder -beständen abgeleitet. Die Verfahrensgruppe eignet sich gut für die Diagnose zeitlich und räumlich begrenzter Störfaktoren im Rahmen von Beweissicherungsverfahren.

5. Bei dem Vorperioden-Vergleich, der Diagnose abrupter Zuwachsereignisse, der Methode des konstanten Alters, dem Vergleich von Vor- und Folgegenerationen auf gleichem Standort und der Auswertung von Folgeinventuren werden die zu beurteilenden Entwicklungen mit Wachstumsverläufen in vergangener Zeit verglichen. Verfahren dieser Gruppe ermöglichen die Diagnose abrupter, aber auch langfristiger und großregional ausgeprägter Wachstumsveränderungen.

6. Die dendroökologische Zeitreihenanalyse diagnostiziert und quantifiziert Schäden, indem sie die Zuwachsgänge mutmaßlich geschädigter Bäume oder Bestände statistisch analysiert. Durch Elimination des Alterstrends, Indexierung und Entwicklung einer Response-Funktion werden der Nachweis, die Datierung und Quantifizierung von Störeinflüssen möglich. Es werden die Zuwachszeitreihen zerlegt, die Komponenten Alter und Klima modelliert und Referenz-Zuwachszeitreihen erzeugt, die unter ungestörten Verhältnissen zu erwarten wären. Die der Diagnose und Schadensquantifizierung dienende Referenzkurve wird also aus dem Material selbst deduziert. Die Methode ermöglicht eine Differentialdiagnose lokaler und regionaler Wachstumsstörungen, erfordert aber langfristige Zeitreihen von den wichtigsten Standortfaktoren (Temperatur, Niederschlag usw.).

7. Auf eine gegebene Fragestellung sollten nach Möglichkeit Methoden unterschiedlicher Verfahrensgruppen angewendet werden, um deren spezifische Stärken auszuschöpfen. Befunde zu Schadensausmaß und -ursache erhärten sich, wenn Verfahren mit unterschiedlicher Referenzbildung zu ähnlichen Ergebnissen gelangen.

Literatur

ABER, J. D. und FEDERER, C. A., 1992: A generalized, lumped parameter model of photosynthesis, evaporation and net primary production in temperate and boreal forest ecosystems. Oecologia, Vol. 92, S. 463–474.

ABETZ, P., 1974: Zur Standraumregulierung in Mischbeständen und Auswahl von Zukunftsbäumen. Allgemeine Forst Zeitschrift, 29. Jg., H. 41, S. 871–873.

ABETZ, P., 1975: Entscheidungshilfen für die Durchforstung von Fichtenbeständen (Durchforstungshilfe Fi 1975). Merkblätter der Forstlichen Versuchs- und Forschungsanstalt Baden-Württemberg, Nr. 13, 9 S.

ABETZ, P., 1985: Ein Vorschlag zur Durchführung von Wachstumsanalysen im Rahmen der Ursachenerforschung von Waldschäden in Südwestdeutschland. Allgemeine Forst- und Jagdzeitung, 156. Jg., H. 9/10, S. 177–187.

ABETZ, P., MERKEL, O. und SCHAIRER, E., 1964: Düngungsversuche in Fichtenbeständen Südbadens. Allgemeine Forst- und Jagdzeitung, 135. Jg., S. 247–262.

ABETZ, P. und MITSCHERLICH, G., 1969: Überlegungen zur Planung von Bestandesbehandlungsversuchen. Baden-Württembergische Forstliche Versuchs- und Forschungsanstalt, Abt. Ertragskunde, S. 175–178.

AKÇA, A., 1997: Waldinventur. Cuvillier Verlag Göttingen, 140 S.

ALEMDAG, I. S., 1978: Evaluation of some competition indexes for the prediction of diameter increment in planted white spruce. Forest Management, Inst. Inf. rep. FMR-X-108, 39 S.

ALTENKIRCH, W., 1982: Ökologische Vielfalt – ein Mittel natürlichen Waldschutzes? Der Forst- und Holzwirt, 37. Jg., H. 8, S. 211–217.

ALTHERR, E., 1969 und 1972: Das Karlsruher Wasserwerk „Hardtwald" aus forstlicher Sicht. Teile 2, 3 u. 4. Allgemeine Forst- und Jagdzeitung, 140. u. 143. Jg., S. 213–226, S. 109–117, S. 245–253.

ALTHERR, E. und ZUNDEL, R., 1966: Das Karlsruher Wasserwerk „Hardtwald" aus forstlicher Sicht. Teil 1. Allgemeine Forst- und Jagdzeitung, 137. Jg., S. 237–261.

AMMER, U. und SCHUBERT, H., 1999: Arten-, Prozeß- und Ressourcenschutz vor dem Hintergrund faunistischer Untersuchungen im Kronenraum des Waldes. Forstwissenschaftliches Centralblatt, 118. Jg., S. 70–87.

AMMER, U., DETSCH, R. und SCHULZ, U., 1995: Konzepte der Landnutzung. Forstwissenschaftliches Centralblatt, 114. Jg., S. 107–125.

ANDERSON, M. C., 1964: Studies of the woodland light climate. Journal of Ecology, 52. Jg., S. 27–41.

ARNEY, J. D., 1972: Computer simulation of Douglas-fir tree and stand growth, Ph. D. thesis, Oregon State Univ., 79 S.

AROVAARA, H., HARI, P. und KUUSELA, K., 1984: Possible effect of changes in atmospheric composition and acid rain on tree growth. An analysis based on the results of Finnish National Forest Inventories. Com. Inst. Forestalis Fenniae, Bd. 122, 16 S.

ARP, P. A. und OJA, T., 1997: A forest soil vegetation atmosphere model (ForSVA). In: Concepts, Ecological Modelling, Vol. 95, S. 211–224.

ASSMANN, E., 1943: Untersuchungen über die Höhenkurven von Fichtenbeständen. Allgemeine Forst- und Jagdzeitung, 119. Jg., S. 77–88, S. 105–123, S. 133–151.

ASSMANN, E., 1953/54: Die Standraumfrage und die Methodik von Mischbestandsuntersuchungen. Allgemeine Forst- und Jagdzeitung, 125. Jg., H. 5, S. 149–153.

ASSMANN, E., 1961a: Waldertragskunde. Organische Produktion, Struktur, Zuwachs und Ertrag von Waldbeständen. BLV Verlagsgesellschaft, München, Bonn, Wien, 490 S.

ASSMANN, E., 1961b: Wald und Zahl. Allgemeine Forstzeitung, 16. Jg., H. 36, S. 509–511.

ASSMANN, E. und FRANZ, F., 1963: Vorläufige Fichten-Ertragstafel für Bayern. Institut für Ertragskunde der Forstl. Forschungsanst. München, 104 S.

ASSMANN, E. und FRANZ, F., 1965: Vorläufige Fichten-Ertragstafel für Bayern. Forstwissenschaftliches Centralblatt, 84. Jg., H. 1, S. 13–43.

AVERY, Th. E. und BURKHART, H. E., 1975: Forest Measurements. 3. Aufl., McGraw-Hill, Inc., 331 S.

BACHMANN, M., 1988: Zuwachsreaktionen geschädigter Fichten, erfaßt nach der Methode von Schweingruber. Diplomarbeit am Lehrstuhl für Waldwachstumskunde der Ludwig-Maximilians-Universität München, MWW-DA 63, 66 S.

BACHMANN, M., 1998: Indizes zur Erfassung der Konkurrenz von Einzelbäumen. Methodische Untersuchung in Bergmischwäldern. Forstliche Forschungsberichte München, Nr. 171, 261 S.

BACHMANN, M., NICKEL, M., PETERS, A., SCHÜTZE, G., SEIFERT, Th., STEINACKER, L. und UTSCHIG, H., 2001: Lehrstuhlinterne Zusammenstellung für die Vorgehensweise bei der Anlage und Aufnahme von Versuchsflächen. Unveröff. Manuskriptdruck, Lehrstuhl für Waldwachstumskunde, Technische Universität München, Freising, 40 S.

BADOUX, E., 1946: Krone und Zuwachs. Mitteilungen der Schweizerischen Anstalt für das Forstliche Versuchswesen, XXIV. Bd., 2. H., S. 405–513.

BÄSSLER, U., 1991: Irrtum und Erkenntnis, Fehlerquellen im Erkenntnisprozeß von Biologie und Medizin. Springer-Verlag, 93 S.

BÄTZ, G., DÖRFEL, H., ENDERLEIN, G., GRIMM, H., HERRENDÖRFER, G., KÖRSCHENS, M., RASCH, D., SPECHT, G., THOMAS, E., TROMMER, R. und WIEGAND, H., 1972: Biometrische Versuchsplanung. VEB Deutscher Landwirtschaftsverlag, Berlin, 355 S.

BAILEY, R. L., 1973: Development of unthinned stands of pinus radiata in New Zealand. Ph.D. thesis, Univ. Georgia, Athens, Georgia, 67 S.

BAILEY, R. L. und DELL, T. R., 1973: Quantifying diameter distributions with the Weibull function. Forest Science, Vol. 19, S. 97–104.

BARTELINK, H. H., 2000: A growth model for mixed forest stands. Forest Ecology and Management, Vol. 134, S. 29–43.

BAUR, V., F., 1877: Die Fichte in Bezug auf Ertrag, Zuwachs und Form. Springer Verlag, Berlin, 58 S.

BECKER, M., 1989: The role of climate on present and past vitality of silver fir forests in the Vosges mountains of northeastern France. Canadian Journal of Forest Research, Vol. 19, Nr. 9, S. 1110–1117.

BECKING, J. H., 1953: Einige Gesichtspunkte für die Durchführung von vergleichenden Durchforstungsversuchen in gleichaltrigen Beständen, Bericht 11. Proceedings IUFRO Kongress 1953 in Rom, S. 580–582.

BEGON, M., HARPER, J. L. und TOWNSEND, C. R., 1991: Ökologie, Individuen, Population, Lebensgemeinschaften. Birkhäuser Verlag, Basel, Boston, Berlin, 1024 S.

BELLA, I. E., 1971: A new competition model for individual trees. Forest Science, 17. Jg., H. 3, S. 364–372.

BELLMANN, K., LASCH, P., SCHULZ, H. und SUCKOW, F., 1992: The PEMU Forest Decline Model. In: NILSSON, S., SALLNAS, O. und DUINKER, P. (Hrsg.): Future Forest Ressources of Western and Eastern Europe, International Institute for Applied Systems Analysis (IIASA), Austria, and Swedish University of Agricultural Sciences, 496 S.

BENNETT, F. A. und CLUTTER, J. L., 1968: Multiple-product yield estimates for unthinned slash pine plantations-pulpwood, sawtimber, gum. U.S. Forest Service Research Paper SE-35, Southeast. Forest Exp. Sta., Ashville, N. C., 21 S.

BERG, E. und KUHLMANN, F., 1993: Systemanalyse und Simulation für Agrarwissenschaftler und Biologen. Verlag Eugen Ulmer, 344 S.

BERGEL, D., 1985: Douglasien-Ertragstafel für Nordwestdeutschland. Niedersächsische Forstliche Versuchsanstalt, Abt. Waldwachstum, 72 S.

BERT, G. D. und BECKER, H. M., 1990: Present and past vitality of silver fir (Abies alba Mill.) in the Jura mountains. A dendroecological study. Annales des Sciences Forestieres, Vol. 47, S. 395–412.

BERTALANFFY, V., L., 1951: Theoretische Biologie: II. Band, Stoffwechsel, Wachstum. A. Francke AG, Verlag, 418 S.

BERTALANFFY, V., L., 1968: General System Theory, Foundations, Development, Applications. George Braziller, New York, 295 S.

BESAG, J. E., 1977: In: RIPLEY, B. D., 1977 [Diskussion]: Modelling spatial patterns. J. Roy. Stat. Soc., Series B, Vol. 39, No. 2, S. 172–192 und Diskussion, S. 192–212.

BIBER, P., 1996: Konstruktion eines einzelbaumorientierten Wachstumssimulators für Fichten-Buchen-Mischbestände im Solling. Berichte des Forschungszentrums Waldökosysteme, Reihe A, Bd. 142, 252 S.

BIBER, P., 1997: Analyse verschiedener Strukturaspekte von Waldbeständen mit dem Wachstumssimulator SILVA 2. Tagungsbericht von der Jahrestagung 1997 der Sektion Ertragskunde im Deutschen Verband Forstlicher Forschungsanstalten in Grünberg, S. 100–120.

BIBER, P., 1999: Ein Verfahren zum Ausgleich von Randeffekten bei der Berechnung von Konkurrenzindizes. Tagungsbericht von der Jahrestagung 1999 der Sektion Ertragskunde im Deutschen Verband Forstlicher Forschungsanstalten in Volpriehausen, S. 189–202.

BIGING, G. S. und DOBBERTIN, M., 1992: A comparison of distance-dependent competition measures for height and basal area growth of individual conifer trees. Forest Science, Vol. 38, No. 3, S. 695–720.

BIGING, G. S. und DOBBERTIN, M., 1995: Evaluation of Competition Indices in Individual Tree Growth Models. Forest Science, Vol. 41, S. 360–377.

BITTERLICH, W., 1952: Die Winkelzählprobe. Forstwissenschaftliches Centralblatt, 71. Jg., S. 215–225.

BONNEMANN, A., 1939: Der gleichaltrige Mischbestand von Kiefer und Buche. Sonderdruck aus: Mitteilungen aus Forstwirtschaft und Forstwissenschaft. Verlag M. und H. Schaper, Hannover, 10. Jg., H. 4, 45 S.

BORMANN, F. H. und LIKENS, G. E., 1979a: Pattern and Process in a Forested Ecosystem, Springer Verlag, New York, 253 S.

BORMANN, F. H. und LIKENS, G. E., 1979b: Catastrophic disturbance and the steady state in northern hardwood forests, American Science, Vol. 67, S. 660–669.

BORTZ, J., 1993: Statistik für Sozialwissenschaftler. 4. vollständig überarbeitete Auflage, Springer Verlag, Berlin, 753 S.

BOSSEL, H., 1992: Modellbildung und Simulation: Konzepte, Verfahren und Modelle zum Verhalten dynamischer Systeme, Vieweg-Verlag, Braunschweig, Wiesbaden, 400 S.

BOSSEL, H., 1994: TREEDYN3 Forest simulation model. Berichte des Forschungszentrums Waldökosysteme, Universität Göttingen, Reihe B, Vol. 35, 118 S.

BOTKIN, D. B., JANAK, J. F. und WALLIS, J. R., 1972: Some ecological consequences of a computer model of forest growth. Journal of Ecology, Vol. 60, S. 849–872.

BOX, E. O. und MEENTEMEYER, V., 1991: Geografic modeling and modern ecology. In: ESSER, G. und OVERDIECK, D., (Hrsg.): Modern Ecology. Basic and applied aspects. Elsevier, Amsterdam, S. 773–804.

BRAASTAD, H., 1975: Produksjonstabeller og tilvekstmodeller for gran (Yield tables and growth model for Picea abies), Meddelelser fra Norsk Institutt for Skogforskning, No. 31.9, Ås, 537 S.

BRADLEY, R. T., CHRISTIE, J. M. und JOHNSTON, D. R., 1966: Forest management tables. Forest. Comm. Booklet No. 16, 212 S.

BRAY, J. R., 1956: Gap-phase replacement in a maple-basswood forest. Ecology, 37. Jg., S. 598–600.

Brockhaus, 1994: Die Enzyklopädie in 24 Bänden. 20. überarbeitete und aktualisierte Aufl., Brockhaus, Leipzig, Mannheim.

Brockhaus, 1997: Die Enzyklopädie in 24 Bänden. 20. überarbeitete und aktualisierte Aufl., Brockhaus, Leipzig, Mannheim

BRODLIE, K. W., CARPENTER, L. A., EARNSHAW, R. A., GALLOP, J. R., HUBBOLD, R. J., MUMFORD, A. M., OSLAND, C. D. und QUARENDON, P., 1992: Scientific Visualization, Techniques and Applications. Springer-Verlag, 284 S.

BROWN, G. S., 1965: Point density in stems per acre. New Zealand For. Res. Not. No. 38, 12 S.

BRUCE, D. und SCHUHMACHER, F. X., 1950: Forest Mensuration. 3. Aufl., McGraw-Hill Book Company, Inc., 483 S.

BRUCE, D., MARS, DE, D. J. und REUKEMA, D. C., 1977: Douglas-fir managed yield simulator: DFIT User's Guide, USDA, Forest Servive Gen. Techn. Report PNW-57, PNW Forest and Range Exp. Sta. Portland, OR., 26 S.

BRUNER, H. D. und MOSER, J. W., 1973: A Markov chain approach to the prediction of diameter distributions in uneven-aged forest stands. Canadian Journal of Forestry Research, Vol. 3, S. 409–417.

BUCKMAN, R. E., 1962: Growth and yield of red pine in Minnesota. Techn. Bull., No. 1272, St. Paul, Minnesota USDA, Forest Service, Lake States Forest Exp. Station, 50 S.

BUGMANN, H., GROTE, R., LASCH, P., LINDNER, M. und SUCKOW, F., 1997: A new forest gap model to study the effects of environmental change on forest structure and functioning. In: MOHREN, G. M. J., KRAMER, K. und SABATÉ, S., (Hrsg.): Impacts of Global Change on Tree Physiology and Forest Ecosystems. Forestry Sciences. Kluwer Academic Publishers, Wageningen, The Netherlands, S. 255–261.

BÜLOW, V., G., 1962: Die Sudwälder von Reichenhall. Mitteilungen aus der Staatsforstverwaltung Bayerns, München, H. 33, 316 S.

Bundesministerium für Ernährung, Landwirtschaft und Forsten, 1993: Terrestrische Waldschadenserhebung, Aufgaben, Methoden und Stellenwert. Bonn, 32 S.

BURGER, H., 1939: Holz, Blattmenge und Zuwachs. Mitteilungen der Schweizerischen Anstalt für das Forstliche Versuchswesen, 1939–1953, Bd. 15 bis Bd. 29.

BURKHART, H. E., FARRAR, K. D., AMATEIS, R. L. und DANIELS, R. F., 1987: Simulation of individual tree growth and stand development in loblolly pine plantations on cutover, site-prepared areas. Virg. Polytechn. Inst. and State Univ., Publication No. FWS-1-87, 47 S.

CAJANDER, A. K., 1926: The theory of forest types. Acta forestalia fennica, Vol. 29, 108 S.

CLAPHAM, A. R., 1936: Over-dispersion in grassland communities and the use of statistical methods in plant ecology. Journal of Ecology, Vol. 24, S. 232–251.

CLARK, Ph. J. und EVANS, F. C., 1954: Distance to nearest neighbour as a measure of spatial relationships in populations. Ecology, Vol. 35, No. 4, S. 445–453.

CLUTTER, J. L., 1963: Compatible growth and yield models for loblolly pine, Forest Science, Vol. 9, S. 354–371.

CLUTTER, J. L. und BENNETT, F. A., 1965: Diameter distributions in old-field slash pine plantations, Georgia For. Res. Council Rep., Southeastern Forest Experimental Station, Ashville, Carolina, USA, No. 13, 9 S.

COCHRAN, W. G. und COX, G. M., 1957: Experimental Designs. John Wiley & Sons, New York-Chichester-Brisbane-Toronto-Singapore, 611 S.

COMINS, H. N. und MCMURTIE, R. E., 1993: Long-term biotic response of nutrient-limited forest ecosystems to CO_2-enrichment: equilibrium behavior of integrated plant-soil modesles. Ecology Appl., Vol. 3, S. 666–681.

Comité Européen de Normalisation, 1996: Rund- und Schnittholz-Messung der Merkmale. Europäisches Komitee für Normung, Ref. Nr. prEN 1310, D, 22 S.

Comité Européen de Normalisation, 1998: Qualitäts-Sortierung von Nadel-Rundholz – Teil 1: Fichten und Tannen. Europäisches Komitee für Normung, Ref. Nr. prENV 1927-1, D, 6 S.

CONSTANZA, R., D'ARGE, R., GROOT, DE, R., FARBER, ST., GRASSO, M., HANNON, B., LIMBURG, K., NAEEM, SH., O'NEIL, R. V., PARUELO, J., RASKIN, R. G., SUTTON, P. und BELT, VAN DER, M., 1997: The value of the world's ecosystem services and natural capital, Nature, Vol. 387, S. 253–260.

COOK, R. D., 1977: Detection of Influential Observation in Linear Regression. Technometrics, Vol. 19, No. 1, S. 15–18.

COOK, E. R. und KAIRIUKSTIS, L. A., (Hrsg.) 1992: Methods of Dendrochronology: Applications in the Enviromental Sciences. Kluwer Academic Publischers, Dordrecht. 394 S.

COTTA, H., 1821: Hülfstafeln für Forstwirte und Forsttaxatoren. Arnoldische Buchhandlung, Dresden, 80 S.

COX, F., 1971: Dichtebestimmung und Strukturanalyse von Pflanzenpopulationen mit Hilfe von Abstandsmessungen. Mitteilungen der Bundesforschungsanstalt für Forst- und Holzwirtschaft, Reinbek bei Hamburg, Nr. 87, 184 S.

CROPPER, W. P. J., 2000: SPM2: A simulation model for slash pine *(Pinus elliottii)* forests. Forest Ecology and Management, Vol. 126, S. 201–212.

CROPPER, W. P. J. und GHOLZ, H. L., 1993: Simulation of the carbon dynamics of a Florida slash pine plantation. Ecological Modelling, Vol. 66, S. 231–249.

CURTIS, J. T., 1959: The Vegetation of Wisconsin. University Wisconsin Press, Madison, 657 S.

CURTIS, R. O., 1982: A simple index of stand density of douglas fir. Forest Science, Vol. 28, S. 92–94.

CURTIS, R. O., CLENDENEN, G. W. und MARS, DE, D. J., 1981: A new stand simulator for coast Douglas-fir: User's Guide. USDA, Forest Service, Gen. Techn. Report PNW-128, PNW Forest and Range Exp. Sta. Portland, OR., 79 S.

DALE, V. H., DOYLE, T. W. und SHUGART, H. H., 1985: A comparison of tree growth models. Ecological Modelling, Vol. 29, S. 145–169.

DAVID, F. N. und MOORE, P. G., 1954: Notes on contagious distributions in plant populations. Annals of Botany of London, Vol. 18, S. 47–53.

DEANGELIS, D. L. und GROSS, L. J., 1992: Individual-based models and approaches in ecology: Populations, communities and ecosystems. Chapman and Hall, New York, London, 525 S.

DÉCOURT, N., 1965: Les tables de production pour le pin silvestre et le pin laricio de Corse en Sologne. Rev. Forestière francaise, 17. Jg., H. 12, S. 818–831

DÉCOURT, N., 1966: Die Ertragstafeln in Frankreich. Wissenschaftliche Zeitschrift der Technischen Universität Dresden, 15. Jg., S. 359–363.

DEUSEN, VAN, P. C. und BIGING, G. S., 1985: STAG a Stand Generator for Mixed Species Stands. Version 2.0, Northern California Forest Yield Cooperative, Dept. of Forest and Research Mgt., Univ. of California, Res. Note No. 11, 25 S.

Deutscher Verband Forstlicher Forschungsanstalten, 1954: Arbeitsplan für Anbauversuche mit ausländischen Holzarten, Schleswig. Allgemeine Forst- und Jagdzeitung, 125. Jg., S. 327–331.

Deutscher Verband Forstlicher Forschungsanstalten, 1986a: Empfehlungen für ertragskundliche Versuche zur Beobachtung der Reaktion von Bäumen auf unterschiedliche Freistellung. Allgemeine Forst- und Jagdzeitung, 157. Jg., H. 3/4, S. 78–79.

Deutscher Verband Forstlicher Forschungsanstalten, 1986b: Empfehlungen für Freistellungsversuche. Versuchsprogramm Fichte mit Z-Baum-Freistellung 1983. Allgemeine Forst- und Jagdzeitung, 157. Jg., H. 3/4, S. 79–82.

Deutscher Verband Forstlicher Forschungsanstalten, 1988: Empfehlungen zur ertragskundlichen Aufnahme- und Auswertungsmethodik für den Themenkomplex „Waldschäden und Zuwachs". Allgemeine Forst- und Jagdzeitung, 159. Jg., H. 7, S. 115–116.

Deutscher Verband Forstlicher Forschungsanstalten, 2000: Empfehlungen zur Einführung und Weiterentwicklung von Waldwachstumssimulatoren. Allgemeine Forst- und Jagdzeitung, 171. Jg., H. 3, S. 52–57.

DIPPEL, M., 1982: Auswertung eines NELDER-Pflanzverbandsversuches mit Kiefer im Forstamt Walsrode. Allgemeine Forst- und Jagdzeitung, 153. Jg., S. 137–154.

DONG, P. H. und KRAMER, H., 1987: Zuwachsverlust in erkrankten Fichtenbeständen. Allgemeine Forst- und Jagdzeitung, 158. Jg., H. 7/8, S. 122–125.

DONG, P. H., LAAR, VAN, A. und KRAMER, H., 1989: Ein Modellansatz für die Waldschadensforschung. Allgemeine Forst- und Jagdzeitung, 160. Jg., H. 2/3, S. 28–32.

DONNELLY, K., 1978: Simulation to determine the variance and edge-effect of total nearest neighbour distance. S. 91–95. In: HODDER, I., (Hrsg.): Simulation studies in archaeology. Cambridge University Press, London, 139 S.

DOUGLAS, J. B., 1975: Clustering and aggregation. Sankhya, Series B, Vol. 37, S. 398–417.

DUDEK, A. und EK, A. R., 1980: A bibliography of worldwide literature on individual tree based stand growth models. Staff Paper Series, Dep. of Forest Resources, Univ. of Minnesota, 33 S.

ĎURSKÝ, J., 1993: Kvantifikácia prírastkových zmien smreka v porastoch poškodzovaných imisiami (Quantifizierung von Zuwachsänderungen in immissionsgeschädigten Wäldern). KDP, Zvolen, 131 S.

ĎURSKÝ, J., 1994: Kvantifikácia prírastkových zmien jednotlivých stromov v oblasti horná Orava (The Quantification of Increment Changes of The Trees in Horná Orava Area). Zpravodaj Beskydy, H. 6, S. 205–208.

ĎURSKÝ, J., 2000: Einsatz von Waldwachstumssimulatoren für Bestand, Betrieb und Großregion. Habilitationsschrift an der Forstwissenschaftlichen Fakultät der Technischen Universität München, Freising-Weihenstephan, 223 S.

ĎURSKÝ, J. und ŠMELKO, S., 1994: Kvantifikácia prírastkových zmien smreka v oblasti horná Orava (Quantification of Increment Changes of Norway Spruce in the Area of Horná Orava). Lesnictví-Forestry 40, H. 1/2, S. 42–47.

EBERHARDT, L. L., 1967: Some developments in „distance sampling". Biometrics, Vol. 23, S. 207–216.

ECKERSTEN, H., 1994: Modelling daily growth and nitrogen turnover for a short-rotation forest over several years. Forest Ecology and Management, Vol. 69, S. 57–72.

ECKMÜLLNER, O., 1988: Zuwachsuntersuchungen an Fichte in Zusammenhang mit neuartigen Waldschäden. Dissertation Universität für Bodenkultur Wien, 129 S.

ECKMÜLLNER, O. und FLECK, W., 1989: Begleitdokumentation zum Wachstumssimulationsprogramm WASIM Version 1.0. Institut für Forstliche Ertragslehre, Universität für Bodenkultur Wien, 30 S.

ECKSTEIN, D., BREYNE, A., ANIOL, R. W. und LIESE, W., 1981: Dendroklimatologische Untersuchungen zur Entwicklung von Straßenbäumen. Forstwissenschaftliches Centralblatt, 100. Jg., S. 381–396.

EHRENSPIEL, G., 1970: Auswertung des Einzelbaumdüngungsversuches. Tagungsbericht von der Jahrestagung 1970 der Sektion Ertragskunde im Deutschen Verband Forstlicher Forschungsanstalten in Mainz, S. 28–30.

EICHHORN, F., 1902: Ertragstafeln für die Weißtanne. Verlag Julius Springer, Berlin, 81 S. und Anhang.

EK, A. R. und DUDEK, A., 1980: Development of individual tree based stand growth simulators: progress and applications. Univ. of Minnesota, College of Forestry, Dep. of Resources Staff Paper, St. Paul, Minnesota, No. 20, 25 S.

EK, A. R. und MONSERUD, R. A., 1974: Trials with program FOREST: Growth and reproduction simulation for mixed species even- or uneven-aged forest stands. S. 56–73. In: FRIES, J. (Hrsg.): Growth models for tree and stand simulation. Royal College of Forestry, Stockholm, Sweden, Research Notes, No. 30, 379 S.

ELFVING, B. und TEGNHAMMAR, L., 1996: Trends of Tree Growth in Swedish Forests 1953–1992: An Analysis Based on Sample Trees from the National Forest Inventory. Scandinavian Journal of Forest Research, Vol. 11, S. 26–37.

ELLENBERG, H., EINEM, V., M., HUDECZEK, H., LADE, H. J., SCHUMACHER, H. U., SCHWEINHUBER, M. und WITTEKINDT, H., 1985: Über Vögel in Wäldern und die Vogelwelt des Sachsenwaldes. Hamb. Avifaun. Beitr., Bd. 20, S. 1–50.

ELLING, W., 1993: Immissionen im Ursachenkomplex von Tannenschädigung und Tannensterben. Allgemeine Forst- und Jagdzeitung, 48. Jg., H. 2, S. 87–95.

ENQUIST, B. J. und NIKLAS, K. J., 2001: Invariant scaling relations across tree-dominated communities. Nature, Vol. 410, S. 655–660.

ESPER, M., 1998: Wachstum der Schwarzerle (Alnus glutinosa L. Gaertn.) in Südbayern am Beispiel einer Wuchsreihe im Forstamt Wasserburg am Inn. Diplomarbeit, Lehrstuhl für Waldwachstumskunde, Ludwig-Maximilians-Universität München, Freising, 115 S.

Expertengruppe Waldzustandserfassung, 1997: Stellungnahme zur Erhebung des Waldzustands und Empfehlung zur Weiterentwicklung des Verfahrens. Bericht der vom Bundesministerium für Ernährung, Landwirtschaft und Forsten eingesetzten Expertengruppe, 33 S.

FABER, P. J., 1966: The growth of the Red Oak in the Netherlands. Ned. Bosbouw Tijdschr., 38. Jg., S. 357–374.

FABER, P. J., 1981: Die Standflächenschätzung über den Distanzfaktor. Tagungsbericht von der Jahrestagung 1981 der Sektion Ertragskunde im Deutschen Verband Forstlicher Forschungsanstalten in Soest, S. 87–95.

FABER, P. J., 1982: Schätzung der genutzten Standflächen in NELDER-Versuchen. Tagungsbericht von der Jahrestagung 1982 der Sektion Ertragskunde im Deutschen Verband Forstlicher Forschungsanstalten in Weibersbrunn, S. 13–16.

FABER, P. J., 1983: Concurrentie en groei van de bomen binnen een opstand (Konkurrenz und Wachstum der Bäume in einem Waldbestand). Rijksinstituut voor onderzoek in de bos- en landschapsbouw „De Dorschkamp". Uitvoerig verslag, Wageningen, Band 18, Nr. 1, 116 S.

FABER, P. J., 1985: Groei en plantafstand van „Rap"populier in een Nelderproef, Growth and spacing of „Rap" poplar in a Nelder. Rijksinstituut voor onderzoek in de bosen landschapsbouw „De Dorschkamp" Wageningen, Mededeling Nr. 221, 166 S.

FEDUCCIA, D. P., DELL, T. R., MANN, W. F. und POLMER, B. H., 1979: Yields of unthinned loblolly pine plantations on cutover sites in the West Gulf region. USDA, Southern Forest Experimental Station, New Orleans, Louisiana, US., Res. Paper, SO-148, 88 S.

FOLEY, J. D., DAM, VAN, A., FEINER, S. K. und HUGHES, J. F., 1996: Computergraphics, Principles and practice. Second edition in C. Reading Massachusetts, Addison-Wesley Publishing Company, 1174 S.

FORRESTER, J. W., 1968: Principles of Systems, Text and workbook chapters 1 to 10. Wright-Allen-Press Inc. Cambridge Massachusetts, USA 400 S. Nachdruck von M.I.T. Press. 1976, 379 S.

FRANC, A., GOURLET-FLEURY, S. und PICARD, N., 2000: Une introduction à la modélisation des forêts hétérogènes. ENGREF, Nancy, 312 S.

FRANZ, F., 1965: Ermittlung von Schätzwerten der natürlichen Grundfläche mit Hilfe ertragskundlicher Bestimmungsgrößen des verbleibenden Bestandes. Forstwissenschaftliches Centralblatt, 84. Jg., H. 11/12, S. 357–386.

FRANZ, F., 1967a: Düngungsversuche und ihre ertragskundliche Interpretation. Sonderdruck anläßlich des Kolloquiums für Forstdüngung in Jyväskylä/Finnland, Internationales Kali-Institut, Bern/Schweiz, S. 91–110.

FRANZ, F., 1967b: Ertragsniveau-Schätzverfahren für die Fichte anhand einmalig erhobener Bestandesgrößen. Forstwissenschaftliches Centralblatt, 86. Jg., H. 2, S. 98–125.

FRANZ, F., 1968: Das EDV-Programm STAOET – zur Herleitung mehrgliedriger Standort-Leistungstafeln. Manuskriptdruck, München, unveröff.

FRANZ, F., 1972: Gedanken zur Weiterführung der langfristigen ertragskundlichen Versuchsarbeit. Forstarchiv, 43. Jg., H. 11, S. 230–233.

FRANZ, F., BACHLER, J., DECKELMANN, B., KENNEL, E., KENNEL, R., SCHMIDT, A. und WOTSCHIKOWSKY, U., 1973: Bayerische Waldinventur 1970/71, Inventurabschnitt I: Großrauminventur Aufnahme- und Auswertungsverfahren. Forstliche Forschungsberichte München, Bd. 11, 143 S.

FRANZ, F., 1981: Entwurf eines Konzeptes für zeitvariable reaktionskinetische Untersuchungen an ausgewählten Probestämmen (Zentralbaum-Konzept). Tagungsbericht von der Jahrestagung 1981 der Sektion Ertragskunde im Deutschen Verband Forstlicher Forschungsanstalten in Soest, S. 133–142.

FRANZ, F., 1983: Auswirkungen der Walderkrankungen auf Struktur und Wuchsleistung von Fichtenbeständen. Forstwissenschaftliches Centralblatt, 102. Jg., S. 186–200.

FRANZ, F. und PRETZSCH, H., 1988: Zuwachsverhalten und Gesundheitszustand der Waldbestände im Bereich des Braunkohlekraftwerkes Schwandorf. Forstliche Forschungsberichte München, Bd. 92, 169 S.

FRANZ, F., PRETZSCH, H. und FOERSTER, W., 1990: Untersuchungen zum Jahreszuwachsgang geschädigter Fichten in Südbayern. Forst und Holz, 45. Jg., H. 16, S. 461–466.

FRASER, A. R., 1977: Triangle Based Probability Polygons for Forest Sampling. Forest Science, Vol. 23, No. 1, S. 111–121.

FREESE, F., 1964: Linear Regression Methods for Forest Research. U. S. Forest Service Research Paper, Forest Products Laboratory, Washington, 137 S.

FRIEND, A. D., 1995: PGEN: an integrated model of leaf photosynthesis, transpiration and conductance. Ecological Modelling, Vol. 77, S. 233–255.

FRIEND, A. D., STEVENS, A. K., KNOX, R. G. and CANNELL, M. G. R., 1997: A process-based, terrestrial biosphere model of ecosystem dynamics (Hybrid v3.0). Ecological Modelling, Vol. 95, S. 249–287.

FRIES, J., 1964: Vartbjörkens produktion in Svealand oach södra Norrland. Studia Forestalia Suecica, H. 14, 303 S.

FRIES, J., 1966: Mathematisch-statistische Probleme bei der Konstruktion von Ertragstafeln, Vortrag Internationale Ertragskundetagung 1966, Wien, Tagungsbericht, 77 S.

FRIES, J., (Hrsg.) 1974: Growth models for tree and stand simulation. Royal College of Forestry, Research Notes Nr. 30, Stockholm, Sweden, 379 S.

FRITTS, H. C., 1976: Tree Rings and Climate. Academic Press, London, New York, San Francisco, 567 S.

FÜLDNER, K., 1995: Strukturbeschreibung von Buchen-Edellaubholz-Mischwäldern. Dissertation Forstliche Fakultät Göttingen, Cuvillier Verlag, Göttingen, 146 S. und Anhang.

FÜLDNER, K., 1996: Die „Strukturelle Vierergruppe" – ein Stichprobenverfahren zur Erfassung von Strukturparametern in Wäldern. In: Beiträge zur Waldinventur. Festschrift zum 60. Geburtstag von Prof. Dr. Alparslan Akça. Cuvillier Verlag, Göttingen, 139 S.

GADOW, V., K., 1987: Untersuchungen zur Konstruktion von Wuchsmodellen für schnellwüchsige Plantagenbaumarten. Forstliche Forschungsberichte München, Nr. 77, 147 S.

GADOW, V., K., 1993: Zur Bestandesbeschreibung in der Forsteinrichtung. Forst und Holz, 48. Jg., H. 21, S. 602–606.

GADOW, V., K., 1999: Datengewinnung für Baumhöhenmodelle – permanente und temporäre Versuchsflächen, Intervallflächen. Centralblatt für das gesamte Forstwesen, 116. Jg., H. 1/2, S. 81–90.

GANGHOFER, V., A., 1877: Das forstliche Versuchswesen. München, im Selbstverlag des Herausgebers, B. 1., H. 1, 176 S.

GANGHOFER, V., A., 1881: Das Forstliche Versuchswesen, Band I. Augsburg, 1881, 505 S.

GEHRHARDT, E., 1909: Ueber Bestandes-Wachstumsgesetze und ihre Anwendung zur Aufstellung von Ertragstafeln. Allgemeine Forst- und Jagdzeitung, 85. Jg., S. 117–128.

GEHRHARDT, E., 1923: Ertragstafeln für Eiche, Buche, Tanne, Fichte und Kiefer. Verlag Julius Springer, Berlin, 46 S.

GEHRHARDT, E., 1930: Ertragstafeln für reine und gleichartige Hochwaldbestände von Eiche, Buche, Tanne, Fichte, Kiefer, Grüner Douglasie und Lärche. Verlag Julius Springer, Berlin, 73 S.

GERECKE, K. L., 1986: Zuwachsuntersuchungen an vorherrschenden Tannen aus Baden-Württemberg. Allgemeine Forst- und Jagdzeitung, 157. Jg., H. 3/4, S. 59–68.

GERTNER, G. und GUAN B. T., 1992: Using in error budget to evaluate the importance of component models within a large-scale simulation model. S. 62–74. In: FRANKE, J. und RÖDER, A.: Mathematical Modelling of Forest Ecosystems. Proceedings of a workshop organized by Forstliche Versuchsanstalt Rheinland-Pfalz and Zentrum für Praktische Mathematik, J. D. Sauerländer's Verlag, Frankfurt a. Main, 174 S.

GROTE, R. und ERHARD, M., 1999: Simulation of tree and stand development under different environmental conditions with a physiologically based model. Forest Ecology and Management, Vol. 120, S. 59–76.

GRUNDNER, F., 1913: Normalertragstafeln für Fichtenbestände. Springer Verlag, Berlin, 24 S.

GUTTENBERG, V., A., 1915: Wachstum und Ertrag der Fichte im Hochgebirge. Verlag Deuticke, Wien, Leipzig, 153 S.

HABER, W., 1982: Was erwarten Naturschutz und Landschaftspflege von der Waldwirtschaft? Schriftenreihe des Deutschen Rates für Landespflege, H. 40, S. 962–965.

HALAJ, J., GREK, J., PANEK, F., PETRAS, R. und REHÀK, J., 1987: Rastove tabulky hlavnych drevin CSSR (Die Ertragstafeln der Hauptbaumarten in der CSSR). Priroda, 361 S.

HAMILTON, G. J. und CHRISTIE, J. M., 1973: Construction and application of stand yield tables. British For. Com. Res. and Developm. Paper, London, No. 96, 14 S.

HAMPEL, R., 1955: Forstliche Ertragselemente, Mitteilungen der Forstlichen Bundesversuchsanstalt Wien, H. 51, 187 S.

HARI, P., 1985: Theoretical Aspects of Eco-Physiolocigal Research. S. 21–30. In: TIGERSTEDT, P. M. A., PUTTONEN, P. und KOSKI, V. (Hrsg.): Crop physiology of forest trees. Helsinki University Press, 336 S.

HARI, P., AROVAARA, H., RAUEMAA, T. und HAUTOJÄRVI, A., 1984: Forest growth and effects of energy production: a method for detecting trends in the growth potential of trees. Canadian Journal of Forest Research, Vol. 14, S. 437–440.

HART, H. M. J., 1928: Stamtal en dunning: een oriënteerend onderzoek naar de beste plantwijdte en dunningswijze voor den djati. Mededeelingen van het Proefstation voor het Boschwezen, no. 21, Wageningen, H. Veenman & zonen. 219 S.

HARTIG, G. L., 1795: Anweisung zu Taxation der Forsten oder zur Bestimmung des Holzertrages der Wälder. Heyer Verlag, Gießen, 166 S.

HARTIG, R., 1868: Die Rentabilität der Fichtennutzholz- und Buchenbrennholzwirtschaft im Harze und im Wesergebirge. Cotta Verlag, Stuttgart, 199 S.

HARTIG, Th., 1847: Vergleichende Untersuchungen über den Ertrag der Rotbuche. Förstner Verlag, Berlin, 148 S.

HASENAUER, H., 1994: Ein Einzelbaumwachstumssimulator für ungleichaltrige Kiefern- und Buchen-Fichtenmischbestände. Forstliche Schriftenreihe Universität für Bodenkultur Wien, 152 S.

HATTEMER, H. H., 1994: Die genetische Variation und ihre Bedeutung für Wald und Waldbäume. Journal forestier suisse, 145. Jg., Nr. 12, S. 953–975.

HAUHS, M., KASTNER-MARESCH, A. und ROST-SIEBERT, K., 1995: A model relating forest growth to ecosystem-scale budgets of energy and nutrients. Ecological Modelling, 83. Jg., S. 229–243.

HAUSSER, K., ASSMANN, E., FRANZ, F., GUSSONE, H. A., KENNEL, R., MITSCHERLICH, G., SEIBT, G., ULRICH, B. und WEIHE, J., 1969: Empfehlungen für das Planen, Anlegen, Behandeln und Auswerten forstlicher Düngungsversuche. Allgemeine Forst- und Jagdzeitung, 140. Jg., H. 6, S. 121–132.

HECK, C. R., 1904: Freie Durchforstung. Verlag Julius Springer, Berlin, 115 S., 31 Übersichten und 6 Tafeln.

HEGYI, F., 1974: A simulation model for managing jack-pine stands. S. 74–90. In: FRIES, J. (Hrsg.): Growth models for tree and stand simulation. Royal College of Forest, Stockholm, 379 S.

HELLER, M., 1990: Triangulation algorithms for adaptive terrain modelling. Proceedings of the 4th International Symposium on Spatial Datahandling, S. 163–174.

HERMS, D. A. und MATTSON, W. J., 1992: The dilemma of plants: to grow or defend. The Quarterly Review of Biology, Vol. 67, S. 283–335.

HENDRICH, Ch., 1996: Eine photogrammetrische Methode zur Vermessung von Baumkronen. Diplomarbeit, Lehrstuhl für Waldwachstumskunde, Ludwig-Maximilians-Universität München, Freising, MWW-DA 109, 180 S.

HENNERT, C. W., 1791: Anweisung zur Taxation der Forsten; nach der hierueber ergangenen und bereits bey vielen Forsten in Ausuebung gebrachten Koenigl. Preuss. Verordnungen. Theil 1, Nicholai, Berlin und Stettin, 297 S.

HEYER, G., 1852: Über die Ermittlung der Masse, des Alters und des Zuwachses der Holzbestände. Verlag Katz, Dessau, 150 S.

HOEL, P. G., 1943: On indices of dispersion. Annals of Mathematical Statistics, Vol. 14, S. 155–162.

HOFFMANN, F., 1995: FAGUS, a model for growth and development of beech. Ecological Modelling, H. 83, S. 327–348.

HOFMANN, G., HEINSDORF, D. und KRAUSS, H. H., 1990: Wirkung atmogener Stoffeinträge auf Produktivität und Stabilität von Kiefern-Forstökosystemen. Beiträge für die Forstwirtschaft, 24. Jg., H. 2, S. 59–73.

HOPKINS, P., 1954: A new method for determining the typ of distribution of plant individuals. Annals of Botany, Vol. 18, S. 213–227.

HOYER, G. E., 1975: Measuring and interpreting Douglas-fir management practices. Wash. State Dept. of Nat. Resources Rep. No. 26, Olympia, Wash., 80 S.

HRADETZKY, J., 1972: Modell eines integrierten Ertragstafel-Systems in modularer Form. Dissertation, Universität Freiburg i. Br., 172 S.

HUNDESHAGEN, J. Ch., 1823–1845: Beiträge zur gesamten Forstwirtschaft, Verlag Laupp, Tübingen, Band 1, Heft 1 (1824), 191 S., Heft 2 (1825), 206 S., Heft 3 (1823/24), 161 S., Band 2, Heft 1 (1825), 136 S., Heft 2 (1827), 247 S., Heft 3 (1829), 180 S., Band 3a, Heft 1 (1833), 222 S., Band 3b, Heft 2 (1845), 190 S.

HUSSEIN, K. A., ALBERT, M. und GADOW, V., K., 2000: The Crown Window-a simple device for measuring tree crowns. Forstwissenschaftliches Centralblatt, 119. Jg., H. 1/2, S. 43–50.

HUSTON, M., DEANGELIS, D. und POST, W., 1988: New computer models unify ecological theory. Bio Science, Vol. 38, No. 10, S. 682–691.

International Cooperative Programm on Assessment and Monitoring of Air Pollution Effects on Forests, 1997: Forest Condition in Europe: Results of the 1996 crown condition survey: 1997 Technical Report. EC-UN/ECE, Brüssel, Genf, 111 S. und Anhang.

IUFRO, 1993: IUFRO Centennial, Organisationskomitee „100 Jahre IUFRO". 100-Jahrfeier-Bericht, Berlin, Eberswalde, 544 S.

JACK, W. H., 1968: Single trees sampling in evenaged plantations for survey and experimentation. XIV IUFRO-Kongress, München, S. 379–403.

JEFFERS, J. N. R., 1960: Experimental Design and Analysis in Forest Research, Almqvist & Woksell, Stockholm, 172 S.

JOHANN, K., 1976: Ein integriertes Konzept für die Aufnahme und Auswertung ertragskundlicher Dauerversuche. Tagungsbericht von der Jahrestagung 1976 der Sektion Ertragskunde im Deutschen Verband Forstlicher Forschungsanstalten in Paderborn, 12 S.

JOHANN, K., 1982: Der „A-Wert" – ein objektiver Parameter zur Bestimmung der Freistellungsstärke von Zentralbäumen. Tagungsbericht von der Jahrestagung 1982 der Sektion Ertragskunde im Deutschen Verband Forstlicher Forschungsanstalten in Weibersbrunn, S. 146–158.

JOHANN, K., 1983: Beispiele „A-Wert"-gesteuerter Z-Baum-Freistellung. Anwendungen im Versuchswesen und in der Praxis. Tagungsbericht von der Jahrestagung 1983 der Sektion Ertragskunde im Deutschen Verband Forstlicher Forschungsanstalten in Neuhaus/Solling, S. 3/1–3/14.

JOHANN, K., 1990: Adjustierung von Bestandeshöhenkurvenscharen nach der Methode des Koeffizientenausgleichs. Methodenvorschlag in der Arbeitsgruppe „Auswertemethodik bei langfristigen Versuchen" der Sektion Ertragskunde im Deutschen Verband Forstlicher Forschungsanstalten, München, 2 S.

JOHANN, K., 1993: DESER-Norm 1993. Normen der Sektion Ertragskunde im Deutschen Verband Forstlicher Forschungsanstalten zur Aufbereitung von waldwachstumskundlichen Dauerversuchen. Tagungsbericht von der Jahrestagung 1993 der Sektion Ertragskunde im Deutschen Verband Forstlicher Forschungsanstalten in Unterreichenbach-Kapfenhardt, S. 96–104.

JORDAN, W., 1877: Handbuch der Vermessungskunde. Verlag der J. B. Metzler'schen Buchhandlung, Stuttgart, 1. Band, Anhang, S. 713–717.

JUDEICH, F., 1871: Die Forsteinrichtung. Schönfeld Verlag, Dresden, 388 S.

JUDSON, O. P., 1994: The rise of the individual-based model in ecology. Trends in Ecology and Evolution Vol. 9, S. 9–14.

JÜTTNER, O., 1955: Eichenertragstafeln. In: SCHOBER, R. (Hrsg.) 1971: Ertragstafeln der wichtigsten Baumarten. J. D. Sauerländer's Verlag, Frankfurt a. Main, S. 12–25 und S. 134–138.

KAHN, M., 1994: Modellierung der Höhenentwicklung ausgewählter Baumarten in Abhängigkeit vom Standort. Forstliche Forschungsberichte München, Nr. 141, 221 S.

KAHN, M. und PRETZSCH, H., 1997: Das Wuchsmodell SILVA 2.1 – Parametrisierung für Rein- und Mischbestände aus Fichte und Buche. Allgemeine Forst- und Jagdzeitung, 168. Jg., H. 6/7, S. 115–123.

KATHIRGAMATAMBY, N., 1953: Note on the Poisson index of dispersion. Biometrika, Vol. 40, S. 225–228.

KATÓ, F., 1979: Qualitative Gruppendurchforstung zur Rationalisierung der Buchenwirtschaft. Allgemeine Forst Zeitschrift, 34. Jg., H. 8, S. 173–177.

KATÓ, F., 1987: Wirtschaftliche Bewertung der „Qualitativen Gruppendurchforstung" nach 20-jähriger Beobachtung. Der Forst- und Holzwirt, 42. Jg., H. 14, S. 371–373.

KATÓ, F. und MÜLDER, D., 1978: Über die soziologische und qualitative Zusammensetzung gleichaltriger Buchenbestände. Schriften aus der Forstlichen Fakultät der Universität Göttingen und der Niedersächsischen Forstlichen Versuchsanstalt. J. D. Sauerländer's Verlag, Frankfurt a. Main, Bd. 51, 110 S. und Anhang.

KAUPPI, P. E., MIELIKÄINEN, K. und KUUSELA, K., 1992: Biomass and carbon budget of European forests, 1971 to 1990. Science, Bd. 256, S. 70–74.

KELLER, W., 1978: Einfacher ertragskundlicher Bonitätsschlüssel für Waldbestände in der Schweiz. Mitteilung der Eidgenöss. Forschungsanstalt Wald, Schnee, Landschaft, Vol. 54, H. 1, S. 3–98.

KELLOMÄKI, S., VÄISÄNEN, H. und STRANDMAN, H., 1993: FinnFor: a model for calculating the response of boreal forest ecosytems to climate change. Res. Notes, No. 6., University of Joensuu, Joensuu, Finland, 120 S.

KENK, G., SPIECKER, H. und DIENER, G., 1991: Referenzdaten zum Waldwachstum. Kernforschungszentrum Karlsruhe, KfK-PEF 82, 59 S.

KENNEL, R., 1965a: Untersuchungen über die Leistung von Fichte und Buche im Rein- und Mischbestand. Allgemeine Forst- und Jagdzeitung, 136. Jg., H. 7, S. 149–161 und H. 8, S. 173–189.

KENNEL, R., 1965b: Die Herleitung verbesserter Formzahltafeln am Beispiel der Fichte. Tagungsbericht von der Jahrestagung 1965 der Sektion Ertragskunde im Deutschen Verband Forstlicher Forschungsanstalten in Gießen, S. 51–57.

KENNEL, R., 1969: Formzahl- und Volumentafeln für Buche und Fichte. Selbstverlag des Instituts für Ertragskunde der Forstlichen Forschungsanstalt München, München, 55 S.

KENNEL, R., 1972: Die Buchendurchforstungsversuche in Bayern von 1870 bis 1970. Mit dem Modell einer Strukturertragstafel für die Buche. Forstliche Forschungsberichte München, Nr. 7, 264 S.

KIENAST, F. und KRÄUCHI, N., 1991: Simulated successional characteristics of managed and unmanaged low-elevation forests in central Europe. Forest Ecological Manage., Bd. 42, S. 49–61.

KIESSLING, K. B. und STERBA, H., 1992: Dendrochronologische und dendroklimatologische Untersuchungen im Zusammenhang mit den großräumig auftretenden Eichenerkrankungen. Centralblatt für das gesamte Forstwesen, 109. Jg., S. 145–161.

KILLIAN, H., 1974: Die Geschichte der Forstlichen Bundesversuchsanstalt und ihrer Institute. Mitteilungen der Forstlichen Bundes-Versuchsanstalt Wien, H. 106, 79 S.

KIMMINS, J. P., 1993: Scientific foundations for the simulation of ecosystem function and management in FORCYTE-11. Information Report NOR-X-328, Forestry Canada, Northwest Region Northern Forestry Centre, Vancouver, British Columbia, Canada, 88 S.

KIMMINS, J. P., SCOULLAR, K. A. und APPS, M. J., 1990: FORCYTE-11 Users's Manual for the Benchmark Version. ENFOR P-370, Forestry Canada, Northwest Region Forestry Centre, Edmonton Alberta, 418 S.

KNIGGE, W. und SCHULZ, H., 1966: Grundriß der Forstbenutzung. Verlag Paul Parey, Hamburg, 584 S.

KNOKE, TH., 1998: Analyse und Optimierung der Holzproduktion in einem Plenterwald zur Forstbetriebsplanung in ungleichaltrigen Wäldern. Forstliche Forschungsberichte München, Nr. 170, 198 S.

KÖHL, M., 1991: Anzahl Wiederholungen bei der Versuchsplanung. Forstwissenschaftliches Centralblatt, 110. Jg., S. 95–103.

KÖHLER, P. und HUTH, A., 1998: The effects of tree species grouping in tropical rainforest modelling: Simulations with the individual-based model FORMIND. Ecological Modelling, Vol. 109, S. 301–321.

KÖNIG, G., 1842: Gehalt und Wertschätzung aufbereiteter Hölzer, stehender Bäume und ganzer Waldbestände. Becker Verlag, Gotha, 135 S.

KÖSTLER, J. N., 1953: Waldpflege. Paul Parey Verlag, Hamburg, Berlin, 200 S.

KOLSTRÖM, T., 1993: Modelling the development of unevenaged stand of *Picea abies*. Scandinavien Journal of Forestry Reserach, Vol. 8, S. 373–383.

KONNERT, M., 1992: Genetische Untersuchungen in geschädigten Weißtannenbeständen (*Abies alba* Mill.) Südwestdeutschlands. Dissertation, Forstwissenschaftliche Fakultät Georg-August-Universität Göttingen, S. 26–30.

KONTIC, R., NIEDERER, M., NIPPEL, C. und WINKLER-SEIFERT, A., 1986: Jahrringanalysen an Nadelbäumen zur Darstellung und Interpretation von Waldschäden (Wallis, Schweiz). Eidgenössische Anstalt für das Forstwesen, Bericht Nr. 283, 46 S.

KOROL, R. L., RUNNING, S. W. und MILNER, K. S., 1995: Incorporating intertree competition into an ecosystem model. Canadian Journal of Forest Research, 25, S. 413–424.

KORSUN, H., 1935: Zivot normalniho porostu ve vzoroich (Das Leben des normalen Waldes in Formeln). Lesnicka prace, S. 289–300.

KOUBA, J., 1977: Markov chains and modelling the long-term development of the age structure and production of forests. Proposal of a new theory of the normal forest. Scientia Agriculturae Bohemoslovaca, XXVI Jg., H. 9, S. 179–193.

KOUBA, J., 1989: Control of the conversion process towards the stochastically defined normal forest by the linear and stochastic programming. Lesnictvi, 35. Jg., S. 1025–1040.

KRAFT, G., 1884: Beiträge zur Lehre von den Durchforstungen, Schlagstellungen und Lichtungshieben. Klindworth's Verlag, Hannover, 147 S.

KRAMER, H., 1986: Beziehungen zwischen Kronenschadbild und Volumenzuwachs bei erkrankten Fichten. Allgemeine Forst- und Jagdzeitung, 157. Jg., H. 2, S. 22–27.

KRAMER, H. und AKÇA, A., 1995: Leitfaden zur Waldmeßlehre. J. D. Sauerländer's Verlag, Frankfurt a. Main, 266 S.

KRAMER, H. und DONG, P. H., 1985: Kronenanalyse für Zuwachsuntersuchungen in immissionsgeschädigten Nadelholzbeständen. Forst- und Holzwirt, 40 Jg., S. 115–118.

KRAMER, H. und DONG, P. H., 1987: Zuwachsverlust in erkrankten Fichtenbeständen. Allgemeine Forst- und Jagdzeitung, 158. Jg., H. 7/8, S. 122–125.

KRAMER, H. und HELMS, J. A., 1985: Zur Verwendung und Aussagefähigkeit von Bestandesdichteindizes bei Douglasie. Forstwissenschaftliches Centralblatt, 104. Jg., S. 36–49.

KRAMER, H., DONG, P. H. und SABOROWSKI, H. J., 1987: Auswirkungen von Waldschäden auf den Zuwachs von Fichten. Forstarchiv, 59. Jg., H. 4, S. 154–155.

KRAPFENBAUER, A., STERBA, H., GLATZEL, G. und HAGER, H., 1975: Ergebnisse von der Auswertung eines Einzelstammdüngungsversuches zu Kiefer. Centralblatt für das gesamte Forstwesen, 92. Jg., H. 4, S. 237–243.

KRENN, K., 1946: Ertragstafeln für Fichte (1945) für Süddeutschland und Österreich. Schriftenreihe der Baden-Württembergischen Forstlichen Versuchs-Anstalt, Freiburg i. Br., Heft 3, 30 S.

KRUMLAND, B. E., 1982: A Tree-Based Forest Yield Projection System for the North Coast Region of California. Ph.D. thesis, Univ. Calif., Berkeley, 188 S.

KUHN, T. S., 1973: Die Struktur wissenschaftlicher Revolutionen. Verlag Suhrkamp, Frankfurt, 240 S.

KURTH, W., 1999: Die Simulation der Baumarchitektur mit Wachstumsgrammatiken. Wissenschaftlicher Verlag Berlin, 327 S.

LAAR, VAN, A., 1979: Biometrische Methoden in der Forstwissenschaft, Teil II: Auswertung forstlicher Versuche. Forschungsberichte der Forstlichen Forschungsanstalt München, Nr. 44/II, Heinrich Frank München, S. 385–701.

LANDSBERG, J. J., 1986: Physiological Ecology of Forest Production. Academic Press, 198 S.

LANDSBERG, J. J. und WARING, R. H., 1997: A generalised model of forest productivity using simplified concepts of radiation-use efficiency, carbon balance and partitioning. Forest Ecology and Modelling, Vol. 95, S. 209–228.

LARSON, B. C., 1986: Development and growth of even-aged stands of douglas-fir and grand fir. Canadian Journal of Forestry Research, Vol. 16, No. 5, S. 367–372.

LE TACON, F., OSWALD, R. und TOMASSONE, R., 1970: Der Einzelbaum-Düngungsversuch „Clefmont". Tagungsbericht von der Jahresta-

gung 1970 der Sektion Ertragskunde im Deutschen Verband Forstlicher Forschungsanstalten in Mainz, S. 30–33.
LEARY, R. A., 1970: System identification principles in studies of forest dynamics. USDA, North Central For. Exp. Station, St. Paul, Minnesota, US, Res. Pap. NC-45, 38 S.
LEE, Y., 1967: Stand models for lodgepole pine and limits to their application. Ph.D. thesis, Fac. Forestry, Univ. B. C., Vancouver, 333 S.
LEEMANS, R. und PRENTICE, I. C., 1989: FORSKA, a general forest succession model. Inst. Ecol. Bot., Univ. Uppsala, Uppsala, Meddelanden fran Växtbiologiska Institutionen, Vol. 2, S. 1–45.
LEIBUNDGUT, H., 1966: Die Waldpflege, mit Neubearbeitung der „Auslesedurchforstung als Erziehungsprinzip höchster Wertleistung" von W. Schädelin. Verlag Paul Haupt, Bern, 192 S.
LEMBCKE, G., KNAPP, E. und DITTMAR, O., 1975: Die neue DDR-Kiefernertragstafel 1975. Beiträge für die Forstwirtschaft, 15. Jg., H. 2, S. 55–64.
LEMMEL, H., 1951: Über das System der Forstwissenschaft. Allgemeine Forst- und Jagdzeitung, 123. Jg., H. 2, S. 33–35.
LETCHER, B. H., PRIDDY, J. A., WALTERS, J. R. und CROWDER, L. B., 1998: An individual-based, spatially-explicit simulation model of the population dynamics of the endangered red-cockaded woodpecker, *Picoides borealis*. Biological Conservation, Vol. 86, S. 1–14.
LEUSCHNER, Ch. und SCHERER, B., 1989: Fundamentals of an applied ecosystem research project in the Wadden Sea of Schleswig-Holstein. Helgoländer Meeresuntersuchungen, Bd. 43, S. 565–574.
LIN, J. Y., 1970: Growing space index and stand simulation of young western hemlock in Oregon. Ph.D. thesis, Duke Univ., Durham, N.C., 182 S.
LINDER, A., 1951: Statistische Methoden für Naturwissenschaftler, Mediziner und Ingenieure. 2. Aufl., Verlag Birkhäuser, Basel, 238 S.
LINDER, A., 1953: Planen und Auswerten von Versuchen. Eine Einführung für Naturwissenschaftler, Mediziner und Ingenieure. Verlag Birkhäuser, Basel, Stuttgart, 182 S.
LINDNER, M., 1998: Wirkung von Klimaveränderungen in mitteleuropäischen Wirtschaftswäldern. Dissertation am Potsdam Institut für Klimafolgenforschung, Abt. globaler Wandel und natürliche Systeme, 98 S.
LIU, S., MUNSON, R. und JOHNSON, D. W., 1992: The nutrient cycling model (NuCM). In: JOHNSON, D. W. und LINDBERG, S. E. (Hrsg.): Atmospheric Deposition and Forest Nutrient Cycling. Ecological Studies. Springer, New York, S. 583–609.

LOETSCH, F., 1973: Prüfung der Verteilungsart und Dichte mit Hilfe des Nullflächendiagramms. Forstarchiv, 44. Jg., S. 77–83.
LOETSCH, F. und HALLER, K. E., 1964: Forest Inventory, Volume 1: Statistics of Forest Inventory and Information from Aerial Photographs. BLV Verlagsgesellschaft München, Basel, Wien, 436 S.
LOETSCH, F., ZÖHRER, F. und HALLER, K. E., 1973: Forest Inventory Volume 2: Iventory Data Collected by Terrestrial Measurements and Observations, Data Processing in Forest Inventory. The Sample Plot, Plotless Sampling and Regenerations Survey. List Sampling with Unequal Probabilities and Planning, Performance and Field Checking of Forest Inventories. BLV Verlagsgesellschaft, München, Bern, Wien, 469 S.
LOREY, T., 1878: Die mittlere Bestandeshöhe. Allgemeine Forst- und Jagdzeitung, 54. Jg., S. 149–155.
LORIMER, C. G., 1983: Tests of age-independent competition indices for individual trees in natural hardwood stands. Forest Ecological Management, Vol. 6, S. 343–360.
LUAN, J., MUETZFELD, R. I. und GRACE, J., 1996: Hierarchical approach to forest ecosystem simulation. Ecological Modelling, Vol. 86, S. 37–50.
MAGIN, R., 1959: Struktur und Leistung mehrschichtiger Mischwälder in den bayerischen Alpen. Mitteilungen aus der Staatsforstverwaltung Bayerns, H. 30, 161 S.
MÄKELÄ, A., 1986: Implications of the pipe model theory on dry matter partitioning and height growth in trees. Journal of Theoretical Biology, Vol. 123, S. 103–120.
MÄKELÄ, A. und HARI, P., 1986: Stand growth model based on carbon uptake and allocation in individual trees. Ecological Modelling, 33, S. 205–229.
MANG, K., 1955: Die Fohrenüberhaltsbetriebe im FA Lindau i. B. Dissertation Univ. München, 76 S. und Beilageband.
MARTIN, G. L. und EK, A. R., 1984: A comparison of competition measures and growth models for predicting plantation red pine diameter and heigt growth. Forest Science, Vol. 30, No. 3, S. 731–743.
MARTIN, G. L., EK, A. R. und MONSERUD, R. A., 1977: Control Of Plot Ege Bias In Forest Stand Growth Simulation Models. Canadian Journal of Forest Research, Vol. 3, No. 1, S. 100–105.
MATYSSEK, R. und ELSTNER, E. F., 1997: Wachstum oder Parasitenabwehr? Wettbewerb um Nutzpflanzen aus Land- und Forstwirtschaft. Beantragung eines im Forschungsraum München geplanten Sonderforschungsbereiches (SFB 1642-98), 586 S.

MAYER, F. J., 1999: Beziehungen zwischen der Belaubungsdichte der Waldbäume und Standortsparametern. Dissertation, Forstwissenschaftliche Fakultät, Ludwig-Maximilians-Universität München, Freising, 183 S.

MAYER, H., 1984: Waldbau auf soziologisch-ökologischer Grundlage. Gustav Fischer Verlag, Stuttgart, New York, 514 S.

MCCARTER, J. B., WILSON, J., NELSON, Ch. E., BARKER, P. und MOFFETT, J., 1998: Landscape Management System User's Manual. LMS Version 1.6, 177 S.

MCGAUGHEY, R. J., 1997: Stand Visualization System. USDA Forest Service, Pacific Northwest Research Station, Electronic distribution version, 52 S.

MCGEE, C. E. und DELLA-BIANCA, L., 1967: Diameter distributions in natural Yellow-poplar stands. USDA, Southeastern Forest Experimental Station, Ashville, Carolina, USA, SE-25, 7 S.

MCKELVEY, K., NOON, B. R. und LAMBERSON, R. H., 1993: Conservation planning for species occupying fragmented landscapes: The case of the northern spotted owl. S. 424–450. In: KAREIVA, P. M., KINGSOLVER, J. G. und HUEY, R. B. (Hrsg.): Biotic interactions and global change. Sinauer, Sunderland, Massachusetts, USA, 480 S.

MCMURTIE, R. E., 1991: Relationship of forest productivity to nutrient and carbon supply – a modelling analysis. Tree Physiol., Vol. 9, S. 87–100.

MEADOWS, D. H., MEADOWS, D. L. und RANDERS, J., 1992: Die neuen Grenzen des Wachstums, die Lage der Menschheit: Bedrohung und Zukunftschanchen. Deutsche Verlags-Anstalt, Stuttgart, 319 S.

MEYER, H. A., 1953: Forest Mensuration. Penns. Valley Publishers, Inc., State College Pennsylvania, 357 S.

MICHAILOFF, I., 1943: Zahlenmäßiges Verfahren für die Ausführung der Bestandeshöhenkurven. Forstwissenschaftliches Centralblatt, H. 6, S. 273–279.

MIDTBØ, T., 1993: Spatial Modelling by Delaunay Networks of Two and Three Dimensions. University of Trondheim. 145 S.

MIELIKÄINEN, K. und NÖJD, P., 1996: Growth trends in the Finnish forest: results and methodological considerations. Conference of Effects of Environmental Factors on Tree and Stand Growth, Technische Universität Dresden, Tagungsbericht, S. 164–174.

MIELIKÄINEN, K. und TIMONEN, M., 1996: Growth Trends of Scots Pine (Pinus sylvestris, L.) in Unmanaged and Regularly Managed Stands in Southern and Central Finland. S. 41–59. In:

SPIECKER, H., MIELIKÄINEN, K., KÖHL, M. und SKOVSGAARD J. P. (Hrsg.): Growth trends in european forests. Springer-Verlag, 372 S.

MITCHELL, K. J., 1969: Simulation of the growth of even-aged stands of white spruce. Yale University, School of Forestry, Bulletin No. 75, 48 S.

MITCHELL, K. J., 1975: Dynamics and simulated yield of douglas-fir. Forest Science Monograph 17, 39 S.

MITSCHERLICH, E. A., 1948: Die Ertragsgesetze. Deutsche Akademie der Wissenschaften zu Berlin, Vorträge und Schriften, Akademie-Verlag Berlin, H. 31, 42 S.

MITSCHERLICH, G., 1952: Der Tannen-Fichten-(Buchen-)Plenterwald. Schriftenreihe der Badischen Forstlichen Versuchsanstalt, Freiburg im Breisgau, H. 8, 42 S.

MITSCHERLICH, G., 1970: Wald, Wachstum und Umwelt, Bd. 1: Form und Wachstum von Baum und Bestand. J. D. Sauerländer's Verlag, Frankfurt a. M., 142 S.

MITSCHERLICH, G., 1971: Wald, Wachstum und Umwelt, Bd. 2: Waldklima und Wasserhaushalt. J. D. Sauerländer's Verlag, Frankfurt a. M., 365 S.

MITSCHERLICH, G., 1975: Wald, Wachstum und Umwelt, Bd. 3: Boden, Luft und Produktion. J. D. Sauerländer's Verlag, Frankfurt a. M., 352 S.

MOHR, H., 1981: Biologische Erkenntnis, ihre Entstehung und Bedeutung. Verlag B. G. Teubner, Stuttgart, 222 S.

MOHREN, G. M. J., 1987: Simulation of forest growth, applied to douglas fir stands in the Netherlands. Ph.D. thesis, Agricultural University Wageningen, 183 S.

MOHREN, G. M. J. und BARTELINK, H. H., 1990: Modelling the effects of needle mortality rate and needle area distribution on dry matter production of Douglas fir. Netherlands Journal of Agricultural Science, 38, S. 53–66.

MONSERUD, R. A., 1975: Methodology for simulating Wisconsin northern hardwood stand dynamics. Univ. Wisconsin-Madison, Dissertation Abstracts, Vol. 36, Nr. 11, 156 S.

MONSERUD, R. A. und EK, A. R., 1974: Plot Edge Bias in Forest Stand Growth Simulation Models. Canadian Journal of Forest Research, Vol. 4, Nr. 4, S. 419–423.

MONSI, M. und SAEKI, T., 1953: Über den Lichtfaktor in den Pflanzengesellschaften und seine Bedeutung für die Stoffproduktion. Jap. J. Bot., 14, S. 22–52.

MONTEITH, J. L., 1965: Evaporation and environment. In: FOGG, G. E. (Hrsg.): The State and Movement of Water in Living Organisms. Symp. Soc. Exp. Biol. Academic Press, London, S. 205–234.

MOORE, P. G., 1954: Spacing in plant populations. Ecology, Vol. 35, S. 222–227.

MOOSMAYER, H. U. und SCHÖPFER, W., 1972: Beziehungen zwischen Standortsfaktoren und Wuchsleistung der Fichte. Allgemeine Forst- und Jagdzeitung, 143. Jg., H.10, S. 203–215.

MORISITA, M., 1959: Measuring of the Dispersion of Individuals and Analysis of the Distributional Patterns. Mem. Fac. Sci. Kyushu Univ., Ser. E (Biol.), Vol. 2, No. 4, S. 215–235.

MOSER, J. W., 1972: Dynamics of an uneven-aged forest stand. Forest Science, Vol. 18, S. 184–191.

MOSER, J. W., 1974: A system of equations for the components of forest growth. S. 260–287. In: FRIES, J., (Hrsg.): Growth models for tree and stand simulation. Royal College of Forestry, Stockholm, Sweden, Research Notes, No. 30, 397 S.

MOSER, J. W. und HALL, O. F., 1969: Deriving growth and yield functions for uneven-aged forest stands. Forest Science, Vol. 15, S. 183–188.

MUDRA, A., 1958: Statistische Methoden für landwirtschaftliche Versuche. Verlag Paul Parey, Berlin und Hamburg, 336 S.

MÜLDER, D. und KATO, F., 1968: Ein betriebswirtschaftlicher Beitrag zur Durchforstung der Buche. Der Forst- und Holzwirt, 23. Jg., H. 9, 184 S.

MÜLLER, F., 1992: Hierarchical approaches to ecosystem theory. Ecological Modelling, Vol. 63, S. 215–242.

MÜLLER, U., 1902: Lehrbuch der Holzmeßkunde. Verlag Paul Parey, Berlin, 388 S.

MUNRO, D. D., 1974: Forest growth models – a prognosis. S. 7–21. In: FRIES, J. (Hrsg.): Growth models for tree and stand simulation. Royal College of Forestry, Stockholm, Sweden, Research Notes, No. 30, 397 S.

MUNZERT, M., 1992: Einführung in das pflanzenbauliche Versuchswesen. Pareys Studientexte, Nr. 71, Verlag Paul Parey, Berlin, Hamburg, 163 S.

MYERS, C. A., 1966: Yield tables for managed stands with special reference to the Black Hills. Rocky Mtn. Forest and Range Exp. Sta. USDA Forest Serv. Res. Pap. RM-21, 20 S.

NAGEL, J., 1985: Wachstumsmodell für Bergahorn in Schleswig-Holstein. Dissertation Universität Göttingen, 124 S.

NAGEL, J., 1991: Einheitshöhenkurvenmodell für Roteiche. Allgemeine Forst- und Jagdzeitung, 162. Jg., H. 1, S. 16–18.

NAGEL, J., 1996: Anwendungsprogramm zur Bestandesbewertung und zur Prognose der Bestandesentwicklung. Forst und Holz, 51. Jg., H. 3, S. 76–78.

NAGEL, J., 1999: Konzeptionelle Überlegungen zum schrittweisen Aufbau eines waldwachstumskundlichen Simulationssystems für Nordwestdeutschland. Schriften aus der Forstlichen Fakultät der Universität Göttingen und der Nieders. Forstl. Versuchsanstalt, Band 128, J. D. Sauerländer's Verlag, Frankfurt a. Main, 122 S.

NAGEL, J., WAGNER, S., BIBER, P. und GUERICKE, M., 1996: Vergleich von Strahlungswerten aus Fisheye-Fotos und Modellrechnungen. Tagungsbericht von der Jahrestagung 1996 der Sektion Ertragskunde im Deutschen Verband Forstlicher Forschungsanstalten in Neresheim, S. 306–313.

NELDER, J. A., 1962: New kinds of systematic designs for spacing experiments. Biometrics, Vol. 18, No. 3, S. 283–307.

NEUMANN, M. und SCHIELER, K., 1981: Vergleich spezieller Methoden zuwachskundlicher Schadensabschätzung. Mitteilungen der Forstlichen Bundesversuchsanstalt Wien, Bd. 139, S. 49–66.

NEWNHAM, R. M., 1964: The development of a stand model for Douglas-fir. Ph.D. thesis, Fac. of Forestry, Univ. B.C., Vancouver, 201 S.

NIKINMAA, E., 1992: Analyses of the growth of Scots pine matching structure with function. Acta Forestalia Fennica, 235, 68 S.

OLIVEIRA, A., 1980: Untersuchungen zur Wuchsdynamik junger Kiefernbestände. Dissertation, Forstwissenschaftliche Fakultät der Ludwig-Maximilians-Universität München, 300 S.

OLSSON, L., CARLSSON, K., GRIP, H. und PERTTU, K., 1982: Evaluation of forest-canopy photographs with diode-array scanner OSIRIS. Canadien Journal of Forest Research, Vol. 12, S. 822–828.

ÖTTELT, K. C., 1765: Practischer Beweis, dass die Mathesis bey dem Forstwesen unentbehrliche Dienste thue. Grießbach, Eisennach, 127 S.

PASTOR, J. und POST, W. M., 1985: Development of a linked forest productivity-soil process model. Oak Ridge National Laboratory for the U.S. Department of Energy, Environmental Sciences Division, no. 2455, Oak Ridge, Tennessee, 161 S.

PAULSEN, J. C., 1795: Kurze praktische Anleitung zum Forstwesen. Verfaßt von einem Forstmanne. Detmold, Hrsg. von Kammerrat G. F. Führer, 152 S.

PAYANDEH, B., 1974: Spatial pattern of trees in the mayor forest types of Northern Ontario. Canadian Journal of Forest Research, Vol. 4, S. 8–14.

PELZ, D. R., 1978: Estimating Individual Tree Growth with Tree polygons. FWS-1-78, School of Forestry and Wildl. Res., Blacksburg, Virginia, S. 172–178.

PENMAN, H. L. und LONG, I. F., 1960: Weather in wheat: an essay in mirometeorology. Quart. J. R. Met. Soc., 86, 1650 S.

PERTTUNEN, J., SIEVÄNEN, R., NIKINMAA, E., SALMINEN, H., SAARENMAA, H. und VÄKEVÄ, J., 1996: LIGNUM: A Tree Model Based on Simple Structural Units. Annals of Botany, Vol. 77, S. 87–98.

PETTERSON, H., 1955: Die Massenproduktion des Nadelwaldes. Mitteilungen der Schwedischen Forstlichen Forschungsanstalt, Stockholm, Bd. 45 I B, 391 S.

PFEIL, W., 1860: Die deutsche Holzzucht. Verlag Baumgartner, Leipzig, 551 S.

PFREUNDT, J., 1988: Modellierung der räumlichen Verteilung von Strahlung, Photo-synthesekapazität und Produktion in einem Fichtenbestand und ihre Beziehung zur Bestandesstruktur. Dissertation, Universität Göttingen, 163 S.

PIELOU, E. C., 1959: The use of point-to-plant distances in the study of the pattern of plant population. Journal of Ecology, Vol. 47, S. 607–613.

PIELOU, E. C., 1975: Ecological diversity. John Wiley & Sons, 165 S.

PIELOU, E. C., 1977: Mathematical Ecology. John Wiley & Sons, 385 S.

PIENAAR, L. V. und TURNBULL, K. J., 1973: The Chapman-Richards generalization of von Bertalanffy's growth model for basal area growth and yield in even-aged stands. Forest Science, Vol. 19, No. 2, S. 2–22.

POLLANSCHÜTZ, J., 1966: Verfahren zur objektiven „Abschätzung" (Messung) verminderter Zuwachsleistung von Einzelbäumen und Beständen. Mitteilungen der Forstlichen Bundesversuchsanstalt, Wien, H. 73, S. 129–144.

POLLANSCHÜTZ, J., 1967: Objektive Ermittlung der Auswirkung äußerer Einflüsse auf die Zuwachsleistung. Mitteilung der Forstlichen Bundesversuchsanstalt Wien, H. 77/1, S. 277–296.

POLLANSCHÜTZ, J., 1974: Erste ertragskundliche und wirtschaftliche Ergebnisse des Fichten-Pflanzweiteversuches „Hauersteig". S. 99–171. In: EGGER, J. (Hrsg.): 100 Jahre Forstliche Bundesversuchsanstalt Wien. Eigenverlag der Forstlichen Bundesversuchsanstalt Wien, 379 S.

POLLANSCHÜTZ, J., 1975: Zuwachsuntersuchungen als Hilfsmittel der Diagnose und Beweissicherung bei Forstschäden durch Luftverunreinigungen. Allgemeine Forstzeitung, 86. Jg., H. 6, S. 187–192.

POLLANSCHÜTZ, J., 1980: Jahrringmessung und Referenzprüfung: Ein Beitrag zur Frage der Zuverlässigkeit bestimmter Verfahren der Zuwachsermittlung. Mitteilungen der Forstlichen Bundesversuchsanstalt Wien, Bd. 130, S. 263–285.

POPPER, K. R., 1984: Logik der Forschung. Verlag J. C. B. Mohr (Paul Siebeck), Tübingen, 477 S.

POTT, M., 1997: Wachstum der Fichte in Bayern: Auswertung von Daten der Forsteinrichtungsdatenbank der Bayerischen Staatsforstverwaltung. Diplomarbeit am Lehrstuhl für Waldwachstumskunde der Ludwig-Maximilians-Universität München, Freising, MWW-DA 117, 95 S.

PRENTICE, I. C. und LEEMANS, R., 1990: Pattern and process and the dynamics of forest structure: a simulation approach. Journal Ecological, 78, S. 340–355.

PRENTICE, I. C., CRAMER, W., HARRISON, S. P., LEEMANS, R., MONSERUD, R. A. und SOLOMON, A. M., 1992: A global biome model based on plant physiology and dominance, soil properties and climate. Journal Biogeography, Vol. 19, S. 117–143.

PRESSLER, M., 1865: Das Gesetz der Stammformbildung. Verlag Arnold, Leipzig, 153 S.

PRESSLER, M., 1870: Forstliche Ertrags- und Bonitierungstafeln nach Cubicmeter pro ha. Verlag Baumgartner, Leipzig, 6 Bl.

PRESSLER, M., 1877: Forstliche Zuwachs-, Ertrags- und Bonitierungs-Tafeln mit Regeln und Beispielen. Selbstverlag, Tharandt, 2. Aufl., 72 S. und Anhang.

PRETZSCH, H., 1985a: Die Fichten-Tannen-Buchen-Plenterwaldversuche in den ostbayerischen Forstämtern Freyung und Bodenmais. Forstarchiv, 56. Jg., H. 1, S. 3–9.

PRETZSCH, H., 1985b: Wachstumsrnerkmale süddeutscher Kiefernbestände in den letzten 25 Jahren. Forstliche Forschungsberichte München, Nr. 65, 183 S.

PRETZSCH, H., 1989a: Untersuchungen an krongeschädigten Kiefern (Pinus sylvestris L.) in Nordost-Bayern. Forstarchiv, 60. Jg., H. 2, S. 62–69.

PRETZSCH, H., 1989b: Zur Zuwachsreaktionskinetik der Waldbestände im Bereich des Braunkohlekraftwerkes Schwandorf in der Oberpfalz. Allgemeine Forst- und Jagdzeitung, 160. Jg., H. 2/3, S. 43–54.

PRETZSCH, H., 1992a: Konzeption und Konstruktion von Wuchsmodellen für Rein- und Mischbestände. Forstliche Forschungsberichte München, Nr. 115, 358 S.

PRETZSCH, H., 1992b: Modellierung der Kronenkonkurrenz von Fichte und Buche in Rein- und Mischbeständen. Allgemeine Forst- und Jagdzeitung, 163. Jg., H. 11/12, S. 203–213.

PRETZSCH, H., 1992c: Zur Analyse der räumlichen Bestandsstruktur und der Wuchskonstellation von Einzelbäumen. Forst und Holz, 47. Jg., H. 14, S. 408–418.

PRETZSCH, H., 1993: Analyse und Reproduktion räumlicher Bestandsstrukturen. Versuche mit dem Strukturgenerator STRUGEN. Schriften aus der Forstlichen Fakultät der Universität Göttingen und der Nieders. Forstl. Versuchsanstalt, Band 114, J. D. Sauerländer's Verlag, Frankfurt a. Main, 87 S.

PRETZSCH, H., 1995: Zum Einfluß des Baumverteilungsmusters auf den Bestandeszuwachs. Allgemeine Forst- und Jagdzeitung, 166. Jg., H. 9/10, S. 190–201.

PRETZSCH, H., 1996a: Konzept für die Erfassung der Wuchsdynamik bayerischer Mischbestände aus Fichte/Buche, Kiefer/Buche, Eiche/Buche und Fichte/Tanne/Buche über ein Netz von Wuchsreihen, Anweisung zu Anlage und Aufnahme der Parzellen von Wuchsreihen. Unveröff. Manuskript, Lehrstuhl für Waldwachstumskunde, Technische Universität München, Freising, 17 S.

PRETZSCH, H., 1996b: Zum Einfluß waldbaulicher Maßnahmen auf die räumliche Bestandesstruktur. Simulationsstudie über Fichten-Buchen-Mischbestände in Bayern, S. 177–199. In: MÜLLER-STARCK, G. (Hrsg.): Biodiversität und nachhaltige Forstwirtschaft. Ecomed Verlagsgesellschaft, 360 S.

PRETZSCH, H., 1996c: Growth trends in Forests in southern Germany, S. 107–131. In: SPIECKER, H., MIELIKÄINEN, K., KÖHL, M. und SKOVSGAARD J. P. (Hrsg.): Growth trends in european forests. Springer-Verlag, 372 S.

PRETZSCH, H., 1997a: Wo steht die Waldwachstumsforschung heute? Denkmuster – Methoden – Feed-back. Allgemeine Forst- und Jagdzeitung, 168. Jg., H. 6/7, S. 98–102.

PRETZSCH, H., 1997b: Analysis and modeling of spatial stand structures. Methological considerations based on mixed beech-larch stands in Lower Saxony. Forest Ecology and Management, Vol. 97, S. 237–253.

PRETZSCH, H., 1999a: Modelling growth in pure and mixed stands: a historical overview. S. 102–107. In: OLSTHOORN, A. F. M., BARTELINK, H. H., GARDINER, J. J., PRETZSCH, H., HEKHUIS, H. J. und FRANC, A. (Hrsg.): Management of mixed-species forest: silviculture and economics. IBN Scientific Contributions 15, Institute for Forestry and Nature Research, Wageningen, 391 S.

PRETZSCH, H., 1999b: Zur Evaluierung von Wuchsmodellen. Tagungsbericht von der Jahrestagung 1999 der Sektion Ertragskunde im Deutschen Verband Forstlicher Forschungsanstalten in Volpriehausen, S. 1–23.

PRETZSCH, H., 1999c: Waldwachstum im Wandel, Konsequenzen für Forstwissenschaft und Forstwirtschaft. Forstwissenschaftliches Centralblatt, 118. Jg., S. 228–250.

PRETZSCH, H., 2000: Die Regeln von REINEKE, YODA und das Gesetz der räumlichen Allometrie. Allgemeine Forst- und Jagdzeitung, 171. Jg., H. 11, S. 205–210.

PRETZSCH, H., 2001: Modellierung des Waldwachstums. Blackwell Wissenschafts-Verlag, Berlin, Wien, 336 S.

PRETZSCH, H. und KAHN, M., 1996: Wuchsmodelle für die Unterstützung der Wirtschaftsplanung im Forstbetrieb, Anwendungsbeispiel: Variantenstudie Fichtenreinbestand versus Fichten/Buchen-Mischbestand. Allgemeine Forstzeitschrift, 51. Jg., H. 25, S. 1414–1419.

PRETZSCH, H. und KAHN, M., 1998: Forschungsvorhaben „Konzeption und Konstruktion von Wuchs- und Prognosemodellen für Mischbestände in Bayern": Abschlußbericht Projekt W28 Teil 2. Konzeption und Konstruktion des Wuchsmodells SILVA 2.2 – Methodische Grundlagen. Lehrstuhl für Waldwachstumskunde der Ludwig-Maximilians-Universität München, Freising, 279 S.

PRETZSCH, H. und KÖLBEL, M., 1988: Einfluß von Grundwasserabsenkungen auf das Wuchsverhalten der Kiefernbestände im Gebiet des Nürnberger Hafens. Ergebnisse ertragskundlicher Untersuchungen auf der Weiserflächenreihe Nürnberg 317. Forstarchiv, 59. Jg., H. 3, S. 89–96.

PRETZSCH, H. und SEIFERT, ST., 1999: In Echtzeit durch den virtuellen Wald: Wissenschaftliche Visualisierung des Waldwachstums. Allgemeine Forstzeitschrift/Der Wald, 54. Jg., H. 18, S. 960–962.

PRETZSCH, H. und UTSCHIG, H., 1989: Das „Zuwachstrend-Verfahren" für die Abschätzung krankheitsbedingter Zuwachsverluste auf den Fichten- und Kiefern-Weiserflächen in den bayerischen Schadgebieten. Forstarchiv, 60. Jg., H. 5, S. 188–193.

PRETZSCH, H. und UTSCHIG, H., 2000: Wachstumstrends der Fichte in Bayern. Mitteilungen aus der Bayerischen Staatsforstverwaltung. Bayerisches Staatsministerium für Ernährung, Landwirtschaft und Forsten, München, H. 49, 170 S.

PRETZSCH, H., KAHN, M. und ĎURSKÝ, J., 1998: Stichprobendaten für die Entwicklungsprognose und die Nutzungsplanung. Allgemeine Forstzeitschrift/Der Wald, H. 25, S. 1552–1558.

PRETZSCH, H., KAHN, M. und GROTE, R., 1998: Die Fichten-Buchen-Mischbestände des Sonderforschungsbereiches „Wachstum und Parasitenabwehr?" im Kranzberger Forst. Forstwissenschaftliches Centralblatt, 117. Jg., S. 241–257.

PRETZSCH, H., ĎURSKÝ, J., POMMERENING, A. und FABRIKA, M., 2000: Waldwachstum unter dem Einfluß großregionaler Standortveränderungen. Forst und Holz, 55. Jg., H. 10, S. 307–314.

PRETZSCH, H. und ĎURSKÝ, J., 2001: Evaluierung von Waldwachstumssimulatoren auf Baum- und Bestandesebene. Allgemeine Forst- und Jagdzeitung, 172. Jg., H. 8/9, S. 147–150.

PREUHSLER, T., 1979: Ertragskundliche Merkmale oberbayerischer Bergmischwald-Verjüngungsbestände auf kalkalpinen Standorten im Forstamt Kreuth. Forstliche Forschungsberichte München, Nr. 45, 372 S.

PREUHSLER, T., 1987: Wachstumsreaktionen nach Trassenaufhieb in Kiefernbeständen. Forstliche Forschungsberichte München, Nr. 81, 210 S.

PREUHSLER, T., 1990: Einfluß von Grundwasserentnahmen auf die Entwicklung der Waldbestände im Raum Genderkingen bei Donauwörth. Forstliche Forschungsberichte München, Nr. 101, 95 S.

PRODAN, M., 1951: Messung der Waldbestände. J. D. Sauerländer's Verlag, Frankfurt a. Main, 260 S.

PRODAN, M., 1961: Forstliche Biometrie. BLV Verlagsgesellschaft, München, Bonn, Wien, 432 S.

PRODAN, M., 1965: Holzmeßlehre. J. D. Sauerländer's Verlag, Frankfurt a. Main, 644 S.

PRODAN, M., 1968: Einzelbaum, Stichprobe und Versuchsfläche. Allgemeine Forst- und Jagdzeitung, 139. Jg., H. 11, S. 239–248.

PRODAN, M., 1973: Spatiale Variation und Punktstichproben. Allgemeine Forst- und Jagdzeitung, 144. Jg., S. 229–236.

PRUSCHA, H., 1989: Angewandte Methoden der Mathematischen Statistik. Teubner Skripten zur Mathematischen Statistik, Verlag B. G. Teubner, Stuttgart, 391 S.

PUKKALA, T., 1987: Simulation model for natural regeneration of *pinus sylvestris, picea abies, betula pendula* and *betula pubescens*. Silva Fennica, Vol. 21, S. 37–53.

PUKKALA, T., 1989: Methods to describe the competition process in a tree stand. Scand. Journal of Forest Research, Vol. 4, S. 187–202.

PUKKALA, T. und KOLSTRÖM, T., 1987: Competition indices and the prediction of radial growth in scots pine. Silva fennica, Vol. 21, Nr. 1, S. 55–67.

RADTKE, Ph. J. und BURKHART, H. E., 1998: A comparison of methods for edge-bias compensation. Canadian Journal of Forest Research, Vol. 28, S. 942–945.

RASCH, D., 1987: Einführung in die Biostatistik. Verlag Harri Deutsch, 276 S.

RASCH, D., ENDERLEIN, G. und HERRENDÖRFER, G., 1973: Biometrie. Verfahren, Tabellen, Angewandte Statistik. VEB Deutscher Landwirtschaftsverlag, Berlin, 390 S.

RASCH, D., GRIAR, V. und NÜRNBERG, G., 1992: Statistische Versuchsplanung, Einführung in die Methoden und Anwendung des Dialogsystems CADEMO. Gustav Fischer Verlag, Stuttgart, Jena, New York, 386 S.

REHÀK, J., 1966: Beitrag zur Aufstellungsmethodik der Ertragstafeln. Vedecke Prace, 33. Jg., S. 183–210.

REIDELSTÜRZ, P., 1997: Forstliches Anwendungspotential der terrestrisch-analytischen Stereophotogrammetrie. Dissertation Albert-Ludwigs-Universität Freiburg, 256 S. und Anhang.

REINEKE, L. H., 1933: Perfecting a stand density index for even-aged forests. Journal Agric. Res., Vol. 46, S. 627–638.

RIEMER, TH., 1994: Über die Varianz von Jahrringbreiten. Statistische Methoden für die Auswertung der jährlichen Dickenzuwächse von Bäumen unter sich ändernden Lebensbedingungen. Berichte des Forschungszentrums Waldökosysteme, Reihe A, Bd. 121, 375 S.

RIPLEY, B. D., 1977: Modelling spatial patterns. J. Roy. Stat. Soc., Series B, Vol. 39, No. 2, S. 172–192 und Diskussion, S. 192–212.

RIPLEY, B. D., 1981: Spatial Statistics. John Wiley & Sons, 252 S.

RÖHLE, H., 1986: Vergleichende Untersuchungen zur Ermittlung der Genauigkeit bei der Ablotung von Kronenradien mit dem Dachlot und durch senkrechtes Anvisieren des Kronenrandes (Hochblick-Methode). Forstarchiv, 57. Jg., H. 1, S. 67–71.

RÖHLE, H., 1987: Entwicklung von Vitalität, Zuwachs und Biomassenstruktur der Fichte in verschiedenen bayerischen Untersuchungsgebieten unter dem Einfluß der neuartigen Walderkrankungen. Forstliche Forschungsberichte München, Nr. 83, 122 S.

RÖHLE, H., 1994: Zum Wachstum der Fichte auf Hochleistungsstandorten in Südbayern. Ertragskundliche Auswertung langfristig beobachteter Versuchsreihen unter besonderer Berücksichtigung von Trendänderungen im Wuchsverhalten. Habilitationsschrift, Forstwissenschaftliche Fakultät, Universität München, 249 S.

RÖHLE, H., 1997: Änderung von Bonität und Ertragsniveau in südbayerischen Fichtenbeständen. Allgemeine Forst- und Jagdzeitung, 168. Jg., H. 6/7, S. 110–114.

RÖHLE, H., 1999: Datenbank gestützte Modellierung von Bestandeshöhenkurven. Centralblatt für das gesamte Forstwesen, 116. Jg., H. 1/2, S. 35–46.

RÖHLE, H. und HUBER, W., 1985: Untersuchungen zur Methode der Ablotung von Kronenradien und der Berechnung von Kronengrundflächen. Forstarchiv, 56. Jg., H. 6, S. 238–243.

ROLOFF, A., 1989: Kronenentwicklung und Vitalitätsbeurteilung ausgewählter Baumarten der gemäßigten Breiten. Schriften aus der Forstlichen Fakultät der Univ. Göttingen und Mitt. der Nieders. Forstl. Versuchsanstalt, Bd. 93, 258 S.

RUBNER, K., 1910: Das Hungern des Cambiums und das Aussetzen der Jahrringe. Naturwiss. Zeitschr. f. Forst- und Landwirtschaft, 8. Jg., S. 212-262.

RUDRA, A. B., 1968: A stochastic model for the prediction of diameter distribution of evenaged forest stands. Opsearch, Vol. 5, Bd. 2, S. 59-73.

RUNNING, S. W. und COUGHLAN, J. C., 1988: A general model of forest ecosystem processes for regional applications. I. Hydrologic balance, canopy gas exchange and primary production processes. Ecological Modelling, Vol. 42, S. 125-154.

SCHADAUER, K., 1999: Verfahren zur Ergänzung fehlender Baumhöhen bei Wiederholungsmessungen. Centralblatt für das gesamte Forstwesen, 116. Jg., H. 1/2, S. 67-80.

SCHÄDELIN, W., 1942: Die Auslesedurchforstung als Erziehungsbetrieb höchster Wertleistung. 3. Auflage, Verlag Paul Haupt, Bern, Leipzig, 147 S.

SCHEFFÉ, H., 1953: A method of judging all contrasts in the analysis of variance. Biometrika, Vol. 40, S. 87-104.

SCHLITTGEN, R. und STREITBERG, B. H. J., 1997: Zeitreihenanalyse. 7. Aufl., Oldenburg Verlag, München, Wien, 574 S.

SCHMIDT, A., 1967: Der rechnerische Ausgleich von Bestandeshöhenkurven. Forstwissenschaftliches Centralblatt, 86. Jg., S. 370-382.

SCHMIDT, A., 1969: Der Verlauf des Höhenwachstums von Kiefern auf einigen Standorten der Oberpfalz. Forstwissenschaftliches Centralblatt, 88. Jg., S. 33-40.

SCHNEIDER, T. W. und KREYSA, J., 1981: Dynamische Wachstums- und Ertragsmodelle für die Douglasie und die Kiefer. Mitteilungen der Bundesforschungsanstalt Hamburg, Nr. 135, 137 S.

SCHOBER, R., 1961: Zweckbestimmung, Methodik und Vorbereitung von Provenienzversuchen. Allgemeine Forst- und Jagdzeitung, 132. Jg., H. 2, S. 29-38.

SCHOBER, R., 1967: Buchen-Ertragstafel für mäßige und starke Durchforstung. In: Die Rotbuche 1971, J. D. Sauerländer's Verlag, Frankfurt a. Main, 1972, Schriften aus der Forstlichen Fakultät der Universität Göttingen und der Niedersächsischen Forstlichen Versuchsanstalt 43/44, 333 S.

SCHOBER, R., 1975: Ertragstafeln wichtiger Baumarten. J. D. Sauerländer's Verlag, Frankfurt a. Main, 154 S.

SCHOBER, R., 1988a: Von der Niederdurchforstung zu Auslesedurchforstungen im Herrschenden. Allgemeine Forst- und Jagdzeitung, 159. Jg., H. 9/10, S. 208-213.

SCHOBER, R., 1988b: Von Zukunfts- und Elitebäumen. Allgemeine Forst- und Jagdzeitung, 159. Jg., H. 11/12, S. 239-249.

SCHÖPFER, W. und HRADETZKY, J., 1983: Zielsetzungen, Methoden und Probleme der terrestrischen Waldzustandsinventur in Baden-Württemberg 1983. Mitt. aus d. Forstl. Versuchs.- und Forschungsanstalt Baden-Württemberg, H. 106, 26 S. und Anhang.

SCHÖPFER, W. und HRADETZKY, J., 1988: Vergleich von Kronenkennwerten für Fichte und Tanne. Forst und Holz, 43. Jg., H. 6, S. 132-137.

SCHÜTZ, J. Ph., 1989: Zum Problem der Konkurrenz in Mischbeständen. Schweiz. Z. Forstwesen, 140. Jg., H. 12, S. 1069-1083.

SCHÜTZ, J. Ph., 1997: Sylviculture 2. La gestion des forêts irrégulières et mélangées. Presses Polytechniques et Universitaires Romandes, Lausanne, 178 S.

SCHWAPPACH, A., 1890: Wachstum und Ertrag normaler Fichtenbestände. Verlag Julius Springer, Berlin, 100 S.

SCHWAPPACH, A., 1902: Wachstum und Ertrag normaler Fichtenbestände in Preußen unter besonderer Berücksichtigung des Einflusses verschiedener wirtschaftlicher Behandlungsweisen. Mitteilung aus dem forstlichen Versuchswesen Preußens, Verlag J. Neumann, Neudamm, S. 44-119.

SCHWAPPACH, A., 1903: Leitfaden der Holzmeßkunde. 2. Aufl., Verlag Julius Springer, 173 S.

SCHWEINGRUBER, F. H., 1983: Der Jahrring. Verlag Paul Haupt, Bern und Stuttgart, 234 S.

SCHWEINGRUBER, F. H., ALBRECHT, H., BECK, M., HESSEL, J., JOOS, K., KELLER, D., KONTIC, R., LANGE, K., NIEDERER, M., NIPPEL, C., SPANG, S., SPINNER, A., STEINER, B. und WINKLER-SEIFERT, A., 1986: Abrupte Zuwachsschwankungen in Jahrringabfolgen als ökologische Indikatoren. Bericht der Eidgenössischen Anstalt für das forstliche Versuchswesen. Dendrochronologia, Vol. 4, S. 125-182.

SCHWEINGRUBER, F. H., KONTIC, R. und WINKLER-SEIFERT, A., 1983: Eine jahrringanalytische Studie zum Nadelbaumsterben in der Schweiz. Bericht der Eidgenössischen Anstalt für das forstliche Versuchswesen, Nr. 253, 29 S.

SEIBT, G., 1972: Aufgaben und Probleme der Ertragskunde im forstlichen Versuchswesen. Forstarchiv, Verlag M. & H. Schaper, Hannover, 43. Jg., H. 11, S. 227-230.

SEIFERT, ST., 1998: Dreidimensionale Visualisierung des Waldwachstums. Diplomarbeit im Fachbereich Informatik der Fachhochschule

München in Zusammenarbeit mit dem Lehrstuhl für Waldwachstumskunde der Ludwig-Maximilians-Universität München, MWW-DA 124, 133 S. und Anhang.

SENGE, P. M., 1994: The Fifth Discipline, Currency doubleday. New York, London, Toronto Sydney, Auckland, 423 S.

SHANNON, C. E., 1948: The mathematical theory of communication. In: SHANNON, C. E. und WEAVER, W. (Hrsg.): The mathematical theory of communication. Urbana, Univ. of Illinois Press, S. 3–91.

SHUGART, H. H., 1984: A Theory of Forest Dynamics. The Ecological Implications of Forest Succession Models. Springer Verlag, New York, Berlin, Heidelberg, Tokyo, 278 S.

SIEVÄNEN, R., 1993. A process-based model for the dimensional growth of even-aged stands. Scand. J. For. Res., 8, S. 28–48.

SLOBODA, B., 1976: Mathematische und stochastische Modelle zur Beschreibung der Statik und Dynamik von Bäumen und Beständen insbesondere das bestandesspezifische Wachstum als stochastischer Prozeß. Habilitationsschrift, Universität Freiburg, 310 S.

SLOBODA, B. und PFREUNDT, J., 1989: Baum- und Bestandeswachstum. Ein systemanalytischer, räumlicher Ansatz mit Versuchsplanungskonsequenzen für die Durchforstung und Einzelbaumentwicklung. Tagungsbericht von der Jahrestagung 1989 der Sektion Ertragskunde im Deutschen Verband Forstlicher Forschungsanstalten in Attendorn, S. 17/1–17/25.

SLOBODA, B., GAFFREY, D. und MATSUMURA, N., 1993: Regionale und lokale Systeme von Höhenkurven für gleichaltrige Waldbestände. Allgemeine Forst- und Jagdzeitung, 164. Jg., H. 12, S. 225–228.

SMALIAN, H. L., 1837: Beitrag zur Holzmeßkunst. Verlag Löffler, Stralsund, 87 S.

SMALTSCHINSKI, Th., 1981: Bestandesdichte und Verteilungsstruktur. Inaugural-Dissertation an der Forstwissenschaftlichen Fakultät der Albert-Ludwigs-Universität Freiburg, 127 S.

ŠMELKO, S., SCHEER, L. und ĎURSKÝ, J., 1996: Poznatky z monitorovania zdravotného a produkčného stavu lesa v imisnej oblasti horná Orava (Die Erkentnisse aus der Waldzustanderhebung im immissionsgeschädigten Gebiet Horná Orava). Vedecke studie, Technická Univerzita vo Zvolene, Bd. 16, 142 S. mit deutscher Zusammenfassung.

SPÄTH, H., 1983: Spline algorithmen. Verlag Oldenbourg, München, Wien, 134 S.

SPELLMANN, H. und NAGEL, J., 1992: Auswertung des Nelder-Pflanzverbandversuches mit Kiefer im Forstamt Walsrode. Allgemeine Forst- und Jagdzeitung, 163 Jg., H. 11/12, S. 221–229.

SPELLMANN, H., WAGNER, S., NAGEL, J., GUERICKE, M. und GRIESE, F., 1996: In der Tradition stehend, neue Wege beschreitend. Forst und Holz, 51. Jg., H. 11, S. 363–368.

SPELSBERG, G., 1986: Grundflächenzuwachs in Fichten-Dauerbeobachtungsflächen im Jahr 1985. Forst- und Holzwirt, 41. Jg., H. 12, S. 329–331.

SPELSBERG, G., 1987: Zum Problem der Beurteilung des Zuwachses in geschädigten Beständen. Allgemeine Forst- und Jagdzeitung, 158. Jg., H. 11/12, S. 205–211.

SPIECKER, H., 1993: Prüfung der Plausibilität von Daten aus langfristigen waldwachstumskundlichen Versuchen. Tagungsbericht von der Jahrestagung 1993 der Sektion Ertragskunde im Deutschen Verband Forstlicher Forschungsanstalten in Unterreichenbach-Kapfenhardt, S. 68–77.

SPIECKER, H., MIELIKÄINEN, K., KÖHL, M. und SKOVSGAARD J. P. (Hrsg.) 1996: Growth trends in european forests. Springer-Verlag, 372 S.

STEENIS, VAN, H., 1992: Informationssysteme – Wie man sie plant, entwickelt und nutzt. Ein Leitfaden für effiziente und benutzerfreundliche Informationssysteme. Verlag Carl Hanser, München, Wien, 271 S.

STEPHENS, G. R. und WAGGONER, P. E., 1970: The forests anticipated from 40 years of natural transitions in mixed hardwoods. Conn. Agr. Exp. Sta., New Haven, Conn. Bull. Nr. 707, 58 S.

STEPIEN, E., GADOLA, C., LENZ, O., SCHÄR, E. und SCHMID-HAAS, P., 1998: Die Taxierung der Holzqualität am stehenden Baum. Berichte der Eidgenössischen Forschungsanstalt für Wald, Schnee und Landschaft, Birmensdorf, Bd. 344, 68 S.

STERBA, H., 1970: Untersuchungen zur Frage der Anlage und Auswertung von Einzelstammdüngungsversuchen. Centralblatt für das gesamte Forstwesen, 87. Jg., H. 3, S. 166–189.

STERBA, H., 1973: Auswertung eines Bestandesdüngungsversuches auf Terra Fusca. Centralblatt für das gesamte Forstwesen, 90. Jg., S. 34–45.

STERBA, H., 1975: Assmanns Theorie der Grundflächenhaltung und die „Competition-Density-Rule" der Japaner Kira, Ando und Tadaki. Centralblatt für das gesamte Forstwesen, 92. Jg., H. 1, S. 46–62.

STERBA, H., 1978: Methodische Erfahrungen bei Einzelstammdüngungsversuchen. Allgemeine Forst- und Jagdzeitung, 149. Jg., S. 35–40.

STERBA, H., 1981: Natürlicher Bestockungsgrad und REINEKES SDI. Centralblatt für das gesamte Forstwesen, 98. Jg., S. 101–116.

STERBA, H., 1983: Single stem models from inventory data with temporary plots. Mitteilungen der Forstlichen Bundesversuchsanstalt Wien, 147. H., S. 87–101.

STERBA, H., 1984: Pärchenuntersuchungen in Österreich. Tagungsbericht von der Jahrestagung 1984 der Sektion Ertragskunde im Deutschen Verband Forstlicher Forschungsanstalten in Neustadt a. d. Weinstraße, S. 8/1–8/10.

STERBA, H., 1985: Durchforstungssimulation am Bildschirm. Inst. f. Forstl. Ertragslehre, Univ. für Bodenkultur Wien, Abschlußbericht zum Projekt Nr. 4357, 42 S.

STERBA, H., 1989a: Concepts and techniques for forest growth models. In: Proceedings IUFRO S4.01 und S6.02: Artificial intelligence and growth models for management decisions. Meeting Universität für Bodenkultur Wien, 18.–22.09.1989, Publ. No. FWS-1-89, School of For. a. Wildlife Res., Virg. Polytech. Inst. and State Univ. Blacksburg, S. 13–20.

STERBA, H., 1989b: Waldschäden und Zuwachs. S. 61–80. In: ULRICH, B. (Hrsg.): Wissensstand und Perspektiven. Internationaler Kongreß Waldschadensforschung vom 2. bis 6.10.1989 in Friedrichshafen.

STERBA, H., 1991: Forstliche Ertragslehre, H. 4. Vorlesung von H. STERBA an der Universität für Bodenkultur Wien, 160 S.

STERBA, H., 1995: Forest Decline and Increasing Increments: A Simulation Study. Forestry Vol. 68, No. 2, S. 153–163.

STERBA, H., 1996: Forest Decline and Growth Trends in Central Europe. S. 149–165. In: SPIECKER, H., MIELIKÄINEN, K., KÖHL, M. und SKOVSGAARD, J. P. (Hrsg.): Growth trends in european forests. Springer-Verlag, 372 S.

STERBA, H., 1999: Genauere Höhenmessungen-Bedeutung des Höhenzuwachses in der Waldwachstumstheorie. Centralblatt für das gesamte Forstwesen, 116. Jg., H. 1/2, S. 141–153.

STERBA, H., MOSER, M. und MONSERUD, R., 1995: PROGNAUS – Ein Waldwachstumssimulator für Rein- und Mischbestände. Österreichische Forstzeitung, H. 5, S. 19–20.

STOYAN, D. und STOYAN, H., 1992: Fraktale Formen und Punktfelder: Methoden der Geometrie-Statistik. Akademie Verlag GmbH, Berlin, 394 S.

THOMPSON, H. R., 1956: Distribution of distance to nth nearest neighbour in a population of randomly distributed individuals. Ecology, Vol. 37, S. 391–394.

THORNLEY, J. H. M., 1976: Mathematical Models in Plant Physiology: a quantitative approach to problems in plant and crop physiology. Academic Press, London, 318 S.

THORNLEY, J. H. M., 1991: A transport-resistance model of forest growth and partitioning. Annals of Botany, 68, S. 211–226.

THORNLEY, J. H. M. und CANNELL, M. G. R., 1992: Nitrogen relations in a forest plantation-soil organic matter ecosystem model. Annals of Botany, Vol. 70, S. 137–151.

TISCHENDORF, W., 1927: Lehrbuch der Holzmassenermittlung. Verlagsbuchhandlung Paul Parey, Berlin, 218 S.

TOMÉ, M. und BURKHART, H. E., 1989: Distance-dependent competition measures for predicting growth of individual trees. Forest Science, Vol. 35, H. 3, S. 816–831.

TUKEY, J. W., 1977: Exploratory Data Analysis. Reading, Mass, Addison Wesley Publishing Company, 688 S.

ÜBERLA, K., 1968: Faktorenanalyse. Springer Verlag, Berlin, Heidelberg, New York, 399 S.

ULRICH, B., 1993: Prozeßhierarchie in Waldökosystemen. Ein integrierender ökosystemtheoretischer Ansatz. Biologie in unserer Zeit, 23. Jg., Nr. 5, S. 322–329.

UPTON, G. J. G. und FINGLETON, B., 1985: Spatial data analysis by example: Volume I: Point pattern and quantitative data. John Wiley & Sons, 410 S.

UPTON, G. J. G. und FINGLETON, B., 1989: Spatial data analysis by example: Volume II: Categorical and directional data. John Wiley & Sons, 416 S.

UTSCHIG, H., 1989: Waldwachstumskundliche Untersuchungen im Zusammenhang mit Waldschäden. Auswertung der Zuwachstrendanalyseflächen des Lehrstuhles für Waldwachstumskunde für die Fichte (*Picea abies* L. Karst.) in Bayern. Forstliche Forschungsberichte München, Nr. 97, 198 S.

VANCLAY, J. K., 1994: Modelling forest growth and yield, Applications to mixed tropical stands. CAB International, Wallingford, UK, 312 S.

VANCLAY, J. K. und SKOVSGAARD, J. P., 1997: Evaluating forest growth models. Ecological Modelling, Vol. 98, S. 1–12.

VANSELOW, K., 1951: Fichtenertragstafel für Südbayern. Forstwissenschaftliches Centralblatt, 70. Jg., S. 409–445.

Verein Deutscher Forstlicher Versuchsanstalten, 1873: Anleitung für Durchforstungsversuche. In: GANGHOFER, V., A., (Hrsg.) 1884: Das Forstliche Versuchswesen. Schmid'sche Buchhandlung, Bd. 2, S. 247–253.

Verein Deutscher Forstlicher Versuchsanstalten, 1902: Beratungen der vom Vereine Deutscher Forstlicher Versuchsanstalten eingesetzten Kommission zur Feststellung des neuen Arbeitsplanes für Durchforstungs- und Lichtungsversuche. Allgemeine Forst- und Jagdzeitung, 78. Jg., S. 180–184.

VERTESSY, R. A., HATTON, T. J., BENYON, R. G. und DAWES, W. R., 1996: Long-term growth and water balance predictions for a mountain ash (*Eu-*

calyptus regnans) forest catchment subject to clear-felling and regeneration. Tree Physiology, 16, S. 221–232.
VINŠ, B., 1961: Störungen der Jahresringbildung durch Rauchschäden. Die Naturwissenschaften, 48. Jg., H. 13, S. 484–485.
VINŠ, B., 1966: Die Jahrringbreite im gleichaltrigen Fichtenreinbestand und ihre Veränderungen. Wissenschaftliche Zeitschrift der Technischen Universität Dresden, 15. Jg., H. 2, S. 419–424.
VINŠ, B. und MRKVA, R., 1972: Zuwachsuntersuchungen in Kiefernbeständen in der Umgebung einer Düngerfabrik. Mitteilungen der Forstlichen Bundesversuchsanstalt SB., 1961: Verwendung der Jahrringanalyse zum Nachweis von Rauchschäden. Lesnictví, Roãník VII, (XXXIV), H. 3, S. 753–768 und H. 4, S. 263–278.
VRIES, DE, P. G., 1986: Sampling theory for forest inventory. Springer Verlag, Berlin, Heidelberg, 399 S.
VUOKILA, Y., 1966: Functions for variable density yield tables of pine based on temporary sample plots. Communicationes Instituti Forestalis Fenniae, Bd. 60, H. 4, 86 S.
WAGNER, S., 1994: Strahlungsschätzung in Wäldern durch hemisphärische Fotos: Methode und Anwendung. Dissertation, Universität Göttingen, 166 S.
WATT, A. S., 1925: On the ecology of British beech woods with special reference to their regeneration, II. The development and structure of beech communities on the Sussex Downs. Journal of Ecology, 13. Jg., S. 27–73.
WATT, A. S., 1947: Pattern and process in the plant community. Journal of Ecology, 35. Jg., S. 1–22.
WEBER, E., 1980: Grundriß der biologischen Statistik. Gustav Fischer Verlag, Stuttgart, 652 S.
WEIHE, J., 1958: Die Schwankungen des Durchmesserzuwachses in badischen Fichtenbeständen in der Zeit von 1945 bis 1954. Allgemeine Forst- und Jagdzeitung, 129. Jg., H. 11/12, S. 233–241.
WEIHE, J., 1968: Der Einzelbaumdüngversuch. Tagungsbericht von der Jahrestagung 1968 der Sektion Ertragskunde im Deutschen Verband Forstlicher Forschungsanstalten in Münster, S. 25–29.
WEIHE, J., 1970: Die Praxis des Einzelbaumdüngungsversuches. Tagungsbericht von der Jahrestagung 1970 der Sektion Ertragskunde im Deutschen Verband Forstlicher Forschungsanstalten in Mainz, S. 25–28.
WEIHE, J., 1979: Arbeit und Zusammenarbeit in der Sektion Ertragskunde. Tagungsbericht von der Jahrestagung 1979 der Sektion Ertragskunde im Deutschen Verband Forstlicher Forschungsanstalten in Mehring, S. 1–10.
WEINSTEIN, D. A., BELOIN, R. M. und YANAI, R. D., 1991: Modeling changes in red spruce carbon balance and allocation in response to interacting ozone and nutrient stresses. Tree Physiology, Vol. 9, S. 127–146.
WEISE, W., 1880: Ertragstafeln für die Kiefer. Verlag Springer, Berlin, 156 S.
WENK, G., ANTANAITIS, V. und ŠMELKO, S., 1990: Waldertragslehre. Deutscher Landwirtschaftsverlag Berlin, 448 S.
WENK, G., RÖMISCH, K. und GEROLD, D., 1982: Die Grundbeziehungen der neuen Fichtenertragstafel für das Mittelgebirge der DDR. Wiss. Zeitschrift der TU Dresden, 31. Jg., S. 267–271.
WENSEL, L. C. und DAUGHERTY, P. J., 1984: CACTOS User's Guide: the California conifer timber output simulator. Northern California Forest Yield Cooperative, Dept. of Forestry and Res. Mgt., Univ. of California, Research Note No. 10, 91 S.
WENSEL, L. C. und KOEHLER, J. R., 1985: A Tree growth projection system for Northern California coniferous forests. Northern California Forest Yield Cooperative, Dept. of Forestry and Res. Mgt., Univ. of California, Research Note No. 12, 30 S.
WIEDEMANN, E., 1923: Zuwachsrückgang und Wuchsstockungen der Fichte in den mittleren und unteren Höhenlagen der sächsischen Staatsforsten. Kommissionsverlag W. Laux, Tharandt, 181 S.
WIEDEMANN, E., 1928: Zukunftsfragen des Preußischen Versuchswesens. Zeitschrift für Forst- und Jagdwesen, 60. Jg., H. 5, S. 257–272.
WIEDEMANN, E., 1931: Anweisung für die Aufnahme und Bearbeitung der Versuchsflächen der Preußischen Forstlichen Versuchsanstalt. Verlag von J. Neumann, Neudamm, 47 S.
WIEDEMANN, E., 1932: Die Rotbuche 1931. Mitteilungen aus Forstwirtschaft und Forstwissenschaft, 3. Jg., H. 1, 189 S.
WIEDEMANN, E., 1936/42: Die Fichte 1936. Verlag M. & H. Schaper, Hannover, 248 S.; Untersuchungen der Preußischen Versuchsanstalt über Ertragstafelfragen. Sonderdruck aus Mitteilungen aus Forstwirtschaft und Forstwissenschaft, 10 Jg., 40 S.
WIEDEMANN, E., 1937: Die Fichte 1936, Verlag M. & H. Schaper, Hannover, 248 S.
WIEDEMANN, E., 1943/48: Kiefern-Ertragstafel für mäßige Durchforstung, starke Durchforstung und Lichtung. In: WIEDEMANN, E., 1948: Die Kiefer 1948, Verlag M. & H. Schaper, Hannover, 337 S.
WIEDEMANN, E., 1948a: Die Kiefer 1948. Waldbauliche und ertragskundliche Untersuchungen. Verlag M. & H. Schaper, Hannover, 337 S.

WIEDEMANN, E., 1948b: Über die Arbeitsmethoden des forstlichen Versuchswesens. Sonderdruck aus Beiträge zur Agrarwissenschaft, Landbuch-Verlag GmbH, Hannover, H. 4, S. 1–24.

WIEDEMANN, E., 1949: Ertragstafeln der wichtigen Holzarten bei verschiedener Durchforstung. Verlag M. & H. Schaper, Hannover, 100 S.

WIEGAND, TH., 1998: Die zeitlich-räumliche Populationsdynamik von Braunbären. Habilitationsschrift, Forstwissenschaftliche Fakultät der Ludwig-Maximilians-Universität München, 202 S.

WIEGARD, C., NETZKER, D. und GADOW, V., K., 1997: Die Erdstück-Methode der Wertinventur. Forstarchiv, 68. Jg., S. 144–148.

WIENER, N., 1948: Cybernetics or Control and Communication in the Animal and the Machine. Hermann u. a., Paris, New York, 194 S.

WINDHAGER, M., 1997: Die Berechnung des Ek- und Monserud- (1974) Konkurrenzindex für Randbäume nach unterschiedlichen Berechnungsmethoden. Tagungsbericht von der Jahrestagung 1997 der Sektion Ertragskunde im Deutschen Verband Forstlicher Forschungsanstalten in Grünberg, S. 74–86.

WIT, DE, C. T., 1982: Simulation of living systems, S. 3–8. In: PENNING DE VRIES, F. W. T. und LAAR, VAN, H. H. (Hrsg.): Simulation of plant growth and crop production. Wageningen, Centre for Agricultural Publishing and Documentation (PUDOC), 308 S.

WOO, M., NEIDER, J. und DAVIS, T., 1997: OpenGL Programming Guide. 2. Auflage, Reading Massachusetts: Addison-Wesley Developers Press, 650 S.

WUKETITS, F. M., 1981: Biologie und Kausalität. Biologische Ansätze zur Kausalität, Determination und Freiheit. Verlag Paul Parey, 165 S.

WYKOFF, W. R., CROOKSTON, N. L. und STAGE, A. R., 1982: User's Guide to the stand prognosis model. U. S. Forest Service, Gen. Techn. Rep. INT-133, Ogden, Utah, 112 S.

YODA, K., KIRA, T., OGAWA, H. und HOZUMI, K., 1963: Self-thinning in overcrowded pure stands under cultivated and natural conditions (Intraspecific competition among higher plants XI). Journal of the Institute of Polytechnics, Osaka City University, Series D, Vol. 14, S. 107–129.

ZHANG, Y., REED, D. D., CATTELINO, P. J., GALE, M. R., JONES, E. A., LIECHTY, H. O. und MROZ, G. D., 1994: A process-based growth model for young red pine. Forest Ecology and Management, Vol. 69, S. 21–40.

ZIMMERLE, H., 1952: Ertragszahlen für Grüne Douglasie, Japaner Lärche und Roteiche in Baden-Württemberg. Mitteilungen der Württembergischen Forstlichen Versuchsanstalt, Bd. 9, H. 2, Ulmer Verlag, Stuttgart, 44 S.

ZÖHRER, F., 1980: Forstinventur – Ein Leitfaden für Studium und Praxis. Verlag Paul Parey, Hamburg, Berlin, 207 S.

ZUTTER, B. R., ODERWALD, R. G., MURPHY, P. A. und FARRAR, J. R. R. M., 1986: Charakterizing diameter distributions with modified data types and forms of the Weibull distribution. Forest Science, Vol. 31, Bd. 1, S. 37–48.

Sachwortverzeichnis

Seitenangaben in **Fettdruck** verweisen auf Abbildungen, Tabellen bzw. Bildtafeln.

A
Abgase und Streusalz **xxix**
Ablotung
–, (von) Kronen 96
abrupte Zuwachsänderung(en)
–, Diagnose 365
–, Erholung **365**
–, Klassifikation von Reaktionsmustern 365
–, Reduktion **365**
–, Regeneration **365**
–, Schwellenwerte 365
–, Zuwachsereignisse **365**
Absenkung des Grundwasserspiegels 341
Abstandsverfahren 224
Absterbeprozesse
–, Gesetz von REINEKE 337
–, Produktionsbilanz 336
–, Stammzahlabnahme nach YODA 336
Adjustierung unplausibler Bestandeshöhenkurve(n)
–, Alters-Durchmesser-Höhen-Regression 168
–, Einheitshöhenkurven 168
–, Methode des Koeffizientenausgleichs 164
–, Wachstumsfunktionen für Straten-Mittelstämme 166
Aggregationsindex 225f.
–, Abweichung von der Zufallsverteilung 227
–, Bestandesgrundflächenzuwachs **228**
–, Distanz zum nächsten Nachbarn 226
–, Randkorrekturformeln 226
A-Grad **iv, xv, xxxi**
Allometrie 335f.
Alters-Durchmesser-Höhen-Regression **169**
Altersklassenwald 227
Alterstrend 358
Anbauversuche
–, Anbauwürdigkeit 40
Anfangsstruktur
–, Wirkung auf die Bestandesentwicklung 201
Anlageschema **37, 52**
–, Ausscheidung von Blöcken 52
–, vollständig randomisiertes 52
Arbeitsplan des Vereins Deutscher Forstlicher Versuchsanstalten 116
Art der Entnahme
–, Auswahl von Auslese- oder Zukunftsbäumen 119

–, (nach) Durchmesserklassen 122
–, kombinierte Baum- und Schaftgüteklassen 116
–, Schwellen-Durchmesser 124
–, Soll-Durchmesser-Verteilung 124
–, soziale Baumklassen nach KRAFT 115
–, (nach) Zieldurchmesser 122
–, Zielstärke 124
Artenprofil-Index
–, Beispiel **252**, 252
–, normierter 253
–, Raumbesetzung 252
Artenvielfalt 221
Assimilate **330**
Atmung
–, Dunkel- 335
–, Erhaltungs- 335
–, Wachstums- 335
Aufhieb von Trassen 341
Aufnahme des Altbestandes
–, Abgrenzung über eine Kluppschwelle 89
–, Aufnahme der Baumart 89
–, Durchmessererfassung 89
– –, Kluppe 89
– –, Umfangmeßband 89
–, Höhenmessung
– –, Auswahl der Höhenmeßbäume 93
– –, Fehlerquellen 92
– –, Meßprinzip 91
Aufrißzeichnung(en) 209
–, Zeitserien 210
Aufsichten 209
Auftausalze 377
Ausbringung von Streusalz 341
Ausgangsstammzahl **xv**
Auslesebäume 119
Auslesedurchforstung **vii, xxxi**
Auslese- und Zukunftsbäume
–, Baumanzahl und Abstandsregelung 120
–, Kriterien für die Auswahl **120**
Ausreißerprüfung
–, Konfidenzbänder für ganze Regressionsgeraden 146
–, Standardabweichung 146
ausscheidender Bestand 94
A-Wert nach JOHANN 128
–, Beispiel 129

401

B

Baumabstand 121
Baum- und Schaftgüteklassen 97
Baumverteilungsmuster
–, Homogenität 232
–, horizontales
– –, Quantifizierung durch Indizes 222
– –, Quantifizierung durch Korrelationsfunktionen 222
–, Inhomogenität 233
–, Isotropie 233
Baumzahl **121**
–, -Alters-Beziehung 50
Behandlung
–, -(s)effekt 377
–, Faktorenstufen 38
–, Festlegung der Durchforstungseingriffe 38
–, Kontinuität 38
–, -(s)varianten 38
Belichtung **xxx**
Bergmischwaldbestände **xxi**
Bergmischwaldversuchsfläche **xxi**
Beschattung 282
–, -(s)analyse
– –, (vor und nach) Durchforstungseingriff 284
– –, Rasterabfrage **285**
–, Suchkegel
– –, Öffnungswinkel 284
– –, Trefferabfrage 284
Beschreiben
–, Formulierung von Hypothesen 20
–, praxisrelevante Aussagen 20
–, So-ist-Aussagen 21
Bestandesbehandlung
–, Art **114**
–, Entnahmekriterien **114**
–, Menge **14**
–, Zeitfolge **114**
Bestandesdichteregel
– –, Bestandesdichteindex 244
– –, Stand Density Index **244**
– –, Stand Density Rule von REINEKE 244
Bestandesdichteversuche 241, 244
–, (nach) NELDER
– –, einfaktorielles Anlageschema **71**
– –, zweifaktorielles Anlageschema **71**
Bestandesentwicklung
–, Alters-Durchmesser-Entwicklung 187
–, Bestandesgrundfläche 191
–, Bestandeshöhenkurven 189
–, Bestandesvorrat 191
–, durchschnittlicher Gesamtzuwachs 193
–, Gesamtwuchsleistung an Volumen 193
–, Höhenmittelwerte 189
–, Mittelhöhe **190**
–, Oberhöhe **190**
–, periodischer Grundflächenzuwachs 192
–, periodischer Volumenzuwachs 192
–, Schlankheitsgrade 190
–, Stammzahl(en) 186
– –, -Durchmesser-Frequenzen 188
–, Volumenzuwachsprozent 194
–, Vornutzungsprozent 194
Bestandesevolutionsmodelle 319
Bestandeshöhenkurven 160
–, Adjustierung 164
–, Ausreißerprüfung 162
–, Bestimmtheitsmaß 162
–, biologische Plausibilität 162
–, Funktionsgleichungen
– –, (nach) ASSMANN 161
– –, (nach) FREESE 161
– –, (nach) KORSUN 161
– –, (nach) MICHAILOFF 161
– –, (nach) PETTERSON 161
– –, (nach) PRODAN 161
– –, semi-logarithmischer Ansatz 161
–, gesetzmäßige Verlagerung 164
–, Plausibilitätsprüfung 164
–, Reststreuung 162
–, Schar 189
–, Schichtung **189**
–, Verlagerung **189**
– –, (über dem) Alter **163**
–, (aus) Wiederholungsaufnahmen 163
Bestandeskennwerte 172
Bestandesstruktur
–, dreidimensionale **75**
–, Konkurrenz der Bestandesglieder 200
–, Systemerneuerung 200
–, verbale und numerische Beschreibung
– –, Übersicht **222**
Bestandeswachstumssimulatoren 315
Bestimmtheitsmaß 144, 146
Bestockungsgrad
–, ertragstafelbezogener 241
–, natürlicher 241
–, (für) Rein- und Mischbestände 241
Beweissicherung **xxvii**
B-Grad **iv, vi**
biologische Anschauung 219
biologische Variabilität 42
biometrisches Modell 24
Biomodell 328
Black-box-Ansatz 9
–, Perspektive des Betrachters 10
–, statistisch abgeleitete Beziehungen 10
–, Verhaltensprognose des Systems 9
Blattflächenverteilung 328
Block-Anlage 54
–, mehrfaktorielle 63
Blockbildung 39, 51, 53
–, Beispiel 54, 60
–, Eliminierung von Standortgradienten 61
–, Randomisation innerhalb der Blöcke 60
–, Reduktion der Restvarianz 57

Sachwortverzeichnis

–, Schema der Varianzanalyse 56
–, Standortunterschiede 60
Blockversuch 49
Bohrkernentnahme(n) 104
Bonitätsfächer 311
Bonitierung
–, Massen- **308**
–, Mittelhöhe des Bestandes 309
–, Oberhöhe als Indikator 309
Bottom-up-Ansatz 10
Braunkohlekraftwerk 357
Bruttophotosynthese 334

C

C-Grad **v, vi**
CO_2-Konzentration **xxx**
Cook-Distanz 154

D

Datensammlung
–, Beobachtungsflächen 20
–, Inventurdaten 20
–, Probeflächen 20
–, Versuchsflächen 20
–, Zuwachsanalysen 20
Datierung 342
Definition Durchforstungs- und Pflegeeingriffe
–, Art der Entnahme 113
–, Beispiel 113
–, Menge der Entnahme 113
–, Zeitfolge 113
Dendrometer **xxx**
dendroökologische Zeitreihenanalyse
–, bestandesübergreifende Störungen 375
–, bestandesweite Störungen 375
–, Elimination der glatten Komponente
– –, doppelt-logarithmische Parabel 373
– –, fallende Exponentialfunktion 373
– –, gleitender Durchschnitt 374
– –, Hochpaßfilter 374
– –, Polynome höheren Grades 373
– –, Splines 373
– –, Tiefpaßfilter 374
–, gerichtete Störeinflüsse 372
–, glatte Komponente 372, 375
–, Indexierung 376
–, Indexkurve **376**
–, Kalibrierungsperiode 377
–, Klimaeffekte 372
–, Klimazeitreihen 376
–, oszillierende Komponente 372, 375
–, Response-Funktion 376
–, Restkomponente 372
–, Schätzfunktion 377
–, Unterschiede in der Individualentwicklung **375**
–, Zuwachsverlustberechnung 377
Derbholzformhöhe(n) 170
–, -gleichung(en) **170**

Derbholzgrenze
–, Schneidbreite der Maishacke 169
DESER-Norm
–, Sektion Ertragskunde im Deutschen Verband forstlicher Versuchsanstalten 140
Deutscher Verband Forstlicher Forschungsanstalten 135
Diagnose von Wachstumsstörungen
–, Bestimmung von Zuwachsverlusten 364
–, Bundeswaldinventur **370**
–, (aus) Folgeinventuren 370
–, Forsteinrichtungen 372
–, Großrauminventur **370**
–, Niveauverschiebung 372
–, synthetische Referenzkurven 348
–, unechte Zeitreihen **371**f.
–, Vorperiode als Referenz 364
–, Wuchsmodelle als Referenz 347
Differentialgleichung(en) 318
–, -(s)modelle 317
Differenzierung 248
–, natürliche **xv**
Diffuse site factor 288
Dispersionsindex 230
–, (von) Morisita 230f.
– –, Teststatistik 231
– –, Veränderung bei zu- oder abnehmender Zählquadratgröße 231
Distanz nach Cook 154
–, Beispiel 155
Diversität 250f.
–, maximale 252
Düngung **xx**
–, -(s)versuch(e) 41
– –, Douglasie **xx**
Durchforstungsversuch(e)
–, Buche **ivf**
–, Eiche **xiii, xv**
–, Fichte **vii, xvii, xxxi**
–, Kiefer **vi**
–, klassische 41
–, neuere 41
Durchmesserdifferenzierung 248
–, Beispiel **249**
–, strukturelle Viererguppe 248
–, (von) Zentralbaum und Nachbarn 250
Durchmesser-Häufigkeitsverteilung 320
Durchmesser-Höhen-Alters-Beziehungen 162
Durchmesserzuwachsgerade 147
Durchmischung 258
–, -(s)index
– –, Anwendungsbeispiel 259
– –, strukturelle Viererguppe 258
durchschnittlicher Gesamtzuwachs 178, 194

E

E-Grad **xv**
Eichhorn-Gesetz 309

einfache Varianzanalyse 356
einfaktorielle Anlagen
–, vollständig randomisierte 59
Einheitshöhenkurven 168
Einstrahlungsmodell **333**
Einzelbaummodell
–, Bestandesgenerierung 324
–, direkte regressionsanalytische Schätzung 323
–, Funktionsprinzip 322
–, indirekte Zuwachssteuerung 323
–, Modelltypen 324
–, Simulationsprozeß **322**
–, Zuwachsfunktionen 323
Einzelbaumversuch
–, Beispiel 73
–, Fichtenklonversuch **74**
Einzelerkenntnis(se) 12
Einzelmischung **xxiii**
Einzelstammdüngungsversuch(e) 363
Entropie 251
Entscheidungshilfe 30
Entscheidungsstützung 16
Entwicklungsgang
–, mutmaßlich gestörter 342
–, normaler 342
Erfahrung(en) 34
–, -(s)tabelle(n) 305, 311
–, -(s)tafel(n) **313**
Erhebung(en) 36
–, (in) unbewirtschafteten Wäldern 42
Erkenntnisinteresse 1
Erkenntnisprozeß 19
Erkenntnisweg
–, Ableitung von Gesetzmäßigkeiten 20
–, Beschreiben 20
–, Einsatz und Weiterentwicklung von Modellen 20
–, Evaluierung von Wuchsmodellen 20
–, Formulierung von Hypothesen 20
–, Hypothesenprüfung 20
–, Messen und Sammeln von Daten 20
–, Synthese von Einzelerkenntnissen 20
–, Weiterentwicklung von Theorien 20
ertragskundliches Versuchsflächennetz
–, Beurteilungs- und Entscheidungshilfen 136
–, Diagnose von Wachstumstrends 136
–, gesichertes Wissen über das Waldwachstum 136
–, Musterflächen für Lehre und Fortbildung 136
Ertragsniveau 309, **310**
–, allgemeines 309
–, spezielles 309
–, untergliedertes spezielles 309
Ertragstafel(n) *siehe auch* Lokalertragstafeln **314**
–, EDV-gestützte 315
–, Grundbeziehungen 307

–, (für) „normale" Bestände 312
–, regionale 315
–, standardisierte 312
–, überregionale 315
–, -vergleich
– –, Nachweis, Datierung und Quantifizierung großregionaler Störeinflüsse auf das Waldwachstum 344
–, Zukunft 317
Evaluierung 25
–, -(s)kriterien 26
Evapotranspiration 334
Evenness 251
Expansion
–, lineare **298**
Experiment 22
–, Formulierung der Versuchsfrage 22
Extinktionskoeffizient 328

F
Faktorenstufen 38, 66
fehlende und fehlerhafte Werte
–, Behandlung 159
Fehler 1. Art 48
Fehler 2. Art 48
fehlerhafte Werte
–, Korrektur 160
F-Grad **xv**
Fish-eye-Abbildungen 288
Fish-eye-Projektion
–, Diffuse site factor 290
–, Grauwertabfragen 290
–, methodische Grundlagen 289
–, Prinzip **290**
–, Sky factor 290
0-Fläche **vii, xx**
Flächenanlage
–, dauerhafte Markierung 85
–, Markierung der Meßstelle 88
–, Numeration der Bäume 87
–, Stammfußposition
– –, kartesische x- und y-Koordinaten 89
– –, Polarkoordinaten 89
Flächenbezug 172
Flügelnuß
–, Anbauversuch **ix**
Fly-through 212
Folgebestände 368
Formel von Penman-Monteith 334
Formhöhe *siehe auch* Derbholzformhöhe 170
–, -(n)funktionen 171
Formparameter 319
Formzahl 169
–, -funktion(en) 171
Forstliches Versuchswesen 33
–, Aufdeckung neuer Gesetzmäßigkeiten und Modellvorstellungen 136
–, Bayern 136

404

–, Einführung der EDV 137
–, Kontinuität 136
Forstliche Versuchsanstalten 33, 133
Freiheitsgrad 44
Furniereichen iii

G

Generationenvergleich 369
Gesamtwuchsleistung 178, 193
Gesetz(e) *siehe auch* EICHHORN-, LAMBERT-BEER-, Naturgesetz 26
–, der optimalen und kritischen Grundflächenhaltung **28**
Gesetzmäßigkeit(en) 8, 26
Gipfeltriebe **xxxi**
Glättung der Bestandesmittelkurven 358
Grey-box-Ansatz 10
Größe der Meßfläche
–, Alters-Baumzahl-Beziehung **50**
Grundfläche(n) 177
–, -entwicklung 191
–, -haltung
– –, mittlere 177, 243
– –, relative mittlere 243
–, -Häufigkeitsverteilung 277
–, -zuwachs
– –, periodischer **193**
Grundgesamtheit 42
Grundwasserabsenkung 357, **xxvii**
Gruppenmischung **xxii**

H

Habitatvielfalt 221
Handlungsalternativen **304**
Handlungskorridor 14, 29
Häufigkeitsverteilungen
–, Beta- 319
–, Gamma- 319
–, JOHNSON- 319
–, Lognormal- 319
–, WEIBULL- 319
h/d-Wert 191
hemisphärische Abbildungen 288
–, Diffuse site factor **292**
–, Sky factor **292**
–, Wuchskonstellationen in einem Fichten-Buchen-Mischbestand 291
hemisphärische Fotografien 289
Herkunft **x**
Hochdurchforstung 117
–, schwache (D-Grad) 118
–, starke (E-Grad) 118
Höhenentwicklung
–, Grundflächenmittelstamm 189
– –, der 100 stärksten Bäume 190
Höhenmessung 91
Holzqualität
–, äußere Kennzeichen

– –, Abholzigkeit 99
– –, Astbeulen 100
– –, Aststärke 99
– –, Astwinkel 99
– –, Chinesenbärte 100
– –, Drehwuchs 100
– –, Exzentrität 100
– –, Kronenansatzhöhe 99
– –, Krümmung 97
– –, Nägel 100
– –, Säbelwuchs 98
– –, Schlängelwuchs 98
– –, Siegel und Rosen 100
– –, Wasserreiser 99
– –, Zwieselbildung 97
Horizontalschnitt(e) **218**, 247, 282
–, (durch den) Kronenraum 217
–, -Verfahren 275
Hypothese(n) 21
–, Falsifizierung 26
–, Kausalketten 21
–, Kausalzusammenhänge 21
–, -prüfung 30
– –, Durchführung zielorientierter Experimente 23
– –, Korrelation 23
– –, logische Form 22
– –, Prüfung auf innere Widersprüche 22
– –, Vergleich mit der Wirklichkeit 22
– –, Vergleich mit Gesetzmäßigkeiten, Gesetzen und 22
–, (über) Systemausschnitte 21
–, ungeprüfte 338
–, Verhalten gesamter Systeme 21

I

Immission(en) 341
–, (aus) Punktquellen 358
–, -(s)quelle(n) 355, **xxviii**
Indexbildung 358
Indexmittelkurven 359
Indizienbeweis 357
Inhaltsbestimmung
–, End- und Mittenflächenformel nach NEWTON 107
–, Endflächenformel von SMALIAN 107
–, Mittenflächen-Formel von HUBER 107
interdisziplinäre Vernetzung
–, auf gleicher Systemebene arbeiten 11
–, Methodenaustausch 11
–, skalenübergreifende Forschung 11
International Union of Forest Research Organizations (IUFRO) 134
Internationaler Verband Forstlicher Versuchsanstalten 134
Intervallflächenkonzept 37
Intervallskala 57
Interzeption 334
Inventur(en) 36f.

J
Jahrringindexdiagramm 359 f.

K
K-Funktion von RIPLEY
–, Anwendungsbeispiel 234
–, methodische Grundlagen 234
–, Transformation in die L-Funktion von BESAG 232
–, Verdichtung 234
–, Verdünnung 234
–, (bei) Zufallsverteilung im POISSON-Wald 234
Kalkchlorose 355
Kategorialskala 57
Kausalzusammenhänge 22
Kegelstumpf 107
Kleinflächenmodelle 325
–, Biomasseproduktion 326
–, Entwicklungszyklus auf der Kleinfläche 326
–, Kreislauf **326**
–, Vorhersage der langfristigen Sukzession 326
Klimaänderung(en) 28
Klimafolgenforschung 328
Koeffizientenausgleich
–, Methode **165**
Kohlenstofffluß **330**
Komplexitätsgrad 10
Konfidenzband 147
Konfidenzintervall 47, 146
Konkurrentenauswahl
–, Grenzbaumkontrolle 268
–, Kreis mit festem Radius 267
–, Kronenüberlappung 267
–, Suchkegel 269
–, Winkelzählprobe 268
Konkurrenzfaktor
–, Beispiel **246**
–, optimale Kronendurchmesserentwicklung 245
Konkurrenzindex *siehe auch* positionsabhängiger Konkurrenzindex 263, 267, 274, **324**
–, Analyse des räumlichen Verteilungsmusters der Verjüngung 266
–, Asymmetrie 265
–, (in) Einzelbaumsimulatoren 263
–, (in) heterogenen Bestandesstrukturen 279
–, (in) homogen aufgebauten Beständen 279
–, Konkurrentenauswahl 264
–, Konkurrenzberechnung 264
–, Konkurrenzsituation 265
–, Lichtkegel 264
–, Lichttransmission 265
–, Plenterwald **266**
–, positionsabhängiger 264
–, positionsunabhängiger 274, **276**
–, Verjüngung 265
Konkurrenzstärke
–, Kronen- oder Einflußzonenüberlappung 269

–, Überlappungsfläche 270
–, Verhältnis zwischen Baumdimensionen 270
–, Verhältnis zwischen Stammdimensionen 270
konzeptuelles Modell 24
Korrelation 23
–, -(s)diagramme
– –, Beispiele **145**
–, -(s)koeffizient 144
Kovarianz 143, 144
–, -analyse 357
Kreissegment-Verfahren 279
Krone(n)
–, -ablotung 203
–, -einengung
– –, Aufschlüsselung nach Baumarten 283
– –, Berechnung räumlicher Distanzen 285
– –, richtungsspezifischer Abstand 286
– –, seitliche 282 f., 285
– –, Überlappungsanalyse 283
– –, Wachstumsreaktionen 286
–, -form(en)
– –, -modelle 207, **213**
–, -grundfläche(n)
– –, Flächenformel von GAUSS 206
– –, Kreisflächenformel 206
– –, kubische Spline 206
–, -karte(n) 206
–, -konkurrenzfaktor
– –, Maß für den mittleren Konkurrenzdruck im Bestand 274
– –, Maß für die soziale Stellung eines Baumes 274
–, -modell(e)
– –, Parameter für wichtige Baumarten in Mitteleuropa **208**
–, -projektionsfläche
– –, Darstellung durch Kreise 203
– –, Darstellung durch Polygone 203
–, -radienablotung
– –, (mit dem) Dachlot 95
– –, Kronenablotung 95
– –, Tangential-Hochblick-Methode 95
–, -radienzuwachs
– –, Buche 288
– –, Eiche 288
– –, Lärche 288
– –, Mischbestand 288
– –, Reinbestand 288
– –, Schätzfunktionen **287**
–, -schäden **355**
–, -strukturanalyse 107
– –, Astwinkel **108**
– –, Astzuwachsanalyse 109
– –, Biomassenanalyse 109
– –, Rückmessung **108**
– –, Trieblängenzuwachs **108**
–, -strukturbilder 355

–, -verlichtung **xxvi, xxxi**, 101
kubische Spline-Funktion 204
Kultur- und Pflanzverbandsversuche 41

L

Lageparameter 319
LAMBERT-BEER-Gesetz 327
Landschaftsvisualisierung
–, Bestandesgrenzen 214
–, digitales Geländemodell 214
–, Oberflächenstrukturen 214
–, wirklichkeitsnahe Waldstrukturen 214
langfristige Versuchsflächen 33
–, räumlich explizite Erfassung 74
–, Übergang auf die Einzelbaumebene 74f.
Langlebigkeit 304
Längsschnittstudien 140
Lateinisches Quadrat
–, Aufbau 61
–, horizontale Blöcke 61
–, mehrfaktorielles 64
–, (und) Rechteck
–, vertikale Blöcke 61
Leitplanken 14, **304**
L-Funktion
–, Anwendungsbeispiel 236
–, graphische Darstellung 235
–, methodische Grundlagen 235
–, Verdichtung 236
–, Verdünnung 236
Lichtkegel-Methode 265, 333
Lichtung **v**
–, schwache (L-I-Grad) 118
–, starke (L-II-Grad) 118
lineare Expansion 294
Lineartriebe **xxxi**
Lokalertragstafeln 315
Losverfahren 51

M

Managementmodell
–, einzelbaumorientiertes **321**
Markenkorrelationsfunktion
–, Algorithmus zur Schätzung 255
–, Beispiele 256
–, Berechnung 255
–, hohe Produktdichte **257**
–, Kernfunktion 255
–, 1,0-Linie 256
–, Markenproduktdichte 255
–, markiertes Punktfeld 254
–, methodische Grundlagen 254
–, niedrige Produktdichte **257**
–, Schrittweite 255
Massenfunktionen 171f.
Massentafeln 172
Maßstabsparameter 319
Mehrfachüberschirmung **205**

Menge der Entnahme 124
–, (auf) Düngungs- und Provenienzversuchen 127
–, einzelbaumorientierte Steuerung
– –, Auskesselung in definiertem Radius 128
– –, Einstellung auf Konkurrenzindex 128
– –, paarweiser Vergleich 128
–, Kurven für Soll-Dichten 125
–, Soll-Bestandesdichte
– –, Bestandesdichte-Indizes 125
– –, Bestandesgrundfläche 125
– –, Entnahme nach Klassen 125
– –, Soll-Stammzahl 125
–, Wahl der Dichtestufen
– –, normative Aufstellung der Soll-Dichtekurven 127
– –, Orientierung an der maximalen Dichte 127
Menge für Entnahme
–, Freistellungsregel nach A-Werten **130**
Meßfläche 38, 50
–, -(n)größe 49
Meßprogramm bei der Aufnahme langfristiger Versuchsflächen
–, Übersicht 85, **86**
Meßtürme **xxix**
Methode des konstanten Alters
–, Behandlungsgeschichte 368
–, Datierung von Trendwerten 366
–, Probenahme 368
–, Quantifizierung der Zuwachsveränderung 366
–, Rhythmusverschiebung **368**
Mindestbaumzahl 50
–, Endbaumzahl 51
–, Endbestand 51
Mischbestand 201, 205, 212, 217, 227, **xxv, xxxi**
–, -(s)versuch(e) 41
– –, Fichten-Buchen- **xxiif.**
Mischung **xviii**
–, -(s)anteile **xxii**
– –, -(s)struktur(en) 202, **xxii**
Mitteldurchmesser 172
–, Altersentwicklung **187**
–, arithmetischer 174
–, Grundflächenmittelstamm 174
–, Grundflächenzentralstamm 174
–, (nach) HOHENADL 174
–, (nach) WEISE 174
Mittelhöhe
–, Abgriff aus der Bestandeshöhenkurve 176
–, arithmetische 175
–, (nach) LOREY 176
Mittelwertdifferenzen 49
–, Zahl der Wiederholungen 47
Mittelwertschätzung
–, erforderliche Wiederholungen 46
Modell *siehe auch* Bestandesevolutions-, Bestandeswuchs-, Biom-, biometrisches, Diffe-

407

rentialgleichungs-, Einstrahlungs-, Einzelbaum-, Kleinflächen-, konzeptuelles, Kronen-, Kronenform-, Management-, Simulations-, stochastisches Evolutions-, ökophysiologisches Prozeß-, Simulations-, Sukzessions-, System-, Verteilungsfortschreibungs-, Wuchsmodell 303
–, -ansatz
– –, beschreibender 338
– –, erklärender 338
– –, Komplexitätsgrad 305
– –, zeitliche und räumliche Auflösung 305
–, -konstruktion
– –, Datenbasis 306
Monitoring 36
Muster
–, Arten und Genotypen 7
–, Belaubung 7
–, biochemische 7
–, Bodenlösungschemie 7
–, -erkennung 219
–, Humusform 7
–, Kohlenstoff- und Ionenallokation 7
–, Pufferbereich 7
–, Stoffbilanz 7
–, Verjüngungsstruktur 7
–, Verzweigung 7
–, Wachstumsgang 7
–, Waldgesellschaften 7

N
Nadelverlust **xxxi**, 342
Naturgesetz(e) 31
Naturverjüngung **xxxi**
Neiloidstumpf 107
Niederdurchforstung
–, mäßige (B = Grad) 117
–, schwache (A = Grad) 117
–, starke (C = Grad) 117
Nominalskala 57
normal yield tables 313
Nullflächen-Vergleich 355
–, (zur) Zuwachsverlustschätzung **359**
Nutzung
–, femel- und plenterartige **xxi**

O
Oberdurchmesser 172
–, Altersentwicklung **187**
–, (der) 100 stärksten Bäume pro Hektar 175
–, (nach) WEISE 175
Oberhöhe
–, feste Anzahl von 100 bzw. 200 176
–, (nach) WEISE 176
ökologische Amplitude 28
ökophysiologische Modelle
–, Grundprozeß 332
–, Regelkreis 332

ökophysiologische Prozeßmodelle
–, Ableitung forstwirtschaftlicher Dimensionsgrößen 337
–, Grundprozesse **332**
–, Aussagespektrum 329
–, Behandlungseingriffe 329
–, Forschungswerkzeug 331
–, Modellansätze im Überblick
– –, Mittelstämme von Kleingruppen 338
– –, Prozesse auf Organ- oder Einzelbaumebene 338
– –, Stoffproduktion von Beständen 337
– –, Wachstum eines repräsentativen Mittelstammes 338
–, Strukturtreue 329
–, Systemdiagramm **330**
Ökosystem
–, Fließgleichgewicht 7
–, stabiles 7
Optimierung 14
Ordinalskala 57
Ozon **xxix**
–, -konzentration **xxx**

P
Paarkorrelationsfunktion
–, Algorithmus zur Schätzung 238
–, Bandweite der Kernfunktion 239
–, Beispiele 239
–, EPANECNIKOV-Kern 239
–, harter Kern 237
–, Intensität 237
–, methodische Grundlagen 237
–, POISSON-Verteilung **240**
–, Punktpaare 237
–, Schätzalgorithmus **237**
–, Schätzfunktion 237
–, Verdichtung 240
–, Verdünnung 240
–, Zusammenhang mit k-Funktion 239
Paraboloidstumpf 107
Parameter der Funktionsgleichung 143
Pärchenvergleich
–, Minusbaum 354
–, Plusbaum 354
–, Wiederholung 354
Parzellenzahl 49
permanente Umfangmeßbänder
–, Durchmesserregistrierung 91
Perzentile
–, (der) Grundflächen-Häufigkeitsverteilung 277
Pflanzverbandsversuche
–, (nach) NELDER
– –, einfaktorielles Anlageschema **71**
– –, zweifaktorielles Anlageschema **71**
Photosynthese *siehe auch* Bruttophotosynthese **330**
–, Responsekurven 335

Plausibilitätsprüfung(en)
-, abrupte Auf- oder Abwärtsbewegungen der Residuen **156**
-, Abweichung von der Ausgleichsgeraden 153
-, (mit Hilfe von) Analysebäumen 158
-, Codierung 185
-, Distanz von COOK 153
-, Durchmesserdifferenzen 151
-, graphische Überprüfung von Auf- und Abwärtsbewegungen 157
-, Kontrolle von Extremwerten 150
-, negative Zuwachswerte **152**
-, Residuentest 155
-, Überschreiten von Grenzwerten 151
-, Zuwachsfaktoren 156
Plenterbestände 227
Plenterwaldversuchsfläche **xxi**
POISSON-Prozeß
-, inhomogener 297
POISSON-Verteilung 223
-, Mittelwert 223
-, Musterbeispiel 223
-, Varianz 223
-, zweidimensionale von Stammfußpunkten **223**
POISSON-Wald 223
-, Häufigkeiten 224
-, Wahrscheinlichkeiten 224
Polygonzug 205
positionsabhängiger Konkurrenzindex
-, Beurteilung der Verfahren 271
-, Eignung für die Zuwachsschätzung 271
-, Übersicht über die besten Verfahren **273**
Potential-Modifizierung 323
potentieller Durchmesserzuwachs 327
Praxisversuch **xxv, xxxi**
Präzision 46
Provenienzversuch(e) 34
-, Fixfaktoren 35
-, Flächenverbrauch 35
-, Kiefer **xi**
-, Lärche **x**
-, Parameterschätzung für Waldwachstum 35
-, Plan- oder Behandlungsfaktoren 35
-, Qualität 40
-, Standortfaktoren 35
-, Variabilität der natürlichen Bedingungen 35
-, Wachstum 40
-, Widerstandsfähigkeit 40
Prozeß **330**
-, Assimilation 7
-, Bestandesentwicklung 7
-, biochemische Reaktionen 7
-, Dauer 7
-, Evolution 7
-, -kategorie(n) 6
-, Kompartiment 7

-, Mineralisierung 7
-, Organbildung 7
-, Populationsdynamik 7
-, Stoffaufnahme 7
-, Stoffkreislauf 7
-, Sukzession 7
-, Systemerneuerung 7
-, Veränderungen von Mustern und Strukturen 6
Prüffaktor 38
Prüfgrößen 139
-, (von) Meßwerten zu 141
Prüfmerkmale 39
Prüfperiode **362**
Punkt-Emissionsquelle 357
Punkt-Immissionsquelle 360

Q
Quantifizierung der Wachstumsreaktion 342
Quellwasserentnahme 357
Querschnittsanalysen 140

R
Randausgleich
-, Spiegelung der Bestandesstruktur **293**
-, Translation 294
-, Verschiebung der Bestandesstruktur **294**
Randeffekte 38
Randkorrektur
-, Bewertung der Verfahren 298
-, Hochrechnungsverfahren 292
-, lineare Expansion 295
-, Rekonstruktionsverfahren 292
-, Strukturgenerierung 297
-, Verfahren der Strukturgenerierung 292
randomisierte Zuordnung 51
Randomisierung 39, 51
Rangskala 57
Rasterstichprobe(n) 37
Raumbesetzung 216
-, -(s)dichte **216**, 246
-, Erfassung durch Trefferabfrage **216**
Raumskala 6
Raumstruktur 333
Referenz 342, 346
Regelkreis(e) 342
-, Abpufferung 5
-, skalenübergreifende 8
-, stabilisierend wirkende 8
-, stabilitätssichernde Eigenschaft 5
Regressionsanalyse
-, einfache lineare 142
Regressionsgerade 143
Regressionskoeffizient(en) 143
Regressionsstichprobe 142
relative Varianz nach CLAPHAM 229
Residuen 143
-, -plot 144

Ressourcenverfügbarkeit 263
Reststreuung 54
Richtungsfeld 320
Rückkopplung **330**
–, Abpufferung 5
–, (zwischen) Prozessen und Strukturen 199
–, stabilitätssichernde Eigenschaft 5

S
Schadstufen 101
–, kombinierte **102**
–, Kronenverlichtung **102**
–, Vergilbung **102**
Schaftholzformzahlen **171**
Schlankheitsgrad(e) 177, 190
Schwarznuß **viii**
Schwefeldioxidbelastung und Zuwachsgang
–, räumliche und zeitliche Korrelation 357
Segregationsindex
–, Anwendungsbeispiel 260
–, Gruppenmischung 260
–, (von) PIELOU
– –, Assoziation 260
– –, Beispiel **260**
– –, gemischte Paare 259
– –, Segregationsmaß 259
– –, Teststatistik 259
– –, Vierfeldertafel **260**
–, Segregation 260
–, Unabhängigkeit 260
sektionsweise Kubierung
–, (von) Sektionen absoluter Länge **106**
–, (von) Sektionen relativer Länge **106**
Selbstdifferenzierungsprozesse 240
Seneszenz 336
SHANNON-Index 250
–, Beispiel 251
–, Bergmischwaldbestände 251
Signifikanzschwelle 48
Simulation 24, 303, **331**
–, -(s)modell(e) 24, 303
– –, (als) Entscheidungshilfe für die Forstwirtschaft 304
– –, Werkzeug zur Hypothesenprüfung 25, 304
Skalenniveau
–, Intervallskala **57**
–, Nominalskala **57**
–, Ordinalskala **57**
–, Verhältnisskala **57**
skalenübergreifende Forschung
–, Erklärungs- und Prognosemodelle 12
–, Organisationsebenen 12
–, Systemhierarchie 12
–, Zusammenführung der Einzelerkenntnisse 12
Sky factor 288
So-ist-Aussagen 21
Solitär **xxxi**, 324

soziale Baumklassen 115
Spaltanlage 65
–, Flächenverbrauch 67
–, Haupteinheit 67
–, Split-plot-Anlage 67
–, Untereinheiten 67
–, varianzanalytische Auswertung 67
Spiegelung
–, Spiegelachsen **293**
–, Spiegelrichtung **293**
Spitzenhöhe 176
Spline-Funktion 205
Stammanalyse 311
–, sektionsweise Kubierung 110
–, Stammscheibenentnahme 110
–, Trieblängenrückmessung 110
Stammzahl 172
–, -absenkung **xv**
–, -Durchmesser-Verteilung
– –, Rechtsverschiebung 188
– –, Verflachung 188
–, Bergmischwälder und Plenterwälder 123
–, -entwicklung 186
–, gleichaltriger Reinbestände 123
–, Gleichgewichtskurve 123
–, Wanderungsbewegung 317
Stand density rule **28**
Stand-Density-Indizes
–, Rahmenwerte **245**
Standardabweichung 44
Standardauswertung
–, Diagramme der Bestandesentwicklung 186
–, Ergebnisgrößen 140
–, Ergebnistabellen
– –, ausscheidender Bestand 179, 184
– –, Beispiel **180 ff.**
– –, Codierung des Auswertungsganges 183
– –, DESER-Norm 179
– –, Gesamtbestand 179, 184
– –, verbleibender Bestand 179, 183
–, Regressionsstichprobe 142
–, Überblick 139
–, wichtigste Bestandeskennwerte **139**
Standardfehler 43
–, prozentualer 45
–, Unsicherheit einer Schätzung 45
standardisierte Diversität 251
Standfläche(n) **121**
–, -aufteilung durch Rasterung
– –, Konkurrenzkraft **280**
– –, Stammzahl 281
– –, Standfläche 281
–, -berechnung 279
–, -Polygone
– –, (nach) Durchmesserrelationen gewichtete **281**
– –, THIESSEN- und VORONOI- 281
– –, ungewichtete **281**

Standort-Leistungstafeln 315
Standraumversuch(e)
–, Douglasie **xii, xv**
–, Kiefer **xivf.**
–, Kirsche **ix**
–, (nach) NELDER 69
–, Design **70**
Steuerung
–, (von) Versuchen 113
– –, Referenzfläche 131
–, Waldentwicklung 200
Stichprobe 42
–, -(n)umfang 46f.
– –, Vorauskalkulation 46
stochastische Evolutionsmodelle 317
stochastischer Prozeß 319
Stockinventur 94
Stoffallokation 336
–, hierarchisch geordnete Prioritätenliste 336
–, Methode des funktionalen Gleichgewichts 336
–, Pipe-Modell-Theorie 336
–, Transportwiderstände 336
–, Verteilung nach allometrischen Proportionen 335
–, zweckorientierte Verteilung 336
Störfaktoren 341
–, Sensitivität 341
–, Veränderung der absoluten Produktion 341
–, Veränderung der internen Allokationsmuster 341
Störung(en)
–, Abpufferung 7
–, Hierarchie 7
–, Organisation 7
–, -(s)zone 355
Strahlung 327
–, -(s)intensität 334
–, -Photosynthese-Reaktionskurven 327
Straßenbäume 377
Streifen-Anlage 65
–, Großparzellen 67
–, horizontale Streifen 67
–, vertikale Streifen 67
Streifenverfahren 309
Streuung 44
Streusalz **xxvii**
Streuversuche 68, **68**
Struktur(en)
–, -generierung
– –, dimensionsabhängige Abstandsregelung 298
–, -parameter
– –, Indikatoren für ökologische Vielfalt und Stabilität 221
–, (und) Prozesse
– –, Regelkreis 200
– –, Wechselwirkungen

– – –, Beispiel Flußbett 199
– – –, Beispiel Waldbestand 200
–, Rahmenbedingungen für ablaufende Prozesse 6
–, -vielfalt **221**, 254
Suchkegelmethode 265
Sukzessionsmodelle
–, gaps 325
Summe der quadratischen Abweichungen 54, 142
System 24
Systemeigenschaften 16
–, (von) Waldbeständen
– –, Determinierung durch die Bestandesstruktur 4
– –, geschichtliche Prägung 4
– –, kybernetischer Charakter 5
– –, kybernetische Systeme 5
– –, Langlebigkeit 3
– –, offene Systeme 4
Systemmodell(e) 303
–, Ausbildung, Fortbildung und Beratung 26
–, Forschungswerkzeug 26
–, Hypothesenketten 24
–, Simulation der Waldentwicklung 26
Systemverhalten 341
Szenario 28f.

T
Theorie
–, Baum- und Bestandeswachstum 27
–, Rückgriff auf mathematische Modelle 27
–, Verknüpfung von bewährten Hypothesen 27
Top-down-Ansatz 10
Totholzaufnahme 94
Transformation 44
–, allometrischer Zusammenhang 149
–, kurvilinearer Zusammenhang **149**
–, linearisierende 148
–, logarithmische **148**
Translation 293
Transmissionskoeffizient 297
Trassenaufhieb 358
Trendeliminierung 376
Triangulierung
–, (nach) DELAUNAY 212
Triebkraftausprägung 333
Trockenstreß **xxvii**

U
Übergangswahrscheinlichkeiten 320
Überschirmungsgrad
–, Kronengrad **242**
Überschirmungsprozent(e) 241
–, Kronenkarte
– –, Kreis 243

411

– –, Polygonzug 243
– –, Spline-Funktionen 243
–, Mischbestand **243**
–, Trefferabfrage 243
Überschreitungswahrscheinlichkeiten 46
Übertragungsfunktion
–, Diffusionsfunktion 320
–, Driftfunktion 320
–, Sterberate 320
Umfassungsstreifen 38f.
–, Strukturgenerierung **299**
Umgebungsstruktur von Bäumen
–, Rasterung 282
–, Trefferabfrage 282
Unordnung 251
Ursache-Wirkungs-Beziehungen
–, ontogenetische Faktoren 5
–, phylogenetische Faktoren 5
Urwaldparzelle
–, Fichten-Tannen-Buchen **xxiv**

V
Validierung 25
Variabilität 43
Varianz 143f.
–, -analyse *siehe auch* einfache, zweifache 355
– –, behandlungsbedingte Streuung zur Restvariabilität 54
– –, Globalhypothese 53
– –, paarweiser Vergleich von Mittelwerten 53
– –, Zerlegung der Gesamtvarianz 54
–, -breite 44
–, -formel 53
–, -koeffizient 44, **45**
– –, Baumhöhe 47
– –, Brusthöhendurchmesser 47
– –, Durchmesserverteilung 248
– –, Höhenverteilung 248
– –, laufender Zuwachs 47
– –, Stammvolumen 47
–, -Mittelwert-Index 229, **230**
–, Verschiebungsformel 44
Verein Deutscher Forstlicher Versuchsanstalten
–, Arbeitspläne 134
–, Gründung 133
–, Ziele 133
Verfahren der kleinsten Quadrate 142
Vergilbung 101
Verhältnisskala 58
Verifizierung 25
Verjüngung
–, Abbildung der Verjüngungssituation 206
–, -(s)inventur auf Versuchsflächen
– –, Auszählung der Verjüngung 104
– –, Durchmesser-Schwellenwert 105
– –, Durchmessererfassung 105
– –, Probequadrate oder Probekreise 104
– –, Qualitätsansprache 105

– –, Rasterquadrate 104
– –, Trieblängenrückmessung
– – –, Höhenermittlung 105
– – –, Längenmessung 105
– –, Vollaufnahme 104
–, thematische Karten 206
–, -(s)versuche 41
–, Verteilungsmuster 206
Vernetzung **14**
Versuch(e) *siehe auch* Anbau-, Block-, Düngungs-, Durchforstungs-, Einzelbaumdüngungs-, Kultur- und Pflanz-, Mischbestands-, Pflanzverbands-, Praxis-, Provenienz-, Standort-, Standraum-, Streu-, Verjüngungsversuch(e)
–, -(s)anlagen der Waldwachstumsforschung
– –, Übersicht **58**
–, -(s)areal
– –, (mit) Randeffekt 51
– –, (mit) Standortgradienten 51
– –, (mit) systematischen Fehlerquellen 51
–, (zur) Diagnose von Störfaktoren 42
–, -(s)einheit 38
–, -(s)faktor 38
–, -(s)flächen 37
– –, -netz 312
–, -(s)frage 37, 39
–, -(s)glieder 38
–, -(s)objekt 38
–, -(s)planung
– –, Geschichtlichkeit belebter Systeme 5
– –, intensiver Einzelversuch 69
– –, Meßflächengröße 42
– –, Parzellenzahl 42
– –, Versuchsreihen und Streuversuche 69
– –, Wiederholung(en) 42
– – –, -(s)zahl 42
–, -(s)reihen 68
–, -(s)typen
– –, Betriebsversuche 36
– –, Freilandversuche 36
– –, Laborversuche 36
– –, Praxisversuche 36
Verteilungsfortschreibung 318
–, -(s)modelle 317
Verteilungsindex 224
–, (von) PIELOU
– –, Indexwerte in naturnahen Koniferenbeständen 229
– –, Konfidenzintervalle 229
– –, Punkt-zu-Baum-Abstände 229
– –, Signifikanz 229
– –, Zufallspunkte 228
Vertikalprofil(e) **247**
–, Mischbestand 247
–, Plenterwald 248
–, Reinbestand 247
Vertrauensbereich 46
Vertrauensintervall 46

Vielfalt 250
Visualisierung 202 f.
–, Anbindung an Bestandesmodelle 214
–, individuenbasierte Modellierung 219
–, kausales Argumentieren 214
–, Modelloptimierung 219
–, Modellvalidierung 219
–, Multiresolution-Verfahren 213
–, Phototexturen 213
–, Sichtweitenbeschränkung 213
–, (von) Waldlandschaften 214
–, (des) Waldwachstums
– –, dreidimensionale 207
Volumenberechnung
–, Einzelbäume 171
Volumenzuwachs
–, periodischer **193**
–, -prozent 194
Vor- und Folgegeneration
–, Vergleich **369**
Vorbestände 368
Vornutzung 178
–, -(s)prozent 195
Vorperiode **362**
Vorrat 177
–, -(s)entwicklung 191

W
Wachstum 178
–, -(s)funktionen für Stratenmittelstämme **167**
–, -(s)störungen siehe auch Diagnose
– –, Erhebungen 75
– – –, Anordnung von Probeflächen 76
– – –, Beispiel 76
– – –, Einfluß von Lage und Zeit 77
– – –, Spalt-Anlage 77
– – –, varianzanalytische Auswertung 76
– –, Methoden zur Diagnose
– – –, Anwendungsfehler **343**
– – –, Datenbasis **343**
– – –, Referenz **343**
– – –, Übersicht **343**
– – –, Verfahrensgruppen **343**
– –, Vergleich mit den Erwartungswerten dynamischer Wuchsmodelle 346
– –, Versuche 75
–, -(s)vergleich
– –, zwischen Vor- und Folgegeneration 368
Waldökosystem
–, hierarchisches 7
–, -management 14
Waldwachstumsforschung
–, Beitrag
– –, Empfehlungen für Anbau, Pflege, Verjüngung von Waldbeständen 18
– –, ökologische Dauerbeobachtung 18
– –, Wuchsmodelle 18
–, biologische Gesetzmäßigkeiten 3

–, Denkmuster 2
–, Informationsbedarf 14
–, Informationsstand über Ressourcen und Risiken in unseren Wäldern 15
–, Informationstechnologien 15
–, Paradigmenwechsel 2
–, räumlich-zeitliches Beobachtungsfenster 8
–, Raumskala 8
–, Systemverständnis 2
–, Zeitskala 8
–, Ziel 1
–, Zweckforschung 3
Waldwachstumssimulator 303
Waldzustandserfassung 102
Walk-through **213**
–, (in) Echtzeit 211
Walnuß **viii**
Wechselwirkung(en) 35
–, Beispiel 65
–, -(s)effekte 64
–, Nicht-Parallelität der Streckenzüge 65
Weiserverfahren 311
Wenn-dann-Aussagen 21
White-box-Ansatz 9
White-box-Prinzip siehe auch White-box-Ansatz
–, höhere zeitliche und räumliche Auflösung 10
–, Perspektive des Betrachters 10
Wiederholung(en) 39, 48
–, Näherungsformel 48
–, -(s)zahlen
– –, Nachweis signifikanter Mittelwertdifferenzen 49
Wissenstransfer
–, (zwischen) Wissenschaft und Praxis 31
Wuchsgesetzmäßigkeit 304
Wuchskonstellation 263
–, (von) Einzelbäumen
– –, Randkorrektur 296
Wuchsmodell(e)
–, einzelbaumorientiertes 320
–, Evaluierung 25
–, Falsifizierung 26
–, (als) Forschungswerkzeug 304
–, (als) Hypothesenketten 303
–, Validierung 25
– –, Genauigkeit 25
– –, Präzision 25
– –, Übereinstimmung mit Gesetzmäßigkeiten 25
– –, Übereinstimmung mit Wirklichkeit 25
– –, Verzerrung 25
–, Verifizierung 25
–, Ziel und Zweck 306
Wuchsreihe(n) 77, **78**, 311, **xviii f.**
–, Beispiel 79
–, Erfassung der Einzelbaumdynamik 79
Wuchsstockung **369**
Wurzelkonkurrenz 328

Z

Z-Baum **xv**, 119
Zählquadrat(e) 229
–, -größe
– –, Anteil unbesetzter Zählquadrate 231
– –, Wahl 231
–, -methode 206
Zeitfolge der Entnahmen
–, (in) absoluten Altersangaben 130
–, Orientierung an Mittelhöhe, Oberhöhe oder Durchmesser 131
–, Stammzahl-Leitkurve **131**
Zeitreihe **78**
–, echte 79
–, künstliche 79
Zeitskala 6
Zielgrößen 39
Zufallseffekte 328
Zufallszahl(en) 51
Zukunftsbäume 119
–, mittlere und minimale Z-Baumabstände **122**
–, Z-Baumanzahl **122**
Zuordnung der Behandlungsvarianten
–, Blockbildung 60
–, Losverfahren 59
–, Ziehung ohne Zurücklegen 59
–, Zufallszahlen 59
Zustandsvariable **330**
Zuwachs 178
– –, mittlerer jährlicher 178
– –, mittlerer periodischer 178
–, -bohrung 103
–, -gang
– –, robuste Indikatorgröße für das Systemverhalten 341
–, -stagnation
– –, Tanne 375
–, -trend-Verfahren
– –, erste Prozentuierung 350
– –, graphische Darstellung **351**
– –, „normaler" Zuwachsverlauf 350
– –, Rechengang 352
– –, Referenzkollektiv 350
– –, Referenzperiode 350
– –, Soll-Zuwachs 353
– – –, Zuwachsdiagnose **353**
– –, Zuwachsverluste 349
– –, zweite Prozentuierung 351
–, -verhalten
– –, Immissionsbelastung **xxviii**
–, -verlust(e) 28
– –, -schätzung
– – –, regressionsanalytische 360
– – – –, Baum- und Bestandesattribute als Kovariable 363
– – – –, Kronenmantelfläche als einzige Kovariable 361
– – – –, Zuwachs der Vorperiode als Kovariable 362
zweifache Varianzanalyse 356
zwei- und mehrfaktorielle Anlagen
–, Hauptwirkungen 62
–, Kombinationswirkung der Faktoren 62
–, Wechselwirkungen 62
–, Wirkung der Hauptfaktoren 62

Forstliche Vegetationskunde

2., neubearbeitete Auflage.
2002. Ca. 352 Seiten mit 90 Abbildungen.
15,5 x 23,3 cm. Broschiert.
Ca. € 34,95 / sFr 61,-
ISBN 3-8263-3411-6

Anton Fischer

Forstliche Vegetationskunde

Die Vegetationskunde hat in den letzten Jahren einen beständigen Zuwachs an Bedeutung für die forstwissenschaftliche Forschung und Praxis erlangt.

In der stark überarbeiteten und erweiterten 2. Auflage werden in einem breit angelegten Grundlagenteil diejenigen begrifflichen, konzeptionellen und methodischen Aspekte aufgearbeitet, die zum Verständnis des Zustandekommens von umweltabhängigen Vegetationseinheiten (Pflanzengesellschaften) notwendig sind.

Der zweite Teil umfaßt eine Übersicht der wichtigsten Waldgesellschaften Mitteleuropas auf der Basis des pflanzensoziologischen Ansatzes mit geographischem Schwerpunkt Deutschland, benennt die diagnostisch wichtigen Arten und gibt eine standörtliche Kennzeichnung.

Der dritte Teil gilt dem Anwendungsbereich der forstlichen Vegetationskunde, indem exemplarisch Nutzungsmöglichkeiten und Auswertungswege aufgezeichnet werden.

Allen Studierenden an Hoch- und Fachschulen sowie den im praktischen Waldbau Tätigen bietet die „Forstliche Vegetationskunde" auch in der zweiten, neubearbeiteten Auflage einen umfassenden Überblick über den gesamten Themenkomplex.

In allen Buchhandlungen erhältlich!

Ausführliche Informationen zum Gesamtprogramm erhalten Sie auch direkt bei:
Parey Buchverlag im Blackwell Verlag · Kurfürstendamm 57 · 10707 Berlin
Tel.: 030 / 32 79 06-59 · Fax: 030 / 32 79 06-44
e-mail: vertrieb@blackwell.de · http://www.parey.de

Parey Buchverlag

Den Wald vor lauter Bäumen nicht sehen?

2001. 357 Seiten mit 157 Abbildungen,
10 Tabellen und 4 Übersichten.
Inklusive CD-ROM.
17 x 24 cm. Gebunden.
€ 54,95 / sFr 95,-
ISBN 3-8263-3377-2

Hans Pretzsch

Modellierung des Waldwachstums

Den Wald vor lauter Bäumen nicht sehen? Wesentliches Anliegen des vorliegenden Buches und der in ihm vorgestellten Waldwachstumsmodelle ist es, den Wald *und* die Bäume zu sehen. Waldwachstumsmodelle sind dazu geeignet, Wissen zu organisieren und den Kenntnisstand über Details zu einer Vorstellung vom Gesamtsystem zusammenzuführen. Der Forstwissenschaft ermöglichen sie durch die fächerübergreifende Synthese von Wissen Erkenntnisfortschritt und Systemverständnis. Die forstwirtschaftliche Praxis unterstützen Waldwachstumsmodelle, indem sie die langfristigen Konsequenzen von Handlungen abbilden. Die Forderungen an eine nachhaltige Forstwirtschaft, langfristige Wirkungen von Waldbehandlung und Störfaktoren abzuschätzen, werden die Entwicklung und den Einsatz von Modellen noch weiter fördern.

Dem Buch liegt eine CD-ROM mit dem Waldwachstumssimulator SILVA 2.2 bei. Mit dieser können die im Buch vermittelten Methoden eingeübt und vertieft werden.

Das Buch wendet sich an Studierende der Forstwissenschaft im Grund- und Hauptstudium. Entwickler und Anwender von Wachstumsmodellen finden Unterstützung in Forschung, Lehre und Praxis. Indem es immer wieder auf Grundprinzipien der Modellkonzeption, Modellentwicklung, Parametrisierung, Evaluierung und auf den praktischen Einsatz von Modellen zurückkommt, reicht das Buch weit über den forstlichen Anwendungsbereich hinaus.

In allen Buchhandlungen erhältlich!

Ausführliche Informationen zum Gesamtprogramm erhalten Sie auch direkt bei:
Parey Buchverlag im Blackwell Verlag · Kurfürstendamm 57 · 10707 Berlin
Tel.: 030 / 32 79 06-59 · Fax: 030 / 32 79 06-44
e-mail: vertrieb@blackwell.de · http://www.parey.de

Parey
Buchverlag